Name	Symbol	Name	Symbol	Name	Symbol
Actinium	Ac	Hafnium	Hf	Praseodymium	Pr
Aluminum	Al	Helium	He	Promethium	Pm
Americium	Am	Holmium	Ho	Protactinium	Pa
Antimony	Sb	Hydrogen	H	Radium	Ra
Argon	Ar	Indium	In	Radon	Rn
Arsenic	As	Iodine	I	Rhenium	Re
Astatine	At	Iridium	Ir	Rhodium	Rh
Barium	Ba	Iron	Fe	Rubidium	Rb
Berkelium	Bk	Krypton	Kr	Ruthenium	Ru
Beryllium	Be	Lanthanum	La	Samarium	Sm
Bismuth	Bi	Lawrencium	Lr	Scandium	Sc
Boron	B	Lead	Pb	Selenium	Se
Bromine	Br	Lithium	Li	Silicon	Si
Cadmium	Cd	Lutetium	Lu	Silver	Ag
Calcium	Ca	Magnesium	Mg	Sodium	Na
Californium	Cf	Manganese	Mn	Strontium	Sr
Carbon	C	Mendelevium	Md	Sulfur	S
Cerium	Ce	Mercury	Hg	Tantalum	Ta
Cesium	Cs	Molybdenum	Mo	Technetium	Tc
Chlorine	Cl	Neodymium	Nd	Tellurium	Te
Chromium	Cr	Neon	Ne	Terbium	Tb
Cobalt	Co	Neptunium	Np	Thallium	Tl
Copper	Cu	Nickel	Ni	Thorium	Th
Curium	Cm	Niobium	Nb	Thulium	Tm
Dysprosium	Dy	Nitrogen	N	Tin	Sn
Einsteinium	Es	Nobelium	No	Titanium	Ti
Erbium	Er	Osmium	Os	Tungsten	W
Europium	Eu	Oxygen	O	Uranium	U
Fermium	Fm	Palladium	Pd	Vanadium	V
Fluorine	F	Phosphorus	P	Xenon	Xe
Francium	Fr	Platinum	Pt	Ytterbium	Yb
Gadolinium	Gd	Plutonium	Pu	Yttrium	Y
Gallium	Ga	Polonium	Po	Zinc	Zn
Germanium	Ge	Potassium	K	Zirconium	Zr
Gold	Au				

주기율표 및 바닥상태에 있는 중성 원자의 바깥 전자 배열

원자 및 이온의 전자 배열을 기술하는 데 쓴 기호는 모든 원자 물리 교과서에 설명되어 있다. $s, p, d, \cdots$는 단위가 $\hbar$인 각운동량이 $0, 1, 2, \cdots$인 전자를 나타내며, 이들 글자 왼쪽에 있는 숫자는 궤도의 주양자수를 오른쪽의 어깨 숫자는 궤도의 전자수를 나타낸다.

H 1 $1s$																	He 2 $1s^2$
Li 3 $2s$	Be 4 $2s^2$											B 5 $2s^2 2p$	C 6 $2s^2 2p^2$	N 7 $2s^2 2p^3$	O 8 $2s^2 2p^4$	F 9 $2s^2 2p^5$	Ne 10 $2s^2 2p^6$
Na 11 $3s$	Mg 12 $3s^2$											Al 13 $3s^2 3p$	Si 14 $3s^2 3p^2$	P 15 $3s^2 3p^3$	S 16 $3s^2 3p^4$	Cl 17 $3s^2 3p^5$	Ar 18 $3s^2 3p^6$
K 19 $4s$	Ca 20 $4s^2$	Sc 21 $3d$ $4s^2$	Ti 22 $3d^2$ $4s^2$	V 23 $3d^3$ $4s^2$	Cr 24 $3d^5$ $4s$	Mn 25 $3d^5$ $4s^2$	Fe 26 $3d^6$ $4s^2$	Co 27 $3d^7$ $4s^2$	Ni 28 $3d^8$ $4s^2$	Cu 29 $3d^{10}$ $4s$	Zn 30 $3d^{10}$ $4s^2$	Ga 31 $4s^2 4p$	Ge 32 $4s^2 4p^2$	As 33 $4s^2 4p^3$	Se 34 $4s^2 4p^4$	Br 35 $4s^2 4p^5$	Kr 36 $4s^2 4p^6$
Rb 37 $5s$	Sr 38 $5s^2$	Y 39 $4d$ $5s^2$	Zr 40 $4d^2$ $5s^2$	Nb 41 $4d^4$ $5s$	Mo 42 $4d^5$ $5s$	Tc 43 $4d^6$ $5s$	Ru 44 $4d^7$ $5s$	Rh 45 $4d^8$ $5s$	Pd 46 $4d^{10}$ -	Ag 47 $4d^{10}$ $5s$	Cd 48 $4d^{10}$ $5s^2$	In 49 $5s^2 5p$	Sn 50 $5s^2 5p^2$	Sb 51 $5s^2 5p^3$	Te 52 $5s^2 5p^4$	I 53 $5s^2 5p^5$	Xe 54 $5s^2 5p^6$
Cs 55 $6s$	Ba 56 $6s^2$	La 57 $5d$ $6s^2$	Hf 72 $4f^{14}$ $5d^2$ $6s^2$	Ta 73 $5d^3$ $6s^2$	W 74 $5d^4$ $6s^2$	Re 75 $5d^5$ $6s^2$	Os 76 $5d^6$ $6s^2$	Ir 77 $5d^9$ -	Pt 78 $5d^9$ $6s$	Au 79 $5d^{10}$ $6s$	Hg 80 $5d^{10}$ $6s^2$	Tl 81 $6s^2 6p$	Pb 82 $6s^2 6p^2$	Bi 83 $6s^2 6p^3$	Po 84 $6s^2 6p^4$	At 85 $6s^2 6p^5$	Rn 86 $6s^2 6p^6$
Fr 87 $7s$	Ra 88 $7s^2$	Ac 89 $6d$ $7s^2$															

Ce 58 $4f^2$ $6s^2$	Pr 59 $4f^3$ $6s^2$	Nd 60 $4f^4$ $6s^2$	Pm 61 $4f^5$ $6s^2$	Sm 62 $4f^6$ $6s^2$	Eu 63 $4f^7$ $6s^2$	Gd 64 $4f^7$ $5d$ $6s^2$	Tb 65 $4f^8$ $5d$ $6s^2$	Dy 66 $4f^{10}$ $6s^2$	Ho 67 $4f^{11}$ $6s^2$	Er 68 $4f^{12}$ $6s^2$	Tm 69 $4f^{13}$ $6s^2$	Yb 70 $4f^{14}$ $6s^2$	Lu 71 $4f^{14}$ $5d$ $6s^2$
Th 90 - $6d$ $7s^2$	Pa 91 $5f^2$ $6d$ $7s^2$	U 92 $5f^3$ $6d$ $7s^2$	Np 93 $5f^5$ $7s^2$	Pu 94 $5f^6$ $7s^2$	Am 95 $5f^7$ $7s^2$	Cm 96 $5f^7$ $6d$ $7s^2$	Bk 97	Cf 98	Es 99	Fm 100	Md 101	No 102	Lr 103

Introduction to
Solid State Physics

8판 번역 개정

고체물리학

WILEY

TEXTBOOKS
텍스트북스

Introduction to Solid State Physics, Eighth Edition
Charles Kittel
ISBN 978-0-471-41526-8

옮긴이 소개

우종천 서울대학교 명예교수
신성철 전 Kaist · DGIST 총장
유건호 경희대학교 교수 이과대학장 역임
이재일 인하대학교 명예교수
홍기민 충남대학교 교수
홍승훈 서울대학교 교수

고체물리학

Introduction to Solid State Physics, Eighth Edition

발행일 2023년 2월 28일 1쇄 발행
2026년 3월 1일 2쇄 발행
지은이 Charles Kittel
옮긴이 우종천, 신성철, 유건호, 이재일, 홍기민, 홍승훈
발행인 임은정 발행처 (주)텍스트북스 주소 서울시 영등포구 양평로 30길 14, 세종앤까뮤스퀘어 1109호
전화 02-702-5725~6 팩스 02-702-5727 웹사이트 www.textbooks.co.kr
등록번호 제2022-000098호
ISBN 979-11-91679-16-8 93420
정가 45,000원

머리말

물리학, 화학 및 공학 계열의 학부 4학년과 대학원의 고체물리학 및 응집물질물리학의 입문서로 집필한 제8판이다. 초판이 출판된 이래, 고체물리 및 응집물질물리 분야는 눈부신 발전을 하였으며, 그 응용 또한 현저하다. 저자로서는 이 책의 기본적인 내용을 계속 유지하면서 새로운 분야를 어떻게 흡수하느냐가 난제였다. 그래서 많은 물리적이고 꼭 접해야 할 분야를 연습문제로 다루게 된 점을 유감으로 생각한다.

이 책의 초판이 출판된 1953년 당시에는 초전도체의 원리를 완전히 이해하지 못하던 시절이다. 금속의 페르미 표면과 반도체에서 사이클로트론 공명 실험을 이해하기 시작하였고, 페라이트와 강자성체에 대해 이해가 간신히 정립되었던 시절이다. 당시 스핀 파동의 실체를 믿는 물리학자는 거의 없었다. 나노 물리학은 그 40년 후의 일이고, 이제는 DNA의 구조가 규명되고, 지구에서 대륙의 이동설이 정립되는 등, 과학의 전성기를 맞고 있다. 나는 이 책의 초판의 열정을 담아 계속 개정판을 집필해 왔다.

개정 8판은 7판에 비해 여러 군데가 보완되었고 또한 보다 명확하게 수정되었다:

- 나노 물리학에 대한 내용이 이 분야에 활발한 연구를 하는 Cornell 대학의 Paul L.McEuen의 기여로 새로운 장(18장)으로 추가되었다. 나노 물리학이란 1차원, 2차원, 3차원의 아주 작은 물질에서 발생하는 학문이다. 여기서 아주 작다는 것은 나노미터(10^{-9} m)를 의미한다. 이 분야는 최근 10년간 가장 활발하게 더욱 빠르게 발전한 분야이다.

- 이 책은 컴퓨터가 보편화됨에 따라 보다 간편하게 편집되었다. 참고문헌은 삭제하였는데, 이는 Google 등에서 키워드를 써서 찾으면, 보다 유용하고 최신 참고문헌을 찾을 수 있기 때문이다. Web에서 문헌을 찾는 데 도움이 필요하면 http://www.physicsweborg/bestof/cond-mat을 방문하기 바란다. 참고문헌을 삭제한 것이 초기 및 대표적 업적을 남긴 분들에게 결례가 되지 않기를 바란다.

- 장의 구성을 바뀌었다. 초전도체와 자성이 앞으로 나오게 편집해서, 한 학기에 가르치는 경우 보다 유익하고 편리하게 되도록 하였다.

결정구조의 부호는 최근 물리학에서 사용되고 있는 표기법에 접합하도록 바꾸었고, 교과서 내용에 있는 중요한 식은 SI 단위와 CGS-Gausssian 단위를 둘 다 써서 기술했는데, 이는 실용에 도움을 주기 위해서이다. 표에는 관례적(실용)인 단위를 썼다. 부호 e는 양성자(proton)의 전하로 양수를 의미한다. 또 (18)이라는 표시는 같은 장에 있는 식 (18)을 의미하지만, (3.18)은 3장의 식 (18)을 의미한다. 벡터 위에 붙은 cadet (^)은 단위벡터를 표시한다.

쉬운 연습문제는 별로 없다. 대부분의 문제가 본문에서 다룬 내용에서 보다 더 앞으로 나아갈 수 있도록 만들어졌기 때문이다. 몇 개의 문제를 빼고는, 6판과 7판에 있던 문제들이다. *QTS*라는 약자는 본인이 저술한 *Quantum Theory of Solid, with Solutions by C.Y. Fong*이고, *TP*는 H. Kroemer와 공저인 *Thermal Physics*를 의미한다.

이 개정판은 Cornell 대학의 Paul L. McEuen 교수와 오스트레일리아 Wollongong 대학의 Roger Lewis 교수의 세밀한 검토 덕분에 이루어졌다. 그분들의 도움으로 이 책이 보다 쉽고 명확하게 되었다. 그러나 이 책의 내용에 대한 것은 모두 저자인 나 자신의 책임이다. 이전에 출판된 책에 도움, 검토, 사진을 주신 분들로 기술되었던 모든 분들의 기여가 많은 것도 빼놓을 수 없다. 출판사인 Wiley의 발행인 Stuart Johnson, 편집인 Suzanne Ingrago와 나의 비서 Barbara Bell에게도 감사를 드린다.

수정이나 조언을 환영하며 kittel@berkeley.edu에 저자 앞으로 email을 주시면 된다. 강의 지침서는 www.wiley.com/college/kittel에서 내려받을 수 있다.

Charles Kittel

번역 개정판 옮긴이 머리말

Charles Kittel: Introduction to Solid State Physics(ISSP)는 1953년 초판이 출판되면서, 고체물리학(Solid State Physics)이 물리학의 한 독립된 분야로 인정받는 데 기여했을 뿐만 아니라, 16개국 이상의 언어로 번역되어 세계적으로 널리 이용되는 입문 교과서입니다. 저는 제3판으로 고체물리학을 배웠고, 다른 집필진 교수님들도 모두 ISSP로 공부하였습니다. 1996년에 출판된 Seventh Edition을 당시 한국물리학회가 발간한 물리학용어집의 용어를 써서 번역하는 작업을 주관하였고, 2007년 Eighth Edition이 나오면서 다시 총괄하였습니다. 그 후에 한국물리학회가 개정된 물리학용어집을 내어놓으면서, 개정된 용어를 사용한 Eighth Edition의 번역 개정 작업을 또 총괄하는 책임을 맡게 되었습니다.

고체물리학은 물리학은, 물론 반도체, 신소재 등 첨단분야뿐만 아니라 화학, 전자공학, 재료공학에도 수요가 많은 중요한 분야이지만, Kittel 박사가 머리말에 기술하셨듯이, 계속 빠르게 발전하는 이 분야의 광범위한 내용을 체계적으로 수록하는 것은 쉬운 일이 아닌 것 같습니다. 그래서 원서도 초판에서부터 나노구조를 수록한 8판까지 진화를 계속했으며, 옮긴이들도 고체물리학 입문 교과서로 ISSP의 번역을 최선책으로 생각하게 되었습니다.

Seventh Edition의 번역판을 들고 Kittel 교수님의 Berkeley 연구실을 찾아뵌 것이 엊그제 같은데, 벌써 25년이 지나면서 C. Kittel 교수님도 2019년 유명을 달리하셨습니다. 또 공동 역자이던 이성익 교수님도 별세하셨습니다. 이번에 개정된 물리학용어집은 이전의 순우리말 용어를 다른 분야에서 통용되는 것으로 많이 바꾸었습니다, 바뀐 한국물리학회의 용어, 국립국어원에 따른 외국어 표기로 수정이 불가피하게 되었기에, 이번 기회에 공동 옮긴이를 보완하고 내용을 개선 · 보완하는 본 개정 작업을 하게 되었습니다.

국내에서는 원서로 ISSP Global Edition(GE)을 판매하고 있는 것으로 보이는데, GE의 본문 내용은 Eighth Edition과 동일합니다. 또 원저자인 C. Kittel 교수님의 허가나 감수를 받은 것인지 확인되지 않습니다. 그래서 Eighth Edition에 기초한 번역 개정 작업을 고집하게 되었습니다.

이 번역 개정 작업은 1996년 부여받은 John Wiley사의 번역권에 기초한 것임을 부언하며, 이번 개정 작업에 도움을 주신 여러분들, 특히 텍스트북스 관계자 여러분께 감사를 드립니다. 그리고 이 Eighth Edition의 번역 개정판이 독자 여러분의 학습에 도움이 될 수 있기를 바랍니다.

2022년 12월

옮긴이를 대표해서 우종천

차례

Introduction to
SOLID STATE PHYSICS

CHAPTER 1

결정구조
Crystal Structure

단위: 1 Å = 1 옹스트롬(angstrom) = 10^{-8} cm = 0.1 nm = 10^{-10} m

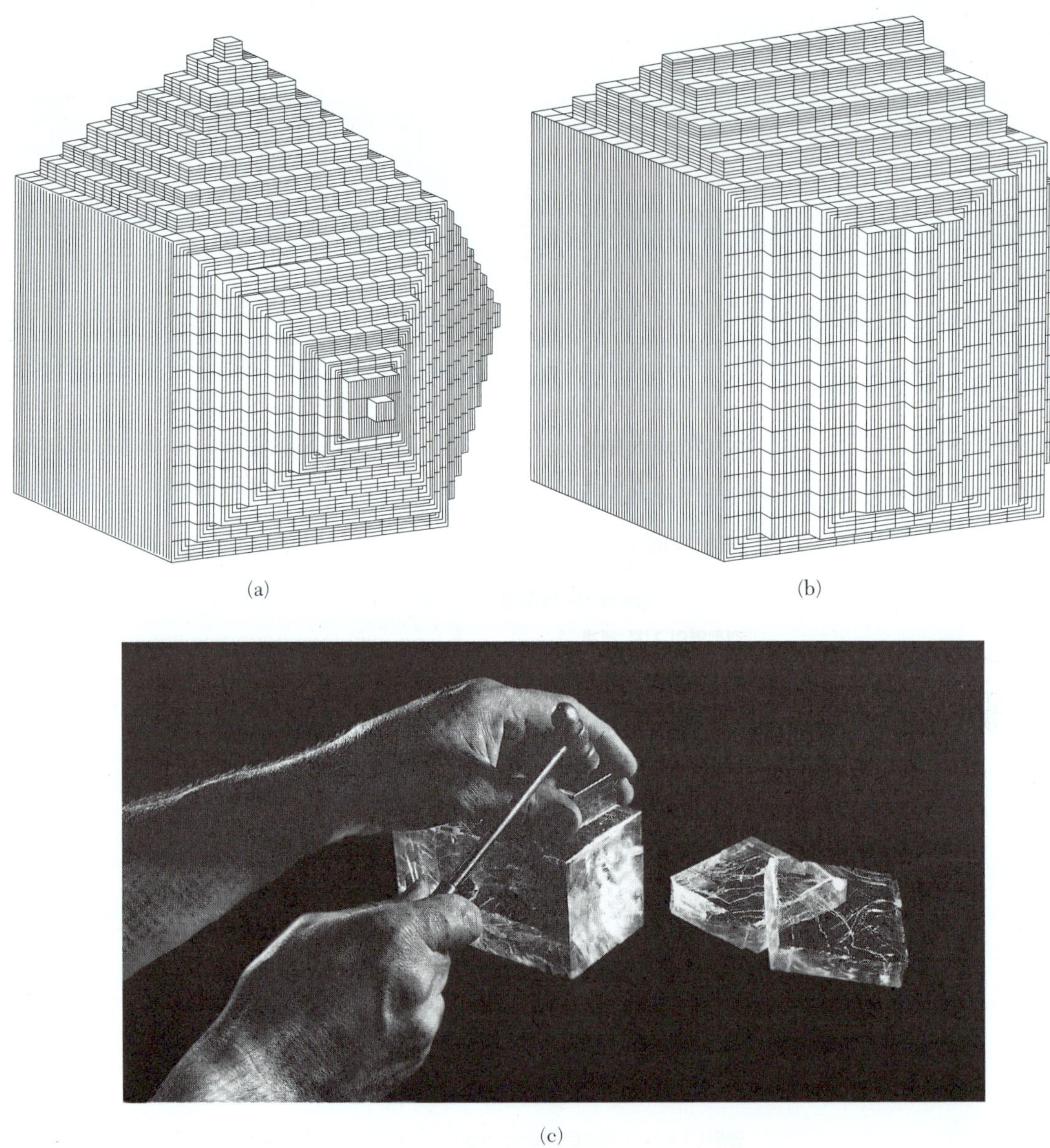

그림 1 결정(crystal)의 외형과 기본 구성요소(building block)의 형태와의 관계. (a)와 (b)의 구성단위는 같지만 결정면(crystal face)이 서로 다르게 나타난다. (c) 암염(rocksalt) 결정을 쪼개는 모습.

CHAPTER 01

결정구조

Cryatal Structure

원자의 주기적 배열

PERIODIC ARRAYS OF ATOMS

고체물리학(solid state physics)의 연구는, 결정에 의한 엑스선 에돌이(X-ray diffraction)가 발견되고 결정과 결정 내의 전자들의 성질에 관한 일련의 간단한 계산들이 발표되면서 본격적으로 시작되었다. 비결정성 고체(noncrystalline solid)보다 결정 고체를 연구하는 이유는 무엇일까? 고체의 중요한 전자적 성질들은 결정에서 가장 잘 표현된다. 따라서 가장 중요한 반도체(semiconductors)의 성질들은 주인(host)의 결정구조에 의해 결정되는데, 그 본질적인 이유는 전자가 시료의 규칙적이고 주기적인 원자 질서에 극적으로 반응하는 짧은 파장 성분을 갖기 때문이다. 비결정성 고체, 특히 유리는 빛의 전파에 중요하다. 그 이유는 광파가 전자보다 파장이 길어 덜 규칙적인 국소 질서(local order)를 보는 대신 그 국소 질서의 평균을 보기 때문이다.

이 책은 결정으로부터 시작한다. 결정은 일정한 환경, 보통 용액(solution)에서 원자를 더하여 만들어진다. 아마 독자들이 본 첫 번째 결정은 자연수정 결정일텐데, 이것은 압력이 가해진 뜨거운 물속의 실리케이트(silicate) 용액으로부터 느린 지질학적 과정을 통해 형성된다. 결정의 형태는 동일한 구성요소가 계속해서 더해져서 나타난다. 그림 1은 2세기 전에 상상한 성장과정의 이상적인 그림이다. 여기서의 구성요소는 원자 혹은 원자의 무리이다. 따라서 결정구조에 우발적으로 포함된 결함(imperfection)이나 불순물(impurity)을 고려하지 않는다면, 결정은 동일한 구성요소의 3차원적인 주기적 배열이다.

결정구조가 주기적이라는 최초의 실험적인 증거는 결정면의 방향을 나타내는 지표수(index number)가 정수라는 광물학자들의 발견인데, 1912년의 결정에 의한 엑스선 에돌이의 발견이 그 증거를 뒷받침했다. 이때 라우에(Laue)는 주기적 배열에 의한 엑스선 에돌이에 대한 이론을 전개했고, 그의 동료들은 결정에 의한 엑스선 에돌이를 실험적으로 관측한 것을 보고했다. 이 연구에서 엑스선이 중요한 점은 엑스선이 파동이고 그 파장이 결정구조의 구성요소의 길이와 비슷하다는 것이다. 중성자 에돌이와 전자 에돌이를 가지고도 비슷한 분석을 할 수 있지만, 보통은 엑스선이 제일 좋은 도구이다.

에돌이 연구는 결정이 원자 혹은 원자무리들의 규칙적인 배열로 이루어져 있음을 분명하게 입증했다. 결정이 원자들로 이루어져 있다는 모형(model)이 잘 정립됨으로써, 물리학자들은 더 깊이 생각할 수 있었고, 양자론의 발전이 고체물리학의 탄생에 중요한 기여를 하여서, 유사한 연구가 비결정성 고체와 양자 유체(quantum fluid)까지 확장되었다. 이 확장된 분야를 응집물질물리학(condensed matter physics)이라고 부르는데, 물리학에서 가장 넓고 가장 활발한 분야 중 하나이다.

격자 병진벡터*(lattice translation vectors)*

이상적인 결정은 동일한 원자무리를 무한히 반복해 놓음으로 만들어진다(그림 2). 이 원자무리를 **기저**(basis)라고 부르고, 기저가 놓여지는 수학적인 점들의 집합을 **격자**(lattice)라고 부른다. 3차원에서 격자는 $\mathbf{r}$점에서 본 결정 내 원자들의 배열이 세 개의 벡터 $\mathbf{a}_1$, $\mathbf{a}_2$, $\mathbf{a}_3$의 정수배만큼 이동한 점 $\mathbf{r}'$, 즉

$$\mathbf{r}' = \mathbf{r} + u_1\mathbf{a}_1 + u_2\mathbf{a}_2 + u_3\mathbf{a}_3 \tag{1}$$

인 모든 $\mathbf{r}'$점에서 본 배열과 같게 보일 때의 세 개의 병진벡터 $\mathbf{a}_1$, $\mathbf{a}_2$, $\mathbf{a}_3$로 정의할 수 있다. 식 (1)에서 u_1, u_2, u_3는 임의의 정수인데, 모든 u_1, u_2, u_3에 대해 식 (1)에서 정

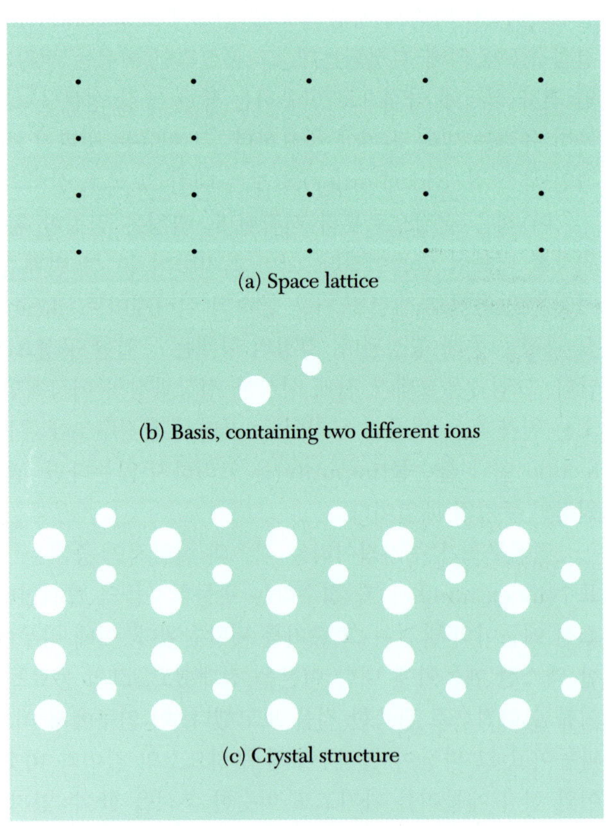

그림 2 결정구조는 공간격자(space lattice)의 모든 격자점 (a)에 기저 (b)를 더함으로써 형성된다. (c)를 보고 기저를 알아내고 공간격자를 추상해 낼 수 있다. 기저가 격자점에 대해 어느 위치에 놓이는가는 중요하지 않다.

의된 점 $\mathbf{r}'$의 집합이 격자다.

원자들의 배열이 같게 보이는 임의의 두 점이 항상 적당한 정수 u_i를 택하여 식 (1)을 만족할 수 있으면, 그 격자는 **기본적**(primitive)이라고 하고, 그 때의 $\mathbf{a}_i$들을 **기본병진벡터**(primitive translation vector)라고 정의한다. $\mathbf{a}_i$들이 기본병진벡터일 때, $\mathbf{a}_1 \cdot \mathbf{a}_2 \times \mathbf{a}_3$보다 더 작은 부피를 가지면서 결정구조의 구성요소가 될 수 있는 낱칸(cell)은 존재하지 않는다. 우리는 종종 기본병진벡터를 이용하여 **결정축**(crystal axis)을 정의하는데, 결정축은 기본 평행육면체의 인접한 세 모서리를 이룬다. 비기본 축(nonprimitive axis)이 결정구조의 대칭성(symmetry)에 대해 더 단순한 관계에 있으면 비기본 축을 결정축으로 사용하기도 한다.

기저와 결정구조(*basis and the crystal structure*)

결정축이 선택되면 결정구조의 **기저**를 알아낼 수 있다. 그림 2는 모든 격자점에 – 물론 격자점은 단지 수학적으로 만들어진 점들이다 – 기저를 놓아 결정을 만드는 과정을 보여준다. 주어진 결정에서 기저는 다른 모든 기저와 조성(composition), 배열(arrangement)과 방향(orientation)이 같다.

기저 내의 원자의 숫자는 하나일 수도 있고 그 이상일 수도 있다. 기저 중 j번째 원자의 중심의 위치는 연관된 격자점에 대해 다음과 같이 표시된다.

$$\mathbf{r}_j = x_j\mathbf{a}_1 + y_j\mathbf{a}_2 + z_j\mathbf{a}_3 \; . \tag{2}$$

원점, 즉 우리가 연관된 격자점이라고 부른 점의 위치를 조절하면, $0 \le x_j, y_j, z_j \le 1$이 되도록 만들 수 있다.

기본격자 낱칸(*primitive lattice cell*)

기본축(primitive axis) $\mathbf{a}_1$, $\mathbf{a}_2$, $\mathbf{a}_3$로 만들어지는 평행육면체를 **기본낱칸**(primitive cell; 그림 3b)이라고 부른다. 기본낱칸은 낱칸(cell) 혹은 단위낱칸(unit cell)의 일종이다(단위낱칸이라는 말에서 단위라는 수식어는 낱칸의 의미와 중복되어 불필요하다). 낱칸은 적당한 결정 병진조작을 반복하면 모든 공간을 채울 수 있다. 기본낱칸은 낱칸 중 부피가 가장 작은 낱칸이다. 주어진 격자에 대해 기본축과 기본낱칸을 선택하는 방법은 여러가지이다. 그러나 주어진 결정구조에서 기본낱칸 혹은 기본기저(primitive basis)에 속한 원자의 수는 항상 같다.

기본낱칸에는 언제나 하나의 격자점이 있게 된다. 기본낱칸이 여덟 꼭지점마다 격자점이 있는 평행육면체라면, 각 격자점은 여덟 개의 낱칸에 의해 공유되므로, 낱칸 한개 당 격자점의 수는 하나가 된다: $8 \times \frac{1}{8} = 1$. 세 축 $\mathbf{a}_1$, $\mathbf{a}_2$, $\mathbf{a}_3$로 만들어진 평행육면체의 부피는 기초적인 벡터해석학(vector analysis)에 의해 다음과 같이 주어진다.

$$V_c = |\mathbf{a}_1 \cdot \mathbf{a}_2 \times \mathbf{a}_3| \; . \tag{3}$$

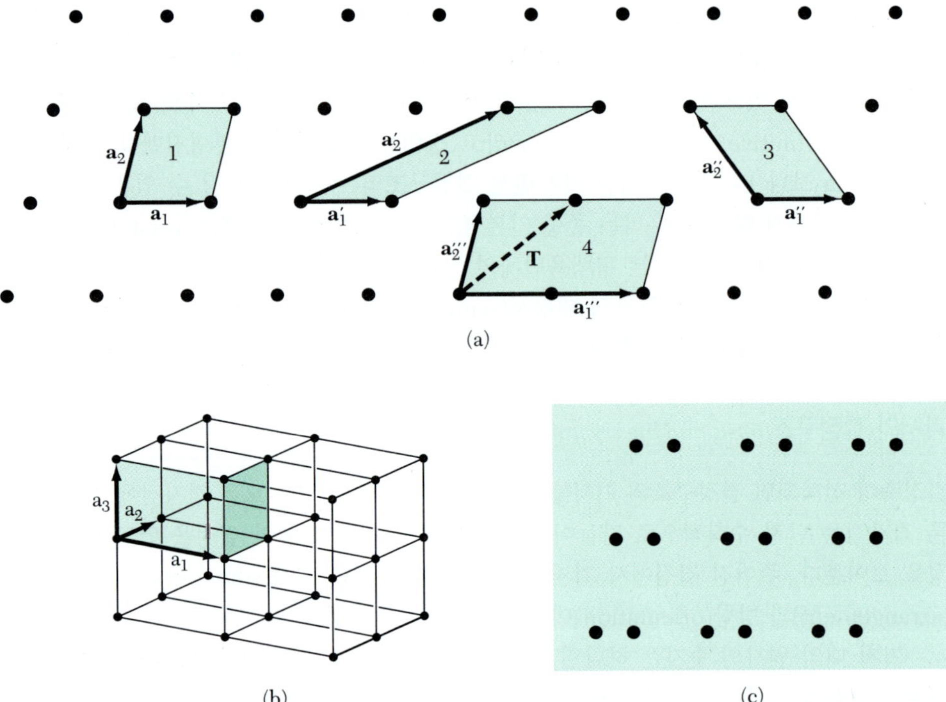

그림 3a 이차원 공간격자의 격자점. 그림에 있는 모든 $\mathbf{a}_1$, $\mathbf{a}_2$ 벡터의 쌍은 이 격자의 병진벡터이다. 그러나 $\mathbf{a}_1'''$, $\mathbf{a}_2'''$은 기본병진벡터가 아닌데, $\mathbf{a}_1'''$, $\mathbf{a}_2'''$의 정수 선형결합(integral combinations)으로 격자병진벡터 $\mathbf{T}$를 만들 수가 없기 때문이다. 다른 모든 $\mathbf{a}_1$, $\mathbf{a}_2$ 벡터들은 이 격자의 기본병진벡터로 택할 수 있다. 평행사변형 1, 2, 3은 면적이 같으며 어느 것이나 기본낱칸이 될 수 있다. 평행사변형 4의 면적은 기본낱칸의 두 배이다.
그림 3b 삼차원 공간격자의 기본낱칸.
그림 3c 점들이 모두 동일한 원자라고 생각하고, 이 그림에 격자점들을 그린 다음, 기본축과 기본낱칸을 하나씩 택하여 그리고, 또 하나의 격자점에 연관된 원자들의 기저를 그려보라.

기본낱칸 하나에 포함된 기저를 **기본기저**(primitive basis)라고 한다. 기본기저는 기저 중 가장 작은 수의 원자들을 포함하게 된다. 기본낱칸을 선택하는 또 하나의 방법이 그림 4에 그려져 있다. 이 기본낱칸은 물리학자들에게 **위그너-자이쯔 낱칸**(Wigner-Seitz cell)으로 알려져 있다.

그림 4 다음과 같은 방법으로 기본낱칸을 그릴 수 있다: (1) 주어진 격자점에서 모든 이웃 격자점까지 선분을 긋는다. (2) 이 선분들의 중앙에서 이 선분들에 수직인 새 선분 혹은 면[1]을 긋는다. 이 새 선분이나 면들에 둘러싸인 최소의 부피가 위그너-자이쯔 기본낱칸(Wigner-Seitz primitive cell)이 된다. 그림 3에 있는 낱칸들과 마찬가지로, 이 위그너-자이쯔 낱칸으로 모든 공간을 채울 수 있다.

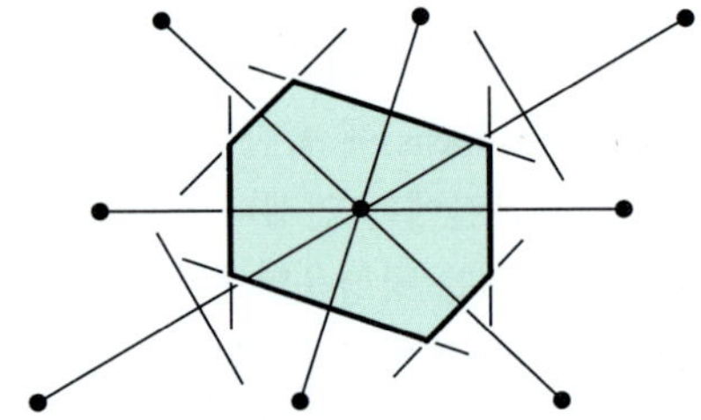

1) **역자주** 이차원에서는 격자점끼리 잇는 선분의 수직이등분선, 삼차원에서는 수직이등분면이 된다.

격자의 기본 유형
FUNDAMENTAL TYPES OF LATTICES

결정 격자는 격자병진조작 **T**나 다른 여러 가지 대칭조작(symmetry operation)을 하여 자기 자신으로 되돌아가게 할 수 있다. 대표적인 대칭조작은 한 격자점을 지나는 축에 대한 회전이다. 2π, $2\pi/2$, $2\pi/3$, $2\pi/4$, $2\pi/6$ 라디안(radian)이나 그 정수배만큼 회전시켜서 자기 자신의 격자로 되돌아가는 1중, 2중, 3중, 4중, 6중 회전축(sixfold rotation axis)을 갖는 격자들을 찾을 수 있다. 이 회전축들은 1, 2, 3, 4, 6의 기호로 표시한다.

$2\pi/7$ 라디안이나 $2\pi/5$ 라디안 등 다른 각도로 회전시켜 자기 자신으로 되돌아가는 격자는 없다. 단일 분자는 임의 각의 회전 대칭성(rotational symmetry)을 갖도록 고안할 수 있으나, 무한하고 주기적인 격자는 그렇지 않다. 5중 회전축을 갖는 분자로 결정을 만들 수는 있지만, 그 격자가 5중 회전축을 갖지는 않는다. 그림 5는 우리가 5중 대칭성을 갖는 주기적인 격자를 만들려고 할 때 어떤 일이 일어나는지를 보여준다. 오각형은 모든 공간을 채우도록 맞아 떨어지지 않는데, 이로써 우리는 5중 점대칭성(fivefold point symmetry)과 격자가 되기에 필요한 병진주기성을 동시에 가질 수 없음을 알 수 있다.

한 격자점에 작용했을 때 격자를 자기 자신으로 되돌아가게 하는 대칭조작들의 집합을 **격자점군**(lattice point group)이라고 하는데, 가능한 회전조작들은 열거한 바와 같다. 또한 한 격자점을 지나는 평면에 대한 거울반사(mirror reflection) m이 있다. 뒤집힘 조작(inversion operation)은 π 라디안만큼 회전시킨 다음 회전축에 수직인 평면으로 반사시키는 것으로서, 전체적으로 $\mathbf{r}$을 $-\mathbf{r}$로 바꾸는 효과가 있다. 정육면체의 대칭축(symmetry axis)과 대칭면(symmetry plane)들이 그림 6에 그려져 있다.

그림 5 오각형들을 연이어 놓아 모든 공간을 채울 수 없으므로 주기적인 격자에는 5중 대칭축이 존재하지 않는다. 그러나 서로 다른 두 종류만의 타일(tile), 즉 기본적인 다각형으로 평면의 모든 면적을 채울 수는 있다.

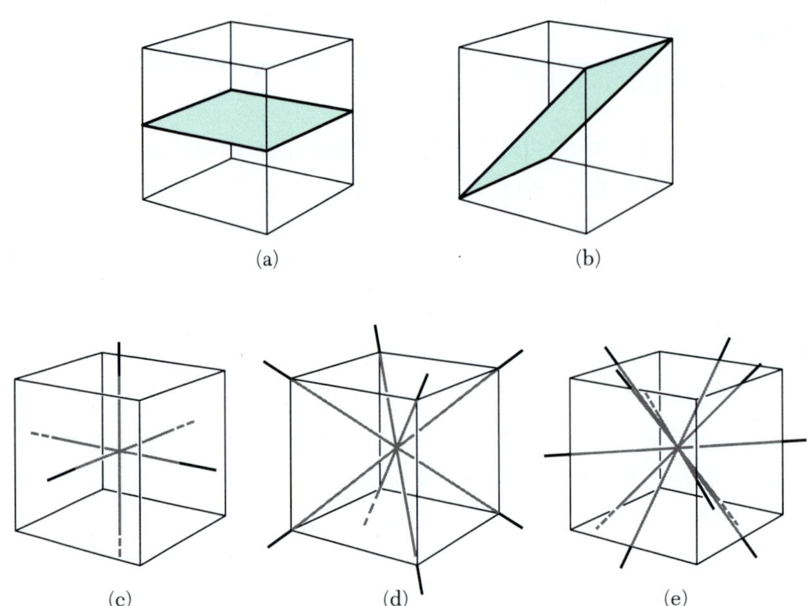

그림 6 (a) 정육면체의 면에 평행인 대칭면. (b) 정육면체의 대각방향의 대칭면. (c) 정육면체의 세 개의 4중축(tetrad axis). (d) 정육면체의 네 개의 3중축(triad axis). (e) 정육면체의 여섯 개의 2중축(diad axis).

이차원 격자의 유형*(two-dimensional lattice types)*

그림 3a의 격자는 임의의 $\mathbf{a}_1$과 $\mathbf{a}_2$에 대해 그려져 있다. 이와 같은 일반적인 격자를 **경사격자**(oblique lattice)라 부르며, 임의의 격자점에 대해서 π와 2π만큼의 회전에 한해서만 변하지 않는다. 경사격자 중 특별한 경우는 $2\pi/3$, $2\pi/4$ 혹은 $2\pi/6$ 라디안의 회전이나 거울반사에 대해서도 변하지 않는다. 이런 새로운 조작 중 하나 이상에 대해 격자가 변하지 않으려면 $\mathbf{a}_1$과 $\mathbf{a}_2$는 일정한 조건을 만족해야 한다. 이 조건에는 네 가지 서로 다른 유형이 있는데, 그 각각에 대해 **특별 격자 유형**(special lattice type)이 대응한다. 따라서 이차원에서는 다섯 개의 서로 다른 격자 유형인 경사격자와 그림 7에 있는 네 개의 특별 격자가 있다. 이 서로 다른 격자 유형을 보통 **브라베 격자**(Bravais lattice)라고 부르며, 이차원에는 다섯 개의 브라베 격자가 있다고 말한다.

삼차원 격자의 유형*(three-dimensional lattice types)*

삼차원에서의 점대칭군(point symmetry group)에 의하면 표 1에 열거된 14개의 서로 다른 격자 유형이 존재한다. 일반적인 격자는 삼사(triclinic) 격자이며, 13개의 특별 격자가 있다. 이들은 편의상 낱칸의 유형에 따라 7개의 계(system)로 분류되는데, 삼사, 단사(monoclinic), 사방(orthorhombic), 정방(tetragonal), 입방(cubic), 삼방(trigonal), 육방(hexagonal)이 그것이다. 낱칸을 이루는 축들 사이의 관계에 따라 이 계를 분류하는 방법이 표 1에 나타나 있다. 그림 8에 있는 낱칸은 관습낱칸(conventional cell)인데, 이중 sc만이 기본낱칸이다. 비기본적인 낱칸이 기본낱칸보다 점대칭

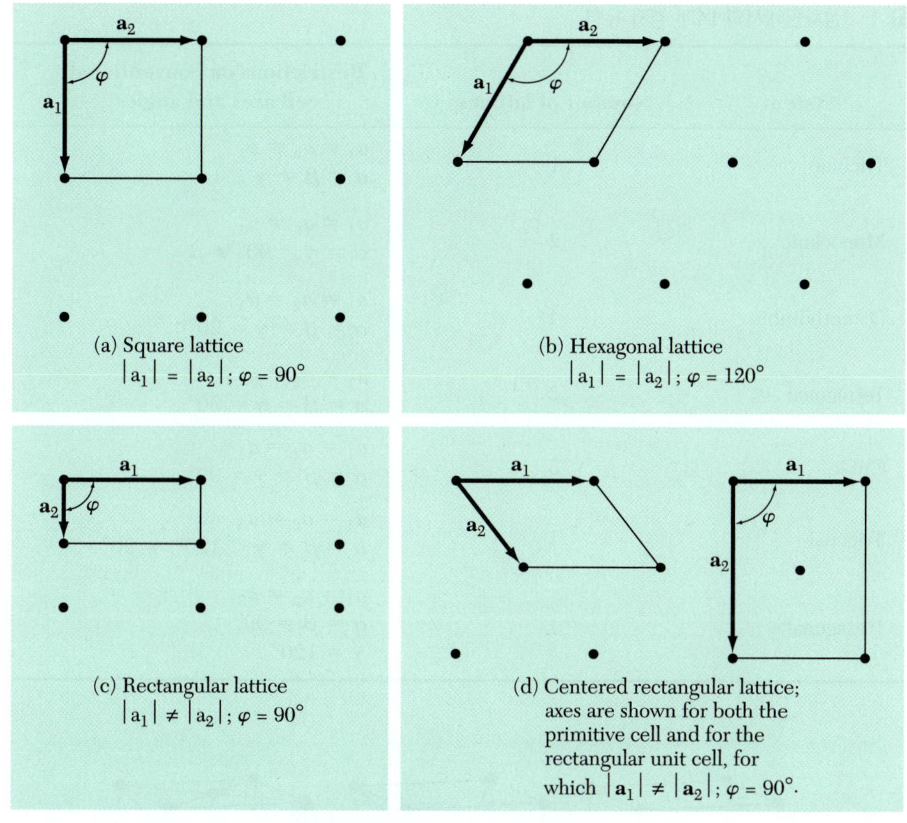

그림 7 2차원에서의 네 개의 특별 격자.

조작에 대한 관계가 분명한 경우가 종종 있다.

입방계에는 단순입방(simple cubic, sc) 격자, 체심입방(body centered cubic, bcc) 격자와 면심입방(face-centered cubic, fcc) 격자의 세 가지 격자가 있다.

이 세 입방격자의 특성이 표 2에 요약되어 있다. 그림 9에는 bcc 격자의 기본낱칸이 그려져 있고, 그림 10에는 그 기본병진벡터가 그려져 있다. 또한 그림 11에는 fcc 격자의 기본병진벡터가 그려져 있다. 기본낱칸은 그 정의상 한 개의 격자점을 가지나, 관습 bcc 낱칸은 두 개의 격자점을 갖고, 관습 fcc 낱칸은 네 개의 격자점을 갖는다.

낱칸 내 점의 위치는 식 (2)의 형태로 썼을 때 원자의 좌표(coordinate) x, y, z로 표시한다. 원점을 낱칸의 한 꼭지점에 잡았을 때, 각 좌표축(coordinate axis) 방향으로 축의 길이 a_1, a_2, a_3에 대한 분수(fraction)가 좌표가 된다.[2] 따라서 낱칸의 체심의 좌표는 $\frac{1}{2}\frac{1}{2}\frac{1}{2}$이 되고, 면심의 좌표는 $\frac{1}{2}\frac{1}{2}0$, $0\frac{1}{2}\frac{1}{2}$, $\frac{1}{2}0\frac{1}{2}$ 등이 된다. 육방계의 기본낱칸은 사잇각 120°인 마름모를 밑면으로 하는 직각기둥이다. 그림 12는 마름모형 낱칸과 육각기둥의 관계를 보여준다.

---

2) **역자주** 예를 들어 점의 위치가 식 (2)에 의해 $\frac{1}{2}\mathbf{a}_1 + \frac{1}{3}\mathbf{a}_2 + \frac{1}{4}\mathbf{a}_3$로 표시되면 좌표 x, y, z는 $\frac{1}{2}\frac{1}{3}\frac{1}{4}$이 된다는 뜻이다. x, y, z는 1보다 크지 않은 분수이다.

표 1 삼차원에서의 14개 격자 유형

System	Number of lattices	Restrictions on conventional cell axes and angles
Triclinic	1	$a_1 \neq a_2 \neq a_3$ $\alpha \neq \beta \neq \gamma$
Monoclinic	2	$a_1 \neq a_2 \neq a_3$ $\alpha = \gamma = 90° \neq \beta$
Orthorhombic	4	$a_1 \neq a_2 \neq a_3$ $\alpha = \beta = \gamma = 90°$
Tetragonal	2	$a_1 = a_2 \neq a_3$ $\alpha = \beta = \gamma = 90°$
Cubic	3	$a_1 = a_2 = a_3$ $\alpha = \beta = \gamma = 90°$
Trigonal	1	$a_1 = a_2 = a_3$ $\alpha = \beta = \gamma < 120°, \neq 90°$
Hexagonal	1	$a_1 = a_2 \neq a_3$ $\alpha = \beta = 90°$ $\gamma = 120°$

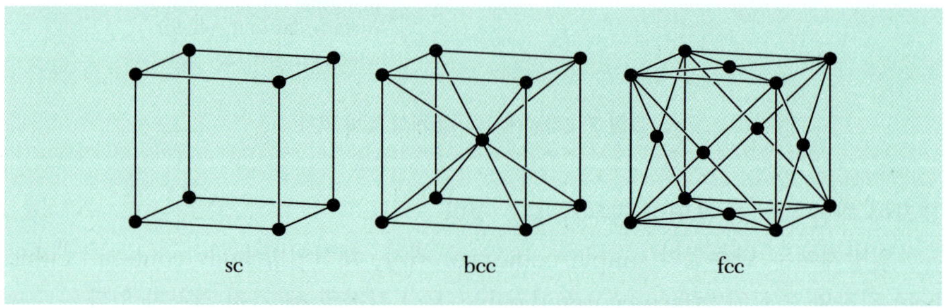

그림 8 입방공간격자들. 이 그림에 있는 낱칸은 관습낱칸이다.

표 2 입방격자[a]의 특성

	Simple	Body-centered	Face-centered
Volume, conventional cell	a^3	a^3	a^3
Lattice points per cell	1	2	4
Volume, primitive cell	a^3	$\frac{1}{2}a^3$	$\frac{1}{4}a^3$
Lattice points per unit volume	$1/a^3$	$2/a^3$	$4/a^3$
Number of nearest neighbors	6	8	12
Nearest-neighbor distance	a	$3^{1/2}\,a/2 = 0.866a$	$a/2^{1/2} = 0.707a$
Number of second neighbors	12	6	6
Second neighbor distance	$2^{1/2}a$	a	a
Packing fraction[a]	$\frac{1}{6}\pi$ $=0.524$	$\frac{1}{8}\pi\sqrt{3}$ $=0.680$	$\frac{1}{6}\pi\sqrt{2}$ $=0.740$

a 채우기 비율(packing fraction)은 딱딱공(hard sphere)으로 채울 수 있는 공간의 최대 비율이다.

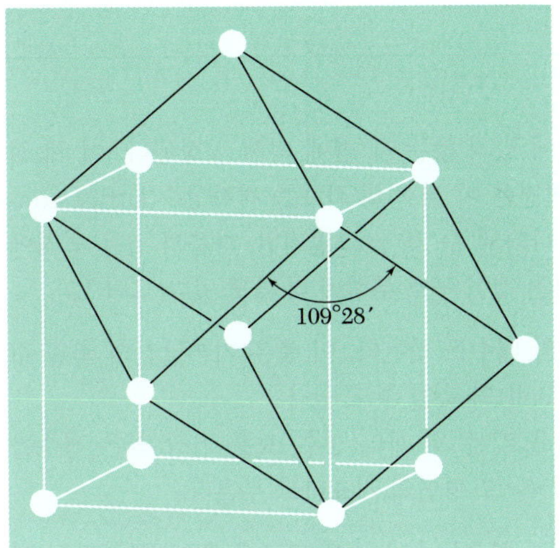

그림 9 체심입방격자와 그 기본낱칸. 이 그림의 기본낱칸은 모서리 길이 $\frac{1}{2}\sqrt{3}a$이고 이웃 모서리의 사잇각이 109°28′인 능면체(菱面體, rhombohedron)이다.

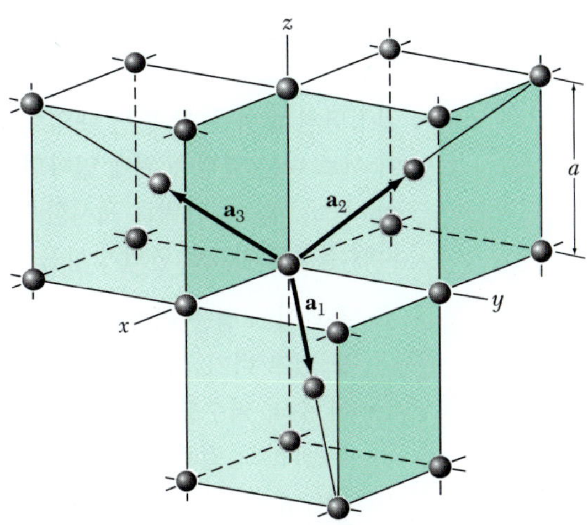

그림 10 체심입방격자의 기본병진벡터; 이 벡터들은 원점의 격자점과 체심의 격자점들을 잇고 있다. 기본낱칸은 이 벡터들로 만들어지는 능면체를 완성하여 만들 수 있다. 정육면체 모서리 길이 a로 표현하면 기본병진벡터들은 다음과 같다.

$$\mathbf{a}_1 = \tfrac{1}{2}a(\hat{\mathbf{x}} + \hat{\mathbf{y}} - \hat{\mathbf{z}}); \quad \mathbf{a}_2 = \tfrac{1}{2}a(-\hat{\mathbf{x}} + \hat{\mathbf{y}} + \hat{\mathbf{z}});$$

$$\mathbf{a}_3 = \tfrac{1}{2}a(\hat{\mathbf{x}} - \hat{\mathbf{y}} + \hat{\mathbf{z}}).$$

여기서 $\hat{\mathbf{x}}, \hat{\mathbf{y}}, \hat{\mathbf{z}}$는 직각좌표계의 단위벡터(Cartesian unit vector)이다.

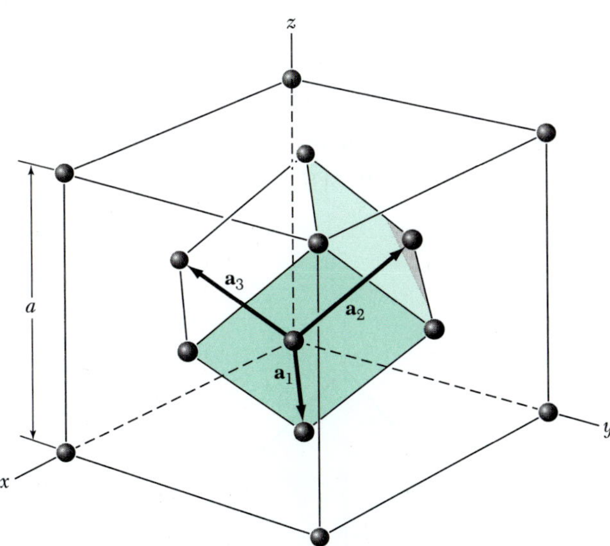

그림 11 면심입방결정의 마름모형 기본낱칸. 기본병진벡터 $\mathbf{a}_1$, $\mathbf{a}_2$, $\mathbf{a}_3$는 원점의 격자점과 면심의 격자점을 잇고 있다. 그림에서 보듯이 기본벡터들은 $\mathbf{a}_1 = \frac{1}{2}a(\hat{\mathbf{x}} + \hat{\mathbf{y}})$; $\mathbf{a}_2 = \frac{1}{2}a(\hat{\mathbf{y}} + \hat{\mathbf{z}})$; $\mathbf{a}_3 = \frac{1}{2}a(\hat{\mathbf{z}} + \hat{\mathbf{x}})$이다. 축끼리의 사잇각은 60°이다.

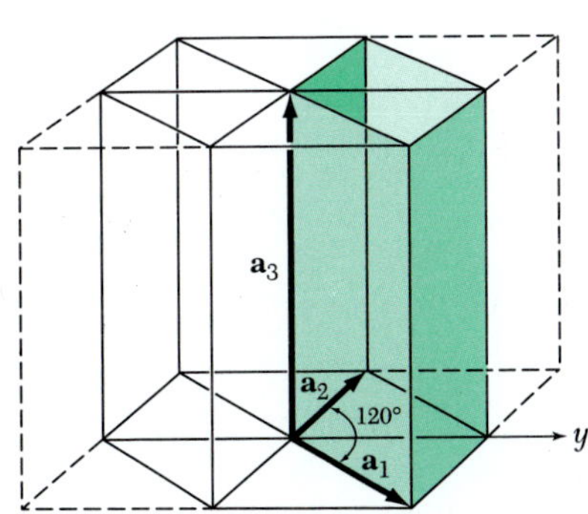

그림 12 육방계(굵은 선으로 표시된)의 기본낱칸과 육방대칭성을 갖는 각기둥의 관계. 여기서 $a_1 = a_2 \neq a_3$이다.

결정면의 지표 체계
INDEX SYSTEM FOR CRYSTAL PLANES

결정면의 방향은 한 평면 내의 직선상에 있지 않는 세 점에 의해 결정된다. 이 세 점이 서로 다른 결정축 위에 있다면, 이 평면은 이 세 점의 좌표를 격자상수(lattice constant) a_1, a_2, a_3 단위로 표시함으로써 나타낼 수 있다. 그렇지만, 다음과 같은 법칙에 의해 결정된 지표로 면의 방향을 표시하는 것이 구조 분석에 더 쓸모 있다(그림 13).

- 축과의 교점을 격자상수 a_1, a_2, a_3의 배수로 찾는다. 이 축은 기본낱칸의 축일 수도 있고 비기본낱칸(nonprimitive cell)의 축일 수도 있다.
- 이 수의 역수를 취하고, 같은 비율을 갖는 세 개의 정수, 보통 가장 작은 정수를 찾는다. 그 결과를 괄호로 묶은(hkl)을 그 평면의 지표라고 부른다.

교차점이 4, 1, 2인 평면에 대해서는, 역수는 $\frac{1}{4}$, 1, $\frac{1}{2}$이 되고 같은 비율을 갖는 세 개의 가장 작은 정수는 (142)이다. 교차점이 무한대(infinity)에 있으면 대응하는 지표는 0이 된다. 입방결정에서 중요한 몇 개 면의 지표가 그림 14에 예시되어 있다.

지표 (hkl)은 하나의 평면을 나타낼 수도 있고 평행한 평면들의 집합을 나타낼 수도 있다. 만약 평면이 원점보다 음(negative)인 곳에서 축과 교차하면, 그에 해당하는 지표는 음수이며, 지표 위에 음의 부호를 써서 표기한다: $(h\bar{k}l)$. 입방결정의 정육면체 면은 (100), (010), (001),$(\bar{1}00)$, $(0\bar{1}0)$과 $(00\bar{1})$이다. 대칭성에 의해 동등한 평면들은 지표 주위에 중괄호(curly bracket)를 하여 표시하기도 한다; 정육면체 면들의 집합은 {100}이다. (200) 면은 (100) 면에 평행하지만 $\mathbf{a}_1$축을 $\frac{1}{2}a$에서 지나가는 평면을 의미한다.

결정에서 방향의 지표 $[uvw]$는 원하는 방향의 벡터의 결정축에 대한 성분들의 비와 같은 비율을 갖는 최소 정수들의 집합이다. $\mathbf{a}_1$축은 [100] 방향이고, $-\mathbf{a}_2$축은 $[0\bar{1}0]$ 방향이다. 입방결정에서는 $[hkl]$ 방향은 같은 지표를 갖는 (hkl) 평면에 수직이지만, 다른 결정계에서도 통상 그렇지는 않다.

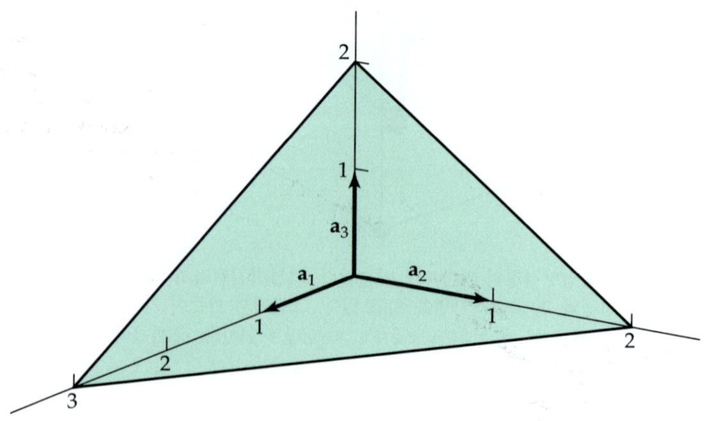

그림 13 이 평면은 $\mathbf{a}_1$, $\mathbf{a}_2$, $\mathbf{a}_3$ 축과 $3\mathbf{a}_1$, $2\mathbf{a}_2$, $2\mathbf{a}_3$에서 교차하고 있다. 이 숫자들의 역수는 $\frac{1}{3}$, $\frac{1}{2}$, $\frac{1}{2}$이다. 같은 비율을 갖는 최소의 정수는 2, 3, 3이며, 따라서 이 평면의 지표는 (233)이 된다.

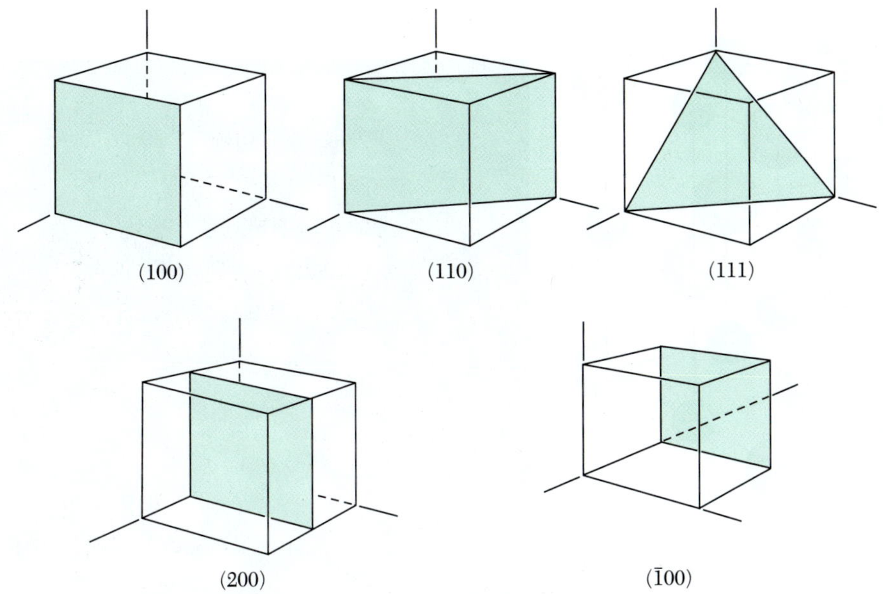

그림 14 입방결정에서 중요한 면들의 지표. (200)면은 (100)면 및 ($\bar{1}00$)면에 평행이다.

단순한 결정구조
SIMPLE CRYSTAL STRUCTURES

여기서 우리는 일반적인 관심이 있는 단순한 결정구조들에 대해 논의한다. 논의 대상은 염화나트륨(sodium chloride), 염화세슘(cesium chloride), 육방밀집(hexagonal close-packed), 다이아몬드(diamond), 그리고 입방황화아연(cubic zinc sulfide) 구조들이다.

염화나트륨 구조*(sodium chloride structure)*

그림 15와 16에 염화나트륨, NaCl, 구조가 그려져 있다. 격자는 면심입방 격자이며, 기저는 Na^+ 이온 하나와 단위 정육면체의 체대각선(body diagonal)의 반만큼 떨어진 Cl^- 이온 하나로 이루어져 있다. 각 단위 정육면체에는 4개의 NaCl이 있고, 각 원자들의 위치는 다음과 같다.

Cl:	000 ;	$\frac{1}{2}\frac{1}{2}0$;	$\frac{1}{2}0\frac{1}{2}$;	$0\frac{1}{2}\frac{1}{2}$.
Na:	$\frac{1}{2}\frac{1}{2}\frac{1}{2}$;	$00\frac{1}{2}$;	$0\frac{1}{2}0$;	$\frac{1}{2}00$.

각 원자의 최인접 원자는 6개 다른 종류의 원자이다. 다음 표의 결정들은 NaCl 구조를 갖는 대표적인 결정들 중 일부이다. 정육면체 모서리의 길이 a는 옹스트롬 단위로 되어 있다: $1\ \text{Å} \equiv 10^{-8}\ \text{cm} \equiv 10^{-10}\ \text{m} \equiv 0.1\ \text{nm}$.

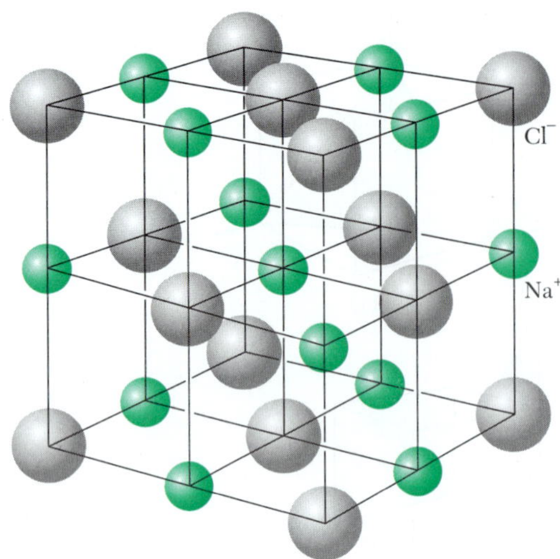

그림 15 염화나트륨 구조는 단순입방격자의 격자점에 Na^+ 이온과 Cl^- 이온을 교대로 놓음으로써 얻을 수 있다. 이 결정에서 각 이온은 반대의 전하를 가진 6개의 최인접 이온에 둘러싸이게 된다. 공간격자는 fcc이고 기저는 000에 있는 Cl^- 이온 하나와 $\frac{1}{2}\frac{1}{2}\frac{1}{2}$에 있는 Na^+ 이온 하나이다. 이 그림은 관습입방낱칸 하나를 그린 것이다. 여기서는 낱칸의 크기에 비해 이온의 지름을 줄여 공간상의 배치를 분명히 나타냈다.

그림 16 염화나트륨의 모형. 나트륨 이온이 염소 이온보다 작다(A. N. Holden과 P. Singer의 양해 하에 인용).

결정	a	결정	a
LiH	4.08 Å	AgBr	5.77 Å
MgO	4.20	PbS	5.92
MnO	4.43	KCl	6.29
NaCl	5.63	KBr	6.59

그림 17은 미국 미주리(Missouri)주의 Joplin 회사가 만든 황화납(PbS)의 결정을 찍은 사진이다. Joplin사의 결정은 아름다운 정육면체 모양이다.

염화세슘 구조*(cesium chloride structure)*

그림 18에 염화세슘 구조가 그려져 있다. 기본낱칸에는 단순입방격자의 모서리 000에 있는 원자와 체심 $\frac{1}{2}\frac{1}{2}\frac{1}{2}$에 있는 원자로 된 분자 하나가 있다. 각 원자는 다른 종류의 원자가 만드는 정육면체의 중심에 있다고 볼 수 있으며, 따라서 최인접 원자의 수, 즉 배위수(coordination number)는 8이다.

그림 17 NaCl 구조를 가진 황화납(lead sulfide), PbS의 자연결정 (B. Burleson의 사진).

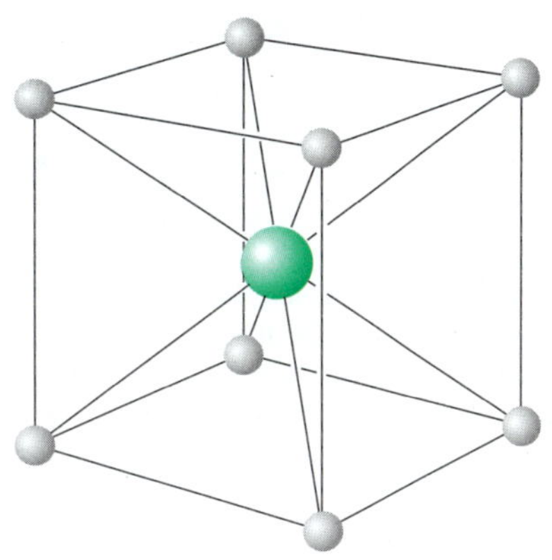

그림 18 염화세슘 결정구조. 공간격자는 단순입방격자이며, 기저에는 000에 있는 Cs^+ 이온 하나와 $\frac{1}{2}\frac{1}{2}\frac{1}{2}$에 있는 Cl^- 이온 하나가 있다.

결정	a	결정	a
BeCu	2.70 Å	LiHg	3.29 Å
AlNi	2.88	NH_4Cl	3.87
CuZn (β-brass)	2.94	TlBr	3.97
CuPd	2.99	CsCl	4.11
AgMg	3.28	TlI	4.20

육방밀집구조*(hexagonal close-packed structure; hcp)*

동일한 공으로 채우기 비율이 최대가 되도록 규칙적인 배열을 하는 방법은 무한히 많다(그림 19). 그중 하나는 면심입방구조이고 다른 하나는 육방밀집구조이다(그림 20). 이 공들이 차지하는 총 부피의 비율은 두 구조 모두 0.74이다. 규칙적이든 아니든 이보다 더 빽빽하게 채우는 구조는 없다.

공 하나를 한 평면 내에서 다른 공 여섯 개와 맞닿도록 놓아 밀집된(closed-packed) 층 A를 만든다. 그 층은 hcp 구조의 밑면이 될 수도 있고, fcc 구조의 (111) 면이 될 수도 있다. 두 번째의 비슷한 층 B는, 그림 19-21과 같이 B의 공 하나가 밑층의 공 세 개와 닿도록 놓아 만든다. 세 번째 층 C를 더하는 방법에는 두 가지가 있다. 세 번째 층의 공을 첫 번째 층의 구멍 중 B층에 의해 덮이지 않은 구멍에 놓으면 fcc 구조를 얻는다. 한편 세 번째 층의 공을 첫 번째 층의 공의 중심 위에 놓으면 hcp 구조를 얻는다.

hcp와 fcc 구조 모두 최인접 원자의 수는 12이다. 만약 결합에너지(binding energy), 혹은 자유에너지(free energy)가 원자당 최인접 결합(nearest neighbor bond)의 수에 의해서만 결정된다면, fcc와 hcp 구조 사이에 에너지 차이는 없을 것이다.

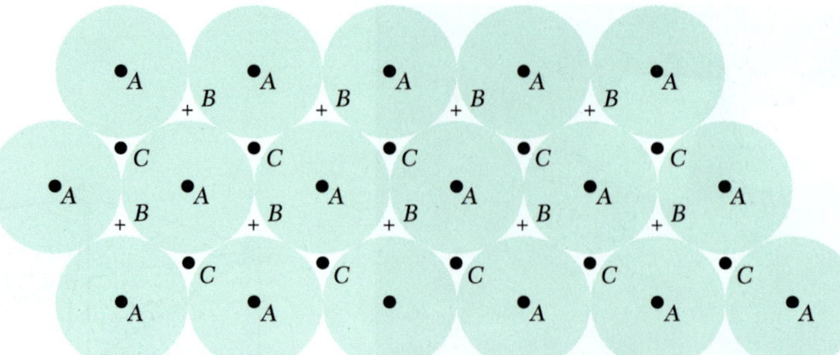

그림 19 공의 밀집된 층을 그렸는데, 공의 중심은 A로 표시된 점에 있다. 두 번째의 동일한 층이 이와 평행하도록 위에 놓이는데 공의 중심이 B로 표시된 점 위에 오게 된다. 세 번째 층을 놓는 방법은 두 가지가 있다. 공의 중심이 A에 올 수도 있고 C에 올 수도 있다. 만약 A 위에 온다면 $ABABAB\cdots$인 순서가 되고 그 구조는 육방밀집구조가 된다. 만약 C 위에 오면 $ABCABCABC\cdots$인 순서가 되고 그 구조는 면심입방격자가 된다.

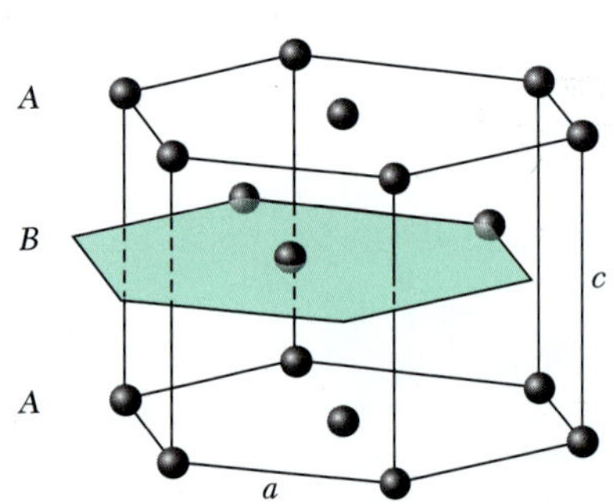

그림 20 육방밀집구조. 이 구조에서 원자가 있는 점들은 공간격자를 이루지 못한다. 공간격자는 단순육방격자이며 각 격자점마다 동일한 원자 두 개로 이루어진 기저가 있게 된다. 격자상수 a와 c가 표시되어 있는데, a는 밑면에 있고 c는 그림 12의 $\mathbf{a}_3$ 축의 크기이다.

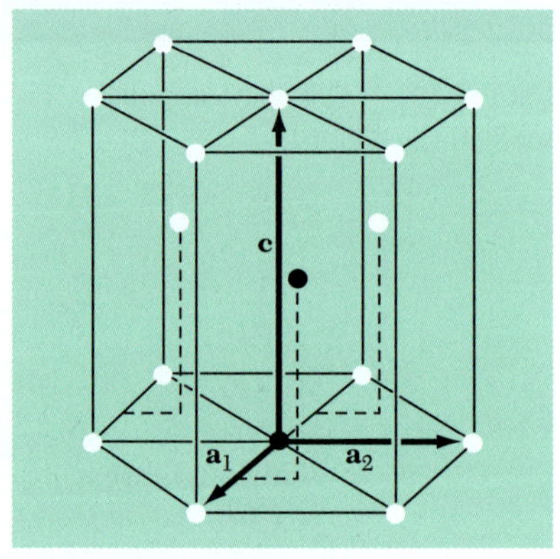

그림 21 기본낱칸은 $a_1 = a_2$이며 사잇각이 120°인 두 축을 갖고 있다. c축(혹은 $\mathbf{a}_3$)은 $\mathbf{a}_1$과 $\mathbf{a}_2$가 만드는 평면에 수직이다. 이상적인 hcp 구조에서 $c = 1.633a$이다. 하나의 기저 안에 있는 두 원자가 검은 점으로 표시되었다. 기저 중 원자 하나는 원점에 있고 다른 하나는 $\frac{2}{3}\frac{1}{3}\frac{1}{2}$에, 즉 $\mathbf{r} = \frac{2}{3}\mathbf{a}_1 + \frac{1}{3}\mathbf{a}_2 + \frac{1}{2}\mathbf{a}_3$의 위치에 있다.

결정	c/a	결정	c/a	결정	c/a
He	1.633	Zn	1.861	Zr	1.594
Be	1.581	Cd	1.886	Gd	1.592
Mg	1.623	Co	1.622	Lu	1.586
Ti	1.586	Y	1.570		

다이아몬드 구조(*diamond structure*)

다이아몬드 구조는 반도체인 실리콘(silicon)과 게르마늄(germanium)의 구조이고 몇몇 중요한 반도체 이원화합물(binary compound)의 구조와 연관되어 있다. 다이아몬드의 공간격자는 fcc이다. 다이아몬드 구조의 기본기저는 그림 22에 보인 대로 fcc 격자점마다 놓이는 000과 $\frac{1}{4}\frac{1}{4}\frac{1}{4}$에 있는 두 개의 동

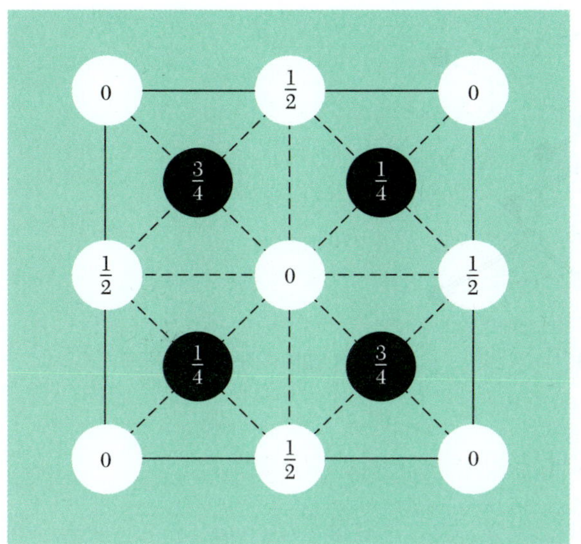

그림 22 다이아몬드 구조의 입방낱칸을 정육면체의 한 면에 투영했을 때의 원자의 위치. 분수는 밑면으로부터의 높이를 정육면체 모서리 길이의 단위로 표시한 것이다. 0과 $\frac{1}{2}$에 있는 점들은 fcc 격자 위에 있고, $\frac{1}{4}$과 $\frac{3}{4}$의 점들은 체대각선 방향으로 체대각선 길이의 $\frac{1}{4}$ 만큼 이동한 비슷한 격자 위에 있다. fcc 공간격자를 가지며, 기저는 000과 $\frac{1}{4}\frac{1}{4}\frac{1}{4}$에 있는 두 개의 동일한 원자로 되어있다.

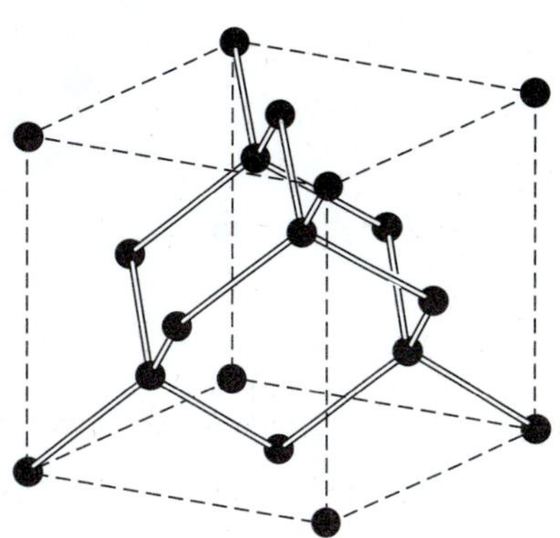

그림 23 다이아몬드 결정구조와 사면체 결합(tetrahedral bond)의 배열.

일한 원자로 되어 있다. fcc 격자의 관습단위 정육면체에는 4개의 격자점이 있기 때문에, 다이아몬드 구조의 관습단위 정육면체는 2 × 4 = 8개의 원자를 갖는다. 다이아몬드 구조의 기저가 원자 하나만을 포함하도록 기본낱칸을 택하는 방법은 없다.

그림 23에는 다이아몬드 구조의 사면체 결합 특성(tetrahedral bonding characteristic)이 나타나 있다. 각 원자는 네 개의 최인접 원자와 12개의 차인접(next nearest) 원자를 갖는다. 다이아몬드 구조는 상대적으로 덜 찬 구조이다: 딱딱공으로 채울 수 있는 공간의 최대 비율은 겨우 0.34인데, fcc나 hcp와 같은 밀집구조에서의 채우기 비율의 46%이다. 다이아몬드 구조는 주기율표(periodic table)의 IV족 원소에서 발견되는 방향성 공유결합(directional covalent bonding)의 한 예이다. 탄소(carbon), 실리콘, 게르마늄과 주석(tin)이 다이아몬드 구조로 결정화될 수 있으며, 격자상수 a는 각각 3.567, 5.430, 5.658 그리고 6.46Å이다. 여기서 a는 관습입방낱칸의 모서리 길이이다.

입방 황화아연 구조*(cubic zinc sulfide structure)*

다이아몬드 구조는 체대각선의 $\frac{1}{4}$만큼 서로 떨어진 두 개의 fcc 구조로 볼 수 있다. 그림 24에서처럼 한 fcc 격자에는 Zn 원자들을 놓고, 다른 fcc 격자에는 S 원자들을 놓으면 입방 황화아연(섬아연; zinc blende) 구조가 된다. 관습낱칸은 정육면체이다. Zn 원자의 좌표는 000; $0\frac{1}{2}\frac{1}{2}$; $\frac{1}{2}0\frac{1}{2}$; $\frac{1}{2}\frac{1}{2}0$이고 S 원자의 좌표는 $\frac{1}{4}\frac{1}{4}\frac{1}{4}$; $\frac{1}{4}\frac{3}{4}\frac{3}{4}$; $\frac{3}{4}\frac{1}{4}\frac{3}{4}$; $\frac{3}{4}\frac{3}{4}\frac{1}{4}$이며, 격자는 fcc이다. 관습낱칸마다 ZnS 분자 네 개가 있다. 각 원자 주위에는 같은 거리만큼 떨어진 네 개의 다른 종류의 원자가 정사면체 꼭지점의 위치에 놓이게 된다.

다이아몬드 구조는 최인접 원자끼리 잇는 선분의 중앙점에 대해 뒤집힘 대칭성을 갖는다. 뒤집힘 조작은 $\mathbf{r}$의 원자를 $-\mathbf{r}$의 원자로 옮긴다. 입방 ZnS 구조는 뒤집힘 대칭성을 갖지 않는다. 입방 황화

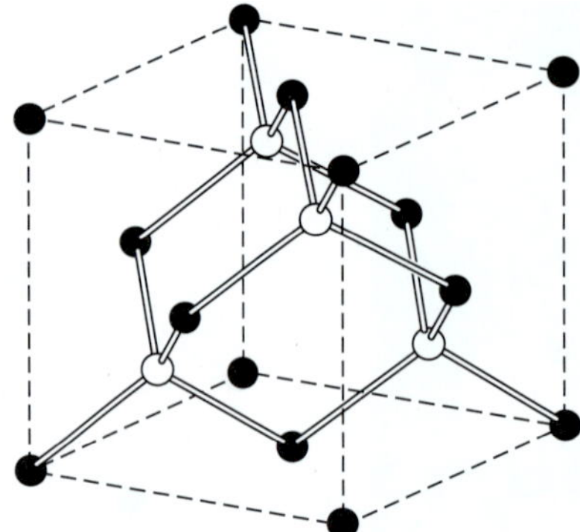

그림 24 입방 황화아연 결정구조.

아연 구조의 예는 다음과 같다.

결정	a	결정	a
SiC	4.35 Å	ZnSe	5.65 Å
ZnS	5.41	GaAs	5.65
AlP	5.45	AlAs	5.66
GaP	5.45	InSb	6.46

몇몇 결정의 짝은 격자상수가 아주 비슷해서 반도체 이질접합(heterojunction)을 만드는 것이 가능한데, (Al, Ga)P와 (Al, Ga)As가 대표적인 예이다(18장 참조).

원자배열 구조의 직접적인 영상화
DIRECT IMAGING OF ATOMIC STRUCTURE

투과전자현미경 측정법(transmission electron microscopy)으로 결정구조의 직접적인 영상을 얻을 수 있다. 주사터널링현미경 측정법(scanning tunneling microscopy;

그림 25 주사터널링현미경으로 찍은 온도 4 K의 백금(platinum) (111) 표면의 원자들의 상. 최인접 거리는 2.78 Å이다(이 사진은 IBM 연구부의 D. M. Eigler의 양해 하에 인용).

STM)으로 얻은 영상이 아마도 제일 아름다울 것이다. STM(18장)은 결정 표면 위에 놓인 금속의 뾰족한 끝의 높이에 따라 양자터널링(quantum tunneling)이 크게 변하는 성질을 이용하는데, 그림 25는 이렇게 얻어진 상이다. 결정 기판(substrate) 위에 원자 하나하나를 놓아 나노미터(nanometer) 크기의 정리된 층을 만들 수 있는 STM 방법이 개발되었다.

비이상적인 결정구조
NONIDEAL CRYSTAL STRUCTURES

옛 결정학자들이 생각했던 이상적인 결정은 동일 단위를 공간에 주기적으로 반복함으로써 만들어진다. 그러나 이 이상적인 결정이 절대온도 0도에서 동일한 원자들이 최소의 에너지를 갖는 상태라는 것이 일반적으로 증명되어 있지는 않다. 온도가 0이 아니면, 최소에너지 상태가 아닐 가능성이 많다. 여기에 한 가지 예를 더 든다.

마구잡이 쌓기와 다형성*(random stacking and polytypism)*

fcc와 hcp 구조는 원자들의 밀집된 층들로 만들어진다. 두 구조는 층을 쌓는 순서(stacking sequence)가 다른데, fcc는 $ABCABC\cdots$의 순서를 갖고, hcp는 $ABABAB\cdots$의 순서를 갖는다. 밀집된 층을 쌓는 순서가 마구잡이인 구조들이 알려져 있다. 이를 **마구잡이 쌓기**(random stacking)라고 부르며, 2차원에서는 결정성을 가지지만 세 번째 차원으로는 비결정성이나 유리와 같다고 생각할 수 있다.

다형성(polytypism)은 쌓기축(stacking axis)을 따라 어떤 단위를 반복하여 쌓을 때 이 단위의 길이가 길다는 것이 특징이다. 가장 잘 알려진 예는 황화아연, ZnS인데 150 이상의 다형(polytype)이 발견되었고 그 중 가장 긴 주기는 360층이다. 다른 예로는 탄화실리콘(silicon carbide) SiC인데 밀집층의 쌓기 순서가 45가지 이상이 나타난다. 393R로 알려진 SiC의 다형은 a = 3.079Å, c = 989.6Å인 기본낱칸을 가지고 있다. SiC에서 관측된 가장 긴 기본낱칸은 594층의 길이를 갖고 있다. 하나의 결정 안에서 주어진 순서는 여러 번 반복된다. 이같은 긴 범위 결정학적 질서(long-range crystallographic order)가 생기는 메커니즘(mechanism)은 같은 범위의 긴범위 힘(long-range force)이 아니고, 성장핵(growth nucleus) 안의 어긋나기(dislocation)에 기인하는 나선계단(spiral step)의 존재와 연관되어 있다(21장 참조).

결정구조의 자료
CRYSTAL STRUCTURE DATA

표 3에 원소들이 가장 흔하게 가지는 결정구조와 격자구조를 열거했다. 표 4에는 원자농도[3](atomic concentration)와 밀도(density)의 값이 주어져 있다. 많은 원소들은

3) **역자주** 단위부피당 원자의 개수

표 3 원소들의 결정구조

주어진 자료는 실온(room temperature)이나, 도표상에 절대온도의 단위로 표시된 온도에서 가장 흔한 구조이다(온라인 자료인 Inorganic Crystal Structure Database(ICSD)에서 인용).

1	2	3	4	5	6	7	8	9	10	11	12	13	14	15	16	17	18
H^1 4K hcp 3.75 6.12																	**He**^{4} 2K hcp 3.57 5.83
Li 78K bcc 3.491	**Be** hcp 2.27 3.59											**B** rhomb.	**C** diamond 3.567	**N** 20K cubic 5.66 (N_2)	**O** complex (O_2)	**F**	**Ne** 4K fcc 4.46
Na 5K bcc 4.225	**Mg** hcp 3.21 5.21	← crystal structure → ← *a* lattice parameter, in Å → ← *c* lattice parameter, in Å. →										**Al** fcc 4.05	**Si** diamond 5.430	**P** complex	**S** complex	**Cl** complex (Cl_2)	**Ar** 4K fcc 5.31
K 5K bcc 5.225	**Ca** fcc 5.58	**Sc** hcp 3.31 5.27	**Ti** hcp 2.95 4.68	**V** bcc 3.03	**Cr** bcc 2.88	**Mn** cubic complex	**Fe** bcc 2.87	**Co** hcp 2.51 4.07	**Ni** fcc 3.52	**Cu** fcc 3.61	**Zn** hcp 2.66 4.95	**Ga** complex	**Ge** diamond 5.658	**As** rhomb.	**Se** hex. chains	**Br** complex (Br_2)	**Kr** 4K fcc 5.64
Rb 5K bcc 5.585	**Sr** fcc 6.08	**Y** hcp 3.65 5.73	**Zr** hcp 3.23 5.15	**Nb** bcc 3.30	**Mo** bcc 3.15	**Tc** hcp 2.74 4.40	**Ru** hcp 2.71 4.28	**Rh** fcc 3.80	**Pd** fcc 3.89	**Ag** fcc 4.09	**Cd** hcp 2.98 5.62	**In** tetr. 3.25 4.95	**Sn** (α) diamond 6.49	**Sb** rhomb.	**Te** hex. chains	**I** complex (I_2)	**Xe** 4K fcc 6.13
Cs 5K bcc 6.045	**Ba** bcc 5.02	**La** hex. 3.77 *ABAC*	**Hf** hcp 3.19 5.05	**Ta** bcc 3.30	**W** bcc 3.16	**Re** hcp 2.76 4.46	**Os** hcp 2.74 4.32	**Ir** fcc 3.84	**Pt** fcc 3.92	**Au** fcc 4.08	**Hg** rhomb.	**Tl** hcp 3.46 5.52	**Pb** fcc 4.95	**Bi** rhomb.	**Po** sc 3.34	**At** —	**Rn** —
Fr —	**Ra** —	**Ac** fcc 5.31															

Ce fcc 5.16	**Pr** hex. 3.67 *ABAC*	**Nd** hex. 3.66	**Pm** —	**Sm** complex	**Eu** bcc 4.58	**Gd** hcp 3.63 5.78	**Tb** hcp 3.60 5.70	**Dy** hcp 3.59 5.65	**Ho** hcp 3.58 5.62	**Er** hcp 3.56 5.59	**Tm** hcp 3.54 5.56	**Yb** fcc 5.48	**Lu** hcp 3.50 5.55
Th fcc 5.08	**Pa** tetr. 3.92 3.24	**U** complex	**Np** complex	**Pu** complex	**Am** hex. 3.64 *ABAC*	**Cm** —	**Bk** —	**Cf** —	**Es** —	**Fm** —	**Md** —	**No** —	**Lr** —

표 4 밀도와 원자농도

대기압(atmospheric pressure)과 실온, 혹은 절대온도로 표시된 온도에서의 자료이다(표 3과 같은 결정을 이루었을 경우).

Density in g cm^{-3}(10^3 kg m^{-3})
Concentration in 10^{22} cm^{-3}(10^{28} m^{-3})
Nearest-neighbor distance, in Å (10^{-10} m)

H 4K 0.088																	**He** 2K 0.205 (at 37 atm)
Li 78K 0.542 4.700 3.023	**Be** 1.82 12.1 2.22											**B** 2.47 13.0	**C** 3.516 17.6 1.54	**N** 20K 1.03	**O**	**F** 1.44	**Ne** 4K 1.51 4.36 3.16
Na 5K 1.013 2.652 3.659	**Mg** 1.74 4.30 3.20											**Al** 2.70 6.02 2.86	**Si** 2.33 5.00 2.35	**P**	**S**	**Cl** 93K 2.03 2.02	**Ar** 4K 1.77 2.66 3.76
K 5K 0.910 1.402 4.525	**Ca** 1.53 2.30 3.95	**Sc** 2.99 4.27 3.25	**Ti** 4.51 5.66 2.89	**V** 6.09 7.22 2.62	**Cr** 7.19 8.33 2.50	**Mn** 7.47 8.18 2.24	**Fe** 7.87 8.50 2.48	**Co** 8.9 8.97 2.50	**Ni** 8.91 9.14 2.49	**Cu** 8.93 8.45 2.56	**Zn** 7.13 6.55 2.66	**Ga** 5.91 5.10 2.44	**Ge** 5.32 4.42 2.45	**As** 5.77 4.65 3.16	**Se** 4.81 3.67 2.32	**Br** 123K 4.05 2.36	**Kr** 4K 3.09 2.17 4.00
Rb 5K 1.629 1.148 4.837	**Sr** 2.58 1.78 4.30	**Y** 4.48 3.02 3.55	**Zr** 6.51 4.29 3.17	**Nb** 8.58 5.56 2.86	**Mo** 10.22 6.42 2.72	**Tc** 11.50 7.04 2.71	**Ru** 12.36 7.36 2.65	**Rh** 12.42 7.26 2.69	**Pd** 12.00 6.80 2.75	**Ag** 10.50 5.85 2.89	**Cd** 8.65 4.64 2.98	**In** 7.29 3.83 3.25	**Sn** 5.76 2.91 2.81	**Sb** 6.69 3.31 2.91	**Te** 6.25 2.94 2.86	**I** 4.95 2.36 3.54	**Xe** 4K 3.78 1.64 4.34
Cs 5K 1.997 0.905 5.235	**Ba** 3.59 1.60 4.35	**La** 6.17 2.70 3.73	**Hf** 13.20 4.52 3.13	**Ta** 16.66 5.55 2.86	**W** 19.25 6.30 2.74	**Re** 21.03 6.80 2.74	**Os** 22.58 7.14 2.68	**Ir** 22.55 7.06 2.71	**Pt** 21.47 6.62 2.77	**Au** 19.28 5.90 2.88	**Hg** 227 14.26 4.26 3.01	**Tl** 11.87 3.50 3.46	**Pb** 11.34 3.30 3.50	**Bi** 9.80 2.82 3.07	**Po** 9.31 2.67 3.34	**At** —	**Rn** —
Fr —	**Ra** —	**Ac** 10.07 2.66 3.76															

Ce 6.77 2.91 3.65	**Pr** 6.78 2.92 3.63	**Nd** 7.00 2.93 3.66	**Pm** —	**Sm** 7.54 3.03 3.59	**Eu** 5.25 2.04 3.96	**Gd** 7.89 3.02 3.58	**Tb** 8.27 3.22 3.52	**Dy** 8.53 3.17 3.51	**Ho** 8.80 3.22 3.49	**Er** 9.04 3.26 3.47	**Tm** 9.32 3.32 3.54	**Yb** 6.97 3.02 3.88	**Lu** 9.84 3.39 3.43
Th 11.72 3.04 3.60	**Pa** 15.37 4.01 3.21	**U** 19.05 4.80 2.75	**Np** 20.45 5.20 2.62	**Pu** 19.81 4.26 3.1	**Am** 11.87 2.96 3.61	**Cm** —	**Bk** —	**Cf** —	**Es** —	**Fm** —	**Md** —	**No** —	**Lr** —

여러 가지 결정구조로 나타나고, 온도나 압력이 변하면 한 결정구조에서 다른 구조로 변화한다. 같은 온도와 같은 압력에서 두 개의 결정구조가 공존하는 경우도 종종 있는 데, 한 구조가 다른 구조보다 약간 더 안정할지라도 두 구조가 공존하기도 한다.

요약
Summary

- 격자는 격자병진벡터 $\mathbf{T} = u_1\mathbf{a}_1 + u_2\mathbf{a}_2 + u_3\mathbf{a}_3$로 표시되는 점들의 배열이다. u_1, u_2, u_3는 정수이며 $\mathbf{a}_1$, $\mathbf{a}_2$, $\mathbf{a}_3$는 결정축이다.
- 결정을 만들려면, 격자점마다 $\mathbf{r}_j = x_j\mathbf{a}_1 + y_j\mathbf{a}_2 + z_j\mathbf{a}_3 (j = 1, 2, \cdots, s)$의 위치에 있는 s개의 원자로 이루어진 동일한 기저를 놓는다. 여기서 x, y, z는 0과 1 사이의 값을 갖도록 택할 수 있다.
- 결정축 $\mathbf{a}_1$, $\mathbf{a}_2$, $\mathbf{a}_3$는 $|\mathbf{a}_1 \cdot \mathbf{a}_2 \times \mathbf{a}_3|$가 최소 낱칸 부피가 되면 기본결정축이 된다. 최소 부피 낱칸은 격자병진벡터 **T**만큼 옮기고 격자점마다 기저를 더하면 결정이 되는 낱칸이다.

연습문제
Problems

1. 사면체 결합각***(tetrahedral angles)***. 다이아몬드의 사면체 결합 사이의 각은, 그림 10에 보인 정육면체의 체대각선 사이의 각도와 같다. 기초벡터 해석법을 사용하여 그 결합각의 크기를 구하라.

2. 평면 지표***(indices of planes)***. 지표가 (100)과 (001)인 평면을 생각하라. 격자는 fcc이고 지표는 관습입방낱칸에 대한 것이다. 이 평면들의 지표를 그림 11에 있는 기본축에 대해 구하면 무엇인가?

3. Hcp 구조***(Hcp structure)***. 이상적인 육방밀집구조에서 c/a 비가 $(\frac{8}{3})^{1/2} = 1.633$임을 보여라. 만약 c/a가 이 값보다 월등히 크다면, 그 결정구조가 평면 내에서는 원자들이 밀집구조를 이루고 있고 평면과 평면 사이는 헐겁게 쌓인 구조라고 생각할 수 있다.

CHAPTER 2

파의 에돌이와 역격자

Wave Diffraction and the Reciprocal Lattice

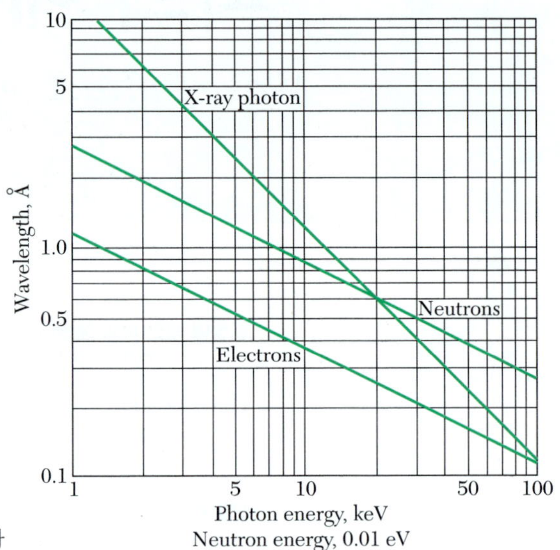

그림 1 광자(photon), 중성자, 전자의 파장(wavelength)과 입자 에너지의 관계.

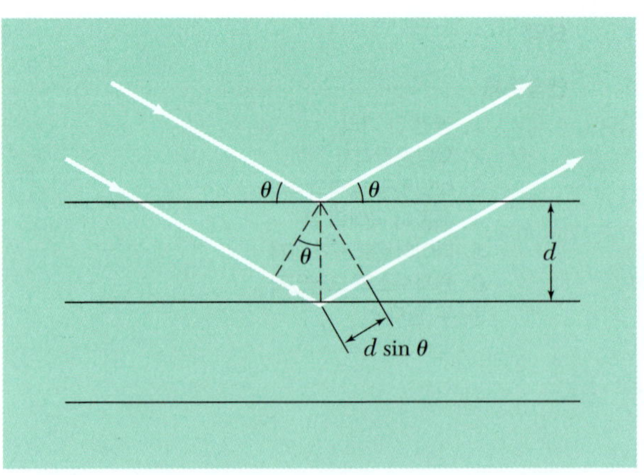

그림 2 브래그 식 $2d \sin \theta = n\lambda$의 유도; 여기서 d는 평행한 원자 평면 간의 간격이며 $2\pi n$은 이웃하는 평면에서 반사한 파들 간의 위상차(difference in phase)이다. 반사면은 특정 시료의 겉 표면과는 아무 상관이 없다.

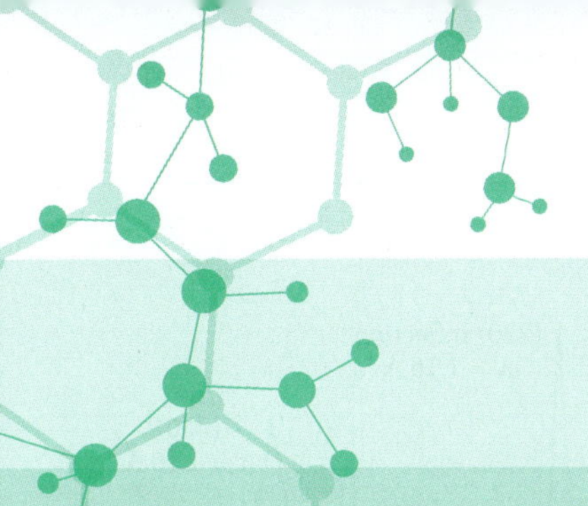

CHAPTER 02

파의 에돌이와 역격자

Wave Diffraction and the Reciprocal Lattice

결정에 의한 파의 에돌이
DIFFRACTION OF WAVES BY CRYSTALS

브래그 법칙*(Bragg law)*

결정구조는 광자(photon), 중성자, 전자들의 에돌이를 통해 연구한다(그림 1). 에돌이는 결정구조와 파장(wavelength)에 따라 달라진다. 5000 Å과 같은 빛의 파장에서는, 결정의 개별원자들에 의해 탄성적으로(elastically) 산란된(scattered) 파의 포갬(superposition)에 의해 보통의 빛의 굴절(refraction)이 생기게 된다. 방사(radiation)의 파장이 격자상수와 비슷하거나 작게 되면, 입사방향(incident direction)과는 아주 다른 방향에서 에돌이된 빔(beam)을 발견하게 된다.

브래그(W. L. Bragg)는 결정으로부터 에돌이된 빔을 간단하게 설명하였다. 브래그의 설명은 간단하지만 단지 올바른 결과가 나온다는 이유 때문에 설득력이 있다. 입사파동이 결정 내의 평행한 원자평면으로부터 거울에서처럼(specularly) 반사하되, 각 평면이 은을 조금만 입힌 거울처럼 방사의 매우 작은 일부만을 반사한다고 가정하자. 거울반사란 입사각과 반사각이 같은 반사이다. 그림 2에서처럼 평행한 원자평면들로부터 반사된 파동들이 보강되도록 간섭(interfere constructively)할 때, 에돌이된 빔이 나타난다. 여기서 우리는 반사될 때 엑스선(x-ray)의 에너지가 변하지 않는 탄성산란(elastic scattering)을 다룬다.

d의 간격으로 떨어진 평행한 격자면들을 생각하자. 방사가 종이 평면 내에서[1] 입사한다. 이웃하는 평면에서 반사된 살(ray)들의 경로차(path difference)는, θ를 격자면으로부터 쟀을 때, $2d \sin\theta$가 된다. 연속적으로 이웃하는 평면들로부터 나오는 방사는 경로차가 파장 λ의 정수 n배일 때 보강간섭을 일으킨다. 즉

$$2d \sin\theta = n\lambda \tag{1}$$

1) **역자주** 입사하는 방사와 격자면의 법선이 이루는 입사면(incident plane)이 그림 2를 그린 종이 면이라는 뜻

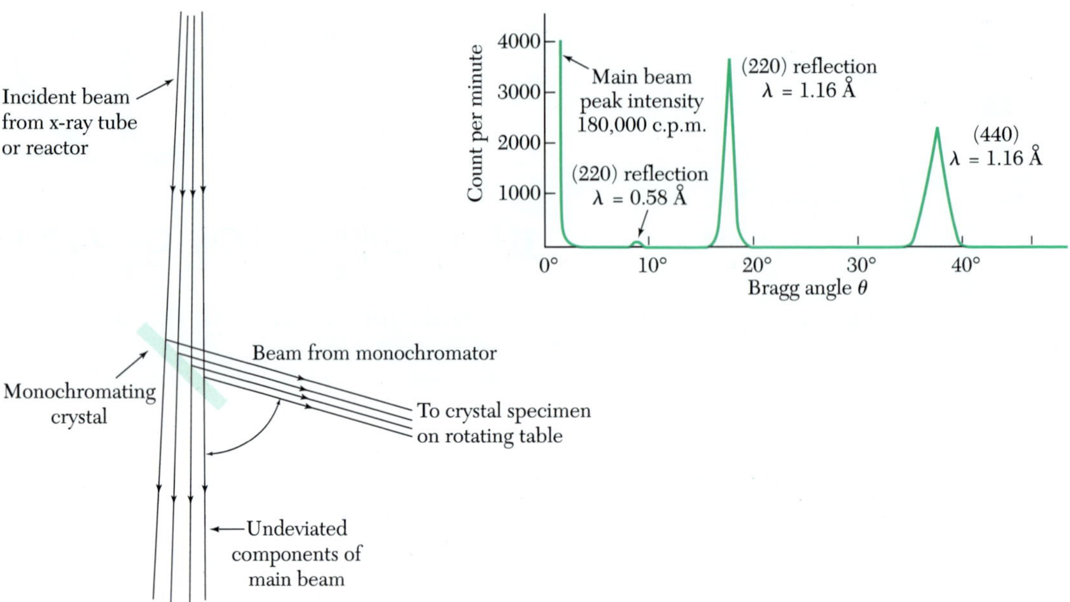

그림 3 브래그 반사에 의해 넓은 스펙트럼(broad spectrum)의 입사 빔으로부터 엑스선이나 중성자의 좁은 스펙트럼을 선택하는 단색기(monochromator)의 겨냥도(sketch). 그림의 윗부분은 불화칼슘(calcium fluoride) 결정으로 된 단색기로부터 얻은 1.16 Å의 중성자 빔의 순도(purity)를 분석한(두 번째 결정으로부터의 반사를 통해 얻은) 결과를 보여준다.

일 때이다. 이것이 **브래그 법칙**(Bragg law)인데, $\lambda \leq 2d$인 파장에서만 이 법칙을 만족시킬 수 있다.

각 평면에서의 반사가 거울반사라도 모든 평행 평면으로부터의 반사는 θ의 특정한 값에서만 위상이 더해져 강한 반사 빔을 만든다. 만약 각 평면이 완전히 반사한다면, 평행한 평면들 중 첫 번째 평면이 방사를 모두 반사할 것이며, 그러면 모든 파장이 반사될 것이다. 그러나 실제로는 각 평면이 입사 방사를 10^{-3} 내지 10^{-5} 정도만 반사하기 때문에 완전한 결정에서는 10^3 내지 10^5 평면이 브래그 반사된 빔을 만드는 데 기여한다. 원자평면 하나에 의한 반사는 표면물리학(surface physics)을 공부하는 17장에서 다룬다. 브래그 법칙은 격자의 주기성에 의한 결과이다. 이 법칙이 각 격자점마다 연관된 기저 원자들의 구성과는 관계가 없음을 주목하라. 하지만, 평행 평면의 집합이 주어졌을 때 여

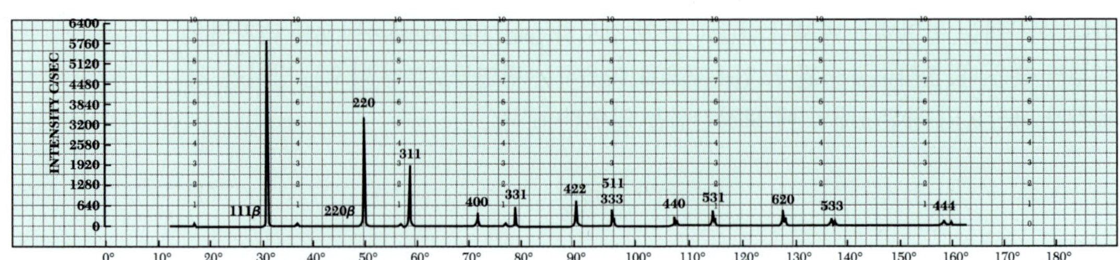

그림 4 가루로 된 실리콘에 대한 엑스선 에돌이재개(diffractometer)의 기록으로 에돌이된 빔을 계수한 것을 보여준다.

러 차수(위에서 n으로 표시된)의 에돌이의 상대적인 세기는 기저의 구성에 의해 결정된다는 것을 나중에 공부할 것이다. 단결정과 가루(powder)로부터의 브래그 반사의 실험결과가 각각 그림 3과 4에 실려 있다.

산란된 파의 진폭
SCATTERED WAVE AMPLITUDE

에돌이 조건식 (1)에 대한 브래그의 설명은 격자점으로부터 산란된 파들이 보강간섭을 일으키는 조건을 간결하게 설명하고 있다. 원자들의 기저로부터, 즉 각 낱칸 내의 전자들의 공간분포로부터, 산란 세기(scattering intensity)를 결정하기 위해서는 좀 더 심도 있는 분석을 해야 한다.

푸리에 해석(Fourier analysis)

우리는 u_1, u_2, u_3가 정수이고 $\mathbf{a}_1$, $\mathbf{a}_2$, $\mathbf{a}_3$가 결정축일 때, 결정이 $\mathbf{T} = u_1\mathbf{a}_1 + u_2\mathbf{a}_2 + u_3\mathbf{a}_3$ 형태의 병진에 의해 변하지 않는다는 것을 살펴보았다. 전하농도(charge concentration), 전자의 개수밀도(electron number density), 자기모멘트 밀도(magnetic moment density)와 같은 결정의 국소 물리적 성질(local physical property)들도 모두 $\mathbf{T}$만큼의 병진에 대해 변하지 않는다. 여기에서 가장 중요한 것은 전자의 개수밀도 $n(\mathbf{r})$이 결정축 세 개의 방향으로 $\mathbf{a}_1$, $\mathbf{a}_2$, $\mathbf{a}_3$를 주기로 하는 $\mathbf{r}$의 주기함수라는 것이다. 그러므로

$$n(\mathbf{r} + \mathbf{T}) = n(\mathbf{r}) \tag{2}$$

이다. 이와 같은 주기성 때문에 푸리에 해석(Fourier analysis)을 하기에 적합한 상황이 된다. 결정의 가장 흥미 있는 성질은 전자밀도의 푸리에 성분(Fourier component)과 직접 관련되어 있다.

먼저 일차원에서 x 방향으로 주기 a를 갖는 함수 $n(x)$를 생각해 보자. 우리는 $n(x)$를 다음과 같이 사인(sine)과 코사인(cosine)을 쓴 푸리에 급수(Fourier series)로 전개한다.

$$n(x) = n_0 + \sum_{p>0} [C_p \cos(2\pi px/a) + S_p \sin(2\pi px/a)] . \tag{3}$$

여기서 p는 양의 정수이며 C_p와 S_p는 전개식의 푸리에 계수(Fourier coefficient)라고 하는 실수 상수이다. 인수(argument) 안의 $2\pi/a$ 인자(factor)는 $n(x)$가 확실하게 a의 주기를 갖도록 해준다.

$$\begin{aligned} n(x + a) &= n_0 + \sum[C_p \cos(2\pi px/a + 2\pi p) + S_p \sin(2\pi px/a + 2\pi p)] \\ &= n_0 + \sum[C_p \cos(2\pi px/a) + S_p \sin(2\pi px/a)] = n(x) . \end{aligned} \tag{4}$$

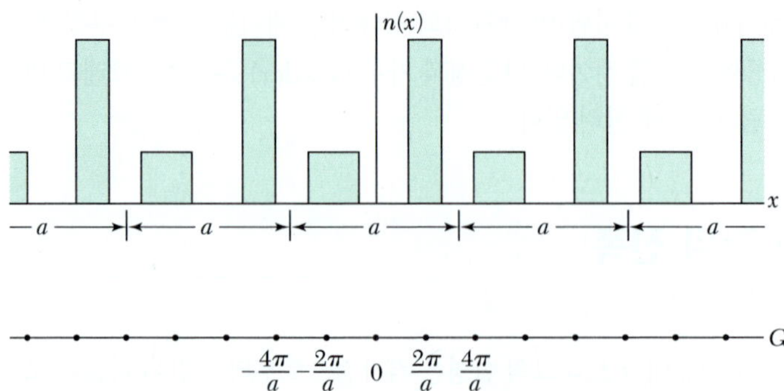

그림 5 주기 a인 주기함수 $n(x)$와 푸리에 변환 $n(x) = \Sigma n_p \exp(i2\pi px/a)$에서 나타날 수 있는 $2\pi p/a$ 항들.

우리는 $2\pi p/a$를 결정의 역격자(reciprocal lattice) 혹은 푸리에 공간(Fourier space)의 점이라고 말한다. 일차원에서 이 점들은 한 직선 상에 놓이게 된다. **역격자점**(reciprocal lattice point)들로부터 우리는 푸리에 급수 식 (4)나 (5)에서 허용된 항들을 알 수 있다. 그림 5에서 보듯이 어떤 항이 결정의 주기성과 일관성이 있으면 그 항은 허용이 된다. 역공간(reciprocal space) 내의 다른 점들은 주기함수의 푸리에 전개에서 허용되지 않는다.

식 (4)의 급수를 다음과 같은 간결한 형태로 쓰면 아주 편리하다.

$$n(x) = \sum_p n_p \exp(i2\pi px/a) \quad (5)$$

여기서 합(sum)은 양수, 음수와 0을 포함한 모든 정수 p에 대해서인데, 계수 n_p는 복소수(complex number)이다. $n(x)$가 반드시 실함수(real function)가 되도록 다음의 조건

$$n^*_{-p} = n_p \quad (6)$$

를 주는데, 그러면 p항과 $-p$항의 합은 실수가 된다. n^*_{-p}의 별표(asterisk)는 n_{-p}의 복소공액(complex conjugate)을 나타낸다.

식 (6)이 성립하면, 식 (5)의 p항과 $-p$항의 합이 실수가 되는 것을 다음과 같이 보일 수 있다. $\varphi = 2\pi px/a$로 주면, 그 합은

$$n_p(\cos\varphi + i\sin\varphi) + n_{-p}(\cos\varphi - i\sin\varphi) = (n_p + n_{-p})\cos\varphi + i(n_p - n_{-p})\sin\varphi \quad (7)$$

인데, 이것은 다시 식 (6)이 만족된다면 다음의 실함수와 같아진다.

$$2\mathrm{Re}\{n_p\}\cos\varphi - 2\mathrm{Im}\{n_p\}\sin\varphi \ . \quad (8)$$

여기서 $\mathrm{Re}\{n_p\}$와 $\mathrm{Im}\{n_p\}$는 n_p의 실수 부분과 허수 부분을 나타낸다. 따라서 바랐던 대로 개수밀도 $n(x)$는 실함수가 된다.

푸리에 해석을 삼차원 실함수 $n(\mathbf{r})$에 확장하는 것은 곧바로 할 수 있다. 먼저 결정을

변하지 않게 하는 모든 결정병진벡터 $\mathbf{T}$에 대해

$$n(\mathbf{r}) = \sum_{\mathbf{G}} n_{\mathbf{G}} \exp(i\mathbf{G}\cdot\mathbf{r}) \tag{9}$$

이 변하지 않는 벡터 $\mathbf{G}$의 집합을 찾아야 한다. 아래에서 푸리에 계수 $n_{\mathbf{G}}$의 집합이 엑스선 산란진폭을 결정하는 것을 보게 될 것이다.

푸리에 급수의 뒤집힘*(inversion of Fourier series).* 우리는 이제 급수식 (5)의 푸리에 계수 n_p가 다음 식에 의해 주어짐을 보이려고 한다.

$$n_p = a^{-1}\int_0^a dx\, n(x)\exp(-i2\pi px/a)\ . \tag{10}$$

식 (5)를 식 (10)에 치환하면

$$n_p = a^{-1}\sum_{p'} n_{p'}\int_0^a dx\,\exp[i2\pi(p'-p)x/a] \tag{11}$$

이다. 만약 $p' \neq p$이면, $p'-p$가 정수이고 $\exp[i\,2\pi(\text{정수})] = 1$이므로 적분의 값은

$$\frac{a}{i2\pi(p'-p)}(e^{i2\pi(p'-p)}-1) = 0$$

이다. $p' = p$인 항에 대해서는 피적분함수(integrand)는 $\exp(i0) = 1$이 되고 적분값은 a이다. 따라서 $n_p = a^{-1}n_p a = n_p$가 되어 항등식(identity)이 되고 식 (10)도 항등식이다.

식 (10)에서와 마찬가지로, 식 (9)를 뒤집으면

$$n_{\mathbf{G}} = V_c^{-1}\int_{\text{cell}} dV\, n(\mathbf{r})\exp(-i\mathbf{G}\cdot\mathbf{r}) \tag{12}$$

을 얻는데, 여기서 V_c는 결정 낱칸의 부피이다.

역격자벡터*(reciprocal lattice vectors)*

전자농도의 푸리에 해석을 더 진척시키려면, 우리는 식 (9)의 푸리에 합 $\Sigma n_{\mathbf{G}} \exp(i\mathbf{G}\cdot\mathbf{r})$에 나타나는 벡터 $\mathbf{G}$를 알아내야 한다. 이것을 알아내는 데 강력하지만 다소 추상적인 절차가 있다. 이 절차는 푸리에 해석이 아주 많이 쓰이는 고체물리학의 많은 부분의 이론적인 기초가 되고 있다.

우리는 다음과 같이 **역격자**의 축벡터 $\mathbf{b}_1, \mathbf{b}_2, \mathbf{b}_3$를 만든다.

$$\mathbf{b}_1 = 2\pi\frac{\mathbf{a}_2\times\mathbf{a}_3}{\mathbf{a}_1\cdot\mathbf{a}_2\times\mathbf{a}_3}\ ;\qquad \mathbf{b}_2 = 2\pi\frac{\mathbf{a}_3\times\mathbf{a}_1}{\mathbf{a}_1\cdot\mathbf{a}_2\times\mathbf{a}_3}\ ;\qquad \mathbf{b}_3 = 2\pi\frac{\mathbf{a}_1\times\mathbf{a}_2}{\mathbf{a}_1\cdot\mathbf{a}_2\times\mathbf{a}_3}\ . \tag{13}$$

결정학자들은 2π 인자를 쓰지 않지만, 고체물리학에서는 그 인자를 쓰는 것이 편리하다.

$\mathbf{a}_1, \mathbf{a}_2, \mathbf{a}_3$가 결정격자의 기본벡터라면, $\mathbf{b}_1, \mathbf{b}_2, \mathbf{b}_3$는 **역격자의 기본벡터**가 된다. 식 (13)에 의해 정의된 벡터는 결정격자의 축벡터 중 두 개에 수직이다. 따라서 $\mathbf{b}_1$, $\mathbf{b}_2$,

$\mathbf{b}_3$는 다음 성질을 갖는다.

$$\mathbf{b}_i \cdot \mathbf{a}_j = 2\pi\delta_{ij} . \tag{14}$$

여기서 $i = j$일 때 $\delta_{ij} = 1$, $i \neq j$일 때 $\delta_{ij} = 0$이다.

역격자의 점들은, v_1, v_2, v_3가 정수일 때의 다음의 벡터들에 대응한다.

$$\mathbf{G} = v_1\mathbf{b}_1 + v_2\mathbf{b}_2 + v_3\mathbf{b}_3 . \tag{15}$$

이 형태의 벡터 $\mathbf{G}$가 **역격자벡터**(reciprocal lattice vector)이다.

푸리에 급수식 (9)의 벡터 $\mathbf{G}$들은 바로 식 (15)의 역격자벡터들이다. 왜냐하면 그래야 전자밀도를 표현한 푸리에 급수가 임의의 결정병진벡터 $\mathbf{T} = u_1\mathbf{a}_1 + u_2\mathbf{a}_2 + u_3\mathbf{a}_3$ 하에서 요구되는 불변성(invariance)을 갖기 때문이다. 식 (9)로부터

$$n(\mathbf{r} + \mathbf{T}) = \sum_{\mathbf{G}} n_{\mathbf{G}} \exp(i\mathbf{G} \cdot \mathbf{r}) \exp(i\mathbf{G} \cdot \mathbf{T}) \tag{16}$$

이다. 그러나 $\exp(i\mathbf{G} \cdot \mathbf{T}) = 1$인데, 왜냐하면

$$\begin{aligned} \exp(i\mathbf{G} \cdot \mathbf{T}) &= \exp[i(v_1\mathbf{b}_1 + v_2\mathbf{b}_2 + v_3\mathbf{b}_3) \cdot (u_1\mathbf{a}_1 + u_2\mathbf{a}_2 + u_3\mathbf{a}_3)] \\ &= \exp[i2\pi(v_1u_1 + v_2u_2 + v_3u_3)] \end{aligned} \tag{17}$$

이기 때문이다. 지수의 인수는 $2\pi i$와 정수를 곱한 꼴인데, $v_1u_1 + v_2u_2 + v_3u_3$가 정수끼리의 곱의 합으로서 정수이기 때문이다. 따라서 식 (9)에 의해 우리는 원하는 불변성, $n(\mathbf{r} + \mathbf{T}) = n(\mathbf{r}) = \sum n_{\mathbf{G}} \exp(i\mathbf{G} \cdot \mathbf{r})$을 얻는다.

모든 결정구조는 결정격자와 역격자라는 두 개의 격자를 가지고 있다. 우리는 결정의 에돌이 무늬가 결정의 역격자를 본뜬 지도라는 것을 보게 될 것이다. 현미경 상은 충분히 자세한 척도로 분해된다면 실공간(real space)에서 결정구조를 본뜬 지도이다. 두 격자는 식 (13)의 정의에 의해 연관되어 있다. 따라서 걸이(holder) 위의 결정을 회전시키면, 직접격자(direct lattice)와 역격자를 다같이 회전시키게 된다.

직접격자의 벡터는 [길이]의 차원(dimension)을 가지며, 역격자의 벡터는 [1/길이]의 차원을 가진다. 역격자는 결정과 연관된 푸리에 공간에서의 격자다. 역격자라고 부르는 동기는 아래에서 설명된다. 파동벡터(wavevector)는 항상 푸리에 공간에서 그려지므로, 푸리에 공간의 모든 위치는 파동을 기술하는 의미를 가질 수 있다. 그러나 결정구조와 연관된 $\mathbf{G}$의 집합에 의해 정의된 점들은 특별한 중요성을 갖는다.

에돌이 조건*(diffraction conditions)*

정리. 역격자벡터 $\mathbf{G}$의 집합이 어떤 엑스선 반사가 가능한지를 결정한다.

그림 6에서 우리는 $\mathbf{r}$ 만큼 떨어진 두 부피 요소에서 산란된 빔 사이의 위상인자(phase factor)의 차이가 $\exp[i(\mathbf{k} - \mathbf{k}') \cdot \mathbf{r})]$임을 알 수 있다. 들어오는 빔과 나가는 빔의 파동벡터는 각각 $\mathbf{k}$와 $\mathbf{k}'$이다. 한 부피 요소에서 산란된 파의 진폭은 그 곳의 전자 농도

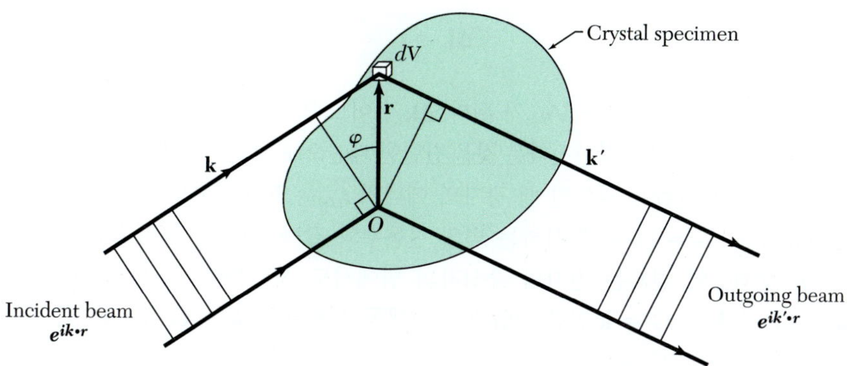

그림 6 O와 $\mathbf{r}$의 위치에 입사한 파동벡터 $\mathbf{k}$인 파동의 경로 길이의 차는 $r \sin \varphi$이고, 위상각(phase angle)의 차이는 $(2\pi r \sin \varphi)/\lambda$인데, 이는 $\mathbf{k} \cdot \mathbf{r}$과 같다. 산란된 파의 경우 위상각의 차이는 $-\mathbf{k}' \cdot \mathbf{r}$이다. 위상각의 총 차이는 $(\mathbf{k} - \mathbf{k}') \cdot \mathbf{r}$이며, $\mathbf{r}$에 있는 dV로부터 산란된 파는 원점 O에 있는 부피요소로부터 산란된 파에 대해 상대적으로 위상인자 $\exp[i(\mathbf{k} - \mathbf{k}') \cdot \mathbf{r})]$을 갖는다.

$n(\mathbf{r})$에 비례한다고 가정한다. $\mathbf{k}'$ 방향으로 산란된 파의 총 진폭은 $n(\mathbf{r})dV$와 위상인자 $\exp[i(\mathbf{k} - \mathbf{k}') \cdot \mathbf{r})]$을 곱한 것을 결정 전체에 대해 적분한 것에 비례한다.

다른 말로 표현하면 산란된 전자기파동(electromagnetic wave)의 전기장이나 자기장 벡터의 진폭은 **산란진폭**(scattering amplitude)이라고 부르는 양 F를 정의하는 다음 적분에 비례한다.

$$F = \int dV\, n(\mathbf{r}) \exp[i(\mathbf{k} - \mathbf{k}') \cdot \mathbf{r}] = \int dV\, n(\mathbf{r}) \exp(-i\Delta\mathbf{k} \cdot \mathbf{r})\,. \tag{18}$$

위에서 $\mathbf{k} - \mathbf{k}' = -\Delta\mathbf{k}$, 즉

$$\mathbf{k} + \Delta\mathbf{k} = \mathbf{k}' \tag{19}$$

이다. 여기서 $\Delta\mathbf{k}$는 파동벡터의 변화를 나타내며 **산란벡터**(scattering vector)라고 부른다(그림 7). 우리는 $\mathbf{k}$에 $\Delta\mathbf{k}$를 더하여 산란된 빔의 파동벡터 $\mathbf{k}'$을 얻는다.

식 (18)에 $n(\mathbf{r})$의 푸리에 성분인 식 (9)를 대입하면 다음의 산란 진폭을 얻는다.

$$F = \sum_{\mathbf{G}} \int dV\, n_{\mathbf{G}} \exp[i(\mathbf{G} - \Delta\mathbf{k}) \cdot \mathbf{r}]\,. \tag{20}$$

산란벡터 $\Delta\mathbf{k}$가 특정한 역격자벡터와 같을 때,

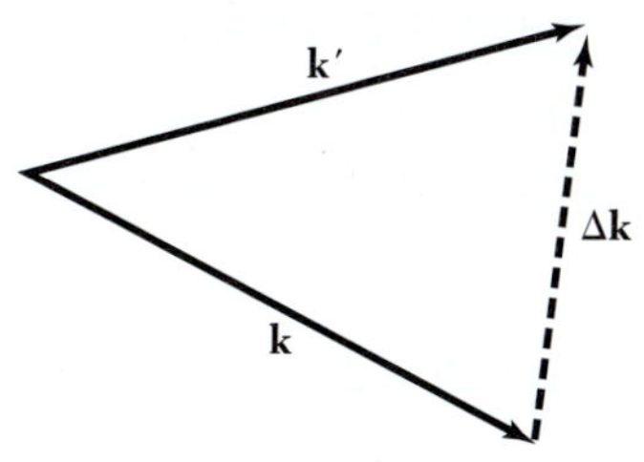

그림 7 $\mathbf{k} + \Delta\mathbf{k} = \mathbf{k}'$이 되도록 하는 산란벡터 $\Delta\mathbf{k}$의 정의. 탄성산란에서 크기는 $k' = k$가 된다. 또한 주기적인 격자로부터의 브래그 산란에서 허용된 $\Delta\mathbf{k}$는 역격자벡터 $\mathbf{G}$ 중 하나와 같아야 한다.

$$\Delta \mathbf{k} = \mathbf{G} , \tag{21}$$

지수의 인수는 0이 되고 $F = Vn_G$가 된다. $\Delta\mathbf{k}$가 어느 역격자벡터와도 상당히 다를 경우 F는 무시할 수 있을 만큼 작아진다는 것을 간단한 계산으로 보일 수 있다(연습문제 4).

광자가 탄성산란을 일으킬 때 광자의 에너지 $\hbar\omega$는 보존되므로 나오는 빔의 진동수(frequency) $\omega' = ck'$는 입사하는 빔의 진동수와 같다. 따라서 크기 k와 k'은 같고, $k^2 = k'^2$인데, 이 결과는 전자와 중성자의 빔에서도 성립한다. 식 (21)에서 우리는 $\Delta\mathbf{k} = \mathbf{G}$, 즉 $\mathbf{k} + \mathbf{G} = \mathbf{k}'$임을 알았으므로 **에돌이 조건**은 $(\mathbf{k} + \mathbf{G})^2 = k^2$, 즉

$$2\mathbf{k} \cdot \mathbf{G} + G^2 = 0 \tag{22}$$

으로 쓸 수 있다. 이것이 주기적인 격자에서 파동의 탄성산란 이론의 핵심 결과이다. $\mathbf{G}$가 역격자벡터라면, $-\mathbf{G}$도 역격자벡터이고, 이렇게 바꿔 쓰면 식 (22)를 다음과 같이 쓸 수 있다.

$$2\mathbf{k} \cdot \mathbf{G} = G^2 \, . \tag{23}$$

바로 이 표현이 에돌이 조건으로 종종 쓰인다.

식 (23)은 브래그 조건식 (1)의 다른 표현이다. 연습문제 1의 결과에 의하면, $\mathbf{G} = h\mathbf{b}_1 + k\mathbf{b}_2 + l\mathbf{b}_3$ 방향에 수직인 평행 격자면들 사이의 거리는 $d(hkl) = 2\pi/|\mathbf{G}|$이다. 따라서 $2\mathbf{k} \cdot \mathbf{G} = G^2$이라는 결과는 다음과 같이 바꿔 쓸 수 있다.

$$2(2\pi/\lambda) \sin\theta = 2\pi/d(hkl) \, .$$

이 식은 $2d(hkl)\sin\theta = \lambda$와 같은데, 여기서 θ는 입사 빔과 결정면 사이의 각이다.

$\mathbf{G}$를 정의하는 정수 hkl은 실제 결정면의 지표와 반드시 같을 필요는 없다. 왜냐하면 hkl은 공통인자 n을 가질 수 있는 데 비해 1장의 지표의 정의에서는 공통인자를 없애버렸기 때문이다. 따라서 우리는 브래그와 같은 결과를 얻는다.

$$2d \sin\theta = n\lambda \, . \tag{24}$$

여기서 d는 지표 h/n, k/n, l/n을 갖는 이웃한 평행면 간의 간격이다.

라우에 식(*Laue equations*)

에돌이 이론의 원래 결과인 식 (21) 즉, $\Delta\mathbf{k} = \mathbf{G}$는 다른 방식으로 표현하면 라우에 식(Laue equation)으로 불리는 식이 된다. 이 식은 기하학적으로 나타낼 수 있기 때문에 중요하다. $\Delta\mathbf{k}$와 $\mathbf{G}$ 모두에 차례로 $\mathbf{a}_1$, $\mathbf{a}_2$, $\mathbf{a}_3$와의 스칼라곱(scalar product)을 취하면 식 (14)와 (15)로부터 다음의 식을 얻는다.

$$\mathbf{a}_1 \cdot \Delta\mathbf{k} = 2\pi v_1 \;; \qquad \mathbf{a}_2 \cdot \Delta\mathbf{k} = 2\pi v_2 \;; \qquad \mathbf{a}_3 \cdot \Delta\mathbf{k} = 2\pi v_3 \, . \tag{25}$$

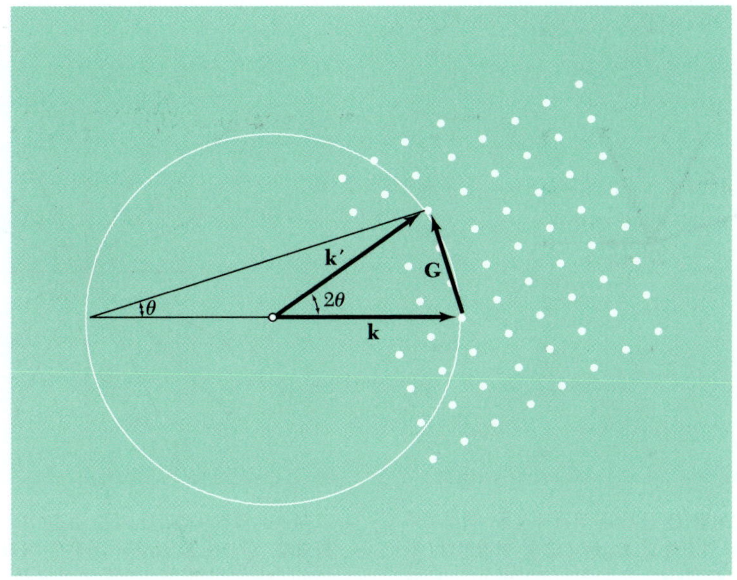

그림 8 오른편의 점들은 결정의 역격자점이다. 벡터 $\mathbf{k}$는 입사 엑스선 빔의 방향으로 그려졌고, 원점은 $\mathbf{k}$가 임의의 역격자점에서 끝나도록 선택했다. $\mathbf{k}$의 원점에 대해 반지름 $k = 2\pi/\lambda$인 구를 그린다. 만약 이 구가 역격자의 다른 점과 만난다면 에돌이된 빔이 생긴다. 위에 그려진 구는 $\mathbf{k}$의 끝에서 역격자벡터 $\mathbf{G}$로 연결된 점에서 교차한다. 에돌이된 엑스선 빔은 $\mathbf{k}' = \mathbf{k} + \mathbf{G}$의 방향에 있다. 각도 θ는 그림 2의 브래그각이다. 이 작도는 에발트(P. P. Ewald)가 처음 하였다.

이 식들은 기하학적으로 간단히 해석할 수 있다. 첫 번째 식 $\mathbf{a}_1 \cdot \Delta\mathbf{k} = 2\pi v_1$은 $\Delta\mathbf{k}$가 $\mathbf{a}_1$ 방향의 어떤 원뿔(cone) 위에 있어야 함을 말해 준다. 두 번째 식은 $\Delta\mathbf{k}$가 $\mathbf{a}_2$ 주위의 원뿔에도 있어야 함을 말해 주고, 세 번째 식에 의해 $\Delta\mathbf{k}$는 $\mathbf{a}_3$ 주위의 원뿔에도 있어야 한다. 반사되었을 때 $\Delta\mathbf{k}$는 세 식 모두를 만족해야 하므로 세 원뿔이 교차하는 선 위에 있어야 한다. 이것은 매우 엄격한 조건이어서 파장이나 결정의 방향들을 체계적으로 바꾸면서 찾거나 순전한 우연[2]에 의해서만 만족시킬 수 있다.

에발트 작도(Ewald construction)라는 멋있는 작도가 그림 8에 나타나 있다. 이 그림은 삼차원에서 에돌이 조건을 만족하기 위해 일어나야 하는 우연이 어떤 성질의 것인지를 눈으로 보게 해준다.

브릴루앙 영역
BRILLOUIN ZONES

브릴루앙(Brillouin)은 전자 에너지띠 이론(electron energy band theory)과 여러 종류의 기본들뜸(elementary excitation)의 설명 등 고체물리학에서 가장 널리 쓰이는 에돌이 조건을 제시했다. 브릴루앙 영역은 역격자에서의 위그너-자이쯔 낱칸으로 정

2) **역자주** sheer accident, 그런 우연은 거의 일어나지 않는다는 뜻이다.

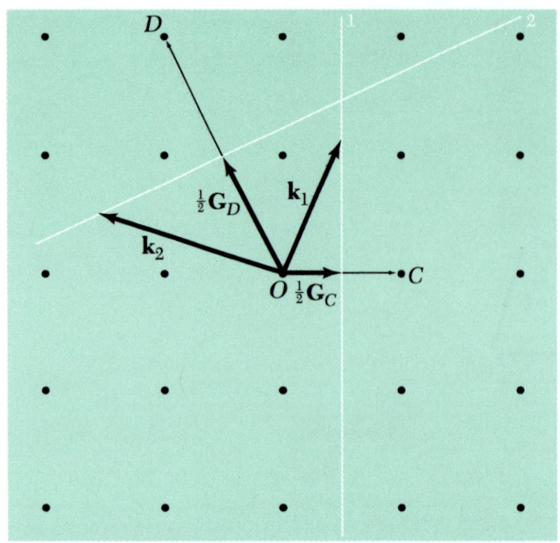

그림 9a 역격자의 원점 O 근처의 역격자점들. 역격자벡터 $\mathbf{G}_C$는 OC점들을 연결하고, $\mathbf{G}_D$는 OD를 연결한다. 두 평면 1과 2는 각각 $\mathbf{G}_C$와 $\mathbf{G}_D$의 수직이등분면이다. $\mathbf{k}_1$과 같이 원점에서 평면 1까지 가는 어떤 벡터도 에돌이 조건 $\mathbf{k}_1 \cdot (\frac{1}{2}\mathbf{G}_C) = (\frac{1}{2}\mathbf{G}_C)^2$을 만족한다. 마찬가지로 $\mathbf{k}_2$와 같이 원점에서 평면 2까지 가는 어떤 벡터도 에돌이 조건 $\mathbf{k}_2 \cdot (\frac{1}{2}\mathbf{G}_D) = (\frac{1}{2}\mathbf{G}_D)^2$을 만족한다.

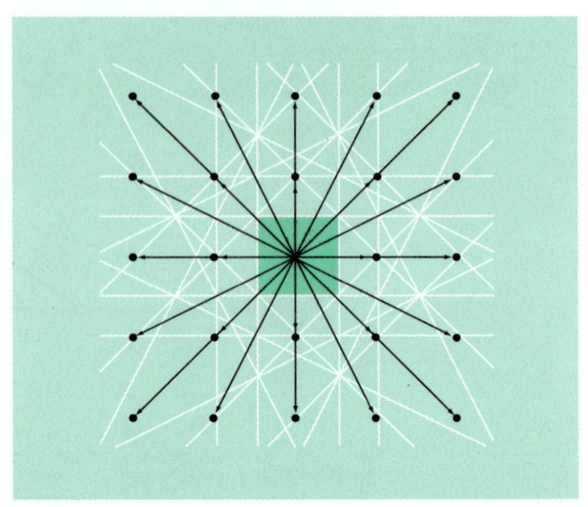

그림 9b 역격자벡터가 가는 검은 선으로 표시된 정사각형 역격자. 흰색으로 표시된 선들은 역격자벡터의 수직이등분선이다. 중앙의 정사각형이 원점 주변에서 흰 선에 의해 완전히 둘러싸인 최소의 공간이다. 이 정사각형이 역격자의 위그너-자이쯔 낱칸이며, 첫째 브릴루앙 영역이라고 불린다.

의된다. (직접 격자에서의 작도가 그림 1.4에 그려져 있다) 브릴루앙 영역의 가치는 식 (23)의 에돌이 조건 $2\mathbf{k} \cdot \mathbf{G} = G^2$을 생생하게 기하학적으로 해석하게 해준다는 것이다. 양변을 4로 나누면 다음을 얻는다.

$$\mathbf{k} \cdot \left(\tfrac{1}{2}\mathbf{G}\right) = \left(\tfrac{1}{2}G\right)^2 . \tag{26}$$

우리는 이제 역격자공간(reciprocal space), 즉 $\mathbf{k}$와 $\mathbf{G}$의 공간에서 생각하고 있다. 원점에서 역격자점 하나까지의 벡터 $\mathbf{G}$를 택한다. 이 벡터 $\mathbf{G}$의 중앙점(midpoint)에서 벡터에 수직인 평면을 그린다. 이 평면이 영역경계(zone boundary)의 일부가 된다(그림 9a). 결정에서 엑스선 빔은, 그 파동벡터가 식 (26)이 요구하는 크기와 방향을 가질 때 에돌이된다. 에돌이된 빔은, 식 (19)에서 $\Delta\mathbf{k} = -\mathbf{G}$로 놓아 알 수 있듯이, $\mathbf{k}-\mathbf{G}$의 방향에 있게 된다. 따라서 브릴루앙 작도는 결정에 의해 브래그 반사될 수 있는 모든 파동벡터 $\mathbf{k}$를 보여준다.

역격자벡터의 수직이등분면들의 집합은 결정에서의 파 전파 이론(theory of wave propagation)에서 일반적으로 중요하다: 원점에서 시작한 파동벡터가 이 면들 중 하나에서 끝나면, 그 파는 에돌이 조건을 만족한다. 이 평면들은 결정의 푸리에 공간을 여러 조각으로 나누는데, 그림 9b에 정사각형 격자의 경우가 예시되어 있다. 중앙의 정사각형이 역격자의 기본낱칸이며, 또한 역격자의 위그너-자이쯔 낱칸이다.

역격자의 중앙의 낱칸은 고체 이론에서 특별히 중요하여 **첫째 브릴루앙 영역**(first Brillouin zone)이라 부른다. **첫째 브릴루앙 영역은 원점에서 그려진 역격자벡터의 수직 이등**

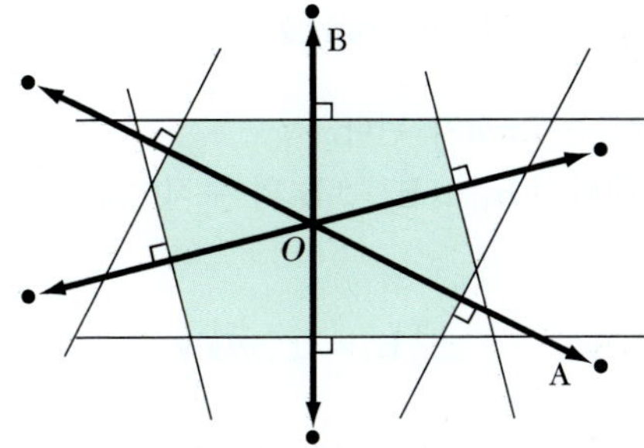

그림 10 2차원의 경사격자에 대한 첫째 브릴루앙 영역의 작도. O에서 근처의 역격자점까지 여러 개의 벡터를 그린다. 다음에 이 벡터의 중앙점에서 벡터에 수직인 선을 그린다. 이 선들에 의해 둘러싸인 가장 작은 면적이 첫째 브릴루앙 영역이다.

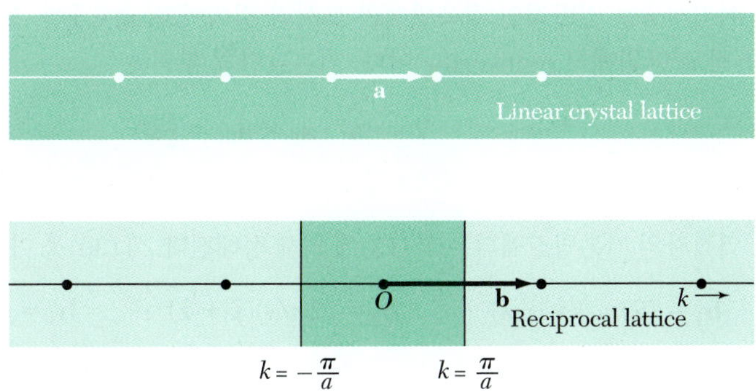

그림 11 일차원의 결정과 역격자. 역격자의 기저벡터(basis vector)는 길이 $2\pi/a$인 $\mathbf{b}$이다. 원점에서 가장 짧은 역격자벡터는 $\mathbf{b}$와 $-\mathbf{b}$이다. 이 벡터들의 수직이등분선이 첫째 브릴루앙 영역의 경계가 된다. 이 경계는 $k = \pm\pi/a$에 있다.

분면에 완전히 둘러싸인 최소의 공간이다. 첫째 브릴루앙 영역의 예가 그림 10과 그림 11에 그려져 있다.

역사적으로 보면, 브릴루앙의 영역은 결정구조의 엑스선 에돌이 분석의 용어가 아니라 결정의 에너지띠 구조 분석의 필수적인 일부였다.

SC 격자의 역격자(reciprocal lattice to sc lattice)

단순입방격자의 기본병진벡터로서 다음 집합을 택할 수 있다.

$$\mathbf{a}_1 = a\hat{\mathbf{x}} \ ; \qquad \mathbf{a}_2 = a\hat{\mathbf{y}} \ ; \qquad \mathbf{a}_3 = a\hat{\mathbf{z}} \ . \tag{27a}$$

여기서 $\hat{\mathbf{x}}, \hat{\mathbf{y}}, \hat{\mathbf{z}}$는 길이가 1이고 직교하는(orthogonal) 벡터이다. 낱칸의 부피는 $\mathbf{a}_1 \cdot \mathbf{a}_2 \times \mathbf{a}_3 = a^3$이다. 역격자의 기본병진벡터는 표준 처방인 식 (13)으로부터 구할 수 있다.

$$\mathbf{b}_1 = (2\pi/a)\hat{\mathbf{x}} \ ; \qquad \mathbf{b}_2 = (2\pi/a)\hat{\mathbf{y}} \ ; \qquad \mathbf{b}_3 = (2\pi/a)\hat{\mathbf{z}} \ . \tag{27b}$$

여기서 역격자도 역시 단순입방격자인데 격자상수는 $2\pi/a$가 된다.

첫째 브릴루앙 영역의 경계는 여섯 역격자벡터 $\pm\mathbf{b}_1$, $\pm\mathbf{b}_2$, $\pm\mathbf{b}_3$의 수직이등분면들이다.

$$\pm\tfrac{1}{2}\mathbf{b}_1 = \pm(\pi/a)\hat{\mathbf{x}} \ ; \qquad \pm\tfrac{1}{2}\mathbf{b}_2 = \pm(\pi/a)\hat{\mathbf{y}} \ ; \qquad \pm\tfrac{1}{2}\mathbf{b}_3 = \pm(\pi/a)\hat{\mathbf{z}} \ . \tag{28}$$

이 여섯 면은 모서리 길이 $2\pi/a$, 부피 $(2\pi/a)^3$인 정육면체를 만드는데, 이 정육면체가 sc 결정격자의 첫째 브릴루앙 영역이다.

bcc 격자의 역격자*(reciprocal lattice to bcc lattice)*

bcc 격자의 기본병진벡터(그림 12)는 다음과 같다.

$$\mathbf{a}_1 = \tfrac{1}{2}a(-\hat{\mathbf{x}} + \hat{\mathbf{y}} + \hat{\mathbf{z}}) \ ; \quad \mathbf{a}_2 = \tfrac{1}{2}a(\hat{\mathbf{x}} - \hat{\mathbf{y}} + \hat{\mathbf{z}}) \ ; \quad \mathbf{a}_3 = \tfrac{1}{2}a(\hat{\mathbf{x}} + \hat{\mathbf{y}} - \hat{\mathbf{z}}) \ . \tag{29}$$

여기서 a는 일반적인 정육면체의 모서리 길이이고, $\hat{\mathbf{x}}, \hat{\mathbf{y}}, \hat{\mathbf{z}}$는 정육면체 모서리에 나란한 직교 단위벡터(unit vector)이다. 기본낱칸의 부피는

$$V = |\mathbf{a}_1 \cdot \mathbf{a}_2 \times \mathbf{a}_3| = \tfrac{1}{2}a^3 \tag{30}$$

이다.

역격자의 기본병진벡터는 식 (13)에 의해 정해진다. 식 (30)을 이용하면,

$$\mathbf{b}_1 = (2\pi/a)(\hat{\mathbf{y}} + \hat{\mathbf{z}}) \ ; \qquad \mathbf{b}_2 = (2\pi/a)(\hat{\mathbf{x}} + \hat{\mathbf{z}}) \ ; \qquad \mathbf{b}_3 = (2\pi/a)(\hat{\mathbf{x}} + \hat{\mathbf{y}}) \tag{31}$$

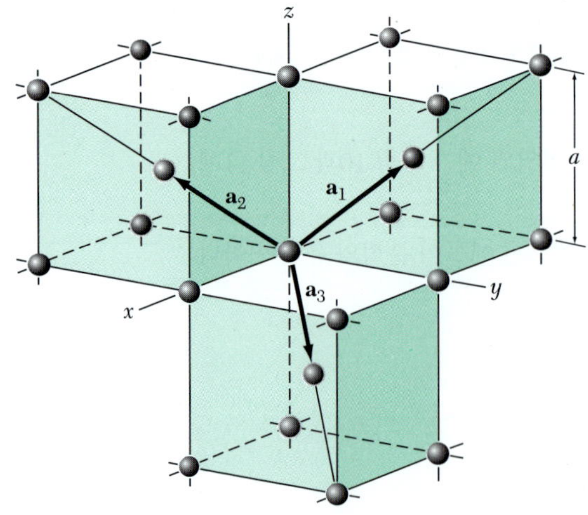

그림 12 체심입방격자의 기본 기저벡터.

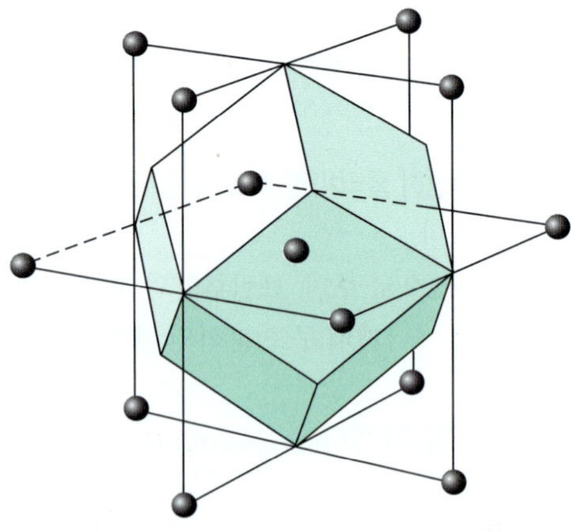

그림 13 체심입방격자의 첫째 브릴루앙 영역. 이 그림은 정사방십이면체(regular rhombic dodecahedron)이다.

을 얻는다. 그림 14와 비교하면 이들은 바로 fcc 격자의 기본벡터이고 따라서 fcc 격자는 bcc 격자의 역격자라는 것을 주목하라.

일반적인 역격자벡터는 정수 v_1, v_2, v_3에 대해

$$\mathbf{G} = v_1\mathbf{b}_1 + v_2\mathbf{b}_2 + v_3\mathbf{b}_3 = (2\pi/a)[(v_2 + v_3)\hat{\mathbf{x}} + (v_1 + v_3)\hat{\mathbf{y}} + (v_1 + v_2)\hat{\mathbf{z}}] \quad (32)$$

이다. 가장 짧은 **G**는 모든 부호(sign)가 독립적(independent)일 때 다음의 12 벡터이다.

$$(2\pi/a)(\pm\hat{\mathbf{y}} \pm \hat{\mathbf{z}}) \ ; \qquad (2\pi/a)(\pm\hat{\mathbf{x}} \pm \hat{\mathbf{z}}) \ ; \qquad (2\pi/a)(\pm\hat{\mathbf{x}} \pm \hat{\mathbf{y}}) \ . \quad (33)$$

역격자의 기본낱칸 중 하나는 식 (31)에 의해 정의된 $\mathbf{b}_1$, $\mathbf{b}_2$, $\mathbf{b}_3$에 의해 만들어지는 평행육면체이다. 역공간에서 이 낱칸의 부피는 $\mathbf{b}_1 \cdot \mathbf{b}_2 \times \mathbf{b}_3 = 2(2\pi/a)^3$이다. 여덟 개 의 꼭지점 각각이 여덟 평행육면체에 의해 공유되고 있으므로, 이 낱칸에는 역격자점 이 하나 있다. 각 평행육면체는 여덟 꼭지점 각각의 1/8을 갖는 것이다(그림 12 참조). 또 하나의 기본낱칸은 역격자의 중앙(위그너-자이쯔) 낱칸으로서 첫째 브릴루앙 영역이다. 이 낱칸 하나는 낱칸의 중앙 위치에 하나의 격자점을 갖는다. (bcc 격자에 대한) 이 영역은 식 (33)의 12 벡터의 수직이등분면에 둘러싸인다. 이 영역은 그림 13에 보인 대로 12면을 가진 입체, 즉 정사방십이면체(regular rhombic dodecahedron)이다.

fcc 격자의 역격자*(reciprocal lattice to fcc lattice)*

그림 14의 fcc 격자의 기본병진벡터는

$$\mathbf{a}_1 = \frac{1}{2}a(\hat{\mathbf{y}} + \hat{\mathbf{z}}) \ ; \quad \mathbf{a}_2 = \frac{1}{2}a(\hat{\mathbf{x}} + \hat{\mathbf{z}}) \ ; \quad \mathbf{a}_3 = \frac{1}{2}a(\hat{\mathbf{x}} + \hat{\mathbf{y}}) \quad (34)$$

이다. 기본낱칸의 부피는

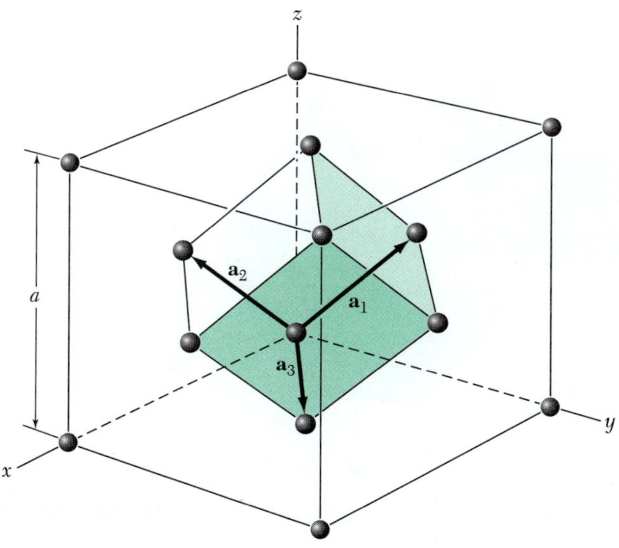

그림 14 면심입방격자의 기본 기저벡터.

$$V = |\mathbf{a}_1 \cdot \mathbf{a}_2 \times \mathbf{a}_3| = \frac{1}{4}a^3 \tag{35}$$

이다.

fcc 격자의 역격자의 기본병진벡터는

$$\mathbf{b}_1 = (2\pi/a)(-\hat{\mathbf{x}} + \hat{\mathbf{y}} + \hat{\mathbf{z}}) \ ; \qquad \mathbf{b}_2 = (2\pi/a)(\hat{\mathbf{x}} - \hat{\mathbf{y}} + \hat{\mathbf{z}}) \ ; \\ \mathbf{b}_3 = (2\pi/a)(\hat{\mathbf{x}} + \hat{\mathbf{y}} - \hat{\mathbf{z}}) \tag{36}$$

이다. 이것들은 bcc 격자의 기본병진벡터이므로 bcc 격자는 fcc 격자의 역격자다. 역격자의 기본낱칸의 부피는 $4(2\pi/a)^3$이다.

제일 짧은 $\mathbf{G}$는 다음의 여덟 벡터이다.

$$(2\pi/a)(\pm\hat{\mathbf{x}} \pm \hat{\mathbf{y}} \pm \hat{\mathbf{z}}) \ . \tag{37}$$

역격자의 중앙낱칸의 경계 중 많은 부분은 이 벡터들의 수직이등분면에 의해 정해진다. 이렇게 만들어진 팔면체(octahedron)의 모서리는 다음 식에 있는 여섯 개의 다른 역격자벡터의 수직이등분면에 의해 잘리게 된다.

$$(2\pi/a)(\pm 2\hat{\mathbf{x}}) \ ; \qquad (2\pi/a)(\pm 2\hat{\mathbf{y}}) \ ; \qquad (2\pi/a)(\pm 2\hat{\mathbf{z}}) \ . \tag{38}$$

$(2\pi/a)(2\hat{\mathbf{x}})$는 $\mathbf{b}_2 + \mathbf{b}_3$이므로 역격자벡터 중 하나임을 유의하라. 첫째 브릴루앙 영역은 원점 주변의 최소 밀폐공간으로 그림 15에 있는 잘린 팔면체(truncated octahedron)이다. 여섯 평면은 모서리 길이 $4\pi/a$이며 (잘리기 전) 부피 $(4\pi/a)^3$인 정육면체의 면을 이룬다.

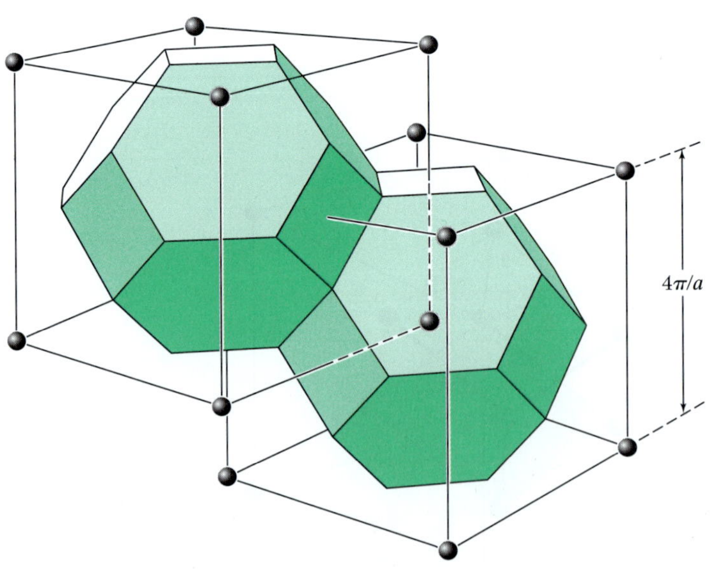

그림 15 면심입방격자의 브릴루앙 영역들. 이 낱칸들은 역공간에 있으며, 역격자는 체심입방격자다.

기저의 푸리에 해석
FOURIER ANALYSIS OF THE BASIS

식 (21)의 에돌이 조건 $\Delta\mathbf{k} = \mathbf{G}$가 만족되면, 산란진폭은 식 (18)에 의해 정해지는데, N개의 낱칸을 갖는 결정에 대해서는 다음과 같이 쓸 수 있다.

$$F_{\mathbf{G}} = N \int_{cell} dV\, n(\mathbf{r}) \exp(-i\mathbf{G}\cdot\mathbf{r}) = NS_{\mathbf{G}} \ . \tag{39}$$

$S_{\mathbf{G}}$는 **구조인자**(structure factor)로 불리며, $\mathbf{r} = 0$을 낱칸의 한 모서리에 잡았을 때 그 낱칸 하나에 대한 적분으로 정의된다.

종종 전자농도 $n(\mathbf{r})$을 낱칸 내 각 원자 j에 대한 전하농도 함수 n_j의 포갬(superposition)으로 쓰는 것이 유익하다. $\mathbf{r}_j$가 원자 j의 중심을 나타내는 벡터라면 함수 $n_j(\mathbf{r} - \mathbf{r}_j)$는 그 원자가 $\mathbf{r}$ 점의 전자농도에 기여하는 양을 나타낸다. 낱칸 내 모든 원자에 의한 $\mathbf{r}$ 점의 총 전하농도는 기저 내의 s개 원자에 대한 합이다.

$$n(\mathbf{r}) = \sum_{j-1}^{s} n_j(\mathbf{r} - \mathbf{r}_j) \ . \tag{40}$$

각 원자가 얼마만큼의 전하를 내놓았는지를 항상 구분할 수 있는 것은 아니기 때문에, $n(\mathbf{r})$을 분할(decomposition)하는 방법은 여러 가지일 수 있다. 이것은 그다지 중요한 문제는 아니다.

식 (39)에서 정의된 구조인자는 이제 낱칸 내 s개의 원자에 대한 적분들로 쓸 수 있다.

$$\begin{aligned} S_{\mathbf{G}} &= \sum_j \int dV\, n_j(\mathbf{r} - \mathbf{r}_j) \exp(-i\mathbf{G}\cdot\mathbf{r}) \\ &= \sum_j \exp(-i\mathbf{G}\cdot\mathbf{r}_j) \int dV\, n_j(\boldsymbol{\rho}) \exp(-i\mathbf{G}\cdot\boldsymbol{\rho}) \ . \end{aligned} \tag{41}$$

여기서 $\boldsymbol{\rho} = \mathbf{r} - \mathbf{r}_j$이다. 이제 우리는 다음과 같이 **원자모양인자**(atomic form factor)를 정의한다.

$$f_j = \int dV\, n_j(\boldsymbol{\rho}) \exp(-i\mathbf{G}\cdot\boldsymbol{\rho}) \ . \tag{42}$$

이 적분은 모든 공간에 대한 것이다. 만약 $n_j(\boldsymbol{\rho})$가 원자의 성질(atomic property)이라면, f_j도 원자의 성질이다.

식 (41)과 (42)를 묶어 기저의 구조인자를 다음과 같은 형태로 얻는다.

$$S_{\mathbf{G}} = \sum_j f_j \exp(-i\mathbf{G}\cdot\mathbf{r}_j) \ . \tag{43}$$

원자 j에 대한 $\mathbf{r}_j$를 식 (1.2)처럼 쓰면 구조인자의 일반적인 형태를 얻는다.

$$\mathbf{r}_j = x_j\mathbf{a}_1 + y_j\mathbf{a}_2 + z_j\mathbf{a}_3 \ . \tag{44}$$

그러면 v_1, v_2, v_3로 표지된(labelled) 반사에 대해,

$$\begin{aligned}\mathbf{G}\cdot\mathbf{r}_j &= (v_1\mathbf{b}_1 + v_2\mathbf{b}_2 + v_3\mathbf{b}_3)\cdot(x_j\mathbf{a}_1 + y_j\mathbf{a}_2 + z_j\mathbf{a}_3)\\ &= 2\pi(v_1x_j + v_2y_j + v_3z_j)\end{aligned} \tag{45}$$

이며, 따라서 식 (43)은 다음과 같이 된다.

$$S_{\mathbf{G}}(v_1v_2v_3) = \sum_j f_j \exp[-i2\pi(v_1x_j + v_2y_j + v_3z_j)] \ . \tag{46}$$

구조인자 S는 실수가 아니어도 된다. S^*가 S의 복소공액(complex conjugate)일 때, 산란 세기는 S^*S를 포함하게 되고, S^*S가 실수이기 때문이다.

bcc 격자의 구조인자(structure factor of the bcc lattice)

입방날칸에 대한 bcc 기저는 $x_1 = y_1 = z_1 = 0$과 $x_2 = y_2 = z_2 = \frac{1}{2}$에 동일한 원자를 갖고 있다. 식 (46)은

$$S(v_1v_2v_3) = f\{1 + \exp[-i\pi(v_1 + v_2 + v_3)]\} \tag{47}$$

가 되는데, f는 원자 하나의 모양인자이다. S의 값은 지수함수가 -1의 값을 가질 때마다, 즉 인수가 $-i\pi\times$(홀수)가 될 때마다 영이 된다.

따라서

$$S = 0, \qquad v_1 + v_2 + v_3 = \text{홀수일 때}$$
$$S = 2f, \qquad v_1 + v_2 + v_3 = \text{짝수일 때}$$

이다.

금속성 나트륨(metallic sodium)은 bcc 구조를 가지고 있다. 그 에돌이 무늬에는 (100), (300), (111), (221)과 같은 선들은 없고 (200), (110), (222)와 같은 선들은 있다. 여기서 지표 $(v_1 v_2 v_3)$는 입방날칸에 대한 것이다. (100) 반사가 없다는 결과를 어떻게 물리적으로 해석할까? 보통 (100) 반사는 입방날칸을 이루는 면들로부터의 반사가 2π의 위상차를 가질 때 일어난다. bcc 격자에서는 그림 16에서 두 번째 면으로 표지된 중간에 있는 원자 평면이 있는데, 이 평면은 다른 평면들과 같은 산란능력(scattering power)을 갖는다. 이 면은 중간에 위치하기 때문에 첫 번째 면에 대해 위상이 π만큼 늦은 반사를 하여 첫 번째 면의 기여를 상쇄한다. bcc 격자에서 (100) 반사가 상쇄되는 것은 이 면들의 조성(composition)이 동일하기 때문이다. hcp 구조에서도 비슷하게 상쇄되는 것을 쉽게 찾을 수 있다.

fcc 격자의 구조인자(structure factor of the fcc lattice)

입방날칸에 대한 fcc 구조의 기저는 $000;0\frac{1}{2}\frac{1}{2};\frac{1}{2}0\frac{1}{2};\frac{1}{2}\frac{1}{2}0$에 동일한 원자를 갖는다. 따라서 식 (46)은

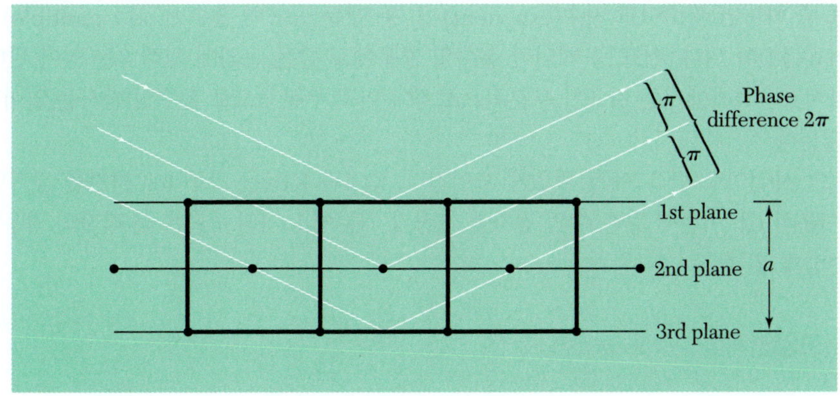

그림 16 체심입방격자에서 (100) 반사가 없는 이유에 대한 설명. 인접하는 평면 사이의 위상차가 π이고 두 개의 인접한 평면에서 반사된 진폭는 $1 + e^{-i\pi} = 1 - 1 = 0$이다.

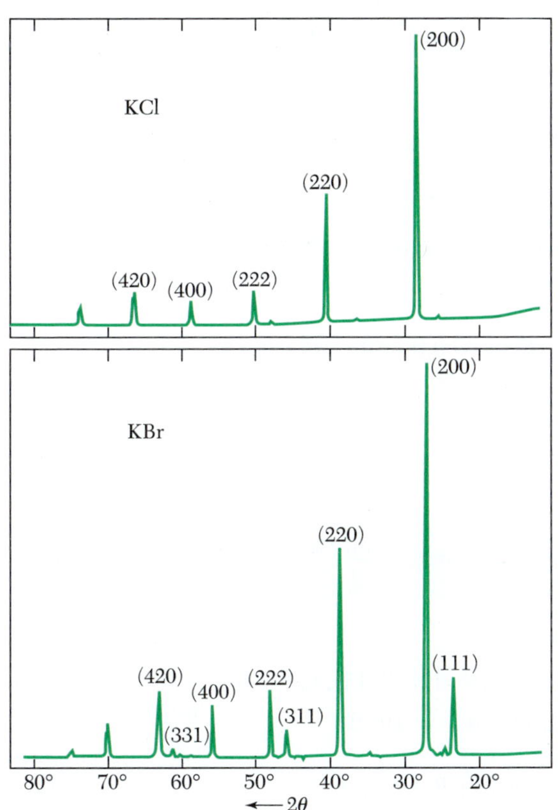

그림 17 KCl과 KBr 가루들로부터의 엑스선 반사의 비교. KCl에서 K^+이온과 Cl^-이온의 전자수는 같다. 흩뜨림 진폭 $f(K^+)$와 $f(Cl^-)$가 거의 정확하게 같으므로, 이 결정은 엑스선에게 격자상수 $a/2$인 한원자(monatomic) 단순입방격자처럼 보인다. 반사지표(reflection index)를 격자상수 a인 입방격자에 대해서 쓰면 짝수만 나타난다. KBr에서는 Br^-의 모양인자가 K^+의 모양인자와 크게 다르고, fcc 격자의 모든 반사가 나타난다(R. van Nordstrand의 양해 하에 인용).

$$S(v_1v_2v_3) = f\{1 + \exp[-i\pi(v_2 + v_3)] + \exp[-i\pi(v_1 + v_3)] + \exp[-i\pi(v_1 + v_2)]\} \tag{48}$$

이 된다. 모든 지표가 짝수일 때 $S = 4f$ 이고 모든 지표가 홀수일 때도 그렇다. 그러나 지표 중 하나만 짝수이면 지수(exponent) 중 두 개는 $-i\pi$의 홀수배(odd multiple)가 되어 S는 0이 된다. 지표 중 하나만 홀수일 경우에도 같은 논의에 의해 S는 영이 된다. 따라서 fcc 격자에서는 지표가 부분적으로 짝수이고 부분적으로 홀수인 반사는 일어나지 않는다.

이 사실이 그림 17에서 멋있게 보여진다: KCl과 KBr은 모두 fcc 격자를 갖지만, K^+이온과 Cl^-이온이 같은 수의 전자를 가지기 때문에 KCl의 $n(\mathbf{r})$은 sc 격자의 경우와 비슷하게 된다.

원자모양인자*(atomic form factor)*

구조인자에 대한 식 (46)의 표현에서, 단위낱칸 내 j번째 원자의 산란능력의 척도(measure)가 되는 양인 f_j가 나타난다. f의 값은 원자 내 전자들의 수와 분포 및 방사(radiation)의 파장과 산란각에 관련된다. 이제 산란인자(scattering factor)를 고전적으로 계산해 보자.

원자 하나에서 산란된 방사(scattered radiation)는 원자 안의 간섭효과를 반영한다. 식 (42)에서 우리는 모양인자를

$$f_j = \int dV\, n_j(\mathbf{r}) \exp(-i\mathbf{G}\cdot\mathbf{r}) \tag{49}$$

로 정의했는데, 적분은 원자 하나와 연관된 전자농도가 있는 공간에 대해서이다. $\mathbf{r}$이 $\mathbf{G}$와 각도 α를 이루고 있다면 $\mathbf{G}\cdot\mathbf{r} = Gr\cos\alpha$이다. 전자의 분포가 원점에 대해 구면 대칭적(spherically symmetric)이면,

$$\begin{aligned} f_j &\equiv 2\pi \int dr\, r^2\, d(\cos\alpha)\, n_j(r) \exp(-iGr\cos\alpha) \\ &= 2\pi \int dr\, r^2 n_j(r) \cdot \frac{e^{iGr} - e^{-iGr}}{iGr} \end{aligned}$$

이고, $d(\cos\alpha)$를 -1과 1 사이에서 적분하고 나면 모양인자는

$$f_j = 4\pi \int dr\, n_j(r) r^2 = \frac{\sin Gr}{Gr} \tag{50}$$

에 의해 주어진다.

만약 총 전자밀도가 같고 $r=0$에 집중되어 있다면, $Gr=0$만이 피적분함수에 기여 할 것이다. 이 극한(limit)에서 $(\sin Gr)/Gr = 1$이고

$$f_j = 4\pi \int dr\, n_j(r) r^2 = Z \tag{51}$$

즉, 원자 내 전자의 숫자가 된다. 그러므로 f는 한 점에 모여 있는 전자 하나에 의해 흩뜨려진 방사진폭(radiation amplitude)에 대한, 원자 내 실제 전자 분포에 의해 산란된 방사진폭의 비이다. 앞쪽 방향(forward direction) $G = 0$[3)]에서, f의 값은 다시 단순한 Z

3) **역자주** 앞쪽 방향이란 $\mathbf{k}'$와 $\mathbf{k}$가 같은 방향임을 의미하며 $\mathbf{G} = 0$이 된다(그림 7 참조).

가 된다.

엑스선 에돌이에서 보이는 고체 안의 전반적인 전자 분포는 같은 종류의 자유원자(free atom)[4)]의 전자 분포와 아주 비슷하다. 이 말이 가장 바깥쪽 전자, 즉 원자가전자(valence electron)가 고체를 이루면서 분포가 바뀌지 않는다는 것을 뜻하지는 않는다; 이 말은 엑스선 반사 세기가 자유원자의 구조인자 값으로 잘 나타내지고 전자의 작은 재분포(redistribution)에 그다지 민감하지 않다는 것을 의미할 뿐이다.

요약

Summary

- 브래그 조건의 여러 가지 표현:

$$2d\sin\theta = n\lambda\,; \qquad \Delta\mathbf{k} = \mathbf{G}\,; \qquad 2\mathbf{k}\cdot\mathbf{G} = G^2\,.$$

- 라우에 조건:

$$\mathbf{a}_1\cdot\Delta\mathbf{k} = 2\pi v_1\,; \qquad \mathbf{a}_2\cdot\Delta\mathbf{k} = 2\pi v_2\,; \qquad \mathbf{a}_3\cdot\Delta\mathbf{k} = 2\pi v_3\,.$$

- 역격자의 기본병진벡터는 다음과 같다.

$$\mathbf{b}_1 = 2\pi\frac{\mathbf{a}_2\times\mathbf{a}_3}{\mathbf{a}_1\cdot\mathbf{a}_2\times\mathbf{a}_3}\,; \qquad \mathbf{b}_2 = 2\pi\frac{\mathbf{a}_3\times\mathbf{a}_1}{\mathbf{a}_1\cdot\mathbf{a}_2\times\mathbf{a}_3}\,; \qquad \mathbf{b}_3 = 2\pi\frac{\mathbf{a}_1\times\mathbf{a}_2}{\mathbf{a}_1\cdot\mathbf{a}_2\times\mathbf{a}_3}\,.$$

여기서 $\mathbf{a}_1$, $\mathbf{a}_2$, $\mathbf{a}_3$는 결정격자의 기본병진벡터이다.

- 역격자벡터의 형태는

$$\mathbf{G} = v_1\mathbf{b}_1 + v_2\mathbf{b}_2 + v_3\mathbf{b}_3$$

이며, 여기서 v_1, v_2, v_3는 정수이거나 0이다.

- $\mathbf{k}' = \mathbf{k} + \Delta\mathbf{k} = \mathbf{k} + \mathbf{G}$의 방향으로 산란된 진폭은 다음의 기하 구조인자(geometrical structure factor)에 비례한다.

$$S_{\mathbf{G}} \equiv \sum f_j \exp(-i\mathbf{r}_j\cdot\mathbf{G}) = \sum f_j \exp[-i2\pi(x_j v_1 + y_j v_2 + z_j v_3)]\,.$$

여기서 j는 기저의 s개 원자에 대해서이고, f_j는 기저 내 j번째 원자의 원자모양인자 식 (49)이다. 우변의 표현은 $(v_1 v_2 v_3)$ 반사에 대한 것인데, 이에 대응하는 역살창벡터는 $\mathbf{G} = v_1\mathbf{b}_1 + v_2\mathbf{b}_2 + v_3\mathbf{b}_3$이다.

- 격자병진벡터 $\mathbf{T}$에 대해 변하지 않는 함수는 다음과 같은 푸리에 급수로 전개할 수 있다.

$$n(\mathbf{r}) = \sum_{\mathbf{G}} n_{\mathbf{G}} \exp(i\mathbf{G}\cdot\mathbf{r})\,.$$

- 첫째 브릴루앙 영역은 역격자의 위그너-자이쯔 기본낱칸이다. 파동벡터 $\mathbf{k}$를 원점

4) **역자주** 자유원자는 다른 원자와 결합하지 않고 홀로 있는 원자를 말한다.

으로부터 그렸을 때 브릴루앙 영역의 표면에서 끝나는 파동만이 결정에서 에돌이될 수 있다.

결정격자	첫째 브릴루앙 영역
단순입방	정육면체
체심입방	사방십이면체(그림 13)
면심입방	잘린 팔면체(그림 15)

연습문제
Problems

1. 평면 간 거리***(interplanar separation)***. 결정격자의 평면 hkl을 생각하자. **(a)** 역격자벡터 $\mathbf{G} = h\mathbf{b}_1 + k\mathbf{b}_2 + l\mathbf{b}_3$가 이 평면에 수직임을 증명하라. **(b)** 이 격자에서 두 개의 이웃하는 평행 평면 사이의 거리는 $d(hkl) = 2\pi/|\mathbf{G}|$임을 증명하라. **(c)** 단순입방격자에서 $d^2 = a^2/(h^2 + k^2 + l^2)$임을 보여라.

2. 육방공간격자***(hexagonal space lattice)***. 육방공간격자의 기본병진벡터는 다음과 같이 잡을 수 있다.

$$\mathbf{a}_1 = (3^{1/2}a/2)\hat{\mathbf{x}} + (a/2)\hat{\mathbf{y}}\ ;\qquad \mathbf{a}_2 = -(3^{1/2}a/2)\hat{\mathbf{x}} + (a/2)\hat{\mathbf{y}}\ ;\qquad \mathbf{a}_3 = c\hat{\mathbf{z}}\ .$$

(a) 기본낱칸의 부피는 $(3^{1/2}/2)a^2c$임을 보여라.

(b) 역격자의 기본병진벡터는

$$\mathbf{b}_1 = (2\pi/3^{1/2}a)\hat{\mathbf{x}} + (2\pi/a)\hat{\mathbf{y}}\ ;\qquad \mathbf{b}_2 = -(2\pi/3^{1/2}a)\hat{\mathbf{x}} + (2\pi/a)\hat{\mathbf{y}}\ ;\qquad \mathbf{b}_3 = (2\pi/c)\hat{\mathbf{z}}$$

이고, 따라서 격자와 역격자는 같지만 축이 회전된 것임을 보여라.

(c) 육방공간격자의 첫째 브릴루앙 영역에 대해 설명하고 개략적으로 그려라.

3. 브릴루앙 영역의 부피***(volume of Brillouin zone)***. V_c가 결정기본낱칸의 부피일 때, 첫째 브릴루앙 영역의 부피는 $(2\pi)^3/V_c$임을 보여라. **도움말:** 브릴루앙 영역의 부피는 푸리에 공간에서의 기본 평행육면체의 부피와 같다. 벡터 항등식 $(\mathbf{c} \times \mathbf{a}) \times (\mathbf{a} \times \mathbf{b}) = (\mathbf{c} \cdot \mathbf{a} \times \mathbf{b})\mathbf{a}$를 기억하라.

4. 에돌이 극대의 폭***(width of diffraction maximum)***. 선형결정(linear crystal)에서 격자점 $\boldsymbol{\rho}_m = m\mathbf{a}$($m$은 정수)마다 동일한 점 산란 중심(point scattering center)이 있다고 하자. 식 (20)과 유사하게, 산란된 방사의 총 진폭은 $F = \Sigma\exp[-im\mathbf{a} \cdot \Delta\mathbf{k}]$에 비례한다. M개 격자점에 대한 합은

$$F = \frac{1 - \exp[-iM(\mathbf{a} \cdot \Delta\mathbf{k}]}{1 - \exp[-i(\mathbf{a} \cdot \Delta\mathbf{k})]}$$

인데, 다음의 급수식을 이용했다.

$$\sum_{m=0}^{M-1} x^m = \frac{1 - x^M}{1 - x}\ .$$

(a) 산란된 세기는 $|F|^2$에 비례한다.

$$|F|^2 \equiv F^*F = \frac{\sin^2 \frac{1}{2} M(\mathbf{a} \cdot \Delta\mathbf{k})}{\sin^2 \frac{1}{2} (\mathbf{a} \cdot \Delta\mathbf{k})}$$

임을 보여라.

(b) 우리는 에돌이 극대가 $\mathbf{a} \cdot \Delta\mathbf{k} = 2\pi h$, h는 정수일 때 나타남을 알고 있다. $\Delta\mathbf{k}$를 조금 바꿔 $\frac{1}{2} M(\mathbf{a} \cdot \Delta\mathbf{k})$가 첫 번째 0이 될 때 $\mathbf{a} \cdot \Delta\mathbf{k} = 2\pi h + \epsilon$이 되도록 ϵ을 정의하자. $\epsilon = 2\pi/M$ 임을 보여라. 이 결과에 의하면 에돌이 극대의 폭은 $1/M$에 비례하고, M이 거시적인 값(macroscopic value)을 가질 때 아주 좁아진다. 삼차원 결정에 대해서도 마찬가지이다.

5. 다이아몬드 구조인자***(structure factor of diamond)***. 다이아몬드 결정구조는 1장에서 설명하였다. 낱칸을 관습적인 정육면체로 잡으면 기저는 여덟 개의 원자로 만들어진다. **(a)** 이 기저의 구조인자 S를 구하라. **(b)** S가 0이 되는 경우를 찾아 다이아몬드 구조에서 허용된 반사는 모든 지표가 짝수이고 임의의 정수 n에 대해 $v_1 + v_2 + v_3 = 4n$을 만족하는 경우이거나 모든 지표가 홀수인 경우(그림 18)임을 보여라(v_1, v_2, v_3 대신 h, k, l을 쓸 수 있고, 종종 그렇게 한다).

6. 원자수소[5]의 모양인자***(form factor atomic hydrogen)***. 수소원자가 바닥상태(ground state)에 있고 a_0가 보어 반지름(Bohr radius)일 때, 개수밀도(number density)는 $n(r) = (\pi a_0^3)^{-1} \exp(-2r/a_0)$로 주어진다. 모양인자가 $f_G = 16/(4 + G^2 a_0^2)^2$임을 보여라.

7. 두 원자 선***(diatomic line)***. 원자들이 $ABAB...AB$로 늘어선 선을 생각하고 $A-B$의 결합길이(bond length)는 $\frac{1}{2}a$라고 하자. 원자 A, B의 모양인자는 각각 f_A와 f_B이고, 엑스선 빔은 원자선에 수직으로 입사한다. **(a)** θ 가 원자선과 에돌이된 빔 사이의 각일 때, 간섭조건(interference condition)은 $n\lambda = a \cos\theta$임을 보여라. **(b)** 에돌이된 빔의 세기가, n이 홀수일 때는 $|f_A - f_B|^2$에 비례하고, n이 짝수일 때는 $|f_A + f_B|^2$에 비례함을 보여라. **(c)** $f_A = f_B$일 때는 어떤 일이 생기는지 설명하라.

---

5) **역자주** 수소라는 말은 수소원자나 수소분자에 대해 다 같이 쓰이므로, 원자 형태의 수소를 가리키기 위해 쓰인 말이다.

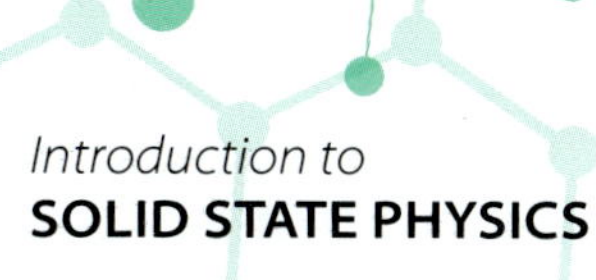

CHAPTER 3

결정결합과 탄성상수

Crystal Binding and Elastic Constants

4. 이온결정 R^+R^-의 존재 가능성
5. 선형 이온결정
6. 입방 ZnS 구조
7. 이가 이온결정
8. 영률과 푸아송의 비
9. 평행진동파동 속도
10. 수직진동파동 속도
11. 유효 층밀림 상수
12. 행렬식을 이용한 해법
13. 일반적인 전파 방향
14. 안정성 기준

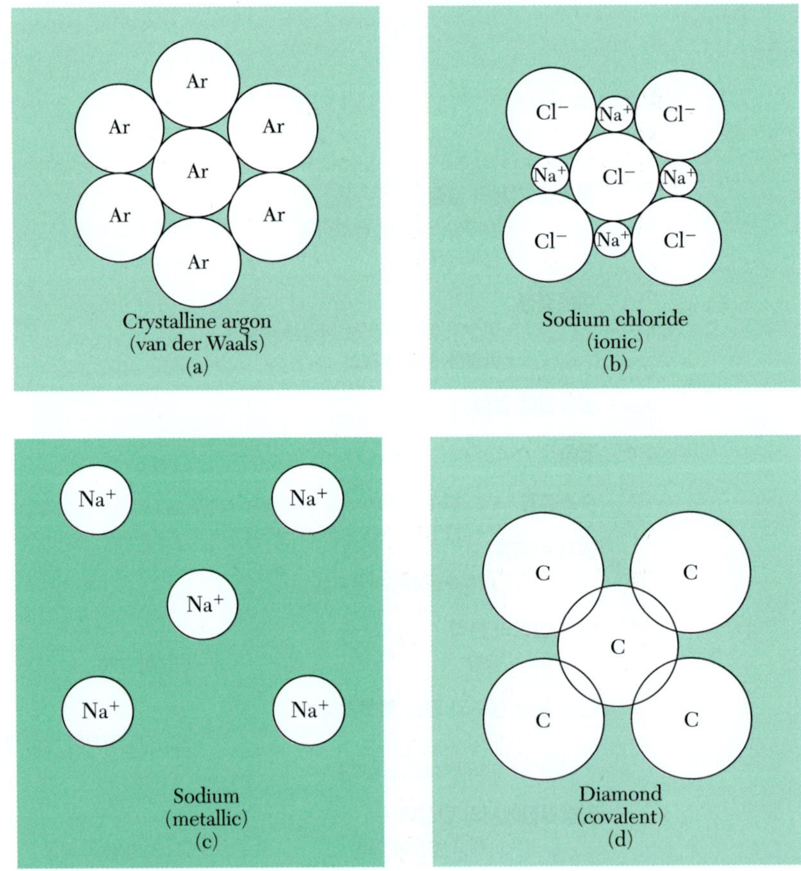

그림 1 결정결합(crystal binding)의 주요 유형. (a)에서는 전자껍질(electron shell)이 닫힌 중성 원자들이 전하 분포(charge distribution)의 요동(fluctuation)에 의해 생기는 반데발스 힘(van der Waals force)에 의해 약하게 결합되어 있다. (b)에서는 전자가 알칼리 원자(alkali atom)에서 할로겐 원자(halogen atom)로 옮겨가고, 그 결과 생긴 이온들이 양이온과 음이온 사이의 정전기 인력(attractive electrostatic force)에 의해 함께 묶여 있다. (c)에서는 원자가 전자(valence electron)들이 각 알칼리 원자들로부터 떨어져 나가 공동의(communal) 전자 바다(electron sea)를 이루고 그 안에 양이온들이 분산되어 있다. (d)에서는 중성 원자들이 그 전자 분포가 서로 겹쳐지기 때문에 함께 결합되어 있다.

CHAPTER 03

결정결합과 탄성상수

Crystal Binding and Elastic Constants

이 장에서 우리가 관심을 갖는 문제는 결정이 왜 유지되는가이다. 전자의 음전하와 핵의 양전하 사이의 서로 당기는 정전기 상호작용(attractive electrostatic interaction)이 고체가 응집하는 전적인 이유이다. 자기힘(magnetic force)은 응집(cohesion)에 약한 영향을 줄 뿐이고, 중력(gravitational force)의 영향은 무시할 수 있는 정도이다. 바꿈에너지(exchange energy), 반데발스 힘(van der Waals force), 공유결합(covalent bonding) 등의 전문 용어가 서로 다른 상황을 구분짓는다. 분석의 최종 단계에서 응집 물질의 여러 가지 형태에서 관측되는 차이는 가장 바깥 전자(outermost electron)와 이온 핵심(ion core)의 분포 차이에서 비롯된다(그림 1).

결정의 응집에너지(cohesive energy)는 결정의 성분을 전자짜임새(electronic con-figuration)가 같고 서로 무한히 떨어져 있는 정지 상태의 중성 자유원자(neutral free atom)로 분리하기 위해 결정에 주어야 하는 에너지로 정의된다. 이온결정(ionic crystal)을 논할 때에는 격자에너지(lattice energy)라는 단어가 쓰이는데, 결정의 구성 이온들을 무한히 떨어진 정지 상태의 자유 이온으로 분리하기 위해 결정에 주어야 하는 에너지이다.

표 1에는 결정 원소(crystalline element)의 응집에너지 값이 나와 있다. 주기율표(periodic table)의 서로 다른 열(column) 사이에 응집에너지의 큰 변화가 있음을 주목하라. 불활성 기체(inert gas) 결정들은 약하게 결합되어 있는데, 그 결합에너지는 C, Si, Ge ... 열의 원소들의 결합에너지의 몇 퍼센트 미만이다. 알칼리 금속(alkali metal) 결정들은 중간 정도의 결합에너지를 갖고, (중간 열의) 전이원소(transition element) 금속은 아주 강하게 결합되어 있다. 녹는 온도(melting temperature; 표 2)와 부피 탄성률(bulk modulus; 표 3)은 대략 결합에너지와 같이 변한다.

불활성 기체의 결정

CRYSTALS OF INERT GASES

불활성 기체는 가장 단순한 결정을 만든다. 결정 내 원자의 전자 분포는 자유원자의

표 1 응집에너지

0 K 1기압 상태의 고체를 바닥 전자 상태의 중성원자들로 분리하는 데 필요한 에너지. 자료는 Leo Brewer 교수가 제공하였다.

Li	**Be**											**B**	**C**	**N**	**O**	**F**	**Ne**
158.	320.											561	711.	474.	251.	81.0	1.92
1.63	3.32											5.81	7.37	4.92	2.60	0.84	0.020
37.7	76.5											134	170.	113.4	60.03	19.37	0.46
Na	**Mg**											**Al**	**Si**	**P**	**S**	**Cl**	**Ar**
107.	145.	← kJ/mol →										327.	446.	331.	275.	135.	7.74
1.113	1.51	← eV/atom →										3.39	4.63	3.43	2.85	1.40	0.080
25.67	34.7	← kcal/mol →										78.1	106.7	79.16	65.75	32.2	1.85
K	**Ca**	**Sc**	**Ti**	**V**	**Cr**	**Mn**	**Fe**	**Co**	**Ni**	**Cu**	**Zn**	**Ga**	**Ge**	**As**	**Se**	**Br**	**Kr**
90.1	178.	376	468.	512.	395.	282.	413.	424.	428.	336.	130	271.	372.	285.3	237	118.	11.2
0.934	1.84	3.90	4.85	5.31	4.10	2.92	4.28	4.39	4.44	3.49	1.35	2.81	3.85	2.96	2.46	1.22	0.116
21.54	42.5	89.9	111.8	122.4	94.5	67.4	98.7	101.3	102.4	80.4	31.04	64.8	88.8	68.2	56.7	28.18	2.68
Rb	**Sr**	**Y**	**Zr**	**Nb**	**Mo**	**Tc**	**Ru**	**Rh**	**Pd**	**Ag**	**Cd**	**In**	**Sn**	**Sb**	**Te**	**I**	**Xe**
82.2	166.	422.	603.	730.	658	661.	650.	554.	376.	284.	112.	243.	303.	265.	211	107.	15.9
0.852	1.72	4.37	6.25	7.57	6.82	6.85	6.74	5.75	3.89	2.95	1.16	2.52	3.14	2.75	2.19	1.11	0.16
19.64	39.7	100.8	144.2	174.5	157.2	158.	155.4	132.5	89.8	68.0	26.73	58.1	72.4	63.4	50.34	25.62	3.80
Cs	**Ba**	**La**	**Hf**	**Ta**	**W**	**Re**	**Os**	**Ir**	**Pt**	**Au**	**Hg**	**Tl**	**Pb**	**Bi**	**Po**	**At**	**Rn**
77.6	183.	431.	621.	782.	859.	775.	788.	670.	564.	368.	65.	182.	196.	210.	144.		19.5
0.804	1.90	4.47	6.44	8.10	8.90	8.03	8.17	6.94	5.84	3.81	0.67	1.88	2.03	2.18	1.50		0.202
18.54	43.7	103.1	148.4	186.9	205.2	185.2	188.4	160.1	134.7	87.96	15.5	43.4	46.78	50.2	34.5		4.66
Fr	**Ra**	**Ac**															
	160.	410.															
	1.66	4.25															
	38.2	98.															

Ce	**Pr**	**Nd**	**Pm**	**Sm**	**Eu**	**Gd**	**Tb**	**Dy**	**Ho**	**Er**	**Tm**	**Yb**	**Lu**
417.	357.	328.		206.	179.	400.	391.	294.	302.	317.	233.	154.	428.
4.32	3.70	3.40		2.14	1.86	4.14	4.05	3.04	3.14	3.29	2.42	1.60	4.43
99.7	85.3	78.5		49.3	42.8	95.5	93.4	70.2	72.3	75.8	55.8	37.1	102.2
Th	**Pa**	**U**	**Np**	**Pu**	**Am**	**Cm**	**Bk**	**Cf**	**Es**	**Fm**	**Md**	**No**	**Lr**
598.		536.	456	347.	264.	385							
6.20		5.55	4.73	3.60	2.73	3.99							
142.9		128.	109.	83.0	63.	92.1							

표 2 녹는 온도(단위 K)

(R. H. Lamoreaux의 값)

Li 453.7	Be 1562											B 2365	C	N 63.15	O 54.36	F 53.48	Ne 24.56
Na 371.0	Mg 922											Al 933.5	Si 1687	P *w* 317 *r* 863	S 388.4	Cl 172.2	Ar 83.81
K 336.3	Ca 1113	Sc 1814	Ti 1946	V 2202	Cr 2133	Mn 1520	Fe 1811	Co 1770	Ni 1728	Cu 1358	Zn 692.7	Ga 302.9	Ge 1211	As 1089	Se 494	Br 265.9	Kr 115.8
Rb 312.6	Sr 1042	Y 1801	Zr 2128	Nb 2750	Mo 2895	Tc 2477	Ru 2527	Rh 2236	Pd 1827	Ag 1235	Cd 594.3	In 429.8	Sn 505.1	Sb 903.9	Te 722.7	I 386.7	Xe 161.4
Cs 301.6	Ba 1002	La 1194	Hf 2504	Ta 3293	W 3695	Re 3459	Os 3306	Ir 2720	Pt 2045	Au 1338	Hg 234.3	Tl 577	Pb 600.7	Bi 544.6	Po 527	At	Rn
Fr	Ra 973	Ac 1324															

Ce 1072	Pr 1205	Nd 1290	Pm	Sm 1346	Eu 1091	Gd 1587	Tb 1632	Dy 1684	Ho 1745	Er 1797	Tm 1820	Yb 1098	Lu 1938
Th 2031	Pa 1848	U 1406	Np 910	Pu 913	Am 1449	Cm 1613	Bk 1562	Cf	Es	Fm	Md	No	Lw

표 3 실온에서의 등온(isothermal) 부피 탄성률과 압축률(compressibility)

Solid State Physics **16**, 275-426 (1964)의 K. Gschneidner, Jr.의 논문을 인용; 몇몇 자료는 Geological Society of America Memoir **97**, 107-173 (1966)의 *Handbook of physical constants*에 있는 F. Birch의 것을 인용. 연구용으로 값이 필요할 경우에는 원전(original reference)을 참조해야 한다. 괄호 안의 값은 추정값이다. 괄호 안의 문자는 결정 모양을 나타내고, 대괄호(bracket) 안의 문자는 온도를 나타낸다:

[a] = 77 K; [b] = 273 K; [c] = 1K; [d] = 4K; [e] = 81K.

Bulk modulus in units 10^{12} dyn/cm^2 or 10^{11} N/m^2

Compressibility in units 10^{-12} cm^2/dyn or 10^{-11} m^2/N

H [d]																	He [d]
0.002																	0.00
500																	1168
Li	Be											B	C [d]	N [e]	O	F	Ne [d]
0.116	1.003											1.78	4.43	0.012			0.010
8.62	0.997											0.562	0.226	80			100
Na	Mg											Al	Si	P (b)	S (r)	Cl	Ar [a]
0.068	0.354											0.722	0.988	0.304	0.178		0.013
14.7	2.82											1.385	1.012	3.29	5.62		79
K	Ca	Sc	Ti	V	Cr	Mn	Fe	Co	Ni	Cu	Zn	Ga [b]	Ge	As	Se	Br	Kr [a]
0.032	0.152	0.435	1.051	1.619	1.901	0.596	1.683	1.914	1.86	1.37	0.598	0.569	0.772	0.394	0.091		0.018
31.	6.58	2.30	0.951	0.618	0.526	1.68	0.594	0.522	0.538	0.73	1.67	1.76	1.29	2.54	11.0		56
Rb	Sr	Y	Zr	Nb	Mo	Tc	Ru	Rh	Pd	Ag	Cd	In	Sn (g)	Sb	Te	I	Xe
0.031	0.116	0.366	0.833	1.702	2.725	(2.97)	3.208	2.704	1.808	1.007	0.467	0.411	1.11	0.383	0.230		
32.	8.62	2.73	1.20	0.587	0.366	(0.34)	0.311	0.369	0.553	0.993	2.14	2.43	0.901	2.61	4.35		
Cs	Ba	La	Hf	Ta	W	Re	Os	Ir	Pt	Au	Hg [c]	Tl	Pb	Bi	Po	At	Rn
0.020	0.103	0.243	1.09	2.00	3.232	3.72	(4.18)	3.55	2.783	1.732	0.382	0.359	0.430	0.315	(0.26)		
50.	9.97	4.12	0.92	0.50	0.309	0.269	(0.24)	0.282	0.359	0.577	2.60	2.79	2.33	3.17	(3.8)		
Fr	Ra	Ac															
(0.020)	(0.132	(0.25)															
(50.)	(7.6)	(4.)															

Ce (γ)	Pr	Nd	Pm	Sm	Eu	Gd	Tb	Dy	Ho	Er	Tm	Yb	Lu
0.239	0.306	0.327	(0.35)	0.294	0.147	0.383	0.399	0.384	0.397	0.411	0.397	0.133	0.411
4.18	3.27	3.06	(2.85)	3.40	6.80	2.61	2.51	2.60	2.52	2.43	2.52	7.52	2.43
Th	Pa	U	Np	Pu	Am	Cm	Bk	Cf	Es	Fm	Md	No	Lr
0.543	(0.76)	0.987	(0.68)	0.54									
1.84	(1.3)	1.01	(1.5)	1.9									

표 4 불활성 기체 결정의 성질 [0 K와 0 기압으로 바깥 늘려진(extrapolated) 값]

	Nearest-neighbor distance, in Å	Experimental cohesive energy		Melting point, K	Ionization potential of free atom, eV	Parameters in Lennard-Jones potential, Eq. 10	
		kJ/mol	eV/atom			ϵ in 10^{-16} erg	σ, in Å
He	(liquid at zero pressure)				24.58	14	2.56
Ne	3.13	1.88	0.02	24.56	21.56	50	2.74
Ar	3.76	7.74	0.080	83.81	15.76	167	3.40
Kr	4.01	11.2	0.116	115.8	14.00	225	3.65
Xe	4.35	16.0	0.17	161.4	12.13	320	3.98

전자 분포와 아주 비슷하다. 절대온도 0도에서의 불활성 기체 결정의 성질이 표 4에 요약되어 있다. 이 결정들은 투명한 절연체이며 약하게 결합되어 있고 녹는 온도가 낮다. 이 원자들은 아주 큰 이온화 에너지(ionization energy)를 갖는다(표 5를 보라). 이 원자들의 가장 바깥 전자껍질(outermost electron shell)은 꽉 차있고, 자유원자의 전자 전하의 분포는 구면대칭적(spherically symmetric)이다. 결정 내에서 불활성 기체 원자들은 최대한 꽉 채워져 있다[1]: He^3와 He^4를 제외한 결정구조(그림 2)는 모두 입방밀집구조(fcc)이다.

불활성 기체 결정은 무엇 때문에 결합되어 있는가? 결정 내 전자 분포가 자유원자 주위의 전자 분포에서 많이 찌그러져 있지는 않다. 왜냐하면, 결정 내 원자의 응집 에너지는 원자 내 전자의 이온화 에너지의 1% 미만에 불과하며, 따라서 자유원자의 전하 분포를 찌그러뜨리는 데 사용할 에너지가 많지 않기 때문이다. 이 찌그러짐의 결과 중 하나가 반데발스 상호작용(Van der Waals interaction)이다.

반데발스-런던 상호작용*(Van der Waals-London interaction)*

원자 반지름과 비교하여 먼 거리인 R만큼 떨어져 있는 두 개의 동일한 불활성 기체 원자를 생각하자. 두 중성원자 사이에 어떤 상호작용(interaction)이 있을 것인가? 만약 원자의 전하 분포가 변하지 않는다면 원자 간의 상호작용은 0이 될텐데, 중성원자의 외부에서는 전자 전하의 구면 분포(spherical distribution)에 의한 정전기 퍼텐셜(electrostatic potential)이 핵의 전하에 의한 정전기 퍼텐셜에 의해 상쇄되기 때

1) He^3와 He^4에서는 원자들의 영점운동(zero-point motion)(절대온도 0도에서의 운동에너지)이라는 양자 효과(quantum effect)가 중요한 역할을 한다. 이들은 압력이 0일 때는 절대온도 0도에서도 고체가 되지 않는다. 0 K에서 He 원자가 평형 위치(equilibrium position)에서 요동하는 평균거리는 최인접 거리의 30 내지 40 퍼센트 정도이다. 원자가 무거울수록 영점 효과는 덜 중요해진다. 영점운동을 무시하고 계산하면 고체 헬륨의 몰당 부피(molar volume)는 9 cm^3mol^{-1}이 되지만, 액체 He^4와 액체 He^3에 대해 관측된 값은 각각 27.5와 36.8 cm^3mol^{-1}이다.

표 5 이온화 에너지

처음 두 개의 전자를 떼어내는 데 필요한 총 에너지는 첫째 및 둘째 이온화 퍼텐셜의 합이다(출처: National Bureau of Standards circular 467).

← Energy to remove one electron, in eV →
← Energy to remove two electrons, in eV →

1	2	3	4	5	6	7	8	9	10	11	12	13	14	15	16	17	18
H																	**He**
13.595																	24.58
																	78.98
Li	**Be**											**B**	**C**	**N**	**O**	**F**	**Ne**
5.39	9.32											8.30	11.26	14.54	13.61	17.42	21.56
81.01	27.53											33.45	35.64	44.14	48.76	52.40	62.63
Na	**Mg**											**Al**	**Si**	**P**	**S**	**Cl**	**Ar**
5.14	7.64											5.98	8.15	10.55	10.36	13.01	15.76
52.43	22.67											24.80	24.49	30.20	34.0	36.81	43.38
K	**Ca**	**Sc**	**Ti**	**V**	**Cr**	**Mn**	**Fe**	**Co**	**Ni**	**Cu**	**Zn**	**Ga**	**Ge**	**As**	**Se**	**Br**	**Kr**
4.34	6.11	6.56	6.83	6.74	6.76	7.43	7.90	7.86	7.63	7.72	9.39	6.00	7.88	9.81	9.75	11.84	14.00
36.15	17.98	19.45	20.46	21.39	23.25	23.07	24.08	24.91	25.78	27.93	27.35	26.51	23.81	30.0	31.2	33.4	38.56
Rb	**Sr**	**Y**	**Zr**	**Nb**	**Mo**	**Tc**	**Ru**	**Rh**	**Pd**	**Ag**	**Cd**	**In**	**Sn**	**Sb**	**Te**	**I**	**Xe**
4.18	5.69	6.5	6.95	6.77	7.18	7.28	7.36	7.46	8.33	7.57	8.99	5.78	7.34	8.64	9.01	10.45	12.13
31.7	16.72	18.9	20.98	21.22	23.25	22.54	24.12	25.53	27.75	29.05	25.89	24.64	21.97	25.1	27.6	29.54	33.3
Cs	**Ba**	**La**	**Hf**	**Ta**	**W**	**Re**	**Os**	**Ir**	**Pt**	**Au**	**Hg**	**Tl**	**Pb**	**Bi**	**Po**	**At**	**Rn**
3.89	5.21	5.61	7.	7.88	7.98	7.87	8.7	9.	8.96	9.22	10.43	6.11	7.41	7.29	8.43		10.74
29.0	15.21	17.04	22.	24.1	25.7	24.5	26.		27.52	29.7	29.18	26.53	22.44	23.97			
Fr	**Ra**	**Ac**															
	5.28	6.9															
	15.42	19.0															

Ce	**Pr**	**Nd**	**Pm**	**Sm**	**Eu**	**Gd**	**Tb**	**Dy**	**Ho**	**Er**	**Tm**	**Yb**	**Lu**
6.91	5.76	6.31		5.6	5.67	6.16	6.74	6.82				6.2	5.0
Th	**Pa**	**U**	**Np**	**Pu**	**Am**	**Cm**	**Bk**	**Cf**	**Es**	**Fm**	**Md**	**No**	**Lr**
		4.											

그림 2 불활성 기체 Ne, Ar, Kr과 Xe의 입방밀집(fcc) 결정구조. 입방낱칸의 격자 매개변수(lattice parameter)는 4 K에서 각각 4.46, 5.31, 5.64와 6.13 Å이다.

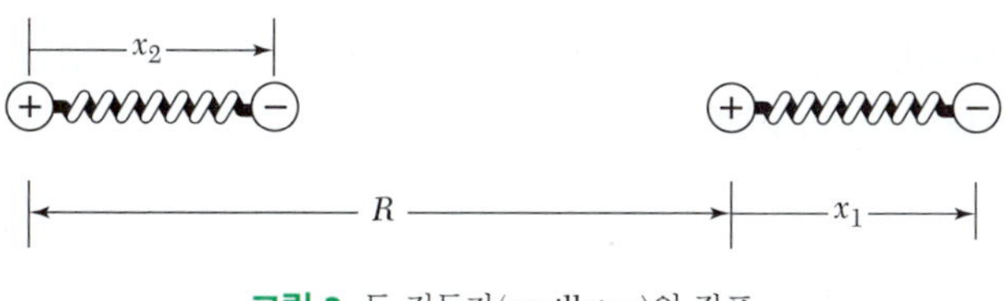

그림 3 두 진동자(oscillator)의 좌표

문이다. 그렇다면 불활성 기체 원자들은 응집성이 없고 응집할 수 없을 것이다. 그러나 원자들은 서로 쌍극자 모멘트(dipole moment)를 이끌고(induce), 이끌린 모멘트(induced moment)는 원자 간의 끌림 상호작용(attractive interaction)을 일으킨다.

우리는 R만큼 떨어져 있는, 두 개의 동일한 일차원 조화진동자(linear harmonic oscillator) 모형을 생각한다. 그림 3에서 보듯이, 각 진동자는 x_1과 x_2 만큼 떨어진 전하 $\pm e$를 갖는다. 이 입자들은 x축 방향으로 떤다. 운동량(momentum)을 p_1과 p_2로 나타내고, 힘 상수(force constant)를 C라 하자. 건드려지지 않은(unperturbed) 계의 해밀토니안(hamiltonian)은

$$\mathscr{H}_0 = \frac{1}{2m} p_1^2 + \tfrac{1}{2} C x_1^2 + \frac{1}{2m} p_2^2 + \tfrac{1}{2} C x_2^2 \tag{1}$$

이다. 결합되지 않은(uncoupled) 각 진동자는 원자의 가장 강한 광흡수선(optical absorption line)에 해당하는 진동수 ω_0를 갖는다고 가정한다. 그러면 $C = m\omega_0^2$이다.

$\mathcal{H}_1$을 두 진동자 사이의 쿨롱 상호작용 에너지(coulomb interaction energy)라고 하자. 진동자의 구조 및 배열은 그림 3과 같으며 핵사이 좌표(internuclear coordinate)는 R이다. 그러면

$$\mathcal{H}_1 = \frac{e^2}{R} + \frac{e^2}{R + x_1 - x_2} - \frac{e^2}{R + x_1} - \frac{e^2}{R - x_2} \tag{2}$$

이다. $|x_1|, |x_2| \ll R$이라고 가정하고, 식 (2)를 전개하면 가장 낮은 차수에서(in lowest order)

$$\mathcal{H}_1 \cong -\frac{2e^2x_1x_2}{R^3} \tag{3}$$

이다.

$\mathcal{H}_1$에 근사형태(approximate form) 식 (3)을 쓰면 총 해밀토니안은 다음의 정규모드 변환(normal mode transformation)에 의해 대각선화(diagonalized)될 수 있다.

$$x_s \equiv \frac{1}{\sqrt{2}}(x_1 + x_2) \; ; \qquad x_a \equiv \frac{1}{\sqrt{2}}(x_1 - x_2) \; . \tag{4}$$

이를 x_1과 x_2에 대해 풀면

$$x_1 = \frac{1}{\sqrt{2}}(x_s + x_a) \; ; \qquad x_2 = \frac{1}{\sqrt{2}}(x_s - x_a) \tag{5}$$

이다. 아래첨자(subscript) s와 a는 대칭(symmetric) 및 반대칭(antisymmetric)의 운동 모드(mode of motion)를 나타낸다. 또한 두 모드에 대응하는 운동량 p_s와 p_a가 있다.

$$p_1 \equiv \frac{1}{\sqrt{2}}(p_s + p_a) \; ; \qquad p_2 \equiv \frac{1}{\sqrt{2}}(p_s - p_a) \; . \tag{6}$$

식 (5)와 (6)의 변환을 한 후 총 해밀토니안 $\mathcal{H}_0 + \mathcal{H}_1$은

$$\mathcal{H} = \left[\frac{1}{2m}p_s^2 + \frac{1}{2}\left(C - \frac{2e^2}{R^3}\right)x_s^2\right] + \left[\frac{1}{2m}p_a^2 + \frac{1}{2}\left(C + \frac{2e^2}{R^3}\right)x_a^2\right] \tag{7}$$

이다. 결합된 진동자들의 두 진동수는 식 (7)을 보면 알 수 있는데,

$$\omega = \left[\left(C \pm \frac{2e^2}{R^3}\right)\Big/ m\right]^{1/2} = \omega_0\left[1 \pm \frac{1}{2}\left(\frac{2e^2}{CR^3}\right) - \frac{1}{8}\left(\frac{2e^2}{CR^3}\right)^2 + \cdots\right] \tag{8}$$

이며, ω_0는 $(C/m)^{1/2}$이다. 식 (8)에서 우리는 제곱근(square root)을 전개했다.

이 계의 영점에너지(zero point energy)는 $\frac{1}{2}\hbar(\omega_s + \omega_a)$이다. 상호작용으로 인해 영점에너지는 결합되지 않았을 때의 값 $2 \cdot \frac{1}{2}\hbar\omega_0$에 비해

$$\Delta U = \tfrac{1}{2}\hbar(\Delta\omega_s + \Delta\omega_a) = -\hbar\omega_0 \cdot \frac{1}{8}\left(\frac{2e^2}{CR^3}\right)^2 = -\frac{A}{R^6} \tag{9}$$

만큼 줄어들었다. 이 끌림 상호작용은 두 진동자 간격의 −6제곱(minus sixth power)으로 변한다.

이것이 반데발스 상호작용인데 런던 상호작용(London interaction) 또는 **이끌린 쌍극자−쌍극자 상호작용**(induced dipole-dipole interaction)이라고도 한다. 이것이 불활성 기체 결정과 많은 유기분자(organic molecules) 결정에서의 주된 끌림 상호작용이다. 이 상호작용은 $\hbar \to 0$일 때 $\Delta U \to 0$이라는 점에서 양자효과(quantum effect)이다. 계의 영점에너지는 식 (3)의 쌍극자−쌍극자 결합(dipole-dipole coupling)에 의해 낮아진다. 반데발스 상호작용이 일어나기 위해 두 원자의 전하밀도가 겹칠(overlap) 필요는 없다.

동일한 원자 사이에서 A의 근삿값(approximate value)은 $\hbar\omega_0\alpha^2$이 되는데, $\hbar\omega_0$는 가장 강한 광흡수선의 에너지이고 α는 16장의 전자 편극률(electronic polarizability)이다.

반발 상호작용*(repulsive interaction)*

두 원자가 서로 가까워지면 전하 분포가 점차 겹치게 되고(그림 4), 따라서 계의 정전기 에너지도 바뀌게 된다. 둘 사이가 아주 가까워지면 주로 파울리 **배타원리**(Pauli exclusión principle)에 의해 겹침 에너지(overlap energy)는 반발성(repulsive)이 된다. 배타원리란 기본적으로 두 전자의 모든 양자수(quantum number)가 같을 수는 없다는 것이다. 두 원자의 전하 분포가 겹치게 되면 원자 B의 전자는 원자 A의 전자가 이미 차지하고 있는 상태를 부분적으로 차지하려는 경향이 있고, 그 역도 마찬가지이다.

파울리 원리는 한 상태를 여러 전자가 차지하지 못하게 하므로, 껍질이 닫힌 원자의 전자 분포가 겹치려면, 전자들의 일부는 비어 있는 높은 에너지 상태로 올라가야만 한다. 따라서 전자의 겹침은 계의 총 에너지를 크게 하고, 상호작용에 반발성을 주게 된다. 완전한 겹침이 일어났을 때의 극단적인 예를 그림 5에서 보여준다.

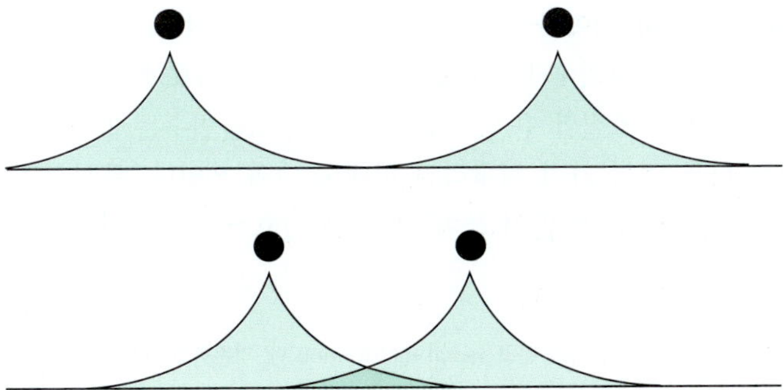

그림 4 원자들이 가까워지면 전자의 전하 분포가 겹치게 된다. 검은 원은 핵을 나타낸다.

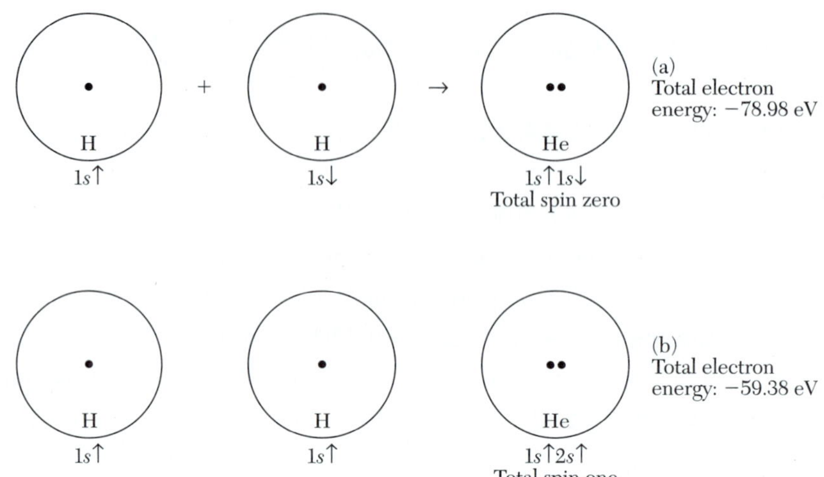

그림 5 파울리 원리가 반발 에너지에 미치는 영향: 극단적인 예에서 두 수소 원자를 밀어 양성자들이 거의 닿도록 모아 놓는다. 전자계만의 에너지는 두 개의 전자를 갖는 He 원자를 관측함으로써 얻을 수 있다. (a)에서 두 전자는 반대평행(antiparallel)의 스핀(spin)을 가지고 있어서 파울리 원리는 아무런 영향을 미치지 않고 전자들은 −79.98 eV로 속박된다. (b)에서는 스핀들이 평행하므로 파울리 원리에 의해 전자 하나는 H의 1s↑ 궤도(orbital)에서 He의 2s↑ 궤도로 올라가야 한다. 전자들은 (a)의 경우보다 19.60 eV 큰 −59.38 eV로 속박되게 된다. 이 차이가 파울리 원리에 의한 반발의 증가량이다. 우리는 두 양성자 사이의 반발 쿨롱 에너지를 고려하지 않았는데, 이 에너지는 (a)와 (b)의 경우에 서로 같다.

여기서 우리는 기본 원리에서부터(from first principles) 반발 상호작용의 값을 구하려고 하지 않는다.[2)] 불활성 기체에 대한 실험 자료는, B가 양의 상수일 때, B/R^{12} 형태의 경험적인(empirical) 반발 퍼텐셜과 식 (9) 형태의 긴범위(long-range) 끌림 퍼텐셜을 함께 쓰면 잘 맞는다. 상수 A와 B는 기체상태(gas phase)에서 서로 독립적인 측정을 통해 결정되는 경험적인 도움변수(empirical parameter)이다. 이때 사용되는 자료 중에는 비리알 계수(virial coefficient)와 점성(viscosity) 등이 있다. R만큼 떨어진 두 원자의 총 에너지는 다음과 같이 쓰는 것이 보통이다.

$$U(R) = 4\epsilon\left[\left(\frac{\sigma}{R}\right)^{12} - \left(\frac{\sigma}{R}\right)^{6}\right]. \tag{10}$$

여기서 ϵ과 σ는 $4\epsilon\sigma^6 = A$, $4\epsilon\sigma^{12} = B$인 새 도움변수이다. (10)의 퍼텐셜은 **레너드-존스 퍼텐셜**(Lennard-Jones potential)이라고 하며 그림 6에 그려 놓았다. 두 원자 사이의 힘은 $-dU/dR$로 주어진다. 표 4의 ϵ과 σ의 값은 가스 상태의 자료에서 얻을 수 있으므로, 고체의 성질의 계산에는 조절할 수 있는(disposable) 도움변수는 없다.

반발 상호작용에 대한 다른 여러 가지 경험적인 형태도 널리 쓰인다. 특히 지수 형태(exponential form) $\lambda \exp(-R/\rho)$가 많이 쓰이는데 ρ는 상호작용의 범위를 나타

---

2) 겹침 에너지는 자연히 각 원자 주위의 전하의 지름 분포(radial distribution)에 의존한다. 이 전하 분포가 알려져 있다 하더라도 수학적인 계산은 항상 복잡하다.

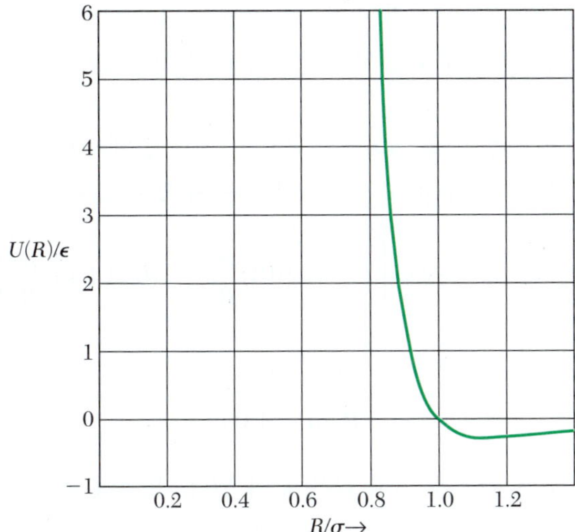

그림 6 두 불활성 기체 원자의 상호작용을 묘사하는 레너드-존스 퍼텐셜 (10)의 모양. 최소(minimum)는 $R/\sigma = 2^{1/6} \cong 1.12$에서 나타난다. R/σ가 최소보다 작을 때 곡선의 기울기가 아주 급하고 최소보다 클 때는 평평함을 주목하여 보라. 최소에서 U의 값은 $-\epsilon$이고 $R = \sigma$일 때 $U = 0$이다.

낸다. 이 형태는 일반적으로 역승수법칙 형태(inverse power law form)[3]와 마찬가지로 해석적으로(analytically) 다루기가 쉽다.

평형 격자상수*(equilibrium lattice constants)*

불활성 기체 원자들의 운동에너지를 무시한다면, 불활성 기체 결정의 응집에너지는 결정 내 원자의 모든 쌍에 대해 레너드-존스 퍼텐셜 식 (10)을 합해서 얻을 수 있다. 결정 내에 N개의 원자가 있다면 총 퍼텐셜에너지는

$$U_{\text{tot}} = \tfrac{1}{2}N(4\epsilon)\left[\sum_j{}' \left(\frac{\sigma}{p_{ij}R}\right)^{12} - \sum_j{}' \left(\frac{\sigma}{p_{ij}R}\right)^{6}\right] \tag{11}$$

인데, $p_{ij}R$은 기준원자(reference atom) i와 다른 원자 j의 거리를 최인접 거리 R을 써서 표시한 것이다. N과 같이 쓰인 인자 $\frac{1}{2}$은 원자의 각 쌍을 두 번 세게 되는 것을 보정하기 위한 것이다.

식 (11)의 합은 이미 계산되어져 있는데, fcc 구조에 대해서는

$$\sum_j{}' p_{ij}^{-12} = 12.13188 \ ; \qquad \sum_j{}' p_{ij}^{-6} = 14.45392 \tag{12}$$

이다. fcc 구조에는 12개의 최인접 자리가 있는데, 급수의 값이 12 근처이므로 이 급

3) **역자주** Inverse power law form은 R^{-n}, n은 자연수인 형태를 말하는데, 여기서는 식 (10)의 레너드-존스 형태를 가리킨다.

수들이 아주 빨리 수렴함을 알 수 있다. 즉 최인접 원자들의 기여가 불활성 기체 결정의 상호작용 에너지의 대부분을 차지한다. hcp 구조에 대한 합은 각각 12.13229와 14.45489이다.

식 (11)의 U_{tot}을 결정의 총 에너지로 잡으면, 최인접 거리 R을 변화시킬 때 U_{tot}이 최소가 되도록 하여 평형값(equilibrium value)을 구할 수 있다.

$$\frac{dU_{tot}}{dR} = 0 = -2N\epsilon\left[(12)(12.13)\frac{\sigma^{12}}{R^{13}} - (6)(14.45)\frac{\sigma^{6}}{R^{7}}\right]. \tag{13}$$

따라서

$$R_0/\sigma = 1.09 \tag{14}$$

이며, fcc 구조의 모든 원소에 대해 같은 값이 된다. 표 4의 독립적으로 결정된 σ의 값을 사용하여 관측된 R_0/σ의 값은 다음과 같다.

	Ne	Ar	Kr	Xe
R_0/σ	1.14	1.11	1.10	1.09 .

이 값들은 식 (14)와 놀랄 만큼 잘 맞는다. 가벼운 원자들의 경우, 불활성 기체에 대해 예측된 보편값(universal value) 1.09로부터 R_0/σ의 값이 조금 다른 것은 영점 양자효과로 설명할 수 있다. 우리는 기체 상태에 대한 측정값으로부터 결정의 격자상수를 예측할 수 있었다.

응집에너지*(cohesive energy)*

온도 0도와 0기압에서 불활성 기체 결정의 응집에너지는 식 (12)와 (14)를 (11)에 대입하여 얻어진다.

$$U_{tot}(R) = 2N\epsilon\left[(12.13)\left(\frac{\sigma}{R}\right)^{12} - (14.45)\left(\frac{\sigma}{R}\right)^{6}\right] \tag{15}$$

이고, $R = R_0$에서

$$U_{tot}(R_0) = -(2.15)(4N\epsilon) \tag{16}$$

이며, 모든 불활성 기체에 대해 같다. 이것은 원자들이 정지해 있을 때 계산한 응집에너지이다. 양자역학적 수정(quantum-mechanical correction)을 하면 결합(binding)은 Ne, Ar, Kr과 Xe에 대해 각각 식 (16)의 28, 10, 6과 4%씩 줄어든다.

원자가 무거울수록 양자 수정은 줄어든다. 양자 수정의 근원은 원자가 붙박이 경계(fixed boundary)에 속박되어 있는 간단한 모형을 생각하여 이해할 수 있다. 경계에 의해 결정되는 입자의 양자파장(quantum wavelength)이 λ라면, 입자의 운동량과 파장 사이를 연결해 주는 드브로이 관계(de Broglie relation) $p = h/\lambda$를 사용하여, 입자의 운동에너지는 $p^2/2M = (h/\lambda)^2/2M$이 된다. 이 모형에서 에너지에 대한 양자 영점수정은 질량에 역비례(inversely proportional)한다. 계산된 최종 응집에너지는 표 4의 실험값과 7 내지 1% 이내로 일치한다.

양자 운동에너지의 결과의 한 예는 동위원소(isotope) Ne^{20}의 결정의 격자상수가 Ne^{22}의 결정의 격자상수보다 크게 관측된다는 것이다. 팽창을 하면 운동에너지가 줄어들므로, 더 가벼운 동위원소의 더 큰 양자 운동에너지는 격자를 팽창시킨다. (2.5 K에서 0 K로 바깥 늘린) 관측된 격자상수는 Ne^{20}이 4.4644 Å이고 Ne^{22}가 4.4559 Å이다.

이온결정
IONIC CRYSTALS

이온결정은 양이온과 음이온들로 만들어진다. 이온결합(ionic bond)은 반대 전하를 가진 이온들 사이의 정전기 상호작용의 결과이다. 이온결정에서 흔한 결정구조 두 개, 염화나트륨 및 염화세슘 구조를 1장에서 보인 바 있다.

단순한 이온결정의 모든 이온의 전자 짜임새는 불활성 기체에서와 마찬가지로 닫힌 전자 껍질이다. 불화리튬(lithium fluoride)에서 중성원자의 짜임새는, 이 책의 앞 면지의 주기율표에 있는 대로 Li: $1s^2\ 2s$, F: $1s^2\ 2s^2\ 2p^5$이다. 전자를 하나 잃거나 얻은 이온의 짜임새는 Li^+: $1s^2$, F^-: $1s^2\ 2s^2\ 2p^6$로 각각 헬륨, 네온과 같다. 불활성 기체의 전자 껍질은 닫혀 있으며 전하 분포는 구면 대칭적이다. 이온결정에서 각 이온의 전하 분포는 근사적으로 구면 대칭성을 갖되, 이웃 원자와 접촉하는 부근만 조금 찌그러져 있으리라고 예상된다. 이런 예상은 전자 분포에 대한 엑스선 연구로 확인되었다(그림 7).

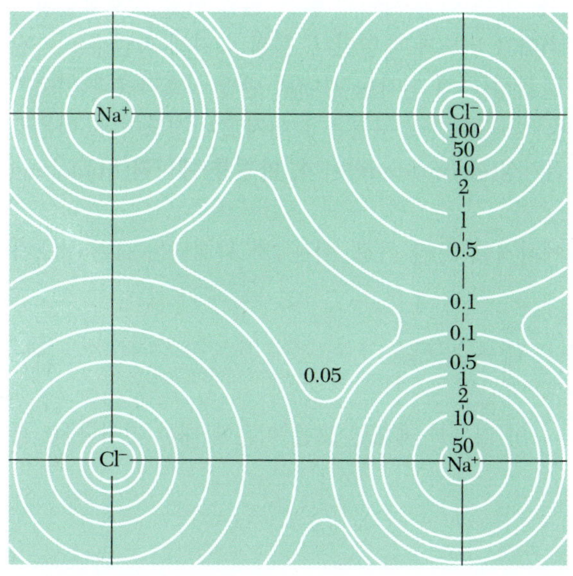

그림 7 G. Schoknecht의 엑스선 연구 결과로 얻은 NaCl의 기저면(base plane)에서의 전자밀도 분포. 윤곽선(contour)의 숫자는 상대적인 전자 농도를 나타낸다.

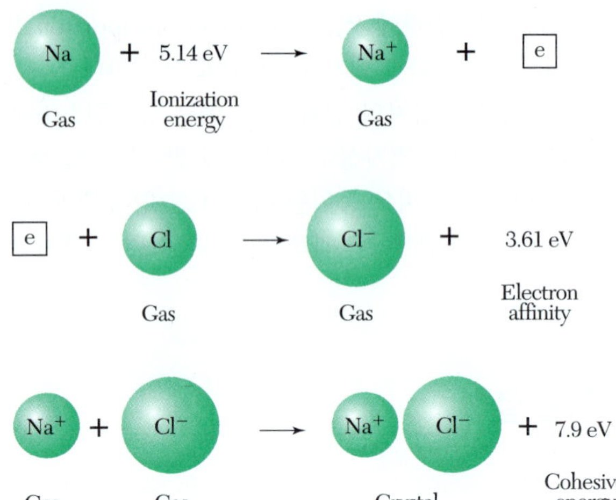

그림 8 염화나트륨 결정의 분자단위(molecular unit)당 에너지는 따로 떨어진 중성원자들의 에너지보다 (7.9 − 5.1 + 3.6) = 6.4 eV 낮다. 따로 떨어진 이온들에 대한 격자에너지는 분자단위당 7.9 eV이다. 이 그림의 모든 값은 실험값이다. 이온화 에너지의 값은 표 5에 있고, 전자친화도(electron affinity)의 값은 표 6에 있다.

정전기 상호작용이 이온결정의 결합에너지(binding energy)의 큰 부분을 차지한다는 예상은 간단한 추정 계산(estimate)으로 알 수 있다. 염화나트륨 결정에서 양이온과 최인접 음이온과의 거리는 2.81×10^{-8} cm이고, 두 이온만의 퍼텐셜에너지 중 끌림 쿨롱 부분은 5.1 eV이다. 이 값은 따로 떨어진 Na^+와 Cl^-이온에 대한 NaCl 결정의 격자 에너지의 실험값인 분자단위(molecular unit)당 7.9 eV와 크게 다르지 않다(그림 8). 이제 이 에너지를 좀더 자세히 계산해 보자.

정전기 에너지 또는 마델룽 에너지*(electrostatic or Madelung energy)*

전하 $\pm q$를 가진 이온 사이의 긴범위 상호작용은 정전기 상호작용 $\pm q^2/r$인데, 전하가 반대인 이온 사이에서는 끌림작용이고, 전하가 같은 이온 사이에서는 반발작용이다. 어떤 결정구조에서든 이온들은, 이온 핵심 사이의 짧은 범위 반발 상호작용까지 고려했을 때의 끌림 상호작용이 최대가 되도록 배열된다. 불활성 기체 짜임새를 가진 이온들 사이의 반발 상호작용은 불활성 기체 원자들 사이의 반발 상호작용과 비슷하다. 이온결정에서의 끌림 상호작용 중 반데발스 부분은 1 내지 2% 정도이다. 이온결정의 결합에너지의 대부분은 정전기성(electrostatic)이며, **마델룽 에너지**(Madelung energy)라고 불린다.

이온 i와 j 사이의 상호작용 에너지를 U_{ij}라 하고, 이온 i가 관계되는 모든 상호작용을 합하여 U_i를 정의한다.

$$U_i = \sum_j{}' U_{ij} \; . \tag{17}$$

여기서 합하기(summation)는 $j = i$인 경우를 제외한 모든 이온에 대한 것이다. U_{ij}를

표 6 음이온의 전자친화도

안정된 음이온의 전자친화도는 양(positive)이다.

Atom	Electron affinity energy eV	Atom	Electron affinity energy eV
H	0.7542	Si	1.39
Li	0.62	P	0.74
C	1.27	S	2.08
O	1.46	Cl	3.61
F	3.40	Br	3.36
Na	0.55	I	3.06
Al	0.46	K	0.50

출처: H. Hotop and W. C. lineberger, J. Phys. Chem. Ref. Data 4, 539 (1975).

$\lambda\ \exp(-r/\rho)$ 형태의 중심장(central field)[4] 반발 상호작용과 쿨롱 퍼텐셜 $\pm q^2/r$의 합으로 쓸 수 있다고 가정하자. 여기서 λ와 ρ는 경험적인 도움변수이다. 그러면

$$U_{ij} = \lambda\ \exp(-r_{ij}/\rho) \pm q^2/r_{ij} \qquad \text{(CGS)} \tag{18}$$

인데, (+)부호는 같은 종류의 전하에 대해서 (−)부호는 서로 다른 종류의 전하에 대해서 쓰인다. SI 단위계에서는 쿨롱 상호작용이 $\pm q^2/4\pi\epsilon_0 r$이지만, 이 절(section)에서는 쿨롱 상호작용이 $\pm q^2/r$인 CGS 단위계를 쓴다.

반발 항(repulsive term)은 각 이온이 이웃 이온의 전자 분포와 겹쳐지지 않으려는 사실을 반영한다. 세기 λ와 범위 ρ는 격자상수와 압축률의 실험값으로부터 결정되는 상수로 취급된다. 우리는 경험적인 반발 퍼텐셜로 불활성 기체에 대해 쓰였던 R^{-12} 형태 대신 지수 형태로 바꾸어 사용하였는데, 지수 형태가 반발 상호작용을 더 잘 나타낼 수 있기 때문이다. 이온의 경우에는 λ와 ρ를 독립적으로 결정할 수 있는 기체상태의 자료가 없다. ρ는 반발 상호작용의 범위를 나타내는데, $r = \rho$일 때의 반발 상호작용은 $r = 0$일 때 값의 e^{-1}로 줄어든다.

NaCl 구조에서 U_i의 값은 기준 이온 i가 양이온이냐 음이온이냐에 따라 달라지지 않는다. 식 (17)의 합은 빨리 수렴하도록 배열될 수 있는데, 그 값은 결정 내 기준 이온이 표면 근처에 있지 않는 한 그 위치에 따라 변하지 않게 된다. 우리는 표면 효과는 무시하고 N개 분자, 즉 $2N$ 이온으로 이루어진 결정의 총 격자에너지 U_{tot}을 $U_{tot} = NU_i$로 쓴다. 여기서 $2N$ 대신 N이 나타나는 것은, 상호작용의 각 쌍, 즉 각 결합(bond)을 한 번씩만 세어야 하기 때문이다. 총 격자에너지는 결정을 개별 이온들로 나누어 무한히 멀리 떼어놓는 데 필요한 에너지이다.

앞에서와 마찬가지로 R이 결정 내 최인접 거리일 때 $r_{ij} = p_{ij}R$이 되도록 p_{ij}를 도입하는 것이 좋다. 반발 상호작용은 최인접 이웃들 간에만 일어난다고 하면,

4) **역자주** 중심장은 $r = |\mathbf{r}|$의 함수로만 주어지는 장(field)이다.

$$\text{(CGS)} \qquad U_{ij} = \begin{cases} \lambda \exp(-R/p) - \dfrac{q^2}{R} & \text{(최인접 이웃의 경우)} \\ \pm \dfrac{1}{p_{ij}} \dfrac{q^2}{R} & \text{(그 밖의 경우)} \end{cases} \tag{19}$$

이고, 따라서

$$\text{(CGS)} \qquad U_{\text{tot}} = NU_i = N\left(z\lambda e^{-R/\rho} - \frac{\alpha q^2}{R} \right) \tag{20}$$

이다. 여기서 z는 한 이온의 최인접 이웃의 개수이고,

$$\boxed{\alpha \equiv \sum_j{}' \frac{(\pm)}{p_{ij}} \equiv \textbf{마델룽 상수}} \tag{21}$$

이다. 이 합에는 최인접 이웃의 기여도 포함해야 되는데, 그 기여는 다름 아닌 z이다. (±) 부호에 대해서는 식 (25) 앞에서 설명한다. 마델룽 상수(Madelung constant)의 값은 이온결정의 이론에서 제일 중요한데, 이 값을 계산하는 방법은 조금 뒤에 설명한다.

평형 상태에서는 $dU_{\text{tot}}/dR = 0$이므로

$$\text{(CGS)} \qquad N\frac{dU_i}{dR} = -\frac{Nz\lambda}{\rho} \exp(-R/\rho) + \frac{N\alpha q^2}{R^2} = 0 \tag{22}$$

이고, 이 식을 정리하면

$$\text{(CGS)} \qquad R_0^2 \exp(-R_0/\rho) = \rho\alpha q^2/z\lambda \tag{23}$$

이 된다. 이 식으로 반발 상호작용의 도움변수 ρ와 λ를 알 때 평형상태의 최인접 거리 R_0를 결정할 수 있다. SI 단위계에서는 q^2을 $q^2/4\pi\epsilon_0$로 바꾼다.

평형거리 R_0에서 $2N$개 이온으로 된 결정의 총 격자에너지는 식 (20)과 (23)을 이용하여 다음과 같이 쓸 수 있다.

$$\text{(CGS)} \qquad U_{\text{tot}} = -\frac{N\alpha q^2}{R_0}\left(1 - \frac{\rho}{R_0}\right) . \tag{24}$$

$-N\alpha q^2/R_0$항이 마델룽 에너지이다. 나중에 알게 되겠지만, ρ는 $0.1R_0$ 정도인데, 따라서 빈발 싱호작용은 배우 쐛은 범위(short range)를 갖는다.

마델룽 상수의 계산(*evaluation of the Madelung constant*)

쿨롱 에너지 상수 α를 처음 계산한 사람은 마델룽(Madelung)이었다. 격자에 대한 합을 계산하는 강력하고 일반적인 방법이 에발트(Ewald)에 의해 개발되었고, 부록 B에 소개되어 있다. 요즘엔 이 계산에 컴퓨터를 사용한다.

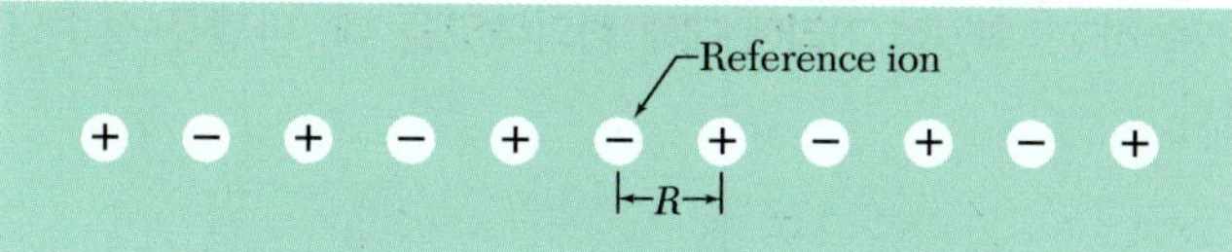

그림 9 이온 사이의 거리가 R이고 전하의 부호가 교대로 바뀌는 이온들의 선.

식 (21)에 의하면 마델룽 상수 α의 정의는

$$\alpha = \sum_j{}' \frac{(\pm)}{p_{ij}}$$

이다. 식 (20)에 의해 안정한 결정이 되려면 α는 양이어야 한다. 우리가 기준 이온으로 음이온을 잡는다면 양이온에는 (+) 부호를 음이온에는 (−) 부호를 사용한다.

또 하나의 대등한 정의는

$$\frac{\alpha}{R} = \sum_j{}' \frac{(\pm)}{r_j} \tag{25}$$

인데, r_j는 기준 이온으로부터 j번째 이온까지의 거리이고, R은 최인접 거리이다. α의 값은 그것이 최인접 거리 R을 써서 정의되었는지 혹은 격자상수 a나 다른 적절한 길이를 써서 정의되었는지에 따라 달라지게 된다.

하나의 예로서 그림 9에 있는 대로, 전하의 부호가 교대로 바뀌는 이온들의 무한히 긴 선에 대한 마델룽 상수를 계산해 보자. 기준 이온으로 음이온 하나를 택하고, 이웃 이온 사이의 거리를 R이라 하자. 그러면

$$\frac{\alpha}{R} = 2\left[\frac{1}{R} - \frac{1}{2R} + \frac{1}{3R} - \frac{1}{4R} + \cdots\right]$$

이므로

$$\alpha = 2\left[1 - \frac{1}{2} + \frac{1}{3} - \frac{1}{4} + \cdots\right]$$

이다. 2의 인자는 같은 거리 rj 만큼 떨어진 이온들이 왼쪽과 오른쪽에 하나씩 두 개가 있기 때문에 쓰였다. 이 급수의 합은 다음 전개식을 이용해 구할 수 있다.

$$\ln(1 + x) = x - \frac{x^2}{2} + \frac{x^3}{3} - \frac{x^4}{4} + \cdots .$$

따라서 일차원 사슬(chain)의 마델룽 상수는 $\alpha = 2 \ln 2$이다.

삼차원에서의 급수 계산은 더 어렵다. 대충 살펴보고 급수의 항들을 써 내려가기는 불가능하다. 더욱 중요한 것은, 양의 항과 음의 항의 기여가 거의 상쇄되도록 급수 항의 순서를 배열하지 않으면 급수는 수렴하지 않는다.

전하를 1로 하고, 최인접 거리에 대해 정의하였을 때, 마델룽 상수의 전형적인 값은 아래와 같다.

구 조	α
염화나트륨, NaCl	1.747565
염화세슘, CsCl	1.762675
황화아연, 입방 ZnS	1.6381

그림 10에는 마델룽 상호작용과 반발 상호작용이 KCl 결정의 결합에 어떻게 기여하는지가 그려져 있다. 표 7에는 염화나트륨 구조를 갖는 할로겐화 알칼리(alkali halide) 결정들의 성질이 나와 있다. 계산된 격자에너지의 값은 관측값과 아주 잘 일치하고 있다.

표 7 NaCl 구조를 가진 할로겐화 알칼리 결정의 성질

괄호 안에 있는 값을 제외한 모든 값은 실온과 대기압 하에서인데, R_0와 U가 절대온도 0도에서부터 달라지는 것을 보정하지는 않았다. 괄호 안의 값은 절대온도 0도와 0기압에서의 값으로 L. Brewer로부터 사적으로 얻은 값이다.

	Nearest-neighbor separation R_0 in Å	Bulk modulus B, in 10^{11} dyn/cm^2 or 10^{10} N/m^2	Repulsive energy parameter $z\lambda$, in 10^{-8} erg	Repulsive range parameter ρ, in Å	Lattice energy compared to free ions, in kcal/mol	
					Experimental	Calculated
LiF	2.014	6.71	0.296	0.291	242.3[246.8]	242.2
LiCl	2.570	2.98	0.490	0.330	198.9[201.8]	192.9
LiBr	2.751	2.38	0.591	0.340	189.8	181.0
LiI	3.000	(1.71)	0.599	0.366	177.7	166.1
NaF	2.317	4.65	0.641	0.290	214.4[217.9]	215.2
NaCl	2.820	2.40	1.05	0.321	182.6[185.3]	178.6
NaBr	2.989	1.99	1.33	0.328	173.6[174.3]	169.2
NaI	3.237	1.51	1.58	0.345	163.2[162.3]	156.6
KF	2.674	3.05	1.31	0.298	189.8[194.5]	189.1
KCl	3.147	1.74	2.05	0.326	165.8[169.5]	161.6
KBr	3.298	1.48	2.30	0.336	158.5[159.3]	154.5
KI	3.533	1.17	2.85	0.348	149.9[151.1]	144.5
RbF	2.815	2.62	1.78	0.301	181.4	180.4
RbCl	3.291	1.56	3.19	0.323	159.3	155.4
RbBr	3.445	1.30	3.03	0.338	152.6	148.3
RbI	3.671	1.06	3.99	0.348	144.9	139.6

자료들은 M. P. Tosi, Solid State Physics **16**, 1 (1964)의 여러 표로부터 얻은 것임.

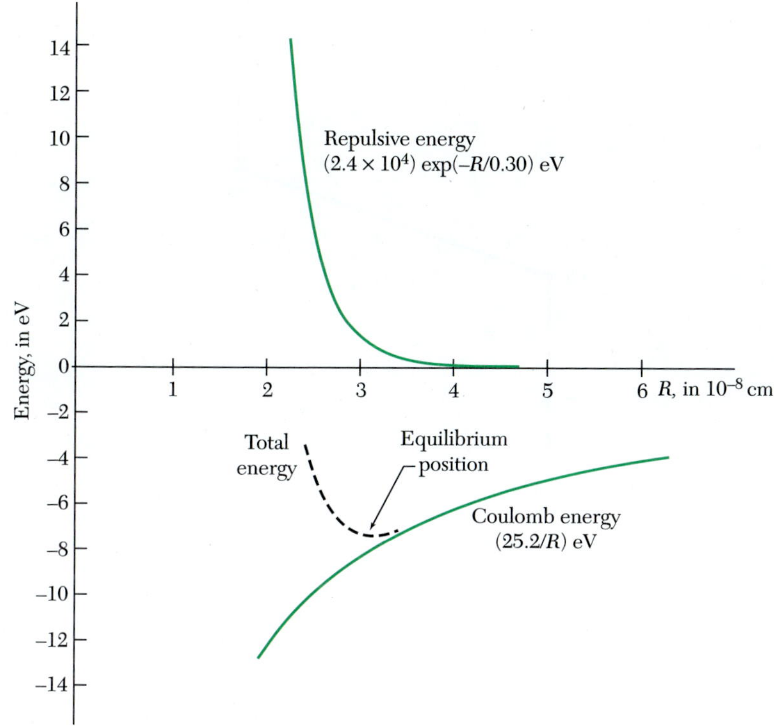

그림 10 KCl 결정의 분자당 에너지로 마델룽(쿨롱) 상호작용과 반발 상호작용의 기여를 보여준다.

공유결합 결정

COVALENT CRYSTALS

공유결합(covalent bond)은 화학, 특히 유기화학에서는 예로부터 알려져 있는 전자쌍, 즉 같은 극결합(homopolar bond)이다. 이 결합은 강한 결합으로서, 다이아몬드에서 따로 떨어진 두 원자에 대한 두 탄소 원자 사이의 결합은 이온결정의 결합 세기와 같은 정도이다.

공유결합은 보통 결합에 참여하는 원자마다 하나씩 내는 두 개의 전자로 이루어진다. 결합을 이루는 전자는 결합에 의해 묶이는 두 원자 사이의 공간에 부분적으로 모여 있게 된다. 결합을 이루는 두 전자의 스핀은 반대평행이다.

공유결합은 강한 방향성을 가진다(그림 11). 탄소, 실리콘과 게르마늄은 각 원자가 네 개의 최인접 원자와 사면체 결합각(tetrahedral angle)을 이루는 다이아몬드 구조를 가지는데, 이 구조는 이용가능한 공간의 0.34만을 채워서 0.74를 채우는 밀집구조에 비해 공간을 채우는 비율이 낮다. 밀집구조에서는 최인접 이웃이 12개인 데 비해, 사면체 결합에서는 4개밖에 없다. 탄소와 실리콘의 결합이 비슷함을 지나치게 강조해서는 안 된다. 탄소는 생물학을 낳지만, 실리콘은 지질학과 반도체 공학을 낳는다.

분자 수소의 결합은 공유결합의 간단한 예이다. 두 전자의 스핀이 반대평행일 때 가장 강한 결합이 일어난다(그림 12). 결합의 세기가 상대적인 스핀의 방향에 관계되

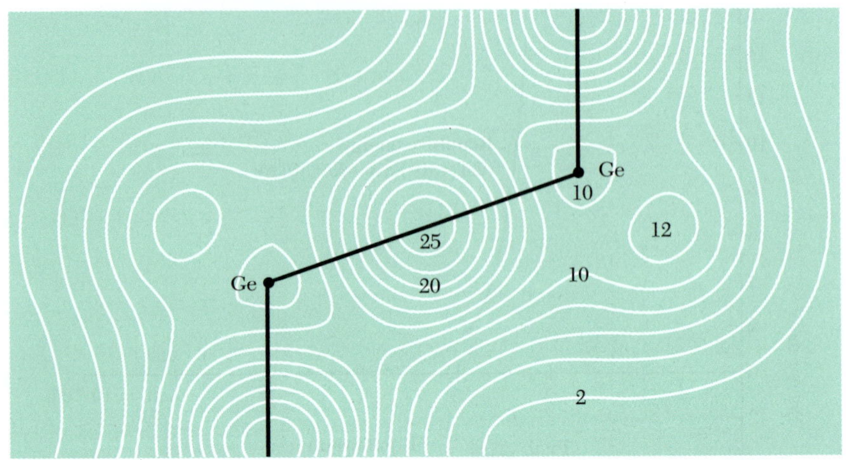

그림 11 게르마늄에 대해 계산된 원자가 전자 농도. 윤곽선 위의 숫자는 기본낱칸당 전자 농도를 나타내는데, 원자당 4개의 원자가 전자가 있고 기본낱칸당 8개의 전자가 있다. 공유결합에서 예상되는 대로 Ge-Ge 결합의 중간쯤에서 전자의 농도가 높음을 보라(J. R. Chelikowsky와 M. L. Cohen의 결과 인용).

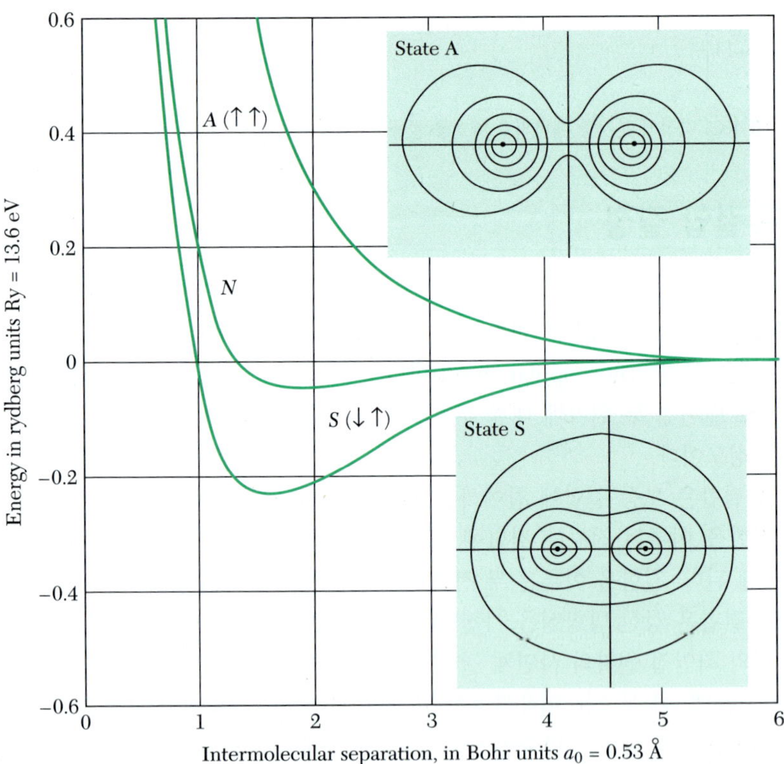

그림 12 따로 떨어진 중성원자 상태에 대한 분자수소(H_2)의 에너지. 음의 에너지일 때 결합을 이룬다. N으로 표시된 곡선이 자유원자의 전하밀도를 사용하여 고전적으로 계산한 결과이다. A곡선은 파울리 배타원리를 고려하여 평행 전자 스핀의 경우에 대해 계산한 결과이고, (안정상태인) S곡선은 반대평행 스핀의 경우이다. A상태와 S상태의 경우에 대해 전하밀도를 윤곽선으로 표시하였다.

는 것은 스핀 간의 자기 쌍극자 힘(magnetic dipole force)이 강하기 때문이 아니라, 파울리 원리에 의해 스핀의 방향에 따라 전하의 분포가 달라지기 때문이다. 이와 같이 스핀에 의존하는 쿨롱 에너지를 **바꿈에너지**(exchange energy)라 한다.

파울리 원리는 껍질이 꽉 찬 원자 사이에 강한 반발 상호작용을 일으킨다. 껍질이 꽉 차지 않으면, 전자를 에너지가 높은 상태로 들뜨게 하지 않고도 전자가 겹칠 수 있어서, 결합의 길이가 짧아진다. Cl_2의 결합길이(2 Å)와 고체 Ar에서 Ar 원자 간의 거리(3.76 Å)를 비교해 보고, 또한 표 1의 응집에너지들을 비교해 보라. Cl_2와 Ar_2 사이의 차이점은 Cl 원자가 $3p$ 껍질에 5개의 전자를 갖고 있는 데 비해, Ar 원자는 6개를 가져서 껍질이 꽉차게 되어, Ar에서의 반발 상호작용이 Cl에서보다 더 강하다는 것이다.

C, Si와 Ge 원소들은 껍질이 꽉 찬 경우에 비해 4개의 전자가 부족하고, (예를 들어) 이 원소들에는 전하 겹침에 연관된 끌림 상호작용이 있을 수 있다. 탄소의 전자 짜임새는 $1s^2 2s^2 2p^2$이다. 공유결합의 사면체계(tetrahedral system)를 만들려면 탄소 원자는 $1s^2 2s 2p^3$의 전자 짜임새를 갖도록 들떠야 한다. 바닥상태에서 이 상태로 들뜨는 데 4 eV가 필요하다. 이 에너지는 결합이 형성되었을 때 되돌려 받는 에너지보다 많다.

이온결합성과 공유결합성이라는 양 극한 사이의 성질을 갖는 결정들이 연속적으로 분포한다. 어떤 결합이 얼마나 이온결합성이고 얼마나 공유결합성이냐를 추산하는 것이 중요할 때가 종종 있다. 유전체 결정(dielectric crystal)에서 결합이 부분적으로 이온결합성을 갖고 부분적으로 공유결합성을 갖는 것에 대한 준경험적인(semiempirical) 이론이 J. C. Phillips에 의해 개발되어 상당한 성공을 거두었다. 그 결과가 표 8에 실려 있다.

표 8 이원 결정(binary crystal)에서 결합의 이온성 비율(fractional ionic character)

Crystal	Fractional ionic character	Crystal	Fractional ionic character
Si	0.00		
SiC	0.18	GaAs	0.31
Ge	0.00	GaSb	0.26
ZnO	0.62	AgCl	0.86
ZnS	0.62	AgBr	0.85
ZnSe	0.63	AgI	0.77
ZnTe	0.61	MgO	0.84
CdO	0.79	MgS	0.79
CdS	0.69	MgSe	0.79
CdSe	0.70		
CdTe	0.67	LiF	0.92
		NaCl	0.94
InP	0.42	RbF	0.96
InAs	0.36		
InSb	0.32		

J. C. Phillips, *Bonds and bands in semiconductors*를 인용

금속
METALS

금속(metal)은 높은 전기전도도(electrical conductivity)를 갖는 것이 특징인데, 보통 원자당 한두 개씩 내놓은 많은 수의 전자들이 금속 안을 자유롭게 움직인다. 이 움직일 수 있는 전자들을 전도전자(conduction electron)라 부른다. 원자의 원자가 전자가 금속을 이루면 전도전자가 되게 된다.

몇몇 금속에서는 이온핵심과 전도전자 간의 상호작용이 결합에너지의 큰 부분을 차지하기도 하지만, 금속결합(metallic bonding)의 특성은 금속 내 원자가 전자의 에너지가 자유원자의 경우에 비해 낮아진다는 것이다.

알칼리 금속 결정의 결합에너지는 할로겐화 알칼리 결정의 결합에너지보다 상당히 적다. 즉 전도전자에 의해 만들어진 결합은 그다지 강하지 않다. 알칼리 금속의 원자 간 거리는 비교적 큰데, 이 거리가 커야 전도전자의 운동에너지가 낮아지기 때문이다. 이 큰 거리의 결과로 약한 결합이 된다. 금속은 비교적 밀집구조인 hcp, fcc, bcc나 이에 가까이 관련된 구조들로 결정을 이루고 다이아몬드와 같이 느슨히 차 있는 구조로 되진 않는다.

전이금속(transition metal)에서는 안쪽의 전자껍질로부터의 추가적인 결합이 있다. 전이금속과 주기율표에서 전이금속 바로 다음의 금속들은 *d*-전자껍질이 크고 결합에너지도 크다는 특징을 갖는다.

수소결합
(HYDROGEN BONDS)

중성 수소는 전자가 하나뿐이므로 다른 원자 하나와 공유결합을 해야 한다. 그렇지만 어떤 조건에서는 수소 원자가 다른 두 원자에 강한 힘으로 끌려가, 결합 에너지가 0.1 eV 정도인 **수소결합**(hydrogen bond)을 이룬다. 수소결합은 주로 이온성 결합의 성질을 가지는 것으로 믿어지며, 전자음성도(electron negativity)가 가장 큰 원자들, 특히 F, O, N 등의 원자들과의 사이에서만 형성된다. 수소결합이 극단적으로 이온성 형태가 되면, 수소 원자는 분자 내의 다른 원자에 전자를 잃어버리고, 맨 양성자(bare proton)가 수소결합을 이룬다. 양성자 주변의 원자들은 너무 가까워서 셋 이상이 되면 서로의 자리를 차지하게 될 것이므로, 수소결합은 원자 두 개만을 결합한다(그림 13).

수소결합은 H_2O 분자 간의 상호작용의 중요한 일부이고, 전기 쌍극자 모멘트의

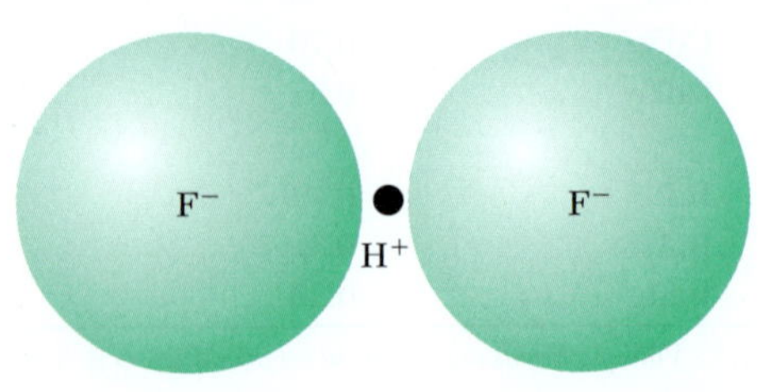

그림 13 이불화수소(hydrogen difluoride) 이온 HF_2^-는 수소결합을 이루어 안정된다. 이 개략도는 양성자에 전자가 전혀 없다는 뜻에서 수소결합의 극단적인 모형이다.

정전기 끌림(electrostatic attraction)과 더불어 물과 얼음의 특이한 물리적인 성질의 원인이 된다. 수소결합은 몇몇 강유전 결정(ferroelectric crystal)과 DNA에서도 중요한 역할을 한다.

원자 반지름
ATOMIC RADII

결정 내 원자 사이의 거리는 엑스선 에돌이에 의해 매우 정확하게, 종종 10^5 분지 1 정도까지 측정할 수 있다. 관측된 원자 간 거리를 일부분은 원자 A, 일부분은 원자 B의 것이라고 할당할 수 있을까? 결정의 성질이나 조성에 관계없이 원자 혹은 이온의 반지름에 명확한 뜻을 부여할 수 있을까?

정확히 말하면 답은 '아니다'이다. 원자 주위의 전하 분포가 항상 견고한 구면 경계를 갖는 것은 아니다. 그럼에도 불구하고 원자 반지름(atomic radius)이라는 개념은 원자 간 거리를 예측하는 데 유용한 개념이다. 아직 합성되지 않은 상(phase)의 존재 여부나 격자상수들을 원자 반지름의 더하기 성질(additive property)[5]로부터 예측할 수 있다. 또한 격자상수의 측정값과 예측값을 비교하여 구성 원자들의 전자 짜임새를 추정할 수도 있다.

격자상수를 예측하기 위해서 여러 종류의 결합에 자체 모순없는(self-consistent) 반지름 값의 집합을 부여하는 것이 편리하다(표 9). 집합 하나는 구성 이온이 불활성 기체의 닫힌 껍질 짜임새를 갖고 6 방향으로 결합을 이루는(6-coordinated) 이온결정에 대한 것이고, 다른 집합 하나는 사면체로 결합하는(tetrahedrally-coordinated) 구조에서의 이온들에 대한 것이며, 또다른 집합 하나는 12 방향으로 결합을 이루는 (밀집구조의) 금속에 대한 것이다.

양이온 Na^+와 음이온 F^-에 대해 자체 모순없는 반지름의 예측값을 표 9에 주어진 대로 사용하면, NaF 결정의 원자 간 거리는 0.97 Å + 1.36 Å = 2.33 Å으로 예측되는데, 관측값은 2.32 Å이다. 예측값과 관측값의 이와 같은 일치는 Na와 F가 (중성) 원자의 짜임새를 가지고 있다고 가정했을 때보다 훨씬 좋다. Na와 F가 중성원자라면 결정에서 원자 간 거리는 2.58 Å이 될 것이다. 이 값은 $\frac{1}{2}$(금속성 Na에서의 최인접 거리 + 기체성 F_2의 원자 간 거리)이다.

다이아몬드에서 C 원자 사이의 거리는 1.54 Å이며, 그 반은 0.77 Å이다. 같은 결정 구조를 가진 Si에서 원자 간 거리의 반은 1.17 Å이다. SiC에서 각 원자는 4개의 다른 종류의 원자에 의해 둘러싸여 있다. 위에서 언급한 C와 Si의 반지름을 더하면 C-Si 결합의 길이가 1.94 Å일 것이라고 예측할 수 있는데, 관측된 결합길이 1.89 Å과 잘 일치한다. 우리가 원자 반지름의 표를 사용하면 이와 같은 정도의 (몇 퍼센트 이내의) 일치를 얻게 된다.

5) **역자주** Additive property에 대한 설명이 이 절의 나머지 부분의 내용이다.

표 9 원자와 이온의 반지름

모두 근삿값이고, 단위는 1 Å= 10^{-10} m이다. 원전은 W. B. Pearson, Crystal chemistry and physics of metals and alloys, Wiley, 1972이다.

Element	Standard radii for ions in inert gas (filled shell) configuration	Radii of atoms when in tetrahedral covalent bonds	Radii of ions in 12-coordinated metals
H	2.08		
He			
Li	0.68		1.56
Be	0.35	1.06	1.13
B	0.23	0.88	0.98
C	0.15	0.77	0.92
N	1.71	0.70	
O	1.40	0.66	
F	1.36	0.64	
Ne	1.58		
Na	0.97		1.91
Mg	0.65	1.40	1.60
Al	0.50	1.26	1.43
Si	0.41	1.17	1.32
P	2.12	1.10	
S	1.84	1.04	
Cl	1.81	0.99	
Ar	1.88		
K	1.33		2.38
Ca	0.99		1.98
Sc	0.81		1.64
Ti	0.68		1.46
V			1.35
Cr			1.28
Mn			1.26
Fe			1.27
Co			1.25
Ni			1.25
Cu		1.35	1.28
Zn	0.74	1.31	1.39
Ga	0.62	1.26	1.41
Ge	0.53	1.22	1.37
As	2.22	1.18	1.39
Se	1.98	1.14	
Br	1.95	1.11	
Kr	2.00		
Rb	1.48		2.55
Sr	1.13		2.15
Y	0.93		1.80
Zr	0.80		1.60
Nb	0.67		1.47
Mo			1.40
Tc			1.36
Ru			1.34
Rh			1.35
Pd			1.38
Ag	1.26	1.52	1.45
Cd	0.97	1.48	1.57
In	0.81	1.44	1.66
Sn	0.71	1.40	1.55
Sb	2.45	1.36	1.59
Te	2.21	1.32	
I	2.16	1.28	
Xe	2.17		
Cs	1.67		2.73
Ba	1.35		2.24
La	1.15		1.88
Hf			1.58
Ta			1.47
W			1.41
Re			1.38
Os			1.35
Ir			1.36
Pt			1.39
Au	1.37		1.44
Hg	1.10	1.48	1.57
Tl	0.95		1.72
Pb	0.84		1.75
Bi			1.70
Po			1.76
At			
Rn			
Fr	1.75		
Ra	1.37		
Ac	1.11		
Ce	1.01		1.71–1.82
Pr			1.83
Nd			1.82
Pm			1.81
Sm			1.80
Eu			2.04^{2+}–1.80^{3+}
Gd			1.80
Tb			1.78
Dy			1.77
Ho			1.77
Er			1.76
Tm			1.75
Yb			1.94^{2+}–1.74^{3+}
Lu			
Th	0.99		1.80
Pa	0.90		1.63
U	0.83		1.56
Np			1.56
Pu			1.58–1.64
Am			1.81
Cm			
Bk			
Cf			
Es			
Fm			
Md			
No			
Lr			

표 10 NaCl 구조를 가진 할로겐화 알칼리 결정의 성질

이온결정에서 이온 간 거리 D는 $D_N = R_C + R_A + \Delta_N$으로 쓸 수 있다. N은 양이온의 배위수(coordination number)이고, R_C와 R_A는 양이온과 음이온의 표준 반지름이며 Δ_N은 배위수에 따른 보정값이다. 실온에서의 값(Zachariasen의 결과 인용).

N	Δ_N(Å)	N	Δ_N(Å)	N	Δ_N(Å)
1	−0.50	5	−0.05	9	+0.11
2	−0.31	6	0	10	+0.14
3	−0.19	7	+0.04	11	+0.17
4	−0.11	8	+0.08	12	+0.19

이온결정에서의 반지름*(ionic crystal radii)*

표 9에는 6 배위(coordination)의 불활성 기체 짜임새를 가진 이온결정에서의 반지름이 열거되어 있다. 이 이온 반지름들은 표 10과 함께 사용한다. 실온에서 4.004 Å의 격자상수를 갖는 $BaTiO_3$를 생각해 보자. Ba^{++} 이온 하나는 12개의 최인접 O^{--} 이온을 가지므로 배위수(coordination number)는 12이고, 표 10의 보정값 Δ_{12}를 써야 한다. 이 구조가 Ba-O 접촉(contact)에 의해 결정된다면, $D_{12} = 1.35 + 1.40 + 0.19 = 2.94$ Å이 되고 $a = 4.16$ Å이 된다. 만약 Ti-O 접촉 이 구조를 결정한다면, $D_6 = 0.68 + 1.40 = 2.08$ Å이 되고 $a = 4.16$ Å이 된다. 실제 격자상수는 이 추정값들보다 다소 작고, 이 결합이 순전히 이온결합성이 아니라 부분적으로는 공유결합성임을 암시하는 것으로 보인다.

탄성 변형의 분석
ANALYSIS OF ELASTIC STRAINS

결정을 원자들의 주기적 배열로 보지 않고 균질하고(homogeneous) 연속적인 (con-tinuous) 매질(medium)로 보았을 때 탄성(elastic property)을 생각해 보자. 결정을 연속적인 매질로 취급하는 근사(approximation)는, 보통 탄성파(elastic wave)의 파장(wavelength) λ가 10^{-6} cm보다 길 때, 즉 진동수(frequency)가 10^{11} 혹은 10^{12} Hz보다 적을 때 타당하다. 기호에 여러 개의 아래첨자가 쓰이기 때문에 아래의 내용은 복잡하게 보이지만, 기본 물리적인 생각은 간단하다. 우리는 **훅의 법칙**(Hooke's law)과 뉴턴의 제2법칙(Newton's second law)을 사용한다. 훅의 법칙은 탄성 고체에서 변형(strain)은 변형력(stress)에 직접 비례한다는 것이다. 이 법칙은 변형이 작을 때만 적용되는데, 변형이 커서 훅의 법칙이 더 이상 성립하지 않을 때 **비선형 영역**(nonlinear region)에 있다고 말한다.

우리는 변형을 아래에서 정의하는 성분 e_{xx}, e_{yy}, e_{zz}, e_{xy}, e_{yz}, e_{zx}로 표시하고, 무한히 작은(infinitesimal) 변형만을 다룬다. 또한 (온도가 같은) 등온(isothermal) 일그러짐(deformation)과 [엔트로피(entropy)가 같은] 단열(adiabatic) 일그러짐을 구분

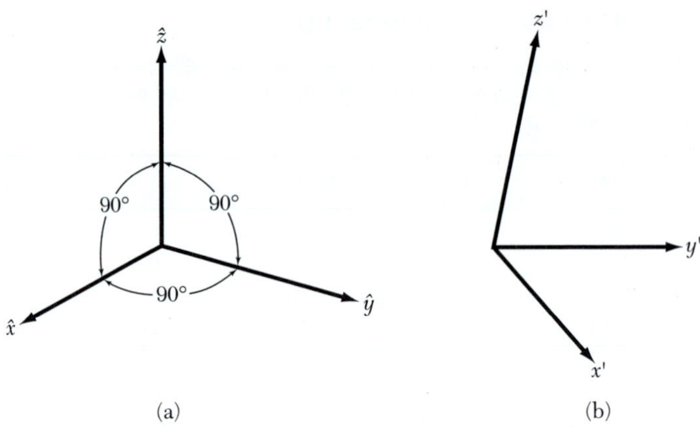

그림 14 변형 상태를 표현하기 위한 좌표축; 변형되지 않은 상태 (a)의 서로 수직인 단위축들이 변형된 상태 (b)에서는 일그러져 있다.

하지 않고 같은 기호를 사용한다. 등온과 단열 탄성상수(elastic constant) 사이의 작은 차이는 실온 이하의 온도에서는 중요한 때가 많지 않다.

그림 14에 보인 대로, 변형되지 않은 고체에 단단히 박혀 있는 단위길이(unit length)의 서로 수직인 세 벡터 $\hat{\mathbf{x}}$, $\hat{\mathbf{y}}$, $\hat{\mathbf{z}}$를 상상해 보자. 고체가 고르게(uniformly) 약간 일그러지면, 이 축들도 방향과 길이가 일그러지게 된다. 고른 일그러짐(uniform deformation)에서는 결정의 각 기본낱칸이 같은 방식으로 일그러진다. 새 축 $\mathbf{x}'$, $\mathbf{y}'$, $\mathbf{z}'$은 옛 축을 써서 다음과 같이 쓸 수 있다.

$$\begin{aligned} \mathbf{x}' &= (1+\epsilon_{xx})\hat{\mathbf{x}} + \epsilon_{xy}\hat{\mathbf{y}} + \epsilon_{xz}\hat{\mathbf{z}} \ ; \\ \mathbf{y}' &= \epsilon_{yx}\hat{\mathbf{x}} + (1+\epsilon_{yy})\hat{\mathbf{y}} + \epsilon_{yz}\hat{\mathbf{z}} \ ; \\ \mathbf{z}' &= \epsilon_{zx}\hat{\mathbf{x}} + \epsilon_{zy}\hat{\mathbf{y}} + (1+\epsilon_{zz})\hat{\mathbf{z}} \ . \end{aligned} \tag{26}$$

일그러짐은 계수 $\epsilon_{\alpha\beta}$에 의해 결정된다. 이 계수는 차원이 없고(dimensionless), 변형이 적으면 1보다 훨씬 작은 값을 갖는다. 원래 축은 단위길이를 갖지만 새 축이 반드시 단위길이를 갖는 것은 아니다. 예를 들어,

$$\mathbf{x}' \cdot \mathbf{x}' = 1 + 2\epsilon_{xx} + \epsilon_{xx}^2 + \epsilon_{xy}^2 + \epsilon_{xz}^2$$

이므로 $x' \cong 1 + \epsilon_{xx} + \cdots$이 된다. $\hat{\mathbf{x}}$, $\hat{\mathbf{y}}$, $\hat{\mathbf{z}}$ 축 길이의 변화를 원래 길이로 나눈 값은 일차까지(to the first order) 각각 ϵ_{xx}, ϵ_{yy}, ϵ_{zz}이다.

원래 $\mathbf{r} = x\hat{\mathbf{x}} + y\hat{\mathbf{y}} + z\hat{\mathbf{z}}$에 있던 원자에 식 (26)의 일그러짐이 어떤 영향을 미칠까? 여기서 원점은 다른 원자 위에 잡았다. 일그러짐이 고르면, 일그러진 후에 $\mathbf{r}$ 점은 $\mathbf{r}' = x\mathbf{x}' + y\mathbf{y}' + z\mathbf{z}'$의 위치에 있게 될 것이다. $\hat{\mathbf{x}}$ 축을 $\mathbf{r} = x\hat{\mathbf{x}}$가 되도록 잡으면 $\mathbf{x}'$의 정의에 따라 $\mathbf{r}' = x\mathbf{x}'$이 되므로, 이 진술은 분명히 맞다. 일그러짐에 따른 변위(displacement) $\mathbf{R}$은 다음과 같이 정의된다.

$$\mathbf{R} \equiv \mathbf{r}' - \mathbf{r} = x(\mathbf{x}' - \hat{\mathbf{x}}) + y(\mathbf{y}' - \hat{\mathbf{y}}) + z(\mathbf{z}' - \hat{\mathbf{z}}) \ . \tag{27}$$

식 (26)을 사용하면

$$\mathbf{R}(\mathbf{r}) \equiv (x\epsilon_{xx} + y\epsilon_{yx} + z\epsilon_{zx})\hat{\mathbf{x}} + (x\epsilon_{xy} + y\epsilon_{yy} + z\epsilon_{zy})\hat{\mathbf{y}} + (x\epsilon_{xx} + y\epsilon_{yz} + z\epsilon_{zz})\hat{\mathbf{z}} \tag{28}$$

이 된다. 이것은 변위가 다음과 같은 식으로 주어지도록 u, v, w를 도입하면 좀더 일반적인 형태로 쓸 수 있다.

$$\boxed{\mathbf{R}(\mathbf{r}) = u(\mathbf{r})\hat{\mathbf{x}} + v(\mathbf{r})\hat{\mathbf{y}} + w(\mathbf{r})\hat{\mathbf{z}}\ .} \tag{29}$$

변형이 고르지 않다면(nonuniform), u, v, w는 국소 변형(local strain)과 연관된다. $\mathbf{r}$의 원점을 관심 있는 부분에 가깝게 잡고, 식 (29)의 $\mathbf{R}(\mathbf{r})$을 $\mathbf{R}(0) = 0$을 사용하여 테일러 급수(Taylor series)로 전개한 다음, 식 (28)과 비교하면

$$x\epsilon_{xx} \cong x\frac{\partial u}{\partial x}\ ; \qquad y\epsilon_{yx} = y\frac{\partial u}{\partial y}\ ; \quad \text{등} \tag{30}$$

의 관계를 얻는다.

계수 $\epsilon_{\alpha\beta}$ 대신 다른 계수 $e_{\alpha\beta}$를 사용하는 것이 보통이다. 변형 성분 e_{xx}, e_{yy}, e_{zz}는

$$\boxed{e_{xx} \equiv \epsilon_{xx} = \frac{\partial u}{\partial x}\ ; \qquad e_{yy} \equiv \epsilon_{yy} = \frac{\partial v}{\partial y}\ ; \qquad e_{zz} \equiv \epsilon_{zz} = \frac{\partial w}{\partial z}} \tag{31}$$

의 관계에 의해 정의되는데, 여기서는 식 (30)이 사용되었다. 다른 변형 성분 e_{xy}, e_{yz}, e_{zx}는 축 사이의 사잇각의 변화로 정의된다. 식 (26)을 쓰면

$$\boxed{\begin{aligned} e_{xy} &\equiv \mathbf{x}' \cdot \mathbf{y}' \cong \epsilon_{yx} + \epsilon_{xy} = \frac{\partial u}{\partial y} + \frac{\partial v}{\partial x}\ ; \\ e_{yz} &\equiv \mathbf{y}' \cdot \mathbf{z}' \cong \epsilon_{zy} + \epsilon_{yz} = \frac{\partial v}{\partial z} + \frac{\partial w}{\partial y}\ ; \\ e_{zx} &\equiv \mathbf{z}' \cdot \mathbf{x}' \cong \epsilon_{zx} + \epsilon_{xz} = \frac{\partial u}{\partial z} + \frac{\partial w}{\partial x} \end{aligned}} \tag{32}$$

로 정의할 수 있다. 만약 ϵ^2 차수의 항들을 무시한다면 ≅ 부호를 = 부호로 바꿀 수 있다. 여섯 개의 차원이 없는 계수 $e_{\alpha\beta}\ (= e_{\beta\alpha})$는 변형을 완전히 정의한다.

팽창*(dilation)*

일그러짐에 관련하여 부피가 팽창한 양을 원래의 부피로 나눈 것을 팽창(dilation)이라 한다. 유체정지 압력(hydrostatic pressure)에 대해서 팽창은 음수이다. $\hat{\mathbf{x}}$, $\hat{\mathbf{y}}$, $\hat{\mathbf{z}}$의 모서리를 갖는 단위 정육면체는 일그러진 후

$$V' = \mathbf{x}' \cdot \mathbf{y}' \times \mathbf{z}' \tag{33}$$

의 부피를 갖는데, 이 식은 모서리 $\mathbf{x}'$, $\mathbf{y}'$, $\mathbf{z}'$을 갖는 평행육면체의 부피에 대해 잘 알

려진 결과를 쓴 것이다. 식 (26)으로부터

$$\mathbf{x}'\cdot\mathbf{y}'\times\mathbf{z}' = \begin{vmatrix} 1+\epsilon_{xx} & \epsilon_{xy} & \epsilon_{xz} \\ \epsilon_{yx} & 1+\epsilon_{yy} & \epsilon_{yz} \\ \epsilon_{zx} & \epsilon_{zy} & 1+\epsilon_{zz} \end{vmatrix} \cong 1 + e_{xx} + e_{yy} + e_{zz} \tag{34}$$

인데, 두 변형 성분의 곱으로 된 항은 무시하였다. 팽창 δ는

$$\boxed{\delta \equiv \frac{V'-V}{V} \cong e_{xx} + e_{yy} + e_{zz}} \tag{35}$$

로 주어진다.

변형력 성분(*stress components*)

변형력은 고체의 단위면적에 작용하는 힘으로 정의된다. 변형력에는 X_x, X_y, X_z, Y_x, Y_y, Y_z, Z_x, Z_y, Z_z의 9개 성분이 있다. 대문자는 힘의 방향을 나타내고, 아래첨자는 힘이 가해진 면에 수직인 방향을 나타낸다. 그림 15에서 변형력 성분 X_x는 법선(normal)이 x 방향에 있는 단위면적을 가진 면에 x 방향으로 가해진 힘을 나타낸다. 또한 변형력 성분 X_y는 법선이 y 방향에 있는 단위면적을 가진 면에 x 방향으로 가해진 힘이다. (그림 16과 같은) 정육면체에 각가속도(angular acceleration)가 없고 따라서 총 돌림힘(torque)이 0이라는 조건을 주면, 서로 독립적인 변형력 성분의 수는 9에서 6으로 줄어든다. 즉

$$Y_z = Z_y \ ; \qquad Z_x = X_z \ ; \qquad X_y = Y_x \tag{36}$$

가 된다. 독립된 변형력 성분 6개는 X_x, Y_y, Z_z, Y_z, Z_x, X_y로 잡을 수 있다.

변형력 성분은 단위면적당 힘 혹은 단위부피당 에너지의 차원을 갖는다. 변형 성분은 두 길이의 비율로 차원이 없다.

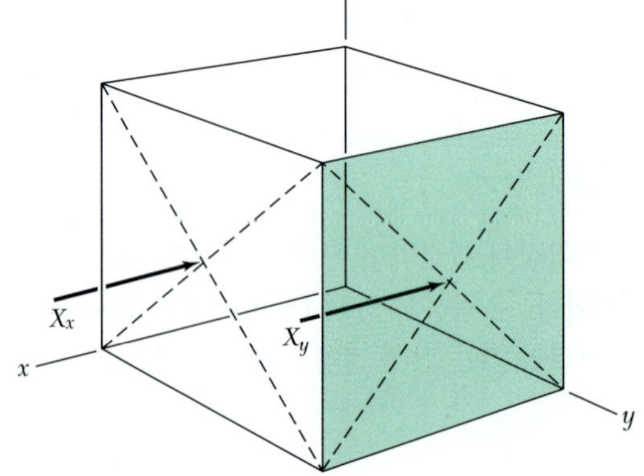

그림 15 변형력 성분 X_x는 법선이 x 방향에 있는 단위면적을 가진 면에 x 방향으로 가해진 힘이다. X_y는 법선이 y 방향에 있는 단위면적을 가진 면에 x 방향으로 가해진다.

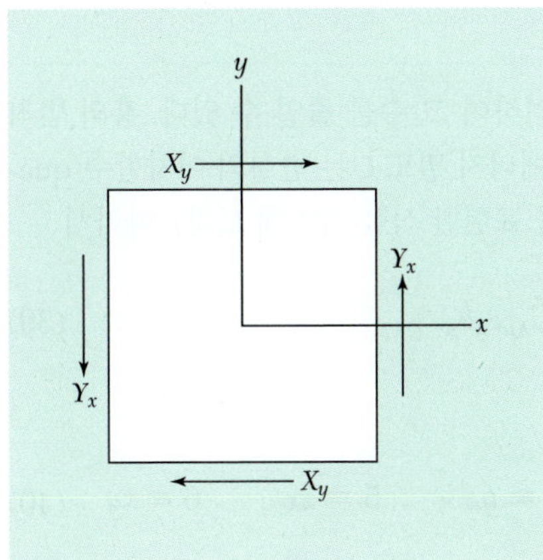

그림 16 정지 평형(static equilibrium) 상태의 물체에 대해 $Y_x = X_y$임을 보여주는 그림. x 방향의 힘의 합은 0이고 y 방향의 힘의 합도 0이며, 힘의 총합은 0이다. $Y_x = X_y$일 때 원점에 대한 총 돌림힘(torque)도 0이 된다.

탄성 용량 상수와 탄성 뻣뻣함 상수
ELASTIC COMPLIANCE AND STIFFNESS CONSTANTS

훅의 법칙에 따르면 일그러짐이 충분히 작을 때 변형은 변형력에 직접 비례하므로, 변형 성분은 변형력 성분의 선형 함수(linear function)이다.

$$
\begin{aligned}
e_{xx} &= S_{11}X_x + S_{12}Y_y + S_{13}Z_z + S_{14}Y_z + S_{15}Z_x + S_{16}X_y \ ; \\
e_{yy} &= S_{21}X_x + S_{22}Y_y + S_{23}Z_z + S_{24}Y_z + S_{25}Z_x + S_{26}X_y \ ; \\
e_{zz} &= S_{31}X_x + S_{32}Y_y + S_{33}Z_z + S_{34}Y_z + S_{35}Z_x + S_{36}X_y \ ; \\
e_{yz} &= S_{41}X_x + S_{42}Y_y + S_{43}Z_z + S_{44}Y_z + S_{45}Z_x + S_{46}X_y \ ; \\
e_{zx} &= S_{51}X_x + S_{52}Y_y + S_{53}Z_z + S_{54}Y_z + S_{55}Z_x + S_{56}X_y \ ; \\
e_{xy} &= S_{61}X_x + S_{62}Y_y + S_{63}Z_z + S_{64}Y_z + S_{65}Z_x + S_{66}X_y \ .
\end{aligned}
\tag{37}
$$

$$
\begin{aligned}
X_x &= C_{11}e_{xx} + C_{12}e_{yy} + C_{13}e_{zz} + C_{14}e_{yz} + C_{15}e_{zx} + C_{16}e_{xy} \ ; \\
Y_y &= C_{21}e_{xx} + C_{22}e_{yy} + C_{23}e_{zz} + C_{24}e_{yz} + C_{25}e_{zx} + C_{26}e_{xy} \ ; \\
Z_z &= C_{31}e_{xx} + C_{32}e_{yy} + C_{33}e_{zz} + C_{34}e_{yz} + C_{35}e_{zx} + C_{36}e_{xy} \ ; \\
Y_z &= C_{41}e_{xx} + C_{42}e_{yy} + C_{43}e_{zz} + C_{44}e_{yz} + C_{45}e_{zx} + C_{46}e_{xy} \ ; \\
Z_x &= C_{51}e_{xx} + C_{52}e_{yy} + C_{53}e_{zz} + C_{54}e_{yz} + C_{55}e_{zx} + C_{56}e_{xy} \ ; \\
X_y &= C_{61}e_{xx} + C_{62}e_{yy} + C_{63}e_{zz} + C_{64}e_{yz} + C_{65}e_{zx} + C_{66}e_{xy} \ .
\end{aligned}
\tag{38}
$$

S_{11}, S_{12} …을 **탄성 용량 상수**(elastic compliance constant) 혹은 탄성상수(elastic constant)라고 부르고, C_{11}, C_{12}, …을 **탄성 뻣뻣함 상수**(elastic stiffness constant) 혹은 탄성률(modulus of elasticity)이라고 부른다. S는 [면적]/[힘] 혹은 [부피]/[에너지]의 차원을 갖고, C는 [힘]/[면적] 혹은 [에너지]/[부피]의 차원을 갖는다.

탄성 에너지 밀도(elastic energy density)

식 (37) 혹은 (38)의 36개 상수는 몇 가지를 고려하여 그 수를 줄일 수 있다. 훅의 법칙이 성립하는 어림셈(approximation)에서 탄성 에너지 밀도 U는 변형의 이차함수(quadratic function)이다(늘어난 용수철의 에너지를 표현한 식을 기억해 보라). 따라서

$$U = \frac{1}{2}\sum_{\lambda=1}^{6}\sum_{\mu=1}^{6}\tilde{C}_{\lambda\mu}e_{\lambda}e_{\mu} \tag{39}$$

라고 쓸 수 있는데, 지표 1에서 6까지는

$$1 \equiv xx \ ; \quad 2 \equiv yy \ ; \quad 3 \equiv zz \ ; \quad 4 \equiv yz \ ; \quad 5 \equiv zx \ ; \quad 6 \equiv xy \tag{40}$$

로 정의된다. $\tilde{C}$는 (38)의 C에 연관된 양인데 아래의 식 (42)에 그 관계가 나온다.

변형력 성분은 관련 변형 성분에 대해 U를 미분함으로써 얻어진다. 이 결과는 퍼텐셜에너지의 정의로부터 나온다. 단위 정육면체의 한 면을 정지시키고 반대 면에 변형력 X_x를 가해 보자. 그러면

$$X_x = \frac{\partial U}{\partial e_{xx}} \equiv \frac{\partial U}{\partial e_1} = \tilde{C}_{11}e_1 + \frac{1}{2}\sum_{\beta=2}^{6}(\tilde{C}_{1\beta} + \tilde{C}_{\beta 1})e_{\beta} \tag{41}$$

이다. 이 변형력-변형 관계에서 $\frac{1}{2}(\tilde{C}_{\alpha\beta} + \tilde{C}_{\beta\alpha})$의 조합만이 나타나는 것에 유의하라. 따라서 탄성 빳빳함 상수는 대칭적이라는 결론이 된다:

$$C_{\alpha\beta} = \tfrac{1}{2}(\tilde{C}_{\alpha\beta} + \tilde{C}_{\beta\alpha}) = C_{\beta\alpha} \ . \tag{42}$$

이 결과 36개의 탄성 빳빳함 상수는 21개로 줄어든다.

입방결정에서의 탄성 빳빳함 상수(elastic stiffness constants of cubic crystals)

결정이 대칭 요소를 가지면 독립적인 탄성 빳빳함 상수의 숫자는 더욱 줄어든다. 우리는 여기서 입방결정에서는 독립적인 빳빳함 상수가 세 개뿐이라는 것을 보인다.

이제, 입방결정에서 탄성 에너지 밀도는

$$U = \tfrac{1}{2}C_{11}(e_{xx}^2 + e_{yy}^2 + e_{zz}^2) + \tfrac{1}{2}C_{44}(e_{yz}^2 + e_{zx}^2 + e_{xy}^2) + C_{12}(e_{yy}e_{zz} + e_{zz}e_{xx} + e_{xx}e_{yy}) \tag{43}$$

이고, 다른 2차항들, 즉

$$(e_{xx}e_{xy} + \cdots) \ ; \qquad (e_{yz}e_{zx} + \cdots) \ ; \qquad (e_{xx}e_{yz} + \cdots) \tag{44}$$

와 같은 것들은 U에 나타나지 않는 것을 보일 것이다.

최소한 3중 축 4개가 존재하는 대칭성이 있어야만 입방구조가 될 수 있다. 이 축들은 [111] 방향 및 그와 대등한 방향에 있다(그림 17). 이 네 축에 대해 $2\pi/3$만큼 돌리면 어떤 축에 대해 돌리느냐에 따라 x, y, z축을 다음과 같은 방식으로 바꾸는 것과 같은 효과가 있다.

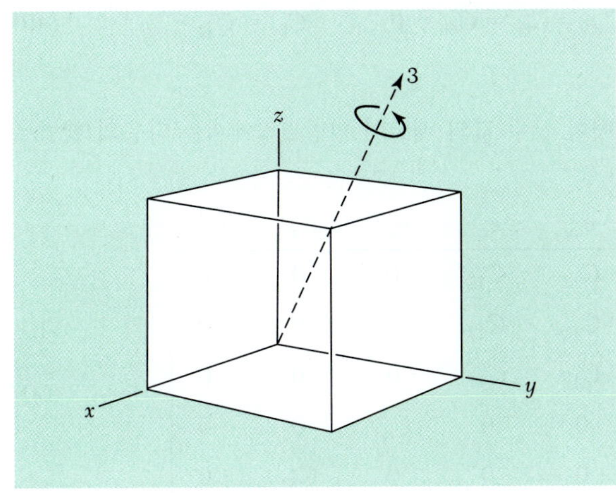

그림 17 3으로 표시된 축에 대해 $2\pi/3$만큼 돌리면 $x \to y$; $y \to z$; $z \to x$로 바뀌게 된다.

$$\begin{array}{ll} x \to y \to z \to x \ ; & -x \to z \to y \to -x \ ; \\ x \to z \to -y \to x \ ; & -x \to y \to z \to -x \ . \end{array} \tag{45}$$

예를 들어 첫 번째 방식의 경우

$$e_{xx}^2 + e_{yy}^2 + e_{zz}^2 \to e_{yy}^2 + e_{zz}^2 + e_{xx}^2$$

으로 바뀌고, 식 (43)의 괄호 안의 다른 항들도 비슷하게 바뀐다. 따라서 식 (43)은 위에서 생각한 조작들을 해도 변하지 않는다. 하지만 식 (44)에 나타나는 항들은 지표 중 하나 이상이 홀수 개이다. 식 (45)에 있는 회전 중 하나는 이 항의 부호를 바꾸게 되는데, 예를 들어 $e_{xy} = -e_{x(-y)}$이기 때문이다. 따라서 식 (44)의 항들은 이 조작들에 대해 불변이 아니게(not invariant) 된다.[6)]

이제 식 (43)의 숫자 인자(numerical factor)가 옳다는 것을 확인하는 일이 남았다. 식 (41)에 의하면

$$\partial U/\partial e_{xx} = X_x = C_{11}e_{xx} + C_{12}(e_{yy} + e_{zz}) \tag{46}$$

를 얻는다. $C_{11}e_{xx}$가 나타나는 것은 식 (38)과 일치한다. 식 (38)과 계속 비교하면

$$C_{12} = C_{13} \ ; \qquad C_{14} = C_{15} = C_{16} = 0 \tag{47}$$

이 됨을 알 수 있다. 또한 식 (43)으로부터

$$\partial U/\partial e_{xy} = X_y = C_{44}e_{xy} \tag{48}$$

가 나오고, 식 (38)과 비교하면

6) **역자주** 어떤 항이 입방결정의 U 안에 있으려면, 식 (45)의 조작에 대해 모양이 변하지 않아야(invariant)하는데, e_{xy}와 같은 항은 invariant하지 않으므로 U 안에 있을 수 없다는 뜻이다.

$$C_{61} = C_{62} = C_{63} = C_{64} = C_{65} = 0 \ ; \qquad C_{66} = C_{44} \tag{49}$$

를 얻는다.

식 (43)에 의해서, 탄성 뻣뻣함 상수 값의 배열이 입방결정에서는 다음의 행렬로 간단해지는 것을 알 수 있다.

	e_{xx}	e_{yy}	e_{zz}	e_{yz}	e_{zx}	e_{xy}
X_x	C_{11}	C_{12}	C_{12}	0	0	0
Y_y	C_{12}	C_{11}	C_{12}	0	0	0
Z_z	C_{12}	C_{12}	C_{11}	0	0	0
Y_z	0	0	0	C_{44}	0	0
Z_x	0	0	0	0	C_{44}	0
X_y	0	0	0	0	0	C_{44}

(50)

입방결정에서 뻣뻣함 상수와 용량 상수는

$$C_{44} = 1/S_{44} \ ; \qquad C_{11} - C_{12} = (S_{11} - S_{12})^{-1} \ ; \qquad C_{11} + 2C_{12} = (S_{11} + 2S_{12})^{-1} \tag{51}$$

의 관계가 있다. 이 관계는 식 (50)의 역행렬(inverse matrix)을 구하면 얻을 수 있다.

부피 탄성률과 압축률*(bulk modulus and compressibility)*

고른 팽창(uniform dilation) $e_{xx} = e_{yy} = e_{zz} = \frac{1}{3}\delta$를 생각해 보자. 이 일그러짐에 대한 입방결정의 에너지 밀도 식 (43)은

$$U = \tfrac{1}{6}(C_{11} + 2C_{12})\delta^2 \tag{52}$$

이다. **부피 탄성률**(bulk modulus) B는

$$U = \tfrac{1}{2}B\delta^2 \tag{53}$$

에 의해 정의되는데, $-Vdp/dV$로 정의하는 것과 같다. 입방결정에서는

$$B = \tfrac{1}{3}(C_{11} + 2C_{12}) \tag{54}$$

이다. **압축률**(compressibility) K는 $K = 1/B$로 정의된다. B와 K의 값이 표 3에 나와 있다.

입방결정에서의 탄성파
ELASTIC WAVES IN CUBIC CRYSTALS

결정 내 부피의 한 요소에 작용하는 힘을 그림 18과 19처럼 생각하면, 다음과 같은 x 방향의 운동방정식을 얻는다.

$$\rho \frac{\partial^2 u}{\partial t^2} = \frac{\partial X_x}{\partial x} + \frac{\partial X_y}{\partial y} + \frac{\partial X_z}{\partial z} . \tag{55}$$

여기서 ρ는 밀도이고 u는 x 방향의 변위이다. y와 z 방향에 대해서도 비슷한 식이 성립한다. 식 (38)과 (50)으로부터 입방결정에 대해서는 다음 식이 나온다.

$$\rho \frac{\partial^2 u}{\partial t^2} = C_{11} \frac{\partial e_{xx}}{\partial x} + C_{12} \left(\frac{\partial e_{yy}}{\partial x} + \frac{\partial e_{zz}}{\partial x} \right) + C_{44} \left(\frac{\partial e_{xy}}{\partial y} + \frac{\partial e_{zx}}{\partial z} \right). \tag{56}$$

여기서 x, y, z 방향은 입방체의 모서리에 평행이다. 변형 성분에 대한 정의 (31)과 (32)를 사용하면

$$\rho \frac{\partial^2 u}{\partial t^2} = C_{11} \frac{\partial^2 u}{\partial x^2} + C_{44} \left(\frac{\partial^2 u}{\partial y^2} + \frac{\partial^2 u}{\partial z^2} \right) + (C_{12} + C_{44}) \left(\frac{\partial^2 v}{\partial x\, \partial y} + \frac{\partial^2 w}{\partial x\, \partial z} \right) \tag{57a}$$

를 얻는데, u, v, w는 식 (29)에 의해 정의된 변위 $\mathbf{R}$의 성분이다.

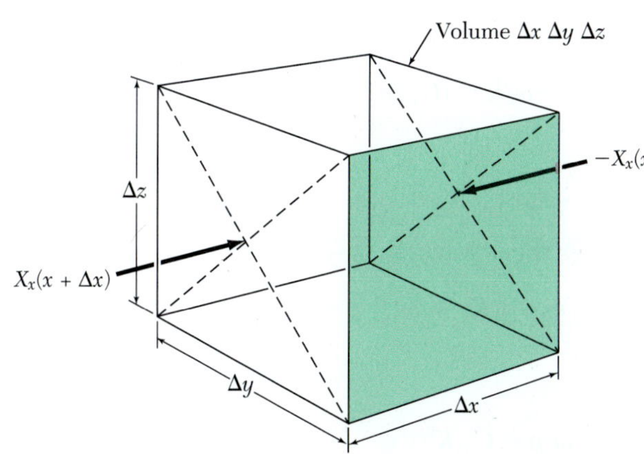

그림 18 x에 있는 면에 변형력 $-X_x(x)$가 작용하고 $x + \Delta x$에 있는 평행면에 $X_x(x + \Delta x) \simeq X_x(x) + \frac{\partial X_x}{\partial x} \Delta x$가 작용하는 부피 $\Delta x \Delta y \Delta z$의 입방체. 알짜힘(net force)은 $(\frac{\partial X_x}{\partial x} \Delta x)\Delta y \Delta z$이다. x 방향의 다른 힘들은 변형력 X_y와 X_z가 입방체 양면에서 변하는 데서 생기지만, 그리지는 않았다. 입방체에 작용하는 힘의 알짜 x 성분은

$$F_x = \left(\frac{\partial X_x}{\partial x} + \frac{\partial X_y}{\partial y} + \frac{\partial X_z}{\partial z} \right) \Delta x\, \Delta y\, \Delta z$$

이다. 이 힘은 입방체의 질량과 가속도의 x 방향 성분과의 곱과 같다. 질량은 $\rho \Delta x \Delta y \Delta z$이고 가속도는 $\partial^2 u / \partial t^2$이다.

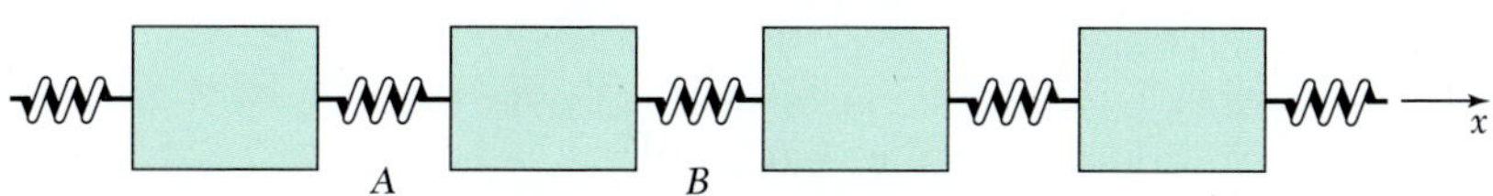

그림 19 만약 용수철 A와 B가 똑같이 당겨진다면, 두 용수철 사이의 토막은 알짜힘을 받지 않는다. 이 예는 고체 내 고른 변형력 X_x는 부피요소에 알짜힘을 미치지 않는다는 사실을 보여준다. 용수철 B가 용수철 A보다 더 당겨진다면, 둘 사이의 토막은 $X_x(B) - X_x(A)$의 힘에 의해 가속될 것이다.

$\partial^2 v/\partial t^2$와 $\partial^2 w/\partial t^2$에 대응하는 운동방정식은 식 (57a)에 대칭성을 적용하여 곧 얻을 수 있다.

$$\rho \frac{\partial^2 v}{\partial t^2} = C_{11} \frac{\partial^2 v}{\partial y^2} + C_{44} \left(\frac{\partial^2 v}{\partial x^2} + \frac{\partial^2 v}{\partial z^2} \right) + (C_{12} + C_{44}) \left(\frac{\partial^2 u}{\partial x\, \partial y} + \frac{\partial^2 w}{\partial y\, \partial z} \right) \ ; \quad (57b)$$

$$\rho \frac{\partial^2 w}{\partial t^2} = C_{11} \frac{\partial^2 w}{\partial z^2} + C_{44} \left(\frac{\partial^2 w}{\partial x^2} + \frac{\partial^2 w}{\partial y^2} \right) + (C_{12} + C_{44}) \left(\frac{\partial^2 u}{\partial x\, \partial z} + \frac{\partial^2 v}{\partial y\, \partial z} \right) \ . \quad (57c)$$

이제, 이 방정식의 간단한 해 몇 개를 찾아보도록 하자.

[100] 방향의 파동*(waves in the [100] direction)*

식 (57a)의 해 중 하나는

$$u = u_0 \exp\left[i(Kx - \omega t)\right] \quad (58)$$

의 평행진동파동(longitudinal wave)인데, u는 입자 변위(particle displacement)의 x 성분이다. 파동벡터와 입자 운동은 모두 입방체의 x 모서리 방향이다. $K = 2\pi/\lambda$가 파동벡터이고 $\omega = 2\pi\nu$는 각진동수(angular frequency)이다. 식 (58)을 (57a)에 대입하면

$$\omega^2 \rho = C_{11} K^2 \quad (59)$$

을 얻는다. 따라서 [100] 방향 평행진동파동의 속도 ω/K는

$$v_s = \nu\lambda = \omega/K = (C_{11}/\rho)^{1/2} \quad (60)$$

이다.

파동벡터가 입방체의 x 모서리 방향이고 입자 변위 v는 y 방향인 수직진동파동(trans-verse wave) 혹은 층밀림 파동(shear wave)을 생각해 보자:

$$v = v_0 \exp\left[i(Kx - \omega t)\right] \ . \quad (61)$$

이 식을 식 (57b)에 대입하면

$$\omega^2 \rho = C_{44} K^2 \quad (62)$$

이 분산관계(dispersion relation)을 얻게 되며, 따라서 [100] 방향의 수직진동파동의 속도 ω/K는

$$v_s = (C_{44}/\rho)^{1/2} \quad (63)$$

이다. 입자 변위가 z 방향이어도 같은 속도를 얻는다. 그러므로 [100]에 나란한 파동벡터 **K**에 대해서는 두 독립적인 층밀림 파동은 같은 속도를 갖는다. 그러나 결정 내 일반적인 방향의 **K**에 대하여는 그렇지 않다.

[110] 방향의 파동(waves in the [110] direction)

입방결정에서 면대각선(face diag-onal) 방향으로 전파되는 파동에는 특별한 관심을 두게 되는데, 이 방향의 전파 속도(propagation velocity) 셋으로부터 간단히 탄성상수 셋을 구할 수 있기 때문이다.

xy 평면 내에서 전파되고 입자 변위 ω가 z 방향으로 있는 층밀림 파동을 생각해 보자.

$$w = w_0 \exp\left[i(K_x x + K_y y - \omega t)\right] . \tag{64}$$

이 파동의 식을 식 (57c)에 대입하면

$$\omega^2 \rho = C_{44}\,(K_x^2 + K_y^2) = C_{44} K^2 \tag{65}$$

이 되는데, 평면 내의 전파 방향(propagation direction)과는 무관해진다.

xy 평면 내에서 전파되고 입자 운동도 xy 평면 내에 있는 다른 파동들을 생각해 보자.

$$u = u_0 \exp\left[i(K_x x + K_y y - \omega t)\right] \; ; \qquad v = v_0 \exp\left[i(K_x x + K_y y - \omega t)\right] \tag{66}$$

로 놓자. 식 (57a)와 (57b)로부터

$$\begin{aligned} \omega^2 \rho u &= (C_{11}K_x^2 + C_{44}K_y^2)u + (C_{12} + C_{44})K_x K_y v \; ; \\ \omega^2 \rho v &= (C_{11}K_y^2 + C_{44}K_x^2)v + (C_{12} + C_{44})K_x K_y u \end{aligned} \tag{67}$$

이 된다. 이 두 개의 식은 [110] 방향으로 전파되어 $K_x = K_y = K/\sqrt{2}$가 되는 파동에 대해 아주 간단한 해를 갖는다. 식 (67)이 해를 가지려면, u와 v의 계수들의 행렬식(determinant)이 0이 되어야 한다.

$$\begin{vmatrix} -\omega^2\rho + \frac{1}{2}(C_{11} + C_{44})K^2 & \frac{1}{2}(C_{12} + C_{44})K^2 \\ \frac{1}{2}(C_{12} + C_{44})K^2 & -\omega^2\rho + \frac{1}{2}(C_{11} + C_{44})K^2 \end{vmatrix} = 0 \; . \tag{68}$$

이 식의 근(root)은

$$\omega^2 \rho = \tfrac{1}{2}(C_{11} + C_{12} + 2C_{44})K^2 \; ; \qquad \omega^2 \rho = \tfrac{1}{2}(C_{11} - C_{12})K^2 \tag{69}$$

이다.

첫 번째 근은 평행진동파동을 기술하고 두 번째 근은 층밀림 파동을 기술한다. 우리는 어떻게 입자 변위의 방향을 아는가? 첫 번째 근을 식 (67)의 위 식에 대입하면

$$\tfrac{1}{2}(C_{11} + C_{12} + 2C_{44})K^2 u = \tfrac{1}{2}(C_{11} + C_{44})K^2 u + \tfrac{1}{2}(C_{12} + C_{44})K^2 v \tag{70}$$

이므로 변위성분은 $u = v$의 관계를 만족한다. 따라서 입자 변위는 [110] 방향으로 일어나고 **K** 벡터에 나란하게 된다(그림 20). 식 (69)의 두 번째 근을 식 (67)의 위 식에 대입하면

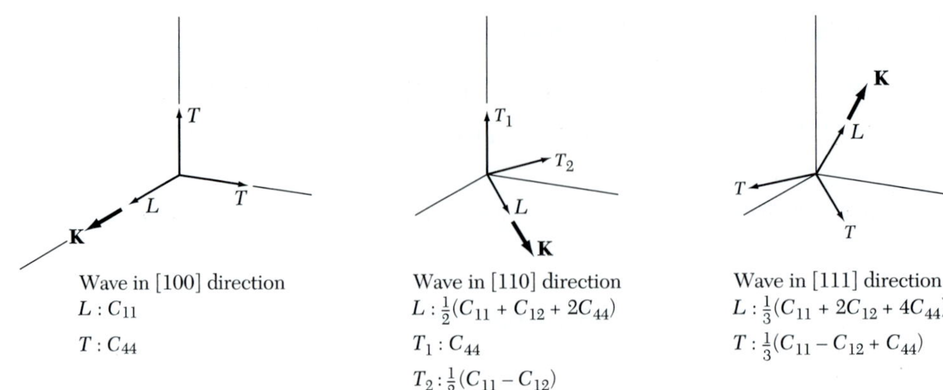

그림 20 입방결정에서 주요 방향으로 전파되는 탄성파의 모드(mode) 세 개에 대한 유효 탄성상수(effective elastic constant)들. [100]와 [111] 방향으로 전파되는 경우에 두 개의 수직진동 모드(transverse mode)는 겹쳐(degenerate) 있다.

$$\tfrac{1}{2}(C_{11} - C_{12})K^2u = \tfrac{1}{2}(C_{11} + C_{44})K^2u + \tfrac{1}{2}(C_{12} + C_{44})K^2v \qquad (71)$$

을 얻으며, 따라서 $u = -v$이다. 입자 변위는 $[1\bar{1}0]$ 방향이 되며, **K** 벡터에 수직이다. 표 11에는 입방결정 중 일부에 대해 저온과 실온에서의 단열 탄성 뻣뻣함 상수의 값이 나열되어 있다. 온도가 올라가면 일반적으로 탄성상수가 줄어드는 경향이 있음을 살펴보라. 표 12에는 다른 결정들에 대해 실온에서의 값만 나와 있다.

파동벡터 **K**의 크기와 방향이 주어졌을 때 결정의 파동 운동에는 세 개의 정규 모드(normal mode)가 있다. 이들 모드의 편광(polarization)[7](입자 변위의 방향)은 일반적으로 **K**에 정확히 평행이거나 수직은 아니다. 입방결정에서 전파 방향이 [100], [111], [110]의 특별한 방향일 때는, 세 정규 모드 중 두 개에서는 입자가 **K**에 정확히 수직으로(transverse) 움직이고, 세 번째 정규 모드에서는 정확히 평행하게(longitudinal)(**K**에 나란하게) 움직인다. 이 특별한 방향에서는 파동의 해석이 일반적인 방향에 비해 훨씬 간단하다.

요약
Summary

- 불활성 기체 원자들의 결정은 반데발스 상호작용(이끌린 쌍극자-쌍극자 상호작용)에 의해 결합되는데, 이 상호작용은 거리에 대해 $1/R^6$로 변화한다.
- 원자 사이의 반발 상호작용은 일반적으로 전하 분포가 겹치는 데 따른 정전기적 반발과 파울리 원리에 의해 생기는데, 파울리 원리에 의해 평행한 스핀을 가진 겹치는 전자 중 일부는 에너지가 높은 궤도로 올라가야 한다.

7) **역자주** 편광(polarization)은 보통 빛에서 전기장이 떠는 방향을 나타내는 말로 쓰이는데, 여기서는 탄성파에서 입자가 움직이는 방향을 나타내는 말로 쓰이고 있다.

표 11 저온과 실온에서의 입방결정의 단열 탄성 뻣뻣함 상수

0 K의 값은 4 K까지의 측정값을 바깥 늘려서 얻은 것이다. 이 표는 Charles S. Smith 교수의 도움으로 만들어졌다.

	Stiffness constants, in 10^{12} dyne/cm^2 (10^{11}N/m^2)				
Crystal	C_{11}	C_{12}	C_{44}	**Temperature, K**	**Density, g/cm^3**
W	5.326	2.049	1.631	0	19.317
	5.233	2.045	1.607	300	—
Ta	2.663	1.582	0.874	0	16.696
	2.609	1.574	0.818	300	—
Cu	1.762	1.249	0.818	0	9.018
	1.684	1.214	0.754	300	—
Ag	1.315	0.973	0.511	0	10.635
	1.240	0.937	0.461	300	—
Au	2.016	1.697	0.454	0	19.488
	1.923	1.631	0.420	300	—
Al	1.143	0.619	0.316	0	2.733
	1.068	0.607	0.282	300	—
K	0.0416	0.0341	0.0286	4	
	0.0370	0.0314	0.0188	295	
Pb	0.555	0.454	0.194	0	11.599
	0.495	0.423	0.149	300	—
Ni	2.612	1.508	1.317	0	8.968
	2.508	1.500	1.235	300	—
Pd	2.341	1.761	0.712	0	12.132
	2.271	1.761	0.717	300	—

표 12 실온 즉, 300 K에서의 몇몇 입방결정의 단열 탄성 뻣뻣함 상수

	Stiffness constants, in 10^{12} dyne/cm^2 (10^{11}N/m^2)		
	C_{11}	C_{12}	C_{44}
Diamond	10.76	1.25	5.76
Na	0.073	0.062	0.042
Li	0.135	0.114	0.088
Ge	1.285	0.483	0.680
Si	1.66	0.639	0.796
GaSb	0.885	0.404	0.433
InSb	0.672	0.367	0.302
MgO	2.86	0.87	1.48
NaCl	0.487	0.124	0.126

- 이온결정은 반대 부호의 전하를 띤 이온 사이의 정전기적 끌림에 의해 결합한다. 전하 $\pm q$인 $2N$ 개의 이온으로 이루어진 구조의 정전기 에너지는

$$\text{(CGS)} \qquad U = -N\alpha\frac{q^2}{R} = -N\sum\frac{(\pm)q^2}{r_{ij}}$$

인데, α는 마델룽 상수이고 R은 최인접 이웃 간의 거리이다.

- 금속은 금속 내의 원자가 전자들의 운동에너지가 자유원자의 경우보다 낮아짐으로써 결합한다.
- 공유결합은 스핀이 반대평행인 전자들의 전하밀도가 겹치는 것이 특징이다. 반대평행인 스핀에 대해서는 파울리 원리에 의한 반발이 줄어들어 겹침이 더 많이 일어날 수 있다. 겹치는 전자는 연관된 이온 핵심을 정전기 끌림을 통해 결합하게 한다.

연습문제

Problems

1. 양자 고체***(quantum solid)***. 양자 고체에서 주된 반발 에너지는 원자들의 영점 에너지이다. 각 He 원자가 길이 L인 선분 안에 갇혀 있는, 1차원 He^4 결정의 엉성한 모형을 생각해 보자. 바닥상태에서 각 선분 안의 파동함수(wave function)를 자유입자의 파장의 반으로 잡는다. 입자당 영점 운동에너지를 구하라.

2. bcc와 fcc 네온의 응집에너지***(cohesive energy of bcc and fcc neon)***. 레너드-존스 퍼텐셜을 사용하여 bcc와 fcc 구조에 있는 네온의 응집에너지의 비를 구하라(답 0.958). bcc 구조의 격자 합(lattice sum)은

$$\sum_j{}' p_{ij}^{-12} = 9.11418 \ ; \qquad \sum_j{}' p_{ij}^{-6} = 12.2533$$

이다.

3. 고체 분자 수소***(solid molecular hydrogen)***. 기체에 대한 측정으로부터 H_2의 레너드-존스 도움변수는 $\epsilon = 50 \times 10^{-16}$ erg이고 $u = 2.96$ Å임을 알 수 있다. H_2의 몰당 응집에너지를 kJ로 구하라. fcc 구조에 대해 계산하고, 각 H_2 분자를 구로 취급하라. 응집에너지의 관측값은 0.751 kJ/mol로 우리가 계산한 값보다 훨씬 적다. 따라서 양자 보정(quantum correc-tion)이 매우 중요함에 틀림없다.

4. 이온결정 R^+R^-의 존재 가능성***(possibility of ionic crystals*** $\boldsymbol{R^+R^-}$***)***. 같은 원자 혹은 분자 R이 양이온과 음이온이 쿨롱 끌림에 의해 결합하는 결정을 상상해 보자. 이런 일은 몇몇 유기 분자에서는 일어나는 것으로 믿어지나, R이 단일 원자인 경우는 발견되지 않았다. Na가 NaCl 구조로 이런 결정을 만들었을 때, 이 결정이 보통 금속 나트륨에 비해 안정한지를 표 5와 6의 자료를 사용하여 계산하라. 금속 나트륨이 관측된 원자 간 거리를 가질 때의 에너지를 계산하고, Na의 전자친화도는 0.78 eV로 계산하라.

5. 선형 이온결정***(linear ionic crystal)***. 전하가 $\pm q$로 교대로 바뀌고, 최인접 이웃 사이에 반발 퍼텐셜에너지 A/R^n이 존재하는, $2N$ 개의 이온이 있는 선을 생각하자. (a) 평형 상태의

이온 간 거리에서

(CGS) $$U(R_0) = -\frac{2Nq^2 \ln 2}{R_0}\left(1 - \frac{1}{n}\right)$$

임을 보여라. (b) 결정이 압축되어 $R_0 \rightarrow R_0(1-\delta)$가 된다고 하자. 이 결정의 단위길이를 압축하는 데 해 준 일의 제일 큰 항은

(CGS) $$C = \frac{(n-1)q^2 \ln 2}{R_0}$$

일 때, $\frac{1}{2}C\delta^2$임을 보여라. SI에서의 결과를 얻으려면 q^2을 $q^2/4\pi\epsilon_0$로 바꾸면 된다. **주의**: $U(R_0)$에 대한 식으로부터 이 결과를 얻으리라 기대하지 말고 $U(R)$에 대한 완전한 식을 써야 한다.

6. 입방 ZnS 구조***(cubic ZnS structure)***. 표 7의 λ와 ρ를 사용하고, 본문 중의 마델룽 상수를 사용하여 1장에서 다루었던 입방 ZnS 구조를 갖는 KCl의 응집에너지를 계산하라. NaCl 구조를 갖는 KCl에 대해 계산된 값과 비교하라.

7. 이가 이온결정***(divalent ionic crystals)***. 산화바륨(barium oxide)은 NaCl 구조를 갖는다. 가상적인 결정 Ba^+O^-와 $Ba^{++}O^{--}$의 분자당 응집에너지를 따로 떨어진 중성원자들에 대해 구하라. 관측된 최인접 핵 간 거리는 $R_0 = 2.76$ Å이다. Ba의 첫째 및 둘째 이온화 퍼텐셜은 5.19와 9.96 eV이고, 중성 산소원자에 더해주는 첫째 및 둘째 전자의 전자친화도는 1.5와 − 9.0 eV이다. 중성 산소원자의 첫째 전자친화도는 $O + e \rightarrow O^-$의 반응에서 방출되는 에너지이고, 둘째 전자친화도는 $O^- + e \rightarrow O^{--}$의 반응에서 방출되는 에너지이다. 어떤 원자가상태(valence state)가 일어나리라고 예측하겠는가? R_0는 두 형태에서 같다고 가정하고 반발 에너지는 무시한다.

8. 영률과 푸아송의 비***(Young's modulus and Poisson's ratio)***. 입방결정에 [100] 방향의 장력(tension)을 가한다. 그림 21에서 정의된 대로의 영률과 푸아송의 비를 탄성 뻣뻣함 상수로 표현하라.

9. 평행진동파동 속도***(longitudinal wave velocity)***. 입방결정에서 [111] 방향으로 전파되는 평행진동파동의 속도는 $v_s = [\frac{1}{3}(C_{11} + 2C_{12} + 4C_{44})/\rho]^{1/2}$로 주어짐을 보여라. **도움말**: 이 파동에서 $u = v = w$이다. $u = u_0 e^{iK(x+y+z)/\sqrt{3}} e^{-i\omega t}$로 놓고 식 (57a)를 이용하라.

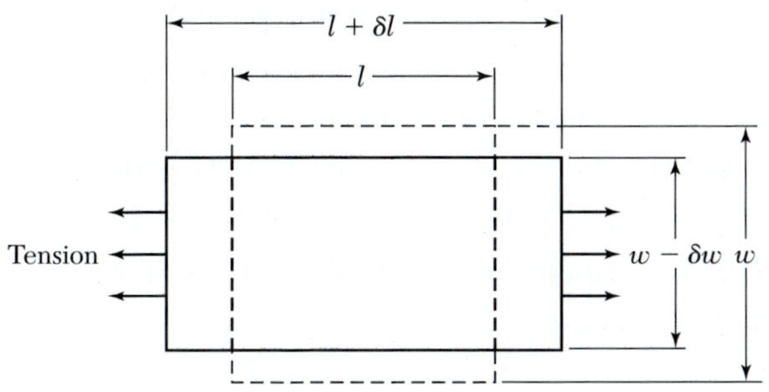

그림 21 영률은 한 방향으로 인장 변형력(tensile stress)을 가하고 시편(specimen)의 옆면은 자유롭게 두었을 때의 변형력/변형으로 정의된다. 이 경우 푸아송의 비는 $(\delta w/w)/(\delta l/l)$로 정의된다.

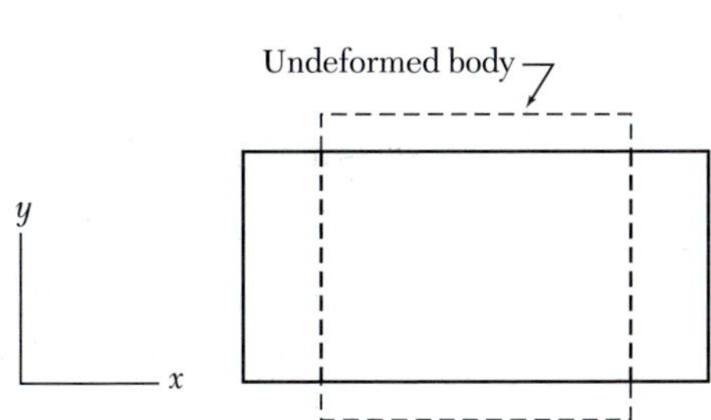

그림 22 이 일그러짐은 두 개의 층밀림 $e_{xx} = -e_{yy}$가 복합되어 일어난다.

10. **수직진동파동 속도*(transverse wave velocity)*.** 입방결정에서 [111] 방향으로 전파되는 수직진동파동의 속도는 $v_s = [\frac{1}{3}(C_{11} - C_{12} + C_{44}/\rho]^{1/2}$.로 주어짐을 보여라. **도움말:** 연습문제 9를 보라.

11. **유효 층밀림 상수*(effective shear constant)*.** 입방결정에서 층밀림 상수 $\frac{1}{2}(C_{11} - C_{12})$는 그림 22에서와 같이 $e_{xx} = -e_{yy} = \frac{1}{2}e$로 놓고 다른 변형은 모두 0으로 놓아 정의되는 것을 보여라. 도움말: (43)의 에너지 밀도를 사용하여 $U = C'e^2$이 되는 C'을 찾아라.

12. **행렬식을 이용한 해법*(determinantal approach)*.** 모든 요소(element)가 1인 R차원 네모행렬(square matrix)은 R과 0의 근을 갖는데, R은 한번 나타나고 0은 $R - 1$번 나타난다. 모든 요소의 값이 p이면 근은 Rp와 0이다. (a) 대각선 요소(diagonal element)가 q이고 다 른 모든 요소의 값이 p이면, 근 하나는 $(R - 1)p + q$이고 $R - 1$개의 근은 $q - p$임을 보여라. (b) 입방결정에서 [111] 방향으로 전파되는 파동에 대한 탄성방정식(elastic equation) 식 (57)로부터, ω^2을 K의 함수로 구하는 행렬방정식(determinantal equation)은

$$\begin{vmatrix} q - \omega^2\rho & p & p \\ p & q - \omega^2\rho & p \\ p & p & q - \omega^2\rho \end{vmatrix} = 0$$

임을 보여라. 여기서 $q = \frac{1}{3}K^2(C_{11} + 2C_{44})$이고 $p = \frac{1}{3}K^2(C_{12} + C_{44})$이다. 이 식은 세 변위 성분 u, v, w에 대한 세 개의 선형 동차 대수방정식(linear homogeneous algebraic equation)이 해를 가질 조건을 표현한다. (a)의 결과를 써서 ω^2의 근 세 개를 구하고, 문제 9와 10의 결과와 같은지 확인하라.

13. **일반적인 전파 방향*(general propagation direction)*.** (a) 변위의 식

$$\mathbf{R}(\mathbf{r}) = [u_0\hat{\mathbf{x}} + v_0\hat{\mathbf{y}} + w_0\hat{\mathbf{z}}] \exp[i(\mathbf{K} \cdot \mathbf{r} - wt)]$$

를 식 (57)에 대입하여 이 변위가 입방결정에서의 탄성파 방정식의 해가 되는 조건을 표현하는 행렬방정식을 구하라. (b) 이 행렬방정식의 근들의 합은 대각선 요소 a_{ii}들의 합과 같다. (a)로부터, 입방결정에서 임의의 방향으로 전파되는 탄성파의 속도 셋을 제곱하여 합하면 $(C_{11} + 2C_{44})/\rho$가 됨을 보여라. $v_s^2 = \omega^2/K^2$임을 기억하라.

14. **안정성 기준*(stability criteria)*.** 기본낱칸에 원자가 하나 있는 입방결정이 작고 고른 일그러짐에 대해 안정한 기준은 식 (43)의 에너지 밀도가 변형 성분의 모든 조합에 대해 양이 되는 것이다. 이 기준에 의해 탄성 뻣뻣함 상수에 어떤 조건이 붙게 되는가? [수학적인 용어로 말하면 이 문제는 실수 대칭 이차식(real symmetric quadratic form)이 변수의 모든 조합에 대해 양의 값을 갖는(positive definite) 조건을 찾는 것이다. 해답은 대수학 책에 나와 있다. Korn and Korn, *Mathematical Handbook*, McGrawHill, 1961, Sec. 13.5-6도 참조하라] 답. $C_{44} > 0$, $C_{11} > 0$, $C_{11}^2 - C_{12}^2 > 0$과 $C_{11} + 2C_{12} > 0$. $C_{11} \cong C_{12}$일 때 일어나는 불안정(instability)의 예에 대해서는 L. R. Testardi et al., Phys. Rev. Letters **15**, 250 (1965)을 보라.

CHAPTER 4

포논 I. 결정체 진동

Phonons I. Crystal Vibrations

	Name	Field
	Electron	—
	Photon	Electromagnetic wave
	Phonon	Elastic wave
	Plasmon	Collective electron wave
	Magnon	Magnetization wave
–	Polaron	Electron + elastic deformation
–	Exciton	Polarization wave

그림 1 고체에 있는 중요한 기본 들뜸(elementary excitations).

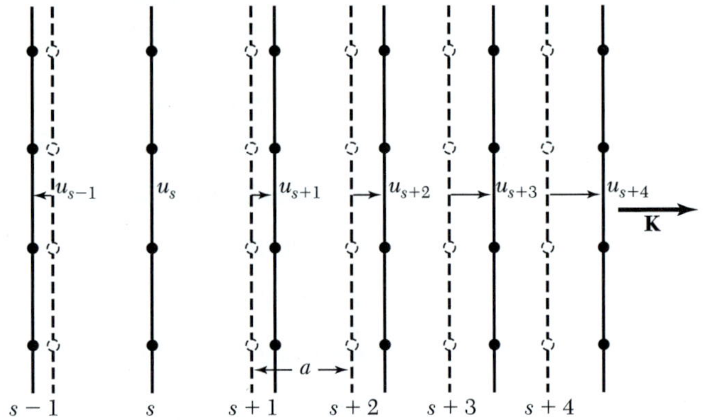

그림 2 (파선) 평형상태에 있는 원자들의 면. (실선) 평행진동파동에 의해 변위된 원자들의 면. 좌표 u는 평면의 변위를 나타낸다.

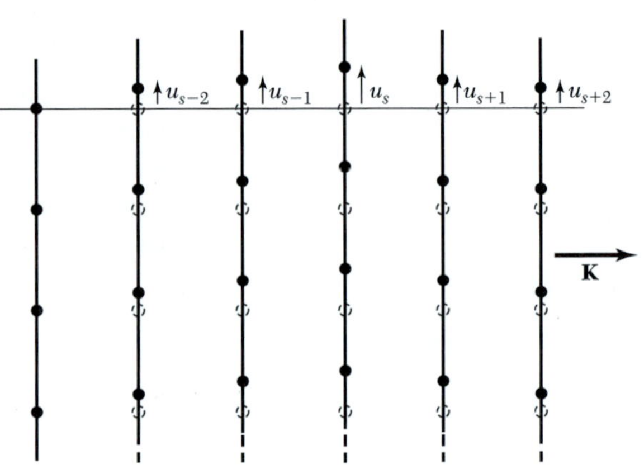

그림 3 수직진동파동이 지나갈 때 변위된 원자들의 면.

CHAPTER 04

포논 I. 결정체 진동

Phonons I. Crystal Vibrations

단원자 기저를 갖는 결정체의 진동

VIBRATIONS OF CRYSTALS WITH MONATOMIC BASIS

기본낱칸(primitive cell)에 원자가 한 개 들어가 있는 결정체의 탄성진동을 생각해 보자. 먼저 탄성파의 진동수를 파동벡터(wave vector)와 탄성상수(elastic constant)의 함수로 알아보자.

이 문제의 수학적 풀이는 입방결정체(cubic crystal)에서 [100], [110], [111] 방향으로 진행할 때 가장 간단하다. 이 세 방향은 정육면체의 모서리, 면대각선, 체대각선 방향인데, 파동이 이런 방향으로 진행할 때는 원자들로 이루어진 모든 면이 파동벡터에 평행한 방향이나, 수직한 방향으로 같은 변위와 위상을 갖고 이동한다. 따라서 평면 s의 변위를 평형 위치(equilibrium position)를 기준으로 해서 하나의 좌표 u_s로 나타낼 수 있어서, 일차원 문제로 귀착된다. 각각의 파동벡터에 세 개의 모드(mode)가 있는데, 하나는 평행진동 편극(longitudinal polarization; 그림 2)이고 둘은 수직진동 편극(transverse polarization; 그림 3)이다.

결정체의 탄성 반응이 작용한 힘의 일차함수라고 가정하면, 결정체의 탄성에너지는 어떤 두 점을 택해도 그 상대변위의 이차함수라는 가정과 같다. 에너지에서 1차인 항은 평형에서 0이 된다. —그림 3.6의 최소(minimum) 참조. 3차 이상의 항은 탄성 변형이 충분히 작은 경우 무시할 수 있다.

평면 $s + p$의 변위에 의해 평면 s에 작용하는 힘은 두 변위의 차이 $u_{s+p} - u_s$에 비례한다고 가정하자. 간단하게 생각해서 가장 가깝게 이웃한(nearest-neighbor) 상호작용만 고려하면 $p = \pm 1$이고, 평면 s에는 두 평면 $s \pm 1$로부터 오는 힘만 작용한다:

$$F_s = C(u_{s+1} - u_s) + C(u_{s-1} - u_s). \tag{1}$$

이 식은 변위들의 일차함수이고 훅의 법칙(Hooke's law) 형태이다.

상수 C는 가장 가깝게 이웃한 평면 사이의 **힘상수**(force constant)이고, 평행진동과 수직진동 파동에 대해 다른 값을 갖는다. 앞으로는 평면의 한 원자에 대해서 정의된 C를 생각하는 것이 이해하기 쉬우며, 이때 F_s는 s평면의 한 원자에 작용하는 힘이 된다.

한 원자의 질량이 M일 때, s평면의 운동방정식은

$$M\frac{d^2u_s}{dt^2} = C(u_{s+1} + u_{s-1} - 2u_s) \tag{2}$$

이다. 시간의존성 $\exp(-i\omega t)$를 갖는 변위의 해를 찾아보자. 이때 $d^2u_s/dt^2 = -\omega^2u_s$ 이므로 식 (2)는

$$-M\omega^2u_s = C(u_{s+1} + u_{s-1} - 2u_s) \tag{3}$$

로 된다.

이것은 변위 u에 대한 계차방정식(difference equation)이며, 평면 사이의 간격을 a, 파동벡터를 K라고 하면

$$u_{s\pm1} = u\exp(isKa)\exp(\pm iKa) \tag{4}$$

인 형태의 진행 파(traveling wave)를 해로 갖는다. 사용할 a의 값은 K의 방향에 의존한다.

위의 식 (4)를 써서, 식 (3)으로부터

$$-\omega^2Mu\exp(isKa) = Cu\{\exp[i(s+1)Ka] + \exp[i(s-1)Ka] - 2\exp(isKa)\} \tag{5}$$

를 얻는데, 양변에서 $u\exp(isKa)$를 소거해 주면

$$\omega^2M = -C[\exp(iKa) + \exp(-iKa) - 2] \tag{6}$$

가 된다. 항등식 $2\cos Ka = \exp(iKa) + \exp(-iKa)$를 쓰면, ω와 K를 연관시키는 **분산 관계**(dispersion relation) $\omega(K)$

$$\omega^2 = (2C/M)(1 - \cos Ka) \tag{7}$$

를 얻는다.

첫째 브릴루앙 영역(first Brillouin zone)의 경계에서는 $K = \pm\pi/a$이고, 이 영역 경계(zone boundary)에서는 식 (7)로부터 ω의 K에 대한 기울기가 0이 되는 것을 알 수 있다:

$$d\omega^2/dK = (2Ca/M)\sin Ka = 0\ . \tag{8}$$

왜냐하면 $K = \pm\pi/a$에서는 $\sin Ka = \sin(\pm\pi) = 0$이기 때문이다. 영역경계에 있는 파동벡터들의 특별한 중요성은 아래의 식 (12)에서 밝힌다.

삼각함수의 항등식을 쓰면, 식 (7)로부터

$$\omega^2 = (4C/M)\sin^2\tfrac{1}{2}Ka\ ; \qquad \omega = (4C/M)^{1/2}|\sin\tfrac{1}{2}Ka| \tag{9}$$

를 얻는다. 그림 4는 ω를 K의 함수로 그린 그래프이다.

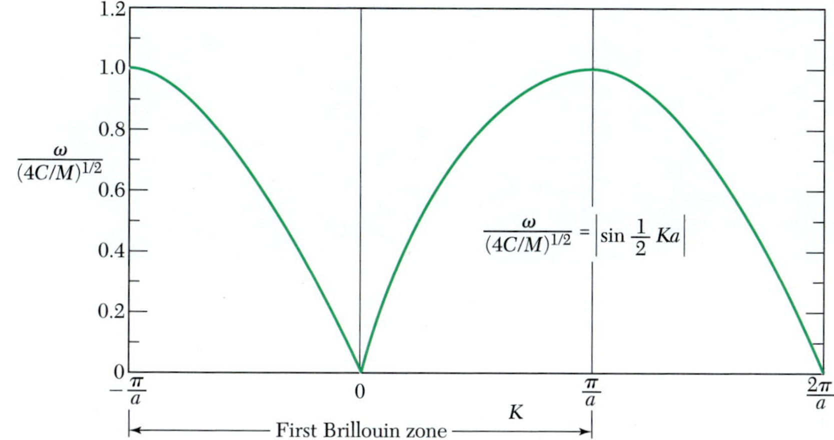

그림 4 ω를 K의 함수로 그린 그래프. 영역 $K \ll 1/a$, 즉 $\lambda \gg a$는 연속체 근사에 해당하며 이 경우 ω가 K에 비례한다.

첫째 브릴루앙 영역(first Brillouin Zone)

어떤 범위의 K값이 탄성파에 대하여 물리적으로 중요할까? 첫째 브릴루앙 영역에 있는 K만이 물리적으로 중요하다. 두 인접 평면의 변위 비율은 식 (4)를 쓰면

$$\frac{u_{s+1}}{u_s} = \frac{u \exp[i(s+1)Ka]}{u \exp(isKa)} = \exp(iKa) \tag{10}$$

가 된다. 위상 Ka의 영역 $-\pi$에서 $+\pi$까지는 지수함수의 독립된 모든 값을 포함한다. 두 개의 인접한 원자가 π보다 더 위상을 달리한다고 말하는 것이 전혀 의미가 없다:

1.2π의 상대위상은 -0.8π와 물리적으로 같으며 4.2π의 상대위상은 0.2π와 정확히 일치한다. 파동이 바른쪽과 왼쪽으로 퍼져나갈 수 있으므로 K의 양과 음의 값이 모두 필요하다.

독립적인 K값의 범위는

$$-\pi < Ka \leq \pi \ , \qquad \text{또는} \qquad -\frac{\pi}{a} < K \leq \frac{\pi}{a}$$

이다. 2장에서 정의한 바와 같이, 이 구역은 선형격자(linear lattice)의 첫째 브릴루앙 영역이다. K의 극한값은 $K_{max} = \pm\pi/a$이다. 첫째 브릴루앙 영역 밖의 K값(그림 5)은 두 극한값 $\pm\pi/a$ 사이의 값이 묘사하는 격자운동을 재현할 뿐이다.

이런 극한 밖의 K값을 다룰 때에는 $2\pi/a$의 정수곱을 빼내어서 파동벡터가 한계 안으로 오게 할 수가 있다. K가 첫째 영역 밖에 있지만, $K' = K - 2\pi n/a$로 정의된 파동벡터 K'은 첫째 영역 안에 있게 되며, 이 경우 n은 정수이다. 따라서 변위 비율 식 (10)은, $\exp(i2\pi n) = 1$이므로,

$$u_{s+1}/u_s = \exp(iKa) \equiv \exp(i2\pi n)\exp[i(Ka - 2\pi n)] \equiv \exp(iK'a) \tag{11}$$

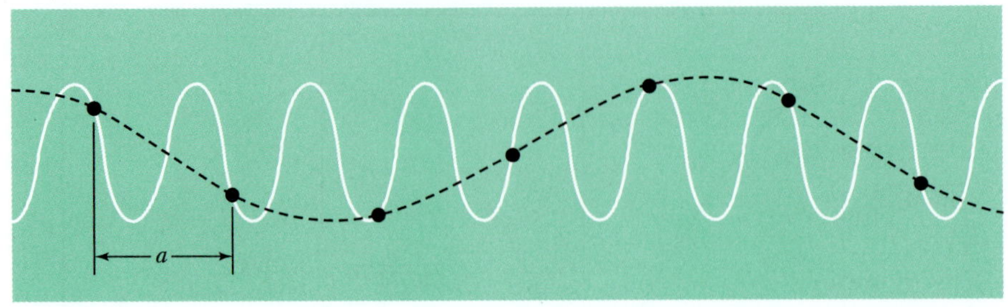

그림 5 실선으로 표시된 파동은 파선의 파동이 주지 않는 정보를 전달하지는 못한다. (점으로 표시된 원자의) 운동을 묘사하는 데는 $2a$보다 긴 파장들만 있으면 된다.

가 된다. 이와 같이 변위를 언제나 첫째 영역 안에 있는 파동벡터로 표현할 수 있다. $2\pi/a$가 역격자 벡터(reciprocal lattice vector)이므로 $2\pi n/a$도 역격자 벡터이며, 따라서 우리는 K에서 적절한 역격자 벡터를 빼내어서, 첫째 영역 안에 있는 동일한 파동벡터를 얻을 수 있다.

브릴루앙 영역의 경계 $K_{max} = \pm\pi/a$에서 해 $u_s = u\exp(isKa)$는 진행파동이 아닌, 정상파(standing wave; 서 있는 파동)를 나타낸다. 영역 경계에서 $sK_{max}a = \pm s\pi$이므로

$$u_s = u\exp(\pm\, is\pi) = u\,(-1)^s \tag{12}$$

를 얻는다. 이것은 정상파이며, s가 짝수 혹은 홀수인가에 따라 $u_s = \pm 1$이 되므로, 원자들이 하나 걸러 반대의 위상으로 진동한다. 파동은 오른쪽으로도 왼쪽으로도 움직이지 않는다.

이 상황은 엑스선의 브래그 반사(Bragg reflection)와 같게 이해할 수가 있다. 즉 브래그 조건(Bragg condition)이 만족되면 진행파동은 격자 속을 전파하지 않고 앞뒤의 연속적인 반사를 통하여 정상파동을 만든다.

여기의 임계값(critical value) $K_{max} = \pm\pi/a$는 브래그 조건 $2d\sin\theta = n\lambda$를 만족하는데, $\theta = \pi/2$, $d = a$, $K = 2\pi/\lambda$, $n = 1$이므로 $\lambda = 2a$를 얻는다. 전자기파의 진폭은 원자와 원자 사이의 공간에서도 의미를 갖기 때문에 엑스선의 경우 n은 1과 다른 정수의 값을 가질 수 있지만, 탄성파의 변위 진폭은 보통 원자들 자체만의 진동을 뜻한다.

군속도*(group velocity)*

파동묶음(wave packet)의 투과속도는 **군속도**이며

$$v_g = d\omega/dK$$

또는

$$\mathbf{v}_g = \mathrm{grad}_{\mathbf{K}}\,\omega(\mathbf{K}) \tag{13}$$

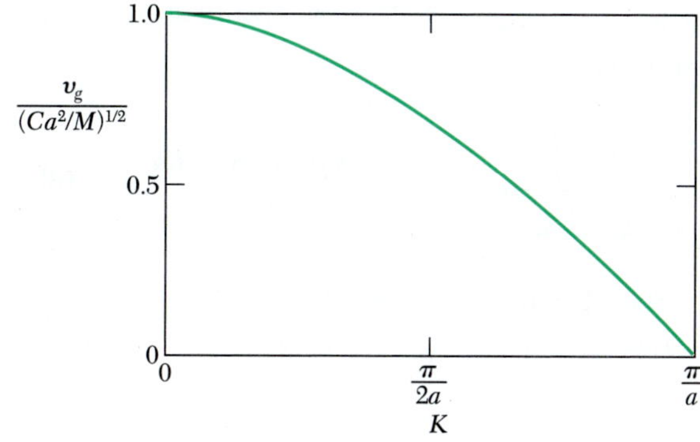

그림 6 그림 4의 모형에 대한 군속도 v_g 대 K. 영역 경계에서 군속도는 영이다.

로 주어지는 진동수의 **K**에 대한 기울기(gradient)이다. 이것은 에너지의 매질 속에서의 전파 속도(propagation velocity)이다.

특정한 분산관계 식 (9)로부터는 군속도(그림 6)

$$v_g = (Ca^2/M)^{1/2} \cos \tfrac{1}{2} Ka \tag{14}$$

가 나온다. 이것은 브릴루앙 영역의 끝머리 $K = \pi/a$에서 0이다. 여기서 파동은 식 (12)처럼 서있는 파동이며 알짜 투과속도(net transmission velocity)는 0이 될 것이다.

긴 파장 극한*(long wavelength limit)*

$Ka \ll 1$일 때 $\cos Ka = 1 - (Ka)^2/2$로 전개하면 분산관계 (7)은

$$\omega^2 = (C/M)K^2a^2 \tag{15}$$

이 된다. 긴 파장 극한에서 진동수가 파동벡터에 비례한다는 이 결과는 소리속도가 진동수에 무관하다는 말과 같다. 따라서 탄성파의 연속체이론(continuum theory)과 꼭 같이, $v = \omega/K$이고, 연속체 극한에서는 $Ka = 1$이다.

실험을 통한 힘상수의 유도*(derivation of force constants from experiment)*

금속 안에서의 유효한 힘은 전도전자 바다(conduction electron sea)를 통해 이온에서 이온으로 전달되면서 상당히 먼 거리까지 영향을 미칠 것이다. 원자 평면으로 20개나 떨어진 두 원자 평면들이 상호작용하는 경우도 있다. 힘의 범위(range)를 관측된 ω의 분산관계로부터 알 수가 있는데, 분산관계 식 (7)을 p개의 최인접 평면을 포함하는 경우로 일반화하면

$$\omega^2 = (2/M) \sum_{p>0} C_p(1 - \cos pKa) \tag{16a}$$

가 됨을 알 수 있다.

평면 간의 힘상수(interplanar force constants) C_p를 얻기 위해 양변을 cos rKa로 곱한 뒤 독립된 K값의 범위에서 적분하면

$$M\int_{-\pi/a}^{\pi/a} dK\,\omega_K^2 \cos rKa = 2\sum_{p>0} C_p \int_{-\pi/a}^{\pi/a} dK\,(1-\cos pKa)\cos rKa \\ = -2\pi C_r/a \tag{16b}$$

이 되는데, 이 적분값은 $p = r$이 아닐 때는 0이 되며, 여기서 r은 정수이다. 따라서 단원자 기저(monatomic basis)를 갖는 구조일 경우, pa 범위에서

$$C_p = -\frac{Ma}{2\pi}\int_{-\pi/a}^{\pi/a} dK\,\omega_K^2 \cos pKa \tag{17}$$

는 힘상수(force constant)를 준다.

기본기저당 두 원자가 있는 경우
TWO ATOMS PER PRIMITIVE BASIS

기본기저에 두 개 이상의 원자가 있는 결정체에서는 포논 분산관계는 새로운 특징을 나타낸다. 보기로 NaCl이나 다이아몬드 구조를 생각해 보자. 주어진 전파 방향에 대해 ω를 K로 표시한 분산관계는 각각의 편극 모드(polarization mode)에 따라 **소리갈래**(acoustical branch)와 **광갈래**(optical branch)라고 불리는 두 갈래로 나뉘어진다. 이렇게 생긴 네 방식은 그림 7에 표시된 평행진동소리(LA), 수직진동소리(TA), 평행진동광(학)(LO), 수직진동광(학)(TO) 방식이다.

기본낱칸에 p개의 원자가 있다면, 분산관계는 3개의 소리갈래와 $3p - 3$개의 광갈래를 합하여 $3p$개의 갈래로 이루어진다. 따라서 게르마늄(그림 8a)과 KBr(그림 8b)과 같이 기본기저에 두 개의 원자가 있으면 한 LA, 한 LO, 두 TA, 두 TO, 합의 모두 여섯 방식을 갖는다.

갈래의 수를 계산하는 방법(numerology)은 원자의 자유도(degree of freedom)

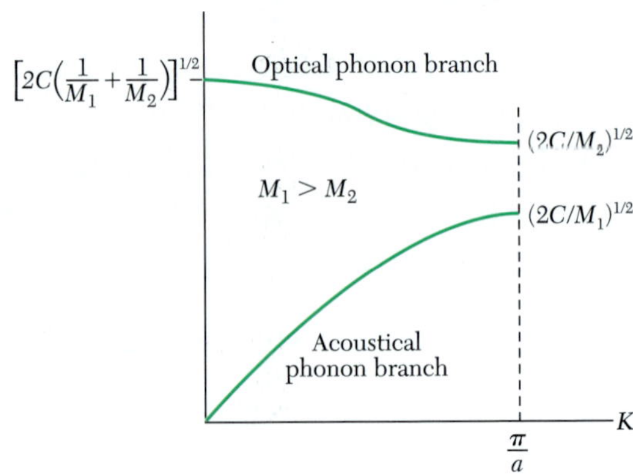

그림 7 두 원자 선형격자에서 분산관계의 광 및 소리 갈래이며 $K = 0$과 $K = K_{max} = \pi/a$에서 한계 진동수를 나타낸다. 격자상수는 a이다.

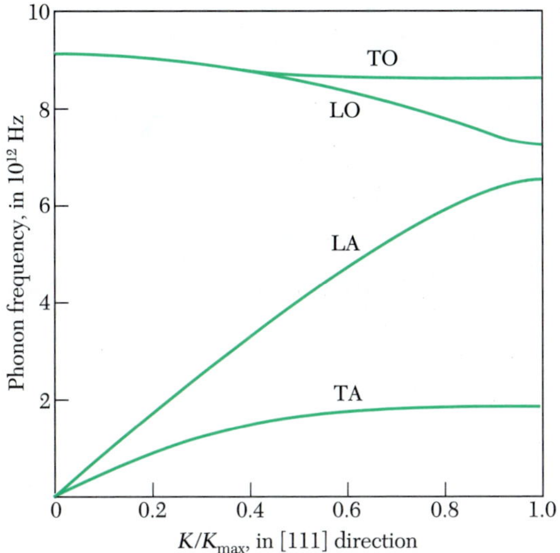

그림 8a 80 K에서의 게르마늄(Ge)에서 [111] 방향의 포논 분산관계. 두 개의 TA 포논 갈래는 영역경계 $K_{max} = (2\pi/a)(\frac{1}{2}\frac{1}{2}\frac{1}{2})$에서 수평이다. $K = 0$에서 LO와 TO 갈래는 일치하는데, 이것은 Ge 결정대칭의 한 결과이다. G. Nilsson과 G. Nelin이 중성자 비탄성산란 실험으로 얻은 결과이다.

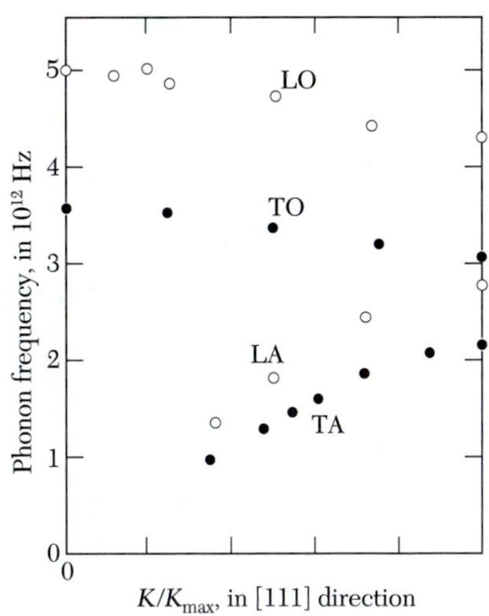

그림 8b 90 K에서의 KBr에서 [111] 방향의 분산 그래프; A. D. B. Woods, N. Brockhouse, R. A. Cowley 및 Cochran의 결과임. TO와 LO 갈래를 $K = 0$으로 바깥늘림(extrapolation)한 것을 ω_T, ω_L이라 일컫는다.

의 수를 세는 방법을 따른다. 원자낱칸당 p개의 원자가 있고, 기본낱칸이 N개가 있으면 원자의 수는 pN이고, 각각의 원자는 x, y, z 방향으로 자유도를 가지므로 결정체의 총 자유도는 $3pN$이 된다. 한 갈래에 허용되는 K값의 수는 한 브릴루앙 영역에 N개이다.[1] 그러므로 LA 한 갈래와 TA 두 갈래에서 방식의 합이 $3N$개가 되는 것을 알게 되는데, 이는 합이 $3N$ 자유도로 설명할 수 있으며, 나머지 자유도 $(3p - 3)N$은 광갈래가 된다.

질량 M_1의 원자들이 한 벌의 평행한 평면 위에 있고 M_2의 원자들은 위 평면들 사이에 끼워진 평면 위에 있는 입방결정체를 생각하자(그림 9). 두 질량이 본질적으로 달라야 할 필요는 없으나, 기저의 두 원자가 비평형 자리(nonequivalent site)에 있으면 힘상수나 질량이 다를 것이다. 고려하는 격자면(lattice plane)에 수직인 방향으로 격자가 반복하는 거리를 a라 하고, 한 면에 한 종류의 이온만 있게 하는 대칭 방향으로 퍼져나가는 파동을 생각하자. NaCl 구조에서는 [111], CsCl 구조에서는 [100]이 대칭방향이다.

각 면이 가장 인접한(nearest-neighbor) 두 개의 면 사이에서만 상호작용하고 서로 인접한 모든 면의 쌍에 대해서 힘상수가 같다고 가정하면, 그림 9에서 볼 수 있듯

1) 5장에서 부피 V를 갖는 결정체의 모드(modes)에 주기적 경계조건(periodic boundary condition)을 써서 푸리에 공간(Fourier space)의 부피 $(2\pi)^3/V$ 속에 하나의 $\mathbf{K}$값이 있음을 보일 것이다. 결정체의 기본낱칸 부피를 V_c라 하면 한 브릴루앙 영역의 부피는 $(2\pi)^3/V_c$가 된다. 그래서 한 브릴루앙 영역에 허용되는 $\mathbf{K}$값의 수는 V/V_c가 되는데, 그 값은 결정체 속에 있는 기본낱칸의 수 N과 같다.

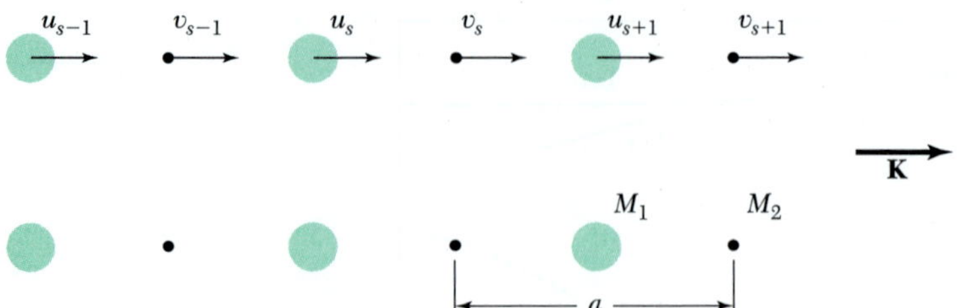

그림 9 질량 M_1과 M_2인 두 원자가 인접한 두 면의 힘상수 C로 연결된 이원자 결정구조. M_1 원자의 옮김을 u_{s-1}, u_s, u_{s+1}, ⋯, M_2 원자의 옮김을 v_{s-1}, v_s, v_{s+1}, ⋯으로 나타내었다. 파동벡터 K 방향의 반복 거리는 a이다. 원자는 옮기지 않은 자리에 표시되어 있다.

이 운동방정식은

$$M_1 \frac{d^2 u_s}{dt^2} = C(v_s + v_{s-1} - 2u_s) \ ; \qquad M_2 \frac{d^2 v_s}{dt^2} = C(u_{s+1} + u_s - 2v_s) \tag{18}$$

가 된다.

이제 하나 거른 면에서 서로 다른 진폭(amplitude) u, v를 가진 진행파동 형태

$$u_s = u \exp(isKa) \exp(-i\omega t) \ ; \qquad v_2 = v \exp(isKa) \exp(-i\omega t) \tag{19}$$

의 해를 구하자. 그림 9에서 정의한 a는 가장 인접한 면 사이가 아니고, 가장 가까운 동일한(nearest identical) 면 사이의 거리라는 것을 유의하라.

식 (19)를 (18)에 대입하면

$$-\omega^2 M_1 u = Cv[1 + \exp(-iKa)] - 2Cu \ ; \qquad -\omega^2 M_2 v = Cu[\exp(iKa) + 1] - 2Cv \tag{20}$$

를 얻는다. 이 동차 선형방정식(homogeneous linear equations)은 미지수 u, v의 계수로 된 행렬식이 0일 경우에만 해를 갖는다.

$$\begin{vmatrix} 2C - M_1\omega^2 & -C[1 + \exp(iKa)] \\ -C[1 + \exp(iKa)] & 2C - M_2\omega^2 \end{vmatrix} = 0 \, . \tag{21}$$

즉,

$$M_1 M_2 \omega^4 - 2C(M_1 + M_2)\omega^2 + 2C^2(1 - \cos Ka) = 0 \tag{22}$$

이 방정식을 풀어서 정확한 ω^2을 구할 수도 있지만, 극한값 $Ka \ll 1$과 영역경계 $Ka = \pm\pi$에서는 더 간단한 결과를 얻을 수 있다. 만일 Ka가 작으면 $\cos Ka \cong 1 - (Ka)^2/2 + \ldots$이므로 두 근은

$$\omega^2 \cong 2C\left(\frac{1}{M_1}+\frac{1}{M_2}\right) \qquad \text{(광갈래)} \tag{23}$$

$$\omega^2 \cong \frac{\frac{1}{2}C}{M_1+M_2}K^2a^2 \qquad \text{(소리갈래)} \tag{24}$$

이다. 격자가 반복되는 거리가 a일 때, 첫 브릴루앙 영역의 범위는 $-\pi/a \leq K \leq \pi/a$이고, $K_{max} = \pm\pi/a$에서의 근은

$$\omega^2 = 2C/M_1 \ ; \qquad \omega^2 = 2C/M_2 \tag{25}$$

이다. 그림 7에 $M_1 > M_2$일 때 ω의 K 의존성이 표시되어 있다.

수직진동소리(TA)와 수직진동광(TO) 갈래의 입자 변위는 그림 10에 있다. 식 (23)을 식 (20)에 대입하면 $K = 0$에서 광갈래의 관계식

$$\frac{u}{v} = -\frac{M_2}{M_1} \tag{26}$$

를 얻는다. 원자들이 서로 반대 방향으로 떨지만 질량중심은 고정되었다. 그림 10에서처럼 두 원자가 반대 부호의 전하를 갖는다면 이러한 운동을 빛 파동의 전기장으로 들뜨게 할 수 있으므로 이러한 갈래를 광갈래라 부른다. K가 0이 아닌 일반적인 값에서는 u/v의 비율이 매우 복잡하게 되는데, 이것은 식 (20)에 있는 어느 한 식을 보더라도 알 수 있다. K값이 작을 경우에 진폭이 $u = v$인 또다른 해가 있는데, 이 해는 $K = 0$인 극한에서는 식 (24)의 결과가 된다. 이때 원자들(및 그들의 질량중심)은 긴 파장의 소리 진동(acoustical vibration)처럼 함께 움직이므로 소리갈래(acoustic branch)라고 한다.

여기의 $(2C/M_1)^{1/2}$과 $(2C/M_2)^{1/2}$ 사이에서처럼, 어떤 진동수에서는 파동 모양의 해가 존재하지 않는데, 이는 다원자 격자(polyatomic lattice)에서 탄성파의 특성 중 하나이다. 첫 브릴루앙 영역의 경계 $K_{max} = \pm\pi/a$에서 진동수 간격(frequency gap)이 존재한다.

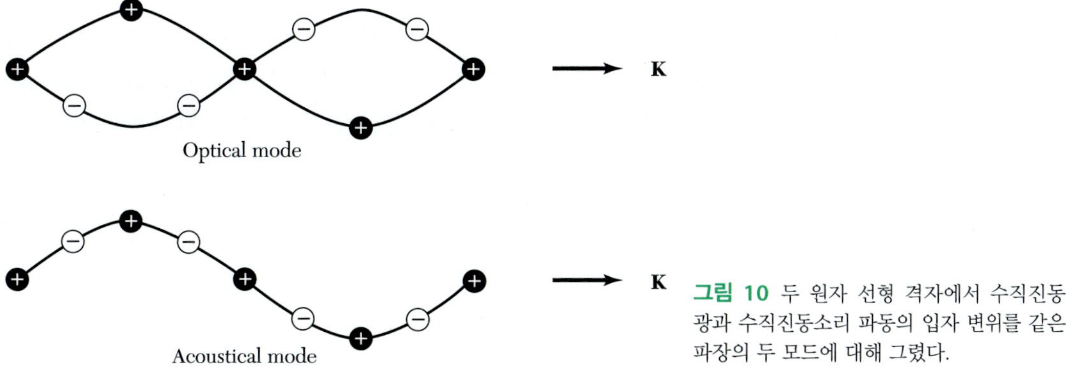

그림 10 두 원자 선형 격자에서 수직진동광과 수직진동소리 파동의 입자 변위를 같은 파장의 두 모드에 대해 그렸다.

탄성파의 양자화
QUANTIZATION OF ELASTIC WAVES

격자진동(lattice vibration)의 에너지는 양자화되어 있다. 전자기파의 양자를 광자(photon)라고 하는 것과 같이 격자진동 에너지의 양자를 **포논**(phonon; 소리알)이라 부른다. 양자수 n으로 들떠 있는 탄성모드(elastic mode)에서, 즉 n개의 포논이 탄성방식을 차지하고 있으면, 각진동수(angular frequency)가 ω인 탄성모드(elastic mode)의 에너지는

$$\epsilon = (n + \tfrac{1}{2})\hbar\omega \qquad (27)$$

이다. $\hbar w/2$인 항은 모드의 영점(zero point) 에너지이다. 포논과 광자가 둘 다 에너지 고유값 $(n + \frac{1}{2})\hbar\omega$를 갖는 것은, 이들이 진동수 ω인 양자 조화진동자(harmonic oscillator)의 결과이기 때문이다. 포논의 양자론은 부록 C에서 다루었다.

포논의 평균제곱 진폭(mean square amplitude)을 쉽게 양자화할 수 있다. 변위

$$u = u_0 \cos Kx \cos \omega t$$

를 가진 정상파동을 생각하자. 여기서 u는 결정 속의 평형자리 x에서 부피소(volume element)의 변위이다.

시간을 평균한 방식의 에너지는, 어느 조화 진동자에서나 마찬가지로, 운동에너지와 퍼텐셜에너지가 반씩이다. 질량밀도가 ρ이면 운동에너지의 밀도는 $\rho(\partial u/\partial t)^2/2$이다. 부피 V인 결정체에서 운동에너지의 부피적분은 $\frac{1}{4}\rho V\omega^2 u_0^2 \sin^2 \omega t$가 된다. 시간평균 운동에너지는

$$\tfrac{1}{8}\rho V\omega^2 u_0^2 = \tfrac{1}{2}(n + \tfrac{1}{2})\hbar\omega \qquad (28)$$

인데, $\sin^2 \omega t = \frac{1}{2}$이기 때문이다. 진폭의 제곱은

$$u_0^2 = 4(n + \tfrac{1}{2})\hbar/\rho V\omega \qquad (29)$$

이다. 이 결과는 주어진 모드의 진폭과 포논 점유수(occupancy) n의 관계를 나타낸다.

ω의 부호는 무엇일까? 식 (2)와 같은 운동방정식은 ω^2의 방정식인데, ω^2이 양이라면 ω는 (+) 또는 (−) 부호를 가질 수 있다. 그러나 포논의 에너지는 양이므로 ω를 양으로 보는 것이 일반적이며 또한 타당하다. 만일 결정구조가 불안정하면, ω^2이 음수가 되어서 ω는 허수가 된다.

포논 운동량
PHONON MOMENTUM

파동벡터 K의 포논은 마치 $\hbar K$의 운동량을 가진 것처럼 광자, 중성자, 전자 등의 입자들과 상호작용한다. 그러나 포논은 물리적인 운동량을 갖지 않는다.

격자에서 포논이 운동량을 가지고 있지 않는 이유는 포논좌표(phonon coordinate)가 ($K = 0$인 경우를 제외하고는) 원자들의 상대좌표(relative coordinate)하고만 연관되어 있기 때문이다. 이렇게 H_2 분자의 경우 핵 사이의 진동좌표(internuclear vibrational coordinate) $\mathbf{r}_1 - \mathbf{r}_2$는 상대좌표로 선운동량을 갖지 않으며 질량중심 $(\mathbf{r}_1 + \mathbf{r}_2)/2$는 균일모드(uniform mode) $K = 0$에 대응하여 선운동량을 갖는다.

결정체에는 양자상태 사이에서 허용된 전이(allowed transition)에 적용되는 파동벡터 선택규칙(wavevector selection rule)이 있다. 2장에서 공부했듯이, 결정체에 의한 엑스선 광자의 탄성산란에서는

$$\mathbf{k}' = \mathbf{k} + \mathbf{G} \tag{30}$$

라는 파동벡터의 선택규칙이 있는데, 여기서 $\mathbf{G}$는 역격자(reciprocal lattice) 벡터이고, $\mathbf{k}$와 $\mathbf{k}'$은 입사광자과 산란광자의 파동벡터이다. 반사과정에서는 결정체 전체가 $-\hbar\mathbf{G}$의 운동량을 갖고 되튐(recoil)을 할 것이지만, 이러한 균일모드 운동량을 명시하는 일은 드물다.

식 (30)은 주기적인 격자 속에서 상호작용하는 파동의 총 파동벡터가, 어떤 때에는 역격자 벡터 $\mathbf{G}$를 더하면 보존된다는 규칙의 한 예이다. 계 전체의 알짜 운동량은 항상 정확히 보존된다. 만일 광자의 산란이 비탄성(inelastic)으로 파동벡터 $\mathbf{K}$의 포논을 생성한다면, 파동벡터의 선택규칙은

$$\mathbf{k}' + \mathbf{K} = \mathbf{k} + \mathbf{G} \tag{31}$$

가 된다. 반대로 포논 $\mathbf{K}$가 흡수되었다면, 위의 식 대신에

$$\mathbf{k}' = \mathbf{k} + \mathbf{K} + \mathbf{G} \tag{32}$$

가 된다. 관계식 (31)과 (32)는 식 (30)에서 자연스럽게 얻어지는 결과이다.

포논에 의한 비탄성 산란
INELASTIC SCATTERING BY PHONONS

포논 분산관계 $\omega(\mathbf{K})$를 실험적으로 측정하는 데 포논 하나를 방출하거나 흡수하는 중성자 비탄성 산란(inelastic scattering) 방법이 가장 흔히 쓰인다. 중성자는 주로 원자 핵과의 상호작용을 통하여 결정의 격자를 보게 된다. 결정 격자에 의한 중성자 빔(beam)의 산란 운동학(kinematics)은 일반적인 파동벡터 선택규칙

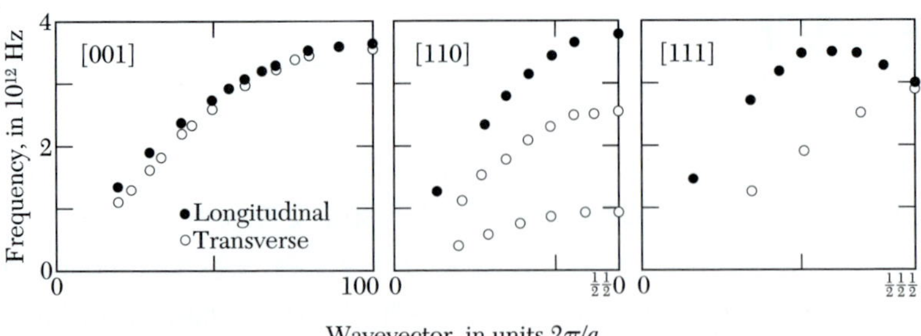

그림 11 90 K의 나트륨 속에서 [001], [110], [111] 방향으로 퍼져나가는 포논의 분산곡선으로 Woods, Brockhouse, March 및 Bowers가 중성자 비탄성 산란 실험으로 얻은 것이다.

그림 12 미국 Brookhaven 국립연구소의 3중축 중성자 분광계(B. H. Grier씨 제공).

$$\mathbf{k} + \mathbf{G} = \mathbf{k}' \pm \mathbf{K} \tag{33}$$

와 에너지 보존조건을 충족시켜야 한다. 여기서 **K**는 생성(+)되었거나 흡수(−)된 포논의 파동벡터이며 **G**는 어떠한 역격자 벡터이더라도 좋다. 임의의 포논에 대해 **K**가 첫 브릴루앙 영역 안에 있도록 **G**를 잡으면 된다.

입사하는 중성자의 운동에너지는 $p^2/2M_n$(M_n은 중성자 질량)이며 운동량 **p**는 $\hbar\mathbf{k}$(**k**는 중성자의 파동벡터)로 주어지므로 입사 운동에너지는 $\hbar^2k^2/2M_n$이다. 산란된 중성자의 파동벡터가 **k**′이라면 그 에너지는 $\hbar^2k'^2/2M_n$이다. 생성(+) 또는 흡수(−)된 포논의 에너지가 $\hbar\omega$일 때, 에너지 보존은

$$\frac{\hbar^2 k^2}{2M_n} = \frac{\hbar^2 k'^2}{2M_n} \pm \hbar\omega \tag{34}$$

가 된다.

두 식 (33)과 (34)를 써서 분산관계를 구하려면, 산란된 중성자 에너지의 이득이나 손실을 산란 방향 $\mathbf{k} - \mathbf{k}'$의 함수로 알아내는 실험을 필요로 한다. 게르마늄과 KBr에 대한 결과가 그림 8에, 나트륨은 그림 11에 있고, 포논 연구에 쓰이는 분광계(spectrometer)는 그림 12에 있다.

요약
Summary

- 결정체 진동의 양자 단위는 포논이다. 각진동수(angular frequency)가 ω이면, 포논의 에너지는 $\hbar\omega$이다.
- 파동벡터 $\mathbf{k}$를 갖는 광자나 중성자가 비탄성 산란 뒤에 $\mathbf{k}'$을 갖게 되고 파동벡터 $\mathbf{K}$의 포논이 생성되었다면, 이 과정을 지배하는 파동벡터의 선택규칙은

  $$\mathbf{k} = \mathbf{k}' + \mathbf{K} + \mathbf{G}$$

  인데, 여기서 $\mathbf{G}$는 역격자 벡터이다.
- 모든 탄성파는 역격자 공간에서 첫 브릴루앙 영역 안에 있는 파동벡터로 묘사할 수 있다.
- 한 기본낱칸에 p개의 원자가 있다면, 포논 분산관계는 3개의 소리포논 갈래와 $3p - 3$개의 광포논 갈래를 갖게 된다.

연습문제
Problems

1. 단원자 선형 격자*(monatomic linear lattice)*. 원자질량 M, 간격 a, 최인접 상호작용 C인 단원자 선형 격자에 퍼져나가는 평행진동파(longitudinal wave)

$$u_s = u\cos(\omega t - sKa)$$

를 생각하자.

(a) 파동의 전체 에너지가

$$E = \tfrac{1}{2}M\sum_s (du_s/dt)^2 + \tfrac{1}{2}C\sum_s (u_s - u_{s+1})^2$$

인 것을 보여라. 여기서 s는 모든 원자에 대해 합을 취한다.

(b) u_s를 이 식에 대입하여 시간 평균을 취한 에너지의 한 원자마다의 값은

$$\tfrac{1}{4}M\omega^2u^2 + \tfrac{1}{2}C(1 - \cos Ka)u^2 = \tfrac{1}{2}M\omega^2u^2$$

으로 되는 것을 보여라. 마지막 단계에서는 분산관계식 (9)를 쓴다.

2. 연속체 파동방정식***(continuum wave equation)***. 운동방정식 (2)가 긴 파장의 경우 v를 소리속도로 하는 연속체 탄성파(elastic wave) 방정식이

$$\frac{\partial^2 u}{\partial t^2} = v^2 \frac{\partial^2 u}{\partial x^2}$$

로 되는 것을 보여라.

3. 다른 두 원자로 이루어진 기저***(basis of two unlike atoms)***. 식 (18) - (26)에서 다룬 문제에서 $K_{max} = \pi/a$에 있는 두 갈래(branch)에 대해 진폭의 비율 u/v를 구하라. 이 K값에서는 두 격자가 짝풀린(decoupled) 것처럼 행동해서 하나는 정지해 있고 다른 하나는 움직인다.

4. 콘 비정상***(Kohn anomaly)***. 두 면 s와 $s + p$ 사이의 힘상수 C_p가

$$C_p = A \frac{\sin pk_0 a}{pa}$$

의 모양을 갖는다고 하자. A와 k_0는 상수이고 s는 모든 정수값을 갖는다. 금속에서 이런 모양이 예상된다. 이것과 식 (16a)를 써서 ω^2과 $2w^2/\partial K$의 식을 구하라. $K = k_0$일 때 $2w^2/\partial K$가 무한대인 것을 증명하라. 이래서 ω^2 대 K 또는 ω 대 K의 그림은 k_0에서 수직인 접선을 가지며 포논 분산관계 $\omega(K)$는 k_0에서 꼬임(kink)이 있다.

5. 두원자 사슬***(diatomic chain)***. 최인접 원자 사이의 힘상수가 하나 걸러 C와 $10C$를 갖는 선형사슬의 정규 모드(normal mode)를 생각하자. 질량이 모두 같고 최인접 거리를 $a/2$라 하자. $K = 0$과 $K = \pi/a$에서 $\omega(K)$의 값을 구하라. 눈대중으로 분산관계를 그려라. 이 문제는 H_2와 같은 두원자 분자로 이루어진 결정체를 묘사한 것이다.

6. 금속의 원자 진동***(atomic vibrations in a metal)***. 질량 M이고 전하 e인 점이온(point ions)이 고른 전도전자(conduction electrons)의 바다에 잠겨 있는 경우를 생각하자. 이온이 규칙적인 격자의 점에 있을 때가 안정된 평형(equilibrium)이라고 생각된다. 한 이온이 평형 위치로부터 작은 거리 r만큼 옮겨졌을 때 복원력은 주로 평형 위치를 중심으로 반지름 r인 구면 내부에 있는 전하에 기인한다. 이온(또는 전도전자)의 개수밀도를 $3/4\pi R^3$으로 잡아서 R을 정의하자. ***(a)*** 한 이온의 진동이 있을 때 그 진동수가 $\omega = (e^2/MR^3)^{1/2}$로 되는 것을 보여라. ***(b)*** Na에 대해 이 진동수를 대략 어림하라. ***(c)*** (a), (b) 및 알고 있는 상식으로부터 금속 안에서 소리속도 크기의 정도(자릿수)를 어림하여라.

°7. 무른 포논모드***(soft phonon modes)***. 질량은 같으나 p번째 이온의 전하가 번갈아 $e_p = e(-1)^p$인 이온의 줄을 생각하자. 원자 사이 퍼텐셜은 다음 두 기여의 합이다: (1) 최인접 원자 사이에만 작용하는 힘상수 $C_{1R} = \gamma$인 짧은 범위(short-range) 상호작용과 (2) 모든 이온들 사이의 쿨롱 상호작용. (a) 평형 최인접 거리를 a라 할 때, 쿨롱 상호작용이 원지 힘상수에 주는 기여는 $C_{pC} = 2(-1)^p e^2/p^3a^3$인 것을 보여라. (b) (16a)를 써서 분산관계가

$$\omega^2/\omega_0^2 - \sin^2 \tfrac{1}{2} Ka + \sigma \sum_{p-1}^{\infty} (-1)^p \, (1 - \cos pKa) p^{-3}$$

으로 되는 것을 보여라. 여기서 $\omega_0^2 \equiv 4\gamma/M$이고 $\sigma = e^2/\gamma a^3$이다. (c) $\sigma > 0.475$, 즉

°이 문제는 다소 어렵다.

$4/7\zeta(3)$이면(ζ는 Riemann zeta 함수) 영역경계 $Ka = \pi$에서 ω^2이 음수(불안정 모드; unstable mode)로 되는 것을 보여라. 또 $\sigma > (2 \ln 2)^{-1} = 0.721$이면 작은 Ka에서 소리속도는 허수가 되는 것을 보여라. 이처럼 $0.475 < \sigma < 0.721$이면 구간 $(0, \pi)$의 어떤 Ka 값에 대해서는 ω^2은 0이 되고 격자가 불안정하다. 한 이온의 이웃과의 상호작용은 모든 이온에 대하여 마찬가지이므로 여기의 포논 스펙트럼(spectrum)은 두 원자 격자의 것과 다르다는 것을 주의하라.

CHAPTER 5

포논 II. 열 특성

Phonons II. Thermal Properties

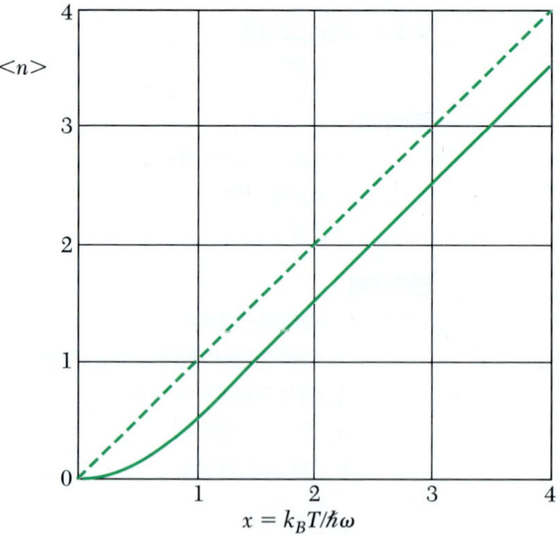

그림 1 플랑크 분포함수의 도표. 높은 온도에서는 상태(state)의 점유(occupancy)가 대략 온도의 1차함수이다. 그림에 표시되어 있지는 않지만, 함수 $\langle n \rangle + \frac{1}{2}$은 높은 온도에서 점선에 접근한다.

CHAPTER 05

포논 II. 열 특성

Phonons II. Thermal Properties

포논기체(phonon gas)의 열용량(heat capacity)에 대하여 논의한 뒤 포논과 결정체에 주는 비조화 격자 상호작용(anharmonic lattice interactions)의 영향에 대해서도 논의한다.

포논 열용량

PHONON HEAT CAPACITY

열용량이라면 흔히 일정 부피의 열용량을 뜻하며, 이것은 실험적으로 결정하는 일정 압력의 열용량보다 더 기본적이다.[1] 일정부피의 열용량은 $C_V \equiv (\partial U/\partial T)_V$로 정의되는데, 이 식에서 U는 에너지이고, T는 온도이다.

포논의 열용량에 대한 기여를 **격자 열용량**(lattice heat capacity)이라 부르고 C_{lat}로 표기한다. 결정체에서 온도 $\tau(\equiv k_B T)$일 때 포논의 전체 에너지는 모든 포논 모드(phonon mode) 에너지의 합으로 표시할 수 있는데, 포논 모드는 파동벡터 K와 극갈림 지표(polarization index) p로 표시하였다.

$$U_{\text{lat}} = \sum_K \sum_p U_{K,p} = \sum_K \sum_p \langle n_{K,p} \rangle \hbar\omega_{K,p} \,. \tag{1}$$

여기서 $\langle n_{K,\,p} \rangle$는 파동벡터 K와 편극 p를 가진 포논들의 열평형 점유(thermal equilibrium occupancy)이다. $\langle n_{K,\,p} \rangle$의 형태는 플랑크 분포함수

$$\langle n \rangle = \frac{1}{\exp(\hbar\omega/\tau) - 1} \tag{2}$$

로 주어지는데, $\langle \cdots \rangle$는 열평형 평균이다. 그림 1은 $\langle n \rangle$의 그래프이다.

---

1) 열역학적으로는 $C_p - C_V = 9\alpha^2 BVT$ 관계식을 주는데 여기서 α는 선팽창의 온도계수, V는 부피, B는 부피 탄성률이다. C_p와 C_V의 부분적 차이는 아주 작으므로 흔히 무시한다. $T \to 0$일 때 α와 β가 상수라면 $C_p \to C_V$가 되는 것을 알 수 있다.

플랑크 분포(*Planck distribution*)

열평형 상태에 있는 여러 개의 꼭 같은 조화진동자(harmonic oscillator)를 생각하자. $(n+1)$번째의 들뜬 양자상태와 n번째 상태에 있는 진동자 수의 비(ratio)는 볼츠만 인자(Boltzmann factor)를 써서

$$N_{n+1}/N_n = \exp(-\hbar\omega/\tau) \ , \qquad \tau \equiv k_B T \tag{3}$$

가 된다. 그래서 n번째 양자상태에 있는 진동자 수의 전체에 대한 비는

$$\frac{N_n}{\sum_{s=0}^{\infty} N_s} = \frac{\exp(-n\hbar\omega/\tau)}{\sum_{s=0}^{\infty}\exp(-s\hbar\omega/\tau)} \tag{4}$$

가 된다.

진동자의 들뜸 양자수(excitation quantum number)의 평균은

$$\langle n \rangle = \frac{\sum_s s\exp(-s\hbar\omega/\tau)}{\sum_s \exp(-s\hbar\omega/\tau)} \tag{5}$$

이다. $x = \exp(-\hbar\omega/\tau)$이므로, 식 (5)의 합은

$$\sum_s x^s = \frac{1}{1-x} \ ; \qquad \sum_s sx^s = x\frac{d}{dx}\sum_s x^s = \frac{x}{(1-x)^2} \tag{6}$$

이고, 따라서 식 (5)를 플랑크 분포

$$\langle n \rangle = \frac{x}{1-x} = \frac{1}{\exp(\hbar\omega/\tau)-1} \tag{7}$$

로 표기할 수도 있다.

표준 모드 세기(*normal mode enumeration*)

진동수 $\omega_{K,p}$인 진동자의 집합이 열평형(thermal equilibrium) 상태에 있을 때의 에너지를 식 (1)과 (2)에서 구하면

$$U = \sum_K \sum_p \frac{\hbar\omega_{K,p}}{\exp(\hbar\omega_{K,p}/\tau)-1} \tag{8}$$

가 되는데, 대부분의 경우 K의 합을 적분으로 바꾸면 편리하다. 결정체가 ω와 $\omega + d\omega$ 사이의 진동수 범위에서 편극(polarization) p에 대해 $D_p(\omega)d\omega$ 만큼의 모드(modes)를 가졌다면, 이 때의 에너지는

$$U = \sum_p \int d\omega\, D_p(\omega)\frac{\hbar\omega}{\exp(\hbar\omega/\tau)-1} \tag{9}$$

이다. 격자 열용량은 이것을 온도로 미분하여 얻는다. $x = \hbar\omega/\tau = \hbar\omega/k_BT$라 놓고 $\partial U/\partial T$를 계산하여

$$C_{\text{lat}} = k_B \sum_p \int d\omega\, D_p(\omega) \frac{x^2 \exp x}{(\exp x - 1)^2} \tag{10}$$

를 얻게 된다.

문제의 핵심은 $D(\omega)$, 즉 단위 진동수 범위 안에 있는 모드의 수를 알아내는 것이다. 이 함수를 **모드밀도**(density of modes) 또는 더 흔하게 **상태밀도**(density of states)라 부른다.

1차원에서의 상태밀도*(density of states in one dimension)*

서로 사이가 a씩 떨어진 $N+1$개의 입자가 길이 L인 1차원 줄(그림 2)을 이룰 때, 이 진동의 경계값 문제(boundary value problem)를 생각해 보자. 줄 끝($s=0$, $s=N$)의 두 입자가 고정되어 있다고 하면, 편극 p인 각각의 표준 진동모드(normal vibrational mode)는

$$u_s = u(0) \exp(-i\omega_{K,p}t) \sin sKa \tag{11}$$

인 정상파 모양의 파동인데, 여기서 u_s는 입자 s의 변위이고 $\omega_{K,p}$와 K의 관계는 적절한 분산관계(dispersion relation)에서 알 수 있다.

그림 3에서처럼 고정 끝(fixed−end)의 경계조건은 파동벡터 K가

$$K = \frac{\pi}{L}, \quad \frac{2\pi}{L}, \quad \frac{3\pi}{L}, \ldots, \quad \frac{(N-1)\pi}{L} \tag{12}$$

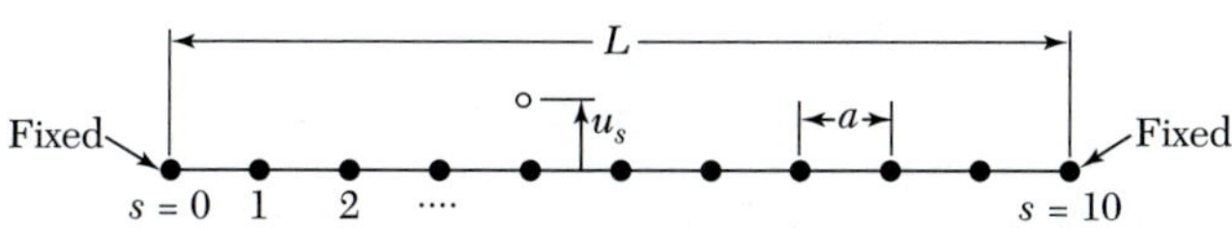

그림 2 끝 원자($s=0$과 $s=N$)가 고정된(fixed) 경계조건을 가진 $N+1$(여기서는 $N=10$)개의 원자들로 이루어진 탄성줄. 표준 모드에서 입자의 평행진동 또는 수직진동 변위는 $u_s \propto \sin sKa$의 꼴이다. 이 꼴은 $s=0$인 끝에서 자동적으로 0이 되며 $s=10$인 끝에서 0이 되도록 K의 값을 고른다.

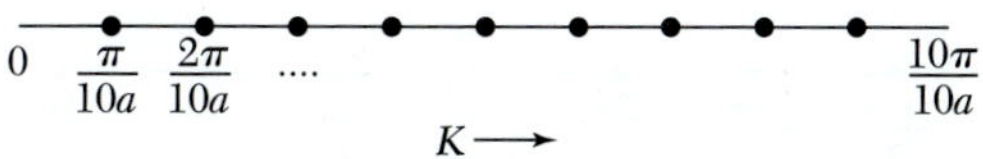

그림 3 $s=10$일 때 경계조건 $\sin sKa = 0$은 $K = \pi/10a, 2\pi/10a, \ldots, 9\pi/10a$($10a = L$은 줄의 길이)로 고르면 만족된다. 이 그림은 K 공간에서 그린 것이다. 점은 원자가 아니고 K의 허용된 값이다. $N+1$개의 입자들 중에서 $N-1$개의 입자들만이 움직일 수 있고 그들의 가장 일반적인 운동은 허용된 $N-1$개의 K값으로 나타낼 수 있다. 이 K의 양자화는 양자역학과는 무관하며 끝의 두 원자가 고정된 경계조건에서 고전적으로 나온 것이다.

인 값만으로 한정한다. $K = \pi/L$에 대한 해는

$$u_s \propto \sin(s\pi a/L) \tag{13}$$

이고, 경계조건에 따라 $s = 0$, $s = N$일 때 0이 된다.

$K = N\pi/L = \pi/a = K_{max}$일 때의 해는 $u_s \propto \sin s\pi$이며 모든 원자에서 $\sin(s\pi) = 0$이므로 어느 원자도 움직이지 못한다. 따라서 식 (12)에 $N - 1$개의 독립된 K값이 허용된다. 이 수는 움직임이 허용된 입자의 수와 같다. 허용된 K값 하나하나는 모두 정상파동과 연관되어 있다. 1차원 줄에서 간격 $\Delta K = \pi/L$마다 하나의 모드가 있으므로, K의 단위 범위 안에 있는 모드의 수는 $K \leq \pi/a$에서는 L/π이고 $K > \pi/a$에서는 0이다.

각각의 K값에 세 개의 편극 p가 있는데 1차원에서는 두 개의 수직진동 편극과 한 개의 평행진동 편극이 있다. 3차원에서는 특정한 결정 방향에서만 편극이 이와 같이 간단해진다.

모드의 갯수를 세는 다른 방법이 있는데, 이 방법 또한 자주 쓰이고 효과적이다. 속박되어 있지 않지만, 해가 아주 긴 거리 L에 걸쳐서 주기적 경계조건 $u(sa) = u(sa + L)$을 만족하는 매질을 생각하여 보자. 이 **주기적 경계조건**(periodic boundary conditions)의 방법(그림 4와 5)은 큰 계(large system)와 관련된 문제를 다룰 경우 물리의 본질을 바꾸지는 않는다. 흐르는 파동(running wave) 해 $u_s = u(0)\exp[i(sKa - \omega_K t)]$에서 허용된 K의 값은

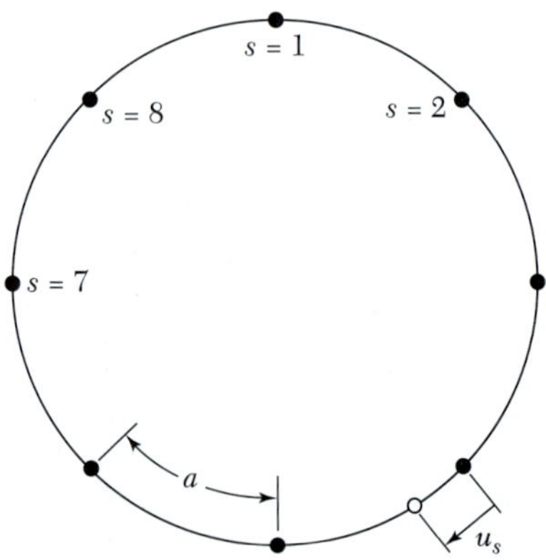

그림 4 원형 고리를 따라 미끄러지도록 구속된 N 입자를 생각하자. 입자들이 탄성용수철로 이어졌다면 진동운동을 할 수 있다. 한 표준 모드에서 s원자의 변위 u_s는 $\sin sKa$나 $\cos sKa$의 꼴을 가질 수 있는 데, 이 둘은 서로 독립인 모드이다. 고리의 기하학적 주기성 때문에 경계조건은 모든 s에 대하여 $uN+S = u_s$이므로 NKa는 2π의 정수 곱이 되어야 한다. $N = 8$일 때 허용된 K의 독립된 값은 0, $2\pi/8a$, $4\pi/8a$, $6\pi/8a$, $8\pi/8a$이다. $\sin s0a = 0$이므로 $K = 0$은 sine 꼴에 무의미하게 되며, $\sin(s8\pi/8a) = \sin s\pi = 0$이므로 $K = 8\pi/8a$는 cosine 꼴에만 의미가 있게 된다. 다른 세 개의 K값은 sine 및 cosine 두 모드에 허용되므로, 따라서 8개의 입자에 대하여 모두 8개의 허용된 모드가 있게 된다. 그래서 그림 3에서 다룬 고정 끝(fixed-end) 경계조건의 경우와 똑같이 주기적 경계조건은 입자마다 하나의 모드를 허용하게 된다. 복소수 꼴 exp($isKa$)로 된 모드를 택했다면 주기적 경계조건은 식 (14)의 $K = 0$, $\pm 2\pi/8a$, $\pm 2\pi/8a$, $\pm 4\pi/8a$, $\pm 6\pi/8a$, $8\pi/8a$를 갖는 8개의 모드를 얻는다.

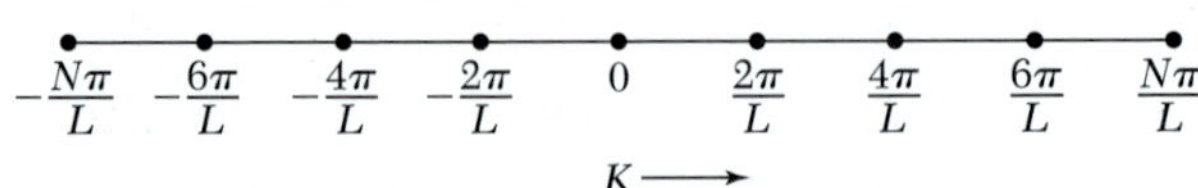

그림 5 길이 L인 줄 위의 주기성 $N = 8$ 원자인 선형격자에 주기적 경계조건을 주었을 때 허용된 파동 벡터 K의 값들. $K = 0$인 해는 균일모드이다. $\exp(i\pi s) = \exp(-i\pi s)$이므로 특이한 두 점 $\pm N\pi/L$은 단지 하나만의 해를 나타낸다. 따라서 s번째 원자의 변위가 1, $\exp(\pm i\pi s/4)$, $\exp(\pm i\pi s/2)$, $\exp(\pm i3\pi s/4)$, $\exp(i\pi s)$에 비례하는 8개의 허용된 모드가 있게 된다.

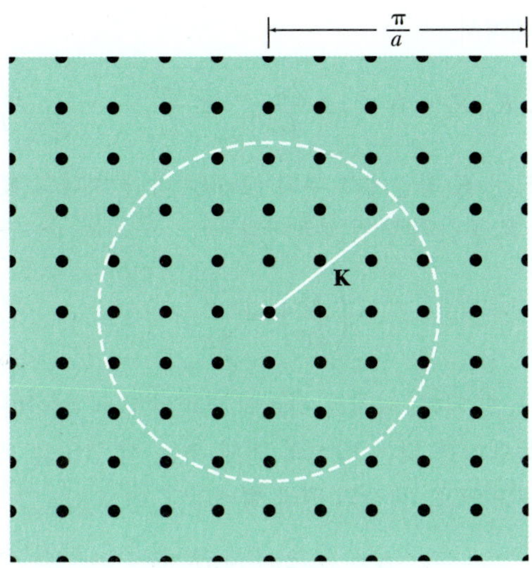

그림 6 격자상수 a인 정사각형 격자로 이루어진 변의 길이 $L = 10a$인 정사각형이 주기적 경계조건을 가질 때 포논 파동벡터 K의 푸리에(Fourier) 공간에서 허용된 값들. 균일 모드는 십자형으로 표시하였다. 넓이 $(2\pi/10a)^2 = (2\pi/L)^2$마다 하나의 K값이 허용되어서 넓이 πK^2인 원 안에는 $\pi K^2(L/2\pi)^2$개의 허용된 K 점들이 있게 된다.

$$K = 0\ , \quad \pm\frac{2\pi}{L}\ , \quad \pm\frac{4\pi}{L}\ , \quad \pm\frac{6\pi}{L}\ , \ldots, \ \frac{N\pi}{L} \tag{14}$$

이다.

이 셈(enumeration)하는 방법도 식 (12)에서 얻은 값과 같은 갯수의 모드(움직일 수 있는 원자마다 하나씩)를 주지만, 이제는 이웃한 K값과의 간격이 $\Delta K = 2\pi/L$이며 K마다 (+)와 (−) 두 값을 갖게 된다. 따라서 주기적 경계조건에서 K의 단위범위에 있는 모드의 갯수는 $-\pi/a \leq K \leq \pi/a$일 때, $L/2\pi$이고 그 외의 경우는 0이다. 그림 6에 2차원 격자에 대해 설명하였다.

이제 단위 진동수 범위에 있는 방식의 수 $D(\omega)$를 알아보자. ω에서 $d\omega$ 사이에 있는 모드의 갯수 $D(\omega)d\omega$는 1차원의 경우

$$D_1(\omega)\, d\omega = \frac{L}{\pi}\frac{dK}{d\omega} d\omega = \frac{L}{\pi} \cdot \frac{d\omega}{d\omega/dK} \tag{15}$$

로 주어진다. 군속도 $d\omega/dK$는 ω를 K로 표시한 분산관계에서 얻을 수 있다. 분산관계 $\omega(K)$가 수평일 때, 즉 군속도가 0일 때마다 $D_1(\omega)$는 특이점(singularity)을 갖는다.

3차원에서의 상태밀도*(density of states in three dimensions)*

기본 낱칸의 수가 N^3이고 변의 길이가 L인 입방체에 주기적 경계조건을 적용하면, **K**는

$$\exp[i(K_x x + K_y y + K_z z)] \equiv \exp\{i[K_x(x + L) + K_y(y + L) + K_z(z + L)]\} \tag{16}$$

의 조건으로부터 정해져서

$$K_x, K_y, K_z = 0 \ ; \quad \pm\frac{2\pi}{L} \ ; \quad \pm\frac{4\pi}{L} \ ; \quad \cdots ; \quad \frac{N\pi}{L} \tag{17}$$

를 얻게 된다. 그러므로 **K** 공간에서 부피 $(2\pi/L)^3$마다 하나의 **K**값이 있게 되어, 각 갈래의 편극마다, 또 **K** 공간의 단위 부피마다

$$\left(\frac{L}{2\pi}\right)^3 = \frac{V}{8\pi^3} \tag{18}$$

개의 허용된 **K**값이 있게 된다. 여기서 시료의 부피는 $V = L^3$이다.

K보다 작은 파동벡터를 갖는 방식의 전체 수는 식 (18)을 쓰면 $(L/2\pi)^3$ 곱하기 반지름 K인 공의 부피이므로, 각각의 편극 형태마다

$$N = (L/2\pi)^3(4\pi K^3/3) \tag{19}$$

를 얻게 되어, 각 편극의 상태밀도는

$$D(\omega) = dN/d\omega = (VK^2/2\pi^2)(dK/d\omega) \tag{20}$$

가 된다.

상태밀도의 디바이 모형*(Debye model for density of states)*

디바이 근사법(Debye approximation)에서는 고전적인 탄성연속체(elastic continuum)에서처럼, 소리속도를 각각의 편극 형태에 대해 상수로 잡는다. v를 상수 소리속도로 하여 분산 관계를

$$\omega = vK \tag{21}$$

라 쓴다.

상태밀도 식 (20)은

$$D(\omega) = V\omega^2/2\pi^2 v^3 \tag{22}$$

이 된다.

시료에 N개의 기본 낱칸이 있다면 소리포논 모드의 전체 갯수는 N이다. 차단 진동 수(cutoff frequency) ω_D는 식 (19)를 써서 정하는데

$$\omega_D^3 = 6\pi^2 v^3 N/V \tag{23}$$

를 얻는다. 이 진동수에 대응해서 **K** 공간의 차단 파동벡터

$$K_D = \omega_D/v = (6\pi^2 N/V)^{1/3} \tag{24}$$

를 얻는다. 디바이 모형에서 K_D보다 큰 파동벡터 값을 갖는 모드는 용납되지 않는다.

단원자에서는 격자의 경우 $K \leq K_D$인 모드의 수가 자유도 수를 모두 다 써버린다.

편극 형태 각각에 해당하는 열에너지 (9)는

$$U = \int d\omega\, D(\omega)\langle n(\omega)\rangle\hbar\omega = \int_0^{\omega_D} d\omega \left(\frac{V\omega^2}{2\pi^2 v^3}\right)\left(\frac{\hbar\omega}{e^{\hbar\omega/\tau} - 1}\right) \tag{25}$$

로 주어지는데, 이 문제를 간결하게 하기 위해 포논 속도가 편극에 무관하다고 가정하면, 여기에 3을 곱하여[2)]

$$U = \frac{3V\hbar}{2\pi^2 v^3}\int_0^{\omega_D} d\omega\, \frac{\omega^3}{e^{\hbar\omega/\tau} - 1} = \frac{3Vk_B^4T^4}{2\pi^2 v^3\hbar^3}\int_0^{x_D} dx\, \frac{x^3}{e^x - 1} \tag{26}$$

을 얻는데, 여기서 $x \equiv \hbar\omega/\tau \equiv \hbar\omega/k_BT$이다.

$$x_D \equiv \hbar\omega_D/k_BT \equiv \theta/T \ . \tag{27}$$

위 식은 **디바이 온도**(Debye temperature) θ를 식 (23)에서 정의한 ω_D를 써서 정의 한 것인데, θ를

$$\theta = \frac{\hbar v}{k_B} \cdot \left(\frac{6\pi^2 N}{V}\right)^{1/3} \tag{28}$$

로 표현하면, 전체 포논 에너지는

$$U = 9Nk_BT\left(\frac{T}{\theta}\right)^3 \int_0^{x_D} dx\, \frac{x^3}{e^x - 1} \tag{29}$$

이 되고, 여기서 N은 표본의 원자수이며 $x_D = \theta/T$이다.

열용량은 식 (26)의 가운데 식을 온도로 미분해서

$$C_V = \frac{3V\hbar^2}{2\pi^2 v^3 k_B T^2}\int_0^{w_D} dw\, \frac{\omega^4\, e^{\hbar w/\tau}}{(e^{\hbar w/\tau} - 1)^2} = 9Nk_B\left(\frac{T}{\theta}\right)^3 \int_0^{x_D} dx\, \frac{x^4\, e^x}{(e^x - 1)^2} \tag{30}$$

를 쉽게 얻을 수 있다. 디바이 열용량이 그림 7에 그려져 있다. 열용량은 $T \gg \theta$에서 고전적인 값 $3Nk_B$에 접근한다. 실리콘과 게르마늄에서 측정한 값은 그림 8에 있다.

디바이 T^3 법칙(Debye T^3 law)

아주 낮은 온도에서는 식 (29)에서 적분의 위 한계를 무한대로 놓아서 어림셈을 할 수 있다. 이때

$$\int_0^{\infty} dx\, \frac{x^3}{e^x - 1} = \int_0^{\infty} dx\, x^3 \sum_{s=1}^{\infty} \exp(-sx) = 6\sum_1^{\infty} \frac{1}{s^4} = \frac{\pi^4}{15} \tag{31}$$

2) **역자주** 편극이 셋이기 때문에 3을 곱함.

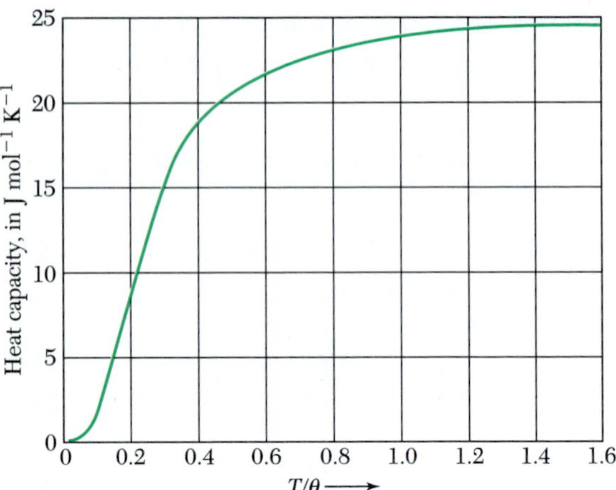

그림 7 디바이 근사법에 의한 한 고체의 열용량 C_V. 연직축의 눈금은 J mol^{-1} K^{-1}이며 수평축은 디바이 온도 θ의 단위로 표준화한 온도이다. T^3법칙의 영역은 0.1 이하이다. T/θ가 커질 때의 점근값(asymptotic value)은 24.943 J mol^{-1} K^{-1}이다.

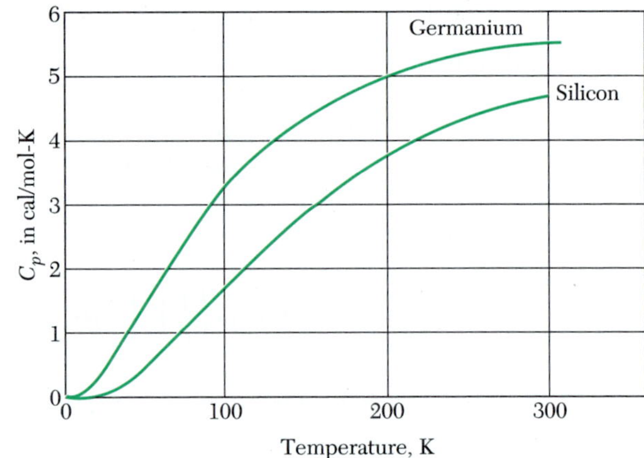

그림 8 실리콘(Si)과 게르마늄(Ge)의 열용량. 저온에서의 감소를 눈여겨 보라. 값이 cal/mol-K로 표시된 것을 J/mol-K로 바꾸려면 4.186으로 곱한다.

을 얻는데, s^{-4}의 합은 일반적인 표에서 알 수 있다. 따라서 $T \ll \theta$에서 $U \cong 3\pi^4 Nk_BT^4/5\theta^3$로 되므로 디바이 T^3 어림

$$C_V \cong \frac{12\pi^4}{5} Nk_B\left(\frac{T}{\theta}\right)^3 \cong 234\ Nk_B\left(\frac{T}{\theta}\right)^3 \tag{32}$$

을 얻는다. 그림 9에 아르곤(Ar)에 대한 실험 결과가 있다.

충분히 낮은 온도에서는 T^3은 아주 좋은 어림셈인네, 이때 긴 파장의 소리 모드들만이 열들뜸되어 있다(thermally excited). 이런 방식은 계를 거시적인 탄성상수를 가진 탄성연속체로 취급할 수 있다는 것이다. (위의 어림셈이 맞지 않는) 짧은 파장 방식의 에너지는 너무 커서 낮은 온도에서 충분히 차 있지 못한다.

위의 T^3 결과는 간단한 논리로 이해할 수 있다(그림 10). 낮은 온도 T에서는 에너지 $\hbar\omega < k_BT$를 가진 격자 모드만이 감지할 정도로 들떠 있을 것이다. 그림 1에 의하면 이런 모드들은 각각 k_BT에 가까운 에너지를 가지고 들떠 있으며 대체로 고전적

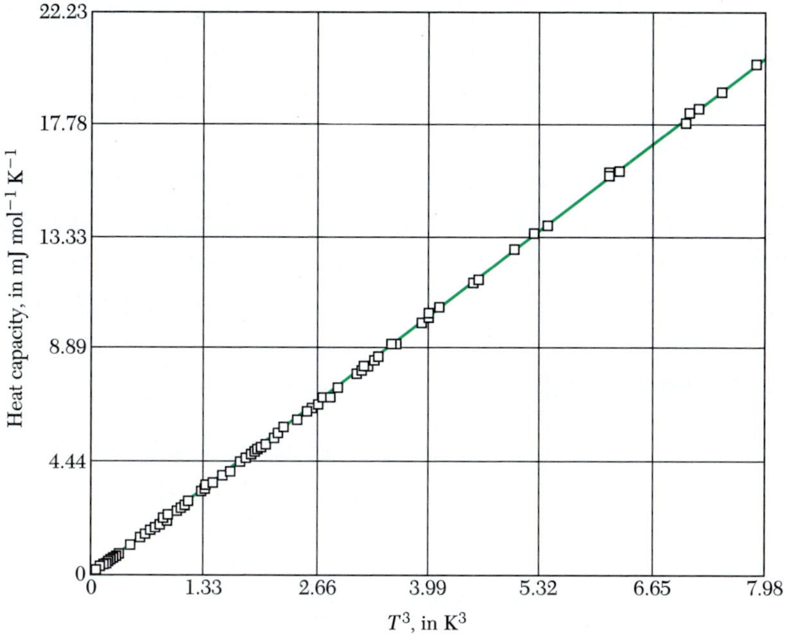

그림 9 T^3의 함수로 그린 고체 아르곤의 낮은 온도 열용량. 이 온도 영역에서 실험 결과가 θ = 92.0 K로 할 때 디바이 T^3 법칙과 아주 잘 맞는다(L. Finegold and N. E. Phillips 제공).

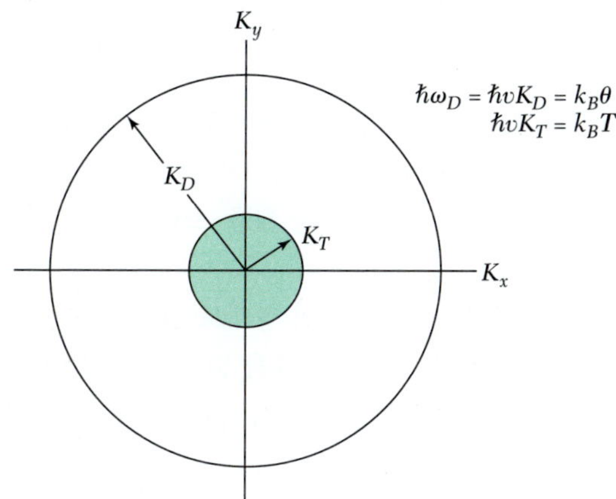

그림 10 디바이 T^3 법칙을 정성적으로 설명하기 위해 파동벡터가 K_T보다 작은 모든 포논모드가 고전적 열에너지 k_BT를 갖고 K_T와 디바이 차단 파동벡터 K_D 사이의 방식은 전혀 들뜸이 없다고 하자. $3N$개의 가능한 모드 가운데 들뜨게 된 방식의 비율은 $(K_T/K_D)^3 = (T/\theta)^3$인데, 이것은 바로 안에 있는 공과 바깥에 있는 공의 부피의 비율이기 때문이다. 에너지는 $U \approx k_BT \cdot 3N(T/\theta)^3$이며 열용량은 $C_V = \partial U/\partial T = 12Nk_B(T/\theta)^3$이다.

이다.

K 공간에서 허용된 부피 중에서 들뜬 모드가 차지한 비율은 $(\omega_T/\omega_D)^3$, 즉 $(K_T/K_D)^3$ 정도의 크기인데, 여기서 K_T는 $\hbar v K_T = k_BT$로 정의된 열파동벡터(thermal wavevector)이며 K_D는 디바이 차단 파동벡터이다. 그러면 **K** 공간에서의 전체 부피의 $(T/\theta)^3$이 차지하게 된 비율이 되며, 들뜬 모드의 수는 $3N(T/\theta)^3$ 정도가 되고 각각의 방식은 k_BT의 에너지를 갖고 있다. 그래서 에너지는 $\sim 3Nk_BT(T/\theta)^3$ 정도가 되고, 열용량은 $\sim 12Nk_B(T/\theta)^3$ 정도가 된다.

실제의 결정체에서 T^3 어림이 맞는 온도는 아주 낮다. 꽤 순수한 T^3의 반응을 얻으려면 때로는 $T = \theta/50$ 밑에까지도 내려가야 할 수도 있다. 표 1에 일부 원소의 θ 값들을 기재해 놓았다. 예를 들어 알칼리 금속에서 무거운 원자들이 가장 낮은 θ값을 갖는 것을 볼 수 있는데, 이는 밀도가 증가하면 소리속도가 감소하기 때문이다.

상태밀도의 아인슈타인 모형*(Einstein model of the density of states)*

1차원에서 같은 진동수 ω_0를 갖는 N개의 진동자를 생각하자. 아인슈타인 상태밀도는 $D(\omega) = N\delta(\omega - \omega_0)$인데 델타함수($\delta$-function)의 중심은 ω_0에 있다. 편의상 ω_0 대신에 ω라 쓰면 계의 열에너지는

$$U = N\langle n\rangle\hbar\omega = \frac{N\hbar\omega}{e^{\hbar\omega/\tau} - 1} \tag{33}$$

가 된다.

진동자의 열에너지는

$$C_V = \left(\frac{\partial U}{\partial T}\right)_V = Nk_B\left(\frac{\hbar\omega}{\tau}\right)^2\frac{e^{\hbar\omega/\tau}}{(e^{\hbar\omega/\tau} - 1)^2} \tag{34}$$

이며, 그림 11에 그려져 있다. 이는 아인슈타인(1907)이 N개의 동일한 진동자가 고체의 열용량에 기여하는 것을 얻은 결과이다. 3차원에서는 N을 $3N$으로 바꾼다. C_V는 높은 온도 극한에서 $3Nk_B$가 되는데, 이를 **뒬롱-프티**(Dulong and Petit)의 값이라고 한다.

낮은 온도에서 식 (34)는 $\exp(-\hbar\omega/\tau)$의 형태로 감소하는데, 포논의 기여에서 오는 실험적인 형태는 위의 디바이 모형이 이유를 밝힌 바와 같이 T^3으로 되는 것으로 알려져 있다. 아인슈타인 모형은 포논 스펙트럼(spectrum)의 광 포논 부분을 어림하는데 흔히 쓰인다.

$D(\omega)$에 대한 일반적인 결과*(general result for D(ω))*

포논 분산관계 $\omega(\mathbf{K})$가 주어졌을 때 단위 진동수 범위마다(per unit frequency range) 상태수인 $D(\omega)$의 일반적인 식을 알아보려고 한다. 포논 진동수가 ω와 $\omega + d\omega$ 사이에 있도록 하는 **K**값들의 수는

$$D(\omega)\,d\omega = \left(\frac{L}{2\pi}\right)^3\int_{\text{shell}} d^3K \tag{35}$$

표 1 디바이 온도와 열전도도

Low temperature limit of θ, in Kelvin
Thermal conductivity at 300 K, in W $cm^{-1}K^{-1}$

Li	Be											B	C	N	O	F	Ne
344	1440												2230				75
0.85	2.00											0.27	1.29				
Na	Mg											Al	Si	P	S	Cl	Ar
158	400											428	645				92
1.41	1.56											2.37	1.48				
K	Ca	Sc	Ti	V	Cr	Mn	Fe	Co	Ni	Cu	Zn	Ga	Ge	As	Se	Br	Kr
91	230	360.	420	380	630	410	470	445	450	343	327	320	374	282	90		72
1.02		0.16	0.22	0.31	0.94	0.08	0.80	1.00	0.91	4.01	1.16	0.41	0.60	0.50	0.02		
Rb	Sr	Y	Zr	Nb	Mo	Tc	Ru	Rh	Pd	Ag	Cd	In	Sn w	Sb	Te	I	Xe
56	147	280	291	275	450		600	480	274	225	209	108	200	211	153		64
0.58		0.17	0.23	0.54	1.38	0.51	1.17	1.50	0.72	4.29	0.97	0.82	0.67	0.24	0.02		
Cs	Ba	La β	Hf	Ta	W	Re	Os	Ir	Pt	Au	Hg	Tl	Pb	Bi	Po	At	Rn
38	110	142	252	240	400	430	500	420	240	165	71.9	78.5	105	119			
0.36		0.14	0.23	0.58	1.74	0.48	0.88	1.47	0.72	3.17		0.46	0.35	0.08			
Fr	Ra	Ac															

Ce	Pr	Nd	Pm	Sm	Eu	Gd	Tb	Dy	Ho	Er	Tm	Yb	Lu
						200		210				120	210
0.11	0.12	0.16		0.13		0.11	0.11	0.11	0.16	0.14	0.17	0.35	0.16
Th	Pa	U	Np	Pu	Am	Cm	Bk	Cf	Es	Fm	Md	No	Lr
163		207											
0.54		0.28	0.06	0.07									

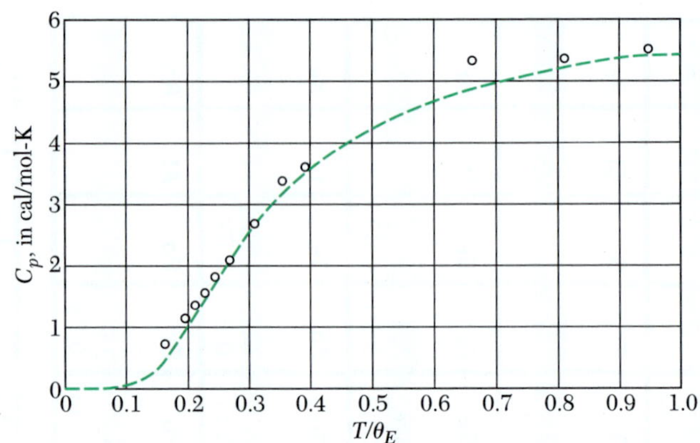

그림 11 다이아몬드 열용량의 실험값과 특성온도 $\theta_E = \hbar\omega/k_B$를 써서 초기 양자(Einstein) 모형으로 계산한 이론값의 비교. J/mole-deg 단위로 바꾸려면 4.186을 곱한다.

인데, 여기서 **K** 공간에서 포논 진동수를 일정하다고 하면, 진동수가 ω인 면과 $(\omega + d\omega)$인 두 면 사이 공간으로 된 껍데기(shell)의 부피에 대해 적분을 한다.

실제의 문제는 이 껍데기의 부피를 구하는 것이다. **K** 공간에서 일정한 진동수 ω의 면을 생각하고, 그 면의 넓이소(element of area; 그림 12)를 dS_ω로 표시하면, 두 면과 $\omega + d\omega$ 사이에서의 부피소(element of volume)는 밑면이 dS_ω이고 높이가 $dK_\perp$인 직각기둥이 되므로

$$\int_{\text{shell}} d^3K = \int dS_\omega dK_\perp \tag{36}$$

가 된다. 여기서 $dK_\perp$는 ω가 일정한 면과 $\omega + d\omega$가 일정한 두 면 사이의 수직거리(그림 13)이고, $dK_\perp$의 값은 면 위의 위치에 따라 다르다.

각진동수 ω의 기울기(gradient) $\nabla_{\mathbf{K}}\omega$도 ω가 일정한 면에 수직이며

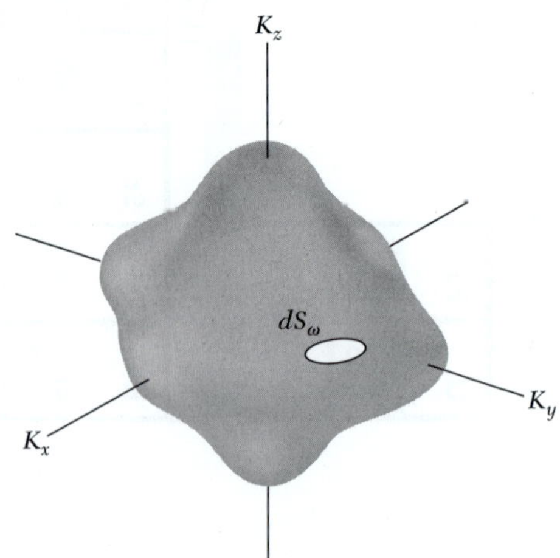

그림 12 **K** 공간 안에서 일정한 진동수를 갖는 면의 넓이소 dS_ω. 일정한 진동수 ω와 $\omega + d\omega$를 갖는 두 면 사이의 부피는 $\int dS_\omega d\omega/|\nabla_{\mathbf{K}}\omega|$이다.

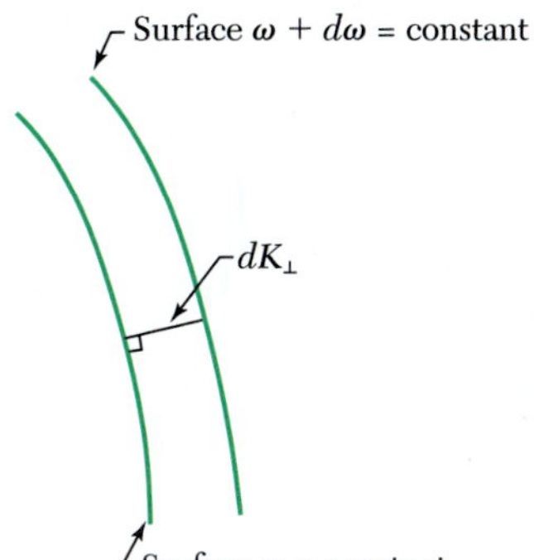

그림 13 양(quantity) $dK_\perp$는 **K** 공간에서 진동수가 일정한 두 면 사이의 수직거리인데, 이 두 면 중 하나는 ω, 다른 하나는 $\omega + d\omega$ 이다.

$$|\nabla_{\mathbf{K}}\omega|\, dK_\perp = d\omega$$

는 $dK_\perp$로 이어진 두 면 사이의 진동수의 차이이다. 따라서 부피소는

$$dS_\omega\, dK_\perp = dS_\omega \frac{d\omega}{|\nabla_{\mathbf{K}}\omega|} = dS_\omega \frac{d\omega}{v_g}$$

이며, $v_g = |\nabla_{\mathbf{K}}\omega|$는 포논 군속도의 크기이다. 그러면 식 (35)는

$$D(\omega)\, d\omega = \left(\frac{L}{2\pi}\right)^3 \int \frac{dS_\omega}{v_g}\, d\omega$$

가 된다. 양변을 $d\omega$로 나누고 결정체의 부피로 $V = L^3$라 쓰면, 상태밀도는

$$\boxed{D(\omega) = \frac{V}{(2\pi)^3} \int \frac{dS_\omega}{v_g}} \tag{37}$$

가 된다.

K 공간에서의 적분은 ω가 일정한 값을 갖는 면의 면적에 대해서 한다. 위 결과는 분산관계의 한 갈래와 관련된 것이다. 이 결과는 전자 띠이론(electron band theory)에도 적용할 수 있다.

군속도가 0인 점에서 $D(\omega)$의 기여를 유의할 필요가 있다. 이와 같은 임계점(critical point)에서는 분포함수(distribution function; 그림 14)에 특이점(singularity)들이 생긴다[반 호프 특이점(Van Hove singularities)이라고 부름].

비조화 결정상호작용
ANHARMONIC CRYSTAL INTERACTIONS

이제까지 논의한 격자 진동의 이론에서는 퍼텐셜 에너지를 원자 사이 변위의 2차 항까지만으로 제한하였는데, 이것이 조화이론(harmonic theory)이며 그 결론은 다음과 같다.

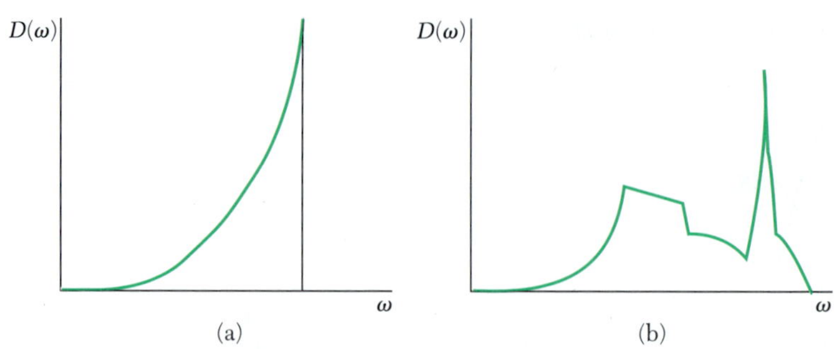

그림 14 진동수의 함수인 상태밀도. (a) 디바이 고체, (b) 실제의 결정 구조. 결정체의 스펙트럼은 작은 ω에서는 ω^2으로 시작하지만 특이점에서 불연속성(discontinuity)이 나타난다.

- 두 개의 격자 파동 사이에 상호작용이 없으며, 하나의 파동은 시간이 지나도 줄어 들지 않고, 모양도 변하지 않는다.
- 열팽창이 없다.
- 단열(adiabatic)과정과 등온(isothermal)과정에서의 탄성상수는 서로 같다.
- 탄성상수는 압력과 온도에 무관하다.
- 높은 온도 $T > \theta$에서 열용량은 일정해진다.

실제로 결정체에서는 위의 결론 중 어느 것도 정확히 만족하는 것은 없다. 달라지는 원인은 원자 사이 변위의 비조화(2차보다 높은; anharonic) 항을 무시했기 때문일 것이다. 그래서 비조화 효과 중 간단한 상황에 대해 공부하기로 한다.

비조화 효과를 아주 잘 나타내는 실험으로 두 포논이 서로 작용하여 진동수가 $\omega_3 = \omega_1 + \omega_2$인 제3의 포논을 만드는 경우가 있다. 세 포논 과정은 격자 퍼텐셜 에너지의 3차항이 그 원인이다. 포논 상호작용의 물리를 간단히 알아보자. 포논이 하나 있으면 (비조화 상호작용을 통하여) 결정체의 탄성상수를 공간과 시간에서 변화시키는 주기적인 탄성 변형을 일으킨다. 두 번째의 포논은 이러한 탄성상수의 변화를 느껴서 그 결과로 산란하게(scattered) 되는데, 이것이 움직이는 3차원 에돌이 발(grating)에서 나온 것처럼 보이는 세 번째의 포논이다.

열팽창(thermal expansion)

열팽창을 이해하기 위하여 고전 진동자에서 퍼텐셜 에너지 속의 비조화 항들이 온도 T에서 원자 한쌍 사이의 평균 간격에 주는 영향을 생각해 볼 수 있다. 절대온도 0도에서 원자들이 평형 간격으로부터 x만큼 변위했을 때 퍼텐셜 에너지를

$$U(x) = cx^2 - gx^3 - fx^4 \tag{38}$$

로 놓자. 이 경우 c, g, f는 모두 양수이다. 여기의 x^3 항은 원자들 사이의 상호 반발의 비대칭성을 나타내고, x^4 항은 큰 진동 너비에서 진동의 물러짐(softening)을 나타낸

다. $x = 0$에서의 극소는 절대적 극소는 아니지만, 작은 진동(small oscillation; 미소 진동)에 대해서는 이런 형태가 원자 사이의 퍼텐셜을 나타내는 데는 타당성이 있다.

평균변위를 계산할 때, 가능한 x값들은 그들의 열역학 확률에 따라 가중치를 주는 볼츠만 분포함수(Boltzmann distribution function)를 쓰며,

$$\langle x\rangle = \frac{\int_{-\infty}^{\infty} dx\, x\, \exp[-\beta U(x)]}{\int_{-\infty}^{\infty} dx\, \exp[-\beta U(x)]}$$

여기서 $B \equiv 1/k_BT$이다. 에너지에서 비조화 항들이 k_BT에 비해 작은 변위를 갖는 경우에는, 피적분함수를 전개해서

$$\begin{aligned} \int dx\, x\, \exp(-\beta U) &\cong \int dx\, [\exp(-\beta cx^2)](x + \beta gx^4 + \beta fx^5) = (3\pi^{1/2}/4)(g/c^{5/2})\beta^{-3/2}\ ; \\ \int dx\, \exp(-\beta U) &\cong \int dx\, \exp(-\beta cx^2) = (\pi/\beta c)^{1/2} \end{aligned} \tag{39}$$

을 얻게 되어서, 고전영역에서의 열팽창은

$$\langle x\rangle = \frac{3g}{4c^2}k_BT \tag{40}$$

가 된다. 식 (39)에서 지수함수에 cx^2은 그대로 남겨 놓았지만, 나머지는 $\exp(Bgx^3 + Bfx^4) \cong 1 + Bgx^3 + Bfx^4 + \cdots$으로 전개하였음에 유의하라.

고체 아르곤의 격자상수를 잰 값은 그림 15가 보여준다. 그래프의 기울기는 열팽창 계수(thermal expansion coefficient)에 비례한다. 팽창계수는 연습문제 5에서 알 수 있듯이, $T \to 0$일 때 0이 된다. 가장 낮은 차수에서의(in lowest order) 열팽창은 $U(x)$의 대칭항 fx^4에는 무관하고, 반대칭항 gx^3에만 관련이 있다.

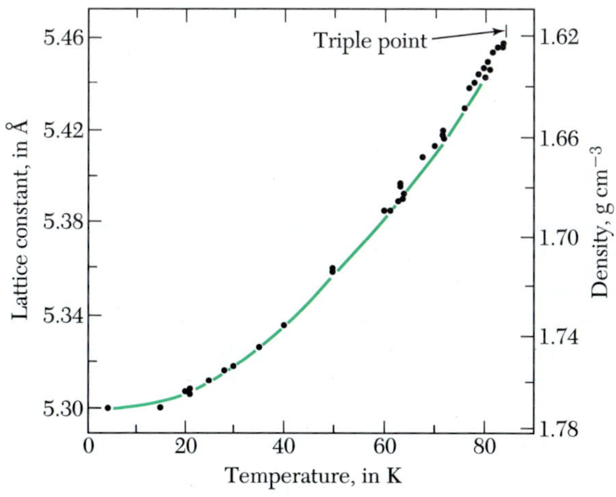

그림 15 고체 아르곤(solid argon)의 격자상수를 온도의 함수로 표시하였다.

열전도도
THERMAL CONDUCTIVITY

고체의 열전도도 계수 K는 온도 기울기 dT/dx를 가진 긴 막대를 따라 정상상태(steady-state)로 흐르는 열에 대해서

$$j_U = -K\frac{dT}{dx} \tag{41}$$

로 정의하는데, 여기서 j_U는 열에너지의 다발(flux), 즉 단위 시간에 단위 넓이를 투과하는 에너지이다.

위의 식은 열에너지의 전달 과정이 마구잡이 과정(random process)인 것을 뜻한다. 에너지가 단순히 시료의 한쪽 끝으로 들어가 직선행로를 통해 곧바로 다른 끝으로 나가는 것이 아니고, 시료를 통해 퍼지며 잦은 충돌을 경험한다. 만일 에너지가 방향의 쏠림(deflection)이 없이 시료를 통하여 곧바로 전파되어 나간다면, 열다발에 대한 관계식은 길이에 대한 온도의 기울기에 대한 함수가 아니고, 양쪽 두 끝의 온도차 ΔT에만 의존할 것이다. 전도과정의 마구잡이 성격이 열다발의 관계식에 온도 기울기와 평균자유거리(mean free path)가 포함되게 한다.

기체운동론(kinetic theory of gases)으로부터 특정한 어림을 하여 열전도도의 식

$$K = \tfrac{1}{3}Cv\ell \tag{42}$$

을 얻는데, 여기서 C는 단위 부피의 열용량, v는 평균 입자속도 ℓ은 입자 충돌 사이의 평균자유거리이다. 디바이가 처음으로 이 결과를 써서 유전성 고체(dielectric solids)의 열전도도를 설명했는데 C를 포논의 열용량, v는 속도, ℓ은 평균자유거리로 택했다. 표 2에는 평균자유거리의 대표값 몇 개가 주어져 있다.

식 (42)에 이르는 기본 운동이론은 다음과 같다. 분자의 농도가 n이라면 x방향의 입자 다발은 $n\langle|v_x|\rangle/2$이며, 평형 상태에서는 같은 크기의 다발이 반대 방향으로 있는데, 여기서 $\langle\cdots\rangle$는 평균값을 뜻한다.

표 2 포논의 평균자유거리

[소리속도의 대표값을 $v = 5 \times 10^5$ cm/sec로 놓고, 식 (44)를 써서 계산하였다. 이렇게 얻은 ℓ들은 움클랍 과정(Umklapp process)과 관련이 있다]

Crystal	T, °C	C, in J cm^{-3}K^{-1}	K, in W cm^{-1}K^{-1}	ℓ, in Å
Quartz[a]	0	2.00	0.13	40
	−190	0.55	0.50	540
NaCl	0	1.88	0.07	23
	−190	1.00	0.27	100

[a]광축에 평행

한 입자의 열용량이 c라면, 한 입자가 어떤 지점의 온도(local temperature)가 $T + \Delta T$인 영역에서부터 T인 영역으로 움직이면 $c\Delta T$의 에너지를 내놓는다. 입자의 자유거리 양 끝 사이의 온도 ΔT는

$$\Delta T = \frac{dT}{dx}\ell_x = \frac{dT}{dx}v_x\tau$$

인데, τ는 충돌 사이의 평균시간이다.

따라서 양쪽의 입자다발에서 오는 알짜 에너지 다발은

$$j_U = -n\langle v_x^2\rangle c\tau\frac{dT}{dx} = -\tfrac{1}{3}n\langle v^2\rangle c\tau\frac{dT}{dx} \tag{43}$$

이다. 포논에서와 같이 v가 상수라면, $\ell \equiv v\tau$와 $C \equiv nc$를 써서 (43)을

$$j_U = -\tfrac{1}{3}Cv\ell\frac{dT}{dx} \tag{44}$$

로 쓸 수 있게 되며, 따라서 $K = Cv\ell/3$을 얻는다.

포논기체의 열 비저항*(thermal resistivity of phonon gas)*

포논의 평균자유거리 ℓ은 주로 두 과정, 즉 기하산란(geometrical scattering)과 다른 포논들에 의한 산란에 의하여 결정된다. 원자 사이의 힘이 전적으로 조화 꼴이라면 다른 포논들 사이의 충돌을 주는 기구(mechanism)는 없으며 평균자유거리는 포논과 결정체 경계에서의 충돌과 격자의 불완전성에 의해서만 제약을 받는데, 이 효과들이 지배적인 경우도 있다.

비조화 격자 상호작용이 있을 때는 서로 다른 포논 사이에 있는 결합(coupling)이 평균자유거리의 값에 제약을 준다. 비조화계의 엄밀한 상태는 이미 순수한 포논과는 같지 않다.

열 비저항에 주는 비조화 결합의 영향에 대한 이론은 높은 온도에서 ℓ이 $1/T$에 비례한다는 것을 예견할 수 있는데, 많은 실험 결과가 이와 일치한다. 이러한 의존성은 주어진 한 포논과 서로 작용할 수 있는 포논의 수와 관련지어 이해할 수 있다. 높은 온도에서 들뜬 포논들의 총수는 T에 비례한다. 주어진 포논의 충돌빈도(collision frequency)는 이 포논과 충돌할 수 있는 포논의 수와 비례해야 하니까 $\ell \propto 1/T$이다.

열전도도를 정의하기 위해서는 포논들의 분포가 국소적(locally)으로 열평형에 이르도록 하는 기구가 결정체 안에 있어야 한다. 그런 기구가 없이는 결정체의 한 끝에 있는 포논들이 온도 T_2로 열평형에 있고 다른 끝은 T_1의 열평형에 있다고 말할 수 없다.

평균자유거리를 제한하는 방법을 갖는 것만으로는 충분하지 않고, 포논들의 국소적 열평형 분포를 알아낼 수 있는 방법이 있어야 한다. 포논이 정적인 결함이나 결정체 경계와 충돌할 때, 이들 자체의 충돌만으로는 열평형을 이루지 못하는데, 그 이유는 그러한 충돌이 포논 각각의 에너지를 변화시키지 않기 때문이다. 즉 충돌한 포

논의 진동수 ω_2는 입사 포논의 진동수 ω_1과 같기 때문이다.

세포논 충돌과정

$$\mathbf{K}_1 + \mathbf{K}_2 = \mathbf{K}_3 \tag{45}$$

도 평형을 이루지 못한다. 그러나 미묘한 이유로 인해 세 포논 충돌에서는 포논기체의 총 운동량은 변하지 않는다. 온도 T의 평형 포논분포는 표류속도(drift velocity)로 결정체 속을 이동할 수 있는데, 이 표류속도는 식 (45) 과정의 세 포논 출동의 영향을 받지 않는다. 그러한 충돌에서는 포논운동량

$$\mathbf{J} = \sum_{\mathbf{K}} n_{\mathbf{K}} \hbar \mathbf{K} \tag{46}$$

는 보존된다. 그 이유는 $\mathbf{J}$의 변화가 $\mathbf{K}_3 - \mathbf{K}_2 - \mathbf{K}_1 = 0$이기 때문이다. 여기서 $n_{\mathbf{K}}$는 파동벡터가 $\mathbf{K}$인 포논들의 수이다.

$\mathbf{J} \neq 0$인 분포에서는 식 (45)와 같은 충돌은 완전한 열평형을 이루게 할 수 없는데, 그 이유는 충돌이 $\mathbf{J}$에 변화를 주지 않기 때문이다. 막대의 한 끝에서 뜨거운 포논(hot phonon)의 분포가 $\mathbf{J} \neq 0$으로 시작했다면, $\mathbf{J}$가 변하지 않는 상태에서 막대를 따라 그 분포가 전파되어 갈 것이다. 그림 16에 보인 것처럼, 이 문제는 마치 마찰이 없는 벽을 가진 곧바른 관 속에 있는 기체의 분자 사이의 충돌 문제와 비슷하다.

움클랍 과정*(umklapp processes)*

열 비저항을 일으키는 중요한 세 포논 과정은, $\mathbf{K}$가 보존되는 $\mathbf{K}_1 + \mathbf{K}_2 = \mathbf{K}_3$인 형태의 것이 아니고, $\mathbf{G}$를 하나의 역격자 벡터라 할 때

$$\mathbf{K}_1 + \mathbf{K}_2 = \mathbf{K}_3 + \mathbf{G} \tag{47}$$

인 형태를 갖는 것이다(그림 17). 파이얼스(Peierls)가 발견한 이런 과정들을 **움클랍 과정**(umklapp processes)이라 부른다. 결정체에서는 모든 운동량 보존법칙에서 $\mathbf{G}$가 있을 수 있음을 상기하라. 식 (46)과 (47) 형태를 갖는 모든 과정에서는 에너지도 보

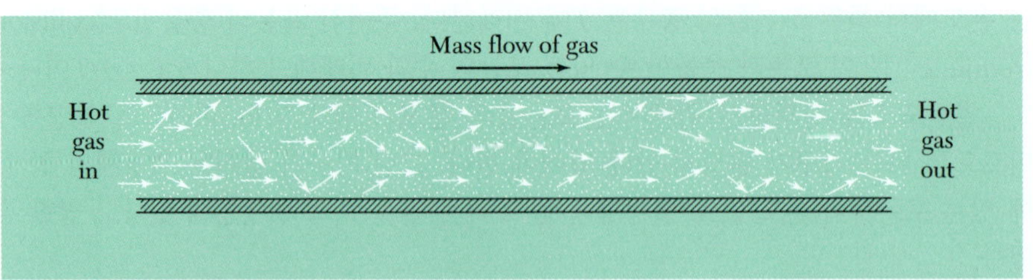

그림 16a 쓸림 (마찰)없는 벽을 가진 긴 열린 관을 따라 표류평형(drifting equilibrium) 상태에 있는 기체분자들의 흐름. 기체분자들 사이의 탄성충돌 과정은 기체의 운동량이나 에너지 다발을 변하게 하지 않는데, 그 이유는 각각의 충돌에서 충돌하는 입자들의 질량중심 속도와 에너지가 변화하지 않기 때문이다. 따라서 에너지는 온도 기울기에 의하여 밀리지 않고 왼쪽에서 오른쪽으로 이송된다. 그러므로 열 비저항은 0이고 열전도도는 ∞이다.

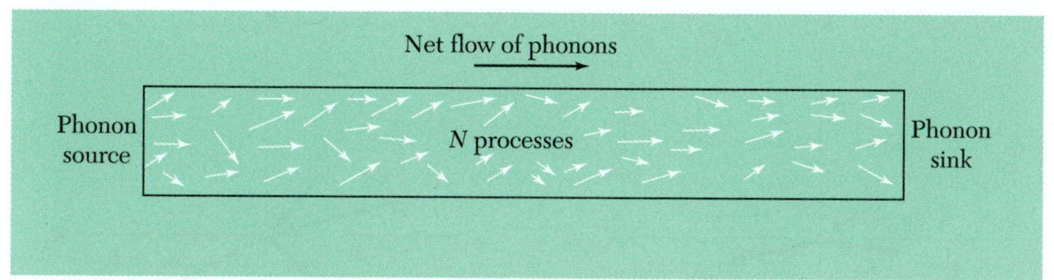

그림 16b 기체 속에서 열전도는 질량의 흐름이 용납되지 않은 상황에서 일반적으로 정의한다. 여기서 관은 두 끝에서 막혀 있으므로 분자들이 드나들지 못한다. 온도 기울기가 있어서 질량중심 속도가 평균 이상인 충돌하는 쌍은 오른쪽으로 향하는 경향을 보이고, 평균 이하인 것들은 왼쪽으로 향하는 경향을 보일 것이다. 오른쪽이 높게 약간의 농도 기울기를 만들면 알짜 질량수송(mass transport)은 0이지만 알짜에너지 수송은 뜨거운 끝에서 차가운 끝으로 가게 할 수 있다.

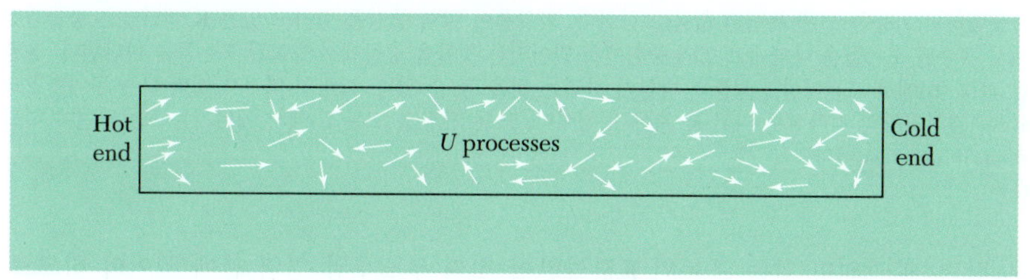

그림 16c 결정체에서 포논이 주로 한쪽 끝에서만 생성되도록 할 수 있다. 예를 들면 왼쪽 끝에 전등을 비추면 된다. 그러면 그 끝으로부터 결정체의 오른쪽으로 향하는 알짜 포논다발이 생기게 된다. N과정($\mathbf{K}_1 + \mathbf{K}_2 = \mathbf{K}_3$)만 일어난다면, 충돌에서 포논다발의 운동량은 변하지 않고, 결정체의 길이를 따라 포논다발이 지속적으로 이동할 것이다. 포논들이 오른쪽 끝에 도착하면, 원론적으로는 포논의 대부분의 에너지를 복사(radiation)로 변환시키게 만들어서 포논의 수채(sink)를 만들 수 있다. 마치 (a)에서처럼 열 비저항은 0이다.

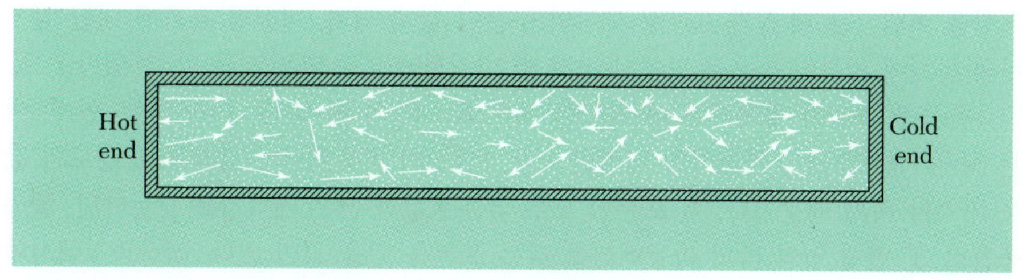

그림 16d U과정에서는 충돌이 있을 때마다 포논 운동량에 큰 알짜 변화가 있다. 처음의 알짜 포논다발은 오른쪽으로 움직이면서 빠르게 붕괴한다. 두 끝은 샘과 수채(sources and sinks)처럼 거동한다. 온도 기울기가 있을 때 알짜에너지 수송은 (b)에서와 같이 일어난다.

존된다.

결정체 속에서 파동의 상호작용 과정에서 총 파동벡터의 변화는 꼭 0이 되어야 할 필요 없이 어떤 역격자 벡터값을 가지면 된다는 것은 이미 많은 예에서 알고 있고, 주기적인 격자에서 그러한 과정은 항상 가능하다. 이러한 논거는 포논에 관해서도 매

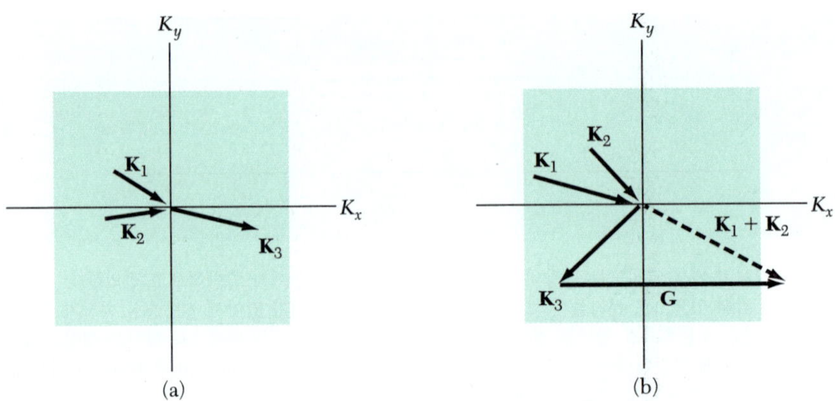

그림 17 2차원 정사각형 격자에서 (a) 정상(normal; N) $\mathbf{K}_1 + \mathbf{K}_2 = \mathbf{K}_3$ 및 (b) 움클랍(Umklapp; U) 포논 충돌과정. 그림에서 정사각형은 포논 $\mathbf{K}$ 공간에서 첫 번째 부릴루앙 영역을 나타내는데, 이 영역은 포논 파동벡터의 가능한 모든 독립된 값을 포함한다. 화살촉이 영역 중심을 향하고 있는 $\mathbf{K}$ 벡터들은 충돌과정에서 흡수된 포논들을 나타내고 영역 중심에서 멀어지는 것들을 충돌에서 방출된 포논들을 나타낸다. 움클랍 과정 (b)에서 포논다발 x 성분의 방향이 바뀌는 것을 볼 수 있다. 그림의 역격자 벡터 $\mathbf{G}$는 길이가 $2\pi/a$(a는 결정격자의 격자상수)이고 K_x 축에 평행이다. 모든 과정(N 또는 U)에서 에너지는 보존되어야 하므로 $\omega_1 + \omega_2 = \omega_3$이다.

우 강력하다. 의미 있는 포논의 $\mathbf{K}$값들만이 첫째 부릴루앙 영역 안에 있어야 하므로, 충돌에서 생긴 $\mathbf{K}$가 너무 길어서 영역의 밖으로 나가면, $\mathbf{G}$를 추가해서 안으로 가져와야 한다. 음값의 K_x를 가진 두 포논의 충돌은 움클랍 과정($\mathbf{G} \neq 0$)에 의하여 양값의 K_x를 갖는 포논으로 만들 수 있다.

$\mathbf{G} = 0$인 충돌은 **정상과정**(normal processes) 또는 N과정이라 부른다. 높은 온도 $T > \theta$에서 $k_BT > \hbar\omega_{\max}$이므로 모든 포논 모드가 들뜨게 된다. 이때 모든 포논 충돌의 상당한 부분은 큰 운동량의 변화를 수반하는 U과정이다. 이러한 체제에서 열 비저항을 어림하는 데 N과 U과정 사이의 구분이 없게 되며, 비선형 효과에 대한 앞에서의 논거에 의하여 높은 온도에서 격자 열 비저항 $\propto T$로 되는 것을 알 수 있다.

움클랍 과정이 일어나는 데 적합한 포논 $\mathbf{K}_1$, $\mathbf{K}_2$의 에너지는 $k_B\theta/2$ 정도인데, 이는 식 (47)의 충돌이 가능하게 되려면 포논 1과 2의 파동벡터가 각각 $G/2$ 정도의 값을 가져야 하기 때문이다. 두 포논이 모두 낮은 K값과 낮은 에너지를 갖는다면, 둘의 충돌로 첫 번째 영역 밖의 파동벡터를 갖는 포논을 얻을 길이 없다. 정상과정에서처럼 움클랍 과정에서도 에너지가 보존되어야 한다. 낮은 온도에서 높은 에너지 $k_B\theta/2$를 필요로 하기에 적합한 포논의 수는 대체로 볼츠만 인자 $\exp(-\theta/2T)$의 형태로 변화할 것이고, 이 지수함수 형태는 실험 결과와 잘 일치한다. 요약하면, 식 (42)에 기술한 평균자유거리는 포논 사이의 움클랍 충돌에 대한 것이지만, 포논 사이의 모든 충돌에 대한 것은 아니다.

결함(imperfections)

기하학적인 효과도 평균자유거리를 제한하는 데 중요할 수가 있다. 결정 표면, 자연의 화학 원소 속에 있는 동위원소 질량분포, 화학적인 불순물, 격자의 불완전성, 비결정성 구조 등에 의한 산란이 고려 대상이다.

낮은 온도에서 평균자유거리 ℓ이 실험 시료의 너비와 비교할 만한 크기라면 ℓ의 값은 그 너비에 의하여 제한되고 열전도도는 시료 크기의 함수가 된다. 이런 효과는 드하스(de Haas)와 비에마즈(Biermasz)에 의하여 발견되었다. 결정체가 순수한 경우에도 낮은 온도에서 열전도도가 갑자기 감소하는 것은 크기효과(size effect) 때문이다.

낮은 온도에서 움클랍 과정은 열전도도를 제한하는 데 효과가 없으며 그림 18에서 보듯이 크기 효과가 우세하게 된다. 이 경우 포논 평균자유거리는 일정할 것이며 표본의 지름 D 정도일 것이므로

$$K \approx CvD \tag{48}$$

를 얻는다. 식 (48)의 오른쪽 항에서 열용량 C만이 온도에 의존하며 낮은 온도에서 T^3으로 변한다. 포논 평균자유거리가 시료의 지름과 비교될 정도면 시료 크기에 대한 효과는 존재한다.

유전성 결정체도 금속만큼 큰 열전도도를 가질 수도 있다. 합성된 사파이어(sapphire; 청옥) (Al_2O_3)의 전도도는 가장 높은 값들 중의 하나이며 30 K에서 거의 200 W $cm^{-1}K^{-1}$이다. 사파이어의 열전도도 최대값은 구리의 최대값 100 W $cm^{-1}K^{-1}$보다 크다. 한편 금속성 갈륨(gallium; Ga)은 1.8 K에서 전도도 845 W $cm^{-1}K^{-1}$을 갖는다. 금속의 열전도에 주는 전자의 기여는 6장에서 다룬다.

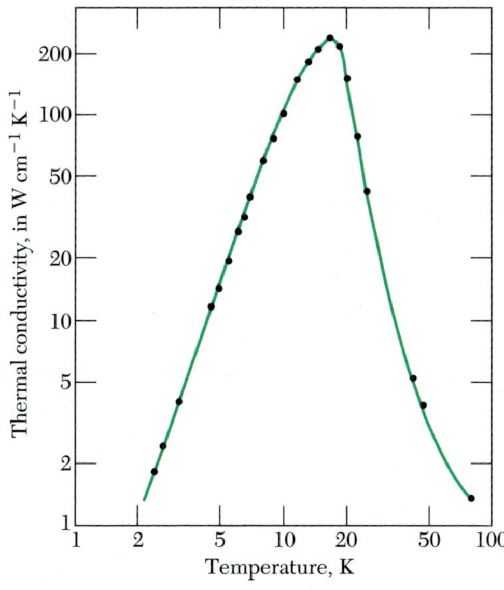

그림 18 높은 순도를 가진 불소화 나트륨(NaF)의 열전도도. (H. E. Jackson, C. T. Walker 및 T. F. McNelly의 결과 인용).

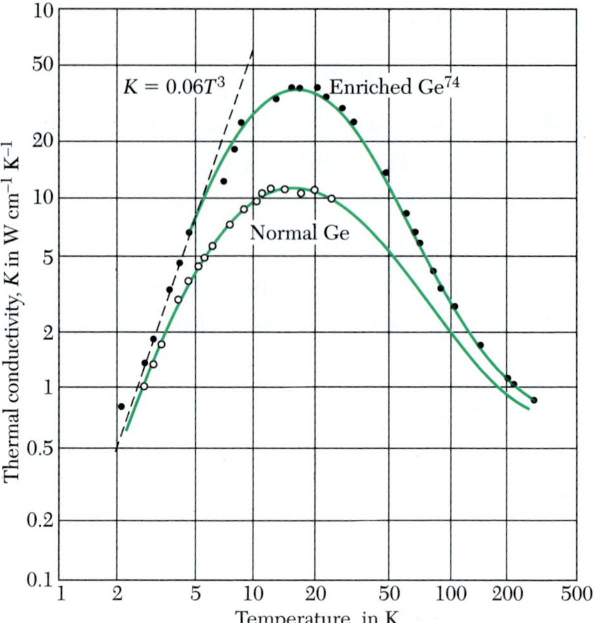

그림 19 게르마늄 열전도의 동위원소 효과(isotope effect). 최대 전도도에서 비율이 3 정도까지에 이른다. 농축된 표본은 96% Ge^{74}; 자연의 게르마늄은 20% Ge^{70}, 27% Ge^{72}, 8% Ge^{73}, 37% Ge^{74}, 그리고 8% Ge^{76}으로 되었다. 5 K 이하에서 농축된 표본은 $K = 0.060T^3$를 갖는데 경계 산란에 기인하는 열저항에 대한 Casimir의 이론과 잘 맞는다(T. H. Geballe 및 G. W. Hull의 결과 인용).

동위원소가 들어 있는 결정의 경우, 화학적으로는 완전한 결정체이지만 원소의 동위 원소 분포가 포논 산란의 중요한 하나의 기구(mechanism)가 된다. 동위원소 질량의 마구잡이 분포(random distribution)는 탄성파가 보는 밀도의 주기성을 흩뜨린다. 어떤 물질에서는 동위원소에 의한 포논의 산란은 다른 포논에 의한 산란에 비교될 정도로 중요하다. 그림 19는 게르마늄에 대한 결과이다. 동위원소적으로 순수한 실리콘과 다이아몬드에서 큰 값의 열전도도가 관측되었는데, 다이아몬드는 레이저 소스(source; 샘)의 열 수채(sink)로서 장치를 만들 때 중요성을 갖는다.

연습문제
Problems

1. 상태밀도의 특이점***(singularity in density of states)***. **(a)** 이미 4장에서 유도한 분산관계로부터 N 원자로 구성된 단원자 선형 격자에서 모드의 밀도가

$$D(\omega) = \frac{2N}{\pi} \cdot \frac{1}{(\omega_m^2 - \omega^2)^{1/2}}$$

로 되는 것을 보여라. 여기서 ω_m은 최대 진동수이고 가장 가까운 상호작용만 고려하여라. **(b)** 3차원의 경우 $K = 0$ 부근에서 광포논 갈래가 $\omega(K) = \omega_0 - AK^2$의 형태를 가졌다 하자. $\omega < \omega_0$일 때 $D(\omega) = (L/2\pi)^3(2\pi/A^{3/2})(\omega_0 - \omega)^{1/2}$이고 $\omega > \omega_0$일 때 $D(\omega) = 0$으로 되는 것을 보여라. 여기서 모드의 밀도는 불연속하다.

2. 결정 낱칸의 제곱평균제곱근 열팽창***(rms thermal dilation of crystal cell)***. **(a)** 300 K에서 나트륨 기본 낱칸의 제곱평균제곱근 열팽창 $\Delta V/V$를 어림하여라. 부피 탄성률(bulk modulus)로 7×10^{10} erg cm^{-3}을 써라. 디바이 온도 158 K는 300 K보다 작아서 열 에너지는 k_BT 정도의 크기이다. **(b)** 이 결과를 써서 격자 매개변수(parameter)의 제곱평균제곱근 열요동(thermal fluction) $\Delta a/a$를 어림하여라.

3. 영점 격자변위와 변형***(zero point lattice displacement and strain)***. **(a)** 디바이 어림에서 절대 0도일 때 원자의 평균제곱 변위는 $\langle R^2 \rangle = 3\hbar\omega_D^2/8\pi^2 \rho v^3$ (v는 소리속도)인 것을 보여라. (4.29)에서 시작하여 $\langle R^2 \rangle = (\hbar/2\rho V)\Sigma\omega^{-1}$인 독립된 격자 모드에 대해 합을 취하라. 평균제곱 진폭에서 평균제곱 변위로 가는데 인자 $\frac{1}{2}$을 넣었다. **(b)** 1차원 격자에서 $\Sigma\omega^{-1}$과 $\langle R^2 \rangle$은 발산하지만 평균제곱 변형은 유한하다. $\langle(\partial R/\partial x)^2\rangle = \Sigma K^2 u_0^2/2$을 평균제곱 변형으로 생각하여 질량 M인 원자 N개의 줄에서 평행진동 모드만을 고려했을 때 위 값이 $\hbar\omega_D^2 L/4MNv^3$과 같게 되는 것을 보여라. R^2의 발산은 물리학적 측정에서 별로 중요하지 않다.

4. 층격자의 열용량***(heat capacity of layer lattice)***. **(a)** 여러 원자층(atomic layer)으로 이루어진 유전성 결정체를 생각하자. 이때 층들 사이는 굳은 결합으로 이루어져 있어서 원자들의 움직임이 층의 평면으로만 국한되었다고 하자. 디바이 어림의 포논 열용량이 낮은 온도 극한에서 T^2에 비례함을 보여라. **(b)** 반대로, 이번에는 바로 곁의 층들이 서로 아주 약하게 얽매였다고 하자. 포논 열용량이 아주 낮은 온도에서 어떤 형태에 접근하리라고 기대하는가?

5.** 그뤼나이젠 상수(Grüneisen constant)***. **(a)** 진동수 ω인 포논 모드의 자유에너지(free energy)는 $k_BT \ln[2 \sinh (\hbar\omega/2k_BT)]$인 것을 보여라. 이런 결과를 얻기 위해서는 0점에서의 에너지는 $\hbar\omega/2$를 유지해야 한다. **(b)** 부피의 미세한 변화를 Δ라 하면, 결정체의 자유에너지는

$$F(\Delta, T) = \tfrac{1}{2}B\Delta^2 + k_BT \sum \ln [2 \sinh (\hbar\omega_{\mathbf{K}}/2k_BT)]$$

라 쓸 수 있는데, 여기서 B는 부피 탄성률이다. $\omega_{\mathbf{K}}$의 부피 의존은 $\delta\omega/\omega = -\gamma\Delta$인데 γ는 그뤼나이젠(Grüneisen) 상수로 알려져 있다. γ가 모드 $\mathbf{K}$에 독립이라면 $B\Delta = \gamma\Sigma\frac{1}{2}\hbar\omega \coth(\hbar\omega/2k_BT)$일 때 F는 Δ에 관해서 최소임을 보이고, 이것을 열에너지 밀도의 함수로 $\Delta = \gamma U(T)/B$라고 쓸 수 있음을 보여라. **(c)** 디바이 모형에서 $\gamma = -\partial \ln \theta/\partial \ln V$를 보여라. (**참고**: 이 이론에는 여러 어림셈이 내포되어 있다: 결과 (a)는 ω가 온도에 무관할 때만 성립하며, γ는 모드에 따라 아주 다를 수 있다)

---

*이 문제는 다소 어렵다.

CHAPTER 6

자유전자 페르미 기체

Free Electron Fermi Gas

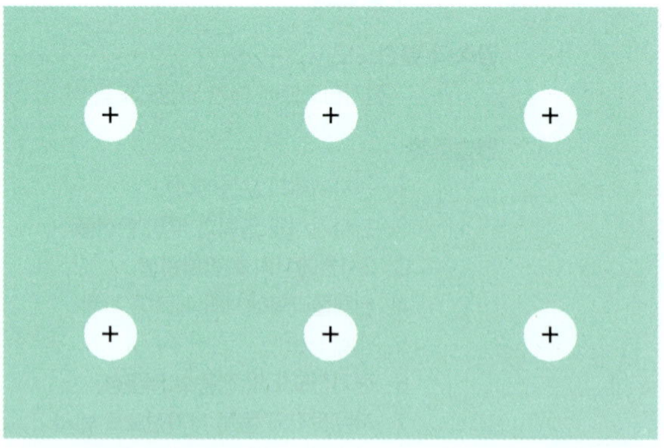

그림 1 나트륨 금속의 개략적 모형. 원자핵은 Na^+ 이온으로서, 전도전자의 바닷속에 잠겨 있다. 전도전자들은 자유원자의 $3s$ 원자가전자가 나온 것이다. 10개의 전자를 가지는 원자핵은 $1s^22s^22p^6$의 배열을 가진다. 알칼리 금속에서는 원자 이온들은 결정의 전체 부피에서 상대적으로 작은 부분(~15%)을 점하고 있는 데 반해, 귀금속(구리, 은, 금)에서는 원자 이온이 상대적으로 커서 서로 닿아 있다. 실온에서 흔한 결정 구조는 알칼리 금속에서는 bcc이며, 귀금속의 경우는 fcc이다.

CHAPTER 06

자유전자 페르미 기체

Free Electron Fermi Gas

이와 같은 결과를 낳은 이론에는 많은 진실이 들어 있음이 틀림없다.
H. A. 로런츠

자유전자 모형(free electron model)을 이용하면 단순 금속뿐만 아니라 여러 금속의 물리적 성질을 이해할 수 있다. 이 모형에 의하면 금속을 이루는 원자에서 원자가전자(valence electron)들이 전도전자(conduction electron)가 되어 금속 내를 자유로이 돌아다닌다. 그런데, 자유전자 모형이 잘 적용되는 금속일지라도 전도전자의 분포는 이온핵심(ion core)의 강한 정전기 퍼텐셜의 영향을 받는다. 자유전자 모형은 본질적으로 전도전자의 운동학적 성질과 관계되는 성질을 설명하는 데 크게 유용하다. 전도전자와 격자(lattice)를 이루는 이온과의 상호작용(interaction)은 다음 장에서 다룬다. 가장 단순한 금속은 리튬, 나트륨, 칼륨, 세슘 그리고 루비듐 등의 알칼리 금속이다. 나트륨 원자에서는 원자가전자들이 $3s$ 상태에 있는데, 금속에서는 이 전자들이 $3s$ 전도띠에 있는 전도전자가 된다.

N개의 원자로 이루어진 1가 결정은 N개의 전도전자와 N개의 양이온핵심을 가지고 있다. Na^+ 이온핵심은 10개의 전자가 자유이온의 $1s$, $2s$ 및 $2p$ 껍질(shell)을 채우고 있어서, 그 공간 분포가 금속 내에 있을 때나 자유이온에 있을 때나 본질적으로 같다.

이온핵심은 그림 1에서처럼 나트륨 결정의 부피 중 약 15%를 차지하고 있다. 자유 Na^+ 이온의 반지름은 0.98Å인 데 반해, 금속에서 가장 가까운 이웃 이온 사이 거리의 반은 1.83Å이다.

양자역학이 확립되기 오래전부터 자유전자 운동을 이용하여 금속의 성질을 설명하고자 하였다. 이러한 고전이론은 몇 가지 뚜렷한 성공을 거두었는데, 그 중에서도 옴의 법칙의 유도, 전기전도와 열전도 사이의 관계를 들 수 있다. 그러나 이 고전이론은 열용량(heat capacity)이나 전도전자의 자기감수율(magnetic susceptibility)을 설명하지 못한다(이것은 전도전자 모형이 잘못된 것이 아니라 고전적 맥스웰 분포함수가 잘못되었기 때문이다).

고전모형에는 더욱 어려운 점이 있다. 다양한 실험으로부터, 금속 내의 전도전자는 다른 전도전자나 원자핵과 부딪쳐서 휘어지지 않고 원자간 거리의 몇 배를 직선 길을 따라 자유로이 움직인다는 것은 분명하다. 낮은 온도의 매우 순수한 시료 내에서 평균 자유거리는 원자간 거리의 10^8배(1 cm보다 길다) 정도이다.

어떻게 해서 전도전자가 응집물질들을 잘 투과하는 것일까? 이 질문에 대한 대답은 두 부분으로 나누어진다. (a) 다음 장에서 다룰 수학적 결과에 따르면, 주기적인 구조에서는 물질파동이 자유로이 전파할 수 있기 때문에 전도전자는 주기적 격자 위에 배열된 이온핵심에 의해 휘어지지 않는다. (b) 전도전자는 다른 전도전자에 의해 아주 드물게 산란된다. 이러한 성질은 파울리 배타원리(Pauli exclusion principle)의 결과이다. **자유전자 페르미 기체**(free electron Fermi gas)란 파울리 원리를 따르는 자유전자의 기체를 뜻한다.

1차원에서의 에너지 준위

ENERGY LEVELS IN ONE DIMENSION

양자론과 파울리 원리를 고려하여 1차원의 자유전자 기체를 생각해 보자. 질량이 m인 전자 한 개가 무한 장벽(infinite barrier)에 의해 길이 L 사이에 갇혀 있다(그림 2). 전자의 파동함수 $\psi_n(x)$는 슈뢰딩거 방정식 $\mathcal{H}\psi = \epsilon\psi$의 해인데, 퍼텐셜 에너지를 무시하면 p를 운동량이라 할 때 $\mathcal{H} = p^2/2m$이 된다. 양자론에서는 p를 $-i\hbar\, d/dx$로 표기할 수 있으므로

$$\mathcal{H}\psi_n = -\frac{\hbar^2}{2m}\frac{d^2\psi_n}{dx^2} = \epsilon_n\psi_n \tag{1}$$

과 같이 되며, 여기서 ϵ_n은 어떤 **궤도함수**(orbital)에 있는 전자의 에너지이다.

우리는 궤도함수란 용어를 단지 한 개의 전자가 있는 계에 대한 파동방정식의 해를 나타내기 위해 쓴다. 이 용어를 쓰면, N개의 상호작용하는 전자로 이루어진 계에 대한 파동방정식의 정확한 양자 상태와 각 궤도함수가 전자 한 개에 대한 파동방정식의 해가 되는 N개의 서로 다른 궤도함수에 N개의 전자를 부여하여 구성한 근사적 양

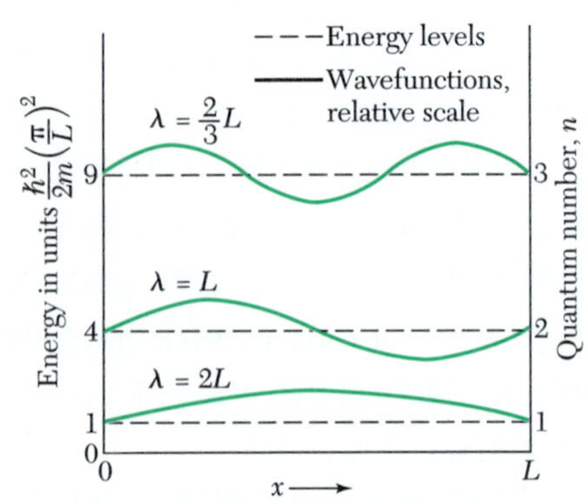

그림 2 길이 L인 선분에 갇혀 있는 질량 m인 자유전자의 처음 세 에너지 준위와 파동함수. 에너지 준위는 파동함수에 들어 있는 반파장의 개수를 나타내는 양자수 n으로 표시되었다. 파장을 파동함수에 표시하였다. 양자수 n인 준위의 에너지 ϵ_n은 $(h^2/2m)(n/2L)^2$과 같다.

자상태를 구별할 수 있다. 이 궤도함수 모형은 전자들 사이에 상호작용이 없을 때만 정확하다.

무한 퍼텐셜 장벽에 의해 주어지는 경계 조건들은 $\psi_n(0) = 0$과 $\psi_n(L) = 0$이다. 이 조건들은 다음과 같이 파동함수가 0과 L 사이에 그 반파장의 정수 n배가 들어가는 사인적(sinelike) 함수이면 만족된다.

$$\psi_n = A \sin\left(\frac{2\pi}{\lambda_n}x\right) ; \qquad \tfrac{1}{2}n\lambda_n = L . \tag{2}$$

여기서 A는 상수이다. 식 (2)는 식 (1)의 해임을 알 수 있는데,

$$\frac{d\psi_n}{dx} = A\left(\frac{n\pi}{L}\right)\cos\left(\frac{n\pi}{L}x\right) ; \qquad \frac{d^2\psi_n}{dx^2} = -A\left(\frac{n\pi}{L}\right)^2 \sin\left(\frac{n\pi}{L}x\right)$$

이기 때문이다. 따라서 에너지 ϵ_n은

$$\epsilon_n = \frac{\hbar^2}{2m}\left(\frac{n\pi}{L}\right)^2 \tag{3}$$

과 같이 주어진다.

이제 N개의 전자를 일렬로 배열하기로 한다. **파울리 배타원리**에 의해 어떠한 두 전자도 모두 동일한 양자수를 가질 수 없다. 즉, 각각의 궤도는 많아야 한 개의 전자에 의해 채워질 수 있다. 이것은 원자, 분자, 그리고 고체 내의 모든 전자에 적용된다. 직선 고체(linear solid)에서 전도전자 궤도함수의 양자수는 n과 m_s인데, n은 양의 정수이고 자기 양자수 m_s는 스핀 방향에 따라 $m_s = \pm\frac{1}{2}$이다. 양자수 n이 매겨진 한짝의 궤도함수는 두 개의 전자를 가질 수 있는데, 하나는 위쪽 스핀을 가지고 하나는 아래쪽 스핀을 갖는다.

여섯 개의 전자가 있다면, 이 계의 바닥상태(ground state)에서 채워진 궤도함수는 다음 표와 같다.

n	m_s	**Electron occupancy**	**n**	m_s	**Electron occupancy**
1	↑	1	3	↑	1
1	↓	1	3	↓	1
2	↑	1	4	↑	0
2	↓	1	4	↓	0

한 개 이상의 궤도함수가 동일한 에너지를 가질 수 있는데, 같은 에너지를 갖는 궤도함수의 수를 **겹침**(degeneracy)이라고 한다. 밑바닥($n = 1$)에서부터 에너지 준위를 채우기 시작하여 더 높은 준위들을 계속 채워나가 N개의 전자가 다 채워졌을 때 가장

높이 채워진 에너지 준위를 n_F로 나타내자. 편의상 N을 짝수라고 하기로 한다. $2n_F = N$의 조건으로부터 가장 높게 채워진 준위에 대한 n값으로 n_F가 결정된다.

페르미 에너지 ϵ_F는 N개의 전자계가 바닥상태일 때 가장 높이 채워진 준위의 에너지로 정의된다. 1차원의 경우 식 (3)에 $n = n_F$를 넣으면,

$$\epsilon_F = \frac{\hbar^2}{2m}\left(\frac{n_F\pi}{L}\right)^2 = \frac{\hbar^2}{2m}\left(\frac{N\pi}{2L}\right)^2 \tag{4}$$

이다.

페르미-디랙 분포에 미치는 온도의 영향
EFFECT OF TEMPERATURE ON THE FERMI-DIRAC DISTRIBUTION

바닥상태는 N개의 전자계가 절대 0도에 있을 때이다. 온도가 증가하면 어떤 일이 일어날까? 이것은 기초 통계역학의 기본 문제로서 그 해는 **페르미-디랙 분포함수**로 주어 진다(부록 D와 *TP*의 7장).

전자기체의 운동에너지는 온도가 올라갈수록 증가한다. 절대 0도에서 비어 있던 일부 에너지 준위가 채워지며, 채워져 있던 몇몇 준위는 비어지게 된다(그림 3). 페르미-디랙 분포함수는 열평형(thermal equilibrium) 상태에 있는 이상적 전자기체에서 에너지가 ϵ인 궤도함수가 채워질 확률을 주는데

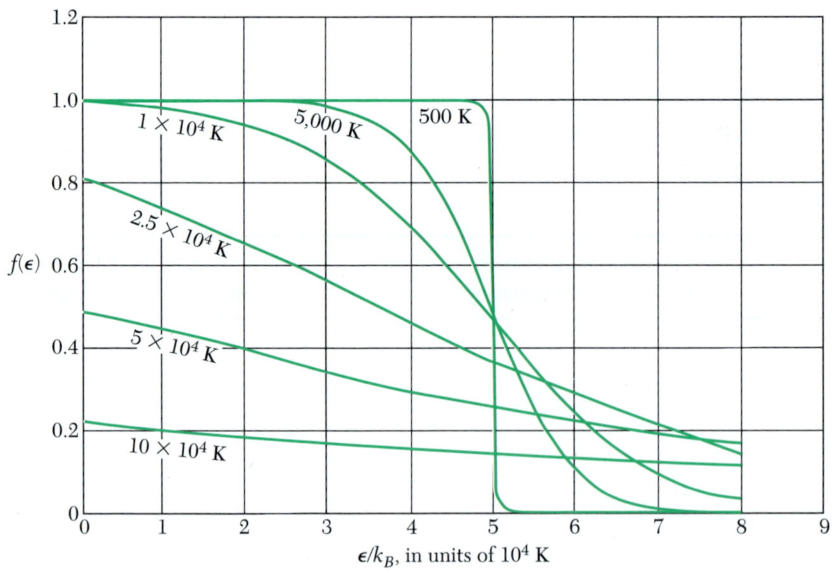

그림 3 $T_F = \epsilon_F/k_B = 50{,}000$ K일 때 여러 온도에서의 페르미-디랙 분포함수. 이 결과는 3차원의 기체에도 적용된다. 입자의 전체 개수는 온도에 관계없이 일정하다. 각 온도에서 화학퍼텐셜은 그래프에서 $f = 0.5$일 때의 에너지로부터 알 수 있다.

$$f(\epsilon) = \frac{1}{\exp[(\epsilon - \mu)/k_B T] + 1} \tag{5}$$

과 같다.

여기서 μ는 온도의 함수로서, 정해진 문제에서 계에 들어 있는 입자의 총수가 옳게 되도록, 즉 N과 같도록 취한 값이다. 절대 0도에서는 $\mu = \epsilon_F$인데, 이는 $T \to 0$인 극한일 때 $\epsilon = \epsilon_F = \mu$에서 함수 $f(\epsilon)$의 값이 1(채워진 경우)에서 0(빈 경우)으로 불연속적으로 변하기 때문이다. 모든 온도에서 $f(\epsilon)$는 $\epsilon = \mu$일 때 $\frac{1}{2}$인데 그것은 이때 식 (5)의 분모가 2가 되기 때문이다.

μ를 **화학퍼텐셜**(chemical potential: *TP* 5장)이라 부르는데, 절대 0도에서의 화학퍼텐셜 값은 가장 높게 채워진 궤도의 에너지로 정의되는 페르미 에너지와 같다.

$\epsilon - \mu \gg k_B T$인 경우에는 분포에서 높은 에너지 쪽에 꼬리가 생긴다. 이 경우에는 식 (5)의 분모에서 지수 항이 현저히 커서 $f(\epsilon) \cong \exp[(\mu - \epsilon)/k_B T]$가 된다. 이러한 극한을 볼츠만(Boltzman) 또는 맥스웰(Maxwell) 분포라고 한다.

3차원에서의 자유전자 기체

FREE ELECTRON GAS IN THREE DIMENSIONS

3차원에서 자유입자의 슈뢰딩거(Schrödinger) 방정식은

$$-\frac{\hbar^2}{2m}\left(\frac{\partial^2}{\partial x^2} + \frac{\partial^2}{\partial y^2} + \frac{\partial^2}{\partial z^2}\right)\psi_{\mathbf{k}}(\mathrm{r}) = \epsilon_{\mathbf{k}}\,\psi_{\mathbf{k}}(\mathbf{r}) \tag{6}$$

과 같다. 전자들이 한 변의 길이가 L인 정육면체에 갇혀 있을 경우 그 파동함수는

$$\psi_n(\mathbf{r}) = A \sin(\pi n_x x/L) \sin(\pi n_y y/L) \sin(\pi n_z z/L) \tag{7}$$

과 같은 정상파(standing wave)이다. 여기서 n_x, n_y, n_z는 양의 정수이며, 원점은 정육면체의 한 꼭지점이다.

5장에서 포논(phonon)에 대해 취급할 때처럼, 주기적 경계조건(periodic boundary condition)을 만족하는 파동함수를 도입하면 편리하다. 이때, 파동함수는 주기 L을 갖는 x, y, z의 주기함수여야 한다. 따라서

$$\psi(x + L, y, z) = \psi(x, y, z) \tag{8}$$

가 되며, y 및 z축에 대하여도 비슷하다. 자유입자의 슈뢰딩거 방정식과 주기조건을 만족시키는 파동함수는 다음과 같은 진행하는 파동의 모양을 갖는다.

$$\psi_{\mathbf{k}}(\mathbf{r}) = \exp(i\mathbf{k} \cdot \mathbf{r}). \tag{9}$$

위에서 파동벡터(wave vector) $\mathbf{k}$의 성분들은

$$k_x = 0 \ ; \quad \pm\frac{2\pi}{L} \ ; \quad \pm\frac{4\pi}{L} \ ; \ . \ . \ . \tag{10}$$

을 만족하여야 하고, k_y와 k_z에 대해서도 비슷하다.

$\mathbf{k}$의 어떠한 성분도 $2n\pi/L$의 형태로 표시되는데, 여기서 n은 양 또는 음의 정수이다. $\mathbf{k}$의 성분은 스핀 방향에 대한 양자수 m_s와 함께 이 문제에서 양자수가 된다. 이들 k_x 값은

$$\begin{aligned}\exp[ik_x(x+L)] &= \exp[i2n\pi(x+L)/L] \\ &= \exp(i2n\pi x/L)\exp(i2n\pi) = \exp(i2n\pi x/L) = \exp(ik_x x)\end{aligned} \tag{11}$$

와 같이 식 (8)을 만족시킴을 확인할 수 있다.

식 (9)를 식 (6)에 대입하면 다음과 같이 파동벡터가 $\mathbf{k}$인 궤도함수의 에너지 $\epsilon_{\mathbf{k}}$를 얻는다.

$$\epsilon_{\mathbf{k}} = \frac{\hbar^2}{2m}k^2 = \frac{\hbar^2}{2m}(k_x^2 + k_y^2 + k_z^2) \ . \tag{12}$$

파동벡터의 크기는 파장 λ와 $k = 2\pi/\lambda$인 관계가 있다.

양자역학에서는 선운동량 $\mathbf{p}$를 연산자 $\mathbf{p} = -i\hbar\nabla$로 나타낼 수 있어서 식 (9)의 궤도함수는

$$\mathbf{p}\psi_{\mathbf{k}}(\mathrm{r}) = -i\hbar\nabla\psi_{\mathbf{k}}(\mathbf{r}) = \hbar\mathbf{k}\psi_{\mathbf{k}}(\mathbf{r}) \tag{13}$$

과 같이 된다. 그래서 평면파 $\psi_{\mathbf{k}}$는 고유값이 $\hbar\mathbf{k}$인 선운동량의 고유함수이다. 궤도 $\mathbf{k}$인 입자의 속도는 $\mathbf{v} = \hbar\mathbf{k}/m$으로 주어진다.

N개의 자유전자로 이루어진 계의 바닥상태에서는, 채워진 궤도함수들은 $\mathbf{k}$ 공간에서 공 내부에 있는 점들로 표시할 수 있다. 이 공의 표면에 해당하는 에너지가 페르미 에너지이다. 페르미면에서 파동벡터의 크기 k_F는

$$\epsilon_F = \frac{\hbar^2}{2m}k_F^2 \tag{14}$$

와 같다(그림 4).

식 (10)으로부터, $\mathbf{k}$ 공간에서 $(2\pi/L)^3$의 부피요소에는 한 개의 파동벡터, 즉 한 개의 고유한 삼중 양자수 k_x, k_y, k_z 만이 허용됨을 알 수 있다. 따라서 부피가 $4\pi k_F^3/3$인 공 안에 들어가는 궤도함수의 총수는

$$2 \cdot \frac{4\pi k_F^3/3}{(2\pi/L)^3} = \frac{V}{3\pi^2}k_F^3 = N \tag{15}$$

이 되는데, 왼쪽에서 상수 2는 허용된 각각의 $\mathbf{k}$값에 대해 2개의 스핀 양자수 m_s가 가능하기 때문이다. 그러면, 식 (15)로부터

$$k_F = \left(\frac{3\pi^2 N}{V}\right)^{1/3} \tag{16}$$

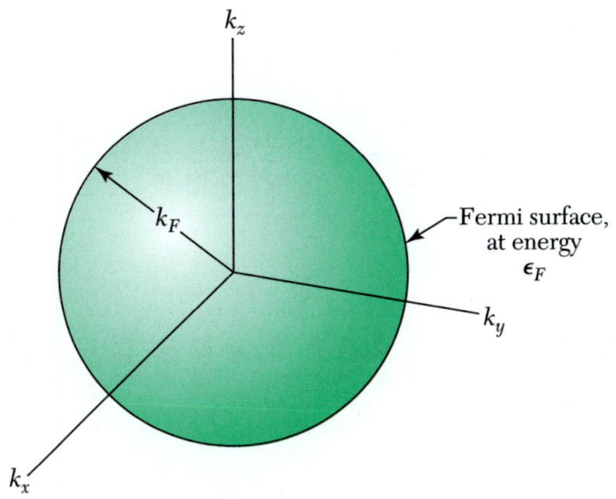

그림 4 N개의 자유전자로 이루어진 계의 바닥상태에서는 채워진 궤도함수들은 반지름이 k_F인 공을 채우는데, $\epsilon_F = \hbar^2 k_F^2/2m$은 파동벡터가 k_F인 전자의 에너지이다.

이 되며, 이는 입자의 밀도에만 의존한다.

식 (14)와 (16)을 이용하면,

$$\boxed{\epsilon_F = \frac{\hbar^2}{2m}\left(\frac{3\pi^2 N}{V}\right)^{2/3}} \tag{17}$$

가 된다. 이 식은 페르미 에너지를 전자의 농도 N/V과 맺어 준다.

페르미 면에서 전자속도 v_F는

$$v_F = \left(\frac{\hbar k_F}{m}\right) = \left(\frac{\hbar}{m}\right)\left(\frac{3\pi^2 N}{V}\right)^{1/3} \tag{18}$$

이다. 몇 가지 금속에 대한 k_F, v_F 그리고 ϵ_F의 계산값이 표 1에 주어져 있다. 또한 ϵ_F/k_B로 정의되는 T_F도 주어져 있다(T_F는 전자기체의 온도와 아무런 관계가 없다!). 이제 단위 에너지당 궤도함수의 수, 즉 **상태밀도**(density of states)라 불리는 $D(\epsilon)$의 표현을 구해 보기로 한다.[1] 식 (17)을 써서, 에너지 $\leq\epsilon$인 궤도함수의 총수를 구하면,

$$N = \frac{V}{3\pi^2}\left(\frac{2m\epsilon}{\hbar^2}\right)^{3/2} \tag{19}$$

이 되어서 상태밀도(그림 5)는

$$\boxed{D(\epsilon) \equiv \frac{dN}{d\epsilon} = \frac{V}{2\pi^2}\cdot\left(\frac{2m}{\hbar^2}\right)^{3/2}\cdot\epsilon^{1/2}} \tag{20}$$

이다. 이 결과는 식 (19)와 (20)으로부터 ϵ일 때,

---

1) 정확하게는 $D(\epsilon)$는 한입자 상태의 밀도 또는 궤도함수 밀도이다.

표 1 실온에서 금속에 대해 계산한 자유전자 페르미면의 매개변수
(단 Na, K, Rb, Cs는 5 K, Li은 78 K에서의 값이다)

Valency	Metal	Electron concentration, in cm^{-3}	Radius[a] parameter r_n	Fermi wavevector, in cm^{-1}	Fermi velocity, in $cm\ s^{-1}$	Fermi energy, in eV	Fermi emperature $T_F \equiv \epsilon_F/k_B$, in deg K
1	Li	4.70×10^{22}	3.25	1.11×10^{8}	1.29×10^{8}	4.72	5.48×10^{4}
	Na	2.65	3.93	0.92	1.07	3.23	3.75
	K	1.40	4.86	0.75	0.86	2.12	2.46
	Rb	1.15	5.20	0.70	0.81	1.85	2.15
	Cs	0.91	5.63	0.64	0.75	1.58	1.83
	Cu	8.45	2.67	1.36	1.57	7.00	8.12
	Ag	5.85	3.02	1.20	1.39	5.48	6.36
	Au	5.90	3.01	1.20	1.39	5.51	6.39
2	Be	24.2	1.88	1.93	2.23	14.14	16.41
	Mg	8.60	2.65	1.37	1.58	7.13	8.27
	Ca	4.60	3.27	1.11	1.28	4.68	5.43
	Sr	3.56	3.56	1.02	1.18	3.95	4.58
	Ba	3.20	3.69	0.98	1.13	3.65	4.24
	Zn	13.10	2.31	1.57	1.82	9.39	10.90
	Cd	9.28	2.59	1.40	1.62	7.46	8.66
3	Al	18.06	2.07	1.75	2.02	11.63	13.49
	Ga	15.30	2.19	1.65	1.91	10.35	12.01
	In	11.49	2.41	1.50	1.74	8.60	9.98
4	Pb	13.20	2.30	1.57	1.82	9.37	10.87
	Sn(*w*)	14.48	2.23	1.62	1.88	10.03	11.64

[a]The dimensionless radius parameter is defined as $r_n = r_0/a_H$, where a_H is the first Bohr radius and r_0 is the radius of a sphere that contains one electron.

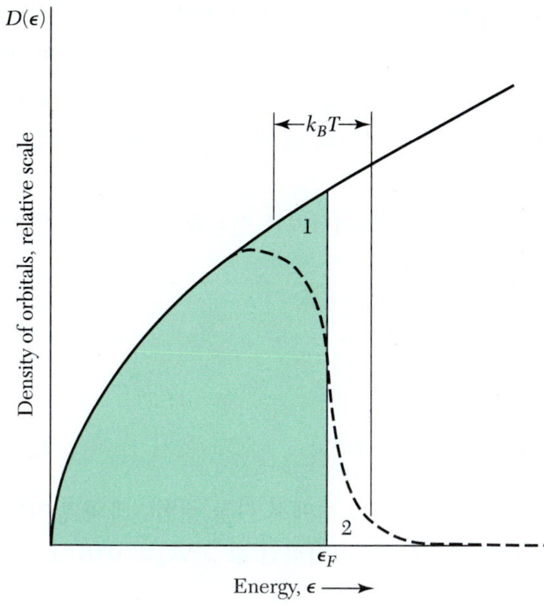

그림 5 3차원의 자유전자 기체에 대해 에너지의 함수로 나타낸 한입자 상태(single-particle state)의 밀도. 파선은 k_BT가 ϵ_F보다 작은 어떤 유한한 온도에서 채워진 궤도함수의 밀도 $f(\epsilon, T)D(\epsilon)$를 나타낸다. 청색 부분은 절대 영도에서 채워진 궤도함수를 나타낸다. 온도가 0에서 T로 증가하면 평균에너지가 증가하는데, 이는 전자들이 영역 1에서 영역 2쪽으로 열적으로 들뜨기 때문이다.

$$D(\epsilon) \equiv \frac{dN}{d\epsilon} = \frac{3N}{2\epsilon} \tag{21}$$

과 같이 간단히 표기할 수 있다.

한 단위 숫자 내에서 보자면, 페르미 에너지에서 단위에너지당 궤도함수의 수는 전도전자의 총수를 페르미 에너지로 나눈 값이 되는데, 이는 예측했던 바와 같다.

전자기체의 열용량
HEAT CAPACITY OF THE ELECTRON GAS

금속의 전자이론의 초기 발전 단계에서 가장 어려웠던 문제는 전도전자의 열용량(heat capacity)과 관계된 것이었다. 고전 통계역학은 자유입자의 열용량이 $\frac{3}{2}k_B$(k_B는 볼츠만 상수)인 것으로 예측한다. 만약 N개의 원자들이 원자가전자를 1개씩 내놓아 전자기체를 이루고, 이 전자들이 자유로이 움직일 수 있다고 하면, 이 전자들이 열용량에 기여하는 부분은 $\frac{3}{2}Nk_B$가 되어야 한다. 그러나 실온에서 측정한 전자의 기여 부분은 보통 위의 값의 0.01배보다 작다.

이러한 차이가 로런츠와 같은 초기 연구자들을 혼란시켰다. 어떻게 전자들이 열용량에는 기여하지 않으면서 전기전도 과정에는 이동성을 가진 것처럼 관여하는 것일까? 이러한 질문에 대한 대답은 파울리의 배타원리와 페르미 분포함수의 발견으로 주어졌다. 페르미는 올바른 식을 구했는데, 그는 이렇게 기술하였다. "비열은 절대 영도에서 영이 되며, 낮은 온도에서는 절대온도에 비례함을 알아냈다".

절대 영도에서 시료를 가열할 때 모든 전자들이 고전적으로 예측되는 $\sim k_BT$의 에너지를 얻는 것이 아니라, 그림 5에서처럼 페르미 준위로부터 k_BT의 에너지 범위 내에 있는 궤도함수의 전자들만이 열적으로 들뜨게 된다. 이런 설명이 전자기체의 열용량에 대한 정성적인 답을 곧바로 준다. N을 총전자수라 할 때 온도 T에서 T/T_F 정도 부분만이 열적으로 들뜰 수 있는데, 그것은 이 부분만이 에너지 분포의 위쪽에서 k_BT 정도의 에너지 범위에 들어 있기 때문이다.

이들 NT/T_F개의 전자들은 각각 k_BT 정도의 열에너지를 얻는다. 전자의 총 열역학적 에너지 U는

$$U_{el} \approx (NT/T_F)k_BT \tag{22}$$

의 크기 정도이다. 따라서 전자의 열용량은

$$C_{el} = \partial U/\partial T \approx Nk_B(T/T_F) \tag{23}$$

로 주어져서 T에 직선적으로 비례하는데, 이는 다음 절에서 다룰 실험결과와 일치한다. $T_F \sim 5 \times 10^4$ K라고 할 때 실온에서의 C_{el}은 고전적인 값 $\frac{3}{2}Nk_B$의 0.01이거나 그 보다 작다.

이제 $k_BT \ll \epsilon_F$인 낮은 온도에서 전자의 열용량의 정량적 표현식을 유도하기로 한다. N개의 전자계를 절대 영도로부터 T로 가열하였을 때, 총 에너지의 증가 $\Delta U \equiv U(T) - U(0)$(그림 5)는

$$\Delta U = \int_0^\infty d\epsilon\, \epsilon D(\epsilon) f(\epsilon) - \int_0^{\epsilon_F} d\epsilon\, \epsilon D(\epsilon) \tag{24}$$

이다. 여기서 $f(\epsilon)$는 식 (5)의 페르미-디랙 함수로서,

$$\boxed{f(\epsilon, T, \mu) = \frac{1}{\exp[(\epsilon - \mu)/k_BT + 1]}} \tag{24a}$$

이고, $D(\epsilon)$은 단위에너지당 궤도함수의 수이다. 등식

$$N = \int_0^\infty d\epsilon\, D(\epsilon) f(\epsilon) = \int_0^{\epsilon_F} d\epsilon\, D(\epsilon) \tag{25}$$

에 ϵ_F를 곱하면

$$\left(\int_0^{\epsilon_F} + \int_{\epsilon_F}^\infty\right) d\epsilon\, \epsilon_F f(\epsilon) D(\epsilon) = \int_0^{\epsilon_F} d\epsilon\, \epsilon_F D(\epsilon) \tag{26}$$

을 얻는다. 식 (26)을 이용하여 식 (24)를 다시 쓰면

$$\Delta U = \int_{\epsilon_F}^\infty d\epsilon (\epsilon - \epsilon_F) f(\epsilon) D(\epsilon) + \int_0^{\epsilon_F} d\epsilon (\epsilon_F - \epsilon)[1 - f(\epsilon)] D(\epsilon) \tag{27}$$

과 같다. 식 (27)의 오른쪽의 첫 번째 적분은 전자를 ϵ_F에서 에너지가 $\epsilon > \epsilon_F$인 궤도

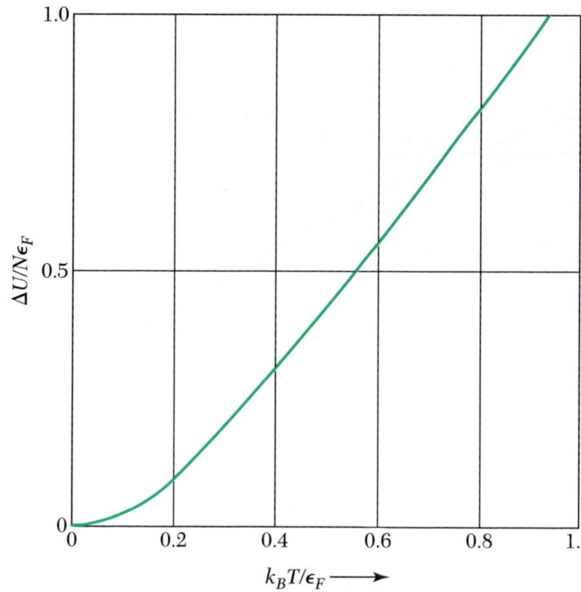

그림 6 3차원에서 상호작용하지 않는 페르미온 기체의 에너지의 온도 의존성. 에너지는 $\Delta U/N\epsilon_F$로 규격화된 값으로 나타냈으며, 여기서 N은 전자의 수이다. 온도는 k_BT/ϵ_F로 나타냈다.

함수로 올리는 데 필요한 에너지이며, 두 번째 적분은 전자를 ϵ_F보다 낮은 궤도함수에서 ϵ_F로 가져오는 데 필요한 에너지이다. 에너지에 대한 두 부분의 기여 모두 양의 값이다.

식 (27)의 첫 번째 적분에서 곱 $f(\epsilon)D(\epsilon)d\epsilon$은 에너지 ϵ으로부터 에너지 범위 $d\epsilon$ 내의 궤도함수로 올라간 전자의 수이다. 두 번째 적분에서 $[1 - f(\epsilon)]$ 항은 전자가 궤도함수 ϵ으로부터 없어질 확률이다. 함수 ΔU가 그림 6에 그려져 있다.

전자기체의 열용량은 ΔU를 T로 미분하여 얻는다. 식 (27)에서 온도에 의존하는 항은 단지 $f(\epsilon)$뿐이므로, 항들을 묶어서

$$C_{el} = \frac{dU}{dT} = \int_0^\infty d\epsilon(\epsilon - \epsilon_F)\frac{df}{dT}D(\epsilon) \tag{28}$$

을 얻는다.

금속에서 관심이 되는 온도인 $k_BT < 0.01$에서는 $(\epsilon - \epsilon_F)df/dT$가 ϵ_F 가까운 에너지에서 커다란 양의 봉우리를 가진다는 것을 그림 3으로부터 알 수 있다. ϵ_F에서의 상태밀도 $D(\epsilon)$를 계산하기 위해 이를 적분 밖으로 끄집어내는 것은 좋은 근사이다.

$$C_{el} \cong D(\epsilon)\int_0^\infty d\epsilon(\epsilon - \epsilon_F)\frac{df}{dT} . \tag{29}$$

그림 7과 8에서 T에 따른 μ의 그래프를 살펴보면 $k_BT \ll \epsilon_F$일 때 페르미-디랙 분포 함수에서 화학퍼텐셜의 온도 의존성을 무시할 수 있으므로 μ를 상수 ϵ_F로 치환하기로 한다.

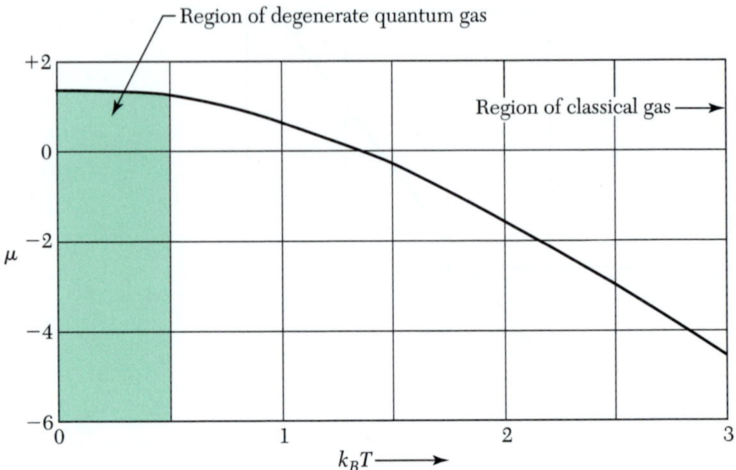

그림 7 3차원에서 상호작용하지 않는 기체에서 화학퍼텐셜 μ 대 k_BT의 그림. 편의상 그림에서 μ와 k_BT의 단위는 $0.763\epsilon_F$이다.

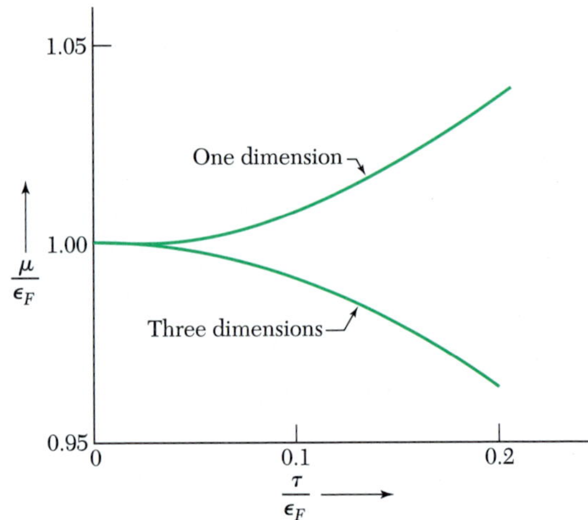

그림 8 1차원과 3차원의 자유전자 페르미 기체에서 화학퍼텐셜 μ의 온도변화. 보통 금속에서는 실온에서 $\tau/\epsilon_F \simeq 0.01$이므로, μ는 ϵ_F와 거의 같다. 위 곡선은 계에 있는 여러 개의 입자계에 대한 적분을 급수 전개하여 계산한 것이다.

그리고, $\tau \equiv k_BT$라 하면

$$\frac{df}{d\tau} = \frac{\epsilon - \epsilon_F}{\tau^2} \cdot \frac{\exp[(\epsilon - \epsilon_F)/\tau]}{\{\exp[(\epsilon - \epsilon_F)/\tau] + 1\}^2} \tag{30}$$

가 되고,

$$x \equiv (\epsilon - \epsilon_F)/\tau \tag{31}$$

라 놓으면 식 (29)와 (30)으로부터

$$C_{el} = k_B^2 T\, D(\epsilon_F) \int_{-\epsilon_F/\tau}^{\infty} dx\, x^2 \frac{e^x}{(e^x + 1)^2} \tag{32}$$

가 된다. 만약 $\epsilon_F/\tau \sim 100$이거나 이보다 더 큰 경우의 낮은 온도에만 관심을 가지면 적분 속에서 e^x 항은 이미 $x = -\epsilon_F/\tau$에서 무시할 수 있으므로 하한을 $-\infty$로 바꾸어도 무방하다. 그러면 식 (32)의 적분값은

$$\int_{-\infty}^{\infty} dx\, x^2 \frac{e^x}{(e^x+1)^2} = \frac{\pi^2}{3} \tag{33}$$

이 되어서 전자기체의 열용량은

$$C_{el} = \tfrac{1}{3}\pi^2 D(\epsilon_F) k_B^2 T \tag{34}$$

가 된다.

식 (21)로부터 $k_B T_F = \epsilon_F$인 자유전자 기체에 대해서는

$$D(\epsilon_F) = 3N/2\epsilon_F = 3N/2k_B T_F \tag{35}$$

를 얻는다. 따라서 식 (34)는

$$C_{el} = \tfrac{1}{2}\pi^2 N k_B T/T_F \tag{36}$$

와 같이 된다. T_F를 페르미 온도라고 하지만, 이는 실제 전자의 온도가 아니라 단지 편의상의 표기에 불과하다.

금속 열용량의 실험값(experimental heat capacity of metals)

디바이 온도 θ와 페르미 온도 T_F보다 훨씬 낮은 온도에서는 금속의 열용량은 전자와 포논에 의한 기여의 합으로 $C = \gamma T + AT^3$로 쓸 수 있는데 여기서 γ와 A는 금속의 특성상수이다. 전자에 의한 항은 T에 직선적이며 아주 낮은 온도에서 그 효과가 커진다. C의 실험값은 C/T 대 T^2의 관계로 나타내는 것이 편리하다. 즉

$$C/T = \gamma + AT^2 \tag{37}$$

으로서 그 값들은 기울기가 A이고 절편이 γ인 직선상에 놓이게 된다. 칼륨에 대한 이러한 그림이 그림 9에 주어져 있다. 조머펠트(Sommerfeld) 매개변수로 불리는 γ의 측정값들이 표 2에 주어져 있다.

계수 γ의 측정값들은 예측한 대로의 크기이나 질량 m인 자유전자에 대해 식 (17)과 (34)를 써서 계산한 값과 썩 잘 일치하지 않는 경우도 흔히 있다. 열용량의 측정값과 자유전자에 대한 값과의 비를 전자의 질량 m과 **열적 유효질량**(thermal effective mass) m_{th}과의 비로 흔히 표시하는데, 여기서 m_{th}는

$$\frac{m_{\text{th}}}{m} \equiv \frac{\gamma(\text{observed})}{\gamma(\text{free})} \tag{38}$$

의 관계식으로 정의된다. ϵ_F가 전자의 질량에 반비례하기 때문에 $\gamma \propto m$이므로, 위 형태는 당연히 그렇게 된다. 그 비율 값들이 표 2에 주어져 있다. 값들이 1에서 벗어나

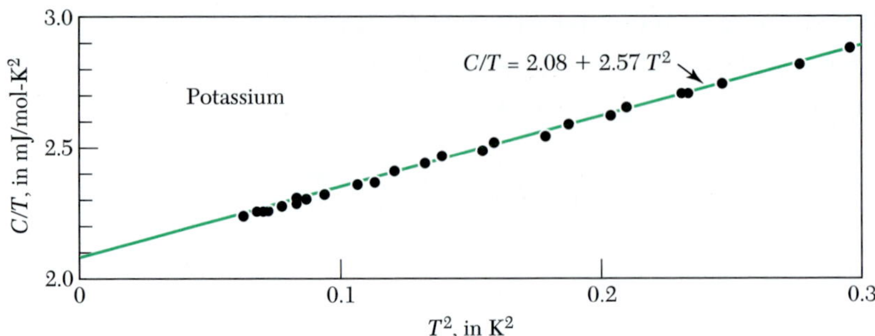

그림 9 칼륨에 대한 열용량의 실험값. C/T 대 T^2의 관계로 그렸다(W. H. Lien 및 N. E. Phillips의 결과 인용).

는 것은 다음과 같은 세 가지 효과 때문이다.

- **전도전자와 고정된 결정격자의 주기적 퍼텐셜과의 상호작용.** 이 퍼텐셜에 놓여 있는 전자의 유효질량을 띠 유효질량(band effective mass)이라 부르는데, 차후에 이를 다룬다.
- **전도전자와 포논과의 상호작용.** 전자는 이웃에 있는 격자를 분극시키거나 틀어지게 하는 경향이 있어서, 움직이는 전자는 가까이에 있는 이온을 끌고 가려고 하기 때문에 전자의 유효질량이 증가한다.
- **전도전자들 사이의 상호작용.** 움직이는 전자는 주위의 전자기체들에 관성반작용(inertial reaction)을 생기게 하여 그 유효질량이 증가한다.

무거운 페르미온*(heavy Fermions)*

전자의 열용량 상수 γ가 보통의 경우보다 엄청나게 큰, 즉 수십 배나 수백 배 더 큰 몇몇 금속화합물들이 발견되었다. 무거운 페르미온 화합물에는 UBe_{13}, $CeAl_3$와 $CeCu_2Si_2$ 등이 있다. 이들 화합물에서 f 전자는 관성질량이 1000 m 정도로 큰데, 이것은 f 전자의 파동함수가 이웃 이온들과 약하게 중첩 되어 있기 때문이다(9장의 “밀접결합”을 보라).

전기전도도와 옴의 법칙
ELECTRICAL CONDUCTIVITY AND OHM'S LAW

자유전자의 운동량은 파동벡터와 $m\mathbf{v} = \hbar\mathbf{k}$의 관계가 있다. 전기장 $\mathbf{E}$와 자기장 $\mathbf{B}$ 내에서 전하가 $-e$인 전자에 작용하는 힘은 $-e[\mathbf{E} + (1/c)\mathbf{v} \times \mathbf{B}]$이어서 뉴턴의 제2운동법칙은

(CGS) $$\mathbf{F} = m\frac{d\mathbf{v}}{dt} = \hbar\frac{d\mathbf{k}}{dt} = -e\left(\mathbf{E} + \frac{1}{c}\mathbf{v} \times \mathbf{B}\right) \tag{39}$$

표 2 금속에서 전자의 열용량 상수 γ의 측정값과 자유전자에서의 값

N.Philips와 N.P.Pearlman이 흔쾌히 제공한 자료이다. 열적 유효질량은 식 (38)에 의해 정의된다.

Observed γ in mJ mol^{-1} K^{-2}.
Calculated free electron γ in mJ mol^{-1} K^{-2}
m_{th}/m = (observed γ)/(free electron γ).

Li 1.63 0.749 2.18	**Be** 0.17 0.500 0.34											**B**	**C**	**N**
Na 1.38 1.094 1.26	**Mg** 1.3 0.992 1.3											**Al** 1.35 0.912 1.48	**Si**	**P**
K 2.08 1.668 1.25	**Ca** 2.9 1.511 1.9	**Sc** 10.7	**Ti** 3.35	**V** 9.26	**Cr** 1.40	**Mn(γ)** 9.20	**Fe** 4.98	**Co** 4.73	**Ni** 7.02	**Cu** 0.695 0.505 1.38	**Zn** 0.64 0.753 0.85	**Ga** 0.596 1.025 0.58	**Ge**	**As** 0.19
Rb 2.41 1.911 1.26	**Sr** 3.6 1.790 2.0	**Y** 10.2	**Zr** 2.80	**Nb** 7.79	**Mo** 2.0	**Tc** —	**Ru** 3.3	**Rh** 4.9	**Pd** 9.42	**Ag** 0.646 0.645 1.00	**Cd** 0.688 0.948 0.73	**In** 1.69 1.233 1.37	**Sn** (w) 1.78 1.410 1.26	**Sb** 0.11
Cs 3.20 2.238 1.43	**Ba** 2.7 1.937 1.4	**La** 10.	**Hf** 2.16	**Ta** 5.9	**W** 1.3	**Re** 2.3	**Os** 2.4	**Ir** 3.1	**Pt** 6.8	**Au** 0.729 0.642 1.14	**Hg(α)** 1.79 0.952 1.88	**Tl** 1.47 1.29 1.14	**Pb** 2.98 1.509 1.97	**Bi** 0.008

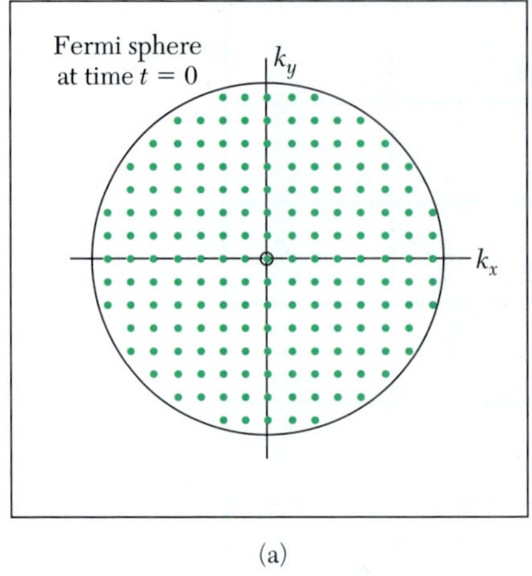

(a)

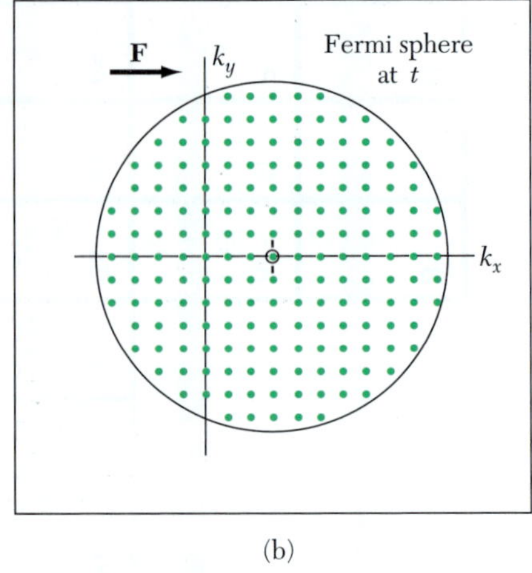

(b)

그림 10 (a) 전자기체의 바닥상태에서 페르미 공은 $\mathbf{k}$ 공간에 채워진 전자궤도함수들을 둘러싸고 있다. 각각의 궤도 $\mathbf{k}$에 대응하여 $-\mathbf{k}$에 채워진 궤도가 있어서 순 운동량은 영이 된다. (b) 일정한 힘 $\mathbf{F}$가 시간간격 t 동안 영향을 미치면 모든 궤도는 그 $\mathbf{k}$ 벡터가 $\delta\mathbf{k} = \mathbf{F}t/\hbar$만큼 증가한다. 이것은 페르미 공 전체가 $\delta\mathbf{k}$ 만큼의 변위를 한 것과 같다. N개의 전자가 있다면, 총 운동량은 $N\hbar\delta\mathbf{k}$이다. 따라서 가해진 힘은 계의 에너지를 $N(\hbar\delta\mathbf{k})^2/2m$ 만큼 증가시킨다.

가 된다. 충돌이 없는 경우에는 $\mathbf{k}$ 공간에서 페르미 공(그림 10)은 일정하게 가해진 전기장에 의해 일정한 속도로 움직인다. $\mathbf{B} = 0$인 경우에 식 (39)를 적분하면

$$\mathbf{k}(t) - \mathbf{k}(0) = -e\mathbf{E}t/\hbar \tag{40}$$

를 얻는다.

$t = 0$에서 힘 $\mathbf{F} = -e\mathbf{E}$가 $\mathbf{k}$ 공간의 원점에 중심을 둔 페르미 공을 채우고 있는 전자기체에 가해지면 시간 t 후에는 페르미 공은 새로운 중심이

$$\delta\mathbf{k} = -e\mathbf{E}t/\hbar \tag{41}$$

되는 곳으로 변위된다. 모든 전자가 같은 $\delta\mathbf{k}$만큼 변위되기 때문에 페르미 공이 전체적으로 변위한다.

전자들이 불순물, 격자 결함(imperfection), 그리고 포논과 충돌하기 때문에 변위된 공은 전기장 속에서 정상상태(steady state)를 유지할 수 있다. 만약 충돌시간이 τ이면 정상상태에 있는 페르미 공의 변위는 식 (41)에서 $t = \tau$로 하여 얻어진다. 이때 속도의 증가는 $\mathbf{v} = \delta\mathbf{k}/m = -e\mathbf{E}\tau/m$이다. 일정한 전기장 $\mathbf{E}$ 속에 전하가 $q = -e$인 전자가 단위 부피당 n개가 있다면 전류밀도는

$$\mathbf{j} = nq\mathbf{v} = ne^2\tau\mathbf{E}/m \tag{42}$$

이다. 이것이 **옴의 법칙**이다.

전기전도도 σ는 $\mathbf{j} = \sigma\mathbf{E}$로 정의되므로, 식 (42)에 의해

$$\boxed{\sigma = \frac{ne^2\tau}{m}} \tag{43}$$

가 된다. 비저항 ρ는 전도도의 역으로 정의되어서

$$\rho = m/ne^2\tau \tag{44}$$

이다. 표 3에 원소들의 전기전도도와 비저항 값이 주어져 있다. 가우스 단위계에서 σ는 진동수의 차원을 가진다.

페르미 기체의 전도도에 대한 식 (43)의 결과는 쉽게 이해할 수 있다. 수송되는 전하량은 전하밀도 ne에 비례하리라 기대한다. e/m 항이 식 (43)에 들어가는데, 이것은 주어진 전기장에서 가속도는 e에 비례하고 질량 m에 반비례하기 때문이다. 시간 τ는 전기장이 작용할 때 운반자(carrier)에 작용하는 자유시간(free time)을 나타낸다. 이와 비슷하게 고전적 (맥스웰) 전자기체의 전기전도도에 대해서도 같은 결과가 얻어 지는데, 이는 많은 반도체에서 낮은 운반자 농도일 때 확인할 수 있다.

금속의 실험적 전기 비저항*(experimental electrical resistivity of metals)*

실온(300 K)에서 대부분 금속의 전기 비저항은 주로 전도전자와 격자 포논과의 충돌에 의해 나타나고, 액체 헬륨 온도(4 K)에서는 전자들과 불순물 원자 그리고 격자 결함과의 충돌이 비저항에 큰 영향을 미친다(그림 11). 이들 충돌비율은 어림하여 보아 서로 독립적이라서, 전기장을 끊으면 운동량 분포는 알짜 풀림시간 비율

$$\frac{1}{\tau} = \frac{1}{\tau_L} + \frac{1}{\tau_i} \tag{45}$$

에 의해 바닥상태로 돌아간다. 여기서 τ_L과 τ_i는 각각 포논과 결함에 의해 산란될 때의 충돌시간이다.

알짜 비저항은

$$\rho = \rho_L + \rho_i \tag{46}$$

로 주어지는데, 여기서 ρ_L은 열포논(thermal phonon)에 의한 비저항이고 p_i는 격자의 주기성을 해치는 정적 결함(static defect)에 의한 전자 파동의 산란으로 인한 비저항이다. 보통 ρ_L은 결함의 농도가 작을 때는 그 수에 무관하며 ρ_i는 많은 경우 온도에 무관하다. 이러한 실험적 관찰은 **매시에슨의 규칙**(Matthiessen's rule)으로 표현되는데, 이 규칙은 실험 자료를 분석하는 데 유용하다(그림 12).

$T \to 0$이면 ρ_L 값이 영이 되기 때문에 잔류비저항(residual resistivity) $\rho_i(0)$는 0 K일 때 외삽하여 얻은 비저항이다. 격자 비저항 $\rho_L(T) = \rho - \rho_i(0)$는 서로 다른 금속에 대해서도 값이 같지만, $\rho_i(0)$ 값은 크게 다를 수 있다. 한 물질에서 **비저항 비**는 보통 잔류비저항에 대한 실온에서의 비저항의 비로 정의된다. 이 값은 시료의 순도를 나타내는 유용한 근사 지표이다. 많은 물질에서 고용체(solid solution) 내의 단위 원

표 3 295 K에서의 전기전도도와 비저항

비저항 값은 G. T. Meaden, *Electrical resistance of metals*, Plenum, 1965에 주어진 것과 같다; 잔류비저항을 뺐다.

Conductivity in units of 10^5 (ohm-cm)$^{-1}$.
Resistivity in units of 10^{-6} ohm-cm.

Li	Be											B	C	N	O	F	Ne
1.07	3.08																
9.32	3.25																
Na	Mg											Al	Si	P	S	Cl	Ar
2.11	2.33											3.65					
4.75	4.30											2.74					
K	Ca	Sc	Ti	V	Cr	Mn	Fe	Co	Ni	Cu	Zn	Ga	Ge	As	Se	Br	Kr
1.39	2.78	0.21	0.23	0.50	0.78	0.072	1.02	1.72	1.43	5.88	1.69	0.67					
7.19	3.6	46.8	43.1	19.9	12.9	139.	9.8	5.8	7.0	1.70	5.92	14.85					
Rb	Sr	Y	Zr	Nb	Mo	Tc	Ru	Rh	Pd	Ag	Cd	In	Sn (w)	Sb	Te	I	Xe
0.80	0.47	0.17	0.24	0.69	1.89	~0.7	1.35	2.08	0.95	6.21	1.38	1.14	0.91	0.24			
12.5	21.5	58.5	42.4	14.5	5.3	~14.	7.4	4.8	10.5	1.61	7.27	8.75	11.0	41.3			
Cs	Ba	La	Hf	Ta	W	Re	Os	Ir	Pt	Au	Hg liq.	Tl	Pb	Bi	Po	At	Rn
0.50	0.26	0.13	0.33	0.76	1.89	0.54	1.10	1.96	0.96	4.55	0.10	0.61	0.48	0.086	0.22		
20.0	39.	79.	30.6	13.1	5.3	18.6	9.1	5.1	10.4	2.20	95.9	16.4	21.0	116.	46.		
Fr	Ra	Ac															

Ce	Pr	Nd	Pm	Sm	Eu	Gd	Tb	Dy	Ho	Er	Tm	Yb	Lu
0.12	0.15	0.17		0.10	0.11	0.070	0.090	0.11	0.13	0.12	0.16	0.38	0.19
81.	67.	59.		99.	89.	134.	111.	90.0	77.7	81.	62.	26.4	53.
Th	Pa	U	Np	Pu	Am	Cm	Bk	Cf	Es	Fm	Md	No	Lr
0.66		0.39	0.085	0.070									
15.2		25.7	118.	143.									

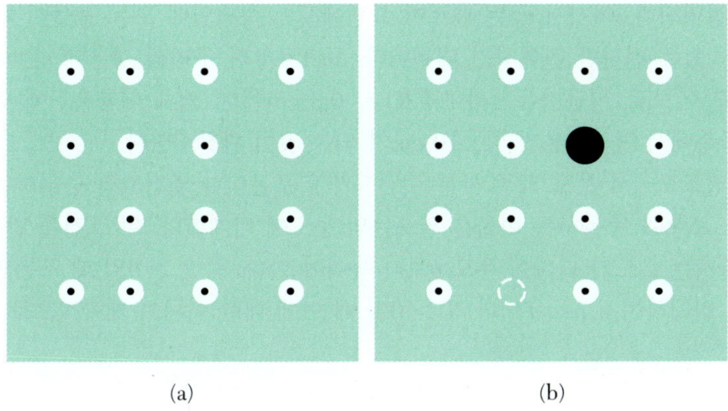

그림 11 대부분의 금속에서 비저항은 전자와 (a) 포논 그리고 (b) 불순물과 빈 격자위치와 같이 격자의 불규칙성과의 충돌에 의해 나타난다.

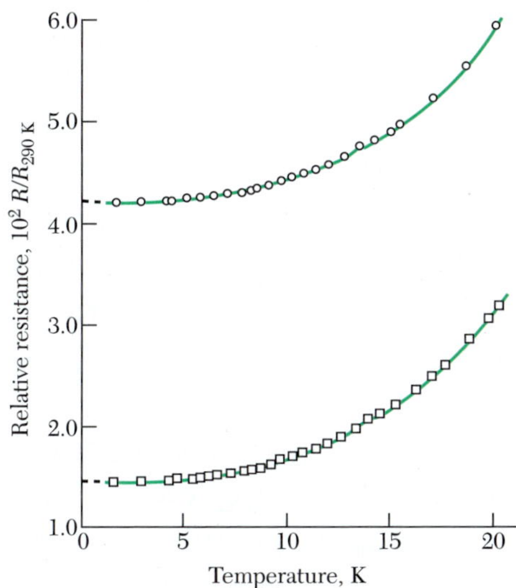

그림 12 20 K 이하에서 두 개의 칼륨 시료에 대해 D. MacDonald와 K. Mendelssohn이 측정한 저항. 0 K에서 다른 절편을 갖는 것은 두 시료에서 불순물과 정적 결함 농도가 다르기 때문이다.

자 퍼센트의 불순물은 1 μohm-cm(1×10^{-6} ohm-cm) 정도의 비저항을 생기게 한다. 비저항 비가 1000인 구리 시료는 1.7×10^{-3} μohm-cm의 잔류비저항을 가지는데, 이는 약 20 ppm의 불순물 농도에 해당한다. 매우 순수한 시료에서는 비저항 비가 10^6 정도로 크지만 몇몇 합금에서는(예, 망간합금) 1.1 정도의 작은 값을 갖는다.

액체 헬륨 온도(4 K)에서의 전도도가 실온에서의 값의 거의 10^5배가 되는 순수한 구리 결정을 얻는 것이 가능하다. 이러한 조건에서 4 K에서 $\tau \approx 2 \times 10^{-9}$ s이다. 전도전자의 평균자유거리 ℓ은

$$\ell = v_F\tau \tag{47}$$

와 같이 정의되며, 여기서 v_F는 페르미 표면에서의 속도인데 모든 충돌이 페르미 표면 근처에 있는 전자만 관여하기 때문이다. 표 1로부터 구리의 경우에 $v_F = 1.57 \times 10^8$ cm s^{-1}이므로, 평균자유거리 $\ell(4\ \mathrm{K}) \approx 0.3$ cm이다. 액체 헬륨온도에 있는 매우 순수한 금속에서 평균자유거리가 10 cm가 되는 것이 관찰되었다.

전기전도도에서 온도 의존 부분은 전자가 열포논이나 열전자와 충돌하는 비율에 비례한다. 포논과 충돌하는 비율은 열포논의 농도에 비례한다. 위 조건을 만족시키는 단순한 한계는 온도가 디바이 온도 θ보다 높아야 한다. 즉 $T > \theta$일 때 포논의 농도는 온도 T에 비례하여서 $\rho \propto T$이다. $T > 0$일 때 이에 대한 이론이 개략적으로 부록 J에 있다.

움클랍 산란*(umklapp scattering)*

포논에 의한 전자들의 움클랍 산란(5장)은 낮은 온도에서 전기 비저항의 주된 원인이 된다. 전자의 산란 과정에서 역격자 벡터 **G**가 관계되기 때문에 낮은 온도에서의 정상적인 전자-포논 산란과정보다 전자의 운동량 변화가 매우 크다(움클랍 과정에서는 한 입자의 파동벡터가 "뒤집어질" 수 있다).

bcc 칼륨에서 [100]에 수직한 단면에서의 이웃한 두 브릴루앙 영역을 생각하면, 각 영역에 같은 크기의 페르미 공이 들어 있다(그림 13). 그림에서 아래쪽 반은 정상적인 전자-포논 충돌 $\mathbf{k}' = \mathbf{k} + \mathbf{q}$를 보여주고, 위쪽 반은 같은 포논이 관계하되 첫 번째 브릴루앙 영역의 바깥에 있는 A점에서 끝나는 $\mathbf{k}' = \mathbf{k} + \mathbf{q} + \mathbf{G}$의 산란 과정을 보여준다. 이 점은 원래 영역 안에 있는 A'점과 동등하다. AA'은 역격자 벡터 **G**이다.

이러한 산란을 포논의 경우와 같이 움클랍 과정이라 한다. 이와 같은 충돌은 산란각이 π에 가깝기 때문에 강한 산란이다.

페르미 면이 영역 경계와 교차하지 않을 때는 움클랍 산란에 대한 최소 포논 파동벡터 q_0 값이 있다. 충분히 낮은 온도에서 움클랍 산란이 가능한 포논의 수는 exp $(-\theta_U/T)$ 처럼 떨어지는데, θ_U는 브릴루앙 영역 내의 페르미 면의 모양으로부터 계산할 수 있는 특성 온도이다. bcc 브릴루앙 영역 내에서 원자당 한 개의 궤도를 가진 공 모양의 페르미 면에 대해서는 그 모양으로부터 $q_0 = 0.267\ k_F$임을 보일 수 있다.

칼륨에 대한 실험 자료는 디바이 온도 $\theta = 91$ K에 비길 만한 $\theta_U = 23$ K일 때

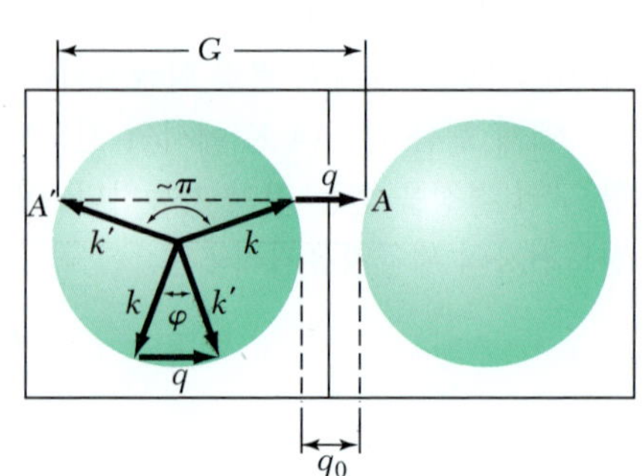

그림 13 이웃한 영역에서의 두 개의 페르미 공. 이 모양은 전기 비저항에 대한 포논 움클랍 과정의 역할을 보여준다.

예측되었던 지수적 형태를 가진다. 매우 낮은 온도(칼륨에서는 약 2 K 이하)에서는 움클랍 과정의 수는 무시할 만하며, 격자 비저항은 작은 각 산란, 즉 (움클랍이 아닌) 정상 산란에 의해서만 생긴다.

자기장 내에서의 운동
MOTION IN MAGNETIC FIELDS

식 (39)와 (41)의 논의에 의해, 힘 **F**와 $1/\tau$의 비율로 일어나는 충돌에 의한 마찰이 작용할 때 입자들로 이루어진 페르미 공의 변위 $\delta\mathbf{k}$에 대한 운동방정식은

$$\hbar\left(\frac{d}{dt}+\frac{1}{\tau}\right)\delta\mathbf{k}=\mathbf{F} \tag{48}$$

처럼 된다. 자유입자의 가속항은 $(\hbar d/dt)\delta\mathbf{k}$이며, 충돌효과(마찰)는 $\hbar\delta\mathbf{k}/\tau$로 표현되는데 여기서 τ는 충돌시간이다.

이제 균일한 자기장 **B** 속에 놓여 있는 계의 운동을 생각하자. 전자 한 개에 미치는 로런츠(Lorentz) 힘은

(CGS)
$$\mathbf{F}=-e\left(\mathbf{E}+\frac{1}{c}\mathbf{v}\times\mathbf{B}\right) \tag{49}$$

(SI)
$$\mathbf{F}=-e(\mathbf{E}+\mathbf{v}\times\mathbf{B})$$

이다. $m\mathbf{v}=\hbar\delta\mathbf{k}$이면, 운동방정식은

(CGS)
$$m\left(\frac{d}{dt}+\frac{1}{\tau}\right)\mathbf{v}=-e\left(\mathbf{E}+\frac{1}{c}\mathbf{v}\times\mathbf{B}\right) \tag{50}$$

가 된다.

중요한 상황은 다음과 같다. 정적 자기장 **B**가 z축을 따라 놓여 있으면 운동방정식은

(CGS)
$$m\left(\frac{d}{dt}+\frac{1}{\tau}\right)v_x=-e\left(E_x+\frac{B}{c}v_y\right);$$
$$m\left(\frac{d}{dt}+\frac{1}{\tau}\right)v_y=-e\left(E_y-\frac{B}{c}v_x\right); \tag{51}$$
$$m\left(\frac{d}{dt}+\frac{1}{\tau}\right)v_z=-eE_z$$

가 된다. 위에서 c를 1로 치환하면 SI 계에서의 결과를 얻는다.

정적 전기장 하의 정상상태에서 시간의 도함수는 영이므로 유동속도(drift velocity)는

$$v_x = -\frac{e\tau}{m}E_x - \omega_c \tau v_y \ ; \qquad v_y = -\frac{e\tau}{m}E_y + \omega_c \tau v_x \ ; \qquad v_z = -\frac{e\tau}{m}E_z \quad (52)$$

가 되는데, 여기서 $\omega_c = eB/mc$는 **사이클로트론 진동수**로서, 8장에서 논의할 반도체의 사이클로트론 공명의 경우와 같다.

홀 효과*(Hall effect)*

홀 장(Hall field)이란 전류 $\mathbf{j}$가 자기장 $\mathbf{B}$를 가로지르는 방향으로 흐를 때 도체의 두 면 사이에 $\mathbf{j} \times \mathbf{B}$ 방향으로 생기는 전기장이다. 그림 14에서와 같이 가로 방향의 전기장 E_x와 세로 방향의 자기장 B_z 속에 놓여 있는 막대 모양의 시료를 생각하자. 전류가 시료에서 y쪽 방향으로 흐르지 못할 경우에는 $\delta v_y = 0$이어야 하는데, 이는 식 (52)로부터 다음과 같은 가로 방향의 전기장이 있을 경우에만 가능함을 알 수 있다.

$$\text{(CGS)} \qquad E_y = -\omega_c \tau E_x = -\frac{eB\tau}{mc}E_x \ ; \qquad (53)$$

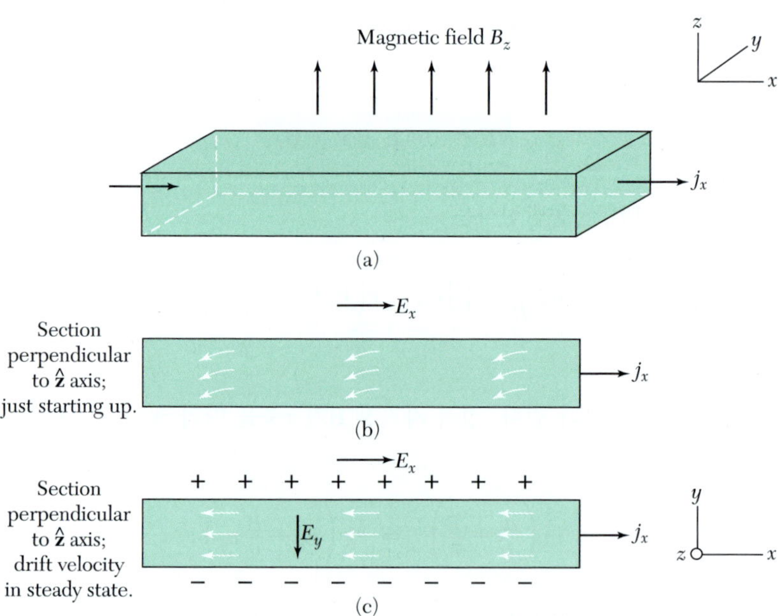

그림 14 홀 효과 측정을 위한 표준 배열도. (a)에서 보는 것과 같이 직사각형 단면을 가진 막대 모양의 시료가 자기장 B_z 내에 놓여 있다. 시료의 양끝에 가해진 전기장 E_x는 시료 막대를 따라 전류 j_x를 흐르게 한다. (b)에서는 전기장이 가해진 직후에 음전하를 가진 전자의 유동속도를 보여주고 있다. 자기장으로 인해 y 방향으로의 휘어짐이 있다. (c)에서처럼 자기장에 의한 로런츠 힘을 상쇄할 정도의 전기장(홀 장)이 생길 때까지 막대의 한쪽 면에는 전자들이 쌓이고 맞은 쪽 면에는 여분의 양이온들이 형성된다.

(SI) $$E_y = -\omega_c \tau E_x = -\frac{eB\tau}{m} E_x \ .$$

이때

$$\boxed{R_H = \frac{E_y}{j_x B}} \tag{54}$$

와 같이 정의되는 양이 **홀 계수**이다. $j_x = ne^2\tau E_x/m$임을 이용하여 위와 같은 간단한 모형에서 홀 계수를 구하면

(CGS) $$R_H = -\frac{eB\tau E_x/mc}{ne^2\tau E_x B/m} = -\frac{1}{nec} \tag{55}$$

(SI) $$R_H = -\frac{1}{ne}$$

과 같다. e를 양으로 정의하였으므로 자유전자에 대해 위 값은 음이다.

운반자의 농도가 낮을수록 홀 계수의 크기가 크다. R_H의 측정은 운반자 농도를 측정하는 중요한 방법이다. **참고:** 기호 R_H는 식 (54)의 홀 계수를 나타내는데, 가끔 같은 기호가 2차원 문제에서 홀 저항을 나타내는 다른 의미로 쓰이기도 한다.

식 (55)의 간단한 결과는 모든 풀림시간이 전자의 속도에 관계없이 일정하다는 가정으로부터 나온 것이다. 만약 풀림시간이 속도의 함수라면 1 정도의 수치 인자가 더 들어간다. 전자와 양공이 모두 전도도에 기여하는 경우에는 위 표현식이 약간 복잡하게 된다.

표 4에 관찰된 홀 계수와 전하 운반자의 농도로부터 계산된 값을 비교하여 놓았다. 가장 정확한 측정은 14장의 연습문제에서 다루게 될 헬리콘 공명(helicon resonance) 방법을 이용하는 것이다.

나트륨과 칼륨에 대한 정확한 측정값과 식 (55)를 이용하여 원자당 한 개의 원자가전자를 가진 경우에 계산한 값이 잘 일치한다. 그러나 3가 원소인 알루미늄과 인듐에 대한 실험값들을 보면, 이 값들은 원자당 한 개의 양전하 운반자가 있는 경우와 일치하고 있고, 당연한 것으로 여겼던 세 개의 음전하 운반자에 대해 계산한 값과는 부호와 크기가 모두 일치하지 않는다.

이와 같은 양의 부호 문제가 표에서 보듯이 Be와 As에도 생긴다. 부호의 불일치는 파이얼스(Peierls)에 의해 설명되었다(1928). 하이젠베르크(Heisenberg)가 후에 "**양공**"이라 부른 겉보기 양의 부호를 가진 운반자의 운동은 자유전자 기체로는 설명할 수 없고, 7~9장에서 전개될 에너지띠 이론으로 자연스럽게 설명된다. 띠이론은 As, Sb와 Bi에서 나타나는 매우 큰 홀 계수도 설명한다.

표 4 자유전자 이론에 의한 홀 계수와 실험값과의 비교

기존의 방법에 의하여 얻어진 R_H의 실험값은 Landort-Bornstein 표에 제시되어 있는 실온에서의 자료 중 발췌한 것이다. 4 K에서 헬리콘 파동 방법으로 측정한 값들은 J. M. Goodman에 의한 것이다. 운반자 농도 n은 Na, K, Al, In을 제외하고는 Goodman의 값을 이용한 표 1.4에서 따온 것이다. CGS 단위로 표시한 R_H 값을 volt-cm/amp-gauss로 바꾸려면 9×10^{11}을 곱하고, m^3/coulomb으로 바꾸려면 9×10^{13}을 곱하면 된다.

Metal	Method	Experimental R_H, in 10^{-24} CGS units	Assumed carriers per atom	Calculated $-1/nec$, in 10^{-24} CGS units
Li	conv.	−1.89	1 electron	−1.48
Na	helicon	−2.619	1 electron	−2.603
	conv.	−2.3		
K	helicon	−4.946	1 electron	−4.944
	conv.	−4.7		
Rb	conv.	−5.6	1 electron	−6.04
Cu	conv.	−0.6	1 electron	−0.82
Ag	conv.	−1.0	1 electron	−1.19
Au	conv.	−0.8	1 electron	−1.18
Be	conv.	+2.7	—	—
Mg	conv.	−0.92	—	—
Al	helicon	+1.136	1 hole	+1.135
In	helicon	+1.774	1 hole	+1.780
As	conv.	+50.	—	—
Sb	conv.	−22.	—	—
Bi	conv.	−6000.	—	—

금속의 열전도도
THERMAL CONDUCTIVITY OF METALS

5장에서, 속도가 v, 단위 부피당 열용량이 C, 평균자유거리가 ℓ인 입자들의 열전도도에 대한 표현식이 $K = \frac{1}{3}Cv\ell$임을 알았다. 열용량에 대한 식 (36)과 $\epsilon_F = \frac{1}{2}mv_F^2$로부터 페르미 기체의 열전도도(thermal conductivity)는

$$K_{el} = \frac{\pi^2}{3} \cdot \frac{nk_B^2 T}{mv_F^2} \cdot v_F \cdot \ell = \frac{\pi^2 n k_B^2 T\tau}{3m} \tag{56}$$

와 같이 된다. 여기서 $\ell = v_F\tau$이고 n은 전자농도, τ는 충돌시간이다.

전자와 포논 중 어느 쪽이 금속의 열흐름에 더 큰 기여를 할까? 순수한 금속에서는 어느 온도에서나 전자가 지배적인 역할을 한다. 순수하지 못한 금속이나 무질서 합금(disordered alloy)에서는 전자의 평균자유거리가 불순물과의 충돌에 의해 줄어들어서 포논의 기여가 전자의 기여와 비교할 정도가 된다.

전기전도도에 대한 열전도도의 비(*ratio of thermal to electrical conductivity*)

비데만-프란쯔(Wiedemann-Franz) 법칙은 온도가 아주 낮지 않을 때 금속에서 열전도도와 전기전도도의 비가 온도에 비례하며, 그 비례상수는 특정한 금속에 관계없이 일정함을 말하고 있다. 이 결과는 금속이론의 역사에서 매우 중요한데, 그것은 이 법칙이 전하와 에너지의 운반자로서 전자기체 모형을 뒷받침해 주기 때문이다. σ에 대한 식 (43)과 K에 대한 식 (56)을 이용하면

$$\frac{K}{\sigma} = \frac{\pi^2 k_B^2 T n\tau/3m}{ne\tau^2/m} = \frac{\pi^2}{3}\left(\frac{k_B}{e}\right)^2 T \tag{57}$$

와 같이 됨을 알 수 있다.

로런츠 수(Lorentz number) L은

$$L = K/\sigma T \tag{58}$$

로 정의되는데, 식 (57)에 의해

$$\begin{aligned} L = \frac{\pi^2}{3}\left(\frac{k_B}{e}\right)^2 &= 2.72 \times 10^{-13}\ (\text{erg/esu-deg})^2 \\ &= 2.45 \times 10^{-8}\ \text{watt-ohm/deg}^2 \end{aligned} \tag{59}$$

의 값을 가진다. 이 주목할 만한 결과는 n이나 m 어느 것도 포함하고 있지 않다. 만약 열적 과정과 전기적 과정에서의 풀림시간이 같을 때는 τ를 포함하지 않는다. 표 5에 주어졌듯이 0°C 및 100°C에서 얻은 실험값들이 식 (59)과 잘 일치한다.

표 5 로런츠 수의 실험값

$L \times 10^8$ watt-ohm/deg^2				$L \times 10^8$ watt-ohm/deg^2		
Metal	**0°C**	**100°C**		**Metal**	**0°C**	**100°C**
Ag	2.31	2.37		Pb	2.47	2.56
Au	2.35	2.40		Pt	2.51	2.60
Cd	2.42	2.43		Su	2.52	2.49
Cu	2.23	2.33		W	3.04	3.20
Mo	2.61	2.79		Zn	2.31	2.33

연습문제
Problems

1. **전자기체의 운동에너지*(kinetic energy of electron gas)*.** 0 K에서 N개의 자유전자로 이루어진 3차원 기체의 에너지가

$$U_0 = \frac{3}{5} N\epsilon_F \tag{60}$$

임을 보여라.

2. **전자기체의 압력과 부피 탄성률*(pressure and bulk modulus of an electron gas)*.** **(a)** 0 K에서 전자기체의 압력과 부피를 연결 짓는 관계식을 유도하라. 도움말: 문제 1의 결과와 또 ϵ_F와 전자농도와의 관계식을 이용하라. 결과는 $p = \frac{2}{3}(U_0/V)$처럼 쓸 수 있다. **(b)** 0 K에서 전자기체의 부피 탄성률 $B = -V(\partial p/\partial V)$가 $B = 5p/3 = 10\ U_0/9V$가 됨을 보여라. **(c)** 표 1을 이용하여 칼륨에서 전자기체가 B에 기여하는 값을 추정하라.

3. **2차원에서의 화학퍼텐셜*(chemical potential in two dimensions)*.** 단위 면적당 n개의 전자가 있는 2차원의 페르미 기체에서 화학퍼텐셜이

$$\mu(T) = k_B T \ln\left[\exp(\pi n\hbar^2/mk_B T) - 1\right] \tag{61}$$

로 주어짐을 보여라. **참고:** 2차원에서 자유전자의 궤도함수 밀도는 에너지에 무관하며 시료의 단위 면적당 $D(\epsilon) = m/\pi\hbar^2$이다.

4. **천체물리학에서의 페르미 기체*(Fermi gases in astrophysics)*.** **(a)** 태양의 질량이 $M_\odot = 2 \times 10^{33}$ g으로 주어졌을 때 태양 속에 있는 전자수를 추정하라. 백색왜성에서는 이만큼의 전자가 이온화되어 반지름이 2×10^9 cm인 공에 들어 있다. 전자들의 페르미 에너지를 전자볼트(electron volt) 단위로 구하라. **(b)** 상대론적 한계인 $\epsilon \gg mc^2$에 놓여 있는 전자의 에너지는 파동벡터와 $\epsilon \cong pc = \hbar kc$의 관계가 있다. 이러한 극한에서 페르미 에너지가 $\epsilon_F = \hbar c\,(N/V)^{1/3}$임을 보여라. **(c)** 만약 위와 같은 수의 전자가 반지름이 10 km인 펄서(pulsar) 안에 들어 있다면 페르미 에너지 $\approx 10^8$ eV임을 보여라. 이러한 값은 펄서가 양성자와 전자보다는 주로 중성자로 구성되어 있다고 믿어지는 이유를 설명해 준다. 그러한 이유는 $n \rightarrow p + e^-$ 반응에서 방출되는 에너지는 불과 0.8×10^6 eV으로서 많은 전자들이 페르미 바다를 형성하기에는 충분히 크지 않기 때문이다. 전자의 농도가 증가하여 페르미 에너지가 0.8×10^6 eV될 때까지만 중성자 붕괴가 진행되고, 이 값에서 중성자, 양성자 및 전자의 농도가 평형을 이룬다.

5. **액체 He^3*(liquid He^3)*.** He^3 원자는 스핀 $\frac{1}{2}$을 갖는 페르미온이다. 액체 He^{3}의 밀도는 절대 영도 근방에서 0.081 g cm^{-3}이다. 페르미 에너지 ϵ_F와 페르미 온도 T_F를 계산하라.

6. **전기전도도의 진동수 의존성*(frequency dependence of the electrical conductivity)*** 전자의 유동속도 v에 대한 식 $m(dv/dt + v/\tau) = -eE$를 써서 진동수가 ω일 때 전도도가

$$\sigma(\omega) = \sigma(0)\left(\frac{1 + i\omega\tau}{1 + (\omega\tau)^2}\right) \tag{62}$$

가 됨을 보여라. $\sigma(0) = ne^2\tau/m$이다.

*7. **자유전자의 동적 자기전도도 텐서*(dynamic magnetoconductivity tensor for free electrons)***. 전하가 $-e$인 자유전자의 농도 n을 가진 금속이 정적 자기장 $B\hat{z}$ 속에 놓여 있다. xy 평면에서의 전류밀도가 전기장과

$$j_x = \sigma_{xx}E_x + \sigma_{xy}E_y \ ; \qquad j_y = \sigma_{yz}E_x + \sigma_{yy}E_y$$

의 관계를 갖는다. 진동수는 $\omega \gg \omega_c$와 $\omega \gg 1/\tau$로 가정하는데 여기서 $\omega = eB/mc$이고 τ는 충돌시간이다. **(a)** 자기전도도 텐서 성분이 다음과 같음을 구하기 위해 유동속도 방정식 (51)을 풀어라.

$$\sigma_{xx} = \sigma_{yy} = i\omega_p^2/4\pi\omega \ ; \qquad \sigma_{xy} = -\sigma_{yx} = \omega_c\omega_p^2/4\pi\omega^2 \ .$$

여기서 $\omega_p^2 = 4\pi ne^2/m$이다. **(b)** 맥스웰 방정식으로부터 매질의 유전함수 텐서가 전기전도도와 $\boldsymbol{\epsilon} = \mathbf{1} + i(4\pi/\omega)\sigma$의 관계가 있음을 주목하라. 파동벡터가 $\mathbf{k} = k\hat{\mathbf{z}}$인 전자기파를 생각하자. 매질 내에서 이 파동의 분산관계가

$$c^2k^2 = \omega^2 - \omega_p^2 \pm \omega_c\omega_p^2/\omega \tag{63}$$

임을 보여라. 주어진 진동수에서 파동벡터와 속도가 모두 다른 두 개의 진행방식이 있다. 이 두 개의 방식은 원형편광파동에 대응한다. 선형편광파동은 두 개의 원형편광파동으로 분해할 수 있기 때문에 선형편광파동의 편광 평면은 자기장에 의해 회전될 것이다.

*8. **자유전자 페르미 기체의 응집에너지*(cohesive energy of free electron Fermi gas)*** 차원이 없는 길이 r_s를 r_0/a_H로 정의하기로 한다. 여기서 r_0는 한 개의 전자를 포함하는 공의 반지름이며, a_H는 보어 반지름으로 $\hbar^2/e^2m$이다. **(a)** 0 K일 때 자유전자 페르미 기체에서 전자당 평균 운동에너지가 $2.21/r_s^2$임을 보여라. 여기서 에너지는 리드베리(rydbergs) 단위로 표시되었는데 1 Ry $= me^4/2\hbar^2$이다. **(b)** 양의 점전하 e가 반지름이 r_0인 부피 내에 전자 한 개가 퍼진 균일한 전자 분포와 상호작용할 때 쿨롱에너지가 리드베리 단위로 $-3e^2/r_0$ 또는 $-3/r_s$임을 보여라. **(c)** 앞의 공에 분포한 전자의 쿨롱 자체에너지(self energy)는 리드베리 단위로 $3e^2/5r_0$ 또는 $6/5r_s$임을 보여라. **(d)** (b)와 (c)를 합하면 단위전자당 총 쿨롱에너지는 $-1.80/r_s$가 된다. r_s의 평형값이 2.45임을 보여라. 이러한 금속이 분리된 H 원자에 비해 더 안정할까?

9. **정적 자기전도도 텐서*(static magnetoconductivity tensor)***. 식 (51)의 유동속도이론으로부터 정적 전류밀도를 다음과 같은 행렬 형태로 쓸 수 있음을 보여라.

$$\begin{pmatrix} j_x \\ j_y \\ j_z \end{pmatrix} = \frac{\sigma_0}{1+(\omega_c\tau)^2}\begin{pmatrix} 1 & -\omega_c\tau & 0 \\ \omega_c\tau & 1 & 0 \\ 0 & 0 & 1+(\omega_c\tau)^2 \end{pmatrix}\begin{pmatrix} E_x \\ E_y \\ E_z \end{pmatrix} . \tag{64}$$

$\omega_c\tau \gg 1$인 고자기장 극한에서

$$\sigma_{yx} = nec/B = -\sigma_{xy} \tag{65}$$

임을 보여라. 이러한 극한에서 $1/\omega_c\tau$의 차수까지 고려하면 $\sigma_{xx} = 0$이다. σ_{yx}를 **홀 전도도**라고 부른다.

*이 문제는 다소 어렵다.

10. 최대 표면 저항***(maximum surface resistance)***. 한 변의 길이가 L, 두께 d, 그리고 전기 저항이 ρ인 정사각형 판을 생각하자. 판의 양끝 가장자리에서 측정한 저항을 **표면저항**이라 하는데, 이는 $R_{sq} = \rho L/Ld = \rho/d$ 로서 판의 면적 L^2에 무관하다(R_{sq}는 **정사각형 저항**이라 불리며 정사각형당 옴의 단위로 표현되는데, 그것은 ρ/d가 옴의 차원을 가지기 때문이다). ρ를 식 (44)로 표현하면 $R_{sq} = m/nde^2\tau$가 된다. 충돌시간의 최솟값이 판 표면으로부터의 산란에 의해 결정되어 $\tau \approx d/v_F$라 하자. 여기서 v_F는 페르미 속도이다. 이렇게 해서 최대 표면 저항은 $R_{sq} \approx mv_F/nd^2e^2$이 된다. 원자 한 개의 두께를 갖는 한원자 금속 판에서 $R_{sq} \approx \hbar/e^2 = 4.1\ \mathrm{k}\Omega$임을 보여라.

CHAPTER 7

에너지 띠

Energy Bands

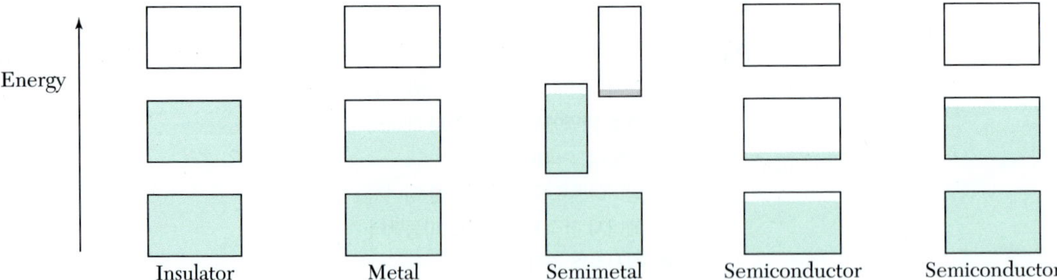

그림 1 절연체, 금속, 반도체에서 허용된 에너지띠에 대한 전자채움의 개략도. 상자에서 수직 축은 허용된 에너지 영역을 나타낸다. 청색 부분은 전자들로 채워진 영역을 나타낸다. (비스무스와 같은) **반금속**에서는 절대 영도에서 한 개의 띠는 거의 채워져 있고 다른 띠는 거의 비어 있지만, (실리콘과 같은) 순수한 **반도체**는 절대 0도에서 절연체가 된다. 위의 두 반도체 중 왼쪽 것은 유한한 온도에서 열적으로 들뜬 운반자를 가지고 있음을 보여준다. 다른 반도체는 불순물로 인해 전자가 부족하다.

CHAPTER 07

에너지 띠

Energy Bands

내가 이것에 대해 생각하기 시작했을 때 나는 주된 문제는 전자들이 금속 내의 이온들을 어떻게 살살 피해 돌아다닐 수 있는가를 설명하는 것이라고 느꼈다. 간단한 푸리에 해석을 통해 그 파동이 자유전자의 평면파동과 다른 점이 바로 주기적인 조절뿐임을 발견하고 기뻐하였다.

F. Bloch

금속의 자유전자 모형은 금속의 열용량, 열전도도, 전기전도도, 자기감수율 및 전기동력학 등에 대해 깊은 통찰력을 준다. 그러나 이 모형은 다른 많은 문제들, 즉 금속, 반금속, 반도체 및 절연체의 구별, 홀 계수가 양의 값을 갖는 것, 금속의 전도전자와 자유원자의 원자가전자와의 관계, 그리고 많은 수송 현상 특히 자기수송(magnetotransport)에 대해서는 도움을 주지 못한다. 그래서 융통성이 있는 이론이 필요한데 다행스럽게도 자유전자 모형을 개선하려는 어떠한 간단한 시도조차도 커다란 성과를 거두었다.

좋은 도체와 좋은 절연체의 차이는 현저하다. 초전도의 가능성을 생각하지 않으면, 순수한 금속의 전기 비저항은 온도 1 K에서 10^{-10} ohm-cm 정도로 작다. 좋은 절연체의 비저항은 10^{22} ohm-cm 정도로 크다. 10^{32}이나 되는 값의 범위는 고체에서 다른 일반적인 물리적 성질 중에 비해 가장 넓은 것이다.

모든 고체는 전자를 가지고 있다. 전기전도도와 관계되는 중요한 문제는 고체 내의 전자들이 가해준 전기장에 대해 어떻게 반응하느냐 하는 것이다. 파동성 전자 궤도 함수가 존재하지 못하는 에너지 영역에 의해 분리된 **에너지띠**에 결정 내 전자들이 배열되어 있음을 알게 될 것이다(그림 1). 이렇게 금지된 에너지 영역을 **에너지 간격**(energy gap) 또는 **띠간격**(band gap)이라 부르는데, 이 영역은 전도전자의 파동(electron wave)과 결정체의 이온 핵심들과의 상호작용 때문에 생긴다.

만약 허용된 에너지띠가 완전히 채워져 있거나 비어 있으면 어떠한 전자도 전기장 속에서 움직일 수 없기 때문에 결정체는 절연체가 된다. 하나 또는 그 이상의 에너지띠가 부분적으로 채워질 때, 예를 들어 10에서 90% 정도로 채워지면 결정은 금속이 된다. 한 두 개의 띠가 약간 차 있거나 또는 비어 있다면, 이 결정은 반도체 또는 반금속이 된다.

절연체와 도체의 차이를 이해하기 위해서는 자유전자 모형을 확장하여 고체의 주기적 격자를 고려하여야 한다. 띠간격이 생길 수 있다는 것은 이로부터 나오는 가장 중요한 새로운 성질이다.

우리는 결정에서 전자가 갖는 매우 놀라운 다른 성질들을 접하게 된다. 예를 들어, 가해준 전기장이나 자기장에 대한 반응을 보면 전자들은 마치 유효질량(effective mass) m^*가 부여된 입자처럼 행동하는데, 그 값은 자유전자 질량보다 크거나 작을 수 있으며, 음의 값까지도 가질 수 있다. 결정 속의 전자는 전기장이나 자기장 속에서 음 또는 양전하, 즉 $-e$나 $+e$를 갖는 것처럼 행동하기도 하는데 이로부터 홀 계수가 음 또는 양의 값을 가짐을 설명할 수 있다.

준자유전자 모형

NEARLY FREE ELECTRON MODEL)

자유전자 모형에 의하면 허용된 에너지 값은 0에서부터 무한대까지 실질적으로 연속적인 분포를 갖는다. 6장에서 보았듯이

$$\epsilon_{\mathbf{k}} = \frac{\hbar^2}{2m}(k_x^2 + k_y^2 + k_z^2) \tag{1}$$

인데, 한 변의 길이가 L인 입방체의 주기적인 경계조건으로 인해

$$k_x, k_y, k_z = 0 \ ; \quad \pm\frac{2\pi}{L} \ ; \quad \pm\frac{4\pi}{L} \ ; \ . \ . \ . \tag{2}$$

이 되어야 한다. 이때 자유전자의 파동함수는

$$\psi_{\mathbf{k}}(\mathbf{r}) = \exp(i\mathbf{k}\cdot\mathbf{r}) \tag{3}$$

의 형태를 갖는데, 이들 함수는 운동량 $\rho = \hbar\mathbf{k}$를 갖고 진행하는 파동을 나타낸다.

결정의 띠구조는 준자유전자 모형(nearly free electron model)으로 설명할 수 있는데, 이 모형에서는 띠 전자들은 이온 핵심의 주기적인 퍼텐셜에 의해 약하게 건드려진(섭동된) 것으로 취급한다. 이 모형은 대부분의 전자 움직임에 대한 정성적 문제의 답을 제시한다. 브래그(Bragg) 반사는 결정 내에서 파동 전파의 한 특성임을 알고 있다. 결정 내에서 전자 파동의 브래그 반사는 에너지 간격을 생기게 한다(그림 2에서 보듯이 브래그 반사가 일어날 때 슈뢰딩거 방정식의 파동형 해는 존재하지 않는다). 이들 에너지 간격은 고체가 절연체인지 도체인지를 결정하는 데 있어 결정적 역할을 한다.

이제 격자상수가 a인 선형고체(linear solid)처럼 간단한 계에서의 에너지 간격의 원인을 물리적으로 설명하기로 한다. 낮은 에너지 부분의 띠구조를 그림 2에서 보여

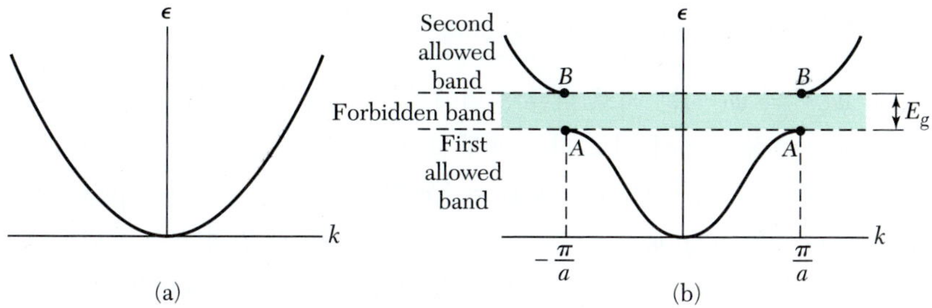

그림 2 (a) 자유전자에서 파동벡터 k에 대한 에너지 ϵ의 그림, (b) 격자상수가 a인 단원자 선형 격자에서 전자에 대한 파동벡터와 에너지의 그림. 에너지 간격 E_g는 $k = \pm\pi/a$에서의 일차 브래그 반사와 관계되며, 다른 간격들은 $\pm n\pi/a$에서 나타나는데, n은 정수이다.

주고 있다. (a)는 완전히 자유로운 전자에 대한 것이고 (b)는 준자유전자에 대한 것인데 이 경우에는 $k = \pm\pi/a$에서 에너지 간격이 생긴다. 파동벡터 $\mathbf{k}$를 갖는 파동의 에돌이에 대한 브래그 조건 $(\mathbf{k} + \mathbf{G})^2 = k^2$은 일차원에서

$$k = \pm\tfrac{1}{2}G = \pm n\pi/a \ , \tag{4}$$

와 같이 표현된다. 여기서 $G = 2\pi n/a$는 역격자(reciprocal lattice) 벡터이고 n은 정수이다. 첫 번째 반사의 에너지 간격이 $k = \pm\pi/a$에서 나타난다. $\mathbf{k}$ 공간에서 $-\pi/a$와 π/a 사이의 영역을 이 격자의 **제1 브릴루앙 영역**(first Brillouin zone)이라 한다. 다른 에너지 간격은 다른 정수값 n에서 나타난다.

$k = \pm\pi/a$에서의 파동함수는 자유전자에서의 진행 파동인 $\exp(i\pi x/a)$이나 $\exp(-i\pi x/a)$가 아니다. 이들 특별한 k값에서는 파동함수들은 오른쪽과 왼쪽 방향으로 진행하는 파동들이 함께 합해져 이루어진다. 파동벡터가 브래그 반사 조건 $k = \pm\pi/a$를 만족하면 오른쪽으로 진행하는 파동은 브래그 반사되어 왼쪽으로 진행하며, 왼쪽으로 진행하는 파동은 그 반대이다. 계속해서 일어나는 각각의 브래그 반사는 파동의 진행 방향을 뒤바꾸어 놓는다. 오른쪽으로나 왼쪽으로도 진행하지 않는 파동은 정상파이다. 이 파동은 어디로도 진행하지 않는다.

시간에 무관한 상태는 정상파들로 나타낸다. 두 개의 진행파

$$\exp(\pm i\pi x/a) = \cos(\pi x/a) \pm i\sin(\pi x/a)$$

로부터 서로 다른 두 개의 정상파, 즉

$$\begin{aligned} \psi(+) &= \exp(i\pi x/a) + \exp(-i\pi x/a) = 2\cos(\pi x/a) \\ \psi(-) &= \exp(i\pi x/a) - \exp(-i\pi x/a) = 2i\sin(\pi x/a) \end{aligned} \tag{5}$$

를 만들 수 있다. 정상파는 x를 $-x$로 치환할 때 부호를 바꾸는지 그렇지 않은지에 따라 (+) 또는 (−)로 표시한다. 이들 두 정상파는 오른쪽과 왼쪽으로 향하는 파동이 같이 합하여 이루어져 있다.

에너지 간격의 원인*(origin of the energy gap)*

두 정상파 $\psi(+)$와 $\psi(-)$는 서로 다른 영역에 있는 전자들을 모이게 하기 때문에 두 파동은 격자 이온장 내에서 서로 다른 퍼텐셜 에너지를 가진다. 이것이 에너지 간격의 원인이다. 입자의 확률밀도 ρ는 $\psi^*\psi = |\psi|^2$이다. 순수한 진행파 $\exp(ikx)$에 대해서는 $\rho = \exp(-ikx)\exp(ikx) = 1$이기 때문에 전하밀도가 일정하다. 평면파를 선형결합하면 전하밀도는 상수가 아니다. 식 (5)의 정상파 $\psi(+)$를 생각하자. 이 경우에

$$\rho(+) = |\psi(+)|^2 \propto \cos^2 \pi x/a$$

를 갖는다. 이 함수는 그림 3에서처럼 $x = 0, a, 2a, \ldots$에 중심을 둔 양이온 주위에 전자(음전하)들을 모아 놓는데, 이 위치에서 퍼텐셜 에너지가 최저이다.

그림 3a는 양이온 핵심장 속에 놓여 있는 전도전자의 정전기 퍼텐셜 에너지의 변화를 보여준다. 이온 핵심은 알짜 양전하를 갖는데, 이는 원자들이 금속 내에서 이온화 되면서 원자가전자들이 떨어져 나와 전도띠를 이루기 때문이다. 양이온의 장 속에 놓여 있는 전자의 퍼텐셜 에너지는 음수라서 그들 사이의 힘은 끌어당기는 힘이다.

다른 정상파 $\psi(-)$의 경우, 확률밀도는

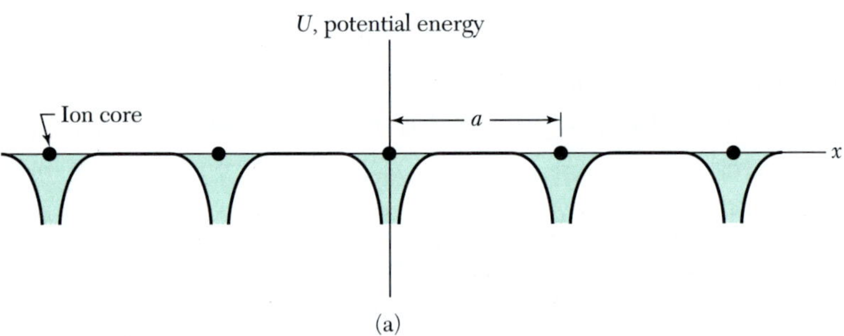

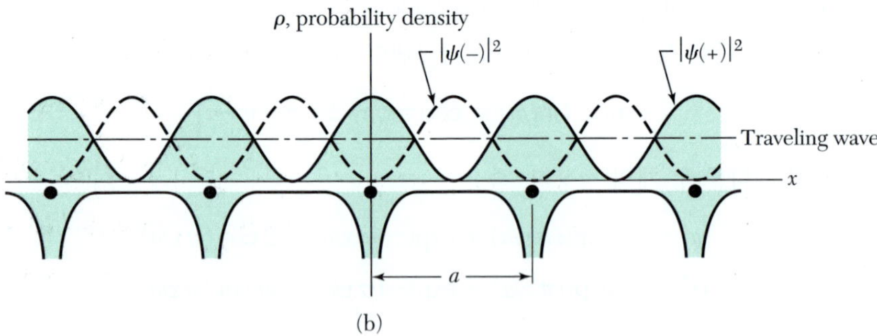

그림 3 (a) 선형격자의 이온 핵심장 속에 놓여 있는 전도전자의 퍼텐셜 에너지 변화. (b) $|\psi(-)|^2 \propto \sin^2 \pi x/a$; $|\psi(+)|^2 \propto \cos^2 \pi x/a$와 진행파에 대한 격자 내에서의 확률밀도 ρ의 분포. 파동 함수 $\psi(+)$는 양이온 핵심 주위에 전하를 모이게 하기 때문에 진행파의 평균 퍼텐셜 에너지에 비해 그 퍼텐셜 에너지를 낮춘다. 파동함수 $\psi(-)$는 이온들 사이영역에 전하들을 모아 진행파의 경우보다 퍼텐셜 에너지를 높인다. 이 그림은 에너지 간격의 원인을 이해하는 열쇠이다.

$$\rho(-) = |\psi(-)|^2 \propto \sin^2 \pi x/a$$

이기 때문에, 전자들은 이온 핵심으로부터 멀리 떨어져 모여 있다. 그림 3b는 정상파 $\psi(+)$, $\psi(-)$, 그리고 진행 파동에 대한 전자밀도를 보여주고 있다.

이들 세 전하분포에 대한 퍼텐셜 에너지의 평균값, 즉 기대값을 계산해 보면, $\rho(+)$의 퍼텐셜 에너지가 진행파의 값보다 낮은 반면, $\rho(-)$의 퍼텐셜 에너지는 진행파보다 높음을 알 수 있다. 만약 $\rho(-)$와 $\rho(+)$의 에너지 차가 E_g라면 폭이 E_g인 에너지 간격을 얻는다. 그림 2에서처럼 에너지 간격 바로 밑의 A점에서는 파동함수가 $\psi(+)$이며, 간격 바로 위의 B점에서는 파동함수가 $\psi(-)$이다.

에너지 간격의 크기*(magnitude of the energy gap)*

브릴루앙 영역 경계 $k = \pi/a$에서의 파동함수는 단위길이에 대해 규격화하면 $\sqrt{2}\cos \pi x/a$와 $\sqrt{2}\sin \pi x/a$가 된다. 결정 내의 전자가 점 x에서 갖는 퍼텐셜 에너지를

$$U(x) = U\cos 2\pi x/a$$

라고 하자. 이때 두 정상파 상태 사이의 1차 에너지 차는

$$\begin{aligned} E_g &= \int_0^1 dx\, U(x)\,[|\psi(+)|^2 - |\psi(-)|^2] \\ &= 2\int dx\, U\cos(2\pi x/a)(\cos^2 \pi x/a - \sin^2 \pi x/a) = U \end{aligned} \tag{6}$$

이다. 에너지 간격은 결정 퍼텐셜의 푸리에 성분과 같음을 안다.

블로흐 함수
BLOCH FUNCTIONS

블로흐(F. Bloch)는 주기적 퍼텐셜(periodic potential)에 대한 슈뢰딩거 방정식의 해가 다음과 같이 특정한 형태라는 중요한 정리를 증명하였다.

$$\boxed{\psi_{\mathbf{k}}(\mathbf{r}) = u_{\mathbf{k}}(\mathbf{r})\exp(i\mathbf{k}\cdot\mathbf{r})\ .} \tag{7}$$

여기서 $u_{\mathbf{k}}(\mathbf{r})$은 $u_{\mathbf{k}}(\mathbf{r}) = u_{\mathbf{k}}(\mathbf{r} + \mathbf{T})$와 같이 결정격자의 주기성을 가진다. 식 (7)의 결과가 블로흐 정리를 표현한다.

> 주기적 퍼텐셜에 대한 파동방정식의 고유함수는 평면파 $\exp(i\mathbf{k}\cdot\mathbf{r})$과 결정격자의 주기성을 갖는 함수 $u_{\mathbf{k}}(\mathbf{r})$의 곱이다.

식 (7)과 같은 형태를 갖는 한전자 파동함수(one-electron wavefunction)를 **블로흐 함수**라 부르는데, 나중에 알게 되겠지만 이 함수는 진행파동의 합으로 분해할 수 있다. 블로흐 함수들을 결합하면, 이온 핵심의 결정장 내에서 자유로이 진행하는 전

자를 나타내는 파동묶음(wave packet)을 이룰 수 있다.

이제 ψ_k가 겹쳐지지 않은 경우에만 유효한 블로흐 정리를 증명하겠다. 다시 말해 ψ_k와 같은 에너지와 파동벡터를 가지는 다른 파동함수가 없는 경우이다. 일반적인 경우는 나중에 다룬다. 길이가 Na인 고리 위에 놓인 N개의 동일한 격자점들을 생각하자. 퍼텐셜 에너지는 $U(x) = U(x + sa)$와 같이 a의 주기를 가지는데, 여기서 s는 정수이다.

고리가 대칭성을 가지므로, 파동방정식의 해로

$$\psi(x + a) = C\psi(x) \tag{8}$$

를 만족하는 것을 찾으면 된다. 여기서 C는 상수이다. 그러면, 고리를 한 바퀴 돌게되면 $\psi(x)$는

$$\psi(x + Na) = \psi(x) = C^N \psi(x)$$

이 되는데, 이는 $\psi(x)$가 단일가 함수여야하기 때문이다. 따라서 C는 1에 대한 N개의 근 중 하나로서

$$C = \exp(i2\pi s/N) \ ; \qquad s = 0, 1, 2, \ . \ . \ . \ , N - 1 \tag{9}$$

과 같다. $u_k(x)$가 a의 주기성을 가져 $u_k(x) = u_k(x + a)$이면, 식 (9)로부터

$$\psi(x) = u_k(x) \exp(i2\pi sx/Na) \tag{10}$$

가 식 (8)을 만족시키게 된다. 이것이 블로흐 정리 식 (7)이다.

크로니그-페니 모형
KRONIG-PENNEY MODEL

기본적인 함수로 파동방정식이 풀리는 주기적 퍼텐셜로서 그림 4와 같은 네모난 우물 배열이 있다. 파동방정식은

$$-\frac{\hbar^2}{2m}\frac{d^2\psi}{dx^2} + U(x)\psi = \epsilon\psi \tag{11}$$

가 되는데, 여기서 $U(x)$는 퍼텐셜 에너지이고 ϵ는 에너지 고유값이다.

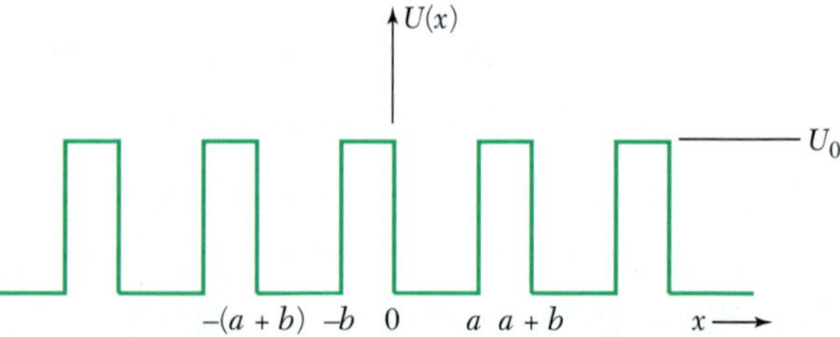

그림 4 크로니그와 페니가 도입한 주기적 네모난 우물 퍼텐셜.

$U = 0$인 $0 < x < a$의 영역에서는 고유함수는 왼쪽과 오른쪽으로 진행하는 파동의 선형결합으로

$$\psi = Ae^{iKx} + Be^{-iKx} \tag{12}$$

이며, 그 에너지는

$$\epsilon = \hbar^2K^2/2m \tag{13}$$

를 갖는다. 장벽 내인 $-b < x < 0$의 영역에서는 해가

$$\psi = Ce^{Qx} + De^{-Qx} \tag{14}$$

의 형태를 가지는데, 이때

$$U_0 - \epsilon = \hbar^2Q^2/2m \tag{15}$$

이다.

식 (7)과 같은 블로흐 함수를 얻기 위해서는 완전한 풀이를 찾아야 한다. 이에 따라 $a < x < a + b$ 영역의 해는 $-b < x < 0$ 영역에서의 해인 식 (14)와 블로흐 정리에 의해

$$\psi(a < x < a + b) = \psi(-b < x < 0)\, e^{ik(a+b)} \tag{16}$$

의 관계를 가져야 한다. 이 식에 의해 풀이를 표시하는 지수로 이용되는 파동벡터 k를 정의할 수 있다.

상수 A, B, C, D는 $x = 0$과 $x = a$에서 ψ 와 $d\psi/dx$가 연속이어야 한다는 것으로부터 정해진다. 이는 네모난 퍼텐셜 우물과 관계되는 문제에서의 통상적 양자역학적 경계조건이다. $x = 0$에서

$$A + B = C + D\ ; \tag{17}$$

$$iK(A - B) = Q(C - D) \tag{18}$$

이며, $x = a$에서는 장벽 내부의 $\psi(a)$를 식 (16)을 이용하여 $\psi(-b)$로 나타내면

$$Ae^{iKa} + Be^{-iKa} = (Ce^{-Qb} + De^{Qb})\, e^{ik(a+b)}\ ; \tag{19}$$

$$iK(Ae^{iKa} - Be^{-iKa}) = Q(Ce^{-Qb} - De^{Qb})\, e^{ik(a+b)} \tag{20}$$

와 같다.

식 (17)에서 식 (20)까지의 네 개의 방정식은 A, B, C, D로 이루어지는 행렬식이 영이 될 때만 해를 갖는다. 다시 말해

$$[(Q^2 - K^2)/2QK] \sinh Qb \sin Ka + \cosh Qb \cos Ka = \cos k(a + b) \tag{21a}$$

일 때이다. 위 방정식을 얻기 위해 다소 지리한 과정을 거쳤다.

만약 $Q^2ba/2 = P$가 유한한 양이 되도록 하면서 $b = 0$과 $U_0 = \infty$인 극한으로 갈

때 얻어지는 주기적 델타함수를 써서 퍼텐셜을 나타내면 위 식의 결과는 간단해진다. 이러한 극한에서는 $Q \gg K$이고 $Qb \ll 1$이다. 그러면 식 (21a)는

$$(P/Ka)\sin Ka + \cos Ka = \cos ka \tag{21b}$$

와 같이 간단해진다.

$P = 3\pi/2$인 경우에 위 방정식이 해를 갖게 되는 K의 범위를 그림 5에 표시하였다. 거기에 대응하는 에너지 값을 그림 6에 그렸다. 영역경계에서 에너지 간격이 나타남을 주목하라. 중요한 지수는 식 (13)의 에너지와 관계되는 식 (12)의 K가 아니라 블로흐 함수에서의 파동벡터 k이다. 이 문제를 파동벡터 공간에서 취급하는 것이 이 장의 뒷부분에 나온다.

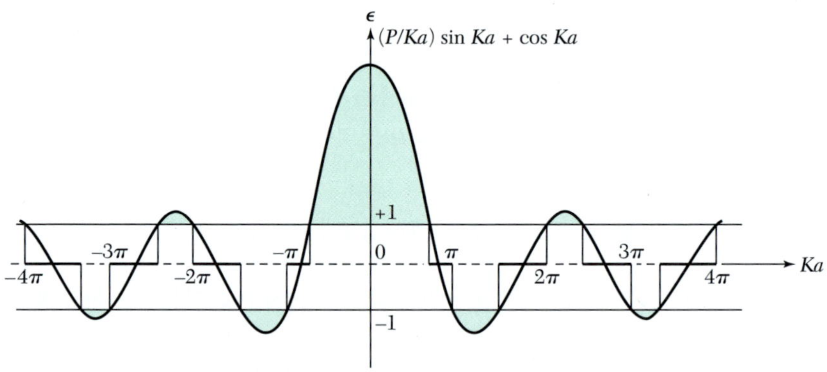

그림 5 $P = 3\pi/2$인 경우에 함수 $(P/Ka)\sin Ka + \cos Ka$의 그림. 허용된 에너지 ϵ의 값은 $Ka = (2m\epsilon/\hbar^2)^{1/2}a$의 함수가 ±1 사이의 범위에 있을 때의 값으로 주어진다. 다른 에너지 값에서는 진행파나 블로흐 형태의 해가 존재하지 않으며, 따라서 에너지 스펙트럼에 금지된 간격이 생긴다.

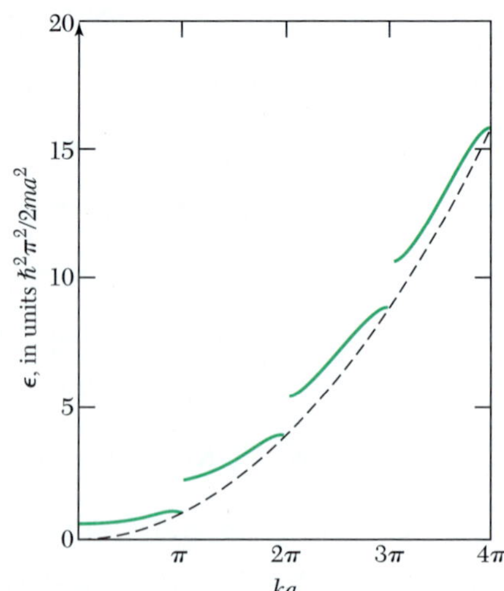

그림 6 $P = 3\pi/2$일 때 크로니그-페니 퍼텐셜에 대한 에너지 대 파동의 그림. $ka = \pi, 2\pi, 3\pi$, ...에서의 에너지 간격을 주목하라.

주기적 퍼텐셜에 놓여진 전자의 파동방정식
WAVE EQUATION OF ELECTRON IN A PERIODIC POTENTIAL

그림 3에서 파동벡터가 $k = \pm\pi/a$와 같은 영역경계에 있을 때 예상되는 슈뢰딩거 방정식의 풀이에 대한 근사형태를 생각해 보았다. 일반적 퍼텐셜에서 일반적 k값에 대한 파동방정식을 자세히 다루어 보기로 하자. $U(x)$를 격자상수가 a인 선형격자에서 전자의 퍼텐셜 에너지라 하면, 이때 퍼텐셜 에너지는 결정격자의 병진 $U(x) = U(x + a)$에 대해 불변이다. 결정격자의 병진에 대해 불변인 함수는 역격자 벡터 G의 푸리에 급수로 전개할 수 있다. 퍼텐셜 에너지의 푸리에 급수는

$$U(x) = \sum_G U_G \, e^{iGx} \tag{22}$$

처럼 쓸 수 있다. 실제의 결정퍼텐셜에 대해서는 계수 UG의 값은 G가 커짐에 따라 빠르게 감소하는 경향이 있다. 가려지지 않은 쿨롱 퍼텐셜 UG는 $1/G^2$을 따라 감소한다.

퍼텐셜 에너지 $U(x)$는 실함수이어야 하므로

$$U(x) = \sum_{G>0} U_G(e^{iGx} + e^{-iGx}) = 2\sum_{G>0} U_G \cos Gx \tag{23}$$

이다. 편의상 결정은 $x = 0$에 대해 대칭적이며 또 $U_0 = 0$이라고 가정하였다.

결정 내에 있는 전자의 파동방정식은 $\mathscr{H}\psi = \epsilon\psi$인데, 여기서 $\mathscr{H}$는 해밀터니안이고 ϵ은 에너지 고유값이다. 방정식의 해 ψ를 고유함수, 궤도함수 또는 블로흐 함수라 한다. 실제로 파동방정식은

$$\left(\frac{1}{2m}p^2 + U(x)\right)\psi(x) = \left(\frac{1}{2m}p^2 + \sum_G U_G \, e^{iGx}\right)\psi(x) = \epsilon\psi(x) \tag{24}$$

이다. 식 (24)는 한 전자(one-electron) 근사로 쓴 것인데, 이때 궤도함수 $\psi(x)$는 전자 한 개가 이온 핵심의 퍼텐셜과 다른 전도전자의 평균퍼텐셜 속에서 움직이는 것을 기술한다.

파동함수 $\psi(x)$는 경계조건에 의해 허용된 모든 파동벡터 값에 대해 합한 푸리에 급수전개로서

$$\psi = \sum_k C(k) \, e^{ikx} \tag{25}$$

와 같이 표기할 수 있다. 여기서 k는 실수이다(지수 k를 C의 첨자로서 C_k처럼 쓸 수도 있다).

k 값들이 길이 L에 대해 주기적 경계조건을 만족하기 때문에 $2\pi n/L$의 꼴을 갖는다. 여기서 n은 임의의 양이나 음의 정수이다. 여기서 우리는 $\psi(x)$ 자체가 기본 격자 병진 a에 대해 주기적이라고 가정하지 않게 되는데, 일반적으로도 그렇다. $\psi(x)$의 병진적 성질은 블로흐 정리 식 (7)에 의해 결정된다.

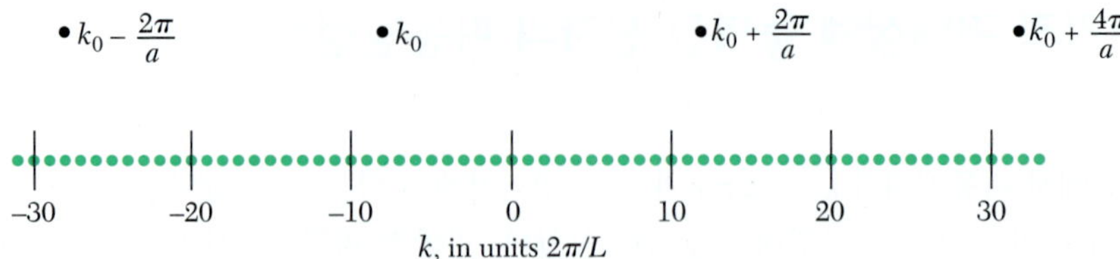

그림 7 밑의 점들은, 20개의 기본낱칸으로 이루어진 둘레가 L인 고리에서 파동함수에 대한 주기적 경계 조건에 의해 허용된 파동벡터 $k = 2\pi n/L$의 값을 나타낸다. 허용된 값은 $\pm\infty$까지 계속된다. 위쪽 점들은 어떤 특정한 파동벡터 $k = k_0 = -8(2\pi/L)$로부터 시작하여, 파동함수 $\psi(x)$를 푸리에 전개하는 데 쓰이는 처음 몇 개의 파동벡터를 나타낸다. 가장 짧은 역격자 벡터는 $2\pi/a = 20(2\pi/L)$이다.

$2\pi n/L$의 모든 파동벡터가 어떤 한 블로흐 함수의 푸리에 급수 전개에 필요하지 않다. 만약 어떤 특정한 파동벡터 k가 ψ에 포함되어 있다면, 이 ψ의 푸리에 전개에서 모든 다른 파동벡터는 $k + G$의 꼴을 가진다. 여기서 G는 역격자 벡터이다. 이 결과는 175쪽에 나오는 식 (29)에서 증명한다.

성분 k를 갖는 파동함수 ψ를 ψ_k나 이와 동등하게 ψ_{k+G}처럼 나타낼 수 있는데, 그것은 푸리에 전개에 k가 포함되면 $k + G$도 포함되기 때문이다. 그림 7에 보인 것처럼 G 만큼씩 떨어져 있는 파동벡터 $k + G$는 모임 $2\pi n/L$의 제한된 부분모임을 이룬다.

블로흐 함수를 나타내기 위해 흔히 하듯이 제1 브릴루앙 영역 안에 놓인 k를 쓰기로 한다. 만약 다른 방식을 쓸 경우에는 그때마다 그렇다고 할 것이다. 포논 문제에서는 상황이 다른데, 이때는 제1 영역 바깥으로 이온운동의 성분이 없다. 전자에 대한 문제는 엑스 선 에돌이 문제와 비슷한데, 그것은 전자기장이 이온이 놓여 있는 위치뿐만 아니라 결정 내의 모든 곳에 존재하기 때문이다.

파동방정식을 풀기 위해, 식 (24)에 식 (25)를 대입하면 푸리에 계수에 대한 선형 대수 방정식의 모임을 얻는다. 운동에너지 항은

$$\frac{1}{2m}p^2\psi(x) = \frac{1}{2m}\left(-i\hbar\frac{d}{dx}\right)^2\psi(x) = -\frac{\hbar^2}{2m}\frac{d^2\psi}{dx^2} = \frac{\hbar^2}{2m}\sum_k k^2C(k)\,e^{ikx}$$

이며, 퍼텐셜 에너지 항은

$$\left(\sum_G U_G e^{iGx}\right)\psi(x) = \sum_G\sum_k U_G e^{iGx}C(k)\,e^{ikx}$$

이다.

파동방정식은 다음과 같은 합으로 얻어진다.

$$\sum_k \frac{\hbar^2}{2m}k^2C(k)\,e^{ikx} + \sum_G\sum_k U_G C(k)\,e^{i(k+G)x} = \epsilon\sum_k C(k)\,e^{ikx} \ . \tag{26}$$

각각의 푸리에 성분은 방정식 양변에서 같은 계수를 가져야 한다. 따라서 **중심방정식** (central equation)은

$$\boxed{(\lambda_k - \epsilon)C(k) + \sum_G U_G C(k-G) = 0} \tag{27}$$

이 된다. 여기서

$$\lambda_k = \hbar^2 k^2/2m \tag{28}$$

이다.

보통의 미분방정식 대신 대수 방정식의 모임으로 되어 있어 익숙하지 않겠지만, 방정식 (27)은 주기적 격자에서 유용한 파동방정식의 형태이다. 원리적으로는 무한 개의 $C(k-G)$를 결정해야 하기 때문에, 위 방정식의 모임은 즐겁지도 않고 만만치 않아 보인다. 실제로는 몇몇 개, 즉 두 개나 네 개 정도로도 충분할 때가 있다. 대수적 방법의 실질적 장점을 알아차리기 위해서는 경험이 좀 필요하다.

블로흐 정리의 다른 표현*(restatement of the Bloch theorem)*

일단 식 (27)로부터 C들이 결정되면, 파동함수 (25)는

$$\psi_k(x) = \sum_G C(k-G)\, e^{i(k-G)x} \tag{29}$$

처럼 주어지는데, 이를 다시 쓰면

$$\psi_k(x) = \left(\sum_G C(k-G)\, e^{-iGx}\right) e^{ikx} = e^{ikx} u_k(x)$$

가 된다. 이때

$$u_k(x) \equiv \sum_G C(k-G)\, e^{-iGx}$$

와 같이 정의하였다.

$u_k(x)$는 역격자 벡터에 대한 푸리에 급수이므로 결정격자 병진 T에 대해 $u_k(x) = u_k(x+T)$와 같이 불변이다. $u_k(x+T)$를 계산함으로써 이를 다음과 같이 바로 검증할 수 있다.

$$u_k(x+T) = \sum C(k-G)e^{-iG(x+T)} = e^{-iGT}[\sum C(k-G)\, e^{-iGx}] = e^{-iGT}u_k(x)\ .$$

식 (2.17)에 의해 $\exp(-iGT)$이므로 $u_k(x+T) = u_k(x)$가 성립하며, 따라서 u_k의 주기성이 입증되었다. 이렇게 하여 블로흐 정리를 다른 방법으로 엄밀히 증명하였으며, 이것은 ψ_k가 겹쳐져 있는 경우에도 유효하다.

전자의 결정운동량*(crystal momentum of an electron)*

블로흐 함수를 나타내기 위해 이용하는 파동벡터 $\mathbf{k}$의 의미는 무엇일까? 이것은 다음

의 몇 가지 성질을 가진다.

- $\mathbf{r}$을 $\mathbf{r}+\mathbf{T}$로 바꾸는 결정격자 병진에 의해 $u_{\mathbf{k}}(\mathbf{r}+\mathbf{T})=u_{\mathbf{k}}(\mathbf{r})$이기 때문에

$$\psi_{\mathbf{k}}(\mathbf{r}+\mathbf{T})=e^{i\mathbf{k}\cdot\mathbf{T}}e^{i\mathbf{k}\cdot\mathbf{r}}u_{\mathbf{k}}(\mathbf{r}+\mathbf{T})=e^{i\mathbf{k}\cdot\mathbf{T}}\psi_{k}(\mathbf{r}) \tag{30}$$

  이 된다. 따라서 $\exp(i\mathbf{k}\cdot\mathbf{T})$는 결정격자 병진 $\mathbf{T}$를 작용할 때 블로흐 함수에 곱해 주어야 하는 위상인자이다.

- 만약 결정퍼텐셜이 없으면, 중심방정식 (27)은 $(\lambda_{\mathbf{k}}-\epsilon)C(\mathbf{k})=0$처럼 간단히 되어서, $C(\mathbf{k})$를 제외한 모든 $C(\mathbf{k}-\mathbf{G})$는 0이 되고 따라서 $u_{\mathbf{k}}(\mathbf{r})$은 상수이다. 그래서 자유전자의 경우와 꼭같이 $\psi_{\mathbf{k}}(\mathbf{r})=e^{i\mathbf{k}\cdot\mathbf{r}}$이다(이것은 우리가 쓰는 "올바른" $\mathbf{k}$를 선택할 수 있는 선견지명을 가졌다는 가정 하에서 얻어진 것이다. 많은 목적을 위해서는 역격자 벡터만큼 다른 $\mathbf{k}$를 쓰는 것이 더 편리하다).

- $\mathbf{k}$는 결정에서 충돌 과정에 관계되는 보존법칙을 나타내는 데 들어간다(보존법칙이란 실질적으로는 전이에 대한 선택 규칙이다). 따라서 $\hbar\mathbf{k}$는 전자의 **결정운동량**이라 불린다. 만약 $\mathbf{k}$를 가진 전자가 충돌에 의해 파동벡터 $\mathbf{q}$인 포논을 흡수한다면, 그 선택 규칙은 $\mathbf{k}+\mathbf{q}=\mathbf{k}'+\mathbf{G}$이다. $\mathbf{G}$는 역격자 벡터이며, 이 과정에서 전자는 상태 $\mathbf{k}$에서 상태 $\mathbf{k}'$으로 산란된다 . 블로흐 함수를 표시하는데 있어 어떠한 임의성도, 그 과정에 대한 물리적 상황을 바꾸지 않으면서, $\mathbf{G}$에 포함시킬 수 있다.

중심방정식의 풀이*(solution of the central equation)*

중심 방정식 (27), 즉

$$(\lambda_k-\epsilon)C(k)+\sum_G U_G C(k-G)=0 \tag{31}$$

은 모든 역격자 벡터 G에 대한 계수 $C(k-G)$를 연결해 주는 연립 일차방정식의 모임을 나타낸다. 계수 C의 개수만큼 방정식의 수가 있기 때문에 집합이라 할 수 있다. 이들 방정식은 그 계수로 이루어진 행렬식이 0일 때 해가 존재한다.

구체적 문제에 대한 방정식을 써 보기로 하자. g로서 가장 짧은 G를 나타내기로 한다. 퍼텐셜 에너지 $U(x)$가 단지 한 개의 푸리에 성분 $U_g=U_{-g}$만을 가진다고 하고, 이를 U로 표시하기로 한다. 그러면, 계수들로 이루어진 행렬식이 다음과 같이 얻어진다.

$$\begin{vmatrix} \lambda_{k-2g}-\epsilon & U & 0 & 0 & 0 \\ U & \lambda_{k-g}-\epsilon & U & 0 & 0 \\ 0 & U & \lambda_k-\epsilon & U & 0 \\ 0 & 0 & U & \lambda_{k+g}-\epsilon & U \\ 0 & 0 & 0 & U & \lambda_{k+2g}-\epsilon \end{vmatrix} \tag{32}$$

식 (31)에서 다섯 개의 방정식을 순서대로 쓰면 위 식이 된다. 이 행렬식은 원리적으로는 무한히 크지만, 위에서 보인 부분만을 0으로 놓아도 충분할 때가 많다.

주어진 k에 대해 각각의 근 ϵ 즉, ϵ_k는 우연히 일치하는 경우를 제외하고는 서

로 다른 에너지띠에 놓여 있다. 행렬식 (32)의 풀이는 에너지 고유값 ϵ_{nk}의 집합을 주는데, 여기서 n은 에너지의 순서를 나타내는 지수이며, k는 C_k를 나타내는 파동벡터이다.

표시할 때 혼돈을 줄이기 위해 많은 경우 k를 1차 영역 내에서 택한다. 만약 원래 택했던 것과 달리 어떤 역격자 벡터만큼 다른 k를 택했다면, 순서는 다르지만 같은 에너지 스펙트럼을 주는 동일한 방정식의 집합을 얻는다.

역격자 공간에서의 크로니그-페니 모형(Kronig-Penney model in reciprocal space)

정확히 풀리는 문제에 대해 중심방정식 (31)을 적용하는 한 예로서, 주기적 델타함수 퍼텐셜로 이루어진 다음과 같은 크로니그-페니 모형을 취급하기로 한다.

$$U(x) = 2\sum_{G>0} U_G \cos Gx = Aa\sum_s \delta(x - sa)\ . \tag{33}$$

여기서 A는 상수이며, a는 격자 간격이다. 위 식에서 합은 0과 $1/a$ 사이의 모든 정수 s에 대해 행해진다. 경계조건은 단위길이의 고리에 대해 주기적인데, 이는 $1/a$개의 원자에 대해 주기적임을 뜻한다. 따라서 퍼텐셜의 푸리에 계수는

$$\begin{aligned} U_G &= \int_0^1 dx\ U(x)\cos Gx = Aa\sum_s \int_0^1 dx\ \delta(x - sa)\cos Gx \\ &= Aa\sum_s \cos Gsa = A \end{aligned} \tag{34}$$

이다. 델타함수의 퍼텐셜에 대해 모든 U_G는 같다

k를 블로흐 지수로 이용하여 중심방정식을 쓰기로 한다. 그러면 식 (31)은

$$(\lambda_k - \epsilon)C(k) + A\sum_n C(k - 2\pi n/a) = 0 \tag{35}$$

처럼 되는데, 여기서 $\lambda_k = \hbar^2k^2/2m$이고 모든 정수 n에 대해 합을 하여야 한다. 식 (35)를 풀어 $\epsilon(k)$을 구하기로 한다.

$$f(k) = \sum_n C(k - 2\pi n/a) \tag{36}$$

와 같이 정의하면, 식 (35)는

$$C(k) = -\frac{(2mA/\hbar^2)f(k)}{k^2 - (2m\epsilon/\hbar^2)} \tag{37}$$

처럼 된다. 식 (36)에서 합은 모든 계수 C에 대한 것이어서 임의의 n에 대해

$$f(k) = f(k - 2\pi n/a) \tag{38}$$

이다.

이 관계식을 이용하면,

$$C(k-2\pi n/a) = -(2mA/\hbar^2)f(k)[(k-2\pi n/a)^2 - 2m\epsilon/\hbar^2)]^{-1} \tag{39}$$

과 같이 쓸 수 있다. 식 (36)을 이용하여, 양변에서 $f(k)$를 소거하고, 양변에서 모든 n에 대해 합을 행하면,

$$(\hbar^2/2mA) = -\sum_n [(k-2\pi n/a)^2 - (2m\epsilon/\hbar^2)]^{-1} \tag{40}$$

을 얻는다.

합은

$$\text{ctn}\, x = \sum_n \frac{1}{n\pi + x} \tag{41}$$

과 같은 표준 관계식을 이용하여 행할 수 있다. 두 개의 코탄젠트의 차와 두 사인의 곱에 대한 관계식을 이용하여 삼각함수 계산을 하면, 식 (40)의 합은

$$\frac{a^2 \sin Ka}{4Ka(\cos ka - \cos Ka)} \tag{42}$$

가 되는데, 여기서도 식 (13)에서처럼 $K^2 = 2m\epsilon/\hbar^2$로 썼다.

식 (40)에 대한 최종 결과는

$$(mAa^2/2\hbar^2)(Ka)^{-1}\sin Ka + \cos Ka = \cos ka \tag{43}$$

가 되는데, 이는 $mAa^2/2\hbar^2$을 P로 대치한 크로니그-페니의 결과 식 (21b)와 일치한다.

빈 격자 근사법*(empty lattice approximation)*

실제의 띠구조는 보통 제1 브릴루앙 영역 내에서 에너지 대 파동벡터의 그림으로 나타낸다. 1차 영역 밖의 파동벡터가 주어진 경우에는 적절한 역격자 벡터를 빼서 1차 영역 안으로 들어오게 한다. 그러한 병진을 항상 찾을 수 있다. 이런 조작을 하면 시각화하는 데 도움이 된다.

띠 에너지가 자유전자의 에너지 $\epsilon_{\mathbf{k}} = \hbar^2\mathbf{k}^2/2m$과 매우 근사하면, 자유전자의 에너지를 제1 영역으로 꺾어 놓고 계산을 시작하는 것이 바람직하다. 일단 요령을 터득하면 그 과정은 아주 간단하다. 먼저 제1 영역 안에 있는 $\mathbf{k}'$에 대해

$$\mathbf{k}' + \mathbf{G} = \mathbf{k}$$

를 만족하는 $\mathbf{G}$를 찾는다. 여기서 $\mathbf{k}$는 빈 격자에서의 자유전자의 파동벡터로서 그 값의 제한이 없다(일단 평면파가 격자에 의해 변조되면 상태 ψ에 대한 "참" 파동벡터는 한개도 존재하지 않는다).

$\mathbf{k}'$에서 프라임은 불필요하므로 떼어버리면 자유전자의 에너지는 항상

$$\begin{aligned}\epsilon(k_x,k_y,k_z) &= (\hbar^2/2m)(\mathbf{k}+\mathbf{G})^2 \\ &= (\hbar^2/2m)[(k_x+G_x)^2 + (k_y+G_y)^2 + (k_z+G_z)^2]\end{aligned}$$

처럼 쓸 수 있다. 여기서 **k**는 제1 영역 안에 있고 **G**는 역격자 점들 중 적절한 값을 가진다.

한 가지 예로 단순입방 격자에서 낮은 부분의 자유에너지 띠를 생각하여 보자. 에너지를 [100] 방향을 향하는 **k**의 함수로 나타내기로 한다. 편의상 $\hbar^2/2m = 1$인 단위계를 택한다. 아래 표에 이 빈 격자 근사에 의해 얻은 낮은 부분에 놓여 있는 몇몇 띠의 에너지를 보여주는데, 이들의 에너지 값은 $\mathbf{k} = 0$에서는 $\epsilon(000)$이며, 제1영역에서 k_x 축을 따라서는 $\epsilon(k_x00)$으로 나타냈다.

이들 자유전자 띠들이 그림 8에 그려져 있다. 파동벡터 공간에서 [111] 방향에 평행한 **k**에 대해 같은 띠를 그려보는 것은 좋은 연습이 된다.

Band	$Ga/2\pi$	$\epsilon(000)$	$\epsilon(k_x00)$
1	000	0	k_x^2
2,3	$100,\bar{1}00$	$(2\pi/a)^2$	$(k_x \pm 2\pi/a)^2$
4,5,6,7	$010,0\bar{1}0,001,00\bar{1}$	$(2\pi/a)^2$	$k_x^2 + (2\pi/a)^2$
8,9,10,11	$110,101,1\bar{1}0,10\bar{1}$	$2(2\pi/a)^2$	$(k_x + 2\pi/a)^2 + (2\pi/a)^2$
12,13,14,15	$\bar{1}10,\bar{1}01,\bar{1}\bar{1}0,\bar{1}0\bar{1}$	$2(2\pi/a)^2$	$(k_x - 2\pi/a)^2 + (2\pi/a)^2$
16,17,18,19	$011,0\bar{1}1,01\bar{1},0\bar{1}\bar{1}$	$2(2\pi/a)^2$	$k_x^2 + 2(2\pi/a)^2$

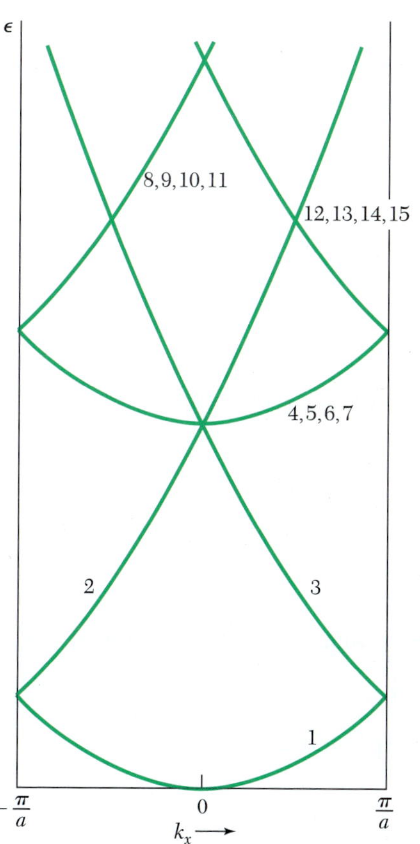

그림 8 빈 *sc* 격자에서 낮은 쪽에 놓인 자유전자 에너지띠가 제1 브릴루앙 영역으로 옮겨져서 (k_x00)에 대해 그려져 있다. 자유전자의 에너지는 $\hbar^2(\mathbf{k} + \mathbf{G})^2/2m$인데, **G** 값들은 표에서 두 번째 행에 주어져 있다. 굵은 선은 $-\pi/a \leq k_x \leq \pi/a$인 제1 브릴루앙 영역 안에 있다. 이러한 방법으로 그려진 에너지띠를 축소영역 방식으로 그렸다고 한다.

영역 경계 가까이에서의 근사해(approximate solution near a zone boundary)

퍼텐셜 에너지의 푸리에 성분 U_G는 영역 경계에 있는 자유전자의 운동에너지에 비해 작다고 가정하기로 한다. 먼저 파동벡터가 정확히 $\frac{1}{2}G$ 즉, π/a의 영역경계에 있는 경우를 생각한다. 여기서

$$k^2 = (\tfrac{1}{2}G)^2 \ ; \quad (k-G)^2 = (\tfrac{1}{2}G - G)^2 = (\tfrac{1}{2}G)^2$$

이므로, 영역경계에서 두 성분파동 $k = \pm\frac{1}{2}G$에 대한 운동에너지는 같다.

만약 $C(\frac{1}{2}G)$가 식 (29)의 궤도함수에서 중요한 계수라면, $C(-\frac{1}{2}G)$도 또한 중요한 계수이다. 이러한 결과는 식 (5)의 논의에서도 얻어진다. 이제 중심방정식에서 $C(\frac{1}{2}G)$와 $C(-\frac{1}{2}G)$의 두 계수를 모두 포함하는 방정식만 남겨 두고 다른 모든 계수들은 무시하기로 한다.

$k = \frac{1}{2}G$와 $\lambda = \hbar^2(\frac{1}{2}G)^2/2m$일 때 식 (31) 중 한 개의 방정식은

$$(\lambda - \epsilon)C(\tfrac{1}{2}G) + UC(-\tfrac{1}{2}G) = 0 \tag{44}$$

이 되고, 식 (31) 중 다른 방정식은

$$(\lambda - \epsilon)C(-\tfrac{1}{2}G) + UC(\tfrac{1}{2}G) = 0 \tag{45}$$

이 된다.

이 두 개의 방정식은 에너지 ϵ이

$$\begin{vmatrix} \lambda - \epsilon & U \\ U & \lambda - \epsilon \end{vmatrix} = 0 \tag{46}$$

을 만족할 때 두 계수의 값이 0이 아닌 해를 가져서,

$$(\lambda - \epsilon)^2 = U^2 \ ; \qquad \epsilon = \lambda \pm U = \frac{\hbar^2}{2m}(\tfrac{1}{2}G)^2 \pm U \tag{47}$$

가 된다. 에너지는 두 개의 근을 갖는데, 하나는 자유전자의 운동에너지보다 U만큼 낮고, 하나는 U만큼 높다. 따라서 퍼텐셜 에너지 $2U \cos Gx$는 영역 경계에서 에너지 간격 $2U$를 생기게 한다.

C들의 비는 식 (44)나 (45)로부터

$$\frac{C(-\frac{1}{2}G)}{C(\frac{1}{2}G)} = \frac{\epsilon - \lambda}{U} = \pm 1 \tag{48}$$

과 같이 얻어지는데, 마지막 단계에서 식 (47)을 이용하였다. 따라서 영역 경계에서 $\psi(x)$의 푸리에 전개는 다음 두 개의 해를 갖는다.

$$\psi(x) = \exp(iGx/2) \pm \exp(-iGx/2) \ .$$

이들 궤도함수는 식 (5)와 동일하다.

이중 한 해는 에너지 간격의 밑바닥에서의 파동함수이며, 다른 하나는 간격의 꼭대기에서의 파동함수이다. 어떤 해가 낮은 에너지를 갖는지는 U의 부호에 따라 결정된다.

이제 영역경계 $\frac{1}{2}G$에 가까운 파동벡터 k를 가진 궤도함수에 대해 풀어보기로 한다. 앞에서와 같은 두 성분 근사법을 쓰면, 파동함수는

$$\psi(x) = C(k)\, e^{ikx} + C(k-G)\, e^{i(k-G)x} \tag{49}$$

의 꼴을 갖는다.

중심방정식 (31)로부터 직접 나오는 다음 한짝의 방정식을 푼다.

$$(\lambda_k - \epsilon)C(k) + UC(k-G) = 0\ ;$$
$$(\lambda_{k-G} - \epsilon)C(k-G) + UC(k) = 0\ .$$

여기서 λ_k는 $\hbar^2k^2/2m$으로 정의된다. 이 방정식들은 에너지 ϵ이

$$\begin{vmatrix} \lambda_k - \epsilon & U \\ U & \lambda_{k-G} - \epsilon \end{vmatrix} = 0$$

을 만족할 때 해를 가지므로, $\epsilon^2 - \epsilon(\lambda_{k-G} + \lambda_k) + \lambda_{k-G}\lambda_k - U^2 = 0$이다.

에너지는 두 개의 근,

$$\epsilon = \tfrac{1}{2}(\lambda_{k-G} + \lambda_k) \pm [\tfrac{1}{4}(\lambda_{k-G} - \lambda_k)^2 + U^2]^{1/2} \tag{50}$$

을 가지며, 각각의 근은 그림 9에 그린 에너지띠를 나타낸다. 에너지를 $\tilde{K}$(K 위에 있

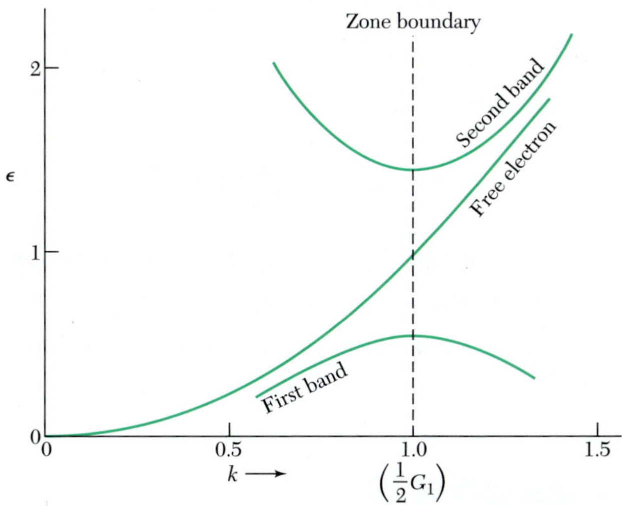

그림 9 제1 브릴루앙 영역 경계 부근에서 주기적 영역 방식에 의해 그린 식 (50)의 풀이. 단위는 $U = -0.45$, $G = 2$, $\hbar^2/m = 1$이다. 비교를 위해 자유전자에 대한 그림도 그려 놓았다. 영역 경계에서 에너지 간격은 0.90이다. 그림에서는 일부러 U의 값을 크게 잡았으나, 두 성분 근사법을 엄밀히 적용하기에는 이 값이 너무 크다.

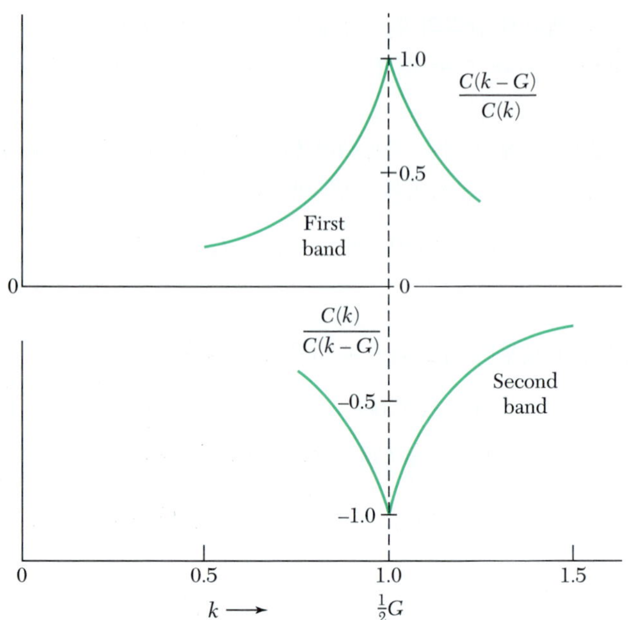

그림 10 제1 브릴루앙 영역 경계 근처에서 계산한 $\psi(x) = C(k)\exp(ikx) + C(k-G)\exp[i(k-G)x]$에 들어 있는 계수들의 비. 경계에서 멀어질수록 한 성분이 커진다.

는 기호는 tilde라 한다)로 전개하면 편리한데, 이는 k와 영역경계의 파동벡터의 차 $\tilde{K} \equiv k - \frac{1}{2}G$이다. $\hbar^2 G\tilde{K}/2m \ll |U|$인 영역에서는

$$\begin{aligned}\epsilon_{\tilde{K}} &= (\hbar^2/2m)(\tfrac{1}{4}G^2 + \tilde{K}^2) \pm [4\lambda(\hbar^2\tilde{K}^2/2m) + U^2]^{1/2} \\ &\simeq (\hbar^2/2m)(\tfrac{1}{4}G^2 + \tilde{K}^2) \pm U[1 + 2(\lambda/U^2)(\hbar^2\tilde{K}^2/2m)] \qquad (51)\end{aligned}$$

이 되는데, 여기서 λ는 앞에서와 같이 $\lambda = (\hbar^2/2m)(\frac{1}{2}G)^2$이다. 식 (47)에서 영역경계의 근을 $\epsilon(\pm)$로 쓰기로 하면, 식 (51)은

$$\epsilon_{\tilde{K}}(\pm) = \epsilon(\pm) + \frac{\hbar^2\tilde{K}^2}{2m}\left(1 \pm \frac{2\lambda}{U}\right) \qquad (52)$$

처럼 쓸 수 있다. 이들은 파동벡터가 영역경계 $\frac{1}{2}G$에 매우 가까운 경우에 에너지에 대한 근이 된다. 에너지가 파동벡터 $\tilde{K}$의 이차함수임을 주목하라. U가 음수인 경우 $\epsilon(-)$ 는 두 개의 띠 중 위쪽에 해당하며, $\epsilon(+)$는 아래쪽 띠에 해당한다. 두 C값이 그림 10에 그려져 있다.

띠에 있는 궤도함수의 수
NUMBER OF ORBITALS IN A BAND

격자상수가 a이며, 짝수인 N개의 기본낱칸으로 이루어진 선형 결정을 생각하자. 상

태수를 셈하기 위해 파동함수에 결정의 길이에 대한 주기적 경계조건을 적용한다. 제 1 브릴루앙 영역에서 허용된 전자 파동벡터 k는 식 (2)로 주어져,

$$k = 0 \ ; \quad \pm\frac{2\pi}{L} \ ; \quad \pm\frac{4\pi}{L} \ ; \ \ldots \ ; \ \frac{N\pi}{L} \tag{53}$$

와 같다. 위에서 수열을 $N\pi/L = \pi/a$에서 끊었는데, 그것은 이 점이 영역경계이기 때문이다. $-N\pi/L = -\pi/a$인 점은 독립된 점으로 셈하지 않는데, 그것은 이 점이 역격자 벡터 π/a에 의해 연결되기 때문이다. 점들의 총수는 정확히 N으로서 기본낱칸의 수와 같다.

각각의 기본낱칸은 각 에너지띠마다 정확히 한 개의 독립된 k값을 준다. 이 결과는 3차원에도 적용된다. 전자스핀에 대한 두 개의 독립된 방향을 고려하면 **각각의 에너지띠에 $2N$개의 독립된 궤도함수가 있다.** 각 기본낱칸에 전자가가 1인 원자가 한 개씩 있다면, 띠는 반만이 전자로 채워진다. 각각의 원자가 두 개의 전자를 띠에 주게 되면, 그 띠는 꽉 차게 된다. 각 기본낱칸에 전자가가 1인 원자가 두 개씩 있으면, 이때도 띠는 완전히 채워진다.

금속과 절연체(*metals and insulators*)

만약 원자가전자들이 한 개 또는 그 이상의 띠를 완전히 채우고 다른 띠들이 비어 있다면 그 결정은 절연체가 된다. 외부에서 전기장이 가해져도 절연체 내에 전류를 흐르게 할 수 없다(전기장이 전자구조를 깨뜨릴 만큼 크지 않다고 가정한다). 채워진 띠가 에너지 간격에 의해 바로 위에 있는 띠와 분리되어 있는 경우에는, 각각의 가능한 상태를 채우고 있는 전자들의 총 운동량을 연속적으로 변화시킬 수가 없다. 전기장이 가해져도 아무런 변화가 없다. 이는 전기장 내에서 $\mathbf{k}$가 꾸준히 증가하는 자유전자의 상황과 다르다(6장).

결정에서 기본낱칸 속에 있는 원자가전자수가 짝수인 경우에만 결정은 절연체가 될 수 있다(띠 이론으로 취급할 수 없는 강하게 결합된 내부 껍질에 있는 전자들은 예외이다). 만약 결정이 기본낱칸당 짝수 개의 가전자를 가진 경우에는 띠들이 겹쳐 있는지 그렇지 않은지를 살펴보는 것이 필요하다. 만약 띠가 겹쳐져 있다면, 한 개의 띠가 완전히 차서 절연체가 되는 대신 두 개의 띠가 부분적으로 차서 금속이 될 수 있다(그림 11).

알칼리 금속과 귀금속은 기본낱칸당 한 개의 원자가전자를 가지고 있어서 금속이 된다. 알칼리 토금속은 기본낱칸당 두 개의 원자가전자를 가지고 있다. 그래서 이들은 절연체가 될 수도 있으나, 띠들의 에너지가 겹쳐 금속이 되긴 하지만 그렇게 좋은 금속이 아니다. 다이아몬드, 실리콘, 그리고 게르마늄은 기본낱칸당 전자가가 4인 두 개의 원자가 있어 낱칸당 여덟 개의 전자가 있다. 띠들이 겹쳐 있지 않아서 이들의 순수한 결정은 절대 0도에서 절연체이다.

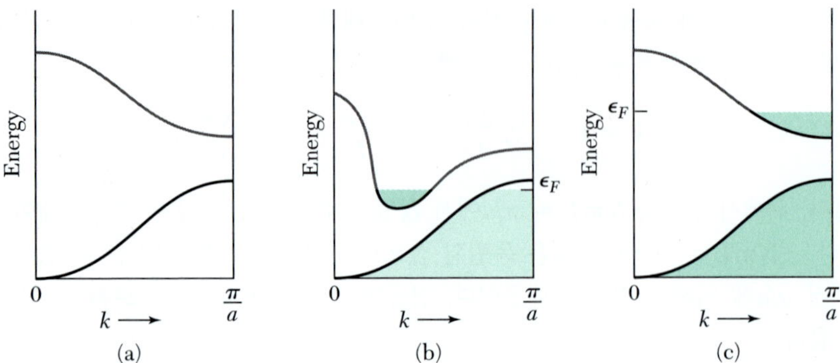

그림 11 채워진 상태와 띠구조에 따라 (a) 절연체, (b) 중첩된 띠로 인한 금속 또는 반금속, (c) 전자 농도로 인한 금속 등이 된다. (b)에서 중첩은 브릴루앙 영역 내에서 반드시 같은 방향을 따라 생길 필요는 없다. 만약 중첩이 작아서 상당히 작은 수의 상태만이 포함되면 반금속이라 한다.

요약

Summary

- 주기적 격자에서 파동방정식의 풀이는 블로흐 형태, $\psi_{\mathbf{k}}(\mathbf{r}) = e^{i\mathbf{k}\cdot\mathbf{r}}u_{\mathbf{k}}(\mathbf{r})$을 가지는데, 여기서 $u_{\mathbf{k}}(\mathbf{r})$은 결정격자 병진에 대해 불변이다.
- 파동방정식에서 블로흐 함수 풀이가 존재하지 않는 에너지 영역이 있다. 이들 에너지는 금지된 영역을 형성하는데, 여기서는 파동함수가 공간적으로 감쇠하며 그림

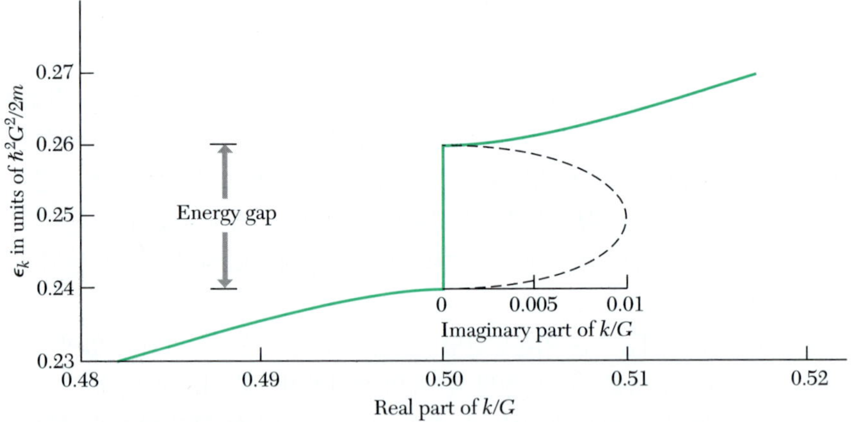

그림 12 에너지 간격에는 파동벡터가 복소수일 때에도 파동방정식의 풀이가 존재한다. 제1영역 경계에서 파동벡터의 실수 부분은 $\frac{1}{2}G$이다. $U = 0.01\hbar^2G^2/2m$일 때 두 개의 평면파 근사 하에서 구한 에너지 간격에 놓여 있는 k의 허수부분이 그려져 있다. 무한히 뻗어 있는 결정에서 파동벡터는 실수이어야 하는데, 그렇지 않으면 진폭이 끝없이 증가할 것이다. 그러나 표면이나 접합점에서는 복소수 파동벡터를 갖는 풀이가 존재할 수 있다.

12에 그린 것과 같이 **k**의 값들은 복소수이다. 금지된 에너지 영역의 존재는 절연체가 되기 위한 전제 조건이다.

- 종종 한 개나 두 개의 평면파로 에너지띠를 근사적으로 나타낼 수 있다. 예를 들어 $\frac{1}{2}G$인 영역 경계 근방에서는 $\psi_k(x) \cong C(k)e^{ikx} + C(k - G)e^{i(k-G)x}$이다.
- 시료에 있는 기본낱칸의 수를 N이라 하면, 한 개의 띠에 있는 궤도함수의 수는 $2N$이다.

연습문제
Problems

1. 정사각형 격자, 자유전자 에너지*(square lattice, free electron energies)*. **(a)** 단순 정사각형 격자(2차원)에서 제1영역의 모서리에 있는 자유전자의 운동에너지는 영역의 한 변의 가운데에 있는 전자의 운동에너지보다 2배임을 보여라. **(b)** 단순 입방격자(3차원)에서 이에 해당하는 인수는 얼마인가? **(c)** (b)의 결과는 2가 금속의 전도도에 어떤 영향을 주겠는가?

2. 축소 영역에서의 자유전자 에너지*(free electron energies in reduced zone)*. 모든 **k**가 제1 브릴루앙 영역에 놓이도록 변환되는 축소영역 방식에 의해, 빈 격자 근사법으로 얻어진 fcc 결정격자에서의 자유전자 에너지띠를 생각하자. $\mathbf{k} = (2\pi/a)(\frac{1}{2}, \frac{1}{2}, \frac{1}{2})$의 영역경계에서 가장 낮은 띠 에너지보다 여섯 배가 되는 모든 띠의 에너지를 [111] 방향을 따라 개략적으로 그려라. 가장 낮은 에너지를 단위로 하라. 이 문제는 띠 끝이 반드시 영역의 중심에 있을 필요가 없음을 보여준다. 결정 퍼텐셜을 고려하게 되면, 몇몇 겹침(띠 교차)은 없어진다.

3. 크로니그-페니 모형*(Kronig-Penney model)*. **(a)** 델타함수 퍼텐셜의 경우 $P \ll 1$일 때, $k = 0$에서 가장 낮은 에너지띠의 에너지를 구하라. **(b)** 같은 문제에서 $k = \pi/a$에서의 띠 간격을 구하라.

4. 다이아몬드 구조의 퍼텐셜 에너지*(potential energy in the diamond structure)*. **(a)** **A**를 통상적인 입방낱칸에서의 역격자 기본벡터라 할 때, 다이아몬드 구조에서 전자가 받는 결정 퍼텐셜의 푸리에 성분 U_G는 $\mathbf{G} = 2\mathbf{A}$에서 0임을 보여라. **(b)** 통상적인 1차 근사법으로 주기적 격자에서의 파동방정식의 풀이를 구하면, 벡터 **A**의 끝과 수직으로 만나는 영역 경계면에서 에너지 간격이 없어짐을 보여라.

*°***5.** 에너지 간격에서의 복소 파동벡터*(complex wavevectors in the energy gap)*. 식 (46)을 얻을 때 사용한 근사법 하에서 제1영역 경계에서 에너지 간격에 있는 파동벡터의 허수부분에 대한 표현을 구하라. 에너지 간격 가운데에서 Im(k)의 결과를 구하라. Im(k)가 작을 때의 결과는

$$(\hbar^2/2m)[\mathrm{Im}(k)]^2 \approx 2mU^2/\hbar^2G^2$$

과 같다. 그림 12에 그려진 것과 같이 이 식은 강한 전기장이 있을 때 한 띠에서 다른 띠로 가는 Zener 터널링 이론에서 중요하다.

°이 문제는 다소 어렵다.

6. 정사각형 격자***(square lattice)*****.** 결정 퍼텐셜이

$$U(x,y) = -4U \cos(2\pi x/a) \cos(2\pi y/a)$$

인 2차원에서의 사각형 격자를 생각하자. 중심방정식을 적용하여 브릴루앙 영역의 모서리 점 $(\pi/a, \pi/a)$에서의 에너지 간격을 근사적으로 계산하라. 2×2 행렬식을 풀면 충분하다.

Introduction to
SOLID STATE PHYSICS

CHAPTER 8

반도체 결정체

Semiconductor Crystals

유의사항: 바깥 자기장 내에서의 운반자 궤도에 관한 내용은 9장에 계속함.

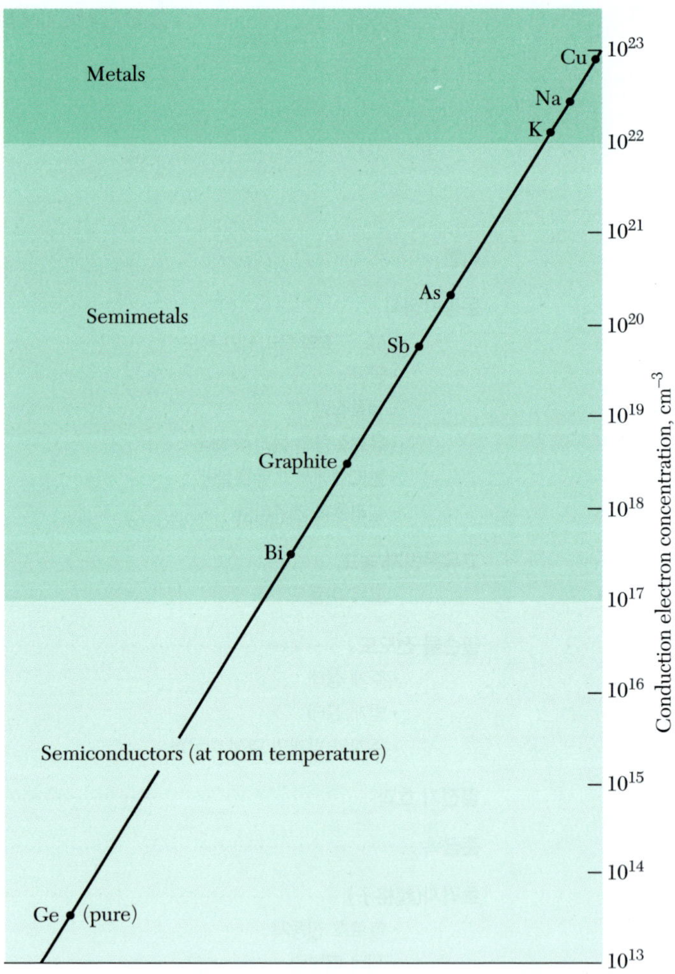

그림 1 금속, 준금속(半金屬: semimetal), 반도체의 운반자 농도. 반도체의 영역은 불순물 농도를 늘리면 (금속의 영역으로) 올라갈 수도 있고, 아래쪽으로는 절연체 영역까지 내려갈 수도 있다.[1]

1) **역자주** 절연체와 반도체의 경계는 명확하게 구분되지가 않음

반도체 결정체

Semiconductor Crystals

금속, 준금속(semimetal)과 반도체를 구분하는 운반자(혹은 '운반체'; carrier)의 농도(concentration)가 그림 1에 있다. 반도체는 일반적으로 실온에서의 전기 비저항(electric resistivity)으로 구분되는데, 그 크기는 10^{-2}에서 10^{9} ohm-cm이고, 온도에 매우 민감하게 변한다. 절연체를 대략 10^{14} ohm-cm 이상인 물체라고 정의한다면, 순수(intrinsic[2])하고 완전한 결정체인 반도체 물질은 절대온도 영도(0 K)에서는 대부분이 절연체가 될 것이다.

반도체를 소재로 한 소자(device)에는 트랜지스터(transistor), 스위치(switch), 다이오드(diode), 광기전력 전지(photovoltaic cell), 검출기(detector)와 서미스터[3](thermistor) 등이 있다. 이들은 회로에 단독으로 쓰이기도 하고, 집적회로(integrated circuit; IC)를 구성하는 여러 부품 중의 하나로 쓰이기도 한다. 이 장에서는 실리콘, 게르마늄, 갈륨 비소(gallium arsenide; GaAs)를 중심으로 대표적인 반도체 결정체의 중요한 물리적 성질을 소개한다.

중요한 전문 용어: A가 III족, B가 V족인 원소인 경우, 화학 부호 AB로 표시되는 화합물 반도체는 III-V족 화합물이라고 한다. 예로는 인듐 안티모나이드(indium antimonide; InSn)와 갈륨 비소(gallium arsenide; GaAs)가 있다. 만일 A가 II족, B가 VI족인 원소이면, 이 화합물은 II-VI족 화합물이라고 하며, 황화 아연(zinc sulfide; ZnS), 황화 카드뮴(cadmium sulfide; CdS)이 이에 속한다. 실리콘[4]과 게르마늄은 다이아몬드 결정 구조를 갖고 있기 때문에 간혹, 다이아몬드형(diamond-type) 반도체라고 한다. 그렇지만 다이아몬드 그 자체는 반도체라기보다는 절연체이다. 탄화 실리콘(silicon carbide; SiC)은 IV-IV족 화합물이다.

고도로 정제된 반도체는 고유전도도(intrinsic conductivity)를 나타내며, 순수하

2) **역자주** intrinsic은 "본래 갖추어진 대로"라는 뜻으로 "고유" 혹은 "배래"로 번역된다. 그러나 반도체에서는 불순물을 첨가하지 않은 상태를 의미하여 "순수하다"라고 번역하는 경우도 있을 것이다

3) **역자주** Thermistor는 thermal resistor(열 저항)의 복합어에서 기원함

4) **역자주** 실리콘(Si), 게르마늄(Ge)과 같이 단일 원소로 된 반도체는 화합물 반도체(compound semiconductor)와 비교하여 원소 반도체(element semiconductor)라고 한다.

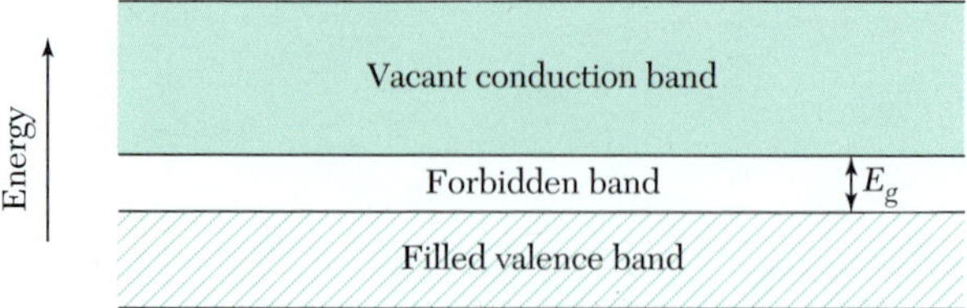

그림 2 반도체의 고유전도도를 설명하기 위한 띠 모형. 0 K에서는 원자가띠는 꽉 차있고, 전도띠는 완전히 비어 있는 상태이기 때문에, 전도도가 영이다. 온도가 올라가면, 전자는 열 들뜸이 생겨서 원자가띠에서 전도띠로 올라가게 되며, 전도띠에서는 전자가 움직일 수 있게 된다.

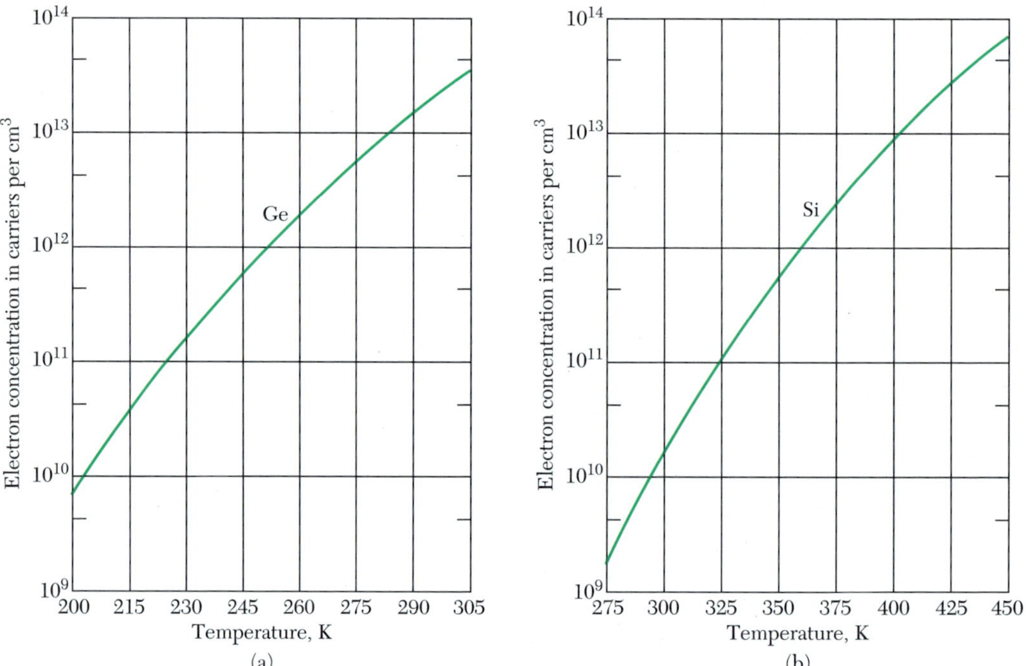

그림 3 (a) 게르마늄과 (b) 실리콘의 고유 전자농도와 온도와의 함수 관계. 고유 조건에서는 양공의 농도와 전자의 농도가 같다. 임의의 온도에서는 게르마늄의 고유농도가 실리콘의 고유농도보다 크다. 그 이유는 게르마늄의 띠 간격(0.66 eV)이 실리콘(1.11 eV)보다 작기 때문이다(W.C. Dunlap 결과 인용).

지 못한 시료에서 나타나는 불순물에 의한 전도도와 구분된다. **고유 온도영역**(intrinsic temperature range)에서는 결정체 내에 있는 불순물에 의하여 반도체의 전도도가 영향을 받지 않는다. 고유전도도를 설명하여 주는 전도띠 모형이 그림 2에 있다. 이 모형에 의하면 온도 0 K에서는 전도띠(conduction band)에는 전자가 완전히 비어 있고, 원자가띠(valence band)는 꽉 차 있는 상태이며, 두 띠 사이는 에너지 간격 E_g만큼 떨어져 있다.

띠틈(band gap)은 전도띠의 가장 낮은 점과 원자가띠의 가장 높은 점 사이의 에너지 차이이다. 전도띠의 가장 낮은 점을 **전도띠 끝**(conduction band edge), 원자가

띠의 가장 높은 점을 **원자가띠 끝**(valence band edge)이라고 한다.

온도가 높아지면 전자는 열 들뜸(thermal excitation)에 의하여 원자가띠에서 전도 띠로 올라간다(그림 3). 이렇게 되면, 전도띠에 있는 전자와 원자가띠에 생긴 전자가 빠진 곳이 둘 다 전기 전도도에 기여한다. 여기서 원자가띠에 남아 있는 전자가 빠진 곳을 **양공**(hole)이라고 한다.

띠틈

BAND GAP

고유전도도와 고유 운반자(intrinsic carrier)의 농도는 주로 온도에 대한 띠틈의 비율, 즉 E_g/k_BT에 의하여 좌우된다. 이 E_g/k_BT 값이 크면, 고유 운반자의 농도가 작아져서 고유전도도도 낮아진다. 표 1에 대표적인 반도체의 띠틈이 수록되어 있다. 띠틈을 가장 잘 측정할 수 있는 방법은 빛 흡수 분광법이다.

직접흡수 과정(direct absorption process)에서는 그림 4a와 5a에서 보듯이, 연속 빛 흡수의 문턱값인 진동수 ω_g가 띠틈 $E_g = \hbar\omega_g$를 결정한다. 직접흡수 과정에서는 결정체가 광자(photon)를 흡수하면서 전자와 양공이 만들어진다.

그림 4b와 5b과 같이, **간접흡수 과정**(indirect absorption process)에서는 띠구

표 1 원자가띠와 전도띠 사이의 에너지 간격(*i*: 간접, *d*: 직접)

Crystal	Gap	Eg, eV 0 K	Eg, eV 300 K	Crystal	Gap	Eg, eV 0 K	Eg, eV 300 K
Diamond	i	5.4		SiC(hex)	i	3.0	—
Si	i	1.17	1.11	Tc	d	0.33	—
Ge	i	0.744	0.66	HgTe[a]	d	0.30	
Sn	d	0.00	0.00	PbS	d	0.286	0.34–0.37
InSb	d	0.23	0.17	PbSe	i	0.165	0.27
InAs	d	0.43	0.36	PbTe	i	0.190	0.29
InP	d	1.42	1.27	CdS	d	2.582	2.42
GaP	i	2.32	2.25	CdSe	d	1.840	1.74
GaAs	d	1.52	1.43	CdTe	d	1.607	1.44
GaSb	d	0.81	0.68	SnTe	d	0.3	0.18
AlSb	i	1.65	1.6	Cu2O	d	2.172	—

[a] HgTe는 준금속임; 띠가 겹쳐 있음.

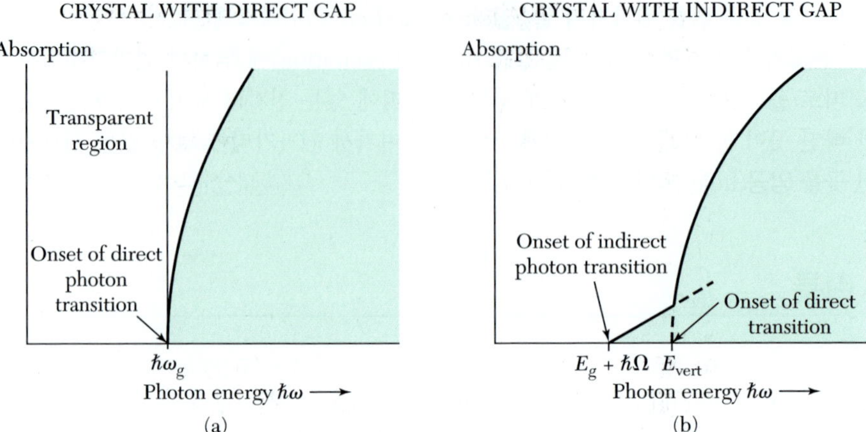

그림 4 절대온도 0도에서 순수 절연체의 빛 흡수. (a)에서는 문턱(threshold)이 에너지 간격을 $E_g = \hbar\omega_g$로서 정한다. (b)에서는 문턱 근처에서는 빛 흡수가 더 약하다: $\hbar\omega = E_g + \hbar\Omega$의 경우에, 광자 하나는 세 종류의 입자, 즉 자유전자, 자유양공, 에너지 $\hbar\Omega$를 갖는 포논을 생성하면서 흡수된다: (b)에서, 에너지 E_{vert}는 자유전자와 자유양공이 생성되면서 포논은 빠져 있는 경우의 문턱 에너지를 표시한다. 이런 전이를 '수직적'이라 한다: 이것은 (a)에서의 직접전이와 비슷 하다. 이 그림에는 문턱 쪽보다 낮은 쪽 에너지에서 종종 나타나는 흡수선을 표시하지 않았다. 이 분광선은 들뜸알(exciton)이라고 부르는 전자와 양공이 묶어진 짝이 생기기 때문이다.

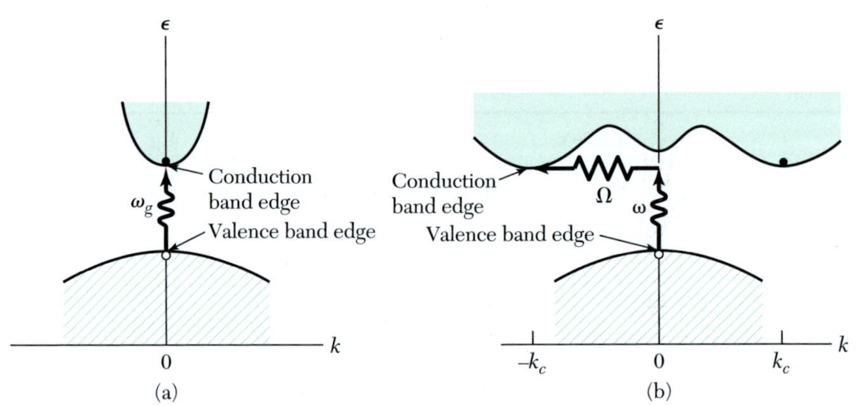

그림 5 (a)에서 전도띠의 최저점은 원자가띠의 최고점과 같은 **k** 값에서 나타난다. **k** 값에 큰 변화 없이 수직으로 직접 빛 흡수를 그릴 수 있는데, 그 이유는 흡수되는 광자는 매우 작은 파동 벡터를 가지기 때문이다. 직접전이에 의한 흡수의 문턱 진동수 w_g는 에너지 간격 $E_g = \hbar\omega_g$를 정한다. (b)에서의 간접전이는 광자와 포논을 수반하는데, 그 이유는 원자가띠와 전도띠의 띠끝이 **k** 공간에서 멀리 떨어져 있기 때문이다. (b)에서 간접과정의 문턱에너지는 참 띠간격보다 크다. 띠끝 사이의 간접전이의 흡수 문턱은 $\hbar\omega = E_g + \hbar\Omega$인데, 여기서 Ω는 파동벡터 $K \cong -\mathbf{k}_g$를 가지고 방출되는 포논의 진동수이다. 높은 온도에서는 포논들이 이미 존재하고 있다; 광자와 함께 포논이 흡수되면, 문턱에너지는 $\hbar\omega = E_g - \hbar\Omega$이다. **참고:** 그림은 문턱 전이만을 보여주고 있다. 일반적으로는 두 띠 사이에서 파동벡터와 에너지가 보존되는 거의 모든 점에서 전이가 일어난다.

조의 최소 에너지 간격은 특정한 파동벡터 $\mathbf{k}_c$만큼 떨어진 전자와 양공과 관련되어 있다. 광자의 파동벡터는 관심 영역의 에너지[5]에서는 무시할 정도로 작기 때문에, 에너지 간격이 최소인 지점에서 일어나는 직접적인 빛의 전이(transition)는 파동벡터 보존을 만족하지 못한다. 그러나 직접 전이과정에서 파동벡터가 $\mathbf{K}$이고 진동수가 Ω인 포논이 생성된다면, 보존법칙에서

$$\mathbf{k}(\text{photon}) = \mathbf{k}_c + \mathbf{K} \cong \mathbf{0} \ ; \qquad \hbar\omega = E_g + \hbar\Omega$$

의 관계식을 얻을 수 있다. 포논 에너지 $\hbar\Omega$는 일반적으로 E_g보다 훨씬 작다. 포논 에너지는 에너지 간격에 비해 특성상 작기 때문에(~0.01 eV에서 0.03 eV), 포논은 파동 벡터값이 큰 경우라도 쉽게 전이에 필요한 결정 운동량(crystal momentum)을 제공할 수 있다. 만일 온도가 충분히 높아서 결정 안에 필요한 포논이 이미 열적으로 들떠 있다면, 포논의 흡수가 일어나는 광자의 흡수과정도 일어날 수 있다.

띠틈은 순수 영역(intrinsic range)에서 전도도 혹은 운반자 농도의 온도 의존성으로부터 알아낼 수도 있다. 운반자 농도는 홀(Hall) 전압(제 6장)을 측정해서 구하는데, 전도도를 측정하여 보완하기도 한다. 띠 간격이 직접인지 간접인지를 알아내는 것에는 광학적 측정 방법이 이용된다. 게르마늄과 실리콘의 띠끝은 간접전이로 연결되고, InSb의 띠끝은 직접전이로(그림 6) 연결된다. αSn의 띠 간격은 직접적이며, 정확히 영(0)이고, HgTe와 HgSe는 준금속으로 음(−)값의 간격을 갖는다. 즉 전도띠와 원자가띠가 중첩되어 있다.

운동방정식
EQUATIONS OF MOTION

에너지 띠에서의 전자의 운동방정식을 유도하여 보자. 외부 전기장에서의 파동묶음(wave packet)의 운동을 고려할 때, 파동묶음이 어떤 특정한 파동벡터 k 근처의 파동함수들로 이루어졌다고 생각하자. 군속도(group velocity)는 $v_g = d\omega/dk$이고, 에너지 ϵ의 파동함수에 해당하는 진동수는 $\omega = \epsilon/\hbar$이므로,

$$v_g = \hbar^{-1}\, d\epsilon/dk \qquad \text{or} \qquad \mathbf{v} = \hbar^{-1}\nabla_{\mathbf{k}}\epsilon(\mathbf{k}) \tag{1}$$

이다. 전자운동에 대한 결정의 영향은 분산 관계(dispersion relation) $\epsilon(\mathbf{k})$에 포함되어 있다.

외부 전기장 E에 의해서 시간 t 동안 전자에 가해진 일 $\delta\epsilon$은

$$\delta\epsilon = -eEv_g\,\delta t \tag{2}$$

이고, 식 (1)을 이용하면

5) **역자주** "관심 있는 영역의 에너지"란 반도체 띠틈을 의미함.

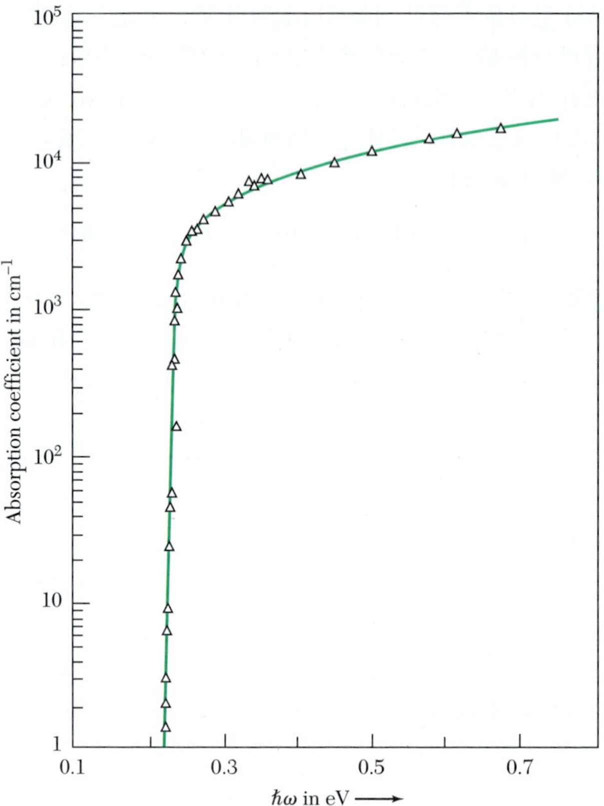

그림 6 순수한 InSb에서의 빛 흡수. 원자가띠와 전도띠의 띠끝이 모두 $\mathbf{k} = 0$이 되는 브릴루앙 영역의 중앙에 있기 때문에, 전이는 직접적이다. 뾰족한 문턱을 주시할 것(G. W. Gobeli와 H. Y. Fan. 결과 인용).

$$\delta\epsilon = (d\epsilon/dk)\delta k = \hbar v_g \, \delta k \tag{3}$$

의 관계식을 얻는다. 식 (2)과 (3)을 비교하여 보면,

$$\delta k = -(eE/\hbar)\delta t \tag{4}$$

가 되어서, 자유전자와 같은 관계식 $\hbar dk/dt = -eE$를 얻는다.

외부 힘 $\mathbf{F}$를 써서 식 (4)을 기술하면

$$\boxed{\hbar\frac{d\mathbf{k}}{dt} = \mathbf{F}} \tag{5}$$

가 된다. 이 식은 중요한 관계식으로, 결정 안에서 $\hbar d\mathbf{k}/dt$가 전자에 가하여지는 외부 힘과 같다는 것을 보여준다. 이 결과는 자유공간에서 $d(m\mathbf{v})/dt$는 힘이라고 하는 뉴턴의 제2법칙을 번복시키는 것은 아니고, 다만 결정 안에 있는 전자는 외부 힘뿐만 아니라 결정 격자가 주는 힘도 받는다는 것을 뜻할 뿐이다.

만일 자기장이 아주 세서 띠 구조를 깨뜨려버릴 정도가 아닌 일반적인 상황이라

면, 자기장 안에 있는 전자가 받는 로런츠 힘(Lorentz force)도 식 (5)에 기술된 바깥 힘의 항(term) 속에 포함된다. 따라서, 일정한 자기장 **B** 안에서 군속도 **v**를 갖는 전자의 운동방정식은

$$\text{(CGS)}\quad \hbar\frac{d\mathbf{k}}{dt} = -\frac{e}{c}\mathbf{v}\times\mathbf{B}\ ;\qquad \text{(SI)}\quad \hbar\frac{d\mathbf{k}}{dt} = -e\mathbf{v}\times\mathbf{B} \tag{6}$$

로 주어지며, 식 (6)의 오른쪽 항은 전자에 가해지는 로런츠 힘이다. 군속도 $\mathbf{v} = \hbar^{-1}$ $\mathrm{grad}_{\mathbf{k}}\epsilon$의 관계를 쓰면, 파동벡터의 변화율은

$$\text{(CGS)}\quad \frac{d\mathbf{k}}{dt} = -\frac{e}{\hbar^2 c}\nabla_{\mathbf{k}}\epsilon\times\mathbf{B}\ ;\qquad \text{(SI)}\quad \frac{d\mathbf{k}}{dt} = -\frac{e}{\hbar^2}\nabla_{\mathbf{k}}\epsilon\times\mathbf{B} \tag{7}$$

가 되며, 이 경우 방정식의 양변은 **k** 공간의 좌표로 표현한 것이다.

식 (7)의 벡터 가위곱(corss product) 항 $\nabla_{\mathbf{k}}\epsilon \times \mathbf{B}$에서, 자기장 안에서 전자는 **k** 공간상에서 에너지 물매(gradient) 방향에 수직한 방향으로 움직이며, 따라서 **전자는 일정 에너지면 상에서 움직임**을 알 수 있다. 벡터 **k**의 **B** 상으로의 투영인 $k_{\mathbf{B}}$의 값은 운동할 때 일정한 값을 갖으며, **k** 공간에서는 **B** 방향에 수직인 평면을 따라 움직이고, 궤도는 **B**에 수직인 평면과 에너지가 일정한 면이 서로 만나는 지점으로 결정된다.

$\hbar\dot{\mathbf{k}} = \mathbf{F}$의 물리적 유도*(physical derivation of $\hbar\dot{k} = F$)*

에너지 고유값 $\epsilon_{\mathbf{k}}$와 파동벡터 **k**에 해당하는 블로흐(Bloch) 고유함수 $\psi_{\mathbf{k}}$를 살펴보면

$$\psi_{\mathbf{k}} = \sum_{\mathbf{G}} C(\mathbf{k}+\mathbf{G})\exp[i(\mathbf{k}+\mathbf{G})\cdot\mathbf{r}] \tag{8}$$

이다. $\Sigma|C(\mathbf{k}+\mathbf{G})|^2 = 1$의 관계식을 이용하면, **k** 상태에 있는 전자의 운동량의 기댓값은

$$\mathbf{p}_{\mathrm{el}} = \langle\mathbf{k}|-i\hbar\nabla|\mathbf{k}\rangle = \sum_{\mathbf{G}}\hbar(\mathbf{k}+\mathbf{G})|C(\mathbf{k}+\mathbf{G})|^2 = \hbar(\mathbf{k}+\sum_{\mathbf{G}}\mathbf{G}|C(\mathbf{k}+\mathbf{G})|^2) \tag{9}$$

이 된다.

외부 힘이 작용해서 **k** 상태의 전자가 $\mathbf{k}+\Delta\mathbf{k}$의 상태로 변화할 때, 전자와 격자 사이의 운동량 전달을 조사해 보자. 전기적으로 중성인 절연체 결정에 **k** 상태의 빈 띠가 있는데, 원래 비어 있는 이 띠에 전자 하나가 들어 있다고 생각하자.

약한 외부 힘이 일정 시간동안 작용해서, 전체 결정계에 가해진 총 충격량(impulse)이 $\mathbf{J} = \int\mathbf{F}\,dt$라고 하고, 만일 전도전자(conduction electron)가 자유롭다면 ($m^* = m$), 충격량에 의해서 결정계에 주어진 총 운동량은 전도전자 운동량의 변화로 나타날 것이다:

$$\mathbf{J} = \Delta\mathbf{p}_{\text{tot}} = \Delta\mathbf{p}_{\text{el}} = \hbar\Delta\mathbf{k}\ . \tag{10}$$

중성인 결정이 자유전자를 통하여 전기장으로부터 받는 상호작용은 직접적으로도 간접적으로도 전혀 없다.

만일 전도전자가 결정 격자의 주기적 퍼텐셜과 상호작용을 한다면,

$$\mathbf{J} = \Delta\mathbf{p}_{\text{tot}} = \Delta\mathbf{p}_{\text{lat}} + \Delta\mathbf{p}_{\text{el}} \tag{11}$$

이 된다. 그러면 식 (9)의 $\mathbf{p}_{\text{el}}$의 관계에서

$$\Delta\mathbf{p}_{\text{el}} = \hbar\Delta\mathbf{k} + \sum_{\mathbf{G}} \hbar\mathbf{G}[(\nabla_{\mathbf{k}}|C(\mathbf{k}+\mathbf{G})|^2)\cdot\Delta\mathbf{k}] \tag{12}$$

를 얻는다.

전자의 상태 변화에 의한 격자 운동량(lattice momentum)의 변화 $\Delta\mathbf{p}_{\text{lat}}$는 기초적인 물리에서 유도될 수 있다. 격자에 의해 반사된 전자는 격자에 운동량을 전달한다. 만일 운동량 $\hbar\mathbf{k}$를 가진 평면파 성분의 입사 전자가 운동량 $\hbar(\mathbf{k}+\mathbf{G})$를 갖고 반사된다면, 운동량 보존에 의해 격자는 $-\hbar\mathbf{G}$의 운동량을 얻게 된다. $\psi_{\mathbf{k}}$ 상태가 $\psi_{\mathbf{k}+\Delta\mathbf{k}}$ 상태로 넘어갈 때 격자에 전달된 운동량은

$$\Delta\mathbf{p}_{\text{lat}} = -\hbar\sum_{\mathbf{G}} \mathbf{G}[(\nabla_{\mathbf{k}}|C(\mathbf{k}+\mathbf{G})|^2)\cdot\Delta\mathbf{k}] \tag{13}$$

인데, 이는 $\Delta\mathbf{k}$만큼 상태변화를 하는 동안에 초기상태의 각각의 성분이

$$\nabla_{\mathbf{k}}|C(\mathbf{k}+\mathbf{G})|^2\cdot\Delta\mathbf{k} \tag{14}$$

만큼 반사되기 때문이다.

그러므로, 총 운동량 변화는

$$\Delta\mathbf{p}_{\text{el}} + \Delta\mathbf{p}_{\text{lat}} = \mathbf{J} = \hbar\Delta\mathbf{k} \tag{15}$$

가 되며, 이 결과는 식 (10)에 있는 자유전자의 경우와 똑같다. 따라서 $\mathbf{J}$의 정의로부터

$$\hbar d\mathbf{k}/dt = \mathbf{F} \tag{16}$$

가 되며, 이는 식 (5)에서 다른 방법으로 구한 결과와 같다. 양자역학적인 방법을 이용하여 식 (16)을 보다 철저하게 유도한 결과가 부록 E에 소개되어 있다.

양공*(holes)*

원래는 꽉 채워져 있어야 하는 띠에 비어 있는 궤도가 있다면, 반도체 물리학이나 고체 전자학에서 이 빈 궤도의 성질은 중요하다. 띠 안에 있는 빈 궤도를 흔히 **양공**(hole)이라고 부른다. 외부 전기장이나 외부 자기장에서 양공은 마치 양전하 $+e$를 가진 것처럼 행동한다. 그 이유를 아래 상자에 다섯 단계로 설명한다.

1. $$\mathbf{k}_h = -\mathbf{k}_e \ . \tag{17}$$

체워진 띠의 전자들의 총 파동벡터는 영(0)이다. 즉 $\Sigma\mathbf{k} = 0$이고, 여기서 합계는 브릴루앙(Brillouin) 영역에 있는 모든 상태를 포괄한 것이다. 이 결과는 브릴루앙(Brillouin) 영역의 기하학적 대칭성에서 연유한다. 모든 기본적인 격자 형태는 임의의 격자점에서의 뒤집힘 연산 $\mathbf{r} \rightarrow -\mathbf{r}$에 대해 대칭성을 가지고 있고, 따라서 격자의 브릴루앙 영역도 뒤집힘 대칭성(inversion symmetry)을 가지는 것이며, 띠가 체워져 있으면 모든 궤도의 쌍(pairs of orbitals) $\mathbf{k}$와 $-\mathbf{k}$로 채워져 있는 것으로, 따라서 총 파동벡터는 영(0)이다.

파동벡터 $\mathbf{k}_e$의 궤도에서 전자가 하나 빠지면, 계의 총 파동벡터는 $-\mathbf{k}_e$가 되면서, 양공이 이 파동벡터를 갖는 것과 같게 된다. 양공의 파동벡터가 $-\mathbf{k}_e$가 된다는 것이 좀 이상할지 모르지만, 그림 7에서 보듯이, 전자가 $\mathbf{k}_e$에서 빠지면서 양공의 위치는 $\mathbf{k}_e$에 놓여 있는 것처럼 그려진다. 그러나 양공의 실제 파동벡터 $\mathbf{k}_h$는 $-\mathbf{k}_e$이며, 이것은 양공이 점 E에 있다고 할 때 점 G에서의 파동벡터이다. 양공의 파동벡터가 $-\mathbf{k}_e$가 되어야 한다는 것은 빛 흡수의 선택규칙(selection rule)에서 기인한 것이다.

양공은 전자가 하나 빠져버린 띠를 다르게 기술하는 방법으로, 양공이 파동벡터 $-\mathbf{k}_e$를 갖고 있다고 하거나, 혹은 전자 하나가 빠진 에너지 띠는 총 파동벡터 $-\mathbf{k}_e$를 갖고 있다고 하는 것과 같은 의미이다.

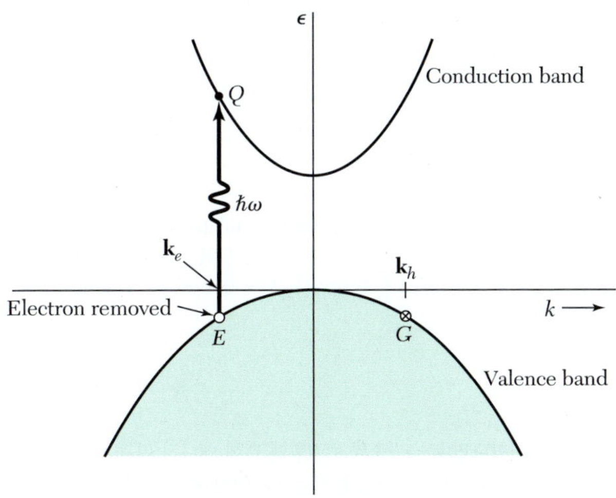

그림 7 에너지 $\hbar\omega$이고, 미세한 파동벡터를 가진 광자 하나를 흡수하면 꽉 찬 원자가띠의 E로부터 전도띠의 Q로 전자 하나를 옮긴다. $\mathbf{k}_e$가 E에서의 전자의 파동벡터라면, 이 물리량은 곧 Q에서의 전자의 파동벡터가 된다. 흡수가 일어난 후 원자가띠의 총 파동벡터는 $-\mathbf{k}_e$이고, 이 물리량은 원자가띠에 양공이 하나만 있다면 바로 그 양공의 파동벡터가 된다. 그래서 $\mathbf{k}_h = -\mathbf{k}_e$이다. 즉 양공의 파동벡터는 G에 남아 있는 전자의 파동벡터와 같다. 전체 계에서 광자를 흡수 한 후의 파동벡터는 $\mathbf{k}_e + \mathbf{k}_h = 0$이 되어서, 광자 흡수와 전자-양공 생성에 대해 총 파동벡터는 변하지 않는다.

2. $$\epsilon_h(\mathbf{k}_h) = -\epsilon_e(\mathbf{k}_e) \ . \qquad (18)$$

원자가 띠의 꼭지점은 에너지가 영(0)인 점이다. 그리고 전자의 빠진 자리가 띠의 낮은 쪽에 위치할수록, 계의 에너지는 높아진다. 양공의 에너지는 빠져버린 전자의 에너지와 부호가 반대인데, 이는 높은 궤도에서보다 낮은 궤도에서 전자를 제거하는 데 일이 더 많이 들기 때문이다. 띠가 대칭적이라면[6], $\epsilon_e(\mathbf{k}_e) = \epsilon_e(-\mathbf{k}_e) = -\epsilon_h(-\mathbf{k}_e) = -\epsilon_h(\mathbf{k}_h)$이다. 그림 8에 양공의 성질을 나타내기 위한 띠 모형을 구성해 보았다. 이렇게 양공띠를 그리는 것은 양공에 대하여서는 오른쪽이 올라가는 것처럼 보이기 때문에 유용한 표기법이다.

3. $$\mathbf{v}_h = \mathbf{v}_e \ . \qquad (19)$$

양공의 속도는 빠져버린 전자의 속도와 같다. 그림 8로부터, $\nabla\epsilon_h(\boldsymbol{k}_h) = \nabla\epsilon_e(\boldsymbol{k}_e)$이므로, $\boldsymbol{v}_h(\boldsymbol{k}_h) = \boldsymbol{v}_e(\boldsymbol{k}_e)$임을 알 수 있다.

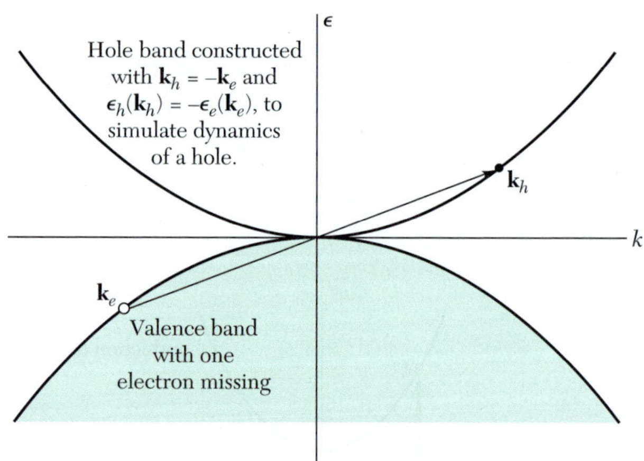

그림 8 그림의 위쪽 반에 양공의 동역학을 시뮬레이션한(simulate) 양공띠를 그려 놓았는데, 이것은 원자가띠를 원점에 대해 뒤집어서 만든다. 양공의 파동벡터와 에너지는 원자가 띠에서 비어 있는 전자 궤도의 파동벡터 및 에너지와 크기는 같지만, 부호가 반대이다. 원자가 띠의 한 점 $\mathbf{k}_e$에서 제거된 전자의 위치 이동은 그림에 표시하지 않았다.

6) 스핀-궤도 상호작용을 무시한다면 $\mathbf{k} \to -\mathbf{k}$의 뒤집힘에 대해 에너지 띠는 항상 대칭적이다. 스핀-궤도의 상호작용이 있더라도, 결정구조가 뒤집힘 연산을 허용하면 역시 에너지 띠는 항상 대칭적이다. 대칭의 중심이 없으면, 스핀-궤도의 상호작용이 있는 경우라도, 스핀 방향이 반대로 되어 있는 버금띠(subband)를 비교한다면, 이 경우에도 에너지 띠는 대칭적이다, 즉 $\epsilon(\boldsymbol{k}, \uparrow) = \epsilon(\boldsymbol{k}, \downarrow)$이다. *QTS*의 9장 참조.

4. $$m_h = -m_e \ . \tag{20}$$

유효질량은 곡률 $d^2\epsilon/dk^2$에 반비례하며, 양공 띠의 경우 원자가 띠의 전자와 부호가 반대이다. 원자가띠 꼭지점 근처에서 m_e는 음수이며, 따라서 m_h는 양수이다.

5. $$\hbar \frac{d\mathbf{k}_h}{dt} = e(\mathbf{E} + \frac{1}{c}\mathbf{v}_h \times \mathbf{B}) \ . \tag{21}$$

양공에 대한 운동방정식인 윗 식은 전자에 대한 운동방정식

(CGS) $$\hbar\frac{d\mathbf{k}_e}{dt} = -e(\mathbf{E} + \frac{1}{c}\mathbf{v_e} \times \mathbf{B}) \tag{22}$$

에서 $\mathbf{k}_e$를 $-\mathbf{k}_h$로, $\mathbf{v}_e$를 $\mathbf{v}_h$로 바꾸어 주면 나온다. **양공의 운동방정식은 양전하 e를 가진 입자의 운동방정식**이다. 전하가 양(+)이라는 것은 그림 9에 있는 원자가띠가 전류를 운반한다는 것을 의미한다. 즉 전류는 궤도 G에 있는 외톨이(unpaired) 전자에 의해 운반되며,

$$\mathbf{j} = (-e)\mathbf{v}(G) = (-e)[-\mathbf{v}(E)] = e\mathbf{v}(E) \tag{23}$$

로 주어지는데, 이는 점 E에 있는 전자의 빠진 자리가 움직이는 속도로 양전하가 이동하면서 생기는 전류이다. 이 전류가 흐르는 과정에 대한 설명이 그림 10에 있다.

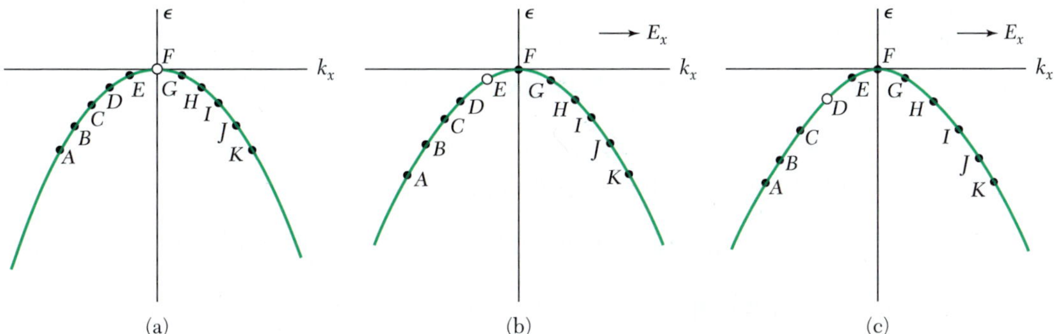

그림 9 (a) t = 0에 띠의 꼭지점 F를 제외하고 모든 상태가 차 있다: $d\epsilon/dk_x$ = 0이므로 속도 v_x는 0이다. (b) 전기장 E_x가 $+x$ 방향으로 걸렸다면, 전자에 미치는 힘은 $-k_x$ 방향으로, 모든 전자들은 함께 $-k_x$ 방향으로 전이한다. 따라서 양공은 점 E로 옮겨간다. (c) 시간이 좀더 지나면 전자들이 k 공간에서 더 멀리 이동하여 이제는 양공이 점 D에 위치한다.

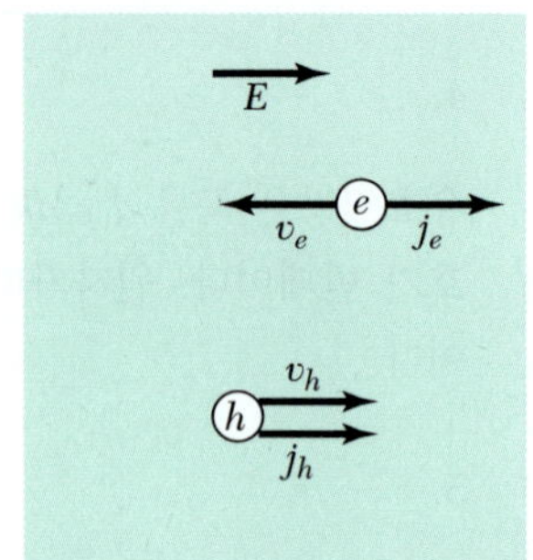

그림 10 전기장 E가 걸렸을 때 전도띠의 전자와 원자가띠의 양공의 움직임. 양공과 전자의 표류속도는 서로 반대방향이지만, 전류는 전기장 방향으로서 같은 방향이다.

유효질량(*effective mass*)

자유전자의 에너지–파동벡터 관계식 $\epsilon = (\hbar^2/2m)k^2$을 보면, k^2의 계수가 k에 대한 $\epsilon = (\hbar^2/2m)k^2$의 곡률에 의해 결정된다는 것을 알 수 있다. 다시 말하면 $1/m$이라는 역질량(reciprocal mass)이 곡률을 결정한다고 말할 수 있다. 띠 안에 있는 전자는, 7장에 있는 영역경계(zone boundary) 근처의 파동방정식의 풀이(solution)에서 보듯이, 영역경계의 띠틈 근처에서 유난히 높은 곡률을 가진 영역이 있을 수 있다. 만일 에너지 간격이 영역경계에서의 자유전자 에너지 λ와 비교해서 작을 경우, 곡률은 λ/E_g배로 증가한다.

반도체의 경우, 띠의 폭은 자유전자의 경우와 비슷하게 20 eV 정도인 반면, 띠간격은 0.2에서 2 eV 정도이다. 그래서 질량의 역수는 10배 내지 100배 정도 커지며, 유효질량은 자유전자의 0.1~0.01배로 줄어든다. 이 값은 띠간격 근처에서만 적용되며, 띠 간격에서 멀어질수록 곡률은 자유전자의 값에 가까워지게 될 것이다.

7장의 풀이를 U가 양수인 경우에 대해 요약하면, 두 번째 띠의 낮은 쪽 끝머리(lower edge) 부근에 있는 전자의 에너지는 다음과 같이 나타낼 수 있다.

$$\epsilon(K) = \epsilon_c + (\hbar^2/2m_e)K^2 \ ; \qquad m_e/m = 1/[(2\lambda/U)-1] \ . \tag{24}$$

여기서, K는 영역경계로부터 측정된 파동벡터이고, m_e는 두 번째 띠의 끝머리 가까이에서 전자의 유효질량이다. 첫 번째 띠 정점 근처에서 전자의 에너지는

$$\epsilon(K) = \epsilon_v - (\hbar^2/2m_h)K^2 \ ; \qquad m_h/m = 1/[(2\lambda/U)+1] \tag{25}$$

이다. 곡률과 따라서 질량은 첫 번째 띠 정점 근처에서는 음수가 되겠지만, 양공 질량의 기호 m_h가 양의 값을 가지게 하기 위해서 식 (25)에 "−" 기호를 넣었다(위의 식 (20) 참조).

운반자의 유효질량이 자유전자의 질량보다 작다고 해서 결정이 가벼워지는 것도 아니고, 또한 이온과 운반자로 이루어진 결정 전반에서 뉴턴의 제2법칙이 성립하지 않는 것도 아니다. 중요한 점은, 외부 전기장이나 자기장을 걸어주면, 주기적인 퍼텐셜 안에 있는 전자는 여기에서 정의한 유효질량과 같은 질량을 갖는 것처럼 격자에 대해서 상대적으로 가속된다는 점이다.

군속도에 대한 결과인 식 (1)을 미분하면,

$$\frac{dv_g}{dt} = \hbar^{-1}\frac{d^2\epsilon}{dk\,dt} = \hbar^{-1}\left(\frac{d^2\epsilon}{dk^2}\frac{dk}{dt}\right) \tag{26}$$

식 (5)로부터 $dk/dt = F/\hbar$이므로,

$$\frac{dv_g}{dt} = \left(\frac{1}{\hbar^2}\frac{d^2\epsilon}{dk^2}\right)F \;; \qquad \text{또는} \qquad F = \frac{\hbar^2}{d^2\epsilon/dk^2}\frac{dv_g}{dt} \tag{27}$$

이다. 이제 $\hbar^2/(d^2\epsilon/dk^2)$을 질량이라고 규정한다면, 식 (27)은 뉴턴의 제2법칙의 형태를 갖는다. **유효질량** m^*를 다음과 같이 정의한다.

$$\boxed{\frac{1}{m^*} = \frac{1}{\hbar^2}\frac{d^2\epsilon}{dk^2}\ .} \tag{28}$$

이것을 일반화하여, Si이나 Ge에서의 전자와 같은 비등방성 에너지 면에 대해서도 적용할 수 있다. 이 경우 역질량의 텐서(tensor) 성분은

$$\left(\frac{1}{m^*}\right)_{\mu\nu} = \frac{1}{\hbar^2}\frac{d^2\,\epsilon_k}{dk_\mu\,dk_\nu} \;; \qquad \frac{dv_\mu}{dt} = \left(\frac{1}{m^*}\right)_{\mu\nu}F_\nu \tag{29}$$

가 되며, 여기서 μ, ν는 직각좌표의 각 성분이다.

유효질량의 물리적 해석(*physical interpretation of the effective mass*)

질량 m인 전자를 결정 안에 넣으면, 외부 장에 대해서 어떻게 질량이 m^*인 것처럼 반응을 할까? 격자 안에 있는 전자파동[7](electron wave)의 브래그 반사(Bragg reflection) 과정을 살펴보는 것이 이해에 도움이 될 것이다. 7장에서 다룬 약한 상호 작용 근사법을 생각해 보면 낮은 쪽 띠의 바닥 근처에서 궤도함수(orbital)는 운동량 $\hbar k$를 가지는 평면파 $\exp(ikx)$로 나타낼 수가 있다. 한편 운동량 $\hbar(k - G)$를 가지는 파동 성분 $\exp[i(k - G)x]$는 작으며, k가 증가함에 따라서 천천히 증가한다. 또한 이 영역에서는 $m^* = m$이다. k가 증가하면, 반사 성분 $\exp[i(k - G)x]$도 증가하는데, 이는 격자로부터 전자로 운동량이 전달되는 것으로 나타난다.

영역경계 부근에서의 반사성분은 상당히 크다. 영역 경계에서는 반사 성분의 진폭은 진행파(forward component)와 같고, 그래서 이 점에서의 고유함수는 흐름파(running wave)라기보다는 정상파가 된다. 이때 운동량 성분 $\hbar(-\frac{1}{2}G)$는 운동량 성분 $\hbar(\frac{1}{2}G)$[8]와 서로 상쇄된다.

에너지띠 안에 있는 전자는 양수 혹은 음수의 유효질량을 가질 수 있다. 양수의 유효 질량이라는 것은 띠가 위쪽의 곡률을 가졌다는 것을 의미하므로($d^2\epsilon/dk^2$이 양수

7) **역자주** 전자가 직선 운동을 할 때는 de Broglie 파가되므로, 전자의 직선운동을 전자 파동이라고 기술한 것임.

8) **역자주** $\hbar\,(-\frac{1}{2}G)$와 $\hbar(\frac{1}{2}G)$는 각각 영역 경계에서의 진행파와 반사파 성분의 운동량임.

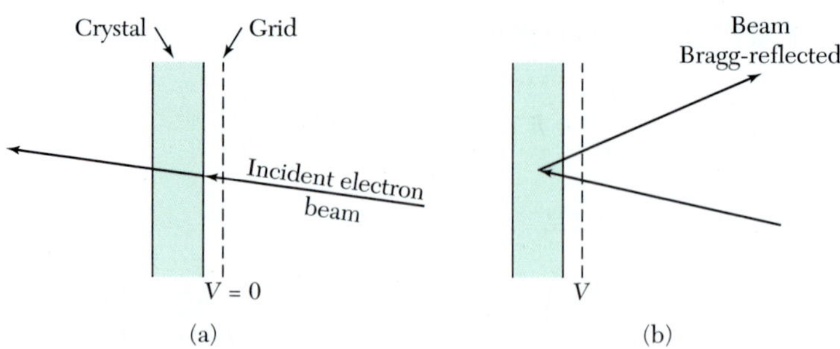

그림 11 브릴루앙 영역경계 근처에서 나타나는 음의 유효질량에 대한 설명. (a) 얇은 결정에 입사한 전자살(electron beam)의 에너지는 브래그 반사의 조건을 만족하기에 약간 부족하고, 따라서 전자살은 결정을 뚫고 지나간다. (b) 격자에 약한 전압을 걸어주면, 브래그 조건이 만족될 수도 있고, 그러면 전자살은 적당한 결정면들로부터 반사될 수 있다.

임), 양수의 유효질량 상태는 띠의 바닥 근처에서 나타난다. 반대로 음수의 유효질량 상태는 띠의 정점 근처에서 나타난다. 유효질량이 음수의 값을 갖는다는 것은, 상태 k에서 상태 $k + \Delta k$로 바뀔 때, 전자가 격자에 전달한 운동량이 외부 힘이 전자에 전달한 운동량보다 커진다는 뜻이다. 외부 전기장에 의해 비록 k가 Δk만큼 증가되었지만, 브래그(Bragg) 반사를 하면 전자의 진행 방향의 운동량은 전체적으로 감소할 수 있다. 이러한 경우, 유효질량은 음수($-$)의 값을 갖는다(그림 11).

두 번째 띠에서 경계로부터 멀어질수록, $\exp[i(k - G)x]$의 진폭은 급격히 감소하며, 또 m^*는 작은 양의 값을 갖는다. 이때 외부 충격량이 초래하는 전자의 속도의 증가폭은 자유전자가 느끼는 것보다 큰데, 그 차이는 격자가 환산 되튐(reduced recoil)을 통해 보완한다. 환산 되튐은 격자의 파동 $\exp[i(k - G)x]$의 진폭이 사라지면서 발생한다.

만일 띠의 에너지가 k에 대해 아주 천천히 변한다면, 유효질량은 매우 큰 값을 가질 것이다. 다시 말하면, $d^2\epsilon/dk^2$이 매우 작으면 $m^*/m \gg 1$이다. 9장에서 밀접결합 근사(tight-binding approximation)을 배우면, 좁은 띠가 형성되는 것에 대하여 좀더 깊게 공부할 기회가 있겠지만, 요약된 내용을 살펴보면 다음과 같다. 만일 이웃하는 두 원자의 파동함수들이 중간 지점에서 거의 겹쳐 있지 않다면, 겹치기 적분(overlap integral)은 작을 것이고, 그러면 띠의 폭은 좁을 것이며, 따라서 유효질량은 클 것이다. 안쪽 궤도 및 핵심 궤도의 전자의 경우, 이웃하는 원자들의 파동함수의 중간 지점에서의 겹침은 작다. 예를 들어서 희토류 금속의 $4f$ 전자들은 겹침이 거의 없다.

반도체에서의 유효질량*(effective masses in semiconductors)*

많은 반도체들에서, 사이클로트론 공명(cyclotron resonance)에 의해 전도띠와 원자가띠의 띠끝 근처에서의 에너지면 형성을 결정할 수 있었다. 에너지면(energy surface)을 결정한다는 것은 식 (29)에 있는 유효질량 텐서를 결정한 것과 같은 것이다. 반도체에서의 사이클로트론 공명은 낮은 운반자 농도에서 센티미터 혹은 밀리미터 정도의 파장을 갖는 복사선(centimeter wave or millimeter wave radiation)을 가지고 행해진다.

전류 운반자(current carriers)는 정자기장(static magnetic field)을 축으로 하는 나선형 궤도를 따라 가속된다. 각속도 ω_c는

$$\text{(CGS)} \quad \omega_c = \frac{eB}{m^* c} , \qquad \boxed{\text{(SI)} \quad \omega_c = \frac{eB}{m^*}} \tag{30}$$

이고, m^*는 해당하는 사이클로트론 유효질량이다. 정자기장에 수직한 rf 전기장(그림 12)을 걸어주면, rf 진동수가 사이클로트론 진동수와 같을 경우 에너지 공명 흡수가 일어난다. 자기장 안에서 양공과 전자는 서로 반대 방향으로 회전한다.

$m^*/m = 0.1$인 경우의 실험을 살펴보자. 진동수 $f_c = 24$ GHz, 즉 $\omega_c = 1.5 \times 10^{11}\ \mathrm{s}^{-1}$일 때, $B = 860$ G에서 공명이 일어난다. 선폭은 충돌풀림시간(collision relaxation time) T에 의해 결정되고, $\omega_c\tau \geq 1$의 조건을 충족해야 식별이 가능한 공명 신호를 얻을 수 있다. 또 평균자유거리는 평균운반자(average carrier)가 충돌하지 않고 1 라디안(radian) 정도의 원형 궤도를 돌 수 있을 정도로 길어야 한다. 이러한 실험 조건은 더 높은 진동수의 복사선(radiation)과 매우 높은 자기장, 그리고 순도 높은 결정으로 액체 헬륨 온도에서 수행함으로써 충족시킬 수 있다.

띠끝이 브릴루앙 영역의 중앙에 있는 직접간격(direct-gap) 반도체 띠의 구조가 그림 13에 있다. 전도띠의 끝은 유효질량 m_e를 가지는 공 모양이다;

$$\epsilon_c = E_g + \hbar^2 k^2/2m_e . \tag{31}$$

위 식은 원자가 띠끝을 기준으로 나타낸 것이다. 원자가띠는 특성적으로 끝머리 근처에서 3겹(three-fold)으로 되어 있어서, 무거운 양공(heavy hole)과 가벼운 양공(light hole)의 띠는 중앙에 겹쳐(degenerate) 있고, *soh* 띠(spin-orbit hole band)는 스핀-궤도 갈라지기에 의해 갈라져 위치하고 있다:

$$\begin{gathered} \epsilon_v(hh) \cong -\hbar^2k^2/2m_{hh} \ ; \qquad \epsilon_v(lh) \cong -\hbar^2k^2/2m_{lh} \ ; \\ \epsilon_v(soh) \cong -\Delta - \hbar^2k^2/2m_{soh} \ . \end{gathered} \tag{32}$$

표 2에 질량 변수(mass parameter)가 수록되어 있다. 무거운 양공(heavy hole)

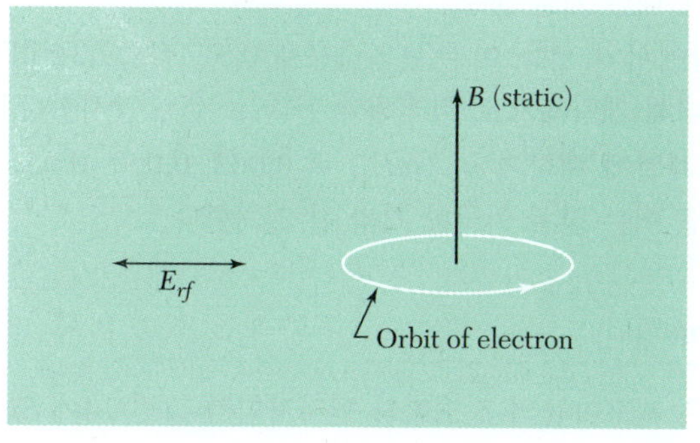

그림 12 반도체의 사이클로트론 공명 실험에서의 전기장 및 자기장들의 배치. 전자와 양공의 회전방향은 반대이다.

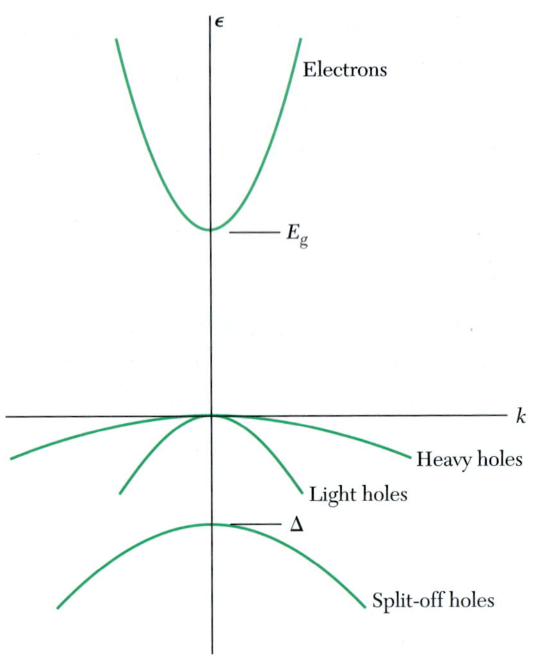

그림 13 직접간격 반도체의 띠끝 구조의 간단한 보기.

표 2 직접간격 반도체의 전자와 양공의 유효 질량

Crystal	Electron m_e/m	Heavy hole m_{hh}/m	Light hole m_{lh}/m	Split-off hole m_{soh}/m	Spin-orbit Δ, eV
InSb	0.015	0.39	0.021	(0.11)	0.82
InAs	0.026	0.41	0.025	0.08	0.43
InP	0.073	0.4	(0.078)	(0.15)	0.11
GaSb	0.047	0.3	0.06	(0.14)	0.80
GaAs	0.066	0.5	0.082	0.17	0.34
Cu_2O	0.99	—	0.58	0.69	0.13

과 가벼운 양공(light hole)의 에너지 띠는 공 모양이 아니기 때문에, 수식 (32)는 계략적인 표현이다.—다음의 Ge과 Si에 대한 기술 참조.

직접간격 결정에 있어서의 띠끝에서의 섭동 이론은(연습문제 9.8), 직접띠 결정에서는 전자 유효질량이 띠간격에 대해 개략적으로 비례해야 한다는 것을 암시한다. 표 1과 2를 보면 InSb, InAs, InP 계열에 대하여 $m_e/(mE_g)$ = 0.063, 0.060, 0.051 $(\mathrm{eV})^{-1}$로 비교적 일정한 값을 갖는데, 이는 앞서 언급한 것과 잘 일치한다.

실리콘과 게르마늄(*silicon and germanium*)

이론과 실험적 결과를 종합해서 얻은 게르마늄의 전도띠와 원자가띠가 그림 14에 있

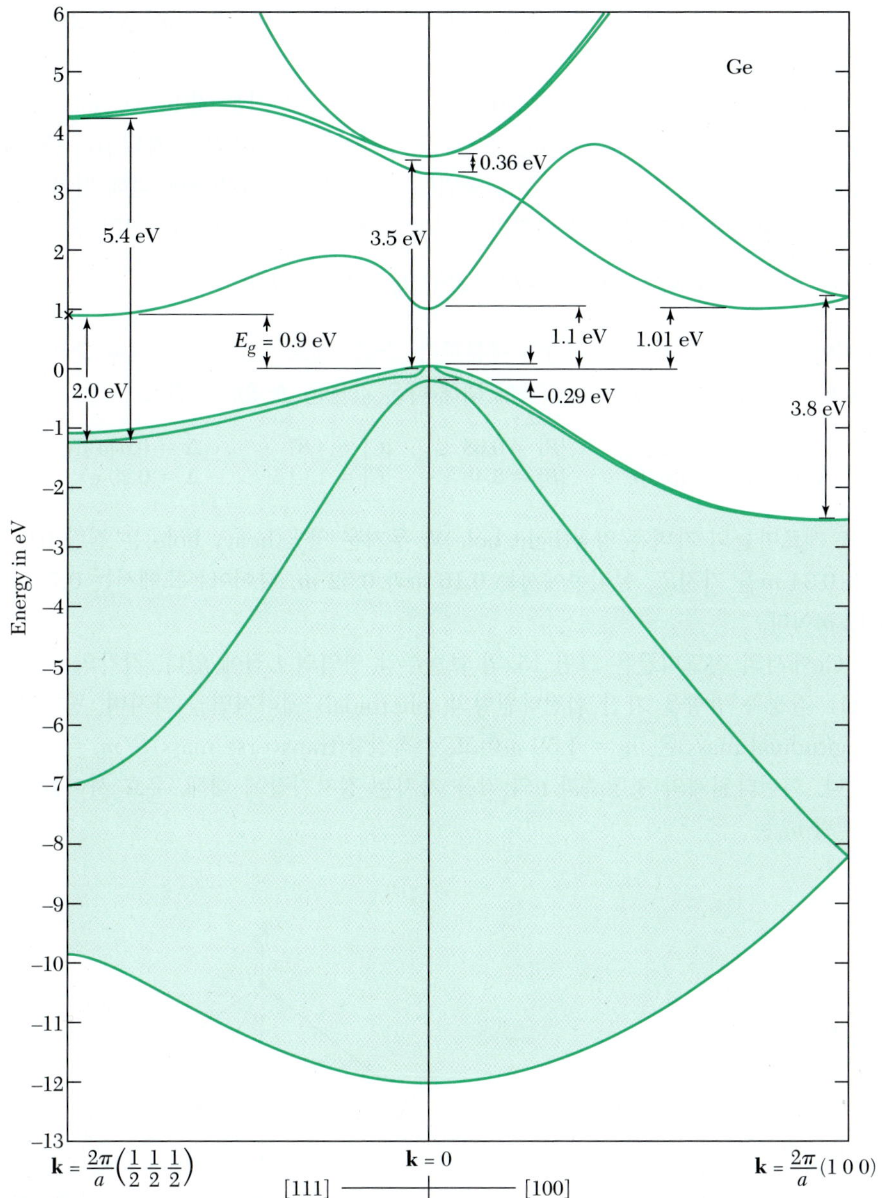

그림 14 C. Y. Fong을 따라 계산된 게르마늄의 띠구조. 일반적인 사항들은 실험과 상당히 일치한다. 네 개의 원자가띠는 청색으로 그려져 있다. 원자가띠 끝의 미세구조는 스핀-궤도 갈라짐에 의한 것이다. 에너지 간격은 간접적이다; 전도띠끝은 $(2\pi/a)(\frac{1}{2}\frac{1}{2}\frac{1}{2})$ 점에 있다. 이 점 주위로의 등에너지면(constant energy surface)은 타원체이다.

다. Si와 Ge 두 결정의 원자가 띠끝은 $\mathbf{k} = 0$에 있으며, 자유원자의 $p_{3/2}$과 $p_{1/2}$ 준위에 대해 유도된 것으로, 파동함수의 밀접결합 근사(제 9장) 결과에서 규명된다.

전자의 $p_{3/2}$ 준위는 원자에서와 같이 4중으로, 겹쳐 있다(fourfold degenerate); 이 네(4)겹의 상태는 각각 m_J의 $\pm\frac{2}{3}$과 $\pm\frac{1}{2}$ 값에 해당한다. $p_{1/2}$ 준위는 두겹이고, m_J =

$\pm\frac{1}{2}$이다. $p_{3/2}$ 상태는 에너지에서 $p_{1/2}$ 상태보다 높게 있고, 에너지 차이 Δ는 스핀-궤도 상호작용의 척도이다.

원자가 띠끝은 간단하지 않다. 띠끝 근처의 양공은 무거운 것(heavy hole)과 가벼운 것(light hole) 두 개의 유효질량으로 특징지어진다. 이것은 원자의 $p_{3/2}$ 준위로 구성된 두 띠에서 나오는 것이다. $p_{1/2}$ 준위는 스핀-궤도 상호작용에 의해 떨어져 있는 띠를 형성한다. 에너지 면은 구형이 아니고, 약간 굽어져 있다(*QTS*, 271쪽):

$$\epsilon(\mathbf{k}) = Ak^2 \pm [B^2k^4 + C^2(k_x^2k_y^2 + k_y^2k_z^2 + k_z^2k_x^2)]^{1/2} . \tag{33}$$

위 식에서 ±부호에 따라 두 질량을 구분한다. 스핀-궤도 상호작용에 의해 갈라진 띠는 $\epsilon(k) = -\Delta + Ak^2$이 된다. 실험에 의해 나온 값들은, $\hbar^2/2m$ 단위로,

Si:	$A = -4.29$;	$\lvert B\rvert = 0.68$;	$\lvert C\rvert = 4.87$;	$\Delta = 0.044$ eV
Ge:	$A = -13.38$;	$\lvert B\rvert = 8.48$;	$\lvert C\rvert = 13.15$;	$\Delta = 0.29$ eV

대략, 게르마늄의 가벼운 양공(light hole)과 무거운 양공(heavy hole)은 질량 0.043 m과 0.34 m을 가지고, 실리콘에서는 0.16 m과 0.52 m, 다이아몬드에서는 0.7 m과 2.12 m이다.

Ge에서의 전도띠끝은 그림 15a의 브릴루앙 영역의 L점에 있다. 각각의 띠끝은 ⟨111⟩ 결정축 방향을 가진 회전타원형의(spheroidal) 에너지면을 가지며, 평행질량(longitudinal mass)은 $m_l = 1.59\ m$이고, 수직질량(transverse mass)은 $m_t = 0.082\ m$이다. 회전타원체의 평행축과 θ의 각을 가지는 정자기장에 대해, 유효 사이클로트론 질량 m_c는

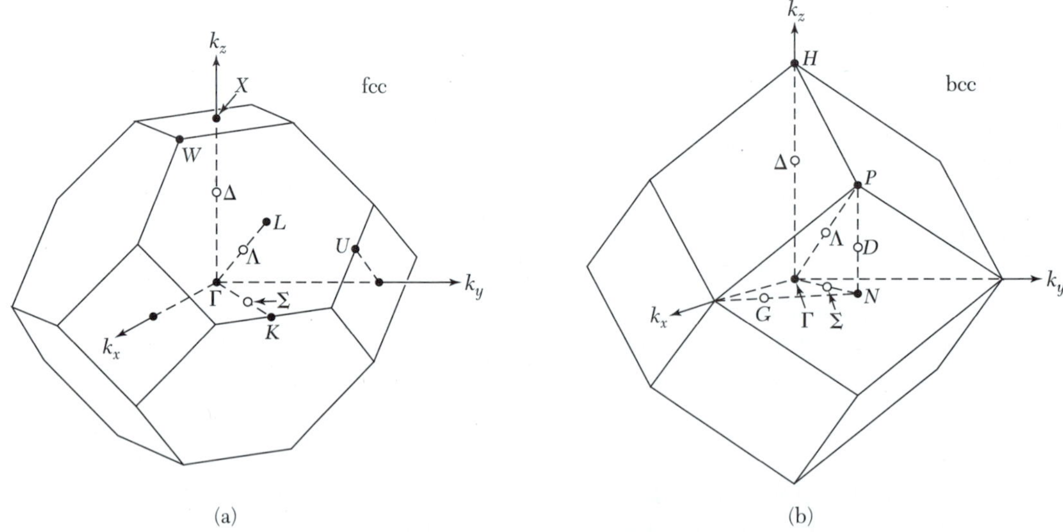

그림 15 fcc 및 bcc 격자의 브릴루앙 영역의 대칭점들과 축의 표준표기. 영역중심은 Γ. (a)에서 $(2\pi/a)(100)$의 경계점은 X; $(2\pi/a)(\frac{1}{2}\frac{1}{2}\frac{1}{2})$의 경계점은 L; 선 Δ은 Γ와 X 사이를 잇는다. (b)에서 상응하는 기호는 각각 H, P, Δ이다.

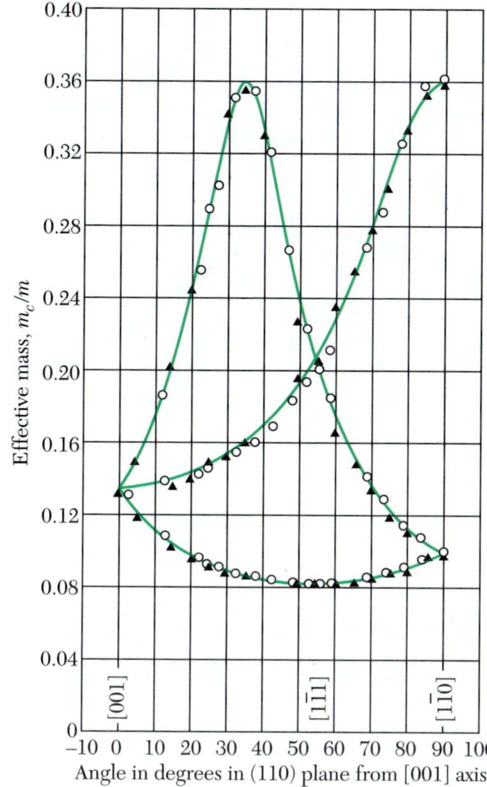

그림 16 온도 4 K에서 자기장이 (110) 평면 방향으로 걸렸을 때 게르마늄의 전자의 유효 사이클로트론 질량. 게르마늄에는 4개의 독립된 질량 회전타원체(mass spher- oids)가 있다; 각각의 [111] 축을 따라 하나씩 있지만, (110) 평면에서 보면 두 개의 회전타원체는 같아 보인다(Dresselhaus, Kip, and Kittel 결과 인용).

$$\frac{1}{m_c^2} = \frac{\cos^2\theta}{m_t^2} + \frac{\sin^2\theta}{m_t m_l} \tag{34}$$

이다. 그림 16에 Ge의 결과가 있다.

실리콘에서 전도띠끝은 그림 17a와 같이 브릴루앙 영역의 ⟨100⟩ 방향을 갖는 회전 타원체이며, 질량은 $m_l = 0.92\ m$이고 $m_t = 0.19\ m$이다. 그림 15a에서 띠끝은 경계점 X에서 약간 안쪽의, Δ라고 표시된 선을 따라 늘어서 있다.

GaAs에서는, $A = -6.98$, $B = -4.5$, $C = 6.2$, $\Delta = 0.341$ eV이다. 띠구조는 그림 17b에 있다. 직접 띠간격(direct band gap)을 갖고 있으며, 0.067 m인 등방성 전자 유효질량을 갖고 있다.

고유운반자 농도
INTRINSIC CARRIER CONCENTRATION

고유 운반자의 농도가 띠간격과 온도에 대해 어떤 함수 관계를 갖고 있는지를 알아보자. 단순한 포물형 띠끝을 써서 계산해 보자. 먼저 화학퍼텐셜 μ를 가지고 온도 T에서 전도띠로 들뜸되는 전자의 수를 계산한다. 반도체 물리학에서는 μ는 페르미 준위

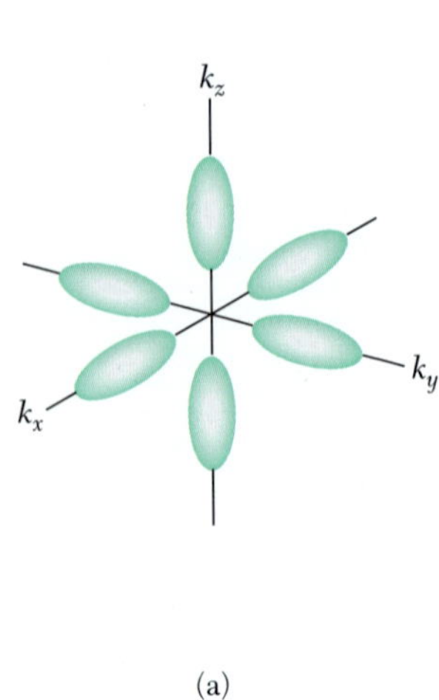

(a)

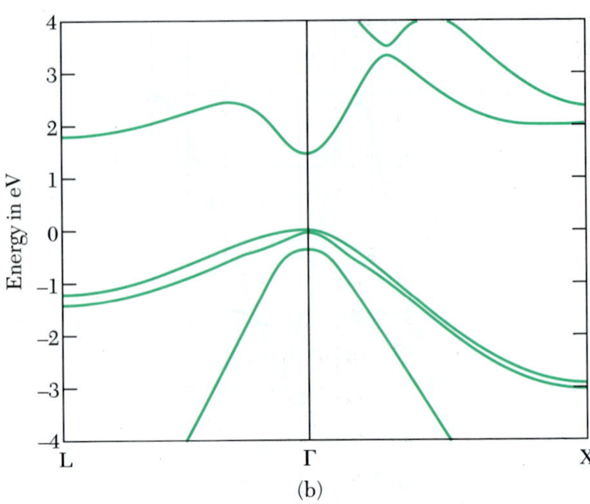

(b)

그림 17a 실리콘에서 m_l/m_t = 5일 때 전자의 같은 값을 갖는 에너지 타원체.

그림 17b GaAs의 띠구조(S.G. Louie 결과 인용).

라고 불린다. 관심온도 영역에서, 반도체의 전도띠에 대해 $\epsilon - mu \gg k_BT$라고 가정해도 되겠고, 그때 페르미-디랙 분포함수(Fermi-Dirac distribution function)는 다음과 같이 근사된다.

$$f_e \simeq \exp[(\mu-\epsilon)/k_BT] \ . \tag{35}$$

이 식은 $f_e \ll 1$인 근사가 성립할 때 전도전자 궤도가 채워져 있을 확률이다.

전도띠에 있는 전자의 에너지는

$$\epsilon_k = E_c + \hbar^2k^2/2m_e \tag{36}$$

인데, 여기서 E_c는 그림 18에 있듯이 전도띠끝에서의 에너지이고, m_e는 전자의 유효질량이다. 그러면 식 (6.20)으로부터, ϵ에서 전자의 상태밀도는

$$D_e(\epsilon) = \frac{1}{2\pi^2}\left(\frac{2m_e}{\hbar^2}\right)^{3/2}(\epsilon - E_c)^{1/2} \tag{37}$$

이 된다. 그리고 전도띠의 전자농도는

$$n = \int_{E_c}^{\infty} D_e(\epsilon)f_e(\epsilon)d\epsilon = \frac{1}{2\pi^2}\left(\frac{2m_e}{\hbar^2}\right)^{3/2} \exp(\mu/k_BT) \times \int_{E_c}^{\infty} (\epsilon - E_c)^{1/2} \exp(-\epsilon/k_BT)d\epsilon \tag{38}$$

이며, 이를 적분하면

$$n = 2\left(\frac{m_ek_BT}{2\pi\hbar^2}\right)^{3/2} \exp[(\mu - E_c)/k_BT] \tag{39}$$

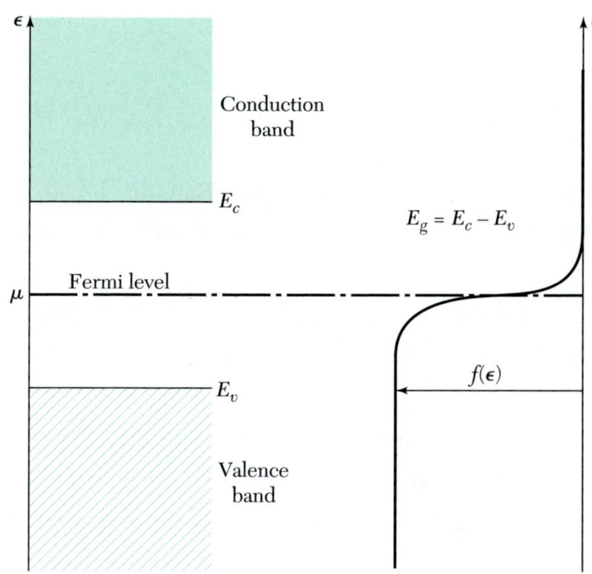

그림 18 통계적 계산을 위한 에너지 눈금. 페르미 분포함수가 $k_BT \ll E_g$의 온도에서 같은 눈금으로 그려 있다. 고유반도체의 경우, 페르미 준위 μ가 띠간격 중앙 부근에 위치하는 것으로 주어져 $\epsilon = \mu$이면, $f = \frac{1}{2}$이다.

가 된다.

만일 μ의 값을 알고 있으면 n에 대한 문제는 풀린다. 그 다음은 양공의 평형농도 p를 계산하는 것이 필요하다. 양공은 전자가 없는 상태이므로, 양공에 대한 분포함수 f_h는 전자분포함수의 $f_p = 1 - f_n$의 관계를 갖는다. 따라서 $(\mu - \epsilon) \gg k_BT$의 조건에서

$$f_h = 1 - \frac{1}{\exp[(\epsilon - \mu)/k_BT] + 1} = \frac{1}{\exp[(\mu - \epsilon)/k_BT] + 1} \cong \exp[(\epsilon - \mu)/k_BT] \tag{40}$$

가 된다.

원자가띠 꼭지점 근처에 있는 양공이 유효질량 m_h를 가진 입자처럼 행동한다면, 양공 상태밀도는

$$D_h(\epsilon) = \frac{1}{2\pi^2}\left(\frac{2m_h}{\hbar^2}\right)^{3/2}(E_v - \epsilon)^{1/2} \tag{41}$$

이다. 여기서 E_v는 원자가띠 끝에서의 에너지이다. 식 (38)에서와 같이 진행하여,

$$p = \int_{-\infty}^{E_c} D_h(\epsilon)f_h(\epsilon)d\epsilon = 2\left(\frac{m_hk_BT}{2\pi\hbar^2}\right)^{3/2} \exp[(E_v - \mu)/k_BT] \qquad (42)^{9)}$$

라는 원자가띠에서 양공의 농도 p를 얻는다.

에너지띠 $E_g = E_c - E_v$의 관계식을 쓰면서, n과 p의 식을 곱하면 다음의 평형

9) **역자주** 수식에서 원서 오류 정정

관계식을 얻는데,

$$np = 4\left(\frac{k_B T}{2\pi\hbar^2}\right)^3 (m_c m_h)^{3/2} \exp(-E_g/k_B T) \tag{43}$$

이 유용한 결과는 페르미 준위 μ를 포함하지 않고 있다. Si, Ge, GaAs의 실제 띠 구조에 대해, 300 K에서 np의 값은 각각 2.10×10^{19} cm^{-6}, 2.89×10^{25} cm^{-6}, 6.55×10^{12} cm^{-6}이다.

위의 관계식을 유도하면서 어디에서도 물질이 고유하다는 가정을 쓰지 않았다. 불순물이 있어도 결과는 똑같다. 단 한가지 가정은 페르미 준위의 양 띠끝으로부터의 거리가 k_BT에 비해 멀다는 것뿐이다.

왜 np가 주어진 온도에서 일정한지를 간단한 역학적 방법을 설명해 보일 수 있다. 전자와 양공의 평형농도가 온도 T에서 흑체복사에 의해 유지된다고 가정하자. $A(T)$는 광자가 전자와 양공 한 짝을 생성하는 비율(rate)이고, $B(T)np$는 $e + h =$ 광자[10)]라는 재결합반응의 비율이라고 하면

$$dn/dt = A(T) - B(T)np = dp/dt \tag{44}$$

가 된다. 평형상태에서는 $dn/dt = 0$, $dp/dt = 0$이므로, $np = A(T)B(T)$.

전자와 양공의 농도의 곱은 주어진 온도에서 불순물 농도에 상관없이 일정하므로, n을 증가시키기 위해 적당한 불순물 비율을 추가하면, p는 떨어지게 마련이다. 이 결과는 실용적인 견지에서 중요하다. 불순한 결정에서 적절한 불순물을 추가함으로써 총 운반자 농도 $n + p$를 때로는 엄청나게 줄일 수 있다. 이런 감소효과를 **보정**(compensation)이라고 부른다.

고유반도체에서, 전자 하나를 열적으로 들뜨게 하면 원자가띠에 양공 하나를 남겨 놓게 되므로, 전자수는 양공수와 같다. 그러므로 아래첨자 i로 순수한(intrinsic) 상태를 나타내고 또한 $E_g = E_c - E_v$의 관계식을 이용하면, 식 (43)으로부터

$$n_i = p_i = 2\left(\frac{k_B T}{2\pi\hbar^2}\right)^{3/2} (m_e m_h)^{3/4} \exp(-E_g/2k_B T) \tag{45}$$

가 된다.

고유운반자는 $E_g/2k_BT$에 지수함수 형태로 의존하며, 여기서 E_g는 에너지 간격이다. 페르미 준위를 원자가띠의 정점에서 시작한 것으로 잡고, (39)와 (42)를 같다고 놓으면,

$$\exp(2\mu/k_B T) = (m_h/m_e)^{3/2} \exp(E_g/k_B T) \tag{46}$$

$$\mu = \tfrac{1}{2} E_g + \tfrac{3}{4} k_B T \ln (m_h/m_e) \tag{47}$$

10) **역자주** 전자와 양공이 다시 결합하여 빛이 발생되는 과정을 식으로 표현

가 된다. 만일 $m_h = m_e$이면, $\mu = \frac{1}{2}E_g$이며, 페르미 준위는 금지된 간격의 중앙에 위치한다.

고유 이동도(*intrinsic mobility*)

이동도는 단위 전기장에 대한 속도의 크기이다:

$$\mu = |v|/E \ . \tag{48}$$

이동도는, 전자와 양공의 경우 표류속도의 방향이 반대지만, 둘 다 양의 값을 갖는 것으로 정한다. 전자와 양공의 이동도를 아래첨자를 써서 μ_e와 μ_h로 적음으로써, 화학적 퍼텐셜 μ와 혼동을 피하도록 한다.

전기전도도는 전자와 양공의 기여도를 합한 것이다:

$$\sigma = (ne\mu_e + pe\mu_h) \ . \tag{49}$$

여기서 n과 p는 전자와 양공의 농도이다. 6장에서 전하 q의 속도는 $v = q\tau E/m$이므로,

$$\mu_e = e\tau_e/m_e \ ; \qquad \mu_h = e\tau_h/m_h \tag{50}$$

이고, 여기서 τ는 충돌 시간이다

이동도는 온도에 대해 지수함수 법칙을 따른다. 고유영역에서 전도도의 온도 의존성은 운반자 농도 식 (45)의 지수함수 의존성 $\exp(-E_g/2k_BT)$에 의해 지배된다.

표 3에 상온에서의 이동도의 실험값이 수록되어 있다. SI 단위계로는 m^2/V-s로 표현되며, 이는 실용 단위로 표시된 이동도의 10^{-4}배이다. 대부분의 물질에서, 표시된 값들은 열적 포논과의 충돌에 의해 제약을 받는다. 양공의 이동도는 전형적으로 전자의 이동도보다 작은데, 이는 영역 한가운데의 원자가띠 끝에서 띠 겹침(band

표 3 상온에서의 운반자 이동도(단위 cm^2/V·s)

Crystal	Electrons	Holes	Crystal	Electrons	Holes
Diamond	1800	1200	GaAs	8000	300
Si	1350	480	GaSb	5000	1000
Ge	3600	1800	PbS	550	600
InSb	800	450	PbSe	1020	930
InAs	30000	450	PbTe	2500	1000
InP	4500	100	AgCl	50	—
AlAs	280	—	KBr (100 K)	100	—
AlSb	900	400	SiC	100	10 – 20

degeneracy)이 일어나고, 그로 인해 띠 사이의 산란(interband scattering)이 이동도를 현격히 감소시키기 때문이다.

어떤 결정에서는, 특히 이온성 결정에서는 양공은 본질적으로 움직일 수 없고 이온에서 이온으로 열적으로 활성화된 깡충뛰기(thermally-activated hopping)만이 있을 뿐이다. 이 "자기 덫치기(self-trapping)"의 가장 중요한 이유는 겹침 상태의 얀-텔러 효과(Jahn-Teller effect)에 의한 격자 찌그러짐(lattice distortion)이다. 자기 겹침(self-degeneracy)에 필요한 궤도의 겹침은 전자보다 양공이 훨씬 더 많이 일어난다.

직접 띠끝에서 작은 에너지 간격을 갖는 결정들에서는 매우 큰 전자이동도를 갖는 경향이 있다. 작은 띠 간격은 작은 유효질량을 이끌어 내어, 높은 이동도를 가지게 한다. 반도체에서 관찰된 최고이동도는 4 K에서 간격이 0.19 eV인 PbTe의 5×10^6 cm^2/V-s이다.

불순물 전도도
IMPURITY CONDUCTIVITY

어떤 불순물이나 결함은 반도체의 전기적 성질에 엄청나게 영향을 미친다. 실리콘에 보론(boron)을 10^5의 실리콘 원자에 대해 1개의 보론원자 비율로 첨가하면 순수한 실리콘의 전도도를 상온에서 10^3배 정도 증가시킬 수 있다. 복합반도체에서 한(1) 성분의 화학당량적 결손(stoichiometric deficiency)은 불순물로 작용한다. 이런 반도체는 **결손 반도체**(defect semiconductors)로 알려져 있다. 반도체에 불순물을 의도적으로 추가하는 것을 **첨가**(혹은 도핑; doping)라고 한다.

실리콘과 게르마늄에서 불순물의 효과를 보자. 이 원소들은 다이아몬드 구조의 결정을 이룬다. 각 원자는 가장 가까이 있는 이웃과 하나씩, 모두 네 개의 공유결합을 갖고 있으며, 이는 화학적 원자가 사(IV)에 해당한다. 만일 인, 비소, 안티몬과 같은 원자가 오(V)의 불순물 원자가 정상원자의 격자 자리에 대치되어 있으면, 가장 가까운 이웃과 네(4) 개의 공유결합을 형성한 뒤 하나의 원자가전자가 남을 것이며, 이는 최소한의 교란만으로 불순원자가 결정 구조에 수용되었음을 말한다. 전자 하나를 내어줄 수 있는 불순물 원자를 **주개**(donor)라고 한다.

주개 상태*(donor states)*

그림 19은 불순물 원자가 (전자 하나를 잃어버려서) 양전하를 갖고 있는 구조이다. 격자상수 연구에 의하면, 이때 오가(V) 불순물은 격자에 정상원자를 대치하여 (주인 원자의 자리에) 들어가며, 틈새자리로 들어가는 것이 아니다. 전자는 결정 안에 남아 있으므로, 결정 전체는 중성으로 남아 있다.

주개가 준 전자는 불순물 이온의 쿨롱 퍼텐셜 $e/\epsilon r$ 안에서 운동하며, 여기서 ϵ는 매질의 정유전상수(static dielectric constant)이다. $1/\epsilon$이라는 상수는 전하와 전하 사

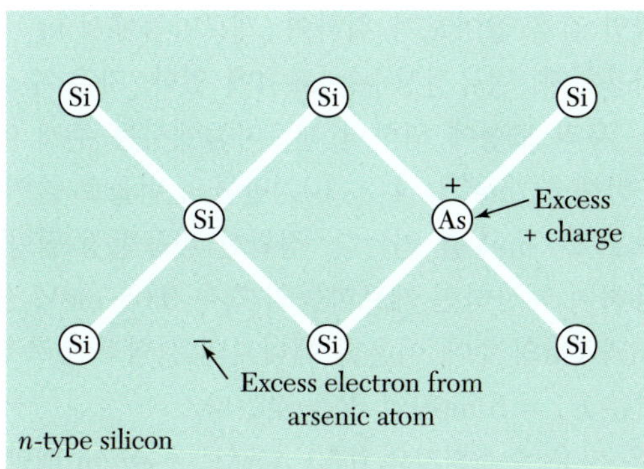

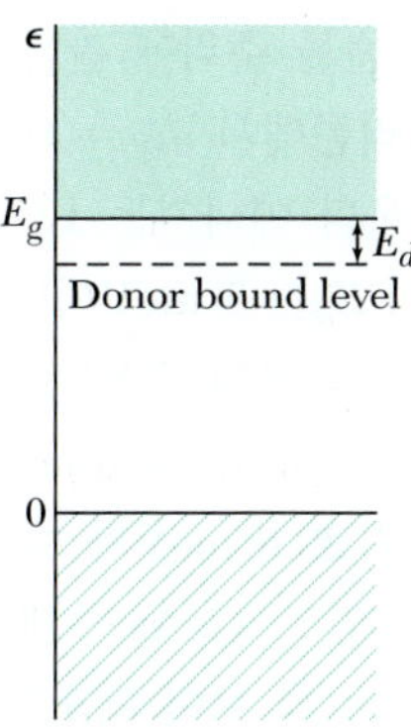

그림 19 실리콘에서 비소불순물과 관련된 전하. 비소는 5개의 원자가전자를 가지지만, 실리콘은 4개의 원자가전자밖에 없다. 그래서, 비소의 4개 전자는 실리콘과 비슷하게 사면체 공유결합을 이루고, 다섯 번째 전자는 전도에 이용된다. 비소원자는, 이온화되면 전자를 전도띠에 주게 되므로 주개라고 불린다.

이의 쿨롱 힘(Coulomb force)이 매질의 전자분극(electronic polarization) 때문에 약화되는 정도이다. 이런 처리법은 궤도가 원자들 사이의 거리보다 크거나, 에너지 간격에 해당하는 진동수 ω_g에 비해 궤도진동수가 작은 느린 운동의 경우에 해당된다. 이 조건은 Ge나 Si에서 P, As, Sb의 주개 전자에 대해서 성립한다.

주개불순물의 이온화 에너지를 계산해 보자. 이 경우 수소원자에 대한 보어 이론(Bohr theory)을 변형하여 쓰면 되는데, 이때 매질의 유전상수와 결정의 주기적 퍼텐셜 안에서 전자의 유효질량을 고려해서 수정해 주어야 한다. 수소원자의 이온화 에너지는 CGS에서 $-e^4 m/2\hbar^2$이고, SI에서 $-e^4m/2(4\pi\epsilon_0\hbar)^2$이다.

유전상수 ϵ을 가진 반도체에서는 e^2를 e^2/ϵ으로 바꾸고, m을 유효질량 m_e로 바꾸어서, 반도체 주개의 이온화 에너지(ionization energy of donor)

$$\text{(CGS)} \quad E_d = \frac{e^4 m_e}{2\epsilon^2\hbar^2} = \left(\frac{13.6}{\epsilon^2}\frac{m_e}{m}\right) eV \; ; \qquad \text{(SI)} \; E_d = \frac{e^4 m_e}{2(4\pi\epsilon\epsilon_0\hbar)^2} \tag{51}$$

를 얻는다.

수소의 바닥상태의 보어 반지름(Bohr radius)은 CGS로 $\hbar^2/me^2$이고 SI로 $4\pi\epsilon_0\hbar^2/me^2$이므로, 주개의 보어 반지름은

$$\text{(CGS)} \; a_d = \frac{\epsilon\hbar^2}{m_e e^2} = \left(\frac{0.53\epsilon}{m_e/m}\right) \text{Å} \; ; \qquad \text{(SI)} \; a_d = \frac{4\pi\epsilon\epsilon_0\hbar^2}{m_e e^2} \tag{52}$$

이 된다.

게르마늄과 실리콘에의 경우, 위의 식을 적용하는 것은 전도전자의 비등방성 유효질량 때문에 복잡하다. 하지만, 유효질량은 1승으로 들어가는 반면에 유전상수는 제곱으로 들어가기 때문에, 유전상수가 주개 에너지에 더 중요하게 영향을 미친다.

불순물 준위에 관하여 개략적인 감을 잡아보기 위하여, 게르마늄에서 $m_e \approx 0.1\ m$, 실리콘에서 $m_e \approx 0.2\ m$를 사용하자. 정유전상수는 표 4에 있다. 자유 수소원자의 이온화 에너지는 13.6 eV이다. 우리 모형에 의하면 게르마늄에서는 주개 이온화 에너지 E_d는 5 meV이며, 수소에 비해 $m_e/m\epsilon^2 = 4 \times 10^{-4}$만큼의 비율로 줄어든 것이다. 실리콘의 경우, 같은 방법으로 20 meV를 얻는다. 정확한 비등방성 질량 텐서(anisotropic mass tensor)를 사용하여 계산하면 게르마늄의 경우 9.05 meV, 실리콘의 경우 29.8 meV가 예측된다. Si과 Ge의 주개 이온화 에너지의 실험적인 측정값은 표 5에 있고, GaAs 주개에 대해서는 $E_d \simeq 6$ meV인 값을 갖는다.

첫 번째 보어 궤도의 반지름은 자유 수소원자의 0.53 Å 값보다 $\epsilon m/m_e$배만큼 커진다. 따라서 게르마늄에서 주개의 반지름은 (160)(0.53) ≃ 80 Å이고, 실리콘에서는 (60)(0.53) ≃ 30 Å이 된다. 이것은 꽤 큰 반지름이며, 그래서 임자원자(host atoms)들의 숫자에 비해 상당히 낮은 주개농도에서도 주개 궤도들이 겹친다. 겹침이 감지할 수준으로 많아지게 되면, 주개 상태로부터 "불순물 띠(impurity band)"가 형성된다. 이 부분은 14장의 금속-절연체 전이에 관한 논의를 참조하면 된다.

반도체에서는 전자들이 주개에서 주개 사이를 깡충뛰기함으로써 불순띠에서 전기를 전도시킬 수 있다. 어느 정도의 받개(acceptor) 원자가 존재한다면, 일부 주개는 항상 이온화되어 있기 때문에, 불순띠의 전도 과정은 낮은 주개농도 준위에서 시작된다. 주개 전자는 차지된 주개원자보다는 이온화된(즉, 차지되지 않은) 주개로 뛰어넘는 것이 더 쉽다. 그래야 전하가 이동하는 중에 두 전자가 같은 위치(site)를 차지하지 않게 될 것이다.

표 4 반도체의 상대적인 정유전상수

Crystal	ϵ	Crystal	ϵ
Diamond	5.5	GaSb	15.69
Si	11.7	GaAs	13.13
Ge	15.8	AlAs	10.1
InSb	17.88	AlSb	10.3
InAs	14.55	SiC	10.2
InP	12.37	Cu_2O	7.1

표 5 게르마늄과 실리콘에서 오(V)가 불순물의 주개 이온화 에너지 E_d (meV 단위)

	P	As	Sb
Si	45.	49.	39.
Ge	12.0	12.7	9.6

받개 상태(acceptor states)

게르마늄이나 실리콘에서 원자가가 오(V)가인 불순물에 있듯이, 양공은 원자가가 삼(III)가인 불순물에 속박되어 있다(그림 20). B, Al, Ga, In과 같은 3가 불순물은 **받개**(acceptor)라고 한다. 이들은 이웃원자들과 공유결합을 완성하기 위하여 원자가띠에서 전자 하나를 받으면서, 띠에 양공을 남긴다.

받개 하나가 이온화되면, 양공 하나가 자유로워지는데, 들뜸에는 에너지입력이 필요하다. 통상의 에너지띠 그림에서, 전자는 에너지를 얻으면 올라가고, 양공은 에너지를 얻으면 내려앉는다.

게르마늄과 실리콘의 받개의 실험적인 이온화 에너지는 표 6에 있다. 보어 모형은 전자의 경우처럼 양공에서도 정성적으로 적용할 수 있지만, 원자가띠 정점에서의 겹침 때문에 유효질량 문제는 보다 복잡하다.

표에 의하면 Si의 주개와 받개 이온화 에너지는 상온에서의 k_BT(약 26 meV)와 비슷하며, 따라서 주개와 받개의 열적 이온화는 상온에서 실리콘의 전기전도에 중요하다. 주개원자가 받개원자보다 수적으로 훨씬 더 많으면, 주개의 열적 이온화가 전자를 전도띠에 공급할 것이다. 시료의 전도도는 전자(음전하)에 의해 조종될 것이고, 이 물질은 n형이라고 불린다.

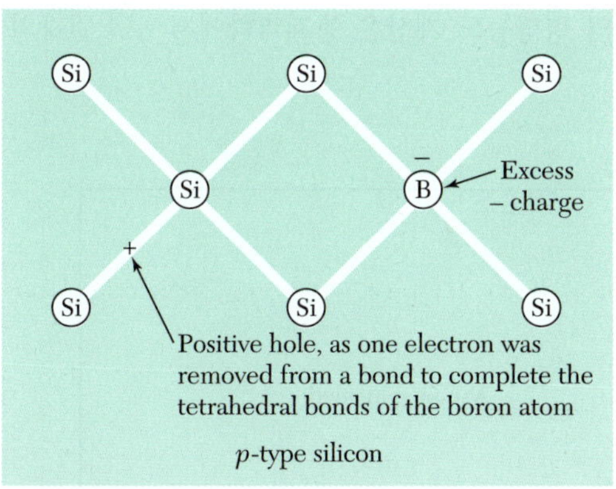

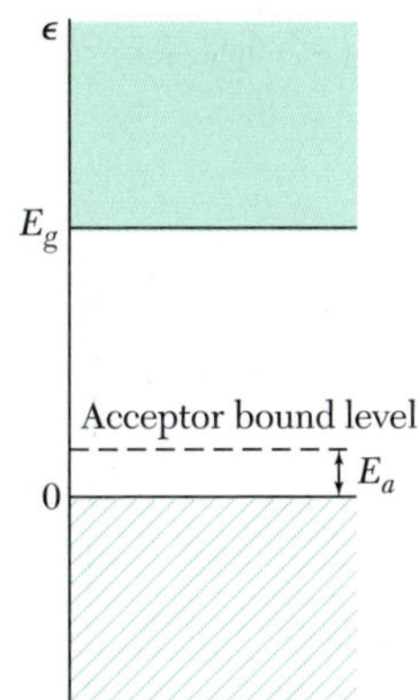

그림 20 보론(Boron)은 원자가전자가 3개뿐이다. 그래서 실리콘의 원자가띠에 양공을 하나 남겨 놓으면서 Si-Si 결합에서 전자를 하나 빼서 와야지 사면체형 결합을 이룰 수가 있다. 그러면 양전하인 양공은 전도를 할 수 있다. 보론을 **받개**라고 하는데, 그 이유는 이온화될 때 원자가띠로부터 전자를 하나 받기 때문이다. 0 K에서 양공은 속박되어 있다.

표 6 게르마늄과 실리콘에서 3가 불순물의 받개 이온화 에너지(meV 단위)

	B	Al	Ga	In
Si	45.	57.	65.	157.
Ge	10.4	10.2	10.8	11.2

받개가 우세하면, 양공이 원자가띠에 공급되고, 전도도는 양공(양전하)에 의해 조종될 것이며, 이 물질은 p형이라고 한다. 식 (6.53)에 있는 홀 전압(Hall voltage)의 부호는 물질이 n형인지 p형인지를 대략적으로 알아낼 수 있는 측정 방법이다. 실험실에서 할 수 있는 또다른 손쉬운 측정 방법은 다음에 설명할 열전(thermoelectric) 퍼텐셜의 부호를 알아내는 것이다.

고유영역(intrinsic regime)에서 양공과 전자의 수는 같다. 300K에서 고유전자농도 n_i는 게르마늄의 경우 1.7×10^{13} cm^{-3}이고, 실리콘의 경우 4.6×10^{9} cm^{-3}이다. 고유물질의 전기비저항은 게르마늄의 경우 43 ohm-cm이고 실리콘의 경우 2.6×10^{5} ohm-cm이다.

게르마늄은 cm^{3}당 4.42×10^{22}개의 원자를 가진다. Ge의 경우 순도를 높이는 기술은 다른 어느 원소보다도 훨씬 진척되어 있다. 전기적으로 활성인 불순물, 즉 얕은 주개와 받개 불순물의 농도를 10^{11}개의 Ge 원자에 대해 불순물 함량을 한(1) 개 이하로 줄였다(그림 21 참조). 예를 들면, Ge 안의 P의 농도는 4×10^{-10} cm^{-3} 이하로 줄일 수 있다. Ge 안에 농도를 $10^{12} - 10^{14}$ cm^{-3}보다 작게 낮출 수 없는 불순물(H, O, Si, C)도 있지만, 이들은 전기적 측정에는 영향을 미치지 않으므로 감지하는데 어려움이 있다.

주개와 받개의 열적 이온화(thermal ionization of donors and acceptors)

이온화된 주개로부터의 전도전자의 평형농도 계산은 통계역학에서 수소원자의 열적

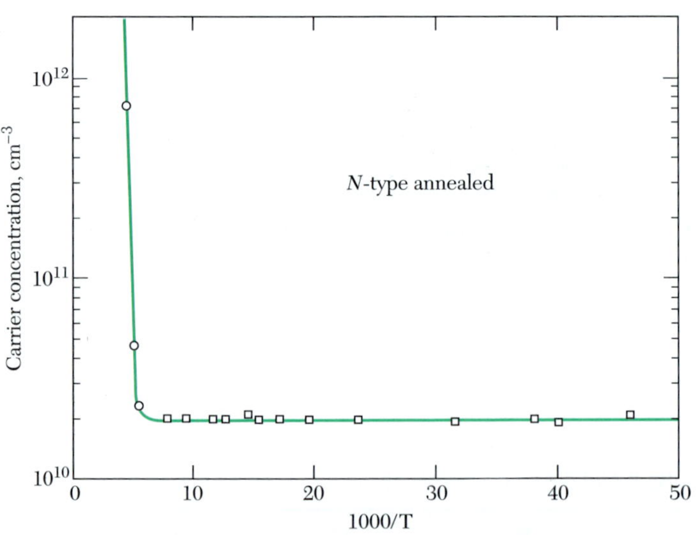

그림 21 R. N. Hall의 결과를 인용한, 초순수(ultrapure) Ge에서 자유 운반자 농도의 온도의존성. 전기적으로 활성인 불순물의 실효농도(net concentration)는, 홀 상수 측정으로 정한 바에 의하면 2×10^{10} cm^{-3}이다. 고유 들뜸(intrinsic excitation)의 급격히 상승하기 시작(onset)하는 것이 낮은 $1/T$ 값에서 확연하다. 운반자 농도는 20 K와 200 K 사이에서 거의 일정하다.

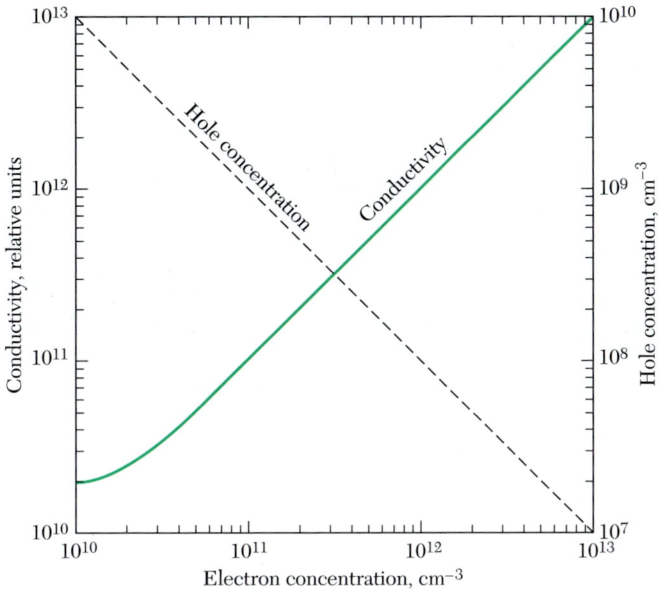

그림 22 $np = 10^{20}$ cm^{-6}되는 온도에서 전자의 농도 n의 함수로 계산한 전기 전도도과 양공 농도 p의 그래프.

이온화 현상을 계산하는 방법과 같다(*TP*, p.369 참조). 받개가 없을 경우, 낮은 온도 $k_BT \ll E_d$에서 결과는 $n_0 \equiv 2\,(m_e k_B T/2\pi\hbar^2)^{3/2}$이라는 정의와 더불어

$$\boxed{n \cong (n_0 N_d)^{1/2} \exp(-E_d/2k_BT)} \tag{53}$$

가 된다. 이 식에서 N_d는 주개의 농도이다. 식 (53)을 얻기 위해서는 농도비 $[e][N_d^+]/[N_d]$에 화학적 평형법칙을 적용하고, $[N_d^+] = [e] = n$으로 놓는다. 받개에 대해서도 주개원자가 없다는 가정 아래 동일한 결과가 성립한다.

주개와 받개 농도가 비슷하면 상황은 복잡해지고 방정식은 수치적 방법으로 풀어야 한다. 그렇지만 질량작용법칙(law of mass action) 식 (43)에 의하면 주어진 온도에서 np 곱은 일정해야 한다. 주개가 넘치면 전자농도는 증가하고 양공의 농도는 감소하지만, $n + p$ 합은 증가한다. 이동도가 같으면, 전기 전도도는 그림 22에서와 같이 $n + p$에 따라 증가한다.

열전기 효과
THERMOELECTRIC EFFECTS

전기장이 전류밀도 j_q를 반도체를 통하여 흐르게 할 때, 반도체의 온도는 일정하게 유지된다고 가정하자. 만일 전자만이 전류를 흐르게 하는 전하 운반자라고 하면, 전하 다발(charge flux)은

$$j_q = n(-e)(-\mu_e)E = ne\mu_e E \tag{54}$$

이며, 여기서 μ_e는 전자의 이동도이다. 전자에 의하여 옮겨진 평균 에너지는, 페르미 준위 μ를 기준으로 하였을 때

$$(E_c - \mu) + \tfrac{3}{2}k_B T$$

가 되며, 여기서 E_c는 전도띠 끝의 에너지이다. 페르미 준위를 기준으로 한 이유는 다른 종류의 도체가 서로 접촉하게 될 때 페르미 준위(Fermi level)가 같게 되기 때문이다. 전하다발에 수반되는 에너지 다발은

$$j_U = n(E_c - \mu + \tfrac{3}{2}k_B T)(-\mu_e)E \tag{55}$$

이다.

펠티에 계수(Peltier coefficient) Π는 $j_U = \Pi j_q$의 관계에서 정의되며, 단위 전하가 갖고 있는 에너지이다. 전자의 경우

$$\Pi_e = -(E_c - \mu + \tfrac{3}{2}k_B T)/e \tag{56}$$

이고, 에너지 다발과 전하다발을 서로 반대 방향이기 때문에 "−" 부호가 붙었다. 양공의 경우

$$j_q = pe\mu_h E \ ; \qquad j_U = p(\mu - E_v + \tfrac{3}{2}k_B T)\mu_h E \tag{57}$$

이며, 여기서 E_v는 원자가띠 끝에서의 에너지이다. 그래서

$$\Pi_h = (\mu - E_v + \tfrac{3}{2}k_B T)/e \tag{58}$$

가 되며, 양수값(positive)이다. 식 (56)과 (57)은 단순한 표류속도 이론(drift velocity theory)의 결과로, 볼츠만 수송방정식(Boltzmann transport equation)을 쓰면 수치상 약간의 차이가 있다.[11)]

절대 열전력(absolute thermoelectric power) Q는 온도 차이에 의하여 생긴 열린 회로의 전기장으로 정의된다.

$$E = Q \,\mathrm{grad}\, T \ . \tag{59}$$

펠티에 계수 Π는 열전력 Q와

$$\Pi = QT \tag{60}$$

의 관계를 갖으며, 이것이 유명한 비가역 열역학(irreversible thermodynamics)에 대한 켈빈(Kelvin)의 관계식이다. 반도체 시료의 한쪽 끝을 가열하면서, 반도체 시료의

---

11) 볼츠만 수송이론(Boltzmann transport theory)에 대하여서는 부록 F에 간단히 설명함.

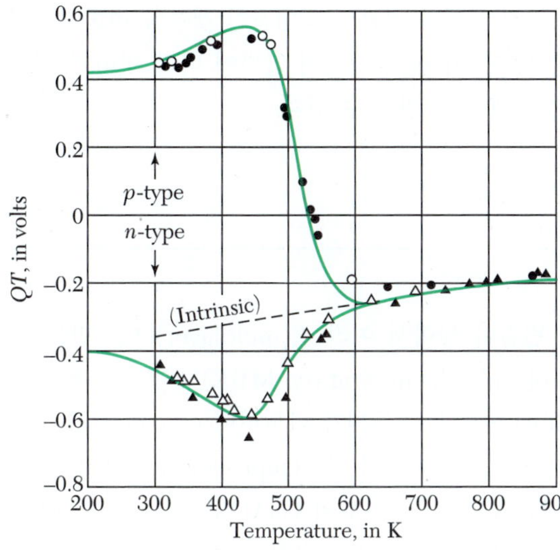

그림 23 온도 변화에 따르는 n과 p형 실리콘의 펠티에 계수. 600 K 이상에서 시료는 고유 반도체같이 작용함. 곡선은 계산값이고, 점은 실험값을 나타냄(T.H. Gebballe과 G.W. Hall 결과 인용).

양쪽 끝 전압차이의 부호를 측정하면, 시료가 n형인지 p형인지를 부정확하지만 쉽게 알아 낼 수 있다(그림 23 참조).

준금속
SEMIMETALS

준금속(semimetal)에서는 전도띠 끝이 원자가띠 끝보다 약간 낮은 곳에 있다. 전도띠와 원자가띠의 에너지가 약간 겹쳐 있기 때문에, 원자가 띠에 있는 양공의 농도와 전도띠에 있는 전자의 농도, 둘 다 비록 적은 값이지만 항시 존재하게 한다(표 7 참조). 표에 있는 세 준금속, 비소(arsenic; As), 안티모니(antimony; Sb), 비스무스(bismuth; Bi)는 주기율표에서 V족 열에 있다.

이 원자들은 기본낱칸(primitive cell)당 두 개의 이온과 열 개의 원자가 전자가 짝을 이루고 있다. 원자가 전자가 짝수이기 때문에 이 원소들은 절연체가 될 수도 있

표 7 준금속에서의 전자와 양공의 농도

Semimetal	n_e, in cm^{-3}	nh, in cm^{-3}
Arsenic	$(2.12 \pm 0.01) \times 10^{20}$	$(2.12 \pm 0.01) \times 10^{20}$
Antimony	$(5.54 \pm 0.05) \times 10^{19}$	$(5.49 \pm 0.03) \times 10^{19}$
Bismuth	2.88×10^{17}	3.00×10^{17}
Graphite	2.72×10^{18}	2.04×10^{18}

다.[12] 반도체의 경우와 같이, 준금속도 양공이나 전자의 상대적인 갯수를 변화시켜서 적절한 불순물을 첨가(doping)할 수 있다. 띠 끝의 겹침이 압력에 따라 변하기 때문에, 이들의 농도(concentration)도 압력에 따라 변할 수 있다.

초격자(超格子)
SUPERLATTICES

얇은 층(layer)으로 된 두 물질[13]을 번갈아 쌓아서 여러 겹(multilayer)으로 만든 결정을 생각해 보자. 분자살 켜쌓기(molecular beam epitaxy; MBE)나 유기금속 증기 증착(metal-organic vapor deposition) 방법으로 두께가 나노미터(nanometer) 정도인 층을 일관성 있게 쌓아 나가서, 대규모의 초주기적 구조(superperiodic structure)를 만들 수가 있다. 두께 A가 5 nm(50 Å)정도인 GaAs와 GaAlAs 층(layer)을 50 주기 이상 번갈아 쌓은 시료가 연구되고 있다. 초주기적 결정 퍼텐셜(superperiodic crystal potential)은 초주기적(superperiodic) 구조에서 생겨나고, 이 초주기적 퍼텐셜은 전도 전자와 양공에 작용해서 새로운 (작은) 브릴루앙 영역을 만들고, 아울러 구성 물질 원래의 띠 구조를 다시 포개서 꼬마 에너지띠(mini energy band)를 만든다. 여기서는 외부 전기장이 걸렸을 때 초격자 안에 있는 전자의 운동에 대해서만 공부한다.

블로흐 진동자*(Bloch oscillator)*

전자가 초격자의 평면에 수직 방향으로 움직일 때, 일차원 주기적 격자(periodic lattice) 안에서 충돌하지 않고 움직이는 경우를 생각해 보자. k와 평행인 일정한 전기장 안에서의 운동방정식은 $\hbar dk/dt =- eE$이므로, 역격자 벡터가 $G = 2\pi/A$인 브릴루앙 영역을 수직 방향으로 운동한다면 $\hbar G = \hbar^2\pi/A = -eET$가 된다. 운동의 **블로흐 진동수**(Bloch frequency)는 $\omega_B = 2\pi/T = eEA/\hbar$이다. 전자는 $k = 0$에서 영역 경계 방향으로 가속되며, 2장의 논리를 쓰면, 전자가 $k = \pi/A$에 도달했을 때 [움클랍(umklapp) 과정에 의하여서와 같이] 영역의 경계에서 동일한 지점인 $k = -\pi/A$에 다시 나타난다.

모형 계[14] 안에서의 실공간(real space) 운동을 생각해 보자. 폭이 ϵ_0인 간단한 에너지 띠에 전자가 놓여 있다면, 전자의 에너지는

$$\epsilon = \epsilon_0(1-\cos kA) \tag{61}$$

12) **역자주** 결정 구조에 따라 준금속이 되기도 하고 절연체가 되기도 함. 예로 α-Sn는 준금속이지만 β-Sn는 절연체이다.

13) **역자주** 여기서 "두 물질"이란 GaAs와 AlAs, Si과 Ge 같은 두 종류의 재료를 뜻함. 그러나 재료는 같으면서 구성비가 서로 다른 두 물질(예: $In_{0.4}Ga_{0.6}As$와 $In_{0.6}Ga_{0.4}As$)에도 적용됨. 원서에서는 composition이란 단어를 썼음.

14) **역자주** 여기서 "모형 계"란 층의 두께가 A인 초격자 시료를 의미함.

이다. 따라서 k-공간(운동량 공간)에서의 속도는

$$v = \hbar^{-1} d\epsilon/dk = (A\epsilon_0/\hbar)\sin kA \tag{62}$$

이고, 초기 조건으로 $t = 0$일 때 $z = 0$이라면 실공간에서의 전자의 위치는

$$\begin{aligned} z &= \int v\, dt = \int dk\, v(k)(dt/dk) = (A\epsilon_0/\hbar)\int dk(-\hbar/eE)\sin kA \\ &= (-\epsilon_0/eE)(\cos kA - 1) = (-\epsilon_0/eE)(\cos(-eEAt/\hbar) - 1) \end{aligned} \tag{63}$$

로 주어진다. 이 결과는 실공간에서의 진동의 진동수가 $\omega_B = 2\pi/T = eEA/\hbar$임을 확인하여 준다. 주기적인 격자에서의 운동은 가속도가 일정한 자유공간에서의 운동과 아주 다르다.

제너 터널링(*Zener tunneling*)

이제까지는 에너지 띠 한(1) 개에 정전기 퍼텐셜 $-eEz$(또는 $-eEnA$)가 걸렸을 때의 효과, 즉 퍼텐셜이 띠 전체를 기울게 만드는 경우에 대해서 공부하였다. 높은 에너지의 띠도 비슷한 방법으로 기울어질 것이고, 따라서 다른 띠의 에너지 사다리 준위와 교차가 발생할 수 있다. 같은 에너지를 갖지만 서론 다른 띠 준위 사이에 상호작용이 있으면, 전자가 띠 n에서 다른 띠 n'으로 옮겨 가는 것이 가능하다. 이와 같이 전기장에 의해 유도된 띠간의 터널링(interband tunneling)의 한 예가 **제너 깨어짐**(Zener breakdown)이고, 제너 다이오드(Zener diode)의 경우와 같이 단일 접합(single junction)에서 흔히 볼 수 있다.

요약

Summary

- 파동벡터 $\mathbf{k}$의 중앙에 있는 파동 묶음의 운동은 $\mathbf{F} = \hbar d\mathbf{k}/dt$로 기술되며, 여기서 $\mathbf{F}$는 가해준 힘이다. 실공간에서의 운동은 군속도 $\mathbf{v}_g = \hbar^{-1}\nabla_{\mathbf{k}}\epsilon(\mathbf{k})$로 주어진다.
- 띠 간격이 작아질수록, 띠 간격 부근에서의 $|m^*|$도 작아진다.
- 결정에 양공이 하나 있다는 것은, 원래는 꽉 채워져 있어야 할 띠에 빈 전자 상태가 하나 생겼다는 것이다. 양공의 물리적 성질은 $N - 1$ 전자의 물리적 성질과 같다. 따라서
  (a) 전자가 파동벡터 $\mathbf{k}_e$ 상태에서 빠졌다면, 양공의 파동벡터는 $\mathbf{k}_h = -\mathbf{k}_e$이다.
  (b) 외부 전기장에 의한 $\mathbf{k}_h$의 변화율은 계산할 때는 양공이 양전하를 갖는 것으로 취급하여야 한다. 즉 $e_h = e = -e_e$이다.
  (c) 만일 $\mathbf{k}_e$ 상태에 있는 전자의 속도가 $\boldsymbol{v}_e$라면, 파동벡터 $\mathbf{k}_h = -\mathbf{k}_e$인 양공의 속도는 $\boldsymbol{v}_h = \boldsymbol{v}_e$가 된다.
  (d) 채워진 띠를 영으로 기준점을 잡으면 양공의 에너지는 양수가 되고, $\epsilon_h(\mathbf{k}_h) =$

$-\epsilon(\mathbf{k}_e)$이다.

(e) 양공의 유효질량은 에너지 띠의 동일 지점에서의 전자의 유효질량과 크기는 같고 부호는 반대이다.[15] 즉, $m_h = -m_e$이다.

연습문제

Problems

1. 불순물의 궤도*(impurity orbits)*. InSb는 E_g가 0.23 eV이고, 유전상수가 $\epsilon = 18$, 전자 유효 질량이 $m_e = 0.015\ m$이다. 다음을 계산하여라. **(a)** 주개의 이온화 에너지; **(b)** 바닥상태 궤도의 반지름. **(c)** 인접한 불순물 원자의 궤도 사이에 감지할 만한 겹치기가 나타나는 최소의 주개 농도. 이 겹치기(overlap)는 불순물 띠를 형성하는 경향이 있으며, 전자들이 한 불순물 자리에서 이웃한 다른 이온화된 불순물 자리로 깡충뛰기(hopping)를 통해 옮겨갈 수 있도록 해주는 에너지 준위 띠를 형성하면서, 이 현상이 전도성에 나타난다.

2. 주개의 이온화*(ionization of donors)*. 어떤 반도체에 1 meV의 이온화 에너지 E_d와 유효질량 0.01 m을 갖는 주개들이 10^{13}개/cm^{3}만큼 있다. **(a)** 4 K에서의 전도전자 농도를 추정하라. **(b)** 홀 계수(Hall coefficient)의 값은 얼마인가? 받개는 존재하지 않고, $E_g \gg k_B T$라고 가정하라.

3. 운반자가 두 종류인 경우의 홀효과*(Hall effect with two carrier types)*. 두 종류의 운반자의 농도를 n, p, 풀림시간을 τ_e, τ_h, 질량을 m_e, m_h라 가정하고 표류속도 근사에서의 홀 계수(Hall coefficient)가 다음과 같이 주어짐을 보여라.

(CGS)
$$R_H = \frac{1}{ec} \cdot \frac{p - nb^2}{(p + nb)^2} .$$

여기서 $b = \mu_e/\mu_h$는 이동도의 비율이다. 유도과정에서 B^2의 차수는 무시하여라. SI 단위계에서는 c를 생략하면 된다. 도움말: 평행 전기장이 존재할 때 수직 전류가 없어지게 되는 가로 전기장을 찾아보라. 유도과정은 좀 지루하겠지만 결과는 그만한 가치를 지닌다. 식 (6.64)를 두가지 운반자에 대해 적용하고, $\omega_c\tau$에 비해서 $(\omega_c\tau)^2$ 항은 무시하라.

4. 회전타원체 모양의 에너지 표면에 대한 사이클로트론 공명*(cyclotron resonance for a spheroidal energy surface)*. 수직 질량 맺음변수가 m_t, 평행 질량 맺음변수가 m_l로 주어질 때, 에너지 표면이 다음과 같다.

$$\epsilon(\mathbf{k}) = \hbar^2\left(\frac{k_x^2 + k_y^2}{2m_t} + \frac{k_z^2}{2m_l}\right) .$$

$\epsilon(\mathbf{k})$가 상수인 표면은 회전타원체가 된다. 운동방정식 (6)과 $\mathbf{v} = \hbar^{-1}\nabla_{\mathbf{k}}\epsilon$임을 이용하고, 정자기장 B가 xy 평면 상에 놓여 있을 때 $\omega_c = eB/(m_l m_t)^{1/2}c$임을 보여라. 앞의 결과는 CGS 단위계이며, SI 단위계를 쓸 때는 c를 생략하라.

15) **역자주** 이 문장은 식 (20)을 요약 설명한 것으로 사료되며, 전자의 유효질량이 양공의 유효질량과 크기가 같다는 뜻은 아니니 오해 없기 바람. 반도체에서 전자와 양공의 유효질량이 다른 것은 이미 배워 아는 바임.

5. 두 가지 운반자의 자기저항***(magnetoresistance with two carrier types)***. 연습문제 6.9는 표류속도 근사에서 전기장과 자기장 안에서의 전하 운반자의 운동은 수직 자기저항을 나타내지 않음을 보았다. 이 결과는 두 가지 운반자를 고려했을 때 달라진다. 유효질량이 m_e, 농도가 n이고 풀림시간이 τ_e인 전자와 유효질량이 m_h, 농도가 p이고 풀림시간이 τ_h인 양공이 있는 도체를 생각하자. 강한 자기장 극한, $\omega_c\tau \gg 1$로 취급하라. **(a)** 이 극한에서 $\sigma_{yx} = (n - p)ec/B$임을 보여라. **(b)** $Q \equiv \omega_c\tau$일 때, 홀 장(Hall field)은

$$E_y = -(n-p)\left(\frac{n}{Q_e} + \frac{p}{Q_h}\right)^{-1} E_x$$

로 주어지며, $n = p$일 경우 사라짐을 보여라. **(c)** x 방향의 유효전도도가

$$\sigma_{\text{eff}} = \frac{ec}{B}\left[\left(\frac{n}{Q_e} + \frac{p}{Q_h}\right) + (n-p)^2\left(\frac{n}{Q_e} + \frac{p}{Q_h}\right)^{-1}\right]$$

임을 보여라. $n = p$인 경우 $\sigma \propto B^{-2}$이다. 반대로 $n \neq p$인 경우에는 a는 강한 자기장에서는 포화상태가 된다. 다시 말하면 $B \to \infty$의 극한에서 B와 무관한 극한값에 가까워진다.

CHAPTER 9

페르미 면과 금속
Fermi Surfaces and Metals

5. 열린 궤도
6. 정사각형 우물 퍼텐셜의 응집에너지
7. 칼륨의 드하스-판알펜 주기
8. $k \cdot p$ 섭동 이론에 관한 띠끝 구조
9. 와니어 함수
10. 열린 궤도와 자기저항
11. 란다우 준위

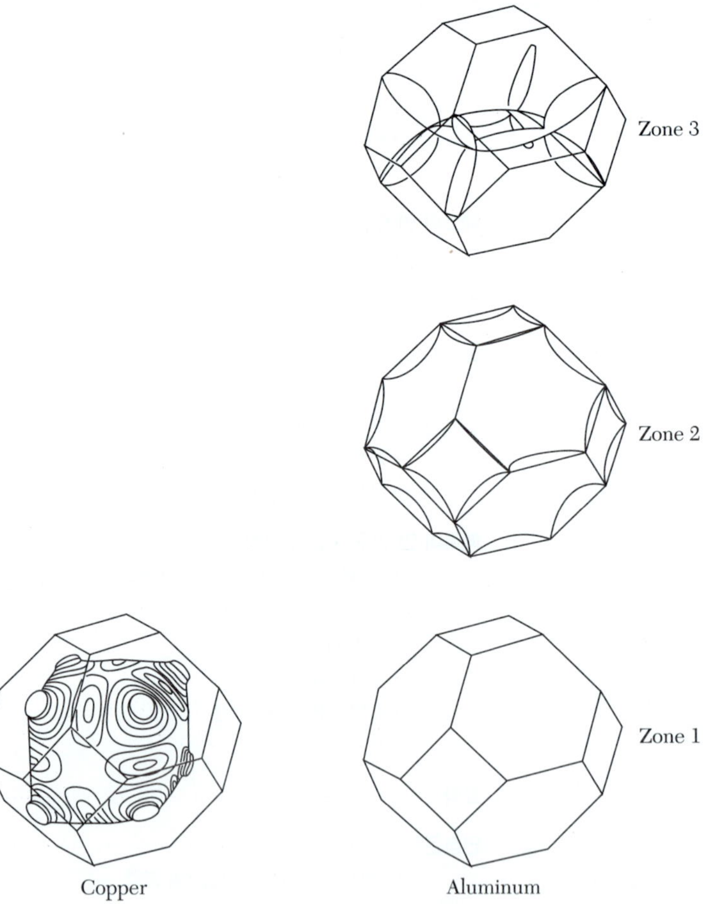

그림 1 기본격자에 원자가(valence)전자가 1개 (Cu)와 3개 (Al)가 있는 경우의 자유전자의 페르미 면. 구리의 경우 페르미 면을 실험 결과와 일치하도록 변형시켰음. 알루미늄의 제2영역은 약 반(1/2)이 전자로 차 있음(A.R. Mackintosh 결과 인용).

CHAPTER 09

페르미 면과 금속

Fermi Surfaces and Metals

금속을 "페르미 면을 가진 고체"라고 정의하는 사람은 별로 없다. 그렇지만, 이렇게 정의를 하면 금속이 왜 그렇게 행동하는지 그 이유를 이해하기가 매우 쉽기 때문에, 이 정의는 현 시점에서 우리가 내릴 수 있는 가장 정확하고 유용한 것이다. 양자역학에 의하여 발전된 페르미 면의 개념은 금속의 중요한 물리학적 성질을 정확하게 설명하여 준다.

A. R. Mackintosh

페르미 면(Fermi surface)은 **k** 공간에서 일정한 에너지 ϵ_F값을 갖는 면이다. 페르미 면은 절대온도 영도에서 채워진 궤도함수(orbital)와 비워 있는 궤도함수의 경계가 된다. 페르미 면 근처의 상태(state)를 채운 모양이 변하면서 전류가 발생하므로, 금속의 전기적 성질은 페르미 면의 모양에 의하여 결정된다.

페르미 면의 모양은 환산영역 방식에서 보면 매우 복잡하게 보일지 모르지만, 공 모 양의 면 부근에 놓이도록 다시 구성을 하면 비교적 단순한 모양으로 나타낼 수가 있다. 면심입방(面心立方, face-centered cubic; fcc) 결정을 갖는 두 금속, 구리와 알루미늄의 자유전자의 페르미 면의 모양이 그림 1에 있다. 구리는 원자가 전자(valence electron)를 하나 갖고 있고 알루미늄은 세(3)개이다. 자유전자의 페르미 면은 반지름 k_F를 갖는 공 모양을 발전시켜서 얻어지는데, k_F는 원자가전자의 농도에 의해 결정된다. 공 모양을 발전시키어 어떻게 페르미 면을 구성할까? 구성 방법은 환산영역 방식(reduced zone scheme)과 주기적 영역 방식(periodic zone scheme)을 이용하는 것이다.

환산영역 방식*(reduced zone scheme)*

블로흐(Bloch) 함수의 파동벡터 지표 **k**가 첫 번째 브릴루앙 영역(Brillouin zone) 안에 놓이도록 잡는 것은 언제든지 가능하고, 이러 한 과정을 환산영역 방식에서 에너지 띠를 본뜨기(mapping)한다고 한다.

만일 블로흐 함수를 $\psi_{\mathbf{k}'}(\mathbf{r}) = e^{i\mathbf{k}'\cdot\mathbf{r}}u_{\mathbf{k}'}(\mathbf{r})$로 잡고, 그림 2와 같이 **k**′이 첫 번째 브릴루앙 영역 밖에 있다면, 역격자 벡터(reciprocal lattice vector) **G**를 적절히 선택하여 $\mathbf{k} = \mathbf{k}' + \mathbf{G}$가 첫 번째 브릴루앙 영역 안에 놓이게 만들 수 있다. 그러면

그림 2 한 변의 길이가 a인 정사각형 격자의 첫 번째 브릴루앙 영역. 파동벡터 $\mathbf{k}'$을 $\mathbf{k}' + \mathbf{G}$로 만들면 첫 번째 브릴루앙 영역으로 갖고 들어올 수가 있다. 영역 경계에 있는 점 A에서의 파동벡터는 $\mathbf{G}$에 의해 같은 영역의 반대쪽 경계에 있는 점 A'으로 갖고 갈 수가 있다. A와 A'둘을 다 첫 번째 영역에 있다고 취급을 해야 할까? 이 두 점은 역격자 벡터에 의해 연결될 수 있기 때문에, 이 두 점은 동일한 점으로 취급한다.

$$\begin{aligned}\psi_{\mathbf{k}'}(\mathbf{r}) &= e^{i\mathbf{k}'\cdot\mathbf{r}}u_{\mathbf{k}'}(\mathbf{r}) = e^{i\mathbf{k}\cdot\mathbf{r}}(e^{-i\mathbf{G}\cdot\mathbf{r}}u_{\mathbf{k}'}(\mathbf{r})) \\ &= e^{i\mathbf{k}\cdot\mathbf{r}}u_{\mathbf{k}}(\mathbf{r}) = \psi_{\mathbf{k}}(\mathbf{r})\end{aligned} \tag{1}$$

이 되고, 이때 $u_{\mathbf{k}}(\mathbf{r}) = e^{-i\mathbf{G}'\cdot\mathbf{r}}u_{\mathbf{k}'}(\mathbf{r})$이고 $u_{\mathbf{k}'}(\mathbf{r})$과 $u_{\mathbf{k}}(\mathbf{r})$은 결정 격자에서 주기적이고, $\psi_k(\mathbf{r})$은 블로흐 함수 형태를 갖는다.

그림 3에서와 같이 자유전자의 경우에도 환산영역 방식에서 문제를 푸는 것이 유용할 때가 있다. 첫 번째 브릴루앙 영역 밖에 있는 $\mathbf{k}'$에 대한 에너지 $\epsilon_{\mathbf{k}'}$은 첫 브릴루앙 영역 안에 있는 $\epsilon_{\mathbf{k}}$와 같다. 여기서 $\mathbf{k} = \mathbf{k}' + \mathbf{G}$이다. 그래서 우리는 에너지를 계산할 때 각각의 띠에 대하여 항상 첫 번째 브릴루앙 영역에서만 풀면 된다. 이 경우 한

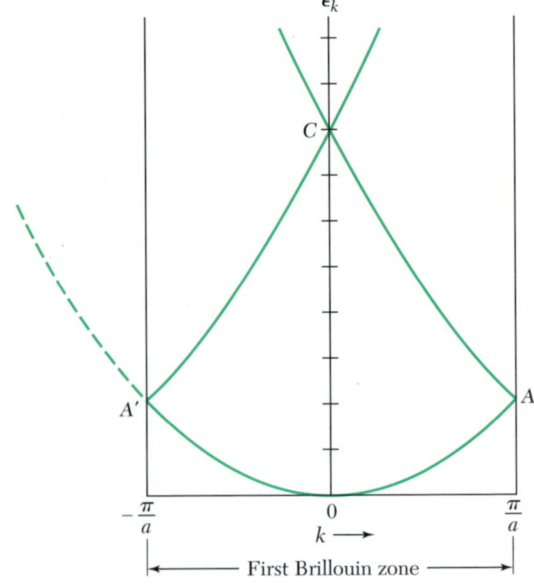

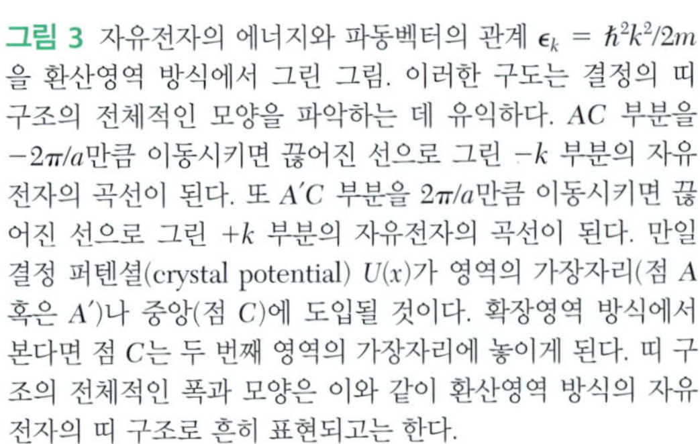
그림 3 자유전자의 에너지와 파동벡터의 관계 $\epsilon_k = \hbar^2k^2/2m$을 환산영역 방식에서 그린 그림. 이러한 구도는 결정의 띠 구조의 전체적인 모양을 파악하는 데 유익하다. AC 부분을 $-2\pi/a$만큼 이동시키면 끊어진 선으로 그린 $-k$ 부분의 자유전자의 곡선이 된다. 또 $A'C$ 부분을 $2\pi/a$만큼 이동시키면 끊어진 선으로 그린 $+k$ 부분의 자유전자의 곡선이 된다. 만일 결정 퍼텐셜(crystal potential) $U(x)$가 영역의 가장자리(점 A 혹은 A')나 중앙(점 C)에 도입될 것이다. 확장영역 방식에서 본다면 점 C는 두 번째 영역의 가장자리에 놓이게 된다. 띠 구조의 전체적인 폭과 모양은 이와 같이 환산영역 방식의 자유전자의 띠 구조로 흔히 표현되고는 한다.

에너지 띠는 $\epsilon_{\mathbf{k}}$ 대 $\mathbf{k}$ 면에서 한 가닥의 가지가 존재한다. 환산영역 방식에서는 한 파동벡터 값에 대하여 여러 개의 에너지 값이 존재하는 경우도 있을 수 있는데, 이는 각각 다른 에너지 값은 다른 띠에서 나온 것이다. 두 개의 에너지 띠가 있는 경우가 그림 3에 있다.

같은 $\mathbf{k}$값을 갖지만 다른 에너지에 해당하는 두 개의 파동함수는 서로 독립적이다. 식 (7.29)를 전개했을 때 얻어지는 평면 파동 성분 $\exp[i(\mathbf{k}+\mathbf{G})\cdot\mathbf{r}]$을 다르게 조합하여 이들 파동함수를 구성하면 된다. 계수 $C(\mathbf{k}+\mathbf{G})$ 값이 각 띠에 대하여 다른 값을 갖기 때문에, 띠 기호(band index)로 기호 n을 도입하면, C는 이제 $C_n(\mathbf{k}+\mathbf{G})$로 표기된다. 그러면 띠 n에 속하는 파동벡터 $\mathbf{k}$ 상태의 블로흐 함수는

$$\psi_{n,\mathbf{k}} = \exp(i\mathbf{k}\cdot\mathbf{r})u_{n,\mathbf{k}}(\mathbf{r}) = \sum_{\mathbf{G}} C_n(\mathbf{k}+\mathbf{G})\exp[i(\mathbf{k}+\mathbf{G})\cdot\mathbf{r}]$$

이 된다.

주기적 영역 방식*(periodic zone scheme)*

파동벡터 공간 전영역에 대하여 주어진 브릴루앙 영역을 주기적으로 반복할 수가 있다. 영역을 반복적으로 만들기 위하여 역격자 벡터를 변화시켜서 영역을 옮겨 보자. 다른 영역에서 첫 번째 영역으로 옮길 수 있으면, 그 반대 과정으로 첫 번째 영역에 있는 띠를 여러 다른 영역으로 옮기는 것도 가능할 것이다. 이 방식에서는 띠의 에너지 $\epsilon_{\mathbf{k}}$는 역격자의 주기함수로

$$\epsilon_{\mathbf{k}} = \epsilon_{\mathbf{k}+\mathbf{G}} \tag{2}$$

가 되며, $\epsilon_{\mathbf{k}+\mathbf{G}}$는 $\epsilon_{\mathbf{k}}$와 동일한 에너지 띠라고 이해해도 무방할 것이다.

이와 같이 에너지 띠를 구성하는 것을 **주기적 영역 방식**(periodic zone scheme)이라고 한다. 에너지의 주기적인 성질은 식 (7.27)에서 쉽게 알 수 있다.

일례로, 밀접결합 근사(tight-binding approximation)로 계산한 단순 입방격자(simple cubic lattice)의 에너지 띠를 조사하여 보자. 에너지는

$$\epsilon_k = -\alpha - 2\gamma(\cos k_x a + \cos k_y a + \cos k_z a) \tag{3}$$

와 같으며, 이 경우 α와 γ는 상수이고, 단순 입방격자의 역격자 벡터는 $\mathbf{G} = (2\pi/a)\hat{\mathbf{x}}$이다. 만일 벡터 $\mathbf{G}$에 $\mathbf{k}$를 더하여 줄 경우 식 (3)은 단순히

$$\cos k_x a \rightarrow \cos(k_x + 2\pi/a)a = \cos(k_x a + 2\pi)$$

로 바뀌며, 이는 $\cos k_x a$와 일치하는 값이다. 파동벡터를 역격자 벡터만큼 증가시켜도 에너지의 변화는 없고, 따라서 에너지는 파동벡터의 주기함수이다.

다음의 세 가지 다른 영역 방식은(그림 4 참조) 각각의 용도에 따라 쓸모가 있다.

- **확장영역 방식**(extended zone scheme): 다른 띠를 파동벡터 공간의 다른 영역에 그린 것

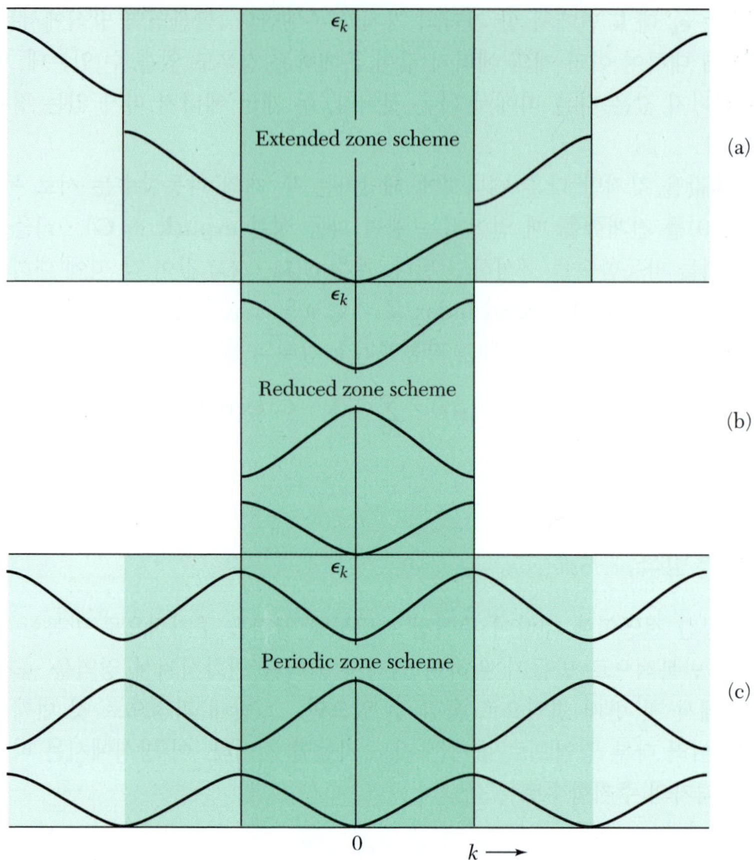

그림 4 선형 격자의 에너지 띠를 (a) 확장(extended) (브릴루앙)영역 방식, (b) 환산(reduced) 영역 방식, (c) 주기적(periodic) 영역 방식의 3가지 방식으로 그림.

- **환산영역 방식**(reduced zone scheme): 모든 띠를 첫 번째 영역에 그린 것
- **주기적 영역 방식**(periodic zone scheme): 각각의 띠를 해당 영역에 그린 것

페르미 면 만들기
CONSTRUCTION OF FERMI SURFACES

그림 5에 있는 정사각형 격자를 분석하여 보자. 영역 경계(zone boundary)에서 방정식은 $2\mathbf{k}\cdot\mathbf{G} + G^2 = 0$이고, 또한 $\mathbf{G}$의 중간 지점에서 $\mathbf{k}$가 $\mathbf{G}$와 수직인 면에서 끝난다면 역시 이 식이 만족된다. 정사각형 격자의 첫 번째 브릴루앙 영역은 그림 5a와 같이 $\mathbf{G}_1$과 이와 대칭으로 동일한 다른 세(3) 역격자 벡터의 수직 이등분선에 쌓아진 부분이 다. 이들 네(4) 역격자는 $\pm(2\pi/a)\hat{\mathbf{k}}_x$와 $\pm(2\pi/a)\hat{\mathbf{k}}_y$이다.

두 번째 영역은 $\mathbf{G}_2$와 이와 대칭으로 동일한 다른 세(3) 역격자 벡터로 이루어지는 부분이고, 세 번째 영역도 같은 방법으로 만들어진다. 두 번째와 세 번째 영역에

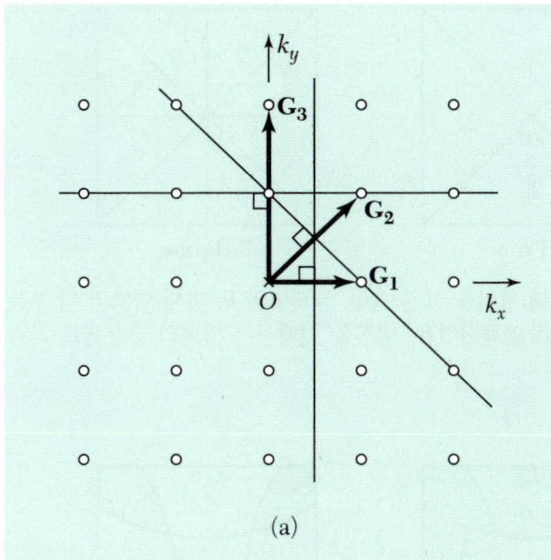

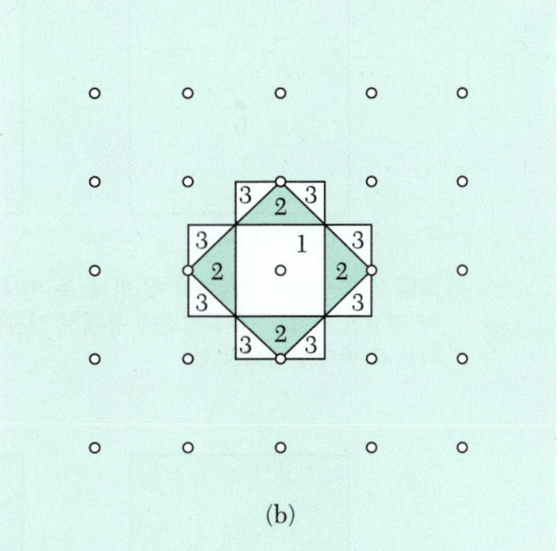

그림 5 (a) 정사각형 격자의 처음 세 브릴루앙 영역의 $\mathbf{k}$ 공간에서의 구도. 가장 짧은 세 모양의 역격자 벡터가 $\mathbf{G}_1$, $\mathbf{G}_2$, $\mathbf{G}_3$로 표시되어 있다. 직선들은 각 $\mathbf{G}$를 직교 이등분하고 있음. (b) 그림 (a)에 있는 직선들과 대칭으로 동일한 모든 선을 구성을 하면 $\mathbf{k}$ 공간에서 첫 부분에 있는 세(3)개의 브릴루앙 영역으로 형성되는 구간을 구할 수가 있다. 각 번호는 해당 구간을 나타나며, 구간의 바깥쪽 경계를 이루는 $\mathbf{G}$ 벡터의 길이 순서에 따라 표시되어 있다.

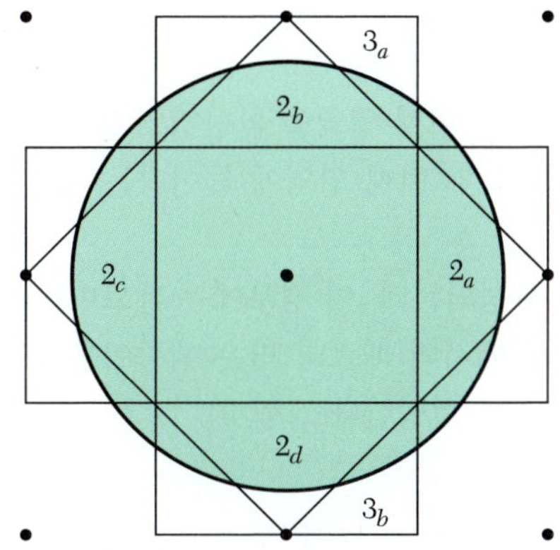

그림 6 2차원 정사각형 격자의 브릴루앙 영역. 원은 자유전자의 등(等)에너지 면, 즉 어떤 전자 농도에 해당되는 특정 값을 갖는 페르미 면을 나타냄. 원으로 둘러싸인, 전자가 채워져 있는 $\mathbf{k}$ 공간의 면적은 전자의 밀도에만 의존하고, 전자와 격자와의 상호작용에는 무관함. 그러나 페르미 면의 모양은 격자와의 상호작용과 관련이 있고, 실제 격자에는 꼭 원의 형태는 아님. 두 번째와 세 번째 영역의 번호는 그림 7에서 참조할 것.

해당하는 부분이 그림 5b에 그려져 있다.

어떤 영역의 경계를 결정하기 위해서는 서로 동등하지 않은 몇 개의 역격자를 고려 해야 하는 경우도 있다. 그 예가 세 번째 영역인데 이 영역의 3_a 부분 경계는 $(4\pi/a)\hat{\mathbf{k}}_y$와 $(2\pi/a)(\hat{\mathbf{k}}_x + \hat{\mathbf{k}}_y)$인 세 $\mathbf{G}$의 수직 이등분선으로 구성된다.

그림 6에 임의의 전자농도를 갖는 자유전자 페르미 면이 그려져 있다. 동일한 영역에 속해 있는 페르미 면의 부분들이 서로 멀리 떨어져 있게 보이면 불편한 경우가 많다. 그런데 이렇게 흐트러져 있는 것을 환산영역 방식을 써서 변환을 시키면 한자리에 모을 수가 있다.

먼저 2_a로 표시된 삼각형을 떼어서 역격자 벡터 $\mathbf{G} = -(2\pi/a)\hat{\mathbf{k}}_x$ 옆으로 옮겨서, 첫 번째 브릴루앙 영역 부분에 놓이도록 하자(그림 7). 다른 역격자 벡터는 삼각

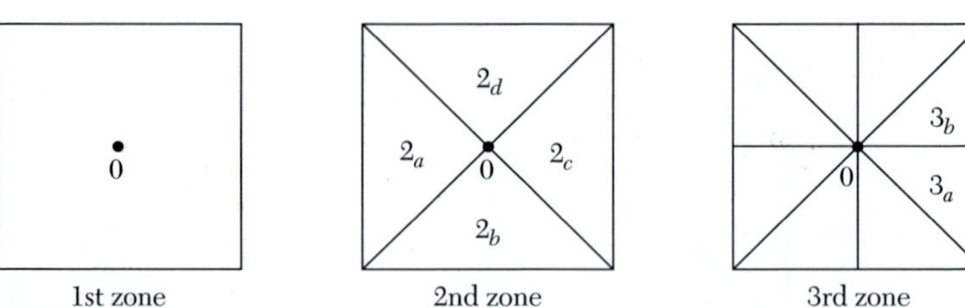

그림 7 환산영역 방식에서 첫 번째, 두 번째, 세 번째 영역을 그린 그림. 그림 6의 두 번째 영역의 각 부분이 적절한 역격자 벡터 병진을 통해서 정사각형으로 만들어졌음. 병진을 위해서는 영역의 부분별로 각각 다른 **G** 벡터를 필요로 함.

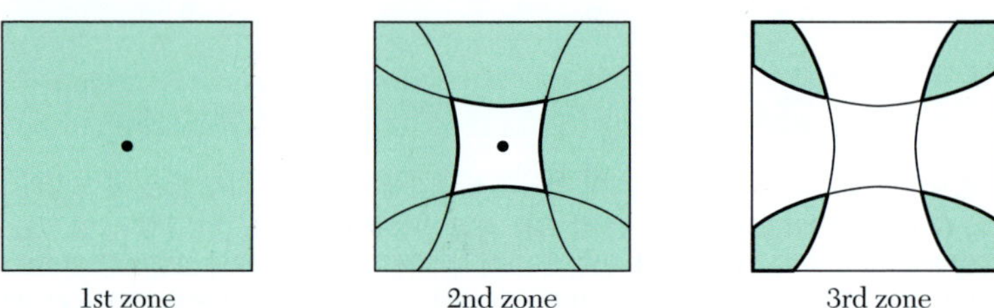

그림 8 환산영역 방식에서 본 그림 6의 자유전자의 페르미 면. 청색 부분이 전자가 채워져 있는 상태를 나타냄. 페르미 면의 부분은 두 번째, 세 번째, 네 번째 영역에 있음. 네 번째 영역은 그려 있지 않고, 첫 번째 영역은 완전히 채워져 있는 상태임.

형 2_b, 2_c, 2_d를 첫 번째 영역의 다른 부분에 옮겨서, 두 번째 영역을 환산영역 방식으로 그리는 것을 완성한다. 그러면 그림 8에서와 같이 두 번째 영역에 들어가는 페르미 면의 부분이 연결될 것이다.

세 번째 영역도 그림 8과 같이 정사각형 안에 구성되는데, 이 경우에는 페르미 면이 서로 떨어져 있는 형태가 된다. 주기적 영역 방식에서의 페르미 면은 색종이를 접어서 꽃 모양으로 잘라 놓은 것과 같은 무늬[1]의 격자를 형성한다(그림 9).

준자유전자*(nearly free electrons)*

자유전자 모형의 페르미 면에서 준자유전자 모형의 페르미 면으로 어떻게 바꿀 수 있을까? 다음의 네 가지 사실을 이용하면 쉽게 근사 형태를 만들 수가 있다.

- 결정의 주기적인 퍼텐셜과 전자와의 상호작용이 영역 경계에서 에너지 간격을 초래함
- 거의 항상 페르미 면은 영역 경계와 수직으로 교차함(다음 사항 참조)
- 결정 퍼텐셜(crystal potential)이 페르미 면에서 뾰족한 끝을 동그랗게 만듦
- 페르미 면에 의하여 둘러싸이는 총 부피는 전자농도에 의해서만 좌우되고 격자의 상호작용에는 무관함

---

1) **역자주** 원서에는 rosette(장미꽃 모양의 장식)란 단어로 기술되었음.

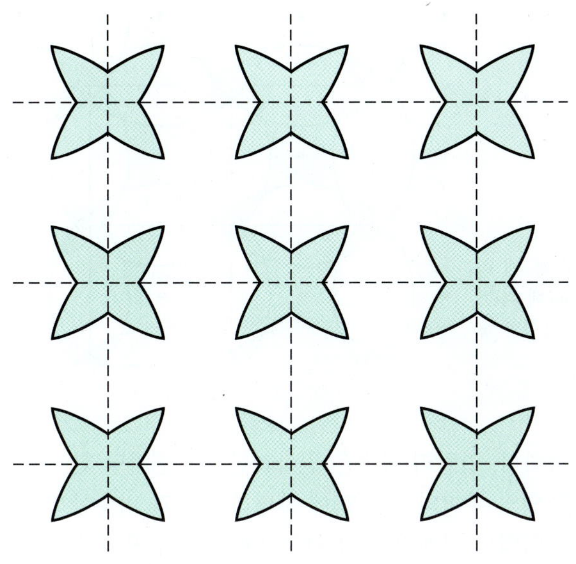

그림 9 주기적 영역 방식으로 그린 세 번째 영역의 페르미 면. 그림 8의 세 번째 영역을 반복적으로 붙여서 구성한 것임.

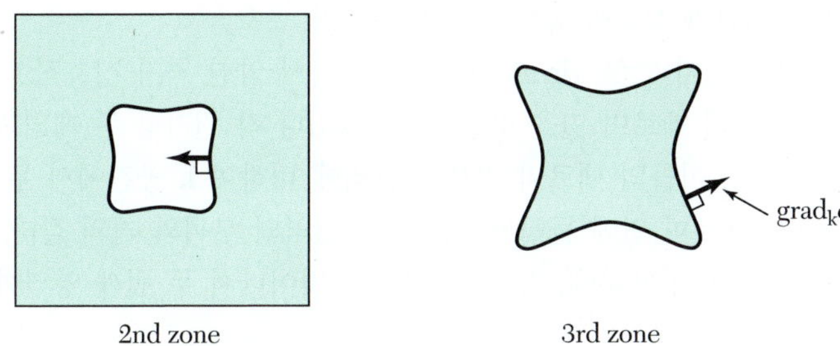

그림 10 그림 8의 페르미 면에 약한 주기적인 결정 퍼텐셜이 작용할 때의 효과를 정성적으로 표시한 것. 각 페르미 면의 한 점에서의 벡터 $\text{grad}_{\mathbf{k}}\epsilon$가 그림에 표시되어 있다. 두 번째 영역에서는 에너지가 그림의 안쪽으로 증가하는 반면, 세 번째 영역에서는 바깥쪽으로 증가한다. 청색 부분은 전자가 채워져 있으며, 칠이 안 된 부분보다 에너지가 낮다. 세 번째 영역의 페르미 면을 전자형(electronlike)이라고 하는 반면, 두 번째 영역을 양공형(holelike)이라고 한다.

계산 없이는 정량적 기술이 불가능하지만, 정성적으로 그림 8에 있는 두 번째와 세 번 째 영역의 페르미 면은 그림 10과 같이 변한다는 것을 예측할 수 있다.

자유전자의 페르미 면에서부터 손으로 대충 그려서 얻은 준자유전자 모형의 페르미 면의 묘사는 쓸모가 많다. 그림 11과 같이 해리슨(Harrison)이 제안한 방식으로 자유 전자의 페르미 면을 구성하여 보자. 역격자점(reciprocal lattice point)를 결정하고, 각 격자점을 중심으로 전자의 농도에 적합한 반지름의 자유전자 공(球, sphere)을 그린다. 파동벡터 공간, 즉 **k** 공간의 어떤 점이 공 한 개만으로 형성된 공간에 놓여 있다면, 이 점은 첫 번째 영역에 놓여 있는 점유상태(occupied state)를 의미한다. 점이 공 두 개가 겹치는 공간에 있다면, 두 번째 영역의 점유상태에 해당되고, 이와 비슷하게 세 개, 네 개의 공이면 세 번째, 네 번째 영역이 된다.

앞에서 언급하였듯이 알칼리(alkali) 금속이 가장 간단한 구조의 금속으로, 전도

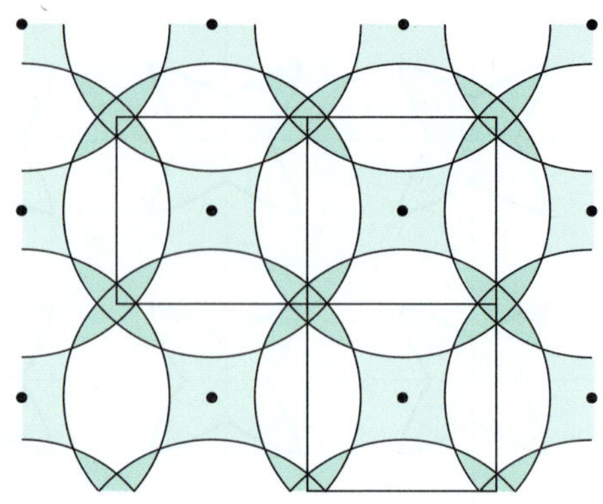

그림 11 정사각형 격자의 두 번째, 세 번째, 네 번째 영역의 자유전자 페르미 면의 Harrison(해 리슨) 식 구성. 첫 번째 영역은 페르미 면으로 완전히 쌓여 있고, 따라서 전자로 채워져 있다.

전자와 격자 사이에 상호작용도 약하다. 알칼리 금속은 원자가전자를 원자당 한 개씩만 갖고 있기 때문에, 페르미 면은 영역 부피의 반(1/2)에 해당하는 공과 비슷한 모양을 이루고 있으며, 따라서 첫 번째 영역의 경계면은 페르미 면에서 멀리 떨어져 있다. 예로 Na의 페르미 면은 거의 공 모양이고, Cs의 경우는 공 모양에서 약 10% 정도 찌그러진 형태임이 계산과 실험을 통하여 알려져 있다.

Be과 Mg 같은 이가(二價, divalent) 금속은 역시 약한 격자 상호작용을 가지며, 따라서 거의 공 모양의 페르미 면을 갖고 있다. 그러나 각 원자당 두 개의 원자가전자를 갖고 있기 때문에, 이들의 페르미 면은 알칼리에 비하여 **k** 공간에서 두 배의 부피를 갖으며, 따라서 페르미 면에 둘러싸인 부피가 영역의 부피와 거의 같다. 그렇지만, 페르미 면은 공 모양이기 때문에, 첫 번째 영역을 벗어나서 두 번째 영역까지 넘어가게 된다.

전자 궤도, 양공 궤도와 열린 궤도
ELECTRON ORBITS, HOLE ORBITS, AND OPEN ORBITS

정자기장(靜磁氣場) **B**에 수직한 평면 위를, 등(等, 같은 값을 갖는)에너지 곡선을 따라 움직인다는 것은 전자의 운동방정식은 식 (8.7)에서 이미 배웠다. 페르미 면도 등에너지 면이기 때문에, 페르미 면에 있는 전자는 페르미 면 위에 있는 곡선을 따라 운동할 것이다. 자기장 안에 존재할 수 있는 세 가지 형태의 궤도(orbit)를 그림 12에 소개한다.

닫힌 궤도(closed orbit) (a)와 (b)는 반대의 의미에서 서로 통하는 것이다. 서로 다른 전하를 가진 입자는 자기장 안에서 다른 방향으로 원운동을 하기 때문에, 한 궤도를 **전자형**(電子形, electron-like)이라고 하고, 다른 것은 **양공형**(hole-like)이라고 한다. 양공형 궤도에 있는 전자는 자기장 안에서 양전하를 가진 것처럼 움직이며, 이에 관해서는 이미 8장에서 배운 바 있다.

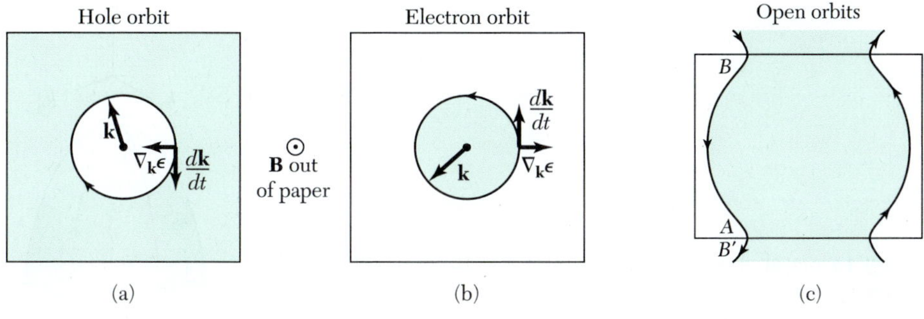

그림 12 페르미 면에 있는 전자의 파동벡터의 자기장 안에서의 운동. (a)와 (b)에 있는 페르미 면은 그림 10의 것과 동일한 것임. (a)에서는 파동벡터가 시계방향으로 궤도를 따라 움직이고, (b)에서는 시계 반대 방향으로 움직인다. (b)의 경우 운동 방향은 전하 $-e$를 갖는 전자가 운동하는 방향이다. $\mathbf{k}$의 값이 작아지면 에너지도 작아지고, 따라서 채워져 있는 전자의 상태들은 페르미 면의 안쪽에 놓이게 된다. (b)의 궤도를 **전자형**(electronlike)이라고 한다. (a)의 경우 자기장 안에서의 운동은 (b)와 반대이므로, (a)의 궤도를 **양공형**(holelike)이라고 한다. 양공은 양전하 $+e$를 갖는 입자로 행동한다. (c)에 사각형 영역의 경우 주기적 영역 방식에서 열린 궤도 에서의 운동을 설명하였다. 이는 위상학적으로는 양공 궤도와 전자 궤도의 중간 형태이다.

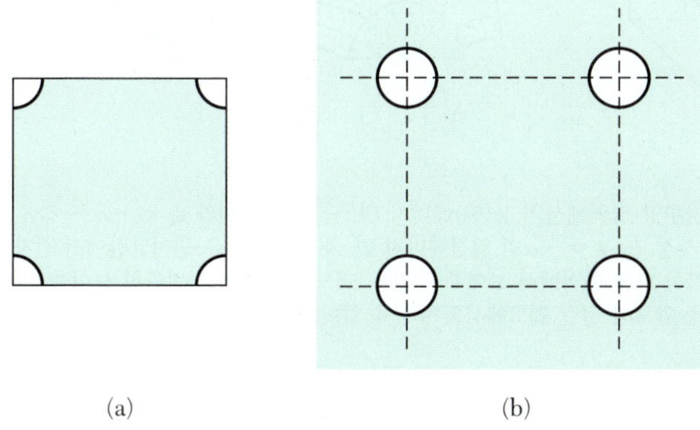

그림 13 (a) 거의 채워진 띠의 구석에 있는 빈 상태를 환산영역 방식에서 그린 것. (b) 주기적 환산 영역에서 페르미 면의 여러 부분이 서로 연결되어 있는 것. 각 원은 양공형 궤도를 형성함. 각 원은 서로 완전히 동일한 것이며, 상태 밀도는 원 한 개의 것임[궤도는 꼭 원 모양일 필요는 없음. 다만 이 경우와 같이 정사각형의 격자인 경우 궤도는 사중(four-fold) 대칭이어야 함].

그림 12(c)에 있는 궤도는 닫혀 있지 않다. 입자가 영역 경계 A에 도달하면 즉각적으로 B에 겹쳐지게 된다. 왜냐하면 B와 B'은 역격자 벡터로 연결되어 동등한 것이니까, B에 움크랍(umklap)되기 때문이다. 이와 같은 궤도를 **열린 궤도**(open orbit)라고 한다. 열린 궤도는 자기저항(magneto-resistance)에 중요한 영향을 준다.

원래는 꽉 채워져 있어야 할 띠의 꼭대기 근처에 있는 빈 궤도는 그림 13과 14에 볼 수 있듯이 양공형의 궤도를 초래한다. 에너지 면의 3차원 모양을 한 예로 그림 15에 실었다.

채워진 상태로 쌓여져 있는 궤도는 전자 궤도(electron orbit)이고, 빈 상태로 쌓여진 궤도는 양공 궤도(hole orbit)이다. 한 영역에서 다른 영역으로 이동하는 서로 닫혀 있지 않은 궤도가 열린 궤도(open orbit)이다.

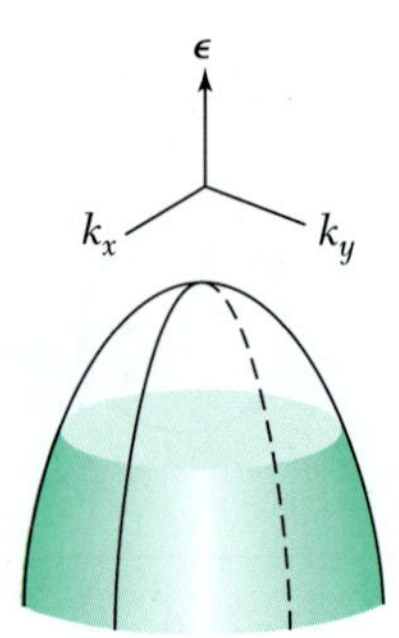

그림 14 이차원 결정에서 거의 채워진 띠의 꼭지 부근의 빈 상태. 이 그림은 그림 12a와 동일한 것임.

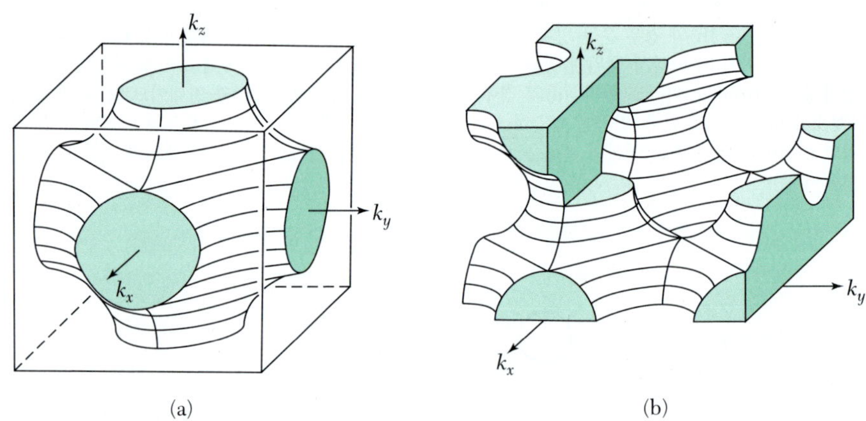

그림 15 단순 정육면체 상찰의 브릴루앙 영역에서의 등(等)에너지 면, 단 에너지 띠가 $\epsilon_k = -\alpha - 2\gamma(-\cos k_x a + \cos k_y a + \cos k_z a)$라고 가정. (a) $\epsilon = -\alpha$인 일정에너지 면. 채워진 부분은 원시낱칸에서 전자 하나를 갖는다. (b) 동일한 면을 주기적 영역 방식에서 보여주고 있음. 궤도의 연속성을 명확히 보여줌. 자기장 $B\hat{z}$가 걸렸을 때 전자 궤도, 양공 궤도와 열린 궤도에서의 운동을 알아 볼 수 있을까?(A. Sommerfeld and H.A. Bethe 결과 인용),

에너지 띠의 계산
CALCULATION OF ENERGY BANDS

위그너(Wigner)와 자이쯔(Seitz)는 1933년 처음으로 일련의 띠 계산을 수행하였는데, 당시에는 시행함수 한 개를 수동 탁상용 계산기로 계산하는 데 한나절이 걸려서, 전체를 계산하는 데 오랜 시일이 걸렸다고 한다.

여기서는 초보자를 위하여 다음 세 가지 방법을 소개한다: ① 속채우기(interpolation)에 유용한 밀접결합 방법(tight-binding method), ② 알칼리 금속을 가시화하고 이해하기에 편한 위그너-자이쯔 방법(Wigner-Seitz method), ③ 7장의 일반 이론을 이용하고 비교적 여러 문제를 간단하게 다룰 수 있는 유사퍼텐셜 방법(pseudopotential method)이다.

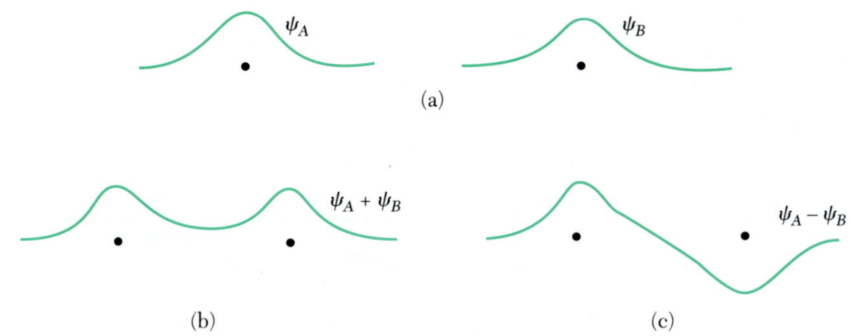

그림 16 (a) 서로 멀리 떨어져 있는 두 수소원자의 전자 파동함수를 개략적으로 그린 것, (b) 두 원자가 서로 가깝게 놓여 있을 때 바닥상태의 파동함수, (c) 들뜬 상태의 파동함수.

에너지 띠의 밀접결합 방법*(tight-binding method for energy bands)*

멀리 떨어져 있는 전하가 중성인 원자서부터 시작하여, 이들 원자를 점차 가깝게 갖고 와서 단결정이 형성되게 할 때 인접한 원자의 전하분포가 겹치게(overlap)되면서 원자의 에너지 준위가 변하는 것을 살펴보자. 바닥상태가 1s인 전자를 하나씩 갖고 있는 수소원자가 두 개 있다고 하자. 이 두 원자가 멀리 떨어져 있을 때 원자의 파동함수 ψ_A와 ψ_B가 그림 16a에 있다.

원자가 점차 가까와 짐에 따라 그들의 파동함수는 서로 겹치게 되고, 겹쳐질 때 전자의 파동함수로 $\psi_A \pm \psi_B$의 두 형태를 고려할 수 있다. 이 두 파동함수는 두 개의 양성자가 한 개의 전자를 서로 나누어 갖고 있다는 점에서는 공통점이 있지만, 에너지는 $\psi_A + \psi_B$ 상태의 전자가 $\psi_A - \psi_B$ 상태보다 약간 낮다.

$\psi_A + \psi_B$의 경우 두 양성자의 중간 위치에 전자가 약간 분포하고,[2] 이 위치에 있는 전자는 두 양성자를 동시에 끌어당기는 퍼텐셜을 갖게 되기 때문에 결합에너지가 증가한다. 반면에 $\psi_A - \psi_B$의 경우 두 핵의 중간 위치에 전자가 존재할 확률밀도는 영(0)이고, 따라서 추가로 생길 결합에너지는 없다.

이와 같이 두 원자를 서로 접근시키면, 멀리 떨어져 있을 때 하나이던 원자의 에너지 준위는 둘로 분리된다. N개의 원자를 뭉쳐 놓으면, 홀로 있을 때 하나이던 원자 궤도함수가 N개로 된다(그림 17).

자유원자[3]를 서로 접근시키면, 원자 핵심(core)과 전자의 쿨롱(Coulomb) 상호작용은 에너지 준위를 서로 갈라놓아서, 띠를 형성하면서 펼쳐진다. 그래서 자유원자의 특정 양자수(quantum number)에 해당하는 상태는, 단결정이 되면 그 양자 상태에 해당하는 에너지 띠로 펼쳐진다. 에너지 띠의 폭은 인접한 원자 사이의 겹치기 상호작용(overlap interaction)의 세기에 비례한다.

---

2) **역자주** 원서에서는 단일 전자 개념을 써서, '전자가 중간 위치에 짧은 시간 지체한다'라고 설명했음.

3) **역자주** 자유(free) 원자는 다른 원자와 결합하거나 상호작용을 하지 않고 홀로 떨어져 있는(isolated) 원자라는 의미임.

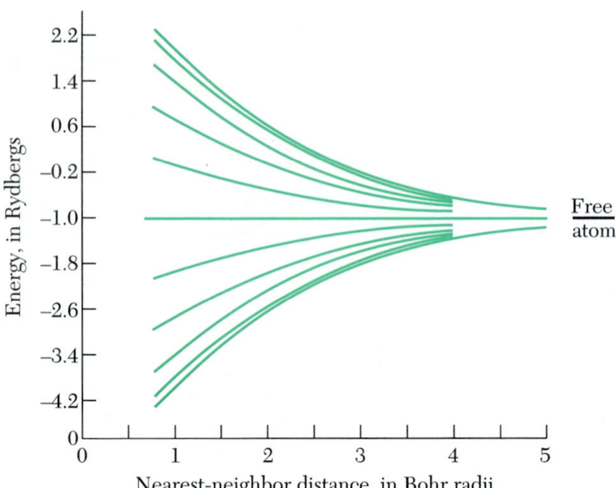

그림 17 20개의 수소원자가 있는 원형 고리에서의 1s 띠. 식 (9)의 가장 가까운 이웃(nearest neighbor)과의 겹치기 적분을 쓴 밀접결합 어림으로 계산한 단일 전자 에너지.

자유원자의 $p, d, \ldots$ 상태($l = 1, 2, \ldots$)에서 형성되는 에너지 띠도 있을 것이다. 자유원자일 때 중첩되어 있는 상태들도 단결정이 되면 서로 다른 띠를 형성한다. 파동벡터의 광범위한 배열로 인한 서로 다른 띠 때문에, 각각은 같은 에너지를 가질 수 없다. 물론 브릴루앙 영역의 특정 **k**값에 대해서는 우연히 일치할 수는 있다.

자유원자의 파동함수에서부터 시작하는 근사법(approximation)을 밀접결합 근사법 혹은 LCAO(linear combination of atomic orbit: 원자 궤도함수의 선형결합)라고 한다. 이 방법은 원자의 안쪽(inner) 전자에 대하여서는 잘 맞는 반면에, 전도전자를 기술하는 데는 별로 적합하지가 못하다. 이 방법은 전이금속의 d띠(d band)와 다이아몬드형 결정과 불활성 기체 결정을 계산할 때 이용된다.

격리되어 있는 원자의 퍼텐셜 $U(\mathbf{r})$ 안에서 움직이는 전자의 바닥상태를 s 상태라고 하고 파동함수를 $\varphi(\mathbf{r})$이라고 하자. 겹쳐 있는 ($p, d, \ldots$) 원자 준위에서 생기는 띠를 다루는 것은 더 복잡하다. 만일 한 원자가 다른 원자에게 주는 영향이 작다면, 전체 결정에 있는 한 전자의 근사 파동함수는

$$\psi_{\mathbf{k}}(\mathbf{r}) = \sum_j C_{\mathbf{k}j}\varphi(\mathbf{r} - \mathbf{r}_j) \tag{4}$$

이고, 여기서 합은 모든 격자 마디에 대하여 행한 것이다. 기본기저(primitive basis)에 원자가 하나 들어 있다고 가정하자. 만일 $C_{\mathbf{k}j} = N^{-1/2}\, e^{i\mathbf{k}\cdot\mathbf{r}}$이면, 위의 함수는 식 (7.7)의 블로흐 형으로서, N개의 원자로 구성된 단결정의 경우에는

$$\psi_{\mathbf{k}}(\mathbf{r}) = N^{-1/2} \sum_j \exp(i\mathbf{k}\cdot\mathbf{r}_j)\varphi(\mathbf{r} - \mathbf{r}_j) \tag{5}$$

가 된다.

식 (5)가 블로흐 형이라는 것을 증명하자. 두 격자점을 연결하는 병진(translation) **T**를 고려하면,

$$\begin{aligned}\psi_{\mathbf{k}}(\mathbf{r}+\mathbf{T}) &= N^{-1/2}\sum_j \exp(i\mathbf{k}\cdot\mathbf{r}_j)\varphi(\mathbf{r}+\mathbf{T}-\mathbf{r}_j) \\ &= \exp(i\mathbf{k}\cdot\mathbf{T})\, N^{-1/2}\sum_j \exp[i\mathbf{k}\cdot(\mathbf{r}_j-\mathbf{T})]\varphi[\mathbf{r}-(\mathbf{r}_j-\mathbf{T})] \\ &= \exp(i\mathbf{k}\cdot\mathbf{T})\,\psi_{\mathbf{k}}(\mathbf{r})\end{aligned} \tag{6}$$

이 되며, 이것이 바로 블로흐 조건(Bloch condition)이다.

결정의 해밀토니안(hamiltonian) 행렬식의 대각선 요소(diagonal element)를 계산하면 1차 에너지를 다음과 같이 구할수 있다.

$$\langle\mathbf{k}|H|\mathbf{k}\rangle = N^{-1}\sum_j\sum_m \exp[i\mathbf{k}\cdot(\mathbf{r}_j-\mathbf{r}_m)]\,\langle\varphi_m|H|\varphi_j\rangle\ . \tag{7}$$

여기서 $\varphi_m \equiv \varphi(\mathbf{r}-\mathbf{r}_m)$이다. $\boldsymbol{\rho}_m = \mathbf{r}_m - \mathbf{r}_j$라고 하면,

$$\langle\mathbf{k}|H|\mathbf{k}\rangle = \sum_m \exp(-i\mathbf{k}\cdot\boldsymbol{\rho}_m)\int dV\,\varphi^*(\mathbf{r}-\boldsymbol{\rho}_m)H\varphi(\mathbf{r}) \tag{8}$$

이 된다.

위의 식 (8)에서 동일 원자에 관한 적분과 $\boldsymbol{\rho}$로 이어진 바로 이웃한 원자에 관한 적분만 남겨 놓고, 나머지 적분을 모두 무시하면

$$\int dV\,\varphi^*(\mathbf{r})H\varphi(\mathbf{r}) = -\alpha\ ;\quad \int dV\,\varphi^*(\mathbf{r}-\boldsymbol{\rho})H\varphi(\mathbf{r}) = -\gamma \tag{9}$$

를 얻을 수 있는데, $\langle\mathbf{k}|\mathbf{k}\rangle = 1$이라고 하면 1차 에너지는

$$\langle\mathbf{k}|H|\mathbf{k}\rangle = -\alpha-\gamma\sum_m \exp(-i\mathbf{k}\cdot\boldsymbol{\rho}_m) = \epsilon_{\mathbf{k}} \tag{10}$$

가 된다.

겹침(overlap) 에너지 γ가 원자 상호 간격 ρ에 대해서 어떻게 변하는가 하는 것은 1s 상태에 있는 두 수소원자에서부터 명백하게 계산할 수 있다. 리드베리(Rydberg) 에너지 단위 Ry $= me^4/2\hbar^2$으로 표기된 겹침 에너지는

$$\gamma(\mathrm{Ry}) = 2(1+\rho/a_0)\exp(-\rho/a_0) \tag{11}$$

가 되며, 여기서 $a_0 = \hbar^2/me^2$이다. 겹침 에너지는 상호 간격에 기하급수적으로 감소하는 것을 알 수 있다.

단순 입방구조에서는 가장 가깝게 이웃한 원자는

$$\boldsymbol{\rho}_m = (\pm a,0,0)\ ;\quad (0,\pm a,0)\ ;\quad (0,0,\pm a) \tag{12}$$

에 있으니까, 식 (10)은

$$\epsilon_{\mathbf{k}} = -\alpha-2\gamma(\cos k_xa+\cos k_ya+\cos k_za) \tag{13}$$

가 된다. 따라서 에너지는 폭이 12γ인 띠에 한정되는 값을 갖게 되고, 겹침이 약할수록 에너지 띠가 좁아진다. $\mathbf{k}$ 벡터 공간에서의 등(같은 값을 갖는)에너지 면이 그림 15

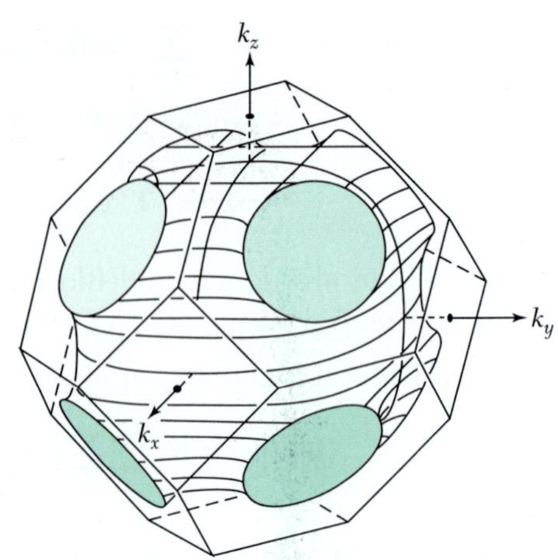

그림 18 가장 가까운 이웃 밀접결합 근사 방법으로 구한 fcc 결정 구조에서의 등에너지 면. 보여주는 면은 $\epsilon = -\alpha + 2|\gamma|$.

에 있다. $ka \ll 1$인 경우, $\epsilon_k \simeq -\alpha - 6\gamma + \gamma k^2a^2$이고, 유효질량은 $m^* = \hbar^2/2\gamma a^2$이다. 겹침 적분(overlap integral) γ가 작으면, 띠는 좁고 유효질량은 크다.

이제까지 각 자유원자에 한 개의 궤도함수만 있는 경우에 한 개의 띠 $\epsilon_{\mathbf{k}}$를 계산하는 방법을 공부하였다. 겹침이 없는(non-degenrate) 원자 궤도함수의 경우 N개의 원자가 있으면 띠 안에 있는 궤도함수의 수는 $2N$개이다. 이 사실은 바로 알 수가 있다. 첫 번째 브릴루앙 영역에 있는 $\mathbf{k}$값은 각각 독립된 파동함수를 갖는다. 단순 입방영역에서는 $-\pi/a < k_x < \pi/a$ 등이고, $\mathbf{k}$ 공간 영역의 부피는 $8\pi^3/a^3$이다. $\mathbf{k}$ 공간의 단위 부피당 궤도함수의 수는 (스핀 방향이 둘임을 고려하면) $V/4\pi^3$이므로, 궤도함수의 총 수는 $2V/a^3$이다. 여기서 V는 (Na^3로) 단결정의 부피이고, $1/a^3$은 단위 부피당 원자의 숫자이다. 그래서 $2N$개의 궤도함수가 존재한다.

bcc 구조에서는 8개의 가장 가까운 이웃이 있고, 에너지는

$$\epsilon_{\mathbf{k}} = -\alpha - 8\gamma \cos \tfrac{1}{2} k_x a \cos \tfrac{1}{2} k_y a \cos \tfrac{1}{2} k_z a \tag{14}$$

가 되며, fcc 구조에서는 12개의 가장 가까운 이웃이 있고

$$\epsilon_{\mathbf{k}} = -\alpha - 4\gamma(\cos \tfrac{1}{2} k_y a \cos \tfrac{1}{2} k_z a + \cos \tfrac{1}{2} k_z a \cos \tfrac{1}{2} k_x a + \cos \tfrac{1}{2} k_x a \cos \tfrac{1}{2} k_y a) \tag{15}$$

로 주어지며, 이 경우의 등에너지 면은 그림 18에 있다.

위그너-자이쯔 방법*(Wigner-Seitz method)*

위그너와 자이쯔는 단결정의 띠 구조를 계산할 경우, 적어도 알칼리 금속에 대해서는 자유원자의 전자 파동함수를 쓰거나 준자유전자 모형을 사용하거나 일치된 결과를 얻는다는 것을 보여주었다. 대부분의 띠에 대해서 에너지는 자유전자의 경우와 거의 같은 파동벡터에 따라 변할 것이다. 그러나 블로흐 파동함수는 양이온 핵심(positive ion core) 주위에서 전하가 집중되어 분포되어 있는 것을 나타내며, 이는 원자의 파동함수와 같지만 평면파와는 다른 형태이다.

블로흐 파동함수는 파동방정식

$$\left(\frac{1}{2m}\mathbf{p}^2 + U(\mathbf{r})\right)e^{i\mathbf{k}\cdot\mathbf{r}}u_{\mathbf{k}}(\mathbf{r}) = \epsilon_{\mathbf{k}}\, e^{i\mathbf{k}\cdot\mathbf{r}}u_{\mathbf{k}}(\mathbf{r}) \tag{16}$$

을 만족한다. $\mathbf{p} \equiv -i\hbar$ grad에서

$$\mathbf{p}\, e^{i\mathbf{k}\cdot\mathbf{r}}u_{\mathbf{k}}(\mathbf{r}) = \hbar\mathbf{k}\, e^{i\mathbf{k}\cdot\mathbf{r}}u_{\mathbf{k}}(\mathbf{r}) + e^{i\mathbf{k}\cdot\mathbf{r}}\,\mathbf{p}u_{\mathbf{k}}(\mathbf{r})\ ;$$

$$\mathbf{p}^2 e^{i\mathbf{k}\cdot\mathbf{r}}u_{\mathbf{k}}(\mathbf{r}) = (\hbar k)^2 e^{i\mathbf{k}\cdot\mathbf{r}}u_{\mathbf{k}}(\mathbf{r}) + e^{i\mathbf{k}\cdot\mathbf{r}}(2\hbar\mathbf{k}\cdot\mathbf{p})u_{\mathbf{k}}(\mathbf{r}) + e^{i\mathbf{k}\cdot\mathbf{r}}\,\mathbf{p}^2u_{\mathbf{k}}(\mathbf{r})$$

을 얻을 수가 있고, 따라서 $u_{\mathbf{k}}$에 대한 방정식으로 식 (16)은

$$\left(\frac{1}{2m}(\mathbf{p} + \hbar\mathbf{k})^2 + U(\mathbf{r})\right)u_{\mathbf{k}}(\mathbf{r}) = \epsilon_{\mathbf{k}}u_{\mathbf{k}}(\mathbf{r}) \tag{17}$$

이 된다. $\mathbf{k} = 0$에서 $\psi_0 = u_0(\mathbf{r})$을 얻는데, 여기서 $u_0(\mathbf{r})$은 격자에 대하여 주기적이며, 이온 핵심의 영향을 받으며, 핵심 주위에서는 자유전자의 파동함수와 같은 형태가 된다.

$\mathbf{k} = 0$에서는 겹침이 없는 해(Solution)는 결정에 대하여 대칭성을 갖고 있으므로, $\mathbf{k} = 0$에서 해를 구하는 것이 일반값의 $\mathbf{k}$에 대하여 구하는 것보다 쉽다. $u_0(\mathbf{r})$을 이용하여 근사 해를 구하면

$$\psi_{\mathbf{k}} = \exp(i\mathbf{k}\cdot\mathbf{r})u_0(r) \tag{18}$$

이 나온다. 식 (18)은 블로흐 모양을 갖고 있지만, 식 (17)의 완전해(exact solution)는 아니다. 만일 식 (17)에서 $\mathbf{k}\cdot\mathbf{p}$ 항이 없다면 풀이가 될 수 있다. 이 항은 연습문제 8에 있듯이, 흔히 섭동(perturbation)으로 취급된다. 여기서 개발된 $\mathbf{k}\cdot\mathbf{p}$ 섭동 이론은 띠 끝에서의 유효질량 m^*를 구하는 데 특히 유용하다.

실제로는 이온핵심 퍼텐셜의 영향을 고려해야 하기 때문에, 식 (18)의 파동함수가 평면파동 함수보다 훨씬 잘 맞는다. 비록 $u_0(\mathbf{r})$에 의하여 기술되는 변조(modulation)는 상당히 크지만, 근사 해에서 구한 에너지는 평면파동의 경우와 같이 $(\hbar k)^2/2m$으로 $\mathbf{k}$와 관계 지어진다. 함수 $u_0(\mathbf{r})$은

$$\left(\frac{1}{2m}\mathbf{p}^2 + U(\mathbf{r})\right)u_0(\mathbf{r}) = \epsilon_0 u_0(\mathbf{r}) \tag{19}$$

의 해이므로, 식 (18)의 파동함수는 $\epsilon_0 + (\hbar^2k^2/2m)$인 에너지 기대값을 갖는다. 이 함수는 낱칸(cell) 안에서의 전하분포를 가시화하는 데 좋은 자료이다.

위그너와 자이쯔는 $u_0(\mathbf{r})$을 계산하는 간단하지만 비교적 정확한 방법을 개발하였다. 그림 19에 금속성 나트륨의 $3s$ 전도띠에 있는 $\mathbf{k} = 0$인 경우의 위그너-자이쯔 파동 함수가 있다. 이 함수는 원자 부피로 0.9 이상인 공간에서 실제로 일정하다. $\mathbf{k}$값이 큰 경우에 해가 $\exp(i\mathbf{k}\cdot\mathbf{r})u_0(\mathbf{r})$과 거의 같다는 것을 확대시키면, 거의 대부분의 원자 부피에서 전도띠의 파동함수는 평면파와 유사하게 되지만, 원자핵심 주위에서는 전

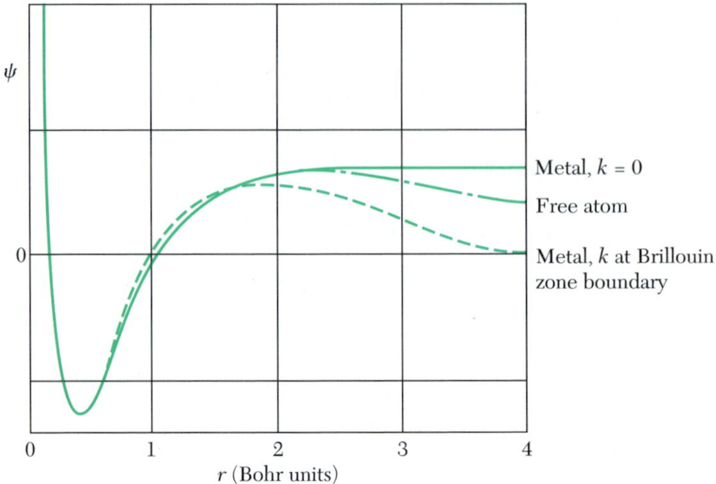

그림 19 나트륨 자유원자의 3s 궤도와 나트륨 금속의 3s 전자띠의 반지름 성분의 파동함수. 파동함수는 Na^+ 이온 핵심의 퍼텐셜 우물 속에 있는 전자의 슈뢰딩거 방정식을 적분하여 얻은 것으로 규격화(normalize)가 되지 않은 것이다. 자유원자의 경우 파동함수는 $r \to \infty$일 때 $\psi(r) \to 0$이 된다는 일반적인 경계조건을 적용하여 적분한 것이고, 이때 에너지 고유값은 -5.15 eV이다. 금속에서는 파동벡터 $k = 0$의 파동함수가 r에 이웃하는 원자의 중간에 있을 때 $d\psi/dr = 0$이라는 위그너-자이쯔 경계조건을 적용한 것으로, 이 궤도함수의 에너지는 -8.2 eV로 자유원자의 경우보다 현저히 낮다. 나트륨의 경우 영역경계에서의 궤도는 채워져 있지 않고, 이들의 에너지는 $+2.7$ eV이다(E. Wigner와 F. Seitz 결과 인용).

도띠의 파동함수는 현격히 증가하고 또한 진동하는 모양을 보여준다.

응집에너지(*cohesive energy*).

간단한 구조의 금속이 자유원자에 비하여 안정되어 있는 이유는 결정에서 $\mathbf{k} = 0$인 블로흐 궤도함수의 에너지가 자유원자의 바닥상태의 원자가 궤도함수에 비하여 더 낮은 값을 갖기 때문이다. 나토리움의 경우 그림 19에, 끌어당기는 네모 우물의 선형 퍼텐셜이 주기적으로 있는 경우 그림 20에 이 효과가 기술되어 있다. 금속 바닥상태 궤도의 에너지는 (낮은 운동에너지 때문에) 자유원자가 금속내에서 실제 간격 만큼 떨어져 있을 때 고립된 원자의 경우보다 월등히 작다.

바닥 궤도함수 에너지가 감소하면 결합에너지를 증가시킨다. 바닥 궤도함수 에너지가 감소하는 것은 파동함수의 경계조건이 변화하는 데 원인이 있다. 자유원자의 슈뢰딩거 경계조건은 $r \to \infty$이 됨에 따라 $\psi(\mathbf{r}) \to 0$이 된다. 결정에서는 $\mathbf{k} = 0$에서의 파동 함수 $u_0(\mathbf{r})$이 격자에 대해 대칭성을 가지며, 또한 r = 0에 대하여 대칭이다. 이렇게 되기 위해서는, ψ의 정규 미분(normal derivative)은 인접한 두 원자의 중간에 있는 모든 면과 만나는 지점에서 영(0)이 되어야 한다.

최소 단위의 위그너-자이쯔 낱칸이 공 모양이라고 한다면(이를 "공 근사법(spherical approximation)"이라고 함), 위그너-자이쯔의 경계조건은

$$(d\psi/dr)_{r_0} = 0 \tag{20}$$

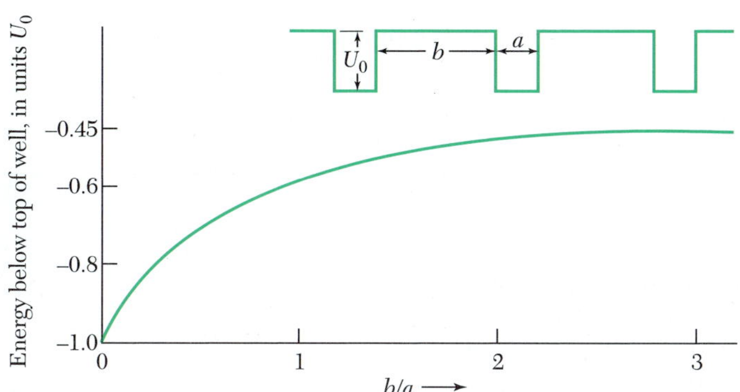

그림 20 깊이 $|U_0| = 2\hbar^2/ma^2$인 주기적 네모우물 퍼텐셜에 있는 전자의 바닥궤도($k = 0$) 에너지. 우물 간의 간격이 점차 가까워지면 에너지는 점점 낮아지는데, 이 경우 a는 일정하게 놓아 두고, b만 변화시킨 것이다. b/a가 크다는 것은 원자가 멀리 떨어져 있다는 뜻이다.

이 되고, 여기서 r_0는 격자의 기본낱칸 부피에 해당되는 공의 반지름이다. 나트륨의 경우 $r_0 = 3.95$ 보어 단위(Bohr unit), 혹은 2.08 Å이며, 바로 이웃한 원자간 거리의 반은 1.86 Å이다. 공 근사법은 fcc와 bcc 구조의 경우에서도 그리 나쁘지는 않다. 이 경계조건은 바닥 궤도의 파동함수가 자유원자 경계조건보다 훨씬 작은 곡률을 갖도록 한다. 작은 곡률을 갖는다는 것은 운동에너지가 작다는 것을 의미한다.

나트륨의 경우 전도띠에 있는 다른 채워져 있는 궤도들은 개략적으로 식 (18)의 형태를 갖는 파동함수로 표시될 수 있으며, 이 경우

$$\psi_{\mathbf{k}} = e^{i\mathbf{k}\cdot\mathbf{r}}u_0(\mathbf{r}) \quad ; \quad \epsilon_{\mathbf{k}} = \epsilon_0 + \frac{\hbar^2 k^2}{2m}$$

이다. 표 6.1에서 페르미 에너지는 3.1 eV이니까[4], 평균 운동에너지는 페르미 에너지의 0.6배 정도로 1.9 eV이다. 그림 21에 보인 바와 같이 $\mathbf{k} = 0$에서 $\epsilon_0 = -8.2$ eV이니까, 평균 전자에너지는 $\langle \epsilon_k \rangle = -8.2 + 1.9 = -6.3$ eV가 되어, 자유원자의 원자가전자의 값 −5.15 eV와 비교가 된다.

그래서 나트륨 금속은 자유원자에 비하여 약 1.1 eV 차이를 가지면서 안정되어 있다는 것을 근사법으로 계산하였다. 이 결과는 실험값 1.13 eV와 잘 일치한다.

유사퍼텐셜 방법(*pseudopotential methods*)

전도전자의 파동함수는 이온 핵심과 핵심 사이의 부분에서는 평탄하게(smoothly) 변하지만, 핵심 주위에서는 복잡한 마디(nodal) 구조를 갖는다. 이와 같은 성질은 나토리움의 바닥 궤도함수를 예로 그림 19에서 볼 수 있다. 전도전자의 파동함수가 핵심 주위에서 마디를 갖아야 하는 것은 이 함수가 핵심전자(core electron)의 파동함수와 직교하여야 한다는 조건 때문이다. 이는 모두 슈뢰딩거 방정식에서부터 오는 것인데,

4) **역자주** 표 6.1에는 3.23 eV라고 나와 있음.

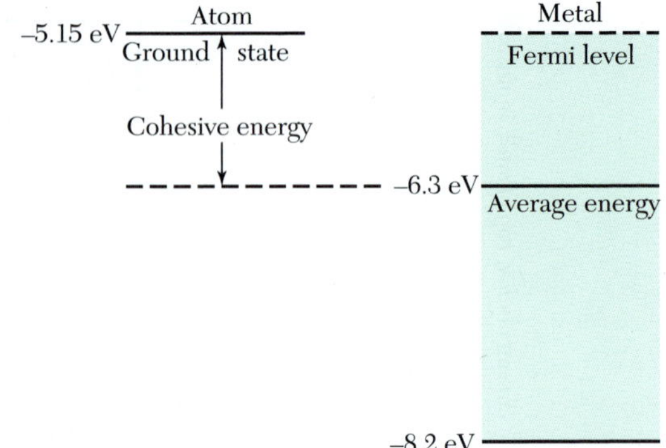

그림 21 나트륨 금속의 응집에너지(cohesive energy)는 금속 ψ에 있는 전자의 평균에너지(−6.3 eV)와 자유원자의 3*s* 준위에 있는 전자의 바닥상태 에너지(−5.15 eV)와의 차이이다. 여기서 자유원자의 3*s* 준위에 있는 전자는 무한하게 떨어져 있는 자유전자가 Na^+ 이온과 결합하는 것을 의미한다.

나트륨의 3*s* 전도 궤도함수의 마디가 둘(2)인 것은 두 핵심전자 궤도함수, 즉 마디가 없는 1*s*와 마디가 하나인 2*s* 궤도함수와 동시에 직교하는 조건을 만족시키어야 하기 때문이다.

핵심 외곽에서는 전도전자에 작용하는 퍼텐셜 에너지가 비교적 약하다. 퍼텐셜 에너지는 단일 전하를 갖는 양이온 핵심의 쿨롱 퍼텐셜이며 주위의 다른 전도전자의 정전기적 가리기(screening)에 의하여 현저히 약화되기 때문이다(14장 참조). 이 외곽 영역에서 전도전자의 파동함수는 평면파와 같이 부드럽게 변한다.

핵심 외곽 영역에서의 전자 궤도함수가 평면 파동함수와 거의 같다면, 자유전자와 거의 같은 $\epsilon_{\mathbf{k}} = \hbar^2k^2/2m$인 파동함수에 대한 에너지 관계식을 가질 것이다. 그러나 궤도함수가 평면파동 같지 않은 핵심 영역에서의 전도 궤도함수는 어떻게 취급하여야 할까?

핵심에서 일어나는 일은 **k**에 대한 ϵ의 변화와는 대부분 관계가 없다. 해밀토니언 연산자(hamiltonian operator)를 궤도함수에 적용하면 공간의 어떤 곳에서도 에너지를 구할 수 있음을 상기하라. 외곽 영역에 대해 적용하면, 이 연산은 자유전자 에너지와 거의 같은 에너지를 얻을 것이다.

이러한 논리는 핵심 영역의 실제 퍼텐셜 에너지를(그리고 채워진 껍질(shell)에서도) 유효 퍼텐셜(effective potential)[5)]로 대치하는 발상이 자연스럽게 나오는데, 유효 퍼텐셜은 실제 이온 핵심이 주는 것과 같은 핵심 외곽 영역의 파동함수를 주는 것이다. 이러한 조건을 만족시키는 유효 퍼텐셜(effective potential) 혹은 유사퍼텐셜(pseudopotential)이 거의 영이라는 사실을 알면 놀랄 것이다. 유사퍼텐셜에 관한 이

5) J. C. Phillips and L. Kleinman, Phys. Rev. **116**, 287 (1959); E. Antoncik, J. Phys. Chem. Solids **10**, 314 (1959). 유사퍼텐셜에 관한 일반적인 이론은 B. J. Austin, V. Heine, and L. J. Sham, Phys. Rev. **127**, 276 (1962)과 *Solid state physics* Vol.24에 있음. 빈 핵심 모형 (empty core model)은 이미 오래 전부터 이용되어 왔으며, E. Fermi, Nuovo Cimeto **2**, 157 (1934); H. Hellmann, Acta Physiochimica URSS 1, 193 (1936);과 H. Hellmann and W. Kassatotschkin, J. Chem. Phys. **4**, 324 (1934)까지로 되올라감. 마지막 참고문헌에는 "이 방법으로 정하여진 이온의 장(field)은 비교적 평평하기 때문에, 1차 근사에서는 상찰 안의 원 자가전자를 평면 파동으로 놓아도 무방하다"라고 기술함.

와 같은 결론은 여러 실험적 사실과 이론적 논리로 증명되었으며, 이 결과를 **상쇄의 정리**(cancellation theorem)라고 부른다.

유사퍼텐셜은 유일무이(unique)한 것도 정확한(exact) 것도 아니지만, 비교적 잘 맞는다. 빈 핵심 모형(empty core model; ECM)에서 어떤 반지름 R_e 안에서는 가려지지 않은 (unscreened) 유사퍼텐셜을 영(0)으로 잡을 수 있다. 즉

$$U(r) = \begin{cases} 0 \quad , & (r < R_e \text{ 영역}); \\ -e^2/r \ , & (r > R_e \text{ 영역}) \end{cases} \tag{21}$$

이 퍼텐셜은 10장에 기술된 것과 같이 가려짐이(screened) 되어야 할 것이며, 따라서 $U(r)$의 각 성분 $U(\mathbf{K})$를 전자 기체의 유전상수 $\epsilon(\mathbf{K})$로 나누어 주어야 한다. 한 예로 식 (14.33)에 있는 토머스-페르미(Thomas-Fermi) 유전함수를 쓰면, 가려짐이 된 유사 퍼텐셜은 그림 22a와 같다.

그림에서 보는 바와 같이 유사퍼텐셜은 실제 퍼텐셜보다 훨씬 작지만, 외곽의 파동 함수가 실제 퍼텐셜의 경우와 일치하도록 유사퍼텐셜을 조절하여 놓은 것이다. 산란 이론(scattering theory)의 표현을 빌리면, 유사퍼텐셜의 위상 이동(phase shift)을 조절하여 실제 퍼텐셜의 것과 맞도록 하는 것이다.

띠 구조의 계산은 유사퍼텐셜의 역격자 벡터에 대한 푸리에(Fourier) 성분에 따라 좌우된다. 띠 구조를 계산하는 데는 대부분의 경우 계수 $U(\mathbf{G})$의 몇 항의 값만으로 좋은 결과를 얻을 수 있다[계수 $U(\mathbf{G})$는 그림 22b를 볼 것]. 이 계수들은 모형 퍼텐셜에서 계산하기도 하고, 띠구조를 임시로 잡은 다음, 이를 광학적 측정 결과와 맞추어서 구하기도 한다. $U(0)$ 값은 제일 원리(first principle)에서부터 추정될 수 있는데, 식 (10.43)에서 볼 수 있듯이 가려짐된 쿨롱 퍼텐셜(screened Coulomb potential)의 경우 $U(0) = -\frac{2}{3}\epsilon_F$이다.

아주 잘 맞는 방법으로 실험 유사퍼텐셜 방법(Empirical Pseudopotential Method; EPM)이 있는데, 이 방법에서는 결정의 빛 반사와 흡수 측정 결과를 이론적으로 맞추기를 하여 얻은 몇 개의 계수를 써서 띠 구조를 계산하며, 15장에 보다 자세히 기술되어 있다. 그림 3.11에서 보듯이, 전하밀도 지도(map)를 EPM으로 구한 파동함수로부터 그릴 수가 있는데, 이 결과는 엑스선 에돌이에서 결정된 값과 잘 일치한다. 이런 지도는 결합을 이해하는 데 도움을 줄 뿐만 아니라, 새로운 구조나 복합물을 제안할 때도 잘 맞는 예측값을 준다.

계수 $U(\mathbf{G})$의 EPM 값은 이미 알고 있는 이온의 여러 형태의 기여를 합하면 된다. 그래서 이미 알고 있는 결과에서 시작하여 전혀 새로운 구조의 $U(\mathbf{G})$를 만들 수가 있다. 나아가 $\mathbf{G}$의 작은 변분에 대한 $U(\mathbf{G})$의 변화를 $U(r)$의 곡선 모양에서부터 근사할 수 있으면, 압력에 따라 변하는 띠의 구조도 알아 낼 수 있다.

제일 원리에서부터 띠의 구조, 응집에너지(cohesive energy), 격자상수, 부피 탄성률(bulk modulus) 등을 계산할 수가 있다. 이와 같은 유사퍼텐셜의 초기 계산의 경우, 기본적으로 필요한 입력 변수는 결정 구조의 형태와 원자수이고, 여기에 추가하여 바꿈 에너지(exchange energy) 항에 대한 이론적 근사도 필요하다. 제일 원리에서

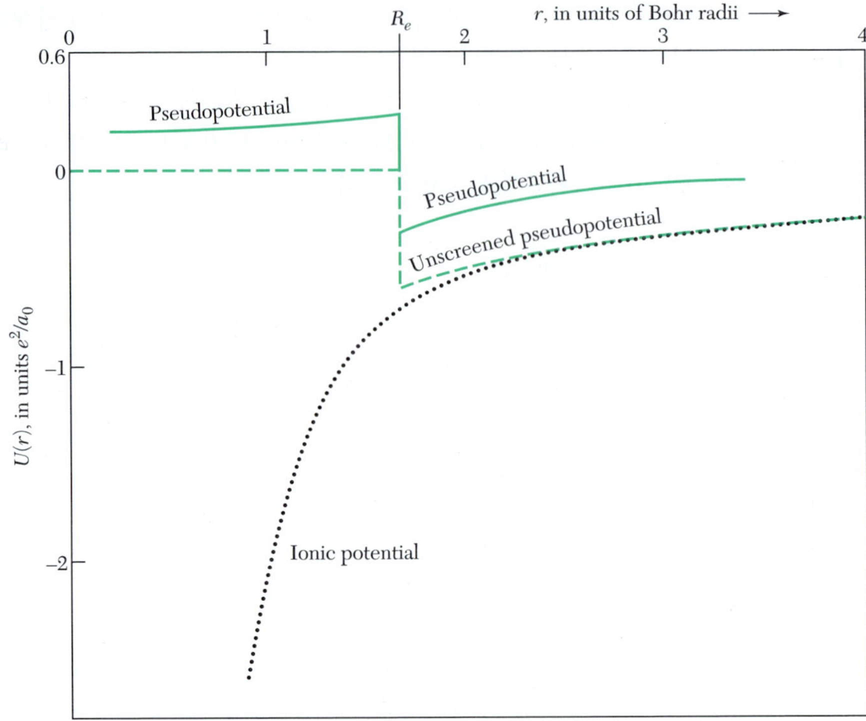

그림 22a 금속 나트리움의 유사퍼텐셜인데, 빈 핵심 모형(empty core model)과 토머스–페르미 유전함수에 근거를 둔 것임. 계산은 빈 핵심 반지름 $R_e = 1.66a_0$이고 가리개 변수(screening parameter) $k_s a_0 = 0.79$인 경우에 대해 행하여졌으며, 여기서 a_0는 보어(Bohr) 반지름이다. 끊긴 선은 식 (21)에서와 같이 가리개가 없는(unscreened) 경우의 퍼텐셜을 가정한 경우에 나타난다. 점선은 이온 핵심에서의 실제 퍼텐셜로 $r = 0.15$, 0.4일 때, $U(r)$은 −50.4, −11.6과 −4.6이 된다. 따라서 이온의 (자유원자의 에너지 준위에 맞도록 잡은) 실제 퍼텐셜은 유사퍼텐셜보다 훨씬 크다. $r = 0.15$일 때 200배 이상 크다.

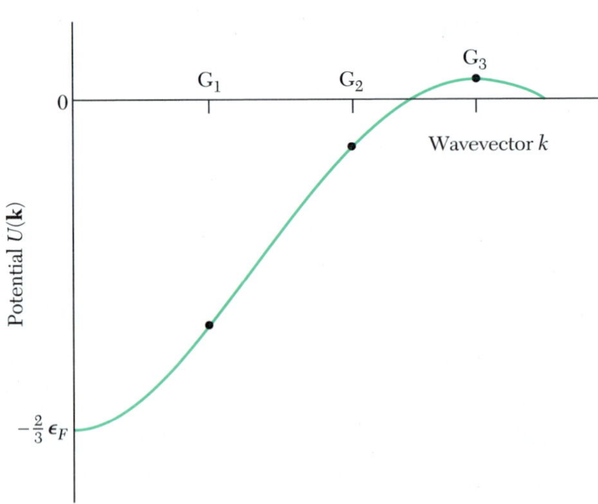

그림 22b 전형적인 역격자 공간에서의 유사퍼텐셜. 파동벡터의 값이 역격자 $\mathbf{G}$와 같을 때 $U(\mathbf{k})$의 값이 점으로 표시되어 있다. 아주 작은 $\mathbf{k}$에서의 유사퍼텐셜은 페르미 에너지의 (−2/3)에 접근하며, 이 값은 금속의 가려진 이온의 한계이다(M.L. Cohen 결과 인용).

원자수만 갖고 계산하는 방법과 같지는 않지만, 제일원리(first-principle) 계산법으로는 가장 타당성 있는 논거이다. M. T. Yin과 M. L. Cohen의 Phys. Rev. B26, 5668 (1982)에 있는 계산 결과가 실험값과 함께 다음 표에 비교되어 있다.

	Lattice constant (Å)	Cohesive energy (eV)	Bulk modulus (Mbar)
Silicon			
Calculated	5.45	4.84	0.98
Experimental	5.43	4.63	0.99
Germanium			
Calculated	5.66	4.26	0.73
Experimental	5.65	3.85	0.77
Diamond			
Calculated	3.60	8.10	4.33
Experimental	3.57	7.35	4.43

페르미 면 연구의 실험 방법
EXPERIMENTAL METHODS IN FERMI SURFACE STUDIES

페르미 면(Fermi surface)을 결정할 수 있는 여러 실험 방법이 개발되어 왔다. 자기저항(magmetoresistance), 비정상 껍질 효과(anomalous skin effect), 사이클로트론 공명(cyclotron resonance), 자기 소리 기하학적 효과(magneto-acoustic geometric effect), 슈브니코프-드하스 효과(Shubnikov-de Haas effect), 드하스-판알펜 효과(de Haas-van Alphen effect) 등이 대표적인 방법이다. 운동량 분포와 관련되는 내용은 양전자 소멸법(positron annililation), 컴프턴 산란(Compton scattering), 콘 효과(Kohn effect) 등의 방법으로 얻을 수 있다.

여기서는 여러 방법 중 한 방법만 비교적 철저하게 공부하도록 하자. 비록 다른 모든 방법도 유용하지만, 세부적인 이론적 분석을 필요로 하고 또 초보자에게는 적합하지가 않다. 드하스-판알펜 효과를 공부하겠는데, 그 이유는 균일한 자기장 안에서 금속의 대표적인 특성인 $1/B$에 대한 주기성을 잘 나타내고 있기 때문이다.

자기장 안에서의 궤도의 양자화*(quantization of orbits in a magnetic field)*

자기장 안에 있는 입자의 운동량 $\mathbf{p}$는 움직 운동량(kinetic momentum) $\mathbf{p}_{\text{kin}} = m\mathbf{v} = \hbar\mathbf{k}$와 퍼텐셜 운동량(potintial momentum) 혹은 장 운동량(field momentum) $\mathbf{p}_{\text{field}} = q\mathbf{A}/c$의 합이다(부록 G 참조). 여기서 q는 전하이고, 벡터 퍼텐셜은 $\mathbf{B} = \text{curl}\ \mathbf{A}$로 자기장과 관계가 있다. 총 운동량은 CGS 단위계에서는

(CGS)
$$\mathbf{p} = \mathbf{p}_{\rm kin} + \mathbf{p}_{\rm field} = \hbar\mathbf{k} + q\mathbf{A}/c \tag{22}$$

이고, SI 단위계에서는 c^{-1}이 빠진다.

Onsager와 Lifshitz의 준고전적(semiclassical) 접근법을 쓰면, 자기장 안에 있는 궤도는 보어(Bohr)-좀머펠트(Sommerfeld) 관계식에 의하여 양자화(quantize) 되며,

$$\oint \mathbf{p} \cdot d\mathbf{r} = (n + \gamma)2\pi\hbar \tag{23}$$ [6]

여기서 n은 정수(integer)이고, γ는 위상 이동으로 자유전자의 경우에는 1/2이다. 한편 식 (22)에서

$$\oint \mathbf{p} \cdot d\mathbf{r} = \oint \hbar\mathbf{k} \cdot d\mathbf{r} + \frac{q}{c}\oint \mathbf{A} \cdot d\mathbf{r} \tag{24}$$

이다. 자기장 안에 있는 전하 q를 갖는 입자의 운동방정식은

$$\hbar\frac{d\mathbf{k}}{dt} = \frac{q}{c}\frac{d\mathbf{r}}{dt} \times \mathbf{B} \tag{25a}$$

이고, 이를 시간에 대하여 적분하여 주면

$$\hbar\mathbf{k} = \frac{q}{c}\mathbf{r} \times \mathbf{B}$$

가 되는데, 여기서 적분상수는 최종 결과에 영향을 주지 않으므로 포함하지 않았다. 따라서, 식 (24)에 있는 첫 항의 경로 적분은

$$\oint \hbar\mathbf{k} \cdot d\mathbf{r} = \frac{q}{c}\oint \mathbf{r} \times \mathbf{B} \cdot d\mathbf{r} = -\frac{q}{c}\mathbf{B} \cdot \oint \mathbf{r} \times d\mathbf{r} = -\frac{2q}{c}\Phi \tag{25b}$$

이다. 여기서, Φ는 실공간(real space)에서의 궤도 안에 갇혀 있는 자기 다발이고,

$$\oint \mathbf{r} \times d\mathbf{r} = 2 \times (\text{궤도에 둘러싸여 있는 면적})$$

인 기하학적 결과를 이용하였다.

한편 식 (24)의 두 번째 경로 적분 항은 스토크스(Stokes) 정리를 이용하면

$$\frac{q}{c}\oint \mathbf{A} \cdot d\mathbf{r} = \frac{q}{c}\int \mathbf{curl}\,\mathbf{A} \cdot d\boldsymbol{\sigma} = \frac{q}{c}\int \mathbf{B} \cdot d\boldsymbol{\sigma} = \frac{q}{c}\Phi \tag{25c}$$

가 되는데, 여기서 $d\boldsymbol{\sigma}$는 실공간에서의 면적 요소(area element)이다. 운동량의 경로 적분은 식 (25b)와 (25c)의 합으로

$$\oint \mathbf{p} \cdot d\mathbf{r} = -\frac{q}{c}\mathbf{\Phi} = (n + \gamma)2\pi\hbar \tag{26}$$

6) **역자주** 수식에서 원서의 오류 정정.

가 된다.

따라서, 전자의 궤도를 통과하는 자기 다발은

$$\Phi_n = (n + \gamma)(2\pi\hbar c/e) \tag{27}$$

의 관계식을 만족시키면서, 전자 궤도는 이 자기 다발의 조건에 의하여 양자화된다. 여기서 다발 단위 $2\pi\hbar c/e = 4.14 \times 10^{-7}$ gauss cm^2 혹은 4.14×10^{-15} T m^{2}이다.[7)]

다음에 공부할 드하스-판알펜 효과에서는 파동벡터 공간에서의 궤도 면적도 알아야 한다. 식 (27)에서 실공간 궤도를 통과하는 자기 다발을 구하였다. 식 (25a)로부터, **B**에 수직한 면에 있는 선요소(line element) Δr은 Δk와 $\Delta r = (\hbar c/eB)\Delta k$의 관계를 갖기 때문에 **k** 공간에서의 면적 S_n은 **r** 공간의 궤도 면적 A_n과

$$A_n = (\hbar c/eB)^2 S_n \tag{28}$$

의 관계가 있다. 따라서, 식 (27)에서

$$\Phi_n = \left(\frac{\hbar c}{e}\right)^2 \frac{1}{B} S_n = (n + \gamma)\frac{2\pi\hbar c}{e} \tag{29}$$

가 되며, 따라서 **k** 공간의 궤도 면적은

$$S_n = (n + \gamma)\frac{2\pi e}{\hbar c} B \tag{30}$$

의 관계식을 충족시킨다.

페르미 면 실험에서는, 두 연속하는 궤도 n과 $n + 1$이 **k** 공간에서의 페르미 면의 면적이 같게 되는 데 필요한 증가량 ΔB를 측정하려고 한다. 식 (30)에서,

$$S\left(\frac{1}{B_{n+1}} - \frac{1}{B_n}\right) = \frac{2\pi e}{\hbar c} \tag{31}$$

일 때, 두 면적이 같아진다. 등증가량(equal increment) $1/B$이 비슷한 궤도를 반복적으로 만든다는 중요한 결과를 얻었다. 이 $1/B$의 주기성은 저온의 금속에서 나타나는 자기진동 효과(magneto-oscillatory effect)로, 전기저항, 자기 감수률, 열용량(heat capacity)에서 관측된다.

페르미 면 위에서나 그 근처에서의 궤도 밀도(popilation)가 B가 변함에 따라 진동하면서, 여러 효과에 변화를 초래한다. 진동의 주기로부터 페르미 면을 재구성하여야 한다. 식 (30)의 결과는 운동량에 대한 표현인 식 (22)로 기술된 벡터 퍼텐셜(vector potential)의 게이지(gauge)에 무관하다. 다시 말하면 **p**는 게이지에 따라 바뀌지만, S_n은 불변이다. 게이지 불변성(guage invariance)에 대하여서는 10장과 부록 G에서 다시 공부한다.

---

7) **역자주** 원서에서는 다발 단위 $2\pi\hbar c/e$가 $= 4.14 \times 10^{-7}$ gauss cm^2 혹은 T m^{2}으로 되어 있습니다. 그러나 1 gauss cm^2 $= 10^{-8}$ T m^{2}임으로 이 번역판에서는 원서 오류를 정정함.

드하스-판알펜 효과(*De Haas-van Alphen effect*)

드하스-판알펜(de Haas-van Alphen; dHvA) 효과는 정자기장 세기의 함수로 금속의 자기 모멘트가 진동하는(oscillating) 효과이다. 이 효과는 순도가 높은 시료에서 낮은 온도, 높은 자기장에서 관측할 수 있다. 순도가 높아야 하는 이유는 전자 궤도의 양자화 현상이 불순물에 의한 충돌에 의하여 흐려지지 않도록 하기 위함이며, 저온이어야 하는 이유는 밀도 진동이 이웃한 궤도와 열 밀도로 인해 평균되어 없어지는 것을 방지하기 위해서이다.

절대온도 영도에서의 dHvA 효과의 분석이 그림 23에 있다. 여기서 전자 스핀은 무시되었다. 이것은 이차원 계(two-demensional (2D) system)로 취급한 결과이며, 삼차원인 경우 2D 파동함수에 자기장이 z축 방향일 때의 평면파 인자 $\exp(ik_z z)$를 곱해주면 된다. k_x, k_y 공간 궤동의 면적은 식 (30)과 같이 양자화되어서, 두 연속적인 궤도 사이의 면적은

$$\Delta S = S_n - S_{n-1} = 2\pi eB/\hbar c \tag{32}$$

이다.

한 변이 L인 정사각형 시료의 경우 스핀을 무시한면, 단일 궤도가 **k** 공간에서 차

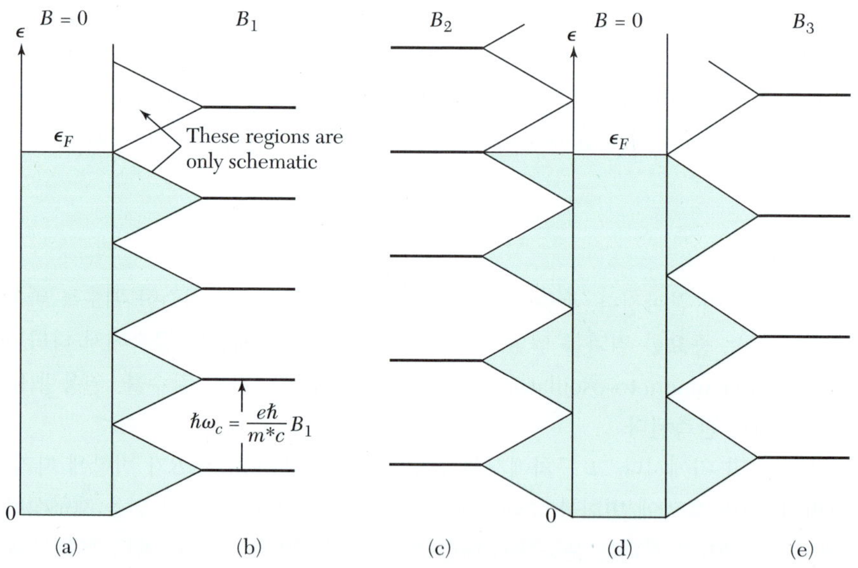

그림 23 자기장에 있는 2차원 자유전자의 드하스-판알펜 효과의 설명. 자기장이 걸리지 않았을 때 페르미 바다(Fermi sea)의 채워진 궤도는 (a)와 (d)에 파랗게 표시되어 있고, 자기장이 걸려 있을 때의 에너지 준위는 (b), (c), (e)에 그려져 있다. (b)는 전자의 총 에너지가 자기마당이 걸리지 않았을 때와 같게 되는 자기장이 B_1의 경우인데, 이때 궤도의 양자화된 에너지는 감소하지만 많은 전자의 총 에너지는 증가하기 때문이다. B_1보다 큰 B_2의 경우, 위쪽에 있는 전자가 증가한 에너지 값을 갖기 때문에 전자의 총 에너지는 증가한다. (e)는 다시 자기장을 증가시켜 B_3가 되게 하면서, 전자의 에너지가 다시 $B = 0$인 경우와 같게 한 경우이다. 전자의 총 에너지는 B_1, B_3, B_5, . . . 같은 점에서는 최소가 되며, B_2, B_4, . . . 같은 점에서는 최대가 된다.

지하는 면적은 $(2\pi/L)^2$이다. 식 (32)를 이용하면, 단일 자기 준위에 끼워 들어가는 자유 전자 궤도함수의 수는, 그림 24에서 보듯이

$$D = (2\pi eB/\hbar c)(L/2\pi)^2 = \rho B \tag{33}$$

로 주어지며, 여기서 $\rho = eL^2/2\pi\hbar c$이다. 이와 같은 자기 준위(magnetic level)를 **란다우 준위**(Landau level)라고 한다.

페르미 면의 B에 대한 관계는 흥미로운 것이다. 절대온도 영도에서 N개의 전자가 있는 계의 경우, 란다우 준위는 s로 명명된 자기 양자 준위를 완전히 채우고 있다. 여기서 s는 양(+)의 정수이다. 그리고 다음으로 높은 준위 $s + 1$의 궤도함수는 남아 있는 전자를 수용하여 부분적으로 채워져 있다. 만일 $s + 1$ 란다우 준위에 전자가 있다면, 페르미 준위는 $s + 1$ 란다우 준위에 위치할 것이다. 자기장이 점차 증가하면 전자가 낮은 준위로 이동하면서, $s + 1$ 준위가 차차 비워진다. 그리고 $s + 1$ 준위가 완전히 비워질 때, 페르미 준위는 갑자기 다음으로 낮은 준위인 s 준위로 이동한다.

그림 25에서 보듯이, B가 증가함에 따라 란다우 준위의 겹침(degeneracy) D가 증가하기 때문에 전자가 낮은 란다우 준위로 이동하는 것이 가능하다. B를 증가시켜 가면, 채워진 준위 중 가장 위쪽 준위의 양자수(quantum number)가 갑자기 1(unity)만큼 줄어드는 B값들이 존재한다. 절대온도 영도에서는, B_s라고 명명된 이 임계 자기마당에서 부분적으로 채워져 있는 준위는 존재하지 않으며, 따라서

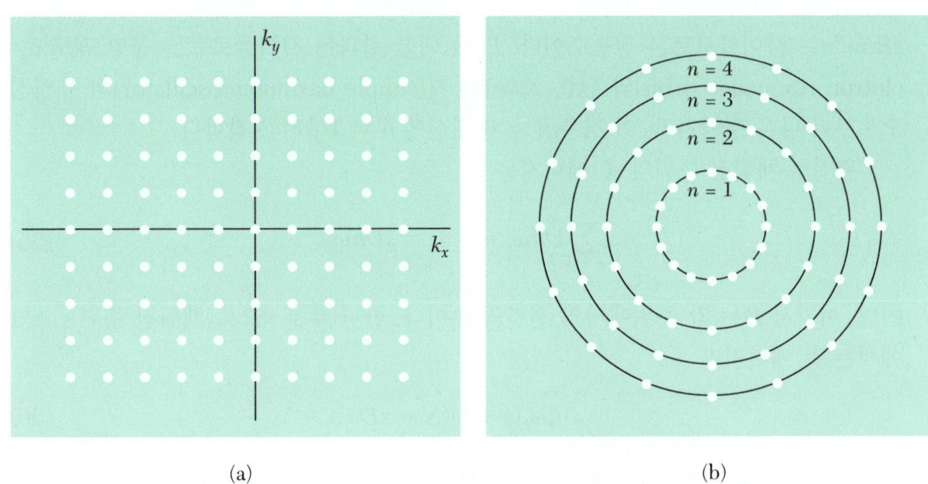

그림 24 (a) 자기장이 걸리지 않았을 때 2차원 전자의 허용된 궤도, (b) 자기장이 걸렸을 때는 자유전자의 궤도를 나타내는 점들이 k_xk_y면 위에 있는 원에 속박되는 것으로 간주할 수 있다. 연속적으로 놓여 있는 원들은 에너지가 $(n - \frac{1}{2})\hbar\omega_c$일 때의 양자수 n의 연속적인 값에 해당된다. 이 연속적인 원과 원 사이의 면적은

(CGS) $$\pi\Delta(k^2) = 2\pi k(\Delta k) = (2\pi m/\hbar^2)\,\Delta\epsilon = 2\pi m\omega_c/\hbar - 2\pi eB/\hbar c$$

이다. 여기서 점들 사이의 각도는 임의로 그린 것으로 특별한 의미는 없다. 한 원 위에 놓인 궤도의 수는 일정하며, (a)에서의 단위 면적당 궤도의 수와 이웃한 원 사이의 면적을 곱한 것이다. (a)에서의 단위 면적당 궤도의 수는 전자의 스핀을 무시할 때 $(2\pi eB/\hbar c)(L/2\pi)^2 = L^2eB/2\pi\hbar c$이다.

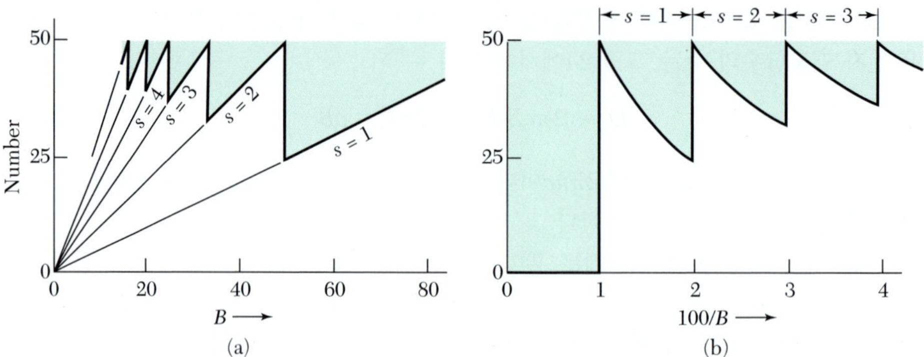

그림 25 (a) 굵은 선은 $N = 50$, $\rho = 0.50$인 2차원 계에서 자기장이 B일 때 완전히 채워져 있는 준위의 입자수를 나타낸다. s 값은 채워져 있는 가장 높은 준위의 양자수를 나타낸다. 따라서 $B = 40$이라면 $s = 2$이고, $n = 1$과 $n = 2$인 준위는 채워져 있고 $n = 3$에는 10개의 입자가 있다. 만일 B가 50이면 $n = 3$인 준위는 빈 상태가 된다. (b) 앞 경우의 점들을 $1/B$에 대해서 그려보면, $1/B$에 대해서 주기성을 갖고 있음을 확인할 수가 있다.

$$s\rho B_s = N \tag{34}$$

이 된다. 채워져 있는 준위의 수와 B_s에서의 겹침을 곱한 것이 전자의 수 N과 같아져야만 한다.

에너지가 B가 변함에 따라 주기성을 갖는 것을 보여주기 위하여, 자기 양자수가 n인 란다우 준위의 에너지가 $E_n = (n - \frac{1}{2})\hbar\omega_c$라는 결과를 이용하자. 여기서 $\omega_c = eB/m^*c$는 사이클로트론 진동수이다. E_n에 대한 결과는 사이클로트론 공명 궤도(cyclotron resonance orbit)와 단순 조화진동자(simple harmonic oscillator)의 유사점으로부터 나온 것이지만, 이 경우 $n = 0$ 대신에 $n = 1$부터 시작한다.

완전히 채워진 준위의 총 에너지는

$$\sum_{n=1}^{s} D\hbar\omega_c(n - \tfrac{1}{2}) = \tfrac{1}{2}D\hbar\omega_c s^2 \tag{35}$$

이며, 여기서 D는 각 준위에서의 전자의 수이다. 한편 부분적으로 채워진 준위 $s + 1$에서는 총 에너지가

$$\hbar\omega_c(s + \tfrac{1}{2})(N - sD) \tag{36}$$

이며, 여기서 sD는 아래의 채워진 준위에 있는 전자의 수이다. 따라서, N개 전자의 총 에너지는 식 (35)와 (36)의 합으로, 그림 26과 같다.

절대온도 영도에서 계의 자기 모멘트 μ는 $\mu = -\partial U/\partial B$로 주어진다. 그림 27에서 보듯이, 여기서 자기 모멘트는 $1/B$의 진동함수이다. 바로 이 저온에서 페르미 기체의 진동 자기 모멘트가 드하스-판알펜(de Haas-van Alphen: dHvA) 효과이다. 식 (31)에서

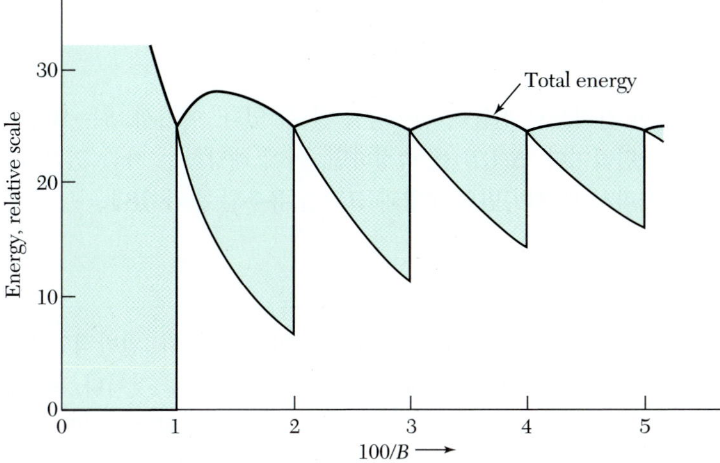

그림 26 위 곡선은 전체 전자 에너지를 $1/B$에 대하여 그린 것이다. 에너지 U의 진동(oscillation)은 $-\partial U/\partial B$로 주어지는 자기 모멘트를 측정하여 얻을 수 있다. 자기장이 증가하면 연속되어 있는 궤도가 페르미 준위를 가로질러 가면서, 금속의 열역학적 성질 및 수송 성질도 역시 진동한다. 그림에서 푸른 영역은 부분적으로 채워진 준위에서 나오는 에너지에 기인하는 것이다. 이 그림에서는 그림 25와 같은 매개변수(parameter)를 썼으며, $B = \hbar\omega_c$와의 관계를 볼 수 있도록, B의 눈금으로 표시하였다.

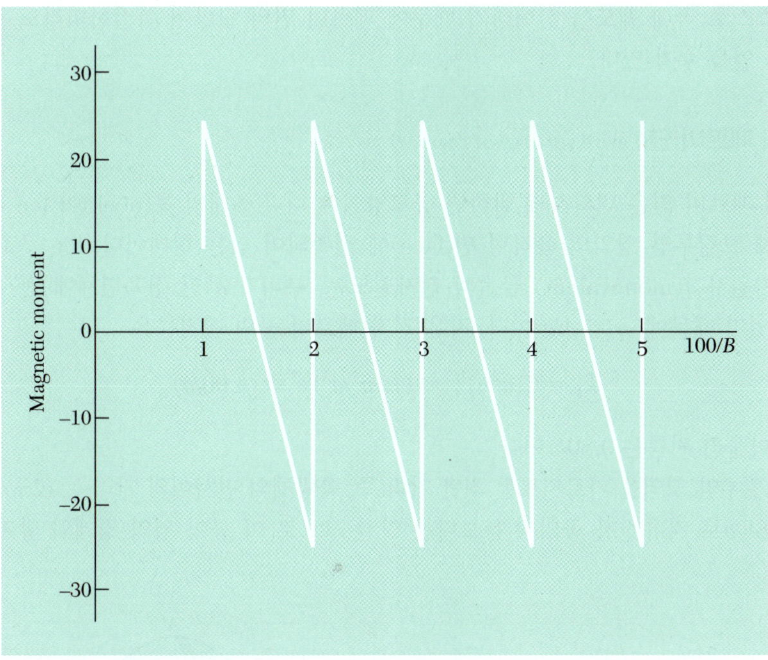

그림 27 절대온도 영도에서 자기 모멘트는 $-\partial U/\partial B$로 주어진다. 그림 26에 있는 에너지가 여기에 있는 $1/B$에 진동함수인 자기 모멘트를 준다. 불순물이 있는 시료에서는 에너지 준위가 선명하게 정의되지가 않기 때문에, 자기 모멘트의 진동도 부분적으로 희미하게 된다.

$$\Delta\left(\frac{1}{B}\right) = \frac{2\pi e}{\hbar c S} \tag{37}$$

로, $1/B$의 일정한 간격으로 진동이 일어남을 알 수 있다. 여기서, S는 $\mathbf{B}$에 수직한 페르미 면의 바깥 면적이다. $\Delta(1/B)$를 측정하면, 이에 해당하는 바깥 면적 S를 추론해 낼 수가 있고, 따라서 페르미 면의 모양과 크기를 유추할 수가 있다.

극대 궤도*(extremal orbits)*

dHvA 효과를 해석하는 데 이해하기가 어려운 점이 하나 있다. 일반적인 모양을 갖는 페르미 면의 경우 k_B값이 다른 부분에서는 다른 주기를 가질 것이다. 측정값은 모든 부분, 즉 모든 궤도에서 나오는 결과를 합한 것이지만, **k_B가 약간 변하더라도 주기는 변하지 않는 궤도가 측정값에 지배적인 영향을 준다. 이 궤도를 극대 궤도라고 부른다.** 따라서 그림 28에서 AA'으로 표시된 부분이 측정하는 사이클로트론 주기를 좌우한다.

이 논리를 수학적으로 설명할 수도 있지만, 여기서 증명은 생략하겠다(*QTS*, p. 223 참조). 기본적으로 이 증명은 위상 상쇄(phase cancellation)의 문제이다. 즉 서로 다른 극대 궤도가 아닌 궤도들의 영향은 상쇄되지만, 극대 궤도 부근에서는 위상이 완만히 변하기 때문에, 이들 궤도의 영향은 합하여져서 신호에 기여한다. 실험에서는 스스로 극대 궤도를 선택하기 때문에 페르미 면의 모양이 복잡하더라도 선명한 공명을 얻을 수가 있다.

구리의 페르미 면*(Fermi surface of copper)*

구리의 페르미 면은 명확하게 말하면 공모양이 아니다. 8개의 목(neck)이 fcc 격자의 첫 번째 브릴루앙 영역의 육각형 면(face)에 접촉되어 있는 형태이다. fcc 구조를 갖는 일가원자가(monovalent) 금속의 전자밀도는, 부피가 a^3인 정육면체에 전자가 네(4)개 있기 때문에, $n = 4/a^3$이다. 자유 전자 페르미 공의 반지름은

$$k_F = (3\pi^2 n)^{1/3} = (12\pi^2/a^3)^{1/3} \cong (4.90/a) \tag{38}$$

이며, 아울러 지름은 $9.80/a$이다.

브릴루앙 영역을 가로지르는 최단 거리(즉, 육방체의 면사이의 거리)는 $(2\pi/a)(3)^{1/2} = 10.88/a$로 자유전자 공의 지름보다는 약간 크므로 이 공이 영역 경계와 닿지는 않

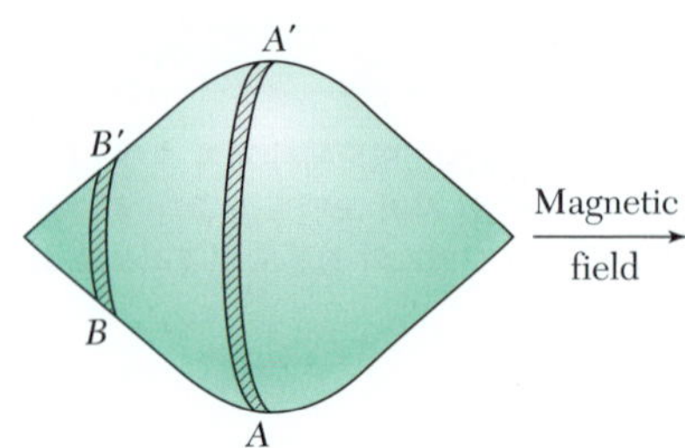

그림 28 AA'로 표시된 궤도는 극대 궤도이고, 이 부위의 페르미 면에서는 사이클로트론(cyclotron) 주기가 일정하다. 그러나, 다른 부분(예를 들면 BB'과 같은)은 부위에 따라 주기가 다른 궤도를 갖고 있다.

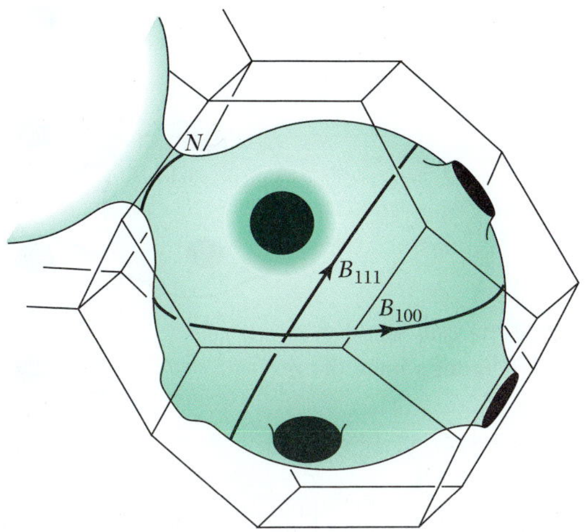

그림 29 피파드(Pippard)가 제안한 구리의 페르미 면. fcc 구조인 브릴루앙 면은 2장에서 유도한 모서리를 잘라낸 팔면체이다. 이 페르미 면은 육각모양의 영역 경계면의 중앙에서 **k** 공간의 [111] 방향으로 만난다. 두 "배(belly)"극대 궤도는 B로, 극대 "목(neck)"궤도는 N으로 표시되어 있다.

는다. 그렇지만, 영역 경계 근처에서는 띠 에너지를 더 낮게 하려는 경향이 있음을 알고 있으니까, 브릴루앙 영역의 (육각형 모양의) 면에 가장 가까운 부분에서 페르미 면이 목을 내미는 형태가 된다고 하면 비슷하게 맞는 설명이 된다(그림 18과 29 참조).

브릴루앙 영역의 정사각 면(face)들은 간격이 $12.57/a$로, 서로 멀리 떨어져 있고, 페르미 면도 브릴루앙 면을 만나기 위해 페르미 면이 목을 내밀지도 않는다.

예제: 금의 페르미 면*(Fermi surface of gold).* 광범위한 (자기)장 방향을 갖고 있는 금(gold)은 자기 모멘트가 2×10^{-9} gauss^{-1}의 주기를 갖는다는 것을 Shoenberg가 알아내었다. 이 주기는 면적이

$$S = \frac{2\pi e/\hbar c}{\Delta(1/B)} \cong \frac{9.55 \times 10^7}{2 \times 10^{-9}} \cong 4.8 \times 10^{16}\ \mathrm{cm}^{-2}$$

인 극대 궤도에 해당된다.

표 6.1에서 금의 자유전자 공의 경우 $k_F = 1.2 \times 10^8\ \mathrm{cm}^{-1}$이고, 극대 면적(extremal area)은 $4.5 \times 10^{16}\ \mathrm{cm}^{-2}$로 실험값과 잘 맞는다. Shoenberg가 보고한 실제 주기는 B_{111} 방향으로는 2.05×10^{-9} gauss^{-1}이고, B_{100} 방향으로는 1.95×10^{-9} gauss^{-1}이다. 금의 [111] 방향으로는 6×10^{-8} gauss^{-1}인 큰 주기를 얻었는데, 이는 $1.6 \times 10^{15}\ \mathrm{cm}^{-2}$인 궤도 면적에 해당되는 것으로, 이 부분이 "목(neck)"궤도(neck orbit) N이다. 또다른 극대 궤도는 그림 30에서 보듯이, "개뼈다귀(dog's bone)"모양으로, 이 부분의 면적은 불룩 나온 부분의 0.4 정도이다. 실험 결과가 그림 31에 있는데, SI 단위계에서는 S에 대한 관계식에서 c를 없애고, 주기로 2×10^{-5} tesla^{-1}를 쓰면 된다.

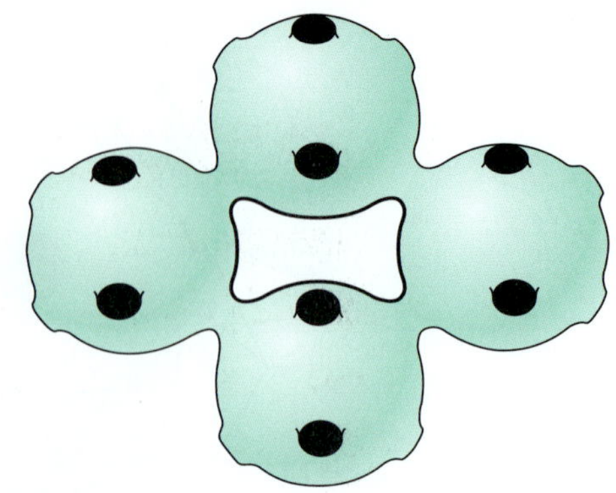

그림 30 자기장 안에 있는 구리나 금의 페르미 면 위에 있는 전자의 개뼈다귀 궤도(dog's bone orbit).

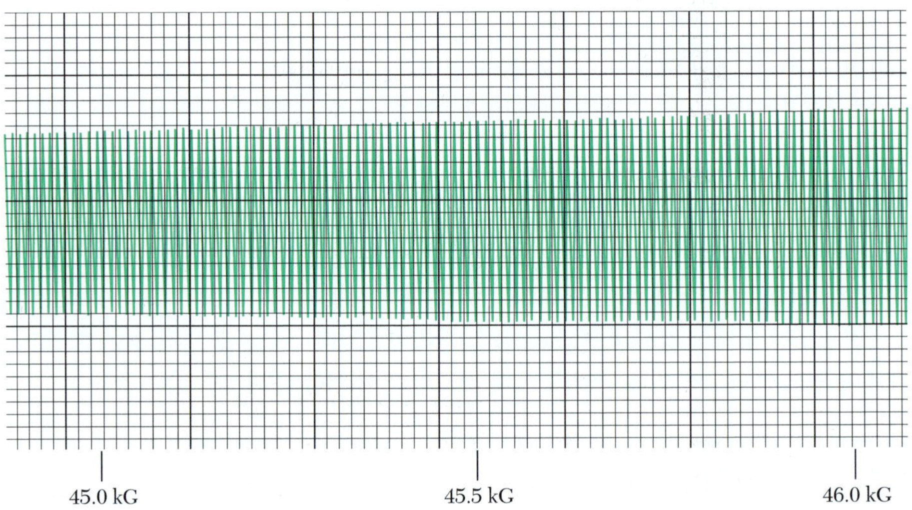

그림 31 자기장이 **B** ‖ [110] 방향과 나란할 때 금의 드하스-반알판 효과. 진동은 그림 30의 개뼈다귀 궤도에서 나온 것이다. 이 신호는 자기 모멘트의 자기장에 대한 2차 미분과 관계가 있다. 이 결과는 절대온도 약 1.2 K에서 균질성이 높은 초전도 솔레노이드 자석을 이용하면서 마당 변조 방법(field modulation technique)을 이용하여 얻어졌다(I.M. Templeton 결과 인용).

알루미늄의 자유전자 페루미 공은 첫 번째 영역은 완전히 채워져 있고, 두 번째와 세 번째가 많이 겹쳐 있다. 세 번째 영역은 비록 자유전자 구면(球面)의 일부분으로 구성되어 있기는 하지만 아주 복잡한 모양을 하고 있다. 자유전자 모형에서는 네 번째 영역에 양공의 작은 주머니(pocket)가 있는데, 격자 퍼텐셜을 고려하면 이 영역은 비워지면서, 세 번째 영역에 전자를 추가해 준다. 이론적으로 추정한 알루미늄의 페리미 면의 개략적인 모양은 실험과 잘 일치한다. 그림 32에 마그네슘의 자유전자 페르미 면의 일부분이 소개되어 있다.

자기적 깨짐*(magnetic breakdown)*

충분히 큰 자기장 안에 있는 전자는 그림 33a의 원 모양의 사이클로트론 궤도인 자유

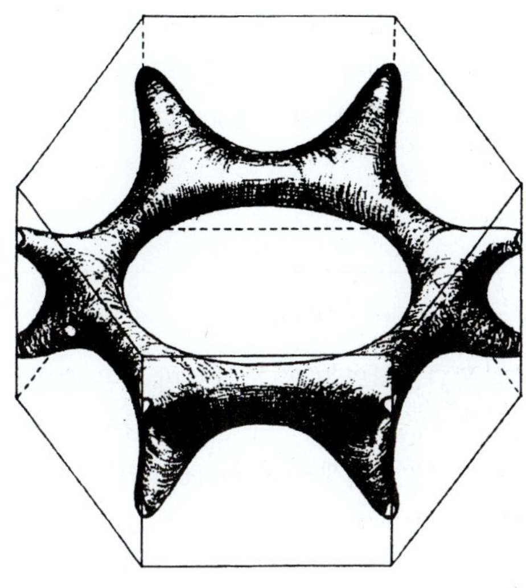

그림 32 마그네슘(Mg)의 양공의 페르미 면이 띠 1과 2를 통하여 여러 겹으로 연결되어 있는 모양으로 L.M. Falicov가 제안함(Marta Puebla가 그린 것임).

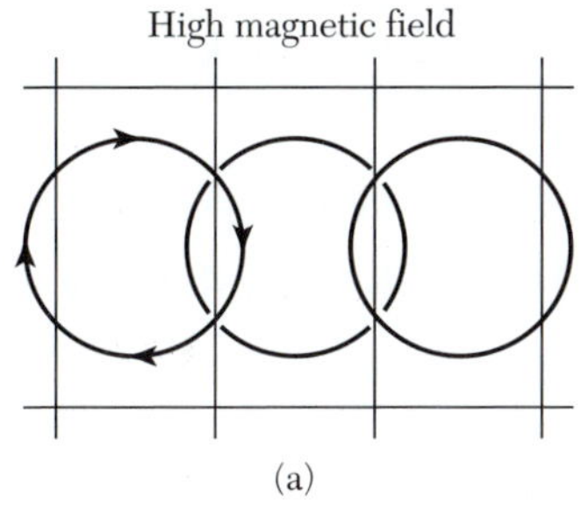

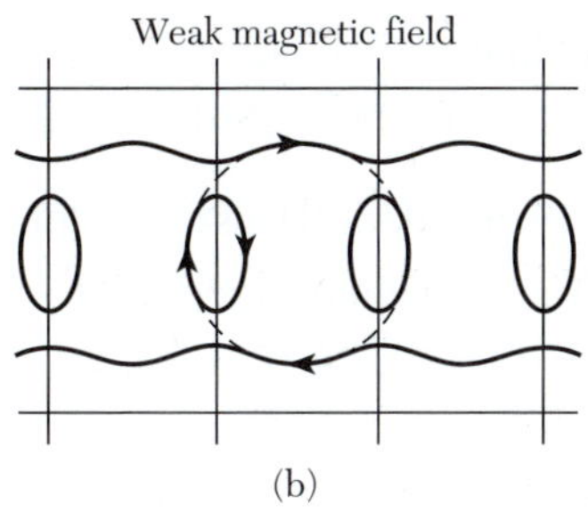

그림 33 강한 자기장에 의한 띠 구조의 깨짐(breakdown). 브릴루앙 영역의 경계는 가는 선으로 표시되어 있음. 그림 a에 있는 강한 자기장 안에 있는 자유전자의 궤도가, 약한 자기장에서는 그림 b와 같이 첫 번째 띠는 열린 궤도(open orbit), 두 번째 띠는 전자 궤도로 바뀜. 그림 b에는 두 띠를 같이 그려 놓았음.

입자 궤도를 따라 움직일 것이다. 이 경우 자기 힘이 지배적이고, 격자 퍼텐셜은 약한 섭동을 준다. 이 극한(limit)에서는 궤도함수를 띠로 표시하는 것은 별로 의미가 없다. 다만, 약한 자기장에서는 자기장이 없을 때 얻어진 띠구조 $\epsilon_{\mathbf{k}}$를 써서 전자의 운동을 식 (8.7)로 기술한다는 것은 이미 알고 있을 것이다.

자기장이 증가하면 앞에서 설명한 것과 같이 궁극적으로는 깨짐이 생기는데, 이것을 자기적 깨짐(magnetic breakdown)이라고 한다. 그림에서 보듯이, 강한 자기장에 들어가면 궤도의 이어짐이 갑작이 바뀐다. 자기적 깨짐이 시작되는 것을 알려면 이어짐(connectivity)에 민감하게 변하는 자기저항(magnetoresistance)과 같은 물리적 성질을 조사하면 된다. 자기적 깨짐이 일어나는 조건은 대략 $\hbar\omega_c\epsilon_F > E_g^2$이 되며, 여기서 ϵ_F는 자유전자의 페르미 에너지이고, E_g는 에너지 간격이다. 이 조건은 보다 간단한 모양으로 바뀌는 수가 있는데, 에너지 간격이 작은 금속의 경우에는 자기적 벌어짐 $\hbar\omega_c$가 에너지 간격보다 더 크면 된다는 조건으로 된다.

작은 간격은 hcp 금속에서 관측되는데, 이 경우 브릴루앙 영역의 육방형 면을 가로지르는 간격은 영(0)으로 스핀-궤도(spin-orbit) 상호작용만 남는다. Mg의 경우 스핀-궤도 상호작용에 의한 벌어짐은 10^{-3} eV 정도이다. 이 에너지 간격과 $\epsilon_F \sim 10$ eV를 가질 경우, 자기적 깨짐 조건은 $\hbar\omega_c > 10^{-5}$ eV 또는 $B > 1000$ G가 된다.

요약
Summary

- 페르미 면은 ϵ_F인 일정한 에너지를 갖는 **k** 공간에서의 면이다. 페르미 면은 절대온도 영(0)도에서 빈 상태와 채워진 상태를 갈라놓는다. 페르미 면의 모양은 환산영역 방식에서 가장 잘 표현되지만, 이 페르미 면의 연결상태(connectivity)는 주기적 영역 방식에서 가장 명확하다.
- 에너지 띠는 $\epsilon_{\mathbf{k}}$ 대 **k** 면에서 단일 갈래(branch)이다.
- 단순 금속(simple metal)의 결합(cohesion)은 파동함수의 경계조건이 슈뢰딩거(Schrödinger)에서 위그너-자이쯔(Wigner-Seits)로 바뀔 때, $\mathbf{k} = 0$인 전도띠 궤도함수의 에너지의 감소에 의한 것이라고 설명한다.
- 드하스-판알펜(de Haas-van Alphen) 효과의 주기성에서 페르미 면의 **k** 공간 자름 면(cross-section)의 면적 S를 측정하는데, 자름 면은 **B**에 수직하게 잡으며, **B**와 S 는 다음의 관계식을 갖는다.

(CGS) $$\Delta\left(\frac{1}{B}\right) = \frac{2\pi e}{\hbar c S} .$$

연습문제
Problems

1. 직사각형 격자의 브릴루앙 영역(***Brillouin zones of rectangular lattice***). 축이 a, $b = 3a$인 기본 직각 이차원평면 격자의 첫 번째와 두 번째 브릴루앙 영역을 그려라.
2. 브릴루앙 영역, 직사각형 격자(***Brillouin zone, rectangular lattice***). 이차원적인 금속이 $a = 2$ Å; $b = 4$ Å인 단순 직각 기본낱칸에 하나의 원자 빈 자리를 가지고 있다. **(a)** 첫 번째 브릴루앙 영역을 그려라. 단위는 cm^{-1}로 하여라. **(b)** 자유전자 페르미 공의 반지름을 cm^{-1}로 계산하라. **(c)** 이 공를 처음 브릴루앙 영역을 그리는 크기로 그려라. 첫 번째와 두 번째 에너지 띠에 대하여 주기적 영역 방식으로 자유전자 띠의 첫 몇 주기를 보일 수 있도록 다시 그림을 그려라. 띠 경계에서는 작은 에너지 틈이 있다고 가정하라.
3. 육방밀집 구조(***hexagonal close-packed structure***). 3차원에서 격자상수가 a와 c인 단순 육방 격자인 결정의 첫 번째 브릴루앙 영역을 고려하자. $\mathbf{G}$를 결정 격자의 c축과 평행한 가장 짧은 역격자 벡터(reciprocal lattice vector)로 표시하자. **(a)** 육방밀집 결정구조에서 퍼텐셜 $U(\mathbf{r})$의 푸리에 성분 $U(\mathbf{G}_c)$가 0이 됨을 보여라. **(b)** $U(2\mathbf{G}_c)$도 0인가? **(c)** 단순 육방 격자점에서 이(II)가(divalent) 원자로 만들어진 절연체를 얻는 것이 원리적으로 왜 가능한

가? **(d)** 육방밀집 구조에서 일(I)가(monovalent) 원자로 만들어진 절연체를 얻는 것이 왜 가능하지 않는가?

4. 이차원적인 이(II)가 금속의 브릴루앙 영역***(Brillouin zones of two-dimensional divalent metal)***. 정사각형 격자 형태의 이차원적인 금속은 원자당 두 개의 전도전자를 갖는다. 자유전자 근사에서 전자와 양공 에너지 면을 자세하게 그려라. 전자에 대하여 페르미 면이 닫힌 것처럼 보이는 영역 방식(zone scheme)를 선택하여라.

5. 열린 궤도***(open orbits)***. 일(I)가(monovalent) 정방 금속의 열린 궤도는 브릴루앙 영역 경계면 반대방향의 면(face)들을 연결한다. 이 면들은 $G = 2 \times 10^8\ \mathrm{cm^{-1}}$만큼 떨어져 있다. 자기장은 $B = 10^3\ G = 10^{-1}$ T이며 열린 궤도면에 수직하게 주어진다. **(a)** **k** 공간에서 운동주기의 크기의 자릿수는 얼마인가? $v \approx 10^8$ cm/sec로 하여라. **(b)** 자기장이 있을 때 이 궤도에 있는 전자의 운동을 실공간에서 기술하라.

6. 정사각형 우물 퍼텐셜의 응집에너지***(cohesive energy for a square well potential)***. **(a)** 깊이가 U_0이고 폭이 a인 단일 정사각형 우물에서 일차원적인 전자의 결합에너지를 구하라 (이것은 기초 양자역학의 기본적인 일차원 문제이다). 풀이는 우물의 중간 점에 대해서 대칭이라고 가정하라. **(b)** $|U_0| = 2\hbar^2/ma^2$인 경우 결합에너지의 수치적 결과를 U_0로 나타내고, 이 결과를 그림 20의 해당되는 한계에서 주어지는 값과 비교하라. 우물과 우물 사이의 간격이 아주 큰 극한에서는, 에너지 띠의 폭(band width)은 영(0)이 된다. 또 가장 낮은 에너지 띠에서는 $k = 0$일 때의 에너지는 $k \neq 0$일 때의 에너지와 같다. 이 한계에서는 우물의 들뜬 상태로부터 다른 띠들이 형성된다.

7. 칼륨의 드하스-판알펜 주기***(De Haas-van Alphen period of potassium)***. **(a)** 자유전자 모형에서 칼륨의 예상되는 주기 $\Delta(1/B)$를 계산하여라. **(b)** $B = 10$ kG $= 1$ T일 때 극대 궤도(extremal orbit)의 실공간에서의 면적은 얼마인가? 전기 비저항의 진동에서도 같은 주기를 갖는다. 이 효과를 슈브니코프-드하스(Shubnikovde Haas) 효과라고 한다.

°**8.** $\boldsymbol{k \cdot p}$ 섭동 이론에 관한 띠끝 구조***(band edge structure on k • p perturbation theory)*** 입방결정의 띠 n에서 $\mathbf{k} = 0$에서 겹침이 없는(non-degenerate) 궤도함수 $\psi_{n\mathbf{k}}$를 고려하자. 이차 섭동 이론을 사용하여 다음 결과를 찾아라.

$$\epsilon_n(\mathbf{k}) = \epsilon_n(0) + \frac{\hbar^2 k^2}{2m} + \frac{\hbar^2}{m^2} \sum_j{}' \frac{|\langle n0|\mathbf{k}\cdot\mathbf{p}|j0\rangle|^2}{\epsilon_n(0) - \epsilon_j(0)} . \tag{39}$$

이때 합은 $\mathbf{k} = 0$에서 다른 모든 궤도함수 $\psi_{j\mathbf{k}}$에 대한 것이다. 이 점에서 유효질량은

$$\frac{m}{m^*} \approx 1 + \frac{2}{m} \sum_j{}' \frac{|\langle n0|\mathbf{p}|j0\rangle|^2}{\epsilon_n(0) - \epsilon_j(0)} \tag{40}$$

이다. 좁은 틈의 반도체(narrow gap semiconductor)에서 전도띠끝의 질량은 종종 원자가 띠끝 효과에 의해 결정되는데, 그 원인은

$$\frac{m}{m^*} \approx \frac{2}{mE_g} \sum_v |\langle c|\mathbf{p}|v\rangle|^2 \tag{41}$$

이다. 이때 합은 원자가띠에 대한 것이고, E_g는 에너지 틈이다. 주어진 행렬요소(matrix element)에 대해 작은 에너지 틈은 작은 유효질량을 준다.

°이 문제는 다소 어렵다.

9. 와니어 함수***(Wannier functions)***. 띠의 와니어 함수는 같은 띠의 블로흐 함수에서 다음과 같이 정의된다.

$$w(\mathbf{r}-\mathbf{r}_n) = N^{-1/2} \sum_{\mathbf{k}} \exp(-i\mathbf{k}\cdot\mathbf{r}_n)\, \psi_{\mathbf{k}}(\mathbf{r}) \ . \tag{42}$$

이때 $\mathbf{r}_n$은 격자점이다. **(a)** 다른 격자점 n, m에서의 와니어 함수는 직교함을 보여라;

$$\int dV\, w^*(\mathbf{r}-\mathbf{r}_n) w(\mathbf{r}-\mathbf{r}_m) = 0 \,, \quad n \neq m \ . \tag{43}$$

이 직교 성질 때문에 다른 격자의 중앙에 위치해 있는 원자 궤도함수보다 더 널리 쓰인다. 왜냐하면 후자는 일반적으로 직교하지 않기 때문이다. **(b)** 와니어 함수는 격자점 부근에서 최고값을 갖는다. 격자상수가 a인 N개의 원자에서 $\psi_k = N^{-1/2}\, e^{ikx}\, u_0(x)$로 주어지면, 와니어 함수가

$$w(x-x_n) = u_0(x) \frac{\sin \pi(x-x_n)/a}{\pi(x-x_n)/a}$$

가 됨을 보여라.

10. 열린 궤도와 자기저항***(open orbits and magnetoresistance)***. 연습문제 6.9에서 자유전자의 가로 자기저항을 그리고 연습문제 8.5에서 전자와 양공의 가로 자기저항을 공부하였다. 어떤 결정에서는 특별한 결정 방향을 제외하고는 자기저항이 포화된다. 열린 궤도는 자 기장에 수직인 면에서 오직 한방향으로만 전류를 흐르게 한다. 그런 나르게들은 자기장에 의해 구부러지지 않는다. 그림 6.14의 배열에서 열린 궤도가 k_x에 대해 평행하면, 실공간에서 이런 궤도들은 y축에 평행한 전류를 운반한다. $\sigma_{yy} = s\sigma_0$를 열린 궤도의 전도도라고 하면, 이는 상수 s를 정의한다. 자기장의 높은 한계 $\omega_c\tau \gg 1$에서 자기전도도 텐서는

$$\sigma_0 \begin{pmatrix} Q^{-2} & -Q^{-1} & 0 \\ Q^{-1} & s & 0 \\ 0 & 0 & 1 \end{pmatrix}$$

이다. 이때 $Q = \omega_c\tau$이다. **(a)** 홀 장(Hall field)이 $E_y = -E_x/sQ$임을 보여라. **(b)** x 방향의 유효 비저항(effective resistivity)은 $\rho = (Q^2/\sigma_0)(s/s+1)$이 되어서, 비저항은 포화되지 않고, B^2의 관계를 갖고 증가함을 보여라.

11. 란다우 준위***(Landau levels)***. 균일한 자기장 $B\hat{\mathbf{z}}$의 벡터 퍼텐셜은 란다우 게이지(Landau gauge)에서 $\mathbf{A} = -By\hat{\mathbf{x}}$이다. 스핀효과를 무시하면 자유전자의 해밀토니안은

$$H = -(\hbar^2/2m)(\partial^2/\partial y^2 + \partial^2/\partial z^2) + (1/2m)[-i\hbar\partial/\partial x - eyB/c]^2$$

이다. 파동방정식 $H\psi = \epsilon\psi$에 대한 고유함수는

$$\psi = \chi(y)\exp[i(k_x x + k_z z)]$$

의 형태로 나타난다.

(a) $\chi(y)$가 다음 방정식을 만족함을 보여라.

$$(\hbar^2/2m)d^2\chi/dy^2 + [\epsilon - (\hbar^2 k_z^2/2m) - \tfrac{1}{2}m\omega_c^2(y-y_0)^2]\chi = 0 \ .$$

이때 $\omega_c = eB/mc$, $y_0 = -c\hbar k_x/eB$이다.

(b) 위의 식은 진동수가 ω_c인 조화진동자의 파동방정식(wave equation)임을 보여라. 이때

$$\epsilon_n = (n+\tfrac{1}{2})\hbar\omega_c + \hbar^2 k_z^2/2m$$

이다.

CHAPTER 10

초전도성
Superconductivity

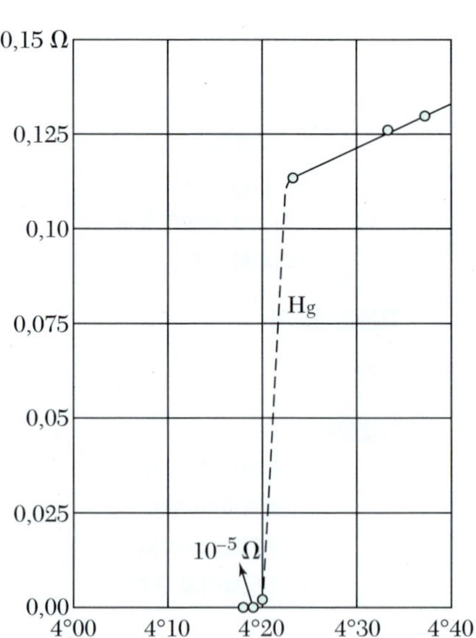

그림 1 옴으로 표시한 수은시편의 절대온도에 따른 전기저항의 변화. Kamerlingh Onnes의 이러한 그래프는 초전도성의 발견을 기록한 것이다.

CHAPTER 10

초전도성

Superconductivity

여러 금속과 합금의 전기 비저항은 흔히 시료를 액체 헬륨 온도영역인 저온으로 충분히 냉각시킬 때 갑자기 영으로 떨어진다. 초전도성이라는 이러한 현상은 1911년 Leiden의 Kamerlingh Onnes에 의하여 최초로 발견되었는데, 이것은 그가 헬륨을 최초로 액화한 지 삼년 뒤의 일이다. 임계온도 T_c에서 시료는 그림 1처럼 정상적인 전기 비저항으로부터 초전도 상태로 상전이를 한다.

초전도는 여러 가지 실용적인 면과 이론적인 면에서 이제 매우 잘 이해된 분야이다. 이 장과 부록에서는 이 분야의 다양성과 미묘함을 충분히 설명하고 있다.

실험적 관점

EXPERIMENTAL SURVEY

초전도 상태에서 직류 전기 비저항은 영이거나 영에 가까워 결국 실험자가 그 실험에 지칠 때까지 고리에 흐르는 전류가 1년 이상이나 감쇠 없이 흐르는 것을 관찰할 수 있었다. 솔레노이드에서의 초전류의 감쇠는 File과 Mills에 의해 연구되었는데, 그들은 초전류와 관련된 자기장을 정밀한 핵자기 공명 방법으로 측정하였다. 그들은 초전류의 감쇠 시간이 10만 년보다는 짧지 않다고 결론지었다. 우리들은 아래에서 감쇠시간을 추산해 보겠다. 초전도 자석에 사용되는 것과 같은 어떤 초전도 물질에서 유한한 감쇠시간이 관측되었는데, 그 이유는 물질 내에서 자속이 비가역적으로 재배치되었기 때문이다. 초전도체의 자기적 성질은 전기적 성질만큼이나 극적이다. 초전도체가 전기저항이 영인 도체라는 가정만으로는 자기적 성질을 설명할 수 없다.

약한 자기장 안에 있는 초전도체 덩어리는 그 내부에 자기유도가 영인 완전한 반자성체와 같이 행동할 것이라는 것이 실험적 사실이다. 시편을 자기장 안에 놓고 초전도의 전이 온도를 지나 냉각시키면 원래 시편 속을 지나던 자속이 시편으로부터 축출된다. 이것을 **마이스너 효과**(Meissner effect)라고 한다. 이와 같은 과정을 그림 2에 나타내었다. 초전도체의 독특한 자기적 성질은 초전도의 중요한 특징이다.

초전도 상태는 금속의 전도전자들의 질서있는 상태이다. 질서는 약하게 상호작용

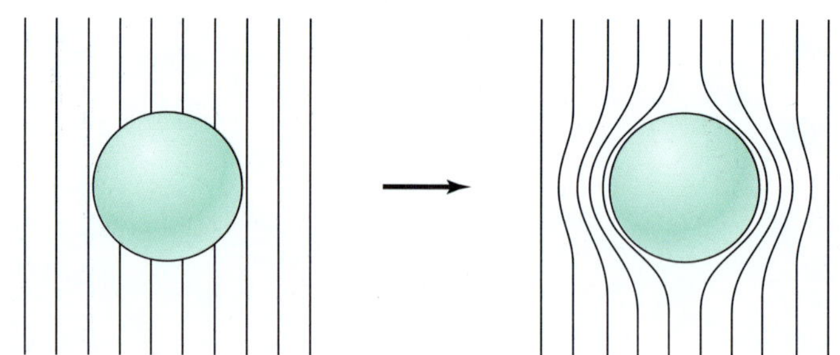

그림 2 일정한 외부 자기장을 가하면서 냉각시킨 초전도 공 모양의 마이스너 효과. 전이온도 아래로 내려가는 순간에 자기유도 **B**의 선이 공으로부터 제거된다.

하는 전자 쌍이 형성되어야 존재한다. 전자들은 전이온도 이하의 온도에서 질서가 있고 전이온도 이상에서는 무질서하다.

질서의 성질과 근원은 Bardeen과 Cooper 및 Schrieffer[1]에 의해 설명되었다. 이 장에서는 초전도 상태의 물리학을 가능한 초보적인 방법으로 전개해 나간다. 초전도 자석에 사용되는 물질의 기초물리도 논의하겠으나 그에 대한 기술적 측면은 다루지 않겠다. 부록 H와 I에서 초전도 상태를 심도 있게 취급하고 있다.

초전도성의 발생(*occurrence of superconductivity*)

초전도성은 주기율표에 있는 많은 금속원소와 합금, 금속간 화합물 및 불순물이 첨가된 반도체에도 발생한다. 현재 알려진 전이온도의 영역은 $YBa_2Cu_3O_7$의 90.0 K부터 Rh의 0.001 K까지이다. 몇 가지의 f띠 초전도체들은 또한 "이색적 초전도체"라고 알려져 있는데 이것은 6장에 표시되어 있다. 어떤 물질들은 고압 하에서만 초전도 상태로 되는데, 예를 들어 Si는 165 kbar에서 T_c = 8.3 K인 초전도 특성을 갖는다. 압력이 0일 때 초전도 상태로 된다고 알려진 원소들을 표 1에 나열하였다.

모든 비자성 금속원소들이 충분히 낮은 온도에서 초전도체가 될 것인가? 우리는 아직 모른다. 극히 낮은 전이온도를 가진 초전도체를 실험적으로 탐구하는 데 있어서 시편으로부터 미량의 외부 상자성원소라도 제거하는 것이 중요한데, 그것은 그 불순물이 전이온도를 아주 낮게 할 수가 있기 때문이다. 순수한 Mo 금속은 T_c = 0.92 K인데 만 분의 일 정도의 Fe 불순물이 Mo의 초전도성을 파괴시킬 것이며, La 금속에 1원자 %의 Gd이 포함되면 전이온도가 5.6 K에서 0.6 K로 내려간다. 비자성 불순물은 전이온도에 별로 영향을 미치지 않는다. 몇 가지 흥미있는 초전도 화합물의 전이온도는 표 2에 수록되어 있다. 몇 가지 유기화합물도 상당히 낮은 온도에서 초전도성을 나타낸다.

1) J. Bardeen, L. N. Cooper, and J. R. Schrieffer, Phys. Rev. **106**, 162(1957); **108**, 1175(1957)

표 1 원소들의 초전도성 매개상수

별표는 정상적으로 안정하지 않는 결정의 변형된 상태. 즉 박막이라든가 고압하에서만 초전도가 되는 원소를 표시하였음. 데이터는 B.T.Mathias의 호의와 T. Geballe의 수정에 의함.

Transition temperature in K
Critical magnetic field at absolute zero in gauss (10^{-4} tesla)

1	2	3	4	5	6	7	8	9	10	11	12	13	14	15	16	17	18
Li	Be 0.026											B	C	N	O	F	Ne
Na	Mg											Al 1.140 105	Si*	P*	S*	Cl	Ar
K	Ca	Sc	Ti 0.39 100	V 5.38 1420	Cr*	Mn	Fe	Co	Ni	Cu	Zn 0.875 53	Ga 1.091 51	Ge*	As*	Se*	Br	Kr
Rb	Sr	Y*	Zr 0.546 47	Nb 9.50 1980	Mo 0.92 95	Tc 7.77 1410	Ru 0.51 70	Rh .0003 .049	Pd	Ag	Cd 0.56 30	In 3.4035 293	Sn (w) 3.722 309	Sb*	Te*	I	Xe
Cs*	Ba*	La fcc 6.00 1100	Hf 0.12	Ta 4.483 830	W 0.012 1.07	Re 1.4 198	Os 0.655 65	Ir 0.14 19	Pt	Au	Hg (α) 4.153 412	Tl 2.39 171	Pb 7.193 803	Bi*	Po	At	Rn
Fr	Ra	Ac															

Ce*	Pr	Nd	Pm	Sm	Eu	Gd	Tb	Dy	Ho	Er	Tm	Yb	Lu 0.1
Th 1.368 1.62	Pa 1.4	U*(α)	Np	Pu	Am	Cm	Bk	Cf	Es	Fm	Md	No	Lr

표 2 선택된 몇 가지 화합물의 초전도성

Compound	T_c, in K	Compound	T_c, in K
Nb_3Sn	18.05	V_3Ga	16.5
Nb_3Ge	23.2	V_3Si	17.1
Nb_3Al	17.5	$YBa_2Cu_3O_{6.9}$	90.0
NbN	16.0	Rb_2CsC_{60}	31.3
C_{60}	19.2	MgB_2	39.0

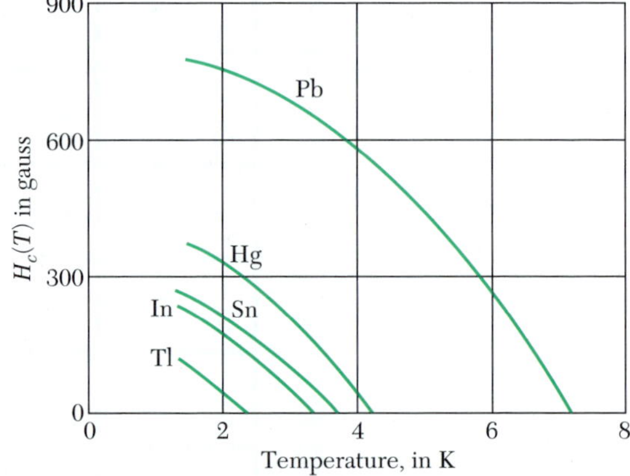

그림 3 몇 가지 초전도체에 대한 임계자기장 $H_c(T)$ 대 온도의 실험적 문턱곡선. 곡선 아래에서 시편은 초전도 상태이고 곡선 위에서는 정상도체상태이다.

자기장에 의한 초전도성의 파괴*(destruction of superconductivity by magnetic fields)*

충분히 강한 자기장은 초전도성을 파괴시킬 것이다. 초전도성을 파괴하도록 가해주는 자기장의 문턱값, 또는 임계값은 $H_c(T)$로 표시하며, 이것은 온도의 함수이다. 임계온도에서 임계자기장은 0, 즉 $H_c(T_c) = 0$이다. 몇 가지 초전도 원소의 온도에 따른 임계자기장의 변화를 그림 3에 나타내었다.

이 문턱곡선에 의해 그림의 왼쪽 아래에 있는 초전도 상태와 오른쪽 위에 있는 정상 상태가 구별된다. 주의: 가해준 자기장의 임계값을 B_{ac}로 표시할 것이며, 이것은 초전도 연구자에게는 일반적으로 사용되지 않는 것임을 주의하여라. CGS 단위계에서는 항상 $H_c = B_{ac}$임을 알아야 할 것이며 SI 단위계에서는 $H_c = B_{ac}/\mu_0$이다. 기호 B_a는 가해주는 자기장을 의미한다.

마이스너 효과*(Meissner effect)*

Meissner와 Ochsenfeld(1933)는 자기장 안에서 초전도체를 전이온도 이하로 냉각시키면 전이점에서 자기유도 B의 선이 초전도체로부터 제거됨을 발견하였다(그림 2). 마이스너 효과는 덩어리 형태의 초전도체가 시료 내에서는 마치 $B = 0$인 것처럼 행동함을 보여준다.

만약 길고 가는 시편의 장축에 나란하게 B_a를 가한 경우만을 고려하면 위 사실의 결과에 대하여 특히 유용한 형태의 식을 얻게 된다. 이때 B에 대한 자기 소거장의 기여(17장 참조)는 무시될 것이므로, 결국[2)]

$$\text{(CGS)} \qquad B = B_a + 4\pi M = 0 \ ; \qquad \text{즉} \qquad \frac{M}{B_a} = -\frac{1}{4\pi} \tag{1}$$

$$\text{(SI)} \qquad B = B_a + \mu_0 M = 0 \ ; \qquad \text{즉} \qquad \frac{M}{B_a} = -\frac{1}{\mu_0} = -\epsilon_0 c^2$$

이다.

B = 0이라는 결과는 초전도체가 비저항 0인 매질로서 특징지어서는 유도할 수 없는 것이다. 옴의 법칙 $\mathbf{E} = \rho\mathbf{j}$에서 $\mathbf{j}$가 유한할 때 비저항 ρ가 영으로 가면 $\mathbf{E}$가 영이 되어야 한다. 맥스웰 방정식에 의하면 $d\mathbf{B}/dt$는 curl $\mathbf{E}$에 비례하므로 비저항 0은 $d\mathbf{B}/dt$ = 0임을 의미하지 B = 0을 의미하지 않는다. 이 설명이 자명하지는 않지만, 금속을 통과하는 자속이 전이온도를 지나서 냉각됨에 따라 변할 수 없음을 의미 한다. 마이스너 효과는 이 결과와 모순되므로 완전한 반자성은 초전도 상태의 본질적인 성질임을 암시한다.

초전도체와 완전한 전도체는 다른 점이 있을 것을 예상할 수 있는데, 여기서 완전한 전도체는 도체 내 전자들이 무한대의 평균자유행로를 갖는 도체를 의미한다. 이 문제를 상세히 풀게 되면 완전한 전도체는 자기장 안에 놓일 때 영구적으로 맴돌이전류를 차단할 수 없다는 것을 알 수 있는데, 이때 자기장은 한 시간에 약 1 cm의 비율로 침투한다.[3)]

Meissner-Ochsenfeld 실험의 조건하에서 초전도체에서 기대되는 자기화 곡선을 그림 4a에 도시하였다. 이것은 종방향의 자기장 안에 놓여 있는 긴 고체 원통형의 시편에 정량적으로 적용된다. 많은 물질의 순수한 시편들은 이러한 성질을 나타내는데, 이들은 **제I형 초전도체** 또는 부드러운 **초전도체**(soft superconducter)라 불린다. 제I형 초전도체는 H_c 값이 매우 낮기 때문에 초전도 자석용 코일 등에 활용하기 어렵다.

다른 물질들은 그림 4b와 같은 형태의 자기화 곡선을 나타내는데, 이러한 물질은 **제II형 초전도체**로 알려져 있다. 그들은 합금(그림 5a와 같은)이거나 정상도체상태에서 전기 비저항이 큰 전이금속등인데 정상전도상태에서 전자의 평균자유행로가 짧다. 평균자유행로가 초전도체의 "자기화"와 왜 관련이 있는지 곧 알게 될 것이다.

제II형 초전도체는 H_{c2}로 표시되는 자기장까지 전기적으로 초전도 성질을 갖는다. 낮은 임계자기장 H_{c1}과 높은 임계자기장 H_{c2} 사이에는 자속밀도 $B \neq 0$이고 마이스너 효과는 불완전하다고 말한다. H_{c2}의 값은 열역학으로 계산한 전이의 임계자기장

---

2) 반자성, 자기화 M, 그리고 자기감수율은 14장에서 정의된다. 덩어리 형태의 초전도체의 겉보기 반자성 자기감수율의 크기는 대표적 반자성물질보다 훨씬 크다. 식 (1)에서 M은 자기화인데 시편의 초전도 전류와 등가이다.

3) A. B. Pippard, *Dynamics of conduction electrons*, Gordon and Breach, 1965.

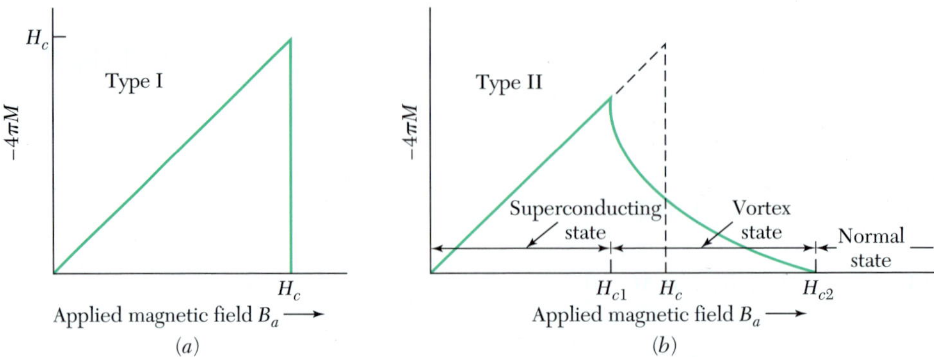

그림 4 (a) 완전한 마이스너 효과(완벽한 반자성을 갖는 덩어리 초전도체에서 반자성)를 나타내는 데 자기화와 가해주는 자기장의 관계. 이러한 특성을 가지는 초전도체를 제I형 초전도체라 부른다. 임계자기장 H_c 이상에서 시편은 정상도체이고, 자기화는 이 눈금으로 표시되지 않을 정도로 작다. 종축을 $-4\pi M$으로 눈금을 매겼음을 유의하여라. M의 값이 음인 것은 반자성을 뜻한다. (b) 제II형 초전도체의 초전도 자기화 곡선. 자속밀도는 열역학적 임계자기장 H_c보다 낮은 자기장 H_{c1}에서 시편 속으로 침투하기 시작한다. 시편은 H_{c1}과 H_{c2} 사이에서 소용돌이 상태에 있고, 시편은 H_{c2}까지 초전도성의 전기적 특성을 갖는다. H_{c2} 이상에서 시료는 가능한 표면효과를 제외하고는 모든 면에서 정상전도체이다. 주어진 H_c에 대하여 자화곡선 아래의 넓이는 제I형이나 제II형 초전도체에서 모두 같다(이 그림의 단위는 모두 CGS 단위계이다).

H_c의 값보다 100배 또는 그 이상도 될 수 있다(그림 5b). H_{c1}과 H_{c2} 사이의 영역에서 자기장선들이 초전도체를 통과하고 있는데, 이것을 **소용돌이 상태**에 있다고 한다. Nb, Al 및 Ge의 합금을 만들어 액체헬륨의 끓는점에서의 H_{c2} 값 410 kG (41 teslas)를 얻었고 $PbMo_6S_8$ 합금에서는 540 kG (54 teslas)가 보고되었다.

굳은 초전도체로 감은 상업용 솔레노이드는 100 kG 이상의 높고 일정한 자기장을 만들 수 있다. "굳은 초전도체"는 일반적으로 기계적 처리에 의하여 유도되는 큰 자기이력을 갖는 제II종 초전도체이다. 그러한 물질은 자기공명 단층사진술(MRI)과 같은 중요한 의학적 응용성을 가진다.

열용량*(heat capacity)*

모든 초전도체에서 엔트로피(entropy)는 임계온도 T_c 이하로 냉각될 때 현저하게 감소한다. 알루미늄에 대한 측정 결과를 그림 6에 그려 놓았다. 정상상태(normal state)와 초전도 상태(superconducting state) 간의 엔트로피 감소는 초전도 상태가 정상상태보다 더 질서있음을 의미하는데, 그 이유는 엔트로피는 계의 무질서도의 척도이기 때문이다. 정상상태에서 열적으로 들뜬 전자의 일부, 또는 전부가 초전도 상태에서는 질서 상태가 된다. 엔트로피의 변화는 작은데, 알루미늄의 경우 원자당 $10^{-4}\ k_B$ 정도이다. 작은 엔트로피 변화는 단지 일부(10^{-4} 정도)의 전도전자들이 질서있는 초전도 상태로 전이하는데 참여함을 의미한다. 정상상태와 초전도 상태의 자유에너지가 그림 7에 비교되어 있다.

Ga의 열용량을 그림 8에 그려 놓았는데, (a)는 정상상태와 초전도 상태를 비교한 것이고, (b)는 초전도 상태의 비열에 대한 전자의 기여가 $-1/T$에 비례하는 인수의

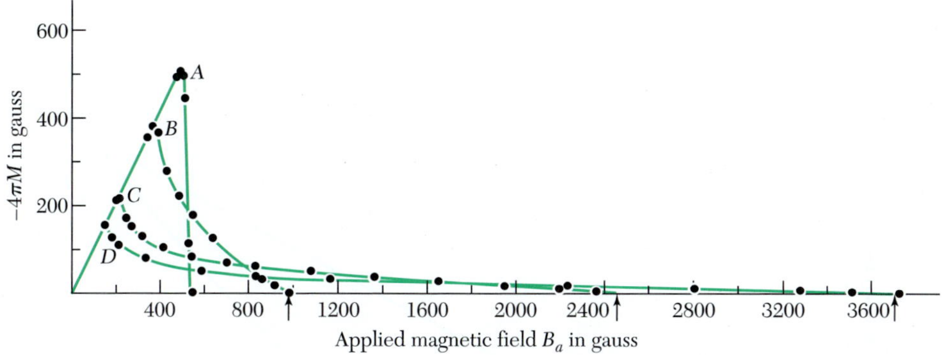

그림 5a 4.2 K에서 열처리된 다결정 납과 납-인듐 합금의 초전도성 자기화 곡선. (*A*) 납, (*B*) 납-2.08 무게 % 인듐, (*C*) 납-8.23 무게 % 인듐, (*D*) 납-20.4 무게 % 인듐(Livingston의 결과 인용)

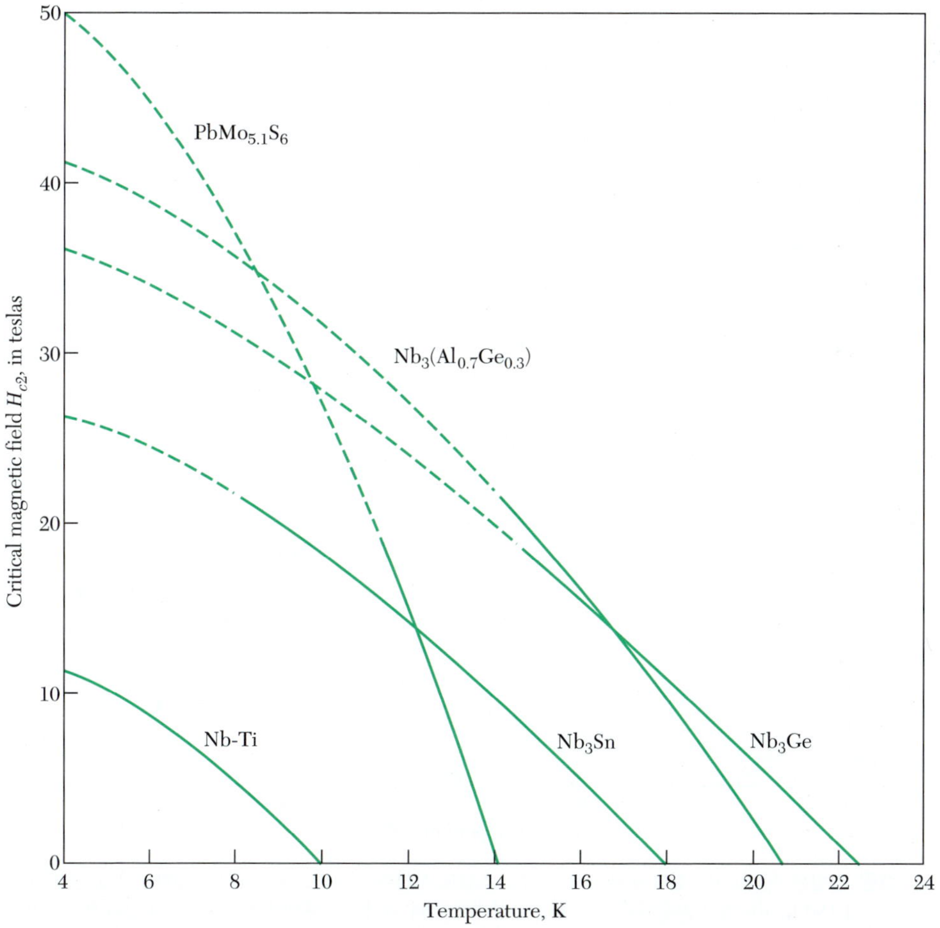

그림 5b 실제적인 초전도장치에서 현재 생각할 수 있는 것보다 더 강한 자기장은 어떤 제II형 물질의 성능에 달려 있다.

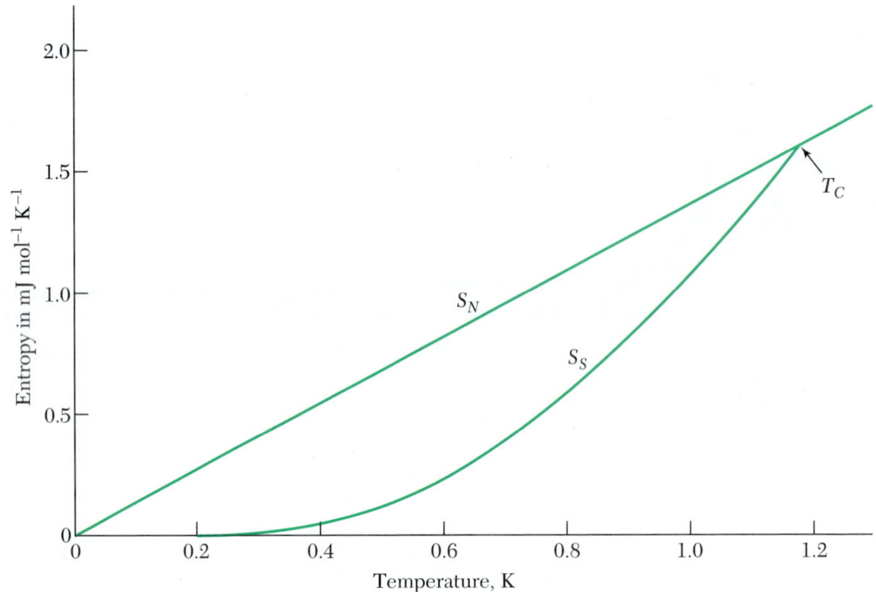

그림 6 알루미늄의 엔트로피 대 온도와의 정상전도상태와 초전도 상태를 비교한 그림. 초전도 상태의 엔트로피가 더 낮은데, 그 이유는 정상전도상태보다 전자가 더 잘 정렬되어 있기 때문이다. 임계온도 T_c 이하의 온도에서도 임계자기장보다 더 센 자기장을 가함으로써 정상전도상태를 만들 수 있다.

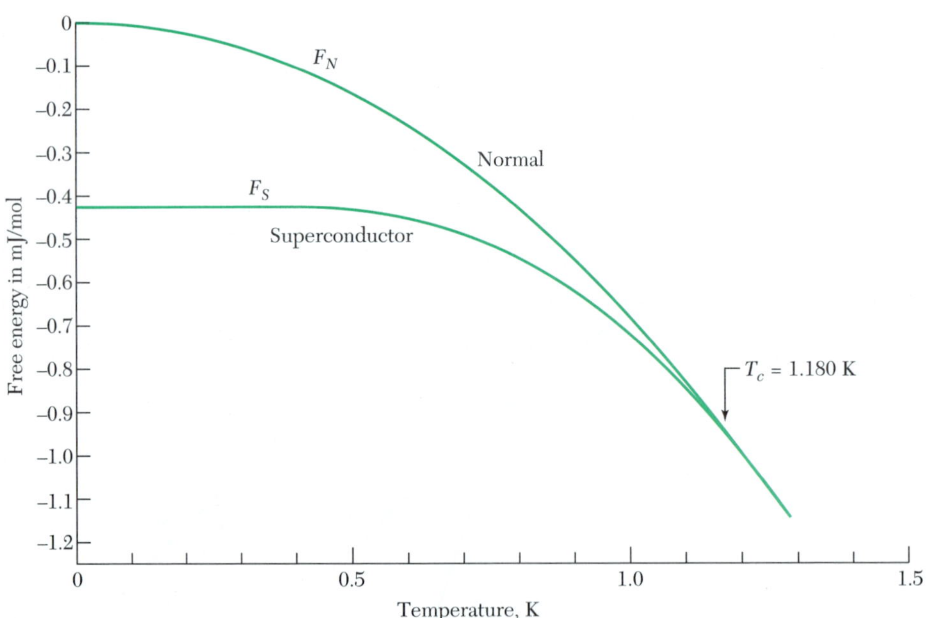

그림 7 알루미늄의 자유전자와 온도의 관계를 초전도 상태와 정상전도상태에서 측정한 실험값. 전이온도 T_c = 1.180 K 이하에서 자유에너지는 초전도 상태에서 더 낮다. 두 곡선이 전이온도에서 갈라져 나오므로 제2차전이이다(T_c에서 전이에 따른 잠열이 없다). F_S 곡선은 자기장이 영일 때 측정한 것이고, F_N은 시편에 충분한 자기장을 가하여 정상전도상태로 만들어 측정한 것이다(N. E. Phillips의 호의에 의함).

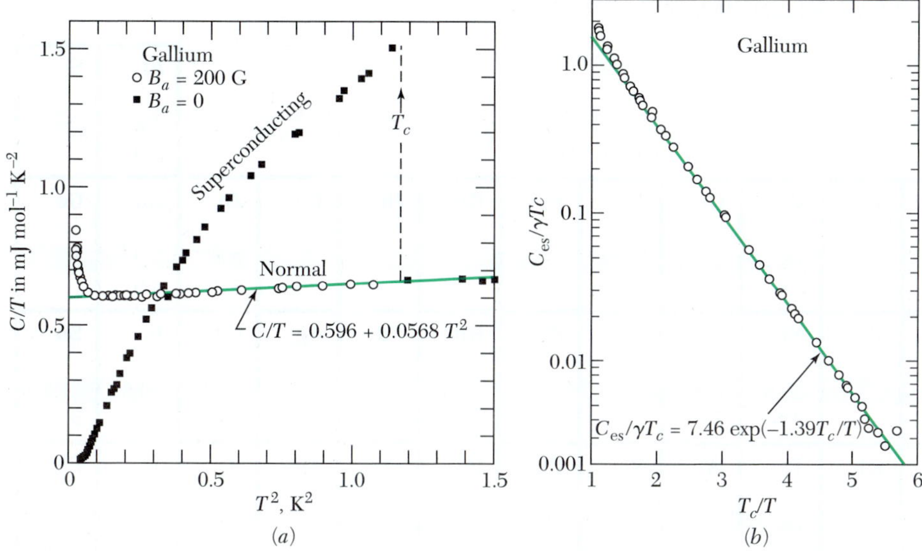

그림 8 (a) 정상상태와 초전도 상태에 있는 Ga의 열용량. 정상상태(200 G의 자기장에서 회복된)는 전자, 격자 그리고(저온에서) 원자핵 사중극자(quadrupole) 기여를 포함한다. (b)에서는 초전도 상태의 열용량에 대한 전자의 기여분 C_{es}의 대수 눈금(log scale)을 T_c/T의 함수로 그린 것인데, $1/T$에 대한 지수 함수형임을 분명히 알 수 있다. 여기서 $\gamma = 0.60$ mJ mol^{-1}deg^{-2}이다(N. E. Phillips의 결과 인용).

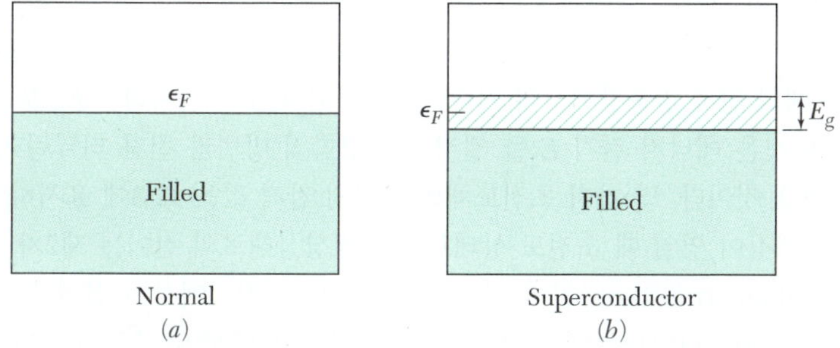

그림 9 (a) 정상상태에서의 전도띠. (b) 초전도 상태에서의 페르미 준위에 생기는 에너지 간격. 위의 들뜬 상태에 있는 전자들은 고주파 전자기장(rf field)에서 정상상태 전자와 같이 행동함으로써 전기저항을 유발하나, 직류에서는 초전도 전자에 의하여 단락된다. 절대영도에서는 간격 위에 전혀 전자가 없게 된다. 이 그림에서 간격 E_g는 과장해서 그렸는데, 보통 $E_g \sim 10^{-4}\ \epsilon_F$이다.

지수(exponential) 함수형임을 나타내고 있는데, 이는 에너지 간격을 넘어가는 전자의 들뜸이 필요하다는 것을 의미한다. 에너지 간격(그림 9)은 초전도 상태의 한 가지 특징적인 모습이나 보편적인 것은 아니다. 그 간격은 초전도성의 Bardeen-Cooper-Schrieffer (BCS) 이론으로 설명된다(부록 H 참조).

에너지 간격*(energy gap)*

초전도체의 에너지 간격은 절연체(insulator)의 에너지 간격과는 원인과 성질이 전혀

표 3 절대영도에서 초전도체의 에너지 간격

$E_g(0)$ in 10^{-4}eV.
$E_g(0)/k_BT_c$.

										Al 3.4 3.3	Si
Sc	Ti	V 16. 3.4	Cr	Mn	Fe	Co	Ni	Cu	Zn 2.4 3.2	Ga 3.3 3.5	Ge
Y	Zr	Nb 30.5 3.80	Mo 2.7 3.4	Tc	Ru	Rh	Pd	Ag	Cd 1.5 3.2	In 10.5 3.6	Sn (w) 11.5 3.5
La fcc 19. 3.7	Hf	Ta 14. 3.60	W	Re	Os	Ir	Pt	Au	Hg (α) 16.5 4.6	Tl 7.35 3.57	Pb 27.3 4.38

다르다. 절연체의 경우, 에너지 간격은 7장에서와 같이 전자-격자 상호작용으로 생긴다. 이 상호작용은 전자와 격자 사이의 작용이다. 초전도체에서 중요한 상호작용은 전자들의 페르미 기체에 대하여 **k** 공간에 있는 전자들을 정렬시키는 전자-전자 상호작용이다.

초전도체의 전자 열용량에서의 지수인자는 $-E_g/k_BT$가 아니라 $-E_g/2k_BT$임이 발견되었다. 이것은 에너지 간격 E_g를 결정하는 광학적 방법과 전자 터널링 방법을 비교해서 알아낸 것이다. 몇 가지 초전도체의 에너지 간격 값을 표 3에 표시하였다.

외부 자기장이 영일 때 초전도 상태로부터 정상상태로의 전이는 제2차 전이(second-order phase transition)임이 관측되었다. 제2차 전이에서는 잠열은 없으나 열용량에서 불연속이 나타나는데, 이것은 그림 8a에서 분명히 알 수 있다. 더욱이 그림 10과 같이 온도가 전이온도 T_c까지 증가함에 따라 에너지 간격은 연속적으로 영으로 감소한다. 제1차 전이였다면 잠열이 생기고 에너지 간격이 불연속으로 나타났을 것이다.

마이크로파와 적외선 특성*(microwave and infrared properties)*

초전도체에서 에너지 간격의 존재는 간격 에너지보다 적은 에너지의 광자는 흡수되지 않음을 의미한다. 금속에 입사된 광자는 거의 반사되는데, 그 이유는 진공과 금속 사이의 경계면에서 임피던스가 서로 맞지 않기 때문이다. 매우 얇은 필름(~20 Å)인 경우에는 초전도 상태가 정상상태에 비하여 더 많은 광자들을 투과시킨다.

에너지 간격보다 적은 에너지의 광자에 대해서 초전도체의 비저항은 절대영도에서 사라지게 된다. $T \ll T_c$이면 초전도 상태의 전기저항은 간격 에너지에서 날카로

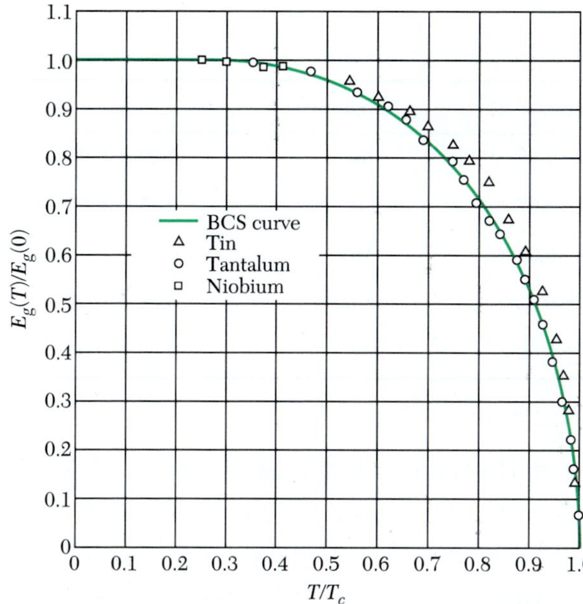

그림 10 환산온도 T/T_c의 함수로 측정된 에너지 간격 $E_g(T)/E_g(0)$의 환산값. Townsend와 Sutton의 결과를 인용한 것이다. 실선은 BCS 이론으로 그린 것이다.

운 문턱값(threshold)을 나타낸다. 이보다 낮은 에너지의 광자에서는 저항이 없는 면으로 보일 것이다. 더 높은 에너지의 광자는 정상전도상태의 저항에 접근하는 저항을 받게 될 것인데, 그 이유는 그러한 광자의 에너지 간격 위에 있는 비어 있는 정상전도 상태의 에너지 준위로 전자 전이를 일으킬 수 있기 때문이다.

온도가 상승됨에 따라 에너지 간격이 감소될 뿐 아니라 간격 에너지 이하의 에너지를 가진 광자에 대한 비저항은 진동수가 영인 것을 제외하고 더 이상 영이 되지 않는다. 진동수가 영이면 초전도 전자는 에너지 간격 위로 열적으로 들뜬 전도전자 상태의 전자를 단락(short circuit)시킨다. 유한한 진동수에서 초전도 전자의 관성은 열적으로 들뜬 정상전도 상태의 전자들이 전기장을 완전히 차폐시키는 것을 못하게 하므로 열적으로 들뜬 전도전자들은 이제 에너지를 흡수할 수 있다(연습문제 3).

동위원소 효과(*isotope effect*)

초전도체의 임계온도가 동위원소의 질량에 따라 달라진다는 사실이 발견되었다. 수은에서 T_c는 평균 원자량이 199.5에서 203.4 원자질량 단위로 변할 때 4.185 K에서 4.146 K로 변한다. 같은 원소의 서로 다른 동위원소를 혼합하면 전이온도는 단조롭게 변한다. 동위원소의 각 계열 안에서 실험 결과는 다음과 같은 관계식으로 맞출 수 있다.

$$M^{\alpha}T_c = \text{일정}. \tag{2}$$

α의 실측값을 표 4에 요약하였다.

표 4 초전도체의 동위원소 효과

$M^{\alpha}T_c$ = 일정일 때의 α의 실험값. 여기서 M은 동위원소의 질량이다.

Substance	α	Substance	α
Zn	0.45 ± 0.05	Ru	0.00 ± 0.05
Cd	0.32 ± 0.07	Os	0.15 ± 0.05
Sn	0.47 ± 0.02	Mo	0.33
Hg	0.50 ± 0.03	Nb_3Sn	0.08 ± 0.02
Pb	0.49 ± 0.02	Zr	0.00 ± 0.05

T_c가 동위원소의 질량에 의존된다는 사실로부터 격자진동, 즉 전자-격자 상호작용이 초전도성에 깊이 관련되었음을 알 수 있다. 이것은 하나의 근본적인 발견이었다. 즉, 초전도 전이온도가 원자핵 안에 있는 중성자의 수에 관련될 다른 이유는 없다.

본래의 BCS의 모형은 $T_c \propto \theta_{\text{Debye}} \propto M^{-1/2}$이라는 결과를 주므로, 식 (2)에서 $\alpha = 1/2$이나, 전자들 사이의 쿨롱 상호작용을 포함하면 그 관계식이 달라진다. $\alpha = 1/2$이라는 사실에 구애될 필요는 전혀 없다. Ru와 Zr에서 동위원소 효과가 없는 것은 이 금속들의 전자띠 구조로 설명된다.

이론적 개관
THEORETICAL SURVEY

초전도성과 관련된 현상은 몇 가지 방법에 의해 이론적으로 해석할 수 있다. 어떤 결과들은 열역학으로부터 직접 유도되기도 하고, 다른 많은 중요한 결과들은 현상론적 방정식, 런던 방정식과 란다우-긴즈부르크(Landau-Ginzburg) 방정식으로 기술될 수 있다(부록 I). 성공적인 초전도 양자론은 Bardeen, Cooper와 Schrieffer에 의해 만들어졌으며, 이를 바탕으로 더욱 발전하였다. Josephson과 Anderson은 초전도 파동함수의 위상의 중요성을 발견하였다.

초전도 전이의 열역학*(thermodynamics of the superconducting transition)*

정상상태와 초전도 상태의 전이는 물질의 액체와 기체상태 사이의 전이와 마찬가지로 열역학적으로 가역이다. 그러므로 그 전이에 열역학을 적용할 수 있고, 정상상태와 초전도 상태 사이의 엔트로피 차이를 임계자기장 H_c와 온도 T의 곡선으로 표현할 수 있다. 이것은 액체-기체의 공존 곡선에 대한 증기압 방정식과 유사하다(*TP*, 10장).

여기서는 초전도체 내부에서 $B = 0$인 완전한 마이스너 효과를 가지는 제I형 초전도체를 다루기로 한다. 임계자기장 H_c는 일정온도에서 초전도 상태와 정상상태 사이의 자유에너지 차이에 대한 정량적 척도의 하나이다. 기호 H_c는 항상 덩어리 시료에 대한 것이지, 박막에 대한 값은 아니다. 제II형 초전도체에 대해서는 H_c는 자유에너지의 안정화(stabilization)에 관련된 열역학적 임계자기장으로 이해할 수 있다.

정상상태를 기준으로 한 초전도 상태의 자유에너지의 안정화는 열적 측정 또는 자기적 측정으로 결정할 수 있다. 열적 측정에 있어서 비열은 초전도체와 정상전도체에 대한 온도의 함수로 측정되는데, 정상전도체를 만들기 위해서는 초전도체에 H_c보다 큰 자기장을 가하면 된다. 이들 두 비열의 차이로부터 자유에너지 차이를 계산할 수 있고, 그것은 초전도 상태의 자유에너지의 안정화를 의미한다.

자기적 측정에 있어서 안정화 자유에너지는 일정한 온도에서 초전도 상태를 파괴하는 외부의 자기장의 값으로부터 구할 수 있다(그림 11). 즉, 하나의 초전도체를 일정한 온도에서 자기장이 0인 무한지점으로부터 영구자석에 의한 자기장 안에 있는 위치 $\mathbf{r}$로 가역적으로 가져올 때 시료의 단위부피당 해야 할 일은

$$W = -\int_0^{B_a} \mathbf{M} \cdot d\mathbf{B}_a \qquad (3)$$

이다.

이 일은 자기장의 에너지로 나타난다. 이 과정에 대한 열역학적 항등식은 8장 *TP*에 의해

$$dF = -\mathbf{M} \cdot d\mathbf{B}_a \qquad (4)$$

이다.

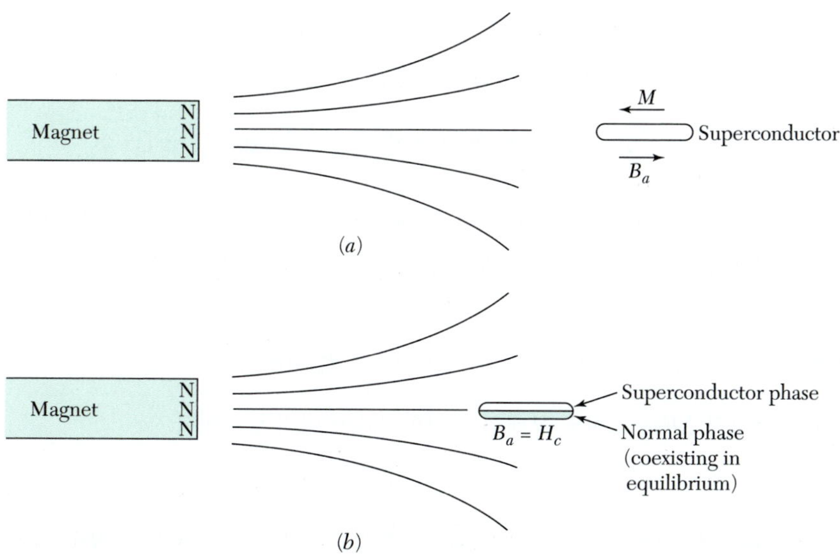

그림 11 (a) 완전한 마이스너 효과에서의 초전도체는 $B = 0$이므로 CGS 단위로 자기화는 $M = -B_a/4\pi$다. (b) 외부자기장이 B_{ac}에 도달하면 정상상태와 초전도 상태가 평형상태로 공존할 수 있다. 그 공존상태에서 자유에너지 밀도는 같다. 즉 $F_N(T, B_{ac}) = F_S(T, B_{ac})$다.

식 (1)에 의해 $\mathbf{B}_a$에 대한 $\mathbf{M}$을 가지는 초전도체에 대해서

(CGS) $$dF_S = \frac{1}{4\pi} B_a \, dB_a \tag{5}$$

(SI) $$dF_S = \frac{1}{\mu_0} B_a \, dB_a$$

이다.

초전도체의 자유에너지 밀도의 증가는

(CGS) $$F_S(B_a) - F_S(0) = B_a^2/8\pi \tag{6}$$

(SI) $$F_s(B_a) - F_s(0) = B_a^2/2\mu_0$$

인데, 이것은 외부 자기장이 0인 위치에서 그 외부 자기장이 B_a인 위치로 단위부피의 초전도체를 가져오는 데 드는 일과 같다.

이제 일반적인 비자성 금속을 고찰하자. 정상상태에서 금속의 자기감수율[4)]은 매우 작으므로 이를 무시하면 $M = 0$이므로 정상상태 하의 금속의 에너지는 자기장에 무관하므로 임계자기장의 자유에너지는

$$F_N(B_{ac}) = F_N(0) \tag{7}$$

이다.

식 (6)과 (7)의 결과로부터 절대온도 0도에서 초전도 상태의 안정화 에너지를 결정할 수 있다. 외부 자기장이 임계값 B_{ac}일 때 에너지는 정상상태와 초전도 상태에서 서로 같으므로

(CGS) $$F_N(B_{ac}) = F_S(B_{ac}) = F_S(0) + B_{ac}^2/8\pi \tag{8}$$

(SI) $$F_N(B_{ac}) = F_S(B_{ac}) = F_S(0) + B_{ac}^2/2\mu_0$$

인데, SI 단위계에서는 $H_c = B_{ac}/\mu_0$임에 반해서 CGS 단위계에서는 $H_c = B_{ac}$이다.

외부 자기장이 임계값과 같을 때, 시료는 어떤 상태에서도 안정되므로, 식 (7)에 의해

(CGS) $$\Delta F \equiv F_N(0) - F_S(0) = B_{ac}^2/8\pi \tag{9}$$

가 된다. 여기서 ΔF는 초전도 상태의 안정화 자유에너지 밀도이다.

---

4) 이것은 제I종 초전도체에 대한 적절한 가정이다. 제II종 초전도체의 경우는, 높은 자기장에서 전도전자의 스핀 상자성의 변화가 정상상의 에너지를 상당히 낮추어 준다. 전부는 아니나 어떤 제II종 초전도체에서는 상부 임계자기장이 이 효과로 제한을 받는다. Clogston은 $H_{c2}(\text{max}) = 18{,}400\ T_c$임을 제안했는데, 이때 H_{c2}는 단위가 Gauss이고, T_c는 K이다.

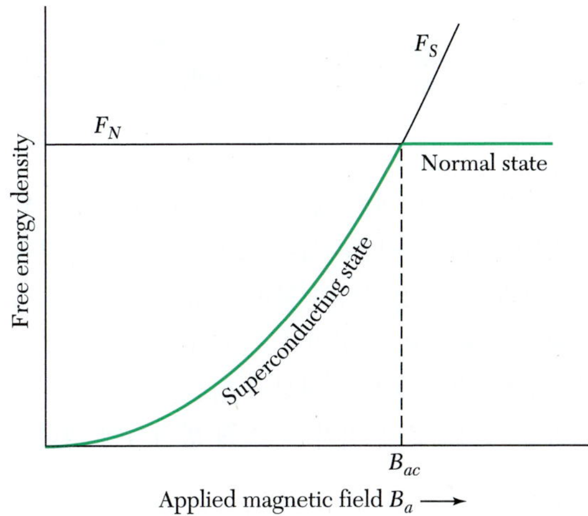

그림 12 비자성 정상 금속의 자유에너지 밀도 F_N은 외부자기장 B_a 세기에 근사적으로 무관하다. $T < T_c$ 온도에서 금속은 자기장이 0이면 초전도체이므로, $F_S(T, 0)$은 $F_N(T, 0)$보다 낮다. 외부자기장이 주어지면 F_S가 CGS 단위로 $B_a^2/8\pi$ 만큼 증가하므로, $F_S(T, B_a) = F_S(T, 0) + B_a^2/8\pi$다. 만약 B가 임계자기장 B_{ac}보다 커지면 자유에너지 밀도는 초전도 상태에서보다 정상상태에서 더 낮아지므로 이때는 정상상태가 안정된 상태이다. 그림의 세로축 눈금의 원점은 $F_S(T, 0)$이다. 이 그림은 $T = 0$일 때 U_S와 U_N에서도 똑같이 적용된다.

알루미늄의 경우 B_{ac}는 절대온도 0도에서 105 G이므로 $\Delta F = (105)^2/8\pi = 439$ erg cm^{-3}으로서 열적 측정값 430 erg cm^{-3}과 아주 잘 일치한다.

유한한 온도에서 정상상(nomal phase)과 초전도상은 자기장에 의해 그들의 자유에너지 $F = U - TS$가 같을 때 평형상태에 있다. 이 두 상의 자유에너지는 그림 12에 자기장의 함수로 그려 놓았다. 알루미늄의 경우, 두 상의 자유에너지의 실험곡선은 그림 7에서 볼 수 있다. 기울기 dF/dT가 전이점에서 같으므로, T_c에서 잠열은 0이다.

런던 방정식(London equation)

마이스너 효과는 초전도 상태에서 자기감수율이 CGS로는 $\chi = -1/4\pi$이고, SI로는 $\chi = -1$임을 의미함을 알았다. 전자기역학의 구성 방정식(옴의 법칙과 같은)을 수정하여 마이스너 효과를 얻을 수는 없을까? 단, 맥스웰 방정식 자체를 수정하는 것을 원치 않는다. 한 금속의 정상상태에서 전기 전도는 옴의 법칙 $\mathbf{j} = \sigma\mathbf{E}$로 기술된다. 초전도 상태에서 전도와 마이스너 효과를 기술하려면 이것을 전적으로 수정할 필요가 있다. 그러면 가설을 세우고 어떻게 되는지 알아보자.

초전도 상태에서 전류밀도가 국소적 자기장의 벡터 퍼텐셜 $\mathbf{A}$에 직접 비례한다고 가정하자. 여기서 $\mathbf{B} = \text{curl}\ \mathbf{A}$이다. $\mathbf{A}$의 게이지(gauge)는 규정될 것이다. CGS 단위계에서 비례상수를 $-c/4\pi\lambda_L^2$으로 사용하는데, 그 이유는 곧 밝혀질 것이다. 여기서 c는 광속도이고, λ_L은 길이의 차원을 가진 하나의 상수이다. SI 단위계에서는 비례상수를 $-1/\mu_0\lambda_L^2$으로 쓴다. 그러므로 전류밀도는

$$(\text{CGS})\quad \mathbf{j} = -\frac{c}{4\pi\lambda_L^2}\mathbf{A}\ ; \qquad (\text{SI})\quad \mathbf{j} = -\frac{1}{\mu_0\lambda_L^2}\mathbf{A} \tag{10}$$

이다. 이것이 런던 방정식이다. 양변에 curl을 취하여 다시 표현하면

$$\text{(CGS)} \quad \text{curl}\,\mathbf{j} = -\frac{c}{4\pi\lambda_L^2}\mathbf{B}\ ; \qquad \text{(SI)} \quad \text{curl}\,\mathbf{j} = -\frac{1}{\mu_0\lambda_L^2}\mathbf{B} \tag{11}$$

를 얻는다.

런던 방정식 (10)은 외부전류가 흐르지 않는 임의의 표면상에서 div $\mathbf{A}$ = 0과 $\mathbf{A}_n$ = 0인 런던 게이지로 벡터 퍼텐셜이 기술되었다. 아래첨자 n은 표면에 수직인 성분을 의미한다. 그러므로 div $\mathbf{j}$ = 0과 $\mathbf{j}_n$ = 0인데, 이는 실제적인 물리적 경계조건이다. 식 (10)의 형태는 단순히 연결된 초전도체에 적용되며, 환선이나 원통의 경우에는 부가적인 항이 나타나기도 하나, 식 (11)은 기하학적 모양에 무관하게 성립한다.

우선 런던 방정식이 마이스너 효과를 나타냄을 보이자. 맥스웰 방정식에 의하여 시간에 무관한 조건하에서는

$$\text{(CGS)} \quad \text{curl}\,\mathbf{B} = \frac{4\pi}{c}\mathbf{j}\ ; \qquad \text{(SI)} \quad \text{curl}\,\mathbf{B} = \mu_0\mathbf{j} \tag{12}$$

이다. 양변에 curl을 취하여 다시 표현하면

$$\text{(CGS)} \qquad \text{curl curl}\,\mathbf{B} = -\nabla^2\mathbf{B} = \frac{4\pi}{c}\,\text{curl}\,\mathbf{j}$$

$$\text{(SI)} \qquad \text{curl curl}\,\mathbf{B} = -\nabla^2\mathbf{B} = \mu_0\,\text{curl}\,\mathbf{j}$$

를 얻는다. 이것을 런던 방정식 (11)과 결합하면, 초전도체에 대하여

$$\nabla^2\mathbf{B} = \mathbf{B}/\lambda_L^2 \tag{13}$$

이 성립한다.

이 방정식의 해는 전공간에 균일한 자기장의 존재를 의미하지 않으므로 마이너스 효과를 설명한다 할 수 있다. 즉, 균일한 자기장이 초전도체 내부에는 존재할 수 없다. 즉, 일정한 자기장 $\mathbf{B}_0$가 항등적으로 0이 아니면 $\mathbf{B}(\mathbf{r})$ = $\mathbf{B}_0$ = 일정은 식 (13)의 해가 아니다. 이 결과는 $\nabla^2\mathbf{B}_0$는 항상 0에서 나온 것이지만 $\mathbf{B}_0$가 0이 아니면, $\mathbf{B}_0/\lambda_L^2$은 0이 아니다. 식 (12)는 $\mathbf{B}$ = 0인 영역에서 $\mathbf{j}$ = 0임을 의미한다는 것에 주목하라.

순수한 초전도 상태에서 허용되는 자기장은 외부 표면에서 시료 내부로 들어감에 따라 지수함수로 감소된다. 반 무한대의 초전도체가 그림 13과 같이 x축의 양인 영역의 공간을 채우고 있다고 하자. $B(0)$가 평면 경계에서의 자기장이라면 초전도체 내부의 자기장은 식 (13)의 해로서

$$B(x) = B(0)\exp(-x/\lambda_L) \tag{14}$$

이다. 이 예에서 자기장은 경계면과 나란하다고 가정하였다. 따라서 λ_L은 자기장 침투깊이의 척도이므로, **런던 침투깊이**(London penetration depth)라고 부른다. 실제

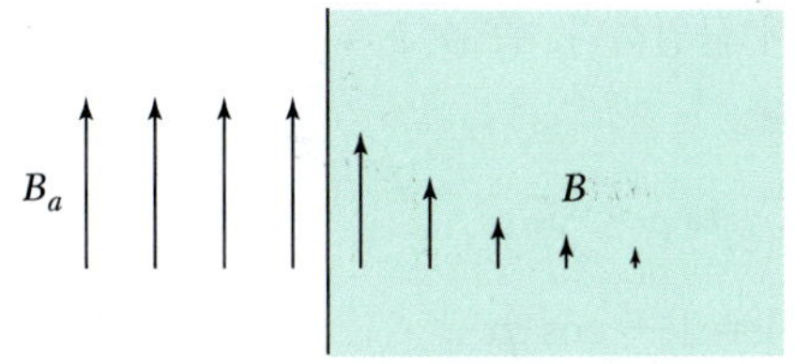

그림 13 가해준 자기장이 반 무한대 초전도체 속으로 침투하는 모습. 침투깊이 λ는 자기장이 인자 e^{-1}배만큼 감소되는 거리로 정의된다. 전형적으로 순수한 초전도체에서 $\lambda \approx 500$ Å 정도이다.

로는 침투깊이는 λ_L 하나로 정확히 기술되지 않는데, 그것은 런던 방정식이 어떤 면에서 지나치게 단순화되었기 때문이다. 식 (22)와 (11)을 비교함으로써

$$\text{(CGS)} \quad \lambda_L = (mc^2/4\pi nq^2)^{1/2} \;; \qquad \text{(SI)} \quad \lambda_L = (\epsilon_0 mc^2/nq^2)^{1/2} \tag{14a}$$

을 얻을 수 있다. 여기서 전하량이 q, 질량이 m인 입자들의 밀도는 n이다. λ_L의 값은 표 5에 주어졌다.

만약 시료의 두께가 λ_L보다 훨씬 작으면, 외부 자기장 B_a는 박막 내부로 상당히 균일하게 침투될 것이므로 박막에서의 마이스너 효과는 완전치 못하다. 박막에서 유도 자기장은 B_a보다 훨씬 작고 초전도 상태의 에너지 밀도에 대한 B_a의 영향은 거의 없으므로 식 (6)은 적용할 수 없다. 따라서 박막의 임계 자기장 H_c는 박막에 평행한 경우 매우 높을 것이다.

결맞음 길이(*coherence length*)

런던 침투깊이 λ_L은 초전도체를 특성 짓는 기본적 길이이다. 또 하나의 독립적인 길이는 결맞음 길이 ξ이다. 결맞음 길이는 초전도 전자 농도가 공간적으로 변하는 자기장에서 현저히 달라지지 않는 거리의 척도이다.

런던 방정식은 하나의 **국소적** 방정식이다. 즉, 임의의 점 $\mathbf{r}$의 전류밀도와 그 점에서의 벡터 퍼텐셜을 연관시킨 것이다. $\mathbf{j}(\mathbf{r})$이 $\mathbf{A}(\mathbf{r})$의 상수배로 주어지는 한, 전류는 벡터 퍼텐셜의 어떤 변화도 그대로 정확히 쫓아간다. 그러나 **결맞음 길이** ξ는 $\mathbf{j}$를 얻기 위하여 $\mathbf{A}$를 평균해야 하는 영역의 크기이다. 그것은 또한 정상전도체와 초전도체 사이 전이층의 최소 두께의 한 척도이기도 하다. 결맞음 길이는 부록 I의 란다우-긴즈버그 방정식에 의한 이론에서 가장 잘 소개되어 있다. 이제 초전도성 전자농도를 변화시키는 데 필요한 에너지에 대해 설명하겠다.

전자로 이루어진 계의 상태가 어떤 공간적 변화를 하게 되면 여분의 운동에너지가 필요하다. 고유함수의 변조는 운동에너지를 증가시키는데, 왜냐하면 변조가 $d^2\varphi/dx^2$의 적분을 증가시킬 것이기 때문이다. $\mathbf{j}(\mathbf{r})$의 공간적 변화는 그 여분의 운동에너지가 초전도 상태의 안정화 에너지보다 작은 경우만 고려하는 것이 합리적이다.

평면파 $\psi(x) = e^{ikx}$와 심하게 변조된 파동함수

$$\varphi(x) = 2^{-1/2}\left(e^{i(k+q)x} + e^{ikx}\right) \tag{15a}$$

를 비교해 보자. 평면파의 확률밀도는 공간에서 균일하다. 즉 $\psi^*\psi = e^{-ikx}\, e^{ikx} = 1$이지만 $\varphi^*\varphi$는 파동벡터 q로 다음과 같이 변조된다.

$$\begin{aligned}\varphi^*\varphi &= \tfrac{1}{2}(e^{-i(k+q)x} + e^{-ikx})(e^{i(k+q)x} + e^{ikx}) \\ &= \tfrac{1}{2}(2 + e^{iqx} + e^{-iqx}) = 1 + \cos qx \ . \end{aligned} \tag{15b}$$

파동 $\psi(x)$의 운동에너지는 $\epsilon = \hbar^2k^2/2m$이고, 변조된 밀도 분포의 운동에너지는 이 보다 높다. 왜냐하면,

$$\int dx\ \varphi^*\left(-\frac{\hbar^2}{2m}\frac{d^2}{dx^2}\right)\varphi = \frac{1}{2}\left(\frac{\hbar^2}{2m}\right)[(k+q)^2 + k^2] \cong \frac{\hbar^2}{2m}k^2 + \frac{\hbar^2}{2m}kq$$

인데, 여기서 $q \ll k$이므로 q^2 항은 무시하였다.

변조에 소요된 에너지의 증가는 $\hbar^2kq/2m$이다. 만약 이 증가가 에너지 간격 E_g를 초과하면, 초전도성은 파괴될 것이다. 변조 파동벡터의 임계값 q_0는

$$\frac{\hbar^2}{2m}k_Fq_0 = E_g \tag{16a}$$

로 주어진다.

이제 **고유 결맞음 길이**(intrinsic coherence length) ξ_0를 임계 변조와 연관하여 $\xi_0 = 1/q_0$이라고 정의하자. 그러면

$$\xi_0 = \hbar^2k_F/2mE_g = \hbar v_F/2E_g \tag{16b}$$

를 얻는데, v_F는 페르미 면에서의 전자속도이다. BCS 이론에서도 유사한 결과로

$$\boxed{\xi_0 = 2\hbar v_F/\pi E_g} \tag{17}$$

가 주어진다. 식 (17)로 계산한 ξ_0의 값은 표 5에 주어졌다. 고유 결맞음 길이 ξ_0는 순수 초전도체의 특성이다.

덜 순수한 물질이나 합금에서 결맞음 길이 ξ는 ξ_0보다 짧다. 이것은 다음과 같이 정성적으로 이해할 수 있다. 덜 순수한 물질에서 전자의 고유함수는 그 자신이 이미 불균일하므로, 균일한 파동함수에 비해 에너지가 낮은 전류밀도의 국소적 변화를 만들 수 있다.

결맞음 길이 ξ는 란다우-긴즈부르크 방정식에서 처음으로 나타났는데, 이 방정식들도 또한 BCS 이론에서 나온다. 그것들은 정상상과 초전도상 사이 전이층의 구조를 기술하는 것이다. 결맞음 길이와 실제 침투깊이 λ는 정상상태에서 측정된 평균 자유행로 ℓ에 의존되는데, 그 관계를 그림 14에 제시하였다. 초전도체가 매우 불순하면, ℓ이 매우 작아지므로 $\xi = (\xi_0\ell)^{1/2}$과 $\lambda = \lambda_L(\xi_0/\ell)^{1/2}$이고, 따라서 $\lambda/\xi = \lambda_L/\ell$이다. 이것이 "불순 초전도체(dirty superconductor)"의 한계이다. 비 λ/ξ를 보통 κ로 표시한다.

표 5 절대영도에서 계산된 고유 결맞음 길이와 런던 침투깊이

Metal	Intrinsic Pippard coherence length ξ_0, in 10^{-6} cm	London penetration depth λ_L, in 10^{-6} cm	λ_L/ξ_0
Sn	23.	3.4	0.16
Al	160.	1.6	0.010
Pb	8.3	3.7	0.45
Cd	76.	11.0	0.14
Nb	3.8	3.9	1.02

R. Meservey와 B. B. Schwartz에 의함.

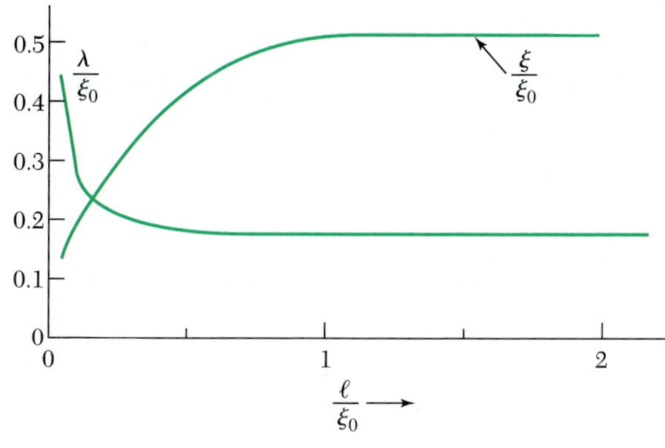

그림 14 침투깊이 λ와 결맞음 길이 ξ를 정상상태에 있는 전도전자의 평균 자유행로 ℓ의 함수로 그린 것. 모든 길이는 고유 결맞음 길이 ξ_0를 단위로 한 것임. 곡선은 $\xi_0 = 10\lambda_L$에 대한 것임. 평균 자유행로가 짧아지면 결맞음 길이는 짧아지고 침투깊이는 길어진다. 제II형 초전도성의 $\kappa = \lambda/\xi$의 비가 제I형보다 더욱 많이 증가한다.

초전도성의 BCS 이론(*BCS theory of superconductivity*)

초전도성의 양자론의 기초는 Bardeen, Cooper 그리고 Schrieffer가 1957년에 발표한 고전적 논문에 의하여 마련되었다. 초전도성의 BCS 이론은 응집상의 He^3 원자로부터 제I형과 제II형 금속 초전도체와 구리이온의 평면을 기초로 하는 고온 초전도체에 이르기까지 광범위하게 적용된다. 더구나, BCS 파동함수는 $\mathbf{k}\uparrow$와 $-\mathbf{k}\downarrow$를 가지는 입자의 짝들로 구성된다. BCS 이론을 취급할 때, 이 파동함수는 금속에서 관측되는 전자의 초전도성에 관하여 주어지며, 표 3의 에너지 간격을 나타낸다. 이 짝짓기는 s파 짝짓기로 알려져 있다. BCS 이론에서 가능한 입자들의 짝짓기는 다른 형태들도 있지만, 지금은 BCS 파동함수 이외 다른 것은 고려하지 않는다. 이 장에서는 BCS 파동함수를 가지고 BCS 이론의 업적을 취급하겠다. 그 내용은 다음과 같다.

1. 전자 사이의 인력적 상호작용은 들뜬 상태에서 에너지 간격만큼 분리된 바닥상태를 만들 수 있다. 임계 자기장, 열적 특성, 그리고 대부분의 전자기적 성질은 에너지 간격의 결과이다.

2. 전자-격자-전자 상호작용은 관측된 크기의 에너지 간격을 만든다. 한 개의 전자가 격자와 상호작용하여 그것을 변형시키면, 두 번째 전자는 변형된 격자를 만나 그 변형을 이용하여 에너지를 더 낮게 하도록 조절하는 간접적 상호작용이 일어 난다. 그러므로 두 번째 전자는 첫 번째 전자와 격자 변형을 통하여 상호작용을 한다.

3. 침투깊이와 결맞음 길이는 BCS 이론의 자연적인 결과로 나타난다. 런던 방정식은 공간에서 서서히 변하는 자기장에 대하여 얻어진다. 그러므로 초전도성의 중요한 현상인 마이스너 효과는 저절로 얻어진다.

4. 한 원소나 합금의 전이온도에 대한 기준은 페르미 준위에서 한 스핀의 궤도의 전자밀도 $D(\epsilon_F)$와 전기 비저항으로 계산할 수 있는 전자-격자 상호작용 U를 포함한다. 왜냐하면 상온에서의 비저항은 전자-포논 상호작용의 한 척도이기 때문이다. $UD(\epsilon_F) \ll 1$에 대한 BCS 이론은

$$T_c = 1.14\theta \exp[-1/UD(\epsilon_F)] \tag{18}$$

임을 예상한다. 여기서 θ는 디바이(Debye) 온도이고 U는 인력적 상호작용이다. T_c에 대한 이 결과는 최소한 정성적으로 실험값을 만족시킨다. 여기에 흥미있고 명백한 역설은 상온에서 비저항이 높을수록 U가 더 높아지고 따라서 금속의 온도를 낮추면 그 금속은 더 쉽게 초전도체가 된다는 것이다.

5. 한 금속 고리를 통과하는 자기선속은 양자화되어 있고, 전하의 유효한 단위는 e가 아니라 $2e$이다. BCS 바닥상태는 전자들의 쌍을 포함하므로, 그 쌍의 전하 $2e$로 자속이 양자화되는 것이 이 이론의 결과이다.

BCS 바닥상태*(BCS ground state)*

채워진 페르미 바다는 상호작용을 하지 않는 전자들인 페르미 기체의 바닥상태이다. 이 상태는 임의의 작은 들뜸도 허용한다. 즉 페르미 면에서 전자를 취하여 페르미면 바로 위로 올려 보냄으로써 하나의 들뜬 상태를 만들 수 있다. BCS 이론은 전자 간의 적절한 인력적 상호작용으로 새로운 바닥상태가 초전도이고, 그것이 가장 낮은 들뜬 상태에서 유한한 에너지 E_g만큼 떨어져 있음을 보여준다.

BCS 바닥상태의 형성은 그림 15에서 보여주고 있다. (b)에 있는 BCS 상태는 페르미 에너지 ϵ_F보다 위에 있는 단일전자 궤도함수를 포함한다. 얼핏 보기에는 BCS 상태가 페르미 상태보다 더 높은 에너지를 갖는 것같이 보인다. 즉 그림 (b)와 (a)를 비교하면 BCS 상태의 운동에너지는 페르미 상태의 운동에너지보다 더 높아 보인다. 그러나 그림에는 표시되지 않았지만, BCS 상태의 인력적 퍼텐셜 에너지는 BCS 상태의 총 에너지가 페르미 상태에 비하여 더 낮게되도록 작용하는 것이다.

다전자계의 BCS 바닥상태가 단일입자 궤도함수의 채워짐으로써 기술될 때, ϵ_F 근처의 상태들은 어떤 유한한 온도에 대한 페르미-디랙 분포와 비슷하게 채워진다.

BCS 상태의 중요한 특징은 단일입자 궤도함수가 쌍으로 채워진다는 것이다. 즉,

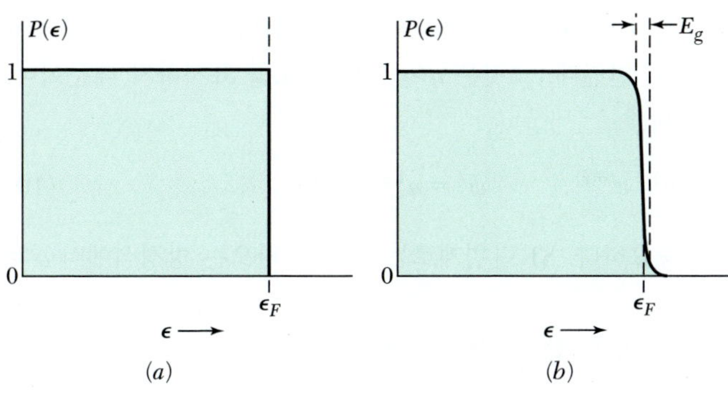

그림 15 (a) 운동에너지 E의 궤도가 상호 작용이 없는 페르미 기체의 바닥상태에서 점유될 확률 P, (b) BCS 바닥상태는 에너지 간격 E_g 정도의 폭을 가진 영역에서 페르미 상태와 다르다. 두 곡선은 모두 절대온도 0도에서이다.

파동벡터 $\mathbf{k}$와 스핀이 위인 궤도함수가 있다면 파동벡터 $-\mathbf{k}$이고 스핀이 아래쪽인 궤도 함수도 또한 있다는 것이다. 만약 $\mathbf{k}\uparrow$이 비어 있으면 또한 $-\mathbf{k}\downarrow$도 비어 있다. 이 쌍을 쿠퍼쌍(Cooper pairs)이라 부르고, 부록 H에서 다루고 있다. 그것들은 스핀이 0이고 보존의 많은 성질을 가지고 있다.

초전도 고리의 자속 양자화*(flux quantization in a superconducting ring)*

초전도 고리를 통과하는 총 자기선속은 오로지 양자화된 값, 즉 자속양자 $2\pi\hbar c/q$의 정수배만을 가진다는 것을 입증하자. q는 실험에 의하여 $q = 2e$인데, 이것은 전하쌍의 전하이다. 자속의 양자화는 초전도 상태의 결맞음이 하나의 고리나 솔레노이드로 확장되는 긴 영역 양자효과의 멋진 하나의 예이다.

우선 전자기장을 비슷한 보존장의 예로서 고찰해 보자. 전기장의 세기 $E(\mathbf{r})$은 정성적으로 확률장 진폭으로 작용한다. 광자의 총 수가 많을 때 에너지 밀도는

$$E^*(\mathbf{r})E(\mathbf{r})/4\pi \cong n(\mathbf{r})\hbar\omega$$

와 같이 쓸 수 있다. 여기서 $n(\mathbf{r})$은 진동수 ω인 광자의 수 밀도이다. 그러면 반고전적 근사로 전기장은

$$E(\mathbf{r}) \cong (4\pi\hbar\omega)^{1/2}\, n(\mathbf{r})^{1/2} e^{i\theta(\mathbf{r})} \qquad E^*(\mathbf{r}) \cong (4\pi\hbar\omega)^{1/2}\, n(\mathbf{r})^{1/2} e^{-i\theta(\mathbf{r})}$$

과 같이 쓸 수 있다. 여기서 $\theta(\mathbf{r})$은 장의 위상이다. 이와 유사한 확률진폭은 쿠퍼쌍을 기술한다.

같은 궤도함수의 수많은 보존으로 이루어진 보존 가스를 생각해 보자. 우리는 전자기장을 광자에 적용한 것과 유사하게 보존 확률진폭을 고전적 물리량으로 취급할 수 있다. 그러면 진폭과 위상 모두 물리적 의미를 가지는 측정 가능한 양이 된다. 이 논의는 정상상태에 있는 금속에는 적용되지 않는데, 그 이유는 정상상태에 있는 전자는 단일 페르미온과 같이 행동하기 때문이다.

우선 대전된 보존 기체가 런던 방정식을 따른다는 것을 보이겠다. $\psi(\mathbf{r})$을 입자의

확률진폭이라 하자. 쌍의 농도 $n = \psi^*\psi =$ 일정이라고 가정한다. 절대온도 0도에서 n은 전도띠에 있는 전자농도의 반인데, 그것은 n이 쌍의 밀도를 표시하기 때문이다. 그러면 다음과 같이 쓸 수 있다.

$$\psi = n^{1/2}\, e^{i\,\theta(\mathbf{r})} \ ; \qquad \psi^* = n^{1/2}\, e^{-i\,\theta(\mathbf{r})} \ . \tag{19}$$

위상 $\theta(\mathbf{r})$은 다음 내용에서 중요하다. SI 단위계로는 다음에 나오는 방정식에서 c = 1이라고 놓으면 된다.

한 입자의 속력은 역학의 해밀톤 방정식으로부터

(CGS) $$\mathbf{v} = \frac{1}{m}\left(\mathbf{p} - \frac{q}{c}\mathbf{A}\right) = \frac{1}{m}\left(-i\hbar\nabla - \frac{q}{c}\mathbf{A}\right)$$

이다. 입자의 선속은

$$\psi^*\mathbf{v}\psi = \frac{n}{m}\left(\hbar\nabla\theta - \frac{q}{c}\mathbf{A}\right) \tag{20}$$

의 식으로 주어진다. 그러므로 전류밀도는

$$\mathbf{j} = q\psi^*\mathbf{v}\psi = \frac{nq}{m}\left(\hbar\nabla\theta - \frac{q}{c}\mathbf{A}\right) \tag{21}$$

이다.

이 식의 양변에 curl을 취하면, 런던 방정식을 얻는다.

$$\mathrm{curl}\,\mathbf{j} = -\frac{nq^2}{mc}\mathbf{B}\ . \tag{22}$$

이때, 어떤 스칼라량의 그래디언트의 curl은 항등적으로 0이라는 사실을 이용하였다. **B**에 곱하는 상수는 식 (14a)와 일치한다. 마이스너 효과는 여기서 유도한 런던 방정식의 결과임을 상기하라.

한 고리를 통과하는 자속의 양자화는 식 (21)의 단적인 결과이다. 표면에서 충분히 떨어진 초전도 물질 내부를 지나는 하나의 닫힌 곡선 C를 택하자(그림 16). 마이스너 효과는 **B**와 **j**가 그 내부에서 0임을 의미한다. 만약

$$\hbar c\nabla\theta = q\mathbf{A} \tag{23}$$

이면, 식 (21)은 0이다. 또 고리를 따라서 한 번 돌 때, 위상의 변화는

$$\oint_C \nabla\theta \cdot dl = \theta_2 - \theta_1$$

을 만든다.

확률진폭 ψ는 고전적 근사로 측정할 수 있는 양이므로 ψ는 단일 값을 가져야 한다. 따라서

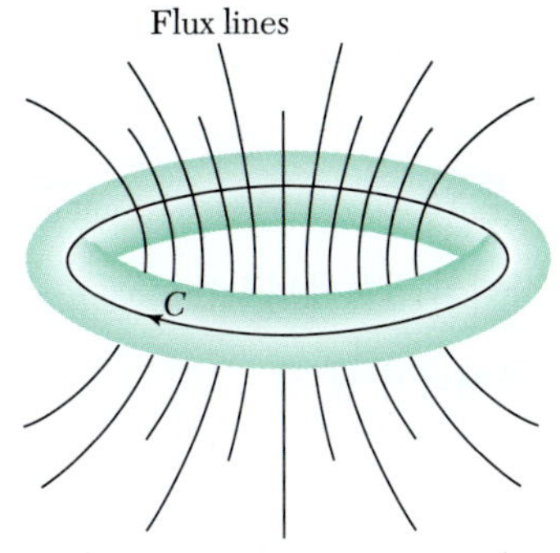

그림 16 초전도 고리의 내부를 지나는 적분경로 C. 이 고리를 통과하는 자속은 외부 근원에 의한 자속과 고리의 표면에 흐르는 초전도 전류에 의한 자속의 합이다. 즉, $\Phi = \Phi_{외부} + \Phi_{초전}$이다. 자속 Φ는 양자화되어 있다. 외부 근원에 의한 자속은 일반적으로 양자화 조건이 없으므로 Φ가 양자화되도록 $\Phi_{초전}$이 적절히 그 자체를 조절해야 한다.

$$\theta_2 - \theta_1 = 2\pi s \tag{24}$$

인데, 여기서 s는 정수이다. Stokes 정리에 의해

$$\oint_C \mathbf{A} \cdot dl = \int_C (\text{curl } \mathbf{A}) \cdot d\boldsymbol{\sigma} = \int_C \mathbf{B} \cdot d\boldsymbol{\sigma} = \Phi \tag{25}$$

이다. 여기서 $d\boldsymbol{\sigma}$는 곡선 C에 의하여 경계가 되는 한 표면 위에서의 면적소이고, Φ는 C를 통과하는 자속이다. 식 (23), (24) 및 (25)로부터 $2\pi\hbar cs = q\Phi$이므로

$$\Phi = (2\pi\hbar c/q)s \tag{26}$$

이다. 따라서 고리를 통과하는 자속은 $2\pi\hbar c/q$의 정수배로 양자화된다. 실험에 의하면 전자쌍에 적합하게 $q = -2e$이므로 초전도체의 자속 양자는

(CGS) $\Phi_0 = 2\pi\hbar c/2e \cong 2.0678 \times 10^{-7}$ gauss cm^2

(SI) $\Phi_0 = 2\pi\hbar/2e \cong 2.0678 \times 10^{-15}$ tesla m^2 (27)

과 같다. 이때, 자속의 단위를 **플럭소이드**(fluxoid) 혹은 **플럭손**(fluxon)이라고 한다. 고리를 통과하는 자속은 외부 근원에 의한 자속과 고리의 표면에 흐르는 초전도 전류에 의한 자속의 합, 즉 $\Phi = \Phi_{외부} + \Phi_{초전}$이다. 자속 Φ는 양자화되어 있다. 외부 근원에 의한 자속에는 일반적으로 양자화 조건이 없으므로 Φ가 양자화된 값을 갖도록 $\Phi_{초전}$은 그 자체가 적절히 조절되지 않으면 안 된다.

지속전류의 존속기간(*duration of persistent currents*)

길이가 L이고, 단면적이 A인 제I형 초전도 고리에 흐르는 지속전류(persistent current)를 고찰하자. 지속전류는 고리를 통과하는 자속이 식 (27)의 플럭소이드의 정수배인 어떤 값을 유지한다. 열적 요동에 의해 초전도 고리의 최소 부피가 순간적으로 정상상태가 되지 않는 한 플럭소이드는 고리에서 새어나갈 수 없으며, 따라서 지속전

류를 감소시킬 수 없다.

단위 시간에 한 플럭소이드가 새어나갈 확률은

$$P = (\text{시도 진동수})(\text{활성화 장벽 인자}) \tag{28}$$

이다. 활성화 장벽 인자는 $\exp(-\Delta F/k_B T)$인데, 여기서 장벽의 자유에너지는

$$\Delta F \approx (\text{최소 부피})(\text{정상상태의 여분의 자유에너지 밀도})$$

이다.

한 플럭소이드가 새어나가도록 하기 위해 정상상태로 돌아가야 하는 고리의 최소 부피는 $R\xi^2$의 크기 정도인데, 여기서 ξ는 초전도체의 결맞음 길이(coherence length)이고 R은 도선의 굵기이다. 정상상태의 여분의 자유에너지 밀도는 $H_c^2/8\pi$이므로, 장벽 자유에너지는

$$\Delta F \approx R\xi^2 H_c^2/8\pi \tag{29}$$

이다.

도선의 굵기가 10^{-4} cm이고, 결맞음 길이가 10^{-4} cm, 그리고 $H_c = 10^3$ G라 하면, $\Delta F \approx 10^{-7}$ erg이다. 전이온도를 아래로부터 접근하게 되면 ΔF는 감소할 것이나, 위의 수치는 절대온도 영도와 0.8 T_c 사이에서 좋은 근사값이다. 그러므로 활성화 장벽 인자는

$$\exp(-\Delta F/k_B T) \approx \exp(-10^8) \approx 10^{-(4.34\times 10^7)}$$

과 같다.

최소 부피가 전도상태를 변화시키려고 시도할 수 있는 빈도는 $E_g/\hbar$의 크기 정도가 되어야만 한다. $E_g = 10^{-15}$ erg라면 시도 진동수는 $\approx 10^{-15}/10^{-27} \approx 10^{12}\ s^{-1}$이다. 따라서 새어나갈 확률은 식 (28)로부터

$$P \approx 10^{12} 10^{-4.34\times 10^7} \mathrm{s}^{-1} = 10^{-4.34\times 10^7} \mathrm{s}^{-1}$$

과 같다.

이것의 역수는 한 플럭소이드가 새어나가는 데 필요한 시간의 척도인데 그 값은 $T = 1/P = 10^{4.34\times 10^7}\ s$이다.

우주의 나이는 겨우 10^{18}초이므로 우리가 가정한 조건하에서 한 플럭소이드는 우주의 나이 동안에 결코 새어나가지 못할 것이다. 결과적으로 초전도 전류는 일정하게 유지된다.

활성화 에너지가 대단히 낮을 때 한 플럭소이드가 고리에서 새어나가는 것이 관측될 수 있는 두 가지 상황이 존재하는데, 그것은 H_c가 대단히 작을 때 임계온도에 매우 접근한 경우이거나 고리의 물질이 제II형 초전도체일 때 그 자체가 플럭소이드를 이미 내포하고 있는 경우이다. 이러한 특수한 경우는 초전도체의 소용돌이(vortex)라는 제목으로 문헌에 논의되어 있다.

제II형 초전도체(type II superconductors)

제I형과 제II형 초전도체에서 초전도성의 메커니즘에는 차이가 없다. 외부 자기장이 없는 상태에서 초전도-정상전도 전이점에서의 열적 특성은 두 물질 모두가 매우 유사하나 마이스너 효과는 전혀 다르다(그림 5).

양질의 제I형 초전도체는 초전도성이 갑자기 깨져서 결국 자기장이 완전히 침투한다. 양질의 제II형 초전도체도 H_{c1}까지는 완전히 내부에서 외부 자기장을 추방한다. H_{c1} 이상에서 자기장은 부분적으로 추방되나, 그 시료는 전기적으로 초전도성을 그대로 유지한다. 훨씬 더 높은 자기장 H_{c2}에서 자기장은 완전히 침투되고 초전도성은 사라진다(시료의 외부 표면층은 이보다 더 높은 자기장 H_{c3}까지 초전도 상태로 유지될 수 있다).

제I형과 제II형 초전도체의 중요한 차이는 정상상태에서 전도전자의 평균 자유행로에 있다. 만약 결맞음 길이 ξ가 침투깊이 λ보다 길다면, 그 초전도체는 제I형이 될 것이다. 대다수의 순수한 금속은 $\lambda/\xi < 1$로서 제I형 초전도체이다(표 5 참조).

그러나 평균 자유행로가 짧아지면 결맞음 길이는 짧아지고 침투깊이는 길어진다(그림 14). 이것은 $\lambda/\xi > 1$일 때로 제II형 초전도체이다.

어떤 금속에 합금 원소를 약간 첨가함으로써 제I형을 제II형으로 바꿀 수 있다. 그림 5에서 In을 2 중량 퍼센트만큼 첨가함으로써 납을 제II형 초전도체로 바꾸었으나, 전이온도는 거의 변하지 않았다. 이 정도의 합금으로는 납의 전자 구조에 아무런 근본적 변화를 주지 않았으나 초전도체로서의 자기적 성질은 상당히 변화된 것이다.

제II형 초전도체의 이론은 Ginzburg, Landau, Abrikosov, 그리고 Gorkov 등에 의해 발전되었다. 그 후 Kunzler와 그의 동료들이 Nb_3Sn 도선은 100 kG 정도에 이르는 자기장에서도 많은 초전도 전류를 통과시킬 수 있다는 것을 발견하였는데, 이것이 강자기장 초전도 자석의 상업적 발전의 계기가 되었다.

초전도 상태에 있는 영역과 정상상태에 있는 영역 사이의 경계면을 고찰하자. 그 경계면은 표면 에너지를 가지고 있는데, 그 값은 양 또는 음일 수 있으며 외부 자기장이 증가함에 따라 그 에너지는 감소한다. 자기장이 증가할 때 표면 에너지가 항상 양이면 그 초전도체는 제I형이고, 표면 에너지가 음이면 제II형 초전도체이다. 표면 에너지의 부호는 전이온도에 대해 아무런 영향을 미치지 않는다.

덩어리 모양의 초전도체의 자유에너지는 자기장이 추방되면 증가한다. 그러나 평행한 자기장은 매우 얇은 박막을 거의 균일하게 침투할 수 있고(그림 17), 단지 자속의 일부만이 추방되므로 초전도 박막의 에너지는 외부 자기장을 증가시킴에 따라 서서히 증가할 것이다. 즉, 초전도성을 파괴시키는 데 필요한 자기장의 세기는 대단히 커야 한다. 박막은 일반적인 에너지 간격을 가지나 전기저항은 갖지 않을 것이다. 박막은 제II형 초전도체가 아니라도 적당한 조건하에서는 높은 자기장 안에서 초전도성이 존재할 수 있다.

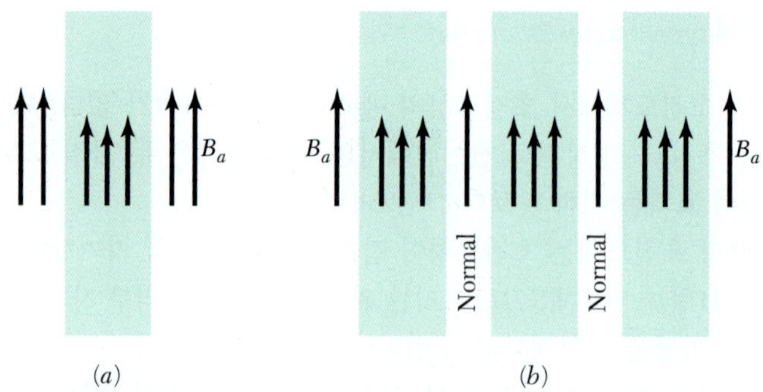

그림 17 (a) 침투깊이 λ만한 두께의 박막에 자기장의 침투. 화살표는 자기장의 세기를 나타낸다. (b) 정상전도와 초전도 상태의 층이 교반되는 섞인 상태, 즉 소용돌이 상태에서 균일한 덩어리 구조로 자기장이 침투된 모양. 초전도 층은 λ에 비하여 얇다. 층상구조는 간편하게 그린 것인데, 실제 구조는 초전도 상태로 둘러싸인 정상상태의 막대형으로 되어 있다(소용돌이 상태에서 N영역은 정확히 정상전도상태는 아니고, 안정화 에너지밀도의 값이 낮은 상태로 기술된다).

소용돌이 상태(*vortex state*)

박막의 초전도 현상은 다음과 같은 의문을 제기한다: 자기장 안에서 정상상태에 있는 가느다란 막대(또는 판) 모양의 영역이 초전도 상태의 영역으로 둘러싸여 있으면서 안정되게 존재할 수 있는가? 소용돌이 상태라고 불리는 그러한 혼합 상태에서 외부 자기장은 얇은 정상 영역을 균일하게 침투할 것이며, 또한 그림 18에 보인 바와 같이 자기장은 정상 영역을 에워싼 초전도 물질 속으로도 얼마간 침투될 것이다.

소용돌이라는 말은 그림 19와 같이 덩어리 시료 전체의 소용돌이 속에 초전도 전류가 순환하는 것을 의미한다. 소용돌이 상태에 있는 정상과 초전도 영역 사이에는 화학적 또는 결정학적 차이가 없다. 소용돌이 상태가 안정된 이유는 외부 자기장이 초전도 물질로 침투할 때 표면 에너지가 음이 되기 때문이다. 제II형 초전도체의 소용돌이 상태는 자기장 세기의 어떤 영역, 즉 H_{c1}과 H_{c2} 사이에서 안정되어 있다.

H_{c1}과 H_{c2}의 추정(*estimation of H_{c1} and H_{c2}*)

외부 자기장을 증가시킴에 따라 소용돌이 상태가 나타나는 조건은 무엇일까? 우리는 침투깊이 λ로부터 H_{c1}을 추정할 수 있다. 외부 자기장이 H_{c1}이면 플럭소이드의 정상 영역에서도 자기장이 H_{c1}이 된다.

자기장은 정상상태의 중심으로부터 초전도 영역 안으로 λ만큼의 거리까지 걸쳐 있다. 그러므로 단일심의 자속은 $\pi\lambda^2 H_{c1}$이며, 이것이 식 (27)로 정의된 자속의 Φ_0와 같다. 그러므로

$$H_{c1} \simeq \Phi_0/\pi\lambda^2 \tag{30}$$

인데, 이것이 단일 플럭소이드의 생성을 위한 조건이다.

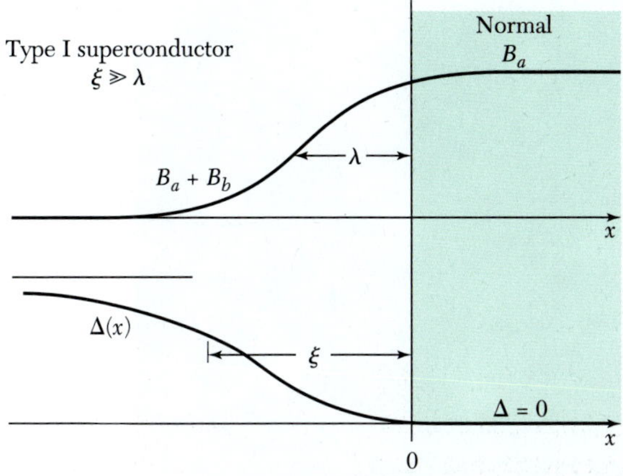

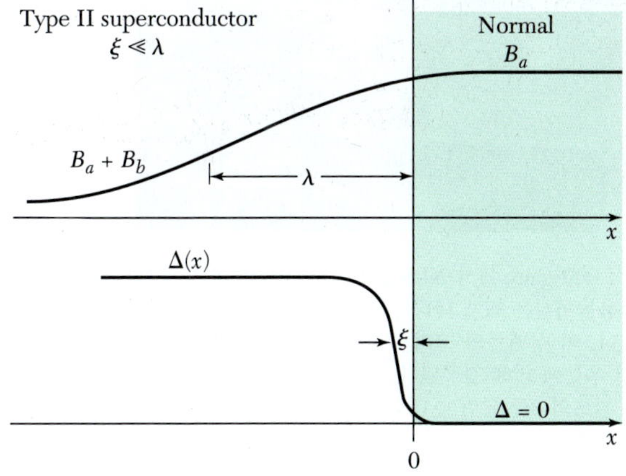

그림 18 제I형과 제II형 초전도체에 대하여 초전도와 정상영역의 경계면에서 자기장과 에너지 간격인자 $\Delta(x)$의 변화. 에너지 간격인자는 초전도상의 안정화 에너지 밀도의 한 척도이다.

H_{c2}에서 플럭소이드들은 가능한 좁게 밀집해서 뭉치게 되는데, 이것은 초전도 상태를 유지시키 위한 조건이다. 즉 결맞음 길이 ξ가 허용되는 한 밀집하게 되는 것을 의미한다. 외부 자기장은 거의 균일하게 시료 속을 침투하며 단지 플럭소이드 격자의 크기 정도의 조그마한 요동을 내포할 뿐이다. 각각의 소용돌이는 $\pi\xi^2 H_{c2}$의 크기 정도의 자속을 가질 것이며, 그 자속은 또한 Φ_0로 양자화된다. 그러므로 상부 임계 자기장은

$$H_{c2} \approx \Phi_0/\pi\xi^2 \tag{31}$$

이다. λ/ξ의 비율이 커질수록 H_{c2}/H_{c1}의 값도 커진다.

이들 임계 자기장과 열역학적 임계장 H_c의 관계를 알아보는 것이 남아 있는 문제이다. H_c는 식 (9)로 알려진 바와 같이 초전도 상태의 안정화 에너지 밀도가 $H_c^2/8\pi$로 주어지는 양이다. 제II형 초전도체에서 H_c는 안정화 에너지의 열량 측정 방법으로 간접적으로 측정할 수 있다. H_c의 항으로 H_{c1}을 추정하기 위해 우리는 절대온도 영도에서 불순물을 포함한 경우 ($\xi > \lambda$)에 대하여 소용돌이 상태의 안정한 경우를 생각하자. 여기서 $\kappa > 1$이다.

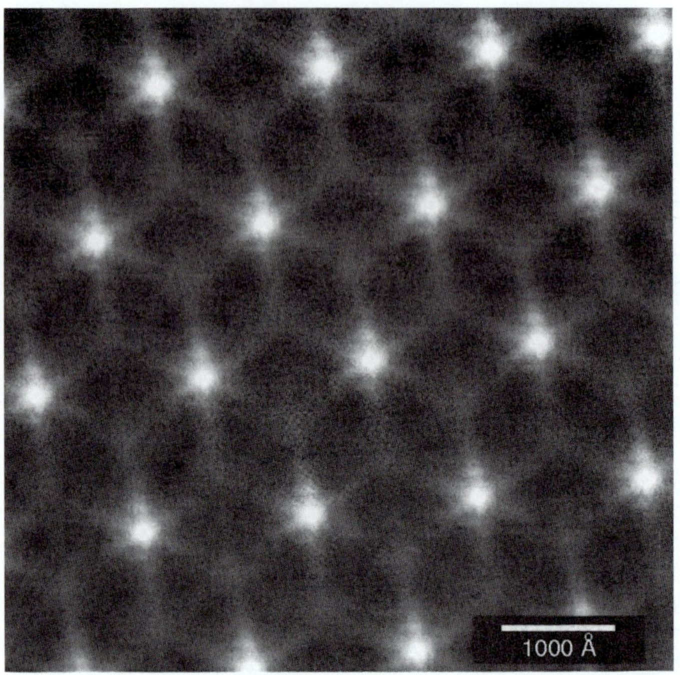

그림 19 주사터널현미경으로 본 0.2 K, 1,000 gauss에서 $NbSe_2$ 속의 자기다발 격자. 그림 23에서처럼 페르미 준위에서 상태밀도를 보여준다. 소용돌이심은 희게 나타나고 상태밀도가 높다. 초전도 영역은 검게 나타나고 페르미 준위에서 상태밀도가 없다. 이 상태들의 크기와 공간적 범위는 제II형 초전도체에 대한 그림 18에서 보여주듯 $\Delta(x)$에 의한 퍼텐셜 우물에 의해 결정된다. 심의 파동함수는 사진의 퍼텐셜 우물 내에 있다. 별 모양은 페르미 표면에서 전하 밀도의 6중 교란에 대한 $NbSe_2$의 결과로 나타나는 좋은 특징이다. H. F. Hess에 의한 사진.

소용돌이 상태의 플럭소이드를 평균 자기장 B_a를 지니는 정상 금속 원통으로가정하고 안정화 에너지를 추산하자. 그 반지름은 N과 S 상태 간의 경계의 두께인 결맺음 길이의 크기 정도이다. 순수한 초전도체의 에너지를 기준으로 한 정상상태심(core)의 에너지는 안정화 에너지에 심의 넓이를 곱한 양으로 주어진다. 즉, 단위 길이당 에너지는

(CGS) $$f_{\text{core}} \approx \frac{1}{8\pi} H_c^2 \times \pi\xi^2 \qquad (32)$$

이다. 그러나 심 주위의 초전도 물질 속으로 외부 자기장 B_a가 침투하기 때문에 그 자기 에너지가 감소한다. 그 값은

(CGS) $$f_{\text{mag}} \approx -\frac{1}{8\pi} B_a^2 \times \pi\lambda^2 \qquad (33)$$

이고, 단일 플럭소이드에 대해 이 두 값을 합하면

(CGS) $$f = f_{\text{core}} + f_{\text{mag}} \approx \tfrac{1}{8}(H_c^2\xi^2 - B_a^2\lambda^2) \qquad (34)$$

을 얻는다. 만약 $f < 0$이면 심은 안정하다. 안정한 플럭소이드에 대한 문턱 자기장은 $f = 0$일 때인데, 이때 B_a를 H_{c1}으로 표시하면

$$H_{c1}/H_c \approx \xi/\lambda \tag{35}$$

이다. 문턱 자기장은 음의 표면 에너지의 영역과 양의 표면 에너지의 영역을 구분한다.

식 (30)과 식 (35)를 합하여 H_c에 대한 관계식을 얻으면

$$\pi\xi\lambda H_c \approx \Phi_0 \tag{36}$$

이다. 식 (30), (31), (35)를 결합하면

$$(H_{c1}H_{c2})^{1/2} \approx H_c \tag{37a}$$

$$H_{c2} \approx (\lambda/\xi)H_c = \kappa H_c \tag{37b}$$

를 얻는다.

단일입자 터널링(single particle tunneling)

그림 20과 같이 절연체에 의해 분리된 두 개의 금속을 고려하자. 절연체는 전도전자가 한 금속에서 다른 금속으로 흐르는 데 대해 하나의 장벽 구실을 한다. 그 장벽이 충분히 얇으면(10~20 Å이하) 장벽에 부딪치는 전자가 한 금속에서 다른 쪽으로 통과할 확률이 상당히 커지는데, 이것을 **터널링**이라고 한다. 많은 실험에서 절연체층은 그림 21과 같이 두 개의 증착된 금속필름 중 하나 위에 형성된 얇은 산화층이다. 두 금속이 모두 정상 전도체일 때, 샌드위치 구조나 터널링 접합 구조의 전류–전압 특성

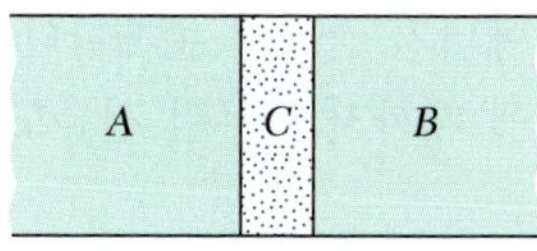

그림 20 두 금속 A와 B가 절연체 C의 얇은 층으로 분리된 모습

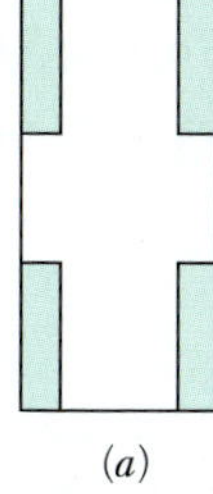

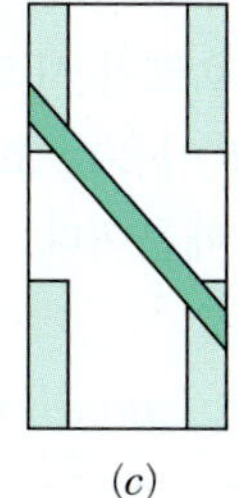

(a) (b) (c) (d)

그림 21 $Al/Al_2O_3/Sn$ 샌드위치의 준비과정. (a) In 접점이 있는 유리 슬라이드, (b) 두 접점을 가로질러 1 mm 폭과 1000~3000 Å두께의 Al막을 증착시킨다. (c) Al을 산화시켜 10~20 Å 두께의 Al_2O_3층을 형성시킨다. (d) Al 필름을 가로질러 Sn의 박막을 증착시켜 $Al/Al_2O_3/Sn$ 샌드위치를 만든다. 외부도선은 In 접점에 연결하는데, 두 개는 전류측정에 나머지 두 개는 전압측정에 사용된다(Giaever와 Megerle의 결과 인용).

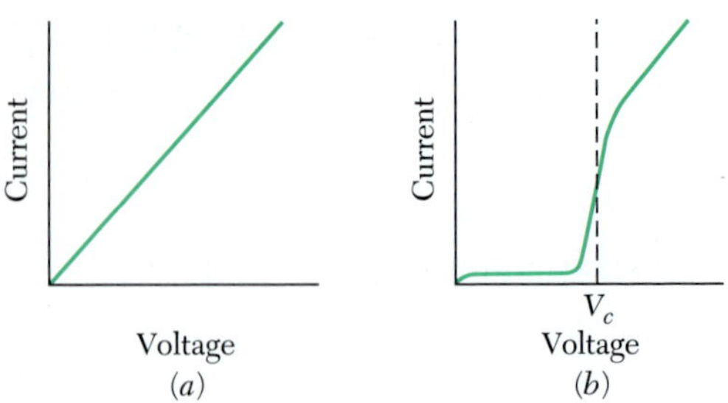

그림 22 (a) 산화물 층으로 분리된 정상금속의 접합에 대한 선형적 전류-전압 관계, (b) 한 금속은 정상도체이고 나머지가 초전도체일 때 전류-전압관계

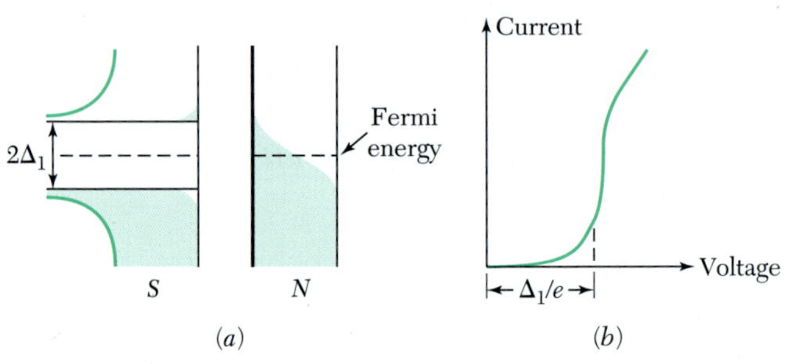

그림 23 궤도함수의 밀도와 터널링 접합에 대한 전류-전압 특성. (a)에서 에너지는 세로축에 궤도함수의 밀도는 가로축 눈금으로 그렸다. 한 금속은 정상전도 상태이고, 하나는 초전도 상태에 있다. (b) I 대 V, 점선은 $T = 0$에서 예상되는 절연파괴를 나타낸다(Giaever와 Megerle의 결과 인용).

은 전압이 낮을 때, 전류가 가해준 전압에 직접 비례하는 옴의 법칙을 따른다. Giaever(1960)는 그 중 하나의 금속이 초전도체가 되면 전류-전압 특성이 그림 22a의 직선에서 그림 22b의 곡선으로 변화함을 발견하였다.

그림 23a는 초전도체의 궤도함수의 전자밀도와 정상 금속에서의 전자밀도를 대조시킨 것이다. 초전도체에는 페르미 준위를 중심으로하여 에너지 간격이 존재한다. 절대 온도 0도에서는 가해준 전압 V가 $V = E_g/2e = \Delta/e$가 될 때까지 아무런 전류도 흐르지 않는다.

에너지 간격 E_g는 초전도 상태에 있는 한 쌍의 전자를 분리시켜 정상전도 상태에 있는 두 개의 전자 또는 한 개의 전자와 하나의 양공을 형성하는 에너지의 크기와 같다. 전류는 $eV = \Delta$가 될 때 흐르기 시작한다. 유한한 온도에서는 이보다 낮은 전압에서 적은 전류가 흐르는데, 그 이유는 초전도체 내에 에너지 간격을 넘을 만큼 열적으로 들떠 있는 전자들이 있기 때문이다.

조지프슨 초전도체 터널링(*Josephson superconductor tunneling*)

적당한 조건하에서, 절연체 층을 통하여 한 초전도체에서 다른 초전도체로 초전도 전자쌍 터널링과 연관된 주목할 만한 효과들이 발견되었다. 그러한 접합을 약한 연결(weak link)이라 한다. 초전도쌍의 터널링 효과는 다음과 같다.

직류 조지프슨 효과*(Dc Josephson effect).* 전기장 또는 자기장 없이도 접합을 넘어서 직류 전류가 흐른다.

교류 조지프슨 효과*(Ac Josephson effect).* 접합점 사이에 직류전압을 가하면 접합점 양단에 고주파 전류진동이 일어난다. 이 효과는 $\hbar/e$의 값을 정확히 측정하는 데 사용되었다. 그뿐 아니라 직류전압과 함께 고주파 전압을 가하면 접합 양단에 직류전류가 흐르게 된다.

거시적 긴 범위 양자간섭*(macroscopic long-range quantum interference).* 두 개의 접합점을 포함하는 초전도 회로에 직류자기장을 가하면 최대 초전도 전류가 자기장 세기의 함수로 간섭현상을 나타낸다. 이 효과는 고감도 자력계로 사용될 수 있다.

직류 조지프슨 효과*(Dc Josephson effect)*

조지프슨 접합점 현상의 논의는 자속의 양자화 논의와 유사하다. ψ_1을 접합점의 한쪽에 있는 전자쌍의 확률진폭이라 하고, ψ_2는 다른 쪽의 확률진폭이라 하자. 간단하게 하기 위하여 두 초전도체는 동일하다고 가정한다. 우선 두 초전도체는 모두 0 전위에 있다고 생각한다.

시간-종속 슈뢰딩거 방정식 $i\hbar\partial\psi/\partial t = \mathcal{H}\psi$를 두 진폭에 적용하면

$$i\hbar\,\frac{\partial\psi_1}{\partial t} = \hbar T\psi_2\ ; \qquad i\hbar\,\frac{\partial\psi_2}{\partial t} = \hbar T\psi_1 \tag{38}$$

이다. 여기서 $\hbar T$는 전자쌍 결합의 효과 즉 절연체 좌우사이의 이동을 위한 전달 상호작용을 표시하는데 T는 시간변화율 즉, 진동수의 차원을 가지고 있다. 그것은 ψ_1이 영역 2로 새어나가는 정도를 표시하며 또한 ψ_2가 영역 1로 새어나가는 정도를 표시한다. 만일 절연체가 매우 두껍다면, T는 0이고, 어떠한 전자쌍 터널링도 일어나지 않는다.

$\psi_1 = n_1^{1/2}\,e^{i\,\theta_1}$이고 $\psi_2 = n_2^{1/2}\,e^{i\,\theta_2}$라고 하자. 그러면

$$\frac{\partial\psi_1}{\partial t} = \tfrac{1}{2}n_1^{-1/2}\,e^{i\,\theta_1}\,\frac{\partial n_1}{\partial t} + i\psi_1\frac{\partial\theta_1}{\partial t} = -iT\psi_2 \tag{39}$$

$$\frac{\partial\psi_2}{\partial t} = \tfrac{1}{2}n_2^{-1/2}\,e^{i\,\theta_2}\,\frac{\partial n_2}{\partial t} + i\psi_2\frac{\partial\theta_2}{\partial t} = -iT\psi_1 \tag{40}$$

이다. 식 (39)에 $n_1^{1/2}\,e^{-i\,\theta_1}$을 곱하고 $\delta = \theta_2 - \theta_1$이라고 하면

$$\frac{1}{2}\,\frac{\partial n_1}{\partial t} + in_1\frac{\partial\theta_1}{\partial t} = -iT(n_1 n_2)^{1/2}e^{i\,\delta} \tag{41}$$

를 얻는다.

식 (40)에 $n_2^{1/2}\,e^{-i\,\theta_2}$를 곱하면

$$\frac{1}{2}\frac{\partial n_2}{\partial t} + in_2\frac{\partial \theta_2}{\partial t} = -iT(n_1 n_2)^{1/2} e^{-i\delta} \tag{42}$$

를 얻는다.

식 (41)의 실수부와 허수부가 각각 같다고 놓고 식 (42)에 대하여도 마찬가지로 등식을 구하면

$$\frac{\partial n_1}{\partial t} = 2T(n_1 n_2)^{1/2}\sin\delta \ ; \qquad \frac{\partial n_2}{\partial t} = -2T(n_1 n_2)^{1/2}\sin\delta \tag{43}$$

$$\frac{\partial \theta_1}{\partial t} = -T\left(\frac{n_2}{n_1}\right)^{1/2}\cos\delta \ ; \qquad \frac{\partial \theta_2}{\partial t} = -T\left(\frac{n_1}{n_2}\right)^{1/2}\cos\delta \tag{44}$$

와 같다. 동일한 초전도체 1과 2에 대하여 $n_1 \cong n_2$라고 하면, 식 (44)로부터

$$\frac{\partial \theta_1}{\partial t} = \frac{\partial \theta_2}{\partial t} \ ; \qquad \frac{\partial}{\partial t}(\theta_2 - \theta_1) = 0 \tag{45}$$

을 얻는다. 식 (43)에서

$$\frac{\partial n_2}{\partial t} = -\frac{\partial n_1}{\partial t} \tag{46}$$

이 성립함을 알 수 있다.

초전도체 (1)에서 (2)로 흐르는 전류는 $\partial n_2/\partial t$에 비례하는데, 이것은 마찬가지로 $-\partial n_1/\partial t$에 비례한다. 그러므로 식 (43)으로부터 접합을 지나는 초전도쌍의 전류 J는 다음과 같이 위상차 θ에 의존한다고 결론지을 수 있다.

$$\boxed{J = J_0 \sin\delta = J_0 \sin(\theta_2 - \theta_1)} \tag{47}$$

여기서 J_0는 전달상호작용 T에 비례한다. 전류 J_0는 접합을 통과할 수 있는 최대 영-전압 전류이다. 외부 전압이 없더라도 직류전류가 접합을 넘어서 흐르는데(그림 24), 그것은 위상차 $\theta_2 - \theta_1$의 값에 따라 J_0와 $-J_0$ 사이에 있는 값이다. 이것이 **직류 조지프슨 효과**이다.

교류 조지프슨 효과(Ac Josephson effect)

전압 V가 접합 양쪽에 걸려 있다고 하자. 접합은 절연체이므로 다음과 같이 기술할 수 있다. 한 전자쌍이 접합을 지나 통과할 때 전기퍼텐셜 에너지 차이는 qV인데 여기서 $q = -2e$이다. 그 쌍의 접합이 한쪽에 있을 때 퍼텐셜 에너지가 $-eV$이고 다른 쪽에 있으면 eV라고 말할 수 있다. 식 (38)을 대치하는 운동방정식은

$$i\hbar\,\partial\psi_1/\partial t = \hbar T\psi_2 - eV\psi_1 \ ; \qquad i\hbar\,\partial\psi_2/\partial t = \hbar T\psi_1 + eV\psi_2 \tag{48}$$

이다.

위에서와 같이 전개하면 식 (41) 대신에

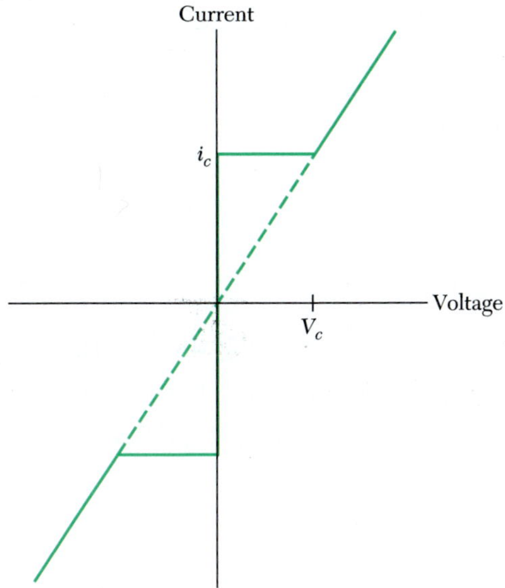

그림 24 조지프슨 접합의 전류-전압 특성. 직류전류는 외부전압 0에서도 임계전류 i_c까지 흐르는데, 이것이 직류 조지프슨 효과이다. V_c 이상의 전압에서 접합점은 유한한 저항을 가지나, 전류는 $\omega = 2eV/\hbar$인 진동수의 교류성분을 가지며 이것이 교류 조지프슨 효과이다.

$$\frac{1}{2}\frac{\partial n_1}{\partial t} + in_1\frac{\partial \theta_1}{\partial t} = ieVn_1\hbar^{-1} - iT(n_1n_2)^{1/2}e^{i\delta} \tag{49}$$

를 얻는다. 이것의 실수부만 취하면

$$\partial n_1/\partial t = 2T(n_1n_2)^{1/2}\sin\delta \tag{50}$$

로서, 전압 V가 없을 때와 똑같고, 그 허수부는

$$\partial \theta_1/\partial t = (eV/\hbar) - T(n_2/n_1)^{1/2}\cos\delta \tag{51}$$

로서 식 (44)와는 $eV/\hbar$항만큼 다르다. 그뿐 아니라 식 (42)에 이를 확장하면

$$\frac{1}{2}\frac{\partial n_2}{\partial t} + in_2\frac{\partial \theta_2}{\partial t} = -i\,eVn_2\hbar^{-1} - iT(n_1n_2)^{1/2}e^{-i\delta} \tag{52}$$

를 얻는데, 여기서

$$\partial n_2/\partial t = -2T(n_1n_2)^{1/2}\sin\delta \tag{53}$$

$$\partial \theta_2/\partial t = -(eV/\hbar) - T(n_1/n_2)^{1/2}\cos\delta \tag{54}$$

이다. 식 (51)과 (54)에서 $n_1 \cong n_2$라고 놓으면 아래의 식을 얻는다.

$$\partial(\theta_2 - \theta_1)/\partial t = \partial\delta/\partial t = -2eV/\hbar\ . \tag{55}$$

또한 식 (55)를 적분함으로써 접합 양단에 직류전압을 가할 때 확률진폭의 상대적 위상이

$$\delta(t) = \delta(0) - (2eVt/\hbar) \tag{56}$$

로 변함을 알 수 있다.

초전도 전류는 식 (47)로 주어지는데 위상이 식 (56)과 같으므로,

$$\boxed{J = J_0 \sin [\delta(0) - (2eVt/\hbar)]} \tag{57}$$

이다.

전류는 진동수

$$\omega = 2eV/\hbar \tag{58}$$

로 진동한다. 이것이 **교류 조지프슨 효과**이다. 1 μV의 직류전압은 483.6 MHz의 진동수를 발생시킨다. 식 (58)의 관계는 한 전자쌍이 장벽을 넘어갈 때 $\hbar w$ = $2eV$만한 광자에너지를 방출하거나 흡수함을 의미한다. 전압과 진동수를 측정함으로써 $e/\hbar$의 매우 정밀한 값을 얻을 수 있다.

거시적 양자간섭(*macroscopic quantum interference*)

식 (24)와 식 (26)에서 총 자기선속 Φ를 에워싸는 닫힌 회로 주위의 위상차는

$$\theta_2 - \theta_1 = (2e/\hbar c)\Phi \tag{59}$$

의 식으로 주어짐을 알고 있다. 자속은 외부 자기장에 의한 것과 회로 자체를 흐르는 전류에 의한 것의 합이다.

두 개의 조지프슨 접합이 그림 25와 같이 병렬로 연결된 경우를 생각하자. 외부 전압은 없다. 접합 a를 통한 경로에서 점 1과 2 사이의 위상차를 δ_a라고 하자. 접합 b를 지나는 경로일 때 위상차는 δ_b이다. 자기장이 없으면 이 두 위상은 같아야 한다.

그러면 이제 자속 Φ가 회로의 내부를 통과한다고 하자. 이는 직선형태 솔레노이드를 지면에 수직으로 회로 내부에 놓으면 된다. 식 (59)에 의하여 $\delta_b - \delta_a = (2e/\hbar c)$ Φ이므로

$$\delta_b = \delta_0 + \frac{e}{\hbar c}\Phi \ ; \qquad \delta_a = \delta_0 - \frac{e}{\hbar c}\Phi \tag{60}$$

이다.

총전류는 J_a와 J_b의 합이다. 각각의 접합을 지나는 전류는 식 (47)의 형태이므로

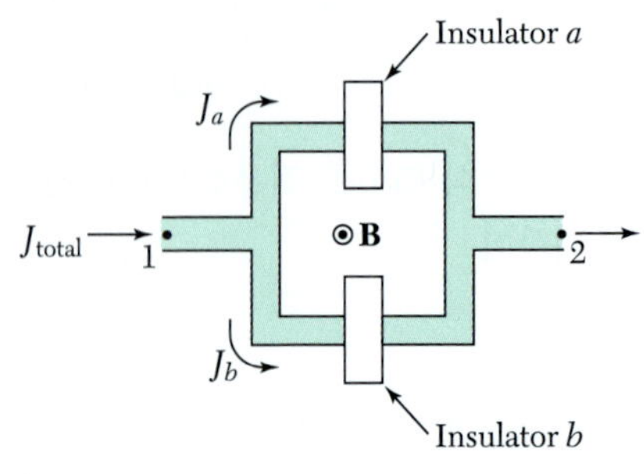

그림 25 거시적 양자간섭을 위한 실험 장치. 자기선속 Φ가 닫힌 회로의 내부를 통과한다.

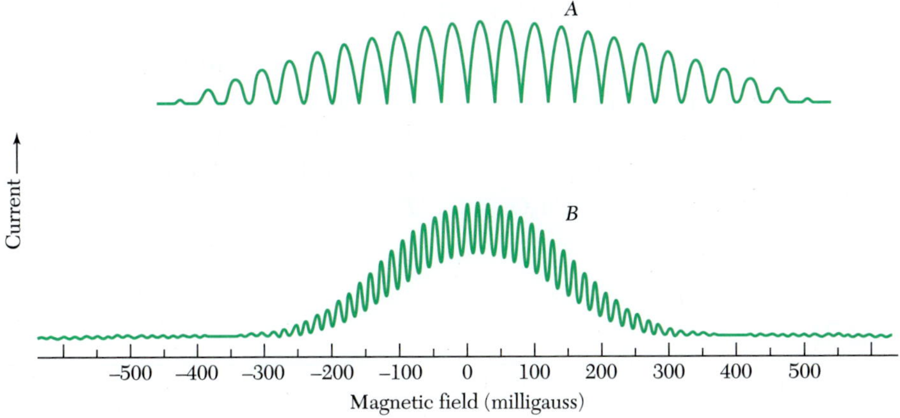

그림 26 자기장의 변화에 따른 J_{max}의 측정결과로 두 접합 A와 B 사이의 간섭과 회절효과를 보인다. J_{max} 대 자기장의 주기는 A와 B에 대하여 각각 39.5와 16 mG이다. 최대전류는 약 1 mA (A)와 0.5 mA (B)이다. 둘 다 접합의 간격은 3 mm이고, 접합의 폭은 0.5 mm이다. A의 영점 변위는 배경의 자기장에 기인한다(R C. Jaklevic, J. Lambe, J. E. Mercereau와 A. H. Silber의 결과 인용).

$$J_{\text{Total}} = J_0 \left\{ \sin\left(\delta_0 + \frac{e}{\hbar c}\Phi\right) + \sin\left(\delta_0 - \frac{e}{\hbar c}\Phi\right) \right\} = 2(J_0 \sin \delta_0) \cos \frac{e\Phi}{\hbar c}$$

이다.

전류는 Φ에 따라 변하는데, 전류의 크기는 다음 조건에서 최대가 된다.

$$e\Phi/\hbar c = s\pi \ , \quad s = \text{정수} \ . \tag{61}$$

전류의 주기성을 그림 26에 제시하였다. 짧은 주기의 변화는 식 (61)로 예상되는 바와 같이 두 접합 사이의 간섭으로 인해 생기는 것이다. 긴 주기의 변화는 회절효과이고, 각 접합의 유한한 크기에 기인한다. 이것은 적분해야 할 특별한 경로에 Φ가 의존하게 하는 원인이다(연습문제 6).

고온초전도체
HIGH-TEMPERATURE SUPERCONDUCTORS

임계온도가 높은 고온초전도체(High T_c or HTS)는 주로 산화물로서 높은 임계 전류 밀도와 임계 자기장을 가진다. 1988년까지는 금속간 화합물에서 오랜 기간 동안 23 K에 머물러 있던 임계온도 T_c의 한계가 초전도 산화물에서는 125 K로 상승하였다. 이 물질들은 초전도성의 표준 시험인 마이스너 효과(Meissner effect), 교류 조셉슨 효과(ac Josephson effect), 긴 시간의 지속전류(persistent currents), 영의 직류 전기저항(zero dc resistivity) 등을 통과하였다. 1994년까지만 해도 자기부상 열차나 장거리 전력수송은 이루지 못했지만 고온초전도체는 박막 소자나 전선이 만들어짐으로써 상업적 응용 가능성을 보여주었다.

임계온도 상승의 기억할 만한 단계는 다음과 같다.

$BaPb_{0.75}Bi_{0.25}O_3$	$T_c = 12$ K	[BPBO]
$La_{1.85}Ba_{0.15}CuO_4$	$T_c = 36$ K	[LBCO]
$YBa_2Cu_3O_7$	$T_c = 90$ K	[YBCO]
$Tl_2Ba_2Ca_2Cu_3O_{10}$	$T_c = 120$ K	[TBCO]
$Hg_{0.8}Tl_{0.2}Ba_2Ca_2Cu_3O_{8.33}$	$T_c = 138$ K	

요약
Summary

- 초전도체는 무한대의 전도도를 나타낸다.
- 금속의 덩어리 시편은 초전도 상태에서 자기유도 $\mathbf{B} = 0$인 완전한 반자성을 나타낸다. 이것이 마이스너 효과이다. 외부 자기장은 시편의 표면에서 침투깊이 λ만큼 침투할 것이다.
- 초전도체에는 I종과 II종의 두 종류가 있다. 제I종 초전도체의 덩어리 시편에서 임계값 H_c보다 큰 외부 자기장을 가하면 초전도 상태는 파괴되고 정상전도 상태가 회복된다. 제II종 초전도체는 $H_{c1} < H_c < H_{c2}$인 두 개의 임계자기장을 갖는데, 소용돌이 상태는 H_{c1}과 H_{c2} 사이의 영역에서 존재한다. 순수한 초전도 상태의 안정화 에너지밀도는 제I 및 제II종 초전도체에서 모두 $H_c^2/8\pi$이다.
- 초전도 상태에서 $E_g \approx 4k_BT_c$인 에너지 간격은 간격 아래에 있는 초전도전자와 간격 위에 있는 정상전자를 구분한다. 그 간격은 비열, 적외선 흡수, 그리고 터널링에 대한 실험으로 측정된다.
- 초전도 이론의 세 가지 중요한 길이는 런던의 침투깊이 λ_L과 고유 결맞음 길이 ξ_0, 그리고 정상전도전자의 평균 자유행로 ℓ이다.
- 런던 방정식

$$\mathbf{j} = -\frac{c}{4\pi\lambda_L^2}\mathbf{A} \qquad \text{또는} \qquad \mathrm{curl}\,\mathbf{j} = -\frac{c}{4\pi\lambda_L^2}\mathbf{B}$$

  는 침투방정식 $\nabla^2 B = B/\lambda_L^2$을 통하여 마이스너 효과를 설명한다. 여기서 $\lambda_L \approx (mc^2/4\pi ne^2)^{1/2}$은 런던 침투깊이이다.
- 런던 방정식에서 $\mathbf{A}$ 또는 $\mathbf{B}$는 결맞음 길이 ξ에 대한 가중평균이어야 한다. 고유 결맞음 길이 $\xi_0 = 2\hbar v_F/\pi E_g$이다.
- BCS 이론은 초전도 상태가 $\mathbf{k}\uparrow$과 $-\mathbf{k}\downarrow$인 전자쌍으로 이루어져 있음을 설명한다. 이 쌍들이 보존으로 행동한다.
- 제II종 초전도체는 $\xi < \lambda$이다. 임계자기장은 $H_{c1} \approx (\xi/\lambda)H_c$, $H_{c2} \approx (\lambda/\xi)H_c$로 표기된다. 긴즈부르크-란다우 매개상수 κ는 λ/ξ로 정의된다.

연습문제
Problems

1. 판에서의 자기장 침투***(magnetic field penetration in a plate)***. 침투방정식은 $\lambda^2\nabla^2 B = B$로 쓸 수 있는데, λ는 침투깊이이다. **(a)** 초전도체 판이 x축에 수직이고 두께가 δ일 때 초전도체 내부에서 $B(x)$가

$$B(x) = B_a \frac{\cosh(x/\lambda)}{\cosh(\delta/2\lambda)}$$

로 주어짐을 증명하라. 여기서 B_a는 판 외부의 자기장인데 판에 나란하며, $x = 0$인 점은 판의 중심이다. **(b)** 판 내부의 유효 자기화 $M(x)$는 $B(x) - B_a = 4\pi M(x)$로 정의된다. $\delta \ll \lambda$이면 CGS로 $4\pi M(x) = -B_a(1/8\lambda^2)(\delta^2 - 4x^2)$임을 증명하여라. SI로는 4π를 μ_0로 대치한다.

2. 박막의 임계자기장***(critical field of thin films)***. **(a)** 문제 1 **(b)**의 결과를 이용하여 외부 자기장 B_a 안에 있는 두께 δ인 초전도체 내부의 $T = 0$ K에서의 에너지 밀도가, $\delta \ll \lambda$일 때, 다음과 같이 주어짐을 증명하라.

(CGS) $$F_S(x, B_a) = U_S(0) + (\delta^2 - 4x^2)B_a^2/64\pi\lambda^2 \ .$$

SI 단위로는 인자 π를 $\frac{1}{4}\mu_0$로 치환하면 된다. 이 문제에서 운동에너지의 기여는 무시한다. **(b)** 필름의 두께에 대하여 평균하였을 때 F_s에 대한 자기적 기여가 $B_a^2(\delta/\lambda)^2/96\pi$임을 증명하라. **(c)** 박막의 임계자기장이 $(\lambda/\delta)H_c$에 비례함을 증명하라. 여기서 H_c는 덩어리 시료에 대한 임계자기장이다. 이때 우리는 U_s에 대한 자기적 기여만을 고려한다.

3. 초전도체의 이유체 모형***(two-fluid model of a superconductor)***. 초전도의 이유체 모형에서 온도가 $0 < T < T_c$일 때 전류밀도가 정상전도전자와 초전도전자의 기여의 합으로 가정한다. 즉 $\mathbf{j} = \mathbf{j}_N + \mathbf{j}_S$인데, $\mathbf{j}_N = \sigma_0\mathbf{E}$이고 $\mathbf{j}_S$는 런던 방정식에 의해 주어진다. 여기서 σ_0는 일반적인 정상전도도인데, 정상전도상태에 비하여 온도 T에서 정상전자의 수가 줄어드는 것만큼 감소된다. j_N과 j_S에 대한 관성효과는 모두 무시하여라. **(a)** 맥스웰 방정식으로부터 초전도체 안에서의 전자기파에 대하여 파동벡터 $\mathbf{k}$와 진동수 ω에 대한 분산관계식

(CGS) $$k^2c^2 = 4\pi\sigma_0\omega i - c^2\lambda_L^{-2} + \omega^2 \quad \text{또는}$$

(SI) $$k^2c^2 = (\sigma_0/\epsilon_0)\,\omega i - c^2\lambda_L^{-2} + \omega^2$$

임을 입증하라. 여기서 λ_L^2은 식 (14a)로 주어지는데, n 대신 n_s로 바꾸면 된다. curl curl $\mathbf{B} = -\nabla^2\mathbf{B}$임을 상기하라. **(b)** τ가 정상전자의 풀림시간이고, n_N이 그 전자들의 밀도라면 $\sigma_0 = n_N e^2\tau/m$의 표현식을 써서 진동수 $\omega \ll 1/\tau$에서의 분산관계식은 정상전자가 별로 중요하게 포함되지 않으므로 전자의 운동은 런던 방정식만으로 기술됨을 증명하라. 초전도전류는 정상전자를 단락시킨다. 런던 방정식 자체는 $\hbar\omega$가 에너지 간격보다 작을 때만 성립한다. **주의.** 흥미있는 진동수는 $\omega \ll \omega_p$인데, ω_p는 플라스마 진동수이다.

[*]**4.** 소용돌이의 구조***(structure of a vortex)***. **(a)** 원통 대칭성을 가지고 선심(line core)의 외부에서 적용되는 런던 방정식에 대한 해를 구하라. 원통 극좌표에서

$$B - \lambda^2\nabla^2 B = 0$$

의 해를 원하는데, 그것은 원점에서 특이(singular)하고, 그에 대한 전체 자속은 자속 양자인

$$2\pi \int_0^\infty d\rho\, \rho B(\rho) = \Phi_0$$

이다. 그 방정식은 반지름 ξ인 정상도체 심의 바깥에서만 해당된다. **(b)** 그 해는 두 경우에 대하여 아래와 같음을 보여라.

$$B(\rho) \simeq (\Phi_0/2\pi\lambda^2)\ln(\lambda/\rho)\ , \qquad (\xi \ll \rho \ll \lambda)$$

$$B(\rho) \simeq (\Phi_0/2\pi\lambda^2)(\pi\lambda/2\rho)^{1/2}\exp(-\rho/\lambda)\ . \qquad (\rho \gg \lambda)\ .$$

5. 런던 침투깊이***(London penetration depth)***. **(a)** 런던 방정식 (10)을 시간에 대해 미분하면 $\partial\mathbf{j}/\partial t = (c^2/4\pi\lambda_L^2)\mathbf{E}$임을 증명하라. **(b)** 전하 q와 질량 m인 자유입자의 경우와 같이 $m d\mathbf{v}/dt = q\mathbf{E}$라면, $\lambda_L^2 = mc^2/4\pi nq^2$임을 증명하라.

6. 조지프슨 접합의 회절 효과***(diffraction effect of Josephson junction)***. 단면이 직사각형인 접합을 생각해 보자. 이때 자기장 B가 접합면에 가해지며 너비가 w인 가장자리에 수직이다. 접합의 두께를 T라 하자. 편의상 $B = 0$일 때 두 초전도체의 위상차는 $\pi/2$라고 가정한다. 자기장이 가해졌을 때 직류전류가 다음과 같음을 증명하라.

$$J \approx J_0 \frac{\sin(wTBe/\hbar c)}{(wTBe/\hbar c)}\ .$$

7. 공에서의 마이스너 효과***(meissner effect in sphere)***. 임계자기장 H_c인 제I종 초전도체의 공을 생각해 보자. **(a)** 마이스너 영역에서 공 내부의 유효자기화 M은 $-8\pi M/3 = B_a$임을 증명하라. B_a는 균일하게 가해준 자기장이다. **(b)** 적도면에 있는 공의 표면에서 자기장 이 $3B_a/2$임을 증명하라(마이스너 효과가 깨어지기 시작하는 외부 자기장은 $2H_c/3$이라는 사실에서 나온다). **주의:** 균일하게 자기화된 공의 자기소거장은 $-4\pi M/3$이다.

참고문헌
Reference

초전도체에 관한 참고문헌은 웹사이트 superconductors.org.에서 검색할 수 있다.

---

[*]이 문제는 다소 어렵다.

CHAPTER 11

반자성과 상자성
Diamagnetism and Paramagnetism

유의사항: 이 장에서 다루고 있는 문제에서 자기장 B는 언제나 인가 자기장 B_a와 거의 같다. 따라서 대부분의 경우 B_a 대신에 B로 쓴다.

4. 내부 자유도에 의한 열용량
5. 파울리 스핀 감수율
6. 전도전자 강자성
7. 이준위계
8. 스핀 1인 자유 입자 기체의 자기 감수율

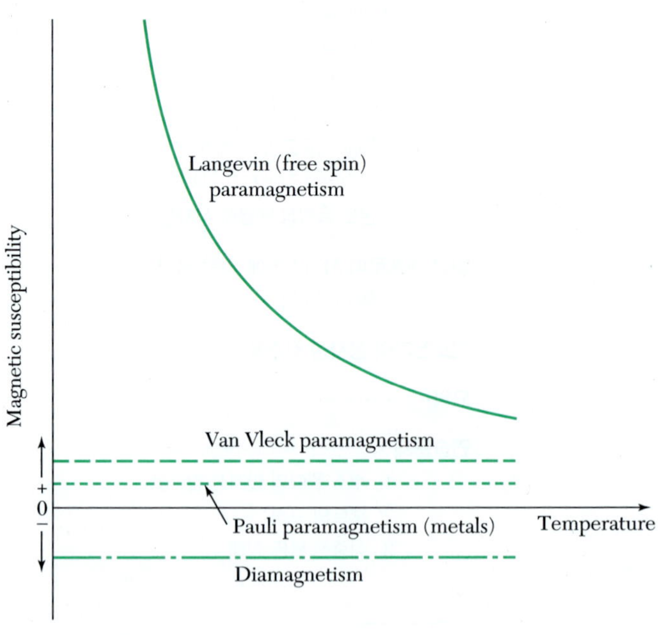

그림 1 반자성과 상자성 물질의 자기 감수율 특성.

CHAPTER 11

반자성과 상자성

Diamagnetism and Paramagnetism

열평형 상태에 있는 엄밀한 고전적인 계에서는 자기장(magnetic field) 하에서도 자기모멘트(magnetic moment)가 나타나지 않기 때문에, 자성은 양자역학과 불가분의 관계를 갖는다. 자유원자의 자기모멘트는 세 가지 주요 요인, 즉 전자의 스핀, 핵에 대한 궤도 각운동량(orbital angular momentum) 및 인가한 자기장에 의해 유도되는 궤도 각운동량의 변화에 기인한다.

앞의 두 효과는 자기화(magnetization)의 상자성(paramagnetism)에 기여하고, 마지막 것은 반자성(diamagnetism)에 기여한다. 수소 원자의 1s 바닥상태는 궤도 각운동량이 0이므로 자기모멘트는 전자의 스핀과 미약한 유도 반자성 모멘트로 이루어진다. 헬륨의 1s^2 상태는 스핀과 궤도 각운동량이 모두 0이므로 오직 유도 자기모멘트만을 갖는다. 전자껍질(electron shell)이 완전히 채워진 원자들은 스핀과 궤도 각운동량이 0이다. 이들 스핀과 궤도 운동량은 완전히 채워지지 않은 전자껍질과 관련이 있다.

자기화(magnetization) M은 단위부피당 자기모멘트로 정의된다. 단위부피당의 **자기 감수율**(magnetic susceptibility)은

$$\text{(CGS)} \quad \chi = \frac{M}{B}\ ; \qquad \text{(SI)} \quad \chi = \frac{\mu_0 M}{B} \tag{1}$$

으로 정의한다. 여기서 B는 거시적 자기장 세기이다. 두 가지 단위계에서 χ는 차원이 없는 수로 다루어진다. 때때로 편의를 위해 단위계를 지정하지 않고, M/B를 감수율이라고 한다.

흔히 단위 질량당 감수율이나 물질의 1몰당 감수율을 정의하기도 한다. 몰 감수율은 χ_M으로 표기되고, 그램당 자기모멘트는 때때로 σ로 표시한다. 음의 자기 감수율을 갖는 물질을 **반자성**이라 하고, 양의 감수율을 갖는 물질을 **상자성**이라 한다(그림 1).

정렬된 자기모멘트의 상태는 12장에서 논의할 것이다. 정렬 상태는 강자성, 준강자성, 반강자성, 나선형 또는 더 복잡한 상태일 수 있다. **핵자기모멘트**는 핵상자성을 일으킨다. 핵자기모멘트는 전자의 자기모멘트에 비해 10^{-3}이나 작다.

랑주뱅 반자성 방정식
LANGEVIN DIAMAGNETISM EQUATION

반자성은 인가 자기장에 대항하여, 부분적으로 내부를 차폐하고자 하는 전자의 성향과 관련이 있다. 이는 전자기학에서 이미 익숙한 렌츠의 법칙(Lenz's law), 즉 전기회로를 통과하는 자속이 변화할 때, 유도된 전류는 자속의 변화를 막는 방향으로 흐르는 현상과 비유할 수 있다.

초전도체의 내부나 원자 내 전자의 궤도에서는 자기장이 존재하는 한 유도된 전류가 계속 유지된다. 유도전류로 인한 자기장은 인가된 자기장과 반대 방향이며, 이 유도전류에 의한 자기모멘트는 반자성 모멘트이다. 보통의 금속에서도 전도전자가 기여하는 반자성이 존재하며, 이 반자성은 전자의 충돌에 의해서 소멸되지 않는다.

원자와 이온의 반자성을 다루는 방법은 보통 라머(Larmor)의 정리를 이용한다. 자기장 내에서 중심핵 주위의 전자의 움직임은 B의 일차에 대한 항만을 고려할 때 각진동수가

(CGS) $\omega = eB/2mc$; (SI) $\omega = eB/2m$ (2)

인 전자의 축돌기(precession) 운동이 중첩되어 있는 것을 제외하면 B가 없을 때와 같다. 만일 자기장이 서서히 인가된다면, 회전 기준계에서 보는 움직임은 자기장을 가하기 전에 정지 좌표계에서 보는 움직임과 같을 것이다.

처음에 핵 주위의 평균 전자 전류가 0이라면, 자기장의 인가는 핵 주위에 일정한 전류의 흐름을 가져올 것이다. 이 전류는 인가된 자기장과 반대 방향으로 같은 크기의 자기모멘트를 형성한다. 이제부터 라머 진동수 식 (2)를 중심장(central field)에서 원래 움직임의 진동수보다 훨씬 낮다고 가정하자. 이 조건은 자유운반자의 사이클로트론(cyclotron) 공명에 대해서는 맞지 않으며, 사이클로트론 진동수는 진동수 식 (2)의 두 배이다.

Z개 전자의 라머 축돌기 운동은 아래의 전류와 같다.

(SI) $$I = (\text{전하량})(\text{단위시간당 회전수}) = (-Ze)\left(\frac{1}{2\pi}\cdot\frac{eB}{2m}\right). \qquad (3)$$

전류 고리의 자기모멘트 μ는 (전류) × (고리의 면적)으로 주어진다. 반지름 ρ인 전류 고리의 면적은 $\pi\rho^2$이므로 다음 식을 얻게 된다.

(SI) $\mu = -\dfrac{Ze^2B}{4m}\langle\rho^2\rangle$, (CGS) $\mu = -\dfrac{Ze^2B}{4mc^2}\langle\rho^2\rangle$. (4)

여기서 $\langle\rho^2\rangle = \langle x^2\rangle + \langle y^2\rangle$은 핵을 지나는 자기장의 축으로부터 전자가 수직하게 떨어진 거리의 제곱평균값이다. 핵으로부터 전자가 떨어진 거리의 제곱평균값은 $\langle r^2\rangle$

$= \langle x^2\rangle + \langle y^2\rangle + \langle z^2\rangle$이다. 전하가 구대칭으로 분포되었을 때는 $\langle x^2\rangle = \langle y^2\rangle = \langle z^2\rangle$이므로 $\langle r^2\rangle = \frac{2}{3}\langle \rho^2\rangle$이 된다.

N을 단위부피당 원자수라고 하면, 식 (4)로부터 단위부피당 반자성 감수율은 식 (5)와 같이 주어지는데, 이것이 고전적인 랑주뱅의 결과이다.

(CGS)
$$\chi = \frac{N\mu}{B} = -\frac{NZe^2}{6mc^2}\langle r^2\rangle \ ; \tag{5}$$

(SI)
$$\chi = \frac{\mu_0 N\mu}{B} = -\frac{\mu_0 NZe^2}{6m}\langle r^2\rangle .$$

고립된 원자의 반자성 감수율을 계산하려면 원자 내부의 전자분포에 대해 $\langle r^2\rangle$을 계산하여야 한다. 이 분포는 양자역학을 이용하여 계산할 수 있다.

중성원자에 대한 실험값은 불활성 기체에 대해서 가장 쉽게 얻을 수 있다. 몰 감수율의 전형적인 실험값들은 다음과 같다.

	He	**Ne**	**Ar**	**Kr**	**Xe**
χ_M in CGS in 10^{-6} cm^3/mole:	−1.9	−7.2	−19.4	−28.0	−43.0

고체상태의 유전체에서 이온핵심(ion core)에 의한 반자성 기여는 대략 랑주뱅 결과에 의해 기술된다. 전도전자의 기여는 9장에 논의된 드하스-판알펜 효과(de Haas-Van Alphen effect)로부터 알 수 있듯이 좀더 복잡하다.

단일핵 계의 반자성에 대한 양자이론

QUANTUM THEORY OF DIAMAGNETISM OF MONONUCLEAR SYSTEMS

고전적인 랑주뱅 결과를 양자역학적으로 다루어 보자. 부록 (G.18)에 의하면 자기마당의 효과는 해밀토니안(Hamiltonian)에

$$\mathcal{H} = \frac{ie\hbar}{2mc}(\nabla \cdot \mathbf{A} + \mathbf{A} \cdot \nabla) + \frac{e^2}{2mc^2}A^2 \tag{6}$$

항을 더해 주는 것이다. 원자 내 전자에 대해서는 이 항들이 보통 작은 미동(perturbation) 항으로 취급된다. 자기장이 균일하고 z 방향을 향한다면,

$$A_x = -\tfrac{1}{2}yB \ , \qquad A_y = \tfrac{1}{2}xB \ , \qquad A_z = 0 \tag{7}$$

이 되고, 식 (6)은 다음과 같이 된다.

$$\mathcal{H} = \frac{ie\hbar B}{2mc}\left(x\frac{\partial}{\partial y} - y\frac{\partial}{\partial x}\right) + \frac{e^2B^2}{8mc^2}(x^2+y^2) \ . \tag{8}$$

r을 핵심으로부터 거리라면, 우변의 첫 번째 항은 궤도 각운동량 L_z에 비례하게

된다. 단일핵 계에서는 이 항은 상자성만을 일으킨다. 두 번째 항은 구대칭계에 대해 일차 미동 이론에 의해

$$E' = \frac{e^2B^2}{12mc^2}\langle r^2\rangle \tag{9}$$

의 양을 기여한다. 이와 관련된 자기모멘트는 반자성이 되고,

$$\mu = -\frac{\partial E'}{\partial B} = -\frac{e^2\langle r^2\rangle}{6mc^2}B \tag{10}$$

로 고전적인 결과와 일치한다[식 (5)].

상자성
PARAMAGNETISM

전자의 상자성(χ에 대한 양의 기여)이 나타나는 경우는 다음과 같다.

1. **홀수 개의 전자를 가지는 원자, 분자 및 격자결함.** 이 경우에는 계의 총 스핀이 0이 될 수 없기 때문에 상자성이 나타난다. 예: 자유나트륨 원자; 기체상태의 산화질소(NO); 트리페닐메칠(triphenylmethyl) $C(C_6H_5)_3$와 같은 유기성 자유 라디칼(free radical); 할로겐화 알칼리 내의 F 중심
2. **내부 전자껍질이 일부분만 차 있는 자유원자와 이온.** 즉, 전이원소; 전이원소와 같은 전자 배열을 가진 이온; 희토류 원소와 악티나이드(actinide) 원소. 예: Mn^{2+}, Gd^{3+}, U^{4+}. 이들 이온이 고체 내에 결합되어 있을 때에도 상자성이 나타나는 경우가 많지만, 반드시 그런 것은 아니다.
3. 산소 분자와 유기 2가라디칼(organic biradical)을 포함해서 짝수 개의 전자를 가진 몇몇 화합물
4. 금속

상자성의 양자이론
QUANTUM THEORY OF PARAMAGNETISM

자유공간에서 원자, 또는 이온의 자기모멘트는

$$\boxed{\boldsymbol{\mu} = \gamma\hbar\mathbf{J} = -g\mu_B\mathbf{J}} \tag{11}$$

에 의하여 주어진다. 여기서 총 각운동량 $\hbar\mathbf{J}$는 궤도 각운동량 $\hbar\mathbf{L}$과 스핀 각운동량 $\hbar\mathbf{S}$의 합이다. 상수 γ는 각운동량에 대한 자기모멘트의 비율이며, **자기회전비율**(gyromagnetic ratio) 또는 **자기회전비**(magnetogyric ratio)라고 부른다. 전자계에서 g 인자, 혹은 분광학적 갈라지기 인자라고 부르는 양 g는

$$g\mu_B \equiv -\gamma\hbar \tag{12}$$

에 의하여 정의된다. 전자 스핀의 경우 g = 2.0023이 되는데 보통 2.00으로 취한다. 자유원자에 대해서는 g 인자가 란데(Landé) 방정식

$$g = 1 + \frac{J(J+1) + S(S+1) - L(L+1)}{2J(J+1)} \tag{13}$$

에 의하여 주어진다. **보어 마그네톤**(Bohr magneton) μ_B는 CGS에서는 $e\hbar/2mc$로, SI에서는 $e\hbar/2m$으로 정의된다. 이것은 자유전자의 스핀 자기모멘트와 거의 같다. 자기장 내에서 이 계의 에너지 준위는

$$U = -\boldsymbol{\mu} \cdot \mathbf{B} = m_J g\mu_B B \tag{14}$$

가 된다. 여기서 m_J는 방위양자수이며, $J, J-1, \cdots, -J$의 값을 갖는다. 궤도모멘트가 없는 단일 스핀의 경우, $m_J = \pm\frac{1}{2}$이고, $g = 2$이므로 $U = \pm\mu_B B$가 된다. 그림 2에 바로 이와 같은 갈라지기를 보여주었다.

어떤 계가 단지 두 개의 준위만을 갖는다면, 평형상태에서 두 준위를 차지할 확률은 각각

$$\frac{N_1}{N} = \frac{\exp(\mu B/\tau)}{\exp(\mu B/\tau) + \exp(-\mu B/\tau)} \tag{15}$$

$$\frac{N_2}{N} = \frac{\exp(-\mu B/\tau)}{\exp(\mu B/\tau) + \exp(-\mu B/\tau)} \tag{16}$$

가 된다. 여기서 $\tau = k_B T$이고, N_1, N_2는 낮은 준위와 높은 준위를 차지한 원자의 수를 각각 나타내며, $N = N_1 + N_2$는 원자의 총 수이다. 그림 3은 각 준위에 존재하게 될 상대적 확률을 나타낸다.

높은 준위 상태에서 자기모멘트의 자기장 방향 성분은 $-\mu$가 되고, 낮은 준위의 값은 μ가 된다. 단위부피당 원자수 N개에 대한 총 자기화는

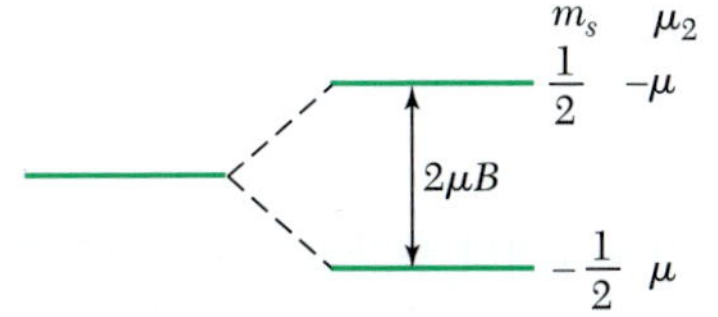

그림 2 양의 z축 방향으로 작용하는 자기장 B 아래에서 한 전자의 에너지 준위가 갈라진 모양. 전자의 자기모멘트 μ는 스핀 S와 부호가 반대이다.

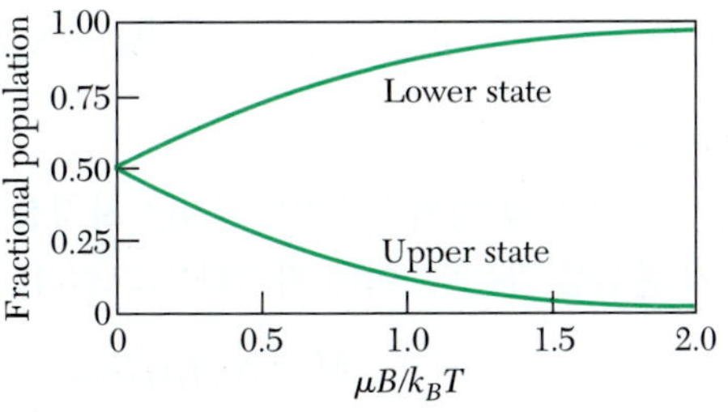

그림 3 자기장 B 아래에서 온도 T일 때 열평형 상태에 있는 이준위계의 상대적 점유율(fractional populations). 자기모멘트는 두 곡선 사이의 차에 비례한다.

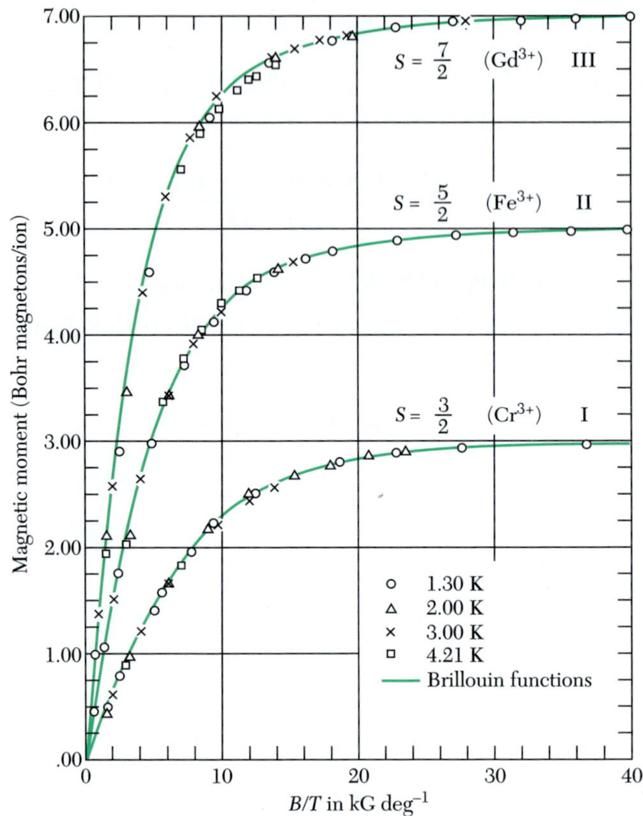

그림 4 공모양 시료에 대한 자기모멘트 대 B/T의 그래프; (I) potassium chromium alum, (II) ferric ammonium alum 및 (III) gadolinium sulfate octahydrate. 1.3 K에서 대략 50,000 gauss의 자기장을 가하면 99.5% 이상의 자기적 포화가 얻어진다(W. E. Henry의 결과 인용).

$$M = (N_1 - N_2)\mu = N\mu \cdot \frac{e^x - e^{-x}}{e^x + e^{-x}} = N\mu \tanh x \tag{17}$$

이다. 여기서 $x = \mu B/k_B T$이다.

$x \ll 1$일 경우, $\tanh x \cong x$이므로

$$M \cong N\mu(\mu B/k_B T) \tag{18}$$

가 된다.

각운동량 양자수가 J인 원자는 자기장 내에서 $2J + 1$개의 등간격으로 갈라진 에너지 준위를 갖는다. 이때 자기화는(그림 4)

$$M = NgJ\mu_B B_J(x) \ , \qquad (x = gJ\mu_B B/k_B T) \tag{19}$$

에 의해 주어지며, 여기서 **브릴루앙**(Brillouin) **함수** B_J는 다음과 같이 정의된다.

$$B_J(x) = \frac{2J+1}{2J} \operatorname{ctnh}\left(\frac{(2J+1)x}{2J}\right) - \frac{1}{2J} \operatorname{ctnh}\left(\frac{x}{2J}\right) \ . \tag{20}$$

식 (17)은 식 (20)의 $J = \frac{1}{2}$인 경우에 대한 특별한 경우이다.

$x = \mu B/k_B T \ll 1$일 때에

$$\operatorname{ctnh} x = \frac{1}{x} + \frac{x}{3} - \frac{x^3}{45} + \cdots \tag{21}$$

이므로, 감수율은

$$\frac{M}{B} \cong \frac{NJ(J+1)g^2\mu_B^2}{3k_B T} = \frac{Np^2\mu_B^2}{3k_B T} = \frac{C}{T} \tag{22}$$

이다. 여기서 p는 **유효 보어 마그네톤수**(effective number of Bohr magnetons)이며 아래와 같이 정의된다.

$$p \equiv g[J(J+1)]^{1/2} \ . \tag{23}$$

상수 C는 **퀴리**(Curie) **상수**로 알려져 있다. 식 (19)는 퀴리-브릴루앙 법칙으로 알려져 있고, 식 (22)는 **퀴리 법칙**으로 알려져 있다. 그림 5는 Gd염에 대한 상자성 이온들의 결과를 나타내고 있다.

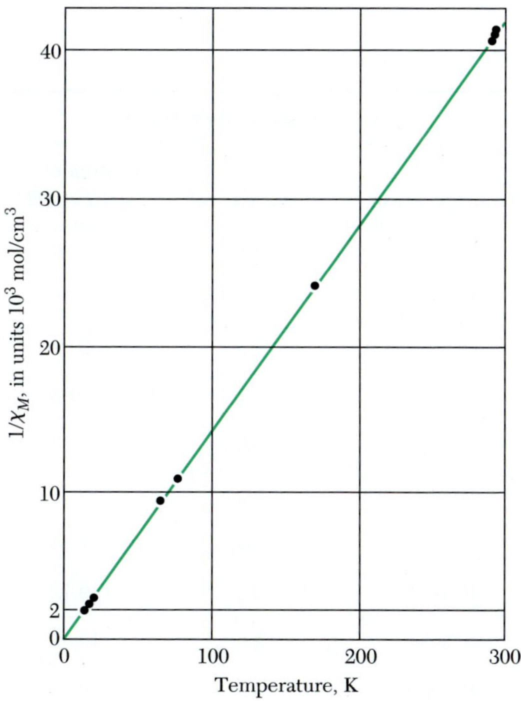

그림 5 Gd염 $Gd(C_2H_3SO_4)_3\ 9H_2O$에 대한 $1/\chi$의 온도에 따른 변화. 직선은 퀴리 법칙을 나타낸다(L. C. Jackson과 H. Kamerlingh Onnes의 결과 인용).

희토류 이온(rare earth ions)

희토류 원소(표 1)의 이온들은 매우 유사한 화학적 성질들을 가지며, 이들을 화학적으로 분리하여 정제하는 것은 이들을 발견한 이후 오랜 기간이 지나서야 가능하였다. 이들의 자기적 성질은 매우 흥미롭다. 희토류 원소의 이온들은 체계적인 다양성과 명확한 복잡성을 나타낸다. 3가 이온들은 화학적 성질이 유사하다.

왜냐하면, 이들의 바깥 전자껍질들이 중성 Xe와 같은 $5s^2 5p^6$이기 때문이다. 희토류 족이 시작되기 직전인 La에서는 $4f$ 껍질은 비어 있다. Ce에서는 1개의 $4f$ 전자가 존재하며, 희토류 족을 지나가면서 $4f$ 전자의 수가 증가하여, Yb에서는 $4f^{13}$에 이르며, Lu에서 완전히 채워진다. 3가 이온의 반지름은 Ce에서 1.11 Å으로부터 Yb의 0.94Å까지 상당히 매끄럽게 줄어든다. 이것이 유명한 "란탄족 수축"이다. 한 이온족의 자기적 성질을 다른 것과 구분 짓는 것은 0.3 Å 정도의 반지름을 갖는 내부 전자껍질에 채워진 $4f$ 전자의 수이다. 금속에서마저 $4f$ 전자껍질은 그 완전성과 원자적 성질을 유지한다. 주기율표 상의 다른 족에서 이처럼 흥미로운 현상을 발견하기는 쉽지 않다.

상자성에 대한 앞서의 논의는 $(2J + 1)$ 중의 겹침(degenerate) 바닥상태의 원자에 적용되며, 겹침은 자기장에 의해 없앨 수 있다. 이 계의 모든 들뜬 상태로부터의

표 1 3가 란탄족 이온의 유효 마그네톤수 p

(Near room temperature)				
Ion	**Configuration**	**Basic level**	**p(calc) g[J(J1)]1/2**	**p(exp), approximate**
Ce^{3+}	$4f^1 5s^2 p^6$	$^2F_{5/2}$	2.54	2.4
Pr^{3+}	$4f^2 5s^2 p^6$	$^3H_4$	3.58	3.5
Nd^{3+}	$4f^3 5s^2 p^6$	$^4I_{9/2}$	3.62	3.5
Pm^{3+}	$4f^4 5s^2 p^6$	$^5I_4$	2.68	—
Sm^{3+}	$4f^5 5s^2 p^6$	$^6H_{5/2}$	0.84	1.5
Eu^{3+}	$4f^6 5s^2 p^6$	$^7F_0$	0	3.4
Gd^{3+}	$4f^7 5s^2 p^6$	$^8S_{7/2}$	7.94	8.0
Tb^{3+}	$4f^8 5s^2 p^6$	$^7F_6$	9.72	9.5
Dy^{3+}	$4f^9 5s^2 p^6$	$^6H_{15/2}$	10.63	10.6
Ho^{3+}	$4f^{10} 5s^2 p^6$	$^5I_8$	10.60	10.4
Er^{3+}	$4f^{11} 5s^2 p^6$	$^4I1_{5/2}$	9.59	9.5
Tm^{3+}	$4f^{12} 5s^2 p^6$	$^3H_6$	7.57	7.3
Yb^{3+}	$4f^{13} 5s^2 p^6$	$^2F_{7/2}$	4.54	4.5

영향은 모두 무시된다. 표 1에 의하면 이와 같은 가정들이 많은 희토류 이온들에 대해 만족되는 것으로 보인다. 마그네톤수의 계산 결과는 란데 결과식 (13)에 의한 g값과 빛띠(spectral) 항에 대한 훈트의 이론에 의해 아래에 예측된 바닥상태 지정에 의해 얻어진다. 실험에 의한 마그네톤수와 이러한 가정에 의한 계산값 사이의 차이는 Eu^{3+}와 Sm^{3+} 이온에서 뚜렷 하다. 이 두 이온들에 대해서는 $L - S$ 다중 항의 높은 에너지 상태가 미치는 영향을 고려 할 필요가 있다. 왜냐하면, 다중 항의 인접 준위간 간격이 상온에서의 k_BT와 비교해서 그리 큰 차이가 없기 때문이다. 다중 항은 주어진 L과 S로부터 생기는 각기 다른 J값들을 갖는 준위의 집합이다. 다중 항의 준위는 스핀-궤도 상호작용에 의해 갈라진다.

훈트의 규칙(Hund rules)

훈트의 규칙은 어떤 원자에서 주어진 껍질에 있는 전자에 대해 바닥 상태가 다음과 같은 규칙에 의해 특징 지어질 때에 전자가 어떠한 방식에 의해 궤도를 차지하게 되는지를 결정해 준다.

1. 총 스핀 S의 최대값은 배타 원리(exclusion principle)에 의한다.
2. 궤도 각운동량 L의 최대값은 S의 값과 양립한다.
3. 총 각운동량 J의 값은 전자껍질이 절반 미만으로 차 있을 때에는 $L - S$와 같으며, 절반 이상 차 있을 때에는 $L + S$와 같다. 전자껍질이 정확히 절반만 차 있을 때에는 첫 번째 규칙에 의하면 $L = 0$이므로 $J = S$이다.

첫 번째 훈트의 규칙은 배타 원리와 전자간의 쿨롱(Coulomb) 척력에 기초한다. 배타 원리는 두 개의 전자가 같은 스핀을 갖고서 같은 장소와 같은 시간에 있는 것을 금지한다. 그래서 같은 스핀을 갖는 전자들은 떨어져 있게 되며, 반대 스핀을 갖는 전자들보다 훨씬 멀리 떨어지게 된다. 쿨롱 상호작용에 의하면 같은 스핀을 갖는 전자의 에너지가 더 낮다. 즉, 평균 위치에너지는 평행 스핀의 경우가 반평행(antiparallel) 스핀보다 더 작은 양의 값을 갖는다. 좋은 예는 Mn^{2+}이다. 이 이온은 $3d$ 껍질에 5개의 전자를 가지며, 따라서 절반이 차 있게 된다. 각각의 전자가 다른 궤도에 들어가게되면, 스핀들은 모두 평행할 수 있게 되는데, 이 궤도($3d$)에는 정확히 다섯 개의 각기 다른 궤도가 있으며, 궤도 양자수는 $m_L = 2, 1, 0, -1, -2$이다. 이들은 각기 한 개의 전자를 갖는다. 기대되는 스핀 값은 $S = \frac{5}{2}$이며, $\Sigma m_L = 0$이므로 관측된 바와 같이 L값은 오직 0만이 가능하다.

두 번째 훈트의 규칙은 모형 계산법에 의해 가장 잘 접근할 수 있다. 예를 들어, 파울링과 윌슨[1]은 전자 배치 p^2에서 생기는 빛띠 항에 대한 계산을 하였다. 세 번째 훈트의 규칙은 스핀-궤도 상호작용의 부호에 의한 결과이다. 단일 전자인 경우 스핀이 궤도 각운동량에 대해 반평행일 때에 에너지가 가장 낮다. 그러나 낮은 에너지 쌍

1) L. Pauling and E. B. Wilson, *Introduction to quantum mechanics*, McGraw-Hill, 1935, pp. 239-246. Dover Reprint 또한 참조하시오.

인 m_L, m_S는 전자껍질에 전자가 추가됨에 따라 점차로 다 써버리게 된다. 배타 원리에 따라서 전자껍질이 절반 이상 차 있을 때에 가장 낮은 에너지 상태는 필연적으로 궤도에 평행인 스핀을 갖게 된다.

훈트의 규칙의 두 가지 예를 살펴보자. Ce^{3+} 이온은 한 개의 f 전자를 갖는다. f 전자는 $l = 3$과 $s = \frac{1}{2}$를 갖는다. f 전자껍질이 절반 이하로 차 있으므로 J값은 앞서의 규칙에 의해 $|L - S| = L - \frac{1}{2} = \frac{5}{2}$이다. Pr^{3+} 이온은 두 개의 f 전자를 갖는다. 첫 번째 규칙에 의해 스핀은 더해져서 $S = 1$이 된다. 파울리 배타 원리를 위배하지 않고는 두 개의 f 전자가 모두 $m_l = 3$을 가질 수 없으므로, 파울리 원리와 일치하는 최대의 L값은 6이 아니라, 5이다. J값은 $|L - S| = 5 - 1 = 4$이다.

철족 이온(iron group ions)

표 2를 보면, 주기율표 상의 철족 전이 원소염에 대한 마그네톤 수의 실험값이 식 (23)과 일치하지 않는 것을 알 수 있다. 이 값들은 궤도 모멘트가 전혀 없다는 가정으로 계산한 마그네톤수 $p = 2[S(S + 1)]^{1/2}$과 잘 일치하는 경우가 많다.

결정장 갈라지기(crystal field splitting)

희토류와 철족 원소염의 거동에 대한 차이는, 희토류 이온에서는 상자성을 가져오는 $4f$ 전자껍질이 $5s$와 $5p$ 전자껍질 깊은 안쪽에 위치하지만, 철족 이온에서는 상자성을 가져오는 $3d$ 전자껍질이 전자껍질의 바깥에 위치하는 데에 있다. $3d$ 전자껍질은 인접한 이온들로부터 강하고 불균일한 전기장을 겪게 된다. 이 불균일 전기장을 **결정장**

표 2 철족 이온에 대한 유효 마그네톤수

Ion	Configuration	Basic level	p(calc) = $g[J(J+1)]^{1/2}$	p(calc) = $2[S(S+1)]^{1/2}$	p(exp)[a]
Ti^{3+}, V^{4+}	$3d^1$	$^2D_{3/2}$	1.55	1.73	1.8
V^{3+}	$3d^2$	$^3F_2$	1.63	2.83	2.8
Cr^{3+}, V^{2+}	$3d^3$	$^4F_{3/2}$	0.77	3.87	3.8
Mn^{3+}, Cr^{2+}	$3d^4$	$^5D_0$	0	4.90	4.9
Fe^{3+}, Mn^{2+}	$3d^5$	$^6S_{5/2}$	5.92	5.92	5.9
Fe^{2+}	$3d^6$	$^5D_4$	6.70	4.90	5.4
Co^{2+}	$3d^7$	$^4F_{9/2}$	6.63	3.87	4.8
Ni^{2+}	$3d^8$	$^3F_4$	5.59	2.83	3.2
Cu^{2+}	$3d^9$	$^2D_{5/2}$	3.55	1.73	1.9

[a] 대표적인 값

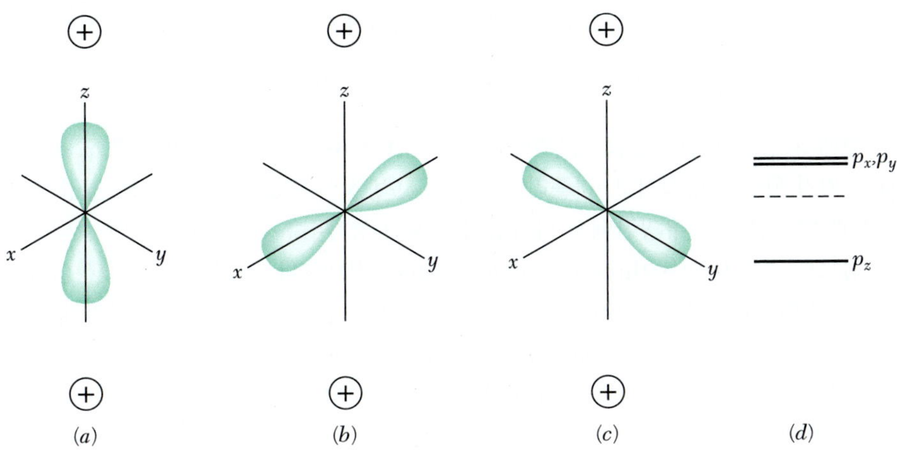

그림 6 z축 상의 두 양이온에 의하여 생긴 단일축 결정장 내에 놓여 있는 궤도 각운동량 L = 1인 원자를 생각해 보자. 자유원자에서는 m_L = ±1, 0의 세 상태가 같은 에너지를 갖고 있다. 즉, 그들은 겹쳐져 있다. 결정 내에서 원자는, 전자 구름이 (a)에서와 같이 양이온에 가까이 있을 때가 (b) 및 (c)에서처럼 두 양이온 중간에 놓여 있을 때보다 에너지가 낮다. 이와 같은 전하밀도를 일으키는 파동함수는 $zf(r)$, $xf(r)$ 및 $yf(r)$의 형태를 갖게 되며, 각각 p_z와 p_x 및 p_y 궤도함수라고 부른다. 그림과 같이 축대칭 장 내에서는 p_x와 p_y 궤도함수는 겹쳐져 있다. 자유원자에 해당하는 에너지 준위(점선)를 (d)에 그려 놓았다. 전기장이 축대칭을 갖고 있지 않으면 세 상태 모두가 다른 에너지를 갖게 될 것이다.

(crystal field)이라고 한다. 결정장과 상자성이온 사이의 상호작용은 두 가지 주요한 효과를 나타낸다. 즉, **L**과 **S** 사이의 결합이 대부분 깨져버려 상태들은 J값으로 표시할 수가 없고 또한, 주어진 L값에 속한 $2L + 1$개의 버금준위는 자유전자에서는 겹쳐져 있지만, 결정장에 의해 갈라질 수도 있다(그림 6). 이 갈라지기는 자기모멘트에 대한 궤도운동의 기여를 감소시킨다.

궤도 각운동량의 억제*(quenching of the orbital angular momentum)*

고정된 핵을 향하는 전기장이 있을 때, 고전적인 궤도의 평면은 공간에 고정되어 있다. 따라서 모든 궤도 각운동량 성분 L_x, L_y, L_z는 일정하다. 양자론에서는 보통 L_z 로 취하는 각운동량의 한 성분과 총 궤도 각운동량의 제곱인 L^2이 중심장이 있을 때 일정하다. 비중심장(noncentral field)에서는 궤도의 평면이 움직이게 된다. 즉, 각 운동량 성분은 일정하지 않으며, 평균을 취하면 0이 될 수도 있다. 결정 내에서 L^2은 일정하다고 근사할 수 있지만 L_z는 일정하지가 않다. L_z가 평균하여 0이 되었을 때를 궤도 각운동량이 급냉(quenched)되었다고 말한다. 어떤 상태의 자기모멘트는 자기모멘트 연산자 $\mu_B(\mathbf{L} + 2\mathbf{S})$의 평균값에 의해 주어진다. z방향의 자기장 하에서 자기모멘트에 대한 궤도모멘트의 기여는 L_z의 양자적 기대값에 비례한다. 즉, 역학적 모멘트 L_z가 억제되면 궤도 자기모멘트도 억제된다.

예를 들어, 핵 주위를 움직이는 궤도양자수 L = 1인 단일 전자를 고려하면, 전체는 불균일한 결정장 내에 있다. 전자의 스핀은 생략한다.

직방(orthorhombic) 대칭성을 갖는 결정 내에서 인접 이온들의 전하는 핵 주위에

$$e\varphi = Ax^2 + By^2 - (A+B)z^2 \tag{24}$$

인 형태의 정전 퍼텐셜 φ를 생성한다. 여기서 A와 B는 상수이다. 이 식은 x, y, z에 대한 최저 차수 다항식이고, 라플라스(Laplace) 방정식 $\nabla^2\varphi = 0$의 해이며 결정의 대칭성과 일치한다. 자유공간에서 바닥상태는 자기 양자수 $m_L = 1, 0, -1$인 상태들이 세 겹으로 겹쳐져 있는(three-fold degenerated) 상태이다. 자기장에서 이 준위들은 자기장 B에 비례하는 에너지만큼 갈라지고, 이 자기장에 비례하는 갈라지기가 이온의 정상적인 상자성 감수율(paramagnetic susceptibility)을 일으킨다. 하지만, 결정 내에서는 상황이 다르다. 건드려지지 않은 이온의 바닥상태에 해당하는 세 개의 파동함수를 아래와 같이 취하자.

$$U_x = xf(r) \ ; \qquad U_y = yf(r) \ ; \qquad U_z = zf(r) \ . \tag{25}$$

이 세 파동함수는 상호 직교하고, 규격화되어 있다고 가정한다. 각각의 U 함수들은 다음과 같은 성질을 가진다.

$$\mathscr{L}^2 U_i = L(L+1)U_i = 2U_i \ . \tag{26}$$

여기서 $\mathscr{L}^2$은 궤도 각운동량의 제곱에 해당하는 연산자이고, 단위는 $\hbar$이다. 식 (26)의 결과는 위에서 취한 파동함수들이 $L = 1$인 p함수임을 말해 준다.

이 U 함수들은 미동에 대해서 대각선화(diagonalize)되어 있다. 이는 비대각선 원소들이 대칭에 의하여 0이 되기 때문이다. 즉,

$$\langle U_x|e\varphi|U_y\rangle = \langle U_x|e\varphi|U_z\rangle = \langle U_y|e\varphi|U_z\rangle = 0 \tag{27}$$

이다. 예를 들어, 다음 식을 보자.

$$\langle U_x|e\varphi|U_y\rangle = \int xy|f(r)|^2\{Ax^2 + By^2 - (A+B)z^2\}\, dx\, dy\, dz \ . \tag{28}$$

피적분 함수는 x의 (또한 y의) 홀함수이므로 적분값은 0이 된다. 따라서 에너지 준위는 대각선 행렬 요소에 의하여 주어진다. 즉,

$$\begin{aligned}\langle U_x|e\varphi|U_x\rangle &= \int |f(r)|^2\{Ax^4 + By^2x^2 - (A+B)z^2x^2\}\, dx\, dy\, dz \\ &= A(I_1 - I_2)\end{aligned} \tag{29}$$

이다. 여기서 $I_1 = \int|f(r)|^2x^4\, dx\, dy\, dz \ ; \qquad I_2 = \int|f(r)|^2x^2y^2\, dx\, dy\, dz$
또한

$$\langle U_y|e\varphi|U_y\rangle = B(I_1 - I_2) \ ; \qquad \langle U_z|e\varphi|U_z\rangle = -(A+B)(I_1 - I_2)$$

결정장에서의 세 개의 고유상태는 그들의 각궤도분포(angular lobe)가 각각 x, y, z축을 향해 있는 p함수이다.

이들 준위 각각의 궤도 모멘트는 0이다. 왜냐하면,

$$\langle U_x|L_z|U_x\rangle = \langle U_y|L_z|U_y\rangle = \langle U_z|L_z|U_z\rangle = 0$$

이 되기 때문이다. 이 준위는 일정한 총 각운동량을 갖고 있다. 왜냐하면, $\mathscr{L}^2$이 대각선화되어 있고 $L = 1$ 값을 갖기 때문이다. 그러나 각운동량의 공간적 성분은 운동의 상수(constant of motion)가 아니고, 시간에 대한 평균값이 일차 근사로 0이 된다. 그러므로 궤도 자기모멘트의 성분도 같은 근사셈에 의해 사라진다. 억제 과정에서 결정장은 원래 겹쳐져 있던 준위들을 μH보다 훨씬 큰 에너지 간격만큼 분리된 비자성 준위들로 갈라 놓는 역할을 하기 때문에, 자기장은 결정장에 비하여 작은 건드림이 된다.

입방 대칭성을 가진 격자(lattice)자리에서는 퍼텐셜 내에 식 (24) 형태의 전자의 좌표에 대해 2차인 항이 없다. 그래서 한 개의 p 전자(또는 p 껍질 안에 한 개의 구멍(hole))를 가진 이온의 바닥상태는 세 겹으로 겹쳐진다. 그러나 이온이 주변에 대해서 위치를 옮기면, 식 (24)와 같은 비입방 퍼텐셜이 만들어지면서 이온의 에너지가 낮아진다. 이러한 자발적 변위(displacement)는 **잔-텔라**(Jahn-Tellar) **효과**라고 알려져 있다. 특히, Mn^{3+} 또는 Cu^{2+} 이온이나 할로겐화 알칼리 또는 할로겐화 은 등의 구멍에서 이 효과가 크고 중요하다.

분광학적 갈라지기 인자*(spectroscopic splitting factor)*

문제를 간단하게 하기 위해 $U_x = xf(r)$이 결정 속의 원자의 바닥상태에 해당하는 궤도 파동함수가 되도록 결정장 상수 A, B를 선택하자. 스핀 $S = \frac{1}{2}$인 경우에 대해서는 두 가지 가능한 스핀 상태 $S_z = \pm\frac{1}{2}$이 있으며, 각각 스핀함수 α, β로 표시된다. 이 상태들은 자기장이 없을 때 차어림으로 겹쳐져 있다. 문제는 스핀-궤도 상호작용 에너지 $\lambda\mathbf{L}\cdot\mathbf{S}$를 고려하는 것이다.

바닥상태 함수가 0차 근사에서 $\psi_0 = U_x\alpha = xf(r)\alpha$이면, 1차 근사에서는 표준 건드림 이론에 의하여 $\lambda\mathbf{L}\cdot\mathbf{S}$ 상호작용을 고려해서 다음 식을 얻게 된다.

$$\psi = [U_x - i(\lambda/2\Delta_1)U_y]\alpha - i(\lambda/2\Delta_2)U_z\beta \ . \qquad (30)$$

여기서 Δ_1은 U_x와 U_y 상태 사이의 에너지 차이고, Δ_2은 U_x와 U_z 상태 사이의 차이이다. $U_z\beta$항은 결과에 2차 효과만 실제로 미치기 때문에 무시해도 좋다. 1차까지의 궤도 각운동량의 기대값은

$$(\psi|L_z|\psi) = -\lambda/\Delta_1$$

과 같고 z방향으로 측정한, 이 상태의 자기모멘트는 아래와 같다.

$$\mu_B(\psi|L_z + 2S_z|\psi) = [-(\lambda/\Delta_1) + 1]\mu_B \ .$$

자기장 H하에서 $S_z = \pm\frac{1}{2}$준위 간의 에너지 간격은

$$\Delta E = g\mu_B H = 2[1 - (\lambda/\Delta_1)]\mu_B H$$

이기 때문에, z방향의 g값 또는 분광학적 갈라지기 식 (12)는 아래와 같다.

$$g = 2[1 - (\lambda/\Delta_1)] \ . \tag{31}$$

온도 독립성 밴블렉 상자성(*Van Vleck temperature-independent paramagnetism*)

바닥상태에서 자기모멘트가 없는, 다시 말해 자기모멘트 연산자 μ_z의 대각선 행렬 요소가 0인 원자 또는 분자계를 생각해 보자.

자기모멘트 연산자의 비대각선 행렬요소 $\langle s|\mu_z|0\rangle$가 존재한다고 가정한다. 이 요소는 바닥상태 0과 바닥상태보다 $\Delta = E_s - E_0$만큼 에너지가 높은 들뜬 상태 s를 연결한다. 그러면, 표준 미동 이론에 의하여 약한 자기장($\mu_z B \ll \Delta$) 내에서의 바닥상태의 파동함수는

$$\psi_0' = \psi_0 + (B/\Delta)\langle s|\mu_z|0\rangle\psi_s \tag{32}$$

가 되고, 들뜬 상태의 파동함수는 아래와 같이 된다.

$$\psi_s' = \psi_s - (B/\Delta)\langle 0|\mu_z|s\rangle\psi_0 \ . \tag{33}$$

건드려진 바닥상태는

$$\langle 0'|\mu_z|0'\rangle \cong 2B|\langle s|\mu_z|0\rangle|^2/\Delta \tag{34}$$

와 같은 모멘트를 갖게 되고, 들뜬 상태는 아래와 같은 모멘트를 갖는다.

$$\langle s'|\mu_z|s'\rangle \cong -2B|\langle s|\mu_z|0\rangle|^2/\Delta \ . \tag{35}$$

흥미있는 2가지 경우를 생각해 보자.

경우(a). $\Delta \ll k_BT$. 바닥상태에는 들뜬 상태보다 대략 $N\Delta/2k_BT$ 만큼의 과잉 밀도가 있으므로 전체 자기화는

$$M = \frac{2B|\langle s|\mu_z|0\rangle|^2}{\Delta}\cdot\frac{N\Delta}{2k_BT} \tag{36}$$

가 되고, 이로부터 감수율은 아래와 같이 주어진다.

$$\chi = N|\langle s|\mu_z|0\rangle|^2/k_BT \ . \tag{37}$$

여기서 N은 단위부피당 분자의 수이다. 위 식의 형태는 통상적인 퀴리 법칙의 꼴을 띠고 있다. 하지만, 이온들이 여러 스핀 상태들 사이로 재배치되는 자기화의 메커니즘을 가진 자유스핀의 경우와는 달리, 여기서 자기화 메커니즘은 계에 있는 상태들의 극갈림에 의한 것이다. 갈라지기 에너지 Δ가 식 (37)에 들어 있지 않다는 점을 주목하라.

경우(b). $\Delta \gg k_BT$. 여기서는 바닥상태에만 거의 모든 밀도가 있으므로

$$M = \frac{2NB|\langle s|\mu_z|0\rangle|^2}{\Delta} \tag{38}$$

감수율은

$$\chi = \frac{2N|\langle s|\mu_z|0\rangle|^2}{\Delta} \tag{39}$$

인데, 온도에 무관하다. 이런 유형의 기여는 밴블렉 상자성으로 알려져 있다.

일정 엔트로피 자기소거에 의한 냉각
COOLING BY ISENTROPIC DEMAGNETIZATION

1 K보다 훨씬 낮은 온도를 얻는 최초의 방법은 상자성 염의 일정 엔트로피 자기소거 또는 단열 자기소거 등의 방법이었다. 이 방법을 사용함으로써 10^{-3} K 이하의 온도에까지 도달할 수 있었다. 이 방법은 온도가 고정되어 있을 경우, 자기모멘트 계의 엔트로피가 자기장의 작용에 의하여 감소하는 사실에 기초한다.

엔트로피는 계의 무질서도를 나타내는 양이다. 즉, 무질서가 클수록 엔트로피도 높아진다. 자기장 내에서 자기모멘트가 부분적으로 정렬되므로(부분적으로 질서가 생기므로), 엔트로피는 자기장의 작용에 의하여 감소한다. 또한, 온도를 내리면, 자기모멘트가 더욱 정렬되므로 엔트로피가 감소한다.

만약, 스핀계의 엔트로피를 변화시키지 않고 자기장을 제거할 수 있다면, 스핀계의 질서는 자기장이 있을 때의 질서도보다 낮은 온도에 해당한 것처럼 보일 것이다.

시편을 일정한 엔트로피 상태에서 자기소거 시키면, 그림 7에서와 같이 엔트로피는 오직 격자 떨기(lattice vibration)로부터만 스핀계로 흘러들어 올 수 있다. 이 방법을 쓰는 온도에서 격자 떨기의 엔트로피는 보통 무시할 수 있다. 즉, 스핀계의 엔트로피는 시료를 일정 엔트로피 자기소거시키는 동안 실질적으로 일정하다. 자기적 냉각은 순환 과정이 아니라 한번에 끝나는 과정이다.

우선 각각의 스핀이 S인 N개의 이온으로 이루어진 계의 스핀 엔트로피를 스핀계가 완전히 무질서하게 될 정도로 충분히 높은 온도에서 구해 보자. 즉, 스핀을 정렬시키려는 상호작용의 에너지($E_{\rm int} \equiv k_B\Delta$)를 나타내는 온도 Δ보다도 T가 훨씬 높다고 가정하자. 이와 같은 상호작용 중 몇 가지는 12장에 논의되어 있다. G개의 접근 가능 상태로 이루어진 계의 엔트로피 σ는 $\sigma = k_B \ln G$로 정의된다. 온도가 충분히 높아서 각 이온의 $2S + 1$ 상태들 모두가 거의 같은 밀도로 점유될 때, G는 N개의 스핀을 각기 $2S + 1$개 상태에 정렬시키는 방법의 수이다. 즉, $G = (2S + 1)^N$이 되며, 여기서부터 스핀 엔트로피 σ_S는 다음과 같이 구해진다.

$$\sigma_S = k_B \ln (2S + 1)^N = Nk_B \ln (2S + 1) \ . \tag{40}$$

자기장이 에너지를 $2S + 1$개 상태로 분리시키면서 낮은 준위의 밀도가 높아지면, 위의 스핀 엔트로피가 자기장에 의하여 감소된다.

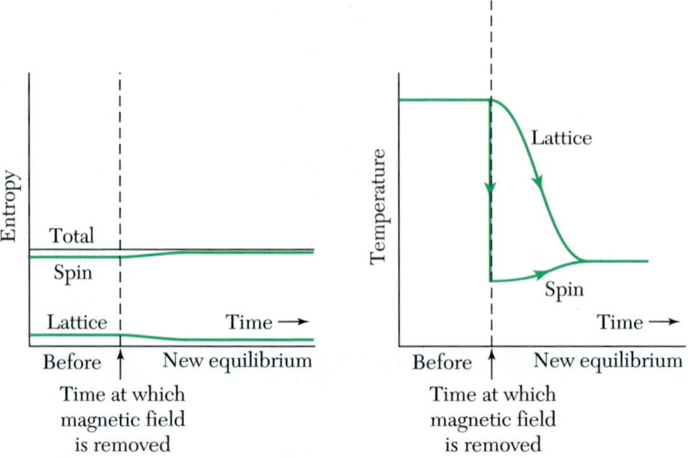

그림 7 일정 엔트로피 자기소거가 일어나는 동안, 시료의 총 엔트로피는 일정하다. 효과적인 냉각을 위해서 격자의 처음 엔트로피가 스핀계의 엔트로피에 비하여 작아야 한다.

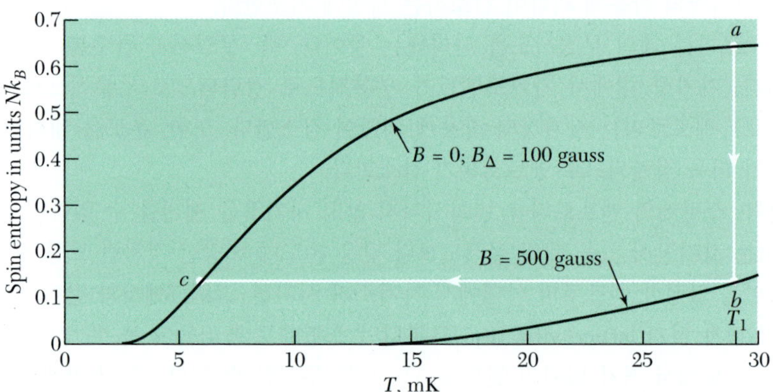

그림 8 내부 마구잡이(random) 자기장 B_Δ가 100 gauss라고 가정할 경우, 온도의 함수로서 스핀 $\frac{1}{2}$계의 엔트로피 변화. 경로 ab를 따라서 등온적으로 시료를 자기화시킨 후 열적으로 절연시킨다. 경로 bc를 따라서 진행할 때에는 외부 자기장을 가하지 않는다. 그림을 적당한 척도로 그리기 위하여 처음 온도 T_1을 실제로 사용되는 온도보다 낮게 잡았고, 외부 자기장도 마찬가지로 실제보다 작게 잡았다.

그림 8은 냉각과정 중에 거치는 단계들을 보여준다. 온도 T_1에서 자기장이 시료에 가해진다. 이때 시료는 주변과 밀착된 열접촉을 하고 있으므로 경로 ab는 등온 과정이 된다. 그런 다음, 시료를 절연하고 자기장을 제거한다. 그러면, 시료는 일정 엔트로 피경로 bc를 따라 가다가 온도 T_2에서 멈춘다. T_1에서의 열접촉은 헬륨 기체와 이루어지고, 열접촉을 제거하고자 할 때에는 기체를 펌프로 빼낸다.

자기 버금준위(sublevel)의 밀도는 $\mu B/k_BT$만의 함수이고, 여기서는 오직 B/T만의 함수이다. 스핀계의 엔트로피는 밀도분포만의 함수이므로, 스핀 엔트로피도 B/T만의 함수가 된다. 만약, B_Δ가 국소 상호작용에 대응하는 유효 자기장이라면, 일정 엔트로피 자기소거 실험에 의해 도달한 나중 온도 T_2는 다음과 같다.

$$T_2 = T_1(B_\Delta/B)\ . \tag{41}$$

여기서 B는 처음의 자기장이고 T_1은 처음 온도이다.

핵 자기소거(nuclear demagnetization)

핵자기모멘트가 작기 때문에 핵자기 상호작용은 이와 유사한 전자의 상호작용보다 훨씬 약하다. 따라서 전자 상자성보다 핵상자성을 사용한다면 100배 더 낮은 온도에 도달할 수 있으리라 생각할 수 있다. 핵스핀 냉각 실험에서 핵스핀 냉각단계의 처음 온도 T_1은 전자 스핀 냉각실험에서보다 낮다. B = 50 kG이고, T_1 = 0.01 K에서 냉각을 시작한다면, $\mu B/k_BT_1 \approx 0.5$가 되고, 자기화할 때의 엔트로피 감소량은 최대 스핀 엔트로피의 10% 이상이 된다. 이것은 격자를 능가하기에 충분하며 식 (41)로부터 나중 온도 $T_2 \approx 10^{-7}$ K를 추산할 수가 있다. 최초의 핵 냉각 실험은 금속 상태의 Cu 핵에 대해서 실시되었는데, 전자 냉각에 의하여 얻은 대략 0.02 K에서 처음 단계를 시작하였다. 최저 도달 온도는 1.2×10^{-6} K였다.

그림 9의 결과는 식 (41)의 직선과 일치한다: $T_2 = T_1(3.1/B)$. 여기서 B는 gauss 단위이고, B_Δ = 3.1 gauss이다. 이것이 Cu 핵의 자기모멘트의 유효 상호작용이다. 금속 상태의 핵을 사용하는 동기는 처음 단계의 온도에서 전도전자가 격자와 핵이 빠른 열접촉을 하도록 도움을 주기 때문이다.

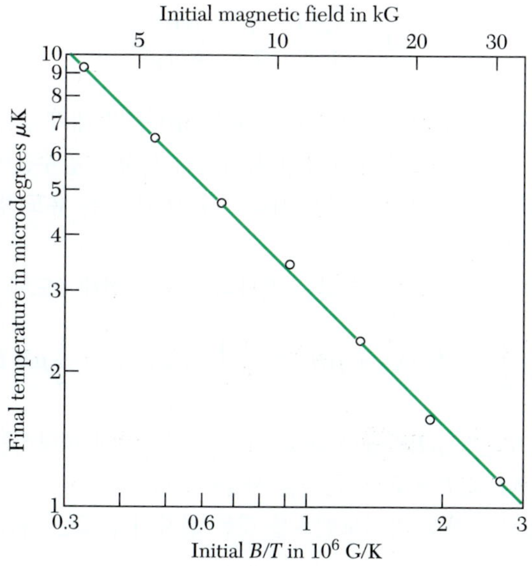

그림 9 0.012 K의 온도와 여러 가지 값의 자기장으로부터 금속상태의 구리 원자핵의 핵 자기 소거(M. V. Hobden과 N. Kurti의 결과 인용).

전도전자의 상자성 감수율
PARAMAGNETIC SUSCEPTIBILITY OF CONDUCTION ELECTRONS

이와 같은 통계를 기초로, 많은 금속이 반자성이거나 단지 약한 상자성이라는 사실과 전자의 자기모멘트의 존재가 어떻게 부합할 수 있는지 보여주고자 한다.

W. Pauli. 1927

고전적인 자유전자 이론은 전도전자의 상자성 감수율을 만족스럽게 설명해 주지 못한다. 전자는 한 개의 보어 마그네톤 μ_B의 자기모멘트를 띠고 있다.

전도전자가 금속의 자기화에 식 (22)와 같은 퀴리 형태의 상자성 기여를 할 것이라고 기대할지도 모른다: $M = N\mu_B^2B/k_BT$. 그러나 실제 관찰한 바에 의하면 대부분의 정상적인 비강자성 금속의 자기화는 온도에 무관하다.

파울리는 페르미-디랙(Fermi-Dirac)분포(6장 참조)를 적용하면 이론을 올바르게 수정할 수 있음을 보여 주었다. 우선 정성적인 설명부터 해보기로 하자. 식 (18)의 결과는 원자가 자기장 B에 평행하게 정렬될 확률이 반대로 평행하게 될 확률보다 대략 $\mu B/k_BT$만큼 크다는 사실을 말해 준다. 단위부피당 N개의 원자가 있다면 보통의 결과 처럼 $N\mu^2B/k_BT$ 만큼의 알짜 자기화가 일어난다.

그러나 금속 내에 있는 대부분의 전도전자는 자기장이 작용할 때 스핀 방향을 바꿀 수가 없다. 왜냐하면, 평행 스핀을 가진 페르미 바다의 대부분의 궤도함수(Orbital function)가 이미 차 있기 때문이다. 페르미 분포의 꼭대기에서 k_BT 범위 내에 들어있는 전자들만이 자기장에서 스핀을 바꿀 기회를 갖는다. 그러므로 전체 전자 중에 T/T_F 부분만이 감수율에 기여한다. 따라서

$$M \approx \frac{N\mu^2B}{k_BT}\cdot\frac{T}{T_F} = \frac{N\mu^2}{k_BT_F}B \tag{42}$$

가 되고, 온도에 무관하며, 관찰된 크기와 자릿수(order)가 대략 같다.

이제부터 $T \ll T_F$인 온도에서 자유전자 기체의 상자성 감수율에 대한 식을 계산해 보자. 그림 10에 제시된 계산 방법을 따라간다. 이와 다른 유도 방법은 연습문제 5에서 다루게 될 것이다.

자기장에 평행인 자기모멘트를 갖는 전자의 농도는 절대 0도에서 다음과 같다.

$$N_+ = \frac{1}{2}\int_{-\mu B}^{\epsilon_F} d\epsilon\, D(\epsilon+\mu B) \;\cong\; \frac{1}{2}\int_0^{\epsilon_F} d\epsilon\, D(\epsilon) + \frac{1}{2}\mu B\, D(\epsilon_F)\,. \tag{43}$$

여기서 $\frac{1}{2}D(\epsilon + \mu B)$는 $-\mu B$만큼 아래로 내려간 에너지에 해당하는 한 스핀 방향의 궤도함수의 밀도이다. $k_BT \ll \epsilon_F$의 근사를 사용하였다.

자기장과 반대로 평행한 자기모멘트를 갖는 전자의 농도는 다음과 같다.

$$N_- = \frac{1}{2}\int_{\mu B}^{\epsilon_F} d\epsilon\, D(\epsilon-\mu B) \;\cong\; \frac{1}{2}\int_0^{\epsilon_F} d\epsilon\, D(\epsilon) - \frac{1}{2}\mu B\, D(\epsilon_F)\ . \tag{44}$$

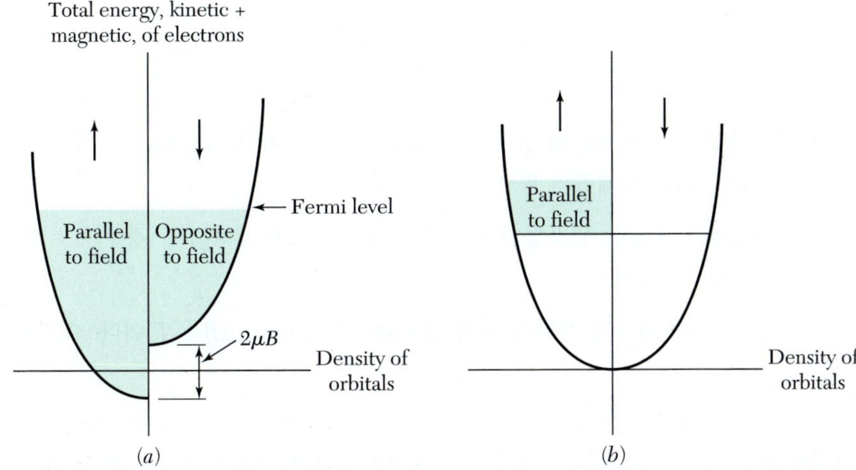

그림 10 절대 0도에서의 파울리 상자성: (a)에서는 파랗게 칠한 영역 내에 궤도함수가 차 있다. 페르미 준위에서 에너지가 같아지도록 만들면서, 스핀이 "위로" 향한 띠와 "아래"로 향한 띠 내에 있는 전자들의 수가 조절된다. 스핀이 위로 향한 전자의 화학 퍼텐셜(페르미 준위)은 스핀이 아래로 향한 전자의 화학 퍼텐셜과 같다. (b)에서는 자기장이 작용할 때 자기모멘트가 위로 향하는 전자의 과잉을 표시하였다.

자기화는 $M = \mu(N_+ - N_-)$이므로

$$M = \mu^2 D(\epsilon_F)B = \frac{3N\mu^2}{2k_BT_F}B \tag{45}$$

여기서 6장의 식 $D(\epsilon_F) = 3N/2\epsilon_F = 3N/2k_BT_F$를 이용하였다. 식 (45)의 결과는 $k_BT \ll \epsilon_F$일 때의 전도전자의 파울리 스핀 자기화를 나타낸다.

상자성 감수율을 유도할 때, 전자의 공간적 운동이 자기장에 의하여 영향을 받지 않는다고 가정하였다. 그러나 파동함수는 자기장에 의하여 변조된다. 란다우는 자유전자의 경우 이것이 상자성 모멘트의 $-\frac{1}{3}$ 만큼의 반자성 모멘트를 일으킨다는 사실을 증명하였다. 그러므로 자유전자 기체의 총 자기화는 다음과 같다.

$$M = \frac{N\mu_B^2}{k_BT_F}B \quad . \tag{46}$$

식 (46)을 실험과 비교하기 전에 이온핵심, 띠효과 및 전자-전자 상호작용이 일으키는 반자성도 고려하여야 한다. 나트륨 경우에는 상호작용 효과가 스핀 감수율을 75% 정도나 증가시킨다.

자기 감수율은 알칼리 금속의 경우보다 대부분의 전이금속(내부 전자껍질이 차 있지 않음)의 경우에 상당히 크다. 이러한 큰 값은 전이금속의 경우 궤도함수 밀도가 유별나게 높다는 것을 말해 주며, 전자 열용량(heat capacity)의 측정값과도 잘 부합한다. 이미 9장에서 이 현상이 어떻게 띠이론으로부터 일어나는지 공부하였다.

요약
Summary

- 원자 번호가 Z인 N개 원자의 반자성 감수율은 $\chi = -Ze^2N\langle r^2\rangle/6mc^2$이다. 여기서 $\langle r^2\rangle$은 원자 반지름의 제곱의 평균값이다(랑주뱅).
- 영구 자기모멘트가 μ인 원자들의 상자성 감수율은 $\mu B \ll k_BT$일 경우 $\chi = N\mu^2/3k_BT$이다(퀴리-랑주뱅).
- $S = \frac{1}{2}$인 스핀계에 대해서 정확한 자기화는 $M = N\mu \tanh(\mu B/k_BT)$이다. 여기서 $\mu = \frac{1}{2} g\mu_B$(브릴루앙)이다.
- 같은 전자껍질 내에 있는 전자들의 바닥상태는 파울리 원리에 의하여 최대값 S를 가지며, 이 S값과 일치하는 최대값 L을 가진다. J는 전자껍질이 절반 이상 차 있을 때는 $L + S$가 되고, 절반 이하가 차 있을 때는 $|L - S|$가 된다.
- 엔트로피를 일정하게 유지하면서 상자성 염을 자기소거시키면 냉각 과정이 일어난다. 이때 최종 온도는 $(B_\Delta/B)T_{\text{initial}}$ 정도까지 도달한다. 여기서 B_Δ는 유효 국소 자기장이며 B는 처음에 가한 자기장이다.
- 전도전자 페르미 기체의 상자성 감수율은 $k_BT \ll E_F$인 경우 온도에 무관한 $\chi = 3N\mu^2/2\epsilon_F$가 된다.

연습문제
Problems

1. 수소 원자의 반자성 감수율***(diamagnetic suscertibility of atomic hydrogen)***. 수소 원자의 바닥상태 (1s)에서의 파동함수는 $\psi = (\pi a_0^3)^{-1/2}\exp(-r/a_0)$인데, 여기서 $a_0 = \hbar^2/me^2 = 0.529 \times 10^{-8}$ cm. 파동함수의 통계적 해석에 의하면 전하 밀도는 $\rho(x, y, z) = -e|\psi|^2$이다. 이 상태에 대해서 $\langle r^2\rangle = 3a_0^2$임을 증명하고, 수소 원자의 몰(molar) 반자성 감수율을 계산하라(-2.36×10^{-6} cm^3/mole).

2. 훈트의 규칙***(Hund rules)***. 훈트의 규칙을 적용하여 다음 이온의 바닥상태(표 1에 기호로 표현된 기본 준위)를 찾아라. **(a)** Eu^{++} $4f^75s^2p^6$ 배열 상태; **(b)** Yb^{3+}; (c) Tb^{3+}. (b)와 (c)에 대한 결과가 표 1에 있지만, 각각의 단계를 모두 제시하면서 이 훈트의 규칙을 적용하라.

3. 삼중선 들뜬 상태***(triplet excited states)***. 몇몇 유기분자들은 단일선(singlet: $S = 0$) 바닥상태보다 에너지가 $k_B\Delta$만큼 높은 삼중선 ($S = 1$) 들뜬 상태를 갖고 있다. **(a)** 자기장 B내에서의 자기모멘트 $\langle\mu\rangle$에 대한 식을 구하라. **(b)** $T \gg \Delta$일 때 감수율이 대략 Δ에 무관함을 증명하라. **(c)** 에너지 준위 대 자기장의 도표와 엔트로피 대 자기장의 그림을 이용하여 어떻게 이 계가 일정 엔트로피 자기화(자기소거가 아님)에 의하여 냉각될 수 있는지 설명하라.

4. 내부 자유도에 의한 열용량***(heat caracity from internal degrees of freedom)***. **(a)** 위 상태와 아래 상태 사이의 갈라지기가 $k_B\Delta$인 두 준위 계를 생각하자. 이 갈라지기는 자기장

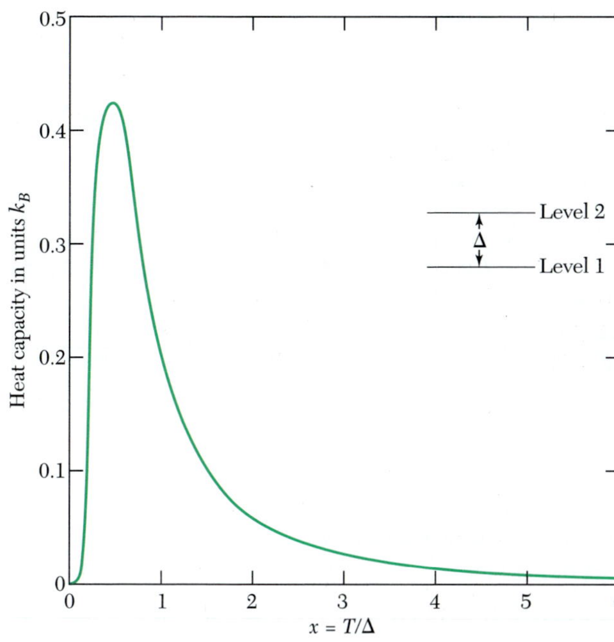

그림 11 이준위계의 열용량을 T/Δ의 함수로 그렸다. 여기서 Δ는 두 준위 간의 에너지 갈라지기이다. 쇼트키 비정상은 희토류 및 전이 원소족의 금속, 화합물 및 합금에서 이온의 에너지 준위 갈라지기를 결정하는 데 유용한 도구이다.

이나 다른 방법에 의하여 나타날 수가 있다. 이 계의 열용량이 다음과 같음을 보여라.

$$C = \left(\frac{\partial U}{\partial T}\right)_\Delta = k_B \frac{(\Delta/T)^2 e^{\Delta/T}}{(1 + e^{\Delta/T})^2} .$$

이 함수를 그림 11에 그렸다. 열용량에서 이런 유형의 봉우리는 흔히 **쇼트키 비정상** (Schottky anomaly)으로 알려져 있다. 최대 열용량은 상당히 높으나, $T \ll \Delta$이거나 $T \gg \Delta$인 경우 열들이가 낮다. **(b)** $T \gg \Delta$인 경우 $C \cong k_B(\Delta/2T)^2 + \ldots$임을 증명하라. 상자성 염에서는(그리고, 전자 스핀 질서를 갖는 계에서는) 핵 자기모멘트와 전자 자기모멘트 사이의 초미세 상호작용이 $\Delta \approx 1 \sim 100$ mK의 갈라지기를 일으킨다. 이와 같은 갈라지기는 $T \gg \Delta$ 영역에서 열들이에 $1/T^2$ 항이 있다는 사실에 의하여 종종 실험적으로 검출된다. 핵 전기 사중극자모멘트 상호작용도 결정마당이 있을 때 그림 12에서와 같은 갈라지기를 일으킨다.

5. 파울리 스핀 감수율***(Pauli spin susceptibility)***. 절대 0도에서의 전도전자 기체의 스핀 감수율에 관해서는 다른 방법으로 접근할 수도 있다.

$$N^+ = \tfrac{1}{2}N(1+\zeta) \ ; \qquad N^- = \tfrac{1}{2}N(1-\zeta) .$$

를 각각 스핀이 위로 향한 전자와 스핀이 아래로 향한 전자의 농도라고 하자. **(a)** 자기마당 B가 작용할 때 자유전자 기체에서 스핀이 위로 향한 전자의 전체 에너지가 아래와 같음을 증명하라.

$$E^+ = E_0(1+\zeta)^{5/3} - \tfrac{1}{2}N\mu B(1+\zeta) .$$

여기서 $E_0 = \frac{3}{10}N\epsilon_F$이고, EF는 자기마당이 작용하지 않을 때의 페르미 에너지이다. 같은 방법으로 E^-에 대한 식을 구하여라. **(b)** $E_{\text{total}} = E^+ + E^-$를 ζ에 관해서 최소화하고 $\zeta \ll 1$인 어림으로 ζ의 평형값을 구하라. 계속해서 자기화가 식 (45)에서와 같이 $M = 3NB\mu^2/2\epsilon_F$가

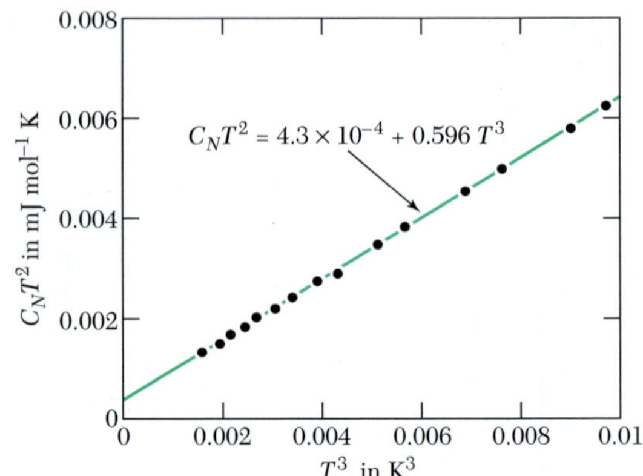

그림 12 $T < 0.21$ K인 경우, Ga의 정상상태에서의 열용량. 극저온에서는 원자핵 사중극자모멘트($C \propto T^{-2}$)와 전도 전자($C \propto T$)에 의한 기여가 열용량을 결정한다(N. E. Phillips의 결과 인용).

됨을 증명하라.

6. 전도전자 강자성***(conduction electron ferromagnetism)***. 평행 스핀을 가진 전자들이 서로 상호작용하는 에너지가 $-V$이고(V는 양수), 반대 평행인 스핀을 가진 전자들 사이에 상호 작용이 없다고 가정하면, 전도전자 사이의 바꿈 상호작용의 효과를 어림할 수 있다. **(a)** 문제 5를 이용하여 스핀이 위로 향한 띠의 총 에너지가 아래와 같음을 증명하라.

$$E^+ = E_0(1+\zeta)^{5/3} - \tfrac{1}{8}VN^2(1+\zeta)^2 - \tfrac{1}{2}N\mu B(1+\zeta)\ .$$

같은 방법으로 E^-에 대한 식을 구하라. **(b)** 총 에너지를 최소화시키고, $\zeta \ll 1$인 극한에서의 ζ 값을 구하라. 자기화가

$$M = \frac{3N\mu^2}{2\epsilon_F - \frac{3}{2}VN}B$$

가 되어, 바꿈 상호작용이 감수율을 증대시킴을 증명하라. **(c)** $V > 4\ \epsilon_F/3N$이면 $B = 0$인 경우의 총 에너지가 $\zeta = 0$에서 불안정함을 증명하라. 이것이 만족되면 강자성 상태($\zeta \neq 0$)가 상자성 상태보다 낮은 에너지를 갖게 될 것이다. $\zeta \ll 1$인 가정 때문에, 이것이 강자성에 대한 충분 조건은 되지만, 필요조건은 되지 않을 수도 있다. 이것은 Stoner 조건으로 알려져 있다.

7. 이준위계***(two-level system)***. 문제 4의 결과는 때때로 다른 형태로 보일 수 있다. **(a)** 만일, 두 에너지 준위의 에너지가 Δ 및 $-\Delta$에 있다고 하면, 에너지와 열들이가 다음과 같이 표기됨을 증명하라.

$$U = -\Delta \tanh(\Delta/k_BT)\ ; \qquad C = k_B(\Delta/k_BT)^2\,\mathrm{sech}^2(\Delta/k_BT)\,.$$

(b) 만일, 이 계가 어떤 한계 Δ_0까지는 Δ의 모든 값이 똑같이 가능한 막성분(random composition)을 갖고 있다면, $k_BT \ll \Delta_0$인 경우, 열들이가 온도에 정비례함을 증명하라. 이 결과는 W. Marshell, Phys. Rev. 118, 1519 (1960)에 의하여 묽은 자기합금의 열들이에 적용되었다. 또한, 이것은 유리의 이론에서도 사용된다.

8. 스핀 1인 자유 입자 기체의 자기 감수율***(Magnetic susceptibility of a gas of free spin-1 particles)***. (각기 고유 자기모멘트가 μ인) 스핀 1의 입자로 이루어진 이상기체의 자기 감수율을 약한 자기장 근사($\mu B \ll kT$)를 써서 계산하라.

CHAPTER 12

강자성과 반강자성
Ferromagnetism and Antiferromagnetism)

유의사항: (CGS) $B = H + 4\pi M$; (SI) $B = \mu_0(H + M)$. 두 단위계에서 모두 B_a를 인가 자기마당이라고 부르겠다. CGS에서는 $B_a = H_a$이고 SI에서는 Ba = $\mu_0 H_a$이다. 감수율은 CGS에서 $\chi = M/B_a$이고 SI에서는 $\chi = M/H_a = \mu_0 M/B_a$이다. 1 tesla = 10^4 gauss.

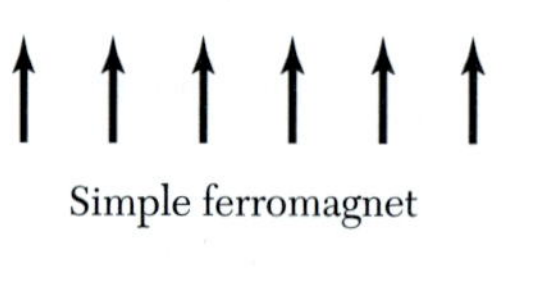

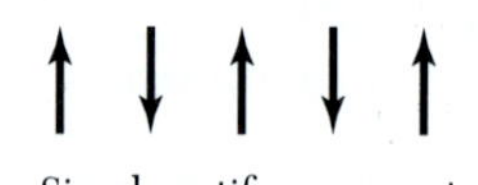

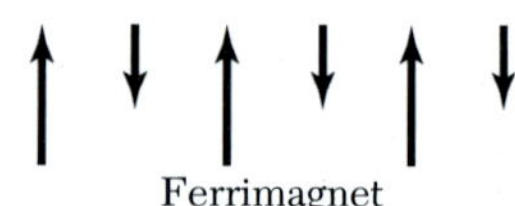

Helical spin array

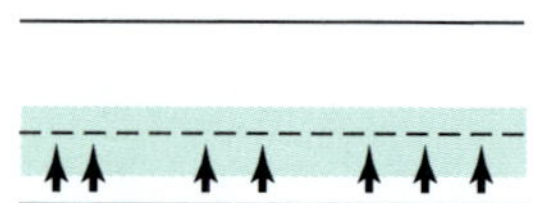

그림 1 전자 스핀의 질서 있는 배열.

CHAPTER 12

강자성과 반강자성

Ferromagnetism and Antiferromagnetism)

강자성 질서
FERROMAGNETIC ORDER

강자성체(ferromagnet)는 자발 자기모멘트(spontaneous magnetic moment), 즉 자기장을 인가하지 않을 때에도 자기모멘트를 갖고 있다. 이와 같은 자발 자기모멘트의 존재는 전자의 스핀과 자기모멘트가 규칙적인 방법으로 배열되어 있음을 암시해 주는 것이다. 이와 같은 질서는 단순형일 필요는 없다. 그림 1에 도식된 스핀배열 중 단순 반강자성체를 제외하면 모두 **포화 모멘트**(saturation moment)라고 하는 자발 자기모멘트를 갖고 있다.

퀴리점과 바꿈적분*(Curie point and the exchange integral)*

스핀이 S인 이온이 단위부피당 N개 들어 있는 상자성체(paramagnet)를 생각해 보기로 하자. 자기모멘트를 서로 평행하게 정렬시키려는 상호작용이 물질 내부에 존재하면 그 물질은 강자성체가 된다. 이러한 상호작용을 가정하고 그것을 **바꿈장**(exchange field)[1)]이라고 부르기로 하겠다. 바꿈장에 의한 정렬효과는 열교란에 의하여 방해를 받게 되며, 결국 어떤 높은 온도에서 스핀의 정렬은 무너진다.

이와 같은 바꿈장을 하나의 자기장 $\mathbf{B}_E$와 동등한 것으로 취급해 보기로 하자. 바꿈장의 크기는 10^7 gauss(10^3 tesla) 정도가 될 수도 있다. $\mathbf{B}_E$가 자기화 $\mathbf{M}$에 비례한다고 가정하겠다.

자기화는 단위부피당 자기모멘트로 정의되며 별다른 언급이 없으면 온도 T에서

---

1) 분자장(molecular field) 또는 바이스장(Weiss field)이라고도 부르는데, 두 번째 이름은 그러한 장을 처음으로 상상해 낸 Pierre Weiss의 이름을 딴 것이다. 바꿈장 B_E는 그 안에서 자기모멘트 μ가 갖는 에너지 $-\boldsymbol{\mu}\cdot\mathbf{B}_E$와 μ가 받는 돌림힘 $\boldsymbol{\mu}\times\mathbf{B}_E$에 대한 식에서 실제 자기장과 마찬가지 역할을 한다. 그러나 $\mathbf{B}_E$는 실제 자기장은 아니므로 맥스웰 방정식에 포함되지는 않는다. 예를 들면 맥스웰 방정식 중 curl $\mathbf{H} = 4\pi\mathbf{j}/c$에 의하여 $\mathbf{B}_E$와 관련된 전류 밀도 $\mathbf{j}$는 존재하지 않는다. 한편, B_E의 크기는 강자성체의 자기 쌍극자에 의한 평균 자기장보다도 10^4배 정도나 크다.

열 평형을 이루고 있는 값으로 본다. 만일, 자기구역(magnetic domain, 여러 가지 방향으로 자기화된 영역)들이 존재한다면 자기화는 한 개의 구역 내의 값을 뜻한다.

평균장 근사(mean field approximation)에서는 각 자성 원자가 자기화에 비례하는 자기장의 작용을 받는다고 가정한다. 즉,

$$\mathbf{B}_E = \lambda \mathbf{M} \tag{1}$$

여기서 λ는 온도에 무관한 상수이다. 식 (1)에 의하면 스핀은 모든 다른 스핀의 평균 자기화의 작용을 받고 있다. 사실은 각 스핀이 인접한 스핀들에서만 작용 받을지도 모르지만, 위와 같은 단순화는 문제를 일차 개관해 보는 데 유익하다.

퀴리온도 T_c는 그 이상의 온도에서는 자발자기화가 소멸되는 온도로, $T > T_c$이면 무질서한 상자성 상태가, $T < T_c$일 때의 질서 있는 강자성 상태가 된다. T_c를 식 (1)의 상수 λ로 표시할 수도 있다.

상자성 상태에서 자기장 B_a를 작용시키면 유한한 자기화를 일으키게 될 것이고, 이 자기화는 다시 유한한 바꿈장 B_E를 일으킬 것이다. 따라서, 상자성 감수율을 χ_p라 하면

(CGS) $M = \chi_p(B_a + B_E)$; (SI) $\mu_0 M = \chi_p(B_a + B_E)$ (2)

가 될 것이다. 자기화를 (상수 감수율) × (자기장)의 형식으로 쓸 수 있는 경우는 시료가 정렬의 비율이 작은 상자성 상태에 있다는 가정이 있는 경우에 가능하다.

상자성 감수율(11장)은 퀴리법칙 $\chi_p = C/T$로 주어지는데, 여기서 C는 퀴리상수이다. 식 (1)을 (2)에 대입하면 $MT = C(B_a + \lambda M)$을 얻고, 여기서부터 다음과 같은 감수율을 얻는다.

(CGS) $$\chi = \frac{M}{B_a} = \frac{C}{(T - C\lambda)} . \tag{3}$$

감수율은 $T = C\lambda$에서 특이점을 갖는다. 이 온도(및 그 이하의 온도)에서는 자발 자기화가 존재하게 된다. 왜냐하면, χ가 무한대이면 B_a가 0일 때에도 유한한 M값을 가질 수 있기 때문이다. 식 (3)으로부터 **퀴리-바이스 법칙**(Curie-Weiss law)을 얻을 수 있다.

(CGS) $$\chi = \frac{C}{T - T_c} ; \qquad T_c = C\lambda . \tag{4}$$

이 식은 퀴리점 이상에서의 상자성 영역에서 관측되는 감수율의 변화를 상당히 잘 기술한다. 그림 2는 니켈의 역 감수율을 나타내고 있다.

식 (4)와 퀴리상수 C에 대한 정의식 (11.22)로부터 식 (1)의 평균장 상수 λ의 값을 결정할 수 있다. 즉,

(CGS) $$\lambda = \frac{T_c}{C} = \frac{3k_B T_c}{Ng^2 S(S+1)\mu_B^2} \tag{5}$$

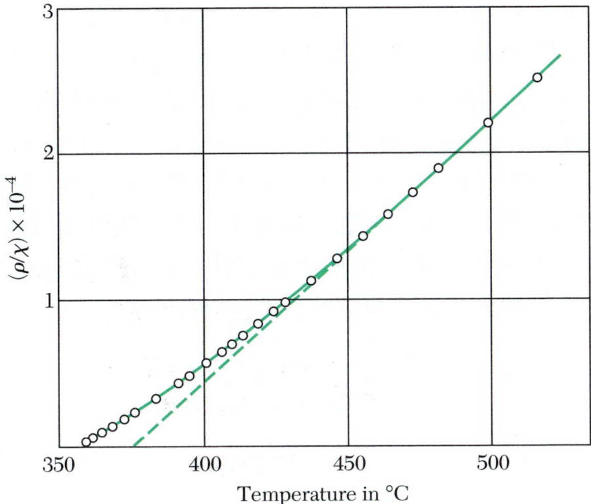

그림 2 퀴리온도(358°C) 근처에서의 니켈 1 g당 감수율의 역수. 여기서 ρ는 밀도이다. 점선은 고온으로부터의 선형 외삽이다(P. Weiss와 R. Forrer의 결과 인용).

철의 경우, $T_c \approx 1000$ K, $g \approx 2$ 그리고 $S = 1$이므로 식 (5)로부터 $\lambda \approx 5000$을 얻는다. $M_s \approx 1700$을 대입하면 $B_E \approx \lambda M \approx (5000)(1700) \approx 10^7$ G $= 10^3$ T를 얻는다. 철의 경우, 바꿈장은 결정체 내에 있는 다른 자성이온 때문에 생기는 알짜 자기장보다도 상당히 강하다. 자성 이온은 인접한 격자점에 μ_B/a^3 정도, 즉 약 10^3 G $= 0.1$ T의 장을 만든다.

바꿈장은 양자역학적인 바꿈 상호작용을 근사로 표현한 것이다. 양자론의 어떤 가정하에서는 전자 스핀 S_i, S_j를 갖는 원자 i, j 간의 상호작용 에너지가 다음 식으로 표현된다.

$$U = -2J\mathbf{S}_i \cdot \mathbf{S}_j \quad . \tag{6}$$

여기서 J는 바꿈적분이고, 원자 i, j의 전하분포의 중첩과 관련이 있다. 식 (6)을 **하이젠베르크**(Heisenberg) **모형**이라고 부른다.

두 개의 스핀으로 이루어진 계의 전하분포는 두 스핀이 평행이냐, 반대 평행이냐에 따라서 다르다.[2] 왜냐하면 파울리(Pauli) 배타원리는 동일한 스핀을 가진 두 전자가 동시에 동일한 장소에 있는 것을 금하기 때문이다. 이 원리는 반대의 스핀을 가진 두 전자를 금지하는 것은 아니다. 따라서 어떤 계의 정전기 에너지는 스핀들 간의 상대적 위치에 의존하게 될 것이다. 이때의 에너지 차가 **바꿈에너지**(exchange energy)

---

2) 두 개의 스핀이 반대로 평행한 경우에는 두 전자의 파동함수는 $u(\mathbf{r}_1)v(\mathbf{r}_2) + u(\mathbf{r}_2)v(\mathbf{r}_1)$에서와 같이 대칭적이다. 그러나 두 스핀이 평행인 경우에는 파동함수의 궤도 부분이 $u(\mathbf{r}_1)v(\mathbf{r}_2) - u(\mathbf{r}_2)v(\mathbf{r}_1)$과 같이 반대칭이 되어야 한다. 왜냐하면, 여기서는 좌표 $\mathbf{r}_1$, $\mathbf{r}_2$를 서로 바꿀 때 파동함수의 부호가 변하기 때문이다. 위치를 같게 놓으면, 즉 $\mathbf{r}_1 = \mathbf{r}_2$로 두면 반대칭 함수는 0이 된다. 즉, 평행 스핀에 대해서는 두 전자를 동일한 장소에서 발견할 확률이 0이 된다.

를 정의하는 것이다.

두 전자의 바꿈에너지는 마치 두 스핀의 방향 사이에 직접적인 결합이 있는 것처럼, 식 (6)에서와 같이 $-2J\mathbf{s}_1 \cdot \mathbf{s}_2$의 형태로 쓸 수가 있다. 강자성의 많은 경우에 있어서, 스핀을 고전적인 각운동량 벡터로 다루는 것은 좋은 근사가 된다.

바꿈적분과 퀴리온도 T_c 사이의 근사관계식을 구할 수 있다. 가령 원자가 z개의 최인접 원자를 갖고 있다고 하고, 최인접 원자가 각각 중앙의 원자와 바꿈 상호작용 J로 연결되어 있다고 하자. 이보다 먼 곳에 있는 원자에 대해서는 J값을 0으로 취하기로 하겠다. 이 경우에 대한 평균장 이론의 결과는 다음과 같다.

$$J = \frac{3k_BT_c}{2zS(S+1)} \quad . \tag{7}$$

이보다 좋은 통계적 근사법을 사용하면 약간 다른 결과를 얻을 수 있다. $S = \frac{1}{2}$인 경우, sc, bcc 및 fcc 구조에 대해서 러쉬브룩(Rushbrooke)과 우드(Wood)는 각각 $k_BT_c/zJ = 0.280;\ 0.325;\ 0.346$을 얻었다. 이는 식 (7)을 사용했더라면 이들 세 개의 구조에 대해서 각각 0.500을 얻게 되는 것과 대조를 이루고 있다. 철을 $S = 1$인 하이젠베르크 모형으로 나타낸다면 퀴리온도의 관측값은 $J = 11.9$ meV에 대응된다.

포화 자기화의 온도의존성*(temperature dependence of the saturation magnetization)*

퀴리온도 이하에서는 평균장 근사를 사용하여 자기화를 온도의 함수로 구할 수가 있다. 역시 전과 마찬가지 방법으로 전개하겠으나, 이번에는 퀴리법칙 대신에 자기화에 대한 완전한 브릴루앙(Brillouin) 식을 사용하겠다. 스핀 1/2인 경우, 이 식은 $M = N\mu \tanh(\mu B/k_BT)$가 된다.

외부 자기장을 0으로 두고 B를 분자장 $B_E = \lambda M$으로 대치하면 다음 식을 얻는다.

$$M = N\mu \tanh(\mu\lambda M/k_BT) \quad . \tag{8}$$

이 방정식의 0이 아닌 M의 값의 해가 0과 T_c 사이의 온도 범위에서 존재함을 알게 될 것이다.

식 (8)을 풀기 위해서 환산 자기화 $m = M/N\mu$와 환산온도 $t = k_BT/N\mu^2\lambda$를 도입하면, 식 (8)은 식 (9)가 된다.

$$m = \tanh(m/t) \quad . \tag{9}$$

이제 m의 함수인 이 식의 좌변과 우변의 그래프를 그림 3에 나타내면, 두 곡선의 교점이 관심 있는 온도에서의 m값을 나타낸다. 임계온도는 $t = 1$, 즉 $T_c = N\mu^2\lambda/k_B$이다.

이와 같은 방법으로 얻은 M 대 T의 곡선은, 그림 4의 니켈의 경우에서처럼, 실험결과의 특징을 대략 재현한다. T가 증가함에 따라 자기화는 순탄하게 감소하여 $T = T_c$에서 0이 된다. 이와 같은 변화로 인하여 통상적 강자성–상자성 전이는 2차전이로 분류된다.

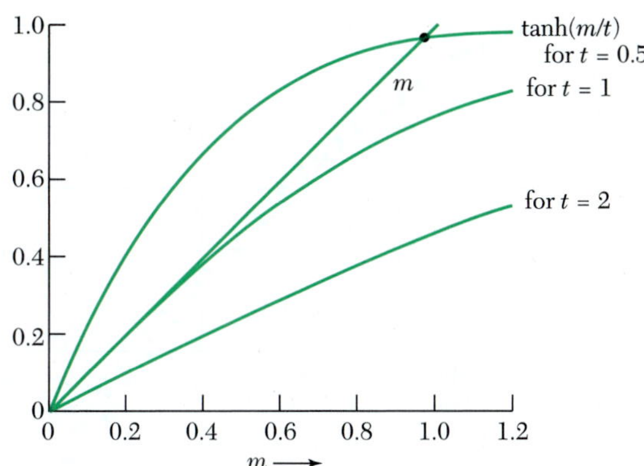

그림 3 환산 자기화 m을 온도의 함수로 구하기 위한 식 (9)의 그래프를 이용한 결과. 환산 자기화는 $m = M/N\mu$로 정의된다. 식 (9)의 좌변을 m의 함수로 그려보면 기울기가 1인 직선이다. 우변 $\tanh(m/t)$를 세 가지 다른 값의 환산온도 $t = k_BT/N\mu^2\lambda = T/T_c$에 대해서 m의 함수로 그려 놓았다. 세 곡선은 온도 $2T_c$, T_c 및 $0.5T_c$에 해당한다. $t = 2$에 대한 곡선은 $m = 0$인 점에서만 직선 m과 만난다. 이 점은 외부 자기마당이 없을 때의 상자성 영역에 해당한다. $t = 1$(즉, $T = T_c$)에 대한 곡선은 원점에서 직선 m에 접한다. 이 온도는 강자성의 시작을 나타내는 것이다. $t = 0.5$에 대한 곡선은 강자성 영역 내에 있으며, 직선 m과 대략 $m = 0.94N\mu$에서 만난다. $t \to 0$이면 교점은 $m = 1$에서 나타나게 되며 결국 모든 자기모멘트는 절대 0도에서 정렬된다.

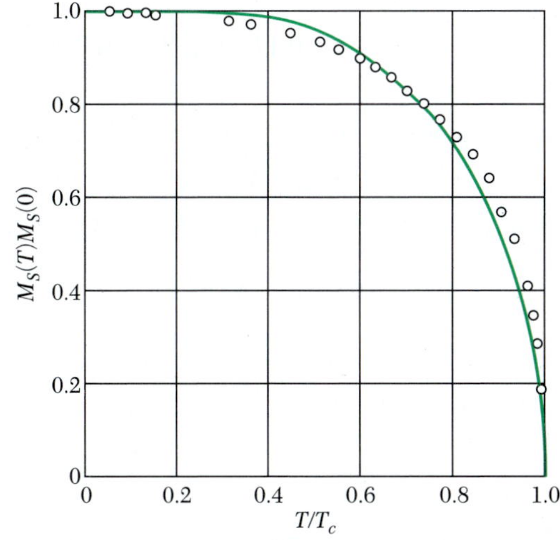

그림 4 온도의 함수로 표시한 니켈의 가득참 자기화와 평균마당 이론으로 구한 $S = 1/2$에 대한 이론 곡선 (P. Weiss와 R. Forrer의 결과 인용).

평균장 이론은 저온에서 M의 변화를 잘 기술하지 못한다. $T \ll T_c$인 경우, 식 (9)의 tanh의 인자는 크기 때문에 근사로 다음과 같이 표기할 수 있다.

$$\tanh \xi \cong 1 - 2e^{-2\xi} \ldots .$$

가장 낮은 차수만 취하면 자기화의 벗어나기 $\Delta M = M(0) - M(T)$는 다음 식으로 표

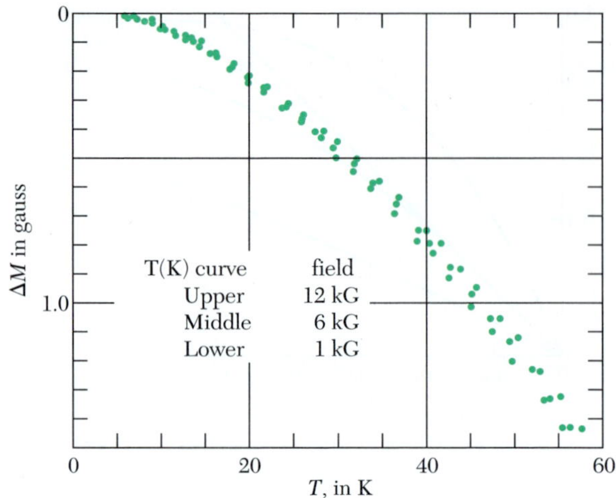

그림 5 니켈의 자기화의 온도에 따른 감소(Argyle와 Charap, 그리고 Pugh의 실험 결과). 이 그래프에서는 4.2 K일 때 $\Delta M \equiv 0$으로 하였다.

기 된다.

$$\Delta M \cong 2N\mu \exp(-2\lambda N\mu^2/k_B T) \ . \tag{10}$$

지수함수의 인자는 $-2T_c/T$와 같다. $T = 0.1T_c$인 경우, $\Delta M/N\mu \cong 4 \times 10^{-9}$인 값을 갖는다.

실험결과에 의하면 저온에서 ΔM의 온도의존성은 이보다 훨씬 더 급속하다. 그림 5의 실험값으로부터 $T = 0.1T_c$에서 $\Delta M/M \cong 2 \times 10^{-3}$이 된다. 실험에 의하여 관측된 바로는 ΔM에서의 지배적인 항은 다음 형태를 갖는다.

$$\Delta M/M(0) = AT^{3/2} \ . \tag{11}$$

여기서 상수 A의 실험값은 니켈의 경우 $(7.5 \pm 0.2) \times 10^{-6}$ $\text{deg}^{-3/2}$이고 철의 경우 $(3.4 \pm 0.2) \times 10^{-6}$ $\text{deg}^{-3/2}$이다. 식 (11)의 결과는 스핀파동 이론으로 자연스럽게 설명된다.

절대영도에서의 포화 자기화*(saturation magnetization at absolute zero)*

표 1에 포화 자기화 M_s, 강자성 퀴리온도 및 $M_s(0) = n_B N\mu_B$에 의해 정의되는 유효 마그네톤수 n_B를 식 (11.23)에 의해 정의되는 상자성 유효 마그네톤수 p와 혼돈해서는 안된다.

n_B의 관측값이 때로는 정수가 아니다. 이에 대해서는 여러 가지 가능한 요인이 있다. 그 중 한 가지는 어느 정도의 궤도 자기모멘트(orbital magnetic moment)를 더하거나 빼주는 스핀-궤도(spin-orbit) 상호작용이다. 또다른 요인은 강자성 금속

표 1 강자성 결정체

Substance	Magnetization M_s, in gauss: Room temperature	0 K	n_B(0 K), per formula unit	Curie temperature, in K
Fe	1707	1740	2.22	1043
Co	1400	1446	1.72	1388
Ni	485	510	0.606	627
Gd	—	2060	7.63	292
Dy	—	2920	10.2	88
MnAs	670	870	3.4	318
MnBi	620	680	3.52	630
MnSb	710	—	3.5	587
CrO_2	515	—	2.03	386
$MnOFe_2O_3$	410	—	5.0	573
$FeOFe_2O_3$	480	—	4.1	858
$NiOFe_2O_3$	270	—	2.4	(858)
$CuOFe_2O_3$	135	—	1.3	728
$MgOFe_2O_3$	110	—	1.1	713
EuO	—	1920	6.8	69
$Y_3Fe_5O1_2$	130	200	5.0	560

에서의 상자성 이온 중심 주위에 국부적으로 유도된 전도전자의 자기화이다. 세 번째 요인은 준강자성 물질 내부의 스핀배열에 대한 그림 1에서 알 수 있다. 스핀 투영(projection)이 $+S$인 두 원자마다 $-S$인 원자가 한개 있다면 평균 스핀은 $\frac{1}{3}S$가 된다.

실제로 모든 이온스핀이 바닥상태에서 평행이 되는 어떤 간단한 강자성 절연체가 존재할 것인가? 현재 알려진 몇몇 간단한 강자성체 중에는 $CrBr_3$, EuO 및 EuS가 있다. 띠 모형은 전이금속 Fe, Co, Ni의 강자성에 대한 가장 알맞은 모형이다. 그림 6과 7은 이 모형을 나타내고 있다. 4s의 띠와 3d 띠의 관계를, 강자성체가 아닌 구리에 대해서 그림 6에 도시하였다. 구리로부터 한 개의 전자를 제거하면 니켈을 얻게 되는데, 이때 니켈은 3d 띠에 하나의 빈자리를 가질 가능성을 갖게 된다. $T > T_c$인 온도에 대해서 그림 7a에 표시한 니켈의 띠구조에서는 구리의 경우와 비교해 볼 때 3d 띠로부터 $2 \times 0.27 = 0.54$개의 전자와 4s 띠로부터 0.46개의 전자를 제거한 셈이다.

절대 0도에서의 니켈의 띠구조는 그림 7b에 도시되어 있다. 니켈은 강자성체이며 절대 0도에서 한 원자당 $n_B = 0.6$ 보어 마그네톤을 갖고 있다. 궤도 전자운동에 의한 자기모멘트의 기여를 고려한 후에도 니켈은 원자 한 개당 0.54개의 전자가 과잉으로 스핀이 한쪽 방향을 향하고 있다. 금속의 감수율을 바꿈 상호작용이 증진시켜 주는 점에 관한 것이 연습문제 11.6의 주제였다.

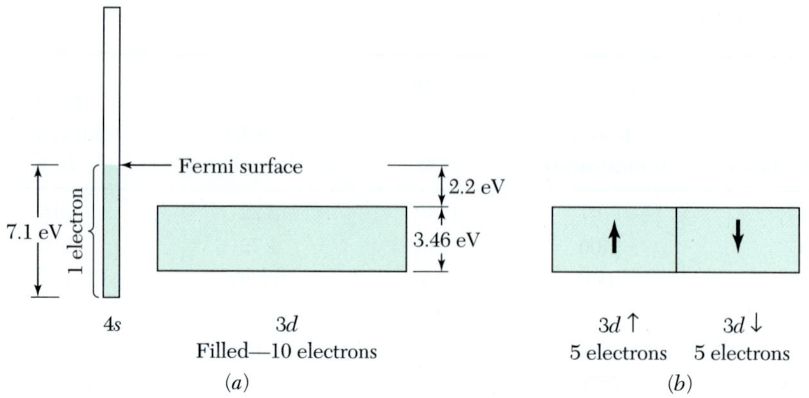

그림 6a 금속 구리에서의 4*s* 띠와 3*d* 띠의 개략적인 관계. 3*d* 띠는 원자당 10개의 전자를 가질 수 있으며 완전히 차있다. 4*s* 띠는 원자당 두 개의 전자를 가질 수 있다. 이 띠는 절반이 차있는데, 그 이유는 구리가 꽉 찬 3*d* 껍질 밖에 하나의 바깥 전자를 갖기 때문이다.
그림 6b 구리의 꽉 찬 3*d* 띠를 두 개의 부분 띠로 갈라 놓았는데, 각 부분 띠는 5개의 전자를 포함하고 있으며, 두 부분 띠는 서로 상반된 전자 스핀의 방향을 갖고 있다. 두 부분 띠가 그림과 같이 완전히 차 있으면 *d* 띠의 총 스핀(따라서, 총 자기화)은 0이 된다.

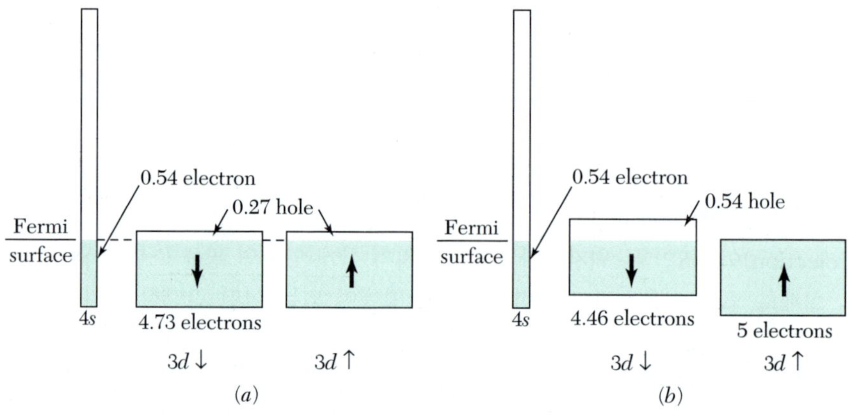

그림 7a 퀴리온도 이상에서 니켈의 띠 관계. 총 자기모멘트는 0이다. 왜냐하면, 3*d* ↓ 띠와 3*d* ↑ 띠에 모두 동일한 수의 양공(hole)이 존재하기 때문이다.
그림 7b 절대 0도에서 니켈의 띠들 사이의 개략적인 관계. 바꿈 상호작용으로 3*d* ↑ 부분 띠(sub-band)와 3*d* ↓ 부분 띠의 에너지가 갈라져 있다. 3*d* ↑ 띠는 완전히 차있고, 3*d* ↓ 띠는 4.46개의 전자와 0.54개의 양공을 수용하고 있다. 4*s* 띠는 두 스핀 방향의 전자를 대략 같은 수만큼 수용하고 있다고 보통 생각하고 있으며, 따라서 그것을 두 개의 부분 띠로 갈라 놓을 필요는 없다. 원자당 $0.54\mu_B$의 알짜 자기모멘트는 3*d* ↑ 띠가 3*d* ↓ 띠보다 더 많이 차지하기 때문에 나타나는 것이다. 자기화가 3*d* ↓ 부분 띠 안에 0.54개의 양공으로부터 생긴다고 하는 것이 때로는 편리하다.

마그논
MAGNONS

마그논이란 양자화된 스핀파동이다. 마그논의 ω 대 k의 분산관계를 구하기 위하여 포논에 대해서 했던 것처럼 고전적인 논법을 사용해 보기로 하자. 그리고는 마그논에너

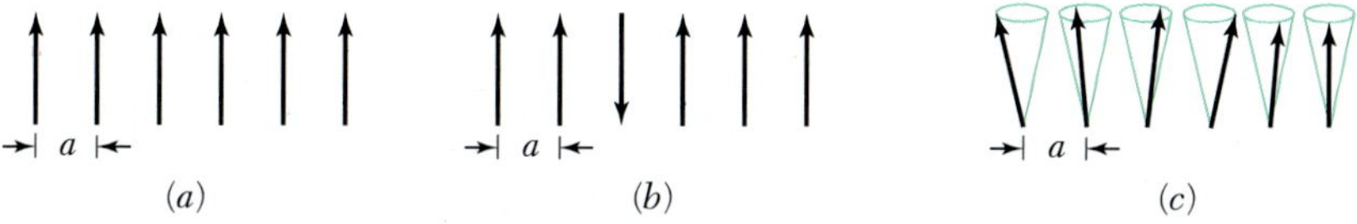

그림 8 (a) 간단한 강자성체의 바닥상태에 대한 고전적인 모형. 모든 스핀은 나란하다. (b) 한 가지 가능한 들뜸. 스핀 한개가 반전되어 있다. (c) 에너지가 낮은 기본 들뜸은 스핀파동이다. 스핀벡터의 끝은 원뿔형 표면을 따라서 세차운동을 하는데, 오른쪽으로 한개의 스핀씩 진행함에 따라서 스핀의 위상은 일정한 각도 만큼 앞서 있다.

지를 양자화하고 이와 같은 양자화를 스핀 반전으로 해석해 보고자 한다.

간단한 강자성체의 바닥상태에서는 그림 8a에서와 같이 모든 스핀이 평행하다. 직선이나 고리 모양으로 배열되어 있는 N개의 스핀을 생각해 보기로 하자. 각 스핀은 크기가 S라 하고 가장 가까이 있는 스핀과는 다음과 같은 하이젠베르크 상호작용에 의해 결합되어 있다고 하자.

$$U = -2J \sum_{p=1}^{N} \mathbf{S}_p \cdot \mathbf{S}_{p+1} \quad . \tag{12}$$

여기서 J는 바꿈적분이고 $\hbar\mathbf{S}_p$는 p자리에 있는 스핀의 각운동량이다. 스핀 $\mathbf{S}_p$를 고전적인 벡터로 취급하면 바닥상태에서는 $\mathbf{S}_p \cdot \mathbf{S}_{p+1} = S^2$이 되고 이 계의 바꿈에너지는 $U_0 = -2NJS^2$이 된다.

그러면 첫 번째 들뜬 상태의 에너지는 얼마가 되겠는가? 우선, 그림 8b에서와 같이 한개의 특정한 스핀이 반전된 들뜬 상태를 생각해 보기로 하자. 식 (12)로부터 알 수 있는 바와 같이 이와 같은 반전은 에너지를 $8JS^2$만큼 증가시키므로 첫 번째 들뜸 에너지는 $U_1 = U_0 + 8JS^2$이 된다. 그러나 그림 8(c)에서와 같이, 모든 스핀이 반전을 나누어 갖게 되면, 위의 경우보다 훨씬 낮은 에너지의 들뜸을 이룰 수가 있게 된다. 스핀계의 기본 들뜸은 파동 모양의 형태로 되어 있으며, 이를 **마그논**(magnon)이라 부른다(그림 9). 이것은 격자진동, 즉 포논과 유사하다. 스핀파동이 격자 상에 있는 스핀들간의 상대적 방향에 있어서의 진동이라면 격자진동은 격자 상에 있는 원자들의 상대적 위치에 대한 진동이다.

이제부터 마그논의 분산관계를 고전적으로 유도해 보자. 식 (12)에서 p번째 스핀을 기술하는 항은 다음과 같다.

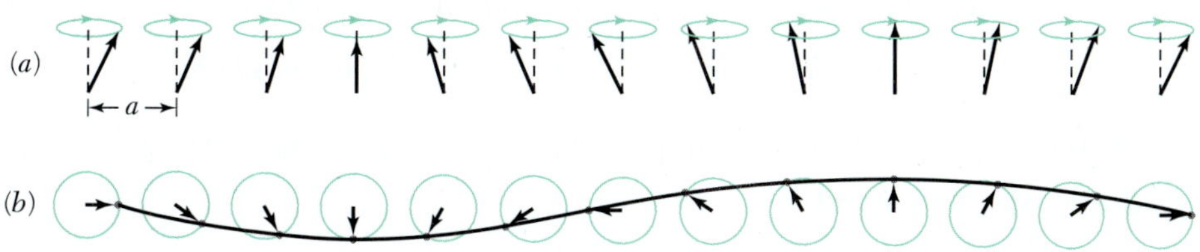

그림 9 일렬로 정렬해 있는 스핀계의 스핀파동. (a) 원근 화법으로 본 스핀. (b) 위에서 내려다본 스핀. 한개의 파장을 나타내고 있다. 파동을 스핀벡터의 끝을 통하여 그려 놓았다.

$$- 2J\mathbf{S}_p \cdot (\mathbf{S}_{p-1} + \mathbf{S}_{p+1}) \ . \tag{13}$$

p 자리에 있는 자기모멘트를 $\boldsymbol{\mu}_p = -g\mu_B \mathbf{S}_p$라고 쓰면 식 (13)은 다음 식이 된다.

$$-\boldsymbol{\mu}_p \cdot [(-2J/g\mu_B)(\mathbf{S}_{p-1} + \mathbf{S}_{p+1})] \ . \tag{14}$$

이것은 $-\boldsymbol{\mu}_p \cdot \mathbf{B}_p$의 형식으로 되어 있으며, p번째 스핀에 작용하는 유효 자기장, 즉 바꿈장은 다음 식으로 표현된다.

$$\mathbf{B}_p = (-2J/g\mu_B)(\mathbf{S}_{p-1} + \mathbf{S}_{p+1}) \ . \tag{15}$$

역학에서 배운 바에 의하면 각운동량 $\hbar\mathbf{S}_p$의 변화율은 그 스핀에 작용하는 돌림힘 $\boldsymbol{\mu}_p \times \mathbf{B}_p$와 같다. 즉 $\hbar d\mathbf{S}_p/dt = \boldsymbol{\mu}_p \times \mathbf{B}_p$ 또는

$$d\mathbf{S}_p/dt = (-g\mu_B/\hbar)\ \mathbf{S}_p \times \mathbf{B}_p = (2J/\hbar)(\mathbf{S}_p \times \mathbf{S}_{p-1} + \mathbf{S}_p \times \mathbf{S}_{p+1}) \tag{16}$$

직교좌표 성분을 취하면 x 성분에서 다음 식을 얻는다.

$$dS_p^x/dt = (2J/\hbar)[S_p^y(S_{p-1}^z + S_{p+1}^z) - S_p^z(S_{p-1}^y + S_{p+1}^y)] \ . \tag{17}$$

마찬가지로 y 및 z 성분에서 dS_p^y/dt 및 dS_p^z/dt에 대한 식을 얻는다. 이 방정식들은 스핀 성분의 곱을 포함하고 있으므로 선형 방정식이 아니다.

들뜸의 진동너비가 작으면(만약 S_p^x, $S_p^y \ll S$이면), 모든 $S_p^z = S$로 취하고 식 dS^z/dt에 나타나는 S^x와 S^y의 곱을 포함하는 식을 무시함으로써 선형 연립방정식을 얻을 수 있다. 선형 연립방정식은 다음과 같다.

$$dS_p^x/dt = (2JS/\hbar)(2S_p^y - S_{p-1}^y - S_{p+1}^y) \ ; \tag{18a}$$

$$dS_p^y/dt = -(2JS/\hbar)(2S_p^x - S_{p-1}^x - S_{p+1}^x) \ ; \tag{18b}$$

$$dS_p^z/dt = 0 \ . \tag{19}$$

포논 문제와 마찬가지로 식 (18)의 해로서 다음과 같은 형식을 갖는 진행파를 찾아 보기로 하자.

$$S_p^x = u \exp[i(pka - \omega t)] \ ; \qquad S_p^y = v \exp[i(pka - \omega t)] \ . \tag{20}$$

여기서 u, v는 상수이고, p는 정수, 그리고 a는 격자상수이다. 식 (18)에 대입하면 다음과 같은 연립방정식을 얻는다.

$$-i\omega u = (2JS/\hbar)(2 - e^{-ika} - e^{ika})\ v = (4JS/\hbar)(1 - \cos ka)v \ ;$$

$$-i\omega v = -(2JS/\hbar)(2 - e^{-ika} - e^{ika})u = -(4JS/\hbar)(1 - \cos ka)u \ .$$

이 연립방정식은 계수의 행렬식이 0이 될 때 0이 아닌 u와 v의 해를 갖는데, 이는 다음과 같은 식으로 표현된다.

$$\begin{vmatrix} i\omega & (4JS/\hbar)(1 - \cos ka) \\ -(4JS/\hbar)(1 - \cos ka) & i\omega \end{vmatrix} = 0 \ . \tag{21}$$

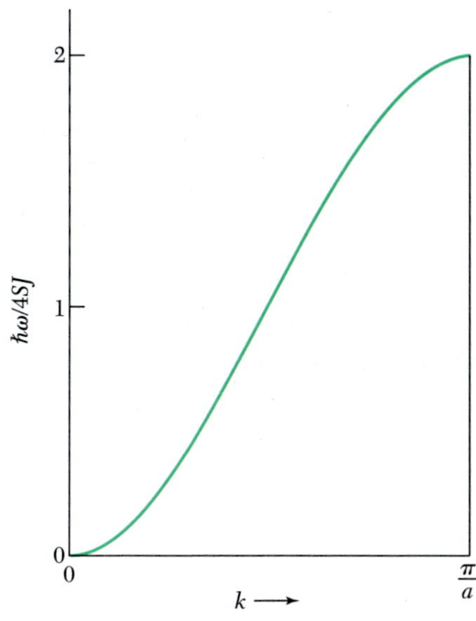

그림 10 1차원의 강자성체에서의 최인접 원자간 상호작용만을 생각했을 경우의 마그논에 대한 분산 관계.

이 식을 풀면 다음과 같은 식을 얻는다.

$$\hbar\omega = 4JS(1 - \cos ka) \ . \tag{22}$$

이 결과는 그림 10에 도시되었다. 이 해로부터 z축을 중심으로 각 스핀의 원 세차운동에 해당하는 $v = -iu$를 찾았는데, 이는 v를 $-iu$로 놓고 식 (20)의 실수부를 취하면 다음과 같은 식들로 확인할 수 있다.

$$S_p^x = u\cos(pka - \omega t) \ ; \qquad S_p^y = u\sin(pka - \omega t) \ .$$

식 (22)는 최인접 원자간 상호작용만을 고려한 1차원 문제에서의 스핀파동에 대한 분산관계이다. 완전히 동일한 식을 양자역학적으로 얻을 수 있다. *QTS*의 4장을 보라. $ka \ll 1$인 긴파장 영역에서는 $(1 - \cos ka) \cong \frac{1}{2}(ka)^2$ 이므로

$$\hbar\omega \cong (2JSa^2)k^2 \tag{23}$$

과 같은 식을 얻을 수 있다. 따라서 진동수는 k^2에 비례한다. 이와 동일한 극한 영역에서 포논의 진동수는 k에 비례한다.

최인접 원자간 상호작용을 하는 강자성 입방격자에 대한 분산관계는

$$\hbar\omega = 2JS[z - \sum_{\delta}\cos(\mathbf{k}\cdot\boldsymbol{\delta})] \tag{24}$$

가 된다. 여기서 합은 중앙의 원자를 최인접 원자까지 이어주는 z개의 벡터 $\boldsymbol{\delta}$에 대한 것이다. $ka \ll 1$인 경우, 모든 입방격자에 대해서

$$\hbar\omega = (2JSa^2)k^2 \tag{25}$$

이 된다. 여기서 a는 격자상수이다.

k^2의 계수는 때로 중성자 산란이나 얇은 막에서의 스핀파동 공명에 의하여 정확히 결정될 수가 있다(13장 참조). 쉬란(G. Shirane)과 그의 공동 연구자들은 중성자 산란에 의하여 $\hbar\omega = Dk^2$ 식에서의 D값을 Fe, Co, 및 Ni에 대해서 295 K에서 측정하여 각각 281, 500 및 364 meV Å^{2}을 얻었다.

스핀파동의 양자화*(quantization of spin waves)*

스핀파동의 양자화는 광자 및 포논에 대한 양자화와 같은 방법으로 수행된다. 진동수가 ω_k이고 마그논 수가 n_k인 경우 에너지는

$$\epsilon_k = (n_k + \tfrac{1}{2})\hbar\omega_k \tag{26}$$

로 주어진다. 한 개의 마그논 들뜸은 한 개의 스핀 $\frac{1}{2}$의 반전에 대응된다.

마그논의 열들뜸*(thermal excitation of magnons)*

열 평형일 때 n_k의 평균값은 플랑크(Planck) 분포[3)]

$$\langle n_k \rangle = \frac{1}{\exp(\hbar\omega_k/k_BT) - 1} \tag{27}$$

에 의하여 주어진다. 온도 T일 때 들뜨게 되는 마그논의 총수는

$$\sum_{\mathbf{k}} n_{\mathbf{k}} = \int d\omega\, D(\omega)\langle n(\omega)\rangle \tag{28}$$

가 된다. 여기서 $D(\omega)$는 단위 진동수 영역당 마그논 모드의 수이다. 적분 범위는 $\mathbf{k}$의 허용 범위, 즉 첫째 브릴루앙 영역이다. 충분히 온도가 낮은 경우에는 이 적분 범위를 0으로부터 ∞까지 취해도 된다. 왜냐하면, $\omega \to \infty$일 때 $\langle n(\omega)\rangle$는 지수함수처럼 0으로 접근하기 때문이다.

마그논은 각각의 $\mathbf{k}$에 대해서 한 가지 편광만을 갖고 있다. 3차원에서는 k보다 작은 파동벡터(wave vector) 모드수가 단위부피당 $(1/2\pi)^3(4\pi k^3/3)$이 되므로 진동수 ω에서 $d\omega$ 간격 내의 마그논 수 $D(\omega)d\omega$는 $(1/2\pi)^3(4\pi k^2)(dk/d\omega)d\omega$가 된다. 식 (25)의 근사로는

$$\frac{d\omega}{dk} = \frac{4JSa^2k}{\hbar} = 2\left(\frac{2JSa^2}{\hbar}\right)^{1/2}\omega^{1/2}$$

이 된다. 그래서 마그논에 대한 모드밀도는

3) 이 논법은 포논이나 광자에 대한 것과 똑같다. 에너지 준위가 조화 진동자나 조화 진동자 집단과 같은 어떠한 문제에서도 플랑크 분포는 성립한다.

$$D(\omega) = \frac{1}{4\pi^2}\left(\frac{\hbar}{2JSa^2}\right)^{3/2}\omega^{1/2} \tag{29}$$

이 된다. 따라서, 식 (28)의 전체 마그논 수는 다음과 같이 쓸 수 있다.

$$\sum_{\mathbf{k}} n_{\mathbf{k}} = \frac{1}{4\pi^2}\left(\frac{\hbar}{2JSa^2}\right)^{3/2}\int_0^\infty d\omega \frac{\omega^{1/2}}{e^{\beta\hbar\omega}-1} = \frac{1}{4\pi^2}\left(\frac{k_BT}{2JSa^2}\right)^{3/2}\int_0^\infty dx\frac{x^{1/2}}{e^x-1}\ .$$

여기의 정적분 값은 표에서 찾아볼 수 있으며 $(0.0587)(4\pi^2)$이 된다.

단위부피당의 원자의 수 N은 Q/a^3으로 쓸 수 있는데, 여기서 Q값은 sc, bcc, fcc에 대해서 각각 Q = 1, 2, 4가 된다. $(\Sigma n_{\mathbf{k}})/NS$는 자기화의 변환 비율 $\Delta M/M(0)$와 같기 때문에

$$\boxed{\frac{\Delta M}{M(0)} = \frac{0.0587}{SQ}\cdot\left(\frac{k_BT}{2JS}\right)^{3/2}} \tag{30}$$

이 된다.

이 결과가 블로흐 $T^{3/2}$법칙이며 실험적으로도 확인되었다. 중성자 산란 실험에서 스핀파동은 퀴리온도 근처나 그 이상의 온도까지도 관측된 바 있다.

중성자의 자기 산란
NEUTRON MAGNETIC SCATTERING

엑스선 광자는 전자의 전하밀도의 자기화 상태에 무관하게 전자의 공간적 전하분포에 의하여 산란된다. 그런데 중성자는 결정체의 두 가지 분포, 즉 핵의 분포와 전자의 자기화 분포에 의하여 산란된다. 그림 11은 철에 대한 중성자 에돌이무늬를 나타내고 있다.

중성자의 자기모멘트는 전자의 자기모멘트와 상호작용한다. 중성자-전자 상호작용의 단면적은 중성자-핵 상호작용의 단면적의 크기와 같은 정도이다. 자성 결정체에 대한 중성자의 에돌이는 자기모멘트의 분포방향 및 질서를 결정해 준다.

중성자는 자기적 구조에 의하여 비탄성 산란을 할 수 있는데, 이때 마그논이 생성 또는 소멸되는 것이다(그림 12). 이러한 현상은 마그논 빛띠의 실험적 결정을 가능케 하는 것이다. 만일 파동벡터 $\mathbf{k}_n$의 중성자가 입사하여 $\mathbf{k}_n'$의 파동벡터로 산란되면서 파동벡터 $\mathbf{k}$의 마그논이 생성되면, 결정 운동량의 보존에 의하여 $\mathbf{k}_n = \mathbf{k}_n' + \mathbf{k} + \mathbf{G}$가 된다. 여기서 $\mathbf{G}$는 역격자 벡터이다. 에너지 보존 법칙에 의하여

$$\frac{\hbar^2k_n^2}{2M_n} = \frac{\hbar^2k_n'^2}{2M_n} + \hbar\omega_{\mathbf{k}} \tag{31}$$

가 된다. 여기서 $\hbar\omega_{\mathbf{k}}$는 이 과정에서 생성된 마그논의 에너지이다. 그림 13은 $MnPt_3$에 대해서 관측된 마그논 빛띠를 나타내고 있다.

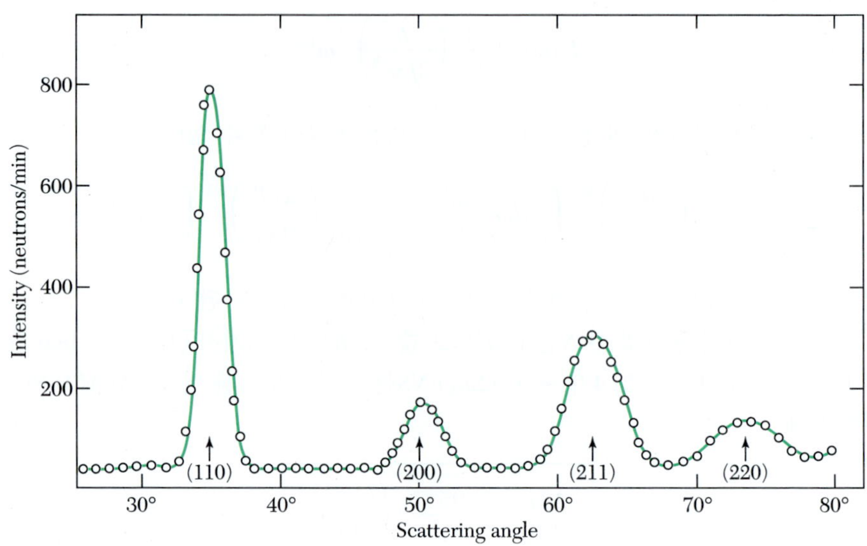

그림 11 철에 대한 중성자 흩뜨림 무늬(C. G. Shull, E. O. Wollan, W. C. Koehler의 결과 인용).

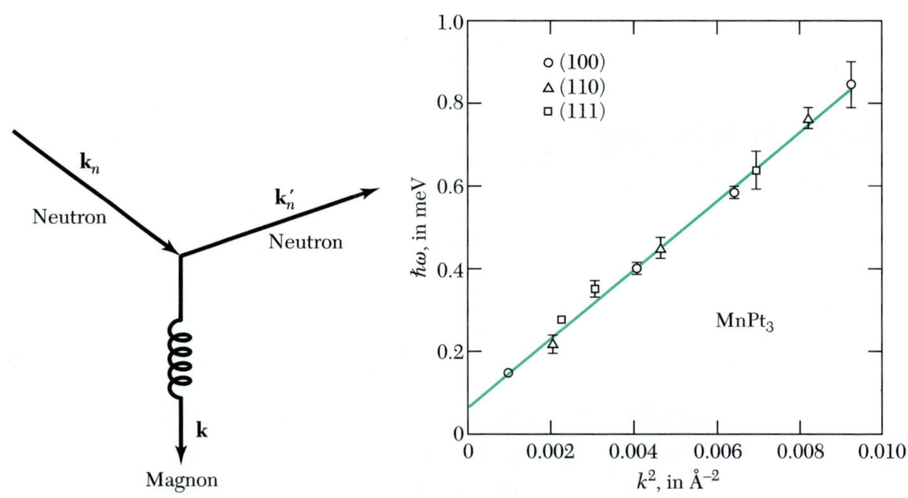

그림 12 질서 있는 자기 구조에 의한 중성자의 흩뜨림과 마그논의 생성.

그림 13 강자성체 MnPt3에 대해서 마그논 에너지를 파동벡터 제곱의 함수로 표시하였다(B. Antponini와 V. J. Minkiewicz의 결과 인용).

준강자성 질서

FERRIMAGNETIC ORDER

절대 0도에서 많은 강자성 결정체들이 결정 내의 상자성 이온의 자기모멘트가 평행하게 배열되어 포화 자기화를 갖는 것은 아니다. 이와 같은 현상은 정상적인 자기모멘트를 갖는 개개의 상자성 이온들로 이루어진 결정체에서도 나타난다.

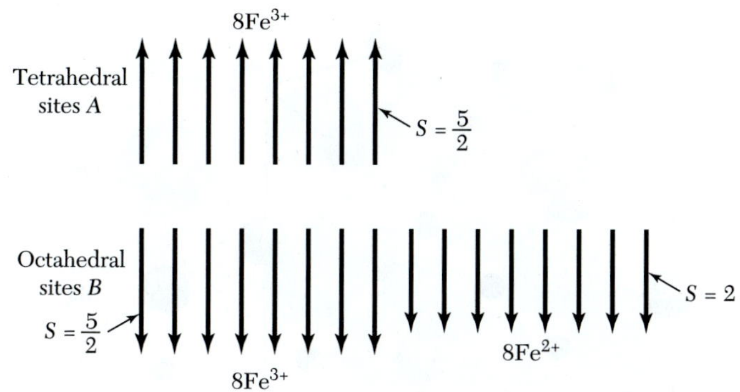

그림 14 자철광 FeO • Fe_2O_3의 스핀 배열. 이 배열에서는 Fe^{3+} 이온의 모멘트가 상쇄되고 Fe^{2+} 이온의 모멘트만이 남는다.

가장 잘 알려진 경우는 자철광 Fe_3O_4, 즉 FeO • Fe_2O_3이다. 표 11.2에서 볼 수 있던 바와 같이 Fe^{3+} 이온은 스핀 $S = \frac{5}{2}$이고, 궤도모멘트가 0인 상태에 있다. 그래서 각 이온은 $5\mu_B$씩을 포화 모멘트에 기여할 것이다. Fe^{2+} 이온은 스핀값이 2이므로 남은 궤도모멘트에 의한 것을 제외하면 $4\mu_B$씩을 기여할 것이다. 그래서 만일 모든 스핀이 평행이라면 Fe_3O_4 구조 단위의 유효 보어마그네톤 수는 대략 $2 \times 5 + 4 = 14$가 되어야 할 것이다.

그런데 관측값(표 1)은 4.1밖에 되지 않는다. 이와 같은 불일치는 Fe^{3+} 이온의 모멘트들이 서로 반대로 배열되어서 완전히 상쇄된 것으로 설명될 수 있다. 이렇게 된다면 관측된 모멘트는 그림 14에서와 같이 Fe^{2+} 이온으로부터만 얻어진 것이다. 중성자에 돌이 결과는 이 모형과 일치한다.

네엘(L. Néel)은 이와 같은 형식의 스핀질서로 인한 결과를 가지고 페라이트(ferrite)라고 알려진 중요한 부류의 자성 산화물에 적용하여 조직적으로 논의하였다. 페라이트의 통상적인 화학 구조식은 MO • Fe_2O_3이다. 여기서 M은 2가의 양이온으로 흔히 Zn, Cd, Fe, Ni, Cu, Co 또는 Mg이다. **준강자성**(ferrimagnetic)이라는 용어는 원래 그림 14와 같은 페라이트형 강자성 스핀 질서를 기술하기 위해 만들어졌으나, 이제는 이를 확장해서 일부 이온이 다른 이온에 반대되는 모멘트를 가지는 어떠한 화합물을 나타내는 데도 사용된다. 많은 준강자성체는 전기적으로 불량 도체이며, 이와 같은 특성으로 고주파 변압기 심(core)에 이용되기도 한다.

입방 페라이트는 그림 15와 같은 **스피넬**(spinel) 결정 구조를 갖고 있다. 한 개의 단위 입방날칸 내에는 8개의 사면체(또는 A) 자리와 16개의 팔면체(또는 B) 자리가 있다. 격자 상수는 대략 8Å이다. 스피넬의 주목할 만한 특징은 모든 바꿈적분 JAA, JAB 및 JBB가 음(negative)의 값을 가지며, 이 상호작용에 의하여 스핀이 반평행 배열을 선호한다는 것이다. 그러나 AB 상호작용이 가장 강하기 때문에 A 스핀들과 *B* 스핀들은 각각 상호 평행하게 배열하고 *A* 스핀들은 *B* 스핀들에 **반평행**으로 배열될 것이다. 만일, $U = -2J\mathbf{S}_i \cdot \mathbf{S}_j$의 J가 양이라면 바꿈적분은 강자성이라고 말한다. J가 음이면 바꿈 적분은 반강자성이 된다.

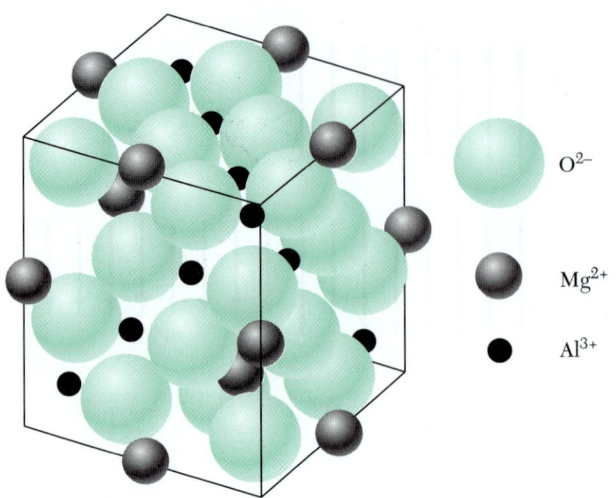

그림 15 광물 스피넬 $MgAl_2O_4$의 결정구조. Mg^{2+} 이온은 사면체 자리를 차지하고 있으며 각 이온은 네 개의 산소 이온에 의하여 둘러싸여 있다. Al^{3+} 이온은 팔면체 자리를 차지하고 있으며, 각 이온은 6개의 산소 이온에 의하여 둘러싸여 있다. 이것은 정상 스피넬 배열이다. 즉, 2가의 금속 이온은 사면체 자리를 차지하고 있다. 역스피넬 배열에서는 사면체 자리를 3가의 금속 이온이 차지하고, 팔면체 자리를 2가의 금속 이온과 3가의 금속 이온이 반반씩 차지하고 있다.

이제부터 세 가지 반강자성 상호작용이 준강자성을 일으킬 수 있다는 것을 증명해 보자. A 및 B 스핀 격자에 작용하는 평균 바꿈장은

$$\mathbf{B}_A = -\lambda\mathbf{M}_A - \mu\mathbf{M}_B \ ; \quad \mathbf{B}_B = -\mu\mathbf{M}_A - \nu\mathbf{M}_B \tag{32}$$

와 같이 쓸 수가 있다. 여기서 상수 λ, μ, ν는 모두 양으로 취한다. 그러면 음부호는 반평행의 상호작용에 대응된다. 상호작용 에너지밀도는

$$U = -\tfrac{1}{2}(\mathbf{B}_A\cdot\mathbf{M}_A + \mathbf{B}_B\cdot\mathbf{M}_B) = \tfrac{1}{2}\lambda M_A^2 + \mu\mathbf{M}_A\cdot\mathbf{M}_B + \tfrac{1}{2}\,\nu M_B^2 \tag{33}$$

으로 $\mathbf{M}_A$가 $\mathbf{M}_B$에 평행일 때보다도 $\mathbf{M}_A$가 $\mathbf{M}_B$에 반평행일 때 더 작다. 그런데 $M_A = M_B = 0$도 가능한 해이기 때문이므로 반평행일 때의 에너지를 0의 에너지와 비교하여야 한다. 그래서

$$\mu M_A M_B > \tfrac{1}{2}(\lambda M_A^2 + \nu M_B^2) \tag{34}$$

일 때 바닥상태는 M_A와 M_B가 반대로 평행이 되는 배열을 갖게 된다(어떤 조건하에서는 이보다 더 낮은 에너지를 갖는 비선형 스핀 배열이 있을 수 있다).

퀴리온도와 준강자성의 감수율(Curie temperature and susceptibility of ferrimagnets)

A 자리와 B 자리에 있는 이온에 대한 퀴리상수 C_A와 C_B를 따로 정의하기로 하자. 문제를 간단히 하기 위하여 A 자리와 B 자리 사이의 반평행 상호작용을 제외한 모든 상호작용을 0이라고 가정하면 $\mathbf{B}_A = -\mu\mathbf{M}_B$; $\mathbf{B}_B = -\mu\mathbf{M}_A$가 된다. 여기서 μ는 양이다.

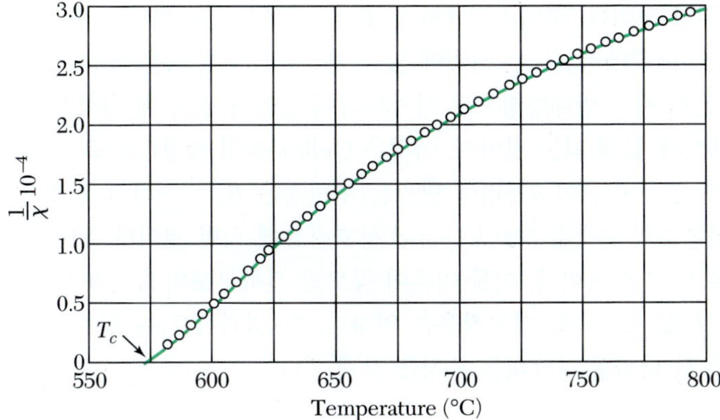

그림 16 자철광 $FeO \cdot Fe_2O_3$의 역감수율.

식 (33) 형식에 맞추기 위해 동일한 상수 μ가 두 식에서 사용되었다.

평균장 근사를 사용하면

$$\text{(CGS)} \qquad M_AT = C_A(B_a - \mu M_B) \;;\quad M_BT = C_B(B_a - \mu M_A) \tag{35}$$

를 얻게 된다. 여기서 B_a는 외부에서 작용한 자기장이다. 만일 이 두 방정식들이

$$\begin{vmatrix} T & \mu C_A \\ \mu C_B & T \end{vmatrix} = 0 \tag{36}$$

을 만족하면, $B_a = 0$일 때 M_A와 M_B에 대한 0이 아닌 해를 갖게 된다. 이 식으로부터 준강자성 퀴리온도는 $T_c = \mu(C_AC_B)^{1/2}$이 된다.

식 (35)를 M_A와 M_B에 대해 풀어서 $T > T_c$일 때의 감수율을 구해보면 다음 식을 얻는다.

$$\text{(CGS)} \qquad \chi = \frac{M_A + M_B}{B_a} = \frac{(C_A + C_B)T - 2\mu C_AC_B}{T^2 - T_c^2} \;. \tag{37}$$

이 결과는 식 (4)보다 훨씬 복잡하다. 그림 16은 Fe_3O_4에 대한 실험값을 나타내고 있다. $1/\chi$ 대 T곡선의 곡률은 준강자성체 특성 중의 하나이다. 이제는 반강자성의 경우인 $C_A = C_B$를 고려해 보겠다.

철 석류석(iron garnets)

철 석류석은 입방 준강자성 절연체로서 $M_3Fe_5O_{12}$라는 일반적 화학식을 갖고 있다. 여기서 M은 3가 금속 이온이고 Fe는 3가 이온($S = \frac{5}{2}$, $L = 0$)이다. 한 가지 예를 들면, 이트륨 철 석류석($Y_3Fe_5O_{12}$)이 있으며, YIG라 고 알려져 있다. 여기서 Y^{3+}는 반자성이다.

YIG의 알짜자기화는 두 개의 상호 반대방향으로 자기화된 Fe^{3+} 이온 격자의 합

성 효과에 의한 것이다. 절대 0도에서 각 Fe^{3+} 이온은 자기화에 $\pm 5\mu_B$씩을 기여하지만, 각 화학식 단위에서 d라는 자리에 있는 세 개의 Fe^{3+} 이온과 a자리에 있는 두 개의 Fe^{3+} 이온이 서로 반대방향으로 자기화되어 있어서 결국 매 화학식 단위당 $5\mu_B$씩의 자기모멘트를 갖게 되는 것이며, 이것은 Geller 등의 측정값과도 잘 일치한다.

d자리에 있는 이온이 a자리에 만드는 평균장은 $B_a = -(1.5 \times 10^4)M_d$가 된다. YIG의 퀴리온도의 관측값 559 K는 a-d 상호작용에 의한 것이다. YIG에서의 유일한 자성 이온은 Fe^{3+} 이온이다. 이들 이온이 공모양 전하분포의 $L = 0$ 상태에 있기 때문에 격자 변형 및 포논과의 상호작용은 약하다. 그 결과 YIG는 강자성 공명실험에서 지극히 좁은 선 너비를 나타내는 특징을 갖게 된다.

반강자성 질서
ANTIFERROMAGNETIC ORDER

중성자에 의하여 자기적 구조를 결정짓는 대표적인 예가 그림 17에 도시되어 있는데, 이것은 NaCl 구조를 가진 MnO에 대한 것이다. 80 K에서는 293 K에서 존재하

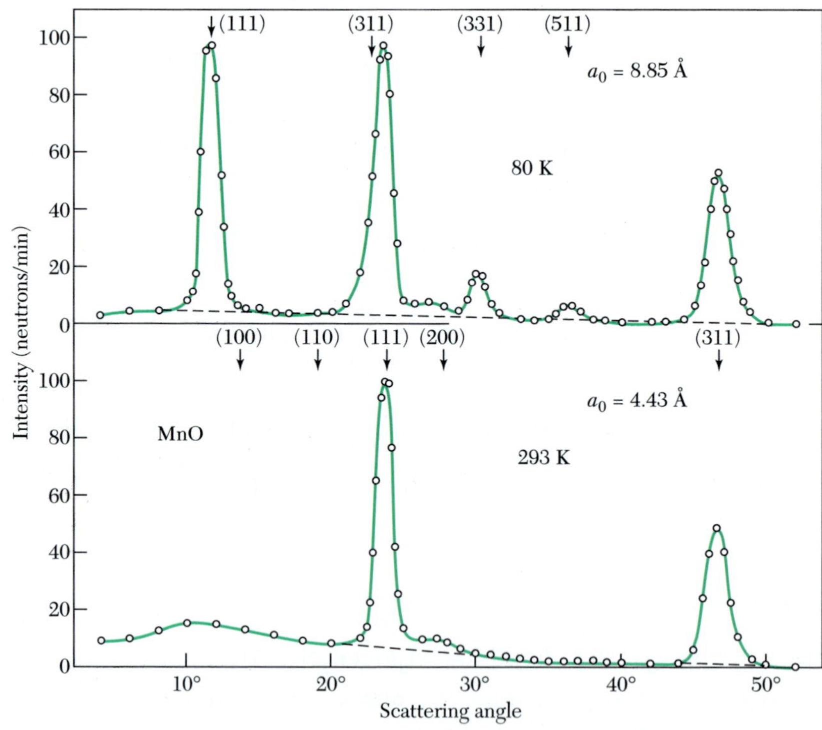

그림 17 스핀정렬온도인 120 K 상하에서의 MnO에 대한 중성자 에돌이 무늬. C. G. Shull, W. A. Strauser 및 E. O. Wollan의 측정 결과. 반사선의 지수는, 80 K의 경우에는 8.85 Å 낱칸에 관한 것이고, 293 K에서는 4.43 Å 낱칸에 관한 것이다. 더 높은 온도에서는 Mn^{2+} 이온은 여전히 자성을 띠고 있지만 정렬되어 있지는 않다.

지 않았던 새로운 중성자 반사선이 나타난다. 80 K에서의 반사선들은 격자상수가 8.85인 입방 단위낱칸의 지수로 표시되어 있다. 293 K에서는 반사선들의 격자상수가 fcc 단위 낱칸의 4.43 Å과 같다.

그러나 엑스선 반사에 의하여 결정되는 격자상수는 80 K와 293 K 모두에서 4.43Å이다. 결국 화학적 단위낱칸은 4.43 Å의 격자상수를 갖고 있지만, 80 K에서는 Mn^{2+} 이온의 전자적 자기모멘트가 어떤 비강자성 배열로 정렬되어 있다고 결론지을 수 있다. 만일 이 정렬이 강자성이었다면 화학적 낱칸과 자기적 낱칸은 동일한 반사선을 나타냈을 것이다.

그림 18에 표시한 스핀 배열은 중성자 에돌이 결과 및 자기적 측정 결과와 잘 들어 맞는다. 한개의 [111] 평면 내에 있는 스핀들은 평행하지만, 인접한 [111] 평면의 스핀들과는 반대 방향을 취하고 있다. 그래서 MnO는 그림 19에서와 같은 반강자성체이다.

반강자성체(antiferromagnet)에서 스핀들은 정렬온도, 즉 **네엘 온도** 이하의 온도에서 알짜모멘트가 0이 되도록 반평행으로 배열을 하고 있다(표 2 참조). 반강자성의 감수율은 $T = T_N$에서 무한대는 아니고, 그림 20에서와 같은 약한 뾰족함(weak

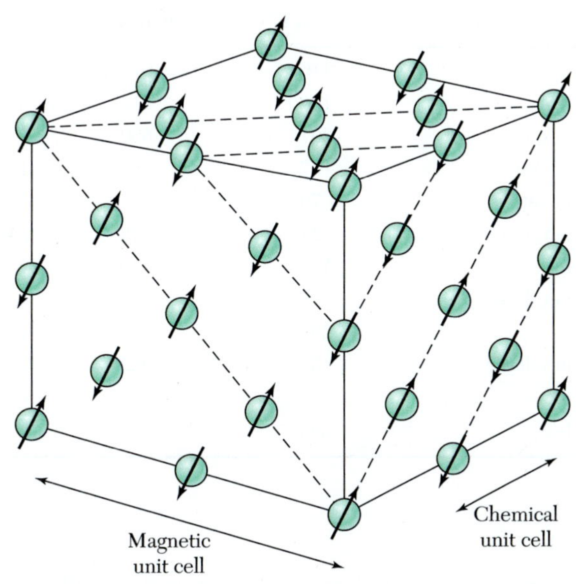

그림 18 중성자 에돌이로 결정한 산화망간(MnO)에서의 Mn^{2+} 이온의 스핀 배열. O^{2-} 이온은 표시되지 않았다.

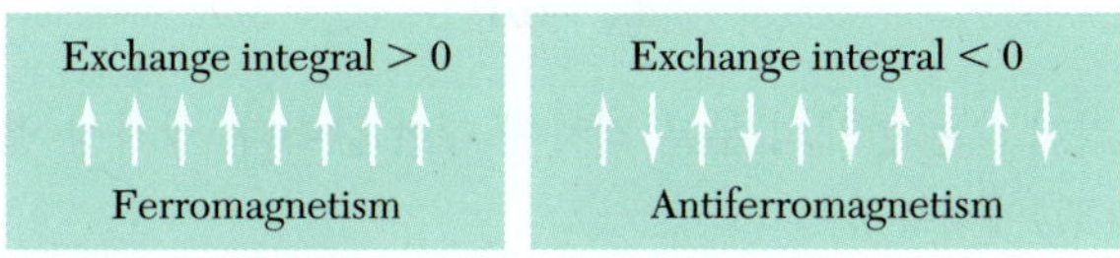

그림 19 강자성체(J > 0)와 반강자성체(J < 0)에서의 스핀 정렬.

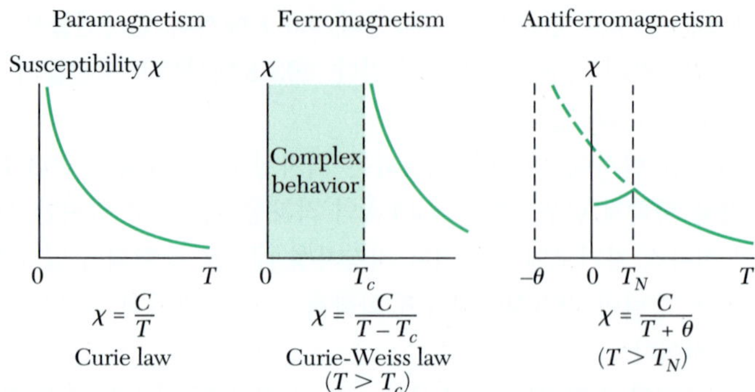

그림 20 상자성체, 강자성체 및 반강자성체에서의 자기 감수율의 온도의존성. 반강자성체의 네엘 온도 이하에서는 스핀들은 반평행 방위를 취하게 된다. 감수율은 T_N에서 극대값을 취하게 되는데, 여기서 χ 대 T 곡선은 잘 정의된 첨점(kink)을 갖게 된다. 이와 같은 전이가 일어날 때 열들이와 열팽창 계수에서도 봉우리(peak)가 나타난다.

표 2 반강자성 결정

Substance	Paramagnetic ion lattice	Transition temperature, TN, in K	Curie-Weiss θ, in K	$\frac{\theta}{T_N}$	$\frac{\chi(0)}{\chi(T_N)}$
MnO	fcc	116	610	5.3	$\frac{2}{3}$
MnS	fcc	160	528	3.3	0.82
MnTe	hex. layer	307	690	2.25	
MnF_2	bc tetr.	67	82	1.24	0.76
FeF_2	bc tetr.	79	117	1.48	0.72
$FeCl_2$	hex. layer	24	48	2.0	<0.2
FeO	fcc	198	570	2.9	0.8
$CoCl_2$	hex. layer	25	38.1	1.53	
CoO	fcc	291	330	1.14	
$NiCl_2$	hex. layer	50	68.2	1.37	
NiO	fcc	525	~2000	~4	
Cr	bcc	308			

cusp)을 갖게 된다.

반강자성체는 준강자성체의 특수한 경우로서 A 부분 격자와 B 부분 격자이 동일한 크기의 포화 자기화를 갖는 경우에 해당된다. 그래서 식 (37)에서 $C_A = C_B$라고 두면 평균장 근사에서 네엘 온도는

$$T_N = \mu C \tag{38}$$

로 주어진다. 여기서 C는 한개의 부분 격자에 대한 값이다. 상자성 영역 $T > T_N$에서의 감수율은 식 (37)에서부터

$$\chi = \frac{2CT - 2\mu C^2}{T^2 - (\mu C)^2} = \frac{2C}{T + \mu C} = \frac{2C}{T + T_N} \tag{39}$$

와 같이 얻어지고, $T > T_N$일 때의 실험 결과는

(CGS)
$$\chi = \frac{2C}{T + \theta} \tag{40}$$

인 형식을 갖는다. 표 2에 열거한 θ/T_N의 실험값은 가끔 식 (39)로부터 기대되는 값인 1과는 상당한 차이가 있다. 관측된 θ/T_N의 값은 다음 인접 원자간 상호작용과 부분 살 창 배치를 고려하면 얻어질 수 있다. 하나의 부분 격자 내에서의 상호작용을 기술하기 위하여 평균장상수 $-\epsilon$을 도입하면 $\theta/T_N = (\mu + \epsilon)/(\mu - \epsilon)$을 얻을 수 있다.

네엘 온도 이하에서의 감수율(*susceptibility below the Néel temperature*)

외부 자기장은 스핀 축에 수직인 경우와 나란한 경우 두 가지로 나눌 수 있는데, 네엘 온도 이상에서 감수율은 스핀 축에 대한 자기장의 상대적 방향에 거의 무관하다.

$\mathbf{B}_a$가 스핀 축에 수직인 경우에 대해서는 초보적인 고찰에 의하여 감수율을 계산할 수 있다. $M = |M_A| = |M_B|$를 이용하여 자기장 존재하에서의 에너지밀도를 다음과 같이 쓸 수 있다.

$$U = \mu \mathbf{M}_A \cdot \mathbf{M}_B - \mathbf{B}_a \cdot (\mathbf{M}_A + \mathbf{M}_B) \cong -\mu M^2[1 - \tfrac{1}{2}(2\varphi)^2] - 2B_a M\varphi\ . \tag{41}$$

여기서 2φ는 스핀 사이의 각이다(그림 21a). 에너지는

$$dU/d\varphi = 0 = 4\mu M^2\varphi - 2B_a M\ ; \quad \varphi = B_a/2\mu M \tag{42}$$

일 때 극소가 된다. 따라서

(CGS)
$$\chi_\perp = 2M\varphi/B_a = 1/\mu \tag{43}$$

평행인 경우(그림 21b)에서 자기적 에너지는, 스핀계 A와 B가 장과 동일한 각을 이루면 변치 않는다. 그래서 $T = 0$ K에서는 감수율이 0이 된다.

$$\chi_\parallel(0) = 0\,. \tag{44}$$

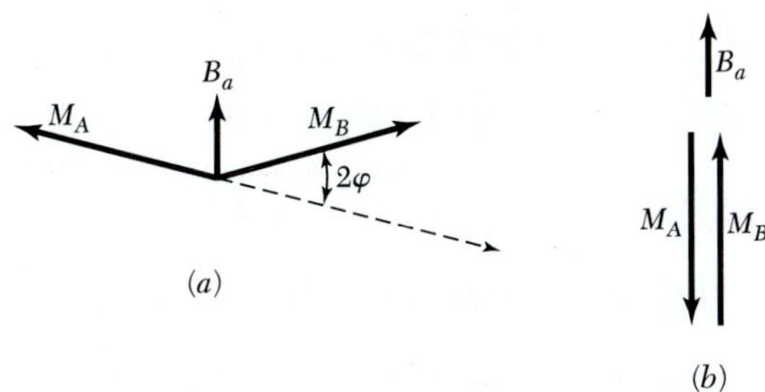

그림 21 평균마당 이론에 의해 절대 0도에서 감수율의 (a) 수직성분과 (b) 수평성분의 계산.

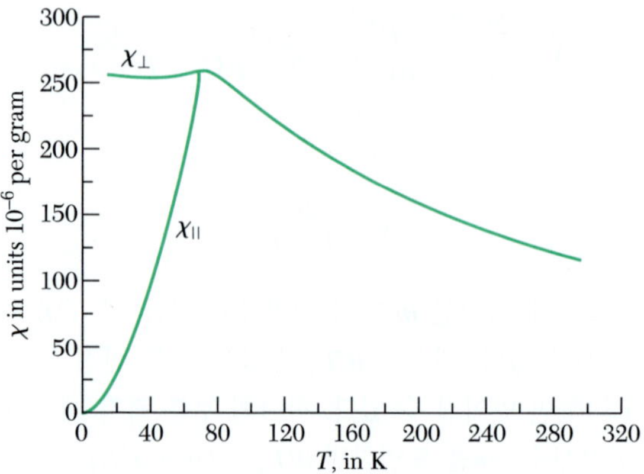

그림 22 마그네슘 플루라이드(MnF_2)의 자기화 감수율의 정방 결정축에 대한 수직과 수평 성분(S.Foner의 결과 인용).

평행 감수율은 온도 상승과 더불어 T_N까지 순탄하게 증가한다. 그림 22는 MnF_2의 측정값을 나타내고 있다. 대단히 강한 자기장의 경우 스핀계는 평행 방향으로부터 보다 낮은 에너지를 갖는 수직 방향으로 불연속적으로 회전할 것이다.

반강자성 마그논*(antiferromagnetic magnons)*

1차원 반강자성체에서의 마그논의 분산 관계에 대한 식을 간단히 구하기 위하여 1차원강자성체를 다루었을 때 얻었던 식 (16)−(22)에 적절히 대입을 해보자. 짝수 $2p$의 지수를 가진 스핀이 부분 격자 A를 형성한다고 하고, 이 격자에 속하는 스핀은 모두 위로 향한다고 하자($S^z = S$). 한편, 홀수 $2p+1$의 지수를 가지 스핀은 부분 격자 B를 형성한다고 하고 그에 속하는 스핀은 모두 아래로 향한다고 하자($S^z = -S$).

이번에도 최인접 원자만 고려하겠으며, J값은 음이다. 이제 식 (17)을 조심스럽게 보면서 A 부분격자(sublattice)에 대한 식 (18)을 적어보면 다음 식을 얻는다.

$$dS^x_{2p}/dt = (2JS/\hbar)(-2S^y_{2p} - S^y_{2p-1} - S^y_{2p+1}) \; ; \tag{45a}$$

$$dS^y_{2p}/dt = -(2JS/\hbar)(-2S^x_{2p} - S^x_{2p-1} - S^x_{2p+1}) \; . \tag{45b}$$

B 부분격자의 스핀에 대해서도 마찬가지로 다음을 얻을 수 있다.

$$dS^x_{2p+1}/dt = (2JS/\hbar)(2S^y_{2p+1} + S^y_{2p} + S^y_{2p+2}) \; ; \tag{46a}$$

$$dS^y_{2p+1}/dt = -(2JS/\hbar)(2S^x_{2p+1} + S^x_{2p} + S^x_{2p+2}) \; . \tag{46b}$$

$S^+ = S^x + iS^y$를 사용하여 식 (45) 및 식 (46)을 고쳐 쓰면

$$dS^+_{2p}/dt = (2iJS/\hbar)(2S^+_{2p} + S^+_{2p-1} + S^+_{2p+1}) \; ; \tag{47}$$

$$dS^+_{2p+1}/dt = -(2iJS/\hbar)(2S^+_{2p+1} + S^+_{2p} + S^+_{2p+2}) \tag{48}$$

다음과 같은

$$S_{2p}^{+} = u \exp[i2pka - iwt] \ ; \quad S_{2p+1}^{+} = v \exp[i(2p+1)\, ka - iwt] \tag{49}$$

형식의 해를 구하기 위해 $\omega_{ex} \equiv -4JS/\hbar = 4|J|S/\hbar$라 하고 식 (47)과 (48)에 식 (49)를 대입하면

$$\omega u \quad = \tfrac{1}{2}\omega_{ex}(2u + ve^{-ika} + ve^{ika}) \ ; \tag{50a}$$

$$-\omega v = \tfrac{1}{2}\omega_{ex}(2v + ue^{-ika} + ue^{ika}) \tag{50b}$$

를 얻을 수 있다. 식 (50)은

$$\begin{vmatrix} \omega_{ex} - \omega & \omega_{ex}\cos ka \\ \omega_{ex}\cos ka & \omega_{ex} + \omega \end{vmatrix} = 0 \tag{51}$$

인 경우 해를 갖게 된다. 그러므로

$$\omega^2 = \omega_{ex}^2(1 - \cos^2 ka) \ ; \quad \omega = \omega_{ex}|\sin ka| \tag{52}$$

을 얻을 수 있다.

반강자성체에서의 마그논 분산관계는 강자성체에서의 마그논 분산관계 식 (22)와는 전혀 다르다. $ka \ll 1$인 경우 식 (52)는 k에 대해서 선형적이다. 즉, $\omega \cong \omega_{ex}|ka|$이다. 그림 23은 비탄성 중성자 실험에 의해 결정된 $RbMnF_3$의 마그논 빛띠를 나타낸 것이다. 여기서 넓은 영역에서 마그논의 진동수가 파동벡터에 선형적이다.

MnF_2의 경우 네엘 온도(Néel Temperature)의 0.93배까지 잘 분해된 마그논이 관측되었다. 그러므로 높은 온도까지도 마그논 근사는 유용하다.

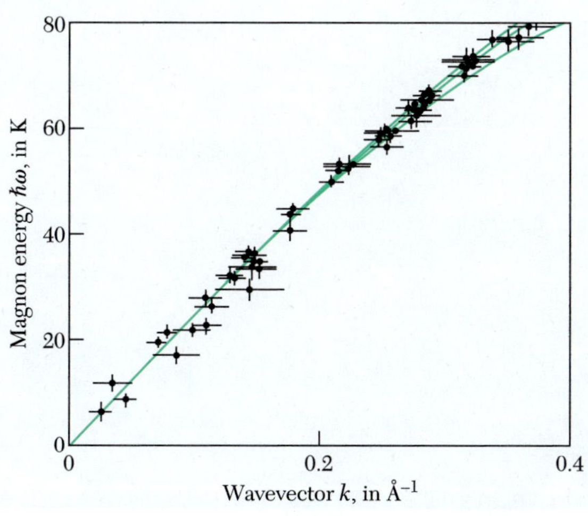

그림 23 비탄성 중성자 흩뜨림에 의해 4.2 K에서 결정된 단순 입방 반강자성체 $RbMnF_3$의 마그논 분산관계(C. G. Windsor와 R. W. H. Stevenson의 결과 인용).

강자성 구역
FERROMAGNETIC DOMAINS

퀴리온도보다 훨씬 낮은 온도에서는 강자성체의 전자적 자기모멘트는 미시적인 관점에서는 평행하게 정렬되어 있다. 그러나 시료를 전체적으로 볼 때는 자기모멘트는 포화 자기모멘트보다 훨씬 작을 수 있으며, 시료를 포화시키기 위해서는 외부 자기장을 인가해야 될 수도 있다. 다결정 시료에서 관측되는 성질은 단결정과 비슷하다.

실제 시료는 구역이라는 작은 영역들로 이루어져 있는데, 각 구역 안에서는 국소 자기화가 포화되어 있다. 다른 구역들의 자기화의 방향은 평행일 필요는 없다. 그림 24에 보이는 것처럼 결과적으로 전체 자기모멘트가 대략 0이 되도록 배열된다. 반강자성체, 강유전성, 반강유전성, 강탄성체(ferroelastic) 및 초전도체에서도 구역은 형성되며, 때로는 강한 드하스-판알펜 효과의 조건에 있는 금속에서도 구역은 형성된다. 외부 자기장의 작용하에서 시료의 자기모멘트가 증가하는 현상은 다음과 같은 두 가지 독립적인 과정에 의해 일어난다.

- 약한 자기장 내에서는 자기장에 대해서 에너지적으로 안정된 구역(그림 25)의 부피는 증가하고 에너지적으로 불안정한 구역은 부피가 감소한다.
- 강한 자기장 내에서는 구역 내의 자기화 방향이 자기장의 방향으로 회전한다.

그림 26은 자기 히스테리시스 곡선(hysteresis curve)에서 정의되는 용어들을 설

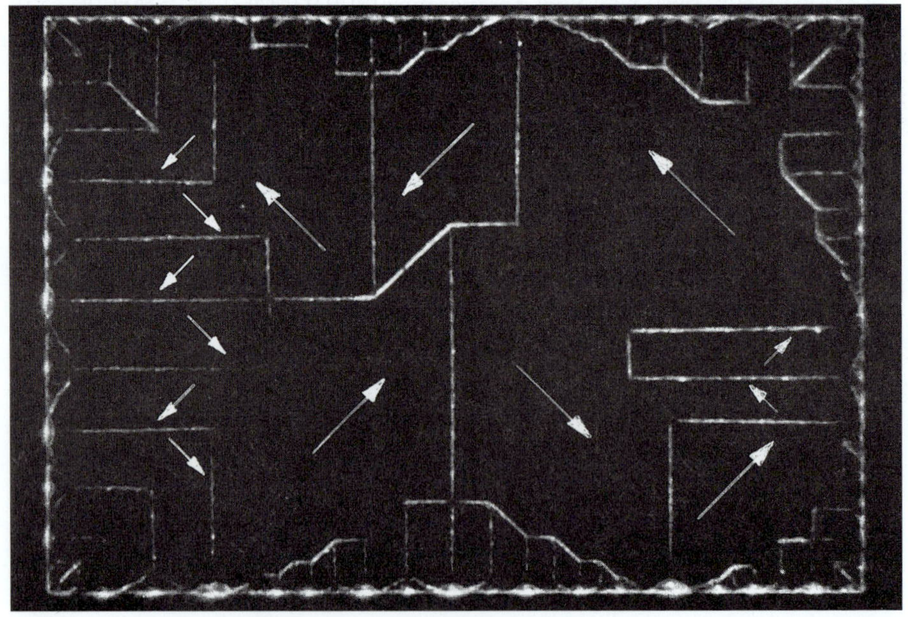

그림 24 니켈 단결정 판 위의 강자성 구역 무늬. 구역벽(domain wall)은 비터(Bitter) 자기 분말 무늬 방법에 의해서 관찰할 수 있다. 한 구역 내에서 자기화의 방향은 자기마당 내에서의 구역의 성장 혹은 축소를 관찰함으로써 결정된다(R. W. De Blois 결과 인용).

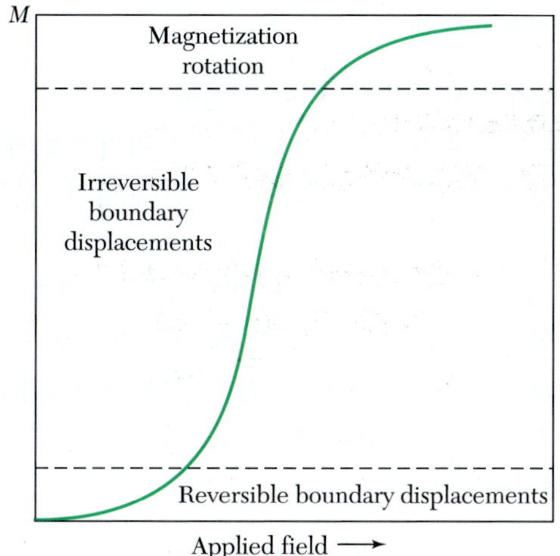

그림 25 대표적인 자기화 곡선. 곡선의 각각 다른 영역에서 대표적인 자기화 과정이 명시되어 있다.

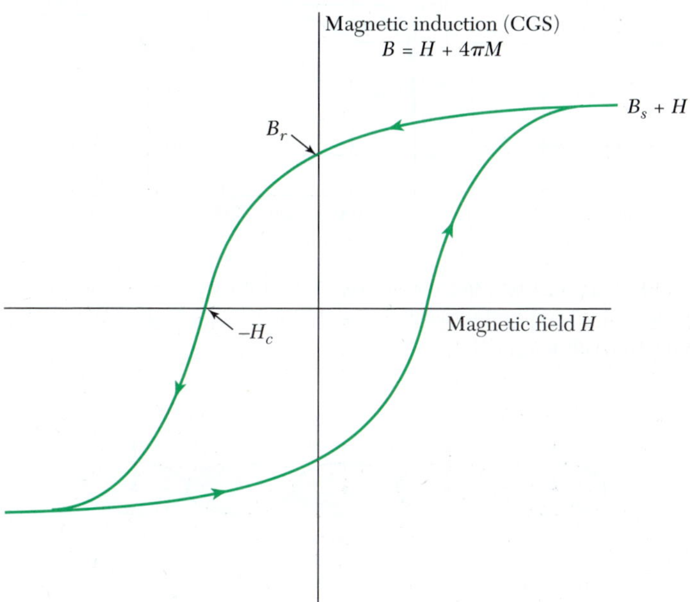

그림 26 자기 히스테리시스 곡선. 보자력 H_c는 자기 유도 B를 0이 되게 하는 역 자기마당이고, 관련된 보자력 H_{ci}는 M이나 $B - H$가 0이 되게 하는 역 자기마당이다. 남은 자기 B_r은 $H = 0$일 때의 B값이다. 가득참 자기유도 B는 큰 H에서 $B - H$로 정의되고, 가득참 자기화 $M_s = B_s/4\pi$이다. SI 단위 계에서는 $B = \mu_0(H + M)$이다.

명하고 있다. 보자력은 포화 상태에서 시작하여 자기유도 B를 0이 되게 하는 역 자기장 H_c로 정의된다. 보자력이 큰 물질에서 보자력 H_{ci}는 자기화 M을 0이 되게 하는 역 자기장으로 정의된다.

비등방성 에너지(anisotropy energy)

강자성 결정체에는 자기화가 쉽게 일어나는 방향이라고 불리는 어떤 결정축을 따라 자기화를 향하게 하는 에너지가 있다. 이 에너지를 **자기결정 에너지** 혹은 **비등방성 에너지**라고 한다. 이것은 지금까지 고려했던 순수한 등방성 바꿈 상호작용 에너지로부터는 나올 수 없다.

코발트는 육방결정이다. 그림 27에 보인 바와 같이 이 육방축은 상온에서 자기화가 쉽게 일어나는 방향이다. 그림 28은 비등방성 에너지의 한 가지 원인을 말해 주고 있다. 결정체의 자기화는 전자들의 궤도 중첩을 통해 결정격자(crystal lattice)를 보게 된다. 즉, 스핀은 스핀-궤도 결합에 의해 궤도 운동과 상호작용하게 된다. 코발트에서는 비등방성 에너지밀도가

$$U_K = K_1' \sin^2\theta + K_2' \sin^4\theta \tag{53}$$

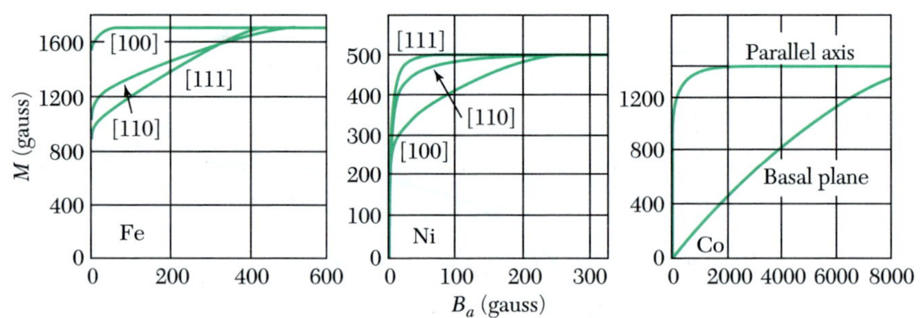

그림 27 철, 니켈 및 코발트의 단결정에 대한 자기화 곡선. 철에 대한 곡선으로부터 [100] 방향이 자기화가 쉽게 일어나는 축이고 [111] 방향이 자기화가 어렵게 일어나는 축임을 알 수 있다. 외부에서 인가한 자기마당은 B_a이다(Honda와 Kaya의 결과 인용).

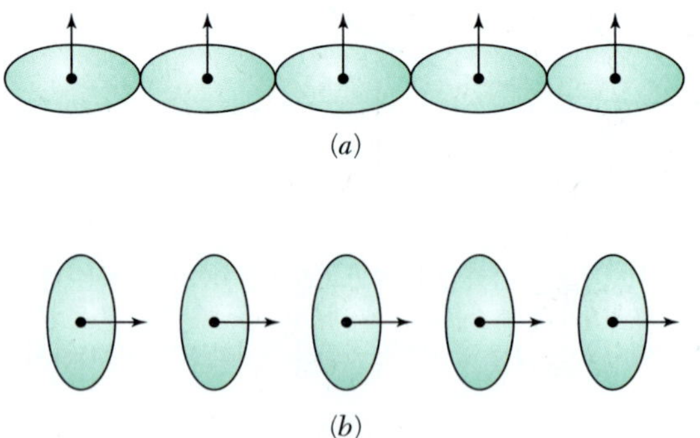

그림 28 서로 인접해 있는 이온의 전자분포의 중첩 비대칭성은 자기결정 비등방성에 대한 한 가지 원인이 될 수가 있다. 스핀-궤도 상호작용으로 인하여 전하분포는 구형이 되지 못하고 회전 타원체가 된다. 이와 같은 비대칭성은 스핀의 방향에 구속되어 있기 때문에, 결정축에 대해 상대적으로 스핀 방향을 회전시키면 바꿈 에너지를 변화시켜 주게 되고, 또한 원자의 쌍에 존재하는 전하분포의 정전 상호 에너지도 변화시킨다. 이 두 가지 효과는 모두 비등방성 에너지를 일으킨다. (a) 상태의 에너지는 (b) 상태의 에너지와 같지 않다.

처럼 주어진다. 여기서 θ는 자기화와 육방축 사이의 각도이다. 상온에서 $K_1' = 4.1 \times 10^6$ erg/cm^3, $K_2' = 1.0 \times 10^6$ erg/cm^{3}이다.

철은 입방결정이고 입방체의 모서리가 자기화가 쉽게 일어나는 방향이다. 입방체의 세 모서리에 대해서 방향 코사인이 α_1, α_2, α_3인 임의의 방향으로 자기화된 철의 비등방성 에너지를 나타내기 위한 것은 각 α_i의 짝수 제곱으로 이루어져야 한다. α_i 상호 간의 바꿈에 대해서도 불변이어야 한다. 이러한 대칭조건을 만족하는 결합 중 가장 낮은 차수의 항은 $\alpha_1^2 + \alpha_2^2 + \alpha_3^2$이지만 이것은 항상 1과 같아서 비등방성 효과를 가져올 수 없다. 다음 차수는 4차인 $\alpha_1^2\alpha_2^2 + \alpha_1^2\alpha_3^2 + \alpha_3^2\alpha_2^2$이며 다음은 6차인 $\alpha_1^2\alpha_2^2\alpha_3^2$이다. 그래서 비등방성 에너지는

$$U_K = K_1(\alpha_1^2\alpha_2^2 + \alpha_2^2\alpha_3^2 + \alpha_3^2\alpha_1^2) + K_2\alpha_1^2\alpha_2^2\alpha_3^2 \tag{54}$$

이다. 상온에서 $K_1 = 4.2 \times 10^5$ erg/cm^3, $K_2 = 1.5 \times 10^5$ erg/cm^{3}이다.

구역들 사이의 전이영역*(transition region betweeen domains)*

결정체의 블로흐벽(Bloch wall)이란 각기 다른 방향으로 자기화된 인접한 영역(구역)을 갈라놓는 전이 층이다. 한 구역에서 다른 구역으로 갈 때 스핀 방향은 그 전체 변화가 한 개의 원자 평면에서 한꺼번에 불연속적으로 일어나는 것이 아니고, 여러 개의 원자 평면에 걸쳐서 점진적으로 일어난다(그림 29). 스핀 방향의 변화가 여러 개의 스핀에 걸쳐서 분포될 때 바꿈에너지는 더 낮아진다.

이같은 사실은 하이젠베르크 식 (6)을 고전적으로 해석해도 이해될 수 있다. cos φ를 $1 - \varphi^2/2$으로 근사하면 $w_{ex} = JS^2\varphi^2$은 서로 φ의 작은 각을 이루는 두 개의 스핀

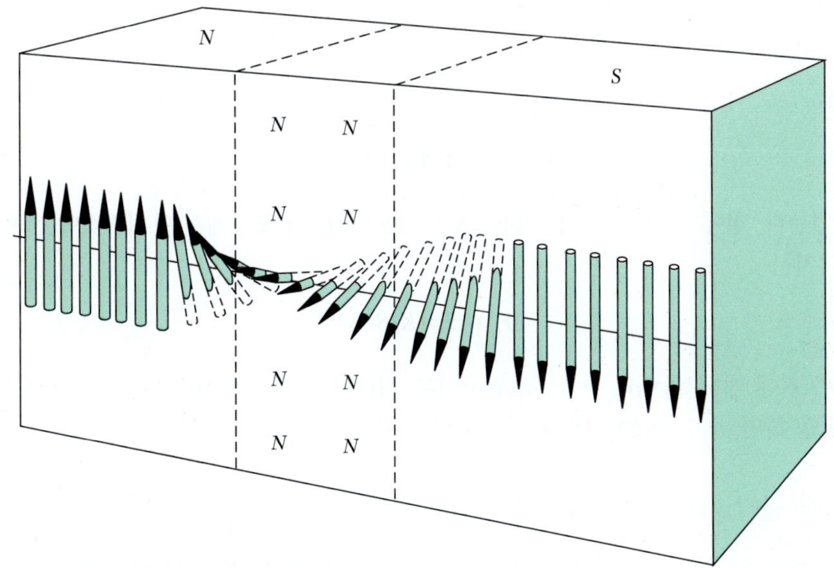

그림 29 구역들을 갈라놓는 블로흐 벽의 구조. 철에서는 전이 영역의 두께가 살창상수의 약 300배이다.

사이의 바꿈에너지가 된다. 여기서 J는 바꿈적분이고 S는 스핀 양자수이다. w_{ex}는 평행 스핀에 대한 에너지를 기준으로 한 것이다.

만일 π에 걸쳐 N 단계의 변화가 동일하게 일어났다면 인접한 스핀 사이의 각은 π/N가 될 것이고, 한 쌍의 인접한 원자의 바꿈에너지는 $w_{ex} = JS^2(\pi/N)^2$이 된다. $N + 1$개의 원자들로 이루어진 선형 결정의 전체 바꿈에너지는

$$Nw_{ex} = JS^2\pi^2/N \tag{55}$$

이다. 전이층의 두께를 제한해 주는 비등방성 에너지가 없다면 벽은 한없이 두꺼워질 것이다. 벽 내부에 들어 있는 스핀들은 대개 자기화가 쉽게 일어나는 축으로부터 벗어난 방향을 향하고 있기 때문에 벽에 관련된 비등방성 에너지가 존재하고, 이 에너지는 대체로 벽의 두께에 비례한다.

단순 입방격자의 입방체 면에 평행인 벽을 한 개 생각해 보기로 하고, 이 벽이 서로 반대 방향으로 자기화되어 있는 두 구역 사이에 있다고 하자. 벽 내부에 들어 있는 원자 평면의 수 N을 결정해 보자. 벽의 단위면적당 에너지는 바꿈 및 비등방성 에너지의 합으로 $\sigma_w = \sigma_{ex} + \sigma_{anis}$으로 주어진다.

바꿈에너지는 벽면에 수직인 각 원자열에 대해 식 (55)에 의해 근사로 표시된다. 격자상수를 a라 하면 단위면적에 대해 이러한 열의 수가 $1/a^2$개 있게 된다. 따라서 벽의 단위면적당 $\sigma_{ex} = \pi^2JS^2/Na^2$이다.

비등방성 에너지는 비등방성 상수와 두께 Na의 곱과 같은 정도의 크기를 가진다. 즉, $\sigma_{anis} \approx KNa$이다. 그러므로

$$\sigma_w \approx (\pi^2JS^2/Na^2) + KNa \tag{56}$$

이것을 N에 대해 최소화하기 위해 N에 대해 미분을 취하고 0이 될 때를 구하면

$$\partial\sigma_w/\partial N = 0 = -(\pi^2JS^2/N^2a^2) + Ka \tag{57}$$

혹은

$$N = (\pi^2JS^2/Ka^3)^{1/2} \tag{58}$$

을 얻는다. 철에 대해 이 크기는 대략 $N \approx 300$이다. 이 모형에서 단위면적당 전체 벽 에너지는

$$\sigma_w = 2\pi(KJS^2/a)^{1/2} \tag{59}$$

이다. 철에 대해서는 $\sigma_w \approx 1\ \mathrm{erg/cm^2}$이다. (100) 면 내의 180° 벽에 대해서 정확한 계산을 하면, $\sigma_w = 2(2K_1\,JS^2/a)^{1/2}$이 된다.

구역의 근원(*origin of domains*)

란다우와 리프쉬쯔(Lifshitz)는 구역 구조가 강자성 에너지에 기여하는 여러 가지 유

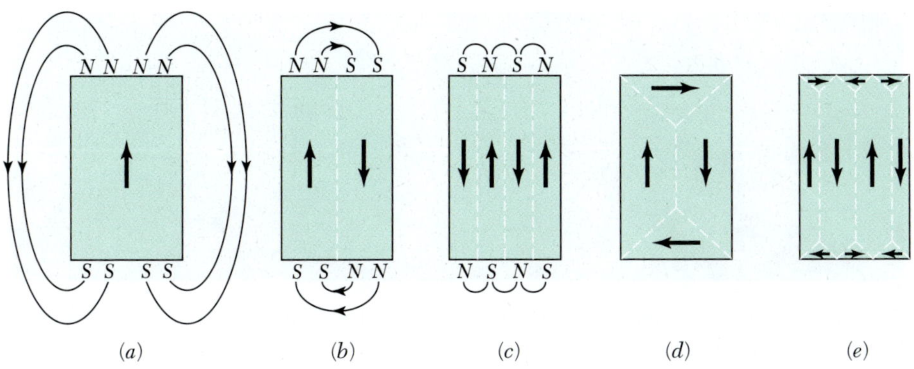

그림 30 구역의 근원.

형의 에너지, 즉 바꿈에너지, 비등방성 에너지 및 자기에너지의 자연적인 결과라는 것을 보여 주었다.

구역 구조에 대한 직접적인 증거는, 패러데이 회전을 이용한 광학적 연구와 자기 분말 무늬법에 의해 얻어지는 구역 경계면 현미경 사진에 의해 제공된다. 비터(F. Bitter)가 개발한 분말 무늬법에서는 강자성체의 표면 위에 자철광과 같은 미세한 강자성 물질의 콜로이드 부유물 한방울을 떨어뜨린다. 이때, 부유물 내에 있는 콜로이드 입자들은 구역 간의 경계면 근처에 집중적으로 모이게 된다. 그 이유는 경계면 근처에는 자성 입자를 끌어당기는 강력한 국소 자기장이 존재하기 때문이다. 투명한 강자성 화합물의 발견은 구역 연구에 대해 광학적 편광의 회전을 이용하는 방법을 촉발시켰다.

강자성 단결정의 단면을 나타내는 그림 30의 구조들을 고려해 보면 구역의 근원을 이해할 수 있다. (a)는 단일구역을 나타내고 있다. 이 경우에는 결정체 표면에 자기 "극"이 형성되므로 자기적 에너지 $(1/8\pi)\int B^2\, dV$가 큰 값을 가지게 된다. 이 경우에 대한 자기적 에너지 밀도는 $M_s^2 \simeq 10^6$ erg/cm^3 정도가 된다. 여기서 M_s는 포화 자기화 값을 나타내며 단위는 CGS이다.

(b)에서는 결정체를 반대 방향으로 자기화된 두 영역으로 나눔으로써 자기적 에너지를 대략 반으로 줄인다. N개의 구역으로 된 (c)에서는 자기적 에너지가 (a)의 값의 대략 $1/N$로 줄어든다. 왜냐하면 자기장의 공간적 범위가 줄어들기 때문이다.

(d) 및 (e)와 같은 구역 배치에서는 자기적 에너지가 0이 된다. 여기서는 결정체의 끝면 근처에 있는 삼각 프리즘 구역의 경계면이, 구형 구역 내의 자기화와 45°의 각도를 형성하며, 또 닫힘 구역 내의 자기화도 동일한 각도 45°를 이룬다. 경계면에 수직인 자기화의 성분은 경계면을 지날 때 연속이며 자기화와 관련된 자기장은 없다. 자력살 회로는 결정체 내에서 완성되며, 그림 31과 같이 자력살 회로를 완성하는 표면 구역을 닫힘 구역(domain of closure)이라고 부른다.

실제의 구역 구조는 흔히 이와 같은 간단한 예에서 볼 수 있는 것보다 더 복잡하지만 높은 자기적 에너지의 포화 배치상태에서 시작하여 낮은 에너지의 구역 배치상태로 옮겨감으로써 계의 에너지를 낮출 수 있다는 데 구역 구조의 근원이 있다.

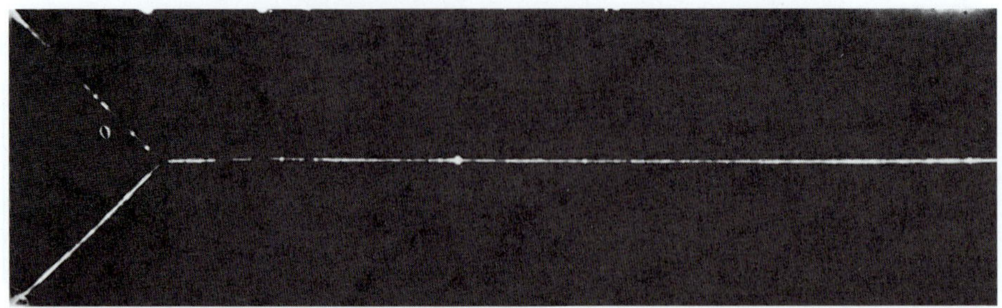

그림 31 단결정 철 위스커(whisker)의 끝에 있는 닫힘 구역. 이 면은 (100) 평면이며, 위스커 축은 [001]이다(R. V. Coleman, C. G. Scoot, A. Isin의 결과 인용).

보자력과 히스테리시스*(coercivity and hysteresis)*

보자력이란 자기화나 자기 유도 B를 0으로 감소시키는 데 요하는 자기장 H_c를 말한다(그림 26). 보자력 값의 범위는 7 자릿수 이상이나 된다. 이것은 강자성 물질의 조절할 수 있는 성질 중에서 가장 민감한 것이다. 보자력은 확성기 영구자석(알니코 V)의 값 600 G와 고 안정도 특수자석($SmCo_5$)의 10,000 G로부터 상업적 전력 변압기(Fe-Si 4 wt. %)의 0.5 G나 펄스 변압기(Supermalloy)의 0.002 G 등 큰 범위로 변한다. 변압기에서는 보자력이 적으면 좋다. 이것은 매 동작 사이클당 낮은 히스테리시스 손실을 의미하는 것이다. 비록 기계적 경도와 자기적 경도 사이에는 1:1 관계가 있는 것은 아니지만, 이처럼 보자력이 작은 물질을 **연자성체**(soft)라 하고 보자력이 큰 물질을 **경자성체**(hard)라고 한다.

불순물의 함량이 감소할수록, 설담금(서서히 냉각)에 의해 내부적 변형이 제거될수록 보자력은 감소한다. 비결정성 강자성 합금은 작은 보자력과 자기 격음 손실과 높은 투자율을 가질 수 있다. 그림 32에서와 같이 침전된 상을 내포하는 합금은 높은 보자력을 가질 수도 있다.

연자성체는 모터, 발전기, 변압기, 및 센서에서 자속의 모양을 결정하고 모으는 데 사용된다. 유용한 연자성체에는 전기철(electric steel, 일반적으로 전기저항을 증가시키고 비등방성을 줄이기 위해서 적당량의 실리콘과 합금으로 만든다)과 비등방성과 자기 변형이 거의 0에 가까운 $Ni_{78}Fe_{22}$ 정도의 조성을 가지는 퍼멀로이(permalloy)부터 시작해서, NiZn와 MnZn 페라이트, 그리고 급속 고체화(rapid solidification methods)에 의해 제작되는 금속유리(metallic glass) 등의 Fe-Co-Mn의 여러 가지 합금들이 있다. $Fe_{79}B_{13}Si_9$의 조성을 가지는 상용화된 금속유리(METGLAS 2605S-2)는 가장 좋은 규소강보다 매주기당 더 작은 히스테리시스 손실을 가지고 있다.

대단히 작은 낱알이나 미세한 분말로 이루어진 물질이 높은 보자력을 가지는 이유는 잘 알려져 있다. 지름이 10^{-5}이나 10^{-6} cm 이하인 충분히 작은 입자는 에너지 면으로 자력살이 생기지 않게 하기 위해서 항상 단일 자기 구역으로써 포화 자기화되어 있다. 단일구역 입자에서는 비교적 약한 자기장에 의해 생길 수 있는 구역 벽의 이동에 의해 자기화 반전이 일어나는 것은 불가능하다. 그 대신 입자의 자기화는 전체

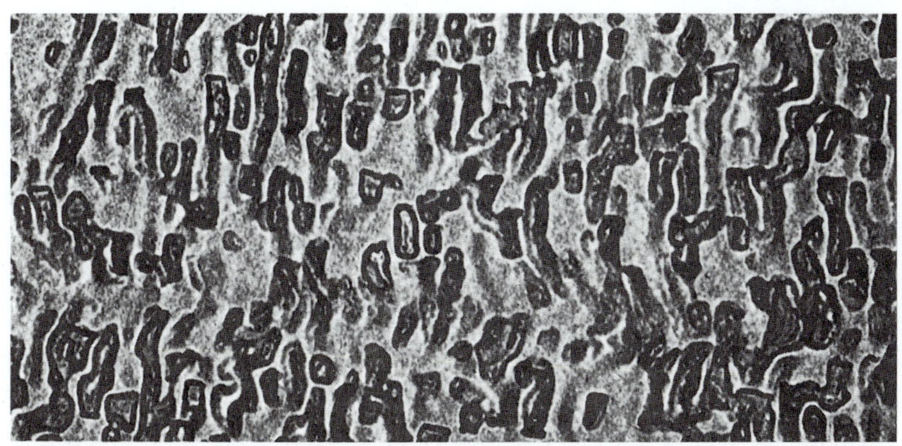

그림 32 알니코 V가 영구자석으로써 최적 상태에 있을 때의 미시적 구조. 알니코 V의 구성 성분은 무게로 계산해서 8 Al, 14 Ni, 24 Co, 3 Cu, 51 Fe이다. 영구자석으로써 이것은 두 가지 상으로 된 계인데 한 가지 상의 미세 입자가 다른 상에 묻혀 있는 상태로 되어 있다. 침전은 자기마당 내에서 행해지며, 입자들의 방위는 그들의 장축이 자기마당의 방향에 평행이 되도록 향하고 있다. 이 사진의 너비는 1.1 μm이다(F. E. Loborsky의 결과 인용).

적으로 회전되어야만 하는데, 이와 같은 과정은 물질의 비등방성 에너지와 입자 모양의 비등방성 에너지에 따라서 다르긴 하지만 강한 자기장을 요하게 된다.

미세한 철 입자의 보자력은 이론적으로 대략 500 gauss 정도 될 것으로 기대되는데, 이 값은 결정 비등방성 에너지에 반하여 회전하는 경우에 대해 계산한 값이며 여러 관측자에 의해 보고된 값과 같은 정도의 크기이다. 가늘고 긴 모양의 철 입자들은 이보다 더 높은 보자력을 갖고 있는 것으로 알려졌는데, 이 경우에는 자기소거 에너지의 형상 비등방성이 자기화의 회전을 저지한다.

희토류 금속은 Mn, Fe, Co 및 Ni과 합금이 될 때 매우 큰 결정 자기 비등방성(K)과 그에 해당하는 $2K/M$ 정도 크기의 큰 보자력을 가진다. 이러한 합금들은 특별히 좋은 영구자석들이다. 예를 들어 육방 정계 화합물 $SmCo_5$는 1.1×10^8 erg cm^{-3}의 비등방성 에너지를 가지며 이에 해당하는 보자력 290 kG(29 T = $2K/M$)를 가진다. $Nd_2Fe_{14}B$ 자석은 다른 모든 상용화된 자석을 능가하는 50 MGOe 정도의 높은 에너지 곱(energy product)을 가진다.

단일구역 입자
SINGLE-DOMAIN PARTICLES

강자성의 가장 현저한 산업적, 상업적 응용은 자기기록 장치인데 여기서는 자성체가 단일구역 입자나 영역을 이룬다. 자기기록 장치의 생산량 총 가치는 반도체 시장에 버금가며 자기적 퀴리온도에 비해서 낮은 임계온도가 걸림목이 되는 초전도체 시장에 비해서 훨씬 크다. 자기기록 장치는 보통 컴퓨터의 하드 디스크나 비디오와 오디

오 테이프의 형태이다.

이상적인 단일구역의 입자는 보통 자기화의 방향이 양쪽 끝을 향한 가늘고 긴 양의 작은 입자이다. 양쪽 중의 한쪽을 N극 혹은 S극이라고 하거나, + 혹은 −, 또는 디지털 기록에서는 0 혹은 1을 의미한다. 디지털의 성질을 가지기 위해서는 강자성 입자들은 입자 내에 단지 하나만의 구역을 가지도록 보통 10~100 nm 정도로 충분히 작아야 한다.

만약 작은 입자들이 가늘고 긴 바늘 모양이거나 단축(uniaxial) 결정 대칭성을 가지고 있다면, 디지털 기록에 적합하도록 이 단일구역의 자기화는 두 방향만이 허용된다. 길이와 두께의 비가 5:1 정도이고, 보자력이 200 Oe 정도, 그리고 길이가 < 1 μm인 바늘 모양의 τ-Fe_2O_3가 성공적인 첫 번째 기록 재질이다. 크롬의 2가 산화물인 CrO_2는 더 좋은 재질의 기본인데, 500 Oe의 보자력을 가지는 매우 길다란 모양(20:1)이다. 염주알과 같이 공들을 사슬 형태로 만들어서 결국 길다란 모양을 얻을 수 있다. 만약 자기화 모멘트가 일정하다면 이러한 사슬들이나 길다란 입자들의 모임은 초상자성(superparamagnetic)을 보인다고 한다. 만약 외부 자기장 B하에서 μ가 자기모멘트이고 각 입자들이 그들 각각이 자유롭게 회전할 수 있도록 액체 속에 담겨져 있다면 이러한 입자들의 집합의 전체 자기화는 11장의 퀴리−브릴루앙−랑주뱅(CurieBrillouin-Langevin) 법칙을 따른다. 만약 입자들이 고체 내에 고정되어 있다면 인가 자기장을 제거한 후에도 남은자기화(그림 26)가 있을 것이다.

지자기와 생자기(*geomagnetism and biomagnetism*)

퇴적암에 있는 단일구역의 강자성체의 성질은 지질학적으로 매우 흥미롭다. 왜냐하면, 그들의 잔류자기화의 방향은 그들이 생성되었을 때 그 지질학적 위치에서의 지구의 자기장의 방향을 기록하고 있기 때문이다. 이 자기 기록은 아마도 대륙 이동설의 가장 중요한 근간일 것이다. 매년, 퇴적암의 층이 강 하류에 퇴적되고 이들 층은 아마도 단일 구역형태의 자성체를 가지고 있을 것이다. 이러한 기록은 최소한 5억 년의 지질학적 시간 동안 계속되었고, 그때 침전물이 지구의 어느 표면에 퇴적되었는가를 우리에게 말해 준다. 용암 또한 자기장의 방향을 기록한다.

지층들 사이의 자기화 방향의 변화는 지구의 표면에서의 대륙판 떠돌기의 가장 훌륭한 역사적 기록이다. 고자기 기록(paleo-magnetic recording)은 판구조 지질학(plate tectonics)이라 불리는 지질학의 한 분야의 근간이다. Brunhes가 1906년에 지구의 자성 방향이 반전된다는 지구의 자성에 대해 표준 발전기 이론을 포함하는 효과를 발표하자 이러한 기록의 해석은 더 어렵고 흥미롭게 되었다. 자기화 방향의 반전은 1×10^4에서 25×10^6년에 한번씩 일어난다. 이러한 반전은 막상 일어나면 그 주기에 비해 상대적으로 빠른 속도로 이루어진다.

자철광(Fe_3O_4)과 같은 작은 단일구역 입자들은 때로는 생물학 분야에서도 중요하다. **자기주성**(magnetotaxis)이라 알려진 방향을 찾는 효과는 종종 박테리아의 운동, 새들의 이동, 비둘기와 꿀벌의 귀소본능 등을 조절한다. 이 효과는 생명체 내에

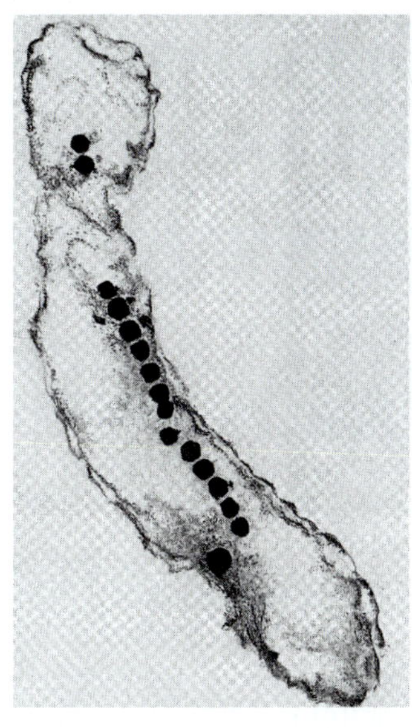

그림 33 50 nm Fe_3O_4 입자의 사슬을 보이는 자기주성 박테리아의 낱칸 조각. R. B. Frankel 등이 찍은 사진으로부터 Marta Puebla가 그림.

있는 단일구역 입자(혹은 이러한 입자들의 덩어리, 그림 33)와 지구의 자기장과의 상호작용 때문이다.

자기력 현미경법*(magnetic force microscopy)*

주사터널링현미경(scanning tunneling microscope, STM)의 성공은 주사 탐지장치 개발을 촉진시켰는데, 그 중 대표적인 것이 주사(scanning) 자기력 현미경법이다. 니켈과 같은 자성체의 날카로운 첨침(tip)을 외팔보(cantilever lever, 그림 34)에 장착한다. 아직은 아니지만 이상적으로는 그 첨침은 단일구역 입자이다. 자성체 시료에서의 힘이 첨침에 작용하고 그 힘은 외팔 보의 상태를 휘어짐 등으로 바꾼다. 그리고, 시료를 첨침에 대해 상대적으로 훑음으로써 상을 만들어 낸다. 자기력 현미경(MFM)은 약간의 표면 상태의 준비로 높은 분해능(10~100 nm)을 보이는 유일한 자기 영상기술이다. 예를 들어 시료의 표면과 블로흐 벽의 교차점의 표면에 존재하는 자기다발의 영상을 관찰할 수 있다(그림 29). 이러한 장비의 중요한 응용 분야의

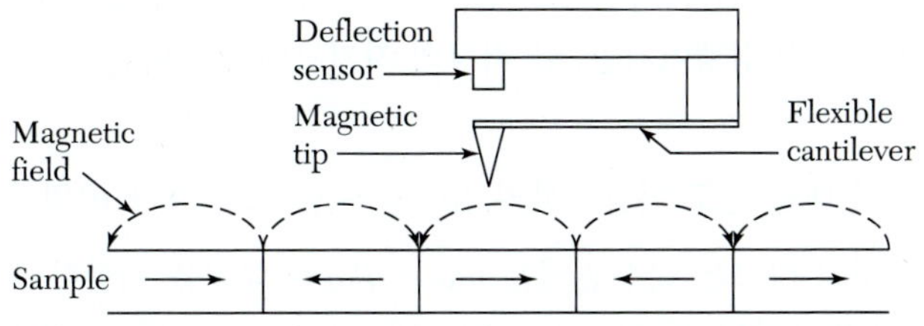

그림 34 자기력 현미경법의 기본 개념. 유연한 외팔보에 붙은 첨침이 시료의 표면에 있는 진동하는 자기화의 영역에 의해 생기는 자기마당을 측정하는 데 이용된다(Gruetter, Mamin, Rugar의 결과 인용, 1992).

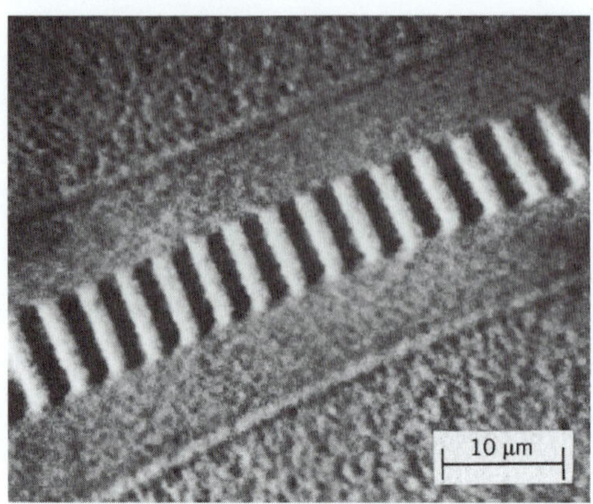

그림 35 디스크 표면 바로 위의 MFM에 의하여 측정된 코발트 합금 평면 위의 2 μm 비트 검증 줄무늬 자기화 형상(Rugar 등의 결과 인용).

하나가 자기기록 재질의 연구인데, 그림 35는 자기기록 재질인 Co-합금 디스크의 평면에 자기화된 2 μm의 조각의 시험 무늬에서 나오는 자기 신호를 보이고 있다. 센서 첨침에 의해 측정되는 자기장의 평행한 성분이 사진에 보이는 것이다.

요약

Summary

- 평균장 근사에 의해 강자성체의 감수율은 퀴리온도 이상에서 $\chi = C/(T - T_c)$로 나타난다.
- 평균장 근사에 의해 강자성체 내에 있는 자기모멘트가 받는 유효 자기장은 $\mathbf{B}_a + \lambda\mathbf{M}$이다. 여기서 $\lambda = T_c/C$이고 $\mathbf{B}_a$는 외부에 작용한 자기장이다.
- 강자성체 내에서의 기본 들뜸은 마그논이다. $ka \ll 1$인 경우에 마그논의 분산관계는 외부 자기장이 0일 때 $\hbar\omega \approx Jk^2 a^2$의 형식을 취한다. 마그논의 열들뜸은 저온에서 $T^{3/2}$에 비례하는 열용량 및 자기화 비율의 변화(fractional magnetization change)를 초래한다.
- 반강자성체에서 두 스핀 격자의 크기는 같지만 방향은 반평행이다. 준강자성체에서 두 스핀 격자은 반평행이지만, 한 격자의 자기모멘트는 다른 격자의 자기모멘트보다 크다.
- 반강자성체에서 네엘 온도 이상에서의 감수율은 $\chi = 2C/(T + \theta)$의 형식을 취한다.
- 반강자성체에서의 마그논 분산관계는 $\hbar\omega \approx Jka$의 형식을 취한다. 마그논의 열들뜸은 저온에서 열용량의 T^3 항을 일으키는데, 이것은 포논의 T^3 항과는 다른 것이며, 두 가지 모두 열용량에 기여한다.

- 블로흐 벽은 서로 다른 방향으로 자기화된 구역들을 분리한다. 벽의 두께는 격자상수의 대략 $(J/Ka^3)^{1/2}$배 정도가 되며, 단위면적당 에너지는 $(KJ/a)^{1/2}$ 정도 된다. 여기서 K는 비등방 에너지 밀도이다.

연습문제

Problems

1. 마그논 분산관계***(magnon dispersion relation)***. $z = 6$인 단순 입방격자에 있는 스핀 S에 대해서 마그논 분산관계식 (24)를 유도하여라. 도움말: 우선 식 (18a)를 아래와 같이 대치할 수 있음을 보여라.

$$dS^x_{\boldsymbol{\rho}}/dt = (2JS/\hbar)(6S^y_{\boldsymbol{\rho}} - \sum_{\delta} S^y_{\boldsymbol{\rho}+\delta}) \quad .$$

여기서 중심원자는 $\boldsymbol{\rho}$에 있고 여섯 개의 최인접 원자는 중심원자에 대하여 여섯 개의 벡터 $\boldsymbol{\delta}$로 연결되어 있다. $dS^x_{\boldsymbol{\rho}}/dt$ 및 $dS^y_{\boldsymbol{\rho}}/dt$에 대한 방정식의 해로 $\exp(i\mathbf{k}\cdot\boldsymbol{\rho}-i\omega t)$ 형식의 것을 찾아보아라.

2. 마그논의 열용량***(heat capacity of magnons)***. 마그논 분산관계의 근사식 $\omega = Ak^2$을 사용하여 $k_BT \ll J$인 저온에서 3차원 강자성체의 열용량에 있어서의 지배적인 항을 구하여라. 결과는 단위부피당 $0.113\ k_B(k_BT/\hbar A)^{3/2}$이다. 이 결과를 얻는 데 사용되는 ζ 함수의 근사값은 수치 계산법으로 얻을 수 있다. Jahnke-Emde에 도표화되어 있다.

3. 네엘 온도***(Néel temperature)***. 반강자성체의 두 부분 격자 모형에서 유효장을

$$B_A = B_a - \mu M_B - \epsilon M_A \ ; \quad B_B = B_a - \mu M_A - \epsilon M_B$$

로 취하면

$$\frac{\theta}{T_N} = \frac{\mu+\epsilon}{\mu-\epsilon}$$

이 됨을 증명하라.

4. 자기탄성 결합***(magnetoelastic coupling)***. 입방 결정에서 탄성에너지 밀도를 통상적 변형 성분 e_{ij}로 표시하면(3장 참조)

$$U_{el} = \tfrac{1}{2}C_{11}(e_{xx}^2 + e_{yy}^2 + e_{zz}^2) + \tfrac{1}{2}C_{44}(e_{xy}^2 + e_{yz}^2 + e_{zx}^2) + C_{12}(e_{yy}e_{zz} + e_{xx}e_{zz} + e_{xx}e_{yy})$$

가 되며, 자기 비등방 에너지 밀도의 지배적인 항은 식 (54)로부터

$$U_K = K_1(\alpha_1^2\alpha_2^2 + \alpha_2^2\alpha_3^2 + \alpha_3^2\alpha_1^2)$$

이 된다. 탄성 변형과 자기화 방향 사이의 결합은, 전 에너지밀도에

$$U_c = B_1(\alpha_1^2 e_{xx} + \alpha_2^2 e_{yy} + \alpha_3^2 e_{zz}) + B_2(\alpha_1\alpha_2 e_{xy} + \alpha_2\alpha_3 e_{yz} + \alpha_3\alpha_1 e_{zx})$$

인 항을 포함시킴으로써 형식상 고려될 수도 있다. 이 항은 U_K가 변형에 의존하기 때문에 나타나는 것이며, B_1과 B_2를 자기탄성 결합상수라고 부른다.

$$e_{ii} = \frac{B_1[C_{12} - \alpha_i^2(C_{11} + 2C_{12})]}{[(C_{11} - C_{12})(C_{11} + 2C_{12})]} \ ; \quad e_{ij} = -\frac{B_2\alpha_i\alpha_j}{C_{44}} \quad (i \neq j) \ .$$

일 때 전 에너지가 극소가 됨을 증명하라. 이것은 자기변형, 즉 자기화될 때 길이가 변하는 현상을 설명하여 준다.

5. **잔입자의 보자력*(coercive force of a small particle)*.** (a) 단축 강자성체의 작은 공모양 단일구역 입자를 생각해 보기로 하자. 자기화를 반대 방향으로 하는 데 요하는 축 방향의 역자기장이 CGS 단위로 $B_a = 2K/M_s$가 됨을 증명하여라. 단일구역 입자의 보자력은 이 정도의 크기를 갖고 있음이 관측되었다. $U_K = K\sin^2\theta$를 비등방성 에너지 밀도로 취하고 $U_M = -B_a M\cos\theta$를 외부 자기장과의 상호작용 에너지 밀도로 취하여라. 여기서 θ는 $\mathbf{B}_a$와 $\mathbf{M}$ 사이의 각이다. **도움말**: 이들 에너지를 $\theta = \pi$ 주위의 작은 각에 대하여 전개하고 $U_K + U_M$이 $\theta = \pi$ 근처에서 극소값을 갖지 않는 B_a의 값을 구하여라. (b) 포화 자기화된 지름이 d인 공의 자기적 에너지가 대략 $M_s^2 d^3$이 됨을 증명하라. 이보다 상당히 작은 자기에너지를 가진 배치는 적도면(equatorial plane)에 단일벽을 갖고 있다. 구역벽 에너지는 $\pi\sigma_w d^2/4$가 될 것이다. 여기서 σ_w는 단위면적당 벽에너지이다. 임계 반지름이란 그 이하의 반지름을 가진 입자만이 단일구역으로 안정하게 존재할 수 있는 반지름을 말한다. 철에 대한 임계 반지름 값이 JS^2/a라고 하고 코발트에 대한 임계 반지름 값을 추산하라.

6. **T_c 근처에서의 포화 자기화*(saturation magnetization near Tc)*.** 평균장 근사을 사용하여 퀴리온도 바로 밑에서 포화 자기화의 지배적인 온도의존성이 $(T_c - T)^{1/2}$로 표시됨을 증명하라. 스핀이 1/2이라고 가정하여라. 이 결과는 16장에서 논의한 바 있는 강유전성 결정에서의 2차 전이에 대한 것과 같다. 강자성체에 대한 실험값(표 1)에 의하면 지수가 0.33에 더 가깝다.

7. **네엘 벽*(Néel wall)*.** 퍼멀로이(Permalloy)와 같이 무시할 만한 결정 비등방성 에너지를 가진 물질의 박막에서는 구역벽 내에서의 자기화의 방향은 블로흐 벽의 방향으로부터 네엘 벽의 방향(그림 36)으로 변한다. 블로흐 벽과 박막의 표면과의 교차는 자기소거 에너지가 큰 표면 지역을 생성한다. 네엘 벽은 이와 같은 교차로 인한 기여를 피하지만 그 대신에 벽의 부피 내에 있는 자기소거 기여를 희생시키게 된다. 네엘 벽은 박막의 두께가 충분히 얇을 때 에너지 측면에서 유리하다. 그러나, 무시할 만한 결정 비등방 에너지를 가진 큰 물질 내에서의 네엘 벽의 에너지론을 생각해 보자. 이제는 벽에너지 밀도에 자기소거 기여가 존재한다. 식 (56)과 비슷한 정성적 논의에 의하여 $\sigma_w \approx (\pi^2 JS^2/Na^2) + (2\pi M_s^2 Na)$가 됨을 증명하라. σ_w가 극소가 되는 N값을 구하라. J, M_s 및 a의 대표적 값에 대해서 σ_w의 크기의 정도를 추산하라.

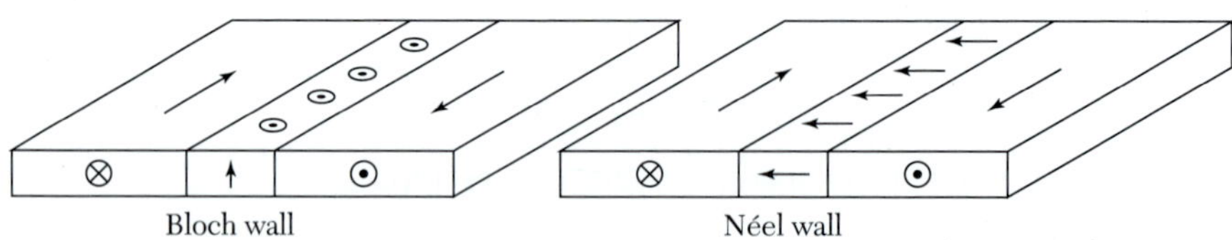

그림 36 박막에서의 블로흐 벽과 네엘 벽. 블로흐 벽 내의 자기화는 박막 면에 수직이고 벽에너지에 벽의 단위길이당 자기소거 에너지 $\sim M_S^2\delta d$를 추가해 준다. 여기서 δ는 벽의 두께이고 d는 박막의 두께이다. 네엘 벽에서 자기화는 표면에 평행이다. $d \ll \delta$일 때에는 벽에너지의 추가분은 무시할 정도이다. $d \gg \delta$일 때 네엘 벽에너지의 추가분은 문제 7의 주제이다(S.Middelhoek의 결과 인용).

8. 거대 자기저항***(giant magnetoresistance)***. 강자성체 금속에서 전자의 자기모멘트가 자기화의 방향에 평행하게 배열된 경우에 전기전도도 σ_p가 자기화의 방향에 반평행하게 배열된 경우의 전기전도도 σ_a보다 일반적으로 더 크다. 자기화의 방향을 독립적으로 조절할 수 있는 동일한 크기의 두 개의 서로 다른 영역이 직렬로 연결된 강자성 도체를 생각하자. 일정한 방향의 스핀을 갖는 전자는 먼저 한 영역을 흐르고 난 다음에, 나머지 영역을 통과하는 데 두 영역의 자기화가 서로 같은 방향을 가리키고 있을 때, 저항 $R_{\uparrow\uparrow}$이 서로 반대 방향을 가리키고 있을 때, 저항 $R_{\uparrow\downarrow}$보다 더 작음이 관측되었다. 이러한 저항 변화는 $\sigma_p/\sigma_a \gg 1$일 때 커질 수 있는 데 대체로 자기저항(GMR)이라고 부른다. 작은 외부 자기장을 가하여 두 번째 층의 자기화의 방향을 바꾸어 주면 $R_{\uparrow\downarrow}$에서 $R_{\uparrow\uparrow}$로 저항을 바꿀 수가 있다. 이 효과를 하드 드라이브에서 자기 비트판독과 같은 자기저장 기술 응용에서 점점 더 사용되고 있다. 거대 자기저항 비율(GMRR)은 다음과 같이 정의된다.

$$GMRR = \frac{R_{\uparrow\downarrow} - R_{\uparrow\uparrow}}{R_{\uparrow\uparrow}} \ .$$

(a) 전도전자의 스핀−반전(spin-flip) 산란이 없다면

$$GMRR = (\sigma_p/\sigma_a + \sigma_a/\sigma_p - 2)/4$$

임을 보여라(**도움말**: 스핀−업(spin-up)과 스핀−다운(spin-down) 전도전자를 병렬로 연결된 독립적인 전도 통로로 취급한다). (b) $\sigma_a \rightarrow 0$이면 왜 $\uparrow\downarrow$ 자기화 배열에서 저항이 무한대가 되는지 물리적으로 설명하라.

Introduction to
SOLID STATE PHYSICS

CHAPTER 13

자기공명

Magnetic Resonance

유의사항: 이 장에서 기호 B_a와 B_0는 가해준 자기장을 의미하며, B_i는 가해준 자기장과 자기 소거장의 합이다. 특히, $\mathbf{B}_a = B_0\hat{\mathbf{z}}$로 쓴다. CGS에 익숙한 독자들은 이장에서 B가 나올 때마다 B를 H로 읽는 것이 더 간편할 것이다..

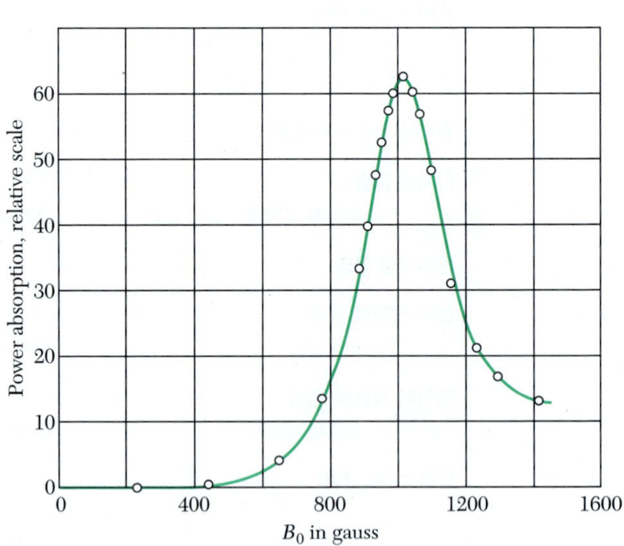

그림 1 298 K, 2.75 GHz로 얻은 $MnSO_4$의 전자스핀 공명흡수(Zavoisky의 결과 인용).

CHAPTER 13

자기공명

Magnetic Resonance

이 장에서는 원자핵과 전자가 가지고 있는 스핀 각운동량과 관련된 동력학적 자기효과를 논한다. 주요 현상들은 문헌에 흔히 다음과 같은 머리글자로 표시한다.

NMR: 핵 자기공명(nuclear magnetic resonance)
NQR: 핵 사중극자 공명(nuclear quadrupole resonance)
EPR or ESR: 전자 상자성 공명(electron paramagnetic or spin resonance; 그림 1) FMR: 강자성 공명(ferromagnetic resonance)
SWR: 스핀파동 공명(spin wave resonance)
AFMR: 반강자성 공명(antiferromagnetic resonance)
CESR: 전도 전자스핀 공명(conduction electron spin resonance)

공명 연구를 통하여 얻을 수 있는 고체에 대한 정보들은 다음과 같다.

- 공명 흡수선의 미세구조에 의하여 나타나는 바와 같이 단일 결함의 전자구조
- 선 너비의 변화에 의하여 나타나는 바와 같이 스핀이나 주위 원자들의 운동
- 공명선의 자리로부터 알 수 있는 바와 같이 스핀에 의하여 조사된 내부 자기장(화학 이동량; 나이트 이동)
- 집단적인 스핀의 들뜸(excitation)

다른 공명 실험을 간단히 논의하기 위한 기초로 NMR이 가장 적합하다. NMR은 반자성 액체에 대한 분해능이 매우 우수하기 때문에, 유기화학과 생물화학 분야에서 복잡한 분자들의 확인과 구조 결정에 매우 유용한 수단을 제공하여 대단히 큰 공헌을 하였다. 또한, NMR 단층촬영 기술은 몸 전체에서 일어나는 이상 성장, 모양 및 반응을 3차원적 분해능을 가지고 알아볼 수 있어서 의학적으로 매우 중요하게 응용되고 있다.

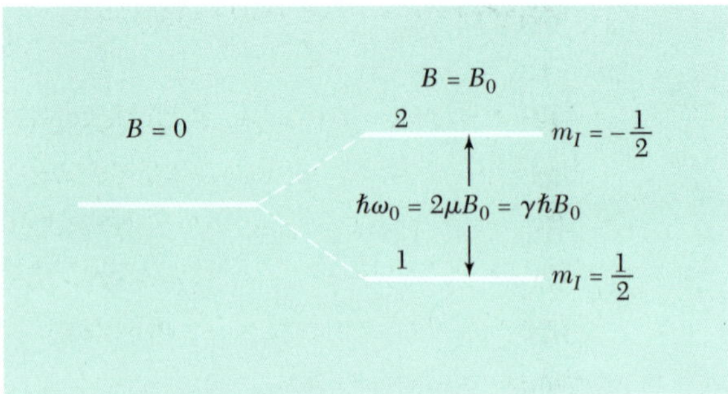

그림 2 정자기장 B_0에서 핵 스핀 $I = \frac{1}{2}$인 원자핵의 에너지 준위 갈라지기.

핵 자기공명
NUCLEAR MAGNETIC RESONANCE

자기모멘트 $\boldsymbol{\mu}$와 각운동량 $\hbar\mathbf{I}$를 가지고 있는 원자핵을 고찰하자. 이 두 물리량은 서로 평행하므로

$$\boldsymbol{\mu} = \gamma\hbar\mathbf{I} \tag{1}$$

와 같이 쓸 수 있다. 여기서 자기 회전비 γ는 비례상수이다. 관례에 따라 $\mathbf{I}$는 $\hbar$를 단위로 하여 측정한 핵의 각운동량을 지칭한다.

가해준 자기장과의 상호작용 에너지는

$$U = -\boldsymbol{\mu}\cdot\mathbf{B}_a \tag{2}$$

이다. $\mathbf{B}_a = B_0\hat{\mathbf{z}}$라면

$$U = -\mu_z B_0 = -\gamma\hbar B_0 I_z \tag{3}$$

이다. I_z의 허용된 값은 $m_I = I, I-1, \cdots, -I$이므로 $U = -m_I\gamma\hbar B_0$이다.

$I = \frac{1}{2}$인 원자핵은 자기장 안에서 그림 2와 같이 $m_I = \pm\frac{1}{2}$에 대응되는 두 개의 에너지 준위를 갖는다. 이 두준위 간의 에너지 차이를 $\hbar\omega_0$라고 표시하면 $\hbar\omega_0 = \gamma\hbar\omega_0$, 즉 다음 식을 얻는다.

$$\omega_0 = \gamma B_0\ . \tag{4}$$

이것이 자기공명 흡수에 대한 기본적 조건이다.

양성자[1)]의 경우에는 $\gamma = 2.675\times10^4\ \mathrm{s^{-1}\ gauss^{-1}} = 2.675\times10^8\ \mathrm{s^{-1}\ tesla^{-1}}$이므로

---

1) 양성자의 자기모멘트 μ_p는 $1.4106\times10^{-23}\ \mathrm{erg\ G^{-1}}$ 또는 $1.4106\times10^{-26}\ \mathrm{J\ T^{-1}}$이고 $\gamma = 2\mu_p/\hbar$이다. **핵 마그네톤** μ_n은 $e\hbar/2M_pc$로 정의되며 $5.0509\times10^{-24}\ \mathrm{erg\ G^{-1}}$ 또는 $5.0509\times10^{-27}\ \mathrm{J\ T^{-1}}$이므로 μ_p = 2.793 핵 마그네톤이다.

표 1 핵 자기공명 데이터

각 원소에서 자연 존재비가 가장 큰 자성 동위원소를 표시하였다. Varian Associates의 NMR 표에서 인용함

Most abundant isotope with nonzero nuclear spin
Nuclear spin, in units of
Natural abundance of isotope, in percent
Nuclear magnetic moment, in units of $e\hbar/2M_pc$

1	2	3	4	5	6	7	8	9	10	11	12	13	14	15	16	17	18
H^{1} 1/2 99.98 2.792																	He^{3} 1/2 10^{-6} -2.127
Li^{7} 3/2 92.57 3.256	Be^{9} 3/2 100. -1.177											B^{11} 3/2 81.17 2.688	C^{13} 1/2 1.108 0.702	N^{14} 1 99.64 0.404	O^{17} 5/2 0.04 -1.893	F^{19} 1/2 100. 2.627	Ne^{21} 3/2 0.257 -0.662
Na^{23} 3/2 100. 2.216	Mg^{25} 5/2 10.05 0.855											Al^{27} 5/2 100. 3.639	Si^{29} 1/2 4.70 0.555	P^{31} 1/2 100. 1.131	S^{33} 3/2 0.74 0.643	Cl^{35} 3/2 75.4 0.821	Ar
K^{39} 3/2 93.08 0.391	Ca^{43} 7/2 0.13 -1.315	Sc^{45} 7/2 100. 4.749	Ti^{47} 5/2 7.75 0.787	V^{51} 7/2 ~100. 5.139	Cr^{53} 3/2 9.54 0.474	Mn^{55} 5/2 100. 3.461	Fe^{57} 1/2 2.245 0.090	Co^{59} 7/2 100. 4.639	Ni^{61} 3/2 1.25 0.746	Cu^{63} 3/2 69.09 2.221	Zn^{67} 5/2 4.12 0.874	Ga^{69} 3/2 60.2 2.011	Ge^{73} 9/2 7.61 0.877	As^{75} 3/2 100. 1.435	Se^{77} 1/2 7.50 0.533	Br^{79} 3/2 50.57 2.099	Kr^{83} 9/2 11.55 -0.967
Rb^{85} 5/2 72.8 1.348	Sr^{87} 9/2 7.02 1.089	Y^{89} 1/2 100. 0.137	Zr^{91} 5/2 11.23 1.298	Nb^{93} 9/2 100. 6.144	Mo^{95} 5/2 15.78 0.910	Tc	Ru^{101} 5/2 16.98 -0.69	Rh^{103} 1/2 100. 0.088	Pd^{105} 5/2 22.23 -0.57	Ag^{107} 1/2 51.35 -0.113	Cd^{111} 1/2 12.86 -0.592	In^{115} 9/2 95.84 5.507	Sn^{119} 1/2 8.68 -1.041	Sb^{121} 5/2 57.25 3.342	Te^{125} 1/2 7.03 -0.882	I^{127} 5/2 100. 2.794	Xe^{129} 1/2 26.24 -0.773
Cs^{133} 7/2 100. 2.564	Ba^{137} 3/2 11.32 0.931	La^{139} 7/2 99.9 2.761	Hf^{177} 7/2 18.39 0.61	Ta^{181} 7/2 100. 2.340	W^{183} 1/2 14.28 0.115	Re^{187} 5/2 62.93 3.176	Os^{189} 3/2 16.1 0.651	Ir^{193} 3/2 61.5 0.17	Pt^{195} 1/2 33.7 0.600	Au^{197} 3/2 100. 0.144	Hg^{199} 1/2 16.86 0.498	Tl^{205} 1/2 70.48 1.612	Pb^{207} 1/2 21.11 0.584	Bi^{209} 9/2 100. 4.039	Po	At	Rn
Fr	Ra	Ac															

Ce^{141*} 7/2 — 0.16	Pr^{141} 5/2 100. 3.92	Nd^{143} 7/2 12.20 -1.25	Pm	Sm^{147} 7/2 15.07 -0.68	Eu^{153} 5/2 52.23 1.521	Gd^{157} 3/2 15.64 -0.34	Tb^{159} 3/2 100. 1.52	Dy^{163} 5/2 24.97 -0.53	Ho^{165} 7/2 100. 3.31	Er^{167} 7/2 22.82 0.48	Tm^{169} 1/2 100. -0.20	Yb^{173} 5/2 16.08 -0.677	Lu^{175} 7/2 97.40 2.9
Th	Pa	U	Np	Pu	Am	Cm	Bk	Cf	Es	Fm	Md	No	Lr

$$\nu(\text{MHz}) = 4.258\ B_0(\text{kilogauss}) = 42.58\ B_0(\text{tesla}) \tag{4a}$$

인데, 여기서 ν는 진동수이다. 1 테슬러(T)는 정확히 10^4 가우스(G)이다. 선별된 원자 핵의 자기적 데이터는 표 1에 나와 있다. 전자스핀인 경우에는

$$\nu(\text{GHz}) = 2.80\ B_0(\text{kilogauss}) = 28.0\ B_0(\text{tesla}) \tag{4b}$$

로 표기된다.

운동방정식*(equations of motion)*

어떤 계의 각운동량의 시간 변화율은 그 계에 작용하는 힘의 모멘트와 같다. 자기장 $\mathbf{B}$ 안에 있는 자기모멘트 $\boldsymbol{\mu}$에 작용하는 힘의 모멘트는 $\boldsymbol{\mu} \times \mathbf{B}$이므로

$$\hbar d\mathbf{I}/dt = \boldsymbol{\mu} \times \mathbf{B}_a \tag{5}$$

또는

$$d\boldsymbol{\mu}/dt = \gamma\boldsymbol{\mu} \times \mathbf{B}_a \tag{6}$$

와 같은 자이로스코프 방정식을 얻는다.

원자핵의 자기화 $\mathbf{M}$은 단위부피 안에 있는 모든 원자핵에 대하여 합 $\Sigma\boldsymbol{\mu}_i$를 계산한 것이다. 단지, 한 가지 동위원소만 중요한 경우에는 한 개의 γ값만을 고려하여

$$d\mathbf{M}/dt = \gamma\mathbf{M} \times \mathbf{B}_a \tag{7}$$

와 같이 쓸 수 있다.

이들 원자핵을 정자기장 $\mathbf{B}_a = B_0\hat{\mathbf{z}}$ 안에 놓자. 온도 T에서 열평형이 이루어지면 자기화는 $\hat{\mathbf{z}}$ 축에 나란히 되므로,

$$M_x = 0\ ; \quad M_y = 0\ ; \quad M_z = M_0 = \chi_0 B_0 = CB_0/T \tag{8}$$

이다. 여기서 χ_0는 감수율이고 퀴리 상수는 11장에서 인용된 $C = N\mu^2/3k_B$이다.

핵스핀 I가 $\frac{1}{2}$인 스핀계의 자기화는 그림 2의 아래와 위 준위 간의 입자밀도의 차이 $N_1 - N_2$에 관계된다. 즉, $M_z = (N_1 - N_2)\mu$인데 N은 단위 부피에 대한 값이다. 열평형 상태에서 입자수의 비는 바로 에너지 차이 $2\mu B_0$에 대한 볼츠만(Boltzmann) 인자로 주어지므로

$$(N_2/N_1)_0 = \exp(-2\mu B_0/k_B T) \tag{9}$$

와 같이 쓸 수 있다. 따라서 평형 자기화 값은 $M_0 = N\mu\tanh(\mu B/k_B T)$이다.

자기화 성분 M_z가 열평형 상태에 도달되지 않은 경우에는 그 값이 평형값 M_0로부터 벗어난 정도에 비례하여 평형값에 접근한다고 생각할 수 있다. 즉,

$$\frac{dM_z}{dt} = \frac{M_0 - M_z}{T_1} \tag{10}$$

표준적인 기호로는 T_1을 **평행 풀림시간**(longitudinal relaxation time) 또는 **스핀-살창 풀림시간**(spin-lattice relaxation time)이라 부른다.

$t = 0$일 때 자기화되지 않은 시료를 자기장 $B_0\hat{\mathbf{z}}$ 안에 놓았다면, 그 물체의 자기화는 초기값 $M_z = 0$으로부터 최종값 $M_z = M_0$로 증가될 것이다. 시료를 자기장 안에 넣기 전과 직후에 입자수 N_1은 N_2와 같을 것인데, 이것은 자기장이 0일 때의 열평형과 일치한다. 따라서 자기장 B_0에서 새로운 평형분포를 이루려면 얼마간의 스핀은 방향을 뒤바꿔야만 한다. 식 (10)을 적분하면

$$\int_0^{M_z} \frac{dM_z}{M_0 - M_z} = \frac{1}{T_1}\int_0^t dt \tag{11}$$

또는,

$$\log\frac{M_0}{M_0 - M_z} = \frac{t}{T_1} \;;\quad M_z(t) = M_0[1 - \exp(-t/T_1)] \tag{12}$$

으로 그림 3과 같이 나타난다. 이때 자기적 에너지 $-\mathbf{M}\cdot\mathbf{B}_a$는 M_z가 새로운 평형값에 도달함에 따라 감소된다.

자기화가 평형상태로 접근하는 대표적 과정을 그림 4에 제시하였다. 결정에서 상자성 이온의 주도적(dominant) 스핀-격자 상호작용은 결정상의 포논 변조에 의한 것이다. 풀림은 세 개의 주된 과정(그림 4b)인 직접 과정(포논의 방출 및 흡수), 라만(Raman; 포논의 산란) 및 오르바흐 과정(Orbach; 제3상태의 간섭)으로 일어난다.

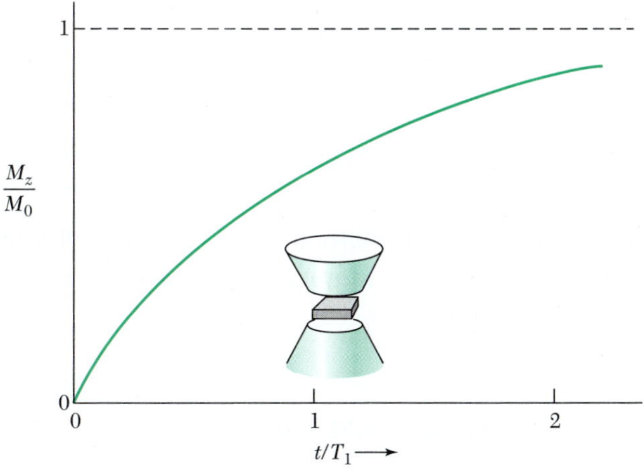

그림 3 $t = 0$에서 자기화되지 않은 시료 $M_z(0) = 0$을 정자기장 B_0 안에 놓았다. 그러면, 자기화는 시간에 따라 증가되어 새로운 평형값 $M_0 = \chi_0 B_0$에 접근한다. 이 실험은 평행 풀림시간 T_1을 정의한다. 자기적 에너지밀도 $-\mathrm{M}\cdot\mathrm{B}$는 일부의 스핀 등이 아래 준위로 이동함에 따라 감소된다. $t \gg T_1$일 때의 접근값은 $-M_0B_0$이다. 이때 에너지는 스핀계로부터 격자 진동계로 흐르게 되므로 T_1을 또한 스핀-격자 풀림시간이라고 부른다.

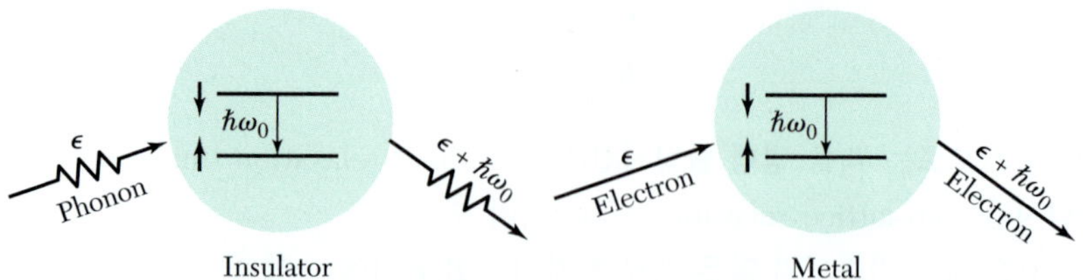

그림 4a 절연체와 금속에서 평행 자기화 풀림에 기여하는 중요한 과정들. 절연체에서는 스핀계에 의하여 비탄성적으로 산란된 포논을 제시하였다. 이때 스핀계는 낮은 에너지 상태로 내려오고, 방출된 포논은 흡수된 포논보다 $\hbar\omega_0$ 만큼 높은 에너지를 갖는다. 금속에서는 유사한 비탄성 산란과정이 전도전자의 산란으로 일어난다.

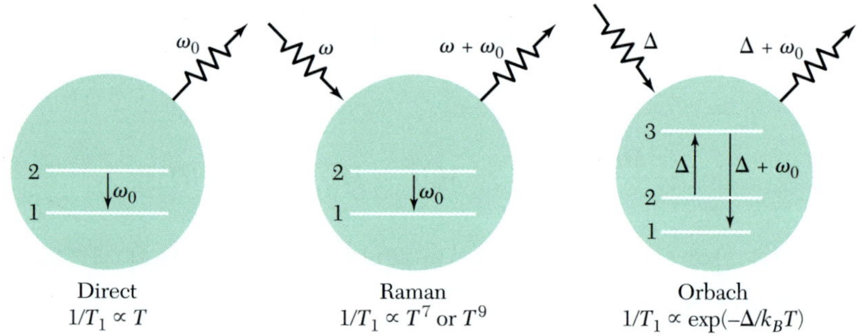

그림 4b 2 → 1인 스핀 풀림이 포논 방출, 포논 산란 및 두 단계 포논 과정으로 일어나는 모양. 평행 풀림시간 T_1의 온도 변화가 각 과정에 의하여 표시되어 있다.

식 (10)을 고려하면 운동방정식 (7)의 z성분은 다음과 같다.

$$\frac{dM_z}{dt} = \gamma(\mathbf{M} \times \mathbf{B}_a)_z + \frac{M_0 - M_z}{T_1} \quad . \tag{13a}$$

이때 운동방정식에서 $(M_0 - M_z)/T_1$은 식 (7)에 포함되지 않은 스핀-격자 상호작용 때문에 생긴 추가 항이다. 즉, 자기화 $\mathbf{M}$은 자기장에 대한 축돌기 운동을 할 뿐만 아니라 평형값 $\mathbf{M}_0$로 풀린다.

정자기장 $B_0\hat{\mathbf{z}}$ 안에서 자기화의 수직(transverse) 성분 M_x가 만일 0이 아니면, M_x는 점차 0으로 떨어질 것이며, M_y도 마찬가지이다. 이러한 줄어듦은 열적 평형에서 수직 성분은 0이 되기 때문이다.
따라서

$$dM_x/dt = \gamma(\mathbf{M} \times \mathbf{B}_a)_x - M_x/T_2 \tag{13b}$$

$$dM_y/dt = \gamma(\mathbf{M} \times \mathbf{B}_a)_y - M_y/T_2 \tag{13c}$$

와 같이 수직 풀림을 표시할 수 있다. 여기서 T_2를 **수직 풀림시간**(transverse relax-ation time)이라 부른다.

$\mathbf{B}_a$가 $\hat{\mathbf{z}}$방향이기만 하면 M_x나 M_y가 변하더라도 자기 에너지 $-\mathbf{M} \cdot \mathbf{B}_a$는 불변이다. 즉, M_x나 M_y의 풀림과정에는 스핀계로부터 에너지가 흘러 나와야 할 필요가 없으므로, T_2를 결정하는 조건은 T_1에 대한 조건보다 덜 엄격하다. 어떤 때는 이 두 풀림시간이 거의 같기도 하고, 또 어떤 때는 국소 조건에 따라 $T_1 \gg T_2$도 된다.

시간 T_2는 M_x나 M_y에 기여하는 개개의 자기모멘트가 서로 같은 위상에 남아 있는 시간의 한 가지 척도이다. 서로 다른 스핀에서의 국소 자기장이 서로 다르므로 이 스핀들이 서로 다른 진동수로 축돌기 운동을 하게 할 수 있다. 초기에 이들 스핀이 공통적인 위상을 가졌다 해도 시간이 지남에 따라 차츰 제멋대로가 되고, 결국 M_x나 M_y의 값은 0이 될 것이다. 따라서 T_2는 위상이 어긋나는 데 걸리는 시간이라고 생각할 수 있다.

식 (13)들로 주어지는 일련의 방정식을 **블로흐 방정식**이라고 한다. 그 식들은 x, y, z에 대하여 대칭이 아닌데, 그 이유는 정자기장을 $\hat{\mathbf{z}}$ 축으로 가하여 바이어스(bias)를 시켰기 때문이다. 실험에서는 고주파 자기장을 흔히 $\hat{\mathbf{x}}$ 또는 $\hat{\mathbf{y}}$ 축으로 가한다.

우리의 주된 관심사는 그림 5와 같이 정자기장과 고주파 자기장이 합해진 경우, 자기화의 행동이 어떻게 되느냐 하는 것이다. 블로흐 방정식을 이용하여 이 현상을 설명할 수 있다. 그러나 이 식은 정확한 것은 아니다. 특히 이 식들은 고체 안에서의 모든 스핀 현상을 기술하지는 못한다.

정자기장 $\mathbf{B}_a = B_0\hat{\mathbf{z}}$ 안에서 $M_z = M_0$인 스핀계의 자유 축돌기 운동의 진동수를 구해보자. 이때 블로흐 방정식은

$$\frac{dM_x}{dt} = \gamma B_0 M_y - \frac{M_x}{T_2} \; ; \quad \frac{dM_y}{dt} = -\gamma B_0 M_x - \frac{M_y}{T_2} \; ; \quad \frac{dM_z}{dt} = 0 \tag{14}$$

과 같이 주어진다. 이제, M_x와 M_y에 대하여 감쇠 진동형의 풀이

$$M_x = m \exp(-t/T') \cos \omega t \;\; ; \quad M_y = -m \exp(-t/T') \sin \omega t \tag{15}$$

를 구하고자 한다. 식 (14)에 대입하면 왼쪽의 방정식에 대하여

$$-\omega \sin \omega t - \frac{1}{T'} \cos \omega t = -\gamma B_0 \sin \omega t - \frac{1}{T_2} \cos \omega t \tag{16}$$

를 얻는다. 따라서 자유 축돌기 운동은

$$\omega_0 = \gamma B_0 \; ; \quad T' = T_2 \tag{17}$$

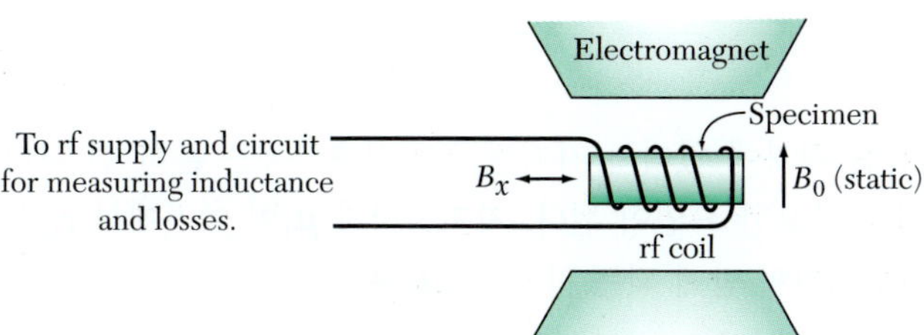

그림 5 자기공명 실험에 대한 개념도

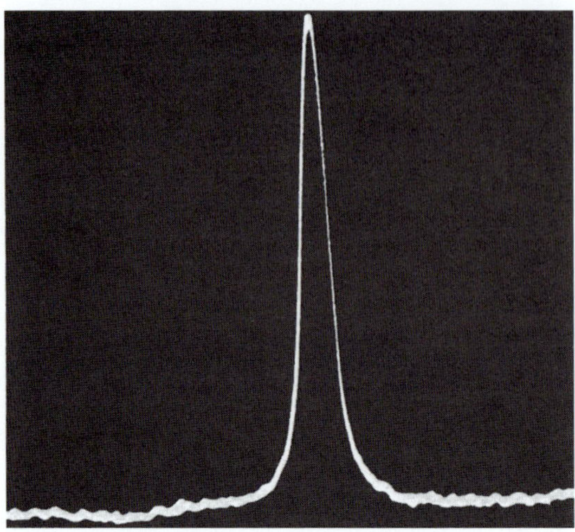

그림 6 물의 양성자 공명 흡수(E.L. Hahn의 결과 인용).

의 식으로 표기된다.

식 (15)의 운동은 2차원에서의 감쇠 조화진동자(a damped harmonic oscillator)의 운동과 비슷하다. 이러한 대응 설명은 스핀계가 진동수 $\omega_0 = \gamma B_0$ 근처의 구동장(driving field)으로부터 에너지를 흡수하는 공명을 일으킬 것이라는 사실과, 구동장에 대한 계의 반응 진동수 너비가 $\Delta\omega \approx 1/T_2$일 것임도 잘 보여준다. 그림 6은 물속에 있는 양성자의 공명을 나타낸다.

블로흐 방정식은 다음 식과 같이 진동너비 B_1의 회전 자기장으로부터 흡수 전력(power absorption)을 구하는 데도 사용된다. 즉,

$$B_x = B_1 \cos \omega t \ ; \quad B_y = -B_1 \sin \omega t \tag{18}$$

약간의 계산으로부터 흡수 전력에 대한 식을 얻을 수 있다.

(CGS)
$$\mathcal{P}(\omega) = \frac{\omega\gamma M_z T_2}{1 + (\omega_0 - \omega)^2 T_2^2} B_1^2 \ . \tag{19}$$

최대 전력의 반이 되는 공명의 반너비(half-width)는 다음과 같다.

$$(\Delta\omega)_{1/2} = 1/T_2 \ . \tag{20}$$

선 너비

LINE WIDTH

자기쌍극자로 이루어진 단단한 격자에 있어서 자기쌍극자 상호작용은 흔히 선 너비 증대(line broadening)의 가장 중요한 요인이 된다. 자기쌍극자 $\boldsymbol{\mu}_1$이 이것에서 $\mathbf{r}_{12}$인 위치에 있는 자기쌍극자 $\boldsymbol{\mu}_2$에 의하여 받게 되는 자기장 $\Delta\mathbf{B}$는

$$\Delta \mathbf{B} = \frac{3(\boldsymbol{\mu}_2 \cdot \mathbf{r}_{12})\mathbf{r}_{12} - \boldsymbol{\mu}_2 r_{12}^2}{r_{12}^5} \qquad \text{(CGS)} \qquad (21)$$

으로 주어지는데, 이것은 전자기학의 기본적인 결과이다.

이 상호작용의 크기의 정도는 ΔB를 B_i라 표시하면

$$B_i \approx \mu / r^3 \qquad \text{(CGS)} \qquad (22)$$

과 같다. 이 값이 r에 크게 의존되므로 가까이 인접한 상호작용이 주도적인 것임을 쉽게 알 수 있다. 따라서

$$B_i \approx \mu / a^3 \qquad \text{(CGS)} \qquad (23)$$

인데, 여기서 a는 최인접 거리이다. 이 결과는 인접한 자기모멘트들이 제멋대로 향하고 있을 때, 스핀 공명선의 선 너비에 대한 한 척도를 제공한다. 양성자가 2Å만큼 떨어져 있다면

$$B_i \approx \frac{1.4 \times 10^{-23}\ \text{G cm}^3}{8 \times 10^{-24}\ \text{cm}^3} \approx 2\ \text{gauss} = 2 \times 10^{-4}\ \text{tesla} \qquad (24)$$

이다. 식 (21), (22), (23)을 SI 단위로 표시하려면 우변에 $\mu_0/4\pi$를 곱하면 된다.

운동 좁아지기(*motional narrowing*)

원자핵이 빠른 상대운동을 하게 되면 선 너비가 감소된다. 고체 안에서 이 효과를 그림 7에 설명하였는데, 퍼짐(diffusion)은 원자가 결정 내 한 위치에서 다른 위치로 뛰

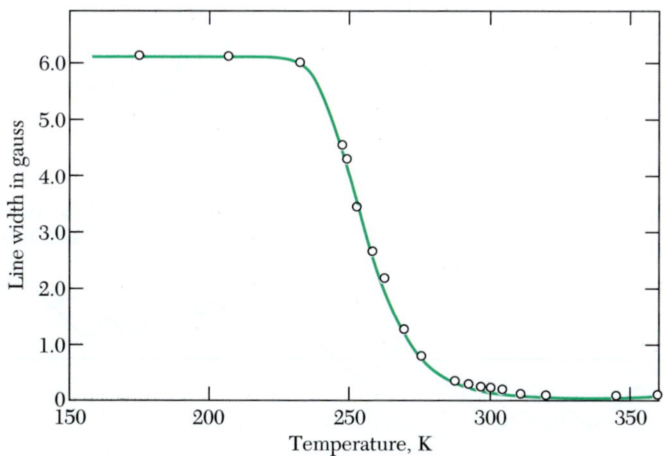

그림 7 금속 Li에서 Li^7 NMR 선에 대한 원자핵의 퍼짐 효과. 저온에서의 선 너비는 단단한 살 창에 대한 이론값과 일치한다. 온도가 상승됨에 따라, 퍼짐률이 증가되고 선 너비는 감소된다. T = 230 K 이상에서 선 너비가 갑자기 감소한 것은 퍼짐 뛰기시간(diffusion hopping time)이 $1/\gamma B_i$ 보다 짧아지기 때문에 일어난다. 그러므로 이 실험은 원자가 격자 내 위치를 바꾸는 뛰기시간을 직접적으로 측정하는 방법이 된다(H.S.Gutowsky와 B.R.Mcgarvey의 결과 인용).

어넘기 때문에 막걷기(random walk)와 흡사하다. 한 원자는 평균적으로 τ시간 동안 한자리에 머물게 되는데 온도가 상승하게 되면 τ는 눈에 띄게 감소된다.

선 너비에 대한 운동의 효과는 보통 액체에서 매우 크게 나타난다. 그 이유는 분자들이 매우 유동적이기(mobile) 때문이다. 물속에 있는 양성자 공명선의 선 너비는 물분자가 제자리에 얼어붙었다고 가정할 때 예상되는 선 너비의 10^{-5}배에 불과하다.

T_2와 선 너비에 대한 원자핵 운동의 효과는 미묘하나 기초적인 설명으로 이해할 수 있다. 블로흐 방정식에서 T_2는 자기장 세기의 국소 미동(local perturbation) 때문에 개개의 스핀이 1라디안만큼 위상이 틀려지는 데 걸리는 시간의 척도이다. 이때 $(\Delta\omega)_0 \approx \gamma B_i$를 미동 자기장 B_i에 대응되는 국소 진동수 벗어나기(local frequency deviation)라고 표시하자. 이때 국소장(local field)은 다른 스핀과의 쌍극자 상호 작용으로 생길 수 있다.

원자들이 빠른 속도로 상대 운동을 하고 있으면, 한 주어진 스핀이 받게 되는 국소 자기장 B_i는 시간에 따라 급속히 요동하게 될 것이다. 국소 자기장은 그림 8a와 같이 평균 시간 τ 동안은 $+B_i$인 값이고, 그 후에는 $-B_i$로 바뀐다고 생각할 수 있다. 이러한 막(random) 변화는 식 (21)의 $\boldsymbol{\mu}$와 $\mathbf{r}$ 사이의 각도가 변하여도 일어날 수 있다. 스핀은 가해준 자기장의 B_0 안에서의 일정한 축돌기 운동에 의한 위상각에 대하여 시간 τ 동안에 여분의 위상각 $\delta\varphi = \pm\gamma B_i \tau$ 만큼 더 축돌기 운동을 하게 될 것이다.

운동 감소효과는 $\delta\varphi \ll 1$인 짧은 시간 T에 기인되는 것이다. 시간간격 τ 씩의 n개

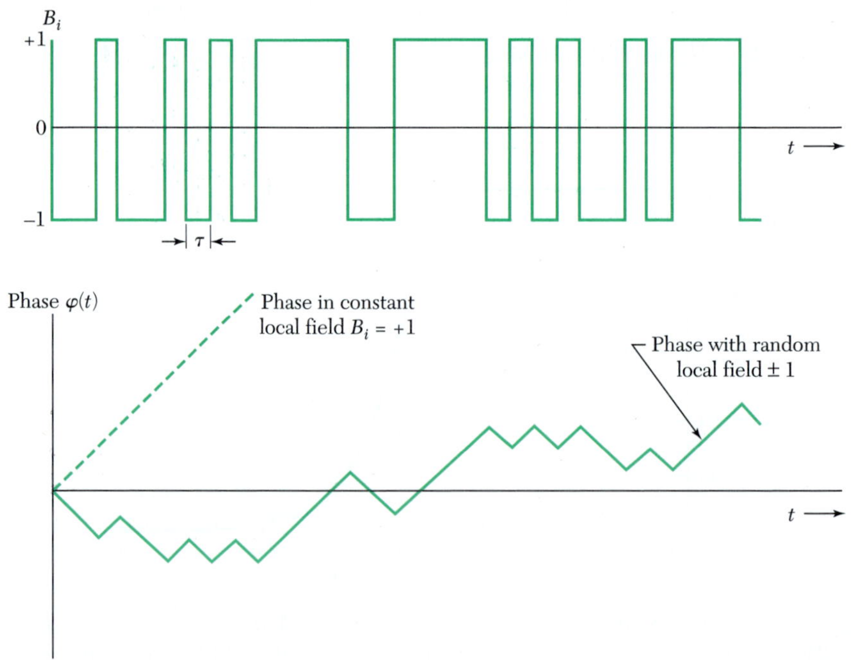

그림 8 일정한 크기의 국소 자기장 속에 있는 스핀의 위상을 국소 자기장이 ±1인 위치 사이를 시간간격 τ 후에 제멋대로 뛰어다니는 스핀의 위상 어긋나기와 비교한 그림.

범위를 지난 다음에 자기장 B_0에서의 평균제곱 위상 어긋나기 각도(the dephasing angle)는

$$\langle \varphi^2 \rangle = n(\delta\varphi)^2 = n\gamma^2 B_i^2 \tau^2 \tag{25}$$

으로 주어지는데, 이것은 막걷기 과정, 즉 제멋대로의 방향으로 길이 ℓ만큼씩 n단계를 간 후에 초기 위치로부터의 평균제곱 변위가 $\langle r^2 \rangle = n\ell^2$이라는 사실과의 유사성에서 얻은 것이다.

한 스핀이 1 라디안만큼 위상이 어긋나기에 필요한 평균적인 단계 수는 $n = 1/\gamma^2 B_i^2 \tau^2$이다. 위상이 1라디안보다 훨씬 많이 어긋난 스핀들은 흡수 신호에 기여하지 않는다. 이 단계수는

$$T_2 = n\tau = 1/\gamma^2 B_i^2 \tau \tag{26}$$

만한 시간에 일어나는데, 이 값은 단단한 격자에 대한 결과인 $T_2 \cong 1/\gamma B_i$와는 많이 다르다. 식 (26)으로부터 특성 시간 T로 급속히 운동하는 경우의 선 너비로

$$\Delta\omega = 1/T_2 = (\gamma B_i)^2 \tau \tag{27}$$

또는

$$\Delta\omega = 1/T_2 = (\Delta\omega)_0^2 \tau \tag{28}$$

를 얻는데, $(\Delta\omega)_0$는 단단한 격자에서의 선 너비이다.

이러한 논의는 $(\Delta\omega)_0\tau \ll 1$임을 가정한다. 만일 그렇지 않다고 하면 $\delta\varphi \ll 1$이 될 수 없기 때문이다. 따라서 $(\Delta\omega) \ll (\Delta\omega)_0$이다. 즉, τ가 짧으면 짧을수록 공명선이 더 좁아 진다는 것이다! 이 괄목할 만한 효과는 **운동 좁아지기**(motional narrowing)[2)]로 알려져 있다. 상온에서 물분자의 회전 풀림시간은 유전상수 측정에서 알 수 있는데, 그 값은 10^{-10}s 정도이다. $(\Delta\omega)_0 \approx 10^5 \mathrm{s}^{-1}$이라면 $(\Delta\omega)_0\tau \approx 10^{-5}$이고, $\Delta\omega \approx (\Delta\omega)_0^2\tau \approx 1\mathrm{s}^{-1}$이다. 그러므로 분자운동은 정적인 상태의 선 너비에 10^{-5}배 정도로 양성자 공명선을 좁히게 된다.

초미세 갈라지기
HYPERFINE SPLITTING

초미세 상호작용은 원자핵의 자기모멘트와 전자의 자기모멘트 사이의 자기적 상호작용이다. 원자핵에 위치한 관측자에게 이 상호작용은 원자핵 주위를 도는 전자의 운동과 전자의 자기모멘트에 의하여 생기는 자기장에 의하여 야기되는 것이다. 즉, 전자가

2) 물리적 착상은 N. Bloembergen, E.M.Purcell, R.V.Pound, Pyhs. Rev. 73 679(1948)에 근거한다. 이 결과는 (기체 방전에서와 같이) 원자 간에 많은 충돌이 있으면 τ가 짧아져 선 너비가 넓어지는 광학적 선 너비 이론과는 다르다. 원자핵 스핀 문제에서는 충돌은 매우 약하다. 거의 모든 광학적 문제에 있어서 원자 간의 충돌은 진동의 위상을 방해할 만큼 충분히 강하다. 원자핵 공명에 있어서 비록 진동수가 한 값에서 다른 인접한 값으로 갑자기 변하긴 해도 그 위상은 충돌에 있어서 단조롭게 변한다.

원자핵에 대하여 궤도 각운동량을 가지고 있으면 원자핵 주위에 전자의 전류가 형성된다. 그러나 전자의 궤도 각운동량이 0인 상태라 할지라도 원자핵 주위에 전자의 스핀전류가 존재하며, 이 전류는 **접촉 초미세 상호작용**을 유발한다. 접촉 상호작용의 근원은 CGS 단위로 주어진 다음과 같은 정성적인 물리적 논의로 이해할 수 있다.

전자에 대한 디랙 이론의 결과는 전자의 자기모멘트 $\mu_B = e\hbar/2mc$가 전자의 회전에 의하여 생긴다는 것을 의미한다. 이때 전자는 그것의 Compton 파장, 즉 $ƛ_e = \hbar/mc \sim 10^{-11}$ cm 크기 정도를 반지름으로 하는 전류 고리(loop)를 속도 c로 회전한다는 것이다. 이러한 회전운동에 의한 전류는

$$I \sim e \times (\text{turns per unit time}) \sim ec/ƛ_e \tag{29}$$

이고, 이 전류에 의하여 형성되는 자기장 그림 9는

(CGS)
$$B \sim I/ƛ_e c \sim e/ƛ_e^2 \tag{30}$$

이다.

원자핵에 위치한 관측자는 전자 내부에 자신이 발견하게 될 확률

$$P \approx |\psi(0)|^2 ƛ_e^3 \tag{31}$$

을 갖게 되는데, 그것은 전자 주위에 $ƛ_e^3$만한 부피의 공 속에 있을 확률이다. 여기서 $\psi(0)$는 원자핵 위치에서의 전자 파동함수의 값이다. 그러므로 원자핵이 받는 자기장

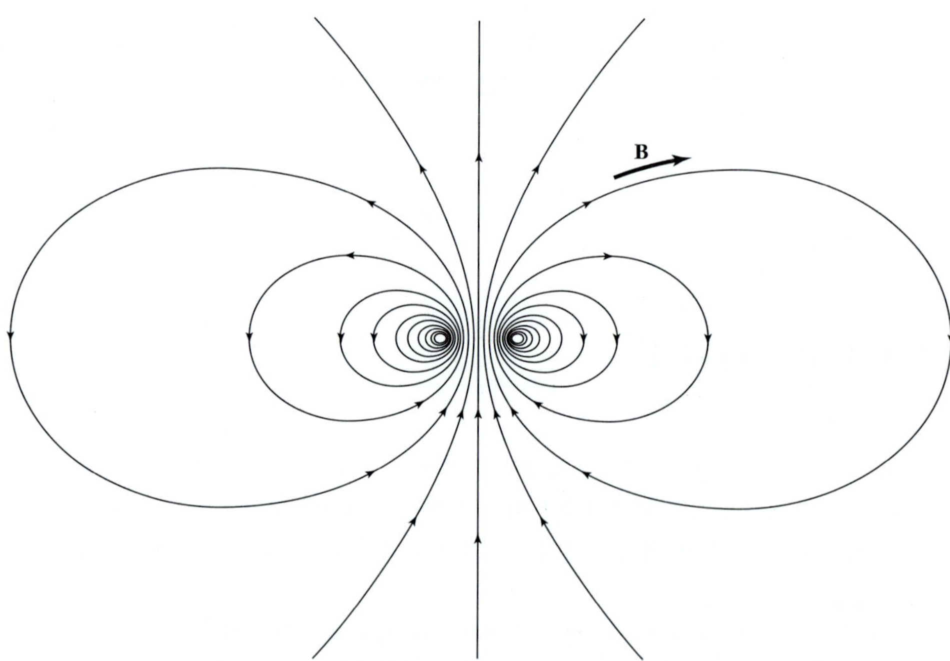

그림 9 원형 고리에서 움직이는 전하에 의하여 생기는 자기장 **B**. 원자핵 자기모멘트와 초미세 상호작용의 접촉 부분은 전류 고리의 내부 또는 근처 영역에서 생긴다. 전류 고리를 에워싸는 공모양의 껍질 전체에 대하여 평균한 자기장은 0이다. 따라서 s전자(L = 0)는 접촉 부분만으로 초미세 상호작용에 기여한다.

의 평균값은

$$\overline{B} \approx e|\psi(0)|^2 \lambda\!\!\!^{-}_e \approx \mu_B |\psi(0)|^2 \tag{32}$$

인데, 여기서 $\mu_B = e\hbar/2mc = \frac{1}{2}e\lambda\!\!\!^{-}_e$는 보어 마그네톤이다. 초미세 상호작용 에너지의 접촉 부분은

$$U = -\boldsymbol{\mu}_I \cdot \overline{\mathbf{B}} \approx -\boldsymbol{\mu}_I \cdot \boldsymbol{\mu}_B |\psi(0)|^2 \approx \gamma\hbar\mu_B |\psi(0)|^2 \mathbf{I} \cdot \mathbf{S} \tag{33}$$

이다. 거기서 I는 $\hbar$를 단위로 한 원자핵의 스핀이다. 한 원자 안에서의 접촉 상호작용은

$$U = a\mathbf{I} \cdot \mathbf{S} \tag{34}$$

로 표기된다.

몇 가지 자유원자의 바닥상태에 대한 초미세 상수 a의 값은 다음 표와 같다.

nucleus	H^1	Li^7	Na^{23}	K^{39}	K^{41}
I	$\frac{1}{2}$	$\frac{3}{2}$	$\frac{3}{2}$	$\frac{3}{2}$	$\frac{3}{2}$
a in gauss	507	144	210	83	85
a in MHz	1420	402	886	231	127

강한 자기장 안에서 자유원자나 이온의 에너지 준위 모양은 전자 준위의 제만 에너지 갈라지기에 의하여 주도되고, 초미세 상호작용은 $U' \cong am_S m_I$형태의 부가적인 갈라지기를 주게 된다. 여기서 m_S와 m_I는 각각 전자와 원자핵의 자기 양자수이다.

그림 10의 에너지 준위 그림에서 두 개의 전자전이는 $\Delta m_S = \pm 1$, $\Delta m_I = 0$인데, 진동수는 $\omega = \gamma H_0 \pm a/2\hbar$이다. 원자핵의 전이는 표시되지 않았으나, 그들은 $\Delta m_S = 0$

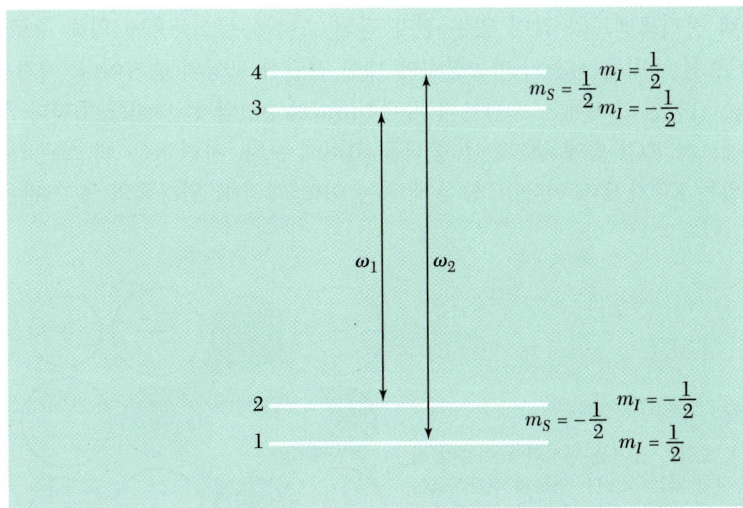

그림 10 $S = \frac{1}{2}$과 $I = \frac{1}{2}$인 계가 자기장 안에서 갖는 에너지 준위. 이 그림은 $\mu_B B \gg a$인 강자기장 근사로 그린 것인데, a는 초미세 결합상수로서 양으로 택한 것이다. 네 개의 준위는 자기 양자수 m_S와 m_I로 표시하였다. 전자의 강한 전이는 $\Delta m_I = 0$, $\Delta m_S = \pm 1$이다.

이므로 $\omega_{\text{nuc}} = a/2\hbar$이다. 원자핵 전이 $1 \to 2$의 진동수는 $3 \to 4$의 그것과 같다.

원자 내 초미세 상호작용은 바닥 에너지 준위를 갈라지게도 한다. 수소에서의 갈라지기는 1,420 MHz인데, 이것은 별사이(interstellar) 원자 수소의 고주파 진동수 선이다.

예제: 상자성 점결함*(Examples: paramagnetic point defects)*

전자스핀 공명의 초미세 갈라지기는 할로겐화 알칼리 결정 속의 F 중심과 반도체 결정 내 주개(donor) 불순물 원자와 같이 상자성 점결함 에 대한 유용한 구조적 정보를 제공한다.

할로겐화 알칼리 화합물의 *F* 중심*(F centers in alkali halides)*

F 중심은 빈자리에 구속된 한개 여분의 전자를 가지고 있는 음이온 빈자리이다(그림 11). 갇힌 전자의 파동함수는 빈 격자 자리와 인접한 여섯 개의 알칼리 이온에 주로 공유되어 있고, 두 번째 근접 껍질을 이루는 12개의 할로겐 이온은 비교적 적은 진폭을 가지고 있다. 이때 인접 원자의 수는 NaCl 구조를 하고 있는 결정에 적용된다. $\varphi(\mathbf{r})$이 한개의 알칼리 이온에 있는 원자가 전자(valence electron)의 파동함수라면 F 중심의 파동함수는 일차 근사로서

$$\psi(\mathbf{r}) = C \sum_{p} \varphi(\mathbf{r} - \mathbf{r}_p) \tag{35}$$

와 같이 표기할 수 있다. 이때 NaCl 구조에서는 $\mathbf{r}_p$의 여섯 개 값이 격자 빈자리와 결합된 알칼리 이온자리를 표시한다.

F 중심의 전자스핀 공명의 선 너비는 빈 격자 자리와 이웃하고 있는 알칼리 이온의 원자핵 자기모멘트와 갇혀 있는 전자 간의 초미세 상호작용에 의해 주로 결정된다. 관측된 선 너비는 전자의 파동함수에 대한 간단한 모형의 증거이다. 여기서 선 너비라 함은 가능한 초미세 구조성분의 싸개선(envelope)의 선 너비를 뜻한다.

한 예로서 KCl 속에 생기는 F 중심을 고려해 보자. 자연 K는 핵 스핀 $I = 3/2$을 가지고 있는 K^{39}가 93%이다. F 중심에 있는 여섯 개의 K 원자핵의 총 스핀은 $I_{\max} =$

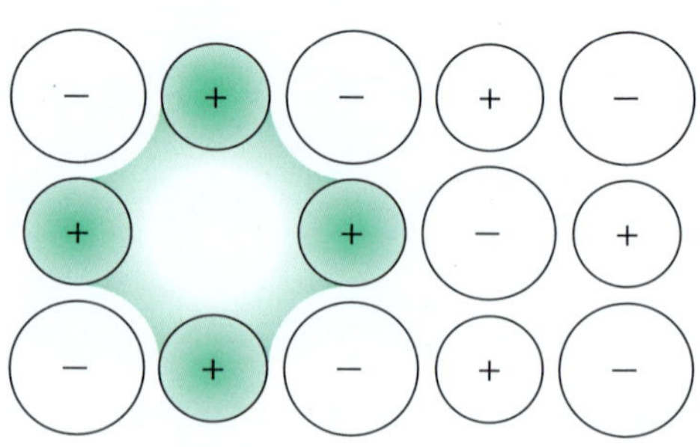

그림 11 F 중심은 음이온 빈자리에 여분의 전자 한개가 갇혀 있는 것이다. 여분의 전자분포는 빈 격자 위치에 인접해 있는 금속 양이온에 주로 퍼져 있다.

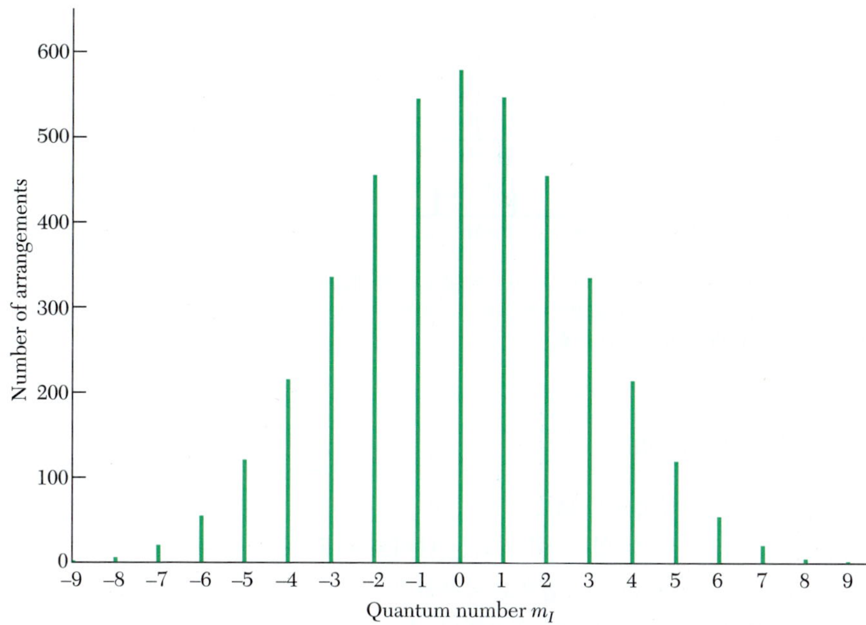

그림 12 여섯 개의 K^{39} 핵 스핀의 4,096 배열 방법이 19개 초미세 성분으로 나뉜 모양. 각 성분은 인접한 12개의 Cl 원자핵과 또다시 초미세 상호작용을 함으로써 더 분리되는데, Cl 원자핵은 Cl^{35}(75%)이거나 Cl^{37}(25%)이 될 수 있다. 그림 모양의 싸개선(envelope)은 대략 가우스 곡선 형태이다.

$6 \times 3/2 = 9$이므로, 초미세 성분의 수는 $2I_{max} + 1 = 19$이고, 이 값이 양자수 m_I의 가능한 수가 된다. 그러므로 여섯 개의 스핀이 그림 12와 같이 19개의 성분으로 분포되는 독립적인 배열 방법은 $(2I + 1)^6 = 4^6 = 4{,}096$ 가지이다. 흔히 F 중심의 흡수선의 싸개선(envelope)만이 관측되는 것이 보통이다.

규소 내의 주개원자*(donor atoms in silicon)*

인(Phosphorus)은 규소 안에 들어가 있으면 주개(donor)가 된다. 각각의 주개원자는 다섯 개의 원자가 전자를 가지고 있는데, 그 중 네 개는 결정의 공유결합 망(network)에 반자성적으로 들어가고, 다섯 번째가 스핀 $S = \frac{1}{2}$인 상자성 중심으로 행동한다. 강자기장 극한(strong field limit)에서 실험상의 초미세 갈라지기가 그림 13에 제시되어 있다.

전자 밀도가 약 1×10^{18} 주개/cm^3를 초과하는 경우에는 분리된 선이 한개의 좁은 선으로 대치된다. 이것은 많은 주개전자가 주개원자들 사이를 빠르게 뛰어넘는 일종의 운동 좁아지기 효과(식 28)이다. 즉, 빠른 뛰어넘기 운동이 초미세 갈라지기를 평균해 버리는 것이다. 뛰어넘기 비율은 주개원자의 밀도가 커질수록 증가되는데 그 이유는 주개전자 파동함수의 중첩이 증가되기 때문이며, 이러한 견해는 전기전도도 측정에서도 확인된 사실이다(14장 참조).

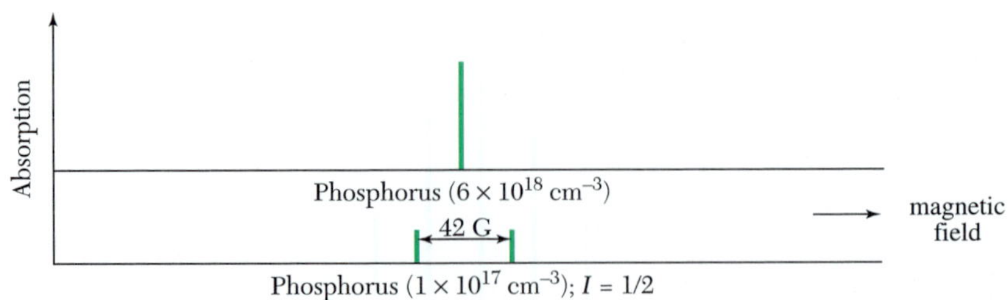

그림 13 규소 안에 있는 P 주개원자의 전자스핀 공명선. 주개의 밀도가 커지면 주개전자가 한 자리에서 다른 자리로 매우 빨리 뛰어넘기 때문에 초미세 구조가 나타나지 못하게 된다 (R.C.Fletcher, W.A.Yager, G.L.Pearson, F.R.Merritt의 결과 인용).

나이트 이동*(knight shift)*

진동수를 고정하고 금속에서 핵 스핀의 공명을 관측하면, 반자성 고체와는 약간 다른 자기장에서 공명을 볼 수 있다. 이 효과는 **나이트 이동** 또는 **금속이동**으로 알려져 있으며, 전도전자 연구에 대한 방법으로 유용하다.

핵 스핀 **I**와 자기회전비 γ_I인 원자핵의 상호작용 에너지는

$$U = (-\gamma_1 \hbar B_0 + a\langle S_z\rangle)I_z \tag{36}$$

인데, 여기서 첫째 항은 가해준 자기장 B_0와의 상호작용이고, 둘째 항은 전도전자와 원자핵의 평균 초미세 상호작용이다. 평균 전도전자 스핀 $\langle S_z\rangle$는 전도 전자의 파울리 스핀 자기 감수율 χ_s와 다음과 같은 관계, 즉 $M_z = gN\mu_B\langle S_z\rangle = \chi_s B_0$가 있으므로, 이로부터 상호작용은

$$U = \left(-\gamma_I\hbar + \frac{a\chi_s}{gN\mu_B}\right)B_0 I_z = -\gamma_I\hbar B_0\left(1 + \frac{\Delta B}{B_0}\right)I_z \tag{37}$$

와 같이 쓸 수 있다.

이때, 나이트 이동은

$$K = -\frac{\Delta B}{B_0} = \frac{a\chi_s}{gN\mu_B\gamma_I\hbar} \tag{38}$$

로 정의되며, 자기회전비의 미소한 변화로 나타난다. 또, 초미세 접촉에너지에 대한 정의식 (34)에 의하여 나이트 이동은 근사로 $K \approx \chi_s|\psi(0)|^2/N$으로 주어지는데, 이것은 파울리 스핀 자기 감수율에 의하여 평균 전도전자 밀도에 대한 원자핵에서의 전도전자 밀도의 비만큼 증가되는 것이다.

K의 실험값은 표 2에 요약되어 있다. 초미세 결합상수 a의 값은 자유원자에서보다 금속에서 약간 다른데, 그 이유는 원자핵에서의 파동함수가 다르기 때문이다. 금속 Li의 나이트 이동으로부터 금속에서의 $|\psi(0)|^2$값이 자유원자에서의 값의 0.44배임을 알아냈는데, 그 비의 계산값은 0.49이다.

표 2 금속원소에서 핵자기공명(NMR)의 나이트 이동(상온에서)

Nucleus	Knight shift in percent	Nucleus	Knight shift in percent
Li^7	0.0261	Cu^{63}	0.237
Na^{23}	0.112	Rb^{87}	0.653
Al^{27}	0.162	Pd^{105}	−3.0
K^{39}	0.265	Pt^{195}	−3.533
V^{51}	0.580	Au^{197}	1.4
Cr^{53}	0.69	Pb^{207}	1.47

원자핵 사중극자 공명
NUCLEAR QUADRUPOLE RESONANCE

스핀 $I \geq 1$인 원자핵은 전기 사중극자 모멘트를 갖는다. 전기 사중극자 모멘트 Q는 원자핵 안에서 전하 분포의 타원체 형태에 대한 하나의 척도이다. 이 사중극자 모멘트는 고전적으로

$$eQ = \frac{1}{2}\int (3z^2 - r^2)\rho(\mathbf{r})d^3x \tag{39}$$

로 정의되는데, 여기서 $\rho(\mathbf{r})$은 전하밀도이다. 달걀과 같이 생긴 원자핵의 Q는 양이고, 접시 모양의 원자핵은 음의 Q값을 갖는다. 원자핵이 결정 안에 놓이게 되면 그림 14와 같이 그 주위의 정전기장을 받게 될 것이다. 만일 이 전기장의 대칭성이 입방체보다 낮다면 핵의 사중극자 모멘트와 국소 전기장과의 상호작용으로 갈라진 여러 개의 에너지 준위를 만들게 된다.

갈라진 상태는 스핀 I의 $2I + 1$ 상태이다. 적절한 진동수의 고주파 자기장으로 이들 준위 간에 전이를 야기할 수 있으므로 사중극자 갈라지기는 때때로 직접 관찰할 수 있다. **원자핵 사중극자 공명**(Nuclear quadrupole resonance)이라는 용어는 정자

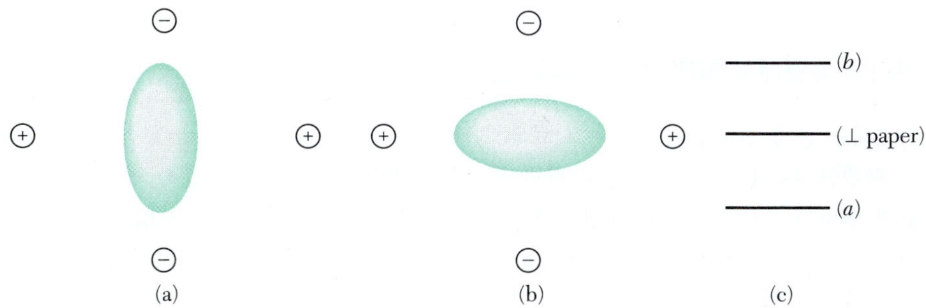

그림 14 (a) 표시된 네 개 이온에 의한 국소 전기장에서 원자핵 사중극자 모멘트($Q > 0$)가 가질 수 있는 최저 에너지 방위. 이온 자체의 전자는 표시하지 않았다. (b) 최고 에너지 방위, (c) $I = 1$에 대한 에너지 준위 갈라지기

기장을 가하지 않고 원자핵의 사중극자 갈라지기를 관찰하는 것을 말한다. 사중극자 갈라지기는 Cl_2, Br_2, I_2와 같은 공유결합 분자에서는 특히 크며 그 갈라지기는 10^7 내지 10^8 Hz 정도의 크기이다.

강자성 공명
FERROMAGNETIC RESONANCE

강자성체에서 마이크로파 진동수를 이용하는 스핀 공명은 원리적으로 원자핵 스핀 공명과 유사하다. 시료의 총 자기모멘트는 정자기장의 방향을 중심으로 하여 축돌기 운동을 하므로, 이와 직각 방향으로 가해 주는 고주파 자기장의 진동수가 이 축돌기 운동 진동수와 같게 되면, 고주파 자기장으로부터 강하게 에너지를 흡수한다. 강자성체의 총 스핀을 대표하는 거시적 벡터 **S**가 정자기장 안에서 양자화되어 통상의 제만 진동수만큼 갈라진 에너지를 가지고 있다고 생각할 수도 있는데, 이때 선택 규칙 $\Delta m_S = \pm 1$은 단지 인접한 준위 간의 전이만을 허용한다.

강자성 공명의 특이한 면은 다음과 같다.

- 수직 자기 감수율 성분 χ'과 χ''은 대단히 큰데, 그 이유는 주어진 정자기장 안에서 강자성체의 자기화는 같은 자기장 안에서 전자나 원자핵 상자성체의 자기 화에 비하여 엄청나게 크기 때문이다.
- 시료의 생김새는 매우 중요한 구실을 한다. 왜냐하면 자기화가 크므로 자기소거장도 크기 때문이다.
- 강자성 전자 간의 강력한 바꿈결합은 공명선 너비에 대한 자기쌍극자 효과를 압도하는 경향을 나타내므로 강자성 공명선은 적절한 조건하에서 매우 날카롭게(< 1 G) 될 수 있다.
- 포화 효과는 낮은 고주파 전력 수준에서도 일어난다. 원자핵 스핀계에서 고주파 자기장으로 자기화 M_z를 0으로 만들거나 반대 방향으로 돌리는 것은 가능하였으나, 강자성 스핀계는 자기화가 매우 강하므로 그렇게 할 수는 없다. 자기화 벡터가 그 초기 방향으로부터 얼마간 회전하기 이전에 강자성 공명 들뜸으로 스핀파동 진동방식이 생겨나게 된다.

강자성 공명에서 형태 효과(*shape effects in FMR*)

여기서는 공명 진동수에 미치는 시료의 형태 효과를 다룬다. 우선 x, y, z 직각 좌표계에 평행인 주축을 가지고 있는 타원체 형태의 입방형 강자성 절연체를 살펴보자. **자기소거 인자** N_x, N_y, N_z는 16장에서 정의된 극지움 인자(depolarization factors)와 동일하다. 타원체 안에서 내부 자기장 $\mathbf{B}_i$의 성분은 가해 준 자기장과 다음과 같은 관계가 있다.

$$B_x^i = B_x^0 - N_x M_x \ ; \quad B_y^i = B_y^0 - N_y M_y \ ; \quad B_z^i = B_z^0 - N_z M_z \ .$$

로런츠 자기장 $(4\pi/3)\mathbf{M}$과 바꿈 자기장 $\lambda\mathbf{M}$은 $\mathbf{M}$과의 벡터 곱이 항등적으로 0 이 되기 때문에 돌림힘에 기여하지 않는다. 국제단위계(SI)로 표시하면 $\mathbf{M}$ 대신 $\mu_0\mathbf{M}$으로 바꾸고 N값은 적절히 재정의하면 된다.

스핀 방정식 $\dot{\mathbf{M}} = \gamma(\mathbf{M} \times \mathbf{B}^i)$의 성분은 가해 준 정자기장이 $B_0\hat{\mathbf{z}}$일 때

$$\frac{dM_x}{dt} = \gamma(M_yB_z^i - M_zB_y^i) = \gamma[B_0 + (N_y - N_z)M]M_y \ ; \tag{40}$$

$$\frac{dM_y}{dt} = \gamma[M(-N_xM_x) - M_x(B_0 - N_zM)] = -\gamma[B_0 + (N_x - N_z)M]M_x$$

와 같다.

일차항까지 취하면 $dM_z/dt = 0$이고, $M_z = M$으로 놓을 수 있다. 시간종속항 exp $(-i\omega t)$를 가지는 식 (40)의 해는 다음 조건을 만족하면 존재한다.

$$\begin{vmatrix} i\omega & \gamma[B_0 + (N_y - N_z)M] \\ -\gamma[B_0 + (N_x - N_z)M] & i\omega \end{vmatrix} = 0 \ .$$

그러므로, 가해준 자기장이 B_0일 때 강자성 공명 진동수는

(CGS) $$\omega_0^2 = \gamma^2[B_0 + (N_y - N_z)M][B_0 + (N_x - N_z)M] \tag{41}$$

(SI) $$\omega_0^2 = \gamma^2[B_0 + (N_y - N_z)\mu_0M][B_0 + (N_x - N_z)\mu_0M]$$

과 같다. 여기서 진동수 ω_0를 **균일한 진동방식**(uniform mode)의 진동수라 불러서 마그논(magnon)이나, 또다른 불균일 방식의 진동수와 구별한다. 균일한 진동방식에서는 모든 자기모멘트가 같은 진동너비를 가지고 같은 위상으로 함께 축돌기 운동을 하는 것이다.

구슬 모양의 시편에 대해서는 $N_x = N_y = N_z$이므로 $\omega_0 = \gamma B_0$이다. 이러한 기하학적 형태에서 얻은 대단히 날카로운 공명선을 그림 15에 제시하였다. 시편이 납작한 판 모양인 경우 B_0가 판면에 수직하면 $N_x = N_y = 0$이고 $N_z = 4\pi$이므로 강자성 공명 진동수는

(CGS) $\omega_0 = \gamma(B_0 - 4\pi M)$; (SI) $\omega_0 = \gamma(B_0 - \mu_0M)$ (42)

과 같다. 만약, B_0가 판면에 나란하고 이 판면을 xz면이라 하면, $N_x = N_z = 0$이고, $N_y = 4\pi$이므로

(CGS) $\omega_0 = \gamma[B_0(B_0 + 4\pi M)]^{1/2}$; (SI) $\omega_0 = \gamma[B_0(B_0 + \mu_0M)]^{1/2}$ (43)

이다.

실험으로 v 값을 정하는데, 이것은 $-\gamma = g\mu_B/\hbar$의 관계식으로 분광학적 분리인자 g와 연관된다. 금속 Fe, Co 및 Ni에 대한 g값은 상온에서 각각 2.10, 2.18 및 2.21이다.

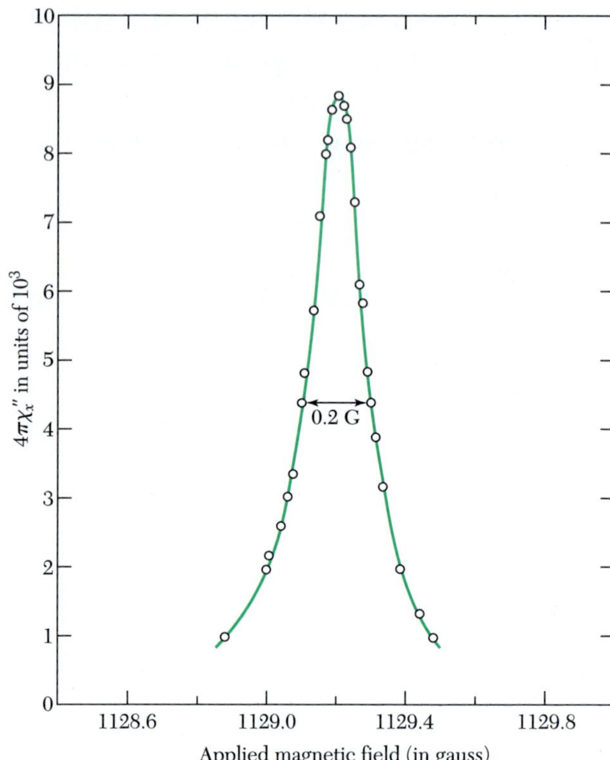

그림 15 온도 300 K에서 $B_0 \parallel [111]$에 대한 3.33 GHz에서 연마한 구슬 모양의 이트륨-철 석류석의 강자성 공명 결과. 파워의 반이 되는 공명의 너비는 0.2 G이다(R. C. LeCraw와 E. Spencer의 결과 인용).

스핀파동 공명(*spin wave resonance*)

얇은 강자성 필름의 표면에 있는 전자스핀이 필름 내부에 있는 스핀파동과는 다른 비등방성 자기장을 받게 되면, 얇은 강자성 필름에 균일한 고주파 자기장이 장파장의 스핀파동을 들뜨게 할 수 있다. 실제로 표면에 있는 스핀파동들은 그림 16에서 보인 바와 같이 고정되어 있는 것이 보통이다. 고주파 자기장이 균일하다면, 필름 두께 안

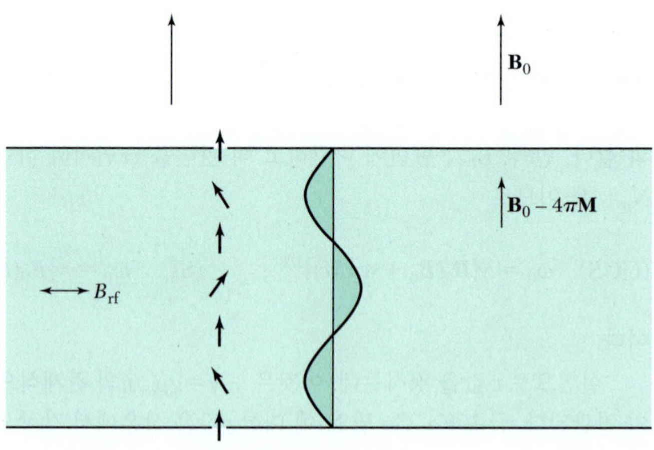

그림 16 얇은 필름에서의 스핀파동 공명. 필름면은 가해준 자기장 B_0에 수직이다. 여기서는 필름 단면을 보이고 있다. 내부 자기장은 $B_0-4\pi M$이다. 필름 표면에 있는 스핀들은 표면 이방성 힘에 의하여 고정된 방향으로 유지된다고 가정한다. 균일한 고주파 자기장은 반파장의 홀수배인 스핀파동 진동방식을 들뜨게 할 것이다. 그림에 보인 것은 n = 3 반파장인 파동이다.

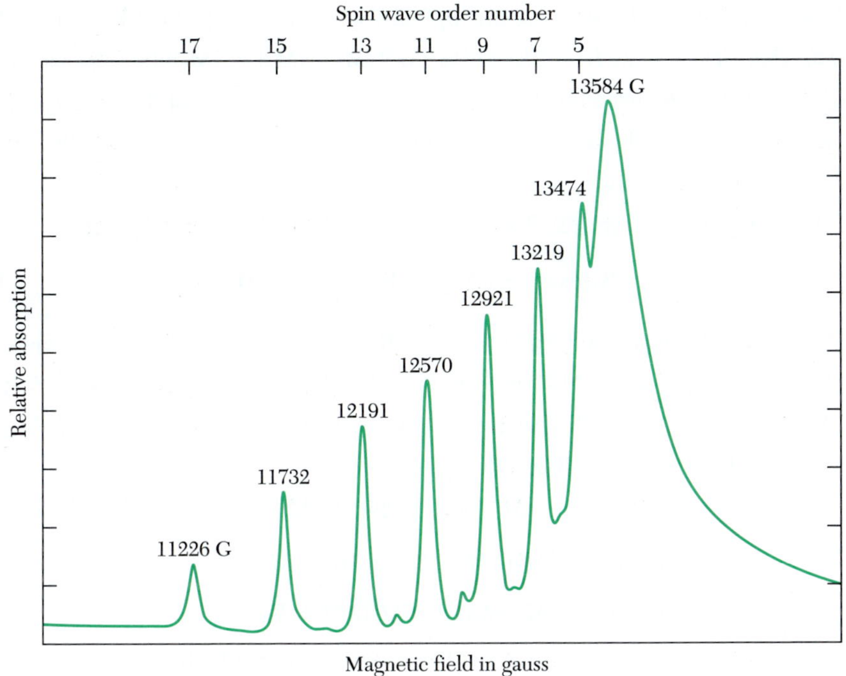

그림 17 퍼멀로이(Permalloy)(80Ni20Fe) 필름으로 9 GHz에서 얻은 스핀공명 빛띠. 차수는 필름의 두께에 들어 있는 반파장의 수이다(R. Weber의 결과 인용).

에 반파장의 홀수배의 파동을 들뜨게 할 수 있다. 반파장의 짝수배가 되는 파는 장과 알짜(net) 상호작용을 갖지 않는다.

필름에 수직하게 외부 자기장을 가하였을 때 **스핀파동 공명**(SWR)에 대한 조건은 식 (42) 오른쪽에 진동수에 대한 바꿈 작용의 기여를 합하여 얻을 수 있다. 이때 바꿈 기여는 Dk^2으로 표시할 수 있는데, 여기서 D는 스핀파동 바꿈상수이다. $ka \ll 1$이라는 가정은 SWR 실험에 대하여 타당하다. 그러므로 자기장 B_0에서의 스핀파동 공명 진동수는

$$\text{(CGS)} \qquad \omega_0 = \gamma(B_0 - 4\pi M) + Dk^2 = \gamma(B_0 - 4\pi M) + D(n\pi/L)^2 \qquad (44)$$

여기서 두께 L인 필름에서 n개의 반파장 진동방식에 대한 파동벡터는 $k = n\pi/L$이다. 실험으로 얻은 빛띠는 그림 17과 같다.

반강자성 공명
ANTIFERROMAGNETIC RESONANCE

단일축(uniaxial) 반강자성체가 두 개의 부분격자(sublattices) 1과 2에 스핀을 가지고 있는 경우를 고찰하자. 부분격자 1의 자기화 $\mathbf{M}_1$은 비등방성 자기장 $B_A\hat{\mathbf{z}}$ (impedence)에 의하여 $+z$ 방향으로 향한다고 생각하는데, 비등방성 자기장(12장 참조)은

비등방성 에너지밀도 $U_K(\theta_1) = K\sin^2\theta_1$으로부터 결과되는 것이다. 여기서 θ_1은 $\mathbf{M}_1$과 z축 간의 각도이므로, $B_A = 2K/M$인데, M은 $M = |\mathbf{M}_1| = |\mathbf{M}_2|$이다. 자기화 $\mathbf{M}_2$는 비등방성 자기장 $-B_A\hat{\mathbf{z}}$에 의하여 $-z$방향으로 향한다. $+z$가 자기화가 쉽게 되는 방향(easy direction)이라면 $-z$도 마찬가지이다. 하나의 부분격자가 $+z$로 향하면 나머지는 $-z$로 향하게 될 것이다.

$\mathbf{M}_1$과 $\mathbf{M}_2$ 사이의 바꿈 상호작용은 평균장 근사로 취급된다. 바꿈 자기장은

$$\mathbf{B}_1(\mathrm{ex}) = -\lambda\mathbf{M}_2\ ; \quad \mathbf{B}_2(\mathrm{ex}) = -\lambda\mathbf{M}_1 \tag{45}$$

으로 표기되는데, 여기서 λ는 양이다. 이때, $\mathbf{B}_1$은 부분격자 1의 스핀에 작용하는 자기장이고, $\mathbf{B}_2$는 부분격자 2에 작용한다. 외부 자기장을 가하지 않을 때 $\mathbf{M}_1$에 작용하는 전체 자기장은 그림 18과 같이 $\mathbf{B}_1 = -\lambda\mathbf{M}_2 + B_A\hat{\mathbf{z}}$이고, 마찬가지로 $\mathbf{M}_2$에 작용하는 자기장은 $\mathbf{B}_2 = -\lambda\mathbf{M}_1 - B_A\hat{\mathbf{z}}$이다.

앞으로는 $M_1^z = M$; $M_2^z = -M$이라고 놓겠다. 선형화된 운동방정식은 다음과 같다.

$$\begin{aligned} dM_1^x/dt &= \gamma[M_1^y(\lambda M + B_A) - M(-\lambda M_2^y)]\ ; \\ dM_1^y/dt &= \gamma[M(-\lambda M_2^x) - M_1^x(\lambda M + B_A)]\ ; \end{aligned} \tag{46}$$

$$\begin{aligned} dM_2^x/dt &= \gamma[M_2^y(-\lambda M - B_A) - (-M)(-\lambda M_1^y)]\ ; \\ dM_2^y/dt &= \gamma[(-M)(-\lambda M_1^x) - M_2^x(-\lambda M - B_A)]\ . \end{aligned} \tag{47}$$

M_1와 M_2를 $M_1^+ = M_1^x + iM_1^y$; $M_2^+ = M_2^x + iM_2^y$라고 정의하자. 그러면 시간종속항 $\exp(-i\omega t)$에 대한 식 (46)과 (47)은

$$\begin{aligned} -i\omega M_1^+ &= -i\gamma[M_1^+(B_A + \lambda M) + M_2^+(\lambda M)]\ ; \\ -i\omega M_2^+ &= i\gamma[M_2^+(B_A + \lambda M) + M_1^+(\lambda M)] \end{aligned}$$

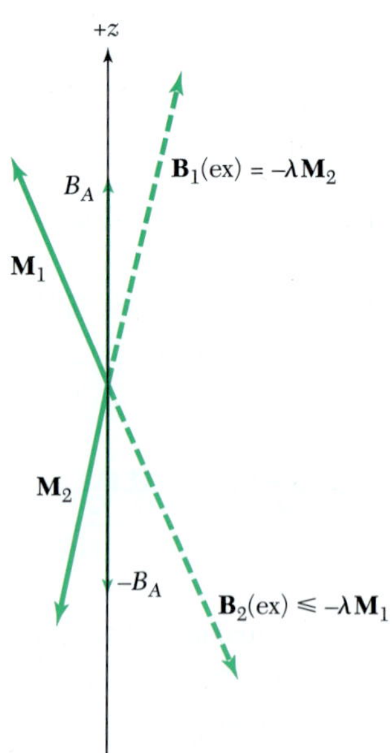

그림 18 반강자성 공명에서의 유효 자기장. 부분격자 1의 자기화 $\mathbf{M}_1$은 $-\lambda\mathbf{M}_2 + B_A\hat{\mathbf{z}}$의 자기장을 받고, 자기화 $\mathbf{M}_2$는 $-\lambda\mathbf{M}_1 - B_A\hat{\mathbf{z}}$를 받는다. 결정축의 양쪽 끝은 모두 자기화의 "용이축"이다.

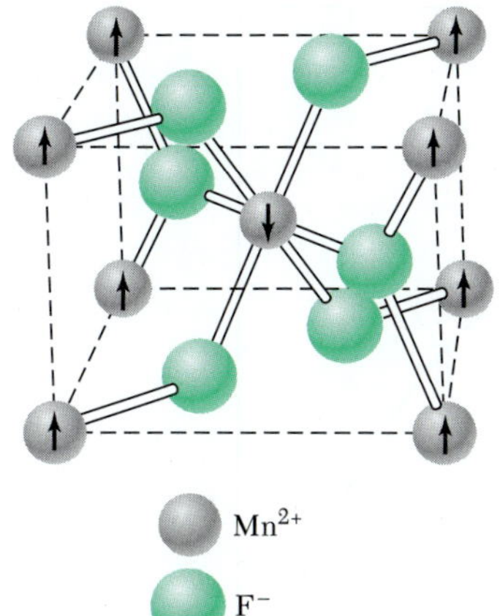

그림 19 MnF_2의 화학적 및 자기적 구조. 화살표는 Mn 원자의 지정된 자기모멘트의 방향과 배치를 표시한다.

으로 된다. 바꿈장 $B_E \equiv \lambda M$이라고 놓으면, 이들 방정식은 다음 조건이 만족되어야만 해를 갖는다. 즉,

$$\begin{vmatrix} \gamma(B_A + B_E) - \omega & \gamma B_E \\ \gamma B_E & \gamma(B_A + B_E) + \omega \end{vmatrix} = 0$$

이므로 반강자성 공명 진동수는

$$\omega_0^2 = \gamma^2 B_A(B_A + 2B_E) \tag{48}$$

로 주어진다.

MnF_2는 많이 연구된 반강자성체이다. 그 구조는 그림 19와 같다. 온도에 따라서 ω_0가 변화하는 것을 실측한 결과는 그림 20에 제시되었다. MnF_2에 대한 B_A와 B_E는 Keffer에 의하여 주의 깊게 추산되었다. 그는 0 K에서 B_E = 540 kG와 B_A = 8.8 kG임을 추산하여, 결국 $(2B_AB_E)1/2$ = 100 kG가 되는데, 관측값은 93 kG이다.

Richards는 0 K로 외삽을 한 AFMR 진동수를 아래와 같이 모아 놓았다.

Crystal	CoF_2	NiF_2	MnF_2	FeF_2	MnO	NiO
Frequency in 10^{10} Hz	85.5	93.3	26.0	158.	82.8	109

전자 상자성 공명
ELECTRON PARAMAGNETIC RESONANCE

바꿈감소(exchange narrowing)

최인접 전자스핀 간의 바꿈 상호작용 J가 있는 상자성체를 고찰하자. 고체의 온도는 스핀이 정렬하는 온도 T_c보다는 훨씬 높다고 가정한다. 이러한 조건하에서 스핀 공명

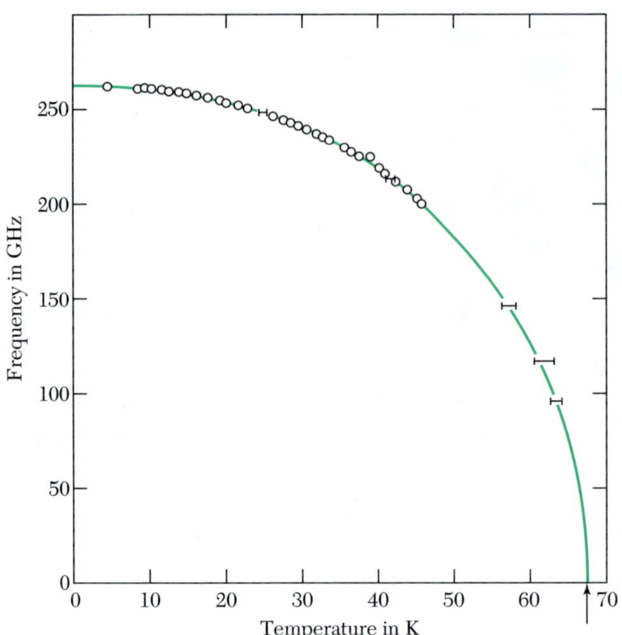

그림 20 MnF_2에 대한 반강자성 공명 진동수 대 온도(Johnson과 Nethercot의 결과 인용).

선의 선 너비는 쌍극자–쌍극자 상호작용에서 기대되는 것보다 훨씬 좁아지게 된다. 이 효과를 **바꿈감소**라고 하는데, 이것은 운동 좁아지기와 밀접한 유사성이 있다. 바꿈 진동수 $\omega_{ex} \approx J/\hbar$를 뛰기(hopping) 진동수 $1/\tau$로 해석하자. 그러면, 운동 좁아지기의 결과식 (28)을 일반화함으로써 바꿈감소된 공명선 너비로 다음 식을 얻는다.

$$\Delta\omega \approx (\Delta\omega)_0^2/\omega_{ex} \, . \tag{49}$$

여기서 $(\Delta\omega)^2{}_0 = \gamma^2\langle B_i^2\rangle$는 바꿈작용이 없을 때 정적 쌍극자 선 너비의 제곱이다.

바꿈감소에 대한 유용하고도 결정적인 예는 g값 표시 물질로 알려진 상자성 유기결정체, 즉 DPPH(diphenyl picryehydrazyl)로서 흔히 자기장의 교정에 사용된다. 이 자유 라디칼은 반전력에서의 공명선의 반 너비가 1.35 G에 지나지 않는데, 이것은 순수한 쌍극자 선 너비의 수 %에 불과하다.

무자기장 갈라지기(zero-field splitting)

많은 상자성 이온들은 자기적 바닥상태의 에너지 준위에 대한 결정장 갈라지기가 마이크로파 기술로 쉽게 다룰 수 있는 10^{10}~10^{11} Hz 정도이다. Mn^{2+} 이온은 잘 알려져 있으며, 여러 결정에서 부가적인 불순물로서 많이 연구되었다. 바닥상태가 주위환경에 따라서 10^7~10^9 Hz 범위로 갈라져 있음이 실험적으로 관측되었다.

메이저 작용의 원리
PRINCIPLE OF MASER ACTION

결정체는 마이크로파나 광파의 증폭기로 사용될 수 있고, 간섭성 복사 선원으로도 쓰인다. **메이저**(maser)는 복사선의 자극 방사에 의하여 마이크로파를 증폭하는 것이고, **레이저**(laser)는 같은 방법으로 광파를 증폭한다. 타운즈(Townes)가 설명한 바와 같이 그 원리는 메이저에 적절한 그림 21의 두준위 자기계로부터 이해될 수 있을 것이다. 높은 상태에는 n_u개의 원자가 있고, 낮은 상태에는 n_l개의 원자가 있다. 이 계를 진동수 ω인 복사선 속에 집어넣을 때, 복사장의 자기장 성분의 진동 너비가 B_{rf}라고 하자. 위와 아래 상태 간의 전이확률은 단위시간당, 단위원자당

$$P = \left(\frac{\mu B_{\mathrm{rf}}}{\hbar}\right)^2 \frac{1}{\Delta\omega} \tag{50}$$

로 주어진다. 여기서 μ는 자기모멘트이고, $\Delta\omega$는 두준위의 합성된 선 너비이다. 식 (50)의 결과는 페르미의 황금률이라고 부르는 양자역학의 표준적 결과인 형태이다. 위와 아래 두 상태에 있는 원자에서 방출되는 알짜에너지는 단위시간당

$$\mathcal{P} = \left(\frac{\mu B_{\mathrm{rf}}}{\hbar}\right)^2 \frac{1}{\Delta\omega} \cdot \hbar\omega \cdot (n_u - n_l) \tag{51}$$

이다. 여기서 $\mathcal{P}$는 에너지 출력을 뜻하는데, $\hbar\omega$는 광자 하나당 에너지이고, $n_u - n_l$은 광자를 흡수할 수 있는 원자의 수보다 광자를 방출할 수 있는 초기의 원자수가 얼마나 더 많은가를 나타내는 여분의 원자수이다.

열적 평형상태에서는 $n_u < n_l$이므로 복사의 알짜 방출을 얻을 수 없으나, $n_u > n_l$인 비평형 조건에서는 방출이 일어날 것이다. 실제로 $n_u > n_l$인 상태에서 시작하여 방출된 복사선을 다시 반사시켜 계로 들여보낸다면 B_{rf}는 증가할 것이고, 결국 더 큰 방출을 유도할 것이다. 보강된 자극은 위에 있는 원자수가 줄어들어 아래 준위에 있는 전자 수와 같아질 때까지 계속될 것이다.

우리는 결정체를 자기장 공동(cavity)에 놓음으로써 복사장의 세기를 크게 할 수

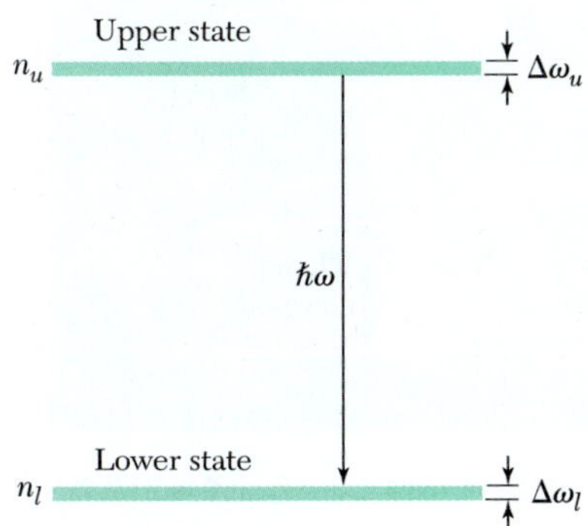

그림 21 메이저의 동작을 설명하기 위한 두준위 계. 위와 아래 상태에 있는 원자수는 각각 n_u와 n_l이다. 방출되는 복사선의 진동수는 ω이고, 상태들의 합성 선 너비는 $\Delta\omega = \Delta\omega_u + \Delta\omega_l$이다.

있다. 이것은 마치 공동벽으로부터의 다중반사와 같다. 물론, 공동벽에서 얼마간의 출력 손실은 있겠지만 그 손실률은

$$\text{(CGS)} \quad \mathcal{P}_L = \frac{B_{\rm rf}^2 V}{8\pi} \cdot \frac{\omega}{Q} \; ; \qquad \text{(SI)} \quad \mathcal{P}_L = \frac{B_{\rm rf}^2}{2\mu_0} \cdot \frac{\omega}{Q} \tag{52}$$

이다. 여기서 V는 공동의 부피이고, Q는 공동의 Q인자이다. $B_{\rm rf}^2$은 부피에 대한 평균값으로 이해하면 된다.

메이저 작용에 대한 조건은, 방출출력 $\mathcal{P}$가 출력 손실 $\mathcal{P}_L$을 능가해야 되는 것이다. 이 두 식은 모두 $B_{\rm rf}^2$을 포함하고 있다. 따라서 메이저의 조건은 이제 위 준위에 있는 잉여 원자수로

$$\text{(CGS)} \quad n_u - n_l > \frac{V\Delta B}{8\pi\mu Q} \; , \qquad \text{(SI)} \quad n_u - n_l > \frac{V\Delta B}{2\mu_0 \mu Q} \tag{53}$$

와 같이 표기할 수 있다. 여기서 μ는 자기모멘트이고, 선 너비 ΔB는 위와 아래 상태 합성 선 너비로 $\mu\Delta B = \hbar\Delta\omega$ 로서 정의된다. 메이저나 레이저의 핵심적인 문제는 높은 상태에 필요한 여분의 원자수를 얻는 것이다. 이것은 여러 가지 장치에서 여러 가지 방법으로 수행된다.

삼준위 메이저(*three-level maser*)

삼준위 메이저계(그림 22)는 여분의 원자수 문제를 해결하는 슬기로운 해결 방법이다. 그러한 계는 브룀버겐(Bloembergen)이 제시한 바와 같이 결정 안에 있는 자성이온으로부터 그 에너지 준위가 유래한다. 펌프 진동수 $\hbar\omega_p = E_3 - E_1$의 고주파 전력은 충분한 세기를 공급해서 준위 3의 원자수가 준위 1의 원자수와 거의 같게 유지되게 한다. 이를 **포화**(saturation)라 한다(연습문제 6). 이 때, 정상적인 열적 풀림과정을 통한 준위 2의 원자수 n_2의 변화율을 고찰해 보자. 전이율을 P로 표시하면

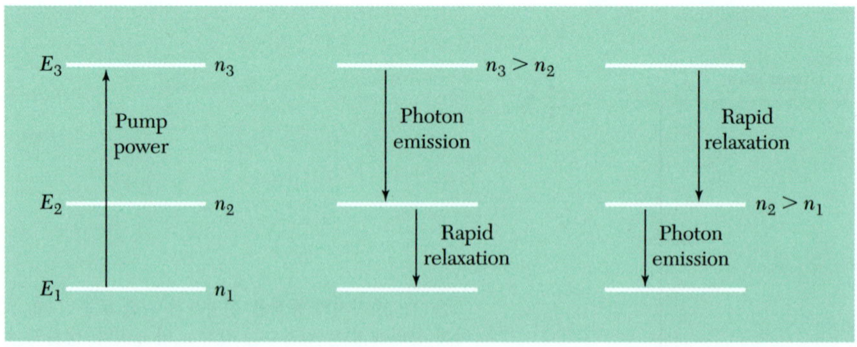

그림 22 삼준위 메이저계. 두 가지 가능한 동작 방식이 제시되었는데, 상태 3과 1을 고주파로 포화시켜 $n_3 = n_1$을 얻는다.

$$dn_2/dt = -n_2P(2\ 1\ \ 1) - n_2P(2\ 1\ \ 3) + n_3P(3\ 1\ \ 2) + n_1P(1\ 1\ \ 2) \qquad (54)$$

이다. 정상상태에서는 $dn_2/dt = 0$이고, 포화 고주파 출력에 의하여 $n_3 = n_1$을 얻으므로

$$\frac{n_2}{n_1} = \frac{P(3\ 1\ \ 2) + P(1\ 1\ \ 2)}{P(2\ 1\ \ 1) + P(2\ 1\ \ 3)} \qquad (55)$$

가 성립한다.

전이율은 상자성 이온과 그 주위환경의 여러 가지 세부적 사항에 의하여 영향을 받으나, $n_2 > n_1$이면 준위 2와 1 사이에서 메이저 작용을 얻을 수 있고 $n_2 < n_1 = n_3$이면 준위 3과 2 사이에서 메이저 작용을 얻을 수 있다. Er^{3+} 이온의 에너지 준위는 통신용 광섬유 광학계의 증폭기로 사용된다. 이온은 준위 1에서 준위 3으로 광학적으로 펌핑되고 준위 3에서 준위 2로의 빠른 비복사성 감쇠가 있다. 유도방출에 의해서 준위 2에서 준위 1로의 1.55 μm 파장의 신호가 증폭된다. 이 파장은 광섬유를 이용한 원거리 전파에 유용하다. 선 너비는 4×10^{12} Hz 정도이다.

레이저(*lasers*)

마이크로파 메이저로 사용되었던 루비는 광학적 메이저 작용을 나타내는 최초의 결정이기도 한데, Cr^{3+}의 다른 에너지 준위의 무리가 관여되었다(그림 23). 바닥상태에서 약 15,000 cm^{-1} 위에 ^2E로 표시된 29 cm^{-1}만큼 떨어진 한쌍의 상태가 존재한다. ^2E 준위 위에 $^4F_1$과 $^4F_2$로 표시된 두 개의 넓은 띠의 상태가 있다. 이 띠가 넓기 때문에 제논(Xe) 섬광 램프 같은 넓은 띠의 광원으로 광흡수에 의하여 이들 준위에 효과적으로 원자를 모이게 할 수 있다.

루비 레이저의 동작에 있어서는 너비가 넓은 빛으로 두 개의 넓은 ^4F 띠로 많은

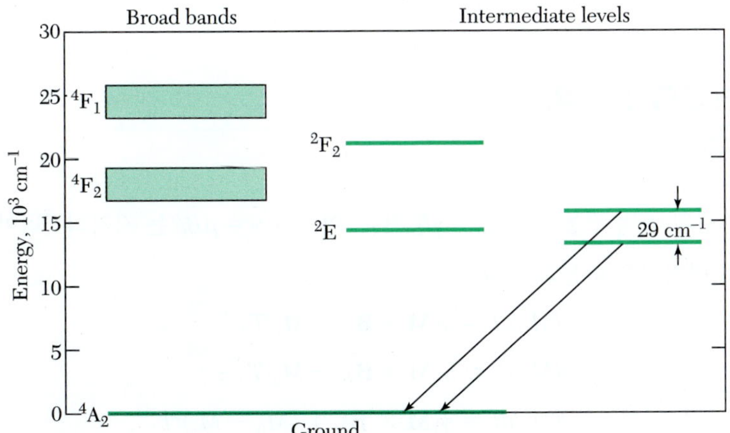

그림 23 레이저 기능에 사용되는 루비 안의 Cr^{3+}의 에너지 준위도. 초기의 들뜸은 넓은 띠로 일어나고, 빛알을 방출해서 중간 준위로 붕괴된 후, 이들 중간 준위의 이온은 바닥상태로 전이할 때 광자를 방출한다.

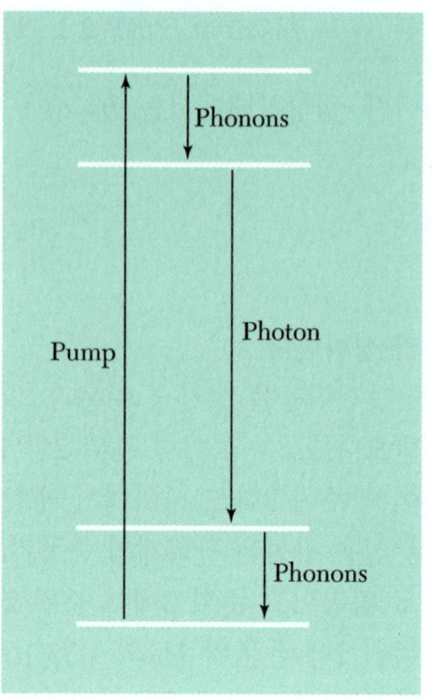

그림 24 네오디뮴 유리 레이저와 같은 사준위 레이저계.

원자를 퍼 올린다. 이때, 들뜬 원자들은 포논을 방출하며 상태 ^2E로 복사 과정에 의하여 10^{-7}초 내에 변환될 것이다. ^2E 상태의 낮은 준위로부터 바닥상태로의 광자 방출은 약 5×10^{-3}초 내에 서서히 일어나므로, 많은 들뜬 원자가 ^2E에 쌓이게 된다. 레이저 작용이 일어나려면 이 원자수가 바닥상태의 원자수를 능가해야만 한다.

1 cm^{3}당 10^{20}개의 Cr^{3+}이온이 들뜬 상태에 있다면 루비에 저장된 에너지는 10^8 erg/cm^{3}이다. 루비 레이저에서 이 저장된 모든 에너지가 짧은 순간에 나온다면 매우 큰 출력을 방출할 수 있다. 전기적 에너지의 입력으로부터 레이저 빛의 출력으로 변환시키는 루비 레이저의 전체적 효율은 약 1% 정도이다. 또, 하나의 잘 알려진 고체상태 레이저는 네오디뮴 유리 레이저인데, 이것은 Nd^{3+} 이온을 집어넣은 칼슘 텅스텐산염 유리이다. 이것은 사준위계로 동작한다(그림 24). 여기서는 레이저 동작이 일어나서 바닥상태를 비우게 할 필요가 없다.

요약(CGS 단위)

SUMMARY(In CGS Units)

- 자유스핀의 공명 진동수는 $\omega_0 = \gamma B_0$인데, 여기서 $\gamma = \mu/\hbar I$는 자기회전비이다.
- 블로흐 방정식은 다음과 같다.

$$dM_x/dt = \gamma(\mathbf{M} \times \mathbf{B})_x - M_x/T_2 \;;$$
$$dM_y/dt = \gamma(\mathbf{M} \times \mathbf{B})_y - M_y/T_2 \;;$$
$$dM_z/dt = \gamma(\mathbf{M} \times \mathbf{B})_z + (M_0 - M_z)/T_1 \;.$$

- 공명의 반전력에서의 반 너비는 $(\Delta\omega)_{1/2} = 1/T_2$이다.

- 단단한 격자에서의 쌍극자 선 너비는 $(\Delta B)_0 \approx \mu/a^3$이다.
- 만일, 자기모멘트가 특성시간 $\tau \ll 1/(\Delta\omega)_0$로 가변적이면, 선 너비는 인자 $(\Delta\omega)_0\tau$ 만큼 감소된다. 이 극한에서 $1/T_1 \approx 1/T_2 \approx (\Delta\omega)_0^2\tau$이다. 상자성체에 바꿈결합이 있으면 선 너비는 대략 $(\Delta\omega)_0^2\omega_{ex}$ 정도가 된다.
- 자기소거 인자 N_x, N_y, N_z인 타원체에서의 강자성 공명 진동수는 $\omega_0^2 = \gamma\,[B_0 + (N_y - N_z)M][B_0 + (N_x - N_z)M]$이다.
- 구슬 모양의 시편에 외부 자기장을 전혀 가하지 않은 반강자성 공명 진동수는 $\omega_0^2 = \gamma^2 B_A(B_A + 2B_E)$이다. 여기서, B_A는 비등방성 자기장이고, B_E는 바꿈 자기장이다.
- 메이저 작용에 대한 조건은 다음과 같다. $n_u - n_l > V\Delta B/8\pi\mu Q$.

연습문제

Problems

1. 등가 전기회로(***equivalent electrical circuit***). 저항 R_0와 직렬로 연결된 인덕턴스 L_0인 동심 코일을 고찰하자. 자기 감수율의 성분이 $\chi'(\omega)$와 $\chi''(\omega)$로 특성 지워지는 스핀계로 이 코일을 완전히 채우면 진동수 ω에서의 인덕턴스가 $L = [1 + 4\pi\chi'(\omega)]L_0$이고, 유효 저항 $R = 4\pi\omega\chi''(\omega)L_0 + R_0$가 직렬로 됨을 증명하라. 이 문제에서 직선 편광된 고주파 자기장에 대하여 $\chi = \chi' + i\chi''$이라고 정의된다. 도움말: 회로의 온저항(impedance)을 생각하라 (CGS 단위).

2. 회전 좌표계(***rotating coordinate system***). 벡터 $\mathbf{F}(t) = F_x(t)\hat{\mathbf{x}} + F_y(t)\hat{\mathbf{y}} + F_z(t)\hat{\mathbf{z}}$를 정의한다. 단위벡터 $\hat{\mathbf{x}}$, $\hat{\mathbf{y}}$, $\hat{\mathbf{z}}$인 좌표가 순간 각속도 $\mathbf{\Omega}$로 회전하여 $d\hat{\mathbf{x}}/dt = \Omega_y\hat{\mathbf{z}} - \Omega_z\hat{\mathbf{y}}$ 등으로 표기 된다고 하자. **(a)** $d\mathbf{F}/dt = (d\mathbf{F}/dt)_R + \mathbf{\Omega} \times \mathbf{F}$임을 증명하라. 여기서 $(d\mathbf{F}/dt)_R$은 회전 좌표계 R에서 본 $\mathbf{F}$의 시간 미분이다. **(b)** 식 (7)은 $(d\mathbf{M}/dt)_R = \gamma\mathbf{M} \times (\mathbf{B}_a + \mathbf{\Omega}/\gamma)$라고 쓸 수 있음을 증명하라. 이것이 회전 좌표계에서 $\mathbf{M}$의 운동 방정식이다. 회전계로의 변환은 매우 유용한데, 문헌에서 널리 다루어져 있다. **(c)** $\mathbf{\Omega} = -\gamma B_0\hat{\mathbf{z}}$라면, 회전 좌표계에는 정자기장이 존재하지 않는다. 그런데, 회전 좌표계에서 시간 t 동안 직류 펄스 $B_1\hat{\mathbf{x}}$를 가한다. 자기화가 초기에 $\hat{\mathbf{z}}$ 축으로 향하였다고 하고 펄스의 끝에서는 자기화가 -$\hat{\mathbf{z}}$로 향하게 될 펄스 길이 t에 대한 표현식을 구하라(풀림 효과는 무시하라). **(d)** 이 펄스를 실험실 좌표계에서 기술하라.

3. 금속에서 ESR에 대한 초미세 효과(***hyperfine effects on ESR in metals***). 금속 안에 있는 전도전자의 전자스핀은 전자스핀과 핵 스핀과의 초미세 상호작용에 의한 유효 자기장을 받는다고 생각한다. 전도전자가 받는 자기장의 z성분이 다음과 같이 표시된다고 하자.

$$B_i = \left(\frac{a}{N}\right)\sum_{j=1}^{N} I_j^z$$

여기서 I_j^z는 거의 똑같이 $\pm\frac{1}{2}$이다. **(a)** $\langle B_i^2\rangle = (a/2N)^2N$임을 보여라. **(b)** $N \gg 1$일 때 $\langle B_i^4\rangle = 3(a/2N)^4N^2$임을 보여라.

4. 비등방성 자기장에서의 FMR(***FMR in the anisotropy field***). 단일축 강자성 결정의 구슬 모양의 시편을 고찰한다. 이 결정은 z축과 자기화 사이의 각도를 θ라고 할 때, $U_K = K\sin^2\theta$형의 비등방성 에너지밀도를 가지고 있다. K는 양이라고 가정한다. 외부 자기장 $B_A = 2K/M_s$일 때, 외부 자기장이 $B_0\hat{\mathbf{z}}$인 경우의 강자성 공명주파수가 $\omega_0 = \gamma(B_0 + B_A)$임을 보여라.

5. 바꿈 진동수 공명(***exchange frequency resonance***). 자기화가 $\mathbf{M}_A$와 $\mathbf{M}_B$인 두 부분격자 A와 B로 이루어진 준강자성체(ferrimagnetic)를 고찰하자. 여기서 $\mathbf{M}_B$는 스핀계가 정지하고 있을 때 $\mathbf{M}_A$와 반대 방향을 갖는다. 자기회전비는 γ_A, γ_B이고 분자 자기장은 $\mathbf{B}_A = -\lambda\mathbf{M}_B$; $\mathbf{B}_B = -\lambda\mathbf{M}_A$이다. 공명이 다음 진동수에서 일어남을 증명하라. 이것을 바꿈 진동수 공명이라고 부른다.

$$\omega_0^2 = \lambda^2(\gamma_A|M_B| - \gamma_B|M_A|)^2 \ .$$

6. 고주파 포화(***rf saturation***). 온도 T에서 평형을 이루고 있는 두준위 스핀계가 있는데, 자기장 $H_0\hat{\mathbf{z}}$ 하에서 원자수가 N_1과 N_2이고, 전이율이 W_{12}와 W_{21}이라고 하자. 전이율 W_{rf}를 주는 고주파 신호를 가한다. (a) dM_z/dt에 대한 방정식을 유도하고 정상 상태에서는

$$M_z = M_0/(1 + 2W_{rf}T_1)$$

임을 증명하라. 여기서 $1/T_1 = W_{12} + W_{21}$이다. 이때 $N = N_1 + N_2$, $n = N_1 - N_2$이고, $n_0 = N(W_{21} - W_{12})/(W_{21} + W_{12})$라고 쓰는 것이 도움이 될 것이다. $2W_{rf}T_1 \ll 1$인 한 고주파장에서 에너지 흡수는 원자수의 분포를 열적 평형상태치로부터 별로 변화시키지 못한다. (b) n의 표현식을 써서 계가 고주파장으로부터 흡수하는 에너지 비율을 표시하라. W_{rf}가 $1/2T_1$에 접근하면 어떻게 되는가? 이 효과를 포화라고 부르고, 이것이 일어나는 것으로부터 T_1을 측정하기도 한다.

CHAPTER 14

플라스몬, 폴라리톤 그리고 폴라론

Plasmons, Polaritons, and Polarons

유의사항: 이 장의 내용과 연습문제는 충분한 상위 과정 수준의 전자기학 이론을 사용할 수 있어야 한다.

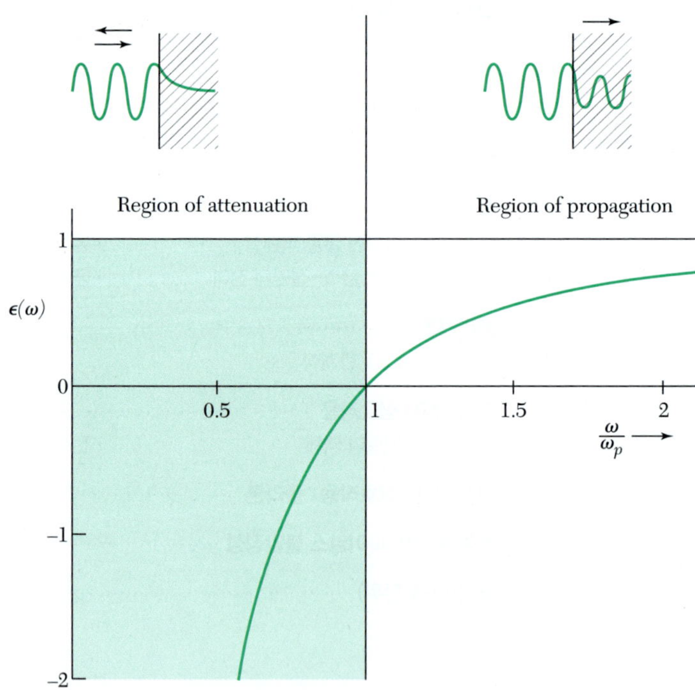

그림 1 자유전자 기체의 유전함수 $\epsilon(\omega)$, 즉 $\epsilon(\omega, 0)$와 진동수와의 관계. 진동수는 플라스마 진동수 ω_p의 단위로 나타냈다. 전자기파는 ϵ이 양의 실수일 때만 감쇠 없이 진행한다. ϵ이 음수 일 때는 전자기파는 매질로부터 완전히 반사한다.

CHAPTER 14

플라스몬, 폴라리톤 그리고 폴라론

Plasmons, Polaritons, and Polarons

전자기체의 유전함수

DIELECTRIC FUNCTION OF THE ELECTRON GAS

전자기체(elctron gas)의 유전함수(dielectric function) $\epsilon(\omega, \mathbf{K})$는 진동수와 파동벡터에 크게 의존하며, 고체의 물리적 성질에 중요한 영향을 준다. 한쪽 극한인 $\epsilon(\omega, 0)$는 페르미 바다의 집단 들뜸(collective excitations), 즉 부피 플라스몬과 표면 플라스몬을 기술한다. 다른 쪽 극한인 $\epsilon(0, \mathbf{K})$는 결정에서 전자-전자, 전자-격자, 그리고 전자-불순물 사이의 상호작용을 기술한다.

폴라리톤 빛띠(spectrum)를 유도하기 위해 이온 결정의 유전함수를 이용한다. 차후에 폴라론의 성질을 논의하겠지만, 우선 금속에서의 전자기체에 대해 관심을 갖기로 한다.

유전함수의 정의*(definitions of the dielectric function)*.

정전기학에서 유전상수 ϵ는 전기장 $\mathbf{E}$와 쌍극자 모멘트의 밀도인 편극 $\mathbf{P}$로써 정의된다.

$$\text{(CGS)}\ \mathbf{D} = \mathbf{E} + 4\pi\mathbf{P} = \epsilon\mathbf{E}\ ; \qquad \text{(SI)}\quad \mathbf{D} = \epsilon_0\mathbf{E} + \mathbf{P} = \epsilon\epsilon_0\mathbf{E}\ . \tag{1}$$

이렇게 정의된 ϵ은 상대유전율(relative permittivity)로도 알려져 있다.

전기변위 $\mathbf{D}$를 도입한 것은 $\mathbf{E}$가 총 전하밀도 $\rho = \rho_{ext} + \rho_{ind}$와 관계되듯이, 이 벡터량이 외부에서 가해진 전하밀도 ρ_{ext}와 관계되는 유용한 벡터이기 때문이다. 여기서 ρ_{ind}는 ρ_{ext}에 의해 계에 유도된 전하밀도이다.

따라서 전기장의 발산 관계식은

(CGS)

$$\text{div}\ \mathbf{D} = \text{div}\ \epsilon\mathbf{E} = 4\pi\rho_{ext}$$

$$\text{div}\ \mathbf{E} = 4\pi\rho = 4\pi(\rho_{ext} + \rho_{ind})$$

(SI)

$$\text{div}\ \mathbf{D} = \text{div}\ \epsilon\epsilon_0\mathbf{E} = \rho_{ext} \tag{2}$$

$$\text{div}\ \mathbf{E} = \rho/\epsilon_0 = (\rho_{ext} + \rho_{ind})/\epsilon_0 \tag{3}$$

와 같다. 이 장의 일부는 CGS 단위로 쓰여질 것인데, SI 단위의 결과를 얻으려면 4π 대신 $1/\epsilon_0$를 쓰면 된다.

D, **E**, ρ, 그리고 정전기 퍼텐셜 φ에 대한 푸리에 성분 사이의 관계를 알 필요가 있다. 간단히 하기 위해 여기서는 진동수 의존성은 표시하지 않기로 한다. $\epsilon(\mathbf{K})$를

$$\mathbf{D}(\mathbf{K}) = \epsilon(\mathbf{K})\mathbf{E}(\mathbf{K}) \tag{3a}$$

로 정의하면, 식 (3)은

$$\text{div } \mathbf{E} = \text{div } \Sigma\, \mathbf{E}(\mathbf{K}) \exp(i\mathbf{K}\cdot\mathbf{r}) = 4\pi\, \Sigma\, \rho(\mathbf{K}) \exp(i\mathbf{K}\cdot\mathbf{r}) \tag{3b}$$

처럼 되고, 식 (2)는

$$\text{div } \mathbf{D} = \text{div } \Sigma\, \epsilon(\mathbf{K})\mathbf{E}(\mathbf{K}) \exp(i\mathbf{K}\cdot\mathbf{r}) = 4\pi\, \Sigma\, \rho_{\text{ext}}(\mathbf{K}) \exp(i\mathbf{K}\cdot\mathbf{r}) \tag{3c}$$

처럼 된다.

각 방정식은 항별로 만족되어야 하기 때문에 한 식을 다른 식으로 나누면,

$$\epsilon(\mathbf{K}) = \frac{\rho_{\text{ext}}(\mathbf{K})}{\rho(\mathbf{K})} = 1 - \frac{\rho_{\text{ind}}(\mathbf{K})}{\rho(\mathbf{K})}\ . \tag{3d}$$

를 얻는다.

$-\nabla\varphi_{\text{ext}} = \mathbf{D}$에 의해 정의되는 정전기 퍼텐셜 φ_{ext}는 푸아송 방정식 $\nabla^2\varphi_{\text{ext}} = -4\pi\rho_{\text{ext}}$를 만족하며, $-\nabla\varphi = \mathbf{E}$로 정의되는 정전기 퍼텐셜 φ는 $\nabla^2\varphi = -4\pi\rho$를 만족한다. 따라서 퍼텐셜의 푸리에 성분은 식 (3d)에 의해,

$$\frac{\varphi_{\text{ext}}(\mathbf{K})}{\varphi(\mathbf{K})} = \frac{\rho_{\text{ext}}(\mathbf{K})}{\rho(\mathbf{K})} = \epsilon(\mathbf{K}) \tag{3e}$$

를 만족한다. 가려진 쿨롱 퍼텐셜을 다룰 때 이 관계식을 사용하게 된다.

플라스마 광학*(plasma optics)*

전자기체에서 긴 파장의 유전응답 $\epsilon(\omega, 0)$, 즉 $\epsilon(\omega)$는 전기장 속에 있는 자유전자의 운동방정식,

$$m\frac{d^2x}{dt^2} = -eE \tag{4}$$

로부터 얻을 수 있다.

만약 x와 E가 $e^{-i\omega t}$의 시간 의존성을 가진다면,

$$-\omega^2 mx = -eE\ ; \qquad x = eE/m\omega^2 \tag{5}$$

이 된다. 전자 한개의 쌍극자 모멘트는 $-ex = -e^2E/m\omega^2$이므로, 단위 부피당 쌍극자

모멘트로 정의되는 편극은

$$P = -nex = -\frac{ne^2}{m\omega^2}E \tag{6}$$

와 같다. 여기서 n은 전자밀도이다.

진동수가 ω일 때의 유전함수는

(CGS) $$\epsilon(\omega) \equiv \frac{D(\omega)}{E(\omega)} \equiv 1 + 4\pi\frac{P(\omega)}{E(\omega)} \tag{7}$$

(SI) $$\epsilon(\omega) = \frac{D(\omega)}{\epsilon_0 E(\omega)} = 1 + \frac{P(\omega)}{\epsilon_0 E(\omega)}$$

이다. 따라서 자유전자 기체의 유전함수는 식 (6)과 (7)로부터

(CGS) $\epsilon(\omega) = 1 - \dfrac{4\pi ne^2}{m\omega^2}$; (SI) $\epsilon(\omega) = 1 - \dfrac{ne^2}{\epsilon_0 m\omega^2}$ (8)

과 같다.

플라스마 진동수 ω_p는

(CGS) $\omega_p^2 = 4\pi ne^2/m$; (SI) $\omega_p^2 \equiv ne^2/\epsilon_0 m$ (9)

의 관계식으로 정의된다. 플라스마란 양과 음전하가 같은 밀도로 존재하고, 그 중 적어도 어느 한 종류의 전하가 움직일 수 있는 매질을 말한다. 고체에서는 전도전자의 음전하는 같은 농도를 가지는 이온핵심의 양전하와 균형을 이루고 있다. 유전함수 식 (8)은

$$\boxed{\epsilon(\omega) = 1 - \frac{\omega_p^2}{\omega^2}}\ , \tag{10}$$

과 같이 쓸 수 있고, 이를 그림 1에 그렸다.

만약 양이온 핵심으로 이루어진 배경이 ω_p보다 훨씬 높은 진동수까지도 일정한 유전함수 $\epsilon(\infty)$를 가진다면, 식 (8)은

$$\epsilon(\omega) = \epsilon(\infty) - 4\pi ne^2/m\omega^2 = \epsilon(\infty)[1 - \overline{\omega}_p^2/\omega^2] \tag{11}$$

이 되는데, 여기서 $\overline{\omega}_p$는

$$\overline{\omega}_p^2 = 4\pi ne^2/\epsilon(\infty)m \tag{12}$$

처럼 정의된다. $\omega = \overline{\omega}_p$일 때 $\epsilon = 0$임을 유의하라.

전자기파의 분산관계*(dispersion relation for electromagnetic waves)*

비자성 등방 매질 속에서 전자기파의 방정식은

(CGS) $\partial^2\mathbf{D}/\partial t^2 = c^2\nabla^2\mathbf{E}$; (SI) $\mu_0\,\partial^2\mathbf{D}/\partial t^2 = \nabla^2\mathbf{E}$ (13)

이다. $\mathbf{E} \propto \exp(-i\omega t)\exp(i\mathbf{K}\cdot\mathbf{r})$과 $\mathbf{D} = \epsilon(\omega,\mathbf{K})\mathbf{E}$인 해를 찾으면,

(CGS) $\epsilon(\omega,\mathbf{K})\omega^2 = c^2K^2$; (SI) $\epsilon(\omega,\mathbf{K})\epsilon_0\mu_0\omega^2 = K^2$ (14)

과 같은 분산관계를 얻는다.

이 관계식은 많은 것을 말해 준다. 고찰할 내용은 다음과 같다.

- ϵ이 실수이고 > 0인 경우. 실수인 ω에 대해 K는 실수이며 수직진동 전자기파는 위상속도 $c/\epsilon^{1/2}$로 전파한다.
- ϵ이 실수이고 < 0인 경우. 실수인 ω에 대해 K는 허수이며 파동은 특성 길이 $1/|K|$로 감쇠한다.
- ϵ이 복소수인 경우. 실수인 ω에 대해 $\mathbf{K}$는 복소수이며 파동은 공간적으로 감쇠한다.
- $\epsilon = \infty$인 경우. 외부에서 가해지는 힘이 없어도 계가 유한한 응답을 함을 뜻한다. 따라서 $\epsilon(\omega, \mathbf{K})$의 극으로부터 자유 진동하는 매질의 진동수가 결정된다.
- $\epsilon = 0$인 경우. 평행으로 편극된 파동은 ϵ의 영점(zero)에서만 가능함을 알게 될 것이다.

플라스마에서 수직진동 광 방식*(transverse optical modes in a plasma)*

$\epsilon(\omega)$에 대한 식 (11)을 함께 이용하면, 분산관계식 (14)는

(CGS) $$\epsilon(\omega)\omega^2 = \epsilon(\infty)(\omega^2 - \overline{\omega}_p^2) = c^2K^2 \quad (15)$$

이 된다. $\omega < \overline{\omega}_p$일 때 $K^2 < 0$이며, 따라서 K는 허수이다. $0 < \omega \le \overline{\omega}_p$인 진동수 영역에서는 파동방정식의 해는 $\exp(-|K|x)$의 형태를 가진다. 이러한 영역의 진동수를 가지고 매질로 입사하는 파동은 전파하지 못하고 전부 반사한다.

전자기체는 $\omega < \overline{\omega}_p$일 때 투명한데, 이때 유전함수가 양의 실수이기 때문이다. 이 영역에서 분산관계식은

(CGS) $$\omega^2 = \overline{\omega}_p^2 + c^2K^2/\epsilon(\infty) \quad (16)$$

로 쓸 수 있는데, 이 식은 플라스마에서 수직진동 전자기파를 기술한다(그림 2).

관심이 되는 전자 농도에서 플라스마 진동수 ω_p와 자유공간에서의 파장 $\lambda_p \equiv 2\pi c/\omega_p$가 다음에 주어져 있다. 자유공간에서의 파장이 λ_p보다 짧은 파동은 전파하고 그렇지 않으면 파동은 반사된다.

n, electrons/cm^3	10^{22}	10^{18}	10^{14}	10^{10}
ω_p, s^{-1}	5.7×10^{15}	5.7×10^{13}	5.7×10^{11}	5.7×10^{9}
λ_p, cm	3.3×10^{-5}	3.3×10^{-3}	0.33	33

자외선에서 금속의 투명성*(transparency of metals in the ultraviolet)*

유전함수에 대한 앞서의 논의로부터 단순금속은 가시 영역에 대해서는 빛을 반사하고 자외선 영역에 대해서는 투과한다는 결과를 얻는다. 표 1에 차단 파장(cutoff wavelength)에 대한 계산값과 측정값을 비교하였다. 금속으로부터 빛이 반사되는 것은 이온층으로부터 라디오파가 반사되는 것과 매우 비슷하다. $n = 4 \times 10^{18}$ cm^{-3}인 InSb에 대한 실험결과가 그림 3에 있는데, 그 플라스마 진동수는 0.09 eV에 가깝다.

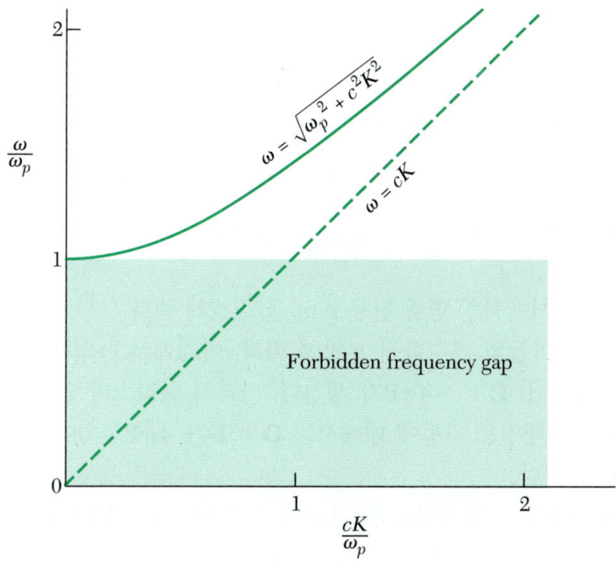

그림 2 플라스마에서의 수직진동 전자기파의 분산관계식. 군속도(group velocity) $v_g = d\omega/dK$는 분산곡선의 기울기이다. 유전함수가 0과 1 사이의 값을 갖더라도, 군속도는 진공에서의 빛의 속도보다 느리다.

표 1 알칼리 금속에서 Å 단위로 나타낸 자외선 투과 한계

	Li	Na	K	Rb	Cs
λ_p, calculated	1550	2090	2870	3220	3620
λ_p, observed	1550	2100	3150	3400	—

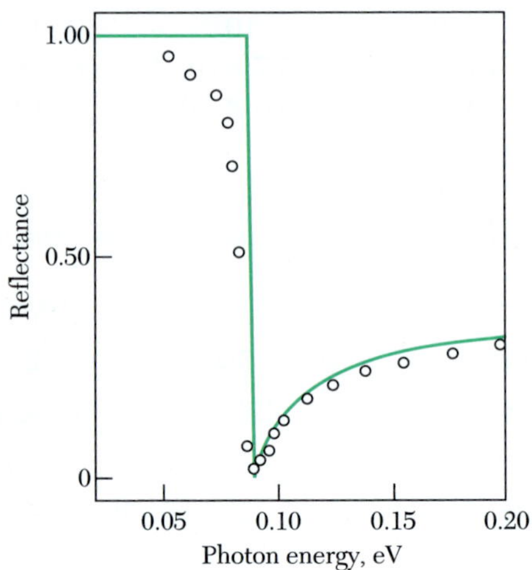

그림 3 $n = 4 \times 10^{18}\ \mathrm{cm}^{-3}$인 인듐안티모나이드(Indium antimonide)의 반사율(J. N. Hodgson의 결과 인용).

평행 플라스마 진동(*longitudinal plasma oscillations*)

유전함수의 영점은 평행진동방식(mode)의 진동수를 결정한다. 즉

$$\epsilon(\omega_L) = 0 \tag{17}$$

의 조건이 $K = 0$ 근처에서의 평행 진동수 ω_L을 결정해 준다.

평행진동 편극 파동의 기하학적 모양에 따라, 아래에서 논의하겠지만 극없앰 장(depolarizarion fileld) $\mathbf{E} = -4\pi\mathbf{P}$가 생긴다. 따라서 플라스마 안에서, 더 일반적으로는 결정 내부의 평행진동 파동에 대해서는 $\mathbf{D} = \mathbf{E} + 4\pi\mathbf{P} = 0$이다. SI 단위계로는 $\mathbf{D} = \epsilon_0\mathbf{E} + \mathbf{P} = 0$이다.

전자기체의 경우에는 유전함수 식 (10)의 영점 식 (17)로부터,

$$\epsilon(\omega_L) = 1 - \omega_p^2/\omega_L^2 = 0 \tag{18}$$

이 되므로, $\omega_L = \omega_p$이다. 따라서 전자기체에는 수직진동 전자기파의 낮은 진동수 끊어버림(cutoff)의 경우와 같이 식 (15)로 기술되는 플라스마 진동수에서 자유로운 평행 진동방식이 생기게 된다(그림 4).

그림 5를 보면, $K = 0$인 수직 플라스마 진동을 얇은 금속판 안에 있는 전자기체의 균일한 변위로 나타내고 있다. 전자기체는 양이온 배경에 대해 전체적으로 움직인다. 전자기체의 변위 u는 전기장 $E = 4\pi neu$를 생기게 하고 이것이 기체에 복원력으로 작용한다.

밀도가 n인 단위부피의 전자기체에 대한 운동방정식은

$$nm\frac{d^2u}{dt^2} = -neE = -4\pi n^2e^2u \tag{19}$$

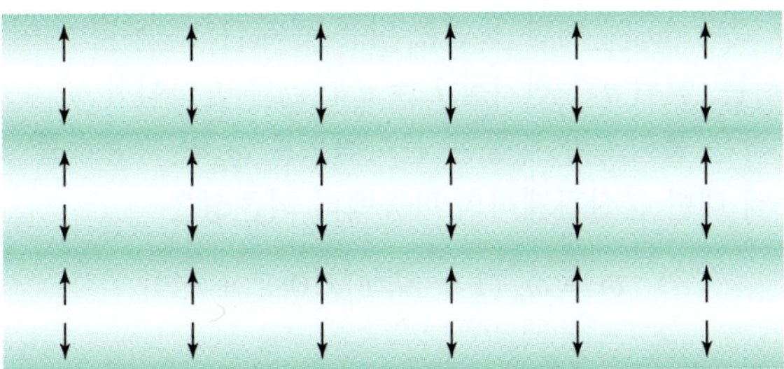

그림 4 플라스마 진동. 화살표는 전자의 변위방향을 가리킨다.

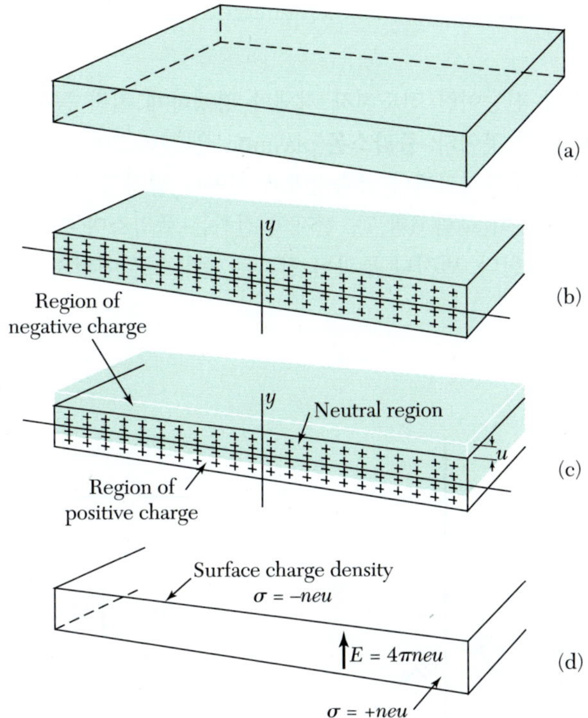

그림 5 (a)에서 금속의 얇은 판, 즉 박막을 보여주고 있다. 단면적을 (b)에서 보여주고 있는데, 여기서 양이온 핵심은 + 기호로, 전자의 바다는 청색 바탕으로 나타냈다. 금속판은 전기적으로 중성이다. (c)에서는 음전하가 위쪽으로 짧은 거리 u만큼(그림에는 과장되게 그렸다) 균일하게 변위되는 것을 보여준다. (d)에서와 같이 이러한 변위는 판의 위쪽 면에 면전하 밀도 $-neu$를 형성하며, 아래쪽 면에는 neu를 형성한다. 여기서 n은 전하밀도이다. 판 내부에는 $E = 4\pi neu$의 전기장이 생기는데, 이 전기장은 전자의 바다를 평형 위치 (b)로 되돌린다. SI 단위계에서는 $E = neu/\epsilon_0$이다.

또는

$$\frac{d^2u}{dt^2} + \omega_p^2 u = 0 \ ; \qquad \omega_p = \left(\frac{4\pi ne^2}{m}\right)^{1/2} \tag{20}$$

이 된다. 위 식은 진동수가 ω_p, 즉 플라스마 진동수인 조화진동(harmonic oscillation)

의 운동방정식과 같다. ω_p에 대한 표현은 다른 관계식으로부터 얻어냈던 식 (9)와 같다. SI 단위계에서는, 변위 u가 전기장 $E = neu/\epsilon_0$를 만들어서 $\omega_p = (ne^2/\epsilon_0 m)^{1/2}$이다.

파동벡터가 작은 플라스마 진동은 근사적으로 ω_p의 진동수를 갖는다. 페르미기체에서 평행진동에 대한 분산관계식의 파동벡터 의존성은

$$\omega \cong \omega_p\,(1 + 3k^2 v_F^2/10\omega_p^2 + \cdots) \tag{21}$$

로 주어지는데, 여기서 v_F는 페르미 에너지에서 전자의 속도이다.

플라스몬
PLASMONS

금속에서 플라스마 진동이란 전도전자 기체가 평행하게 집단 들뜸(collective longitudinal excitation)한 것이다. **플라스몬**(plasmon)은 플라스마 진동의 양자이다. 얇은 금속박막에 전자를 통과시키거나 금속박막에 전자나 광자를 반사시킴으로써 플라스몬을 들뜨게 할 수 있다(그림 6과 7). 전자의 전하는 플라스마 진동의 정전기장 요동(fluctuation)과 결합한다. 반사나 투과된 전자는 플라스몬 에너지의 정수배에 해당하는 에너지를 잃는다.

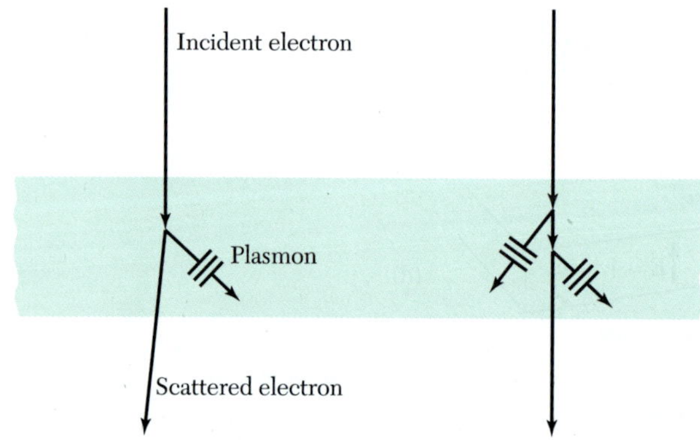

그림 6 전자의 비탄성 산란(inelastic scattering)을 이용한 금속 박막에서의 플라스몬의 생성. 입사 전자는 보통 1~10 keV의 에너지를 가지고 있으며, 플라스몬 에너지는 10 eV 정도이다. 두 개의 플라스몬이 생성되는 경우도 보여주고 있다.

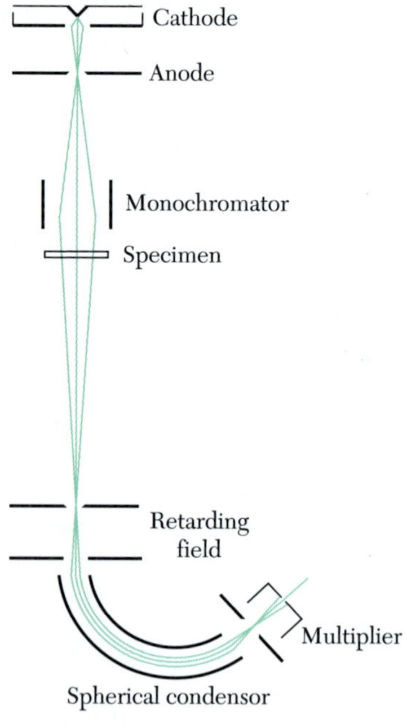

그림 7 전자에 의한 플라스몬 들뜸 연구를 위한 정전기 분석장치를 가진 분광계(J. Daniels et al의 결과 인용).

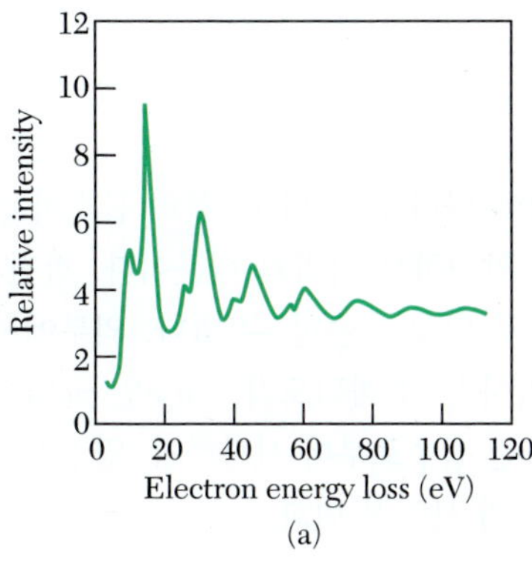

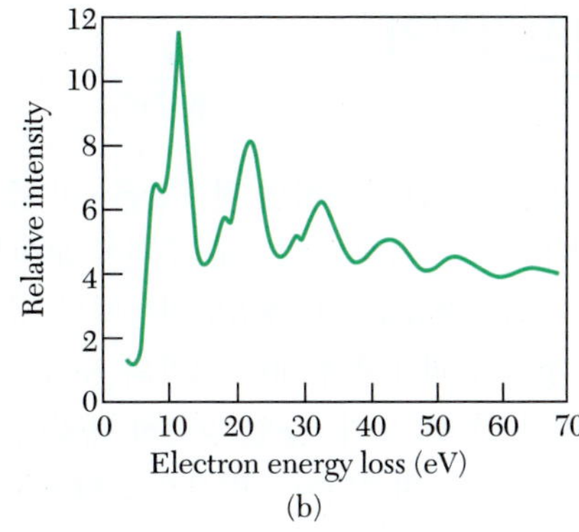

그림 8 원래의 전자 에너지가 2020 eV일 때, (a) 알루미늄과 (b) 마그네슘 박막으로부터 반사된 전자의 에너지 손실 빛띠. Al에서 관찰된 12개의 에너지 손실 봉우리(peak)는 10.3 eV와 15.3 eV 손실의 조합으로 이루어져 있는데, 10.3 eV의 손실은 표면 플라스몬에 의한 것이고 15.3 eV 손실은 부피 플라스몬에 의한 것이다. Mg에서 관찰된 열 개의 봉우리는 7.1 eV의 표면 플라스몬과 10.6 eV의 부피 플라스몬의 조합으로 이루어져 있다. 표면 플라스몬은 연습문제 1의 과제이다(C. J. Powell과 J. B. Swan의 결과 인용).

그림 8에 Al과 Mg에 대한 실험적 들뜸 빛띠(spectram)를 보였다. 플라스몬 에너지에 대한 계산값과 실험값을 표 2에서 비교하였다. 더 자세한 자료는 Raether과 Daniels가 쓴 해설 논문에 주어져 있다. $\epsilon(\infty)$임을 이용하면 식 (12)로 정의된 $\bar{\omega}_p$는 이온핵심 효과를 포함하고 있음을 상기하라.

유전 박막에서도 위와 같이 집단 플라스마 진동을 들뜨게 할 수 있다. 몇몇 유전체에 대한 결과가 표 2에 들어 있다. Si, Ge 그리고 InSb의 플라스마 에너지를 원자당 네 개의 원자가전자가 있다고 하고 계산하였다. 유전체에서의 플라스마 진동도 금속의 경우와 물리적으로 같다. 전체 원자가전자의 바다가 이온핵심에 대해 앞뒤로 진동한다.

표 2 eV로 나타낸 부피 플라스몬 에너지

Material	Observed	Calculated	
		$\hbar\omega_p$	$\hbar\bar{\omega}_p$
Metals			
Li	7.12	8.02	7.96
Na	5.71	5.95	5.58
K	3.72	4.29	3.86
Mg	10.6	10.9	
Al	15.3	15.8	
Dielectrics			
Si	16.4 – 16.9	16.0	
Ge	16.0 – 16.4	16.0	
InSb	12.0 – 13.0	12.0	

정전가리기
ELECTROSTATIC SCREENING

전자기체에 박힌 양전하의 전기장은 r이 증가함에 따라 $1/r$보다 더 빨리 감소하는 데, 그 이유는 전자기체가 양전하 주위에 모여들어 양전하를 가리기 때문이다. 정전가리기는 정적유전함수 $\epsilon(0, \mathbf{K})$의 파동벡터 의존성에 의해 기술할 수 있다. 외부에서 가해진 정전기 퍼텐셜에 대한 전자의 응답을 생각하자. 전하밀도가 $-n_0e$인 균일한 전자기체가 전하밀도가 n_0e인 양전하 배경에 겹쳐진 경우로부터 시작하자. 양전하 배경이 역학적으로 변형되어 x 방향으로 양전하 밀도의 사인적 변화,

$$\rho^+(x) = n_0e + \rho_{\text{ext}}(K)\sin Kx \tag{22}$$

를 생기게 하였다고 하자. $\rho_{\text{ext}}(K)\sin Kx$의 항은 정전기장을 만드는데, 이것이 전자기체에 외부장으로 가해진다.

전하 분포의 정전기 퍼텐셜 φ는 식 (3)에 $\mathbf{E} = -\nabla\varphi$를 적용하여 얻어진 푸아송 방정식 $\nabla^2\varphi = -4\pi\rho$로부터 얻을 수 있다. 양전하에 대해서는

$$\varphi = \varphi_{\text{ext}}(K)\sin Kx \;;\quad \rho = \rho_{\text{ext}}(K)\sin Kx \tag{23}$$

가 되고, 푸아송 방정식은

$$K^2\varphi_{\text{ext}}(K) = 4\pi\rho_{\text{ext}}(K) \tag{24}$$

의 관계식을 준다.

전자기체는 양전하 분포의 정전기 퍼텐셜 $\varphi_{\text{ext}}(K)$와 아직 알고 있지 못한 전자기체 자체의 일그러짐(deformation)에 의해 유도된 정전기 퍼텐셜 $\varphi_{\text{ind}}(K)\sin Kx$의 복합된 영향을 받아 일그러진다. 전자 전하밀도는

$$\rho^-(x) = -n_0e + \rho_{\text{ind}}(K)\sin Kx \tag{25}$$

인데, 여기서 $\rho_{\text{ind}}(K)$는 전자기체에 유도된 전하밀도 변화의 진폭이다. $\rho_{\text{ext}}(K)$의 항으로 $\rho_{\text{ind}}(K)$를 나타내고자 한다.

양과 음의 전하분포에 의한 총 정전기 퍼텐셜 $\varphi(K) = \varphi_{\text{ext}}(K) + \varphi_{\text{ind}}(K)$의 진폭과 총 전하밀도 변화 $\rho(K) = \rho_{\text{ext}}(K) + \rho_{\text{ind}}(K)$는 푸아송 방정식에 의해 맺어진다. 그러면, 식 (24)에서와 같이,

$$K^2\varphi(K) = 4\pi\rho(K) \tag{26}$$

가 된다.

더 진행하기 위해, 전자밀도와 정전기 퍼텐셜을 관계짓는 또다른 방정식이 필요하다. **토머스-페르미(Thomas-Fermi) 근사**라고 불리는 방법 하에서 이 관계식을 얻어내기로 한다. 이 근사법에서는 어떤 지점에서의 내부 화학퍼텐셜은 바로 그 지점에서의 전자밀도의 함수로 나타낼 수 있다고 가정한다. 그렇게 하면, 전자기체의 총 화학퍼텐셜은 평형상태에서 위치에 관계없이 일정하다. 절대 영도에서 화학퍼텐셜에

대해 정전기 기여가 없는 영역에서는, 식 (6.17)에 의해

$$\mu = \epsilon_F^0 = \frac{\hbar^2}{2m}(3\pi^2 n_0)^{2/3} \tag{27}$$

와 같은 식을 얻는다. 정전기 퍼텐셜이 $\varphi(x)$인 영역에서는 총 화학퍼텐셜(그림 9)은 일정하며,

$$\mu = \epsilon_F(x) - e\varphi(x) \simeq \frac{\hbar^2}{2m}[3\pi^2 n(x)]^{2/3} - e\varphi(x) \cong \frac{\hbar^2}{2m}[3\pi^2 n_0]^{2/3} \tag{28}$$

과 같다. 여기서 $\epsilon_F(x)$는 그 위치에서의 페르미 에너지이다.

식 (28)의 표현은 정전기 퍼텐셜이 페르미 준위에서의 전자의 파장에 비해 천천히 변할 때, 즉 근사적으로 $K \ll k_F$일 때 유효하다. ϵ_F를 테일러 급수전개하면, 식 (28)은

$$\frac{d\epsilon_F}{dn_0}[n(x) - n_0] \cong e\varphi(x) \tag{29}$$

처럼 쓸 수 있다. 식 (27)로부터, $d\epsilon_F/dn_0 = 2\epsilon_F/3n_0$를 얻으며, 따라서

$$n(x) - n_0 \cong \frac{3}{2} n_0 \frac{e\varphi(x)}{\epsilon_F} \tag{30}$$

이다.

왼쪽은 유도된 전자밀도를 나타내므로, 이 방정식의 푸리에 성분은

$$\rho_{\text{ind}}(K) = -(3n_0 e^2/2\epsilon_F)\varphi(K) \tag{31}$$

가 된다. 식 (26)에 의해, 위 식은

$$\rho_{\text{ind}}(K) = -(6\pi n_0 e^2/\epsilon_F K^2)\rho(K) \tag{32}$$

가 된다.

그러면 식 (3d)로부터

$$\epsilon(0,K) = 1 - \frac{\rho_{\text{ind}}(K)}{\rho(K)} = 1 + k_s^2/K^2 \tag{33}$$

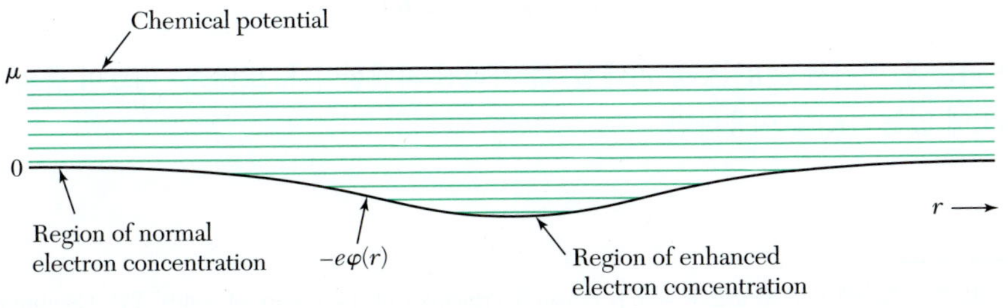

그림 9 열적 평형과 퍼짐 평형에서는 화학퍼텐셜은 일정한데, 이를 계속 일정하게 유지하기 위해서는 퍼텐셜 에너지가 낮은 곳에는 전자밀도를 증가시켜야 하고, 퍼텐셜이 높은 곳에서는 밀도를 감소시켜야 한다.

를 얻는데, 약간의 정리를 하면

$$k_s^2 = 6\pi n_0 e^2/\epsilon_F = 4(3/\pi)^{1/3}\, n_0^{1/3}/a_0 = 4\pi e^2 D(\epsilon_F) \tag{34}$$

가 된다. 여기서 a_0는 보어(Bohr) 반지름이고, $D(\epsilon_F)$는 자유전자 기체의 상태밀도이다. $\epsilon(0, K)$에 대한 식 (33)의 근사를 **토머스-페르미 유전함수**라 부르며, $1/k_s$은 아래의 식 (40)에 나오듯이 토머스-페르미 가리기 길이(screening length)이다. $n_0 = 8.5 \times 10^{22}\ \mathrm{cm}^{-3}$인 구리의 경우에는 가리기 길이가 0.55Å이다.

전자기체의 유전함수에 대한 두 극한의 표현식은

$$\epsilon(0,K) = 1 + \frac{k_s^2}{K^2}\ ; \qquad \epsilon(\omega,0) = 1 - \frac{\omega_p^2}{\omega^2} \tag{35}$$

으로 구해지는데, $K \to 0$일 때의 $\epsilon(0, K)$는 $\omega \to 0$일 때의 $\epsilon(\omega, 0)$와 같은 극한값으로 접근하지 않음을 유의하라. 이는 ω-K 평면에서 원점 가까이의 유전함수에 대해서는 특별한 주의가 필요함을 뜻한다. 일반적 함수 $\epsilon(\omega, K)$에 대한 이론적 완성이 린드호드(Lindhard)에 의해 이루어졌다.[1)]

가려진 쿨롱 퍼텐셜(screened coulomb potential)

전도전자의 바다 속에 놓여 있는 점전하 q를 생각하자. 가려지지 않은 쿨롱 퍼텐셜에 대한 푸아송 방정식은

$$\nabla^2 \varphi_0 = -4\pi q \delta(\mathbf{r}) \tag{36}$$

이며, $\varphi_0 = q/r$임을 알고 있다. 이때

$$\varphi_0(\mathbf{r}) = (2\pi)^{-3} \int d\mathbf{K}\ \varphi_0(\mathbf{K}) \exp(i\mathbf{K}\cdot\mathbf{r}) \tag{37}$$

로 쓰기로 하자. 식 (36)에

$$\delta(\mathbf{r}) = (2\pi)^{-3} \int d\mathbf{K} \exp(i\mathbf{K}\cdot\mathbf{r}) \tag{38}$$

과 같은 델타함수의 푸리에 표현을 쓰면, $K^2\ \varphi_0(K) = 4\pi q$가 된다.

식 (3e)에 의해

$$\varphi_0(K)/\varphi(K) = \epsilon(K)$$

가 되는데, 여기서 $\varphi(K)$는 총 퍼텐셜, 즉 가려진 퍼텐셜이다. 토머스-페르미 꼴의 식 (33)에 있는 $\epsilon(K)$를 이용하면,

---

1) 린드호드 함수에 대한 훌륭한 논의가 J. Ziman의 Principles of the theory of solids, 2판, Cambridge, 1972, 5장에 실려 있다. Ziman의 방정식 (5.16)을 계산하기 위한 대수적 과정이 C. Kittel, Solid state physics, 22, 1 (1968) 6절에 자세히 주어져 있다.

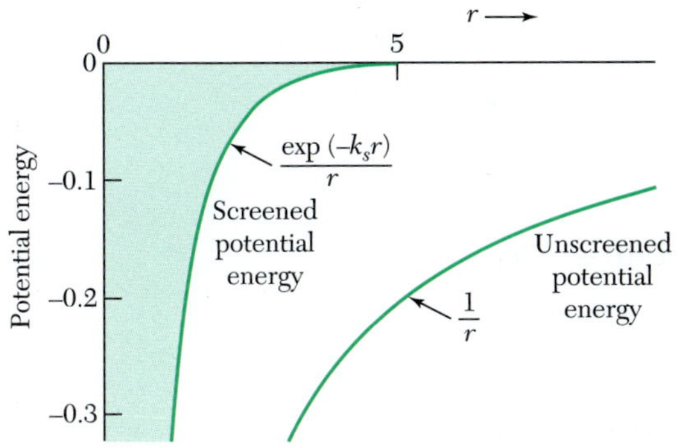

그림 10a 고정된 단위 양전하에 대한 가려진 쿨롱 퍼텐셜과 가려지지 않은 쿨롱 퍼텐셜의 비교. 가리기 길이 $1/k_s$은 1로 두었다. 정적 가려진 상호작용은 토머스-페르미 근사에 포함되어 있는데, 이는 낮은 파동벡터 $K \ll k_F$일 때 성립한다. 모든 파동벡터를 포함하는 좀더 완벽한 계산은 **프리델**(Friedel) **진동**이라 불리는 $2k_F r$을 따르는 공간적 진동을 나타내며 그 그림이 *QTS* p.114에 그려져 있다.

$$\varphi(\mathbf{K}) = \frac{4\pi q}{K^2 + k_s^2} \tag{39}$$

를 얻는다. 가려진 쿨롱 퍼텐셜은 $\varphi(\mathbf{K})$의 변환으로

$$\begin{aligned}\varphi(r) &= \frac{4\pi q}{(2\pi)^3}\int_0^\infty dK \frac{2\pi K^2}{K^2 + k_s^2}\int_{-1}^{1} d(\cos\theta)\exp(iKr\cos\theta) \\ &= \frac{2q}{\pi r}\int_0^\infty dK \frac{K \sin Kr}{K^2 + k_s^2} = \frac{q}{r}\exp(-k_s r)\end{aligned} \tag{40}$$

이 되는데, 그림 10a에 주어진 것과 같다. 가리기 매개변수 k_s는 식 (34)에 의해 정의된다. 지수 인자는 쿨롱 퍼텐셜의 범위를 줄인다. 가려지지 않은 퍼텐셜 q/r은 전하밀도 $n_0 \to 0$이 되게 하면 얻어지며, 이때는 $k_s \to 0$이다. 진공에서는 $\varphi(K) = 4\pi q/K^2$이다.

가려진 상호작용의 응용의 하나로 합금에서의 비저항을 들 수 있다. Cu, Zn, Ga, Ge, As의 일련의 원자는 각각 1, 2, 3, 4, 5의 원자가전자를 가지고 있다. 금속 Cu에서 Zn, Ga, Ge, 또는 As 원자 한 개가 Cu 원자를 치환하여 첨가된 경우에, 모든 원자가전자들이 구리의 전도띠에 가게 되면, 이들 원자들은 Cu를 기준으로 하여 각각 1, 2, 3, 4개의 여분의 전하를 가진다. 외부에서 들어간 원자는 가려진 쿨롱 퍼텐셜에 의한 상호작용에 의해 전도전자를 흩뜨린다. 이러한 산란은 잔류전기저항(residual electrical conductivity)에 기여하는데, 저항이 증가한다는 모트(Mott)의 계산은 실험과 잘 일치한다.

유사퍼텐셜 성분 *U*(0) *[pseudopotential component U(0)]*

그림 9.22b의 설명에서, 유사퍼텐셜 이론의 중요한 결과를 언급하였다. 즉, "매우 작은 k에 대한 퍼텐셜은 페르미 에너지의 $-\frac{2}{3}$배에 가까워진다." 금속에서 가려진 이온 퍼텐셜의 극한값이 되는 이 결과는 식 (39)로부터 유도할 수 있다. 이를 전자가가 z인 이온이 단위부피당 n_0개 있는 금속의 내부에 있는 전하 e인 전자의 퍼텐셜 에너지로 바꾸어 나타내면 $k = 0$에서의 퍼텐셜 에너지 성분은

$$U(0) = -ezn_0\varphi(0) = -4\pi zn_0e^2/k_s^2 \tag{41}$$

이 된다. 이러한 경우에 k_s^2에 대한 식 (34)는

$$k_s^2 = 6\pi z n_0 e^2/\epsilon_F \tag{42}$$

가 되며, 결과적으로

$$U(0) = -\tfrac{2}{3}\epsilon_F \tag{43}$$

이다.

모트 금속-절연체 전이(*Mott metal-insulator transition)*

독립 전자 모형에 의하면, 기본낱칸당 한 개의 수소원자로 이루어진 결정은 항상 금속이 되어야만 하는데, 이는 전하의 이동이 일어날 수 있는 반만 찬 에너지띠가 언제나 존재하기 때문이다. 기본낱칸당 한 개의 수소 분자를 가진 결정은 성질이 다른 물질인데, 이때는 두 개의 전자가 띠 하나를 완전히 채우기 때문이다. 목성에서와 같이 극히 높은 압력 하에서는 수소가 금속상태로 될 수 있다.

이제 절대온도 0도에서 수소 원자로 이루어진 격자를 생각하자. 이것이 금속이 될까 또는 절연체가 될까? 그 답은 격자상수에 따라 달라지는데 a가 작으면 금속이 되고 그 값이 크면 절연체가 된다. 모트는 일찍이 금속 상태와 절연체 상태를 가르는 격자상수의 임계값 a_c의 값으로 $a_c = 4.5a_0$를 얻었는데, 여기서 $a_0 = \hbar^2/me^2$은 수소 원자에서 첫 번째 보어 궤도의 반지름이다.

이 문제에 접근하는 한 가지 방법은 전도전자가 각각의 양성자로부터 가려진 쿨롱 상호작용

$$U(r) = -(e^2/r)\exp(-k_s r) \tag{44}$$

을 받는 금속상태로부터 시작하는 것이다. 식 (34)에서처럼 $k_s^2 = 3.939n_0^{1/3}/a_0$이고 n_0는 전자밀도이다. 높은 밀도에서는 k_s가 크고 퍼텐셜에 속박상태가 없어지게 되어 금속이 된다. k_s가 $1.19/a_0$보다 작으면 퍼텐셜은 속박상태를 가지는 것으로 알려지고 있다. 속박상태가 있으면 전자들이 양성자 주위에 밀집되어 절연체가 된다. n_0를 써서 부등식으로 나타내면

$$3.939n_0^{1/3}/a_0 < 1.42/a_0^2 \tag{45}$$

와 같다. $n_0 = 1/a^3$인 단순 입방격자에서는 $a > 2.78a_0$일 때 절연체가 되는데, 이 값은 다른 방법으로 얻은 모트의 결과와 비슷하다.

금속-절연체 전이란 용어는 어떤 외부 변수, 예를 들어 성분, 압력, 변형력 또는 자기장에 의해 물질의 전기전도도가 금속으로부터 절연체로 바뀌는 것을 나타낸다. 금속상은 보통 독립 전자모형으로 기술되며, 절연체상은 중요한 전자-전자 상호작용을 암시한다. 제멋대로 놓여진 원자 위치는 이 문제에 대해 새롭고 재미있는 양상, 즉 스미기(percolation) 이론에서의 양상을 제기한다. 스미기 전이(percolation transition)는 이 책의 수준을 넘는다.

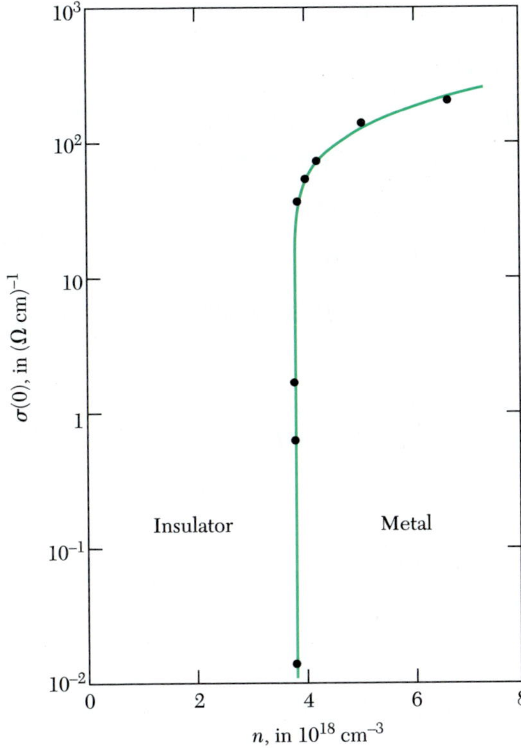

그림 10b 실리콘에서 관찰된 "절대온도 0에서의" 전기 전도도 $\sigma(0)$와 인(P)의 주개농도 n에 대한 반로그 그림(T. F. Rosenbaum 등의 결과 인용).

반도체에 주개(또는 받개) 원자의 농도를 증가하도록 첨가하면, 전도성 금속상으로 전이가 일어나게 된다. 실리콘 내에 있는 P 원자에 대한 실험결과를 그림 10b에 보여주고 있다. 이 경우에는 절연체–금속 전이는 농도가 매우 커서 이웃한 불순물 원자의 바닥상태 전자 파동함수가 상당히 겹칠 때 일어난다.

Si : P 합금 계에서 관측된 임계농도는 그림에서와 같이 n_c = 3.74 × 10^{18} cm^{-3}이다. 만약 실리콘에서 주개의 바닥상태의 반지름을 공 근사에 따라 32 × 10^{-8} cm로 잡으면, 모트의 기준에 의해 a_c = 1.44 × 10^{-6}가 된다. P 원자는 격자 위치를 제멋대로 차지한다고 믿어지지만, 그 격자를 단순입방이라 할 때 임계 모트농도는

$$n_c = 1/a_c^3 = 0.33 \times 10^{18}\ \mathrm{cm}^{-3} \tag{46}$$

으로서 관찰값보다 훨씬 작다. 반도체 문헌에서는 금속 범위 내에 들만큼 높은 농도로 첨가된 반도체를 흔히 **겹침 반도체**(degenerate semiconductor)라 한다.

금속에서의 가리기와 포논*(screening and phonons in metals)*

유전함수의 두 극한 꼴의 한 가지 재미있는 응용으로 금속의 평행진동 소리 포논(longitudinal acoustic phonon)이 있다. 평행진동 방식에서는 이온과 전자의 총 유전함수는 식 (17)에 의해 영이 되어야 한다. 소리의 속도가 전자의 페르미 속도보다 작은 경우에는, 전자에 대해 토머스–페르미 유전함수

$$\epsilon_{el}(\omega,K) = 1 + k_s^2/K^2 \tag{47}$$

을 이용할 수 있다. 또한 이온들이 충분히 떨어져 있어서 독립적으로 움직이는 경우에 이들에 대해서는 근사적인 질량 M을 쓰는 플라스몬 극한 $\epsilon(\omega, 0)$를 이용할 수 있다. 이온핵심의 전자 편극을 무시하면 격자와 전자를 합한 총 유전함수는

$$\epsilon(\omega,K) = 1 - \frac{4\pi ne^2}{M\omega^2} + \frac{k_s^2}{K^2} \tag{48}$$

이다. K와 ω가 작을 때는 1은 무시할 수 있다. $\epsilon(\omega, K)$의 영점에서는 $\epsilon_F \equiv \frac{1}{2}mv_F^2$을 이용하면

$$\omega^2 \frac{4\pi ne^2}{Mk_s^2}K^2 = \frac{4\pi ne^2}{M} \cdot \frac{\epsilon_F}{6\pi ne^2}K^2 = \frac{m}{3M}v_F^2K^2 \tag{49}$$

이 되어,

$$\omega = vK \ ; \qquad v = (m/3M)^{1/2}\, v_F \tag{50}$$

가 된다. 이것은 긴 파장의 소리 포논을 기술한다.

알칼리 금속에서는 위 결과가 측정된 평행진동파동 속도와 잘 맞는다. 칼륨의 경우에 계산값은 $v = 1.8 \times 10^5$ cm s^{-1}인데, 4 K에서 [100] 방향으로 측정한 평행진동 소리 속도는 $v = 2.2 \times 10^5$ cm s^{-1}이다.

양이온이 전자의 바다 속에 박혀 있는 경우에는 $\epsilon(\omega, K)$에 또다른 영점이 있다. 높은 진동수에서는 전자기체가 유전함수에 기여하는 부분은 $-\omega_p^2/\omega^2$이어서

$$\epsilon(\omega,0) = 1 - \frac{4\pi ne^2}{M\omega^2} - \frac{4\pi ne^2}{m\omega^2} \tag{51}$$

이 되며, 이 함수는

$$\omega^2 = \frac{4\pi ne^2}{\mu} \ ; \quad \frac{1}{\mu} = \frac{1}{M} + \frac{1}{m} \tag{52}$$

일 때 영점을 갖는다. 이것이 플라스마 진동수 식 (20)인데, 이때 양이온의 운동에 대한 환산질량 보정을 했다.

폴라리톤
POLARITONS

4장에서 평행진동 광포논과 수직진동 광포논을 논의하였지만, 수직진동 광포논이 수직진동 전자기파와 상호작용하는 것에 대해서는 그 논의를 뒤로 미루었다. 공명이 일어날 때는 포논과 광자의 결합은 그 전파의 특성을 완전히 바꾸며, 격자의 주기성과 전혀 관계가 없는 금지띠를 형성한다,

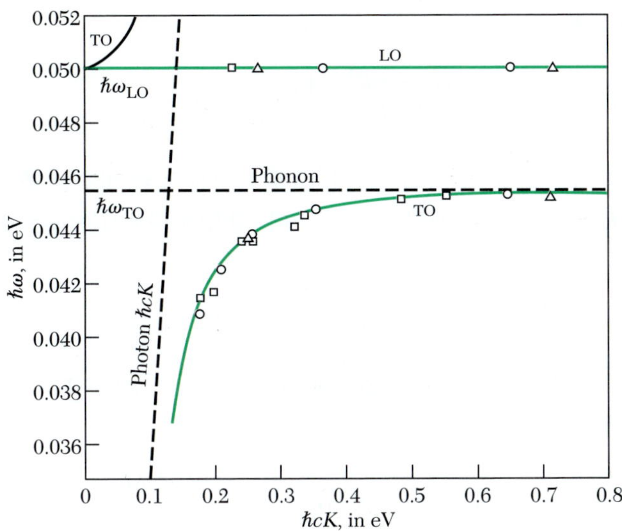

그림 11 GaP에서 측정된 폴라리톤과 LO 포논의 에너지와 파동벡터의 그림. 이론적인 분산 곡선은 실선으로 표시했다. 결합하지 않은 포논과 광자의 분산곡선은 점선으로 나타냈다(C. H. Henry와 J. J. Hopfield의 결과 인용).

공명이란 두 파동의 진동수와 파동벡터가 거의 같은 경우를 뜻한다. 그림 11에서 두 점선이 만나는 영역이 공명영역인데, 두 개의 점선은 광자와 수직진동 광포논 사이에 아무런 결합이 없을 때의 분산관계이다. 그러나 실제로는 맥스웰 방정식 안에 결합 효과가 들어 있으며 이는 유전함수로 표현된다. 결합된 포논-광자의 수직진동 파동장의 양자를 **폴라리톤**(polariton)이라 부른다.

이 절에서는 그림에서 실선으로 보였듯이 결합이 분산 관계에 어떤 역할을 하는지 알게 될 것이다. 모든 결합은 영역 경계에 비해 매우 작은 파동벡터에서 일어나는데, 그것은 교차점에서 ω(광자) = ck(광자) = ω(포논) = 10^{13} s^{-1}이어서, $k \approx 300$ cm^{-1}이기 때문이다.

미리 주의할 점이 있다. 기호 ω_L이 이론식에서 할수 없이 나오긴 하지만 그 효과는 평행 광포논과 아무 관계가 없다. 결정 내에서 평행포논은 수직진동 광자와 결합하지 않는다. 광자의 전기장 E와 TO 포논의 편극 P의 결합은 전자기파의 방정식

$$c^2K^2E = \omega^2(E + 4\pi P) \qquad \text{(CGS)} \qquad (53)$$

로 기술된다. 작은 파동벡터에서는 TO 포논의 진동수 ω_T는 K와 무관하다. 편극은 음이온에 대한 양이온의 상대적 변위에 비례하기 때문에, 편극에 대한 운동방정식은 진동자의 경우와 같아서 $P = Nqu$라 할 때,

$$-\omega^2P + \omega_T^2P = (Nq^2/M)E \qquad (54)$$

로 쓸 수 있다. 위에서 단위부피 속에 유효전하가 q이고, 환산질량이 M인 N개의 이온 쌍이 있다고 하였다. 간단히 하기 위해 편극에 대한 전자의 기여를 무시하였다.

식 (53)과 (54)는

$$\begin{vmatrix} \omega^2 - c^2K^2 & 4\pi\omega^2 \\ Nq^2/M & \omega^2 - \omega_T^2 \end{vmatrix} = 0 \tag{55}$$

일 때 해를 갖는다. 그 결과는 그림 11과 12에 그려진 것과 비슷한 폴라리톤의 분산관계를 준다. $K = 0$일 때 두 개의 근이 있는데, 광자에 대해서는 $\omega = 0$이고, 폴라리톤에 대해서는

$$\omega^2 = \omega_T^2 + 4\pi Nq^2/M \tag{56}$$

이다. 여기서 ω_T는 광자와의 결합이 없을 때 TO 포논의 진동수이다.

식 (54)로부터 얻은 유전함수는

$$\epsilon(\omega) = 1 + 4\pi P/E = 1 + \frac{4\pi Nq^2/M}{\omega_T^2 - \omega^2} \tag{57}$$

이 된다. 만약, 이온핵심의 편극에 대해 전자의 광학적 기여가 있다면 그 효과도 포함되어야만 한다. 진동수 영역이 영에서 적외선까지는

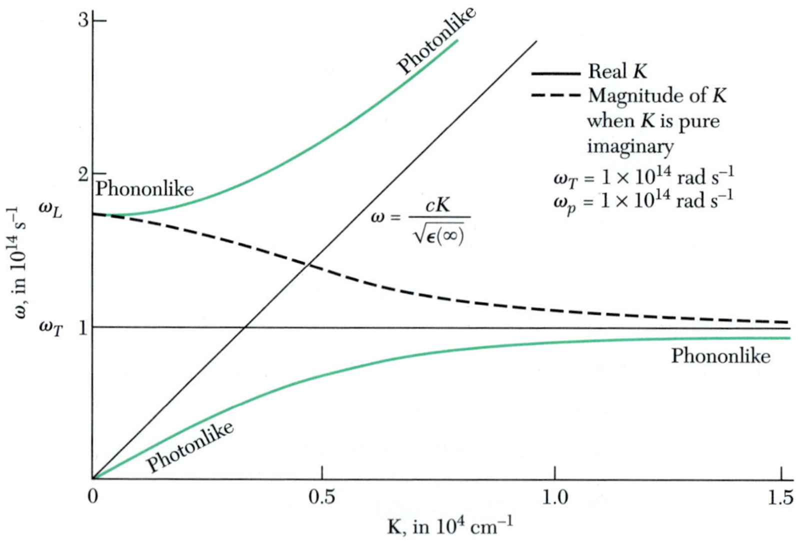

그림 12 이온결정에서 광자와 수직진동 광포논의 결합방식. 가는 수평선은 전자기장과의 결합이 없을 때 진동수 ω_T인 진동자를 나타내며, $\omega = cK/\sqrt{\epsilon(\infty)}$로 표시한 가는 선은 결정 내에서 격자진동 ω_T와 결합하지 않은 전자기파를 나타낸다. 굵은 선들은 격자진동과 전자기파 사이에 결합이 있을 때의 분산관계이다. 결합의 한 가지 효과는 ω_L과 ω_T 사이에 진동수 간격이 생기는 것이다. 간격 내에서 파동벡터는 그림에서 점선으로 주어지는 순허수 값을 갖는다. 간격 내에서 파동은 $\exp(-|K|x)$를 따라 감쇠하는데, 그림에서 보듯이 ω_L 부근보다는 ω_T 근처에서 감쇠가 훨씬 크다. 갈래(branch)의 특성은 K에 따라 변하는데, 명목상의 교차점(두 개의 가는 선이 만나는) 근처에서 전기-기계적 면이 혼합된 영역이 존재한다. 마지막으로, 매질 내의 빛의 군속도가 항상 $< c$인 것은 직관적으로 분명한데, 이것은 실제 분산관계(굵은 선)의 기울기 $\partial\omega/\partial K$가 자유공간에서 결합되지 않은 광자의 기울기 c보다 어디서나 작기 때문임을 주목하라.

$$\epsilon(\omega) = \epsilon(\infty) + \frac{4\pi Nq^2/M}{\omega_T^2 - \omega^2} \tag{58}$$

으로 쓸 수 있는데, 여기서 $\epsilon(\infty)$는 광 굴절률을 제곱하여 얻어지는 광학적 유전상수의 정의와 부합한다.

정적 유전함수를 얻기 위해 $\omega = 0$로 놓으면,

$$\epsilon(0) = \epsilon(\infty) + 4\pi Nq^2/M\omega_T^2 \tag{59}$$

이 되는데, 이를 식 (58)과 연관지으면 $\epsilon(\omega)$를 다음과 같이 얻기쉬운 매개변수로 나타낼 수 있다. 즉

$$\epsilon(\omega) = \epsilon(\infty) + [\epsilon(0) - \epsilon(\infty)]\frac{\omega_T^2}{\omega_T^2 - \omega^2}$$

또는

$$\epsilon(\omega) = \frac{\omega_T^2\epsilon(0) - \omega^2\epsilon(\infty)}{\omega_T^2 - \omega^2} = \epsilon(\infty)\left(\frac{\omega_L^2 - \omega^2}{\omega_T^2 - \omega^2}\right) \tag{60}$$

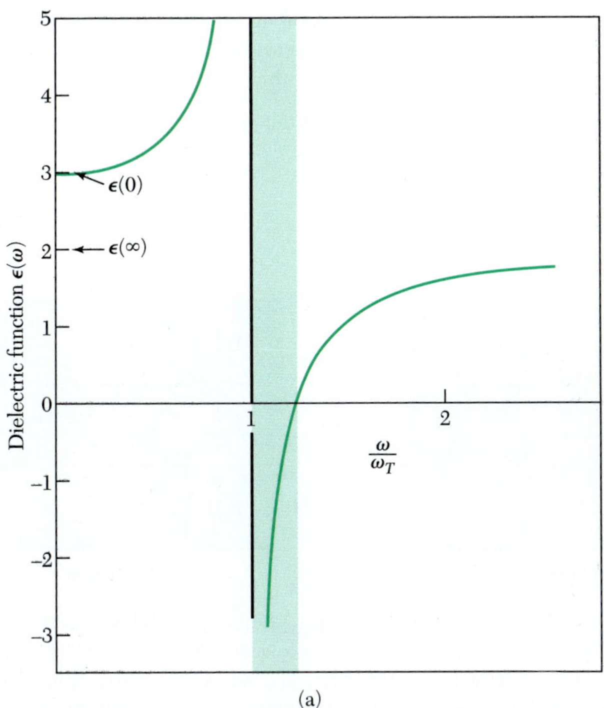

그림 13a 식 (60)에서 $\epsilon(\infty) = 2$이고 $\epsilon(0) = 3$일 때의 $\epsilon(\omega)$의 그림. 유전상수는 $\omega = \omega_T$와 $\omega_L = (3/2)^{1/2}\omega_T$ 사이, 즉 $\epsilon(\omega)$의 극(무한대)과 $\epsilon(\omega)$의 영점 사이에서 음이다. 진동수가 $\omega_T < \omega < \omega_L$인 입사 전자기파동은 매질 속으로 진행하지 못하고 경계에서 반사한다.

이다. $\epsilon(\omega)$의 극은 ω_T를 결정하며, $\epsilon(\omega)$의 영점은 ω_L을 결정한다. 영점은

$$\epsilon(\infty)\omega_L^2 = \epsilon(0)\omega_T^2 \tag{61}$$

을 준다.

$\epsilon(\omega)$가 음의 값을 가지는 진동수 영역, 즉 그림 13에서 극 $\omega = \omega_T$와 영점 $\omega = \omega_L$ 사이에서는 파동이 진행하지 못한다. ϵ이 음수인 경우에는 실수 ω에 대해 K가 허

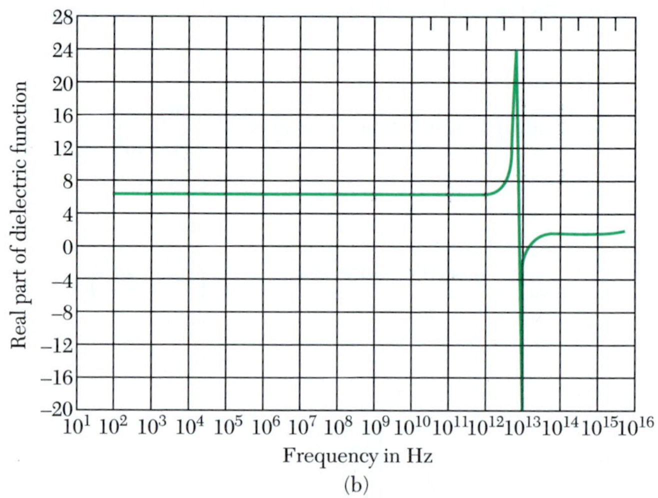

그림 13b 넓은 진동수 범위에서 측정한 SrF_2의 유전함수(실수부분)로서, 높은 진동수에서 이온 편극률이 감소함을 보여주고 있다(A. von Hippel의 결과 인용).

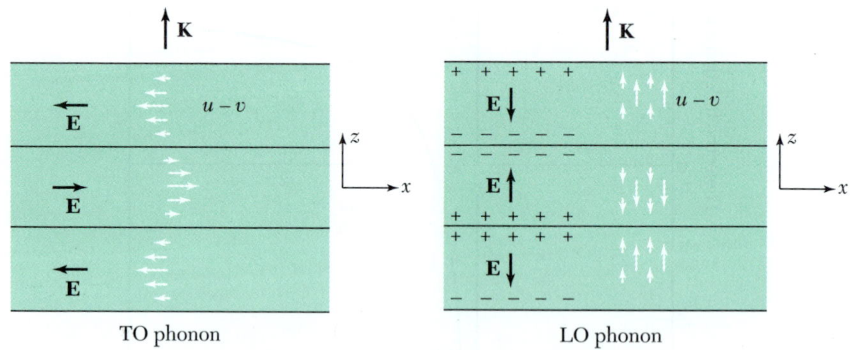

그림 14 z축을 따라 진행하는 광방식 파동에서 양이온과 음이온의 어떤 한 순간의 상대적 변위. 마디(영의 변위)로 이루어진 면을 보여주고 있다. 긴 파장 포논의 경우에는 마디면 사이에는 많은 수의 원자면들이 있다. 수직진동 광포논 방식에서는 입자의 변위가 파동벡터 **K**에 수직하다. 무한히 큰 매질에서는 앞에 보인 방식은 그 거시 전기장이 $\pm x$ 방향으로만 놓여 있어서, 대칭성으로부터 $\partial E_x/\partial x = 0$이 된다. 따라서 TO 포논에 대해서는 div **E** = 0이다. 평행진동 광학방식에서는 입자의 변위, 즉 유전편극 P는 파동벡터에 평행하다. 거시적 전기장 **E**는 CGS 단위계에서 **D** = **E** + 4π**P** = 0를 만족하고, SI 단위계에서는 ϵ_0 **E** + **P** = 0를 만족하므로, 대칭성에 의해 **E**와 **P**는 z축에 평행하고, $\partial E_z/\partial z \neq 0$이다. 따라서 LO 포논에 대해서는 div **E** $\neq$ 0이고 $\epsilon(\omega) = 0$일 때만 $\epsilon(\omega)$ div **E**가 영이 된다.

수이어서 $\exp(iKx) \rightarrow \exp(-|K|x)$이기 때문에 파동은 진행하지 못하고 공간적으로 감쇠한다. 이미 논의하였듯이 $\epsilon(\omega)$의 영점은 그림 14에서 보듯이 K가 작을 때 LO 진동수이다. 플라스마 진동수 ω_P에서처럼 진동수 ω_L은 두 가지 의미를 가지고 있는데, 하나는 K가 작을 때의 LO 진동수이고, 다른 하나는 전자기파의 진행이 금지된 띠의 위쪽 차단 진동수(upper cutoff frequency)이다. ω_L의 값은 두 진동수에서 같다.

LST 관계식*(LST relation)*

식 (61)을

$$\boxed{\frac{\omega_L^2}{\omega_T^2} = \frac{\epsilon(0)}{\epsilon(\infty)}} \tag{62}$$

과 같이 쓸 수 있는데, 여기서 $\epsilon(0)$는 정적 유전함수이고 $\epsilon(\infty)$는 유전함수의 높은 진동수 극한값으로 핵심 전자의 기여를 포함한 것이다. 위 결과가 리데인–작스–텔러(Lyddane-Sachs-Teller) 관계식이다. 식을 이끌어내기 위해 기본낱칸당 두 개의 원자를 가진 입방결정을 가정했다. $\omega_T \rightarrow 0$인 무른 방식(soft mode)에 대해서는 $\epsilon(0) \rightarrow \infty$가 됨을 알 수 있는데, 이것이 강유전체의 특성이다.

틈 내의 진동수를 가지는 전자기파는 감쇠 없이 두꺼운 결정을 전파해 나갈 수 없다. 결정표면의 반사율은 그림 15에서와 같이 이 진동수 영역에서 높을 것으로 기대된다. 막의 두께가 파장보다 작으면 상황이 달라진다. 틈 내의 진동수에 대해 파동은

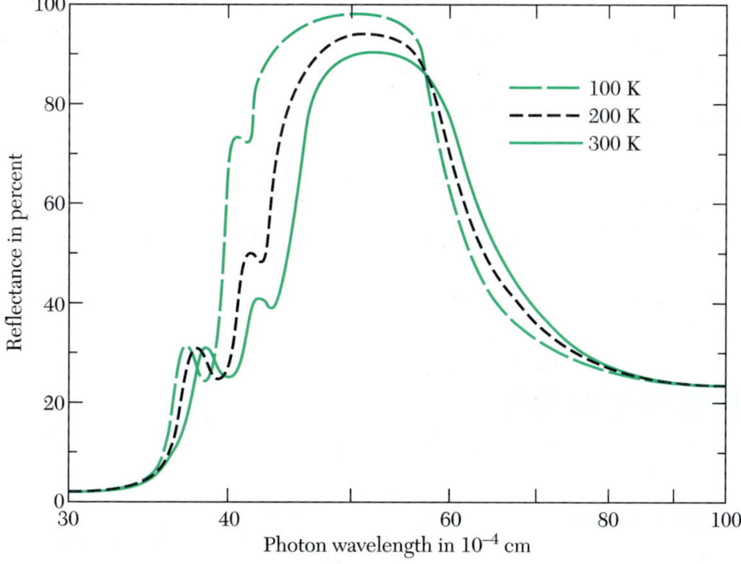

그림 15 여러 온도에서의 NaCl 결정의 반사율과 파장의 관계. 상온에서 ω_L과 ω_T의 정상적 값은 각각 파장 38×10^{-4} cm와 61×10^{-4} cm에 해당한다(A. Mitsuishi et al의 결과 인용).

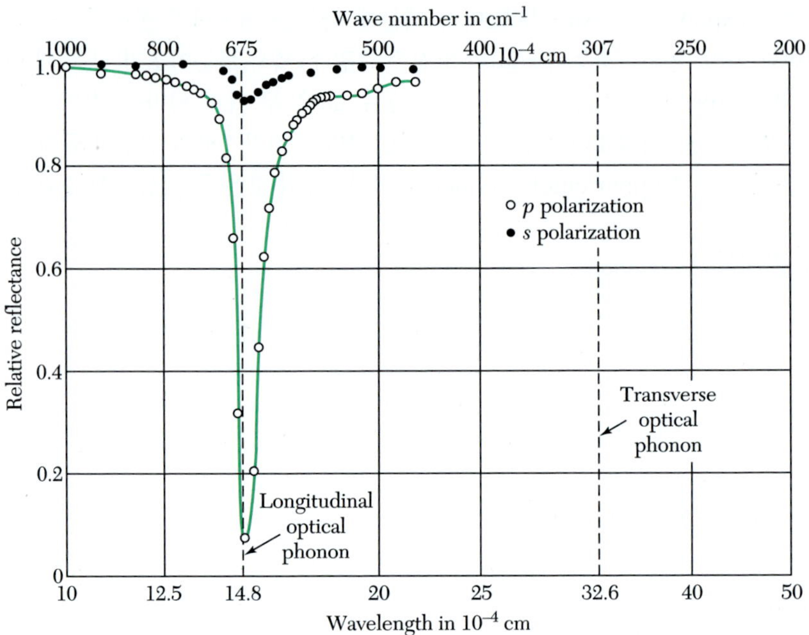

그림 16 입사각이 30°에 가까운 복사에 대해, 은으로 받쳐진 LiF 박막의 반사율과 파장과의 관계. 수직진동 광포논은 박막에 수직한 면으로 편광된 (p) 복사를 강하게 흡수하지만, 박막에 평행하게 편광된 (s) 복사는 거의 흡수하지 않는다(D. W. Berreman의 결과 인용).

$\exp(-|K|x)$에 따라 감쇠하기 때문에 ω_L 근처의 작은 $|K|$ 값에 대해서 복사는 막을 투과하지만, ω_T 근처의 큰 $|K|$ 값에 대해서는 파동이 반사된다. 수직하지 않은 입사에 대한 반사로부터 그림 16과 같은 평행진동 광포논의 진동수 ω_L을 측정할 수 있다.

표 3에 $\epsilon(0)$, $\epsilon(\infty)$ 그리고 ω_T의 실험값이 주어져 있으며, ω_L은 식 (62)의 LST 관계 식을 이용하여 계산한 것이다. 중성자 산란으로 얻은 ω_L/ω_T 값과 유전측정으로부터 얻은 $[\epsilon(0)/\epsilon(\infty)^{1/2}]$ 값이 다음과 같이 비교되어 있다.

	NaI	KBr	GaAs
ω_L/ω_T	1.44 ± 0.05	1.39 ± 0.02	1.07 ± 0.02
$[\epsilon(0)/\epsilon(\infty)]^{1/2}$	1.45 ± 0.03	1.38 ± 0.03	1.08

위 결과와 LST 관계식은 잘 일치하고 있다.

전자–전자 상호작용
ELECTRON-ELECTRON INTERACTION

페르미 액체(*Fermi liquid*)

전도전자들끼리의 상호작용은 정전 상호작용을 통해 일어나기 때문에, 서로 충돌하게 된다. 또한 움직이는 전자는 주위 전자기체 속에서 관성 반작용을 일으키므로 전

표 3 주로 300 K에서의 격자진동수

Crystal	Static dielectric constant $\epsilon(0)$	Optical dielectric constant $\epsilon(\infty)$	ω_T in $10^{13}s^{-1}$ experimental	ω_L in $10^{13}s^{-1}$ LST relation
LiH	12.9	3.6	11.	21.
LiF	8.9	1.9	5.8	12.
LiCl	12.0	2.7	3.6	7.5
LiBr	13.2	3.2	3.0	6.1
NaF	5.1	1.7	4.5	7.8
NaCl	5.9	2.25	3.1	5.0
NaBr	6.4	2.6	2.5	3.9
KF	5.5	1.5	3.6	6.1
KCl	4.85	2.1	2.7	4.0
KI	5.1	2.7	1.9	2.6
RbF	6.5	1.9	2.9	5.4
RbI	5.5	2.6	1.4	1.9
CsCl	7.2	2.6	1.9	3.1
CsI	5.65	3.0	1.2	1.6
TlCl	31.9	5.1	1.2	3.0
TlBr	29.8	5.4	0.81	1.9
AgCl	12.3	4.0	1.9	3.4
AgBr	13.1	4.6	1.5	2.5
MgO	9.8	2.95	7.5	14.
GaP	10.7	8.5	6.9	7.6
GaAs	13.13	10.9	5.1	5.5
GaSb	15.69	14.4	4.3	4.6
InP	12.37	9.6	5.7	6.5
InAs	14.55	12.3	4.1	4.5
InSb	17.88	15.6	3.5	3.7
SiC	9.6	6.7	14.9	17.9
C	5.5	5.5	25.1	25.1
Si	11.7	11.7	9.9	9.9
Ge	15.8	15.8	5.7	5.7

자의 유효질량이 증가하게 된다.

전자-전자 상호작용의 영향은 일반적으로 페르미 액체에 대한 란다우(Landau) 이론의 틀 안에서 다루고 있다. 이 이론의 목적은 상호작용의 효과를 통일되게 설명하는 것이다. 페르미 기체는 상호작용이 없는 페르미온으로 이루어진 계인데, 이 계에 상호 작용이 있으면 페르미 액체가 된다.

란다우 이론은 상호작용하는 전자계에서 낮게 놓여 있는 한 입자(single particle) 들뜸을 잘 설명해준다. 이러한 한 입자 들뜸을 **준입자**(quasiparticle)라 부르는데, 이들은 자유 전자기체의 단일입자 들뜸과 일대일 대응관계가 있다. 준입자는 찌그러진 전자기체 구름을 동반하는 단일입자라 생각할 수 있다. 전자들 사이의 상호작용의 한 가지 효과는 전자의 유효질량을 바꾸는 것이다. 알칼리 금속에서는 그 증가가 대략 25% 정도 된다.

전자-전자 충돌(electron-electron collisions)

금속 내에서 전도전자들이 단지 2 Å만큼 떨어져 있을 정도로 빽빽히 있음에도 불구하고 서로 한번 충돌한 후 그 다음 충돌할 때까지 먼 거리를 움직일 수 있다는 것은 놀라운 성질이다. 전자 충돌의 평균 자유거리는 상온에서 10^4 Å보다 길며, 1 K에서는 10 cm보다 길다.

이렇게 긴 평균자유거리를 가지는 데는 두 가지 요인이 있는데, 이들이 없다면 금속의 자유전자 모형은 가치가 거의 없을 것이다. 가장 중요한 요인은 배타원리(그림 17)이고, 두 번째 요인은 두 전자 사이의 쿨롱 상호작용에 대한 가리기이다.

채워진 페르미 공 바깥에서 낮은 들뜸에너지 ϵ_1을 갖는 전자의 충돌 빈도가 배타원리에 의해 어떻게 줄어드는가를 보기로 하자(그림 18). 들뜬 궤도 **1**에 있는 전자와 페르미 바다 속에 차 있는 궤도 **2**에 있는 전자들 사이의 두 물체 충돌 **1** + **2** → **3** + **4**에 대해 배타원리가 미치는 영향을 추정해 보기로 한다. 페르미 준위 μ를 에너지의 영점으로 택해 다른 모든 에너지를 나타내는 것이 편리하다. 따라서 ϵ_1은 양이 되고 ϵ_2는 음이 된다. 배타 원리에 의해 궤도 **3**과 **4**에 있는 전자들은 충돌 후 페르미 공 바깥에 있어야 하는데, 이는 공 안의 모든 궤도가 이미 차 있기 때문이다. 결과적으로 ϵ_3, ϵ_4의 에너지는 페르미 공 표면을 영으로 잡을 때 모두 양이 되어야만 한다.

에너지의 보존에 의해 $|\epsilon_2| < \epsilon_1$이 되어야 하는데, 그렇지 않으면 $\epsilon_3 + \epsilon_4 = \epsilon_1 + \epsilon_2$가 양이 될 수 없기 때문이다. 이것은 그림 18a에서처럼 궤도 **2**가 페르미 공으로부터 두께가 ϵ_1인 공 껍질 안에 있어야만 충돌이 가능함을 뜻한다. 따라서 채워진 궤도에 있는 전자 중 $\approx\epsilon_1/\epsilon_F$ 부분만이 전자 **1**에 대해 알맞은 표적이 된다. 그러나 표적전자 **2**가 알맞은 에너지 껍질 안에 있다 하더라도 에너지와 운동량을 보존하는 최종 궤도 중에서 작은 부분만이 배타원리에 의해 허용된다. 이런 이유로 ϵ_1/ϵ_F 인자가 한 번

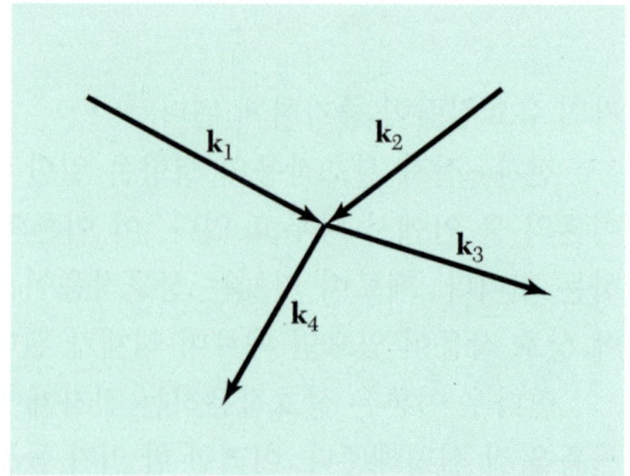

그림 17 파동벡터가 $\mathbf{k}_1$과 $\mathbf{k}_2$인 두 전자의 충돌. 충돌 후 입자들은 파동벡터 $\mathbf{k}_3$와 $\mathbf{k}_4$를 갖는다. 파울리 배타원리는 충돌 전에는 비어 있었던 $\mathbf{k}_3$, $\mathbf{k}_4$ 상태가 최종상태가 되는 충돌만 허용한다.

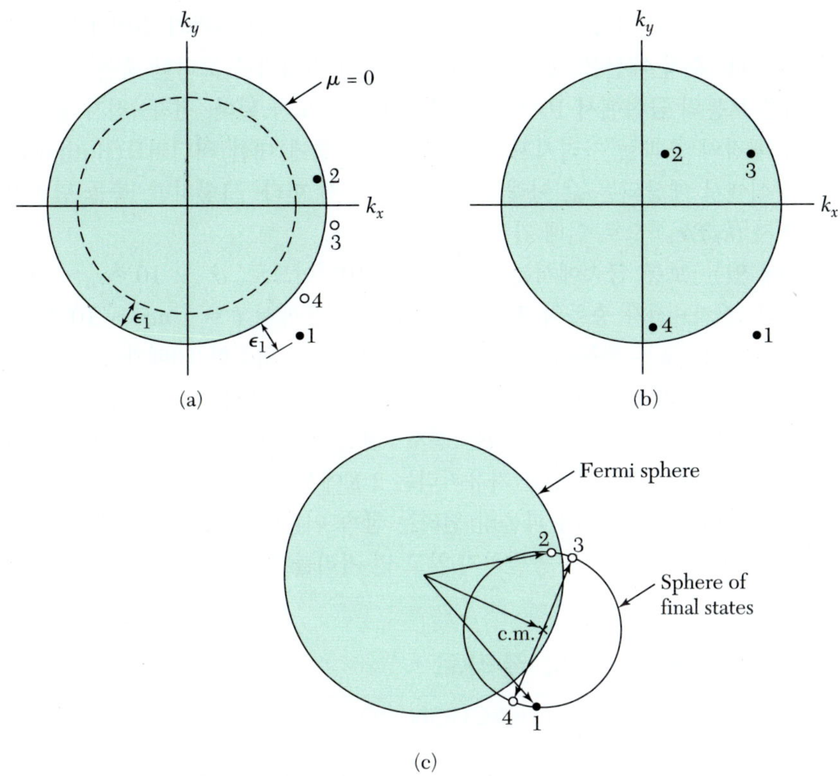

그림 18 (a)에서는 초기 궤도 1과 2에 있는 전자들이 충돌한다. 만약 궤도 3과 4가 처음에 비어 있었다면, 전자 1과 2는 충돌 후 궤도 3과 4를 차지한다. 에너지와 운동량이 보존된다. (b)에서는 처음 궤도 1과 2에 있는 전자들이 충돌 과정에서 에너지 보존이 가능한 비어 있는 최종 궤도를 갖지 못한다. 궤도 3과 4는 에너지와 운동량을 보존하지만, 이미 다른 전자들에 의해 차 있다. (c)에서 **1**과 **2**의 질량중심의 파동벡터를 ×로 나타냈다. 궤도 3과 4의 모든 쌍이 작은 공의 지름 양끝에 있으면 운동량과 에너지를 보존한다. 작은 공은 질량중심을 중심으로 하여 1과 2를 지나도록 그렸다. 그러나 3, 4 지점의 모든 쌍들이 배타원리에 의해 허용되지는 않으므로, 3, 4 모두 페르미 공 밖에 있어야만 한다. 허용되는 부분은 $\approx \epsilon_1/\epsilon_F$이다.

더 나오게 된다.

그림 18c에 있는 작은 공에서 지름 양끝에 있는 궤도 **3**, **4**의 모든 쌍들이 보존 법칙을 만족하지만, 궤도 **3**, **4**가 모두 페르미 바다 바깥쪽에 있어야만 충돌이 일어날 수 있음을 보여 준다. 따라서 두 비율의 곱은 $(\epsilon_1/\epsilon_F)^2$이다. 만약 ϵ_1이 1 K에 해당하고, ϵ_F가 5×10^4 K에 해당하면, $(\epsilon_1/\epsilon_F)^2 \approx 4 \times 10^{-10}$이 되는데, 배타원리에 의해 이 인자만큼 충돌비율이 감소한다.

이와 같은 논의는 $k_BT \ll \epsilon_F$와 같이 낮은 온도에 있는 전자의 열적 분포에 대해서도 바뀌지 않고 적용된다. ϵ_1을 열에너지 $\approx k_BT$로 바꾸어 쓰고, 전자-전자 충돌이 일어나는 비율도 고전 값의 $(k_BT/\epsilon_F)^2$배로 줄여 잡으면, 유효 충돌단면적 σ는

$$\sigma \approx (k_BT/\epsilon_F)^2\sigma_0 \tag{63}$$

가 된다. 여기서 σ_0는 전자-전자 상호작용에 대한 단면적이다.

한 전자와 다른 전자와의 상호작용은 식 (34)에 주어진 가리기 길이 $1/k_s$ 정도의 범위를 갖는다. 수치 계산을 해보면 전자들 사이의 가리기를 고려한 충돌의 경우 유효단면적은 보통의 금속에서 10^{-15} cm^2 즉, 10 Å^2 정도가 된다. 전자−전자 충돌에서 전자기체 배경의 효과는 가려지지 않은 쿨롱 퍼텐셜에 대한 러더퍼드(Rutherford) 산란 방정식에서 예상되는 값 아래로 σ_0를 줄어들게 한다. 그렇지만, 충돌 단면적은 파울리 인자 $(k_BT/\epsilon_F)^2$으로 인해 가장 크게 줄어든다.

실온에 있는 보통 금속에서는 k_BT/ϵ_F가 $\sim 10^{-2}$이므로, $\sigma \sim 10^{-4}\sigma_0 \sim 10^{-19}$ cm^{2}이 된다. 전자−전자 충돌의 평균 자유거리는 실온에서 $\ell \approx 1/n\sigma \sim 10^{-4}$ cm이다. 이 값은 전자−포논 충돌에 의한 평균 자유거리보다 최소한 10배가 길다. 따라서 실온에서는 포논과의 충돌이 지배적이다. 액체 헬륨 온도에서는 많은 금속의 비저항에 T^2에 비례하는 부분이 있는데, 이는 전자−전자 산란단면적의 꼴 식 (63)과 일치한다. 인듐 속에 있는 전자의 평균 자유거리는 2 K에서 식 (63)으로부터 예상한 것과 같이 30 cm 정도이다. 따라서 파울리 원리는 금속 이론에서 중요한 문제 중의 하나인 어떻게 해서 전자들이 서로 충돌하지 않고 먼 거리를 갈 수 있는가를 설명해 준다.

전자−포논 상호작용: 폴라론
ELECTRON-PHONON INTERACTION: POLARONS

전자−포논 상호작용의 가장 보편적 효과는 전기전도도의 온도의존성으로부터 알 수 있는데, 순수한 구리의 경우 0°C에서 1.55 microohm-cm이고 100°C에서 2.28 microohm-cm이다. 전자는 포논에 의해 산란되며, 온도가 높을수록 많은 포논이 생겨서 산란이 증가한다. 디바이 온도 이상에서는 열포논의 수가 대략 절대온도에 비례하는데, 웬만큼 순수한 금속의 전기저항은 이 온도 영역에서 절대온도에 비례한다.

전자−포논의 상호작용에서 좀더 미묘한 효과는 전자 질량의 겉보기 증가인데, 이것은 전자가 무거운 이온핵심을 끌고 가려하기 때문에 생긴다. 절연체에서는 전자와 그 변형장(strain field)을 합한 것을 **폴라론**(polaron)이라 한다(그림 19). 그 효과는 이온 결정에서 큰데, 그것은 이온과 전자 사이에 강한 쿨롱 상호작용이 있기 때문이다. 공유 결합 결정에서는 그 효과가 약하다. 이는 중성 원자들이 전자들과 매우 약한 상호 작용을 하기 때문이다.

전자−격자 상호작용의 세기는 다음과 같이 차원이 없는 결합상수 α로 잰다.

$$\frac{1}{2}\alpha = \frac{\text{deformation energy}}{\hbar\omega_L} . \tag{64}$$

여기서 ω_L은 파동벡터가 영에 가까울 때 평행진동 광포논 진동수이다. $\frac{1}{2}\alpha$를 “결정 속에서 천천히 움직이는 전자를 둘러싼 포논의 수”로 볼 수 있다.

다양한 실험과 이론에 의해 얻은 α의 값에 대해 F. C. Brown이 정리한 자료가 표 4에 주어져 있다. α값은 이온 결정에서는 크고 공유결합 결정에서는 작다. 폴라론의 유효질량 m^*_{pol}의 값은 사이클로트론 공명 실험으로부터 얻은 것이다. 띠 유효질량

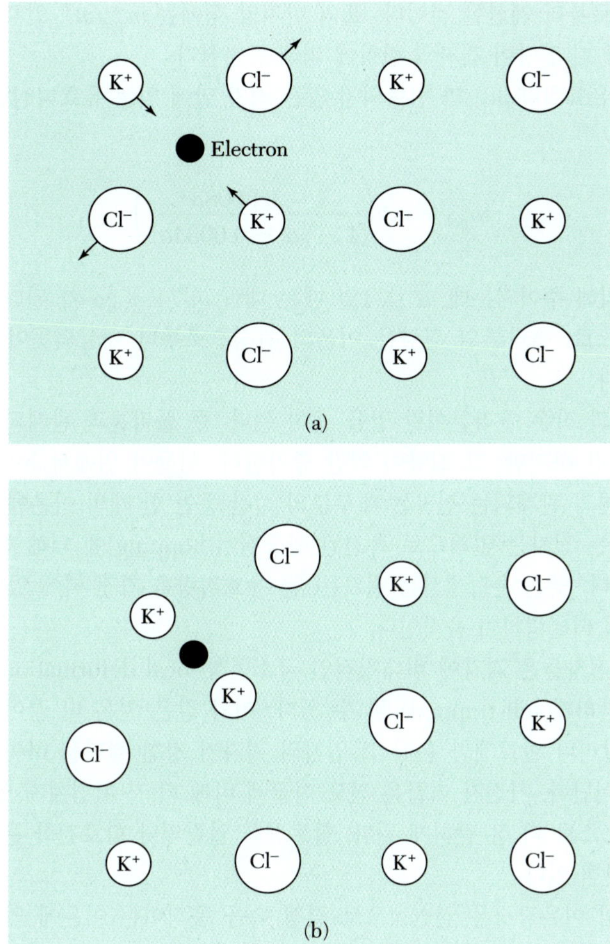

그림 19 폴라론의 형성. (a) 이온 결정인 KCl의 단단한 격자 속에 전도전자가 있는 것을 보여주고 있다. 전자 가까이에 있는 이온들에 작용하는 힘을 보여주고 있다. (b) 탄성적인 즉 변형 가능한 격자 속에 있는 전자를 보여주고 있다. 전자와 이에 수반되는 변형장을 합한 것을 폴라론이라 부른다. 이온의 변위는 유효 관성을 증가시키고 이에 따라 전자의 유효질량도 증가한다. KCl에서는 유효질량이 단단한 격자에서의 띠 이론에 의한 질량에 비해 2.5배만큼 증가한다. 극단적인 상황에서는 자주 양공과 함께 입자들이 격자에 스스로 갇히게(국소적으로) 된다. 공유결합 결정에서는 원자들이 전자들로부터 받는 힘이 이온 결정에서보다 작기 때문에, 공유결합 결정에서는 폴라론 변형이 작다.

표 4 폴라론 결합상수 α, 질량 m^*_{pol}, 그리고 전도띠에 있는 전자의 띠 질량

Crystal	KCl	KBr	AgCl	AgBr	ZnO	PbS	InSb	GaAs
α	3.97	3.52	2.00	1.69	0.85	0.16	0.014	0.06
m^*_{pol}/m	1.25	0.93	0.51	0.33	—	—	0.014	—
m^*/m	0.50	0.43	0.35	0.24	—	—	0.014	—
m^*_{pol}/m^*	2.5	2.2	1.5	1.4	—	—	1.0	—

m^* 값은 $m^*_{\rm pol}$로부터 계산한 것이다. 표의 마지막 행에는 $m^*_{\rm pol}/m^*$ 인자가 주어져 있는데 이 값만큼 띠 질량이 격자의 변형에 의해 증가한다.

폴라론의 유효질량 $m^*_{\rm pol}$과 변형되지 않은 격자 안에 있는 유효띠질량 m^*를 연결 짓는 이론식이

$$m^*_{\rm pol} \cong m^* \left(\frac{1 - 0.0008\alpha^2}{1 - \frac{1}{6}\alpha + 0.0034\alpha^2} \right) \tag{65}$$

의 관계식에 의해 주어지는데, $\alpha \ll 1$일 때는 대략 $m^*(1 + \frac{1}{6}\alpha)$가 된다. 결합상수 α는 항상 양이므로, 폴라론의 질량은 이온의 관성으로부터 예상되듯이 맨질량(bare mass)보다 크다.

큰 폴라론과 작은 폴라론이란 말을 흔히 쓴다. 큰 폴라론과 관계되는 전자는 띠 안에서 움직이긴 하지만, 그 질량이 약간 증가한다. 이들이 위에서 논의한 폴라론이다. 작은 폴라론과 관계되는 전자는 대부분의 시간 동안 한 개의 이온에 붙들려 있다. 높은 온도에서는 전자는 열적으로 촉진된 깡충뛰기(hopping)에 의해 한곳에서 다른 곳으로 움직인다. 낮은 온도에서는 전자는, 큰 유효질량을 가진 띠에 있는 것처럼, 결정 속을 천천히 터널링하여 움직인다.

양공이나 전자들은 격자에 비대칭적인 국소변형(local deformation)을 일으킴으로써 스스로 갇히게(self-trapped) 될 수 있다. 이와 같은 일은 띠 끝이 겹쳐져 있고(할로겐화 알칼리나 할로겐화 은처럼) 입자와 격자가 강한 결합을 하여 결정이 편극성을 띨 때 일어난다. 가전자 띠끝은 전도 띠끝에 비해 더 자주 겹쳐져 있으므로 전자보다 양공이 스스로 더 잘 갇히게 된다. 할로겐화 알칼리나 할로겐화 은에 있는 양공들은 스스로 갇혀 있다.

실온에서의 이온결정은 일반적으로 결정 속을 움직이는 이온에 의해 아주 작은 전도도, 즉 10^{-6} (ohm-cm)$^{-1}$보다 작은 값을 갖는다. 그러나 어떤 일련의 화합물에서는 20°C에서 전도도가 0.2 (ohm-cm)$^{-1}$임이 보고되었다. 이들 화합물은 MAg_4I_5의 조성을 갖는데, 여기서 M은 K, Rb, 또는 NH_4이다. Ag^+ 이온은 가능한 격자점 중 단지 일부분만을 차지하고 있어서, 이온성 전도도(ionic conductivity)는 은이온이 한곳에서 가까이 있는 빈 곳으로 깡충뛰기에 의해 움직일 때 생긴다. 이들 결정 구조는 서로 평행하게 뚫린 경로(channel)를 가지고 있다.

선형 금속의 파이얼스 불안정성
PEIERLS INSTABILITY OF LINEAR METALS

온도가 절대 0도일 때 전자기체가 모든 전도띠 궤도를 파동벡터 k_F까지 채운 1차원 금속을 생각하자. 파이얼스(Peierls)는 그와 같은 선형 금속은 파동벡터가 $G = 2k_F$인 정적 격자변형에 대해 불안정하다는 것을 제안하였다. 그러한 변형은 그림 20에서처럼 페르미면에서 에너지 간격을 생기게 하며, 따라서 전자의 에너지를 에너지 간격 밑으로 내린다. 변형은 탄성에너지의 증가에 의한 한도까지만 이루어진다. 평형을 이

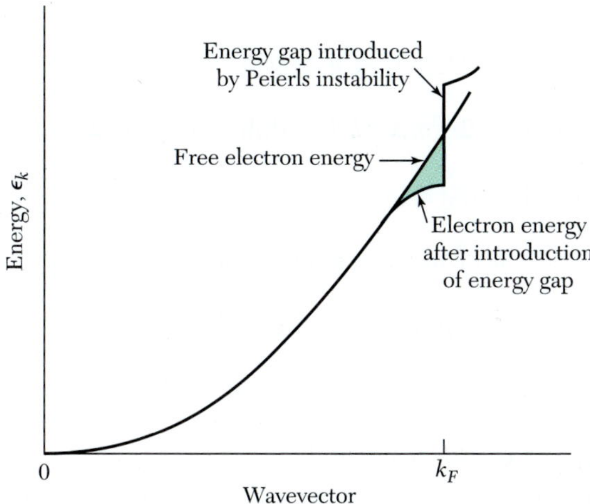

그림 20 파이얼스(Peierls) 불안정성. 페르미면에 가까운 파동벡터를 가진 전자는 격자변형에 의해 그 에너지가 낮아진다.

루는 변형 Δ의 값은

$$\frac{d}{d\Delta}(E_{\text{electronic}} + E_{\text{elastic}}) = 0 \tag{66}$$

의 근으로 주어진다.

탄성변형 $\Delta \cos 2k_F x$를 생각하자. 탄성에너지의 단위길이당 공간 평균은 $E_{\text{elastic}} = \frac{1}{2}C\Delta^2\langle\cos^2 2k_F x\rangle = \frac{1}{4}C\Delta^2$인데, 여기서 C는 선형 금속의 힘상수이다. 이제 $E_{\text{electronic}}$을 계산해 보자. 전도전자가 보는 격자퍼텐셜에서 이온에 의한 기여가 변형에 비례한다고 하여 $U(x) = 2A\Delta \cos 2k_F x$라 가정하자. 식 (7.51)로부터,

$$\epsilon_K = (\hbar^2/2m)(k_F^2 + K^2) \pm [4(\hbar^2 k_F^2/2m)(\hbar^2 K^2/2m) + A^2\Delta^2]^{1/2} \tag{67}$$

을 얻는다.

다음과 같이

$$x_K \equiv \hbar^2 K^2/m \ ; \quad x_F \equiv \hbar^2 k_F^2/m \ ; \quad x \equiv \hbar^2 K k_F/m$$

으로 정의하면 편리하다. 식 (67)에서 (−)부호를 택하면

$$\frac{d\epsilon_K}{d\Delta} = \frac{-A^2\Delta}{(x_F x_K + A^2\Delta^2)^{1/2}}$$

가 된다. 따라서 단위길이당 궤도의 수를 dK/π라 하면

$$\frac{dE_{\text{electronic}}}{d\Delta} = \frac{2}{\pi}\int_0^{k_F} dK \frac{d\epsilon_K}{d\Delta} = -(2A^2\Delta/\pi)\int_0^{k_F} \frac{dK}{(x_F x_K + A^2\Delta^2)^{1/2}}$$

$$= -(2A^2\Delta/\pi)(k_F/x_F)\int_0^{x_F} \frac{dx}{(x^2 + A^2\Delta^2)^{1/2}} = -(2A^2\Delta/\pi)(k_F/x_F)\sinh^{-1}(x_F/A\Delta)$$

가 된다.

위의 모든 것을 하나로 모으면, 평형 변형은

$$\tfrac{1}{2}C\Delta - (2A^2 m\Delta/\pi\hbar^2 k_F)\ \sinh^{-1}(\hbar^2 k_F^2/mA\Delta) = 0$$

의 근이다. 최소 에너지에 해당하는 근 Δ는

$$\hbar^2 k_F^2/mA\Delta = \sinh(-\hbar^2 k_F \pi C/4mA^2) \tag{68}$$

에 의해 주어지고, 따라서 식 (68)에서 sinh의 자변수가 $\gg 1$이면,

$$|A|\Delta \simeq (2\hbar^2 k_F^2/m)\exp(-\hbar^2 k_F \pi C/4mA^2) \tag{69}$$

이 된다. 여기서 $k_F \leqslant \frac{1}{2}k_{\max}$라 가정하였다.

이 결과는 10장에 나오는 초전도의 BCS 이론에서의 에너지 간격 방정식과 같은 꼴을 가지고 있다. 변형 Δ는 모든 전자들의 집단 효과이다. 만약 $\hbar^2 k_F^2/2m$ = 전도띠폭, $N(0) = 2m/\pi\hbar^2 k_F$ = 페르미 준위에서의 궤도밀도, $V = 2A^2/C$ = 유효 전자-전자 상호작용 에너지라고 하면, 식 (69)는

$$|A|\Delta \simeq 4W\exp[-1/N(0)V] \tag{70}$$

처럼 쓸 수 있어서 BCS 에너지 간격 방정식과 비슷하다. 파이얼스 절연체의 한 예로 TaS_3가 있다.

요약(CGS 단위)

SUMMARY(In CGS Units)

- 외부전하밀도와 유도전하밀도 성분에 의해 ω, **K**에서의 유전함수를

$$\epsilon(\omega,\mathbf{K}) = \frac{\rho_{\text{ext}}(\omega,\mathbf{K})}{\rho_{\text{ext}}(\omega,\mathbf{K}) + \rho_{\text{ind}}(\omega,\mathbf{K})}$$

  와 같이 정의할 수 있다.

- 플라스마 진동수 $\overline{\omega}_p = [4\pi ne^2/\epsilon(\infty)m]^{1/2}$은 고정된 양이온 배경에 대해 전자기체가 고르게 집단적으로 평행진동하는 진동수이다. 이 값은 또한 플라스마 속에서 수직진동 전자기파의 진행이 가능한 아래쪽 차단진동수이다.
- 유전함수의 극은 ω_T를 주고, 그 영점은 ω_L을 준다.
- 플라스마 속에서는 쿨롱 상호작용이 가려져서, $(q/r)\exp(-k_s r)$이 된다. 여기서 가리기 길이는 $1/k_s = (\epsilon_F/6\pi n_0 e^2)^{1/2}$이다.
- 가장 가까운 이웃 간의 간격 a가 $4a_0$ 정도면 금속-절연체 전이가 일어날 수 있는데, 여기서 a_0는 절연체에서 첫 번째 보어 궤도 반지름이다. 금속상태는 a의 값이 작을 때 존재한다.

- 폴라리톤은 결합된 TO 포논-광자 장의 양자이다. 결합은 맥스웰 방정식에 의해 확인된다. $\omega_T < \omega < \omega_L$의 빛띠 영역에서는 전자기파의 진행이 불가능하다.
- 리데인-작스-텔러(Lyddane-Sachs-Teller) 관계식은 $\omega_L/\omega_T = \epsilon(0)/\epsilon(\infty)$이다.

연습문제
Problems

1. **표면 플라스몬(*surface plasmons*).** $z = 0$인 평면에서 양의 값 쪽의 반무한(semi-infinite) 공간에 있는 플라스마를 생각하자. 플라스마에서 라플라스 방정식 $\nabla^2\varphi = 0$의 한 가지 해는 $\varphi_i(x, z) = A \cos kx\, e^{-kz}$이어서, $E_{zi} = kA \cos kx\, e^{-kz}$; $E_{xi} = kA \sin kx\, e^{-kz}$이다. (a) 진공에서 $z < 0$인 경우 $\varphi_0(x, z) = A \cos kx\, e^{kz}$가 $\mathbf{E}$의 접선성분이 연속이어야 한다는 경계 조건을 만족함을 보여라. 즉 E_{x0}를 구하라. (b) $\mathbf{D}_i = \epsilon(\omega)\mathbf{E}_i$, $\mathbf{D}_o = \mathbf{E}_o$이다. $\mathbf{D}$의 수직 성분이 경계에서 연속이어야 한다는 경계조건을 만족하기 위해서는 $\epsilon(\omega) = -1$이 되어야 함을 보여라. 이렇게 하여 식 (10)으로부터 표면 플라스마 진동의 진동수 ω_s에 대한 Stern-Ferrell의 결과

$$\omega_s^2 = \tfrac{1}{2}\omega_p^2 \tag{71}$$

을 얻는다.

2. **경계면 플라스몬(*interface plasmons*).** $z > 0$에서의 금속 1과 $z < 0$에서의 금속 2의 계면 $z = 0$을 생각하자. 금속 1의 부피 플라스마 진동수는 ω_{p1}이고, 금속 2의 경우는 ω_{p2}이다. 두 금속에서 유전상수는 자유전자 기체의 값과 같다. 경계면에서의 면 플라스몬의 진동수가

$$\omega = [\tfrac{1}{2}(\omega_{p1}^2 + \omega_{p2}^2)]^{1/2}$$

임을 보여라.

3. **알벤 파동(*Alfve'n waves*).** 같은 밀도 n만큼의 질량 m_e인 전자와 질량 m_h인 양공을 가지고 있는 고체를 생각하자. 이러한 상황은 반금속이나 보정된 반도체(compensated semiconductor)에서 있을 수 있다. 이 고체를 균일한 자기장 $\mathbf{B} = B\hat{\mathbf{z}}$ 속에 놓자. 원편광운동에 알맞은 좌표 $\xi = x + iy$를 도입하기로 하는데, 여기서 ξ는 시간 의존성 $e^{-i\omega t}$를 갖는다. $\omega_e = eB/m_ec$와 $\omega_h = eB/m_hc$라 하자. **(a)** CGS 단위계에서 $\xi = eE^+/m_e\omega(\omega + \omega_e)$와 $\xi_h = -eE^+/m_h\mathrm{w}(\omega - \omega_h)$가 각각 전기장 $E^+e^{-i\omega t} = (E_x + iE_y)\, e^{-i\omega t}$에서의 전자와 양공의 변위임을 보여라. **(b)** $\omega \ll \omega_e, \omega_h$인 영역에서 유전편극 $P^+ = ne(\xi_h - \xi_e)$는 $P^+ = nc^2(m_h + m_e)E^+/B^2$으로 쓸 수 있으며, 유전함수는 $\epsilon(\omega) = \epsilon_l + 4\pi P^+/E^+ = \epsilon_l + 4\pi c^2\rho/B^2$됨을 보여라. 여기서 ϵ_l은 임자격자(host lattice)의 유전상수이고 $\rho = n(m_e + m_h)$는 운반자의 질량밀도이다. 만약 ϵ_l을 무시하면, z방향으로 진행하는 전자기파의 분산관계 $\omega^2\epsilon(\omega) = c^2K^2$은 $\omega^2 = (B^2/4\pi\rho)K^2$이 된다. 이러한 파동을 **알벤 파동**이라 한다. 이들은 일정한 속도로 진행한다. 만약 $B = 10$ kG, $n = 10^{18}$ cm^{-3}, $m = 10^{-27}$ g라 하면 속도는 $\sim 10^8$ cm s^{-1}이다. 알벤 파동은 반금속과 게르마늄 속의 전자-양공 방울에서 관찰되었다(16장).

4. **헬리콘 파동(*helicon waves*).** **(a)** 문제 3의 방법을 이용하여 한 종류의 운반자, 즉 밀도가 p인 양공만을 가진 시료를 $\omega \ll \omega_h = eB/m_hc$인 극한에서 다루기로 한다. 이때 $\epsilon(\omega) = 4\pi pe^2/m_h\omega\omega_h$임을 보여라. 여기서 $D^+(\omega) = \epsilon(\omega)E^+(\omega)$이며, ϵ에서 ϵ_l항을 무시하기로 한다.

(b) 또한 CGS 단위계에서 그 분산관계식이 $\omega = (Bc/4\pi pe)K^2$, 즉 헬리콘 분산관계식이 됨을 보여라. $K = 1\ \mathrm{cm}^{-1}$이고 $B = 1000$ G일 때 나트륨 금속에서 헬리콘 진동수를 추정하라(진동수는 음수인데, 원편광 방식에서 진동수의 부호는 회전의 방향을 준다).

5. 공의 플라스몬 방식***(plasmon modes of a sphere)***. 공에서 고른 플라스몬 방식의 진동수는 공의 편극소거장 $\mathbf{E} = -4\pi\mathbf{P}/3$에 의해 결정된다. 여기서 $\mathbf{r}$을 밀도가 n인 전자의 평균 변위라 하면 편극은 $\mathbf{P} = -ne\mathbf{r}$로 주어진다. $\mathbf{F} = m\mathbf{a}$로부터 전자기체의 공명진동수가 $\omega_0^2 = 4\pi ne^2/3m$임을 보여라. 모든 전자들이 진동에 참여하기 때문에 이런 들뜸을 집단들뜸 또는 전자기체의 집단방식이라 한다.

6. 자기플라스마 진동수***(magnetoplasma frequency)***. 문제 5의 방법을 써서 균일한 자기장 $\mathbf{B}$ 속에 놓여 있는 공에서 고른 플라스몬 방식의 진동수를 구하라. $\mathbf{B}$는 z축을 향한다고 하자. 이 문제의 답은 한쪽 극한에서는 사이클로트론 진동수 $\omega c = eB/mc$가 되고, 다른 극한에서는 $\omega_0 = (4\pi ne^2/3m)^{1/2}$이 되어야 한다. 운동은 x-y 평면에서 일어난다고 하라.

7. 낮은 파동벡터에서의 광자 갈래***(photon branch at low wavevector)***. **(a)** $\epsilon(\infty)$를 고려하면 식 (56)이 어떻게 되는지 보여라. **(b)** 작은 파동벡터에서 그 값이 $\omega = cK/\sqrt{\epsilon(0)}$가 되는 식 (55)의 해가 존재함을 보여라. 이것이 굴절률이 $n^2 = \epsilon$인 결정 속에 있는 광자에 대해 예상되는 풀이이다.

8. 플라스마 진동수와 전기전도도***(plasma frequency and electrical conductivity)***. 광학적 연구를 통해 플라스마 진동수가 $\omega_p = 1.80 \times 10^{15}\ \mathrm{s}^{-1}$이고, 실온에서의 전자 풀림시간이 $\tau = 2.83 \times 10^{-15}$ s인 유기전도체가 최근에 발견되었다. **(a)** 이 자료로부터 전기전도도를 계산하라. 운반자의 질량은 모르는데 여기서 필요한 것은 아니다. $\epsilon(\infty) = 1$로 잡아라. 결과를 $(\Omega\ \mathrm{cm})^{-1}$의 단위로 바꾸어라. **(b)** 결정구조와 화학구조로부터 $4.7 \times 10^{21}\ \mathrm{cm}^{-3}$의 전자밀도가 얻어진다. 전자 유효질량 m^*를 계산하라.

9. 페르미 기체의 부피탄성률***(bulk modulus of the Fermi gas)***. 절대온도 0도에서 전자기체의 운동에너지가 부피탄성률에 기여하는 값이 $B = \frac{1}{3}nmv_F^2$임을 보여라. 식 (6.60)을 사용하면 편리하다. 소리속도를 구하기 위해 B에 대한 결과를 이용할 수 있다. 압축액체에서는 $v = (B/\rho)^{1/2}$이고, 여기서 $v = (m/3M)^{1/2}\,v_F$이므로 식 (46)과 일치한다. 이 계산에서 인력 상호작용은 무시했다.

10. 전자기체의 응답***(response of electron gas)***. 어떤 전자기 책에는 가우스 단위로 나타냈을 때 진동수의 차원을 가지는 정적전도도 σ가 외부에서 갑자기 가해준 전기장에 대한 금속의 응답진동수와 같다고 잘못 기술되어 있다. 실온의 구리에 이 진술을 적용하여 이 진술이 잘못되었음을 비평하라. 구리에서 비저항은 $\sim 1\mu$ohm-cm, 전자밀도는 $8 \times 10^{22}\ \mathrm{cm}^{-3}$, 평균 자유거리는 ~ 400 Å, 페르미속도는 $1.6 \times 10^8\ \mathrm{cm\ s}^{-1}$이다. 이 모든 자료가 필요하지는 않다. 이 문제와 관계 되는 세 가지 진동수 σ, ω_p, 그리고 $1/\tau$의 크기 정도를 구하라. $E(t < 0) = 0$, $E(t > 0) = 1$인 전기장에 대한 계의 응답 $x(t)$를 구하는 문제를 만들고 풀어라. 생각하는 계는 구리판으로서 장은 판에 수직으로 가해진다. 감쇠를 포함시키고, 미분 방정식은 기초적 방법을 써서 풀어라.

11.** 틈 플라스몬과 반데발스 상호작용(gap plasmons and the van der Waals interaction)***. $z = 0$과 d에서 표면을 가지는 두 개의 반무한(semi-infinite) 매질을 생각하자. 이들 매질의 유전함수는 $\epsilon(\omega)$이다. 틈에 대해 대칭인 표면 플라스몬의 진동수가 $\epsilon(\omega) = -\tanh(Kd/2)$를

만족함을 보여라. 여기서 $K^2 = k_x^2 + k_y^2$이다. 전기퍼텐셜은

$$\varphi = f(z) \exp(ik_x x + ik_y y - iwt)$$

의 형태를 가지게 된다. 지연되지 않은 해, 즉 파동함수의 풀이가 아니라 라플라스 방정식의 풀이를 찾아라. 모든 틈방식(gap mode)의 영점에너지를 합하면 두 시료 사이의 반데발스 인력 중 지연되지 않은 부분이 된다. N. G. van Kampen, B. R. A. Nijboer, 그리고 K. Schram, Physics Letters **26A**, 307 (1968)을 참조하라.

* 이 문제는 다소 어렵다.

Introduction to
SOLID STATE PHYSICS

CHAPTER 15

광학적 과정과 들뜸알

Optical Processes and Excitons

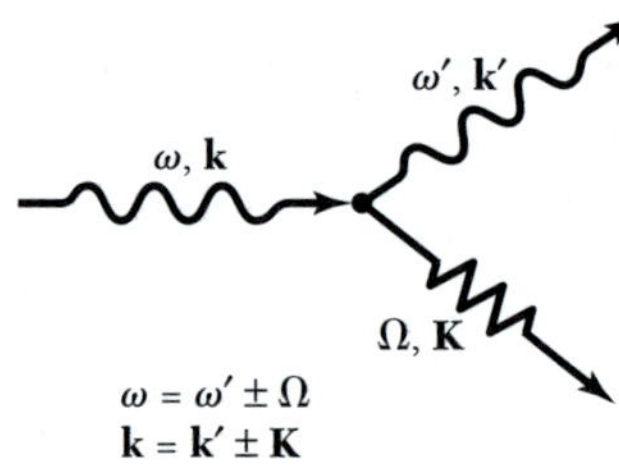

Raman scattering (generic term):
Brillouin scattering when acoustic phonon is involved; polariton scattering when optical phonon is involved.

Signs { + for phonon emission (Stokes process)
– for phonon absorption (anti-Stokes)

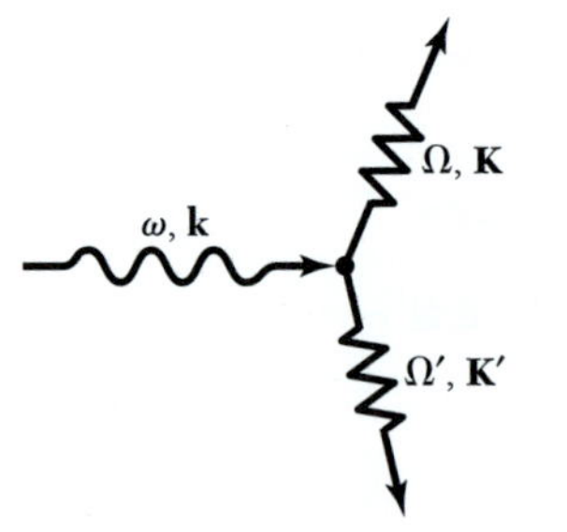

Two phonon creation.

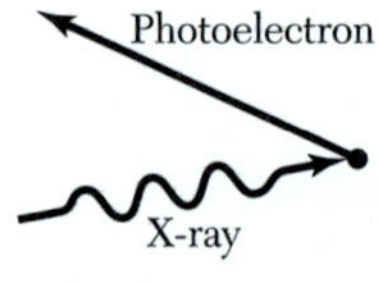

Electron spectroscopy with x-rays (XPS):
incident x-ray photon ejects valence or core electron from solid.

그림 1 빛이 결정 내의 파동적 들뜸과 상호작용하는 실험에는 여러 가지 유형이 있다. 여기에 그 몇 가지 예를 소개한다.

CHAPTER 15

광학적 과정과 들뜸알

Optical Processes and Excitons

앞 장에서는 결정의 전자기장에 대한 반응을 설명하기 위하여 유전함수 $\epsilon(\omega, \mathbf{K})$를 도입했다(그림 1). 유전함수는 결정의 전자 띠구조에 매우 예민하게 의존하고 있으므로, 광학적 분광법을 이용하여 유전함수를 연구하면 결정의 전체적인 띠구조를 결정하는 데 큰 도움이 된다. 사실 지난 십여년 동안 광학적 분광기술은 띠구조 결정에 대한 유일하면서도 가장 중요한 실험 수단으로 발전해 왔다.

적외선, 가시광선 및 자외선 영역에서 광의 파동벡터는 가장 짧은 역격자 벡터보다 작다. 따라서 일반적으로, 파동벡터를 영으로 둘 수 있다. 여기서 우리는 유전함수를 실수부 ϵ'과 허수부 ϵ''으로 나누어 생각하고 $\epsilon(\omega) = \epsilon'(\omega) + i\epsilon''(\omega)$, 또는 $\epsilon(\omega) = \omega_1(\omega) + i\omega_2(\omega)$로 표기하기로 한다.

그러나 유전함수는 광학적으로 직접 측정할 수가 없다. 직접 측정할 수 있는 것은 반사율 $R(\omega)$, 굴절률 $n(\omega)$ 및 흡광(extinction)계수 $K(\omega)$뿐이다. 따라서 우리가 먼저 해야 할 일은 실험적으로 측정 가능한 양과 유전함수의 실수 및 허수부와의 관계를 유도해 내는 일이다.

광반사율

OPTICAL REFLECTANCE

전자로 이루어진 계에 대한 가장 풍부한 정보를 얻을 수 있는 광학적 측정법은 단결정에 수직으로 입사하는 빛에 대한 반사율을 측정하는 것이다. **반사계수**(reflectivity coefficient) $r(\omega)$는 결정표면에 입사하는 입사광의 전기장 $E(\text{inc})$와 반사광의 전기장 $E(\text{refl})$의 비로 정의되는 복소함수

$$E(\text{refl})/E(\text{inc}) \equiv r(\omega) \equiv \rho(\omega) \exp[i\theta(\omega)] \tag{1}$$

이다. 여기서 우리는 반사계수를 진폭 $\rho(\omega)$와 위상 $\theta(\omega)$ 성분으로 나타내었다.

결정의 **굴절률** $n(\omega)$과 **흡광**(extinction)**계수** $K(\omega)$, 그리고 수직입사에 대한 반사율 사이에는

$$r(\omega) = \frac{n + iK - 1}{n + iK + 1} \tag{2}$$

과 같은 관계를 가지고 있다. 이 식은 **E**와 **B**의 결정표면에 평행한 성분이 경계에서 연속이어야 한다는 기초적인 고찰을 통해 연습문제 3에서 유도된 것이다. 정의에 따르면 $n(\omega)$와 $K(\omega)$는 유전함수와

$$\sqrt{\epsilon(\omega)} \equiv n(\omega) + iK(\omega) \equiv N(\omega) \tag{3}$$

인 관계를 가지는데, $N(\omega)$는 복소굴절률이다. 여기서 사용하고 있는 $K(\omega)$를 파동벡터와 혼동하지 말기 바란다.

만약, 입사파가 파동벡터 k를 가지면 x방향으로 전파하는 파동의 y성분은

$$E_y(\mathrm{inc}) = E_{y0} \exp[i(kx - \omega t)] \tag{4}$$

이고, 매질 속의 투과파는 감쇠한다. 왜냐하면 전자기파동의 분산관계식에서 매질 속의 파동벡터는 입사 파동벡터의 진공 속에서의 k값과 $(n + iK)k$인 관계가 있다. 따라서

$$E_y(\mathrm{trans}) \propto \exp\{[i[(n + iK)kx - wt]\} = \exp(-Kkx) \exp[i(nkx - \omega t)] \tag{5}$$

실험에서 측정되는 값으로 **반사율**(reflectance) R이 있는데, 이것은 입사세기에 대한 반사세기의 비를 말한다.

$$R = E^*(\mathrm{refl})E(\mathrm{refl})/E^*(\mathrm{inc})E(\mathrm{inc}) = r^*r = \rho^2 \ . \tag{6}$$

반사파의 위상 $\theta(\omega)$를 측정하기는 어렵다. 그러나 모든 진동수에 대해 $R(\omega)$를 알 수 있으면 측정된 반사율 $R(\omega)$로부터 위상을 계산할 수 있음을 아래에 보여 주겠다.

그렇게 되면 $R(\omega)$과 $\theta(\omega)$를 모두 알 수 있게 되어 식 (2)에 따라 $n(\omega)$과 $K(\omega)$를 구할 수 있다. 또한 이들을 식 (3)에 대입하면 $\epsilon(\omega) = \epsilon'(\omega) + i\epsilon''(\omega)$를 얻을 수 있다. 여기서 $\epsilon'(\omega)$와 $\epsilon''(\omega)$는 유전함수의 실수부와 허수부이다. 식 (3)을 이용하면

$$\epsilon'(\omega) = n^2 - K^2 \ ; \qquad \epsilon''(\omega) = 2nK \tag{7}$$

를 얻는다.

여기서 반사율 $R(\omega)$을 적분하여 위상 $\theta(\omega)$를 얻는 방법을 소개하고 같은 방법으로 유전함수의 실수와 허수부를 관계지어 보겠다. 이렇게 함으로써 우리는 $R(\omega)$의 실험 값에서 모든 것을 구할 수 있다.

크라머르스-크로니그 관계식*(Kramers-Kronig relations)*

모든 진동수에 대한 응답(response)의 허수부를 알면 크라머르스-크로니그 관계식을 이용하여 선형수동계(linear passive system)의 응답의 실수부를 구할 수 있으며 그 역도 가능해진다. 이 관계식은 고 체에 대한 광학적 실험결과를 해석하는 데 매우

중요하다.

어떤 선형수동계의 응답은 질량이 M_j인 감쇠조화진동자 무리의 응답을 중첩한 것으로 볼 수 있다. 진동자 무리의 응답함수 $\alpha(\omega) = \alpha'(\omega) + i\alpha''(\omega)$를

$$x_\omega = \alpha(\omega)F_\omega \tag{8}$$

로 정의하자. 여기서 작용하는 힘 F는 $F_\omega \exp(-i\omega t)$의 실수부이고, 총 변위 $x = \sum_j x_j$는 $x_\omega \exp(-i\omega t)$의 실수부이다. 운동방정식에서

$$M_j(d^2/dt^2 + \rho_j d/dt + \omega_j^2)x_j = F$$

이므로, 진동자 계의 복소 응답함수로

$$\alpha(\omega) = \sum_j \frac{f_j}{\omega_j^2 - \omega^2 - i\omega\rho_j} = \sum f_j \frac{\omega_j^2 - \omega^2 + i\omega\rho_j}{(\omega_j^2 - \omega^2)^2 + \omega^2\rho_j^2} \tag{9}$$

를 얻는다. 여기서 상수 $f_j = 1/M_j$와 풀림(relaxation) 진동수 ρ_j는 수동계에서 모두 양의 값을 갖는다.

만약 $\alpha(\omega)$가 밀도 n인 원자의 유전편극률(dielectric polarizability)이라면 f는 진동자세기(oscillator strength)에 ne^2/m을 곱한 것이다. 이와 같은 유전 응답함수를 크라머르스-하이젠베르크(Kramers-Heisenberg)형이라 부른다. 우리가 도출한 관계식은 옴의 법칙 $j_\omega = \sigma(\omega)E_\omega$에 나타나는 전기전도도 $\sigma(\omega)$에도 적용된다.

식 (9)와 같은 특별한 형태를 가정할 필요는 없지만, 복소변수 w의 함수로 본 응답 함수의 세 가지 성질을 우리가 앞으로 이용하게 될 것이다. 다음과 같은 성질을 가진 함수는 어느 것이나 크라머르스-크로니그 관계식 (11)을 만족한다.

(a) $\alpha(\omega)$의 극은 모두 실수축 아래에 있다.

(b) 복소 w 평면 상반부에 있는 무한반원에 따라 $\alpha(\omega)/\omega$를 적분하면 그 적분값은 영이 된다. 이렇게 되면 $|\omega| \to \infty$때 균등하게(uniformly) $\alpha(\omega) \to 0$이 된다.

(c) w가 실수일 때 함수 $\alpha'(\omega)$는 우함수가 되고 $\alpha''(\omega)$는 기함수가 된다.

다음과 같은 코시(Cauchy) 적분을 생각해 보자.

$$\alpha(\omega) = \frac{1}{\pi i} \mathrm{P}\int_{-\infty}^{\infty} \frac{\alpha(s)}{s-\omega} ds\,. \tag{10}$$

여기서 P는 뒤에 나오는 수학적으로 알아두어야 할 적분의 주부(principal part)를 나타낸다. 우변은 상반평면의 무한반원에 따라 적분하면 얻어지는데, (b)에서 알 수 있는 바와 같이 이 적분은 영이 된다.

식 (10)의 실수부를 비교해 보면

$$\alpha'(\omega) = \frac{1}{\pi} \mathrm{P}\int_{-\infty}^{\infty} \frac{\alpha''(s)}{s-\omega} ds = \frac{1}{\pi} \mathrm{P}\left[\int_0^{\infty} \frac{\alpha''(s)}{s-\omega} ds + \int_{-\infty}^{0} \frac{\alpha''(p)}{p-\omega} dp\right]$$

마지막 적분에서 $-p$를 s로 하고, $\alpha''(-s) = -\alpha''(s)$인 성질 (c)를 사용하면, 이 적분은

$$\int_0^\infty \frac{\alpha''(s)}{s+\omega}ds$$

가 되고

$$\frac{1}{s-\omega} + \frac{1}{s+\omega} = \frac{2s}{s^2-\omega^2}$$

을 사용하면

$$\boxed{\alpha'(\omega) = \frac{2}{\pi}\mathrm{P}\int_0^\infty \frac{s\alpha''(s)}{s^2-\omega^2}ds} \qquad (11a)$$

가 된다. 이것은 크라머르스-크로니그 관계식 중의 하나이다. 다른 관계식은 식 (10)의 허수부를 비교하여 얻어진다.

$$\alpha''(\omega) = -\frac{1}{\pi}\mathrm{P}\int_{-\infty}^\infty \frac{\alpha'(s)}{s-\omega}ds = -\frac{1}{\pi}\mathrm{P}\left[\int_0^\infty \frac{\alpha'(s)}{s-\omega}ds - \int_0^\infty \frac{\alpha'(s)}{s+\omega}ds\right].$$

따라서

$$\boxed{\alpha''(\omega) = -\frac{2\omega}{\pi}\mathrm{P}\int_0^\infty \frac{\alpha'(s)}{s^2-\omega^2}ds} \qquad (11b)$$

가 된다. 이들 관계식은 광반사율의 측정결과를 분석(이러한 분석은 가장 중요한 응용의 예이다)하는 데 응용될 것이다.

식 (1)과 식 (6)에서 $r(\omega)$를 입사파와 반사파 간의 응답함수로 보고 크라머르스-크로니그 관계식을 적용해 보자. 식 (11)을

$$\ln r(\omega) = \ln R^{1/2}(\omega) + i\theta(\omega) \qquad (12)$$

에 적용하면, 위상을 반사율의 함수로 얻을 수 있다.

$$\theta(\omega) = -\frac{\omega}{\pi}\mathrm{P}\int_0^\infty \frac{\ln R(s)}{s^2-\omega^2}ds\ . \qquad (13)$$

부분적분을 실시하면, 위상각에 대한 관계식

$$\theta(\omega) = -\frac{1}{2\pi}\int_0^\infty \ln\left|\frac{s+\omega}{s-\omega}\right|\frac{d\ln R(s)}{ds}ds \qquad (14)$$

를 얻는다. 반사율이 일정한 스펙트럼 영역은 적분에 기여하지 않는다. 게다가 $s \gg \omega$와 $s \ll \omega$인 스펙트라 영역에서는 함수 $\ln|(s+\omega)/(s-\omega)|$가 작기 때문에 이 영역은 적분에 크게 기여하지 않는다.

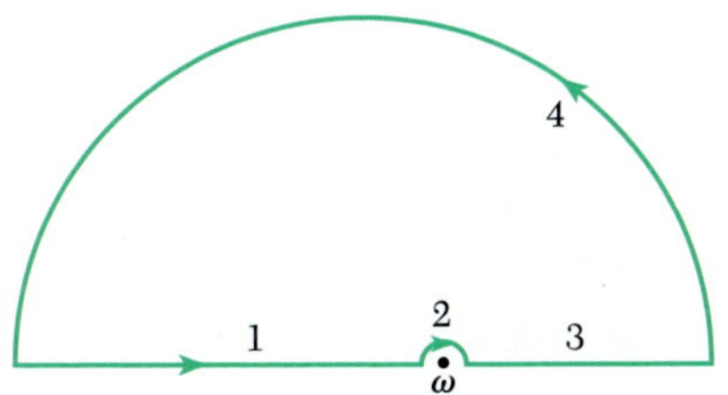

그림 2 코시의 주값 적분에 대한 적분경로 영역.

수학적으로 알아두어야 할 점(*mathematical note*).

코시 적분식 (10)을 구하기 위하여 적분 $\int \alpha(s)(s-\omega)^{-1}\,ds$를 그림 2에 있는 적분경로(contour)에 따라 실시한다. 함수 $\alpha(s)$가 상반평면에서는 해석적이므로 적분값은 영이 된다. $|s|\rightarrow\infty$때 $|s|^{-1}$보다 피적분함수 $\alpha(s)/s$가 더 빨리 0으로 접근하면 적분에 대한 경로 4의 기여는 영이 된다. 응답함수 식 (9)에 대해서는 $|s|^{-3}$과 같이 피적분함수가 0에 접근하게 되고, 전기전 도율 $\sigma(s)$에 대해서는 $|s|^{-2}$와 같이 피적분함수가 0에 접근하게 된다. $u\rightarrow 0$이 되는 극한에서 경로 2는 적분에

$$\int_{(2)}\frac{\alpha(s)}{s-\omega}\,ds\rightarrow\alpha(\omega)\int_{\pi}^{0}\frac{iu\,e^{i\theta}d\theta}{u\,e^{i\theta}}=-\pi i\alpha(\omega)$$

만큼 기여한다. 여기서 $s=\omega+u\,e^{i\theta}$이다.

경로 1과 3은 정의에 따라 $-\infty$에서 $+\infty$까지 실시한 적분의 주부(principal part)이다. 그런데 경로 1 + 2 + 3 + 4에 대한 적분은 식 (10)의 경우와 같이 영이 되어야 하므로

$$\int_{(1)}+\int_{(3)}\equiv \mathrm{P}\int_{-\infty}^{\infty}\frac{\alpha(s)}{s-\omega}ds=\pi i\alpha(\omega) \tag{15}$$

이다.

예제: 충돌이 없는 전자기체의 전기전도도(*conductivity of collisionless electron gas*). 충돌진동수가 0인 극한에서 자유전자 기체를 생각해 보자. 식 (9)에서 $f=1/m$일 때 응답함수는 디랙의 항 등식을 이용하여

$$\alpha(\omega)=-\frac{1}{m\omega}\lim_{\rho\rightarrow 0}\frac{1}{\omega+i\rho}=-\frac{1}{m\omega}\left[\frac{1}{\omega}-i\pi\delta(\omega)\right] \tag{16}$$

가 된다. 식 (16)의 델타 함수는 크라머르스-크로니그 관계식 (11a)를 만족함을 알 수 있다. 즉,

$$\alpha'(\omega)=\frac{2}{m}\int_{0}^{\infty}\frac{\delta(s)}{s^2-\omega^2}ds=-\frac{1}{m\omega^2} \tag{17}$$

은 식 (16)과 일치한다.

우리는 전기전도도 $\sigma(\omega)$를 유전함수

$$\epsilon(\omega) - 1 = 4\pi P_\omega/E_\omega = -4\pi nex_\omega/E_\omega = 4\pi ne^2\alpha(\omega) \tag{18}$$

로부터 구할 수 있다. 여기서 $\alpha(\omega) = x_\omega/(-e)E_\omega$는 응답함수이다. 맥스웰 방정식을 $c\,\mathrm{curl}\,\mathbf{H} = 4\pi\sigma(\omega)\mathbf{E} - i\omega\mathbf{E}$ 또는 $c\,\mathrm{curl}\,\mathbf{H} = -i\omega\epsilon(\omega)\mathbf{E}$로 쓸 수 있으므로 다음의 등식

$$\text{(CGS)} \qquad \sigma(\omega) = (-i\omega/4\pi)[\epsilon(\omega) - 1] \tag{19}$$

을 사용할 수 있다. 식 (16), (18) 및 (19)를 결합하여 충돌이 없는 전자기체의 전기전도도를 구하면

$$\sigma'(\omega) + i\sigma''(\omega) = \frac{ne^2}{m}\left[\pi\delta(\omega) + \frac{i}{\omega}\right] \tag{20}$$

충돌이 없는 전자기체의 전기전도도의 실수부는 $\omega = 0$에서 델타 함수가 된다.

전자적 띠간 전이(*electronic interband transitions*)

광학적 분광기술이 띠 구조를 결정하기 위한 중요한 실험수단으로 발전해 왔다는 것은 놀라지 않을 수 없다. 그 첫째 이유는 광자의 에너지가 띠 간격보다 크면 광자에너지의 함수로 나타낸 결정의 흡수 및 반사띠(band)는 넓고 또한 구조를 가지고 있지 않다. 둘째 이유는 c를 비어 있는 띠, v를 차 있는 띠라 할 때 에너지 $\hbar\omega$인 광자의 직접 띠간(direct interband) 흡수는 에너지 보존

$$\hbar\omega = \epsilon_c(\mathbf{k}) - \epsilon_v(\mathbf{k}) \tag{21}$$

가 성립하는 브릴루앙(Brillouin) 영역 내의 모든 점에서 일어나기 때문이다. 주어진 ω에 대한 총 흡수는 식 (21)을 만족하는 영역 내의 모든 전이에 대하여 적분한 것이다.

다음의 세 가지 사실이 스펙트라의 베일을 벗겨 준다.

- 넓은 띠들은 감쇠작용에 의해 넓어진 스펙트라 선과는 다르다. 예를 들면, 반사율을 파장, 전기장, 온도, 압력 또는 단축성 변형력(uniaxial stress)에 대해 미분하면(그림 3) 많은 정보를 얻을 수 있다. 이와 같이 미분을 취하는 분광학을 **변조 분광학**(modulation spectroscopy)이라 부른다.
- 관계식 (21)이 결정의 스펙트라 구조를 배제하지는 않는다. 즉 띠 c와 v가 나란한, 즉

$$\nabla_{\mathbf{k}}[\epsilon_c(\mathbf{k}) - \epsilon_v(\mathbf{k})] = 0 \tag{22}$$

인 진동수에 전이가 집적된다. 이와 같이 $\mathbf{k}$공간의 임계점(critical points)에서는

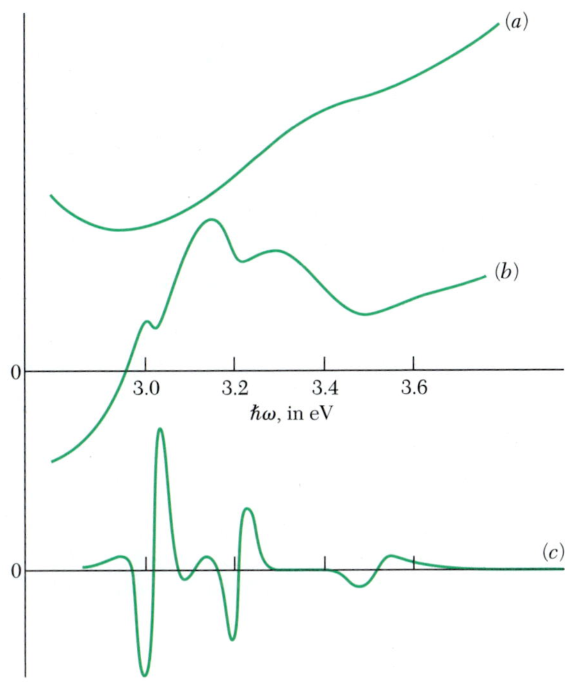

그림 3 3.0과 3.6 eV 사이에서 측정한 Ge의 (a) 반사율, (b) 반사율의 파장에 대한 미분(1차미 분) 및 (c) 전기반사율(electroreflecance; 3차미분) 스펙트라의 비교(D.D. Sell, E.O. Kane 및 D. E. Aspnes의 결과 인용).

통합 상태밀도(joint density of state) $D_c(\epsilon_v + \hbar\omega)D_v(\epsilon_v)$는 특이적(singular)이 된다. 이것은 식 (5.37)에서 $\nabla_{\mathbf{k}}\omega$가 영이면 포논 모드의 밀도 $D(\omega)$도 특이적이 되는 것과 같은 논리이다.

- 에너지 띠를 계산하기 위한 유사 퍼텐셜법은 변조분광법으로 찾은 특이점의 위치를 브릴루앙 영역 내에 확정하는 데 큰 도움이 된다. 그리고 띠간 에너지 차는 0.1 eV 정도의 정밀도로 계산할 수 있는데, 역으로 유사 퍼텐셜에 의한 계산결과를 개선하는 데 실험결과를 사용할 수 있다.

들뜸알
EXCITONS

반사 및 흡수 스펙트럼에서 보면 광자에너지가 에너지 간격보다 작으면 투명할 것 같지만, 실은 구조를 가지고 있다. 이 구조는 광자가 속박된 전자-양공(electron-hole) 쌍을 생성하면서 흡수되기 때문에 나타난다. 전자가 양성자에 속박되어 중성의 한 수소원자를 이루는 것과 같이 전자와 양공도 이들의 쿨롱 인력작용에 의하여 서로 속박될 수 있다.

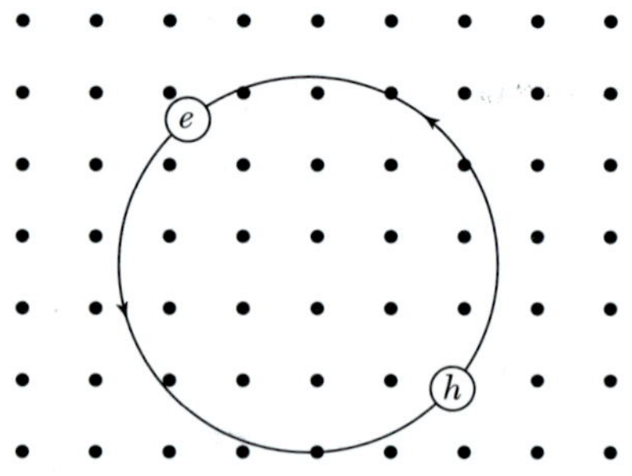

그림 4a 들뜸알은 속박된 전자-양공 쌍을 말하는데, 일반적으로 결정 속을 자유로이 운동할 수 있다. 어떤 의미에서 이것은 양전자와 전자로 된 포지트로늄 원자와 유사하다. 여기에 소개하는 들뜸알은 모트-와니어 들뜸알이다. 이것은 약하게 속박되어 있고 전자-양공 거리의 평균값이 살창상수보다 크다.

그림 4b 강하게 속박된 들뜸알 또는 프렌켈 들뜸알이 할로겐화 알칼리 결정 속의 한 원자에 국소화(localized)되어 있는 것을 보여주고 있다. 이상적인 프렌켈 들뜸알은 결정 속을 파동의 형태로 운동한다. 그러나 전자는 언제나 양공 가까이 있다.

속박된 전자-양공 쌍을 **들뜸알**(exciton)이라 부른다(그림 4). 들뜸알은 결정 속을 이동하면서 에너지를 운반할 수 있다. 그러나 들뜸알은 자신이 전기적으로 중성이기 때문에 전하를 운반하지는 않는다. 따라서 들뜸알은 전자와 양전자로 구성된 포지트로늄(positronium)과 유사하다.

들뜸알은 모든 절연성 결정 속에 생길 수 있다. 간접 에너지 간격(gap)을 가진 결정의 경우 직접 에너지 간격 근처에 생긴 들뜸알은 불안정하기에 자유전자와 자유양공으로 붕괴하며, 모든 들뜸알은 결국 전자가 양공 속으로 떨어져 재결합하게 된다. 또 들뜸알은 복합체를 이룰 수 있는데, 그 예로 두 개의 들뜸알이 한 개의 쌍들뜸알(biexciton)을 만드는 것이다.

우리는 이미 에너지 간격보다 큰 에너지를 가진 광자가 결정에 흡수되면 자유전자와 자유양공이 생성된다는 것을 알고 있다. 이 과정의 문턱(threshold)값은 직접과정(direct process)의 경우 $\hbar\omega > E_g$이다. 8장과 같이 포논의 도움을 받는 간접과정에서는 문턱값은 포논 에너지 $\hbar\Omega$만큼 낮다. 그리고 들뜸알이 형성될 때에는 에너지가 이 문턱값보다 들뜸알의 결합에너지만큼 낮아진다. 들뜸알의 결합에너지는 표 1에서 보는 바와 같이 1 meV에서 1 eV 범위가 된다.

들뜸알은 식 (22)로 주어지는 어느 특이점에서 광자가 흡수될 때 형성될 수 있는데, $\nabla_k \epsilon_v = \nabla_k \epsilon_c$면 전자와 양공의 군속도가 같아져서 이들은 쿨롱인력에 따라 서로 속박될 수 있게 된다. 에너지 간격 바로 밑에 들뜸알을 형성하는 전이가 그림 5와 6에 소개되어 있다.

들뜸알의 결합에너지는 세 가지 방법으로 측정할 수 있다.

표 1 들뜸알 결합에너지(meV)

Si	14.7	BaO	56.	RbCl	440.
Ge	4.15	InP	4.0	LiF	(1000)
GaAs	4.2	InSb	(0.4)	AgBr	20.
GaP	3.5	KI	480.	AgCl	30.
CdS	29.	KCl	400.	TlCl	11.
CdSe	15.	KBr	400.	TlBr	6.

이 자료는 Frederick C. Brown과 Arnold Schmidt에 의해 수집되었다.

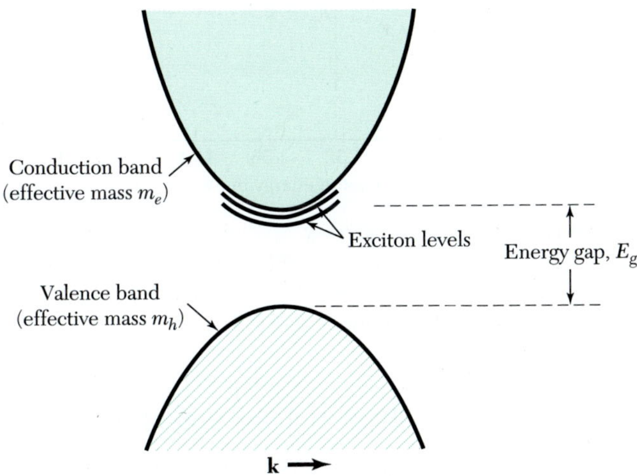

그림 5 전도띠와 가전자띠가 모두 $k = 0$에 있는 간단한 띠구조에서 전도띠 끝에 나타난 들뜸알 준위. 들뜸알은 병진 운동에너지를 가질 수 있지만, 방사재결합(radiative recombination) 과정 때문에 불안정하다. 방사재결합이 일어나면 전자는 가전자띠 속에 있는 양공에 떨어지고 **광자** 또는 **포논**을 방출하게 된다.

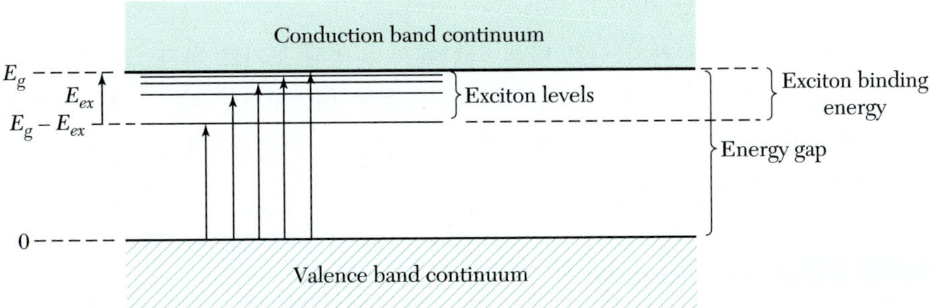

그림 6 직접과정으로 생성된 들뜸알의 에너지 준위. 가전자띠의 상단에서 시작되는 광학적 전이를 화살표로 나타내었다. 가장 긴 화살표는 에너지 간격에 해당한다. 들뜸알의 결합에너지는 E_{ex}인데 이것은 자유전자와 자유양공을 기준으로 잡은 것이다. 절대영도에서 결정에 나타나는 가장 낮은 진동수의 흡수선은 E_{ex}가 아니고 $E_g - E_{ex}$이다.

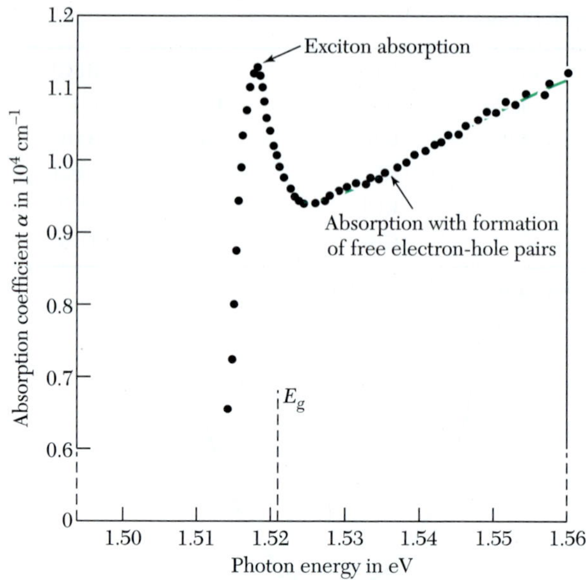

그림 7 21 K로 유지된 GaAs에서 띠간격 E_g에 가까운 에너지를 갖는 광자에 대하여 광흡수에 들뜸알 준위가 미치는 영향. 수직눈금은 $I(x) = I_0 \exp(-\alpha x)$에 있는 세기 흡수계수(intensity absorption coefficient)이다. 에너지 간격과 들뜸알 결합에너지는 흡수곡선의 모양에서 추정된다. 간격 E_g는 1.521eV이고, 들뜸알 결합에너지는 0.0034 eV이다(M.D. Sturge의 결과 인용).

- 원자가 전자띠에서 시작되는 광학적 전이 중에서 한 개 들뜸알을 만드는 데 필요한에너지와 한 개의 자유전자와 자유양공을 만드는 데 필요한 에너지의 차에서 (그림 7).
- 재결합 냉광(luminescence)에서 자유전자와 자유양공의 재결합 스펙트럼선의 에너지와 들뜸알 재결합 스펙트럼선의 에너지를 비교하여
- 들뜸알을 광학적으로 이온화시켜 자유운반자로 만들어지기에, 이 실험은 고농도의 들뜸알이 필요하다.

이제, 들뜸알을 두 가지 서로 다른 극한에서 논의해 보기로 하자. 그 중 하나는 들뜸알이 작고 강하게 속박되어 있는 프렌켈 들뜸알이고, 또다른 하나는 Mott-Wannier 들뜸알인데 약하게 속박되어 있어서 전자-양공의 거리가 격자상수보다 큰 경우이다. 중간적인 예도 알려져 있다.

프렌켈 들뜸알*(Frenkel excitons)*

강하게 속박된 들뜸알(그림 4b)에서는 들뜸이 하나의 원자 또는 그 원자 근처에 한정되어 있다. 양공은 전자와 쌍을 이루어 결정 속 어디에나 있을 수 있지만, 일반적으로 전자와 같은 원자에 속해 있게 된다. 프렌켈 들뜸알은 근 본적으로 단원자의 들뜬 상태이다. 그러나 들뜬 상태는 이웃 간의 상호작용에 따라 한 원자에서 다른 원자로 깡충뛰기(hop)를 할 수 있다. 들뜬 상태 파동(excitation wave)은 마그논의 반전된 스핀

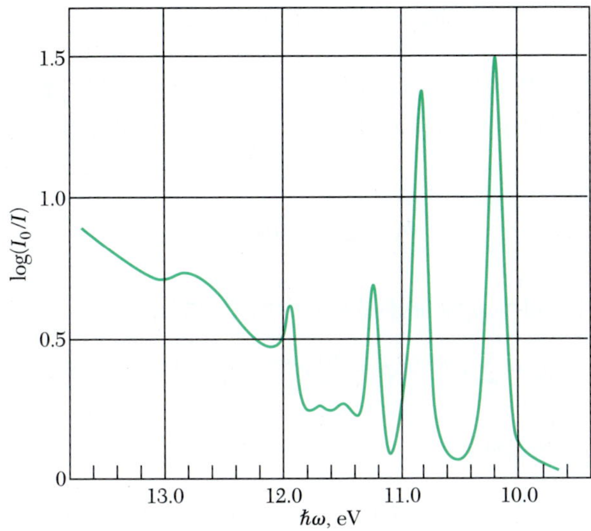

그림 8 20 K에서 측정한 고체 크립톤의 흡수스펙트럼(G. Baldini의 결과 인용).

이 결정 속을 이동하는 것과 같이 결정 속을 이동한다.

결정상태의 불활성기체는 들뜸알을 가지는데, 그 바닥상태는 프렌켈 모형에 따른다. 크립톤 원자가 가진 강한 전이 중에서 가장 낮은 것은 9.99 eV에 있고, 이에 대응하는 크립톤 결정의 전이는 그림 8과 같이 거의 같은 10.17 eV에 있다. 결정의 에너지 간격은 11.7 eV이므로 들뜸알의 바닥상태 에너지는 결정 속에서 분리되어 정지하고 있는 자유전자와 자유양공을 기준으로 했을 때 11.7 − 10.17 = 1.5 eV이다.

프렌켈 들뜸알의 병진운동 상태는 주기적 구조 속에 발생하는 다른 들뜸과 마찬가지로 진행파의 형태를 취한다. 선 또는 고리 위에 있는 N개의 원자로 된 결정을 생각해보자. 만약 u_j가 원자 j의 바닥상태라면 결정의 바닥상태는 원자간 상호작용을 무시할 때

$$\psi_g = u_1 u_2 \cdots u_{N-1} u_N \tag{23}$$

만약 단원자 j가 들뜬 상태 v_j에 있다면, 계는

$$\varphi_j = u_1 u_2 \cdots u_{j-1} v_j u_{j+1} \cdots u_N \tag{24}$$

과 같이 나타낼 수 있다. 이 함수는 계에 있는 다른 원자 l의 들뜬 상태를 나타내는 함수 φ_l과 같은 에너지를 갖는다. 그러나 하나의 들뜬 원자와 $N-1$개의 바닥상태에 있는 원자를 기술하는 함수 φ는 정상(stationary) 양자상태가 아니다. 만약 한 들뜬 원자와 가까이 있는 바닥상태의 한 원자 사이에 어떤 상호작용이 있다면 들뜨기 에너지는 한 원자에서 다른 원자로 전달될 것이다. 이때 고유상태는 곧 알게 되겠지만 파동과 같은 형태를 취할 것이다.

계의 해밀토니안을 j번째 원자의 들뜬 함수 φ_j에 작용하면,

$$\mathcal{H}\varphi_j = \epsilon\varphi_j + T(\varphi_{j-1} + \varphi_{j+1}) \tag{25}$$

을 얻는다. 여기서 ϵ은 자유원자의 들뜨기 에너지; 상호작용 T는 j원자에서 가장 가까운 $j-1$과 $j+1$ 원자로의 들뜸 전달율을 나타낸다. 식 (25)의 해는 블로흐형의 파동이 된다.

$$\psi_k = \sum_j \exp(ijka)\ \varphi_j \ . \tag{26}$$

이것을 확인하기 위하여 ψ_k에 $\mathcal{H}$를 작용시키면 식 (25)로부터

$$\mathcal{H}\psi_k = \sum_j e^{ijka}\,\mathcal{H}\varphi_j = \sum_j e^{ijka}\,[\epsilon\varphi_j + T(\varphi_{j-1} + \varphi_{j+1})] \tag{27}$$

을 얻는다. 우변을 정리하면

$$\mathcal{H}\psi_k = \sum_j e^{ijka}[\epsilon + T(e^{ika} + e^{-ika})]\varphi_j = (\epsilon + 2T\cos ka)\psi_k \tag{28}$$

따라서 문제의 에너지 고유값은 그림 9와 같이

$$E_k = \epsilon + 2T\cos ka \tag{29}$$

가 된다. 주기적 경계조건을 적용하면 허용되는 파동벡터 k를 결정할 수 있다.

$$k = 2\pi s/Na; \quad s = -\tfrac{1}{2}N,\ -\tfrac{1}{2}N+1,\ \cdots,\ \tfrac{1}{2}N-1 \ . \tag{30}$$

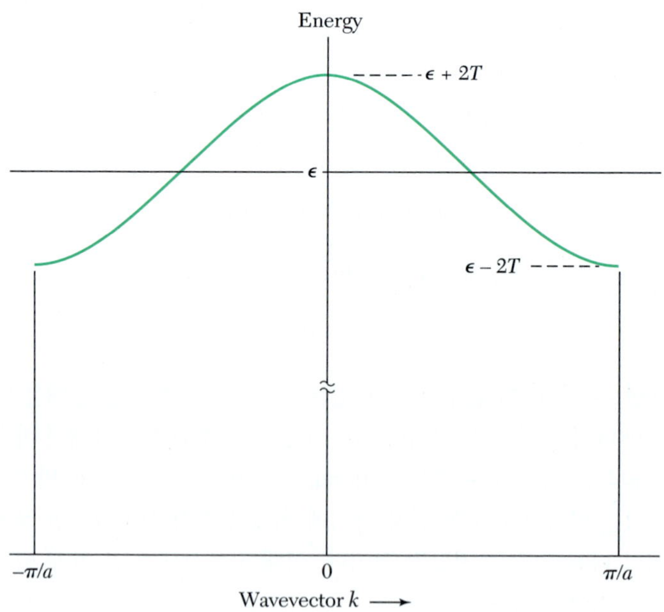

그림 9 프렌켈 들뜸알의 에너지와 파동벡터 간의 관계. 가장 가까운 이웃간 상호작용 T를 양으로 계산하였다.

할로겐화 알칼리(Alkali halides)

할로겐화 알칼리 결정에서는 가장 낮은 에너지의 들뜸알은 음의 할로겐 이온에 국소화되어 있고(그림 4b) 음이온이 양이온보다 낮은 전자적 들뜸준위를 가지고 있다. 순수한 할로겐화 알칼리 결정은 가시광선 영역에서는 투명한데, 이것은 들뜸알 에너지가 가시광선 영역에 있지 않음을 의미한다. 그러나 진공자외선(vacuum ultraviolet) 영역에서는 들뜸알의 생성에 따라 흡수스펙트럼에 상당히 많은 구조가 나타난다.

브롬화 나트륨에서는 이중 준위구조(double structure)가 현저하게 나타나 있다. 이 구조는 KBr 속의 Br^{θ}이온과 같은 수의 전자를 가진(isoelectronic) 크립톤 원자의 가장 낮은 들뜬 상태의 구조와 닮았다. 이때 갈라지기(splitting)는 스핀-궤도 상호작용에 의해 생긴다. 이들 들뜸알은 프렌켈 들뜸알이다.

분자결정(molecular crystals)

분자결정에서는 분자 내의 공유결합이 분자간 반데발스 결합보다 강하다. 따라서 들뜸알은 프렌켈 들뜸알이 된다. 개별 분자의 전자 적 들뜸선(excitation line)들은 고체 결정 내에서는 결정 내에 있지 않은 경우에 비해 약간 변하면서 들뜸알로 나타난다. 연습문제 9에서 논의하는 바와 같이 다비도브 갈라치기(splitting) 때문에 분자의 경우보다 고체의 경우가 더 많은 선구조를 가지고 있지만, 저온에서는 고체의 선도 상당히 예리하다.

약하게 결합된 들뜸알[weakly bound(Mott-Wannier) excitons]

전도띠에 있는 한 전자와 가전자띠에 있는 한 양공을 생각해 보자. 전자와 양공은 쿨롱 퍼텐셜

$$U(r) = -e^2/\epsilon r \qquad \text{(CGS)} \qquad (31)$$

에 의해 끌리는데, 여기서 r은 입자간 거리이고, ϵ는 해당 유전함수이다. (만약 들뜸알 운동의 진동수가 광포논 진동수보다 크면 유전함수에 대한 격자편극의 기여는 무시해야 한다) 총 에너지가 전도띠 하단보다 낮은 들뜸알계의 속박상태도 있을 수 있다.

전자와 양공의 에너지면이 구면이고 겹치지 않으면 이 문제는 수소 원자의 문제가 된다. 가전자띠의 상단을 기준으로 한 에너지 준위는 리드버그(Rydberg) 방정식을 수정한

$$E_n = E_g - \frac{\mu e^4}{2\hbar^2\epsilon^2 n^2} \qquad \text{(CGS)} \qquad (32)$$

로 주어진다. 여기서 n은 주양자수(principal quantum number)이고, μ는 전자와 양공의 유효질량 m_e, m_h에서 얻어지는 환산질량(reduced mass)이다.

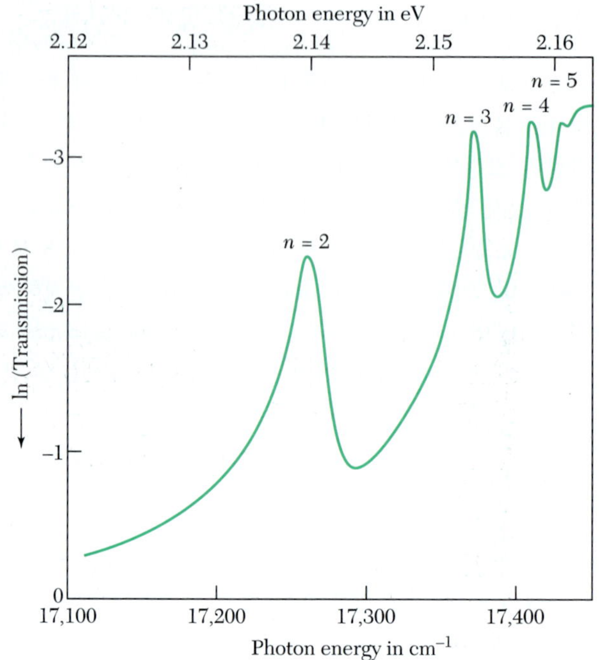

그림 10 77 K에서 측정한 Cu_2O의 광투과도의 대수값을 광자에너지의 함수로 나타낸 것. 들뜸 알선들이 나타나 있다. 수직축에는 위로 갈수록 대수값이 줄어들도록 눈금을 잡았다. 따라서 피크는 흡수를 나타낸다. 띠간격 E_g는 2.17 eV이다(P.W. Baumeister의 결과 인용).

$$\frac{1}{\mu} = \frac{1}{m_e} + \frac{1}{m_h} . \tag{33}$$

들뜸알의 바닥상태는 식 (32)에서 $n = 1$로 두면 얻어지는데 $E_g - E_1$이 들뜸알의 이온화에너지이다. 저온에서 Cu_2O의 광흡수선을 연구한 결과 $n = 1$인 상태로의 전이를 제외하면 들뜸알 준위의 간격이 리드버그 방정식 (32)와 잘 일치함을 확인했다. 그림 10의 곡선에 맞는 실험식은 $\nu(\text{cm}^{-1}) = 17{,}508 - (800/n^2)$이다. $\epsilon = 10$을 취하면 $1/n^2$의 계수에 서 $\mu \simeq 0.7m$을 얻는다. 상수항 17,508 cm^{-1}은 에너지 간격 $E_g = 2.17$ eV에 해당한다.

들뜸알의 전자–양공 방울로의 응결*[exciton condensation into electron-hole drops(EHD)]*

저온을 유지하면서 광을 쪼이면 Ge이나 Si 속에 전자–양공 플라스마의 응결상(condensed phase)이 형성된다. Ge 속에 전자–양공 방울(EHD)이 형성될 때 다음과 같은 일련의 과정이 일어난다. $\hbar\omega > E_g$인 에너지를 가진 광자가 흡수되면 자유 전자와 자유양공이 높은 효율로 발생한다. 이들은 매우 빠르게, 아마도 1 ns 이내에 서로 결합하여 들뜸알이 되고, 이 들뜸알은 다시 e-h쌍 소멸과정에 따라 8 μs 정도의 수명을 가지고 붕괴한다.

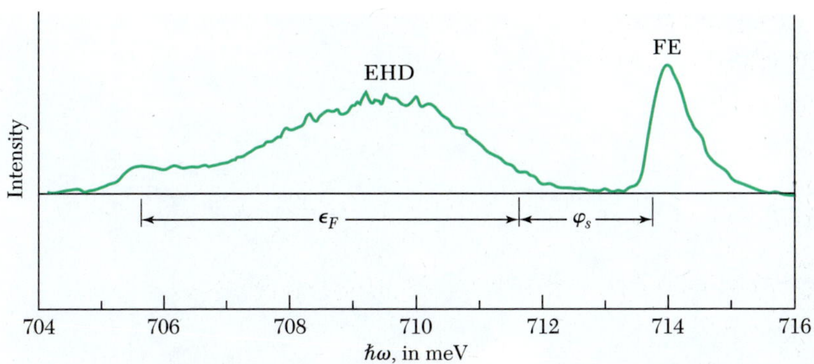

그림 11 3.04 K에서 측정한 Ge 속의 자유전자의 재결합방사와 전자-양공 방울의 재결합방사. 방울 속의 페르미 에너지는 ϵ_F이고, 자유들뜸알에 대한 방울의 응집(cohesive) 에너지는 ϕ_s이다(T. K. Lo의 결과 인용).

그러나 들뜸알의 밀도가 충분히 높아지면(2 K에서 $10^{13}cm^{-3}$ 이상) 대부분의 들뜸알은 방울로 응결된다. 이 방울의 수명은 40 μs 정도이지만, 변형된 Ge에서는 600 μs가 되는 수도 있다. 이 방울 속에서 들뜸알은 전자와 양공으로 겹쳐진 페르미 기체 상태로 녹아 들어가서 금속성을 나타내게 된다. 이러한 상태는 L.V. Keldysh에 의해 예언되었다. 그림 11은 Ge 속의 자유들뜸알의 재결합방사(714 meV)와 EHD상(phase)의 재결합방사(709 meV)를 나타내고 있다. 714 meV 선의 폭은 Doppler 넓어지기(broadening)에 의한 것이고 709 meV의 폭은 밀도가 2×10^{17} cm^{-3}인 페르미 기체 속의 전자와 양공의 운동에너지 분포에 해당한다. 그림 12는 큰 EHD의 사진이다.

실리콘 속에 있는 들뜸알의 상평형 그림을 온도와 농도에 대해 그린 것이 그림 13이다. 낮은 압력에서 들뜸알 기체는 절연성을 띠고 있다. 고압에서(그림의 오른쪽)는 들뜸알 기체는 짝지워지지 않은 전자와 양공으로 이루어진 전도성 프라즈마로 나누어진다. 들뜸알에서 프라즈마의 전이가 바로 14장에서 언급된 Mott 전이의 한 예이다. 상세한 자료가 표 2에 수록되어 있다.

단결정 속의 라만 효과
RAMAN EFFECT IN CRYSTALS

라만 산란에는 두 개의 광자가 관련된다. 즉, 한 개가 들어오면 한 개가 나가는 것으로 이 장의 앞부분에서 다룬 단일광자 과정보다 한 단계 더 복잡하다. 라만 효과에서는 광자가 결정에 의해 비탄성산란이 되면서 포논 또는 마그논(magnon)을 생성 또는 소멸한다(그림 14). 이 과정은 엑스선의 비탄성산란과 같고 결정에 의한 중성자의 비탄성산란과도 닮았다.

일차 라만 효과의 선택률은

$$\omega = \omega' \pm \Omega \ ; \quad \mathbf{k} = \mathbf{k}' \pm \mathbf{K} \tag{34}$$

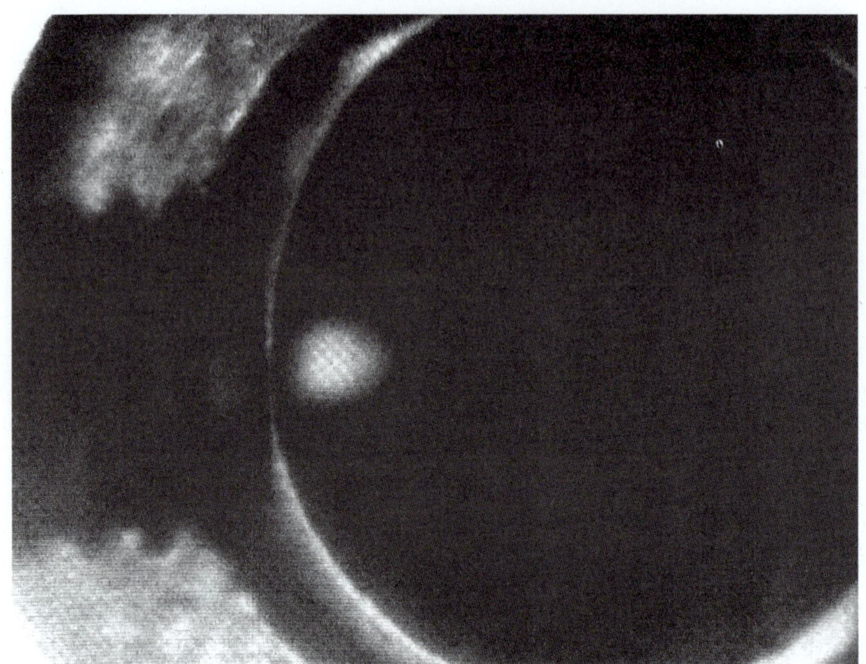

그림 12 순수한 Ge으로 된 4 mm지름의 원판 속에 있는 전자–양공 방울의 사진. 방울은 원판의 왼쪽에 보이는 고정나사 근처에 있는 밝은 점이다. 사진은 전자–양공 재결합방사(luminescence)를 적외선에 민감한 사진기로 촬영한 것이다(J. P. Wolfe et al.의 결과 인용).

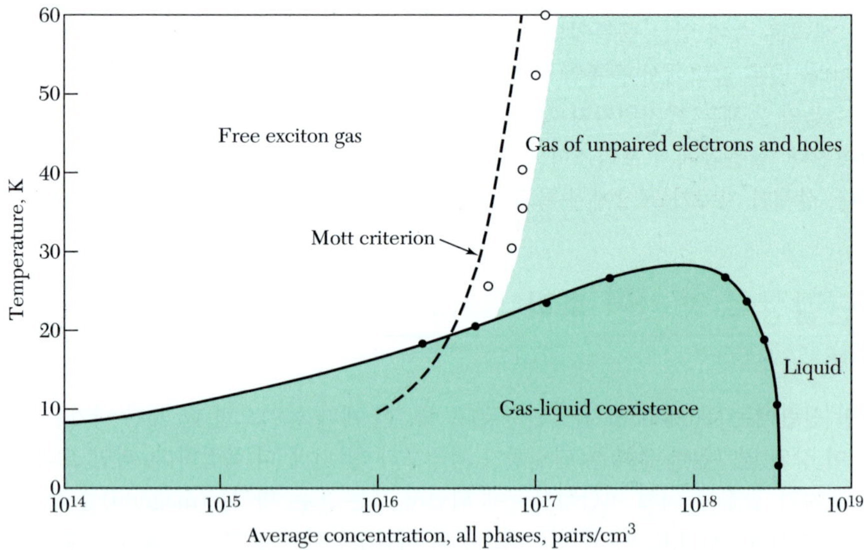

그림 13 변형되지 않은 실리콘 속에서 광에 의해 들뜨게 된 전자와 양공의 상평형 그림. 그림은 15 K에서 평균농도가 10^{17} cm^{-3} 정도면 평형기체 농도 10^{16} cm^{-3}인 자유들뜸알 기체와 밀도가 각각 3×10^{18} cm^{-3}인 가변부피의 액체방울들이 공존하고 있음을 보여주고 있다. 액체 임계온도는 약 23 K이다. 들뜸알의 금속–절연체 전이에 관한 이론과 실험값들도 제시되어 있다(J. P. Wolfe로부터).

표 2 전자-양공 액체인자(liquid Parameters)

Crystal (unstressed)	Binding energy relative to free exciton, in meV	Concentration, n or p, in cm^3	Critical temperature in K
Ge	1.8	2.57×10^{17}	6.7
Si	9.3	3.5×10^{18}	23.
GaP	17.5	8.6×10^{18}	45.
3C-SiC	17.	$10. \times 10^{18}$	41.

Courtesy of D. Bimberg.

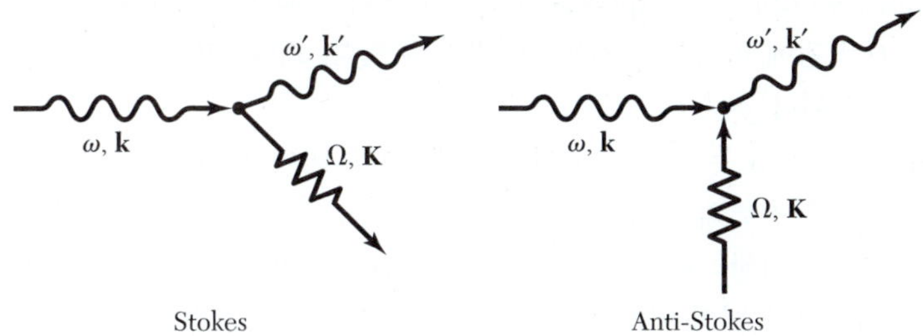

그림 14 포논 한 개를 방출하거나 흡수하는 라만 산란. 유사한 과정이 마그논(spin파)의 경우에도 일어난다.

이다. 여기서 ω, $\mathbf{k}$는 입사광자에 대한 것이고, ω', $\mathbf{k}'$은 산란광자에 대한 것이다. 그리고 Ω와 $\mathbf{K}$는 산란과정에서 생성 또는 소멸하는 포논에 대한 것이다. 이차 라만 효과에 서는 광자의 비탄성산란에 두 개의 포논이 관여하고 있다.

라만 효과는 전자편극률의 변형 의존성(strain-dependence) 때문에 일어날 수 있다. 이를 증명하기 위하여 포논 모드와 관련된 편극률 α를 포논 진폭 u의 거듭제곱 급수로 나타낼 수 있다고 하자.

$$\alpha = \alpha_0 + \alpha_1 u + \alpha_2 u^2 + \cdots \ . \tag{35}$$

만약, $u(t) = u_0 \cos \Omega t$이고, 입사전기장이 $E(t) = E_0 \cos \omega t$이면 유도된 전기 쌍극자 모멘트는

$$\alpha_1 E_0 u_0 \cos \omega t \cos \Omega t = \tfrac{1}{2}\alpha_1 E_0 u_0 [\cos(\omega + \Omega)t + \cos(\omega - \Omega)t] \tag{36}$$

와 같은 성분을 갖는다.

따라서 진동수가 $\omega + \Omega$ 또는 $\omega - \Omega$인 광자가 방출되며, 이때 진동수 Ω인 포논이 흡수 또는 방출된다.

진동수 $\omega - \Omega$인 광자를 스토크스 선이라 부르고, $\omega + \Omega$인 광자를 반대 스토크스 선이라 부른다. 스토크스 선의 강도는 포논생성 행렬요소(matrix element)를 포함하 는데, 이것은 부록 C에서 다루고 있는 조화진동자의 행렬요소와 같다.

$$I(\omega - \Omega) \propto |\langle n_{\mathbf{K}} + 1 | u | n_{\mathbf{K}} \rangle|^2 \propto n_{\mathbf{K}} + 1 \ . \tag{37}$$

여기서 $n_{\mathbf{K}}$는 포논 모드 $\mathbf{K}$의 초기 상태밀도이다.

반 스토크스 선은 포논의 소멸을 수반하는데 광자의 강도는

$$I(\omega + \Omega) \propto |\langle n_{\mathbf{K}} - 1|u|n_{\mathbf{K}}\rangle|^2 \propto n_{\mathbf{K}} \tag{38}$$

이다.

만약 초기에 포논 상태밀도가 온도 T에서 열평형상태에 있었다면 두 선의 강도비는

$$\frac{I(\omega + \Omega)}{I(\omega - \Omega)} = \frac{\langle n_{\mathbf{K}}\rangle}{\langle n_{\mathbf{K}}\rangle + 1} = \exp(-\hbar\Omega/k_B T) \tag{39}$$

여기서 $\langle n_{\mathbf{K}}\rangle$는 Planck 분포함수 $1/[\exp(\hbar\Omega/k_B T) - 1]$이다. 우리는 반 Stokes 선의 상대적 강도는 $T \to 0$이 됨에 따라 사라지는 것을 알 수 있다. 왜냐하면 소멸될 열포논이 존재하지 않기 때문이다.

실리콘 속의 $\mathbf{K} = 0$인 광포논의 관측 결과가 그림 15와 16에 소개되어 있다. 실리콘은 기본낱칸 속에 같은 종류의 원자를 두 개 가지고 있고, 포논에 의한 변형이 없는 한 기본낱칸과 관련된 전기쌍극자 모멘트는 있을 수 없다. 그러나 실리콘에서는 $\mathbf{K} = 0$에서 $\alpha_1 u$가 영이 아니므로 빛의 일차 라만 산란에서 광학모드를 관찰할 수 있다.

이차 라만 효과는 편극률에서 $\alpha_2 u^2$ 항으로부터 나타난다. 2차인 경우에 있어서 빛의 비탄성 산란은 두 포논의 생성 또는 흡수를 수반하거나 혹은 한 포논의 생성과 다른 한 포논의 흡수를 수반한다. 포논은 다른 주파수를 갖는다. 만약 기본낱칸 내에 여러 개의 원자가 있다면 대응하는 광포논 모드의 수 때문에 강도분포는 산란된 광스

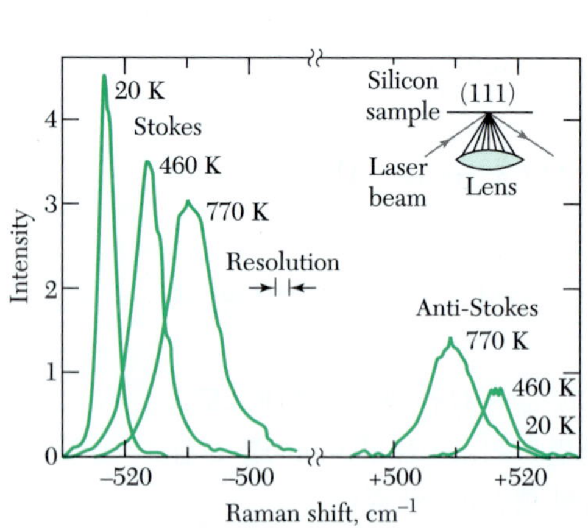

그림 15 세 온도에서 관찰된 실리콘 결정의 $K \simeq 0$ 광학모드의 일차 라만 스펙트라. 입사광자의 파장은 5145 Å이다. 광포논 진동수는 진동수 이동(shift)과 같다. 이 이동은 온도에 약간 의존하고 있다(T.R. Hart, R.L. Aggarwal 및 B. Lax의 결과 인용).

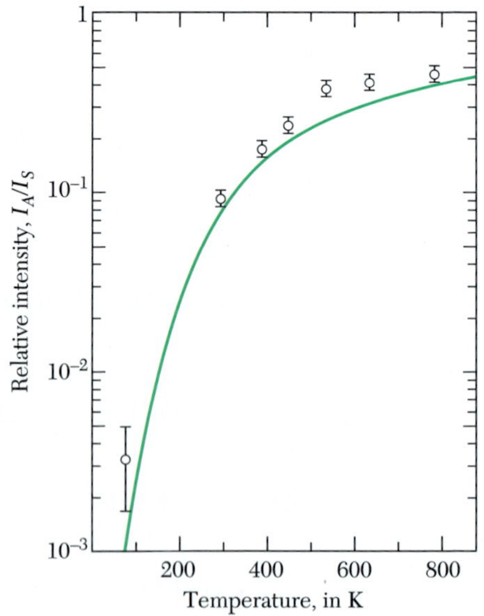

그림 16 실리콘의 광모드에 대한 그림 15의 관측결과에서 반대 스토크스와 스토크스 선의 강도비를 온도의 함수로 나타내었다. 관측된 온도 의존성은 식 (39)의 예측과 잘 맞는다. 실선은 $\exp(-\hbar\Omega/k_B T)$를 나타낸다.

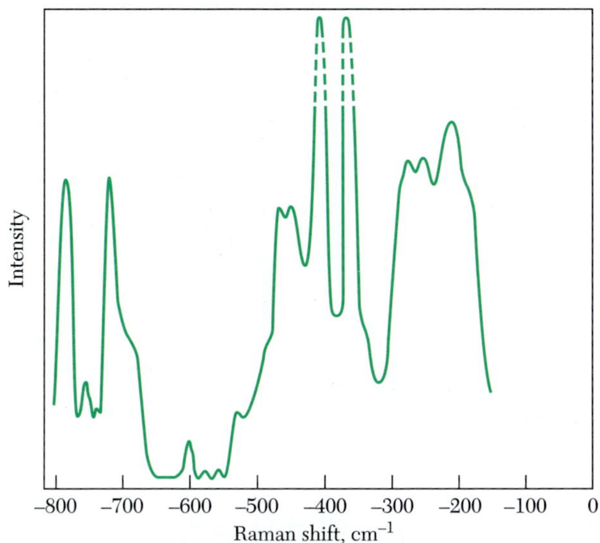

그림 17 20 K에서 측정한 GaP의 라만 스펙트라. 가장 높은 두 개의 피크는 404 cm^{-1}의 LO 포논과 366 cm^{-1}의 TO 포논이 들뜰 때 나타난 일차 라만 선이다. 다른 피크들은 모두 두 개의 포논과 관련되어 있다 (M.V. Hobden 및 J.P. Russell의 결과 인용).

펙트럼에서 매우 복잡하게 나타날 것이다. 이차 라만 효과가 여러 가지 결정에서 관찰되어 해석되고 있다. 그림 17은 GaP에 대한 측정결과를 보여주고 있다.

엑스선을 사용한 전자분광학(*electron spectroscopy with x-rays*)

광학적 과정에서 다음으로 복잡한 현상은 그림 1과 같이 광자가 입사하고 고체로부터 전자가 방출하는 경우이다. 고체의 엑스선 광전자분광학(XPS)과 자외선 광전자분광학(UPS) 등의 중요한 기술이 최근에 개발되었다. 이들은 고체물리학에서 띠구조 연구, 촉매 및 흡착을 포함하는 표면물리 연구 등에 이용되고 있다.

XPS와 UPS의 스펙트라는 가전자띠의 상태밀도 $D(\epsilon)$와 직접 비교할 수 있다. 아주 높은 단색성을 가진 엑스선 또는 자외선 광자를 시료에 쪼이면 광자는 흡수되고 광전자가 방출되는데, 그 운동에너지는 광자에너지와 고체 속에 있는 전자의 결합에너지와의 차에 해당된다. 전자는 보통 깊이 50 Å 정도의 얇은 층, 즉 표면 가까이에서 나온다. XPS 분광기의 분해능은 10 meV 이하로 띠구조를 자세히 관찰할 수 있다.

은의 가전자 띠구조가 그림 18에 소개되어 있다. 에너지의 원점은 페르미 준위로 정했다. 페르미 준위 바로 밑 3 eV까지의 전자는 $5s$ 전도띠에서 나오고 3 eV 이하의 구조를 가진 강한 피크는 $4d$ 가전자띠에 있는 전자에서 나온 것이다.

더 깊은 준위에서도 들뜸이 관측된다. 그리고 이들 들뜸은 플라스몬의 비탄성 들뜸을 수반할 수도 있다. 예를 들어, 실리콘에서는 99.2 eV에 가까운 결합에너지의 $2p$ 전자가 한개의 플라스몬이 들뜬 117 eV와 두 개의 플라스몬이 들뜬 134.7 eV에서 관측된다. 플라스몬 에너지는 18 eV이다.

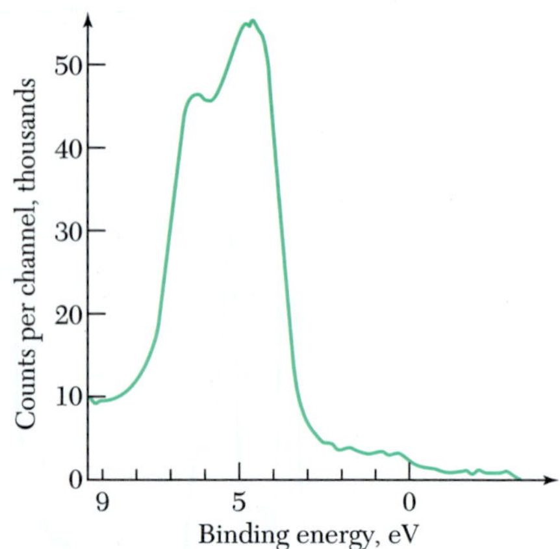

그림 18 은의 가전자띠에 있는 전자의 방출. Siegbahn과 co-workers의 결과 인용.

고체 속에서 빠른 입자의 에너지 손실
ENERGY LOSS OF FAST PARTICLES IN A SOLID

지금까지 우리는 광자를 고체의 전자적 구조를 알아내는 감지기로 사용했다. 전자선도 같은 목적에 사용할 수 있다. 이 결과 또한 유전함수가 관련되지만 이 경우에는 특히 $1/\epsilon(\omega)$의 허수부가 관련된다. 유전함수는 고체 속에서 일어나는 전자기파동의 에너지 손실에 $\mathrm{Im}\{\epsilon(\omega)\}$인 형태로 들어간다. 그러나 고체를 뚫고 들어가는 하전입자의 에너지 손실에는 $-\mathrm{Im}\{1/\epsilon(\omega)\}$인 형태로 들어간다.

이 차이점을 생각해 보자. 유전손실에 따른 전력 소모(dissipation) 밀도는 전자기이론의 일반적 결과에 따라 단위부피당

(CGS) $$\mathcal{P} = \frac{1}{4\pi}\ \mathbf{E}\cdot(\partial\mathbf{D}/\partial t) \tag{40}$$

이다. 결정 속의 수직진동 전자기파동 $Ee^{-i\omega t}$에 대해서는 $dD/dt = -i\omega\ \epsilon(\omega)Ee^{-i\omega t}$인데 시간평균당 전력은

$$\begin{aligned}\mathcal{P} &= \frac{1}{4\pi}\langle \mathrm{Re}\{Ee^{-i\omega t}\}\mathrm{Re}\{-i\omega\epsilon(\omega)Ee^{-i\omega t}\}\rangle \\ &= \frac{1}{4\pi}\,\omega E^2\langle(\epsilon''\cos\omega t - \epsilon'\sin\omega t)\cos\omega t\rangle = \frac{1}{8\pi}\,\omega\epsilon''(\omega)E^2\end{aligned} \tag{41}$$

으로 주어지고, 이는 $\epsilon''(\omega)$에 비례한다. E의 접선성분은 고체표면에서 연속이다.

만약 전하 e, 속도 $\boldsymbol{v}$인 입자가 결정에 들어가면 유전체 변위는

(CGS) $$\mathbf{D}(\mathbf{r},t) = -\mathrm{grad}\,\frac{e}{|\mathbf{r}-\mathbf{v}t|} \tag{42}$$

가 된다. 그 이유는 푸아송 방정식에 따라 자유전하와 관련되어 있는 것은 $\mathbf{E}$가 아니

고 **D**이기 때문이다. 등방매질 속에서는 푸리에 성분 $E(\omega, \mathbf{k})$는 $D(\mathbf{r}, t)$의 푸리에 성분 $D(\omega, \mathbf{k})$와 $E(\omega, \mathbf{k}) = D(\omega, \mathbf{k})/\epsilon(\omega, \mathbf{k})$인 관계가 있다.

이 푸리에 성분과 관련된 전력 소모의 시간평균은

$$\begin{aligned}\mathcal{P}(\omega,\mathbf{k}) &= \frac{1}{4\pi}\langle \mathrm{Re}\{\epsilon^{-1}(\omega,\mathbf{k})D(\omega,\mathbf{k})e^{-i\omega t}\}\mathrm{Re}\{-i\omega\, D(\omega,\mathbf{k})\, e^{-i\omega t}\}\rangle \\ &= \frac{1}{4\pi}\,\omega\, D^2(\omega,\mathbf{k})\left\langle\left[\left(\frac{1}{\epsilon}\right)'\cos\omega t + \left(\frac{1}{\epsilon}\right)''\sin\omega t\right][-\sin\omega t]\right\rangle\end{aligned}$$

인 까닭에

$$\mathcal{P}(\omega,\mathbf{k}) = -\frac{1}{8\pi}\omega\left(\frac{1}{\epsilon}\right)'' D^2(\omega,\mathbf{k}) = \frac{1}{8\pi}\,\omega\,\frac{\epsilon''(\omega,\mathbf{k})}{|\epsilon|^2}\,D^2(\omega,\mathbf{k}) \tag{43}$$

이 결과는 **에너지 손실함수**(energy loss function) $-\mathrm{Im}\{1/\epsilon(\omega, \mathbf{k})\}$를 도입하게 된 동기가 되었을 뿐 아니라, 박막에서 일어나는 고속전자의 에너지 손실에 관한 많은 실험을 하게 한 동기가 되었다.

만약 유전함수가 **k**에 의존하지 않으면, power 손실은

$$\mathcal{P}(\omega) = -\frac{2}{\pi}\frac{e^2}{\hbar v}\,\mathrm{Im}\{1/\epsilon(\omega)\}\ln(k_0 v/\omega) \tag{44}$$

여기서 $\hbar k_0$는 일차 입자가 결정 속의 전자에 전달할 수 있는 최대 운동량이다. 그림 19는 광반사율 측정에서 얻은 $\epsilon''(\omega)$ 값이 전자에너지 손실 측정에서 얻은 값과 아주 잘 일치함을 보여주고 있다.

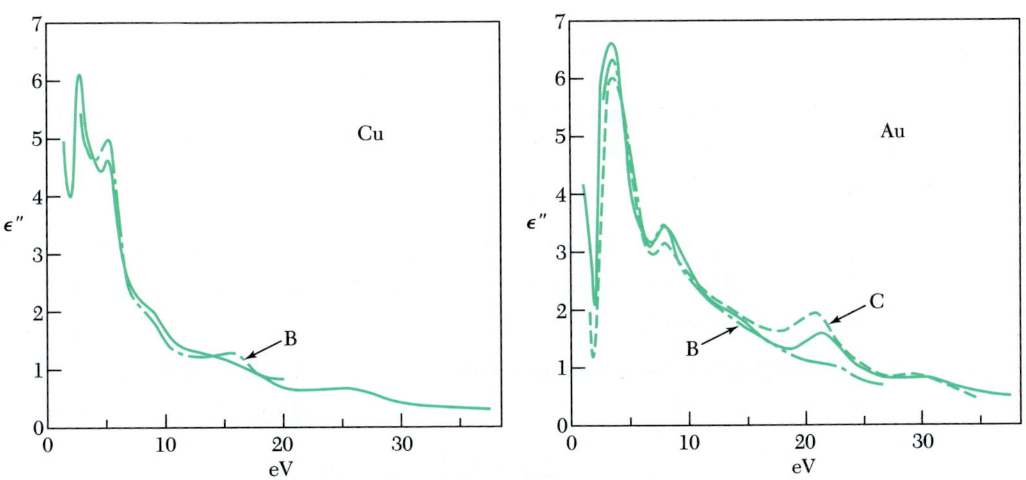

그림 19 Cu와 Au의 $\epsilon''(\omega)$; 굵은 선은 J. Daniels가 측정한 에너지 손실에서 얻은 것이고, 다른 선은 D. Beaglehole과 L. R. Canfield 등이 광학적 특정결과를 이용하여 계산한 결과이다.

요약
SUMMARY

- 크라머르스-크로니그 관계식은 응답함수의 실수부 및 허수부와 다음과 같은 관계를 가지고 있다.

$$\alpha'(\omega) = \frac{2}{\pi} \mathrm{P} \int_0^\infty \frac{s\alpha''(s)}{s^2 - \omega^2} ds \ ; \qquad \alpha''(\omega) = -\frac{2\omega}{\pi} \mathrm{P} \int_0^\infty \frac{\alpha'(s)}{s^2 - \omega^2} ds \ .$$

- 복소굴절률은 $N(\omega) = n(\omega) + iK(\omega)$로 정의된다. 여기서 n은 굴절률이고 K는 흡광 계수이다. 또한 $\epsilon(\omega) = N^2(\omega)$로 여기서 $\epsilon'(\omega) = n^2 - K^2$, $\epsilon''(\omega) = 2nK$이다.
- 수직입사에 대한 반사율은 다음과 같다.

$$R = \frac{(n-1)^2 + K^2}{(n+1)^2 + K^2} \ .$$

- 에너지 손실함수 $-\mathrm{Im}\{1/\epsilon(\omega)\}$에 따라 고체 속을 운동하는 하전입자의 에너지는 손실된다.

연습문제
Problems

1. 인과율과 응답함수***(causality and the response function)***. 크라머르스-크로니그(KK) 관계식은 결과가 원인에 선행하지 않는다는 원리에 모순되지 않는다. 델타 함수로 나타나는 힘이 $t = 0$에서 작용했다고 생각하자.

$$F(t) = \delta(t) = \frac{1}{2\pi} \int_{-\infty}^{\infty} e^{-i\omega t} d\omega \ .$$

따라서 $F_\omega = 1/2\pi$이다. **(a)** 직접적분 또는 KK 관계식을 사용하여 위의 힘을 받을 때 $t < 0$에서의 진동자의 응답함수

$$\alpha(\omega) = (\omega_0^2 - \omega^2 - i\omega\rho)^{-1}$$

로부터 변위가 없음, 즉 $x(t) = 0$임을 보여라. $t < 0$에서는 적분경로(contour)가 상반면의 반원이 된다. **(b)** $t > 0$에서 $x(t)$를 계산하여라. $\alpha(\omega)$는 $\pm(\omega_0^2 - \frac{1}{4}\rho^2)^{1/2} - \frac{1}{2}i\rho$이다. 이 극은 모두 하반면(lower half-plane)에 있다.

2. 소모에 관한 합산법***(dissipation sum rule)***. $\omega \to \infty$인 극한에서 식 (9)와 식 (11a)으로부터 얻어지는 $\alpha'(\omega)$를 비교하여 진동자세기(oscillator strength)에 대한 합산법(sum rule)

$$\Sigma f_j = \frac{2}{\pi} \int_0^\infty s\alpha''(s)\, ds$$

가 성립함을 보여라.

3. 수직입사에 대한 반사***(reflection at normal incidence)***. 전기장 성분이

$$E_y(\text{inc}) = B_z(\text{inc}) = Ae^{i(kx-\omega t)}$$

인 진공 속의 전자기파동을 생각해 보자. 이 파동이 $x > 0$인 반공간(half-space)을 채우고 있는 유전함수 ϵ, 투자율 $\mu = 1$인 매질에 입사한다고 하자. $E(\text{refl}) = r(\omega)E(\text{inc})$로 정의되는 반사계수가

$$r(\omega) = \frac{n + iK - 1}{n + iK + 1}$$

로 주어짐을 보여라. 여기서 $n + iK = \epsilon^{1/2}$인데 n과 K는 실수이다. 더 나아가 반사율(reflectance)이

$$R(\omega) = \frac{(n-1)^2 + K^2}{(n+1)^2 + K^2}$$

임을 보여라.

*4. **전기전도도에 관한 합산법과 초전도*(conductivity sum rule and superconductivity)*.** 전기전도도 $\sigma(\omega)$는 $\sigma(\omega) = \sigma'(\omega) + i\sigma''(\omega)$인데 σ'과 σ''은 실수이다. **(a)** 크라머르스-크로니그 관계식을 이용하여 다음을 증명하라.

$$\lim_{\omega\to\infty} \omega\, \sigma''(\omega) = \frac{2}{\pi}\int_0^\infty \sigma'(s)\, ds \ . \tag{45}$$

이 결과는 초전도의 이론에 사용된다. 만약 아주 높은 진동수(엑스선 진동수 정도의)에서 $\sigma''(\omega)$가 초전도와 정상(normal) 전도상태에서 꼭 같은 값을 가지면 다음을 얻게 된다.

$$\int_0^\infty \sigma_s'(\omega)\, dw = \int_0^\infty \sigma_n'(\omega)\, d\omega \ .$$

그러나 $0 < \omega < \omega_g$인 진동수, 즉 초전도 에너지 간격 내에서는 초전도체의 전기전도도의 실수부가 영이 되므로, 이 영역에서는 좌변의 적분은 $\sigma_n'\omega_g$만큼 작아진다. 이렇게 줄어든 양을 보충하기 위해 σ_s'에 부가적인 기여가 있어야 한다. **(b)** 만약 실험적으로 측정된 바와 같이 $\sigma_s'(\omega < \omega_g) < \sigma_n'(\omega < \omega_g)$이면, $\sigma_s'(\omega)$는 $w = 0$에서 델타 함수적인 기여를 받아 $\sigma_s''(\omega) \approx \sigma_n'\, \omega_g/\omega$만큼 증가하게 됨을 보여라. **(c)** 아주 높은 진동수에서 전도전자의 고전적 운동을 초보적으로 다루어 Ferrell과 Glover가 얻은 결과

(CGS) $$\int_0^\infty \sigma'(\omega)\, d\omega = \pi ne^2/2m$$

을 유도하라.

5. **유전상수와 반도체의 에너지 간격*(dielectric constant and the semiconductor energy gap)*.** 반도체의 에너지 간격 ω_g가 $\epsilon''(\omega)$에 미치는 영향은 $\delta(\omega)$대신 $\frac{1}{2}\delta(\omega - \omega_g)$를 응답함수식 (16)에 대입하면 근사적 관계, 즉 $\epsilon''(\omega) = (2\pi ne^2/m\omega)\pi\delta(\omega - \omega_g)$가 얻어진다. 근사적이라고 말한 이유는 모든 흡수가 띠간격 진동수에 모여 있다고 했기 때문이다. 인자 1/2은 델타 함수를 원점으로 옮겨갈 때 들어온다. 왜냐하면, 문제 2의 합산법에 관한 적분은 원점에서 시작하기 때문이다. 이 모형에 따른 유전함수의 실수부는

$$\epsilon'(\omega) = 1 + \omega_p^2/(\omega_g^2 - \omega^2) \ , \qquad \omega_p^2 \equiv 4\pi ne^2/m$$

* 이 문제는 다소 어렵다.

임을 보여라. 편의상 널리 사용되는 정유전함수 $\epsilon'(0) = 1 + \omega_p^2/\omega_g^2$가 여기서 얻어진다.

6. 금속의 적외선 반사율에 대한 헤이건-루벤스 관계식(***Hagen-Rubens relation for infrared reflec- tivity of metals***). $\omega\tau \ll 1$에 대한 금속의 복소굴절률 $n + iK$는

(CGS) $$\epsilon(\omega) \equiv (n + iK)^2 = 1 + 4\pi i\sigma_0/\omega$$

로 주어진다. 여기서 σ_0는 정전기장에 대한 전기전도도이다. 여기서 우리는 띠간(interband) 전류가 지배적이고 띠간 전이는 무시할 수 있다고 생각했다. 문제 3의 결과를 이용하여 $\sigma_0 \gg \omega$일 때 수직입사에 대한 반사계수가

(CGS) $$R \simeq 1 - (2\omega/\pi\sigma_0)^{1/2}$$

임을 보여라. 이것이 헤이건-루벤스 관계식이다. 실온에서 Na는 $\tau = \sigma_0 m/ne^2$으로부터 CGS단위로 $\sigma_0 \simeq 2.1 \times 10^{17}\ \mathrm{s}^{-1}$ 및 $\tau = 3.1 \times 10^{-14}$ s가 추정된다. 10 μm의 복사선은 $\omega = 1.88 \times 10^{14}\ \mathrm{s}^{-1}$이므로 헤이건-루벤스 결과를 이용하면 $R = 0.976$이다. n과 K의 실험값으로부터 계산한 결과는 0.987이다. 도움말: 만약, $\sigma_0 \gg w$이면, $n^2 \simeq K^2$이 되어 계산이 간략해진다.

7.** 들뜸알 선의 다비도브 갈라지기(Davydov splitting of exciton lines***). 그림 9에 나타나 있는 프렌켈 들뜸알 띠는 기본낱칸에 두 개의 원자 A, B가 있으면 이중준위가 된다. 식 (25)에서 (29)까지의 이론을 AB.AB.AB.AB와 같은 일차원 결정인 경우로 확장하여라. 이때 AB 간의 전달적분(transfer integral)은 T_1, BA 간의 전달적분은 T_2로 하자. 두 개의 띠에 대한 방정식을 파동벡터의 함수로 나타내어라. $k = 0$에서 나타나는 이들 띠간 갈라지기를 다비도브 갈라지기라고 한다.

* 이 문제는 다소 어렵다.

CHAPTER 16

유전체와 강유전체
Dielectrics and Ferroelectrics

표기법: $\epsilon_0 = 10^7/4\pi c^2$;

(CGS) $D = E + 4\pi P = \epsilon E = (1 + 4\pi\chi)E$; $\alpha = p/E_{\text{local}}$;

(SI) $D = \epsilon_0 E + P = \epsilon\epsilon_0 E = (1 + \chi)\epsilon_0 E$; $\alpha = p/E_{\text{local}}$;

$\epsilon_{\text{CGS}} = \epsilon_{\text{SI}}$; $4\pi\chi_{\text{CGS}} = \chi_{\text{SI}}$; $\alpha_{\text{SI}} = 4\pi\epsilon_0\alpha_{\text{CGS}}$

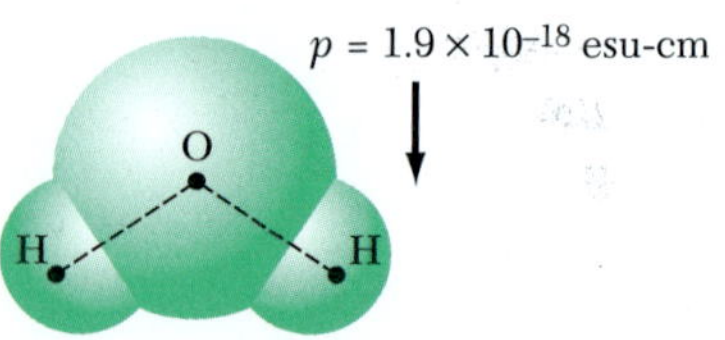

그림 1 물의 영구 전기쌍극자 모멘트는 1.9×10^{-18} esu-cm이고 이 전기쌍극자의 방향은 O^{2-}에서 H^+ 이온 사이를 연결하는 직선의 중앙을 향하여 존재한다(SI 단위로 변환하기 위해서는 $1/3 \times 10^{11}$을 곱하면 된다).

CHAPTER 16 유전체와 강유전체

Dielectrics and Ferroelectrics

첫째로 우리는 유전체 결정 내의 전기장과 외부에서 가해진 전기장과의 관계를 알아볼 것이다. 유전체 내에서의 전기장을 연구하기 위해서는 다음 사항을 알아야 한다.

- 거시적 전기장 **E**와 유전체 편극 **P**가 물질 내의 맥스웰 방정식에서 어떠한 관계를 가지는가?
- 격자 내에 있는 원자에 직접 작용하는 극소 전기장과 유전체의 편극과의 관계는 어떠한가? 이 극소 전기장은 이 원자의 전기 쌍극자 모멘트를 결정한다.

맥스웰 방정식*(Maxwell equations)*

(CGS)

$$\text{curl}\,\mathbf{H} = \frac{4\pi}{c}\mathbf{j} + \frac{1}{c}\frac{\partial}{\partial t}(\mathbf{E} + 4\pi\mathbf{P})\ ;$$

$$\text{curl}\,\mathbf{E} = -\frac{1}{c}\frac{\partial \mathbf{B}}{\partial t}\ ;$$

$$\text{div}\,\mathbf{E} = 4\pi\rho\ ;$$

$$\text{div}\,\mathbf{B} = 0\ ;$$

(SI)

$$\text{curl}\,\mathbf{H} = \mathbf{j} + \frac{\partial}{\partial t}(\epsilon_0\mathbf{E} + \mathbf{P})\ ;$$

$$\text{curl}\,\mathbf{E} = -\frac{\partial \mathbf{B}}{\partial t}\ ;$$

$$\text{div}\,\epsilon_0\mathbf{E} = \rho\ ;$$

$$\text{div}\,\mathbf{B} = 0\ .$$

편극*(polarization)*

편극 P는 단위격자 내의 **단위 부피당 전기쌍극자 모멘트**로 정의된다. 총 전기쌍극자 모멘트는

$$\mathbf{P} = \Sigma q_n \mathbf{r}_n \tag{1}$$

으로 주어지는데, 여기서 $\mathbf{r}_n$은 전하 q_n의 위치 벡터이다. 만약 총합이 중성이라면 식 (1)에서 구한 값은 위치 벡터의 원점을 어디로 정하든지 관계가 없다. $\mathbf{r}_n' = \mathbf{r}_n + \mathbf{R}$이면 $\mathbf{p} = \Sigma q_n \mathbf{r}_n' = \mathbf{R}\Sigma q_n + \Sigma q_n \mathbf{r}_n = \Sigma q_n \mathbf{r}_n$이 된다. 물의 전기쌍극자 모멘트는 그림 1에 나와 있다.

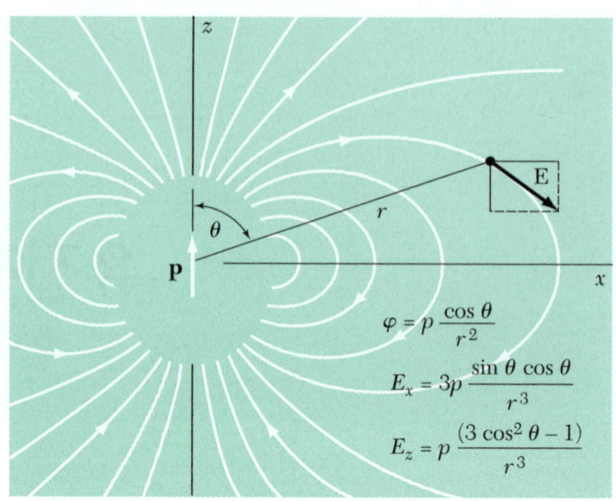

그림 2 z축으로 존재하는 전기쌍극자 **p**의 정전위 및 전기장의 r 및 θ 위치에서의 성분. CGS 단위로 $\theta = 0$에서는 $E_x = E_y = 0$, $E_z = 2p/r^3$이고 $\theta = \pi/2$인 경우 $E_x = E_y = 0$, $E_z = -p/r^3$이다. SI 단위로 나타내기 위해서는 p를 $p/4p\epsilon_0$로 대치하면 된다(E. M. Purcell의 업적으로부터).

기본적인 전자기학의 결과에 의하면 전기쌍극자 **p**에서 **r**만큼 떨어진 지점에서의 전기장은 다음과 같이 주어진다.

$$\text{(CGS)}\ \mathbf{E}(\mathbf{r}) = \frac{3(\mathbf{p}\cdot\mathbf{r})\mathbf{r} - r^2\mathbf{p}}{r^5}\ ; \qquad \text{(SI)}\ \mathbf{E}(\mathbf{r}) = \frac{3(\mathbf{p}\cdot\mathbf{r})\mathbf{r} - r^2\mathbf{p}}{4\pi\epsilon_0 r^5}\ . \tag{2}$$

z축에 놓인 전기쌍극자의 전기력선은 그림 2에 보였다.

거시적 전기장
MACROSCOPIC ELECTRIC FIELD

어떤 물체 내부의 전기장은 다음에 정의된 물체에 가해진 전기장이 큰 기여를 한다.

$$\mathbf{E}_0 \equiv \text{물체 외부에 있는 고정된 전하가 만드는 전기장.} \tag{3}$$

또 하나의 기여는 그 물체를 구성하고 있는 모든 전하가 만드는 전기장이다. 만약 물체가 중성(neutral)이면, 평균 전기장은 원자들의 전기쌍극자가 만드는 전기장의 합으로부터 구할 수 있다.

우리는 평균 전기장 $\mathbf{E}(\mathbf{r}_0)$를 **단위결정의 부피당 전기장**으로 정의할 수 있고 이 단위 결정은 격자점 $\mathbf{r}_0$를 포함해야 한다.

$$\mathbf{E}(\mathbf{r}_0) = \frac{1}{V_c}\int dV\, \mathbf{e}(\mathbf{r})\ . \tag{4}$$

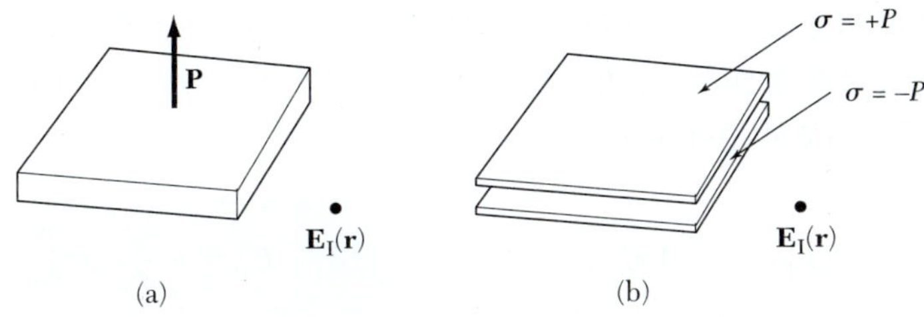

그림 3 (a) 균일하게 편극된 유전체판. 이때 편극벡터 **P**는 이 판에 수직으로 존재하고, (b) 쌍으로 균일하게 대전된 평행판. 이때 생성된 전기장 $\mathbf{E}_1$은 (a)와 같다. 위쪽 판은 표면 전하 밀도 $\sigma = +P$이고 아래쪽 판은 $\sigma = -P$이다.

여기서 $\mathbf{e}(\mathbf{r})$은 $\mathbf{r}$지점에서의 미시적 전기장이다. 전기장 **E**는 **e**보다는 완만한 양이고, **e**는 전기쌍극자가 만드는 전기장으로 완곡하지 않은 양으로 생각할 수 있다. 우리는 쌍극자장 식 (2)를 $\mathbf{e}(\mathbf{r})$이라 부를 수 있는데, 이것은 미시적으로 원래의 전기장이기 때문이다.

여기서 **E**를 **거시적 전기장**이라 할 수 있다. 이는 전기장 **E**, 편극 P 및 전류밀도 **j**가 서로 밀접한 관계가 있고, 고려하는 파장이 격자상수보다 길기 때문이다.[1)]

편극이 거시적 전기장에 기여하는 양을 알기 위해서 우리는 시료의 모든 전기쌍극자를 합하면 된다. 정전기학에서 잘 알려져 있듯이[2)] 가상의 표면 전하밀도가 $\sigma = \hat{\mathbf{n}} \cdot \mathbf{P}$인 전하가 진공에서 만드는 전기장은 균일한 편극이 만드는 거시적 전기장과 같다. 여기서 $\hat{\mathbf{n}}$은 표면에 수직된 방향이고, 또한 이는 판에서 밖으로 나가는 방향이다.

그림 3a와 같은 얇은 유전체판에 위의 결과를 적용하다. 이 유전체판은 균일한 부피편극 **P**를 가진 경우이다. 편극에 의해서 형성된 전기장 $\mathbf{E}_1(\mathbf{r})$은 가상적인 표면 전하밀도 $\sigma = \hat{\mathbf{n}} \cdot \mathbf{P}$가 이 판의 표면에 있을 때 생기는 전기장과 같다. 윗쪽 판의 $\hat{\mathbf{n}}$은 판의 위쪽으로, 또한 아랫쪽 판의 $\hat{\mathbf{n}}$은 판의 아랫쪽으로 존재하기 때문 에 $\sigma = \hat{\mathbf{n}} \cdot \mathbf{P} = P$는

---

1) 거시적인 전기장 **E** 및 자기유도 **B**에 의한 상세한 맥스웰 방정식의 유도를 미시적인 전기 장 및 전기장 **h**로부터 유도하는 것은 푸르셀의 *Electricity and magnetism*, 2nd ed, McGraw-Hill, 1985에 주어져 있다.

2) 전기쌍극자 모멘트 **p**의 CGS 단위의 정전위 차는 $\varphi(\mathbf{r}) = \mathbf{p} \cdot \mathrm{grad}(1/r)$로 주어지고 부피에 분포된 편극 **P**는 다음과 같이 정전위차를 갖는다.

$$\varphi(\mathbf{r}) = \int dV \left(\mathbf{P} \cdot \mathrm{grad} \frac{1}{r} \right)$$

이것을 다시 쓰면

$$\varphi(\mathbf{r}) = \int dV \left(-\frac{1}{r} \mathrm{div}\, \mathbf{P} + \mathrm{div} \frac{\mathbf{P}}{r} \right)$$

만약 **P**가 상수이면 $\mathrm{div}\, \mathbf{P} = 0$이고 가우스 법칙을 이용하면

$$\varphi(\mathbf{r}) = \int dS \frac{P_n}{r} = \int dS \frac{\sigma}{r}$$

여기서 σdS는 물체의 미분전하면적이다. 이것으로 증명은 완료된다.

윗판의 단위면적당 표면 전하밀도이고 또 아랫판의 단위면적당 전하밀도는 $-P$이다.

이러한 전하가 형성하는 전기장 $\mathbf{E}_1$은 두 판 사이의 어느 지점에서나 다음과 같이 가우스 법칙에 의해서 주어진다.

$$\text{(CGS)}\quad E_1 = -4\pi|\sigma| = -4\pi P \; ; \qquad \text{(SI)}\quad E_1 = -\frac{|\sigma|}{\epsilon_0} = \frac{P}{\epsilon_0} \; . \tag{4a}$$

우리는 이 판 내부에서의 총 거시적 전기장을 얻기 위해서 $\mathbf{E}_0$에 $\mathbf{E}_1$을 더한다. 여기서 $\hat{\mathbf{z}}$는 이 판에 수직된 방향이다.

$$\text{(CGS)}\qquad \mathbf{E} = \mathbf{E}_0 + \mathbf{E}_1 = \mathbf{E}_0 - 4\pi P\hat{\mathbf{z}} \tag{5}$$

$$\text{(SI)}\qquad \mathbf{E} = \mathbf{E}_0 + \mathbf{E}_1 = \mathbf{E}_0 - \frac{P}{\epsilon_0}\hat{\mathbf{z}} \; .$$

여기서 우리는 다음을 정의한다.

$\mathbf{E}_1$ = 표면 전하밀도 $\hat{\mathbf{n}} \cdot \mathbf{P}$가 경계면에서 만드는 전기장. (6)

이 전기장은 물체의 안과 밖에서 완만하게 변하며 거시적 전기장 $\mathbf{E}$와 동일하게 맥스웰 방정식을 만족시킨다. $\mathbf{E}_1$이 원자의 관점에서 볼 때 완만한 것은 띄엄띄엄한 $\mathbf{p}_j$를 완만한 편극 $\mathbf{P}$로 바꾸어서 나타내었기 때문이다.

편극소거 전기장, E_1*(depolarization field, E_1)*

만약 편극이 물체 내에서 균일하면 거시적인 전기장은 외부에서 가한 전기장 $\mathbf{E}_0$와 균일한 편극에 의해서 생기는 전기장 $\mathbf{E}_1$의 합으로 주어진다.

$$\boxed{\mathbf{E} = \mathbf{E}_0 + \mathbf{E}_1 .} \tag{7}$$

또한 $\mathbf{E}_1$은 **편극소서 전기장**이라 부르는데, 이는 그림 4에서 보듯이 물체가 외부에서 걸린 전기장 $\mathbf{E}_0$에 반해서 만드는 전기장이기 때문이다. 시료가 타원체인 경우는 공이나, 원통형 또는 원판도 포함하는데 균일한 편극이 시료 내부에 균일한 편극소거 전기장을 만든다. 이는 잘 알려진 수학적인 결과로 고전적인 전자기학 교과서에 나타나 있다.[3)]

만약 P_x, P_y 및 P_z가 타원체의 편극 $\mathbf{P}$의 주축에 대한 성분이라면 편극소거 전기장의 성분은 다음과 같이 나타난다.

$$\text{(CGS)}\qquad E_{1x} = -N_x P_x \; ; \qquad E_{1y} = -N_y P_y \; ; \qquad E_{1z} = -N_z P_z \tag{8}$$

3) R. Becker, *Electromagnetic fields and interactions*, Blaisdell, 1964, pp. 102-107.

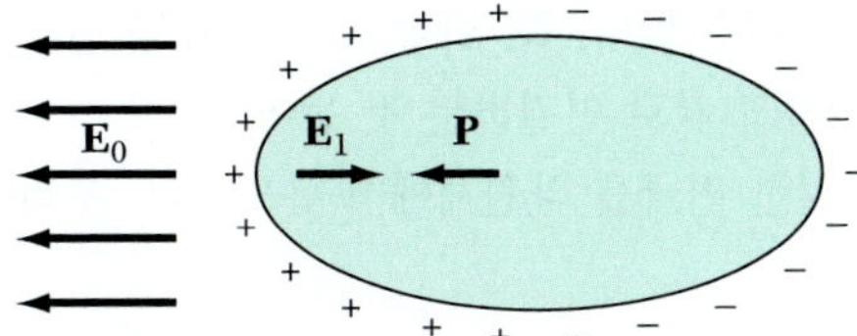

그림 4 편극소거 전기장 $\mathbf{E}_1$은 $\mathbf{P}$에 반대되는 방향으로 주어진다. 가상적인 표면전하가 주어져 있고, 또한 이 전하가 만드는 전기장 $\mathbf{E}_1$은 타원체 안에서 그림과 같이 존재한다.

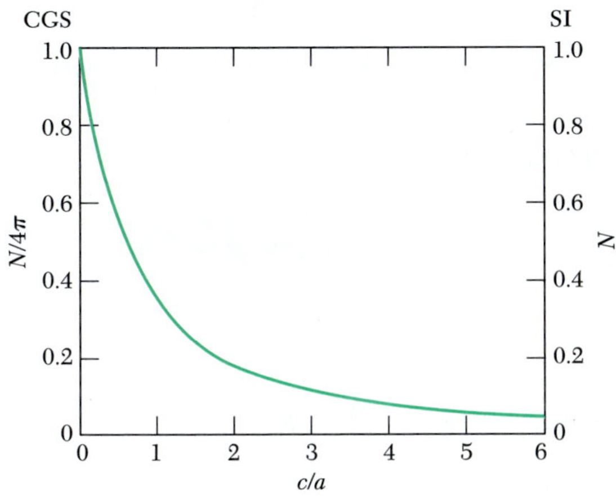

그림 5 회전 타원체의 축에 평행한 편극인자 N이 c/a의 축의 비로 주어져 있다.

$$\text{(SI)} \qquad E_{1x} = -\frac{N_x P_x}{\epsilon_0} \; ; \qquad E_{1y} = -\frac{N_y P_y}{\epsilon_0} \; ; \qquad E_{1z} = -\frac{N_z P_z}{\epsilon_0} \; .$$

여기서 N_x, N_y 및 N_z는 **편극소거인자**(depolarization factor)이고 그들의 값은 타원체의 주축의 비율과 관계이 있다. N의 값들은 양의 값이며 다음의 수식을 만족시킨다.

$$\text{(CGS)} \quad N_x + N_y + N_z = 4\pi \; ; \qquad \text{(SI)} \; N_x + N_y + N_z = 1 \; .$$

회전 타원체의 축에 평행한 N값이 그림 5에 나와 있는데, 오스본[4]과 스토너가 다른 경우에 대해서 계산을 했다. N의 특이한 값들은 다음 표와 같다.

Shape	Axis	N (CGS)	N (SI)
Sphere	any	$4\pi/3$	1/3
Thin slab	normal	4	1
Thin slab	in plane	0	0
Long circular cylinder	longitudinal	0	0
Long circular cylinder	transverse	2π	1/2

4) J. A. Osborn, Phys. Rev. **67**, 351 (1945); E. C. Stoner, Philosophical Magazine **36**, 803 (1945).

우리는 편극소거장을 두 가지 방법으로 0을 만들 수 있다. 즉, 가늘고 긴 시료를 만들거나 얇은 판형 시료의 경우 양단에 전극을 만들고 서로 연결하는 것 등이다.

균일한 외부에서 가해진 전기장 $\mathbf{E}_0$는 균일한 편극을 타원체에서 유도한다. 우리는 **유전 감수율** χ를 다음과 같이 정의한다.

$$\text{(CGS)}\ \mathbf{P} = \chi\mathbf{E}\ ; \qquad \text{(SI)}\quad \mathbf{P} = \epsilon_0\chi\mathbf{E}\ . \tag{9}$$

이 식은 타원체에서 편극 $\mathbf{P}$와 거시적 전기장 $\mathbf{E}$와의 관계이다. 여기서 $\chi_{SI} = 4\pi\chi_{CGS}$이다.

만약 $\mathbf{E}_0$가 균일하고 또한 타원체의 주축에 평행하다면 식 (8)로부터

$$\text{(CGS)}\quad E = E_0 + E_1 = E_0 - NP\ ; \qquad \text{(SI)}\ E = E_0 - \frac{NP}{\epsilon_0} \tag{10}$$

따라서

$$\text{(CGS)}\qquad P = \chi(E_0 - NP)\ ; \qquad P = \frac{\chi}{1 + N\chi}E_0 \tag{11}$$

$$\text{(Si)}\qquad P = \chi(\epsilon_0 E_0 - NP)\ ; \qquad P = \frac{\chi\epsilon_0}{1 + N\chi}E_0$$

편극 값은 편극소거인자 N의 값에 의존한다.

원자에서의 국소 전기장
LOCAL ELECTRIC FIELD AT AN ATOM

원자가 놓여있는 위치에서 느끼는 국소 전기장의 값은 거시적 전기장의 값과는 크게 다르다. 결정상태가 입방구조인[5] 공모양 구조 내부의 국소 전기장을 고려하자. 이는 공 모양의 결정에서 입방구조 모양의 이웃들로 구성된 지점의 국소 전기장을 생각하면 된다. 공 모양에서 거시적 전기장은 식 (10)에 의해 다음과 같이 주어진다.

$$\text{(CGS)}\qquad \mathbf{E} = \mathbf{E}_0 + \mathbf{E}_1 = \mathbf{E}_0 - \frac{4\pi}{3}\mathbf{P} \tag{12}$$

$$\text{(SI)}\qquad \mathbf{E} = \mathbf{E}_0 + \mathbf{E}_1 = \mathbf{E}_0 - \frac{1}{3\epsilon_0}\mathbf{P}\ .$$

5) 입방결정에 존재하는 원자의 위치는 꼭 입방대칭일 필요가 없다. $BaTiO_3$ 구조에 존재하는 O^{2-}의 위치는 그림 10에서 보듯이 입방구조에 해당되는 이웃들로 되어 있지 않다. 그러나 NaCl 내의 Na^+, Cl^- 그리고 CsCl 구조 내의 Cl^-, Cs^+ 이온들은 입방대칭의 위치에 존재한다.

공의 중심에 원자가 있고 여기에서 원자가 느끼는 전기장을 생각해 보자. 만약 모든 전기쌍극자가 z축으로 나란히 배열해 있고 그 크기가 p라면, 공의 중심에서 다른 전기쌍극자에 의한 전기장의 z성분은 식 (2)에 의해서 다음과 같이 나타낼 수 있다.

$$\text{(CGS)} \qquad E_{\text{dipole}} = p \sum_i \frac{3z_i^2 - r_i^2}{r_i^5} = p \sum_i \frac{2z_i^2 - x_i^2 - y_i^2}{r_i^5} \ . \tag{13}$$

SI 단위로 표시하려면 p를 $p/4\pi\epsilon_0$로 바꾸면 된다. 여기서 x, y, z는 격자와 공의 대칭 때문에 같다고 볼 수 있다. 따라서

$$\sum_i \frac{z_i^2}{r_i^5} = \sum_i \frac{x_i^2}{r_i^5} = \sum_i \frac{y_i^2}{r_i^5}$$

즉, $E_{\text{dipole}} = 0$이다.

그러므로 정확한 국소 전기장은 외부에서 가해진 전기장과 같다. 즉, 공 모양으로 생긴 입방구조의 경우 $\mathbf{E}_{\text{local}} = \mathbf{E}_0$이다. 따라서 국소 전기장은 거시적 평균 전기장 $\mathbf{E}$와는 같지 않다.

일반적인 경우의 국소 전기장을 구해 보자. 어떤 원자가 느끼는 국소 전기장은 외부에서 가해진 전기장 $\mathbf{E}_0$와 이 시료 내부에 존재하는 전기쌍극자가 만드는 전기장의 합으로 주어진다. 여기서 전기쌍극자가 만드는 전기장을 여러 부분으로 분해하면 어떤 부분의 합은 적분으로 편리하게 대체할 수 있다.

$$\boxed{\mathbf{E}_{\text{local}} = \mathbf{E}_0 + \mathbf{E}_1 + \mathbf{E}_2 + \mathbf{E}_3 \ .} \tag{14}$$

여기서

$\mathbf{E}_0$ = 물체 밖의 고정된 전하가 만드는 전기장

$\mathbf{E}_1$ = 시료 표면의 면전하밀도 $\hat{\mathbf{n}} \cdot \mathbf{P}$로부터 발생하는 편극소거 전기장

$\mathbf{E}_2$ = 로런츠 공동 전기장. 공모양의 공동 안에 있는 편극된 전하가 만드는 전기장(수학적인 가상)으로 기준 원자는 가운데에 있다. 그림 6에서 보듯이 $\mathbf{E}_1 + \mathbf{E}_2$는 공동이 존재할 때 시료의 균일한 편극이 만드는 전기장이다.

$\mathbf{E}_3$ = 공동 안의 원자들의 전기장.

$\mathbf{E}_1 + \mathbf{E}_2 + \mathbf{E}_3$가 국소 전기장에 기여하는 것은 시료에 있는 다른 원자들의 전기쌍극자가 만드는 전기장이 기준원자에 기여하는 것과 같다. 즉,

$$\text{(CGS)} \qquad \mathbf{E}_1 + \mathbf{E}_2 + \mathbf{E}_3 = \sum_i \frac{3(\mathbf{p}_i \cdot \mathbf{r}_i)\mathbf{r}_i - r_i^2 \mathbf{p}_i}{r_i^5} \tag{15}$$

(SI) 단위로는 $\mathbf{p}_i$ 대신에 $\mathbf{p}_i/4\pi\epsilon_0$로 대치하면 된다.

전기쌍극자가 기준원자의 위치에서 격자상수의 10배쯤 떨어진 거리에 있는 경우에는 전기장의 합은 두 개의 면적분으로 대치할 수 있다. 첫 번째 면적분은 타원체 모

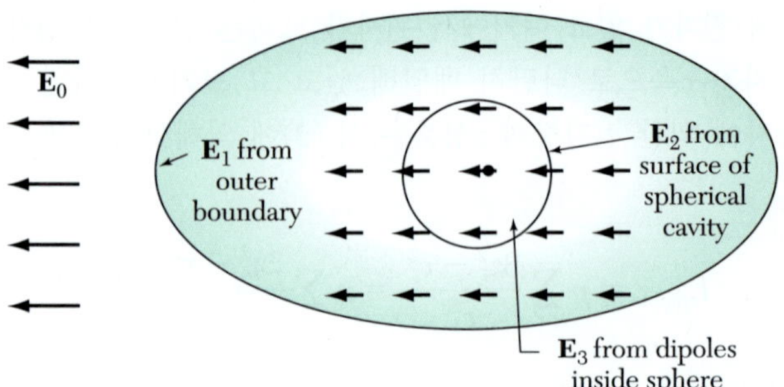

그림 6 원자의 내부 전기장은 외부에서 가해진 전기장 $\mathbf{E}_0$와 결정 내부의 다른 원자가 만드는 전기장의 합으로 주어진다. 기준 원자 주변에 가상적인 공을 생각해서, 그 안에 존재하는 다른 원자의 전기쌍극자가 만드는 전기장을 합하는 것이 전형적인 $\mathbf{E}_3$ 전기장을 구하는 방법이다. 이때 $\mathbf{E}_3$는 기준 원자가 입방대칭일 때는 그 값이 0이다. 또한 이 공의 밖은 균일하게 편극된 유전체로 다룬다. 이들이 기준 원자에게 기여하는 전기장은 $\mathbf{E}_1 + \mathbf{E}_2$로, 여기서 $\mathbf{E}_1$은 편극소거 전기장으로 밖의 경계면의 성분이고, $\mathbf{E}_2$는 공모양으로 된 공동의 표면의 성분이다.

양의 시료의 밖의 면적에 대하여 구한다. 이때 얻는 전기장은 식 (6)에서 정의한 $\mathbf{E}_1$에 해당된다. 두 번째 면적분은 $\mathbf{E}_2$를 구하는 적분인데 기준 원자의 위치에서 약 50 Å 떨어진 공의 내부에 대하여 행한다. $\mathbf{E}_3$는 내부 및 외부 표면에 둘러싸인 공간에 포함되지 않은 모든 전기쌍극자에 의해서 생긴 전기장이고, 또한 내부 표면은 공모양으로 생각하는 것이 편리하다.

로런츠 전기장, $\mathbf{E}_2$ *(Lorentz field, E_2)*

가상적인 공동의 표면에 존재하는 전하의 편극때문에 생기는 전기장 $\mathbf{E}_2$는 로런츠에 의해서 계산되었다. 만약 극축각 θ가(그림 7) 편극 방향과 만드는 각이라면, 이 공동의 표면에 있는 표면 전하밀도는 $-P\cos\theta$로 주어진다. 반지름이 a인 공모양의 공동의 중심에서의 전기장은 다음과 같이 주어진다.

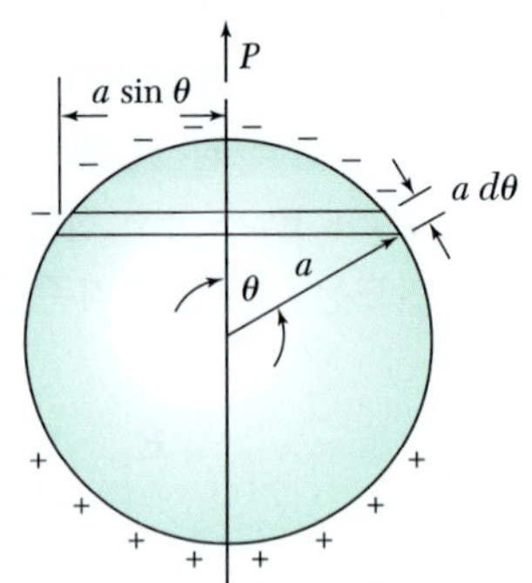

그림 7 균일하게 편극된 물질의 공모양의 공동에서 전기장 계산.

$$\text{(CGS)}\qquad \mathbf{E}_2 = \int_0^{\pi} (a^{-2})(2\pi a\ \sin\ \theta)(a\,d\theta)(\mathbf{P}\ \cos\ \theta)(\cos\ \theta) = \frac{4\pi}{3}\mathbf{P} \qquad (16)$$

$$\text{(SI)}\qquad \mathbf{E}_2 = \frac{1}{3\epsilon_0}\mathbf{P}\ .$$

이 값은 편극된 공의 편극소거 전기장 $\mathbf{E}_1$의 음의 값으로, 공의 경우에는 $\mathbf{E}_1 + \mathbf{E}_2 = 0$이다.

공동 안에서의 전기쌍극자에 의한 전기장, E_3(*field of dipoles inside cavity, E_3*)

공모양의 공동 안에서 전기쌍극자에 의한 전기장 $\mathbf{E}_3$는 결정구조에 의존한다. 우리는 공 안에 존재하는 입방구조의 위치에서는 $\mathbf{E}_3 = 0$인 것을 보여 주었다. 이는 모든 전기쌍극자가 서로 평행한 점 전기쌍극자라는 가정하에서이다. 입방구조 위치에서의 총 국소 전기장은 식 (14)와 (16)으로부터 다음과 같이 주어진다.

$$\text{(CGS)}\qquad \mathbf{E}_{\text{local}} = \mathbf{E}_0 + \mathbf{E}_1 + \frac{4\pi}{3}\mathbf{P} = \mathbf{E} + \frac{4\pi}{3}\mathbf{P} \qquad (17)$$

$$\text{(SI)}\qquad \mathbf{E}_{\text{local}} = \mathbf{E} + \frac{1}{3\epsilon_0}\mathbf{P}\ .$$

이것이 **로런츠 관계식**인데 이는 입방구조 위치에 있는 원자에 작용하는 전기장이 식 (7)에서 보여주는 거시적인 전기장 $\mathbf{E}$와 시료에 있는 다른 원자들의 편극 때문에 생기는 $4\pi\mathbf{P}/3$ 또는 $\mathbf{P}/3\epsilon_0$의 합으로 주어짐을 보여준다. 입방구조를 가진 이온결정의 실험값도 로런츠 관계식을 만족시킨다.

유전상수와 편극률
DIELECTRIC CONSTANT AND POLARIZABILITY

등방성이거나 입방구조를 가진 물질의 **유전상수** ϵ은 거시적 전기장 E로 나타낸다.

$$\text{(CGS)}\qquad \epsilon = \frac{E + 4\pi P}{E} = 1 + 4\pi\chi\ ; \qquad (18)$$

$$\text{(SI)}\qquad \epsilon = \frac{\epsilon_0 E + P}{\epsilon_0 E} = 1 + \chi\ .$$

여기서 $\chi_{\text{SI}} = 4\pi\chi_{\text{CGS}}$이고 $\epsilon_{\text{SI}} = \epsilon_{\text{CGS}}$이다.

식 (9)에서 주어진 감수율은 유전상수와 다음과 같은 관계를 이룬다.

$$\text{(CGS)}\quad \chi = \frac{P}{E} = \frac{\epsilon - 1}{4\pi}\ ; \qquad \text{(SI)}\quad \chi = \frac{P}{\epsilon_0 E} = \epsilon - 1\ . \qquad (19)$$

입방구조를 가지지 않은 결정의 유전상수는 유전상수 텐서(Dielectric constant tensor)로 주어지고 또한 감수율도 감수율 텐서(Susceptibility tensor)로 주어진다.

(CGS) $$P_\mu = \chi_{\mu v} E_v \;;\quad \epsilon_{\mu v} = \delta_{\mu v} + 4\pi\chi_{\mu v} \tag{20}$$

(SI) $$P_\mu = \chi_{\mu v}\epsilon_0 E_v \;;\quad \epsilon_{\mu v} = \delta_{\mu v} + \chi_{\mu v}\ .$$

원자의 **편극률** α는 원자에 가해진 국소 전기장에 의해 정의된다.

$$p = \alpha E_{\text{local}}\ . \tag{21}$$

여기서 p는 전기쌍극자 모멘트이다. 이 정의는 CGS 단위나 SI 단위에 다음의 식을 생각하여 고려하여야 한다. 즉, $\alpha_{\text{SI}} = 4\pi\epsilon_0\alpha_{\text{CGS}}$. 편극률은 원자적인 성질이지만 유전상수는 원자가 결정을 이루기 위해서 어떻게 뭉쳐져 있는가에 의존한다. 또 공모양이 아닌 원자의 α는 텐서이다.

결정의 편극은 근사적으로 원자의 편극률과 국소 전기장의 곱으로 나타내어진다.

$$P = \sum_j N_j p_j = \sum_j N_j\alpha_j E_{\text{loc}}(j)\ . \tag{22}$$

여기서 N_j는 농도이고, α_j는 원자 j의 편극률이며 $E_{\text{loc}}(j)$는 j 원자위치의 국소 전기장이다.

편극률과 유전상수의 관계를 알아보자. 이는 거시적 전기장과 국소 전기장의 관계에 의존하기 때문이다. 유도는 CGS 단위로 하고 두 개의 단위, 즉 SI 및 CGS로 나타낼 것이다.

만약 국소 전기장이 식 (17)의 로런츠 관계식으로 주어진다면

(CGS) $$P = (\Sigma N_j\alpha_j)\left(E + \frac{4\pi}{3}P\right)$$

여기서 P에 관해서 풀고 편극률을 구하면 다음과 같이 주어진다.

$$\chi = \frac{P}{E} = \frac{\Sigma N_j\alpha_j}{1 - \frac{4\pi}{3}\Sigma N_j\alpha_j}\ . \tag{23}$$

정의에 의해서 $\epsilon = 1 + 4\pi\chi$로 주어지므로 식 (23)을 재구성하면 다음의 식을 얻는다.

$$\frac{\epsilon - 1}{\epsilon + 2} = \frac{4\pi}{3}\Sigma N_j\alpha_j\ ; \qquad \text{(SI)}\ \frac{\epsilon - 1}{\epsilon + 2} = \frac{1}{3\epsilon_0}\Sigma N_j\alpha_j\,. \tag{24}$$

이것이 **클라우지우스-모소티 관계식**이다. 이 식은 유전상수와 전자 편극률과의 관계를 나타낸다. 그러나 이는 식 (17)로 표현되는 로런츠 국소 전기장을 만족하는 결정구조에서만 유효하다.

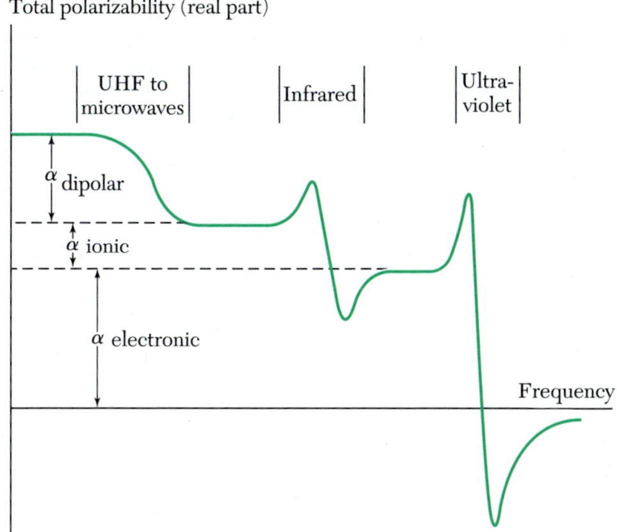

그림 8 주파수에 따른 여러 가지 편극률.

전자 편극률(*electronic polarizability*)

총 편극률은 세 편극률, 즉 전자 편극률, 이온 편극률 및 전기쌍극자 편극률의 합으로 주어진다(그림 8). 전자 편극률은 전자껍질(electron shell)에 있는 전자와 핵의 상대적인 변위에 의해 생긴다. 또한 이온 편극률은 이온이 다른 이온에 대해서 변위가 있을 때 생긴다. 전기쌍극자 편극률은 영구 전기쌍극자를 가지고 있는 분자가 외부에 가해진 전기장에 의해서 방향이 바뀌어질 때 생긴다.

이종물질(heterogeneous)의 경우, 계면 편극(interfacial polarization)은 계면에 축적된 전하 때문에 생긴다. 이는 원리에 대한 이해보다는 실용적 관점에서 더 중요한데, 상용화된 부도체 대부분이 이종물질이기 때문이다.[6)]

광 주파수 영역에서의 유전상수는 대부분 전자 편극률에 기인한다. 전기쌍극자 및 이온 편극률은 광 주파수, 즉 높은 주파수 영역에서는 그들의 큰 관성 때문에 크게 기여하지 못한다. 광 주파수 영역에서는 식 (24)는 다음과 같이 주어진다.

$$\text{(CGS)} \qquad \frac{n^2-1}{n^2+2} = \frac{4\pi}{3}\Sigma N_j\alpha_j(\text{electronic})\,. \qquad (25)$$

여기서 우리는 $n^2 = \epsilon$라는 관계를 사용했고 n은 굴절률이다.

식 (25)를 이용하여 얻은 많은 결정의 전기 편극률을 표 1에 표시하였는데, 이는 관측된 굴절률과 대체로 일치한다. 지금까지 구한 값은 완벽하게 자체모순이 없는 것

6) D. E. Aspnes, Am. J. Phys. **50**, 704 (1982) 참조.

표 1 원자와 이온들의 전자 편극률($10^{-24}/cm^3$)

			He	**Li^+**	**Be^{2+}**	**B^{3+}**	**C^{4+}**
Pauling			0.201	0.029	0.008	0.003	0.0013
JS				0.029			
	O^{2-}	F^-	Ne	Na^+	Mg^{2+}	Al^{3+}	Si^{4+}
Pauling	3.88	1.04	0.390	0.179	0.094	0.052	0.0165
JS-(TKS)	(2.4)	0.858		0.290			
	S^{2-}	Cl^-	Ar	K^+	Ca^{2+}	Se^{3+}	Ti^{4+}
Pauling	10.2	3.66	1.62	0.83	0.47	0.286	0.185
JS-(TKS)	(5.5)	2.947		1.133	(1.1)		(0.19)
	Se^{2-}	Br^-	Kr	Rb^+	Sr^{2+}	Y^{3+}	Zr^{4+}
Pauling	10.5	4.77	2.46	1.40	0.86	0.55	0.37
JS-(TKS)	(7.)	4.091		1.679	(1.6)		
	Te^{2-}	I^-	Xe	Cs^+	Ba^{2+}	La^{3+}	Ce^{4+}
Pauling	14.0	7.10	3.99	2.42	1.55	1.04	0.73
JS-(TKS)	(9.)	6.116		2.743	(2.5)		

L. Pauling, Proc. R. Soc. London **A114**, 181 (1927); S. S. Jaswal and T. P. Sharma, J. Phys. Chem. Solids **34**, 509 (1973); and J. Tessman, A. Kahn, and W. Shockley, Phys. Rev. **92**, 890 (1953)에서 얻은 값임. TKS 편극률은 나트륨(sodium)의 D-선 스펙트럼에서 얻었다. 이 값은 CGS 단위이고, SI 단위로 변환시키려면 9×10^{-15}을 곱해야 한다.

은 아니다. 왜냐하면 전자 편극률은 이온이 존재하는 주변에 영향을 받기 때문이다. 또 음이온은 크기 때문에 쉽게 편극이 가능하다.

고전적 이론에 따른 전자 편극률*(classical theory)*

원자에 속박되어 있는 전자가 조화진동을 할 때 공명흡수는 $\omega_0 = (\beta/m)^{1/2}$ 주파수에서 일어난다. 여기서 β는 힘상수이다. 가해진 전기장 E_{loc}에 의해서 전자가 x만큼 변위될 때,

$$-eE_{loc} = \beta x = m\omega_0^2 x \ . \tag{26}$$

따라서 정적 전자 편극률은 다음과 같이 주어진다.

$$\alpha(\text{electronic}) = p/E_{loc} = -ex/E_{loc} = e^2/m\omega_0^2 \ . \tag{27}$$

전자 편극률은 주파수에 의존하므로, 다음에 주어진 예제처럼

(CGS)
$$\alpha(\text{electronic}) = \frac{e^2/m}{\omega_0^2 - \omega^2} \tag{28}$$

으로 주어진다. 그러나 가시광 영역에서 모든 투명한 물질의 주파수 의존성은 매우 적다.

예제: 주파수 의존성(*frequency dependence*). 주어진 계가 조화진동자로 작동할 때, 공명 진동수가 ω_0인 전자의 전자 편극률의 주파수 의존성을 구하라.

국소 전기장이 $E_{\text{loc}} \sin \omega t$일 경우의 운동방정식은 다음과 같다.

$$m\frac{d^2x}{dt^2} + m\omega_0^2 x = -eE_{\text{loc}} \sin \omega t \ .$$

$x = x_0 \sin \omega t$일 때

$$m(-\omega^2 + \omega_0^2)x_0 = -eE_{\text{loc}}$$

전기쌍극자의 쌍극자 모멘트의 크기는

$$p_0 = -ex_0 = \frac{e^2 E_{\text{loc}}}{m(\omega_0^2 - \omega^2)}$$

인데, 이것은 식 (28)과 같다.

양자역학 이론에 의하면 식 (28)은 다음과 같이 표현된다.

$$\text{(CGS)} \qquad \alpha(\text{electronic}) = \frac{e^2}{m}\sum_j \frac{f_{ij}}{\omega_{ij}^2 - \omega^2} \ . \tag{29}$$

여기서 f_{ij}는 전기쌍극자가 원자준위 i와 j 사이로 전이할 때의 **진동자 세기**(oscillator strength)이다. 전이 근처에서 편극률은 그 부호가 바뀐다(그림 8).

구조적 상전이
STRUCTURAL PHASE TRANSITIONS

온도나 압력이 변할 때 그 결정구조가 한 구조에서 다른 구조로 변화하는 것은 흔히 있는 일이다. 절대 영도에서 안정된 구조인 A 구조는 모든 가능한 구조 중에서 가장 작은 내부 에너지를 가진 구조이다. 이 안정된 구조 A도 압력에 따라 변할 수 있다. 왜냐하면 원자의 부피가 작아질 때 이 구조는 밀집격자 구조나 금속구조를 가질 수 있다. 예를 들면 수소나 제논은 높은 압력에서 금속이 된다.

다른 구조 B는 구조 A보다 낮거나 무른 포논(phonon) 주파수를 가질 수 있다. 온도가 증가하면 B 구조에 있는 포논이 A 구조의 포논보다 더 높게 여기된다. 즉, 높은 열적 평균 점유율을 가진다. 엔트로피는 점유율에 따라 증가하기 때문에 B 구조의 엔트로피는 온도가 상승함에 따라 A 구조의 엔트로피보다 커진다.

따라서 안정된 구조 A가 온도증가에 따라 구조 B로 변화하는 것이 가능하다. 온도 T에서 안정된 구조는 자유에너지가 최소가 될 때이다. 자유에너지는 $F = U - TS$로 주어진다. 만약 융해점 이하인 온도 T_c에서 구조가 A에서 B로 변화하는 온도가 있다면 이는 다음의 식 $F_A(T_c) = F_B(T_c)$를 만족시킨다.

서로 다른 다양한 구조가 절대 영도에서 거의 같은 내부 에너지를 갖는 경우가 있다. 그러나 포논 분산관계는 매우 다르다. 포논 에너지는 주변 원자의 숫자와 배열에 매우 민감하고, 이는 구조가 바뀔 때 함께 변한다.

상전이 할 때 어떤 구조에서는 물질의 거시적 물리적인 성질이 약간 변한다. 그러나 상전이에 변형력이 수반되면, 결정은 상전이 온도에서 구조가 크게 달라지는데, 그 이유는 변형력이 있을 때 두 상(two phase)의 상대적인 비율이 변하기 때문이다. 어떤 구조 상전이는 거시적으로 전기적 성질에 매우 큰 영향을 미친다.

강유전체 전이는 구조적인 상전이의 부분군(subgroup)이다. 이는 자발적인 유전체 편극이 결정 내에서 생기는 것으로 설명된다. 강유전체는 이론적인 면이나 기술적인 면에서 매우 재미있는 물질이다. 왜냐하면 강유전체는 온도에 아주 민감한 유전상수, 압전성, 열전기성(pyroelectric effect) 및 진동수 배가를 포함한 전기광학적인 성질을 가지고 있기 때문이다.

강유전체 결정

FERROELECTRIC CRYSTALS

강유전체 결정은 외부 전기장이 없을 때도 전기쌍극자 모멘트를 가지고 있는 물질이다. 강유전 상태(Ferroelectric state)에서는 양의 전하와 음의 전하의 중심이 일치하지 않는다.

전기장에 따른 편극을 그림으로 그리면 강유전 상태에서는 전기이력곡선을 만든다. 보통의 유전체는 정상상태에서는 전기장이 증가하거나 감소해도 거의 전기이력곡선을 만들지 않는다.

강유전체는 전이온도 이상에서는 그 특성을 잃어버린다. 이 온도 이상에서는 **상유전성**을 갖는다. 이 말은 상자성체에서 유래된 것으로 유전상수는 온도가 증가하면 급격히 줄어든다.

어떤 결정은 강유전체 전기쌍극자 모멘트가 절연파괴 수준의 강한 전기장에서도 변하지 않는다. 이러한 결정에서는 그림 9에서 보여주듯이 온도를 변화시키면 자발편극이 변한다. 이러한 결정을 **열전기적 결정**이라고 부른다. $LiNbO_3$는 상온에서도 열전기적 성질을 가진다. 이 결정의 상전이 온도는 매우 높으며(T_c = 1480 K) 포화편극도 50 $\mu C/cm^2$이다. 또한 1400 K 이상에서 전기장을 가해 주면 전기쌍극자가 한방향으로 정렬하여 잔류 편극을 갖게된다.

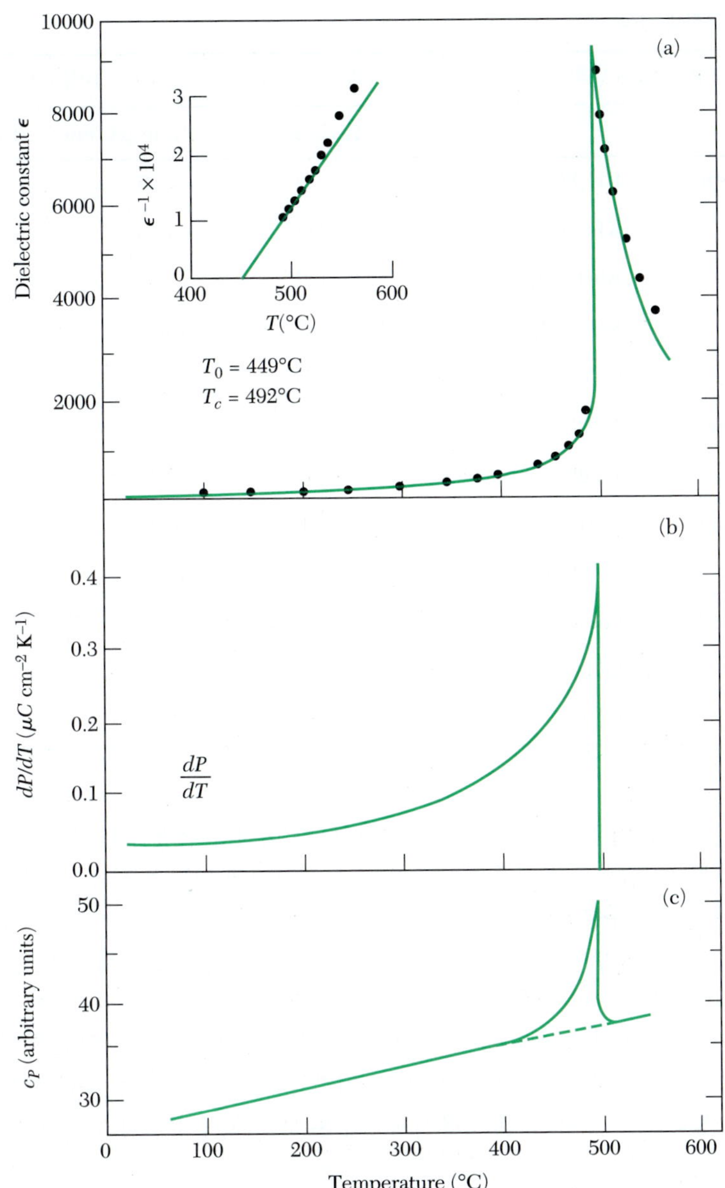

그림 9 (a) 온도에 따른 유전상수 ϵ, (b) 온도에 따른 열전기 상수 dP/dT, (c) $PbTiO_3$의 비열 c_p(Remeika와 Class의 결과 인용).

강유전체 결정의 분류*(classification of ferroelectric crystals)*

표 2에서는 강유전체을 가진 물질을 열거하였다. 여기에는 전이온도 즉, 퀴리온도 T_c를 표시했는데, 이 온도 이하에서는 편극된 상태이고 이 온도 이상에서는 편극되지 않는 상태가 된다. 열적인 요동은 강유전체의 정렬을 파괴한다. 어떤 결정은 퀴리온

표 2 강유전체 결정

자발편극 P_s를 CGS 단위 esu cm^{-2}으로 얻기 위해서는 μC cm^{-2}의 값에 3×10^3을 곱하면 된다.				
		Tc, in K	**Ps, in μC cm^{-2}, at T K**	
KDP type	KH_2PO_4	123	4.75	[96]
	KD_2PO_4	213	4.83	[180]
	RbH_2PO_4	147	5.6	[90]
	KH_2AsO_4	97	5.0	[78]
	GeTe	670	—	—
TGS type	Tri-glycine sulfate	322	2.8	[29]
	Tri-glycine selenate	295	3.2	[283]
Perovskites	$BaTiO_3$	408	26.0	[296]
	$KNbO_3$	708	30.0	[523]
	$PbTiO_3$	765	>50	[296]
	$LiTaO_3$	938	50	
	$LiNbO_3$	1480	71	[296]

도가 없는데, 그 이유는 강유전 상태를 벗어나기 이전에 결정이 녹아버리기 때문이다. 이 표에는 자발편극 P_s도 함께 포함되었다. 강유전체 결정은 질서-무질서 그리고 변이형 두 가지로 구분한다.

최근에는 전이의 특성을 낮은 주파수의 (무른)광 포논의 동역학으로 정의하려는 경향이 있다. 만약 전이할 때 낮은 주파수 모드 또는 무른 모드가 결정에서 전파된다면, 이 전이는 변이형(displacive)이다. 만약 무른 모드가 전파되지 않고 확산한다면, 그때는 포논은 없고, 단지 큰 진폭의 껑충뛰기가 질서-무질서의 두 우물 사이에서 존재한다고 생각할 수 있다. 많은 강유전체는 무른 모드를 가지며 이 두 극한 사이에 존재한다.

질서-무질서 종류에 속하는 강유전체 결정들은 수소결합을 가지는데, 여기서 양성자의 운동이 강유전체의 물성에 기여한다. KH_2PO_4와 이와 동일구조의 염에서 볼 수 있다. 결정에서 수소 대신에 중수소로 치환된 경우는 매우 재미있는데, 양성자 대신에 중양성자를 치환시키면 T_c가 거의 두 배가 되는데, 화합물의 분자량이 겨우 2% 만 변화하여도 이 현상이 발생한다.

	KH_2PO_4	KD_2PO_4	KH_2AsO_4	KD_2AsO_4
퀴리온도	123 K	213 K	96 K	162 K

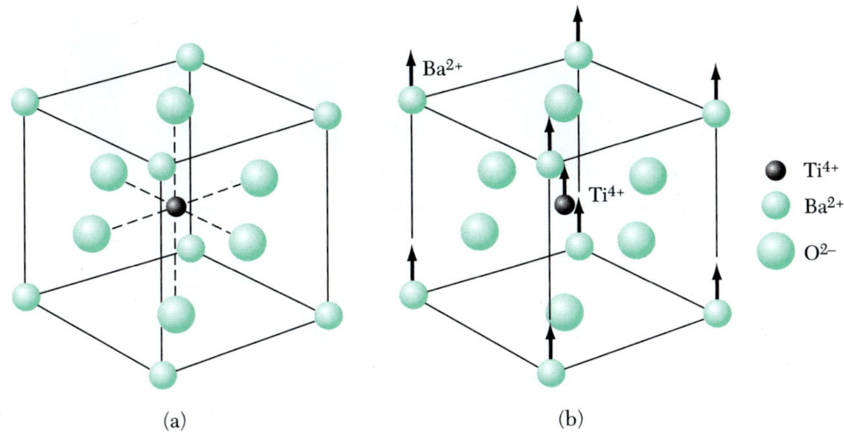

그림 10 (a) $BaTiO_3$의 결정구조. 기본 골격은 $CaTiO_3$(페로브스카이트)이다. 이 구조는 정육면체인데 Ba^{2+} 이온은 정육면체의 모서리에 있고 O^{2-} 이온은 면 중심에, 그리고 Ti^{4+}는 부피 중심에 있다. (b) 퀴리온도 이하에서는 이 구조는 조금 비틀어져 있는데, 이때 Ba^{2+}와 Ti^{4+}는 O^{2-}에 대해서 조금 변위되어 전기쌍극자를 형성한다. 위와 아래에 있는 산소는 밑으로 조금 움직인다.

이 특이한 동위원소 편이(isotope shift)은 양자 효과로써, 드브로이파의 파장이 질량에 의존하기 때문이다. 중성자 산란 실험값들은 퀴리온도 이상에서는 수소결합에 관련되어 있는 양성자가 대칭적으로 길게 늘어져 있음을 보여준다. 퀴리온도 이하에서는 그 분포가 좀더 뭉쳐져 있고 또한 그 주변의 이온들과 비대칭적으로 배열하는데, 양성자는 한쪽 끝에서만 수소결합을 하여 결과적으로 편극이 발생한다.

변이형에 속하는 강유전체는 이온결정 구조를 가지는데 이는 페로브스카이트(perovskite) 구조나 일미나이트(ilmenite) 구조를 가진다. 가장 간단한 강유전체 결정체는 GeTe인데 이의 구조는 소금 결정과 같다. 우리는 우선 페로브스카이트 구조를 가진 결정을 좀더 집중해서 보겠다(그림 10).

$BaTiO_3$(바륨티탄산염)의 강유전적인 성질의 크기를 보기로 하자. 실온에서 포화 편극 P_s는 8×10^4 esu cm^{-2}(그림 11), 단위격자의 부피는 $(4 \times 10^{-8})^3 = 64 \times 10^{-24}$ cm^{3}이므로 단위격자의 전기쌍극자 모멘트는

(CGS) $$p \cong (8 \times 10^4 \text{ esu cm}^{-2})(64 \times 10^{-24} \text{ cm}^{-3}) \cong 5 \times 10^{-18} \text{ esu cm}$$

(SI) $$p \cong (3 \times 10^{-1} \text{ C m}^{-2})(64 \times 10^{-30} \text{ m}^3) \cong 2 \times 10^{-29} \text{ C m}$$

만약 양이온인 Ba^{2+} 및 Ti^{4+}가 $\delta = 0.1$Å만큼 음이온인 O^{2-}로 부터 움직일 때, 단위격자의 전기쌍극자 모멘트는 $6e\delta \cong 3 \times 10^{-18}$ esu cm이다. $LiNbO_3$인 경우, δ는 좀 더 큰 값인데, Li인 경우 0.9 Å이고, Nb인 경우 0.5 Å이고, 더 큰 P_s 값을 갖는다.

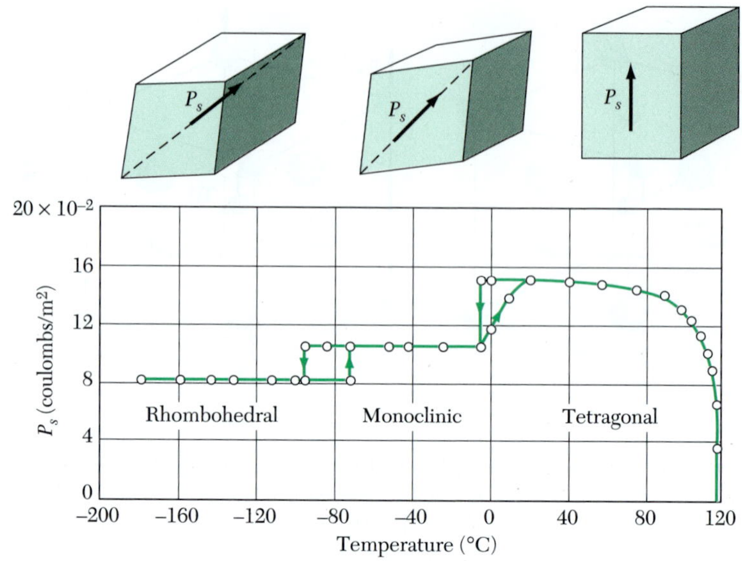

그림 11 $BaTiO_3$의 모서리에 투영된 자발편극을 온도의 함수로 나타낸 그림(W. J. Merz의 결과 인용).

변위형 상전이
DISPLACIVE TRANSITIONS

강유전체의 변위형 전이는 두 가지 관점으로 해석되며 이를 일반적인 변위형 전이까지 연장해서 이용할 수 있다. 첫 번째 관점은 편극파국(polarization catastrophe)인데 이는 어떤 임계조건에서 편극 또는 편극의 푸리에 성분이 아주 커지는 경우이고, 두 번째 관점은 수직진동 광포논의 응축이다. 여기서 응축은 보제-아인슈타인 응축을 의미한다(*TP* p. 199 참조). 이 응축은 시간에 무관한 유한한 진폭의 변위이다. 이것은 브릴리앙 영역의 어떤 지점에서 TO 포논이 없어지는 것을 의미한다. LO 포논의 진동수는 항상 TO 포논보다 높다. 따라서 여기서 LO 포논의 응축은 생각하지 않는다.

편극파국에서는 이온의 변위 때문에 생기는 국소 전기장이 탄성 복원력보다 커서 이온의 비대칭적인 이동을 야기시킨다. 고차항 복원력들이 변위를 일정 크기 이하로 억제한다.

페로브스카이트 구조를 가진 강유전체(그리고 반강유전체) 결정에서의 강유전체는 이 구조에서 변위형 전이가 더욱 더 쉽게 일어난다는 사실을 알려주고 있다. 국소 전기장 계산에서 확실하게 보여주는 것은 O^{2-} 이온의 주변이 정육면체가 아니라는 것이며, 또한 국소 전기장이 대단히 크다는 것이다.

우선 간단한 파국이론을 설명해 보자. 만약 모든 원자의 국소 전기장이 $\mathbf{E} + 4\pi\mathbf{P}/3$ (CGS) 또는 $\mathbf{E} + \mathbf{P}/3\epsilon_0$ (SI)인 경우에는 이 이론은 상전이가 2차 전이로 나타난다. 물리적인 개념으로는 일차 전이로 되어야 하지만 말이다. 2차 전이에서는 잠열이 존재하지 않는다. 또한 질서 매개변수(여기서는 편극을 의미한다)는 상전이 온도에서 불연속이 아니다. 일차 전이 때는 잠열이 존재하고, 또한 질서 매개변수가 상전이 온도에서 불연속이다.

식 (24)를 유전상수에 대해서 다시 쓰면 다음과 같이 쓸 수 있다.

$$\text{(CGS)} \qquad \epsilon = \frac{1 + \frac{8\pi}{3} \Sigma N_i \alpha_i}{1 - \frac{4\pi}{3} \Sigma N_i \alpha_i} . \tag{30}$$

여기서 α_i는 i형의 이온에서 전자 및 이온편극률의 합이고, N_i는 단위부피에 있는 i형 이온의 갯수이다. 유전상수가 다음의 조건에서 무한대가 된다. 즉,

$$\text{(CGS)} \qquad \Sigma N_i \alpha_i = 3/4\pi \tag{31}$$

일 때, 가해진 전기장이 0일 때도 유한한 값의 편극이 존재한다. 이런 조건이 편극파국이 야기되는 조건이다.

식 (30)에서 ϵ은 $\Sigma N_i \alpha_i$가 $3/4\pi$에서 조금이라도 변하면, 그 값이 매우 민감하게 변한다. 다음과 같은 식을 사용해 보자.

$$\text{(CGS)} \qquad (4\pi/3)\Sigma N_i \alpha_i = 1 - 3s . \tag{32}$$

여기서 $s \ll 1$이고, 식 (30)에 주어진 유전상수는 다음과 같은 근사를 할 수 있다.

$$\epsilon \simeq 1/s . \tag{33}$$

만약 임계온도 근처에서 s가 온도에 비례한다면

$$s \simeq (T - T_c)/\xi \tag{34}$$

와 같이 기술할 수 있는데, 여기서 ξ는 상수이다. s나 $\Sigma N_i \alpha_i$의 이러한 변화는 격자의 열팽창에 기인할 수도 있다. 유전상수는 다음과 같이 주어진다.

$$\epsilon \simeq \frac{\xi}{T - T_c} . \tag{35}$$

위 식은 상유전 상태에서 온도변화시 관측된 것과 비슷하다(그림 12).

무른 광 포논*(soft optical phonons)*

리데인-작스-텔러 관계식(Lyddane-Sachs-Tell relation, 14장 참조)은 다음과 같이 주어진다.

$$\omega_T^2/\omega_L^2 = \epsilon(\infty)/\epsilon(0) . \tag{36}$$

수직진동광(transverse optical) 포논의 주파수가 감소할 때 정적 유전상수는 증가한다. 정적 유전상수(static dielectric constant) $\epsilon(0)$가 높은 값, 즉 100에서 10,000까

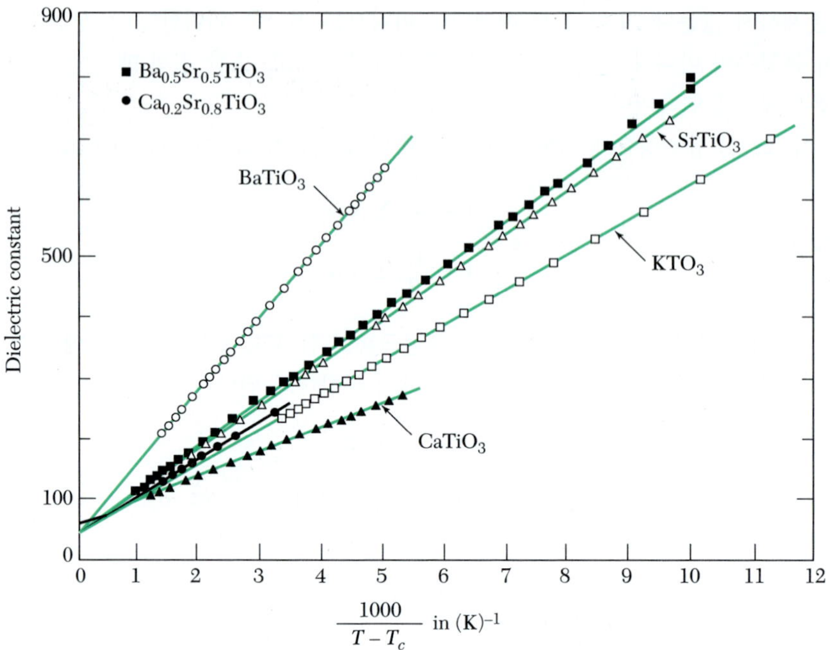

그림 12 페로브스카이트의 상유전 상태의 유전상수를 $1/(T - T_c)$에 대하여 그린 그림으로 $T > T_c$이다(G. Rupprecht와 R. O. Bell의 결과 인용).

지 될 때, ω_T가 낮은 값을 가진다는 것을 알 수 있다.

$\omega_T = 0$일 때 결정은 불안정하고 $\epsilon(0)$는 무한대가 되는데, 이는 결정의 유효복원력이 0이기 때문이다. 강유전체인 $BaTiO_3$는 24°C, 12 cm^{-1}에서 TO모드를 갖는데 이는 광모드로는 매우 낮은 진동수이다.

강유전체으로의 전이가 1차라면 $\omega_T = 0$ 또는 $\epsilon(0) = \infty$가 전이점에서 일어나지 않는다. LST 관계식은 T_c 이하인 온도 T_0에서 $\epsilon(0)$가 특이점으로 접근한다는 것을 보여준다.

낮은 진동수의 광 모드가 높은 정적 유전상수를 갖는 것이 $SrTiO_3$의 실험에서 입증되었다. LST의 관계식에 의하면 정적 유전상수의 역수가 온도와 다음의 관계, 즉 $1/\epsilon(0) \propto (T - T_0)$이라면 광 모드의 제곱도 또한 $\omega_T^2 \propto (T - T_0)$의 관계를 만족시킨다. 단 ω_L이 온도와 무관한 경우이다. ω_T^2의 관계가 그림 13에서 잘 보여진다. 강유전 결정 SbSI에서 온도 T에 따른 ω_T의 값이 그림 14에 나와 있다.

상전이에 관한 란다우 이론(Landau theory of the phase transition)

전이온도에서 강유전체의 1차 상전이는 강유전성과 상유전성의 경계에서 포화 자발 편극이 불연속이다. 초전도 상태와 정상상태 사이의 상전이는 2차 전이이다. 이것은 강자성 상태에서 상자성 상태로의 전이가 2차인 것과 같다. 이러한 상전이에서는 온도가 상승함에 따라 질서는 불연속적 변화과정을 거치지 않고 영으로 떨어진다.

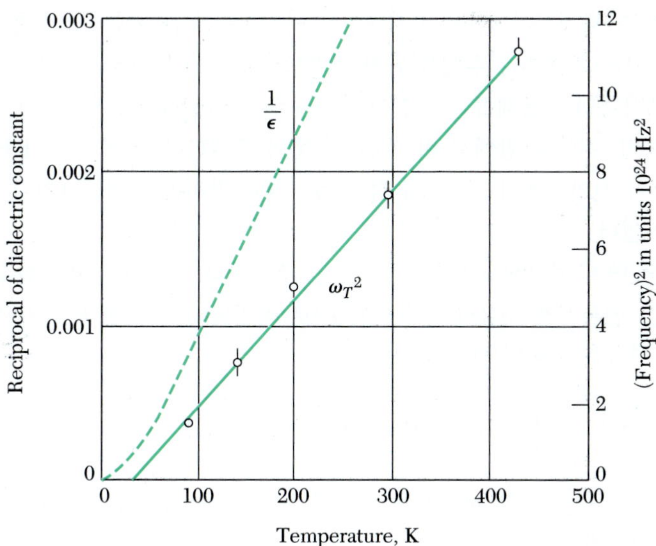

그림 13 **K** = 0에서 온도에 따른 수직진동 광모드의 주파수의 제곱($SrTiO_3$). Cowley의 중성자 산란 실험에서 얻은 값이다. 여기서 점선은 유전상수의 역수를 표시하는데 이 값은 Mitsui와 Westphal 등에 의해서 얻은 값이다.

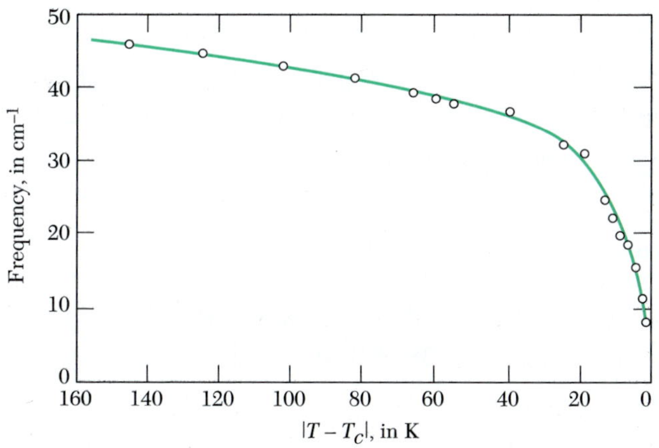

그림 14 강유전체 SbSI 단결정에서 온도가 퀴리온도에 접근할 때 수직진동 광포논의 주파수가 감소하는 그림(이 값은 C. H. Perry와 D. K. Agrawal의 라만 산란실험 값에서 얻었다).

강유전체의 결정을 열역학적으로 접근하는 방법은 에너지를 편극 P의 함수로 전개하는 것이다. 일차원에서 란다우[7]의 자유에너지 밀도 $\hat{F}$를 전개하면 다음과 같다.

$$\hat{F}(P;T,E) = -EP + g_0 + \tfrac{1}{2}g_2P^2 + \tfrac{1}{4}g_4P^4 + \tfrac{1}{6}g_6P^6 + \cdots . \qquad (37)$$

여기서 계수 g_n은 온도의 함수다.

7) *TP*의 교재 pp. 69 및 298에서 란다우 함수에 대한 논의를 참조하라.

만약 편극되지 않은 결정이 반전대칭을 가질 때 이 급수에서 P의 홀수 지수항은 모두 0이다. 그러나 홀수 지수항을 가진 결정도 있는데, 이 경우도 물리학적으로 중요하다. 자유에너지의 거듭제곱급수 전개(power series expansion)는 항상 존재하는 것이 아니며 특히, 전이 근방에서 비해석적인 항이 존재한다. 예를 들면 KH_2PO_4의 전이에서 비열이 전이점에서 로그함수적인 특이점을 가지는데 이는 1차나 2차 전이로 구분지을 수 없다.

P의 값은 열적 평형에서 $\hat{F}$의 극소값으로 주어진다. 물론 $\hat{F}$는 P의 함수이다. 이때 $\hat{F}$의 극소값은 헬름홀쯔 자유에너지 $F(T, E)$로 정의된다. 전기장 E가 가해져 있을 때 평형상태의 편극은 다음의 관계를 만족한다.

$$\frac{\partial \hat{F}}{\partial P} = 0 = -E + g_2 P + g_4 P^3 + g_6 P^5 + \cdots \ . \tag{38}$$

여기서 시료는 길쭉한 막대 모양으로 생겼고 가해진 전기장 E는 이 길이 방향으로 가해졌다고 생각하자.

강유전 상태로 가기 위해서는 식 (37)의 P^2 항의 계수 g_2가 어떤 온도 T_0에서 0를 지나가야 한다:

$$g_2 = \gamma(T - T_0) \ . \tag{39}$$

여기서 γ는 양의 상수이고, T_0는 상전이 온도와 같거나 그보다 낮은 온도이다. g_2가 작은 양의 값일 때 격자는 '무르고' 불안정에 가깝다. g_2가 음의 값이면 편극되지 않은 격자가 불안정하다는 것을 의미한다. g_2의 값이 온도에 따라 변하는 것은 열팽창이나 격자 상호작용의 비조화성에 기인한다.

2차 전이*(second-order transition)*

식 (37)에서 g_4가 양의 값을 가지면 g_6 등의 항을 포함하여도 전혀 변화가 없기 때문에 이 항을 무시할 수 있다. 식 (38)에서 외부 전기장이 없을 때의 편극은 다음과 같이 주어진다.

$$\gamma(T - T_0)P_s + g_4 P_s^3 = 0 \ . \tag{40}$$

여기서 $P_s = 0$ 또는 $P_s^2 = (\gamma/g_4)(T_0 - T)$이다. $T \geq T_0$이면 식 (40)의 실수해는 $P_s = 0$일 때다. 왜냐하면 γ나 g_4는 양의 값이기 때문이다. 따라서 T_0는 퀴리온도이다. $T < T_0$에서는 전기장이 가해지지 않았을 때 란다우 자유에너지는 다음의 경우에 최소값을 가진다.

$$|P_s| = (\gamma/g_4)^{1/2}(T_0 - T)^{1/2} \ . \tag{41}$$

이 관계는 그림 15에 나와 있다. 여기서 상전이가 2차인 것은 편극이 상전이 온도까지 연속적으로 변화하여 0이 되기 때문이다. $LiTaO_3$의 상전이(그림 16)는 2차 전이의 한 예이다.

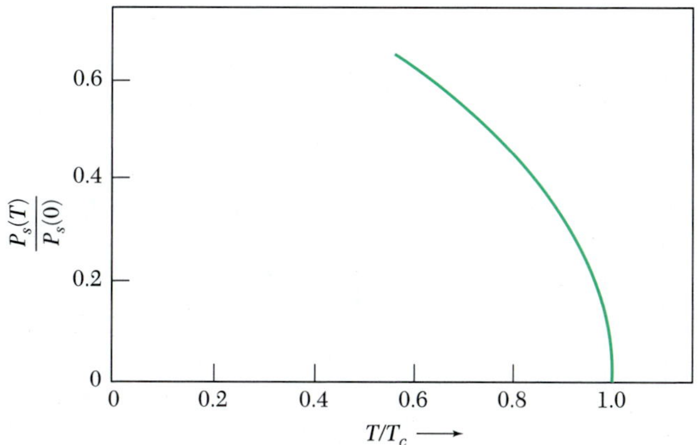

그림 15 2차 전이에서 온도에 따른 자발편극.

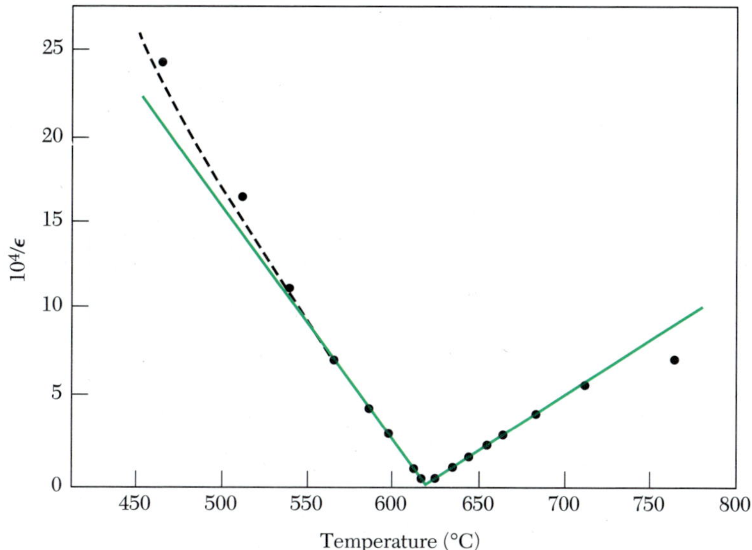

그림 16 온도에 따른 $LaTiO_3$의 극축의 정적 유전상수(Glass의 결과 인용).

1차 전이*(first-order transition)*

식 (37)에서 g_4가 음의 값을 가지면 상전이는 1차 전이다. 여기서 우리는 g_6 항을 양의 값으로 유지하여야 한다. 왜냐하면 그림 17에서 보듯이 $\hat{F}$가 $-\infty$로 가는 것을 막아야 하기 때문이다. 평형상태에서 $E = 0$인 경우 식 (38)에서 다음과 같은 식이 성립한다.

$$\gamma(T - T_0)P_s - |g_4|P_s^3 + g_6 P_s^5 = 0 . \tag{42}$$

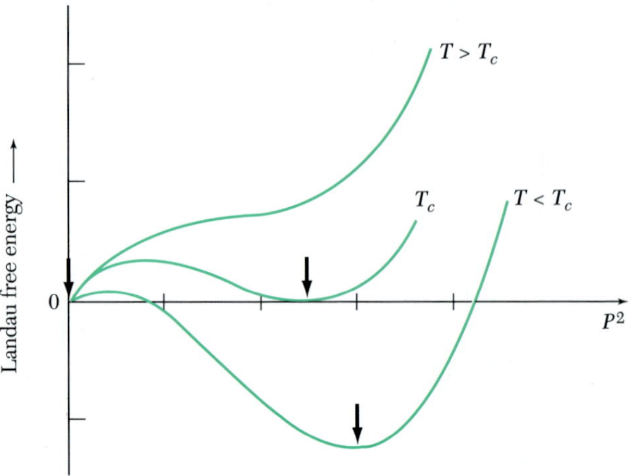

그림 17 1차 전이에서 란다우 자유에너지와 (편극)^{2}의 그래프인데, 여기서 몇 개의 대표적인 온도에 따라서 그린 그림이다. T_c에서는 란다우 함수는 $P = 0$에서와 어떤 값 P에서 같은 최소값을 가진다. $T < T_c$일 때 절대 최소값은 P가 0이 아닐 때이다. 또한 T가 T_c를 지나면서 절대 최소값이 불연속적으로 그 위치가 변한다. 화살표는 최소점을 가리킨다.

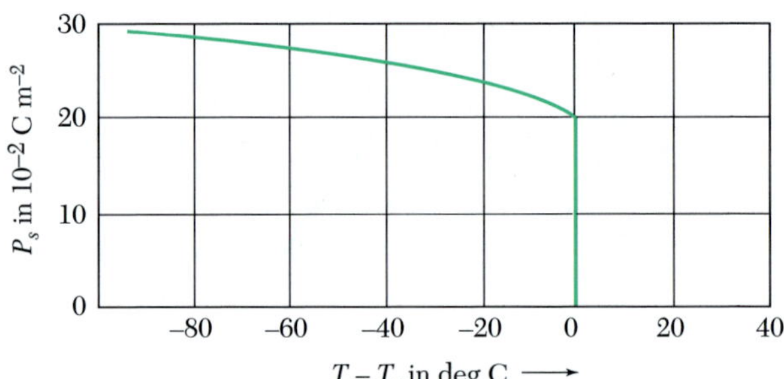

그림 18 $BaTiO_3$의 온도에 따른 자발편극을 계산한값(Cochran의 결과 인용)

여기서는 $P_s = 0$ 또는

$$\gamma(T - T_0) - |g_4|P_s^2 + g_6 P_s^4 = 0 \tag{43}$$

상전이 온도 T_c에서는 자유에너지가 상유전 상태나 강유전 상태에서 같은 값을 가진다. 다시 얘기하면 $P_s = 0$일 때의 $\hat{F}$ 값은 식 (43)에서 주어진 $\hat{F}$의 최소값과 같다는 뜻이다. 그림 18은 1차 전이에서 온도에 따른 자발편극(P_s)의 변화를 그린 것인데, 이는 그림 15에서 보여준 2차 전이와 아주 다른 모양이다. $BaTiO_3$의 상전이는 1차 전이이다.

유전상수는 가해진 전기장 E에 대해서 평형상태의 편극으로부터 구할 수 있다(식 38). 상전이 온도보다 높은 온도에서의 평형상태일 때 P^4 및 P^6 항은 무시된다. 따라서 $E = \gamma(T - T_0)P$ 즉

$$\epsilon(T > T_c) = 1 + 4\pi P/E = 1 + 4\pi/\gamma(T - T_0) \tag{44}$$

위 식은 식 (36)과 같은 모양으로 나타난다. 위의 결과는 상전이가 1차나 2차인 경우 모두 사용할 수 있는데, 2차 전이인 경우 $T_0 = T_c$이며, 1차 전이인 경우 $T_0 < T_c$이다. 식 (39)는 T_0를 정의하고 T_c는 상전이 온도이다.

반강유전체(antiferroelectricity)

유전체 결정 내에서 불안정성의 문제가 생기는데 그중 하나가 강유전체 변위이다. 그림 19에서 보여주듯이 다른 변형도 일어난다. 이러한 변형은 그 자체가 자발편극을 야기시키지 않지만 유전상수의 변화를 수반한다. 한 형태의 변형은 **반강유전체**이라 부르는데, 이 변형에서는 옆에 있는 이온이 서로 반대방향으로 이동한다. 페로브스카이트 구조는 여러 종류의 변형이 일어나는데 그 변형 사이의 에너지 차이는 대단

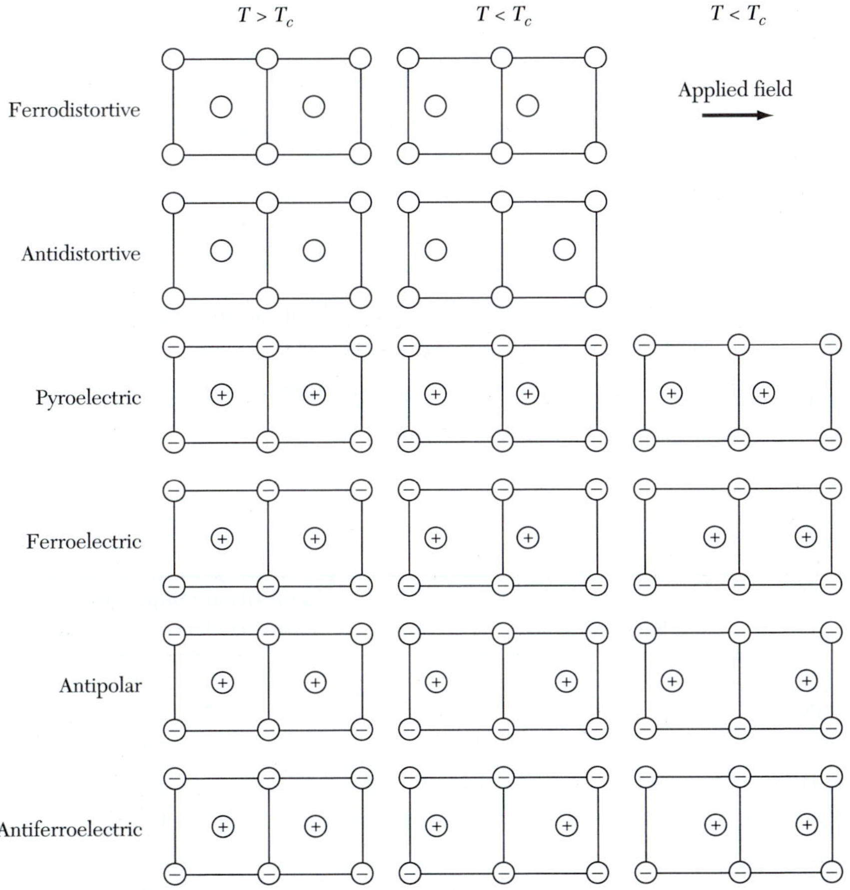

그림 19 여러 종류의 구조적 상전이를 중심대칭의 기본 골격으로 나타낸 그림(Lines and Glass의 결과 인용).

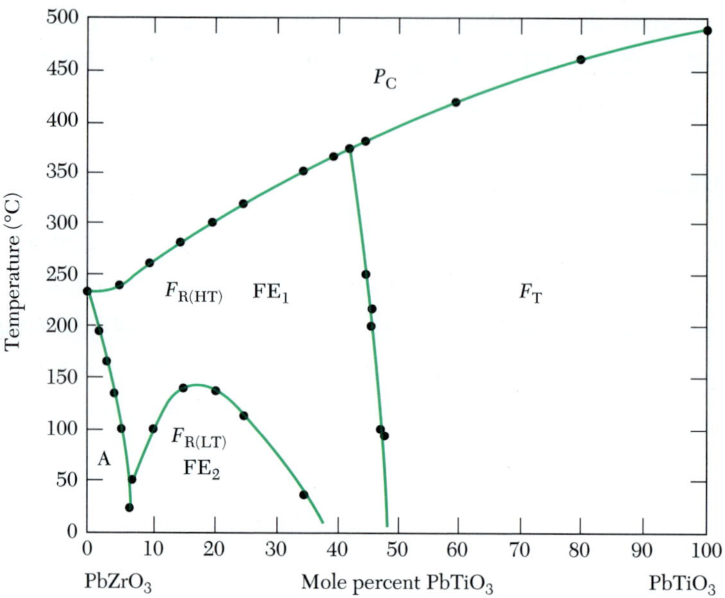

그림 20 $PbZrO_3$-$PbTiO_3$ 고용체의 상그림. 여기서 F는 강유전체, A는 반강유전체, P는 상유전성을 나타낸다. T는 정방구조, C는 입방구조, R은 마름모계 구조를 나타내고 HT는 높은 온도 상이고, LT는 낮은 온도 상이다. 여기서 마름모계 구조에서 정방구조로의 상 경계에서 강한 압전 결합계수를 볼 수 있다(Jaffe의 결과 인용).

히 작다. 서로 다른의 페로브스카이트가 섞인 상그림(phase diagram), 예를 들면 Pb-ZrO_3−$PbTiO_3$계인 경우 그림 20에서 보여 주듯이 상유전성에서 강유전체로 그리고 반강유전체로의 상전이를 관측할 수 있다. 표 3에 정렬되어 있으나 비극성(nonpolar) 상태라고 알려져 있는 몇 개의 결정을 보였다.

표 3 반강유전체 결정

Crystal	Transition temperature to antiferroelectric state, in K
WO_3	1010
$NaNbO_3$	793, 911
$PbZrO_3$	506
$PbHfO_3$	488
$NH_4H_2PO_4$	148
$ND_4D_2PO_4$	242
$NH_4H_2AsO_4$	216
$ND_4D_2AsO_4$	304
$(NH_4)_2H_3IO_6$	254

From a compilation by Walter J.Merz.

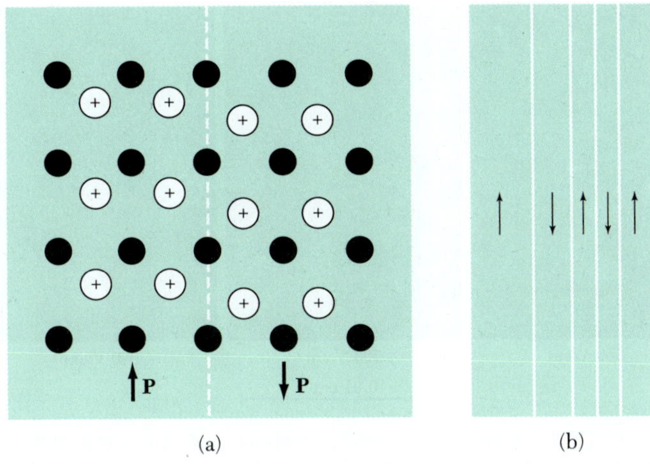

그림 21 (a) 강유전체 결정에서 구역의 경계에서 서로 상반되게 편극된 것을 원자의 변위로 나타낸 그림, (b) 구역의 구조가 어떠한가를 보여주는 그림. 이 그림에서 반대쪽으로 편극된 구역의 경계가 180°임을 보여준다.

강유전체 구역(*ferroelectric domains*)

강유전체 결정, 특히 $BaTiO_3$의 정방구조 상에서 자발편극은 c축의 방향으로 존재하든지 또는 그 반대방향으로 존재한다. 강유전체 결정에서 어떤 부분은 편극이 한 방향으로 존재하는데 이를 **구역**이라 부른다. 그 옆 부분의 편극은 다른 방향으로 존재한다(그림 21). 실질적인 편극은 어떤 부피 내에서 편극이 위로 향한 것의 합과 아래로 향한 편극의 합의 차이로 나타난다. 어떤 결정의 양면에 전극을 붙여서 그 전하를 측정하면, 그 결정이 편극이 일어나지 않는 것처럼 측정되는데, 이는 이 결정 내부의 편극의 양이 위로 향한 편극과 아래로 향한 편극의 크기가 같기 때문에 이렇게 측정되는 것이다. 결정의 총 전기쌍극자 모멘트의 변화는 구역사이 벽의 이동으로 또는 새로운 구역의 형성으로 일어난다.

그림 22는 $BaTiO_3$ 단결정의 구역 현미경사진인데 이때 전기장은 사진 평면에 수직으로 존재하고 또한 이는 정방구조축에 평행하다. 여기서 닫힌 곡선은 구역 간의 경계인데, 이 구역들은 사진평면에서 밖으로 나오는 편극 및 사진평면 내로 들어가는 편극으로 되어 있다. 또 영역의 경계는 모양과 크기가 전기장의 세기에 따라 변한다.

압전기(*piezoelectricity*)

모든 강유전체 결정은 압전성도 가진다. 즉, 변형력 Z가 결정에 가해지면 그림 23에서 보듯이 전기편극이 변한다. 또한 역으로 전기장 E가 결정에 가해지면 이 결정이 변형된다. 개략적인 1차원 표시법으로 표현하면, 압전성 방정식은 다음과 같다.

(CGS) $$P = Zd + E\chi ; \quad e = Zs + Ed \ . \tag{45}$$

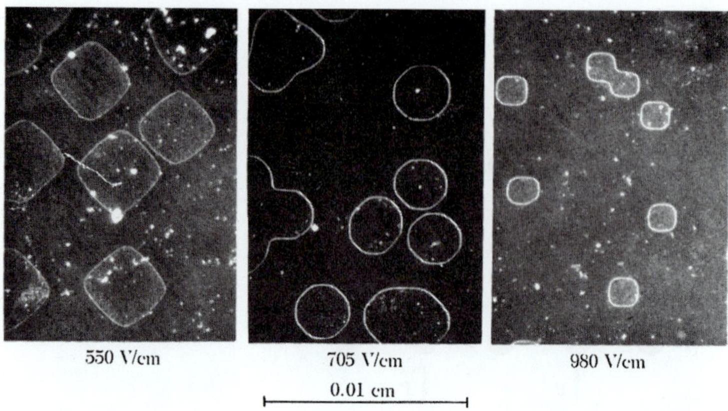

그림 22 $BaTiO_3$ 단결정의 강유전체 구역을 보여주는 그림이다. 이때 보이는 면은 정방구조, 즉 c축에 수직이다. 실제적인 결정의 편극은 c축에 가해진 전기장의 크기가 550 V/cm에서 980 V/cm로 변할 때 구역의 부피가 커지는 것을 볼 수 있다. 구역의 경계를 보이게 하기 위해서 약산으로 화학부식하였다(R. C. Miller의 결과 인용).

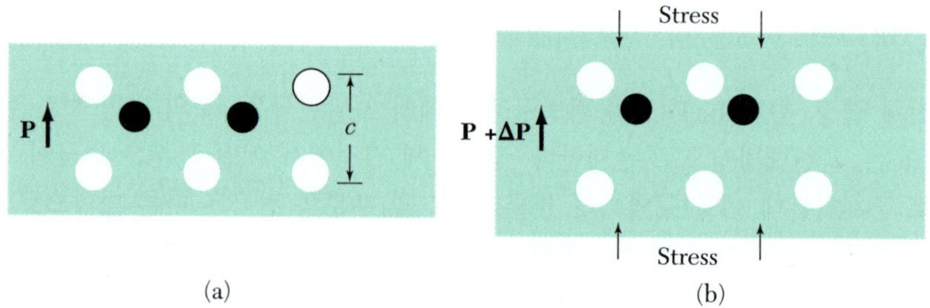

그림 23 (a) 변형력이 가해지지 않은 강유전체 결정, (b) 변형력이 가해진 강유전체 결정. 변형력은 편극을 $\Delta\mathbf{P}$만큼 변화시킨다. 이때 $\Delta\mathbf{P}$는 압전성에 의해 야기된 편극이다.

여기서 P는 편극이고, Z는 변형력, d는 **압전 변형상수**, E는 전기장, χ는 유전감수율이고, e는 탄성변형이고, s는 탄성용량상수이다. 식 (45)를 SI 단위로 하려면 χ 대신에 $\epsilon_0\chi$로 바꾸면 된다. 위의 관계식은 변형력이 편극을 일으키고, 또 가해진 전기장이 결정에서 탄성변형을 야기시키는 것을 보여준다.

어떤 결정은 강유전체이 아니어도 압전성을 보여줄 수 있다. 그 예의 개략적인 구조가 그림 24에 나와 있다. 석영은 강유전체이 아니지만 압전성을 가지고 있고, $BaTiO_3$는 두 개의 성질을 다 가지고 있다. 수정인 경우 $d \approx 10^{-7}$ cm/statvolt이고, $BaTiO_3$인 경우 $d \approx 10^{-5}$ cm/statvolt이다. 일반적으로 압전 변형상수는 다음과 같이 주어진다.

$$d_{ik} = (\partial e_k/\partial E_i)_Z \,. \tag{46}$$

여기서 $i \equiv x, y, z$이고 $k \equiv xx, yy, zz, xy, zx, yz$이다. m/V 단위로 주어진 d_{ik}를 cm/stat-V로 변환하기 위해서는 3×10^4을 곱해야 한다.

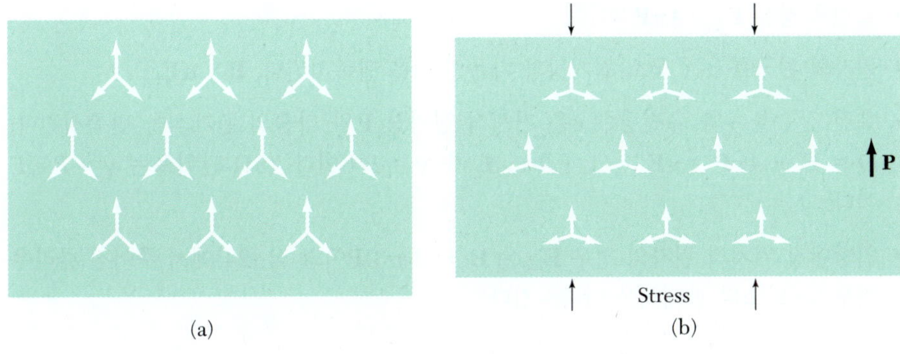

그림 24 (a) 변형력이 가해지지 않은 결정은 3중 대칭축을 가지고 있다. 여기서 화살표는 쌍극자 모멘트를 나타내는데, 세 개의 화살표는 $A_3^+B^{3-}$로 된 이온의 집합이고 이때 B^{3-}는 사면체의 꼭대기에 있는 이온이다. 각 꼭지점에 있는 세 쌍극자 모멘트의 합은 0이다. (b) 결정에 변형력이 가해지면 그림에서 나타난 방향으로 편극이 나타난다. 따라서 각 꼭지점에 있는 쌍극자 모멘트의 총합은 0이 아니다.

그림 20에서 보여주는 $PbZrO_3$-$PbTiO_3$(PZT 계라고 함)는 다결정(세라믹) 구조인데, 큰 압전결합을 나타낸다. 합성된 Polyvinylidenfluoride(PVF_2)는 결정질의 수정보다도 5배가 강한 압전성을 가지고 있다. 늘어난 박막 모양의 PVF_2는 매우 유연하여 혈액의 압력이나 호흡을 감지하는 의료용 초음파 변환기(transducer)로 사용된다.

요약(CGS 단위)
SUMMARY(In CGS Units)

- 어떤 시료의 부피에 대한 평균 전기장을 구하면 이는 맥스웰 방정식을 만족시키는 거시적 전기장 $\mathbf{E}$를 나타낸다.
- 어떤 원자 j의 $\mathbf{r}_j$ 위치에 작용하는 전기장 $\mathbf{E}_{loc}$은 다음에 주어진 모든 전하가 작용하는 합으로 주어진다. $\mathbf{E}_{loc}(\mathbf{r}_j) = \mathbf{E}_0 + \mathbf{E}_1 + \mathbf{E}_2 + \mathbf{E}_3(\mathbf{r}_j)$인데, $\mathbf{E}_3$만 단위낱칸 내에서 급속히 변한다. 여기서

  $\mathbf{E}_0$ = 외부에서 가해진 전기장이고
  $\mathbf{E}_1$ = 시료의 경계면에서의 편극소거장이며
  $\mathbf{E}_2$ = $\mathbf{r}_j$를 중심에 둔 공의 밖에서의 편극에 의한 전기장이고
  $\mathbf{E}_3(\mathbf{r}_j)$ = $\mathbf{r}_j$에 가해지는 공 안에 있는 모든 원자의 전기장이다.
- 맥스웰 방정식에 나타나는 거시적 전기장 $\mathbf{E}$는 $\mathbf{E}_0 + \mathbf{E}_1$인데 일반적으로 이는 $\mathbf{E}_{loc}(\mathbf{r}_j)$와는 같지 않다.
- 타원체의 편극소거장은 $E_{1\mu} = -N_{\mu\nu}P_\nu$이고, 여기서 $N_{\mu\nu}$는 편극소거텐서이다. 편극 $\mathbf{P}$는 단위 부피당 전기쌍극자 모멘트이다. 공에서 $N = 4\pi/3$이다.

- 로런츠 장은 $\mathbf{E}_2 = 4\pi\mathbf{P}/3$이다.
- 원자의 편극률 α는 국소 전기장과 다음의 식을 만족시킨다. $\mathbf{P} = \alpha\mathbf{E}_{loc}$
- 유전 감수율 χ와 유전상수 ϵ은 거시적 전기장 $\mathbf{E}$와 다음의 관계식을 만족시킨다: $\mathbf{D} = \mathbf{E} + 4\pi\mathbf{P} = \epsilon\mathbf{E} = (1 + 4\pi\chi)\mathbf{E}$ 즉 $\chi = P/E$이다. (SI) 단위로는 $\chi = P/\epsilon_0 E$이다.
- 입방대칭 위치의 원자의 경우 $\mathbf{E}_{loc} = \mathbf{E} + (4\pi/3)\mathbf{P}$이고 식 (24)에서 주어진 클라우지우스-모소티 관계식을 만족시킨다.

연습문제
Problems

1. 수소원자의 편극률(***polarizability of atomic hydrogen***). 그림 25에서 보여주듯이 준고전적인 수소원자의 바닥상태에서 수소원자에서의 전자궤도에 수직으로 전기장이 가해졌을 때 $\alpha = a_H^3$임을 보여라. 여기서 a_H는 섭동이 없을 때 궤도 반지름이다. 주의: 만약 전기장이 x방향으로 가해졌다고 하면, 옮겨진 전자궤도의 위치에 대한 핵의 전기장의 x성분은 가해진 전기장과 같다. 정확한 양자역학적 결과는 9/2만큼 크다. (여기서 α_0는 전개된 값을 사용한다. 즉 $\alpha = \alpha_0 + \alpha_1 E + \cdots$) 또한 $x \ll a_H$라고 가정한다. 이 모형에서 우리는 α_1도 계산할 수 있다.

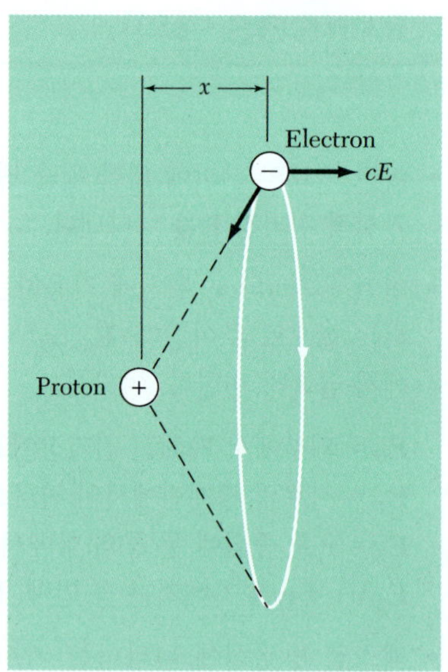

그림 25 원궤도 반지름이 a_H인 전자가 $-x$ 방향으로 전기장에 의해서 x만큼 변위되었다. 전자에 핵이 미치는 힘은 CGS 단위로 e^2/a_H^2이고 SI 단위로는 $e^2/4\pi\epsilon_0 a_H^2$이다. 이 문제는 $x \ll a_H$라고 가정한다.

2. 도체공의 편극률(***polarizability of conducting sphere***). 반지름이 α인 금속 도체공의 편극률 $\alpha = a^3$임을 보여라. 이 결과는 이 공 안에서는 $E = 0$이고, 그림 26에서 보여주듯이, 공의 편극인자가 $4\pi/3$임을 알면 쉽게 구할 수 있다. 이 결과는 관측된 원자의 편극률 a와

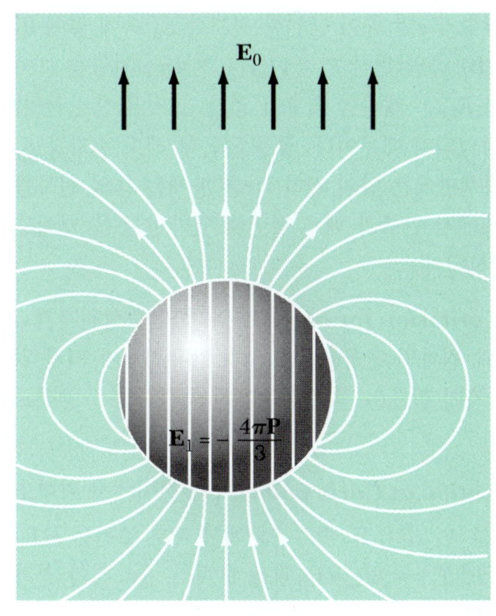

그림 26 전도체로 된 공에서 그 내부 전기장의 합은 0이다. 만약 $\mathbf{E}_0$가 외부에서 가해졌다면 $\mathbf{E}_1$은 공의 표면전하 때문에 생기는 전기장이고 이 전기장은 $\mathbf{E}_0$와 상쇄된다. 즉, $\mathbf{E}_0 + \mathbf{E}_1 = 0$ 조건이 공의 내부에서 만족된다. 그러나 $\mathbf{E}_1$은 균일하게 편극된 공의 편극소거장 $-4\pi\mathbf{P}/3$에 의해서 영향을 받는다. $\mathbf{P}$와 $\mathbf{E}_0$로부터 공의 전기쌍극자 모멘트 $\mathbf{p}$를 구하라. SI 단위에서는 편극소거장이 $-\mathbf{P}/3\epsilon_0$로 주어진다.

비슷한 값을 나타낸다. 단위 부피당 N개의 도체공으로 구성된 격자에서 유전상수는 $\epsilon = 1 + 4\pi Na^3$이다. 단 $Na^3 \ll 1$이다. 위에서 예시된 편극률과 이온의 반지름의 관계, 즉 $\alpha \propto a^3$인 관계는 알카리 및 할로겐 이온에 잘 일치한다. 위의 계산을 SI 단위로 하려면 편극인자를 1/3로 해야 한다.

3. 공기로 된 틈새의 효과*(effect of air gap)*. 축전기판과 유전체 사이에 공기틈새가 있을 때(그림 27), 높은 유전상수 측정에 있어서의 문제점을 논의하라. 만약 공기틈새가 총 두께의 10^{-3}일 때 가능한 최대의 겉보기 유전상수는 얼마인가? 이 공기틈새는 높은 유전상수 측정에 있어서 그 값을 크게 왜곡시킨다.

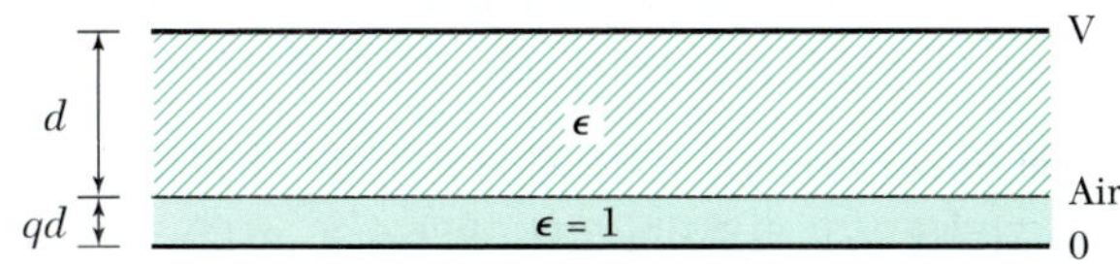

그림 27 두께가 qd인 공기틈새가 두께가 d인 유전체와 직렬연결로 주어져 있다.

4. 경계면 편극*(interfacial polarization)*. 두 층의 물질로 된 평행판 축전기에서, 한 층은 유전상수가 ϵ이고, 두께가 d이고 또 전도도가 0이다. 다른 한 층은 두께가 qd이고, 유전상수는 0이며 전도도가 σ일 때, 이 축전기는 아래와 같은 유전상수의 균일한 물질이 채워져 있는 축전기와 같음을 보여라.

$$\epsilon_{\text{eff}} = \frac{\epsilon(1+q)}{1 - (i\epsilon\omega q/4\pi\sigma)} .$$

여기서 ω는 각진동수이다. ϵ_{eff}의 값은 맥스웰-와그너 메커니즘(Maxwell-Wagner mechanism)에 의해서 10^4에서 10^5 정도의 큰 값을 가질 때도 있다. 그러나 높은 값은 항시 교류에 의한 손실을 수반한다.

5. **공의 편극*(polarization of sphere)*.** 유전상수가 ϵ인 공이 균일한 전기장 E_0 속에 놓여 있다. (**a**) 공의 부피평균 전기장은 얼마인가? (**b**) 공의 편극 $P = \chi E_0/[1 + 4\pi\chi/3]$임을 보여라. 단 $\chi = (\epsilon - 1)/4\pi$이다. **도움말**: 여기서 E_{loc}은 계산할 필요가 없다. 그것은 혼란만 야기시킨다. 왜냐하면 $P = \chi E$의 관계식으로 정의되기 때문이다. 공을 넣는다 해도 전기장 E_0는 변하지 않는다. 우리는 일정한 E_0를 한 평행판에는 양의 전하, 다른 판에는 음의 전하를 대전시켜 만들 수 있다. 만약 공이 평행판 내에서 판들과 매우 떨어져 있다면 공을 넣어도 전기장은 변하지 않는다. 위 식은 CGS 단위식이다.

6. **원자가 강유전체가 되는 조건*(ferroelectric criterion for atoms)*.** 두 개의 중성원자가 a라는 거리를 두고 존재한다고 하자. 이때 각각 원자의 편극률은 α이다. 강유전체가 되기 위한 a와 α의 관계를 구하라. **도움말**: 전기쌍극자가 만드는 전기장은 전기쌍극자의 축 방향으로 가장 강하다.

7. **퀴리점에서의 포화 편극*(saturation polarization at Curie point)*.** 1차 전이에서 평형조건(식 43)에서 T가 T_c일 때 $P_s(T_c)$의 식을 얻을 수 있다. 또 퀴리온도에서 다른 조건은 $\hat{F}(P_s, T_c) = \hat{F}(0, T_c)$이다. (**a**) 이 두 조건으로부터 $P_s^2(T_c) = 3|g_4|/4g_6$임을 보여라. (**b**) 위의 결과를 이용하여 $T_c = T_0 + 3g_4^2/16\gamma g_6$임을 보여라.

8. **전이온도 이하에서의 유전상수*(dielectric constant below transition temperature)*.** 란다우의 자유에너지 전개항의 계수를 이용하여 2차 전이할 때 유전상수가 상전이 온도 이하에서 다음과 같이 주어짐을 보여라.

$$\epsilon = 1 + 4\pi\Delta P/E = 1 + 2\pi/\gamma(T_c - T) \ .$$

위의 결과를 상전이 온도 이상에 대한 식 (44)와 비교하라.

9. **무른 포논모드와 격자변화*(soft modes and lattice transformations)*.** 단원자에서 격자상수가 a인 선형격자를 그려라. (**a**) 브릴루앙 영역의 경계에 있는 파동벡터를 가진 평행진동포논 때문에 야기되는 변위를 나타내는 벡터를 6개의 원자에 각각 표시하라. (**b**) 결정이 T_c 이하로 냉각되면서 브릴루앙 영역의 경계에 있는 포논이 불안정할 때($\omega \to 0$) 결정의 구조를 그려라. (**c**) 한 그래프에 단원자 격자에서 세로포논의 분산을 T_c보다 아주 높은 온도 T와 $T = T_c$에서 그려라. 이어서 T_c보다 아주 낮은 온도 T에서 포논 정보를 추가하여라.

10. **강유전체의 선형배열*(ferroelectric linear array)*.** 선형으로 나열된 원자가 편극률 α를 가지고 있고 각각의 원자는 a라는 거리를 두고 배열되어 있다. 만약 $\alpha \geq a^3/4\Sigma n^{-3}$일 때 이 나열된 원자가 자발적으로 편극됨을 보여라. 여기서 합은 모든 양의 정수에 대한 것이고, 이 값은 표에서 1.202…로 주어져 있다.

CHAPTER 17

표면과 경계면 물리
Surface and Interface Physics

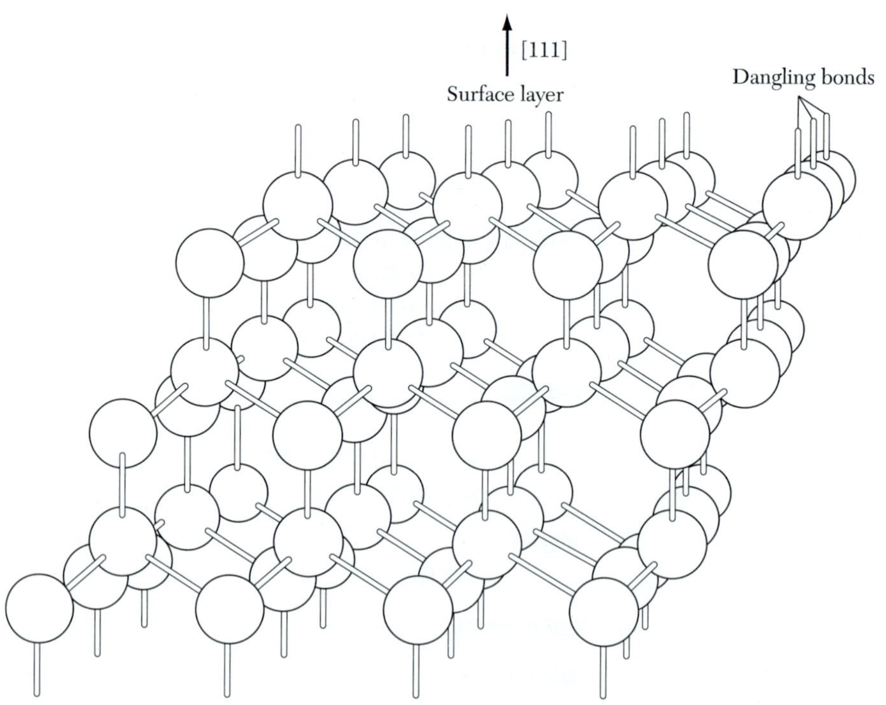

그림 1 공유결합된 다이아몬드 입방구조의 (111)면에서의 매달린 결합(dangling bond). (M. Purtton, *Surface Physics*, Clarendon, 1975 결과 인용).

표면과 경계면 물리

Surface and Interface Physics

재구성과 풀림*(reconstruction and relaxation)*

진공 속에 있는 고체 결정체의 **표면**은 일반적으로 최외각의 몇 개, 대략 서너 개 정도의 원자층으로 정의되는데, 이 원자층은 덩어리(bulk) 결정과는 상당히 다른 특성을 나타낸다. 이 표면은 깨끗한 경우도 있겠지만, 다른 원자들이 표면에 부착되어 있거나 결합되어 있는 경우도 흔히 있다. 결정체의 덩어리는 **기판**(substrate)이라고 부른다.

표면이 깨끗한 경우, 가장 위에 있는 원자층은 **재구성**(reconstructed)되어 있을 수도 있고, 때로는 재구성되어 있지 않을 수도 있다. 재구성이 안된 표면의 원자 배열은 덩어리 결정의 원자 배열과 일치하고, 다만 최외곽 면에서 층 사이의 간격이 변할 뿐이다[이를 **다층 풀림**(multilayer relaxation)이라 부른다].

첫째와 둘째 원자층 사이의 간격이 덩어리 결정에서 아래의 층들에 비하여 좁아지는 것이 지배적인 현상이다. 표면은 두원자(diatomic) 분자와 덩어리 구조의 중간 상태로 생각할 수 있다. 두(2)원자 분자(diatomic molecule)에서 원자 사이의 간격은 덩어리 결정에서보다 훨씬 짧기 때문에, 표면 풀림은 충분한 근거가 있다. 이것은 원자들의 풀림이 표면에 새로운 기본낱칸을 만드는 재구성(reconstruction) 과정과 다를 수 있다. 표면 풀림의 경우 표면층 원자들은 덩어리 낱칸을 표면에 투영한 것과 같은 구조를 갖지만, 원자 사이의 간격은 덩어리와 다르다.

금속에서는 흔하지 않지만, 비금속에서는 흔히 일어나는 현상으로, 표면층에 있는 원자들은 기판 표면의 원자 배열과 일치하지 않는 초구조(superstructure)를 형성하는 경우가 있다. 표면 재구성은 표면에서 끊어진 공유결합 또는 이온결합들이 재배열되어 나타난 결과 때문이다. 이러한 조건에서는 표면에 있는 원자들은 줄을 형성하면서 서로 뭉치게 되는데, 덩어리의 원자 간격보다 큰 간격과 작은 간격이 번갈아 나타나면서 줄이 형성된다. 즉, 원자가 결합으로 형성된 어떤 결정체에서는 표면의 형성은 포화되지 못하고 매달린 결합(dangling bond)을 남겨 두게 된다(그림 1 참조). 인접해 있는 원자들이 접근하면서 결합에 쓰이지 않은 원자가 전자들끼리 서로 결합하게 되면, 이 계에서는 덩어리 상태보다 에너지가 낮아질 수 있어서 원자변위가 크게는 0.5 Å 정도가 될 수도 있다.

재구성이 일어날 때 초구조만 형성되는 것은 아니다. 예를 들면, GaAs (110)면에서는 Ga-As 결합의 회전이 일어나면서 점군(point group)은 원래대로 보존된다. 이러한 현상이 일어나게 하는 요인은 Ga 원자에서 전자를 빼앗아 와서 As 원자의 매달린 결합들을 채우는 과정에서, Ga 원자에서 As 원자로 전자를 이동해 주면서 회전이 일어나기 때문이다.

지수가 높은 평면의 표면은 한 원자(또는 두 원자) 정도 높이 차이가 나는 지수가 낮은 여러 면으로 이루어지는 것을 볼 수 있다. 이러한 테라스(terrace) 계단 모양의 배열은 표면에 증착되거나 증발할 때 중요하다. 그 이유는 계단에서나 계단의 꺾긴 부분에서는 일반적으로 원자들의 부착 에너지가 더 낮기 때문이다. 화학적 활성도(chemical activity)가 높아서, 이와 같은 계단의 주기적 배열이 존재하는 것는 **LEED**(아래 참조) 실험의 이중 내지는 삼중 에돌이로 관측할 수 있다.

표면 결정학
SURFACE CRYSTALLOGRAPHY

표면 구조는 일반적으로 이(2)차원에서 주기성을 갖고 있다. 표면 구조는 기판 위에 증착된 다른 물질의 구조일 수도 있고, 순수한 기판 물질의 남은 자투리(selvage)일 수도 있다. 1장에서 브라베(Bravais) 격자라는 용어를 사용하여 이차원 혹은 삼차원에서 대등한 점이 배열된 것 즉, 이중 주기성(diperiodic)과 삼중 주기성(triperiodic) 구조를 설명했다. 이러한 구조를 표면 물리학에서는 **이차원 격자**라고 한다. 나아가 면적 단위 낱칸은 **그물눈**(mesh)이라고 한다.

그림 1.7에서 이중 주기성 구조를 갖는 가능한 다섯 개의 그물(net) 중 네 개를 보여 주었는데, 다섯 번째의 그물은 일반적으로 빗각형(oblique) 그물로써 그물눈 기본벡터 $\mathbf{a}_1$, $\mathbf{a}_2$ 사이에 특별한 대칭성이 없다. 따라서 이들 다섯 개의 그물은 사선형(oblique), 정사각형(square), 정육각형(hexagonal), 직사각형(rectangular)과 면심 직사각형(centered rectangular)이다.

표면에 평행한 기판 그물은 표면을 기술하는 기준 그물로 사용된다. 그 예로써, 입방결정체 기판 표면이 (111)면이라면, 기판 그물은 육각형이고(그림 1.7b), 표면그물은 이 축들을 기준으로 지정된다.

표면 구조의 그물눈을 정의하는 벡터 $\mathbf{c}_1$, $\mathbf{c}_2$는 행렬 연산 $\mathbf{P}$를 기준 그물 $\mathbf{a}_1$, $\mathbf{a}_2$에 적용하여

$$\begin{pmatrix}\mathbf{c}_1\\ \mathbf{c}_2\end{pmatrix} = \mathbf{P}\begin{pmatrix}\mathbf{a}_1\\ \mathbf{a}_2\end{pmatrix} = \begin{pmatrix}P_{11} & P_{12}\\ P_{21} & P_{22}\end{pmatrix}\begin{pmatrix}\mathbf{a}_1\\ \mathbf{a}_2\end{pmatrix} \tag{1}$$

으로 나타낸다.

두 그물에서 정의하는 벡터 사이의 각이 같다고 가정하면, E. A. Wood의 속기 표기법을 사용할 수 있다. 널리 사용되는 이 표기법에서는 그물눈 기본벡터의 길이와

두 그물눈의 상대회전 R의 각도 α의 항으로 나타내는데, 이때 그물눈 $\mathbf{c}_1$, $\mathbf{c}_2$와 기준 그물눈 $\mathbf{a}_1$, $\mathbf{a}_2$의 관계는

$$\left(\frac{c_1}{a_1} \times \frac{c_2}{a_2}\right) R\alpha \ . \tag{2}$$

가 된다. 만일 $\alpha = 0$이면, 각도 α는 기술에서 생략한다. Wood의 표기법에 대한 예가 그림 2에 주어져 있다.

표면 그물눈의 역그물(reciprocal net) 벡터 $\mathbf{c}_1^*$, $\mathbf{c}_2^*$는

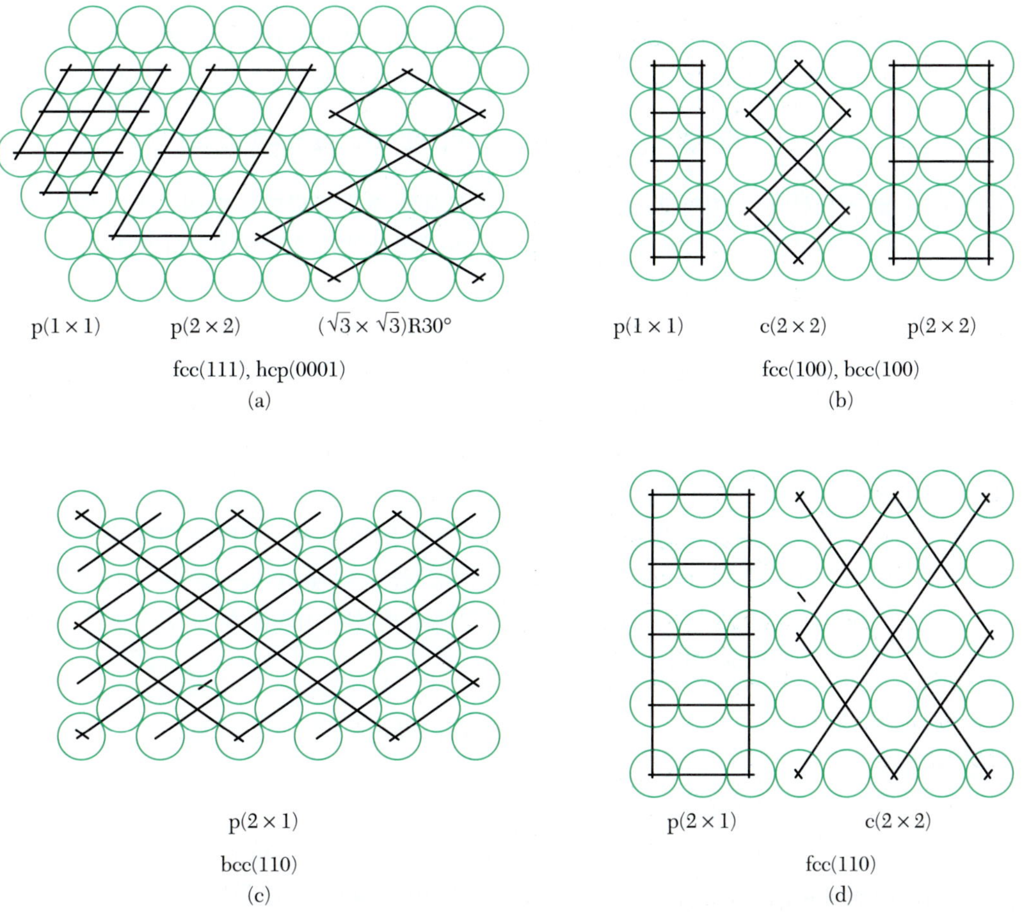

그림 2 흡착(adsorb)된 원자의 표면 그물. 원은 기판의 최상층에 있는 원자를 나타낸다. (a)에서 fcc(111)은 fcc 구조의 (111)면을 의미한다. 이 면으로 기준 그물이 결정된다. 선들은 질서있게 정렬된 덧씌워진 층을 나타내며 흡착된 원자 들은 두 선의 교차점에 있다. 이 교차점들은 이중주기(diperiodic) 그물(이차원 격자)을 나타낸다. (a)에서 p(1 × 1)은 기본 그물눈 단위로써 기준(basis)은 기본 그물 단위의 기준과 동일하다. (b)에서 c(2 × 2) 그물눈 단위가 중심점이 있는 그물눈으로써 기준벡터의 길이는 기준 그물의 기준 벡터 길이의 두 배가 된다. 금속에서의 원자 흡착은 기판 에서 최인접 원자수가 최대가 되는 표면의 자리(움푹한 자리)에서 흔히 일어난다(Van Hove 결과 인용).

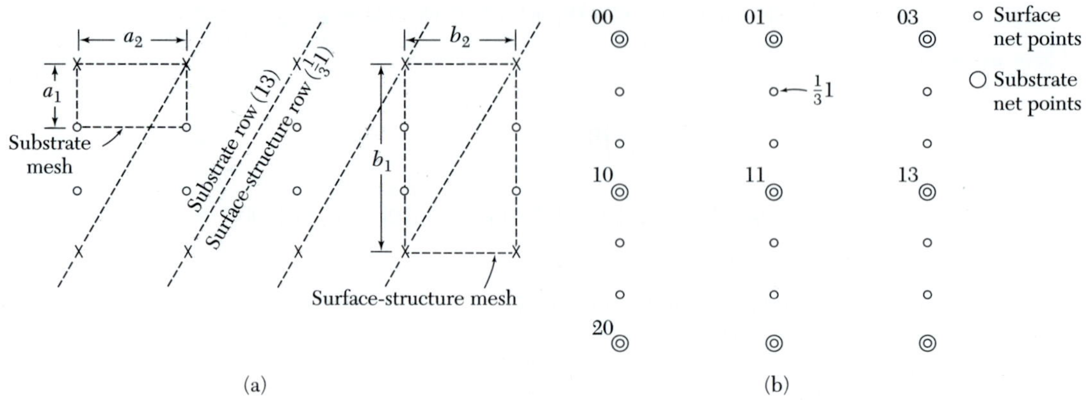

그림 3 (3 × 1) 표면구조. (a) 실제 공간과 (b)역공간의 그림. (E. A. Wood 결과 인용).

$$\mathbf{c}_1 \cdot \mathbf{c}_2^* = \mathbf{c}_2 \cdot \mathbf{c}_1^* = 0 \ ; \qquad \mathbf{c}_1 \cdot \mathbf{c}_1^* = \mathbf{c}_2 \cdot \mathbf{c}_2^* = 2\pi \ (\text{또는 } 1) \tag{3}$$

로 정의한다. 여기서 2π(또는 1)이라고 표시한 것은 해당되는 단위계에 따른 것이라는 의미이다. 그림 3에서 사용된 정의식 (3)은 2장의 삼중주기 격자의 역격자 벡터 정의식과 비교될 수 있다.

3차원에서는 이중주기성 그물의 역그물 점을 막대로 생각할 수 있다. 이 막대들는 무한히 길고, 표면에 수직이며, 표면에서 역그물 점들을 통과한다. 이 막대들은 삼중주기 격자축 하나를 따라서 무한히 길게 뻗어나간 삼중주기 격자에 의해 만들어진 것으로 생각하면 이해에 도움이 될 것이다. 이때 이 격자축을 따라 놓여 있는 역격자 점들은 서로 가까이 접근하게 되어서 궁극적으로는 한개의 막대를 형성한다.

그림 2.8에서 설명한 에발트(Ewald) 구면을 만들 때, 이 막대 개념이 유용한 것이 두드러지게 나타난다. 에발트 구면이 역그물 막대와 만나는 곳이면 어디에서든지 에돌이가 일어난다. 이때 살을 이루는 역그물 벡터의 지표를 hk로 표시하면, 각각의 에돌이살(diffracted beam)은

$$\mathrm{g} = h\,\mathbf{c}_1^* + k\mathbf{c}_2^* \tag{4}$$

이 되면서, 살(beam)을 형성한다.

그림 4는 낮은 에너지 전자에돌이(low energy electron diffraction; LEED)를 보여 주는데, 이 경우 일반적으로 에너지가 10~1,000 eV인 전자를 사용한다. 이것은 데이비슨(Davisson)과 거머(Germer)가 1927년에 전자의 파동성을 발견한 것이 바로 이 실험 장치이다. 그림 5에 실험 결과의 사진이 있다.

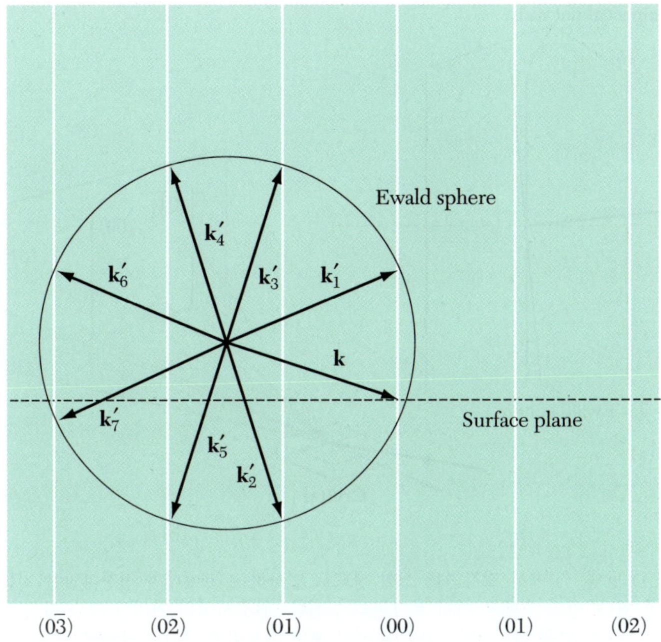

그림 4 전자빔의 $\mathbf{k}$가 그물눈의 한개 축에 평행할 때 입사파 $\mathbf{k}$가 정사각형 그물에 의해서 에돌이되는 것을 나타내기 위한 에발트 구면 구조. 종이면 안쪽에서 볼 때, 후방산란된(back scattered) (전자)살(beam)은 $\mathbf{k}_4'$, $\mathbf{k}_5'$, $\mathbf{k}_6'$, $\mathbf{k}_7'$이다. 에돌이된 살은 종이면에서 밖으로도 일어난다. 수직 선들(그림에서 흰색 선)은 역그물의 막대들이다.

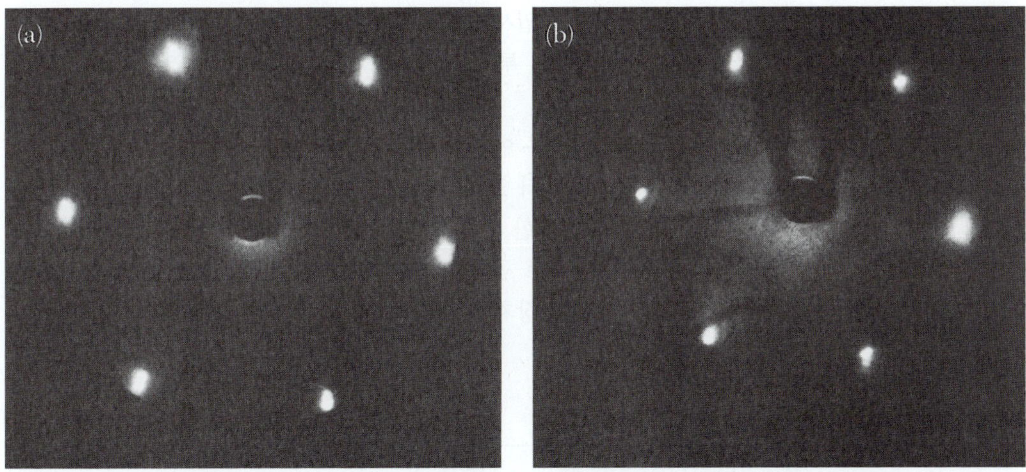

그림 5 Pt(111) 결정면에서 입사 전자에너지가 51과 63.5 eV일 때 LEED 측정 결과의 무늬. 에돌이 각은 낮은 에너지일 때 더 크다(G. A. Somorajai, *Chemistry in Two Dimensions: Surfaces*, Cornell, 1981 결과 인용).

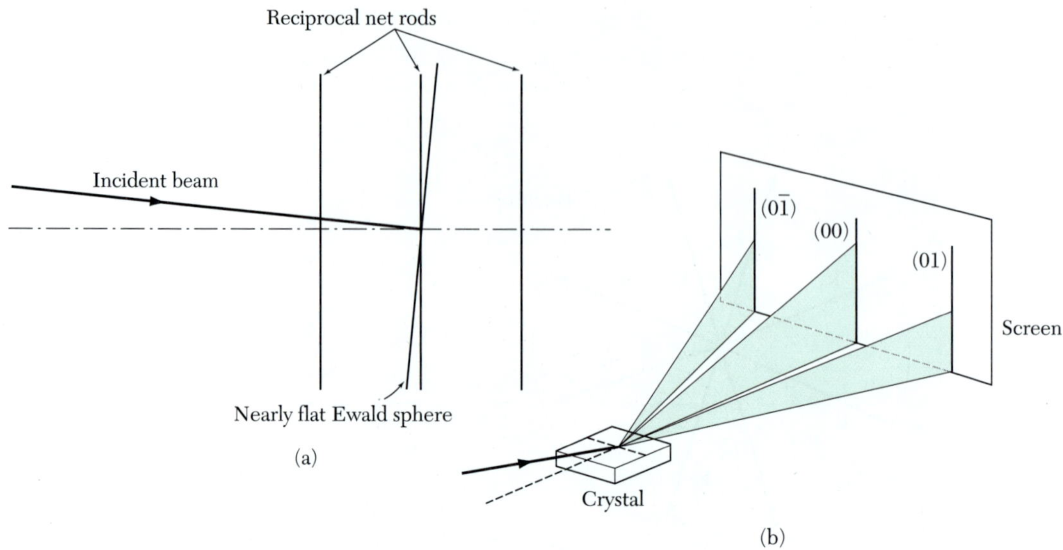

그림 6 RHEED 방법. (a)에서 결정면을 스칠 정도로 입사하는 고에너지 전자다발은 지름이 큰 에발트 구면과 연관되어 있다. 반경은 매우 커서 역그물의 인접한 막대 사이의 거리와 그 지름을 비교할 때 구면을 거의 평면으로 볼 수 있을 정도이다. 그림 (b)에서 평면 스크린에 나타난 에돌이 선을 볼 수 있다(Prutton 결과 인용).

높은 에너지 전자 반사 에돌이*(reflection high-energy electron diffraction)*

RHEED 방법에서는 높은 에너지 전자다발이 결정면을 스칠 정도의 각도로 입사 시켜서 얻는다. 입사각을 조절하면, 입사하는 파동벡터의 수직 성분이 아주 작도록 할 수 있는데, 그렇게 하면 전자다발의 투과를 최소화시켜서 결정면의 역할을 커지게 할 수가 있다.

전자 에너지가 100 keV인 경우 에발트 구면의 반지름 k는 $\simeq 10^3$ Å^{-1}이 되는데, 이 반지름은 가장 작은 역격자 벡터 $2\pi/a \simeq 1$Å^{-1}보다 훨씬 길다. 그래서 중심산란 영역에서 에발트 구면을 거의 평평한 면으로 볼 수 있다. 전자 살(beam)이 거의 스쳐가는 각도로 입사되었을 때, 에발트 공의 거의 평평한 면과 역그물 막대와의 교차점은 거의 선이 된다. 그림 6에 실험 장치가 있다.

표면 전자구조
SURFACE ELECTRONIC STRUCTURE

일함수*(work function)*

금속의 균일한 표면에서의 일함수(work function) W는 진공 준위와 페르미 준위의 전자 퍼텐셜 에너지 차이로 정의된다. 진공 준위는 전자가 표면에서부터(금속 바깥쪽에) 멀리 떨어져 정전기적 힘이 무시될 수 있는 곳에 정지해 있는 전자의 에너지이고,

표 1 전자의 일함수[a]

[광방출에서 얻은 값, 텅스텐(W)은 장방출(field emission) 결과임]		
Element	**Surface plane**	**Work function, in eV**
Ag	(100)	4.64
	(110)	4.52
	(111)	4.74
Cs	polycrystal	2.14
Cu	(100)	4.59
	(110)	4.48
	(111)	4.98
Ge	(111)	4.80
Ni	(100)	5.22
	(110)	5.04
	(111)	5.35
W	(100)	4.63
	(110)	5.25
	(111)	4.47

[a]H.D. Hagstrum 결과 인용

페르미 준위는 금속 안에서의 전자의 전기화학적 퍼텐셜이다.

전형적인 전자 일함수들의 값이 표 1에 있다. 노출된 결정면의 방향은 일함수의 값에 영향을 미치는데, 그 이유는 표면에서의 전기적 이중층(double layer)의 세기가 표면 양전하 이온 핵심의 농도에 따르기 때문이다. 이중층이 존재하는 이유는 표면이온들이 한쪽은 진공(또는 흡착된 외부 원자층)이고 다른 한쪽은 기판으로 비대칭적인 상황에 있기 때문이다.

일함수는 절대온도 0도에서 광전자 방출(photoelectric emission)의 문턱 에너지(threshold energy)와 같다. 입사 광자(photon)의 에너지가 $\hbar\omega$일 때 아인슈타인 방정식(Einstein equation)은 $\hbar\omega = W + T$이고, 이때 T는 방출된 전자의 운동에너지이며 W는 일함수이다.

열전자 방출*(thermionic emission)*[1)]

열전자 방출 비율(thermionic emission rate)은 일함 수의 지표함수로 변하며, 그 유도 과정은 다음과 같다.

온도가 $\tau(= k_BT)$이고 화학퍼텐셜이 μ인 금속에 있는 전자가 진공과 평형을 이루고 있을 때의 전자밀도를 먼저 구하자. 진공에 있는 전자를 이상기체로 취급하면, 이들의 화학퍼텐셜은 *TP* 5장에서

1) **역자주** Thermionic emission은 "열이온 방출" 혹은 "열이온적 전자 방출"이라는 표현이 적합할 것으로 생각되나, 물리학회 용어에 "열전자 방출"로 나와 있어 이를 채택함.

$$\mu = \mu_{\text{ext}} + \tau \log(n/n_Q) \tag{5}$$

이고, 스핀이 1/2인 입자에 대해서는

$$n_Q = 2(m\tau/2\pi\hbar^2)^{3/2} \tag{6}$$

이다.

일함수 정의에 의해 $\mu_{\text{ext}} - \mu = W$이다. 그러면, 식 (5)로부터 전자밀도

$$n = n_Q \exp(-W/\tau) \tag{7}$$

를 얻는다.

밖으로 방출되는 전자가 모두 금속표면을 통해 떠난다고 하면, 방출되는 전자다발은 밖에서부터 표면으로 들어오는 다발과 같고, *TP*의 (14.95)와 (14.121)에 의해

$$J_n = \frac{1}{4} n\bar{c} = n(\tau/2\pi m)^{1/2} \tag{8}$$

이 되며, 여기서 $\bar{c}$는 진공에서 전자의 평균속도이다. 또 전하다발은 eJ_n이 되며 따라서

$$J_e = (\tau^2 me/2\pi^2\hbar^3)\exp(-W/\tau) \tag{9}$$

가 된다. 이 관계식을 열전자 방출에 대한 **리처드슨-더시만 방정식**(Richardson-Dushman equation)이라고 한다.

표면 상태(*surface states*)

반도체의 자유표면에서는 표면과 결합되어 있는 전자 상태가 존재하고, 이 상태는 덩어리 반도체의 원자가띠와 전도띠 사이의 금지된 띠간격(forbidden gap) 안에 있는 에너지를 갖는다. 7장에서 1차원의 경우에 대해 약한 결합(weak binding) 또는 두 성분 근사(two-component approximation)를 써서 표면상태의 성질에 대하여 공부하였으므로 표면상태의 성격에 대해 이미 익숙할 것이다(3차원에서의 파동함수는 표면의 y, z면에서 추가로 $\exp[i(k_y y + k_z z)]$인 인자를 갖는다).

진공, 즉 $x > 0$인 영역에서의 퍼텐셜 에너지를 영(0)으로 잡으면

$$U(x) = 0 \ , \qquad x > 0 \tag{10}$$

이고, 결정 내부에서는 퍼텐셜 에너지가 전형적인 주기적 형태

$$U(x) = \sum_G U_G \exp(iGx) \ , \qquad x < 0 \tag{11}$$

를 갖는다. 1차원에서는 $G = n\pi/a$이고, 이때 n은 0을 포함한 임의의 정수이다. 진공 영역에 속박된 표면상태의 파동함수는

$$\psi_{\text{out}} = \exp(-sx) \ , \qquad x > 0 \tag{12}$$

로 지수적으로 감소할 것이며, 파동방정식에 의해 진공준위에 관련된 상태의 에너지는

$$\epsilon = -\hbar^2 s^2/2m \tag{13}$$

이 된다.

결정 안에서는, 식 (7.49)에서 유추하면, 속박된 표면상태의 두 성분 파동함수는 $x < 0$에서

$$\psi_{\text{in}} = \exp(qx + ikx)[C(k) + C(k - G)\exp(-iGx)] \tag{14}$$

가 되지만, 표면에 전자를 결합하도록 하는 항 $\exp(qx)$가 덧붙여진다.

이제 파동벡터 k의 허용된 값을 제한하는 중요한 고려를 할 차례이다. 만일 상태가 속박되어 있으면, 표면에 수직한 x 방향으로 흐르는 전류는 없다. 이 조건은 파동함수가 x의 실함수로 표현되었을 경우 이미 외부의 파동함수 식 (12)에서 나온 것으로, 양자역학적으로도 확실하다. 그러나 식 (14)는 $k = \frac{1}{2}G$일 때만 실수값이 되기 때문에,

$$\psi_{\text{in}} = \exp(qx)\left[C(\tfrac{1}{2}G)\exp(iGx/2) + C(-\tfrac{1}{2}G)\exp(-iGx/2)\right] \tag{15}$$

가 된다. 그리고 이 식은 $C^*(\frac{1}{2}G) = C(-\frac{1}{2}G)$일 때만 실수이다. 그래서 표면상태의 k_x는 연속적인 값이 아니라 브릴루앙 영역둘레와 연관된 불연속(discrete) 상태로 제한된다.

식 (15)의 상태는 결정 속에서 지수적으로 감소한다. 상수 s와 q는 ψ와 $d\psi/dx$가 $x = 0$에서 연속이라는 조건에 의해 결정된다. 결합에너지 ϵ은 식 (7.46)과 유사하게 두성분 특성방정식(two-component secular equation)을 풀면 된다. 그림 7.12는 이들의 연관성을 이해하는 데 도움이 될 것이다.

접선 방향의 표면 수송*(tangential surface transport)*

기판 결정의 원자가 띠와 전도 띠 사이의 금지된 띠간격(forbidden gap) 중간에 표면에 붙은 전자 상태가 놓여 있을 수 있음을 배웠다. 이러한 상태들은 차 있거나 비어 있으며 이들의 존재가 통계역학에 영향을 받아야 한다. 이것이 의미하는 것은 전자의 상태가 전자와 양공의 국소 평형(local equilibrium) 농도에 변화를 주어서, 띠 끝을 기준으로 할 때 화학퍼텐셜의 위치가 이동한다는 것이다. 화학퍼텐셜은 평형 계에서의 위치와 무관하기 때문에, 에너지 띠가 그림 7과 같이 이동하거나 휘어져야 한다.

표면에 수직한 전기장을 걸어 주어서 표면층의 두께와 전하농도를 변하게 할 수 있다. 금속–산화막–반도체 장효과 트랜지스터(metal-oxide-semiconductor field effect transistor; MOSFET)에서는 이러한 외부 장의 영향을 이용한다. MOSFET은 반도체 표면 바로 바깥에 금속전극이 있고, 이 전극은 산화층에 의해서 절연되어 있다. 게이트 전압(gate voltage)이라 불리는 전압 V_g를 금속과 반도체 사이에 걸어

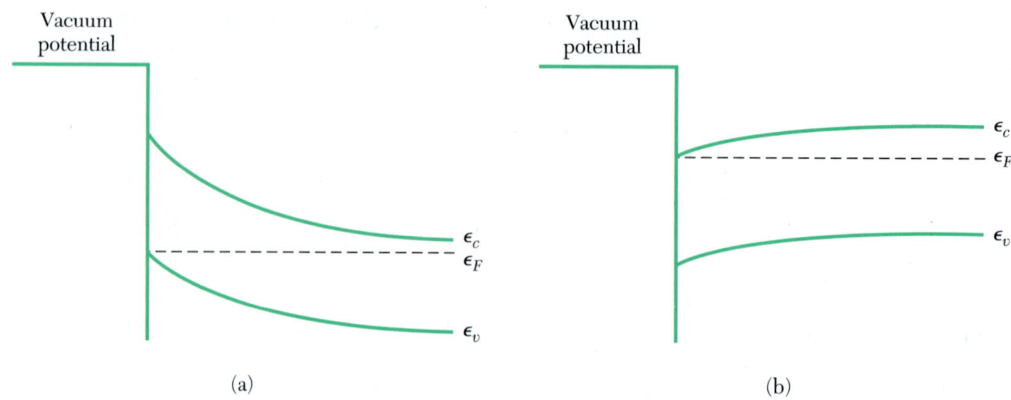

그림 7 표면영역에서 높은 전도성을 주는 반도체 표면에서의 띠의 휘어짐(bending). (a) n형 반도체위의 반전층(inversion layer). 그림과 같이 휘어짐이 있으면 표면에서 양공 농도가 내부에서의 전자 농도보다 훨씬 크다. (b) 표면에서의 전자농도가 안쪽보다 훨씬 큰 n형 반도체의 축적층(accumulation layer).

주어서, 단위넓이당 표면전하 농도 n_s를 변조한다.

$$\Delta n_s = C_g \Delta V_g \ .$$

여기서 C_g는 금속 게이트와 반도체 사이에 존재하는 단위넓이당 전기용량이다. 이 표면 전하층은 MOSFET에서 전도하는 통로가 된다. 두 전기 접촉 사이에 길이가 L이고 폭이 W인 표면층의 전도도는

$$G = (W/L) n_s e \mu$$

이고, 이 식에서 μ는 운반자의 이동도이다. 운반자 밀도 n_s, 즉 전기 전도도는 게이트 전압에 의해 조절된다. 이 세 단자 전자 밸브(three-terminal electronic valve)는 마이크로파 전자장치의 주요 부품이다. 표면에 있는 운반자가 차지하고 있는 전자 상태는 접합면에 수직한 방향으로 양자화(quantize)되어 있다(연습문제 2 참조).

2차원 채널에서의 자기저항도
MAGNETORESISTANCE IN A TWO-DIMENSIONAL CHANNEL

3차원에서의 정적 자기전도도 텐서(static magnetoconductivity tensor)는 연습문제 6.9에 있다. 여기서는 즉 MOS층의 수직 방향으로 일정한 값을 갖는 자기장이 걸려 있을 때, xy평면의 2차원 표면 전도 통로의 전기전도를 그 연습문제의 결과를 써서 해석하여 보자. 단위넓이당 $n_s = N/L^2$개의 전자가 있다면, 표면 전도도는 부피 전도도에 층 두께를 곱한 것으로 정의되고, 표면 전류밀도는 표면에서 단위길이의 선을 지나는 전류로 정의된다.

그래서 식 (6.43)과 (6.65)를 이용하여 표면텐서 전도도 성분

$$\sigma_{xx} = \frac{\sigma_0}{1 + (\omega_c\tau)^2} \;; \qquad \sigma_{xy} = \frac{\sigma_0\omega_c\tau}{1 + (\omega_c\tau)^2} \tag{16}$$

를 얻는데, 여기서 $\sigma_0 = n_s e^2\tau/m$이며 CGS 단위로 $\omega_c = eB/mc$ SI 단위로는 $\omega_c = eB/m$이다. 아래 설명에서는 옴(ohm)이 사용되는 경우를 제외하고는 모두 CGS만으로 기술한다.

이들 결과를 6장에서 공부한 풀림시간 근사에 특정하여 적용할 수 있다. 강한 자기장과 저온일 경우와 같이 $\omega_c\tau \gg 1$이면, 표면 전도도 성분은

$$\sigma_{xx} = 0 \;; \qquad \sigma_{xy} = n_s ec/B \tag{17}$$

인 한계에 접근한다. σ_{xy}의 한계값은 서로 교차하는 전기장 E_y와 자기장 B_z에서 자유전자의 일반적 성질이다. 이러한 전자들이 x방향 속도 $v_D = cE_y/B_z$로 표류하는 결과를 유도하자. x방향으로 v_D의 속도로 움직이는 로렌츠(Lorentz) 좌표계에서의 전자를 고려해 보자. 전자기 이론에 의하면, 외부 전기장 E_y를 상쇄할 수 있는 v_D를 선택하면, 이 로렌츠 좌표계에는 전기장 $E'_y = -v_D B_z/c$가 존재한다. 실험 좌표계에서 모든 전자는 E_y가 걸리기 전에 존재하던 모든 속도 성분에 추가하여 x방향으로 표류속도 v_D로 표류한다.

그래서 $j_x = \sigma_{xy}E_y = n_s e v_D = (n_s ec/B)E_y$가 되면서 식 (17)에서와 같이

$$\sigma_{xy} = n_s ec/B \tag{18}$$

를 얻는다. 실험에서는 y방향 전압 V에 대해 x방향 전류 I를 측정한다(그림 8). 여기서 $I_x = j_x L_y = (n_s ec/B)(E_y L_y) = (n_s ec/B)V_y$이다. 한편 홀저항(Hall resistance)은

$$\rho_H = V_y/I_x = B/n_s ec \tag{18a}$$

이다.

E_x가 0일 때도 j_x가 흐를 수 있어서 유효전도도가 무한대가 될 수 있다. 역설적으로 이러한 극한은 σ_{xx}와 σ_{yy}가 0일 때만 생긴다. 텐서 관계

$$j_x = \sigma_{xx}E_x + \sigma_{xy}E_y \;; \qquad j_y = \sigma_{yx}E_x + \sigma_{yy}E_y \tag{19}$$

를 생각해 보자. 홀효과(Hall effect)의 기하학적 구조에서는 $j_y = 0$이므로 $\sigma_{xy} = -\sigma_{yx}$인 관계로부터 $E_y = (\sigma_{xy}/\sigma_{yy})E_x$를 얻는다. 그래서

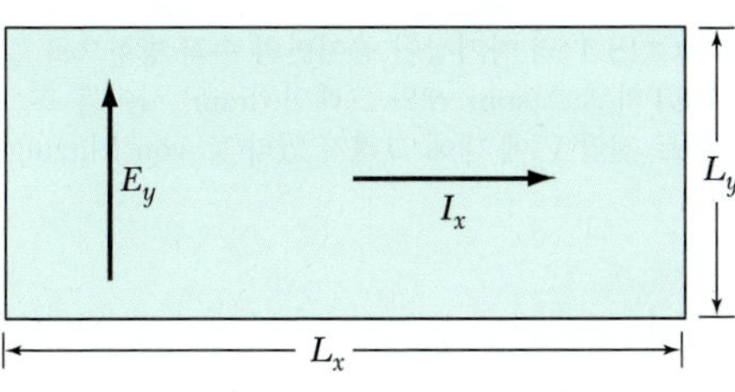

그림 8 양자 홀효과(IQHE) 실험에서 걸린 마당 E_y와 표류전류 I_x.

$$j_x = (\sigma_{xx} + \sigma_{xy}^2/\sigma_{yy})E_x = \sigma(\text{eff})E_x \tag{20}$$

이며, $\sigma_{xx} = \sigma_{yy} = 0$인 극한에서는 유효전도도는 무한대이다.

정수 양자 홀효과(integral quantized Hall effect; IQHE)

양자역학적 조건의 온도와 자기장에서 최초의 측정결과가[2] 그림 9에 있다. 결과는 놀랄 만하다. 게이트 전압(gate voltage)이 특정 값을 가질 때, 전류가 흐르는 방향의 전압강하는 본질적으로 영(0)이 되어, 마치 유효전도도가 무한한 것처럼 된다. 더욱이

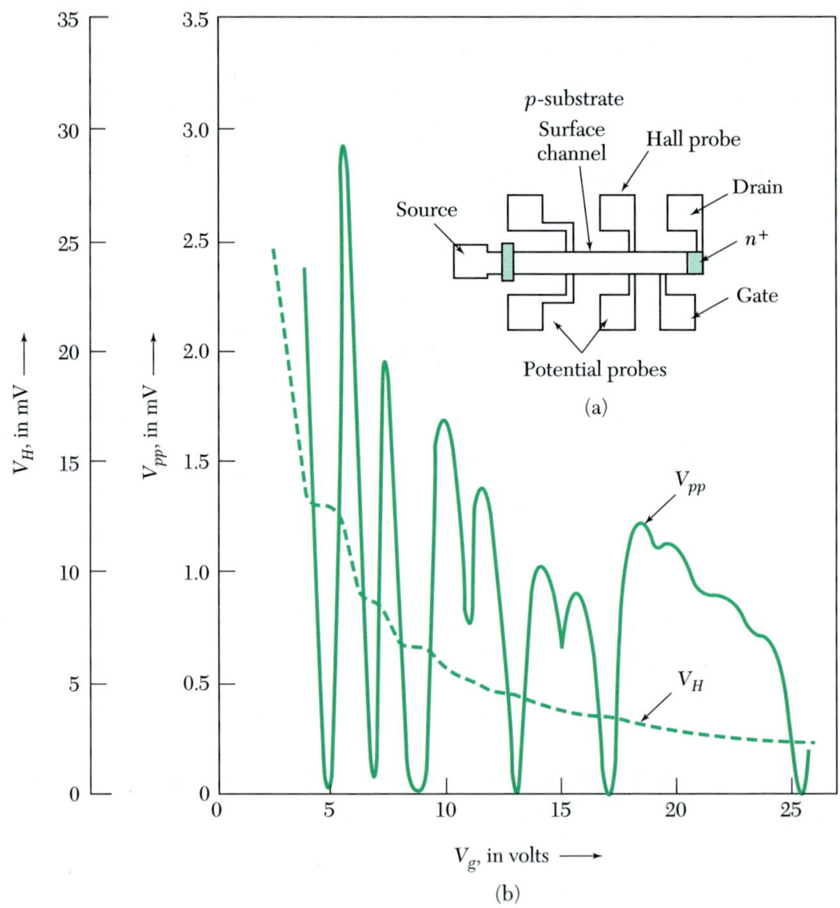

그림 9 최초의 정수 양자 홀효과(IQHE) 실험에서 180 kG(18 T)의 자기장이 종이면의 수직 방향으로 걸려 있다. 온도는 1.5 K이다. 일정한 전류 1 μA가 MOSFET의 소스(source)와 드래인(drain) 사이를 흐르도록 하고, 전압 V_{pp}와 V_H가 페르미 준위에 비례하는 게이트 전압 V_g에 대해 그려져 있다(K. von Klitzing, G. Dorda와 M. Pepper 결과 인용).

2) K. von Klitzing, G. Dorda, and M. Pepper, Phys. Rev. Lett. **45**.494 (1980)

이 게이트 전압 부근에서는 홀 전압(Hall voltage)의 고원(plateau, 高原)이 존재하며, 그러한 고원에서 홀 비저항(Hall resistivity) V_H/I_x의 값들은 정확히 25,813/s(s는 정수) 옴과 같다. 여기서 25,813은 h/e^2을 옴 단위로 표시한 값이다.

IQHE의 전압극소값 V_{pp}는 과장되게 단순화된 모형으로도 설명이 가능하다. 더 일반적인 이론은 나중에 설명하겠다. 준위 사이의 간격이 $\hbar\omega_c \gg k_BT$를 만족하도록 강한 자기장을 걸어 줄 때, 완전히 차 있거나, 비어 있는 란다우 준위(Landau level)에 대해 생각해 보자. (게이트 전압에 비례하는) 전자 표면 농도를 조절하여, 페르미 준위가 란다우 준위 중 하나와 같게 만들어 주면, 식 (9.33)과 (9.34)로부터

$$seB_s/hc = n_s \tag{21}$$

를 얻을 수 있는데, 여기의 s는 정수이고 n_s는 전자 표면 농도이다.

위의 조건이 만족될 때 전자의 충돌시간이 크게 증가한다. 같은 란다우 준위에 있으면, 한 상태에 있는 전자가 다른 상태에 있는 전자와 탄성충돌을 하는 것은 불가능하다. 왜냐하면 같은 에너지를 갖는 모든 최종상태는 꽉 차 있기 때문이다. 파울리 원리는 탄성충돌을 금지한다. 비어 있는 란다우 준위로의 비탄성 충돌은 포논의 에너지를 흡수해야 가능하지만 $\hbar\omega_c \gg k_BT$라는 가정 때문에 준위 사이의 간격보다 큰 에너지를 갖는 열 포논은 거의 없다.

홀저항의 양자화는 식 (18a)와 (21)를 결합하면 다음과 같다.

$$\rho_H = h/se^2 = 2\pi/sc\alpha\ . \tag{22}$$

여기서 α는 미세 구조상수 $e^2/\hbar c \cong 1/137$이고 s는 정수이다.

실제 계에서의 IQHE*(IQHE in real systems)*

측정결과(그림 9)는 위의 IQHE 이론이 매우 잘 맞는다는 것을 보여준다. 반도체 시료가 순도가 높다든가 결정이 완전하다는 것과 상관없이, 홀 비저항이 정확하게 25,813/s 옴(ohm)으로 양자화되어 있다. 뾰족 한 란다우 준위(그림 10a)가 실제 결

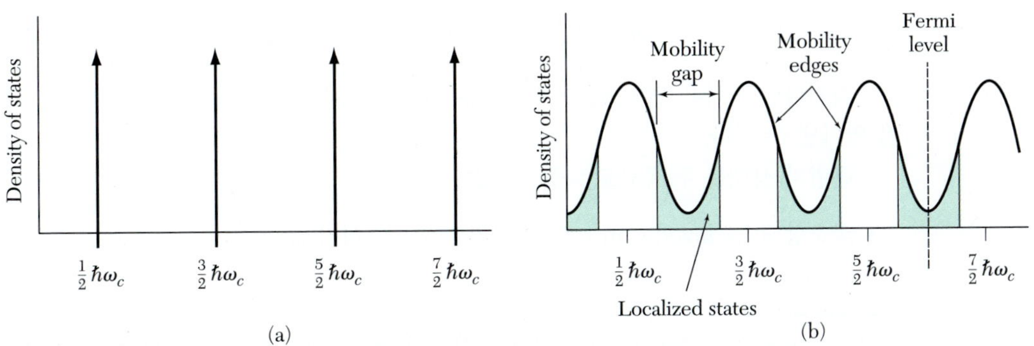

그림 10 강한 자기장에서 2차원 전자기체의 상태밀도. (a) 이상적인 2차원 결정, (b) 불순물과 결함이 있는 실제 2차원 결정.

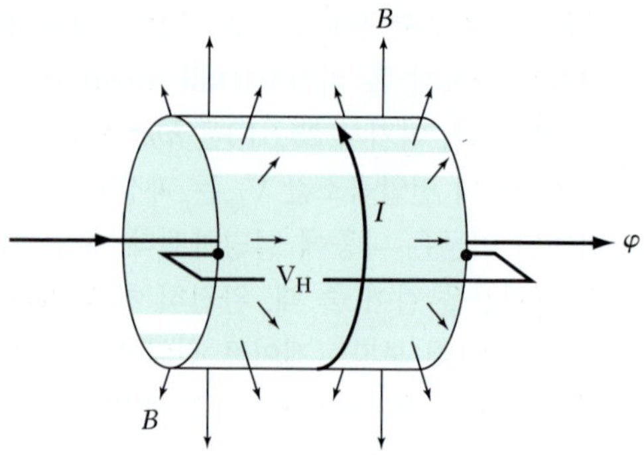

그림 11 로플린(Laughlin)의 상상적 실험의 기하학적 구조. 2차원 전자계가 원기둥을 형성하도록 말려(wrapped) 있다. 강한 자기장 B가 원기둥 표면 모든 곳에서 수직하게 관통하고 있다. 고리(loop)를 순환하는 전류 I는 홀 전압 V_H와 고리를 통과하는 작은 자기다발 φ를 발생한다.

정에서는 넓어지지만(그림 10b), 홀 비저항에는 영향을 미치지 않는다. 그림 9의 V_H에서 확인할 수 있는 홀 저항에서 고원(plateaus)이생기는 현상은 이상적인 시료에서도 기대할 수 없는 것이다. 왜냐하면 페르미 준위가 란다우 준위와 정확히 일치하는 경우를 제외하고는, 모든 케이트 전압에 대해 란다우 준위가 부분적으로 채워져 있기 때문이다. 그럼에도 불구하고 실험에서는 넓은 영역의 V_g에 대하여 특정한 홀 저항을 갖고 있음을 나타내고 있다.

로플린(Laughlin)[3]은 실재계에서의 결과를 게이지 불변(gauge invariance)의 일반적 원리의 표현을 써서 설명하였다. 로플린의 논리는 이해하기가 어려우며, 10장에서 다룬 초전도체의 자기장 양자화를 다소 연상시킨다.

로플린의 상상적 실험에서는 2차원 전자계가 원기둥(cylinder) 모양을 형성하도록 구부러져 있으며(그림 11), 원기둥 표면의 모든 곳을 강한 자기장 B가 수직하게 관통하고 있다. 전류 I(앞에서는 I_x)는 고리(loop)를 따라 순환한다. 전하를 가진 운반자에 작용하는 자기장 B는 전류와 B에 수직한 홀 전압 V_H(앞에서는 V_y)를 생기게 하는데, V_H는 실린더의 양쪽 끝 사이에 걸리게 된다.

순환하는 전류 I에 의해 전류고리를 꿰뚫어 지나가는 작은 자기다발 φ가 발생한다. 상상적 실험의 목적은 I와 V_H의 관계를 찾는 것이다. 저항이 없는 계의 전체 에너지 U와 I를 연결하는 전자기적인 관계에서부터 시작하자.

$$\frac{\partial U}{\partial t} = -V_x I_x = \frac{I}{c}\frac{\partial \varphi}{\partial t}\ ; \qquad I = c\,\frac{\delta U}{\delta \varphi}\ . \tag{23}$$

자기다발의 작은 변화 $\delta\varphi$를 수반하는 전기적인 에너지의 변화량 δU로부터 I 값을 알아낼 수 있다.

운반자 상태를 두 종류로 나눌 수 있다:

- 국소상태(localized state); 고리 주위로 연속적이지 않는 상태

3) R. B. Laughlin, Phys. Rev. B **23**, 5632 (1981)과 *McGraw-Hill yearbook of science and technology*, 1984, pp.209-214에 있는 그의 논문을 참고. Science **220**, 1241 (1983)에 H. L. Stormer and D. C. Tsui가 다시 설명한 논문이 있다.

- 확장상태(extended stste); 고리 주위로 연속적인 상태

국소상태와 확장상태는 동일한 에너지에서는 공존할 수 없다. 이것이 현재 우리가 이해하고 있는 국소화(localization)이다.

위의 두 종류는 자기다발 φ의 작용에 대해 서로 다르게 반응한다. 국소 상태에서는 φ가 별로 포함되어 있지 않기 때문에, 국소상태는 일차항에 대해 영향을 받지 않는다. 국소상태에서 φ의 변화는 게이지 변환같이 보이며, 상태의 에너지에 영향을 줄 수 없다.

확장상태에서는 φ를 포함하고, 상태의 에너지도 변할수 있다. 그러나 자기다발이 다발양자 $\delta\varphi = hc/e$ 단위씩 변한다면, 모든 확장상태의 궤도는 다발양자가 더해지기 전의 궤도와 동일하다. 이 논리는 쿠퍼쌍 $2e$가 e로 바뀐 것을 제외하고는 10장에서 공부한 초전도 고리의 다발 양자화의 경우와 동일하다.

페르미 준위가 그림 10b의 국소상태로 떨어질 경우, 다발 변화 $\delta\varphi$가 있기 전이나 후에 상관없이 페르미 준위 아래에 있는 모든 확장상태(란다우 준위)가 모두 채워질 것이다. 그러나 변화하는 동안에는 상태의 정수 갯수만큼의 다발이(일반적으로 란다우 준위당 하나) 실린더의 한쪽 끝으로 들어가 다른 쪽 끝으로 빠져 나가버리게 된다.

자기다발이 변화하기 전과 후에 계가 물리적으로 동일해야 하기 때문에, 그 수는 정수이어야 한다. 전자 하나로 채워진 상태가 전달될 경우 에너지 변화는 eV_H이고, 그러면 N개가 채워진 상태가 전달된 경우에는 에너지 변화는 NeV_H이다.

이러한 전자의 전달은 겹침 상태에 있는 2차원 전자계에서 전자계의 에너지를 바꿀 수 있는 유일한 방법이다. 이 효과는 아래 식의 벡터 퍼텐셜를 갖는 란다우 게이지에서 무질서가 없는 모형계를 살펴봄으로써 이해할 수 있다.

$$\mathbf{A} = -By\hat{\mathbf{x}} \ . \tag{24}$$

다발의 증가 $\delta\varphi$에 상응하는 δA의 증가는 y방향으로 확장상태를 $\delta A/B$만큼 옮긴 것과 같다. 스토크스 정리(Stokes theorem)와 벡터 퍼텐셜의 정의에 의해 $\delta\varphi = L_x\delta A$이다. 따라서 $\delta\varphi$는 전자기체 전체가 y방향으로 움직이도록 만든다.

그런데 $\delta U = NeV_H$이고 $\delta\varphi = hc/e$이므로

$$I = c(\Delta U/\Delta\varphi) = cNe^2V_H/hc = (Ne^2/h)V_H \tag{25}$$

를 얻게 되고, 따라서 홀 저항은 식 (22)에서와 같이

$$\rho_H = V_H/I = h/Ne^2 \tag{26}$$

이다.

분수 양자 홀효과(fractional quantized Hall effect; FQHE)

지수 s의 값이 분수인 양자 홀효과가 발견되었는데, 이는 보다 낮은 온도와 보다 높은 자기장에서 IQHE 경우와 비슷한 전자계를 이용하여 실험한 결과이다. 이 극단적인

양자 극한에서는 가장 낮은 란다우 준위가 일부분만 차 있으니까, 위에서 공부한 정수 양자 홀효과가 일어나지 않아야 한다. 그러나 제일 낮은 란다우 준위가 1/3, 2/3만큼 차 있을 때에도 홀저항 ρ_H가 $3h/e^2$ 단위로 양자화되고, 또한 이 상태에서 ρ_{xx}가 영(0)으로 완전히 없어져버린다는 것이 발견되었다.[4] 이와 비슷한 현상이 2/5, 3/5, 4/5, 2/7만큼 채워져 있을 때도 보고된 바 있다.

p-n 접합
p-n JUNCTIONS

p-n 접합은 단결정을 두 영역으로 변화시켜서 만든다. 대부분의 운반자가 양공인 *p* 영역을 만들기 위해서 받개 불순물 원자를 한쪽에 주입하고, 대부분의 운반자가 전자인 *n*영역을 만들기 위해서 주개 불순물 원자를 다른 한쪽에 주입한다. 경계면 영역의 두께는 대체로 10^{-4} cm보다 작다. 접합(junction)에서 *p*영역 쪽으로 멀리 떨어진 곳에는 음(−)이온화된 받개 불순물 원자와 같은 농도의 자유양공이 있다. *n*영역에는 양(+)이온화된 주개 원자와 같은 농도의 자유전자들이 있다. 따라서 그림 12에서 보는 바와 같이 *p*영역에서는 양공이, *n*영역에서는 전자가 다수의 운반자이다.

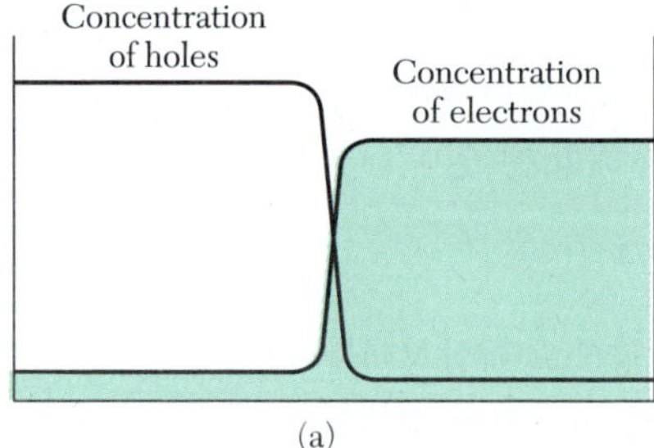

(a)

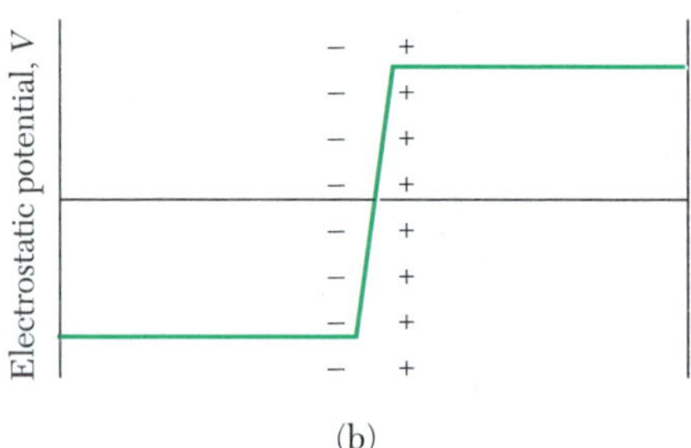

(b)

그림 12 (a) 바이어스(bias) 전압을 걸지 않은(바이어스 전압이 0일 때) 접합에서 양공과 전자의 농도 변화. 운반자는 주개와 받개 불순물 원자들과 열평형 상태에 있으므로 양공과 전자 농도의 곱 *pn*은 결정 전체에서 일정하고 이것은 질량 작용의 법칙과 일치한다. (b) 접합 근처에서 주개(−)로부터 받개(+)까지의 정전기 퍼텐셜. 퍼텐셜 경사면 때문에 양공은 *p*쪽에서 *n*쪽으로 퍼지지 못하고 전자도 *n*쪽에서 *p*쪽으로 퍼지지 못한다. 접합 영역에서 전기장을 내장된 전기장이라고 한다.

4) D. C. Tsui, H. L. Stormer, and A. C. Gossard, Phys. Rev. Lett. **48**, 1562 (1982); A. M. Chang et al., Phys. Rev. Lett. **53**, 997 (1984). 이론적 논의는 G. Bauer et al., eds., *Two-dimensional systems, heterostructures, and superlattices*, Springer, 1984 속에 있는 R. Laughlin의 논문을 볼 것.

p쪽에 몰려 있는 양공은 결정 전체에 균일하게 확산되려고 하고, 전자는 n쪽으로부터 확산되려고 한다. 그러나 확산이 일어나면 계의 지역적인 전기적 중성 상태를 뒤집어 엎을 것이다.

작은 양의 전하가 확산(diffusion)에 의해 전달되면 p쪽에는 음(−)이온화된 받개가 과도하게 남으며 n쪽에는 양(+)이온화된 주개가 과도하게 남는다. 이러한 두 겹의 전하층은 n쪽에서 p쪽으로 전기장이 생기게 하여, 전하의 확산을 막아 두 운반자가 분리(separation)된 상태를 유지하게 한다. 이 두 층 때문에 결정에서의 정전기 퍼텐셜 값은 접합 영역을 지나갈 때 급격히 뛰어오른다.

열평형 상태에서 각각의 운반자의 화학퍼텐셜은 접합을 포함한 결정의 모든 점에서 일정하다. 양공에 대해서는

$$k_B T \ln p(\mathbf{r}) + e\varphi(\mathbf{r}) = \text{일정} \tag{27a}$$

이다. 여기서 p는 양공의 농도이고 φ는 정전기 퍼텐셜이다. 따라서 φ값이 크면 p값이 작다. 전자에 대해서는

$$k_B T \ln n(\mathbf{r}) - e\varphi(\mathbf{r}) = \text{일정} \tag{27b}$$

이고, φ값이 작으면 n값도 작다.

화학퍼텐셜은 결정 전체에서 일정하다. 농도의 기울기 효과가 정전기 퍼텐셜을 정확하게 상쇄시켜서, 두 종류의 운반자 입자의 알짜 흐름은 영(0)이다. 그러나 열평형 상태에서도 작은 양의 전자가 n에서 p방향으로 흘러 들어가기는 하는데, 이때 양공과 재결합하면서 없어진다. 재결합 전류 J_{nr}은 전자에 의한 전류 J_{ng}에 의해 균형을 이루는데, J_{ng}는 p영역에서 열에 의해 발생하며 또 내장된 전기장에 의해 n영역으로 밀려나는 전자 때문에 생긴다. 그래서 외부에서 걸어주는 전기장이 영(0)일 경우

$$J_{nr}(0) + J_{ng}(0) = 0 \tag{28}$$

이고, 만일 그렇지 않다면 전자가 한쪽으로 계속 모이게 될 것이다.

정류(rectification)

p-n 접합을 정류소자로 쓸 수 있다. 접합에 한쪽 방향으로 전압을 걸어주면 큰 전류가 흐르나 반대 방향으로 전압을 걸어주면 아주 작은 전류가 흐른다. 교류 전압이 접합에 걸리면 전류는 주로 한쪽 방향으로만 흐른다.—접합이 전류를 정류한다(rectify)(그림 13).

역방향 전압 바이어스(back voltage bias)로 음(−)전압을 p영역에 양(+)전압을 n영역에 걸어 주어 두 영역 간의 퍼텐셜 차이를 증가시켜 주자. 이 경우, 전자는 장벽(barrier)의 낮은 쪽에서 높은 쪽으로 향한 퍼텐셜 에너지 언덕을 실제적으로 거의 올라가지 못한다. 그리고 재결합 전류는 볼츠만 인자만큼 감소한다.

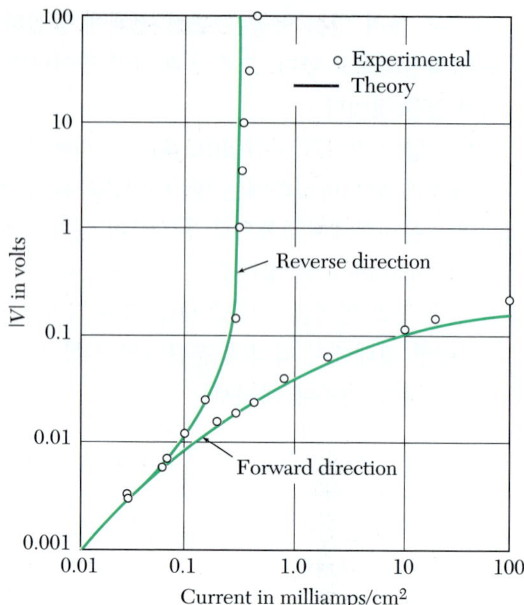

그림 13 게르마늄 p-n 접합의 정류 특성 (Shockley 결과 인용).

$$J_{nr}(V\ \text{back}) = J_{nr}(0)\exp(-e|V|/k_BT)\ . \tag{29}$$

이 경우, 장벽을 통과할 수 있는 에너지를 가진 전자의 갯수는 볼츠만 인자에 의해 결정된다.

열에 의해 발생되는 전자의 흐름은 발생 전자가 p에서 n으로 언덕을 내려감으로써 역바이어스의 영향을 별로 받지 않아서

$$J_{ng}(V\ \text{back}) = J_{ng}(0) \tag{30}$$

로 된다. 식 (28)에서 $J_{nr}(0) = -J_{ng}(0)$임을 알 수 있으므로, 발생 전류는 역바이어스에 의한 재결합 전류가 대부분이다.

순방향 바이어스가 걸릴 경우 퍼텐셜 에너지 장벽이 낮아지므로 재결합 전류가 증가하며, 따라서 더 많은 전자가 n쪽에서 p쪽으로 흐르게 되어

$$J_{nr}(V\ \text{forward}) = J_{nr}(0)\exp(e|V|/k_BT) \tag{31}$$

이며, 이때에도 발생전류는 변하지 않아서

$$J_{ng}(V\ \text{forward}) = J_{ng}(0) \tag{32}$$

이다.

접합을 거쳐 흐르는 양공의 전류는 전자의 전류와 유사하게 행동한다. 걸어준 전압은 전자의 장벽 높이를 낮춤과 동시에 양공의 장벽도 낮추어 준다. 그래서 많은 수

의 전자가 n영역에서 흘러나오게 되고 동일한 전압 조건에서 큰 양공 전류가 반대방향으로 흐른다.

전자와 양공의 전류는 서로 더해지며, 따라서 순방향 총 전류는

$$I = I_s[\exp(eV/k_BT) - 1] \tag{33}$$

인데, 여기서 I_s는 발생한 두 가지 전류의 합이다. 이 식은 게르마늄 p-n 접합의 경우 잘 맞지만(그림 13), 다른 반도체의 경우에는 잘 맞지 않는다.

태양전지와 광기전력 검출기*(solar cells and photovoltaic detectors)*

외부에서 바이어스 전압을 걸지 않은 상태에서 p-n 접합에 빛을 비추어 보자. 흡수된 광자가 하나의 전자와 양공을 만든다. 이러한 운반자들이 접합이 있는 곳으로 확산되어 나갈 경우, 에너지 장벽 부근에서 접합면에 내장된 전기장에 의해 분리된 상태로 모여 있게 된다. 운반자의 분리된 상태는 장벽에 순방향 전압을 만든다. 이때 빛에의해 만들어진 운반자의 전기장의 방향이 접합에 내장된 장의 방향과 반대이기 때문에 전압의 방향은 순방향이다.

접합에 빛을 비추었을 때 순방향 전압이 걸리게 되는 현상을 **광기전력 효과**(photovoltaic effect)라 한다. 빛을 받고 있는 접합은 외부 회로에 전력을 공급할 수 있다. 실리콘으로 만들어진 넓이가 큰 p-n 접합은 태양 광자를 전기 에너지로 바꾸는 데 쓰인다.

쇼트키 장벽*(Schottky barrier)*

반도체가 금속과 접촉하도록 만들면, 반도체 속에 전하 운반자가 거의 고갈된 장벽층이 형성된다. 이 장벽층을 **결핍층**(depletion layer) 또는 **고갈층**(exhaustion layer)이라고 한다.

그림 14에서 n형 반도체가 금속과 접촉되어 있다. 전자들이 금속의 전도띠로 전달되면서 두 물질의 페르미 준위는 일치한다. 양(+)전하를 갖고 있는 주개 이온은 전자를 거의 빼앗긴 이 영역에 남겨진다. 이 경우 푸아송 방정식(Poisson equation)은

$$\text{(CGS)} \quad \mathrm{div}\,\mathbf{D} = 4\pi ne \qquad\qquad \text{(SI)} \quad \mathrm{div}\,\mathbf{D} = ne/\epsilon_0 \tag{34}$$

로 주어지는데, n은 주개의 농도이다. 정전기 퍼텐셜은

$$\text{(CGS)} \quad d^2\varphi/dx^2 = -4\pi ne/\epsilon \qquad\qquad \text{(SI)} \quad d^2\varphi/dx^2 = ne/\epsilon\epsilon_0 \tag{35}$$

에 의해 결정되며, 그 풀이는

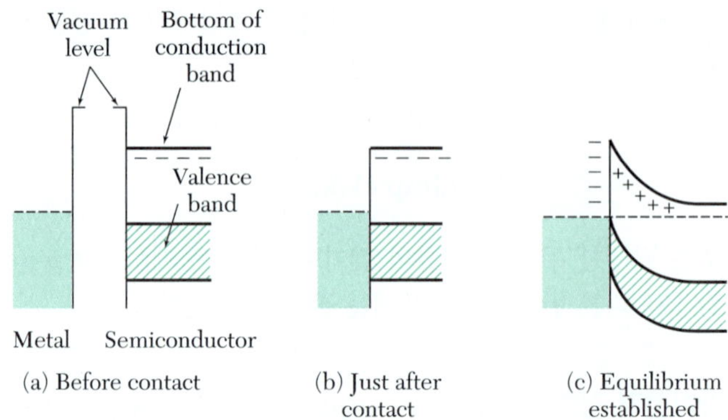

그림 14 금속과 n형 반도체 사이의 정류 장벽. 페르미 준위는 점선으로 표시했다.

$$\text{(CGS)}\quad \varphi = -(2\pi ne/\epsilon)x^2 \qquad\qquad \text{(SI)}\quad \varphi = -(ne/2\epsilon\epsilon_0)x^2 \tag{36}$$

으로 주어진다.

편의상 x축의 원점을 장벽의 오른쪽 끝머리로 잡으면, 접촉면은 $-x_b$에 있고, 오른쪽 면에 대한 상대적인 퍼텐셜 에너지는 $-e\varphi_0$이며, 따라서 장벽의 두께는

$$\text{(CGS)}\quad x_b = (\epsilon|\varphi_0|/2\pi ne)^{1/2} \qquad\qquad \text{(SI)}\quad x_b = (2\epsilon\epsilon_0|\varphi_0|/ne)^{1/2} \tag{37}$$

이다. $\epsilon = 16$, $e\varphi_0 = 0.5$ eV; $n = 10^{16}$ cm^{-3}일 때 $x_b = 0.3$ μm를 얻는다. 이것은 금속–반도체 접촉에 대한 다소 단순화된 관점이다.

이질구조
HETEROSTRUCTURES

반도체 이질구조는 같은 결정 구조를 갖고 있는 둘 또는 그 이상의 다른 종류의 반도체를 결맞음(coherent) 상태로 성장한 것이다. 반도체 이질구조에 불순물을 첨가할 수 있는데, 접합에서 전도띠와 원자가띠의 차이를 조정할 수 있는 수단을 제공함으로, 반도체 접합 장치를 만드는 데 보다 많은 선택의 자유를 준다. 이러한 폭넓은 선택의 자유 때문에, 이질구조를 갖는 화합물 반도체가 널리 사용되고 있다. CD 플레이어(CD player)에 들어 있는 반도체 레이저나 이동 수신기(cell-phone; 핸드폰)에 들어 있는 고속소자(high-speed device)가 그 예이다.

이질구조는 원자자리들의 점유도가 경계면에서 달라지는 단결정으로 볼 수 있다. 하나의 보기로, 한쪽은 Ge 다른 쪽은 GaAs로 이루어진 경계면이 있다. 이 경우 두 물질의 격자계수는 5.65 Å이다. 또 한쪽은 다이아몬드 구조이고, 다른 한쪽은 입방 황화아연(ZnS) 구조로 되어 있지만 두 구조 모두 정방(tetrahedral) 공유결합(covalent bonds)으로 만들어져 있어서, 마치 단결정인 것처럼 결맞음으로 맞추어진다. 경계면

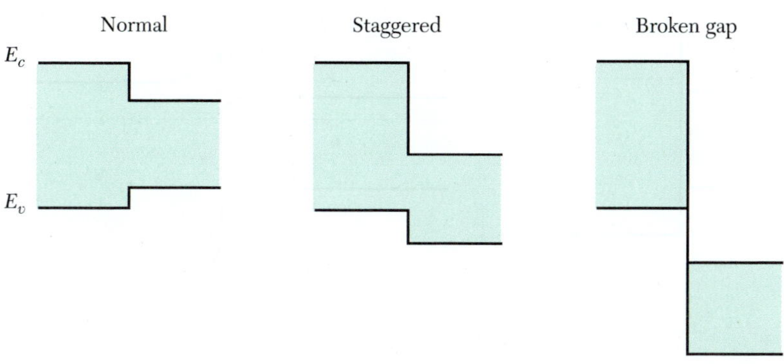

그림 15 이질경계면에서의 세 가지 띠 끝머리 어긋남(band edge offsets). 파란색은 금지된 틈 (띠간격)(forbidden gap)을 나타냄. 정상적 어긋남은 GaAs/(Al, Ga)As에 나타난다. "깨진 틈"("broken-gap") 어긋남은 GaSb/InAs 이질접합에 나타난다.

근방에서는 변형에너지를 감소시키기 위해 끝머리 어긋남(edge dislocation; 21장 참조)이 형성되는 경우도 있다.

이질구조를 만드는 기술적인 기교도 흥미롭지만, 이질구조를 구성하는 두 물질의 띠간격이 다르다는 점, 바로 그 점이 이질구조에 관심을 갖게 만드는 이점이다. 300 K에서 Ge의 띠간격은 0.67 eV이고 GaAs의 띠간격은 1.43 eV이다. 전도띠와 원자가 띠 끝 머리가 상대적으로 정렬될 수 있는 방법은 그림 15에 보는 바와 같이 몇 가지 형태가 가능하다. 계산에 의하면 Ge의 원자가띠 꼭대기 E_v가 GaAs보다 약 0.35 eV 낮게 있어야 되고, Ge 전도띠의 바닥인 E_c는 GaAs보다 0.35 eV만큼 낮아서, 그림 15의 형태에서 엇물림(offset)이 정상적인 형태로 분류된다.

띠 끝머리 어긋남은 퍼텐셜 장벽으로서 작용하는데, 전자와 양공의 경우, 작용하는 방향이 반대이다. 전자가 에너지띠 도표에서 가라앉으면(sinking) 에너지가 낮아짐에 반해, 양공은 도표에서 떠오르면(floating) 에너지가 낮아짐을 기억하자. 정상적 어긋남 배열에서는 전자와 양공 모두가 장벽에 의해 이질구조의 넓은 띠간격(wide-gap) 물질 쪽에서 좁은 띠간격(narrow-gap) 물질 쪽으로 밀려 들어가게 된다.

이질구조에 쓰이는 중요한 반도체 짝들은 AlAs/GaAs, InAs/GaSb, GaP/Si와 ZnSe/GaAs이다. 짝을 이루고 있는 원소들을 적절히 혼합하여 합금을 만들면, 0.1~1.0% 정도의 좋은 격자 맞춤을 얻을 수 있으면서, 에너지 띠틈도 조정하는 것이 가능해져서, 소자의 특수 용도를 충족시키는 데 이용된다.

n-N 이질접합*(n-N heterojunction)*

실제적인 예로, 그림 16a에 나타난 정상 띠 정렬을 가진 반도체 짝(pair)과 같이, 전도띠 어긋남이 큰 n형의 두 반도체를 생각해 보자. 더 높은 전도띠를 가진 n형 물질은 대문자를 써서 N형이라 표시하고, 접합은 n-N 접합이라고 부르자. 접합을 가로지르는 전자 수송특성은 쇼트키 장벽에서의 특성과 비슷하다. 경계면에서 멀리 떨어진 곳에서 재료 구성에서는 양쪽이 각각 전기적으로 중성이어야 한다. 그러나 외부에서

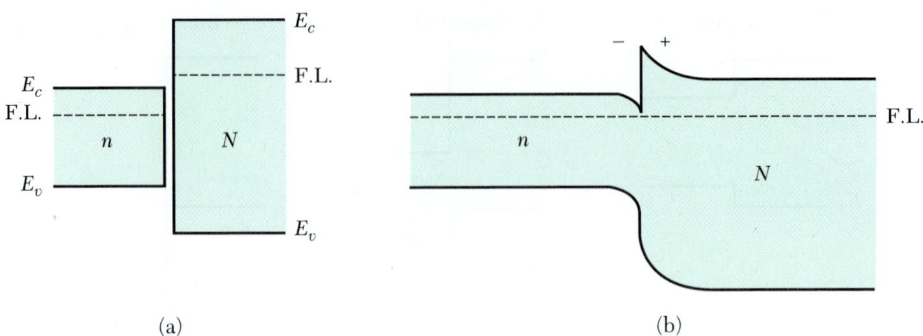

그림 16 (a) 서로 접촉하고 있지 않은 두 반도체; 띠 끝머리의 절대 에너지는, 전도띠 끝머리에서는 E_c, 원자가띠 끝머리에서는 E_v로 표시하였다. "절대 에너지"라 함은 무한히 먼 지점을 기준하였음을 의미한다. 두 물질의 페르미 준위는 띠 구조뿐만 아니라 주개 농도에 의해서도 결정된다. (b) 위와 같은 두 반도체가 이룬 이질접합에서 두 부분이 퍼짐 평형을 이룬 경우. 평형을 이루기 위해서는 페르미 준위(F.L.)가 위치에 무관해야 하는데, 전자들이 N쪽에서 n쪽으로 이동함으로써 가능해진다. 양(+)이온화된 주개들의 결핍층은 N쪽에 남겨진다.

바이어스 전압을 걸어주지 않은 상태에서 알짜 전자수송이 일어나지 않기 위해서는 불순물 첨가에 의해 결정되는 두 페르미 준위가 일치하여야 한다.

위의 두 사실을 고려하면, 그림 16b와 같이 경계면에서 멀리 떨어진 양쪽의 전도띠 끝머리의 에너지는 페르미 준위에 대해 (페르미 준위가 같게 되게) 고정된다. [임자물질(host material)의 조성비에 의해 결정되는] 경계면에서 띠 어긋남과 (페르미 준위에 의해 결정되는) 먼 곳에서의 띠 에너지가 경계면 부근에서 일치하려면 그림 16b처럼 띠가 휘어져야 한다. 이에 필요한 띠의 휨(band bending)은 N쪽에서 n쪽으로 전자가 이동하여 생긴 공간전하 때문에 발생한다. 이러한 이동으로 N쪽에 양(+)의 주개 공간 전하 층이 남게 되고, 정전기학의 푸아송 방정식에 의하면 그쪽 전도띠 끝머리 에너지에 (위로 굽은) 양(+)의 2차 도함수를 주는 원인이 된다.

다른 한편 n쪽에는 전자들이 과다해지면서, 음(−)의 공간전하가 존재하게 된다. 이 음의 공간전하들은 전도띠 끝머리 에너지에 (아래로 굽은) 음의 2차 도함수를 주게 된다. n쪽의 띠는 전체적으로 접합을 향해 아래방향으로 굽게 되는데, 이는 보통의 p-n 접합과 다른 점이다. 이 아래방향으로의 굽어짐과 퍼텐셜 계단이 복합되어 전자에 대한 퍼텐셜 우물을 형성한다. 이 우물이 이질구조 물리학을 특징짓는 새로운 물리현상의 근거가 된다.

만일 (E_c가 낮은) n쪽에 불순물을 첨가한 정도가 무시할 수 있는 정도로 줄이면, 전자가 많은 층에는 이온화된 주개들이 거의 존재하지 않게 된다. 이러한 전자의 이동도는 주로 격자산란(lattice scattering)에 의해서만 제약을 받게 되며, 온도가 내려감에 따라 급격히 감소한다. GaAs/(Al, Ga)As에서는 저온 이동도가 10^7 $cm^2V^{-1}s^{-1}$ 정도로 큰 것도 관측되었다.

만일 N쪽 반도체의 두께를 결핍층 두께 이하로 줄이면, N형 물질에 있는 낮은 이동도를 갖는 전자들은 완전히 고갈되고, 경계면과 평행한 방향의 모든 전기전도는

n쪽에 있는 높은 이동도를 가진 전자들에 의해 수행될 것이다. 이 전자의 수는 N쪽의 이온화된 주개들의 수와 같지만, 퍼텐셜 계단에 의해 공간적으로 분리되어 있다. 이러한 높은 이동도 구조는 2차원 전자기체의 고체물리학적 연구와 저온에서 컴퓨터에 응용될 새로운 고속(high-speed) FET 개발에 중요한 역할을 한다.[5)]

반도체 레이저
SEMICONDUCTOR LASERS

복사의 유도방출(stimulated emission)은 직접 띠간격(direct-gap) 반도체에서의 전자가 양공과 재결합할 때 방출되는 복사를 통해 발생할 수 있다. 빛을 쪼여 주어서 생긴 전자와 양공의 농도는 그들의 평형농도보다 크다. 과잉 운반자들이 재결합하는 데 걸리는 시간은 전도전자들이 전도띠 안에서 열평형에 도달하는 시간이나 양공들이 원자가띠 안에서 열평형에 도달하는 시간보다 훨씬 길다. 이런 전자와 양공 밀도의 정상 상태 조건은 **준페르미 준위**(quasi-Fermi levels)라 불리는 두 띠의 각각의 페르미 준위 μ_c와 μ_v로 기술한다. 띠 끝머리를 기준으로 한 μ_c와 μ_v의 값으로 밀도 뒤집힘(population inversion) 조건을 기술하면

$$\mu_c > \mu_v + \epsilon_g \tag{38}$$

이다. 레이저 동작이 일어나려면 준페르미 준위가 띠간격보다 크게 분리되어야 한다.

밀도 뒤집힘(population inversion)과 레이저 동작은 보통의 GaAs 혹은 InP 접합에 순방향 바이어스를 걸어주어 얻지만, 대부분의 실용적인 주입 레이저(injection lasers)는 H. Kroemer(그림 17)에 의해 제안된 이중 이질구조를 쓴다. 여기서 레이징(lasing) 하는 반도체 물질은, 이 물질보다 띠간격이 더 넓은 반도체 물질 사이에 놓여 있으며, 띠 간격이 넓은 반도체는 n과 p로 첨가되어 있다. (Al, Ga)As 사이에 묻혀 있는 GaAs가그 보기이다. 이런 구조에서는 전자들이 p 형 영역으로의 흘러나가는 것을 막는 퍼텐셜 장 벽과 양공들이 n형 영역으로 흘러나가는 것을 막는 반대의 퍼텐셜 장벽이 존재한다.

광학적 활성층 내의 μ_c값은 n 접촉에서의 μ_n과 정렬하게 된다. 마찬가지로 μ_v는 p 접촉에서 μ_p와 정렬하게 된다. 활성층 에너지 띠간격에 해당하는 전위값보다 큰 바이어스 전위를 걸어주면 뒤집힘(inversion)이 일어나게 할 수 있다. 다이오드 웨이퍼(diode wafer)는 결정-공기 경계면에서의 반사도가 크기 때문에 재료 스스로가 전자기파의 공동(cavity)을 제공한다. 결정들은 일반적으로 두 편평한 평행 표면을 제공하

5) **역자주** 최근 많이 논의되고 있는 양자우물(quantum well)과 HEMT(high electron mobility transistor)라는 고속소자를 염두에 두고 설명한 듯.

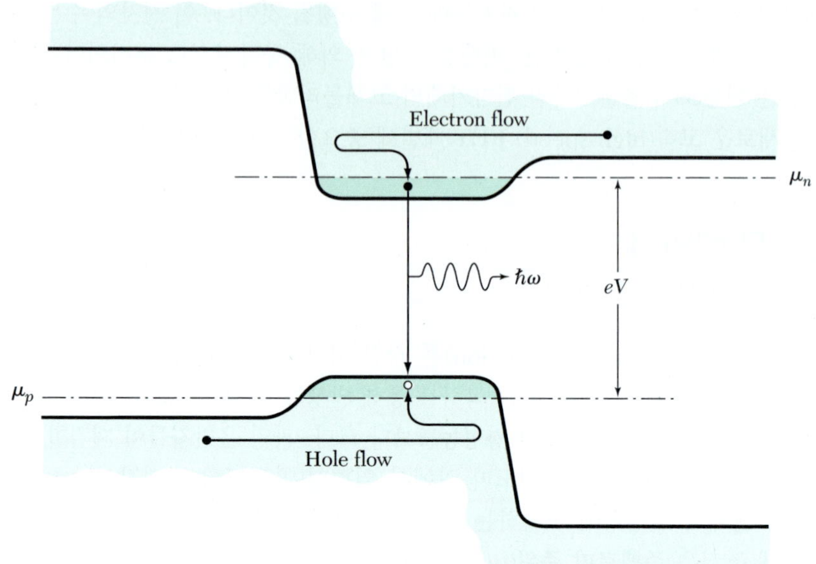

그림 17 이중 이질구조 주입 레이저. 전자들이 오른쪽으로부터 광학적 활성층으로 흘러들어와 거기서 퇴환된(degenerate; 겹친) 전자기체를 형성한다. p쪽의 넓은 에너지 띠간격에 의한 퍼텐셜 장벽은 전자들이 왼쪽으로 달아나는 것을 막는다. 양공들은 왼쪽으로부터 활성층으로 흘러오지만 오른쪽으로 달아나지 못한다.

기 위해 연마(polish)한다.[6] 복사는 이질접합의 평면을 따라 방출된다.

접합 레이저에는 일반적으로는 직접 띠간격을 가진 결정이라야 된다. 간접 띠간격을 가진 결정에서는 광자뿐만 아니라 포논도 재결합과정에 수반되어 포논과 경쟁하는 과정 때문에, 운반자의 (광자를 방출하는) 재결합 효율이 낮다. 이런 이유로 간접 띠간격 반도체에서의 레이저 작동은 관찰되지 않고 있다.

GaAs는 광학적 활성층으로써 폭넓게 연구되어 왔다. GaAs는 8383 Å 혹은 1.48 eV의 근적외선(near infrared)을 방출하지만, 정확한 파장은 온도에 따라 다르다. GaAs계의 띠간격은 직접적으로(8장 참조), 이질접합에서 매우 효율적이다. 직류 전기에너지 입력에 대한 빛에너지 출력의 비율은 50%에 달하며, 작은 변화에 대한 미분 효율도 90%에 달한다.

$Ga_xIn_{1-x}P_yAs_{1-y}$ 합금계는 파장을 넓은 영역에서 조절할 수 있어서, 전송 매체로 쓰이는 광섬유의 최소 흡수율을 갖는 파장에 레이저 파장을 잘 맞출 수 있다. 이중 이질 구조 레이저와 유리섬유가 결합한 광통신 기술은 구리선을 통한 신호 전송을 점차 대체하면서 새로운 통신 기술의 근간을 이루고 있다.

---

6) **역자주** 두 편평한 평행면은 레이징(lasing)에 필요한 페브리-페로 공동(Febry-Perot cavity)을 형성하기 위한 것으로, 편평하고 평행한 반도체 면이 두 개의 거울 역할을 한다. 원서에서는 편평한 면을 만들기 위해 연마한다고 기술하였으나, 연마보다는 절단면(cleaved surface) 자체가 더 좋은 편평성과 평행성을 주는 경우도 있다.

발광 다이오드
LIGHT-EMITTING DIODES

발광 다이오드의 효율은 이제 백열 전구의 효율을 앞서는 데까지 도달했다. 그림 18과 같이, 전압원(voltage source) V가 두 화학퍼텐셜 μ_n과 μ_p를 eV만큼 분리시킨 p-n 접합을 고려하자. 전자는 n쪽에서부터의 p영역으로 주입되고, 양공은 p쪽에서부터의 n쪽으로 주입된다. 만일 양자효율이 1(unity)이라면 이렇게 주입된 운반자들은 접합면을 가로질러 서로를 소멸시키면서 광자를 생성한다.

생성 혹은 재결합 과정은 간접 띠간격 반도체(그림 8.5b)에서보다 직접 띠간격 반도체(그림 8.5a)에서 더욱 강하게 일어난다. GaAs와 같은 직접 띠간격 반도체의 경우, 띠에서 띠로의(band-to-band) 전이를 통해 나오는 광자는 약 1 μm 정도에서 흡수된다. 이것은 강한 흡수(strong absorption)이다. 직접 띠간격을 갖는 세 원소(ternary) 화합물 반도체 $GaAs_{1-x}\ P_x$는 x값이 증가할수록 점차 짧은 파장의 빛을 방출한다. 홀로냑(Holonyak)은 이러한 조성비를 써서 p-n 다이오드 레이저를 처음 만들었고, 또 첫 가시광선(붉은색) LED도 발진시켰다. 현재는 $In_xGa_{1-x}N - Al_yGa_{1-y}N$과 같은 푸른 빛을 내는 이질접합구조도 생산되고 있다.

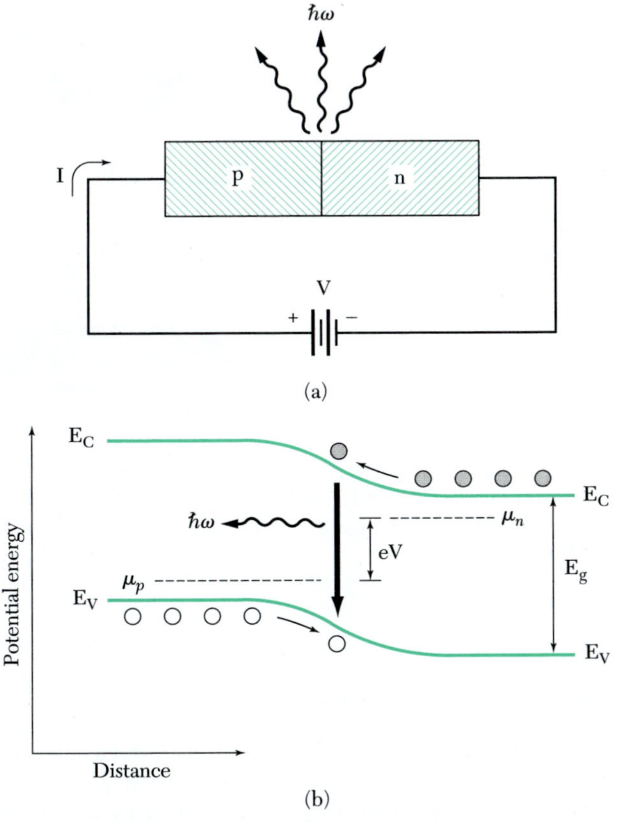

그림 18 p-n 접합을 건너서 전자-양공의 재결합이 광자를 생성한다.

LED의 성능은 여러 해에 걸쳐 크게 향상되어서, 1962년에 0.1 루멘/와트 나오던 것이 2004년에는 40 루멘/와트까지 이르게 되었다(표준 백열등은 15 루멘/와트 정도이다). "직접 띠간격 III-V 화합물의 p-n 이질구조로 만들어진, (지금의 백열등과는) 본질적으로 다른 형태의 램프로 방을 밝히는 새로운 시대로 접어들고 있다"는 Craford와 Holonyak의 말을 인용한다.[7)]

연습문제
Problems

1. 선형 배열과 정사각형 배열에서의 에돌이***(diffraction from a linear array and a square array)***. 격자상수가 a인 선형 구조의 에돌이 무늬가 그림 19에 있다.* 이와 비슷

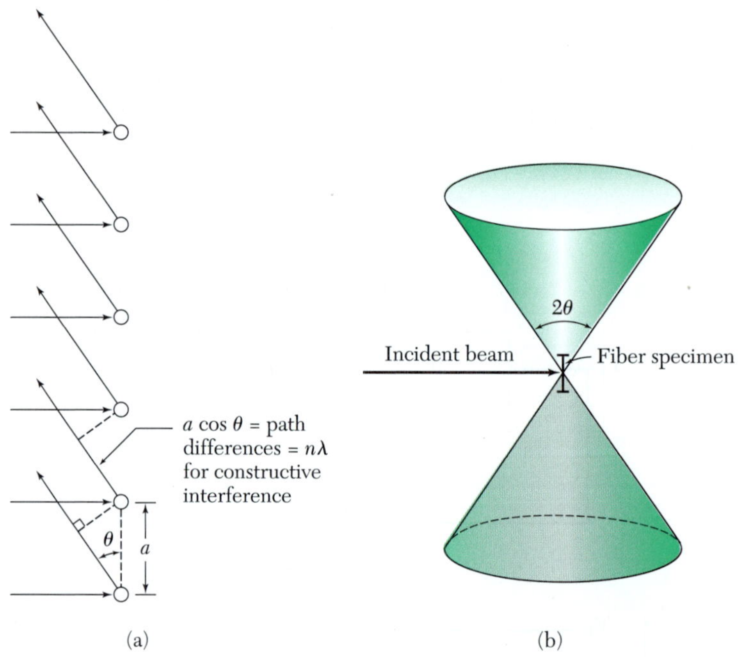

그림 19 단일 색의(monochromatic) 엑스선이 격자상수가 a인 하나의 선형격자에 수직으로 입사할 때의 에돌이 무늬. (a) 보강간섭이 일어날 조건은 $a \cos \theta = n\lambda$(n은 정수)이다. (b) 주어진 n에 대하여 일정한 λ의 에돌이된 살은 원뿔 표면 위에 있다.

---

7) **역자주** LED 백열등은 30년 전 예견했던 이 과학기술이 이미 일상화 되었음을 보여주고 있음.

*다른 관점도 유익함: 선형 격자에서 에돌이 무늬는 단일 라우에(Laue) 방정식 $\mathbf{a} \cdot \Delta\mathbf{k} = 2\pi q$로 기술할 수 있는데, 여기서 q는 정수이다. 이 이외의 라우에 방정식을 주는 격자에 대한 합 은 선형격자에서는 적용되지 않는다. $\mathbf{a} \cdot \Delta\mathbf{k}$ = 일정이라는 방정식은 면에 대한 것으로, 역계수는 원자 배역로 된 선에 수직한 평행면들의 집합이 된다.

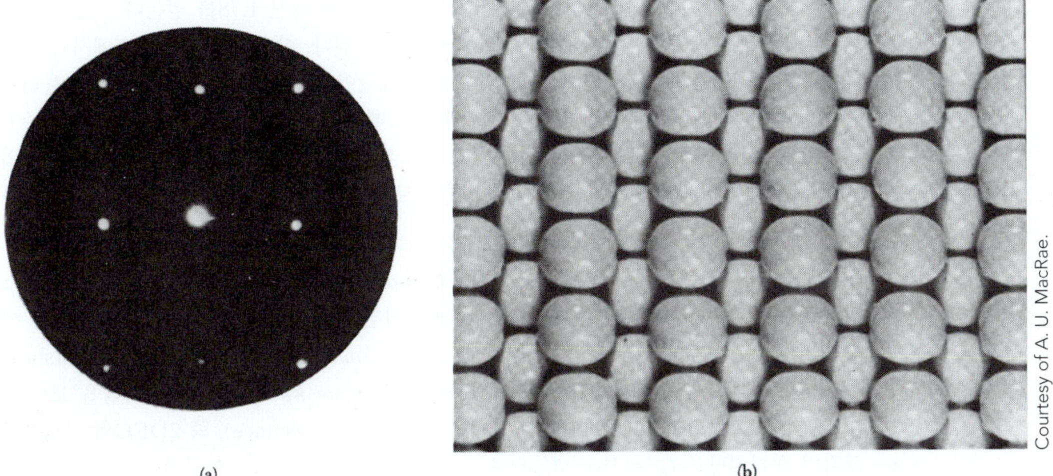

그림 20 (a) 76 eV의 에너지를 가진 전자가 니켈 결정의 (110) 면에 수직으로 입사하는 경우 나타나는 뒤방향 산란(backward scattering) 무늬와 (b) 표면의 모형. (A. U. MacRae 제공).

한 구조는 분자생물학에서 중요한 구조인데, DNA와 많은 단백질이 선형나선 구조를 가졌다. (**a**) 원통형 필름을 그림 19b의 에돌이 무늬에 노출시켰는데 원통의 중심축이 선형구조(즉 섬유, fiber)의 축과 일치한다. 이때 필름 위에 나타나는 에돌이 무늬의 모양을 기술하라. (**b**) 편평한 사진 건판이 섬유 뒤쪽에 입사 빔(beam)과 수직한 방향으로 놓여 있다. 건판 위의 에돌이 무늬의 모양을 개략적으로 그려 보아라. (**c**) 원자의 단일 평면은 격자상수가 a인 정사각형 격자를 이룬다. 그 평면은 입사 엑스선 빔(beam)과 수직이다. 사진 건판 위의 에돌이 무늬의 모양을 개략적으로 그려 보아라. 도움말: 원자 평면으로부터의 에돌이는 두 개의 서로 수직한 선형 원자배열의 무늬로부터 유추할 수 있다. (**d**) 그림 20은 니켈 결정의 (110) 표면 위에 있는 니켈 원자로부터 뒤로 향하는 방향(입사한 방향에 대해 되돌아가는 방향, backward direction)의 전자 에돌이 무늬를 보여준다. 모형 표면 원자들의 원자 위치를 기준으로 하여 에돌이 무늬의 방향을 설명하라. 낮은 에너지 전자의 반사에서는 오직 표면원자에 대해서만 유효하다고 가정하라.

2. 전기적 양자 한계에서의 표면 버금띠*(surface subbands in electric quantum limit)* 금속-산소-반도체 장효과 트랜지스터(MOSFET)에서와 같이 절연체와 반도체 사이의 접합면을 생각해 보자. SiO_2-Si 경계면에 강한 전기장을 걸어줄 경우, 경계면을 x의 원점으로 잡으면, x가 양(+)수이면 전도전자의 퍼텐셜 에너지를 $V(x) = eEx$, x가 음(−)수이면 $V(x) = \infty$로 근사할 수 있다. 그러면 x가 음수일 때 파동함수는 0이고, x가 양수인 영역에서는 미분방정식

$$-(\hbar^2/2m)d^2u/dx^2 + V(x)u = \epsilon u$$

를 만족하는 $u(x)$를 써서, $\psi(x, y, z) = u(x)\exp[i(k_y y + k_z z)]$와 같은 파동 함수를 분리할 수 있다. 위의 $V(x)$를 퍼텐셜로 잡았을 때, 정확한 고유함수는 에어리 함수(Airy function)가 된다. 그러나 변분법을 사용하여 $x\ \exp(-ax)$를 시행함수로 하면 상당히 정확한 바닥상태의 에너지를 구할 수 있다. (**a**) $\langle\epsilon\rangle = (\hbar^2/2m)a^2 + 3eE/2a$가 됨을 증명하라. (**b**) $a = (3eEm/2\hbar^2)^{1/3}$일 때, 에너지가 최소가 됨을 보여라. (**c**) $\langle\epsilon\rangle_{\min} = 1.89(\hbar^2/2m)^{1/3}\ (3eE/2)^{2/3}$

임을 증명하여라. 바닥상태 에너지의 완전풀이로는 1.89 대신 1.78를 얻는다. E값이 증가함에 따라 x방향으로의 파동함수의 범위는 줄어들게 된다. 함수 $u(x)$는 경계면에서 반도체 쪽의 표면 전도 통로를 정의하고, $u(x)$의 여러 고유값이 전기 버금띠(subband)라고 불리는 띠를 정의한다. 고유함수가 x에 대해 실함수이기 때문에 x방향으로는 전하의 흐름을 주지 않지만, yz 평면으로는 표면 통로 전류가 생기게 된다. x방향의 전기장 E에 대한 통로의 의존성 때문에, 이 원리를 이용한 소자를 장효과 트랜지스터(field effect transistor, FET)라고 한다.

3. 2차원 전자기체의 성질***[properties of the two-dimensional electron gas(2DEG)]*** 스핀은 2중 겹침이 되어 있지만, 계곡(valley)에는 겹침이 없는 2차원 전자기체(2DEG)를 생각해 보자. (**a**) 단위에너지당 궤도의 수가 $D(\epsilon) = m/\pi\hbar^2$임을 보여라. (**b**) 면밀도(sheet density)가 페르미 파동벡터(Fermi wavevector)와 $n_s = k_F^2/2\pi$의 관계를 가짐을 보여라. (**c**) 드루드 모형(Drude model)에서 면 전기저항(sheet resistance), 즉 2DEG의 정사각형 조각의 전기저항은 $R_s = (h/e^2)/(k_F\ell)$로 기술될 수 있음을 보여라. 여기서 $\ell = v_\mu\tau$는 평균자유거리(mean free path)이다.

CHAPTER 18

나노구조

Nanostructures

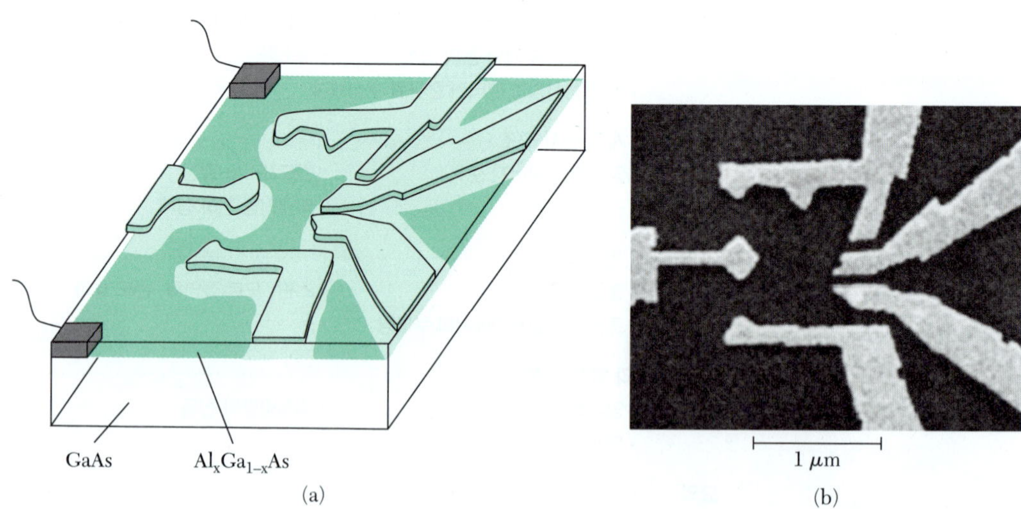

그림 1 2차원(2D) 전자가스에 놓여 있는 복합구조의 양자점을 만들기 위해 사용되는 GaAs/AlGaAs 이질구조 위의 게이트 전극 무늬의 개략도와 주사 전자현미경(SEM) 영상(C. Marcus 결과 인용).

CHAPTER 18

나노구조

Nanostructures

17장에서는 표면, 접촉면, 양자우물(quantum well)과 같이 한 방향에 대해 나노미터 크기의 공간적 가둠(spatial confinement)을 갖고 있는 고체에 역점을 두어 공부하였다. 이러한 계들은 두 방향은 펼쳐져 있지만 세 번째 방향은 나노미터 크기를 갖고 있어서, 실제적으로는 2차원이 된다. 그리고 가두어진(confined) 방향으로 작은 수의 양자화된 상태(흔히 한 가지 상태)만이 존재하게 된다. 이 장에서는 수직한(orthogonal) 두(2) 혹은 세(3) 방향으로 가두어져서, 실질적으로는 1차원 또는 0차원의 **나노구조**들을 만드는 고체에 대해 공부하려고 한다. 중요한 1차원의 예로는 탄소나노튜브, 양자선, 도체 고분자들이 있고, 0차원 계의 예는 반도체 나노결정 그리고 금속 나노입자, 리소 그래피(lithography) 공정을 통해 만들어진 양자점들을 포함한다. 몇 개의 예가 그림 1~3에 수록되어 있다. 여기에서는 가두어지고 주기적인 고체로부터 만들어진 나노구조에만 초점을 맞추도록 하자. 비주기적인 나노구조들은 화학에서의 분자 조립(assembly)과 생물학에서의 유기 거대 분자들과 같은 다른 분야에서 더 관심을 갖고 있다.

나노구조를 만드는 기술은 크게 두 가지로 구분할 수 있다. 하향식 접근법(top-down approach)은 거시적인 물질들을 리소그래피 무늬 방식을 사용하여 나노크기의 구조가 되도록 만드는 방법이며, 그림 1에서와 같이 반도체 이질구조(heterostructure) 위에 있는 금속 전극 같은 것이 그 예이다. 상향식 접근(bottom-up approach)은 원자나 분자 전구체(precursor)로부터 결정성장이나 자기조립 방법을 이용하여 나노구조를 만들어 가는 방법으로, 그림 2에 있는 용액 상에서 성장한 CdSe 나노결정이 그 예이다. 대개 하향식 기술로는 50 nm보다 작은 구조를 만들어 내기가 어려운 반면, 상향식 기술로는 50 nm보다 큰 구조를 만들어 내기가 어렵다. 나노 과학기술의 주요 도전과제는 이 두 접근법을 결합해서, 분자부터 거시적인 규모에 이르는 모든 크기의 복합계를 확실하게 만들어 낼 수 있는 방법을 개발해 내는 것이다. 화학 기상 성장법(chemical vapor deposition)으로 성장한 너비 2 nm의 탄소나노튜브가 너비 100 nm인 리소그래피 방식으로 만들어진 전극과 접촉하고 있는 예가 그림 3에 있다.

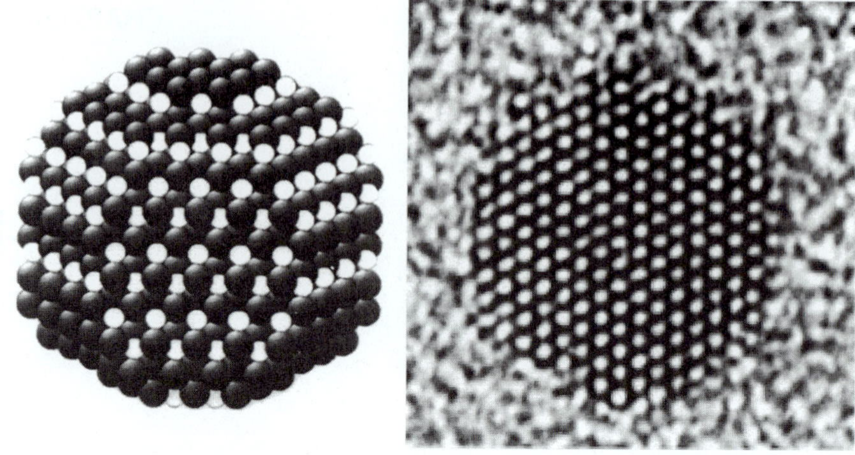

그림 2 CdSe 나노결정의 모형과 투과 전자현미경(TEM)의 영상. 개개의 원자열들은 TEM 영상에서 선명한 형태가 나타나게 된다(A.P. Alivisatos 결과 인용).

고체의 범위(extent)를 한 차원씩 줄이면 (2차원, 1차원, 0차원을 만들어 가면) 물성적, 자기적, 전기적, 광학적 특성들이 크게 바뀔 수 있다. 따라서 나노미터 척도(scale)에서 크기와 모양을 조절하여 물리적 특성을 주문 제작(tailoring)해 나갈 수 있으며, 바로 이 점이 기초적인 측면에서뿐만 아니라 응용적 측면에서도 나노구조가 관심을 유발하는 이유이다. 이들의 특성은 나노미터 척도에서 그들의 크기에 따라 결정된다. 한 부류의 효과는 나노구조에서 표면에 있는 원자의 수와 부피에 있는 원자 수의 비율과 관련된 것이다. 평균 간격이 a인 원자들로 구성되어 있는 반지름이 R인 구형 나노입자에서 그 비율은

$$N_{\mathrm{surf}}/N \cong 3a/R \tag{1}$$

로 주어진다. $R = 6a \sim 1$ nm이면 원자의 절반 정도가 표면에 있다. 나노입자의 큰 표면적을 이용하면 분자가 표면에 흡착되도록 해서 기체를 저장하거나, 화학반응이 촉매 표면에서 일어나게 하는 촉매제로 응용하는 데 이점이 있다. 또 나노입자의 안정성에도 막대한 영향을 준다. 표면의 원자들은 불완전하게 결합되어 있기 때문에, 응집 에너지가 급격히 작아지고, 따라서 나노입자는 고체 덩어리의 녹는점보다 훨씬 낮은 온도에서 녹는다.

나노구조의 기본적인 전기적 및 진동 들뜸(vibrational excitation) 또한 양자화되어있고, 이러한 들뜸은 나노구조 물질의 아주 중요한 여러 가지 특성을 결정한다. 이러한 양자화 현상(quantization phenomena)이 이 장의 주요 과제가 되겠는데, 대체적으로 이 문제는 1~100 나노미터 크기 범위에서 중요하다.

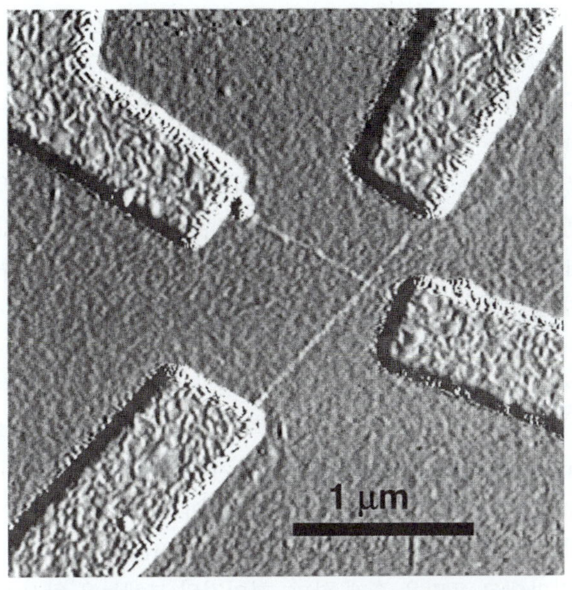

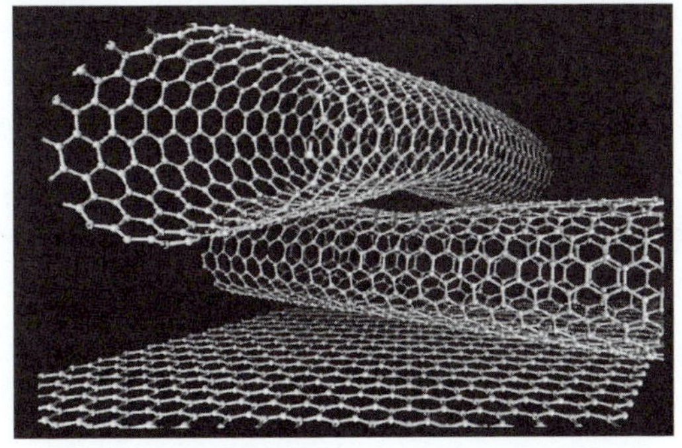

그림 3 전자빔 리소그래피에 의해 무늬가 만들어진 Au 전극에 의해 접촉되었으며 교차된 탄소 나노튜브 짝의 원자현미경 영상(P. Avouris 결과 인용).

나노구조를 위한 영상기술
IMAGING TECHNIQUES FOR NANOSTRUCTURES

나노구조를 영상화하고 조사하기 위한 새로운 기술의 개발은 이 분야의 발전을 위해 필수적이다. 주기적인 3차원 구조는 전자나 엑스선의 에돌이 방법을 이용해서 역공간의 구조를 알아낼 수 있고, 2장에서 공부한 것처럼 이 역공간의 구조는 실제 공간의 원자 배열로 전환할 수 있었다. 그러나 근본적이고 실제적인 이유 때문에 에돌이는 나노크기의 고체를 분석하는 데는 아주 제한된 도구이다. 왜냐하면 고체 시료의 작은 크기는 격자의 주기성을 방해할 뿐만 아니라, 에돌이무늬의 봉우리는 흐릿하고, 산란 신호도 아주 약하기 때문이다.

그러므로 나노구조의 특성을 직접적으로 결정할 수 있는 실제공간에서의 탐사법(real-space probe)은 매우 가치가 있다. 이러한 탐사법은 대개 전자나 양성자와 같은 입자와 연구하고자 하는 물체 사이의 상호작용을 이용해서 영상을 얻는데, 초점 탐사법(focal probe)과 주사 탐사법(scan probe)으로 크게 두 갈래의 기술로 구분된다.

초점 현미경법에서는, 그림 4에서 개략적으로 볼 수 있듯이, 탐사입자(probe particle)가 일련의 렌즈에 의해 시료에 초점이 맞추어진다. 장비의 최대 해상도는 하이젠베르크(Heisenberg)의 불확정성 원리에 의해 입자의 파동성, 즉 에돌이에 의해 한계가 결정된다. 분석할 수 있는 가장 작은 공간 d는

$$d \approx \lambda/2\beta \tag{2}$$

로 주어지는데, 여기서 λ는 조사 입자의 파장이고 $\beta = \sin\theta$는 그림 4에서 정의된 수치적인 구경(numerical aperture)이다. 나노크기의 해상도를 얻기 위해서는 파장은 짧아야 하고, 수치적인 구경은 최대한으로 크게 해야 한다.

반대로 주사 탐사침 현미경법(scanned probe microscopy)에서는 작은 탐사침을 시료에 가까이 갖다대고 표면을 훑게 한다. 현미경의 분해능은 탐사침 입자의 파장에 의해서가 아니라, 탐사침과 대상 구조 사이의 상호작용 유효범위(effective range)에 의해 결정된다.

영상화에 덧붙여, 주사와 초점 탐사침 방법은 개개의 나노구조의 전기적, 진동적, 광학적, 자기적 특성들에 대한 정보를 제공해 주는데, 그 중에서도 특별히 중요한 것은 상태밀도로 표현되는 전기적 구조이다. 제한된 크기의 계에서 상태밀도는 델타함수(delta function)의 합이다.

$$D(\varepsilon) = \sum_j \delta(\varepsilon - \varepsilon_j)\ . \tag{3}$$

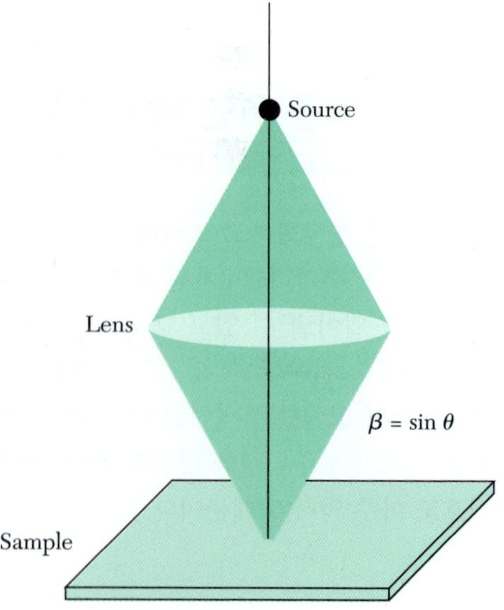

그림 4 초점 현미경의 대략적 도형. 원천으로부터 나오는 빔은 일련의 렌즈들에 의해 시료 위에 초점이 맞추어진다. 동일한 초점 장치는 시료로부터 검출기로 방출되는 입자/파동의 초점을 맞추기 위해 사용될 수 있다.

합은 계의 모든 에너지 고유상태에 대해 행해진다. 확장된 고체에 대해서 상태함수는 연속함수로 표현될 수 있지만 나노구조에서는 가두어진 방향에 따라 불연속적인 합의 꼴이 필요하다. 양자화된 상태밀도들은 나노구조의 가장 중요한 특성들을 결정하는데, 다음에 설명하는 방법을 사용하여 직접적으로 측정할 수 있다.

전자현미경(*electron microscopy*)

전자현미경은 아주 강력한 초점 도구이다. 평행한 전자빔은 연구하고자 하는 시료 위에 높은 전압으로 가속되고 정전기적 또는 자기적 렌즈의 배열을 통해 초점이 맞추어진다.

투과 전자현미경(transmission electron microscopy), 즉 TEM에서는 전자빔이 시료를 통하여 지나가고 광학현미경의 접안렌즈에 영상의 초점이 맞춰지는 것과 거의 같은 방식으로 검출기 판에 초점이 맞추어진다. 최대분해능 d는 가속된 전자의 파장에 의해

$$d = \lambda/2\beta \cong 0.6\,\mathrm{nm}/(\beta\sqrt{V}) \tag{4}$$

로 정해지는데, 여기서 V는 가속전압이다(볼트로 측정된다). 전형적인 가속전압(100 kV)에서 이론적으로는 원자 크기보다 작은 수준의 분해능을 갖지만, 렌즈의 불완전성과 같은 효과들 때문에 TEM의 실제 분해능은 원자 크기보다 크다($d \sim 0.1$ nm). 그림 2에서 원자 배열이 깨끗하게 보이는 반도체 결정의 TEM 영상을 볼 수 있다.

TEM의 주요 한계는 전자빔이 반드시 시료를 통과해야 한다는 것으로, 이 때문에 고체기판 위의 구조들을 조사하는 것이 불가능할 수가 있는데, 이 문제는 **주사 전자현미경**(scanning electron microscope; SEM)을 사용하면 극복할 수 있다. SEM에서는 높은 에너지(100 V ~ 100 kV)의 초점이 잘 맞춰진 전자빔으로 시료 위를 훑는다. 후방으로 산란되는 전자의 수와 빔에 의해 시료에서 방출하는 이차 전자의 수는 시료의 국소적인 구성과 지형에 따라 변하는데, 이 전자들을 전자검출기에 모으고, 검출기의 신호를 위치의 함수로 구성하여 영상을 형성한다. 이 강력한 기술은 거의 모든 종류의 시료에 이용할 수 있지만, 일반적으로 TEM보다 낮은 해상도(>1 nm)를 가지고 있다. 그림 1은 GaAs/AlGaAs 기판 위에 있는 금속전극의 SEM 영상이다.

SEM 빔은, 영상화 기술에 추가하여, **전자빔 리소그래피**(electron beam lithography)라고 알려져 있는 방법에 이용할 수 있는데, 이는 전자에 민감한 물질을 노출해서 작은 모양을 그리는 방법이다, 최대 해상도(<10 nm)는 매우 높지만, 한 화소씩 무늬를 그려야 하기 때문에 공정이 느려서, 시제품이나 광학 원판(optical mask)을 제조하는 등 주로 연구에 활용된다.

광학현미경(*optical microscopy*)

광학현미경은 초점기기의 원형이다. 가시광선과 높은 수치적 구멍($\beta \approx 1$)을 사용하

여 얻을 수 있는 가장 높은 해상도는 200~400 nm이다. 그러므로 직접적인 영상화에서 광학현미경법은 나노크기의 영역의 가장자리에 속한다. 그러나 15장에서 다루어진 여러 광학적 분광학 분석법들은 개개의 나노구조들을 연구하는 데 성공적으로 쓰여 왔다. 탄성 및 산란, 흡수, 발광, 라만 산란 분광법 등이 그 예이다. 현미경으로 이들 중 한 가지 분광만 선별하여 관측한다면, 한 개의 나노구조 또는 단위분자까지의 측정이 가능하다.

나노구조 응용과 연관지어서 전자파 방사능의 방출과 흡수에 대하여 간략하게 복습해 보자. 전기 쌍극자 근사법에서 페르미의 황금률(Fermi's golden rule)은 초기 상태 i와 높은 에너지 상태 j 사이의 흡수에 의한 전이비율

$$w_{i\to j} = (2\pi/\hbar)\left|\langle j|e\mathbf{E}\cdot\mathbf{r}|i\rangle\right|^2\delta(\varepsilon_j - \varepsilon_i - \hbar\omega) \tag{5}$$

를 준다. 그러므로 전이는 영(0)이 아닌 쌍극자 행렬성분(dipole matrix)을 가지며, 흡수된 광자 에너지 $\hbar\omega$와 다른 에너지를 갖는다. 이와 비슷하게 j상태에서 i로 방출되는 비율은

$$w_{j\to i} = (2\pi/\hbar)\left|\langle j|e\mathbf{E}\cdot\mathbf{r}|i\rangle\right|^2\delta(\varepsilon_i - \varepsilon_j + \hbar\omega) + (4\alpha\omega_{ji}^3/c^2)\left|\langle j|\mathbf{r}|i\rangle\right|^2 \tag{6}$$

으로 주어진다. 여기서 $\omega_{ji} = (\varepsilon_j - \varepsilon_i)/\hbar$이고 a는 미세구조 상수(fine structure constant)이다. 첫 번째와 두 번째 항은 각각 유도(誘導 stimulated) 및 자발(自發 spontaneous) 방출(emisssion)을 의미한다.

모든 가능한 상태에 대해 더하면, 전자기장에 의해 흡수되는 총 일률(power) $\sigma' E^2$을 위의 관계식에서 계산할 수 있는데, 전도도의 실수부분은

$$\sigma'(\omega) = (\pi e^2\omega/V)\sum_{i,j}\left|\langle j|\hat{\mathbf{n}}\cdot\mathbf{r}|i\rangle\right|^2[f(\varepsilon_i) - f(\varepsilon_j)]\delta(\varepsilon_j - \varepsilon_i - \hbar\omega) \tag{7}$$

가 된다. 여기서 $\hat{\mathbf{n}}$은 전기장의 방향을 가리키는 단위벡터이다. 흡수는 에너지 $\hbar\omega$만큼 벌어져 있는 모든 초기와 최종 상태의 공유밀도(joint density)에 비례하며, 쌍극자 행렬 성분과 상태의 점유 인자에 의해 가중되어(weighted)진다. 초기 상태 i는 채워져 있고 최종 상태 j는 비어 있을 때만 흡수가 일어난다는 것을 페르미 함수가 보여주고 있다.

위의 관계식은 흡수와 방출이 나노구조의 전기적 에너지 준위 스펙트럼을 조사하는 데 이용할 수 있음을 보여준다. 이 측정방법으로는 거의 동일한 나노구조를 갖고 있는 거시적인 집합에 대해 유용하게 활용되고 있지만, 나노구조 각각의 특성 차이 때문에 스팩트럼 선폭의 비균질적 확장 효과가 두드러질 수가 있다. 그래서 나노구조 몇 개나 심지어는 한 개만의 효과를 측정하기도 한다. 나노구조 단 한개만을 대상으로 광학적 측정을 하는 실험은 특별한 가치가 있는 것이 입증되었다.

그림 5는 반도체 양자점 시료에서 양자점 각각을 광학적으로 들뜨게 하여 나온

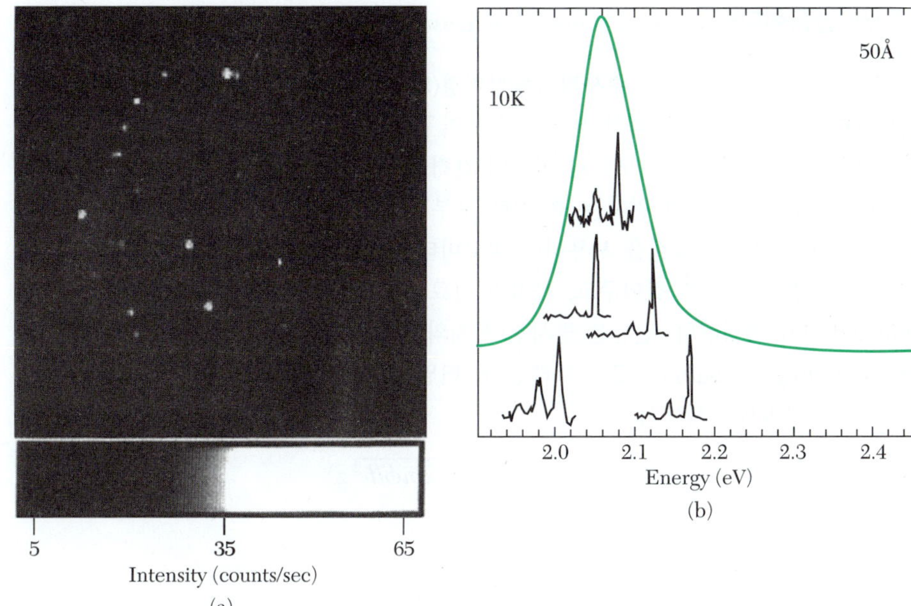

그림 5 왼쪽: T = 10 K에서 표면에 성글게 분포된 개개의 CdSe 나노결정으로부터 방출되는 형광 영상. 오른쪽: 서로 크기가 다른 몇 개의 나노결정의 집합에서 각각의 나노결정이 방출하는 형광 빛띠. 각각의 빛띠에서, 높은 에너지 봉우리는 전도띠의 가장 낮은 전기적 상태와 원자가 띠의 가장 높은 에너지 상태 사이의 일차 전이이다. 더 낮은 에너지 봉우리는 LO 포논의 방출을 포함하는 전이와 연관되어 있다. 나노결정의 크기와 국소적 전기적 환경이 서로 다르기 때문에 봉우리의 위치가 서로 차이가 있다. 넓은 봉우리는 명목상으로 동일하다고 하는 나노결정의 집합체(ensemble)에서 얻어지는 빛띠이다(S. Empedocles et al. 결과 인용).

자발 방출이나 형광의 예를 보여준다. 방출은 전도띠의 가장 낮은 에너지 상태로부터 원자가 띠의 가장 높은 에너지 상태까지 발생한다. 단 한개의 나노 결정으로부터 오는 방출선의 선폭들은 매우 좁지만, 나노결정 각각의 크기, 모양, 지엽적 환경이 다양하기 때문에, 에너지는 넓은 영역에 걸쳐서 분포한다. 그러므로 집합체의 측정은 단 한개의 나노결정의 특성을 정확히 반영하지 못하는 넓은 봉우리를 보여준다.

광학 초점 장치는 나노구조를 탐사하는 데 사용될 뿐만 아니라, 미세 공정(microfabrication)에 매우 넓게 쓰인다. 투사식 사진공정(projection photolithography)에서, 가리개에 있는 무늬는 광학적 요소를 사용하여 감광제에 투사된다. 감광제를 노광하고 현상하면 감광제 형판(stencil)이 생기고, 이 형판에 생긴 무늬 모양으로 관심있는 물질을 식각(etching)하거나 증착(deposition)하면 무늬가 옮겨진다. 광학적 리소그래피(lithography)는 마이크로 전자기기(microelectronic system)와 마이크로 역학기기(micromechanical system)를 대량생산하는 기본 기술이다. 근자외선(deep-UV) 파장을 사용하여 100 nm의 모양을 제작할 수 있는 장치가 상품화되어 있으며, 원자외선(extreme UV)이나 심지어는 엑스선을 이용하는 방법도 개발되고 있는데, 아직은 가리개 제작이나 초점 조절방법 등이 문제로 남아 있다.

주사터널링현미경(scanning tunneling microscopy)

가장 유명한 주사 장치는 **주사터널링현미경(STM)**이다. 그림 6에서 개략도가 보인다. STM의 발명은 나노과학 분야에서 돌파구였다. STM에서 끝이 한 개의 원자로 된 뾰족한 금속 꼭지를 나노미터 이하의 간격으로 연구하고자 하는 도체시료에 가까이 댄다. 탐사침 꼭지의 위치는 조절장치로부터의 전기적 신호에 반응하여 확장하거나 수축하는 압전성 물질을 사용하여 피코미터(picometer)의 정확도로 조절된다. 바이어스 전압을 시료에 걸어주고, 꼭지와 시료 사이에 흐르는 터널링 전류(tunneling current) I가 측정된다. 전류는 탐사침 꼭지와 시료 사이의 간격을 통하는 터널링 확률(tunneling probabiity) $\mathfrak{I}$에 비례한다. 터널링 확률은 터널링 거리에 지수적으로 민감하다. WKB 근사에서

$$\mathfrak{I} \propto \exp(-2\sqrt{2m\phi/\hbar^2}\, z) \tag{8}$$

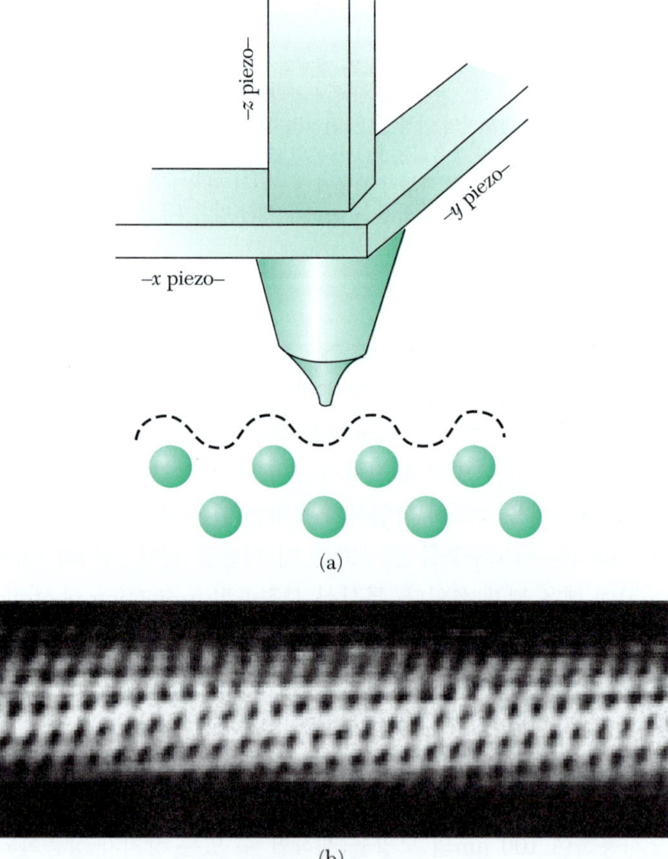

그림 6 주사형 터널링 현미경(STM)의 개략도. 되먹이(feedback) 방식을 작동시키면서, 압전소자를 이용하여 시료 위를 탐사침 꼭지로 훑어 나가면서, 꼭지와 시료 사이에 일정한 터널링 전류를 유지한다(D. LePage. 결과 인용). 아래: 나노튜브의 STM 이미지(C. Dekker 결과 인용).

z는 꼭지와 시료간의 거리이고 ϕ는 터널링을 위한 유효장벽의 높이이다. 전형적인 변수로, 꼭지 위치의 0.1 nm의 변화는 $\mathfrak{I}$에서의 크기의 자릿수를 변하게 한다.

STM에서 되먹임 방식이 작동하면, 꼭지의 높이 z가 변해 가면서 I가 일정한 값을 유지하도록 한다. 따라서 STM은 표면지형을 따라가면서 표면 높이의 매우 작은 변화도 감지할 수 있다(<1 pm). 그림 6에 있는 탄소나노튜브의 STM 영상이 이를 잘 묘사하고 있다. 또한 STM은 표면 위에 있는 원자를 한 개씩 조작하는 데도 이용할 수 있다. STM 꼭지를 이용해서 구리(Cu) 표면에 철(Fe) 원자를 고리(ring) 모양으로 밀어 넣어 양자우리(quantum corral)를 만든 예가 그림 7에 있다.

STM 터널링 전류 I를 바이어스 전압 V의 함수로 기술해서, 나노구조의 양자 상태에 관한 공간적이고 분광학적인 정보를 줄 수 있다. 절대온도 영(0)도에서 전압에 대한 전류의 미분은

$$dI / dV \propto \mathfrak{I} \sum_j \left| \psi_j(\mathbf{r_t}) \right|^2 \delta(\varepsilon_F + eV - \varepsilon_j) \tag{9}$$

이다. 이 식은 전자 에너지 $\varepsilon_F + eV$에서 상태밀도($\mathfrak{I}$)에 비례하며, 여기에 STM 꼭지 위치 $\mathbf{r_t}$에서 주어진 상태의 전자 확률밀도($|\psi_j(\mathbf{r_t})|^2$)를 곱한 것에 비례한다.

양자우리는 2차원 Cu 표면 상태의 전자가 우리 내부에 불연속적인 상태 집합을 만들면서 Fe 원자에 의해 반사된 것이다. 그림 7의 이미지에서 관찰되는 잔물결은 터널링 전자 에너지 근처의 국소적 상태의 확률밀도 $|\psi_j(\mathbf{r_t})|^2$의 조정에 인한 것이다. 바이어스 전압을 다르게 하여 영상화하면 다른 에너지 상태에서의 양자화된 공간구조를 얻을 수 있다.

그림 7 구리(111) 표면에 48개의 철원자들을 옮김으로 해서 평균 반지름이 7.1 nm인 양자우리(quantum corral)가 형성되었다. 철원자들은 표면상태의 전자들을 산란시켜 그들을 우리 안으로 가둔다. 우리의 고리(ring)는 페르미 에너지 가까이에 있는 우리의 세(3) 양자상태에서의 전자 밀도분포이다. 원자들은 저온 초고진공 주사터널링현미경에 의해 영상화되고 위치로 옮겨졌다(D.M. Eigler, IBM Research Division 영상 인용).

원자현미경(atomic force microscopy)

원자현미경(AFM)은 STM 직후에 개발되었는데, STM보다 훨씬 더 유연한 기술로 도체와 절연체 시료 둘 다에 쓰일 수 있는 장점이 있으나, 대부분의 경우 해상도는 좀 떨어진다. AFM은 터널링 전류 대신에 꼭지와 시료 간의 힘을 측정한다. 그림 8에서 보이는 것처럼 날카로운 꼭지는 밀리미터 크기의 켄틸레버(cantilever)에 붙어 있다. 시료에 의해 꼭지에 가해지는 힘 F는 켄틸레버를 Δz 만큼 구부린다:

$$F = C\Delta z \, . \tag{10}$$

여기서 C는 켄틸레버의 힘 상수이다. 켄틸레버의 뒤를 레이저 빔을 위한 반사경으로 종종 사용함으로 켄틸레버의 이동은 꼭지 위치의 함수로 측정된다(그림 8). 반사경의 운동은 빛 다이오드의 배열을 사용하여 검출되는 레이저 빔의 경로를 변화시키며, 피코미터 크기의 이동은 쉽게 측정된다. 힘 상수의 전형적인 값은 C = 1 N/m이기 때문에 pN 크기의 힘은 변환될 수 있다. 1 fN 이하의 힘은 특별한 환경 아래에서 측정된다.

가장 간단한 작동 방식은 꼭지가 표면에 접촉한 채로 끌려 가면서 켄틸레버의 구부러짐을 측정하는 접촉방식(contact mode)이다. 이 방식으로는 시료의 지형은 측정할 수 있지만 시료에 손상을 줄 수 있다. 비접촉(non-contact) 또는 간헐적 접촉(intermittent contact) 방식은 피해가 덜한 편이며, 역시 시료와 꼭지 사이의 긴 범위 힘(long-range force)에 관한 정보를 줄 수 있다. 이 기술에서는 켄틸레버의 공명 진동수 ω_0에 가까운 진동수에서 진폭이 F_ω인 추진력을 가해 주어서, 켄틸레버가 시료 바로 위에서 진동하도록 한다. 켄틸레버를 외부힘이 가해진 단순조화 진자로 모형화하

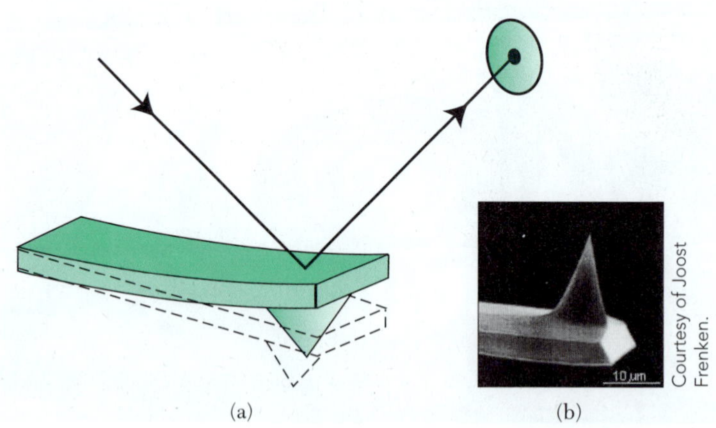

그림 8 (a) 원자현미경의 개략도(AFM). 켄틸레버의 구부러짐은 켄틸레버의 위에서 반사되는 레이저 빔의 위치를 기록하는 빛 검출기에 의해 측정된다(Joost Frenken. 결과 인용). 삽입: AFM 꼭지의 SEM 영상. 켄틸레버의 유효 반지름은 10 nm 이하일 수 있다.

면, 진동수 ω에서 켄틸레버의 반응 크기는

$$\left|z_\omega\right| = \frac{F_\omega}{C} \frac{\omega_0^2}{\left[(\omega^2 - \omega_0^2)^2 + (\omega\omega_0 / Q)^2\right]^{1/2}} \tag{11}$$

으로 주어진다. 여기서 Q[진동자의 정성 인자(quality factor)]는 주기당 켄틸레버에 저장된 에너지와 흩어진 에너지의 비이다. 공명상태 $\omega = \omega_0$에서의 반응은 작은 진동수 때보다 Q배 더 크다는 점을 유의하라. 바로 이 점이 작은 힘의 검출을 가능하게 하는 원리이다.

진동하는 켄틸레버를 특성화하는 변수들은 꼭지와 시료 사이에서 발생하는 어떤 힘에도 민감하다. 이 힘들은 반 데르 발스, 정전기적, 자기적, 또는 많은 다른 것들이 될 수 있다. 상호작용은 공명 진동수 ω_0를 이동시키거나 또는 Q를 수정한다. 이 변화를 기록해서 영상을 만들어내는 데 이용한다. 예를 들면 가볍게 두드리는 영상화 방식(tapping imaging mode)에서는 꼭지가 공명 진동주기로 가볍게 두드리면서 (tap) 표면에 접근하면, 가장 근접하게 접근한 지점에서 진동수의 이동과 추가적인 흩어지기(dissipation)가 일어난다. 그림 3에서 본 나노튜브 장치는 가볍게 두드리는 방식에 의해 영상화 되었다.

다른 중요한 기술은 12장에서 간략하게 논의된 **자기힘 현미경**(MFM)이다. 꼭지는 자성물질로 덮여 있기 때문에 시료의 표면에 수직인 자기 모멘트 μ를 가지고 있다. 따라서, 꼭지는 시료에 의해 생성되는 국소적인 자기장의 진동에 의한 힘을 느낀다.

$$F(z_0 + \Delta z) = F(z_0) + \partial F/\partial z\Big|_{z=z_0}\Delta z = \mu(\partial B/\partial z)\Big|_{z=z_0} + \mu(\partial^2 B/\partial z^2)\Big|_{z=z_0} \Delta z\ . \tag{12}$$

여기서 z_0는 꼭지의 평형 위치이고 Δz는 진동하는 동안의 변위이다. $\mu(\partial B/\partial z)$항은 켄틸레버의 정역학적인 구부러짐을 주지만 진동수나 진폭의 감쇠를 바꾸지는 않는다. 반면에 $\mu(\partial^2 B/\partial z^2)\ \Delta z$ 항은 일정한 힘 상수 변화 δC의 형태를 가지게 되는데, 이는 δC가 켄틸레버의 변위 z에 선형으로 변하기 때문이다. 이 진동수 이동을 관찰하여 영상을 만들어 낸다. 다른 국소적 힘장(force field)도 물매가 비슷한 방법으로 측정할 수 있다.

다른 많은 주사 조사 방식이 있다. 근접장 주사 광학현미경(Near-field scanning microscopy: NSOM)은 광자가 통과하는 파장 이하의 구멍을 사용함으로써 에돌이 한계 이하의 해상도를 갖는 광학적 영상을 만들어 낸다. 주사 전기용량 현미경(Scanning capacitance miscroscopy: SCM)은 위치의 함수로써 꼭지와 시료 사이의 전기용량의 변화를 측정한다. 계속 발전하는 이런 부류의 기술은 개개의 분자부터 집적화된 회로의 Si 트랜지스터까지 물체의 특성을 규명하는 데 이용되고 있고 필요성이 계속 증가하고 있다.

일(1)차원 계의 전자 구조
ELECTRONIC STRUCTURE OF 1D SYSTEMS

나노구조의 양자화된 전자 상태는 그들의 전기적 및 광학적 특성을 결정하고, 그들의 물리적 및 화학적 특성에도 영향을 미친다. 이러한 상태를 기술하기 위해서 시작점을 덩어리 물질의 띠구조로 잡자. 유효질량 근사법(effective mass approximation)은 주어진 띠의 전기적 분산을 계산하기 위해 이용되는데, 이때의 파동함수는 평면파라고 하자. 띠가 항상 포물선 형태인 것도 아니고, 진짜 고유함수도 평면파가 아니라 블로흐 상태(Bloch state)이므로, 위의 근사법은 아주 단순화된 것이다. 그러나 위의 근사법은 계산을 매우 간단하게 하고 정량적으로(그리고 흔히 정성적으로도) 정확하다. 또한 많은 경우 전자 사이의 쿨롱 상호작용을 무시할 것이다. 그러나 이 장의 뒤에 논의되는 것처럼 많은 경우 나노구조 물리에서 전자와 전자의 상호작용은 무시할 수 없다.

1차원 버금띠*(one-dimensional (1D) subbands)*

선 모양인 나노크기의 고체를 고려하자. 시료의 x축과 y축의 크기는 나노 척도를 갖지만 z방향으로는 연속적이다. 그러한 선의 에너지와 고유상태는

$$\varepsilon = \varepsilon_{i,j} + \hbar^2 k^2 / 2m \ ; \qquad \psi(x,y,z) = \psi_{i,j}(x,y)e^{ikz} \tag{13}$$

로 주어지는데, 여기서 i와 j는 x, y 평면에서 고유상태들을 표시하는 양자수이고 k는 z 방향으로의 파동벡터이다. 그림 9에서 보이는 직사각형의 선에 대해서 $\varepsilon_{i,j}$와 $\psi_{i,j}(x, y)$는 6장에서 다루어진 상자 안에 있는 입자의 에너지와 고유상태들이다.

분산 관계식(dispersion relation)은 각각 다른 수직 상태 에너지 $\varepsilon_{i,j}$를 갖는 일련의 1차원 버금띠(subband)로 이루어져 있다. 총 전기적 상태밀도 $D(\varepsilon)$는 개개의 버금띠 상태밀도들의 합이다.

$$D(\varepsilon) = \sum_{i,j} D_{i,j}(\varepsilon) \tag{14}$$

여기서 $D_{i,j}(\varepsilon)$는

$$\begin{aligned} D_{i,j}(\varepsilon) &= \frac{dN_{i,j}}{dk}\frac{dk}{d\varepsilon} = (2)(2)\frac{L}{2\pi}\left[\frac{m}{2\hbar^2(\varepsilon-\varepsilon_{i,j})}\right]^{1/2} = \frac{4L}{h\nu_{i,j}} \qquad \text{for } \varepsilon > \varepsilon_{i,j} \\ &= 0 \qquad \text{for } \varepsilon < \varepsilon_{i,j} \end{aligned} \tag{15}$$

로 주어진다. 가운데 식에서 첫 번째 인수, '2'는 스핀 겹침에 의한 것이고 두 번째 '2'는 k의 양(+)과 음(−)의 값을 포함해야 하기 때문이다. 오른쪽 식에서, $\nu_{i,j}$는 (i, j) 버금띠에서 운동에너지 $\varepsilon - \varepsilon_{i,j}$를 가지는 전자의 속도이다. 상태밀도는 각각의 버금띠 문턱에서 $(\varepsilon - \varepsilon_{i,j})^{-1/2}$으로 발산하는 것에 유의하라. 이것들을 **반 호프 특이성**(van

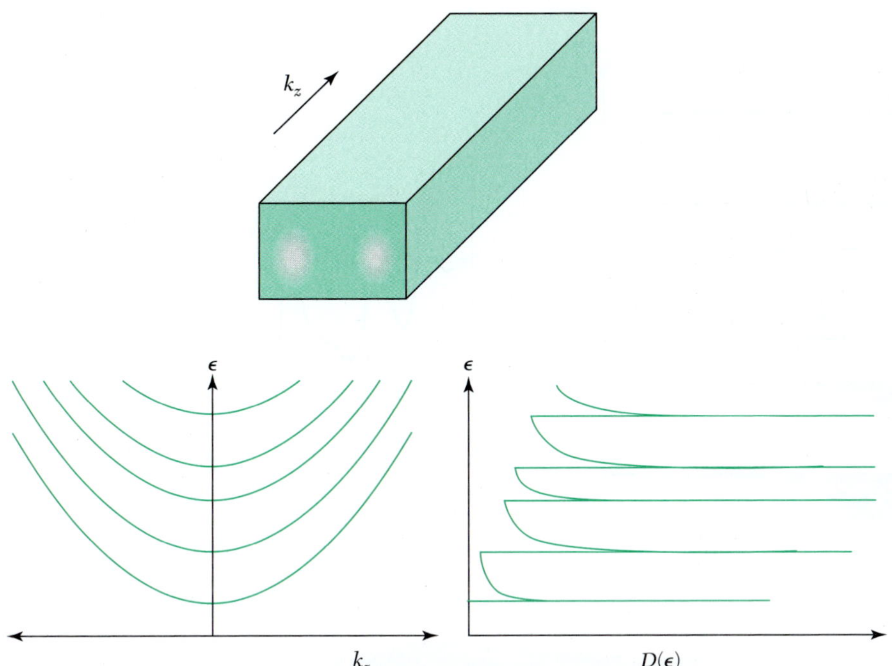

그림 9 분산 관계식과 1차원 버금띠(subband)의 상태밀도(density of state)를 따르는 직교 준 일차원 선의 개략도. 버금띠(subband) 문턱에서 상태밀도의 봉우리들은 반 호프(Van Hove) 특이점이라고 한다. $i = 2, j = 1$상태의 확률밀도가 선의 자름 면(cross section)에 청색 눈금으로 표시되어 있다.

Hove singularities)이라고 한다. 이러한 행태는 3차원에서와는 대조적이다. 3차원에서는 $D(\varepsilon)$는 낮은 에너지에서 영(0)으로 가고(6장), 2차원에서는 $D(\varepsilon)$가 각각의 2차 버금띠의 바닥에서부터 일정한 값으로 계단식으로 증가한다(문제 17.3).

반 호프 특이점의 분광기*(spectroscopy of Van Hove singularities)*

식 (15)에 의해 묘사된 반 호프 특이점은 1차원 계의 전기적 및 광학적 성질에 영향을 준다. 여기서 반도체 탄소 나노튜브(nanotube)의 경우에 대해 공부하여 보자. 반도체 나노튜브의 띠 구조는 문제 1과 그림 10a에서 계산한다. 반 호프 특이점들은 그림 10b와 같이 주사터널링현미경법으로 보여진다. 식 (9)에 의한 상태 밀도에 비례하는 미분 전도율(conduc-tance)의 봉우리는 이러한 최고점들의 에너지에 비례하는 바이어스 전압에서 관찰된다. 반도체적 나노튜브(nanotube)의 광학적 흡수와 방출은 또한 이러한 최고점들에 의해 지배되는데, 그 이유는 그들이 식 (5)~(7)에 의해 초기와 나중의 상태밀도에 의존하기 때문이다. 그림 10c는 탄소 나노튜브(nanotube) 집합의 빛 냉광(photolumines-cence) 세기를 들뜸으로 인해 방출되는 빛의 파장의 함수로 나타낸 것이다. 전도띠와 원자가 띠에 있는 두 번째 반 호프 특이점들 사이의 에너지 차이인 $\varepsilon_{c2} - \varepsilon_{v2}$가 들어오는 빛의 흡수 에너지와 일치할 때 커지게 된다. 전자와 전공은 첫 번째 버금띠(subband)로 빠르게 풀리며, 그들은 에너지 $\varepsilon_{c2} - \varepsilon_{v2}$를 가지고

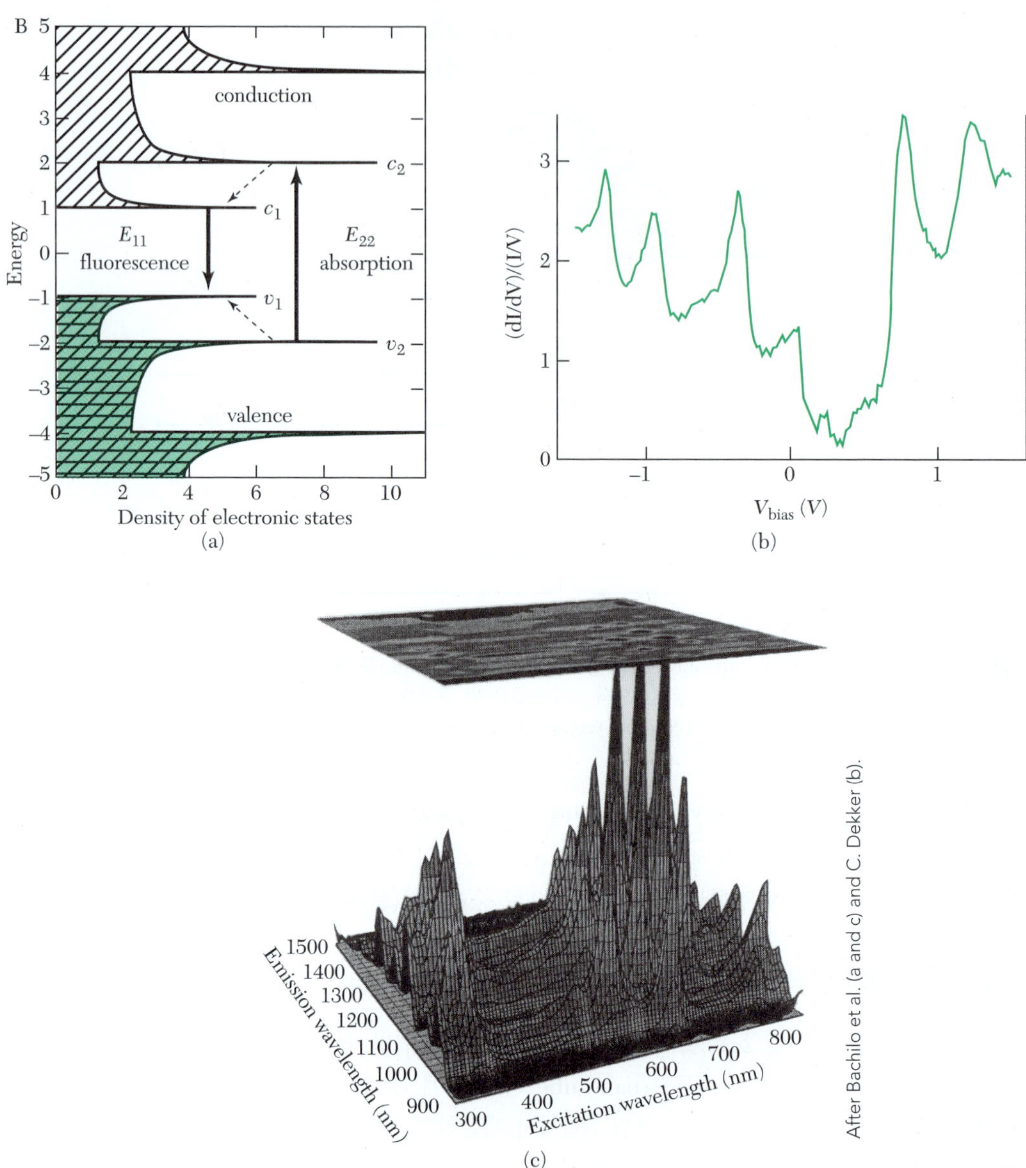

그림 10 (a) 반도체적 탄소 나노튜브(nanotube)에 대한 에너지 함수로의 상태밀도. (b) 나노튜브(nanotube)의 터널링 분광 주사 터널 현미경에서 관찰한 반 호프 특이점. (c) 방출강도를 흡수 파장과 들뜸 파장의 함수로써 작성한 것. 세기의 봉우리들은 흡수와 방출에너지가 그림 (a)에서 보여지는 것들과 일치할 때 관찰된다. 세기가 다른 여러 봉우리는 반지름과 나선성이 다른 나노 튜브(nanotube)에 해당한다[Bachilo et al. (a and c) 및 C. Dekker (b). 결과 인용].

냉광(luminescence)을 발생하면서 재결합을 한다. 그러므로 방출하는 빛은 첫 번째 반 호프 특이점 사이의 에너지와, 흡수된 빛은 두 번째 반 호프 특이점 사이의 에너지와 동시에 일치할 때, 봉우리가 관찰된다. 그림 10c에 있는 방출 세기가 다른 여러 봉우리들은 반지름과 나선성(chirality)이 다른 나노튜브(nanotube)에 해당한다.

1차원 금속-쿨롱 상호작용과 격자결합들*(1D metals-coulomb interactions and lattice couplings)*

준일차원(quasi-1-D) 금속에서 전자들은 페르미 에너지와 전자 밀도에 의해 결정되어 채워진 버금띠(subband)의 총 개수를 가지고 1차원 버금띠(subband)를 채운다. 정확한 1차원 금속에는 오직 한개의 (스핀이 겹친) 채워진 버금띠(subband)가 있다. 이와 같은 경우에 만약 단위 길이당 n_{1D}개의 운반자(carriers)가 있다면

$$n_{1D} = 2k_F/\pi \tag{16}$$

가 된다.

1차원 금속의 페르미 면은 그림 11에서 보여지는 것처럼 $+k_F$와 $-k_F$의 단지 두 개의 점들로 구성된다. 이것은 상대적으로 공이나 원으로 이루어진 3차원이나 2차원 자유전자 금속들의 페르미 표면과는 많은 차이를 보인다. 이러한 특이한 페르미 표면의 두 가지 결과를 다음에서 공부한다.

쿨롱(Coulomb) 상호작용은 페르미 에너지 근처의 전자들 사이에서 산란을 야기시킨다. 3차원 금속에서 산란은 파울리 배타 원리(Pauli exclusion principle)에 의하여 에너지/운동량 보존에 제약을 받아 ε_F 근처에서 강하게 억제된다. ε_F에 상대적으

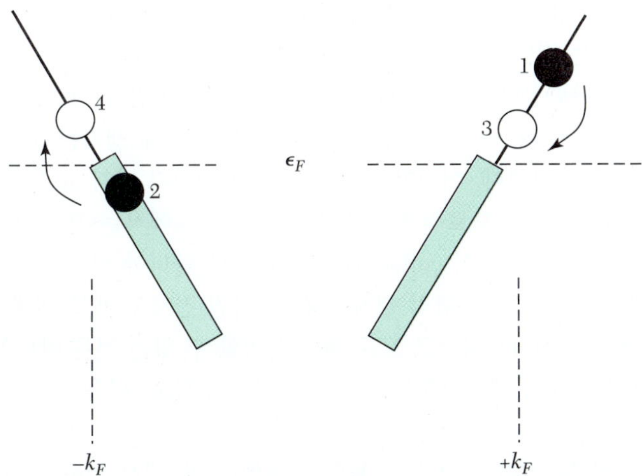

그림 11 페르미 에너지 근처에서 1차원 금속의 전자적 구조. 페르미 표면은 $\pm k_F$에서 두 점을 구성한다. 1과 2의 채워진 상태로부터 3과 4의 빈 상태로의 전자의 산란은 1과 3 사이에서 그리고 3과 4 사이에서 에너지 차이가 같은 한 에너지가 보존된다. 에너지가 k에서 위치상으로 선형적이기 때문에 운동량도 동시에 보존된다.

로 측정된 에너지 ε에서, $1/\tau_{ee} \approx (1/\tau_0)(\varepsilon/\varepsilon_F)^2$를 얻는데, 여기서 $1/\tau_0$은 고전적 산란율을 나타낸다. 불확정성 원리에 의해, 전자의 에너지의 불확실성은

$$\delta\varepsilon(3D) \approx \hbar/\tau_{ee} \sim (\hbar/\tau_0)(\varepsilon/\varepsilon_F)^2 \tag{17}$$

이 된다. (ε_F에 상대적으로 측정된) 에너지가 작으면, 에너지에서의 불확실성은 ε의 제곱의 단위로 영(0)에 접근한다. 그러므로 불확실성 $\delta\varepsilon$는 ε_F에 충분히 가까운 ε에 비교해서 작게 되는 것이 입증된다. 이것은 페르미 면 근처의 준입자들이 잘 정의되었음을 말해 준다.

일차원의 경우가 그림 11에 있다. 에너지와 운동량의 보존은, ε가 작으면 에너지가 부분적으로 운동량 변화 $\Delta k = k - k_F$에 선형적이기 때문에, 이 경우 에너지와 운동량 보존법칙은 서로 동일하다.

$$\varepsilon \cong (\hbar^2 k_F / m)\Delta k \ . \tag{18}$$

그림 11은 에너지 ε를 가진 상태 1에서 상태 3으로 산란하는 전자는 그와 동시에 상태 2에서 상태 4로의 산란을 발생해야만 에너지가 보존된다는 것을 나타낸다. 이 경우 유일한 제약 조건은 최종상태 3의 에너지는 양수이고 ε보다 작다는 것이다. 이로부터 감쇠 인자(reduction factor)는 $1/\tau_{ee} \sim (1/\tau_0)(\varepsilon/\varepsilon_F)$을 얻을 수 있고, 또 불확정성 원리로부터 식 (19)가 성립한다.

$$\delta\varepsilon(1D) \simeq \hbar/\tau_{ee} \sim (\hbar/\tau_0)(\varepsilon/\varepsilon_F) \ . \tag{19}$$

불확실성 정도가 ε에 선형적이기 때문에, $\varepsilon \to 0$일 때 $\delta\varepsilon$가 ε보다 작을 것이라는 보장이 없다. 그러므로 $\varepsilon \to 0$일 때 약한 상호작용을 하는 준입자들이 존재한다는 페르미 액체이론의 기본적인 가정이 1차원에서도 성립할 것이라는 보장이 없다. 실제로, 상호 작용하는 1차원 전자 기체의 바닥상태는 페르미 액체가 아니고, 루틴저(Luttinger) 액체로 보는 것이 일반적인 생각이다. 루틴저 액체에서는 낮은 에너지의 들뜸이 자연적으로 집단화된다. 루틴저 들뜸은 이웃에 대해 독립적으로 움직이는 고립된 전자라고 보기보다는, 많은 개체들의 집단적 운동으로 인해 생기는 포논과 플라스몬(plasmon)에 더욱 유사하다. 이러한 집단적인 현상은 여러 가지 효과들을 만들어 낸다. 예를 들면, 1차원 금속으로의 터널링은 낮은 에너지에서는 잘 일어나지 않는데, 이는 터널링 전자가 집단 방식(collective mode)으로 들떠야 하기 때문이다. 이러한 논쟁이 있음에도 불구하고, 독립적 전자모형은 1차원 전자 기체를 설명하는 데 유용한 방법이다. 독립적 전자모형으로 모든 것을 설명할 수 있는 것은 아니지만, 거의 대부분의 실제 1차원 계에 대한 실험 결과를 잘 설명해 왔고, 다음에서도 계속 사용될 것이다.

1차원 금속의 두 번째 특성은, 그들이 파동벡터 $2k_F$에서 미동에 대하여 불안정하다는 것이다. 예를 들면 이 파동벡터에서 생기는 격자의 찌그러짐은 전자 스펙트럼의 띠틈(bandgap)을 벌어지게 하여, 금속을 절연체로 전환시킨다. 이것은 14장에서 자세히 다루어진 파이얼스(Peierls) 불안정성이다. 이 효과는 폴리아세틸렌(polyacet-

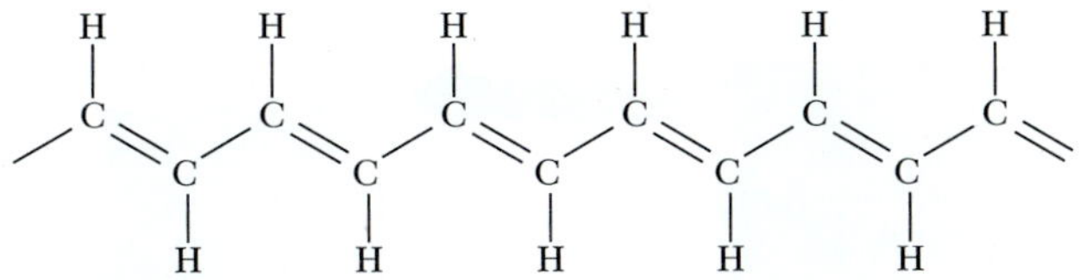

그림 12 폴리아세틸렌(polyacetylene)의 구조. 파이얼스(Peierls) 찌그러짐 때문에, 이중 결합 있는 곳이 단일 결합 있는 곳보다 탄소원자의 간격이 가깝게 되면서, 격자는 이합체가 된다. 격자의 파이얼스(Peierls) 찌그러짐은 약 1.5 eV인 반도체 간격을 열어준다.

ylene)과 같은 1차원 도체의 고분자들에 있어서 특히 중요하다(그림 12). 폴리아세틸렌(polyacetylene)에서는 원자 간격이 a인 탄소원자당 하나의 전도전자를 갖으며, 따라서 식 (16)으로부터 $k_F = \pi/2a$를 얻는다. 찌그러짐이 없으면 폴리아세틸렌(polyacetylene)은 반만 채워진 띠를 가지고 금속이 될 것이나, 파장이 $2a$에 해당하는 $2k_F = \pi/2a$가 되는 곳에 있는 격자의 찌그러짐은 페르미 에너지에서 간격을 열어줄 것이다. 이는 격자가 이합체화(dimerization)하는 것과 같다. 이 이합체화(dimerization)는 사슬을 따라 단일 및 이중 결합이 번갈아 있게 만들면서, 폴리아세틸렌(polyacetylene)을 1.5 eV의 띠 틈을 가진 반도체로 바꾸어버린다.

폴리아세틸렌(polyacetylene)과 그와 연관된 반도체 고분자로 장효과 트랜지스터(field-effect transistor: FET), 빛 방출 다이오드(light eitting diode: LED) 및 여러 반도체 소자를 만들 수 있다. 또 화학적으로 첨가되어 전이금속들에 비길 만한 전도도(conductivity)를 가진 금속의 성질을 나타낼 수 있다. 그러나 역학적으로 유연성과 쉽게 고분자를 만들 수 있는 특성을 갖고 있다. 그래서 이 물질의 발견은 유연성이 있는 플라스틱 전자분야에 혁명을 가져다 주었다.

고분자의 경우 쉽게 찌그러질 수 있는 단일의 원자사슬로 구성되었기 때문에, 파이 얼스(Peierls) 찌그러짐이 크게 나타난다. 나노튜브(nanotube)나 나노선과 같은 다른 1차원 계는 뻣뻣해서 파이얼스(Peierls) 전이가 적절한 온도에서 실험적으로 관찰되지 못하고 있다.

1차원에서 전자적 수송
ELECTRICAL TRANSPORT IN 1D

전도율의 양자화와 란다워 공식*(conductance quantization and the Landauer formula)*

1차원 채널은 양단에 걸린 주어진 전압에 대하여 유한한 전류 운반 용량을 가진다. 그러므로 그 도선에 아무런 산란이 없더라도 유한한 전도율(conductance)을 갖게 된다. 그림 13에서처럼, 전압차이가 V인 두 개의 큰 저장고에 연결되어 있으면서, 채워진 버금띠(subband)가 하나인 선을 생각하자. 오른쪽으로 움직이는 상태는 전기화학적 퍼텐셜 μ_1까지 전자가 채워질 것이고 왼쪽으로 움직이는 상태는 μ_2까지 채워질 것인데, 여기서 $\mu_1 - \mu_2 = qV$가 되며 전자는 $q = -e$이고 정공은 $+e$가 된다. 오른

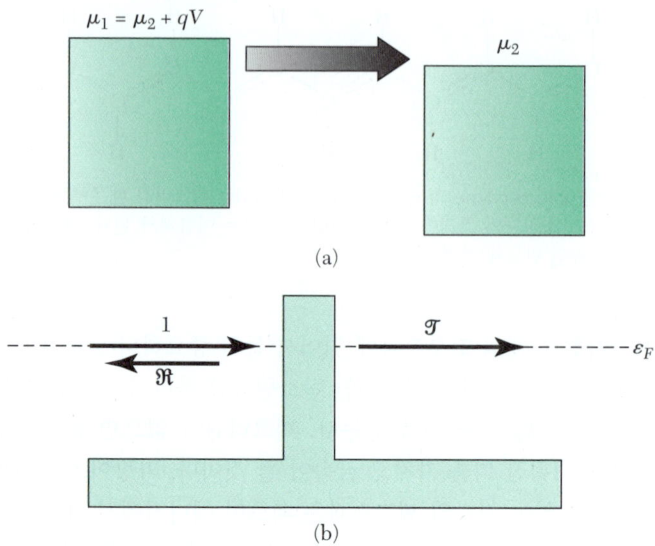

그림 13 (a) 바이어스 전압 차이 $V_1 - V_2$가 걸려 있는 두 저장고 사이를 전파해 나가는 알짜전류. (b) 채널에서 장벽으로부터 통과할 확률 $\mathfrak{T}$와 반사할 확률 $\mathfrak{R}$의 도식적인 표현($\mathfrak{T} + \mathfrak{R} = 1$).

쪽으로 움직이는 밀도를 초과한 양 n 때문에 채널을 통해 흐르는 알짜전류(net current)는

$$I = \Delta nqv = \frac{D_R(\varepsilon)qV}{L}qv = \frac{2}{hv}vq^2V = \frac{2e^2}{h}V \tag{20}$$

와 같이 되는데, 여기서 오른쪽으로 움직이는 운반체들의 상태밀도인 $D_R(\varepsilon)$은 식 (15)에서 주어진 총 상태밀도의 ½이 된다.

주목해야 할 점은, 1차원에서 속도는 전압과 기본적인 상수에만 좌우되는 전류를 만드는 상태밀도와 정확하게 상쇄되어서, 두 단자 전도율(conductance) I/V와 저항 V/I는

$$G_Q = 2e^2/h \ ; \qquad R_Q = h/2e^2 = 12.906\ \mathrm{k\Omega} \tag{21}$$

이 된다. 완전하게 투과하는 1차원적 채널은 기본적인 상수들 간의 비율인 유한한 전도율(conductance)를 갖는다. 이 값을 **전도율 양자**(conductance quantum) G_Q라고 하고, 그의 역수 값은 **저항양자**(resistance quantum) R_Q라고 한다. 여기서는 유효질량 근사법으로 유도한 것인데, 임의의 분산 1차원 띠의 경우에는 성립한다.

전도율(conductance)의 양자화는 그림 14에 매우 잘 묘사되어 있다. 짧은 준 1차원 채널은 GaAs/AlGaAs 이질구조(hetrostructure)에서 2차원 전자 기체의 두 영역 사이에 형성된다. 채널의 운반밀도가 증가함에 따라 전도율(conductance)은 높이 $2e^2/h$의 불연속인 단계로 증가한다. 각 단계는 선에서 추가적인 1차원 버금띠(subband)의 점유율에 해당한다. 전도율 양자화는 거시적 금속들 사이를 잇는 원자크기

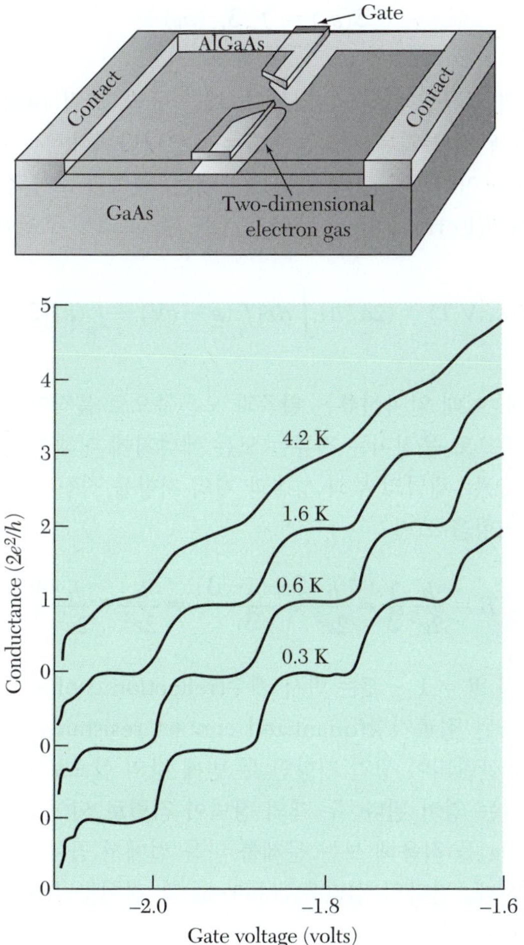

그림 14 다른 온도에서 GaAs/AlGaAs 이질구조(hetrostructure)에 정전기적으로 정의된 짧은 채널의 전도도 양자화. 표본의 표면에 금속성의 게이트로 적용된 음의 게이트 전압 V_g는 아래에 위치한 2차원 전자 기체에서 운반자들을 감소시키고 좁은 채널을 형성한다. 채널은 $V_g = -2.1$ V에서 운반자들을 모두 소모한다. 개개의 1차원 버금띠(subband)는 $2e^2/h$의 전도율(conductance)가 추가된 각각의 새로운 버금띠(subband)를 가지고 V_g만큼 증가하면서 채워 진다(H. Van Houten and C. Beenakker 결과 인용).

의 연결체(bridge)에서 관측된다.

만약 채널의 전도성이 완전하지 않다면, 전체 전도율(conductance)은 채널을 통해서 투과한 전자에 대한 확률인 $\Im(\varepsilon_F)$를 전도율(conductance)의 양자와 곱한 값이 된다(그림 13).

$$G(\varepsilon_F) = (2e^2/h)\Im(\varepsilon_F) \ . \tag{22}$$

이 식은 **란다워 공식**(Landauer Formula)이라고 불린다. 여러 개의 채널을 가진 준 1차원 계에서는 전도율(conductance)은 서로 평행하여 합해지기 때문에 각 채널의 기여도를 합해야 한다.

$$\Im(\varepsilon_F) = \sum_{i,j} \Im_{i,j}(\varepsilon_F) \quad (23)$$

여기서 i, j는 수직의 고유상태들을 나타낸다. 예를 들면, 그림 14의 내용에서 보듯이, 서로 평행한 N개의 완전 투과된 채널들은 $\Im = N$을 나타낸다.

유한한 온도나 바이어스가 걸려 있는 경우에는, 왼쪽과 오른쪽 단자에 있는 전자에 대한 페르미-디랙(Fermi-Dirac) 에너지 분포 f를 고려해 주어야 하며,

$$I(\varepsilon_F, V, T) = (2e/h)\int_{-\infty}^{\infty} d\varepsilon [f_L(\varepsilon - eV) - f_R(\varepsilon)]\Im(\varepsilon) \quad (24)$$

인 식으로 주어진다. 이때 알짜전류는 왼쪽과 오른쪽으로 움직이는 전류들 간의 차이인데, 왼쪽과 오른쪽으로 움직이는 전류는 모든 에너지에 대해 합한 것이다.

란다워 공식 (22)는 채널의 투과 성질과 계의 저항을 직접적으로 연결해 준다. 한 개의 채널에 대한 저항을 쓰면

$$R = \frac{h}{2e^2}\frac{1}{\Im} = \frac{h}{2e^2}\frac{\Im + (1-\Im)}{\Im} = \frac{h}{2e^2} + \frac{h}{2e^2}\frac{\Re}{\Im} \quad (25)$$

같이 되는데, 여기서 $\Re = 1 - \Im$는 반사 계수(reflection coefficient)를 나타낸다. 장치의 저항은 양자화된 접촉저항(quantized contact resistance)인 첫 번째 항과 채널의 장벽으로부터 산란되어 생긴 저항인 두 번째 항의 합으로 나타난다. 두 번째 항은 완전한 도체에서는 영이 된다. 두 개의 장벽이 직렬로 되어 있을 때, 란다워 공식(Landauer Formula)을 적용해 보는 문제를 다음 절에서 공부해 보자. 두 장벽 사이를 전자가 전파하는데, 전파의 결맞음(coherent)과 결어긋남(incoherent) 한계, 두 경우에 대해 공부한다.

직렬 공명 터널링하는 두 장벽*(two barriers in series-resonant tunneling)*

그림 15에서처럼 투과/반사의 폭(amplitude)이 t_1, r_1와 t_2, r_2를 가지고 길이 L만큼 떨어진 직렬로 된 두 개의 장벽을 생각하자. 이러한 폭은 복소수가 된다:

$$t_j = |t_j|e^{i\varphi_{tj}} \; ; \qquad r_j = |r_j|e^{i\varphi_{rj}} \; . \quad (26)$$

두 개의 장벽 구조 모두를 투과할 확률 $\Im$를 계산하려면, 그에 해당하는 투과 폭을 알아야 한다. 투과폭이 1인 왼쪽에서 들어오는 파장에 대해, 그림 15에서 정의된 폭은

$$a = t_1 + r_1 b \; ; \quad b = a r_2 e^{i\varphi} \; ; \quad c = a t_2 e^{i\varphi/2} \quad (27)$$

인 식으로 주어지며, 여기서 $\varphi = 2kL$은 운동에너지 $h^2k^2/2m$을 가진 전자가 장벽간의 거리 $2L$을 전파해 가면서 발생한 위상이다. 투과폭을 구하려고 이것을 합하면 다음이 얻어진다.

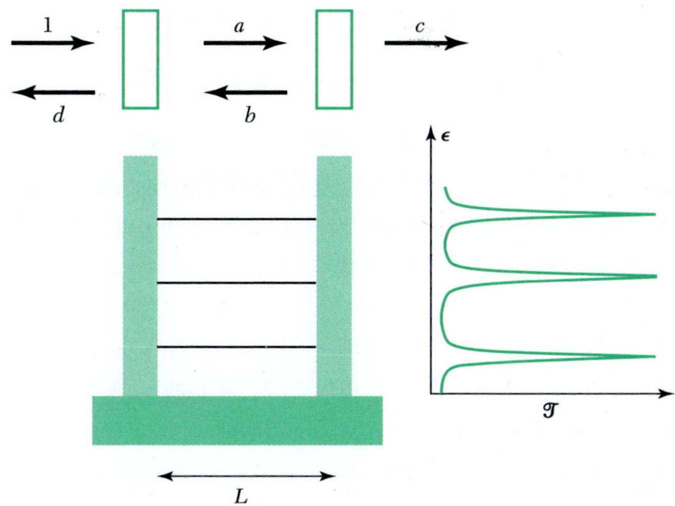

그림 15 길이 L만큼 떨어진 계에서 두 개의 동일한 장벽을 통과한 공명 터널링. 위의 그림은 단위크기의 입사파에 대한 내부와 외부의 투과 크기를 보여준다. 장벽들 사이에서 준 얽매인 상태(quasibound states)의 에너지에 대한 투과 공명이 나타나 있다.

$$c = \frac{t_1 t_2 e^{i\varphi/2}}{1 - r_1 r_2 e^{i\varphi}} \ . \tag{28}$$

따라서 두 개의 장벽을 통해 투과될 확률은

$$\Im = |c|^2 = \frac{|t_1|^2 |t_2|^2}{1 + |r_1|^2 |r_2|^2 - 2|r_1||r_2|\cos(\varphi^*)} \tag{29}$$

이 되며, 여기서 $\varphi^* = 2kL + \varphi_{r1} + \varphi_{r2}$이다.

이것을 그림 15에 정리하였다. 왕복하면서 축적된 위상 φ^*는 장벽에 의해 반사하면서 생긴 위상 변화를 포함하고 있음에 유의하라. 투과 확률식 (29)는 $\cos(\varphi^*)$ 값이 1이 될 때 매우 증가하는데, 이는 분모가 작아지기 때문이다. 따라서 공명 조건

$$\varphi^* = 2kL + \varphi_{r1} + \varphi_{r2} = 2\pi n \tag{30}$$

을 만족할 때 발생하며, 여기서 n은 정수이다. 이는 파동의 일반적인 성질이고, 시료를 통과한 여러 경로의 보강간섭(constructive interference)때문에 발생한다. 위 식은 식 (28)을 급수전개 $1/(1-x) = \sum_{m=0}^{\infty} x^m$을 사용하여 다시 쓰면,

$$c = t_1 t_2 e^{i\varphi/2}/(1 - r_1 r_2 e^{i\varphi}) = t_1 t_2 e^{i\varphi/2}\left[1 + r_1 r_2 e^{i\varphi} + (r_1 r_2 e^{i\varphi})^2 + \ .\ .\ .\ .\ .\right] \tag{31}$$

이 된다. 위의 전개식에서 m번째 차수는 장벽들 사이를 m번 왕복한 경로에 해당한다. 공명에서는 이러한 경로에서 위상이 더해져서, 매우 강한 투과를 발생시키는 것이다.

장벽들이 $t_1 = t_2$로 동일한 경우를 생각해 보자. 그러면

$$\Im(\varphi^* = 2\pi n) = |t_1|^4 (1-|r_1|^2)^{-2} = 1 \tag{32}$$

이 된다. 대칭 이중장벽 구조를 통과하는 공명상태의 투과는 각 장벽들을 통과하는 투과가 작음에도 불구하고 1이 된다. 이것을 **공명터널링**(resonant tunneling)이라 부른다. 공명이 아닌 경우에는, 불투명한 장벽에 대해 식 (29)의 분모는 약 1이 되며, 투과는 대략적으로 직렬로 연결된 두 장벽 각각의 투과계수들의 곱 $\Im \sim |t_1|^2|t_2|^2$이 된다.

공명조건 $\varphi^* = 2\pi n$은 두 장벽 사이에 한정된 준경계(quasibound) 전자적 상태의 에너지에 해당한다. 매우 불투명한 장벽일 경우, 이 문제는 양자화 조건($kL = \pi n$)을 갖는 상자 안의 입자에 해당한다. 우리는 일차원에 대한 공명터널링 조건을 유도했지만, 이것은 일반적인 결과이다. 가두어진 전자의 속박상태(bound-state)의 에너지를 전자가 가지면, 속박된 전자계에서 전자의 투과는 매우 증가한다. 이 현상은 주사터널링현미경법(STM)의 터널링 표현인 식 (9)에서, 준 경계상태는 전도율(conductance)의 미분 봉우리가 준 속박상태(quasi-bound state)를 준다는 것에서도 명확하다.

불투명 장벽들의 경우에서, $|t_1|^2, |t_2|^2 \ll 1$, 식 (29)의 분모에서 cosine 항을 문제 3에서처럼 전개해서, 공명에 대한 브라이트 위그너(Breit-Wigner) 관계식

$$\Im(\varepsilon) = \frac{4\Gamma_1\Gamma_2}{(\Gamma_1+\Gamma_2)^2 + 4(\varepsilon-\varepsilon_n)^2} \qquad \text{여기서} \qquad \Gamma_j = \frac{\Delta\epsilon}{2\pi}|t_j|^2 \tag{33}$$

을 얻을 수가 있다. 따라서 공명은 에너지 준위의 간격 $\Delta\varepsilon$에 의해 결정되는 에너지 선폭 $\Gamma = \Gamma_1 + \Gamma_2$와 두 장벽 사이의 투과확률로 결정되는 로런츠형(Lorentzian) 봉우리로 표현될 수 있다. 이것의 물리적 의미는 이중장벽 속박상태의 수명이 유한하기 때문에 발생하는 전자상태의 불확정성 원리에 의한 선폭의 넓어짐에 불과하다.

결 어긋남 추가와 옴의 법칙(*incoherent addition and Ohm's law*)

만약 전자를 고전적으로 취급한다면, 우리는 진폭보다는 확률을 추가해야 한다. 전자가 포논(phonon)과 비탄성 산란을 하는 경우와 같이 장벽들 사이에서 위상의 흔적을 효과적으로 잃지 않았을 때, 이 방법이 유용하다. 이는 식 (27)을 식 (34)로 바꾼 것에 해당한다.

$$|a|^2 = |t_1|^2 + |r_1|^2|b|^2 \ ; \qquad |b|^2 = |a|^2|r_2|^2 \ ; \qquad |c|^2 = |a|^2|t_2|^2 \ . \tag{34}$$

이것은

$$\Im = \frac{|t_1|^2|t_2|^2}{1-|r_1|^2|r_2|^2} \tag{35}$$

이 된다. 여기에 몇 개의 기본적인 처리(문제 5)를 하면

$$R = (h/2e^2)(1 + |r_1|^2/|t_1|^2 + |r_2|^2/|t_2|^2) \tag{36}$$

을 얻는다.

전기저항은 양자화된 접촉저항과 각 장벽들의 내부저항을 합한 값이 된다(식 25를 참고할 것). 이는 옴의 법칙, 즉 저항을 직렬연결한 것이며, 간섭효과가 무시될 때 유효하다.

식 (36)은 드루드(Drude) 공식과 연결된다. 후방 산란율(backscattering rate) $1/\tau_b$을 주는 과정을 생각해 보자. 이 후방 산란율은 불순물 산란과 같은 탄성 산란이나 포논(phonon) 산란과 같은 비탄성 산란 과정에 의해 초래된다. 미소거리 dL에 대한 전파에서, 반사율 $d\Re(\ll 1)$은

$$d\Re = \frac{1}{\tau_b}\frac{dL}{v_F} = \frac{dL}{\ell_b} \tag{37}$$

이 된다. 이것은 저항에 기여하여, 비저항 값인

$$\rho_{1D} = dR/dL = (h/2e^2)/\ell_b \tag{38}$$

를 준다. 이는 문제 4에서 보듯이 1차원 드루드(Drude) 저항인 $\sigma_{1D}^{-1} = (n_{1D}e^2\tau/m)^{-1}$을 준다. 간섭효과를 무시하면, 개개의 선분에 대한 저항은

$$R = R_Q + (h/2e^2)(L/\ell_b) \tag{39}$$

을 준다.

국소화(localization)

두 개의 장벽이 병렬로 연결되어 있지만, 결맞음(coherence)이 무시되지 않는 상황을 고려해 보자. 하지만 다른 모든 에너지의 평균에 해당하는 가능한 모든 위 상들을 평균하는 상황이다. 식 (29)로부터 평균 저항은

$$\langle R\rangle = \frac{h}{2e^2}\frac{1+|r_1|^2|r_2|^2 - 2|r_1||r_2|\langle\cos\varphi^*\rangle}{|t_1|^2|t_2|^2} = \frac{h}{2e^2}\frac{1+|r_1|^2|r_2|^2}{|t_1|^2|t_2|^2} \tag{40}$$

과 같이 된다. 명백히 평균된 위상저항(phase-averaged resistance) 식 (40)은 결 엇갈림(incoherent) 극한인 식 (36)에서의 저항보다 더 크다.

식 (40)에 나타난 길이를 측정하기 위해, 탄성 후방산란(backscattering) 길이 ℓ_e로 규정되며 오직 탄성산란들의 연결로만 (위상이 보존되는) 구성되어 있는 길이 L의 긴 전도체를 생각하자. 전도체는 $\langle R\rangle$의 큰 저항을 가지고 $\Re \simeq 1$, $\Im \ll 1$을 만족한다고 가정한다. 작은 길이 dL을 더하면, 식 (37)처럼 추가된 반사와 투과는 $d\Re = dL/\ell_e$, $d\Im = 1 - d\Re$이 된다. 식 (40)에 따라 이들을 합하고 $d\Re \ll 1$이라고 하면

$$\langle R + dR\rangle = \frac{h}{2e^2}\frac{1+\Re d\Re}{\Im(1-d\Re)} \simeq \langle R\rangle\left(1+\frac{2dL}{\ell_e}\right) \tag{41}$$

을 주거나, 역시 마찬가지로 를 준다.

$$\langle dR \rangle = \langle R \rangle (2dL / \ell_e) \ . \tag{42}$$

식의 변수를 분리하고 양변을 적분하면

$$\langle R \rangle = (h / 2e^2) \exp(2L / \ell_e) \tag{43}$$

가 된다. 놀랍게도 저항은 옴의 법칙을 따르는 전도체에서의 선형적인 변화보다는 시료의 길이에 따라 지수적으로(exponentially) 증가한다. 이러한 성질은 국소화(localization)의 결과이다. 무질서하게 산란된 상태들 사이의 양자 간섭에 의해, 상태들은 크기가 $\xi \sim \ell_e$의 단위로 국소화되는데, 여기서 ξ을 **국소화 길이**라고 부른다. 전도체 전체 길이를 수직지르는 확장된 상태는 없다. 따라서 저항은 지수적으로(exponentially) 커진다. 유사한 결과가 국소화된 길이 $\xi \sim N\ell_e$를 가진 준 1차원(quasi-1-D) 계에서도 성립하는데, 여기서 N은 채워진 1차원 버금띠(subband)의 갯수이다.

매우 낮은 온도에서는 오직 결맞음(coherent) 산란 과정만이 발생하고, 저항은 식 (43)에 의해 지수적으로(exponentially) 커진다. 유한한 온도에서는 오직 위상 결맞음 길이 ℓ_φ에서만 위상 기억을 유지하는데, 이는 전자가 포논이나 다른 전자들과 같은 다른 자유도와 상호작용하기 때문이다. 이 길이는 전자와 진동 들뜸의 갯수가 온도 T의 거듭제곱 법칙을 따르기 때문에, 전형적으로 온도의 거듭제곱 함수 $\ell_\varphi = AT^{-\alpha}$가 된다. 각 위상 결맞음(coherent) 조각의 저항은 L 대신 ℓ_φ를 쓰면식 (43)에 의해 근사시킬 수 있다. 위상 결맞음 조각의 저항은 온도가 증가하면서 T 거듭제곱의 지수로 빠르게 감소한다. 이것은 전체 저항을 현저하게 감소시키는데, 전체저항은 위상 결맞음 조각인 L/ℓ_φ를 (결엇갈림) 직렬연결한 것이기 때문이다. 충분히 높은 온도에서는 $\ell_\varphi \le \ell_e$가 되며, 이때 모든 위상 결맞음은 산란이 일어나면서 효용이 없게 되고, 옴의 표현식 (36)이 적용된다.

이제까지 공부한 내용은 무질서가 존재하는 2차원과 3차원 전자 상태의 특성과 연관시켜 보자. 2차원에서, 전자들 사이에 상호작용이 없으면 모든 상태들은 무질서(disorder)에 의해 국소화된다고 믿어진다. 반면 3차원에서는 무질서의 임계량이 상태들을 국소화하도록 한다. 국소화에 관한 것은 매우 기본적인 흥미와 논쟁의 대상이 되고 있는 문제인데, 특히 전자간 쿨롱(coulomb) 상호작용의 효과가 무시될 때 그렇다.

전압 탐사침과 부티커 란다워 수식체계*(voltage probes and the B·u·ttiker-Landauer formalism)*

대다수 측정 방법에서는 두 개 이상의 탐사침을 전도체에 연결해서 측정한다. 그림 16처럼, 몇 개는 전압 탐사침으로 (시료에 알짜전류를 보내지 않는) 사용하고 다른 것들은 전류 탐사침으로 사용된다. 부티커(Büttiker)는 이러한 다중 탐사침 측정결과를 해석하는 란다워(Landauer) 공식을 확장시켰다. 접촉점(contact) n으로 가기 위해 접촉점 m을 떠나는 전자의 투과확률 $\Im^{(n,m)}$을 정의하고, 모든 1차원 채널(channel)의

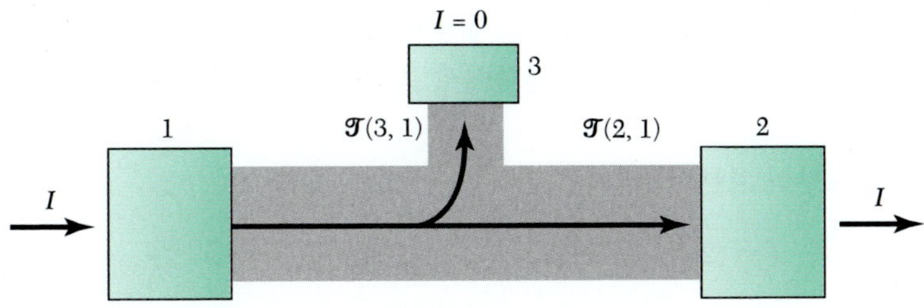

그림 16 다중말단 전도체의 도식적인 그림. 접촉점 1과 2는 전류 탐사침, 접촉점 3은 전압 탐사침이다. 그림은 접촉점 1에서부터 접촉점 2까지의 투과확률과 접촉점 1에서부터 접촉점 3까지의 투과확률을 보여주고 있다.

기여를 포함시키자. N_n개의 채널을 가진 전류 탐사침 n에 대해, 접촉점의 전기화학적 퍼텐셜은 적용된 전압에 의해 일정한 값을 가지며, 접촉점을 통해 흐르는 알짜전류(net current)는

$$I_n = (2e^2/h)(N_n V_n - \sum_m \mathfrak{T}^{(n,m)} V_m) \tag{44}$$

이 된다.

이것은 단지 접촉점에서 흘러나오는 전류에서 다른 개개의 접촉점으로 흘러 들어오는 전류를 뺀 값에 해당한다. 모든 전압이 동일하고 모든 전류가 영(0)인 평형상태를 고려하면 식 (44)로부터 쉽게 $N_n = \sum_m \mathfrak{T}^{(n,m)}$을 얻는다.

전압 탐사침에서, 알짜전류가 흐르지 않도록($I_n = 0$) 조절할 때의 퍼텐셜 V_n은

$$V_n = \frac{\sum_{m \neq n} \mathfrak{T}^{(n,m)} V_m}{\sum_{m \neq n} \mathfrak{T}^{(n,m)}} \tag{45}$$

이다. 탐사침에 의해 측정된 전기화학 퍼텐셜은 다른 접촉점들의 전기화학 퍼텐셜의 가중치를 준 평균인데, 이때 가중계수(weighting coefficient)는 투과확률이다.

식 (44~45)에는 많은 놀라운 결과를 가지고 있다. 측정된 전류와 전압은 $\mathfrak{T}^{(n,m)}$에 의존하기 때문에 전자가 시료를 지나가는 세부적인 경로는 저항에 영향을 준다. 전압은 경로를 방해할 수 있기 때문에 측정된 전압은 시료의 모든 부분의 투과에 의한 영향을 받는다. 이와 같은 특성을 설명해 주는 세 가지 경우를 살펴보자.

그림 16에서 보여주는 것처럼 1차원적인 탄동(ballistic) 전도체의 중심에 전압 탐사침이 접촉되었다고 생각해 보자. 전자가 탐사침 1에서부터 나와 탐사침 2 혹은 탐사침 3에 도달하고 직접적인 후방산란은 없다고 가정하자. 이때 탐사침 3으로부터 측정되는 전압은

$$V_3 = \frac{\mathfrak{T}^{(3,1)} V}{\mathfrak{T}^{(3,1)} + \mathfrak{T}^{(3,2)}} = \frac{V}{2} \tag{46}$$

이다. 전압 탐사침이 왼쪽과 오른쪽으로 움직이는 통로에 대해 대칭적으로 연결되어 있다고 가정하면 $\mathfrak{J}^{(3,1)} = \mathfrak{J}^{(3,2)}$, 통로 안쪽에서 측정된 전압은 두 개의 접촉에 의한 전압의 평균이다.

접촉점 1로부터 흐른 전류는

$$I = (2e^2/h)(V - \mathfrak{J}^{(1,3)}V_3) = (2e^2/h)V(1 - \tfrac{1}{2}\mathfrak{J}^{(1,3)}) \quad (47)$$

인데, 식 (46)은 계산의 두 번째 단계에서 사용되었다. 전압 탐사침의 존재가 채널이 완전할 경우의 투과 값인 1(unity)에서부터 투과를 감소시킨다는 사실을 주목하자. 전압 탐사침 속으로 산란된 전자의 일부는 다시 방출되어서, 접촉점 1로 다시 되돌아온다. 이는 전압 탐사침이 일반적으로 측정을 방해하는 요소를 가지고 있다는 것을 알려준다. 즉, 전압 탐사침은 매우 약하게 결합되지 않는 한 측정하는 물체에 영향을 미친다.

그림 17은 2차원에서 큰 이동도를 가진 전자기체(electron gas)가 나노크기를 가지고 있는 2개의 십자 모형에서 움직일 때 발생하는 홀 저항 측정을 보여준다. 기하학적인 구조는 삽입되어 있는 그림에서 보여준다. 접합 영역은 무질서하게 운동하는 전자가 시료의 벽에서 산란되는 것을 제외하면, 다른 어떤 산란도 발생하지 않는 탄동 운동 영역이다. 측정된 홀 저항은 거시적인 2차원 전자기체에서 얻었던 B/n_se가 아니며, (n_s는 면 운반자 농도이다) 대신 여러 주목할 만한 특징을 가지고 있다. 가장 놀라운 것은 위의 왼쪽 그림의 시료 모양에서는 높은 B와 낮은 B에서 발생하는 홀 전압의 부호가 반대라는 것이다. 그 이유는 그림에서 표기된 고전적인 전자 이동경로의 모양으로부터 쉽게 이해될 수 있다. 높은 B에서는 로런츠 힘이 대부분의 전자를 위에

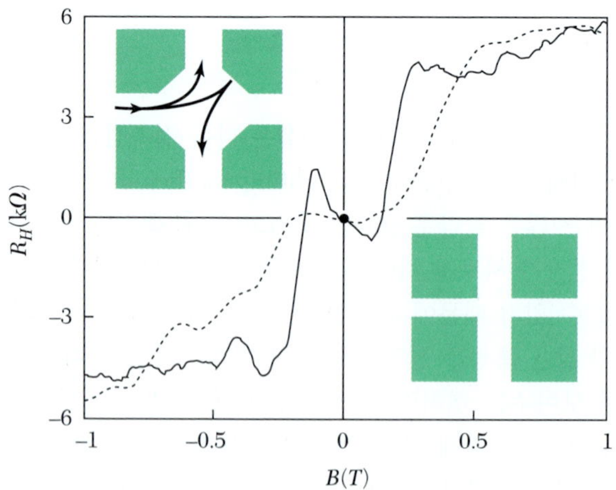

그림 17 서로 모양이 다른 초미세한(마이크론 이하 크기를 가진) 접합으로 된 네(4) 단자(four-terminal) 홀 저항 측정. 왼쪽 그림에 있는 접합에서는 홀 저항이 작은 B에서는 음(−), 큰 B에서 양(+)의 값을 가진다. 그 이유는 삽입된 그림을 통해 알 수 있듯이, 작은 B에서는 전자 가 벽에서 반사하여 "잘못된(엉뚱한)" 탐사침으로 들어간다(C. Ford 결과 인용).

위치한 전극으로 쓸려 들어가도록 만들어서, 이때는 홀 전압의 부호가 우리가 기대했던 대로 측정된다. 반면에 낮은 B에서 전자는 전도체의 경계면으로부터 튕겨져 나와서 아래에 위치한 전극에 도달하게 되며, 따라서 측정된 홀 전압은 반대의 부호를 가지게 된다. 작은 다중 탐사침 전도체의 경우에는, 저항은 단순히 전자밀도와 같은 물질의 고유 성분에만 관계된 것이 아니라 시료를 통과하는 전자궤도를 측정하는 것이다.

식 (44~45)는 복잡하고 미시적인 혹은 거시적인 전도체를 측정하는 데 사용할 수 있다. 이 측정방법은 낮은 온도에서의 자기장 B의 함수관계를 알아내어서, 작고 무질서한 금속 시료를 측정하는 데 이용되어 왔다. 이런 시료들은 수많은 수직지르는 채널과 불순물들을 가지고 있어서, 탄성산란 길이 ℓ_e는 시료의 크기보다 작고, 상결맞음 길이(phase coherence length) ℓ_φ는 시료의 크기보다 더 클 수가 있다. 그러면 전자들은 확산을 통해(diffusively), 상-결맞음을 갖고(phase coherently) 시료를 통해 전파해 나간다. 이것을 **중간보기 영역**(mesoscopic regime)이라고 한다. 준 고전적인 모형에서 두 탐사침 n과 m 사이의 투과진폭은

$$\text{(CGS)} \qquad t^{(m,n)} \propto \sum_j a_j \exp\left((i/\hbar)\int_\ell^m (\mathbf{p} - e\mathbf{A}/c)\cdot d\mathbf{l}\right) ;$$

$$\text{(SI)} \qquad t^{(m,n)} \propto \sum_j a_j \exp\left((i/\hbar)\int_\ell^m (\mathbf{p} - e\mathbf{A})\cdot d\mathbf{l}\right) \tag{48}$$

로, 시료를 통과하는 많은 다른 고전적인 경로의 합과 일치한다. 각각의 경로진폭 a_j와 연관된 상은 부록 G에서 묘사된 것처럼 자기 벡터퍼텐셜 **A**로부터의 기여를 포함하고 있다. $\mathfrak{T}^{(n,m)}=|t^{(n,m)}|^2$이기 때문에, 시료를 통과하는 다른 전도 경로 사이의 양자간섭은 투과를 변조(modulate)시킨다.

그림 18은 흥미로운 예를 보여준다. 왼쪽의 그림에, 나노크기 금속 도선의 네 단자 저항 측정실험을 보여준다. 자기장 B에 대한 전도율(conductance) 변화의 비주기 요동(aperiodic fluctution)을 그림에서 볼 수 있다. 접촉을 연결하는 많은 확산 경로 사이의 간섭에 의한 변조가 이런 요동을 만들어 낸다. 많은 수의 경로가 존재하기 때문에, 기본적으로 마구잡이 변화(random variation)가 일어나게 되는데, 이 변조를 **전도율 요동**(conductance fluctuation)이라고 한다.

그림 18의 오른쪽 그림과 같이, 접촉점 바깥 영역에 고리를 추가적으로 첨가하면, 전도도(conductivity) G가 변한다. 자기장에 대해 전기 전도도의 주기적 변조가 나타난다. 이것은 **아하로노브-봄 효과**(Aharonov-Bohm effect) 때문이다. 벡터퍼텐셜은 고리를 에워싸는 전자 경로와 그렇지 않은 경로 사이의 양자간섭을 변화시킨다. 간단한 경우로, 자기장이 없는 상태에서 a_1과 a_2의 투과진폭을 갖는 2개의 경로 사이의 간섭을 고려해 보자. 일정한 B에 대해서 다음 식을 얻을 수 있다.

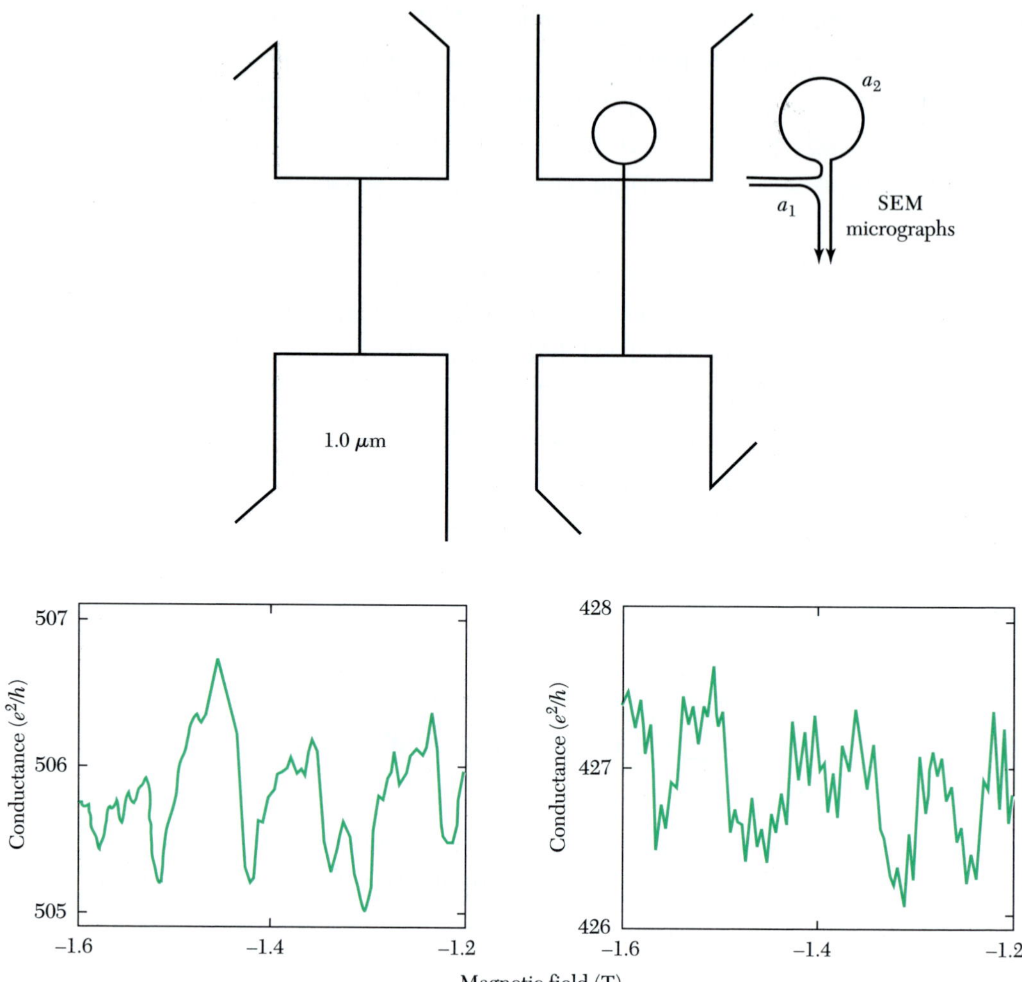

그림 18 위: 전류 탐사침과 전압 탐사침이 부착된 수직 방향으로서 있는 금 도선 2개의 SEM 현미경 사진. 오른편의 장치는 탐사침 사이의 바깥 영역으로 돌출된 별도의 고리를 가지고 있다. 오른쪽의 그림은 고리를 통과하는 경로와 통과하지 않는 2개의 경로를 보여주고 있다. 아래의 왼편: 왼쪽 시료의 전도율(conductance)과 자기장 도표. 시료를 통과하는 전도 경로 사이의 양자간섭 때문에 비주기 전도 요동(aperiodic conductance fluctuation)이 나타난다. 아래의 오른편: 주기적인 진동이 관찰된다. 이는 접촉 사이의 바깥 영역으로 고리를 에워싸는 경로에 의한 아하로노브-봄 효과(Aharonov-Bohm effect) 때문이다. 중간 보기계(mesoscopic system) 안에서 확산의 결맞음 수송이 국소적이지 않음을 보여준다(R. Webb 결과 인용).

$$\text{(CGS)}\quad |a_1 + a_2 \exp([(ie/hc)\oint_{loop} \mathbf{A}\cdot d\mathbf{l})]|^2 = |a_1|^2 + |a_2|^2 + 2|a_1||a_2|\cos[2\pi\Phi/(hc/e)]\ ;$$

$$\text{(SI)}\quad |a_1 + a_2 \exp[(ie/\hbar)\oint_{loop} \mathbf{A}\cdot d\mathbf{l}]|^2 = |a_1|^2 + |a_2|^2 + 2|a_1||a_2|\cos[2\pi\Phi/(h/e)] \tag{49}$$

계산의 마지막 단계에서 스토크스의 이론(Stoke's theorem)을 사용했고, Φ는 고리를 통과하는 자기다발(magnetic flux)이고 hc/e는 자기다발 양자(magentic flux quantum)이다(SI 단위계에서는 h/e). 다발이 증가함에 따라 도선을 통한 투과는 하나의 다발양자의 주기로 진동한다. 이 효과는 10장에서 언급한 초전도체의 다발양자화와 밀접하게 관련이 있다. 단지 다발양자에 포함된 전하가 여기에서는 e의 값을 갖는 반면에 초전도체에서는 $2e$의 값을 갖는다. 여기서는 전하가 쿠퍼쌍(Cooper pair)이 아니기 때문이다.

전압 접촉 사이의 바깥 영역에 고리를 추가하는 것이 측정되는 성질을 변화시킨다는 것을 주목할 필요가 있다. 중간보기 영역에서의 저항은 국소적이지 않다. 전자는 접촉점 사이를 이동하는 동안 시료 구석구석을 결맞게 확산하면서, 그들의 상은 지나온 과정을 기억한다.

영(O)차원 계의 전자 구조
ELECTRONIC STRUCTURE OF 0D SYSTEMS

양자화된 에너지 준위(*quantized energy levels*)

삼(3)차원 모두 완전하게 가두어진 전자는 원자나 분자와 같이 띄엄띄엄한 전하와 띄엄띄엄한 전자상태를 가지고 있다. 이러한 상태를 흔히 인공원자(artificial atoms) 혹은 **양자점**(quantum dot)이라고 부르는데, 그들의 특성이 양자화되는 현상이 중요한 의미를 갖고 있기 때문이다.

단순한 예로 구면 퍼텐셜 우물 안에 있는 원자를 생각해 보자. 구면대칭 때문에 해밀 토니안은 각성분과 지름성분으로 분리되어,

$$\varepsilon_{n,l,m} = \varepsilon_{n,l} \ ; \qquad \psi(r,\theta,\phi) = Y_{l,m}(\theta,\phi)R_{n,l}(r) \tag{50}$$

과 같은 고유값과 고유상태를 가진다. 여기서 $Y_{l,m}(\theta,\ \phi)$은 구면 조화 파동함수이고 $R_{n,l}(r)$은 지름 파동함수이다. 에너지 준위와 지름 파동함수는 특별히 가두어진 퍼텐셜의 세부항목에 의존한다. 무한한 구면 우물에서 $r < R$인 영역은 $V = 0$이고 그 밖의 다른 영역에서 V는 무한하다.

$$\begin{aligned} \varepsilon_{n,l} &= \hbar^2\beta_{n,l}^2/(2m^*R^2) \ , \\ R_{n,l}(r) &= j_l(\beta_{n,l}r/R) \ , \qquad r < R \ . \end{aligned} \tag{51}$$

함수 $j_l(x)$는 l번째 구면 베셀함수이고 계수 $\beta_{n,l}$은 $j_l(x)$의 n번째에서 0이다. 예를 들면 $\beta_{0,0} = \pi$ (1S), $\beta_{0,1} = 4.5$ (1P), $\beta_{0,2} = 5.8$ (1D), 그리고 $\beta_{1,1} = 7.7$ (2P). 괄호 안의 표지는 스핀운동량과 각운동량 배향과 관련된 일반적인 겹침을 가지고 있는 상태에 대한 원자의 표기법이다.

반도체 나노결정(*semiconductor nanocrystals*)

그림 2에서 보여준 반도체 나노 결정은, 위에서 보여준 구면 모형에 잘 부합되는 좋은 예이다. 전도띠 안에 있는 전자상태와 원자가띠 안에 있는 양공상태 둘 다 양자화된다. CdSe 나노입자에서 나노입자 반지름 R이 나노미터의 크기로 표현될 때 전도띠 유효질량은 $m_e^* = 0.13m$이고 전자 에너지 준위는 $\varepsilon_{n,l} = (2.9\ \mathrm{eV}/R^2)(\beta_{n,l}/\beta_{0,0})^2$이다. $R = 2$ nm에서 가장 낮은 2개의 에너지 준위 사이의 간격은 $\varepsilon_{0,1} - \varepsilon_{0,0} = 0.76$ eV이다.

R이 감소함에 따라 1S 전자상태의 에너지는 증가하는 반면 1S 양공상태의 에너지는 감소한다. 그러므로 띠틈이 커지기 때문에 R을 변화시킴으로써 띠틈을 넓은 영역에 걸쳐 조절할 수 있다. 이 사실은 크기가 다른 CdSe 나노입자의 흡수 스펙트럼을 보여준 그림 19에서 잘 보여주고 있다. 가장 작은 반지름에서의 흡수 문턱은 덩어리 값에서부터 무려 1 eV나 이동되어 있다. 이와 비슷한 이동이 방출 스펙트럼에서도 나타난다. 나노입자의 광학 빛띠는 가시 스펙트럼을 수직질러 연속적으로 조절할 수 있다. 이는 형광 표지에서부터 빛 방출 다이오드까지 다양한 응용에서 유용하게 사용된다.

나노입자에서 흡수세기는 식 (7)에서 표시된 것처럼 띄엄띄엄 상태(discrete states) 사이의 전이와 일치하는 특별한 진동수에 집중된다. 집적된 흡수에서 중요한

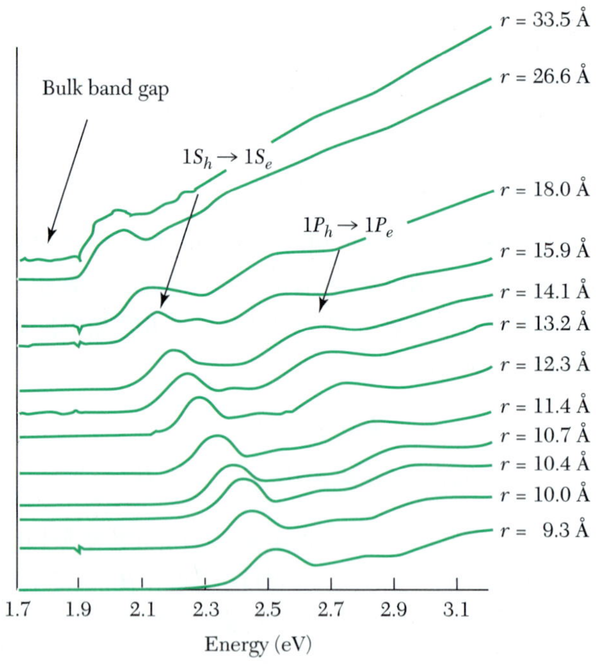

그림 19 다른 평균 반지름을 가진 CdSe 나노입자 시료의 연속적인 광흡수 빛띠. 가장 작은 나노입자 시료에서 가장 낮은 전이 에너지는 덩어리 띠틈에서부터 거의 1 eV 이동했다. 2개의 주요한 전이가 표시되어 있다(A. P. Alivisatos 결과 인용).

결과는 15장에서 논의한 크라머르스-크로니그 관계(Kramers-Kronig Relations)로부터 얻을 수 있다. 식 (15.11b)로부터 다음 식을 구할 수 있다.

$$\sigma''(\omega) = -\frac{2\omega}{\pi} P \int_0^\infty \frac{\sigma'(s)}{s^2 - \omega^2} ds \quad . \tag{52}$$

높은 진동수 $\omega \to \infty$에서, 전자의 반응은 자유전자의 반응과 동일하다. 식 (15.20)에 의해

$$\sigma''(\omega) = ne^2/m\omega \tag{53}$$

을 구할 수 있다. 또 매우 높은 진동수에서, $\omega \to \infty$, 식 (52)의 분모에 있는 진동수 s는 무시될 수 있으니까, 식 (52)와 (53)을 합치면

$$\int_0^\infty \sigma'(s) ds = \pi ne^2/2m \tag{54}$$

을 얻을 수 있다. 그러므로 덩어리 반도체와 나노입자는 모든 진동수에 대해 적분해 주면 같은 단위 부피당 전체 흡수량을 가지고 있다. 그러나 이것은 매우 다르게 분포된다. 거시적인 반도체의 흡수 스펙트럼은 연속적인 반면에 나노입자에서 흡수 스펙트럼은 전이 진동수에서 매우 높은 흡수 세기를 가진 띄엄띄엄 전이(discrete transition)의 배열로 구성된다. 이러한 특별한 진동수에서 강한 전이는 양자점의 양자화된 전자 전이에서 작동하는 레이저를 만들기 원하는 연구자들에서 동기를 부여하고 있다.

금속 양자점*(metallic dots)*

원자빔에서 만들어진 알칼리 금속 송이(cluster)와 같은 작은 구면의 금속 양자점에서 전도띠 안에 있는 전자는 그림 20a에서 보여주고 있다. 또한, 금속 양자점은 식 (50)에서 표현된 양자화된 에너지 준위를 가득 채우고 있다. 이런 양자화된 준위는 전기적인 성질과 광학적인 성질에 영향을 미친다. 심지어는 금속 양자점의 안정성에까지 영향을 준다. 작은 송이는 송이 안에 있는 원자의 수를 결정하는 데 질량분광법(mass spectroscopy)을 이용해 분석할 수도 있다(그림 20b). 알칼리 금속 안에 있는 원자당 한 개의 전도전자가 있기 때문에, 송이 안에 있는 원자의 수가 전도띠 안에 있는 전자의 수와 같다. 큰 존재율(abundance)은 송이 안에 있는 원자의 특정한 "마법의 수(magic numer)"에서 알 수 있다. 이것은 전자껍질을 가득 채운 송이의 강화된 안정성으로부터 기인한다. 예를 들어 8개 원자 송이 봉우리는 1S(n = 1, ℓ = 0) 와 1P(n = 1, ℓ = 0) 껍질을 가득 채운 것과 일치한다. 이러한 껍질을 가득 채운 송이는 화학적으로 안정한 껍질을 가득 채운 원자(불활성 기체)와 유사하다.

더 크고 불규칙한 모양의 금속 양자점에서는 껍질 구조(shell structure)가 성립하지 아니한다. 모양의 결함, 결정의 깎인 면 혹은 무질서함 때문에 준위의 간격이 준위의 이동에 비하여 더 작아진다. 준위 스펙트럼의 세부사항은 예견하기 어렵

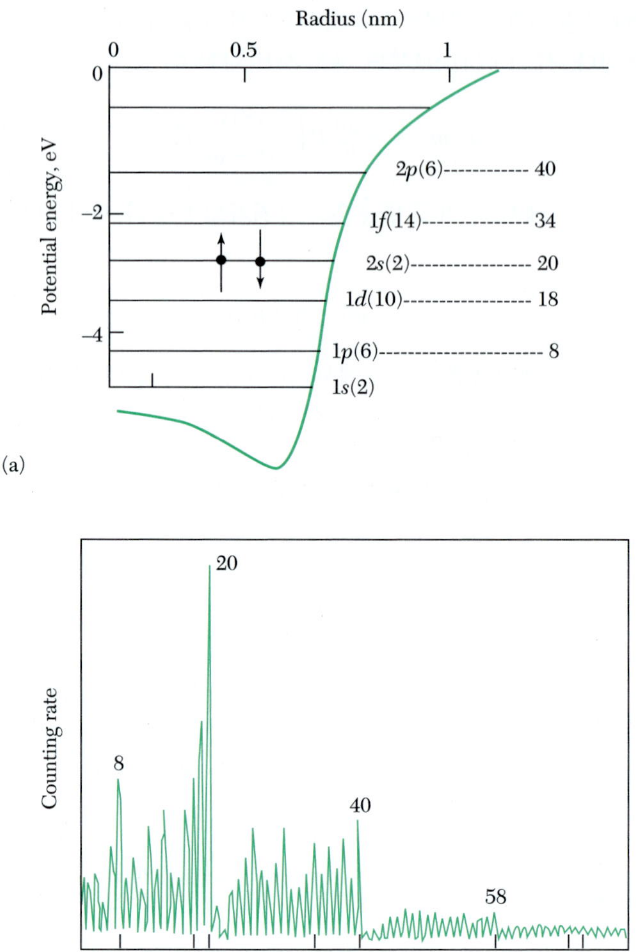

그림 20 (a) 작은 구형 알칼리 금속 송이에서 상태에 따른 에너지 준위 도표. 그림의 오른쪽에 있는 숫자는 연속된 전자껍질을 가득 채우기 위해 요구되는 전자의 갯수를 나타낸다. (b) Na 송이의 존재 스펙트럼. 이 스펙트럼은 완벽하게 가득찬 전자껍질을 가지는 송이에서 높은 세기를 보여준다.

지만 페르미 에너지에서 평균 준위 간격은 식 (6.21)을 사용하여 다음 식으로 표현할 수 있다.

$$\Delta\varepsilon = 1/D(\varepsilon_F) = 2\varepsilon_F/3N \ . \tag{55}$$

(R = 2 nm)인 구형의 금 나노입자에서 평균 준위 간격 $\Delta\varepsilon \sim 2$ meV이다. 이것은 먼저 계산된 CdSe 나노입자 전도띠(0.76 eV)에서 가장 낮은 상태 사이의 간격보다 훨씬 더 작다. 에너지 준위 양자효과는 금속 양자점보다 반도체 양자점에서 더욱 중요한 의미를 갖는다. 이는 삼차원 퍼텐셜 우물에서 낮은 상태의 에너지 준위 간격이 더 크고, 또 일반적으로 반도체의 전자 유효질량이 금속의 전자 유효질량보다 더 작기 때문이다.

작은 금속 양자점의 광학적 성질은 일반적으로 금속 양자점의 **표면플라스몬 공명**(surface plasmon resonance)에 의해 지배된다. 구의 편극(polarization)은 식 (16.11)로부터

$$\text{(CGS)} \quad P = \frac{\chi E_0}{1 + 4\pi\chi/3} \ ; \qquad \text{(SI)} \quad P = \frac{\chi \varepsilon_0 E_0}{1 + \chi/3} \tag{56}$$

로 주어지는데, 여기서 E_0는 외부 전기장이고 χ는 전기감수율이다. 이 관계는 정역학적인 경우에 대해 16장에서 소개했는데, 그 관계식은 뒤쳐짐 효과가 없는 충분히 작은 양자점에서 진동수가 높은 경우에도 적용할 수 있다. 양자점의 운반자를 손실이 없는 자유전자 기체와 같다고 모형화할 수 있다. 이때 감수율은 식 (15.6)으로부터

$$\text{(CGS)} \quad \chi(\omega) = -ne^2/m\omega^2 \ ; \qquad \text{(SI)} \quad \chi(\omega) = -ne^2/m\varepsilon_0\omega^2 \tag{57}$$

과 같이 표현할 수 있다. 식 (56)과 (57)을 합쳐서

$$\text{(CGS)} \quad P(\omega) = \frac{E_0}{1-4\pi ne^2/3m\omega^2} = \frac{E_0}{1-\omega_p^2/3\omega^2} \ ;$$

$$\text{(SI)} \quad P(\omega) = \frac{\varepsilon_0 E_0}{1-ne^2/3m\varepsilon_0\omega^2} = \frac{\varepsilon_0 E_0}{1-\omega_p^2/3\omega^2} \tag{58}$$

인 식을 얻을 수 있는데, 여기서 ω_p는 덩어리 금속의 플라스마 진동수이다. 편극은 진동수에 따라 발산된다.

$$\omega_{sp} = \omega_p/\sqrt{3} \ . \tag{59}$$

이것은 구형에서 표면플라스몬 공명 진동수이다. 표면플라스몬 공명 진동수는 금이나 은과 같은 금속의 덩어리 플라스몬 공명의 UV 영역의 스펙트럼을 가시광선 영역으로 까지 이동시킨다. 식 (59)에서 표면플라스몬 공명 진동수는 입자크기와 무관하게 표현 되었다. 그러나 사실상 이 광학적 성질은 다소 크기에 의한 영향을 받는데, 그 이유는 반지름이 크면 뒤쳐짐 효과 때문이고, 반지름이 작으면 손실전이와 띠간전이(Losses and intraband transition) 때문이다.

금속 나노입자를 함유하고 있는 액체나 유리는 표면플라스몬 공명에 의한 흡수 때문에 선명한 색을 나타낸다. 이 원리는 수백년 동안 스테인 유리에 사용되어 왔다. 금속 나노입자의 다른 광학적인 응용은 공명 근처에서 나노입자의 바깥부분에 발생하는 커다란 전기장을 이용하는 것이다. 표면에서 강화된 라만 산란(Surface Enhanced Raman Scattering; SERS)이나 2차 조화발생(Second Harmonic Generation; SHG)과 같은 실험 방법은 나노입자 표면에서의 나노구조에는 국소적으로 높은 자기장이 존재하기 때문에, 이를 이용하여 약한 광학적 과정을 측정한다.

띄엄띄엄 전하 상태*(discrete charge states)*

양자점이 주위 환경으로부터 전기적으로 고립되어 있다면 양자점은 원자나 분자와 같이 명확한 전하상태를 가지고 있을 것이다. 각각의 연속적인 전하 상태는 양자점에 한 개 이상의 전자를 추가하는 것과 일치한다. 전자들 사이의 쿨롱 반발은 연속적인 전하상태 사이의 에너지 차이를 매우 크게 만든다. 토머스-페르미 근사(Thomas-Fermi approximation)를 통해 N개의 전자를 가지고 있는 양자점에서 $(N + 1)$번째 전자를 추가하기 위한 전기화학 퍼텐셜은

$$\mu_{N+1} = \varepsilon_{N+1} - e\varphi = \varepsilon_{N+1} + NU - \alpha e V_g \tag{60}$$

로 구해지는데, 여기서 U는 양자점에 있는 2개 전자 사이의 쿨롱 상호작용 에너지이며, 흔히 **충전 에너지**(Charging Energy)라고 부른다. 차원이 없는 값인 a는 가까이 있는 금속, 즉 게이트(gate)가 걸어주는 전압 V_g에 대한 양자점의 정전기 퍼텐셜 φ의 변화 비율이다.

일반적으로 양자점의 전자상태가 다르면 U는 다른 값을 가지지만, 여기서는 고전적 금속의 경우와 같이 U가 일정하다고 가정하자. 이 경우에 정전기와의 상호작용은 전기 용량의 항으로

$$U = e^2/C \qquad \text{이고} \qquad \alpha = C_g/C \tag{61}$$

로 기술할 수 있는데, 여기서 C는 양자점의 전체 정전기 전기용량, C_g는 양자점과 게이트 사이의 전기용량이다. e/C는 하나의 전자가 추가되었을 때 양자점의 정전기 퍼텐셜 변화이다.

만약 양자점이 금속 저장체[1]와 약한 전기적인 접촉을 하고 있다면, 추가되는 전자의 전기화학 퍼텐셜이 저장체의 전기화학 퍼텐셜 μ를 초과할 때까지는, 금속 저장체가 주는 전자가 양자점 속으로 뚫고(tunnelling) 들어갈 것이다(그림 21). 이 과정은 양자점에서 평형상태의 점유(occupancy) N을 지정한다. 전하상태는 게이트 전압 ΔV_g을 걸어 주면 변화한다. 고정된 μ값을 갖고 있는 저장체로부터 전자를 한 개 더 얻기 위해 필요한 추가적인 게이트 전압 V_g는, 식 (60)으로부터

$$\Delta V_g = (1/\alpha e)(\varepsilon_{N+1} - \varepsilon_N + e^2/C) \tag{62}$$

가 된다. 양자점에 전자를 한 개 더 추가하려면 다음 단계의 단일입자 상태를 충족시킴은 물론 충전 에너지를 극복할 수 있는 충분한 에너지가 필요하다.

충전 에너지 U는 양자점의 크기와 국소적인 정전기 환경에 의존한다. 가까이에 있는 금속과 유전체는 쿨롱 상호작용을 차단(screen)하고 충전에너지를 감소시킨다. 일반적으로 U는 특정한 기하학적 모양에 대해 계산되어야 하지만, 우선 간단한 모형으로 반지름 $R + d$인 구형 금속껍질로 둘러싸인 반지름 R의 구형 양자점을 생각

1) **역자주** 금속 저장체는 게이트를 의미하며, 계속적으로 전자를 공급할 수 있는 전자 공급체를 뜻함.

해 보자. 이 껍질은 양자점에서 전자 사이의 쿨롱 상호작용을 차단한다. 가우스 법칙(Gauss's Law)을 적용하면 전기용량, 따라서 충전 에너지를 알 수 있다.

$$\text{(CGS)} \qquad U = \frac{e^2}{\varepsilon R}\frac{d}{R+d} \; ; \qquad \text{(SI)} \quad U = \frac{e^2}{4\pi\varepsilon_0 \varepsilon R}\frac{d}{R+d} \; . \tag{63}$$

만일 $R = 2$ nm, $d = 1$ nm, $\varepsilon = 1$이면 충전 에너지 $e^2/C = 0.24$ eV이다. 이 값은 상온에서 열에너지 $k_BT \approx 0.026$ eV보다 크고, 따라서 양자점에 가두어져 있는 전하는 열요동(thermal fluctuation)이 강하게 억제되어 있다는 것을 의미한다. 이 값은 2 nm 반지름의 CdSe 양자점에서 가장 낮은 두(2) 에너지 상태 사이의 에너지 준위 간격(0.76 eV)과 비교가 되는 값이지만, 반대로 반지름이 2 nm인 금속 양자점의 준위 간격(2 meV)보다는 매우 큰 값이다. 따라서 금속 양자점에서 추가적으로 요구되는 에너지는 충전 에너지에 의해서만 지배되는 반면, 반도체 양자점에서는 준위의 에너지 간격도 충전 에너지와 동등하게 중요하다.

만약 양자점과 전극 사이의 투과율(tunnelling rate)이 매우 빠르면 충전 효과는 파괴되고, 전하가 양자점에 존재하는 시간은 $\delta t = RC$의 시간척도를 갖는데, 이때 R은 전극을 투과하기 위한 저항이다. 불확정성 원리에 의해서 에너지 준위는 다음 식에 의해 벌어진다.

$$\delta\varepsilon \approx h/\delta t = h/RC = (e^2/C)(h/e^2)/R \; . \tag{64}$$

전자의 에너지에 대한 불확정성은 $R \sim h/\varepsilon^2$일 때 충전 에너지와 비슷하게 된다. 저항이 수치보다 낮으며, 불확정성 원리에 의한 양자 요동이 쿨롱 충전 효과를 손상시킨다. 양자점이 잘 정의된 전하 상태를 갖기 위한 조건은 다음과 같다.

$$R \gg h/e^2 \qquad \text{이고} \qquad e^2/C \gg k_BT \; . \tag{65}$$

0차원에서 전기적인 수송
ELECTRICAL TRANSPORT IN 0D

쿨롱 진동(*Coulomb oscillations*)

온도가 $T < (U + \Delta\varepsilon)/k_B$인 경우, 충전 에너지 U와 준위 간격 $\Delta\varepsilon$은 그림 21에서 보는 것과 같이 양자점을 통과하는 전자의 흐름을 조절한다. 두 전극의 페르미 준위가 N번째와 $(N + 1)$번째 전하 상태의 전기화학 퍼텐셜의 차이와 같을 때에는, 양자점을 통한 수송은 억제된다. 이것을 **쿨롱 봉쇄**(Coulomb blockade)라고 부른다. 전류는 $\mu_e(N + 1)$이 낮아져서 왼쪽과 오른쪽 전극의 페르미 준위 사이에 놓일 때에만(중간에 위치할 때에만) 흐른다. 이때 전자는 왼쪽 전극에서 양자점으로 뛰고(hop) 양자점

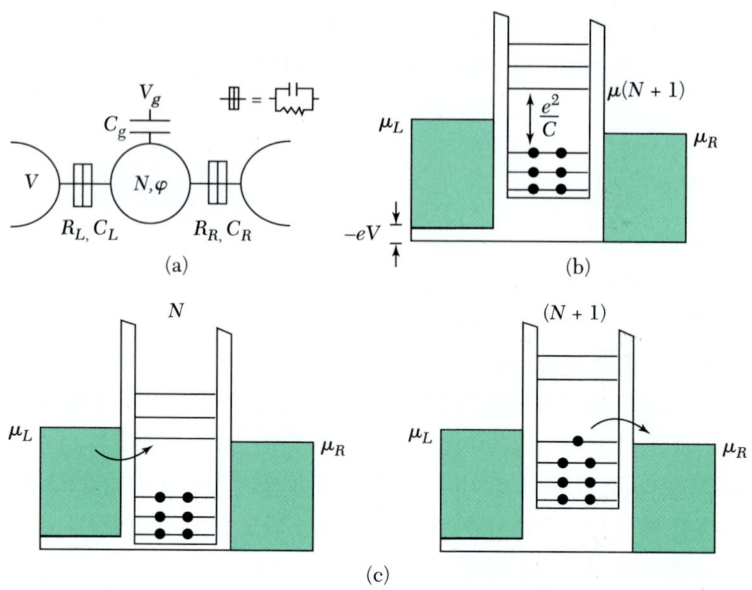

그림 21 2개의 금속 저장체와 전기용량을 통해(Capacitatively) 게이트와 연결된 양자점의 구조적인 모형. 주안점: 쿨롱 봉쇄(Coulomb Blockade)로 묘사되는 에너지 준위 도표. (b)에서의 게이트 전압은 양자점이 N개의 전자를 가지고 안정되어 있으므로 전류가 흐르지 않는다. (c)에서 전기화학 퍼텐셜이 전극의 퍼텐셜 사이로 낮아졌을 때 봉쇄(Blockade)는 풀어지고 양자점의 연속적인 충전과 방전이 가능해져서 알짜전류가 흐른다.

에서 오른쪽 전극으로 뛴다. 그 결과로 전류가 흐른다(그림 21c). 이 과정은 V_g가 증가하면서 새로운 전하 상태를 만들면서 계속 반복된다. 그림 22에서 보는 것처럼, 전기용량이 V_g의 함수로 변하는 것을 의미하며, 소위 쿨롱 진동(Coulomb oscillation)을 이끌어 낸다. 만약 $U \gg k_BT$라면 이러한 봉우리들은 매우 날카롭게 변한 다. 쿨롱 봉우리 사이의 간격은 식 (62)에 의해 결정된다.

쿨롱 진동은 전하 양자화가 최초로 발견된 주요한 결과이다. 이 현상은 대부분의 금속 양자점 경우와 같이 단일입자 준위 간격이 매우 작아도($\Delta\varepsilon \ll k_BT$), $U \gg k_BT$의 조건이 만족되면 발생한다. 이 소자에서는 양자점의 전자의 점유(Occupancy)가 e의 주기를 갖고 주기적으로 켜졌다 꺼졌다 하기 때문에, 이러한 쿨롱 진동이 얼어나는 소자를 **단일전자 트랜지스터**(Single Electron Transistor: SET)라고 한다. 이 효과는 대단히 주목할 만하고 아주 민감한(ultrasensitive) 전위계로 사용될 수 있다. 그러므로 SET는 SQUID(10장)가 자기장을 측정하는 것처럼 전기장을 측정할 수 있다. SET는 전 하의 양자화를 기반으로 하고, SQUID는 다발의 양자화를 기반으로 한 것이다.

SET는 단일 전자의 회전문(turnstile)과 펌프를 만드는 데 사용될 수 있다. 진동수 f에서 적절하게 설계된 양자점 계의 게이트에 설계된 진동전압을 걸어주며 진동의 주기당 한 개의 전자가 양자점을 왕복하게 할 수 있다. 양자점을 통하여 흐르는 양자화된 전류는

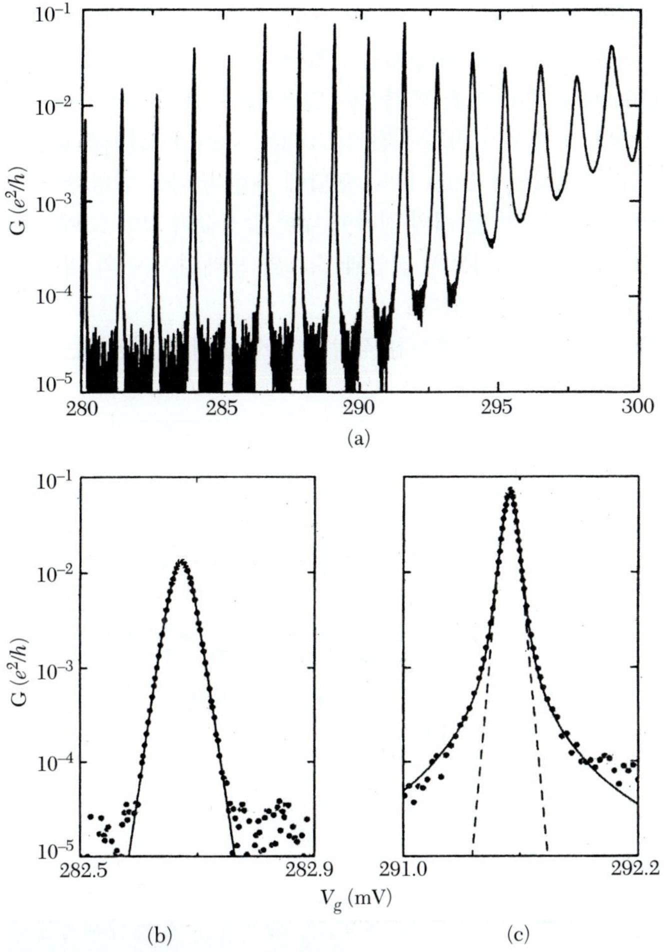

그림 22 양자점에서 측정된 전기용량 진동과 게이트 전압 V_g는 T = 0.1K에서 게이트화된(Gated) GaAs/AlGaAs 이질구조에서 형성된다. 자료는 로그 척도로 그려졌다. 게이트 전압이 증가함에 따라 장벽은 더 잘 투과하게 되고 봉우리는 더 넓어진다. (b)에서 봉우리의 선모 양은 열적인 넓힘에 의해 결정되는 반면에, (c)에서 선모양은 고유 브라이트-위그너(Breit- Wigner) 선 모양을 반영한다(Foxma 결과 인용).

$$I = ef \tag{66}$$

인 결과를 갖는다. 이러한 소자는 계측학에서 전류 표준으로서의 활용 가능성이 연구되고 있다.

그림 22의 양자점에서 준위 간격은 $\Delta\varepsilon \gg k_B T$이다. 이때 N번째 쿨롱 진동은 단일 양자화된 에너지 준위 ε_N을 통한 공명의 터널링과 일치한다. 이러한 경우에 쿨롱 진동(coulomb oscillation)은 그림 15와 식 (29)에서 묘사한 이론적인 공명터널링 봉우리(Resonant tunneling peak)와 유사하다. 식 (29)와의 중요한 차이점은 쿨롱 봉우리(Coulomb peak)의 위치가 준위간격과 쿨롱 충전 에너지(Coulomb charging energy)의 식 (62)에 의해 결정된다는 것이다. 그림 22의 오른쪽 아래 부분의 그림에

는 공명 터널링의 데이터를 식 (33)의 브라이트-위그너 형태(Breit-Wigner Form)와 비교한 쿨롱 봉우리(Coulomb peak)가 있다.

양자점(Quantum Dot)의 $I-V$ 특성은 일반적으로 복잡해서, 충전 에너지(Charging Energy), 들뜬 상태 사이의 준위간격(Excited state level spacing), 소스와 드레인 사이의 바이어스(source-drain bias) 전압에 대한 변화를 반영한다. 작은 2차원의 원형 양자점에 더해지는 첫 몇 개의 전자에 대한 측정값이 그림 23에 나타나 있다. 미분 전기전도율 dI/dV는 게이트의 전압과 소스와 드레인 사이의 바이어스가 변함에 따라 청색 눈금으로 표시되어 있다.

도표에 보이는 각 선들은 양자점 각각의 양자 준위에 해당하는 터널링이다. $dI/$

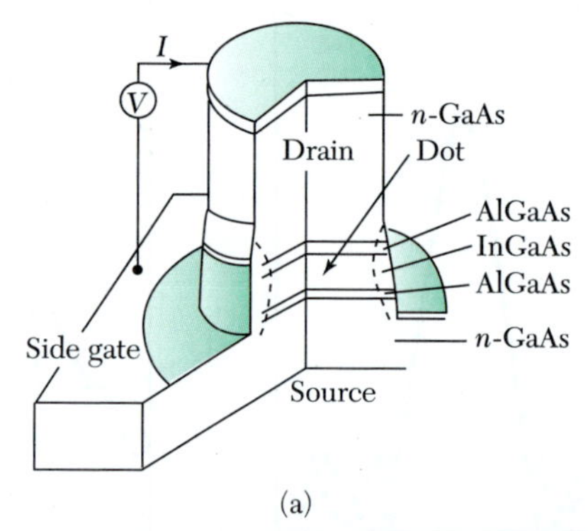

(a)

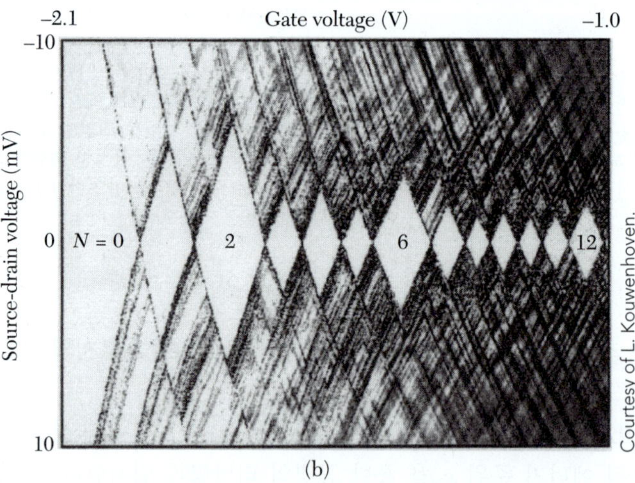

(b)

그림 23 (a) GaAs/AlGaAs 이질구조의 2차원 양자점의 도식, (b) 게이트 전압과 소스(source)와 드레인(drain) 사이의 바이어스의 함수로서 청색 눈금으로 그려진 미분 전기전도율 dI/dV. 흰 다이아몬드 형태의 영역은 양자점의 다른 전하 상태에 해당한다. 양자점에서 전자껍질을 채우는 것에 해당하는 N = 2와 6번째 준위의 전자에서 다른 것보다 큰 충전 에너지가 관측된다. 그림에서 추가적인 선들은 양자점의 들뜬 준위에 해당한다(L. Kouwenhoven 결과 인용).

dV = 0을 나타내는 V_g축 방향의 흰 다이아몬드는 쿨롱 봉쇄(Coulomb blockade)에 해당한다. 연속적인 다이아몬드 모양의 각각은 양자점에 있는 다른 전자에 해당한다. 여러 다이아몬드 모양이 V_g축에 접해 있는 접점은 양자점의 전하상태가 변하는 쿨롱 진동(Coulomb oscillation)에 해당한다. 다이아몬드의 높이는 주어진 전하상태에서 전류의 흐름 없이 걸어줄 수 있는 최대전압 $eV_{\max} = e^2/C + \Delta\varepsilon$이다. N = 2와 6에 해당하는 다이아몬드는 이웃하는 다이아몬드들보다 상당히 크다. 이것은 양자점에 세 번째와 일곱 번째 전자를 더해 줄 때, 더 많은 추가적 에너지가 필요하다는 것을 나타낸다.

이러한 양자점은

$$\varepsilon_{ij} = (i + j + 1)\hbar\omega \tag{67}$$

의 에너지를 갖는 2차원 조화진동자 형태의 가둠 퍼텐셜 $U(x, y) = \frac{1}{2}m\omega^2(x^2 + y^2)$으로 모형화할 수 있다. 여기서 i와 j는 음이 아닌 정수이다. 그림에서 다이아몬드의 크기를 결정하기 위한 추가 에너지를 결정하기 위해 식 (62)와 연관하여 준위 빛띠(level spectrum)를 사용할 수 있다. 첫 번째 전자는 스핀겹침(spin-degenerate) 바닥상태 에너지 준위인 ε_{00}을 채운다. 두 번째 전자는 동일한 양자상태이지만 첫 번째 전자와 반대방향의 스핀으로 첫 번째 전자가 채워진 후에 $\Delta V_{g2} = U/\alpha e$의 게이트 전압으로 채워진다. 세 번째 전자는 $\Delta V_{g3} = (U + \hbar\omega)/\alpha e$의 게이트 전압 후에 ε_{01}, ε_{10} 중 하나의 겹침상태에 채워진다. 그 다음 세 개의 전자들은 이 상태들 중 나머지에 각각 게이트 전압 간격 $U/a\varepsilon$마다 하나씩 채워진다. 일곱 번째 전자는 게이트 전압 $\Delta V_{g7} = (U + \hbar\omega)/\alpha e$의 게이트 전압 후에 ε_{11}, ε_{20}, ε_{02} 중 하나에 채워진다. 이러한 단순한 모형은 실험에서 확인한 세 번째와 일곱 번째 전자에 대한 충전 에너지가 다른 충전 에너지보다 더 크다는 것을 정확하게 예측한다. 꽉 찬 전자껍질(N = 2, 6) 위에 있는 새로운 에너지 준위에 추수직 전자가 채워질 때, 추가해야 되는 에너지는 더 커진다.

스핀, 모트 절연체, 콘도 효과(spin, Mott insulators, and the Kondo effect)

그림 24처럼 봉쇄된(blockaded) 영역에 홀수개의 전자가 채워진 양자점을 고려해 보자. 양자점의 가장 높은 단일입자 준위는 이중 겹침상태이고 전자는 스핀 위 또는 아래 상태의 어느 것에도 있을 수 있다. 양자점은 파울리의 배타원리에 의하면 두 번째 전자에서 반대방향 스핀의 추가가 가능하지만, 전자 사이의 쿨롱 상호작용에 의해 에너지적으로는 금지된다. 이것은 전자가 쿨롱 상호작용에 의해 전자가 격자의 자리를 이중 점유하는 것이 금지되기 때문에, 절반만 채워진 띠가 절연체가 되는 모트 절연체 (Mott Insulator)와 동일한 원리이다.

따라서 연결전선과 결합(coupling)이 없다면 양자점은 스핀 위와 아래 두 개의 겹침구조를 갖는 스핀-½의 자기 운동량을 갖는다. 그러나 만일 연결전선과의 결합이 포함되면 저온에서 이러한 겹침은 변하게 된다. 바닥상태는 그림 24처럼 연결전선과 전자를 교환하는 가상적 중간상태(virtual intermediate state)에 의해 스핀 위와 아

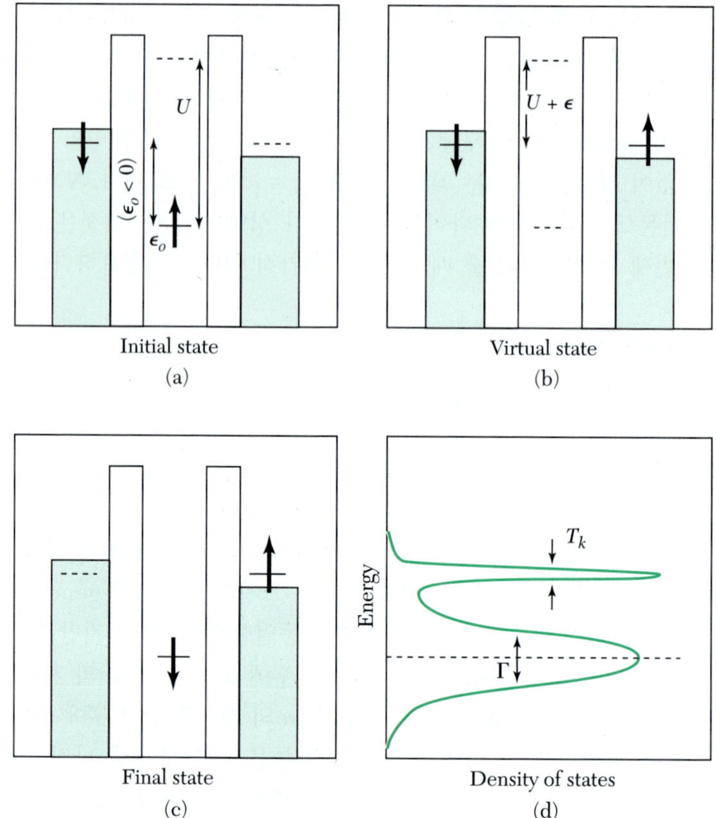

그림 24 양자점에서의 콘도 효과. 양자점에서의 짝짓지 않은 스핀(unpaired spin)에 대해 가상적인 과정인 (b)가 발생하여 스핀 위(a)는 스핀 아래(c) 상태로 바꿀 수 있고, 전자를 양자점의 한부분에서 다른 부분으로 전달할 수 있다. 계의 바닥상태는 양자점에서의 스핀과 lead의 스핀 사이에 그림의 초기상태와 나중 상태의 중첩으로 만들어지는 스핀 단일 상태이다. 이것이 콘도 효과라고 불리고 (d)에서 보이는 것과 같이 원래의 너비 Γ인 넓어진 준위 외에 너비 $\sim k_B T_K$인 좁은 봉우리의 상태밀도를 만든다.

래 사이의 전이(transition)를 가지는 두 개 스핀 구조의 양자적 포갬(superposition) 상태를 만든다. 이러한 효과를 **콘도 효과**(Kondo effect)라고 한다. 국소 운동량(local moment)은 금속 연결전선에 있는 전자들과 쌍을 이루어 스핀 단일상태(spin-singlet)를 만든다. 이것은 콘도 온도(Kondo temperature, T_K)

$$T_K = \tfrac{1}{2}(\Gamma U)^{1/2} \exp\left[\pi\varepsilon_0(\varepsilon_0 + U)/(\Gamma U)\right] \tag{68}$$

이하에서 발생하며, 여기서 r는 식 (33)에서 정의된 준위의 선폭이고, ε_0는 그림 24에 표시되어 있다($\varepsilon_0 < 0$). 선폭이 $k_B T_K$인 양자점의 상태밀도에서의 봉우리는 페르미 에너지에서 나타나게 되는데, 이는 에너지 전극에 있는 상태들이 ε_F에서 혼합되어 있기 때문이다. 연결전선의 결합 Γ가 크지 않다면 콘도 온도는 매우 작은데, 이러한 과정이 가상 중간상태(Virtual Intermediate State)를 포함하기 때문이다.

콘도 효과는 연결전선과 전자의 상호교환을 포함하기 때문에, 비록 봉쇄된 영역

(Blockaded region)에서도 양자점을 통한 전자의 투과(transmission)가 발생한다. 대칭 형태인 장벽(symmetric barrier)에서 $T \ll T_K$인 경우, 공명 터널링(resonant tunneling)에서처럼, 콘도 공명에서의 투과계수(transmission coefficient)는 1(unity)이 될 수 있다. 이러한 현상은 양자점을 통과하는 수송현상과 금속표면에 있는 자기 불순물(mag-netic impurity)를 STM으로 측정할 때 관찰된다. 콘도효과는 자기 불순물을 포함하고 있는 금속에서 처음 관측되었다. 자기 불순물과 전도전자 사이의 스핀 단일상태(spin singlet)의 형성은 전자의 산란을 강화한다. 이에 대해서는 22장에서 다룰 것이다.

초전도성 양자점에서의 쿠퍼쌍*(Cooper pairing in superconducting dots)*

초전도체로 만들어진 작은 금속성의 양자점에서는 단일 전자의 충전과 전자의 쿠퍼쌍 만들기 사이에 경쟁이 발생한다. 양자점에 홀수개의 전자들이 있으면 짝을 이루지 않는 전자가 반드시 존재한다. 만일 쿠퍼쌍의 결합에너지 2Δ가 충전 에너지 U보다 크면, 짝짓기 에너지 2Δ를 형성하도록 에너지 U를 주어버리는 것이, 전자를 양자점에 더하는 것보다 에너지적으로 선호되는 상태가 된다. 따라서 홀수 전하 상태는 에너지적으로 불안정하다. 전자들은 양자점에 쿠퍼쌍으로 더해질 것이고, 쿨롱 진동의 주기는 $2e$가 될 것이다. 그림 25에 그 내용이 설명되어 있는데, 이는 쿠퍼쌍의 주목할 만한 현상이다.

진동 특성과 열적 특성
VIBRATIONAL AND THERMAL PROPERTIES

연속체 탄성특성의 묘사에서부터 시작해서 나노구조의 진동 특성을 공부하자. 이 방법은 전자구조의 특성을 기술하는 데 띠 구조를 시작점으로 잡은 것과 유사하다. 이 방법은 아주 작은 나노구조를 제외하고는 대부분의 경우에 좋은 근사가 된다.

일반적으로 고체에서 변형력(stress)과 변형(strain)의 성분은 행렬로 표현된다. 한 축방향의 변형력은 그 방향의 변형을 만들어 내지만 또다른 축방향의 변형을 만들어 내기도 한다. 예를 들면 한 축방향으로 늘어난 입방체는 수직방향을 따라 수축이 일어나게 된다. 앞으로의 논의에서 간단하게 하기 위해 비대각선 성분을 무시하고 대각선, 등방성 행렬만을 다룰 것이다. 다시 말하면 변형은 변형력의 방향만을 따라 발생하고 크기는 축방향과 무관한 경우이다. 보다 완전한 경우를 공부하려면 역학 교재를 참조하기 바란다.

양자화된 진동 방식*(quantized vibrational modes)*

전자의 자유도가 양자화되어 있 는 것처럼 진동 진동수는 1차원 또는 0차원 고체에서 불연속이다. 음향 방식(acoustic mode) $\omega = v_s K$와 관련된 연속적인 저주파 방식

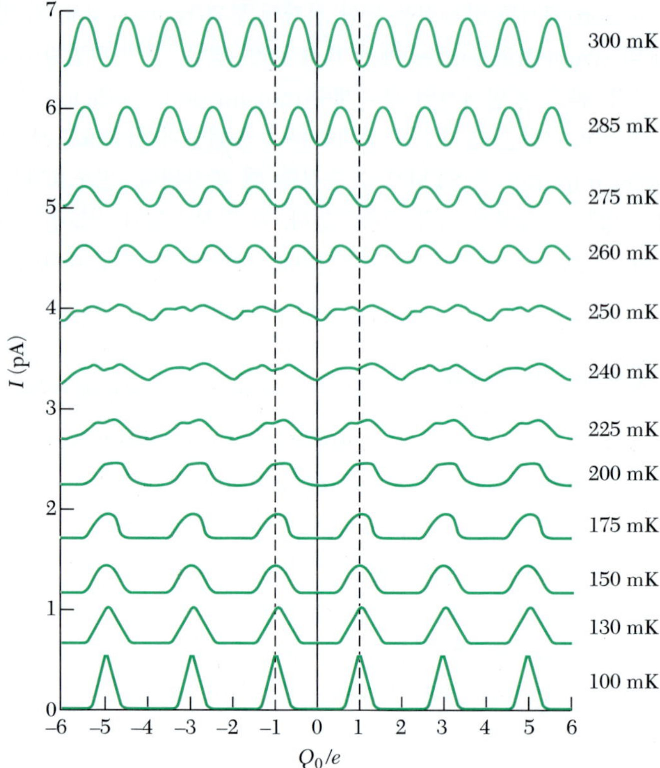

그림 25 온도가 떨어짐에 따라 초전도성 금속의 양자점에서 쿨롱 진동(Coulomb Oscillation)이 관측된다. 온도가 낮아짐에 따라 양자점에서의 쿠퍼쌍의 형성으로 인해 e주기의 진동에서 $2e$ 주기의 진동으로 교차하여 진행되는 것을 관찰할 수 있다(M. Tinkham, J. M. Hergenrother, and J. G. Lu의 결과 인용).

(continuous low frequency modes)은 일련의 불연속인 진동수 ω_j를 가지게 된다. 정확한 진동수와 파동벡터는 강체의 모양과 경계조건에 의존한다.

그림 26에 기술된 예는, 반지름 R, 두께 $h \ll R$인 원기둥의 원둘레 방향으로의 진동이다. 그림 26a에 양자화된 평행방향의 음향방식이 도식적으로 묘사되어 있다. 원기둥 둘레 방향의 주기적인 경계조건을 응용하면 허용된 진동수

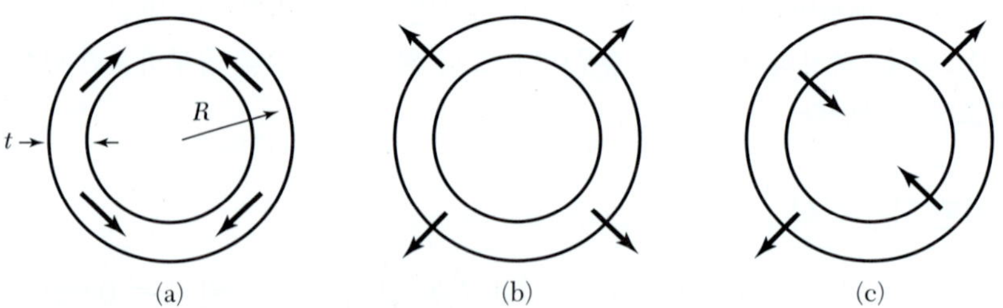

그림 26 얇은 벽인 원기둥의 기본적인 진동 방식. (a) 평행진동방향의 압축방식, (b) 반지름방향의 호흡방식(radial breathing mode), (c) 수직진동방향 방식의 영상

$$K_j = j/R \ ; \qquad \omega_{Lj} = (v_L/R)j \ ; \qquad j = 1, 2 \ldots . \tag{69}$$

을 알아낼 수 있다.

반지름방향의 호흡방식(radial breathing mode; RBM)이라고 불리는 또다른 방식이 그림 26b에 묘사되어 있다. 원기둥의 반지름은 균일하게 팽창, 수축하여 원둘레 방향의 압축력(tension)과 장력(compression)을 만들어 낸다. 탄성이론에 따르면 등방성의 매질에 대한 변형력 e와 관련된 탄성 에너지는

$$U_{\mathrm{tot}} = \tfrac{1}{2}\int_V Ye^2 dV \tag{70}$$

와 같으며, 여기서 Y는 영의 탄성률(elastic modulus 혹은 Young's modulus)이다. 원기둥에서의 반지름의 변화 dr에 대한 변형은 $e = dr/R$이고

$$U_{\mathrm{tot}} = \frac{YV}{2R^2}(dr)^2 \tag{71}$$

이며, 여기서 V는 원기둥의 부피이다. 식 (71)은 용수철 상수가 YV/R^2인 후크의 법칙(Hook's law) 형태의 용수철 에너지를 갖는다. 진동 진동수는

$$\omega_{\mathrm{RBM}} = (YV/MR^2)^{1/2} = (Y/\rho)^{1/2}/R = v_L/R \tag{72}$$

이다. 위 식의 마지막 식에서 평행진동방향의 음향 속도를 $v_L = \sqrt{Y/\rho}$로 정의했다.

마지막으로 공부할 원둘레 주위의 양자화 방식의 부류는 수직진동방향의 음향 방식에 해당하는 것으로, 그림 26c에 묘사되어 있다. 그들의 파동벡터와 진동수는

$$K_j = j/R \ ; \qquad \omega_{Tj} \cong \frac{v_L h j^2}{\sqrt{12}R^2} \ ; \qquad j = 1, 2 \ldots . . \tag{73}$$

이다. 진동수의 눈금이 K^2과 같음에 유의하라. 이러한 거동의 원인은 아래에서 더 논의될 것이다.

양자화된 진동 방식은 다양한 방법으로 측정될 수 있다. 각각의 나노미터 크기의 물체의 진동 구조를 측정하는 데 쓰이는 방법 중 하나는 라만 분광학(Raman spectroscopy)이다(15장 참조). 단일 나노튜브의 라만 분광학 결과가 그림 27에 있다. 식 (72)에서 v_L = 21 km/s인 나노튜브에 대해 반지름방향 호흡방식의 에너지는

$$\hbar w_{\mathrm{RBM}} = 14 \ \mathrm{meV}/R[\mathrm{nm}]$$

이다. 실험에서 측정된 값은 이 값과 잘 일치한다. 이러한 결과를 이용하면 RBM 측정법은 나노튜브의 반지름을 측정하는 데 사용할 수 있다.

수직방향의 진동*(transverse vibrations)*

이제는 앞 소절에서 논의한 원기둥이나 얇은 강체 막대(thin solid beam) 같은 얇은 물체의 긴 축방향으로의 포논의 전파를 공부하자(그림 28). 평행방향의 포논은 ω =

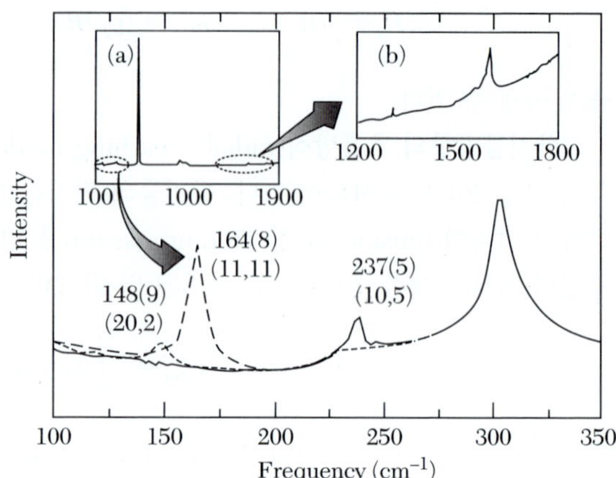

그림 27 각각의 탄소 나노튜브의 라만 스펙트럼(Raman spectra). 반지름 방향 호흡방식의 진동수는 구조 표지(structural assignment)와 함께 가운데 그림틀에 표시되었다. 주의: 160 cm^{-1} ≅ 20 meV(A. Jorio et al. 결과 인용)

$v_L K$의 분산관계를 가진 3차원의 경우와 유사하며, 여기서 K는 연속인 파동벡터이다. 그러나 빔의 두께 h보다 파장이 길면 수직방향 포논에 기본적인 수정이 필요하다. 덩어리 시료의 수직방향 포논에서처럼 층밀림(shearing)이 생기는 것이 아니라, 그림 28a에서처럼 강체가 휘어진다. 이것은 막대에서의 수직방향 휨파(transverse flexural wave)의 고전적인 문제이다. 휨의 에너지는 휘어진 강체의 현의 안쪽과 바깥쪽의 평행방향 압축/팽창으로 인해 발생한다. 아래 보이는 것처럼 덩어리 강체의 파동벡터의 선형의존성 $\omega_T = v_T K$는 K에 대한 이차식 분산으로 변한다.

두께 h, 너비 w, 길이 L, 변위 $y(z,t) = y_0 \cos(Kz - \omega t)$인 직각인 강체막대의 수직 방향 정상파를 생각해 보자. 막대 내부의 특정 위치에서의 변형은 국소적인 곡률과 막대의 중심선으로부터의 거리 t에 의해 결정된다(그림 28a).

$$e = -(\partial^2 y/\partial z^2)t = K^2 yt \quad . \tag{74}$$

이러한 변형과 관련된 전체 에너지는 식 (70)에 의해

$$U_{\text{tot}} = (wY/2)\int_0^L \int_{-h/2}^{h/2} (K^2 yt)^2 dt\, dz = YVK^4 h^2 \langle y^2 \rangle /24 \tag{75}$$

와 같이 주어지며, 여기서 $\langle y^2 \rangle$은 진동의 주기에 대한 평균이다. 위 식에서 유효 용수철상수를 알 수 있고, 또 식 (70~72)와 유사한 방법으로 진동수

$$\omega_T = v_L h K^2/\sqrt{12} \tag{76}$$

를 알 수도 있다. 진동 방식은 본질적으로 압축성이기 때문에, 진동수는 평행방향의 음파 진동수에 의존하고 수직방향의 음파 진동수에는 의존하지 않는다. 유효 복원력(effective restoring force)은 곡률반지름이 증가함에 따라, 즉 K가 증가함에 따라 더 강해지기 때문에 K에 선형으로 의존하지 않는다. 반대로 길이방향을 따라 일어나는 막대의 비틀림(twist)에 해당하는 비틀림 방식(torsion mode)은 층밀림 특성을 가지

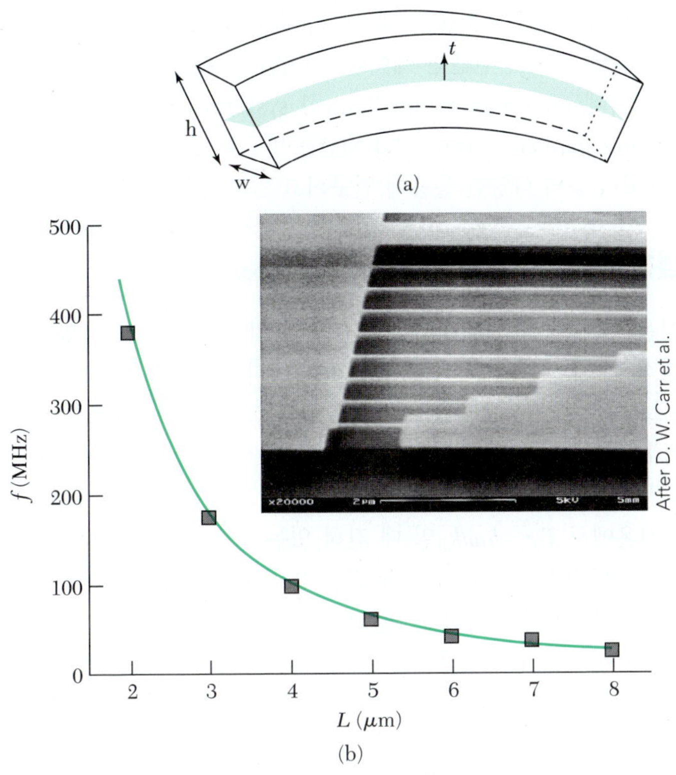

그림 28 (a) 바깥쪽 부분이 장력을 받고 안쪽 부분이 압축력을 받는 것을 보여주는 굽혀진 막대에서의 변형력, (b) 다양한 길이 L과 L의 함수인 공명 진동수를 가진 일련의 긴 실리콘 막대들의 SEM 현미경사진. 선은 $f = B/L^2$인 식에 정확히 일치한다. B는 상수이다(D.W.Carr et al. 결과 인용).

며 $\omega_{\text{twist}} \propto K$이다.

식 (76)에 기술한 수직방향 진동 방식은 흔히 마이크로미터 크기 또는 나노미터 크기의 막대에서 관찰된다. 전자선 나노리소그래피(nanolithography)와 식각(etching)을 이용하여 만들어진 일련의 나노미터 크기의 막대들이 그림 28b에 있다. 막대의 기본 공명 $K_1 = 2\pi/L$과 관련된 진동수는, 식 (76)에서 알 수 있듯이, $1/L^2$의 크기로 변한다(그림 28c).

긴 파장의 수직진동방향 분산 관계식 (76)의 수정은 나노미터 크기의 계에만 한정되지 않는다는 점에 유의하라. 유일한 요구조건은 계가 얇은 막대 또는 판형의 기하학적 구조를 가져야 한다는 것인데, 이때 얇기는 수직방향의 크기 h가 파장보다 짧아서 $Kh \ll 1$이면 된다. 예를 들면, 앞에서 논의했던 것처럼 나노접촉 방식(nanocontact mode)에서 동작하는 AFM의 켄틸레버(cantilever)는 이러한 관계에 의해서 잘 기술된다. 분산 관계식 (76)은 $\omega \sim K^2$의 의존성과 관련이 있는데, 이 의존성은 그림 26c에 묘사된 방식들의 부류에 대해 식 (73)에 본적이 있다. 두 식 모두 수직방향의 휨 진동을 묘사하는데, 식 (76)은 막대를 식 (73)은 얇은 껍질의 경우이다.

마이크로 전자공학 공정(microelectronic process)에 적용되는 기술을 적용하여 작고 복잡한 역학적인 구조들을 제작하는 방법이 혁명적으로 수행되고 있다. 그림 28b에서 기술된 막대가 간단한 예이다. 이러한 구조들은 전자소자와 집적되어 마이크로 전자역학계(microelectromechanical systems; MEMs)나 나노전자역학계(nano-electromechanical systems; NEMs)를 만들어 낼 수 있다. 이들은 센서, 데이터 저장, 신호처리 등의 다양한 응용에 연구되고 있다.

열용량과 열전달(heat capacity and thermal transport)

위의 관계식은 매우 작은 구조에서의 경우를 제외하면, 실온에서 양자화된 진동 에너지가 전형적으로 k_BT보다 작다는 것을 나타낸다. 갇혀 있는(confined) 방향의 진동 방식은 실온에서 열적으로 들뜨게 될 것이다. 그 결과 나노구조의 격자의 열적 특성은 덩어리(bulk)의 특성과 비슷할 것이다. 특히 격자의 열용량과 열전도도는 3차원 고체에서처럼 T^3에 비례할 것이다(5장 참조).

그러나 저온에서 $T < \hbar\omega/k_B$일 때 갇혀 있는 방향에서의 진동수 ω의 진동 들뜸은 발생하지 않을 것이다. 길고 얇은 구조의 경우에 충분히 낮은 온도에서 계는 그림 9의 1차원 전자 버금띠와 유사한 1차원의 포논 버금띠(subband)를 갖는 1차원 열적계(1D thermal system)로 거동할 것이다. 5장의 3차원 고체의 경우와 유사한 방법으로 $\omega = vk$의 분산을 가지는 1차원 음향 포논의 버금띠당 열용량

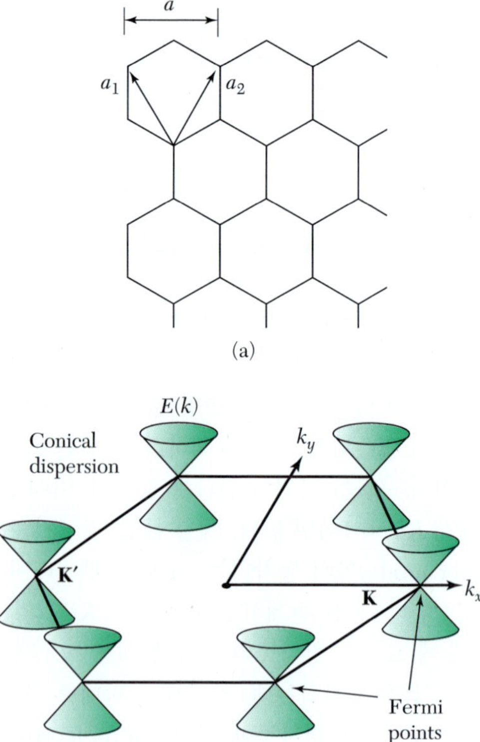

그림 29 (a) 흑연판, (b) **K**와 **K′**근방에서 원뿔형태의 분산관계를 보이는 흑연판의 첫 번째 브릴루앙 영역(Brillouin Zone).

$$C_V^{(1D)} = 2\pi^2 L k_B^2 T/3hv \tag{77}$$

를 계산할 수 있다(문제 6). 선의 열전도도 G_{th}는 선을 통과하는 알짜 열에너지를 양쪽 끝의 온도차 ΔT로 나누어준 비율로 정의할 수 있다. 1차원 포논 버금띠당 열전도도 $G_{th}^{(1D)}$는

$$G_{th}^{(1D)} = (\pi^2 k_B^2 T/3h)\mathfrak{T} \tag{78}$$

이다. 이 결과는 1차원 채널의 전도율에 대한 란다워 공식(Landauer formula)을 유도하는 방법과 유사한 방법으로 문제 6에서 유도되었다. 여기서 $\mathfrak{T}$는 포논의 구조를 통과하는 투과확률이다. 관계식 $\omega \propto K^2$을 갖는 수직방향의 휨 진동 방식에 대해서, 결과식 (77)은 수정되었지만, 식 (78)은 동일하다.

식 (77)과 (78)은 둘 다 온도에 선형으로 비례하며, 이는 3D의 경우 T^3에 비례하는 것과 다른 결과를 보여준다. 이 차이는 $\hbar\omega < k_BT$ 의 에너지, 즉 $K < k_BT/\hbar v$의 파동벡터를 가진 진동 방식의 갯수에서 발생하는 것이다. 진동 방식의 갯수는 K^D에 비례하며, 여기서 D는 차원을 의미한다. 따라서 3차원에서 T^3, 1차원에서 T에 비례하게 된다.

채널을 통해 완전하게 투과하는 포논의 경우, 열전도도 식 (78)은 기본적인 상수들과 절대온도에 의해 결정된다. 이러한 결과는 채널에서 전자의 속도에 무관한 1차원 채널의 양자화된 전자의 전도도 식 (21)과 유사한 결과이다. 탄동 열전도율(ballistic thermal conductance) 식 (78)과 열용량의 1차원형태 식 (77)은 매우 낮은 온도에서 좁은 선을 이용한 실험에서 관측되었다.

요약

Summary

- 실공간 탐사침(real space probe)은 나노구조의 원자수준 이미지를 보여준다.
- 1차원 버금띠(subband)의 상태밀도 $D(E) = 4L/hv$는 버금띠의 문턱에서 발산한다. 이러한 것을 반 호프 특이성(Van Hove Singularities)이라고 한다.
- 1차원 계의 전기전도도는 란다워 공식(Landauer Formula) $G = (2e^2/h)\mathfrak{T}$이며, 여기서 $\mathfrak{T}$는 시료를 통과하는 투과계수(transmission coefficient)이다.
- 준 1차원 계(quasi-1D system)의 전도도는 시료를 통과하는 전자 경로 사이의 양자 간섭(quantum interference)에 의해 강하게 영향을 받는다. 그로 인해 공명 터널링(resonant tunneling), 국소화(localization), 아하로노브–봄 효과(Aharonove-Bohm effect)가 나타난다.
- 양자점(quantum dot)의 광학적 특성은 양자점의 크기를 바꾸어서, 양자화된 에너지 준위를 바꿈에 따라 조정할 수 있다.

- 양자점에 추가 전하를 더하려면, 추가적인 전자화학 퍼텐셜 $U + \Delta\varepsilon$을 필요로 한다. 여기서 U는 충전 에너지이고 $\Delta\varepsilon$은 준위 간격이다.
- 나노미터 수준의 물체의 진동 방식은 양자화되어 있다.

연습문제
Problems

1. 탄소 나노튜브의 띠구조*(carbon nanotube band structure)*. 그림 29는 첫 번째 브릴루앙 영역(Brillouin Zone)을 따라 길이 a = 0.246 nm의 기본격자(primitive lattice)의 병진벡터(Translation vectors)를 보여주고 있다. (a) 격자와 관계된 역격자들을 구하라. (b) 그림 29에 있는 벡터 $\mathbf{K}$, $\mathbf{K}'$의 길이를 a의 관계식으로 구하여라.

페르미 에너지 근방에서의 에너지와 K점 근방에서의 파동벡터에 대해 2차원 띠구조는

$$\varepsilon = \pm\hbar v_F|\Delta\mathbf{k}| \qquad \Delta\mathbf{k} = \mathbf{k} - \mathbf{K}$$

와 같이 근사될 수 있으며, 여기서 $v_F = 8 \times 10^5$ m/s이다. 유사한 근사를 K'점 근방에서 사용할 수 있다. 원둘레가 na인 x축 주변으로 감겨 있는 튜브를 생각하자. 감겨 있는 방향의 주기적인 경계조건을 이용하여 K점 근방의 1차원 버금띠의 분산식을 구할 수 있다. (**c**) 만일 n이 3으로 나눌 수 있는 값이면 에너지가 Δk_y에 선형인 무질량(massless)의 버금띠가 존재한다. 그러한 버금띠를 그려라. 이러한 나노튜브는 1차원 금속이다. (**d**) 만일 n이 3으로 나눌 수 없는 값이면 버금띠 구조는 그림 10에 묘사되어 있다. n = 10인 경우에 반도체의 띠간격 ε_{11}을 eV로 나타내고 $\varepsilon_{22}/\varepsilon_{11}$ = 2임을 보여라. (**e**) n = 10인 경우에 가장 낮은 전자의 버금띠의 분산관계식은 상대론적인 관계식 $\varepsilon^2 = (m^*c^2)^2 + (pc)^2$인 것을 보이고 자유전자의 질량에 대한 전자의 유효질량의 비를 구하여라. 위의 분산식에서 v_F가 빛의 속도와 동일한 역할을 한다.

2. 버금띠의 채움*(filling subbands)*. 너비 20 nm인 GaAs 정사각형 양자선(square GaAs wire)의 전자에 대해 n_x = 2, n_y = 2인 버금띠가 T = 0인 균형상태에서 첫 번째로 채워지는 선형 전자 밀도를 구하여라.

3. 투과 공명의 브라이트-위그너 형태*(Breit-Wigner form of a transmission resonance)*. 이 문제의 목적은 식 (29)에서 (33)을 유도하는 것이다. (**a**) 공명에서 약간의 위상차 $\delta\varphi = \varphi^* - 2\pi n$를 생각해서 cosine을 전개하여 $|t_1|^2$, $|t_2|^2$, $\delta\varphi$를 포함하는 식 (29)를 유도하라. (**b**) 1차원 상자에서의 상태들에 대해 위상에서의 작은 변화와 에너지에서의 작은 변화 사이에 다음과 같은 관계가 성립한다는 것을 보여라: $\delta\varepsilon/\Delta\varepsilon = \delta\varphi/2\pi$. 여기서 $\Delta\varepsilon$은 준위간격이다. (**c**) (a)와 (b)를 연립하여 식 (33)을 구하라.

4. 배열된 장벽들과 옴의 법칙*(barriers in series and Ohm's law)*. (**a**) (35)에서 (36)을 유도하라. (**b**) 1차원 드루드 전기전도도(Drude Conductivity) $\sigma_{1D} = n_{1D}e^2\tau/m$를 $\sigma_{1D} = (2e^2/h)\ell_B$로 쓸 수 있다는 것을 보여라(주의: 전자가 $\mathbf{p}$에서 0으로의 풀림이고 후자가 $\mathbf{p}$에서 $-\mathbf{p}$으로의 풀림에 해당하며 운동량 풀림률(momentum relaxation rate)과 후방 산란비율(back scattering rate)은 $1/\tau = 2/\tau_B$.

5. **구형 양자점의 에너지*(energies of a spherical quantum dot)*.** (**a**) 충전 에너지(charging energy)에 관한 식 (63)을 유도하라. (**b**) $d \ll R$에 대해 얻은 결과가 평행판 축전기의 전기용량 $C = \varepsilon\varepsilon_0 A/d$을 이용하여 얻은 결과와 동일함을 보여라. (**c**) 고립된 양자점의 경우($d \to \infty$)에 가장 낮은 에너지 준위에 대한 충전 에너지의 비를 구하라. 결과를 양자점의 반지름 R과 유효 보어 반지름(Bohr radius) a_B^*로 표현하라.

6. **1차원에서의 열적 성질*(thermal properties in one dimension)*.** (**a**) 디바이 근사(Debye approximation) 내에서 단일 1차원 포논 방식의 저온에서의 열용량을 구하라. (**b**) 온도 T_1인한 열원(reservoir)의 에너지에서 온도 T_2인 다른 저장고로부터 들어오는 에너지를 빼서 에너지의 흐름을 계산하여 두 열원 사이의 1차원 포논 방식(phonon mode)의 열전도도에 대한 관계식(78)을 유도하라. 전기전도도에 대해 식 (20)과 (24)를 얻기 위해 사용한 방법과 유사한 방법을 사용하여라.

Introduction to
SOLID STATE PHYSICS

CHAPTER 19

비결정성 고체
Noncrystalline Solids

CHAPTER 19 비결정성 고체

Noncrystalline Solids

비결정성(amorphous, 무정형) 고체[1], 비결정성(non-crystalline) 고체, 무질서한(disordered) 고체, 유리(glass)와 액체는 모두 "넓은 공간에 걸쳐서 결정 구조를 갖지 않고 있는" 구조를 기술하는 것으로, 이렇다고 할 정확한 특정 구조를 설명하는 용어는 아니다. 이들이 갖고 있는 구조적 공통점은 인접하고 있는 원자나 분자들의 간격이 거의 일정하다는 것이다. 여기서는 무질서한 결정합금에 대한 설명은 유보하겠는데(22장 참조), 그 이유는 결정합금의 경우 서로 다른 원자들이 막 섞여 있어 원자의 분포에서는 규칙성이 없지만, 이 원자들의 위치는 결정격자의 규칙성을 갖고 있기 때문이다.

에돌이 무늬
DIFFRACTION PATTERN

비결정성 물질인 유리나 액체의 엑스선(X-ray)과 중성자의 에돌이 무늬를 입사된 엑스선의 수직된 평면에서 보면 한개 또는 여러 개의 퍼진 원으로 나타난다. 이 무늬는 2장의 그림 2.17에서 보았듯이 가루결정의 에돌이 무늬에서 나타나는 아주 선명한 여러 개의 원 모양의 무늬와는 다르다. 퍼진 원으로 나타나는 것은 액체가 3차원에서 일정한 주기를 갖고 반복되는 구조를 갖는 단위구조로 되어 있지 않다는 것을 의미한다.

간단한 단원자 액체에서 원자의 위치는 어떤 원자에 원점을 둔 아주 짧은 영역에서만 구조를 가진다. 원자의 지름에 해당하는 영역 안에 다른 원자가 있지는 않지만, 결정성 물질에서와 같이 원자의 지름에 해당하는 위치 부근에 인접한 원자들이 위치하고 있음을 볼 수 있다.

비록 비결정성 물질의 엑스선 에돌이 무늬가 결정체의 무늬와는 현격히 다르지

1) **역자주** "amorphous"란 단어는 "일정한 모양이 없는" "무정형의"이란 뜻인데, 학회용어집에는 "비결정의"라고 번역해서, 비결정 "non-crystalline"과 구분이 안된다. 그런데 특별하게 구분해야 할 경우를 제외하고는 혼용해서 사용하고 있다.

만, 둘 사이에 명확한 구분이 존재하는 것은 아니다. 결정을 빻아서 그 크기를 점차 작게 만들면 에돌이 무늬의 선폭이 점점 넓어지고, 결정의 크기가 아주 작아져서 가루가 되면 액체나 유리와 같은 비결정성의 에돌이 무늬와 같아진다.

보통 액체나 유리의 에돌이 무늬는 3개 내지 4개의 퍼진 원으로 나타나는데, 여기서 알 수 있는 것은 지름 방향의 분포함수뿐이며, 이는 엑스선 실험의 산란 곡선을 푸리에 분석(Fourier analysis)을 해서 얻을 수 있고, 이로부터 원자로부터 일정한 거리 안에 있는 원자의 평균 갯수를 알 수가 있다. 이 푸리에 분석 방법은 액체나 유리 또는 결정성 가루로 된 물질에도 적용이 가능하다.

식 (2.43)에서 에돌이 무늬를 분석하여 보자. 기본격자의 구조인자를 사용하는 대신에 시료에 있는 모든 원자의 합을 취하자. 이 경우 결정의 특정한 역격자 벡터 $\mathbf{G}$에 의한 산란 대신에 임의의 산란벡터 $\Delta\mathbf{k} = \mathbf{k}' - \mathbf{k}$를 사용한다(그림 2.6 참조). 비결정성 물질에서 역격자는 잘 정의되어 있는 물리량도 아니고, 산란이 역격자에 의해서만 일어나지도 않기 때문이다.

따라서 비결정성 물질의 산란 진폭(scattered amplitude)은 다음과 같이 주어진다.

$$\mathrm{S}(\Delta\mathbf{k}) = \sum_m f_m \exp(-i\Delta\mathbf{k}\cdot\mathbf{r}_m)\,. \tag{1}$$

여기서 f_m은 원자의 형태인자(form factor)로, 식 (2.50)에 기술되어 있다. 위의 식에서 합은 시료에 있는 모든 원자에 대해 합한 것이다.

산란벡터 $\Delta\mathbf{k}$에서 산란된 세기는

$$I(\Delta\mathbf{k}) = S^*S = \sum_m\sum_n f_m f_n \exp[i\Delta\mathbf{k}\cdot(\mathbf{r}_m - \mathbf{r}_n)] \tag{2}$$

으로 주어지며, 이 경우 단위는 단일 전자에 대한 산란에 의한 것이다. 만일 $\Delta\mathbf{k}$와 $(\mathbf{r}_m - \mathbf{r}_n)$ 사이의 각을 α라 하면 위의 식은 다음과 같이 주어진다.

$$I(K,\alpha) = \sum_m\sum_n f_m f_n \exp(iKr_{mn}\cos\alpha)\,. \tag{3}$$

여기서 K는 $\Delta\mathbf{k}$의 크기이고 또한 r_{mn}은 $\mathbf{r}_m - \mathbf{r}_n$의 크기이다.

비결정성 시료에서 벡터 $\mathbf{r}_m - \mathbf{r}_n$은 모든 방향을 고려해야 함으로, 위상인자를 공에 대해서 평균하면

$$\begin{aligned}\langle\exp(iKr\cos\alpha)\rangle &= \frac{1}{4\pi}2\pi\int_{-1}^{1} d(\cos\alpha)\exp(iKr_{mn}\cos\alpha)\\ &= \frac{\sin Kr_{mn}}{Kr_{mn}}\end{aligned} \tag{4}$$

이 되고, 이로부터 $\Delta\mathbf{k}$에서의 산란강도에 대한 디바이(Debye) 결과

$$I(K) = \sum_m\sum_n (f_m f_n \sin Kr_{mn})/Kr_{mn} \tag{5}$$

을 얻을 수 있다.

단원자 비결정성 물질(monatomic amorphous materials)

단일 종류의 원자에 대해서는, $f_m = f_n = f$로 하고 식 (5)에서 $n = m$되는 항을 분리해 낼 수 있다. N개의 원자를 가진 시료는

$$I(K) = Nf^2\left[1 + \sum_m{}' (\sin Kr_{mn})/Kr_{mn}\right] \tag{6}$$

이다. 여기서 합은 모든 원자 m에 대해서 하되, 단 $m = n$인 원래의 원자는 제외한다.

만약 기준이 되는 원자로부터 r 떨어진 거리에 있는 원자들의 농도를 $\rho(r)$이라고 하면, 식 (6)은 다음과 같이 쓸 수 있다.

$$I(K) = Nf^2\left[1 + \int_0^R dr\, 4\pi r^2\rho(r)(\sin Kr)/Kr\right]. \tag{7}$$

여기서 R은 시료의 반지름으로 매우 큰 값이다. 평균 농도를 ρ_0라면 식 (7)은 다음과 같이 나타낸다.

$$I(K) = Nf^2\left\{1 + \int_0^R dr\, 4\pi r^2[\rho(r) - \rho_0](\sin Kr)/Kr + (\rho_0/K)\int_0^R dr\, 4\pi r \sin Kr\right\}. \tag{8}$$

식 (8)에서 두 번째 적분은 균일한 농도에서의 산란을 나타내는데, 아주 작은 각도로 전방지역으로 산란하는 경우를 제외하고는 무시할 수 있다. (아주 작은 각도의 경우) $K = 0$에서 $R \to \infty$로 갈 때 델타함수로 주어진다.

지름 분포함수(radial distribution function)

액체의 구조인자를 다음과 같이 정의하면 편리하다.

$$S(K) = I/Nf^2 . \tag{9}$$

그런데 여기서 주의할 것은 식 (9)의 $S(\Delta\mathbf{K})$는 식 (1)과 같지 않다는 것이다. 식 (8)에서 델타함수 항을 제외하면

$$S(K) = 1 + \int_0^\infty dr\, 4\pi r^2[\rho(r) - \rho_0](\sin Kr)/Kr \tag{10}$$

이 된다.

지름 분포함수 $g(r)$을

$$\rho(r) = g(r)\rho_0 \tag{11}$$

로 정의하면, 식 (10)은 $(\sin Kr)/Kr$이 구대칭을 갖기 때문에

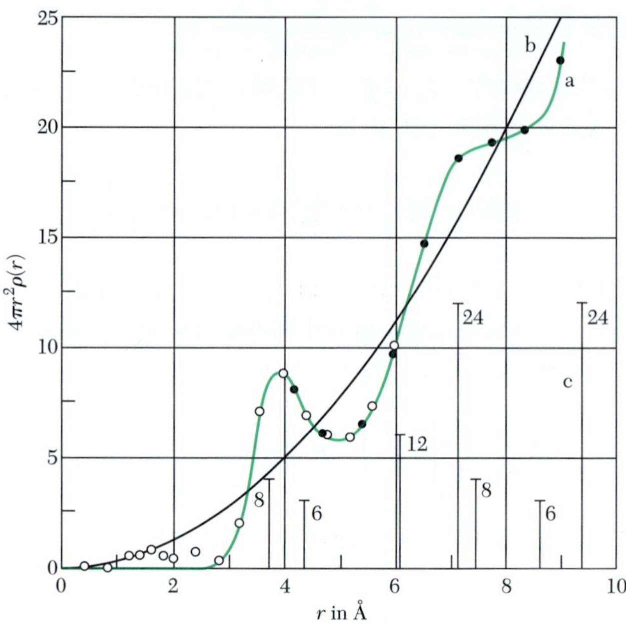

그림 1 (a) 액체 나트륨에 대한 지름분포 $4\pi r^2\rho(r)$, (b) 평균밀도 $4\pi r^2\rho_0$, (c) 결정 나트륨에서의 인접 원자분포(Tarasov와 Warren의 결과 인용).

$$
\begin{aligned}
S(K) &= 1 + 4\pi\rho_0 \int_0^\infty dr[g(r) - 1]r^2(\sin Kr)/Kr \\
&= 1 + \rho_0 \int d\mathbf{r}\,[g(r) - 1] \exp(i\mathbf{K}\cdot\mathbf{r})
\end{aligned}
\tag{12}
$$

이 된다.

푸리에 적분의 3차원 이론에 의해서

$$
\begin{aligned}
g(r) - 1 &= \frac{1}{8\pi^3\rho_0} \int d\mathbf{K}\,[S(K) - 1] \exp(-i\mathbf{K}\cdot\mathbf{r}) \\
&= \frac{1}{2\pi^2\rho_0 r} \int dK\,[S(K) - 1]\,K \sin Kr
\end{aligned}
\tag{13}
$$

이 되며, 이 결과로부터 지름 분포함수(또는 두 원자 상호관계 함수라고도 함) $g(r)$을 계산할 수 있다.

엑스선 에돌이 무늬를 관측하는 데 가장 간단한 액체는 나트륨 액체이다. 그림 1에 액체 나트륨의 지름분포 $4\pi r^2\rho(r)$를 r의 함수로 나타내면서, 나트륨 결정체의 인접원자의 분포도 함께 표시하여 비교할 수 있게 하였다.

유리화된 실리카 SiO_2의 구조(*structure of vitreous silica, SiO_2*)

유리화된 SiO_2(일명 녹은 수정)는 쉽게 말하면 유리이다. 그림 2에서 엑스선 산란곡선이, 그림 3에 r에 대한 지름분포 곡선 $4\pi r^2\rho(r)$이 있다. 유리는 두 종류의 원자로

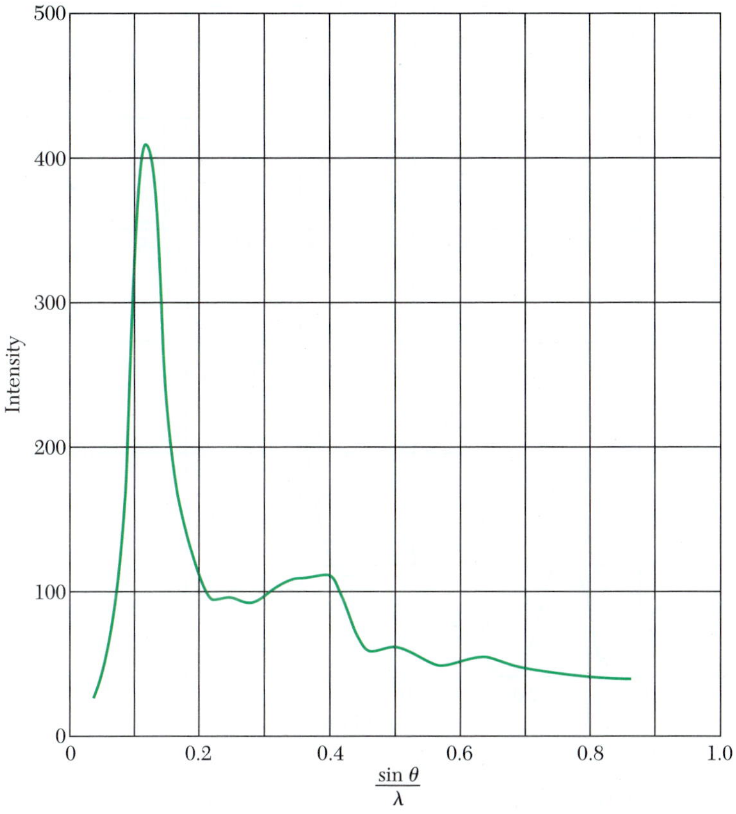

그림 2 유리화된 SiO_2에서 산란각 θ와 산란된 엑스선 세기(B. E. Warren의 결과 인용)

되어 있어서, 그림 3에 있는 $\rho(r)$은 실리콘 원자를 중심한 것과 산소 원자를 중심으로 한, 두 개의 전자 농도곡선이 중첩되어 있는 것이다.

그림 3에서 1.62 Å에 나타난 피크는 실리케이트(silicate) 결정에서 Si와 O의 평균 거리에 아주 근사하다. 엑스선 실험학자들은 이 첫 피크의 강도로부터 실리콘이 사면체의 꼭지점에 위치한 4개의 산소로 둘러싸여 있다고 결론지었다. 실리콘과 산소의 상대적인 비율로부터 산소는 두 개의 실리콘과 결합되어 있다는 것도 알 수 있다. 사면체의 기하학적 구조로부터, O와 O 사이의 거리가 2.65 Å으로 주어지는데, 이는 그림 3에서 피크의 어깨에 나타난 거리와 잘 일치한다.

유리의 엑스선 결과는 자카리젠(Zachariasen)이 제시한 산화유리에서의 기본 모형과 잘 맞는다. 그림 4에 불규칙하게 원자가 나열된 유리와 같은 화학성분으로 된 결정체를 2차원 그림으로 그려 보았다. 엑스선 실험 결과로부터 유리화된 SiO_2는 마구잡이 그물모양으로 되어 있고, 실리콘은 4개의 산소와 사면체 형태로 결합되어 있고, 또한 산소는 두 개의 실리콘과 결합되어 있으며, 산소와 결합된 두 개의 실리콘은 산소를 중심으로 양쪽에 직선으로 배열되어 있음을 알 수 있다. 이는 한 사면체의 축 방향이 Si-O-Si의 결합에 의해 옆에 존재하는 다른 사면체의 축 방향과 무관하게 무질서하게 놓여 있음을 보여준다. 하지만 이들도 뚜렷한 구조를 가지고 있다. 각 원자

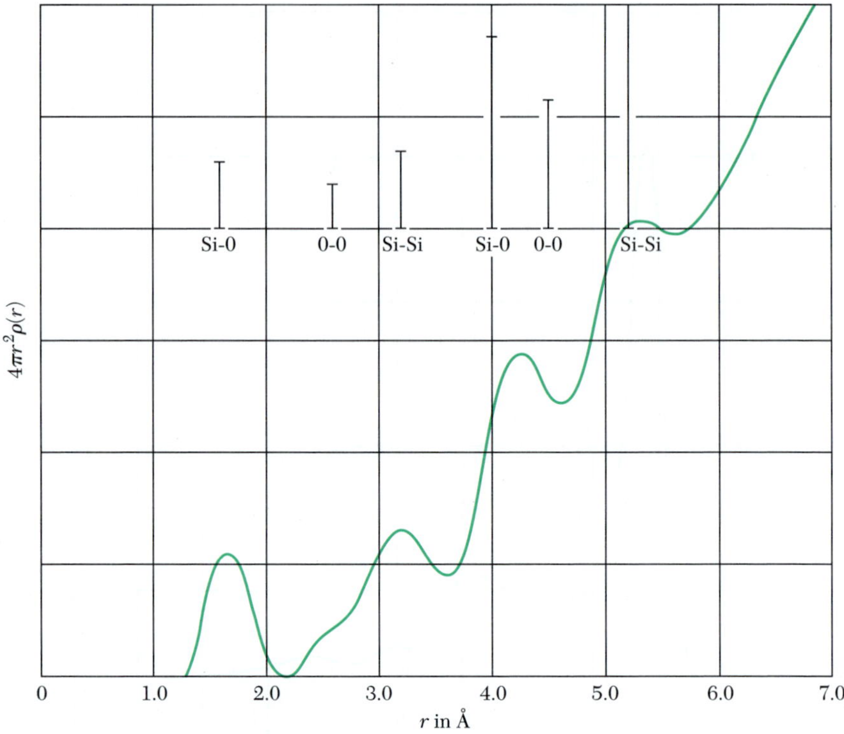

그림 3 그림 2의 푸리에 변환에 의한 유리화된 SiO_2의 지름분포 그림. 피크의 위치는 산소나 실리콘에서 원자가 떨어져 있는 거리를 나타낸다. 또한 피크 아래에 있는 면적으로부터 그 지점에 이웃하는 원자의 수를 알 수 있다. 수직선은 원자 간의 거리를 나타내고, 이 수직선의 길이는 꼭지점 아래의 면적과 비례하게 표시하였다(B. E. Warren의 결과 인용).

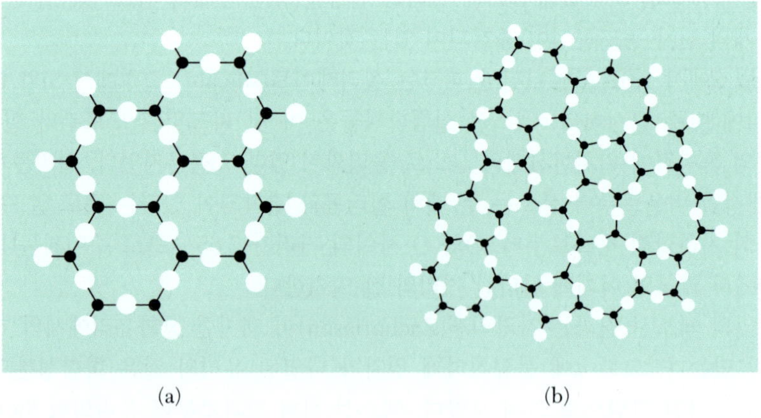

그림 4 (a) 규칙성을 갖고 반복되는 구조를 갖는 결정과 (b) 계속적인 마구잡이 그물모형으로 나타난 유리의 차이를 2차원으로 유추하여 보여주는 개략적 그림(Zachariasen의 결과 인용).

는 일정한 숫자의 주변원자를 갖고 있고, 이들과 일정한 거리도 유지하고 있다. 다만 이들 구조의 단위가 3차원에 똑같이 반복되지 않는다는 점에서, 이 물질이 결정이 아

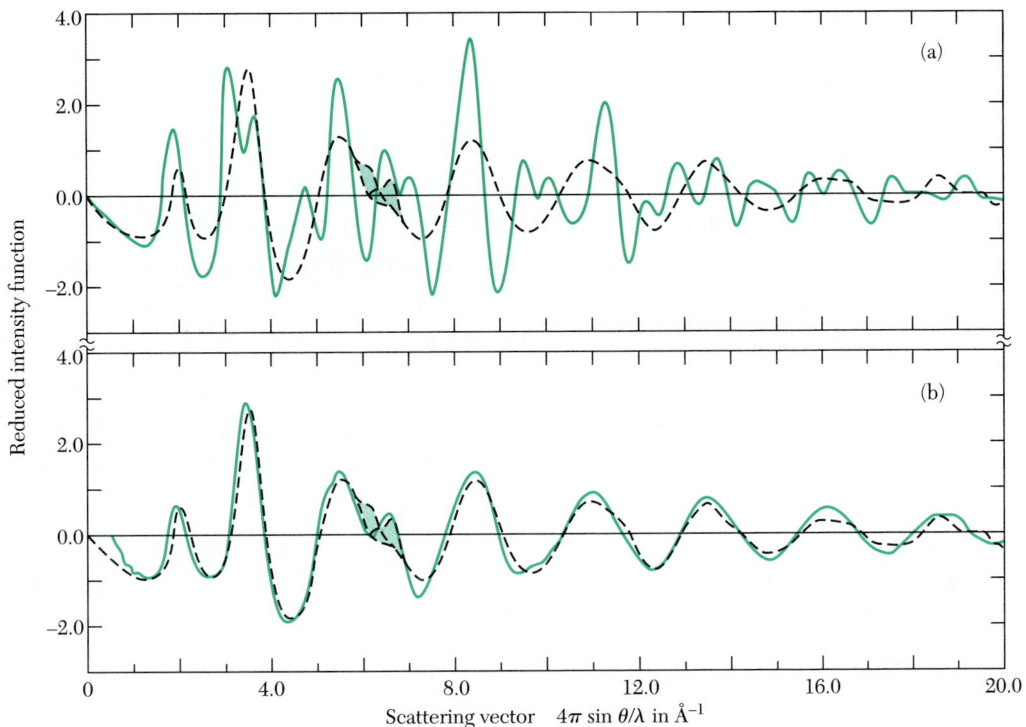

그림 5 환산된 세기함수로 주어진 비결정성 게르마늄의 실험값(점선)과 계산값(실선)의 비교 (a) 비결정성 게르마늄과 작은 결정 모형을 비교한 그림, (b) 비결정성 게르마늄과 마구잡이 그물모양 모형을 비교한 그림(J. Gracyk와 P. Chaudhari의 결과 인용).

니라는 것이다.

유리화된 실리카가 크리스토발 광석(cristoballite)[2]과 같이 아주 작은 수정의 결정으로 구성된 것이라고 가정하고서는 엑스선 실험 결과를 설명할 수 없다. 작은 각도 엑스선 산란에서도 실제로 측정되지는 않지만, 작은 결정의 집합체라면 각각 떨어져 존재하는 입자들의 빈자리와 쪼개진 조각의 효과가 작은 각도 엑스선 산란에서 관측되어야 한다. 유리에서의 결합은 연속적이다. 비록 유리화된 실리카가 결정체인 크리스토발 광석(cristoballite)과 각 원자의 배위(coordination)에 있어서는 같을지 모르지만, 적어도 물질 내부에서는 결합이 대부분 연속적이다. 상온에서 유리의 열전도도가 낮은 것도, 다음에 설명하는 것과 같이, 마구잡이(random) 그물모양의 모형으로 잘 설명된다.

비결정성 게르마늄의 실험결과와 계산값이 그림 5에 나타나 있다. 계산은 마구잡이 그물모양 모형과 작은 결정입자 모형을 사용한 결과인데, 작은 결정입자 모형을 써서 계산한 결과는 실험값과 잘 맞지 않는다. 반면 마구잡이 그물모양 모형은 비결정성 실리콘에서 띠틈 연구 결과 및 $2p$ 껍질의 분광학 연구 결과와도 잘 맞는다.

2) **역자주** 무색, 투명하고 화성암 틈에서 추출되는 광석. 수정과 성분은 같음.

유리
GLASSES

유리는 마구잡이 구조를 가진 액체를 어는점 이하로 냉각할 때, 결정화가 되지 않으면서 얻어진다. 또한 유리는 등방성 고체의 탄성(elastic property)도 가지고 있다.

일반적으로 액체를 냉각시키면 점성이 10^{13} 포아즈(poise)일 때 유리가 된다. 포아즈는 CGS 단위의 점성도[3]이다. 여기서 **유리의 전이온도**(glass transition temperature) T_g가 정의된다. T_g 이상의 온도에서는 액체이고, T_g 이하의 온도에서는 유리가 된다. 이 전이는 열역학적인 상전이가 아니고, "실용적 목적"을 위해 정의된 전이이다. T_g를 정의하는 데 쓴 10^{13} 포아즈라는 임의로 정해지긴 했지만 타당한 값이다. 두께가 1 cm인 유리를 수직 평면판에 붙여 놓고 유리의 흐름을 관측하면 유리의 무게 때문에 1년쯤 지난 후에는 점성이 10^{13} 포아즈 값은 이하가 된다[참고로 지구 맨틀(mantle, 표면층)의 점성은 10^{22} 포아즈이다].

급속히 냉각해서 결정화가 되지 않고 유리형태의 덩어리를 형성하는 액체는 많지 않다. 대부분의 물질은 액체 상태에서 분자의 이동도가 커서 냉각할 때 점성이 10^{13} 포아즈나 10^{15} cp(centipoise)가 되기 훨씬 전에 액체-고체의 녹는 전이가 일어난다. 액체 상태의 물은 점성이 어는점에서 1.8 cp인데, 얼고 난 후에는 점성이 매우 커진다.

낮은 온도의 기판 위에 원자를 분출(jet)시켜서 유리를 만들 수 있는데, 이 방법은 유리의 성질을 가진 비결정성 층을 만들 때 사용된다. 산업체에서 금속합금의 비결정성 리본을 생산하는 데 쓰이는 방법 중 하나이다.

점성과 깡충뛰기비율*(viscosity and the hopping rate)*

액체의 점성은 분자가 열에 의해서 국소적으로 재배치되는 비율에 기인한다. 이 재배치는 분자가 옆에 있는 빈자리로 깡충뛰기를 하거나, 두 인접 분자가 서로 자리바꿈을 할 때 생긴다. 액체에서 분자가 이동하는 현상은 기체에서 점성을 주는 이동 현상과 물리적으로 다르지만, 액체상태에서 점성의 값이 작아지면 기체상태의 점성에 접근하는데, 이 한계에서 인접 원자 사이에서 깡충뛰기가 일어난다.

기체에서의 결과(*TP* 14.34)는

$$\eta = \tfrac{1}{3}\rho\bar{c}\ell \tag{14}$$

이고, 여기서 η는 점성, ρ는 밀도, $\bar{c}$는 평균 열적 속도이고 l은 평균 자유경로이다. 액체에서 ℓ의 값은 분자간의 거리 a 정도이다. 일반적으로 $\rho \approx 2\text{g cm}^{-3}$, $\bar{c} \approx 10^5\ \text{cm s}^{-1}$, $\alpha \approx 5 \times 10^{-8}$ cm 정도인데, 이때

$$\eta(\text{min}) \approx 0.3 \times 10^{-2}\ \text{poise} = 0.3\ \text{cp} \tag{15}$$

3) SI 단위는 1 Nsm^{-2}로써 1 포아즈(poise) = 0.1 Nsm^{-2}이다. 보통 점성도는 centipoise 즉, 10^{-2} poise이다.

이고, 이것이 액체상태 점성의 낮은 한계값이 된다(화학편람에서 이 숫자보다 작은 값을 찾아보기는 어렵다).

액체 점성의 매우 간단한 모형을 생각해 보자. 깡충뛰기를 성공적으로 하기 위해서는, 액체 내에서 이웃한 주변 분자들이 형성한 퍼텐셜 에너지 장벽을 넘어야 한다. 앞에 열거한 최소의 점성은 장벽이 없다는 가정에서 정해진 값이다. 만약 장벽 높이의 에너지가 E라면 열에너지에 의해 장벽을 넘을 수 있는 분자는 다음의 비율(fraction)만큼이다.

$$f \approx \exp(-E/k_BT)\ . \tag{16}$$

여기서 E는 적절한 자유에너지 값으로 이를 활성화 에너지(activation energy)라고 부르며, 깡충뛰기비율을 결정한다. 이 값은 자체 확산(self diffusion)에 대한 활성화 에너지와 관련이 있다.

점성은 깡충뛰기의 확률이 감소할수록 증가한다. 그래서

$$\eta \approx \eta(\min)/f \approx \eta(\min)\exp(E/k_BT)\ . \tag{17}$$

만약 유리전이의 경우에 $\eta = 10^{13}$ 포아즈라고 하면, 전이할 때에 f의 크기는 식 (15)로부터

$$f \approx 0.3 \times 10^{-15} \tag{18}$$

이 되고, 여기에 해당되는 활성화 에너지는

$$E/k_BT_g = -\ln f = \ln(3 \times 10^{15}) = 35.6 \tag{19}$$

이 된다. 만약 $T_g \approx 2000$ K이면 $k_BT_g = 2.7 \times 10^{-13}$ erg로 활성화 에너지는 $E = 9.6 \times 10^{-12}$ erg ≈ 6 eV가 되는데, 이 값은 상당히 높은 퍼텐셜 장벽이다.

유리 중에서 T_g가 낮은 경우, 상대적으로 낮은 활성화 에너지 E를 가진다(위의 방법으로 구한 활성화 에너지는 흔히 E_{visc}로 표기한다). 유리를 형성하는 물질들은 활성화 에너지가 1 eV 정도이고, 비유리질 물질(non-glass-former)들의 활성화 에너지는 0.01 eV 정도이다.

유리를 모형에 넣어 형태를 찍어내거나 또는 관으로 만들어질 때, 유리는 점성이 10^3에서 10^6 포아즈가 되는 온도에서 행해진다. 유리화된 실리카는 2000°C 이상에서 만들어져, 작업온도가 매우 높기 때문에 이 물질을 실용에 이용하는 것은 매우 한정되어 있다.[4] 보통 유리는 약 25%의 Na_2O를 그물얼게 변형 물질로 SiO_2에 섞어서 작업온도를 1000°C 이하로 낮출 수 있으며, 이렇게 해서 유리로 전구나 창유리, 유리병을 만든다.

---

4) **역자주** 순도가 높은 SiO_2인 실리카는 석영, 수정의 형태를 갖고, 상업용으로는 쿼츠(quartz)라고 하는 것도 있다.

비결정성 강자성 물질
AMORPHOUS FERROMAGNETS

비결정성 금속합금은 보통 액체화된 합금의 용융액을 빠르게 돌아가는 드럼 위에다 직접 분사시키면서 급속냉각(quenching)[5]시켜 얻는다. 용유-스핀(melt- spun)은 산업체에서 비결정성 합금의 리본을 만드는 데 활용하는 방법이다.

강자성 비결정성 합금을 개발한 이유는, 비결정성 물질은 등방성 성질은 갖고 있고, 등방성 물질은 본질적으로 자성 결정의 비등방성 에너지를 영(0)으로 만들기 때문이다. 방향에 따른 강성과 연성 자화현상이 없어지면 낮은 보자력(coercivity), 낮은 이력곡선 손실 및 높은 투과성(permeabilities)을 갖게 만든다. 비결정성 합금은 배열이 마구잡이로 되어 있기 때문에 이들의 전기 비저항도 매우 높다. 이러한 모든 성질은 무른 자성물질(soft magnetic material)로 응용하는데 높은 산업적 가치를 갖고 있다. 상품명 메트그라스(Matglas)는 이런 유형의 물질이다.

전이금속과 비금속(transition metal-metalloid: TM-M)의 합금은 비결정성 자성체 합금 중 중요한 종목을 이룬다. 이들 구성비를 보면 Fe, Co, Ni과 같은 전이금속이 약 80% 함유되어 있고, 여기에 B, C, Si, P, Al과 같은 비금속(metalloid)[6] 등을 포함하고 있다. 이때 비금속을 섞는 이유는 이들이 녹는 온도를 낮추어서 유리 전이온도에서 급속냉각시켜서 만들면 이 비결정성 위상이 안정되기 때문이다. 예를 들면 $Fe_{80}B_{20}$(Metglas 2605로 알려져 있음)은 $T_g = 441°C$인데 비하여 Fe의 녹는 온도는 1538°C이다.

이 물질의 비결정성 위상(amorphous phase)에서의 퀴리온도(T_c)는 647 K이고, 300 K에서의 자기화 M_s는 1257인 반면, 순수한 Fe인 경우 $T_c = 1043$ K이고 $M_s = 1707$이다. 이 물질의 보자력(coercivity)은 0.04 G이고 투과성(permeability)은 3×10^5이다. 합성성분이 다른 물질로 보자력이 0.006 G인 것도 보고된 바 있다.

급속냉각이나 회전시키는 정도를 낮추어 준안정성(metastable) 구성비를 갖게 해서 미세 결정질의 입자를 만들면 높은 보자력을 가진 물질은 용융-스핀 방법으로 만들 수 있다. 만약 입자의 크기가 한 개의 자기영역이 되는 최적 크기가 되면, 이때 보자력은 매우 커진다(그림 6 참조). J. L. Croat는 $H_{ci} = 7.5$ kG인 $Nd_{0.4}Fe_{0.6}$ 준 안정성 합금을 용융-스핀 최적속도 5 m s^{-1}에서 얻었다고 보고했다.

비결정성 반도체
AMORPHOUS SEMICONDUCTORS

비결정성 반도체는 증발(evaporation)이나, 때려내기(sputtering) 등에 의해서 얇은

5) **역자주** 물리학 용어집에는 quench를 '담금질'이라 번역하였으나, 이 부분 설명에는 부적절함.

6) **역자주** "metalloid"를 용어집에 따라 "비금속"으로 번역하지만, 금속적 성질을 약간 띠고 있는 원소라고 생각하는 것이 더 적합할 듯하다. 원서에서 Aℓ은 As의 착오인 듯하다.

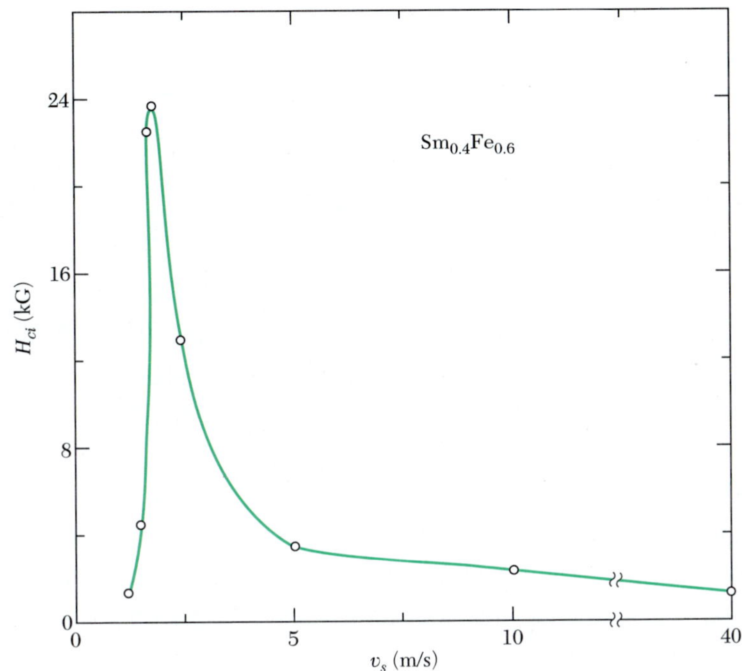

그림 6 $Sm_{0.4}Fe_{0.6}$의 상온에서 용융-스핀 속도와 보자력. 최고의 보자력은 1.65 m s^{-1}의 속도에서 24 kG인데 이는 각 결정 입자의 단일 자기영역이라고 믿어진다. 또한 높은 스핀 속도에서는 보자력이 감소하는데, 이는 쌓인 물질이 비결정성(등방성)이 되기 때문이다. 또 낮은 스핀 속도에서는 결정 입자가 단일 자기영역보다 더 크게 결정 입자가 열풀림(anneal)된다. 그래서 영역 경계(domain boundary)들이 낮은 보자력을 가지게 한다(J. L. Croat의 결과 인용).

박막으로 만들거나, 유리와 같은 덩어리 물질에서 용융액을 초급속냉각으로 만들 수도 있다.

고체에서 존재하는 전자 에너지띠가 결정의 규칙성이 없는 물질에서는 어떻게 존재할까? 이 물질의 구조는 주기성이 없어서 전자의 상태를 잘 정립된 **k**값으로 기술할 수가 없고, 그 때문에, 블로흐(Bloch) 모형이 이론을 여기에 적용을 할 수가 없다. 따라서 광학적 전이에서 운동량에 기인한 선택률도 잘 지켜지지 않고, 모든 적외선이나 라만(Raman) 방식이 흡수 스펙트럼에 기여한다. 또한 광학적 흡수단의 끝(optical absorption edge)이 불분명하다. 그러나 에너지에 대한 상태밀도의 모양이 국소 전자의 결합 상태에 의해 결정되기 때문에 허용된 띠와 에너지 띠틈은 존재한다.

비결정성 반도체에서도 전자와 양공이 전류를 수송한다. 운반자(carrier)들은 무질서한 구조 때문에 심한 산란이 일어나서 평균 자유거리는 무질서한 척도의 크기 정도가 된다. 앤더슨(Anderson)은 띠 끝에 있는 전자의 상태들은 국소화(localized)되어서 이 상태들이 고체 내부까지 연장되지 않는다는 제안을 했다(그림 7. 참조). 또한 이 상태에서의 전기 전도는 열에너지에 의해서 일어나는 깡충뛰기로 일어나며, 홀(Hall) 효과는 매우 비정상적(amorphous)이기 때문에 운반자의 농도를 결정하는 데는 사용할 수 없다.

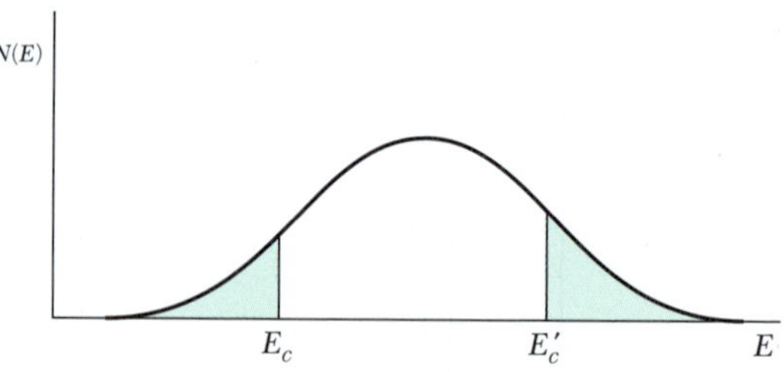

그림 7 비결정성 고체에서 존재한다고 믿는 전자밀도 상태인데, 띠 중앙에서 상태들이 국소화되지 않았을 경우이다. 국소화된 상태들은 파란칠을 한 부분으로 나타나 있다. 이동도 띠 끝은 E_c 및 E_c'으로 나타나 있는데 이들은 국소화된 상태와 국소화되지 않은 상태를 갈라 놓는다(N. Mott와 E. A. Davis의 한 일).

두 아주 다른 종류의 비결정성 반도체가 많이 연구되고 있는데, 한 종류는 사면체 결합을 갖는 Si나 Ge 비결정성 고체이고, 또 다른 하나는 칼코게나이드 유리(chalcogenide glass)이다. 후자는 유황(S), 셀레늄(Se), 텔러륨(Te)과 같은 "칼코젠(chalcogen)" 원소가 주성분으로 된 복합 구성체로 된 고체이다.

사면체의 결합으로 된 비결정성 물질의 성질은 결정고체와 비슷한데 매달린 결합(dangling bond)이 수소로 보상되어 있는 상태이다. 이 물질에는 적은 양의 불순물을 첨가할 수도 있고, 금속 접합에서 자유운반자를 주입시켜 전기전도도를 급작스럽게 변화시킬 수도 있다. 이에 반해 칼코게나이드 유리는 불순물이나 자유운반자 주입에 대해 민감하게 변하지 않는다.

비결정성 수소화 실리콘(hydrogenated silicon)은 태양전지를 만드는 좋은 물질이다. 비결정성 실리콘은 단결정 실리콘보다 값이 아주 싸다. 비결정성 실리콘을 사용해 보려는 시도는 매달린 결합을 제거하는 것이 불가능해서 실패했었는데, 수소를 첨가함으로써 원하지 않는 구조결함을 제거할 수 있게 되었다. 비결정성 실리콘에는 많게는 10% 이상의 수소가 함유되게 할 수 있다.

비결정성 고체에서의 낮은 에너지 들뜸

LOW ENERGY EXCITATIONS IN AMORPHOUS SOLIDS

아주 낮은 온도에서 순수한 유전체 결정의 열용량(heat capacity)은 디바이의 T^3 법칙에 따르는데(5장 참조), 예견했던 바와 같이 이는 파장이 긴 포논의 들뜸에 의한 것이다. 그리고 이와 비슷한 결과가 유리와 비결정성 고체에서도 기대된다. 그러나 여러 종류의 절연성 유리에서는 1K 이하 온도의 열용량에서 기대하지 않았던 온도에 선형으로 비례하는 항이 나타난다. 또 25 mK에서 유리 실리카의 열용량이 디바이 포논이 기여하는 것보다 1000배나 큰 경우도 관측되었다. 이와 같은 특이한 온도의 선형 비례항은 모든, 아마도 거의 모든 비결정성 고체에서 관측되고 있다. 이러한 온도 의존성은 물질의 비결정성 상태의 고유한 특성이라고 판단되지만, 그 이유는 아직도 불분명한 상태로 남아 있다. 그러나 이 특이한 성질은 다중 준위 진동자계(multi-level oscillator system)가 아닌, 이준위계(two-level system)에서도 발생한다는 믿을 만한 증거가 있다. 간단히 설명하면 두 준위의 스핀계가 rf 자기장에 의해 포화될 수 있듯이, 이 계도 강한 포논장에 의해 포화될 수 있다는 설명이다.

열용량 계산(heat capacity calculation)

비결정성 고체가 N이란 농도를 가진 두 준위계를 낮은 에너지 영역에서 고찰해 보자. 여기서 낮은 에너지란 두 준위의 에너지 차이인 Δ가 디바이 차단 포논 에너지 $k_B\theta$보다 작다는 얘기다. $\tau = k_BT$일 때, 한 계의 분배함수는

$$Z = \exp(\Delta/2\tau) + \exp(-\Delta/2\tau) = 2\cosh(\Delta/2\tau) \tag{20}$$

와 같이 주어진다. 열적인 평균 에너지는

$$U = -\tfrac{1}{2}\Delta\tanh(\Delta/2\tau) \tag{21}$$

이고, 단일 계의 비열은

$$C_V = k_B(\partial U/\partial\tau) = k_B(\Delta/2\tau)^2\,\mathrm{sech}^2(\Delta/2\tau) \tag{22}$$

이다. 이 결과는 TP의 62~63 페이지에 상세하게 기술되어 있다.

만약 $\Delta = 0$에서 $\Delta = \Delta_0$ 사이에 Δ가 균일한 확률로 분포되어 있다면, C_V의 평균값은 다음과 같이 주어진다.

$$\begin{aligned} C_V &= (k_B/4\tau^2)\int_0^{\Delta_0} d\Delta\,(\Delta^2/\Delta_0)\mathrm{sech}^2(\Delta/2\tau) \\ &= \left(\frac{2k_B\tau}{\Delta_0}\right)\int_0^{\Delta v/2\tau} dx\,x^2\,\mathrm{sech}^2 x\ . \end{aligned} \tag{23}$$

이 적분은 닫힌 형태로 계산이 불가능하다.

여기서는 두 극한값이 흥미가 있다. 즉 $\tau \ll \Delta_0$인 경우 $x = 0$에서 $x = 1$ 사이에서 $\mathrm{sech}^2x = 1$이 되고, 또 $x > 1$일 때 $\mathrm{sech}^2x = 0$이 되어서, 위의 적분값은 약 1/3이 된다. 따라서 $T < \Delta_0/k_B$인 경우, C_V는

$$C_V \approx 2k_B^2T/3\Delta_0 \tag{24}$$

에 어림할 수 있다.

$\tau \gg \Delta_0$인 경우는 적분값이 $\frac{1}{3}(\Delta_0\ /\ 2\ k_BT)^3$이고 따라서 C_V는

$$C_V \approx \Delta_0^2/12k_BT^2 \tag{25}$$

가 되어서, T가 증가하면 영(0)으로 접근한다.

그래서 관심있는 영역은 저온인데, 식 (24)에서 이(2)준위계에서의 열용량은 온도에 선형으로 비례하는 항으로 주어진다. 이 항은 원래 금속 내에 자성 불순물이 농도가 높지 않게 첨가된 경우에서 소개된 적이 있으나, 이는 전도전자의 열용량이 T에 비례하는 것과는 무관하다.

무질서한 고체는 0에서 1K 사이의 구간에서 고르게 분포되어서 농도가 $N \sim 10^{17}\ \mathrm{cm}^{-3}$인 새로운 유형의 낮은 에너지 들뜸을 갖는다는 것을 실험결과에서 알 수 있다. 식 (24)로부터 이제는 비정상(anomalous) 비열을 얻을 수 있다. $T = 0.1$ K이

고, $\Delta_0/k_B = 1$ K이면

$$C_V \approx \tfrac{2}{3}Nk_B(0.1) \approx 1 \text{ erg cm}^{-3}\text{ K}^{-1} \tag{26}$$

이다. 여기서 식 (5.35)를 이용해서 0.1 K에서의 포논의 기여를 계산하면

$$\begin{aligned} C_V &\approx 234Nk_B(T/\theta)^3 \approx (234)(2.3\times10^{22})(1.38\times10^{-16})(0.1/300)^3 \\ &\approx 2.8\times10^{-2}\text{ erg cm}^{-3}\text{ K}^{-1} \end{aligned} \tag{27}$$

이 되며, 이 값은 식 (26)의 값보다 매우 작다.

유리화된 SiO_2에 대한 실험결과는(그림 8 참조)

$$C_V = c_1T + c_3T^3 \tag{28}$$

로 나타낼 수 있고, 여기서 $c_1 = 12$ erg g^{-1} K^{-2}, $c_3 = 18$ erg g^{-1} K^{-4}이다.

열전도도(*thermal conductivity*)

유리의 열전도도는 매우 낮다. 또한 열전도도는 상온과 그 위의 온도에서 구조의 무질서한 정도에 따라서 제한을 받는다. 이는 열적 포논의 평균 자유거리가 구조의 무질서한 정도에 따라 결정되기 때문이다. 저온에서 특히 1 K 이하에서는 전도도는 긴 파장의 포논에 의해 영향을 받으며, 또 원인불명의 이(2)준위계에서의 포논 산란, 또

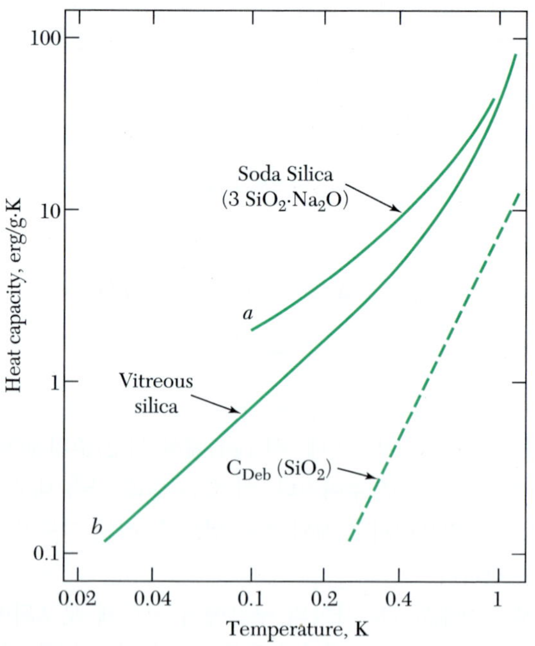

그림 8 유리화된 SiO_2와 소다 산화 규소유리의 비열을 온도의 함수로 나타낸 그림. 비열은 1 K이하에서는 온도에 선형적으로 변함을 대략적으로 보여준다. 점선은 유리화된 SiO_2의 계산된 디바이 비열이다.

는 제약을 비결정 고체의 열용량의 기여와 관련하여 앞에서 설명한 터널링 상태에 의한 제약일 수도 있다.

5장에서 기술했듯이 열전도도 K는 다음과 같은 식으로 표현된다.

$$K = \tfrac{1}{3}cv\ell \ . \tag{29}$$

여기서 c는 단위부피당 비열이고, v는 평균 포논의 속도, ℓ은 포논의 평균자유거리이다. 유리화된 실리카인 경우 상온에서

$$K \cong 1.4 \times 10^{-2}\ \mathrm{J\ cm^{-1}\ s^{-1}\ K^{-1}}\ ;$$
$$c \cong 1.6\ \mathrm{J\ cm^{-3}\ K^{-1}}\ ;$$
$$\langle v \rangle \cong 4.2 \times 10^{5}\ \mathrm{cm\ s^{-1}}$$

이므로, 평균자유거리는 $\ell \cong 6 \times 10^{-8}$ cm이다. 그림 3으로부터 미루어 볼 때 이 값은 구조의 무질서 정도 크기만큼 된다.

포논의 평균자유거리는 매우 짧다. 상온 이상의 온도(즉, 디바이 온도 이상)에서, 대부분의 포논은 두 원자 사이 거리 정도가 되는 반(1/2)파장을 갖는다. 이는 그림 9에서 보여주듯이 위상의 상쇄 과정으로 일어나며, 따라서 포논의 평균자유거리는 기껏해야 몇 원자 사이의 거리 정도에 불과하다. 용융된 쿼츠(quartz) 이외에는 평균자유거리가 6 Å만큼 되는 물질은 별로 없다. 유리구조에 있어서 진동의 정규 모드(normal mode)은 평면파 하고는 아주 다르다. 모드(mode) 자체가 상당히 찌그러져 있기는 하지만, 양자화된 진폭을 감안하면 포논이라고 얘기할 수 있다.

섬유 광학

FIBER OPTICS

실리카를 주요소로 하는 광도파관(lightguide) 섬유(fiber)는 많은 데이터와 정보를 지표에서나 바다속으로 보내는 데 쓰이고 있다. 광섬유는 굴절률이 높은 유리로 된 가느다란(약 10 μm) 속심(core)과 속심을 싸고 있는 피복(cladding)으로 구성되어 있다. 디지털 데이터는 빛에 의해서 전송되는데, 이때 최소 감쇠는 1.55 μm의 파장에 대하여 0.20 dB/km^{-1} 정도이고, 이 빛의 파장은 적외선 영역이다(그림 10 참조).

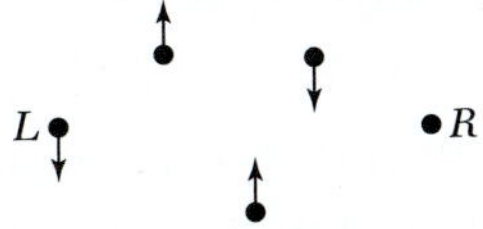

그림 9 무질서한 구조에서 나타난 짧은 포논의 평균자유거리. 짧은 파장의 포논이 원자 L을 그림에서 보듯이 변위시킨다. 그러나 원자 R은 더 작은 변위를 유발한다. 왜냐하면 위와 아래로 가는 길의 위상이 L에서 R로 갈 때 서로 상쇄되기 때문이다. 따라서 R의 변위는 $\uparrow + \downarrow \sim 0$으로 L에 입사한 파는 R에서 반사된다.

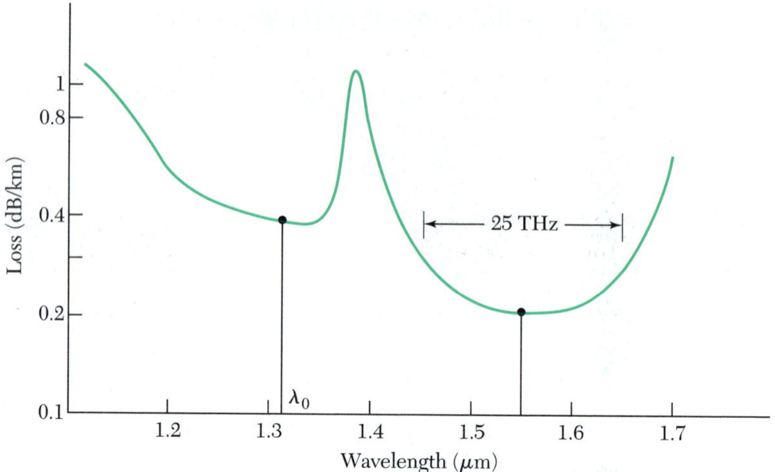

그림 10 통신에 사용될 만한 양질의 광섬유의 투과특성. 이 그림에서 감쇠는 빛의 파장의 함수로 주어지는데, 이때 감쇠는 dB/km로 주어진다. 그림의 왼쪽은 레일리 산란이 크게 보인다. 또 여기에 나타난 피크는 SiO_2에 함유된 OH 이온에 의한 흡수 피크이다. 이것은 물에 의해서 나타난 2.7 μm의 제2조화 피크이다. 1.3 μm에 표시된 파장은 1994년의 투과선에 쓰인 파장인데, 이는 1.55 μm로 바꾸어진다. 왜냐하면 Er^{3+} 레이저 증폭기로부터 이 파장을 얻을 수 있기 때문이다. 이 증폭기는 바다 밑에서 사용하는 원거리 통신 광섬유에서 매 100 km마다 설치된다. 그 이유는 신호를 증폭하기 위함이고, 이 증폭기의 출력은 구리선으로부터 공급받는다(Tingye Li의 업적, AT&T Bell Lab).

따라서 100 km 갈 때 20 dB의 손실이 발생하는데, 이 손실은 Er^{3+} 레이저 증폭기[7]가 보충해 준다.

순수한 유리에서 빛이 투과하는 구간(window)은 낮은 주파수 영역에서는 포논의 흡수띠에 의해, 높은 주파수 영역에서는 레일리(Rayleigh) 산란 및 전자적 흡수에 의해 제약을 받는다. 광투과 구간에서 손실은 레일리 산란에 의해 결정되는데, 이 산란은 물질 자체가 균일하지 않기 때문에 생기는 정적 국소 유전상수의 변동(fluctuation) 때문이다. 이때의 손실은 주파수의 사(4)승 에 따라 변한다.

다행스럽게도 1.55 μm 파장의 우수한 광원이 존재한다. 그림 13.24에서 보여주듯이 Er가 첨가된 광섬유에서 들뜬(pumped) 어븀(erbium) Er^{3+} 이온이 증폭 작용을 할 수 있다.

레일리 감쇠(*Rayleigh attenuation*)

유리 내부에서 빛의 파동이 감쇠되는 주요인은 적외선 영역에서의 레일리 산란(Rayleigh scattering) 때문이고, 이 산란은 하늘이 파랗게 보이는 원인과 같다. 흡광계수(extinction coefficient) 혹은 감쇠 계수(attenuation coefficient) h는 길이의 역수 단위를 갖으며, 기체에서 빛이 산란할 경우, 레일리에 관계식으로부터

7) **역자주** 원서에는 Eu^{3+}라고 되어 있으나, 확인 결과 Er^{3+}가 맞음으로 역자 임의로 정정

$$h = (2\omega^4/3\pi c^4 N)\langle(n-1)^2\rangle \tag{30}$$

로 주어진다. 여기서 n은 국소 굴절률, N은 산란중심의 단위부피당 갯수이다. 에너지 선속은 거리의 함수로 주어지며, $\exp(-hx)$의 형태로 주어진다.

식 (30)을 유도하는 과정은 전자기학 교과서에서 찾아볼 수 있는데, 이 식의 구조는 다음의 논리로 이해할 수 있다. 전기 쌍극자에 의해 산란된 복사 에너지는 $(d^2p/dt^2)^2$에 비례하고, 이는 ω^4에 비례함을 알 수 있다. 또 국소 편극률 α는 α^2의 형태로 이 식에 도입된다. 만약 단위부피당 N개의 마구잡이 산란중심(random scattering center)이 있으면, 이 마구잡이 산란 요인에 대해 평균한 산란 에너지의 평균은 $N\langle(\Delta\alpha)^2\rangle$ 또는 $\langle(\Delta n)^2\rangle/N$이 된다. 그러면, 식 (30)에 있는 중요한 인자들에 대해 알 수가 있다. 유리의 경우 Δn은 Si—O 각 그룹의 편극 변화에 기인하고, 이 방법으로 감쇠되는 정도를 수량적으로 추정할 수 있다.

연습문제
Problems

1. 금속 광섬유(*metallic optic fibres*) 금속의 높은 굴절률에 상응하는 장시간의 지연을 감수하면서 빛을 전송하면, 금속선도 광섬유 역할을 할 수 있다는 주장이 있다. 불행하게도 일반적인 금속의 굴절률은 $i^{1/2}$인 자유전자의 항이 지배적이기 때문에, 사실 금속 내에서는 빛 파동의 전파가 급격히 감쇠된다. 상온의 나트륨 내에서 진공에서의 파장이 10 μm인 파동의 감쇠 길이(damping length)가 0.1 μm임을 보여라. 이 결과는 양질의 광섬유에서 빛이 100 km의 감쇠 길이를 갖는 것과 대조적일 것이다.

CHAPTER 20

점결함
Point Defects

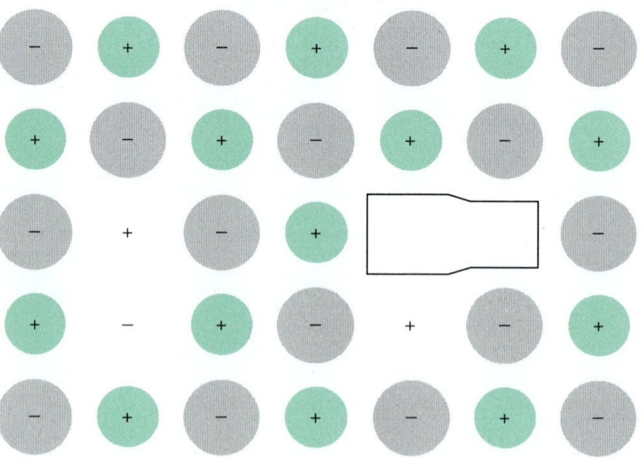

그림 1 순수한 할로겐화 알칼리 결정체의 한 평면. 두 개의 빈 양이온 위치와 반대부호를 가진 빈 위치들의 결합 쌍을 보여준다.

CHAPTER 20 점결함 Point Defects

결정체에 흔히 있는 점 모양의 불완전은 화학불순물(chemical impurities), 빈 격자위치(vacant lattice sites)와 규칙적인 격자위치가 아닌 곳에 놓여 있는 여분의 원자들이다. 선형 불완전은 21장에서 어긋나기(dislocations)로 다룬다. 결정체의 표면은 전자, 포논 그리고 마그논(magnon; 자성양자)의 표면상태를 가지는 면 불완전이다.

결정체의 몇몇 중요한 특성 중 일부는 임자결정(host crystal)의 조성에 의한 만큼이나 불완전성에 의해 제어되며, 이때 임자결정은 단지 불완전 요소들에 대한 용매(solvent)나 모체(matrix; 기반) 또는 매개물(vehicle)의 역할만 할 수도 있다. 일부 반도체의 전도도는 전적으로 화학 불순물의 흔적량(trace amount)에 달려 있다. 많은 결정체의 색깔과 냉광(luminescence; 비흡열발광)은 불순물이나 불완전성으로부터 일어난다. 기계적 성질과 소성(plastic)은 일반적으로 불완전성 요소에 의해 지배된다.

격자 빈자리 LATTICE VACANCIES

가장 간단한 불완전성은 **격자 빈자리**(lattice vacancy)인데, 그것은 있어야 할 곳에 원자나 이온이 없는 것으로 **쇼트키 결함**(Schottky defect)으로도 알려져 있다(그림 1). 완전한 결정체에서 쇼트키 결함을 만들려면 결정 내부의 격자위치에서 표면 격자위치로 원자 하나를 옮기면 된다. 열평형에서는 완전한 결정체가 아니라면 어느 만큼의 격자 빈자리가 반드시 있게 되는데, 이것은 구조 무질서로 인해 엔트로피가 증가하기 때문이다.

밀집 구조를 가진 금속에서는 녹는점 바로 밑의 온도에서 빈 격자위치의 비율은 10^{-3}에서 10^{-4} 정도의 크기이다. 그러나 몇몇 합금들에서 특히 TiC와 같이 아주 단단한 전이금속 탄화물에서는 한 성분의 빈위치 비율이 50%까지도 올라갈 수 있다.

주어진 위치가 빌 확률은 열평형에서 볼츠만 인자 $P = \exp(-E_V/k_BT)$에 비례한다. 여기서 E_V는 원자 하나를 결정체 내부의 격자위치로부터 표면의 격자위치까지 가져가는 데 드는 에너지이다. N개의 원자가 있다면 평형 빈자리 수 n은 볼츠만 인자

$$\frac{n}{N-n} = \exp(-E_V/k_BT) \tag{1}$$

로 주어진다. 만일 $n \ll N$이면

$$n/N \cong \exp(-E_V/k_BT) \tag{2}$$

이다. $E_V \approx 1$ eV, $T \approx 1000$ K이라면 $n/N \approx e^{-12} \approx 10^{-5}$이다.

빈자리의 평형농도는 온도가 감소함에 따라 줄어든다. 높은 온도에서 결정을 기른 다음 갑자기 식히게 되면, 빈자리들이 고정되어 실제 빈자리 농도는 평형값보다 커진다(퍼짐에 대한 아래의 논의를 보라).

이온결정에서는 양과 음이온 빈자리 수를 대략 비슷하게 만드는 것이 에너지 면에서 유리한 것이 보통이다. 한 쌍의 빈자리가 생기면 결정체는 국소적으로 전기적 중성을 유지한다. 통계적 계산으로부터 쌍의 수로서

$$n \cong N \exp(-E_p/2k_BT) \tag{3}$$

를 얻는데, E_p는 쌍형성 에너지이다.

다른 빈자리 결함은 **프렌켈 결함**(Frenkel defect; 그림 2)인데, 원자 하나가 격자 위치에서 **격자사이 자리**(interstitial position), 즉 원자가 정상적으로 채워지지 않는 자리로 옮긴 것이다. 순수한 할로겐화 알칼리에서는 가장 흔한 격자 빈자리가 쇼트키(Schottky) 결함이고, 할로겐화 은에서는 흔한 빈자리가 프렌켈 결함이다. 프렌켈 결함의 평형수의 계산은 연습문제 1을 푸는 것과 같이 하면 된다. 프렌켈 결함의 수 n이 격자위치의 수 N이나 격자사이 위치의 수 N'보다 훨씬 작으면

$$n \cong (NN')^{1/2} \exp(-E_I/2k_BT) \tag{4}$$

인 결과를 얻는데, E_I는 원자 하나를 격자 위치에서 빼어 격자사이 자리에 옮겨 놓는데 필요한 에너지이다.

할로겐화 알칼리가 추가적으로 2가 원소를 포함하면 격자 빈자리가 있게 된다.

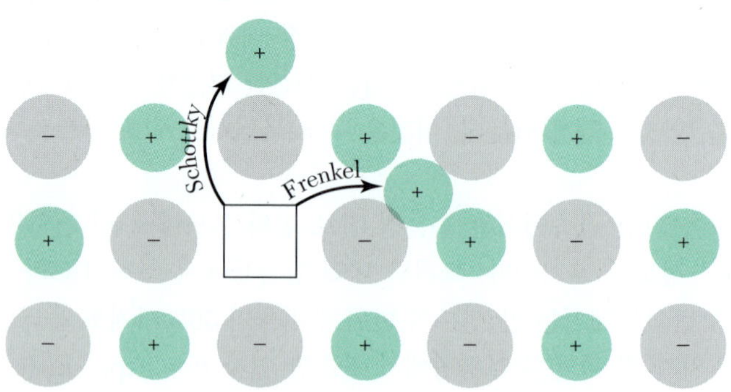

그림 2 이온결정 속의 쇼트키 결함과 프렌켈 결함. 화살표는 이온의 변위를 나타낸다. 쇼트키 결함에서는 이온이 결정체의 표면 위로 올라오게 되며 프렌켈 결함에서는 이온이 빠져서 격자사이 자리로 간다.

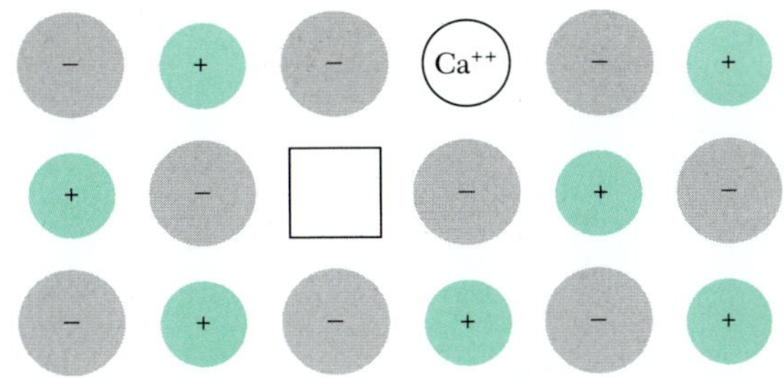

그림 3 $CaCl_2$를 KCl 속에 녹임으로써 격자 빈자리를 만든다. 전기적 중성을 유지하기 위해 각각의 2가 양이온 Ca^{++}에 하나의 양이온 빈자리가 격자에 도입되었다. $CaCl_2$에서 두 Cl^- 이온은 정상적인 음이온 위치에 들어간다.

KCl 결정을 조정된 양의 $CaCl_2$를 가지고 키우면, 결정체 내의 각각의 Ca^{2+} 이온에 하나씩의 K^+ 격자 빈자리가 생기는 것처럼 그 밀도가 변한다. Ca^{2+}는 정상적 K^+ 위치의 격자로 들어가고 두 개의 Cl^-이온은 KCl 결정 속의 두 Cl^- 위치로 들어간다(그림 3). 전하중성의 조건에 의해 빈 금속이온 자리 하나가 생긴다. $CaCl_2$를 KCl에 첨가하면 결정의 밀도가 작아지는 것을 보이는 실험 결과가 있다. Ca^{2+}가 K^+보다 무겁고 크기가 작은 이온이므로 빈자리가 생기지 않았다면 밀도가 증가했을 것이다.

할로겐화 알칼리나 은에서 전기전도도의 작용원리는 보통 전자의 운동이 아니라 이온의 운동이다. 이는 전하의 수송과 질량의 수송을 비교함으로써 확인되었는데, 이를 위해 결정체에 접촉된 전극에 도금되는 물질의 양을 측정하였다.

이온 전도도에 대한 조사는 격자결함 연구에서 중요한 수단이다. 아는 양의 2가 금속 이온 첨가물을 가진 할로겐화 알칼리나 은에 대한 연구로부터, 너무 높지 않은 온도에서 이온 전도도가 2가 첨가물의 양에 비례한다는 사실을 알았다. 이는 2가 이온이 본성적으로 높은 이동성을 가졌기 때문이 아니라, 음극에 증착된 1가의 금속이온보다 양이 많기때문이다. 2가 이온에 의해 도입된 격자 빈자리는 퍼짐 증가의 원인이다(그림 4 c). 빈자리가 어떤 방향으로 퍼진다는 것은 원자가 그 반대 방향으로 퍼

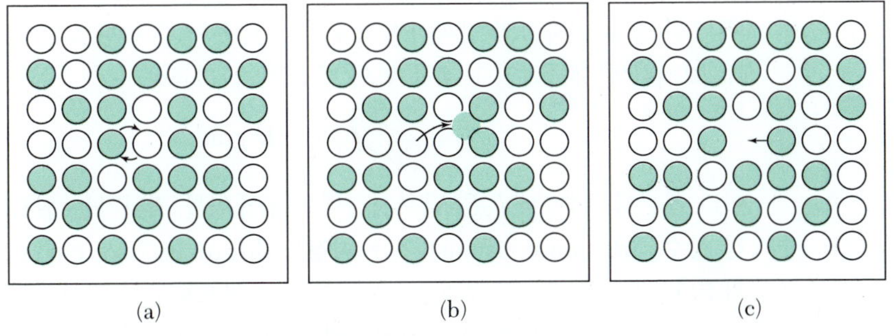

그림 4 퍼짐(diffusion)의 세 가지 기본 메커니즘: (a) 중간점 주위의 회전에 의한 맞바꿈. 둘 이상의 원자들이 같이 돌 수도 있다. (b) 격자사이 위치를 거친 이동, (c) 원자들이 빈 격자 위치와 자리를 바꾼다(Seitz의 결과 인용).

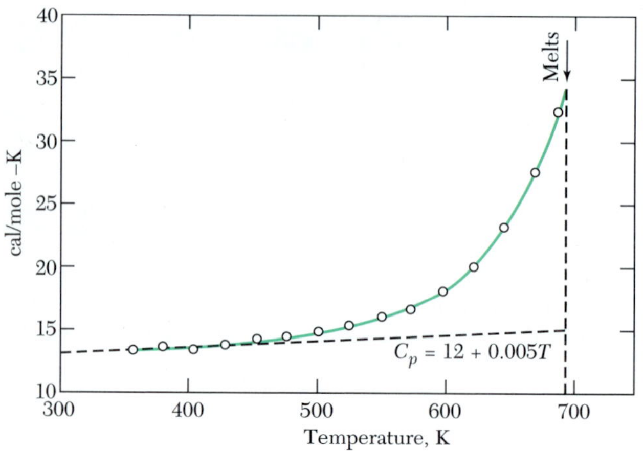

그림 5 격자결함의 형성에 따른 초과의 열용량을 보이는 브롬화은의 열용량(R. W. Christy와 A. W. Lawson의 결과 인용)

지는 것과 같다. 그림 5에서 보는 바와 같이, 격자결함을 열적으로 생기게 하면 그 형성 에너지는 결정체의 열용량에 여분의 기여를 한다.

반대 부호의 빈자리 결합쌍은 전기 쌍극자 모멘트를 가지기 때문에 빈자리 쌍의 운동은 유전상수와 유전손실에 기여한다. 유전 풀림시간(relaxation time)은 빈자리 중 하나가 다른 빈자리에 대해 하나의 원자자리만큼 뛰는 데 걸리는 시간이다. 쌍극자 모멘트는 낮은 진동수에서 변할 수 있지만 높은 진동수에서는 그렇지 않다. 염화나트륨에서 풀림 진동수는 85°C에서 1000 s^{-1}이다.

퍼짐
DIFFUSION

고체에서 불순물 원자나 빈자리 농도의 기울기가 있으면, 고체 속에 이들의 퍼짐다발이 있게 된다. 평형에서는 불순물이나 빈자리들이 고르게 퍼져 있을 것이다. 고체 속에서 한 종류 원자들의 알짜다발(net flux) J_N은 원자 농도 N의 기울기와 관련이 있는데, 그러한 현상론적인 관계를 **픽의 법칙**(Fick's law)

$$\mathbf{J}_N = -D \operatorname{grad} N \tag{5}$$

이라 부른다. 여기서 J_N은 단위시간에 단위넓이를 지나가는 원자의 수, 상수 D는 **퍼짐 상수**(diffusion constant) 또는 **퍼짐도**(diffusivity)로서 cm^2/s 또는 m^2/s의 단위를 가졌다. 음의 부호는 퍼짐이 높은 밀도의 영역으로부터 멀어지는 방향으로 일어난다는 것을 뜻한다. 식 (5)의 퍼짐법칙의 모양은 보통은 적절하지만 엄밀하게는 퍼짐을 추진하는 힘은 농도의 기울기가 아니라 화학퍼텐셜의 기울기이다(*TP*, p. 406).

퍼짐상수는 보통 온도에 따라

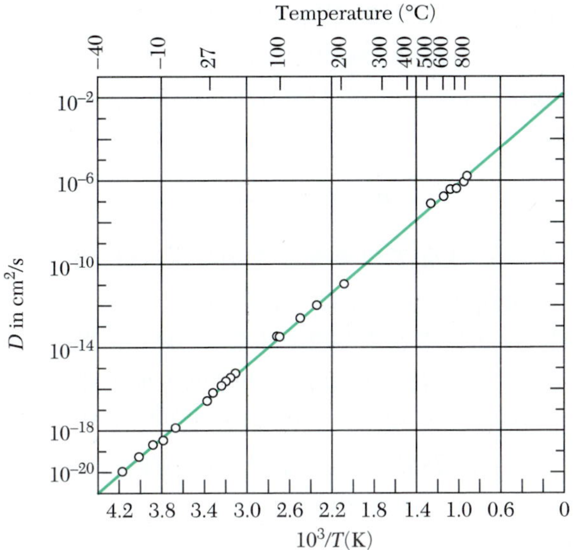

그림 6 Wert가 제공한 철 속에서 탄소의 퍼짐상수. 로그 D는 $1/T$에 정비례한다.

$$D = D_0 \exp(-E/k_B T) \tag{6}$$

와 같이 변하는데, 여기서 E는 과정의 **활성화 에너지**(activation energy)이다. 알파철 속에서 탄소의 퍼짐에 대한 실험 결과를 그림 6에 보이고 있는데, E = 0.87 eV, D_0 = 0.0020 cm²/s일 때의 데이터를 나타냈다. 대표적인 D_0와 E의 값이 표 1에 주어졌다.

한 원자가 퍼지려면 최인접물에 의한 퍼텐셜 에너지의 장벽을 넘어야 한다. 여기서는 격자사이 위치에 있는 불순물원자의 퍼짐을 다룬다. 같은 논의를 빈 격자자리의 퍼짐에 적용할 것이다.

장벽의 높이가 E이면, 원자는 장벽을 넘기에 충분한 열에너지의 $\exp(-E/k_B T)$

표 1 퍼짐상수와 활성화 에너지

Host crystal	Atom	D_0 cm² s⁻¹	E eV	Host crystal	Atom	D_0 cm² s⁻¹	E eV
Cu	Cu	0.20	2.04	Si	Al	8.0	3.47
Cu	Zn	0.34	1.98	Si	Ga	3.6	3.51
Ag	Ag	0.40	1.91	Si	In	16.0	3.90
Ag	Cu	1.2	2.00	Si	As	0.32	3.56
Ag	Au	0.26	1.98	Si	Sb	5.6	3.94
Ag	Pb	0.22	1.65	Si	Li	2×10^{-3}	0.66
Na	Na	0.24	0.45	Si	Au	1×10^{-3}	1.13
U	U	2×10^{-3}	1.20	Ge	Ge	10.0	3.1

부분만큼 가질 것이다. 장벽을 통한 양자 터널링도 또 하나의 가능한 과정이지만 이는 보통 가장 가벼운 핵, 특히 수소에서만 중요하다.

특성 원자 진동수를 ν라고 할 때, 단위시간 동안 원자가 충분한 열에너지를 가져 장벽을 넘을 확률은

$$p \approx \nu \exp(-E/k_BT) \tag{7}$$

이다. 원자는 매번 $\exp(-E/k_BT)$의 확률로 단위시간 동안 ν번 장벽을 넘으려 한다. 위에서 p를 **뜀 빈도**(jump frequency)라 부른다.

격자 사이 위치에 있는 불순물 원자들이 놓여 있는 두 평행한 평면을 생각하자. 두 평면은 격자상수 a 만큼 떨어져 있다. 한 평면에 S개의 불순물 원자가 있고 다른 평면 위에 $(S + a\, dS/dx)$개가 있다고 하면, 단위시간 동안 두 평면 사이를 건너가는 원자의 알짜 수는 $\approx -pa\, dS/dx$이다. N을 불순물 원자의 전체 농도라고 하면, 단위 넓이의 평면에 $S = aN$개의 원자가 있다.

퍼짐 다발은 이제

$$J_N \approx -pa^2(dN/dx) \tag{8}$$

로 쓸 수 있다. 식 (5)와 비교하여

$$\boxed{D = \nu a^2 \exp(-E/k_BT)} \tag{9}$$

를 얻는데, 이것은 $D_0 = \nu a^2$일 때의 식 (6)의 꼴이다.

불순물이 전하를 띠면, *TP* p. 406의 아인슈타인 관계 $k_BT\bar{\mu} = qD$를 써서 퍼짐도로부터 이온이동도(ionic mobility) $\bar{\mu}$와 전도도 σ를 구하면 다음과 같다.

$$\bar{\mu} = (q\nu a^2/k_BT)\exp(-E/k_BT)\ ; \tag{10}$$

$$\sigma = Nq\bar{\mu} = (Nq^2\nu a^2/k_BT)\exp(-E/k_BT)\ . \tag{11}$$

위에서 N은 전하 q를 갖는 불순물 이온의 농도이다.

빈자리 수가 2가 금속이온의 수에 의해 정해지는 범위에서는 빈자리의 비율은 온도에 무관하다. 그러면 $\ln \sigma$를 $1/k_BT$의 함수로 그린 그래프에서 기울기는 E_+(즉, 양의 이온 빈자리들이 뛸 때의 장벽 활성화 에너지)를 준다(표 2). 낮은 온도에서 퍼짐은 아주 느리다. 실온에서 뜀 빈도(jump frequency)는 1 s^{-1} 정도의 크기이고, 100 K에서 10^{-25} s^{-1} 정도이다.

결함의 농도가 열 발생에 의해 정해지는 온도 범위에서 빈자리의 비율은

$$f \cong \exp(-E_f/2k_BT) \tag{12}$$

로 주어지는데, E_f는 쇼트키나 프렌켈 결함이론에 의한 빈자리 쌍의 형성에너지이다.

표 2 양이온 빈자리의 운동에 대한 활성화 에너지 E_+

빈자리 쌍의 형성 에너지 값 E_f도 주어졌다. 괄호 속의 숫자들은 격자 사이 자리의 은 이온을 기준으로 한 은염의 값이다.

Crystal	E_+(eV)	E_f(eV)	Workers
NaCl	0.86	2.02	Etzel and Maurer
LiF	0.65	2.68	Haven
LiCl	0.41	2.12	Haven
LiBr	0.31	1.80	Haven
LiI	0.38	1.34	Haven
KCl	0.89	2.1 – 2.4	Wagner; Kelting and Witt
AgCl	0.39(0.10)	1.4[a]	Teltow
AgBr	0.25(0.11)	1.1[a]	Compton

[a]For Frenkel defect.

여기서 $\ln \sigma$를 $1/k_BT$의 함수로 그린 그래프의 기울기는 식 (10)과 (12)에 따라 $E_+ + \frac{1}{2}E_f/2$일 것이다. 다른 온도범위에서의 측정으로부터 빈자리 쌍의 형성에너지 E_f와 뜀 활성화 에너지 E_+를 정한다.

퍼짐상수는 방사성 흔적 기술로 잴 수 있다. 초기분포를 알고 있는 방사성 이온들의 퍼짐은 시간이나 거리의 함수가 된다. 이와 같이 정해진 퍼짐상수의 값들을 이온 전도도로부터 얻은 값들과 비교할 수 있다. 두 가지 값들이 실험의 정확도 안에서 잘 안맞는 것이 보통인데, 이는 전하의 수송이 관련되지 않는 퍼짐 메커니즘이 있음을 암시한다. 예를 들어 양과 음이온 빈자리 쌍의 퍼짐은 전하의 수송과 관계없다.

금속(*metals*)

단원자 금속에서 **스스로 퍼짐**(self-diffusion)은 가장 보편적으로 격자 빈자리에 의하여 이루어진다. 스스로 퍼짐은 불순물이 아니라 금속의 원자들 자신의 퍼짐을 뜻한다. 구리 속에서 스스로 퍼짐에 대한 활성화 에너지는 빈자리들을 통한 퍼짐에서는 2.4에서 2.7 eV, 격자사이 자리들을 통해서는 5.1에서 6.4 eV로 예측된다. 관측된 활성화 에너지는 1.7에서 2.1 eV이다.

Li과 Na 속에서 퍼짐에 대한 활성화 에너지는 핵공명 선너비(nuclear resonance line width)의 온도의존성 측정을 통하여 정할 수 있다. 이미 핵공명에서 논의하였듯이, 원자의 사이자리 뜀 빈도가 정적 선너비에 해당하는 진동수에 비해 빨라질 때는 공명 선너비가 좁아진다. Li과 Na의 경우에 NMR로 0.57 eV와 0.45 eV의 값을 얻었다. 나트륨에 대한 스스로 퍼짐 측정 값도 0.4 eV이다.

빛깔중심(색중심)
COLOR CENTERS

순수한 할로겐화 알칼리 결정들은 빛띠(spectrum)의 가시영역(visible range)에서 투명하다. 빛깔중심은 가시광선을 흡수하는 격자결함이다. 보통의 격자 빈자리는 할로겐화 알칼리에 빛깔을 띠게 하지 않으나, 자외선 흡수에는 영향을 준다. 결정들은 다음과 같은 방법으로 빛깔을 띠게 할 수 있다.

- 화학적인 불순물을 끼워 넣는다.
- 여분의 금속 이온을 끼워 넣는다[알칼리 금속 증기 속에서 결정에 열을 가했다가 갑자기 식힌다. 나트륨 증기 속에서 NaCl 결정에 열을 가하면 노랗게 되고, KCl 결정을 칼륨 증기 속에서 가열하면 짙은 분홍색(magenta; 심홍색)이 된다].
- 엑스선, 감마선, 중성자, 전자로 두들긴다.
- 전기분해

F 중심(*F* Centers)

F 중심이라는 이름은 독일어에서 색을 뜻하는 Farbe에서 나왔다. 흔히 결정을 과잉의 알칼리 증기 속에서 가열하거나 엑스선을 쪼여 *F* 중심을 만든다. 몇몇 할로겐화 알칼리의 *F* 중심들과 관련된 중앙흡수띠(central absorption band; *F*띠)를 그림 7에 보였으며, 양자 에너지들은 표 3에 주어졌다. *F* 중심들의 특성은 처음 Pohl에 의해 상세히 연구되었다.

F 중심이 음이온의 빈자리에 갇힌 전자(그림 8)라는 것을 전자스핀공명(electron spin resonance)으로 확인하였는데, 이것은 de Boer가 제의한 모형과 일치한다. 알칼리 원자들을 할로겐화 알칼리 결정에 과다하게 첨가하면 그 수만큼 음이온 빈자리가 만들어진다. 알칼리 원자의 원자가전자(valence electron)는 원자에 속박되지 않는다. 전자는 결정 속을 돌아다니다 빈 음이온 위치에 갇히게 된다. 완전히 주기적인 격자 속의 음이온 빈자리는 고립되어 있는 양의 전하와 같은 효과를 가지기 때문에 전자를 끌어당긴다. 점유된 음이온 자리의 정상적인 전하 $-q$에 양전하 q를 더함으로

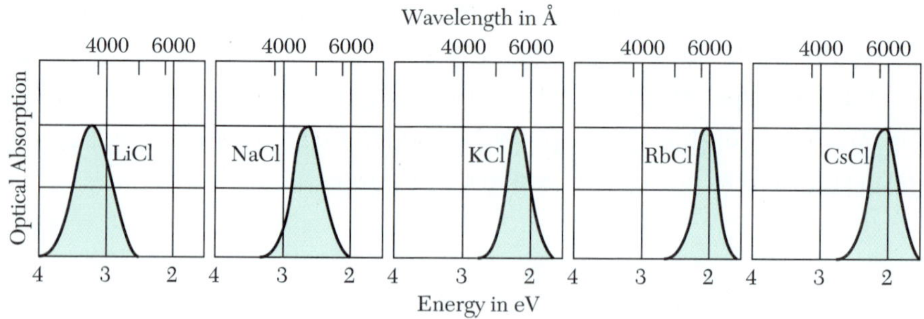

그림 7 몇몇 할로겐화 알칼리의 *F* 띠들. *F* 중심을 가진 결정들에서 광흡수 대 파장의 그래프

표 3 *F* 중심 흡수 에너지의 실험값(단위 eV)

LiCl	3.1	NaBr	2.3
NaCl	2.7	KBr	2.0
KCl	2.2	RbBr	1.8
RbCl	2.0	LiF	5.0
CsCl	2.0	NaF	3.6
LiBr	2.7	KF	2.7

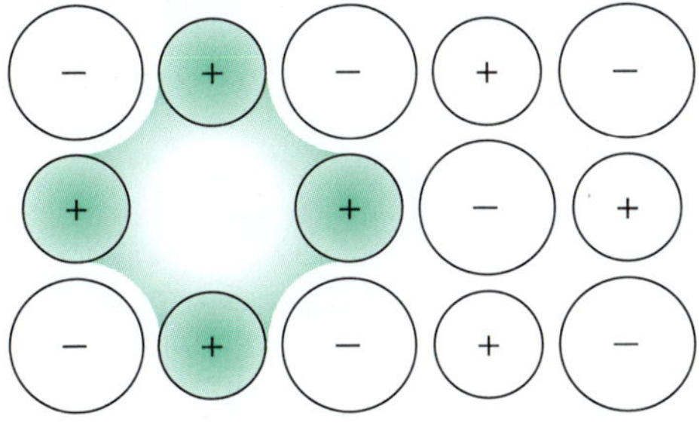

그림 8 *F* 중심은 여분의 전자 한개가 빈자리에 속박된 음이온 빈자리이다. 여분의 전자는 주로 빈 격자 위치에 인접한 양의 금속 이온 주변에 분포한다.

써 음이온 빈자리의 정전기적 효과를 시늉내기(simulate)할 수 있다.

F 중심은 할로겐화 알칼리 결정체 속에서 가장 간단한 잡힌전자(trapped-electron) 중심이다. *F* 중심의 광흡수는 중심에 속박된 들뜬 상태(bound excited state)로 가는 전기쌍극자 전이(electric dipole transition)에 의해 일어난다.

할로겐화 알칼리의 다른 중심들*(other centers in alkali halides)*

F_A 중심이란 *F* 중심의 여섯 개의 최인접 이웃 중 하나가 다른 알칼리 이온으로 치환된 것이다(그림 9). *F* 중심들의 무리에 의해 더 복잡한 잡힌전자 중심이 만들어지기도 한다(그림 10과 11). 그래서 인접한 두 개의 *F* 중심이 한 개의 *M* 중심을 이룬다. 세 개의 인접한 *F* 중심들은 하나의 *R* 중심을 만든다. 서로 다른 중심들은 그 광흡수 진동수로 구분한다.

양공들도 잡혀서 빛깔 중심을 이룰 수 있으나 양공 중심은 보통 전자중심들처럼

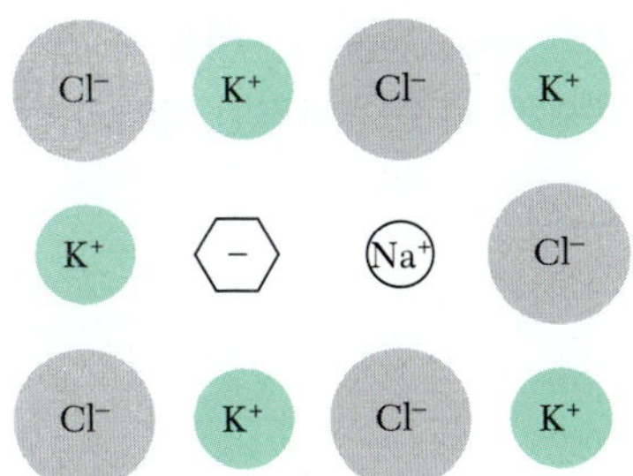

그림 9 KCl 속의 F_A 중심. *F* 중심을 싸는 6 개의 K^+ 이온 중 하나가 다른 알칼리이온(여기서는 Na^+)으로 교체되었다.

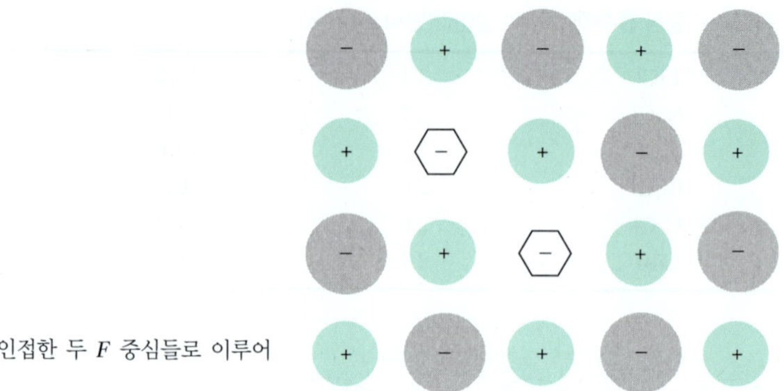

그림 10 M 중심은 인접한 두 F 중심들로 이루어졌다.

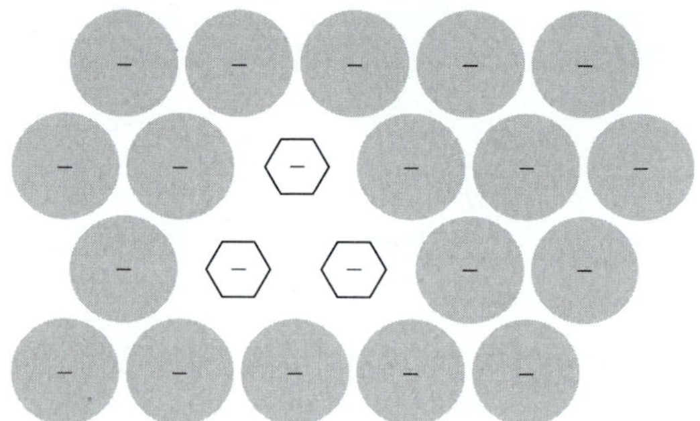

그림 11 R 중심은 인접한 세 F 중심들로 이루어졌다. 즉 NaCl 구조의 [111] 평면에서 세 개의 음이온 빈자리들로 이루어진 무리로서 세 개의 전자가 관련돼 있다.

간단하지 않다. 예를 들면, 할로겐 이온의 채워진 p^6 껍질에 있는 양공은 이온을 p^5의 배열로 만드는 반면, 알칼리 이온의 채워진 p^6 껍질에 전자를 하나 더하면 이온을 p^6s 배열로 만든다.

두 중심들의 화학은 다르다. p^6s는 구대칭인 이온으로 행세하지만 p^5는 비대칭적 이온으로 행세하며 얀-텔러(Jahn-Teller) 효과로 인해 결정 속에서 그들 바로 옆 부분을 찌그러뜨린다.

F 중심의 반대형태(antimorph)는 양이온 빈자리에 잡힌 양공이다. 하지만 그러한 중심이 할로겐화 알칼리에서는 실험적으로 확인되지 않았다. 절연체 산화물에서 O^- (V^-라 부름) 결함이 알려져 있다. 가장 잘 알려진 잡힌 양공 중심은 V_K 중심이다(그림 12). 할로겐화 알칼리 결정체에서 양공 하나가 한 할로겐 이온에 의해 잡히게 되면 V_K 중심이 형성된다. 전자스핀 공명은 그런 중심이 마치 음인 할로겐 분자 이온(a negative halogen molecular ion)처럼 (KCl 속의 Cl^-처럼) 행동하는 것을 보인다. 자유로운 양공들의 얀-텔러 잡힘은 완전한 결정체 속에서 가장 효과적인 형태의 전하운반자의 스스로 잡힘이다.

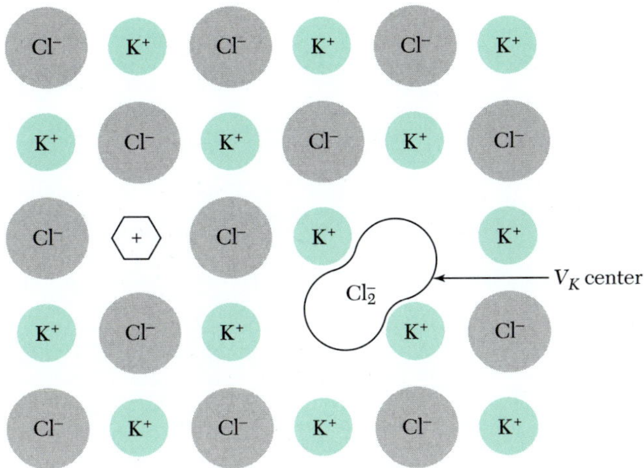

그림 12 한 개의 양공이 음이온의 쌍에 잡히면 V_K 중심이 형성되는데, 이는 KCl 속의 Cl^-처럼 음전하를 띤 할로겐 분자 이온과 비슷하다. V_K 중심은 격자 빈자리나 여분의 원자와 무관하다. 그림에서 왼쪽에 있는 중심은 아마도 안정치 못하다. 육각형은 양이온 빈자리 옆에 잡힌 양공을 나타낸다. 그러한 중심은 F 중심의 반대 형태이다. 양공들은 반 F 중심(anti-Fcenter)에 속박되는 것이 V_K 중심에 속박되는 것보다 낮은 에너지를 갖는다.

연습문제
Problems

1. 프렌켈 결함(***Frenkel defects***). N개의 격자점과 N'개의 가능한 격자 사이 자리를 갖는 결정체에서 n개의 격자 빈자리들과 평형을 이루고 있는 격자사이 원자들의 수 n에 대한 방정식이

$$E_I = k_B T \ln [(N - n)(N' - n)/n^2]$$

으로 됨을 보여라. $n \ll N, N'$일 때는 $n \simeq (NN')^{1/2} \exp(-E_I/2k_BT)$가 된다. 여기서 E_I는 원자 하나를 격자 위치에서 빼서 격자사이 자리에 놓는 데 필요한 에너지이다.

2. 쇼트키 빈자리(***Schottky vacancies***). 나트륨 결정 속에서 나트륨 원자 하나를 빼서 가장자리에 놓는 데 필요한 에너지를 1 eV라 하자. 300 K에서 쇼트키 빈자리의 농도를 계산하라.

3. F 중심(***F center***). (a) F 중심을 유전상수 $\epsilon = n^2$인 매질 속에서 점전하 e가 만드는 장의 영향을 받으며 움직이는 질량 m인 자유전자로 취급할 수 있다. NaCl 속에서 F 중심의 $1s$-$2p$ 에너지 차이는 얼마인가? (b) 표 3으로부터, NaCl 속에서 F 중심 들뜸 에너지와 자유로운 나트륨 원자에서의 $3s$-$3p$ 에너지 차를 비교하라.

Introduction to
SOLID STATE PHYSICS

CHAPTER 21

어긋나기
Dislocations

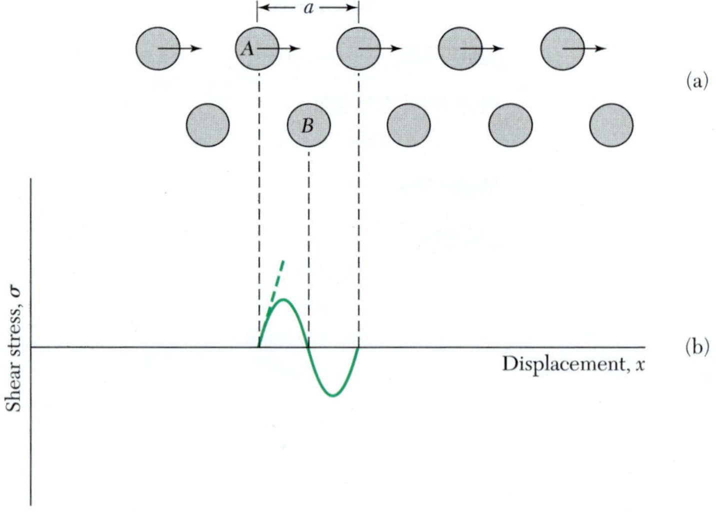

그림 1 (a) (본문 중에서 설명한) 균일하게 변형된 결정체 내에서 원자로 구성된 두 평면의 상대적인 층밀림, (b) 평형점에서 평면이 상대적으로 움직인 변이에 대한 층밀림 변형력. 첫 번째 점에서의 기울기를 나타낸 굵은 점선은 층밀림 계수

CHAPTER 21

어긋나기

Dislocations

이 장에서는 어긋나기 이론을 이용하여 결정질 고체의 플라스틱 역학적 특성(소성 역학적 특성)을 이해하려고 한다. 플라스틱 성질은 한번 변형되면 다시 원상태로 되돌아오지 못한다. 이에 반해서 탄성 변형은 변형력이 없어지면 다시 원상태로 되돌아온다. 순수한 단결정이 플라스틱 변형을 쉽게 한다는 사실은 상당히 놀랍다. 결정이 근본적으로 약하다는 성질은 여러 가지 형태로 나타난다. 순수한 염화은(AgCl)은 455°C에서 녹지만 이 물질은 상온에서 치즈와 비슷한 경도를 지니고 있어서 종이처럼 얇게 펼칠 수 있다. 순수한 알루미늄 결정은 10^{-5} 변형 이하에서는 후크의 법칙을 따르는 탄성체이나 10^{-5} 이상의 변형에서는 플라스틱 변형을 한다.

이론적으로 예측한 완벽한 결정의 탄성한계는 실제로 관측한 값보다 10^4이나 10^3배만큼 크다. 100 정도 큰 값은 보통이다. 순수한 결정이 강하지 못해서 플라스틱 변형을 쉽게 한다고 일반적으로 믿고 있지만, 여기에도 예외적인 결정이 있다. Ge이나 Si 결정은 상온에서 플라스틱 변형을 하지 않고, 깨지거나 균열을 일으킨다. 유리도 상온에서 깨지지만 결정은 아니다. 유리의 균열은 작은 틈새에 변형력이 집중적으로 가해질 때 생긴다.

단결정의 층밀림 세기

SHEAR STRENGTH OF SINGLE CRYSTALS

프렌켈(Frenkel)은 완벽한 결정의 이론적인 층밀림 세기를 예측하는 간단한 방법을 제시하였다. 그림 1에서 보듯이 두 원자면이 층밀림으로 변위가 일어나려면 힘이 필요하다. 작은 탄성변형에서 변형력 σ는 변위 x와 다음과 같은 관계가 있다.

$$\sigma = Gx/d. \tag{1}$$

여기서 d는 두 결정면 사이의 거리이고, G는 층밀림 계수이다. 변위가 커져서 A 원자가 B원자 바로 위에 온 경우, 두 원자가 있는 면은 구조적으로 불안정한 평형상태가 되고, 이때는 변형력이 0이 된다. 우선 어림으로 우리는 변형력과 변위의 관계를 다음과 같이 표현할 수 있다.

표 1 층밀림 계수 G와 탄성한계 σ_c[a]의 비교

	Shear modulus G, in dyn/cm^2	Elastic limit σ_c in dyn/cm^2	G/σ_c
Sn, single crystal	1.9×10^{11}	1.3×10^{7}	15,000
Ag, single crystal	2.8×10^{11}	6×10^{6}	45,000
Al, single crystal	2.5×10^{11}	4×10^{6}	60,000
Al, pure, polycrystal	2.5×10^{11}	2.6×10^{8}	900
Al, commercial drawn	$\sim 2.5 \times 10^{11}$	9.9×10^{8}	250
Duralumin	$\sim 2.5 \times 10^{11}$	3.6×10^{9}	70
Fe, soft, polycrystal	7.7×10^{11}	1.5×10^{9}	500
Heat-treated carbon steel	$\sim 8 \times 10^{11}$	6.5×10^{9}	120
Nickel-chrome steel	$\sim 8 \times 10^{11}$	1.2×10^{10}	65

[a]After Mott의 결과 인용

$$\sigma = (Ga/2\pi d) \sin (2\pi x/a) \tag{2}$$

여기서 a는 원자 간의 거리인데, 이는 층밀리는 방향 쪽의 원자간 거리이다. 이 관계식은 x/a가 아주 작을 때 식 (1)로 환원된다. 임계 층밀림 변형력 σ_c 즉 격자가 불안정할 때인데 이는 σ가 최대가 되는 값이다.

$$\sigma_c = Ga/2\pi d \ . \tag{3}$$

만약 $a \approx d$이면 $\sigma_c \approx G/2\pi$: 따라서 이상적인 층밀림 변형력은 층밀림 계수의 약 $\frac{1}{6}$ 정도가 된다.

표 1은 관측된 실험값인데, 식 (3)에서 제시한 값보다 작다. 이 이론적인 값은 분자간의 힘, 그리고 격자에 변형력이 가해질 때 안정적인 구조로 무엇이 있는지를 알 수 있다면 더 정확하게 계산가능하다. 멕킨지(Machenzie)는 위에 열거한 두 가지의 문제가 이론적인 계산값을 $G/30$ 정도로 낮출 수 있다는 것을 보였는데, 이는 임계 층밀림 변형각 약 2도에 해당하는 크기이다. 관측된 층밀림세기가 낮은 이유는 결정 내의 결함 때문이라고 생각할 수밖에 없는데, 결함은 구조적인 약점으로 작용한다. 결정 결함의 이동을 어긋나기라고 부르는데, 이 어긋나기가 아주 낮은 변형력에서 미끄럼이 일어나는 요인이 된다.

미끄럼(*slip*)

결정에서 플라스틱 변형은 미끄럼에 의해 생긴다. 이것은 그림 2에 나타나 있다. 미끄럼은 결정의 한 부분이 옆에 있는 다른 부분에 대하여 한 덩어리로 미끄러지는 것을

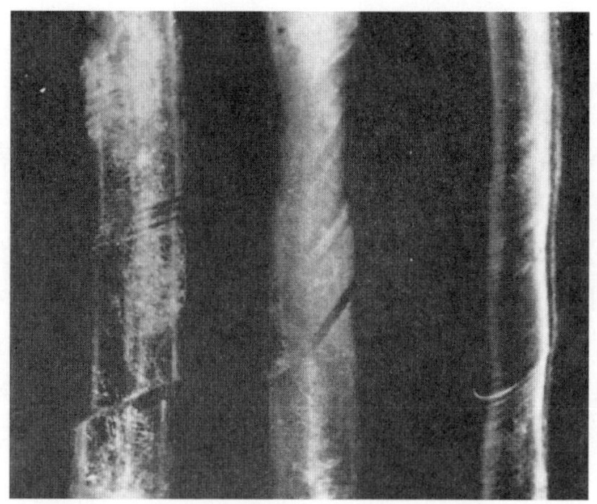

그림 2 Zn 단결정에서 병진미끄럼(E. R. Parker의 결과 인용)

말한다. 미 끄럼이 생기는 표면을 **미끄럼면**이라 부른다. 또 미끄러져 움직이는 방향을 **미끄럼 방향**이라 한다. 플라스틱 변형의 관점에서 격자 특성의 가장 중요한 점은 미끄럼이 대단히 비등방적이라는 사실에 있다. 변위가 일어나는 결정학적 면은 밀러 계수(Miller index)가 작은 면들이다. 예를 들면 면심입방구조를 가진 금속은 {111}이고 체심입방구조를 가진 금속은 {110}, {112} 그리고 {123}이다.

또한 미끄럼 방향은 원자들이 촘촘히 쌓여 있는 방향인데, 면심입방구조 금속에서는 (110) 방향이고, 체심입방구조 금속에서는 (111) 방향이다(연습문제 1). 결정에서 미끄럼이 일어난 후에도 그 구조를 유지하기 위해서는 미끄럼 벡터는 격자 병진벡터와 같아야 한다. 면심구조에서 격자상수가 a일 때 가장 작은 격자 병진벡터는 $(a/2)(\hat{\mathbf{x}} + \hat{\mathbf{y}})$이고 체심구조에서는 $(a/2)(\hat{\mathbf{x}} + \hat{\mathbf{y}} + \hat{\mathbf{z}})$이다. 그러나 면심입방구조에서 부분적인 변위가 일어나서 보통 일어나는 *ABCABC*··· 대신에 **층쌓기 결함**(staching fault) *ABCABABC*···의 배열이 나타난다. 이런 경우에는 면심입방구조와 육방밀집구조의 층쌓기가 섞여 있다.

미끄럼 때문에 생기는 변형은 불균일하다. 큰 층밀림 변위가 일어날 때, 미끄럼 평면 사이의 거리는 큰데, 이 미끄럼 평면 사이에 놓인 결정은 변형이 되지 않는다. 미끄럼 특성은 Schmit의 임계 변형력 법칙으로 설명한다. 즉, 미끄럼은 특정한 평면과 방향에서 발생하는데, 층밀림 변형력의 이 방향 성분이 임계값에 도달할 때 일어난다.

미끄럼은 플라스틱 변형의 한 유형이다. 또 다른 종류는 **쌍결정 성장**(twinning)인데, 이 현상은 체심입방구조나 육방밀집구조에서 일어난다. 미끄럼이 일어날 때 멀리 떨어진 미끄럼 평면에서는 큰 변위가 생긴다. 쌍결정 성장이 일어날 때는 부분적인 변위가 인접한 결정학적 평면에 연속적으로 일어난다. 또 쌍결정 성장이 일어나면, 변형이 일어난 부분의 결정은 변형이 일어나지 않은 부분의 거울상이 된다. 쌍결정 성장이나 미끄럼은 어긋나기의 결과인데 우리는 미끄럼을 제일 중요하게 생각한다.

어긋나기
DISLOCATIONS

임계 층밀림 변형력의 낮은 실험값은 어긋나기 즉, 선형으로 배열된 결함을 지닌 격자의 이동으로 설명된다. 1934년에 Tayler, Orowan 및 Polanyi 등에 의해서 미끄럼이 어긋나기의 운동으로 전파된다는 것이 발표되었다. 그러나 어긋나기의 개념은 이보다 앞서 Prandtl 및 Dehlinger 등에 의해서 알려졌다. 어긋나기에는 몇 가지 기본적인 유형이 있다. 우리는 여기서 우선 **끝머리 어긋나기**(edge dislocation)에 대해서 이야기 하겠다. 그림 3은 입방체 결정에서 한 원자 간격의 미끄럼이 평면의 왼쪽 면에서 일어나고, 오른쪽에서는 미끄럼이 일어나지 않은 경우를 보여준다. 미끄럼이 일

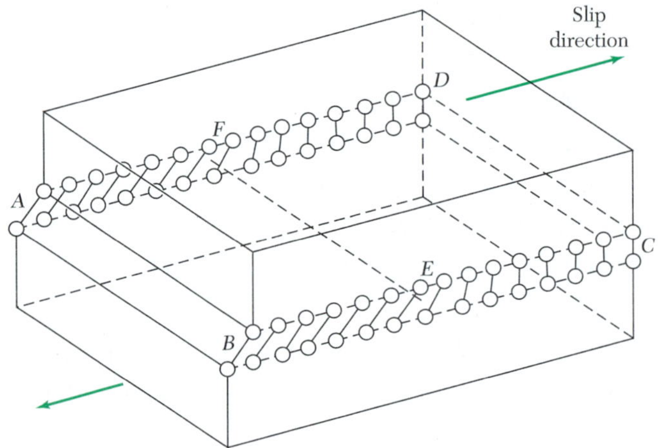

그림 3 미끄러지는 면 *ABCD*에 있는 끝머리 어긋나기 *EF*. 이 그림에서 미끄럼이 일어난 *ABEF*의 원자들은 격자상수의 반보다 더 많이 변위되었고 또 미끄럼이 일어나지 않은 *FECD* 부분은 격자상수의 반보다 작은 변위가 일어난 것을 보여준다.

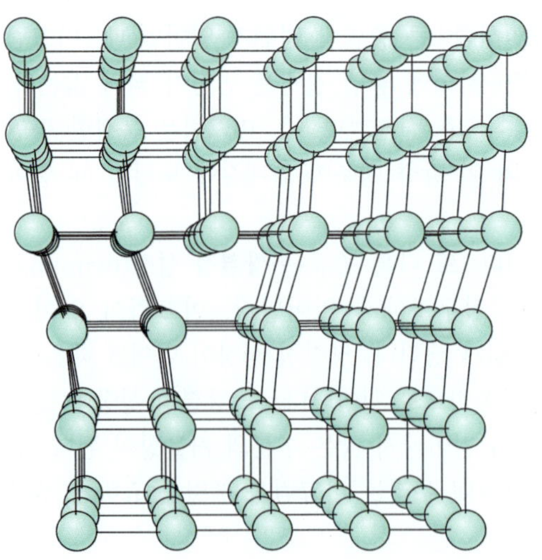

그림 4 끝머리 어긋나기의 구조. 이 변형은 추가의 원자평면을 y축의 위쪽에 삽입함으로써 생긴다고 생각할 수 있다. 따라서 위쪽에 있는 원자들은 압축을 받고 밑에 있는 부분은 늘어난다.

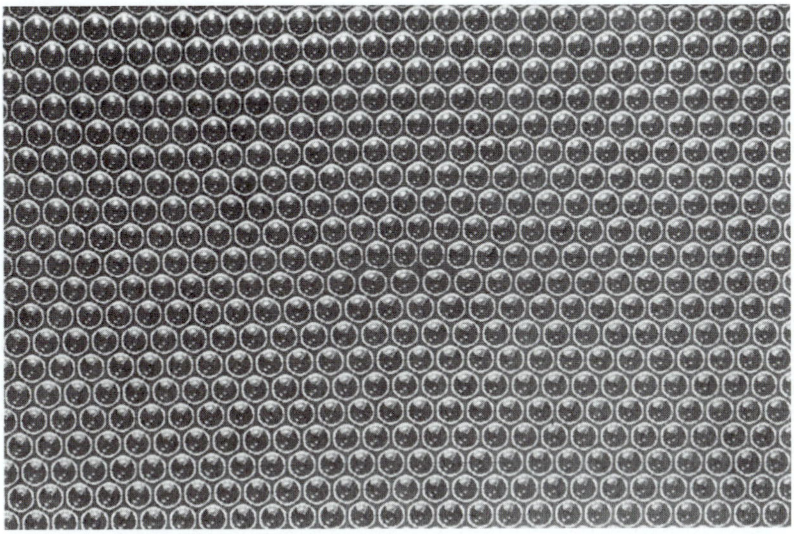

그림 5 2차원의 비누거품 부유물로 나타난 어긋나기. 이것은 이 그림을 약 30°쯤 평면에서 어긋나게 보면 쉽게 보인다(W. M. Lomer, Bragg와 Nye의 결과 인용).

어난 부분과 일어나지 않은 영역 사이의 경계를 어긋나기라고 부른다. 이 위치는 그림 4와 같이 수직으로 배열된 반쪽 평면의 원자층이 위쪽 면의 한 끝단에 삽입되어 있는 형태로 나타낼 수 있다.

이 어긋나기 부분에서 결정은 큰 변형을 받는다. 간단한 끝머리 어긋나기는 미끄럼 방향과 수직인 미끄럼 평면을 따라서 무한하게 뻗어나간다. 그림 5는 Bragg와 Nye 방법에 의한 2차원에서 비눗방울 부유물로 만들어진 어긋나기 사진이다.

그림 6에서는 어긋나기의 이동원리를 보여준다. 결정에서 끝머리 어긋나기의 이동은 융단에서 주름이 이동하는 것에 비유해서 생각할 수 있다. 왜냐하면 융단의 주름은 융단 전체가 움직이는 것보다는 쉽기 때문이다. 만약 미끄럼 평면의 한쪽에 있는 원자가 다른 쪽에 있는 원자에 대해서 움직인다면, 미끄럼 평면에 있는 원자는 그 주변에 있는 다른 원자로부터는 척력을 받고, 또 미끄럼 평면을 가로질러 있는 원자로부터는 인력을 받는다. 첫 번째 어림으로 두 힘은 서로 상쇄된다. 외부의 변형력이 어긋나기를 움직이는 힘은 이미 계산이 되었는데 매우 작다. 이 값은 10^5 dyn/cm^{2}보다 작은데, 이때는 결정에서 결합력의 방향성이 작은 경우이다. 어긋나기에 의해 결

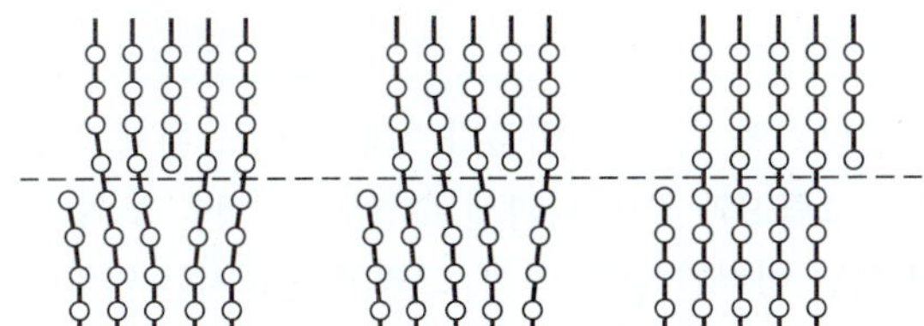

그림 6 층밀림에 의한 어긋나기의 운동으로 면의 윗부분이 오른쪽으로 이동한다(D. Hull).

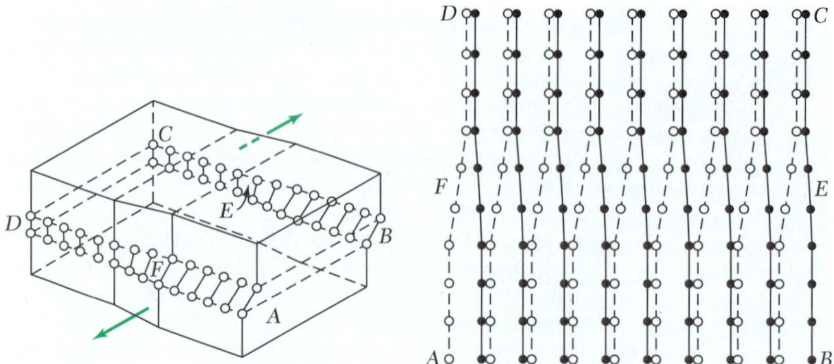

그림 7 나선형 어긋나기. 미끄럼 평면에 있는 $ABEF$는 어긋나기된 EF에 나란한 방향으로 미끄러진다. 나선형 어긋나기는 나선형으로 배열된 격자평면으로 가시화할 수 있다. 즉 어긋나기 선 주변으로 평면들을 완전히 나선형으로 감는다고 생각하면 된다(Cottrell의 결과 인용).

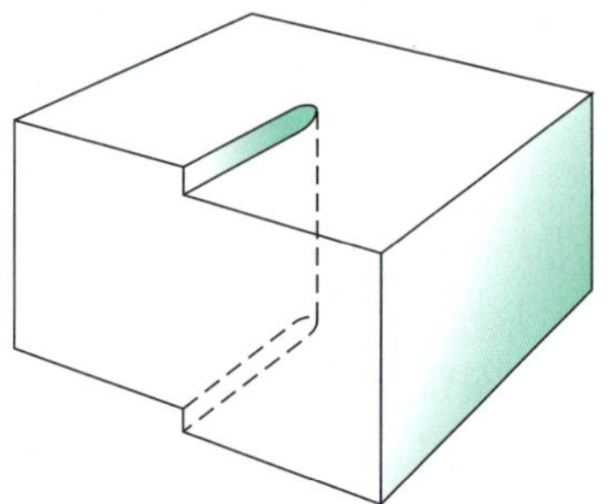

그림 8 또 다른 모양으로 보이는 나선형 어긋나기. 점선으로 나타난 수직선은 어긋나기가 변형된 물질로 둘러싸여 있음을 나타내 준다.

정이 쉽게 영구 변형된다. 어긋나기가 결정을 관통해서 진행하는 것은 미끄럼 변위가 결정의 한 영역에서 일어나는 것과 같다고 볼 수 있다.

두 번째 간단한 어긋나기는 **나선형 어긋나기**(screw dislocation)이다. 이것은 그림 7과 8에서 보여준다. 나선형 어긋나기는 결정에서 미끄럼을 한 부분과 그렇지 않은 부분의 경계로 나타난다. 이 경계는 미끄럼 방향과 평행인데, 이는 끝머리 어긋나기와 방향이 다르다. 나선형 어긋나기는 다음과 같이 생각할 수 있다. 즉, 칼로 결정의 일부를 자르고, 그 잘린 부분을 잘린 면과 평행하게 한 원자 간격만큼 평행이동한 것으로 볼 수 있다. 나선형 어긋나기는 원자 평면을 나선형의 표면으로 연속적으로 밀어낸다. 그에 따라 나선형 어긋나기란 이름이 붙여졌다.

버거스 벡터(*Burgers vectors*)

다른 유형의 어긋나기는 끝머리 어긋나기와 나선형 어긋나기의 합으로 주어진다. Burgers는 일반적인 선형 어긋나기는 그림 9와 같이 나타낼 수 있다는 것을 보여 주었다. 우리는 결정 내에서 꼭 평면이 아닌 어떠한 닫힌 곡선, 그리고 닫히지는 않았지만 양단이 한 면에서 끝나는 곡선을 생각할 수 있다: (a) 한쪽 표면에서 선으로 둘러

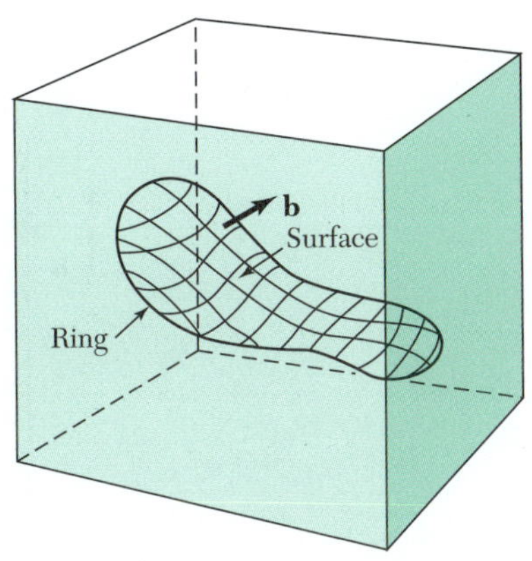

그림 9 어떤 물질 내에서 어긋나기 고리가 생성되는 일반적인 방법. 이 물질은 장방형 모양의 토막으로 표현된다. 고리(ring)는 이 벽돌의 내부에서 닫힌 곡선으로 나타난다. 이 곡선으로 속박된 표면을 따라 자르는데, 이는 등고선으로 된 면적으로 나타나 있다. 잘린 부분의 한쪽 물질은 다른 쪽보다 **b**의 길이만큼 상대적으로 변위되고, 또한 그 방향은 표면에 대해서 임의의 방향이다. 이 변위를 시키기 위해서는 힘이 필요하다. 이 물질은 채워지거나 또는 제거되는데 변위가 일어난 후에도 연속성은 유지된다. 그런 다음 변위된 상태가 접합되고 가해진 힘은 소멸된다. 여기서 **b**는 어긋나기의 버거스 벡터이다(Seitz의 결과 인용).

싸인 일부분을 자른다. (b) 그리고 이 잘린 부분을 다른쪽 표면 방향으로 **b**만큼 변위시킨다. 여기서 **b**를 **버거스 벡터**(Burgers vector)라 한다. (c) **b**가 잘린 면에 평행하지 않으면 이 상대적인 변위는 빈틈을 만들거나 또는 잘린 반쪽이 겹쳐질 수 있다. 이러한 경우에 우리는 이 틈을 메우거나 또는 물질을 없애주어서 겹쳐지지 않게 하는 것을 상상할 수 있다. (d) 양쪽의 물질을 다시 붙인다. 두 면이 붙는 시점에 변형 변위는 변화하지 않으며, 두 접합부분이 내적인 평형에 도달한다고 생각한다. 위의 결과에서 나타나는 변형은 어긋나기인데 이는 닫힌 곡선과 버거스 벡터로 특성이 주어진다. 버거스 벡터의 크기는 격자벡터와 같아야 되는데, 이는 다시 결합할 때 물질의 결정성이 유지되어야 하기 때문이다. 버거스 벡터는 나선형 어긋나기에서의 어긋나기선에 평행하고(그림 7, 8) 끝머리 어긋나기(그림 3, 4)는 어긋나기선에 수직이며 미끄러지는 평면 위에 있다.

어긋나기 변형력 장(*stress fields of dislocations*)

나선형 어긋나기의 변형력 장은 간단하다. 그림 10은 나선형 어긋나기의 축을 둘러싸고 있는 물질의 껍질을 보여준다. 이 껍질의 원주가 $2\pi r$이고 b만큼 층밀림이 되었다면 층밀림 변형은 $e = b/2\pi r$이다. 따라서 연속탄성체에서 층밀림 변형력은

$$\sigma = Ge = Gb/2\pi r \tag{4}$$

이다. 위의 표현은 어긋나기 선이 있는 근방에서는 맞지 않는다. 왜냐하면 변형이 너무 커서 연속체나 선형 탄성이론이 맞지 않기 때문이다. 이 껍질의 탄성에너지는 단위길이당 $dE_s = \frac{1}{2}Ge^2\, dV = (Gb^2/4\pi)dr/r$이다. 총 단위길이당 나선형 어긋나기의 탄

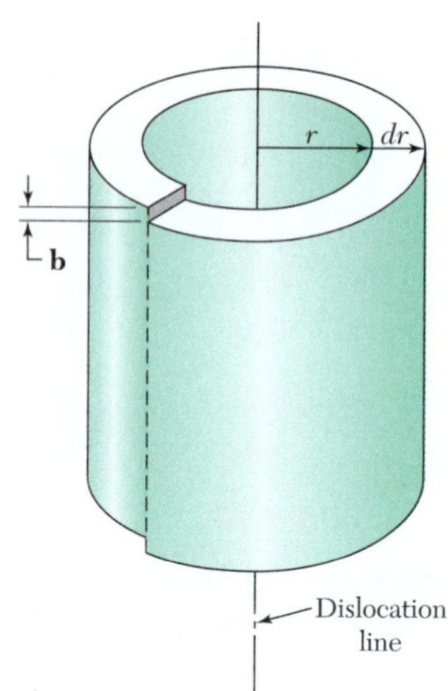

그림 10 탄성적으로 변형된 결정의 껍질인데 이는 나선형 어긋나기를 버거스 벡터 **b**로 싸여 있다. 또한 그림 16을 참조하라.

성에너지는 이를 적분해서 얻는데,

$$E_S = \frac{Gb^2}{4\pi} \ln \frac{R}{r_0} . \tag{5}$$

여기서 R과 r_0는 r의 상한값 및 하한값이다. r_0의 적당한 값은 버거스 벡터 **b**의 크기나 또는 격자상수와 같다. 또한 R의 값은 결정의 크기보다 클 수가 없다. R/r_0의 비율은 로그함수로 주어지기 때문에 별로 중요하지 않다.

이제 우리는 끝머리 어긋나기의 에너지를 보여 주려고 한다. σ_{rr} 및 $\sigma_{\theta\theta}$가 지름 및 원주 방향의 인장변형력이라고 하고 $\sigma_{r\theta}$가 층밀림 변형력이라고 하자. 등방성 연속탄성체에서 σ_{rr} 및 $\sigma_{\theta\theta}$는 $(\sin\theta)/r$에 비례한다. 우리는 y가 $-y$로 부호가 바뀌어질 때 부호가 바뀌며 아울러 $1/r$로 감소하는 함수가 필요하다. 층밀림 변형력 $\sigma_{r\theta}$는 $(\cos\theta)/r$에 비례한다. 그림 4에서 보는 $y = 0$인 면을 고려하면 층밀림 변형력은 x에 대해서 기함수임을 알 수 있다. 변형력의 비례상수는 층밀림 탄성률 G와 변위인 버거스 벡터 **b**에 비례한다. 마지막 결과는 다음과 같다.

$$\sigma_{rr} = \sigma_{\theta\theta} = -\frac{Gb}{2\pi(1-\nu)} \frac{\sin\theta}{r} , \qquad \sigma_{r\theta} = \frac{Gb}{2\pi(1-\nu)} \frac{\cos\theta}{r} . \tag{6}$$

여기서 푸아송 비 $\nu \approx 0.3$은 모든 결정에서 통용된다. 단위길이당 끝머리 어긋나기의 변형력은 다음과 같이 주어진다.

$$E_e = \frac{Gb^2}{4\pi(1-\nu)} \ln \frac{R}{r_o} . \tag{7}$$

우리는 그림 4에서 미끄럼 평면에 평행한 층밀림 변형력 성분 σ_{xy}에 대한 식을 구하고 싶다. 변형력 성분 σ_{rr}, $\sigma_{\theta\theta}$ 및 $\sigma_{r\theta}$을 미끄럼 평면위에서 y만큼 떨어진 곳에서 계산하면 우리는 다음과 같은 결과를 얻는다.

$$\sigma_{xy} = \frac{Gb}{2\pi(1-\nu)} \cdot \frac{x(x^2 - y^2)}{(x^2 + y^2)^2} \ . \tag{8}$$

연습문제 3에서 보여주듯이 분해된 균일한 층밀림 변형력 σ에 의한 힘은 어긋나기의 단위길이당 $F = b\sigma$로 주어진다. 또한 원점의 끝머리 어긋나기가 (y, θ)의 위치에 가하는 단위길이당 힘은 다음과 같은 형태로 주어진다.

$$F = b\sigma_{xy} = \frac{Gb^2}{2\pi(1-\nu)} \frac{\sin 4\theta}{4y}. \tag{9}$$

여기서 F는 힘의 미끄럼 방향 성분이다.

낮은각 낱알 경계(low-angle grain boundaries)

버거스(Burgers)는 인접한 작은 결정들 사이에 존재하는 낮은각 경계는 어긋나기의 배열로 되어 있다고 제안했다. 낱알 경계에 대한 버거스의 모형을 그림 11에서 보여주고 있다. 경계는 단순입방체의 (010) 면에 있고 [001] 축을 공유하는 결정을 둘로

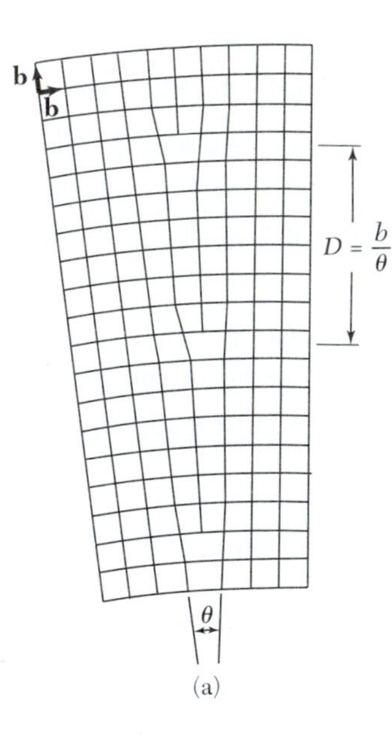

(a)

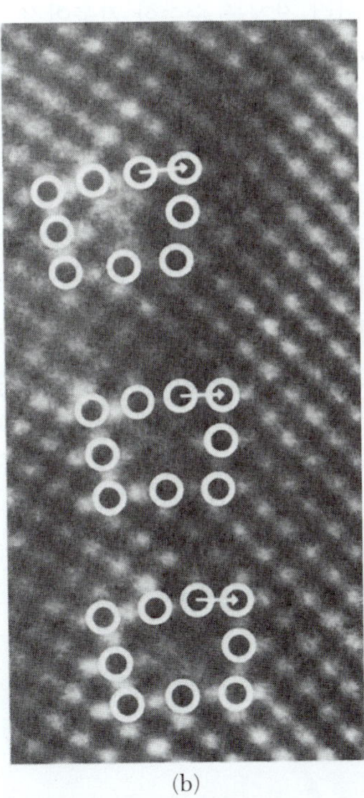

(b)

그림 11 (a) 낮은각 낱알 경계(Burgers의 결과 인용), (b) 몰리브덴에서 전자현미경 사진으로 본 낮은각 낱알 경계. 그림 11a의 그림처럼 버거스 벡터가 같은 세 개의 어긋나기를 보여주고 있다. 흰 원은 이 사진에 수직인 원자의 기둥을 나타내고, 연결되어 있는 원들은 어긋나기의 위치를 나타내는데 여기서 4개의 원은 위에, 또 3개의 원은 아랫부분에 표시하였다. 폐쇄되지 않는 것은 화살표로 표시되어 있는데 이는 버거스 벡터이다(R. Gronky가 협조해 준 사진).

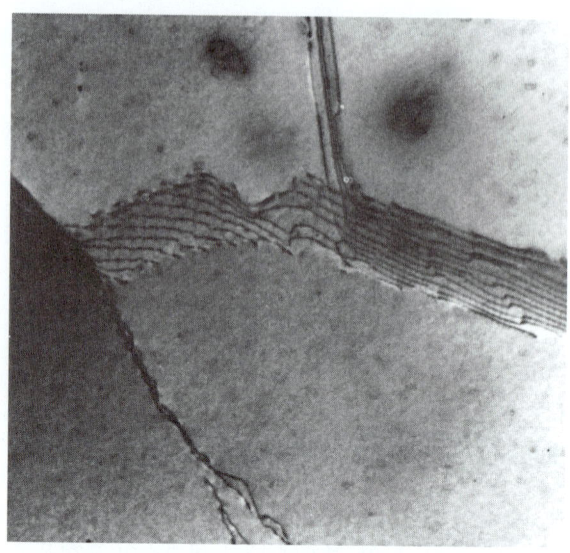

그림 12 7% Al이 섞인 Al-Mg 고용체에 존재하는 낮은각 낱알 경계의 어긋나기 전자현미경 사진. 오른쪽에 있는 작은 점들의 줄을 주의해 보라. 배율은 17000배(R. Goodrich와 G. Thomas의 결과 인용)

나눈다. 이런 경계를 순수한 기울어진 경계라 하고 잘못 배향된 것은 [001] 방향을 중심으로 θ 만큼 비틀어져 있다고 생각할 수 있다. 또 기울어진 경계는 끝머리 어긋나기의 배열로 나타낼 수 있는데, 이때 이 끝머리 어긋나기의 간격은 $D = b/\theta$로 주어진다. 여기서 b는 어긋나기 버거스 벡터이다. 실험이 이 모형을 입증하였다. 그림 12는 전자현미경으로 본 낮은각 낱알 경계를 따라서 있는 어긋나기의 분포를 보여준다. Read와 Shockley는 경계면 에너지 이론을 기울어진 각도의 함수로 만들었는데 이는 측정값과 잘 일치한다.

버거스 모형이 옳다는 것은 Vogel과 그의 동료가 Ge 결정의 낮은각 경계에서 정량적인 엑스선과 광학적 연구에서 입증했다. 그들은 부식된 Ge의 표면에서 낮은각 낱알 경계와 만나는 접합부분을 따라 부식자국의 개수를 측정하여(그림 13) 어긋나

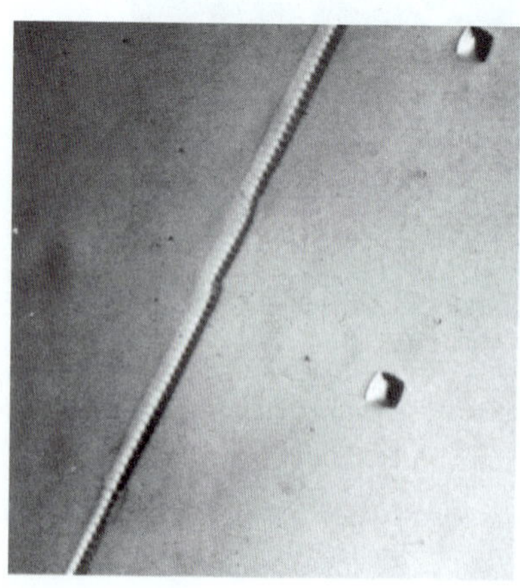

그림 13 Ge (100)면에서 낮은각 경계에 있는 어긋나기 부식자국. 경계의 각도는 27.5″경계는 (011)면에 있고 어긋나기선은 [100] 방향으로 나타나 있다. 버거스 벡터는 가장 짧은 격자 병진거리 벡터이고 $|b| = a/\sqrt{2} = 4.0$ Å이다(F. L. Vogel Jr.의 결과 인용).

기 간격 D를 구했다. 기울어진 각은 $\theta = b/D$로 결정했는데, 엑스선으로 측정한 값과 잘 일치했다.

낮은각 경계가 어긋나기의 배열로 되어 있다는 해석은 다음과 같은 사실로 더욱 공고해졌다. 즉, 순수한 기울어진 경계는 적당한 변형력을 받을 때 그들에게 수직 방향으로 움직인다. 이 움직임은 그림 14에 나타난 멋있는 실험으로 증명되었다. 이 시료는 쌍결정 Zn인데 이 시료는 2°의 기울어진 어긋나기 경계를 가지고 있고 30 원자 평면을 사이에 두고 있다.

결정의 한쪽은 고정되어 있고, 반대쪽의 가장자리의 한 점에 힘을 가하였다. 경계면 움직임은 배열에 있는 어긋나기가 다같이 움직인다. 각 어긋나기는 그 둘의 미끄럼 평면에서 똑같은 거리를 움직인다. 이 운동은 Zn 결정이 항복점에 도달할 만한 강한 변형력에 의해 발생하는데, 이는 보통의 변형이 어긋나기의 운동의 결과라는 사실에 대한 확실한 증거이다.

낟알 경계와 어긋나기에서 원자는, 완벽한 결정과 비교할 때, 더 쉽게 확산된다. 어긋나기는 확산에서 막힘이 없는 통로가 된다. 확산은 열풀림한(annealed) 결정보다 플라스틱 변형된 물질에서 더 쉽게 일어난다. 낟알 경계를 따라 행해지는 확산은

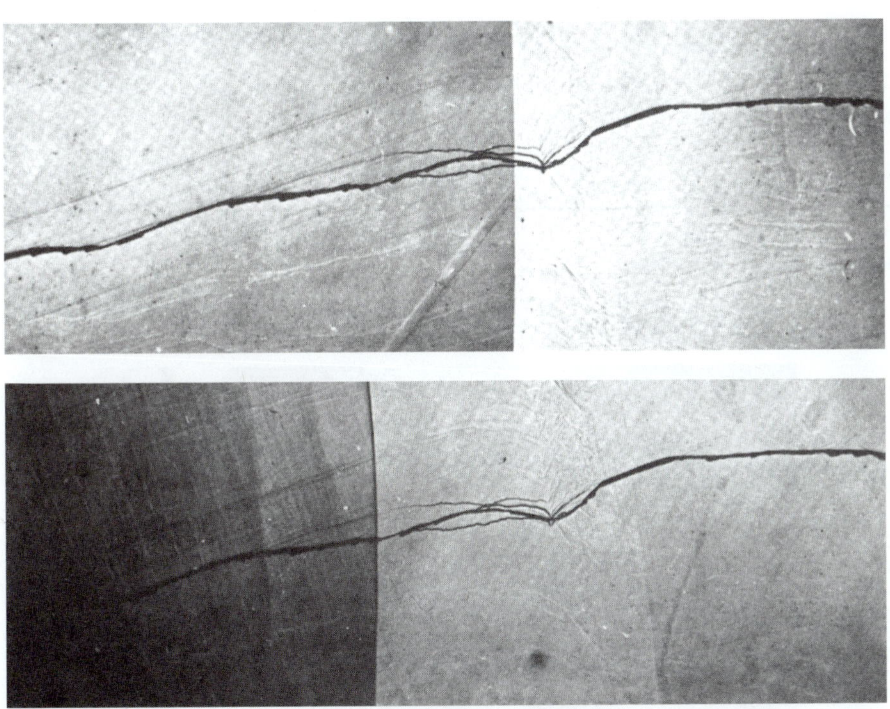

그림 14 변형력이 가해졌을 때의 낮은각 낟알 경계의 운동. 경계는 수직선이고 이 사진은 수직으로 빛을 쪼여 주면서 찍었다. 또한 Zn 결정의 쪼개짐 경계면에서 2°의 각도 변화를 보여준다. 일정하지 않은 수평선들은 쪼개짐 표면에 존재하는 작은 계단들인데 이들은 기준점이 된다. 이 결정의 왼쪽은 움직일 수 없게 되어 있고 오른쪽에는 이 사진의 수직으로 힘을 받는다. 위의 사진은 원래 경계의 위치이고, 아래 사진은 0.4 mm 뒤로 물러난 위치이다(J. Washburn과 E. R. Parker의 결과 인용).

고체에서 침전 반응을 결정한다. 상온에서는 Pb-Sn 용액 내의 Sn의 침전은 이상적인 격자에서의 확산보다 10^8배나 빠르게 일어난다.

어긋나기 밀도*(dislocation densities)*

어긋나기의 밀도는 결정 단면적에서 얼마나 많은 어긋나기 선이 교차하는가로 결정된다. 밀도는 가장 좋은 Ge과 Si 결정에서는 10^2 어긋나기/cm^2 이하인 반면, 많이 변형된 금속에서는 10^{11}~10^{12} 어긋나기/cm^2로 매우 높다. 어긋나기 밀도를 결정하는 방법들이 표 2에서 비교된다. 실제 어긋나기 구조는 주조된 결정이나 천천히 식힌 결정에서는 낮은각 낱알 경계나 3차원의 어긋나기 그물모양으로 단위 격자내에 존재한다(그림 15).

표 2 어긋나기 밀도[a]를 예측하는 방법

Technique	Specimen thickness	Width of image	Maximum practical density, per cm^2
Electron microscopy	>1000 Å	~100 Å	$10^{11} - 10^{12}$
X-ray transmission	0.1 − 1.0 mm	5 μm	$10^4 - 10^5$
X-ray reflection	<2 μm (min.) − 50 μm (max.)	2 μm	$10^6 - 10^7$
Decoration	~10 μm (depth of focus)	0.5 μm	2×10^7
Etch pits	no limit	0.5 μm[b]	4×10^8

[a]W. G. Johnston.

[b]Limit of resolution of etch pits.

그림 15 변형된 Al에서 나타나는 어긋나기 3차원 엉킴의 낱칸 구조(P. R. Swan의 결과 인용)

그림 16 550°C에서 급냉시킨 Al이 5% 첨가된 Mg의 전자현미경 사진인데, 여기서 어긋나기 고리가 빈자리의 집적과 붕괴로 형성되었다. 나선형 어긋나기는 빈자리가 나사 어긋나기에 응집되면서 형성된다. 배율은 43,000배(A. Eikum과 G. Thomas의 결과 인용)

이미 존재하는 끝머리 어긋나기를 따라 나타나는 격자 빈자리는 여분의 반평면에 있는 원자들을 흡수하고 따라서 어긋나기가 위로 올라오게 한다. 다시 말하면 미끄럼 방향과 90° 방향으로 이동한다. 만약 어긋나기가 없다면 결정은 격자 빈자리로 과포화되고, 이 빈자리가 원통형의 빈자리 판들이 되며 또한 이 판이 붕괴해서 어긋나기 고리 형태가 되는데 빈자리를 추가하면서 더 커지게 된다(그림 16).

어긋나기 증폭과 미끄럼*(dislocation multiplication and slip)*

플라스틱 변형은 어긋나기 밀도를 크게 증가시킨다. 이 변형이 일어날 때 밀도가 10^8에서 10^{11} 어긋나기/cm^{2}으로 증가한다. 만약 하나의 어긋나기가 미끄럼 평면을 완벽하게 끝까지 관통하면, 한 원자 간격이 차이나야 하지만 실제로는 100이나 1000개의 원자 간격의 차이가 관측되었다. 이것은 변형과정에서 어긋나기가 증폭되었다는 뜻이다.

반지름이 r이고 닫힌 원형의 어긋나기 고리가 미끄럼이 일어난 부분을 둘러싸고 있다고 생각하자. 그러한 고리는 부분적으로 끝머리 어긋나기이고, 부분적으로 나선형 어긋나기이며, 대부분은 이 둘이 혼합된 양상의 어긋나기이다. 고리의 변형 에너

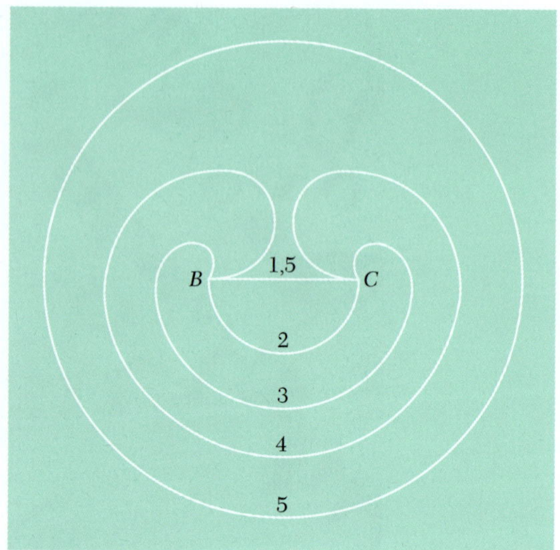

그림 17 프랭크-리드의 어긋나기 증폭의 기구로, 어긋나기 선 BC에 의해서 어긋나기 고리가 순차적으로 만들어지는 것을 보여준다. 이 과정은 무한정 반복할 수 있다.

지가 둘레에 비례하므로 고리의 크기는 감소하는 경향일 것이다. 그러나 층밀림 변형력이 미끄럼을 더 쉽게 할 경우 고리는 커지는 경향을 보일 것이다.

일반적인 어긋나기 근원의 모양은 어긋나기가 구부러지는 것이다. 어긋나기의 한 끝이 고정되어 있는 것을 **프랭크-리드**(Frank-Read) **원천**이라 부르고(그림 17), 이들이 많은 수의 동심원 구조인 어긋나기를 단일 미끄럼 평면에 만든다(그림 18).

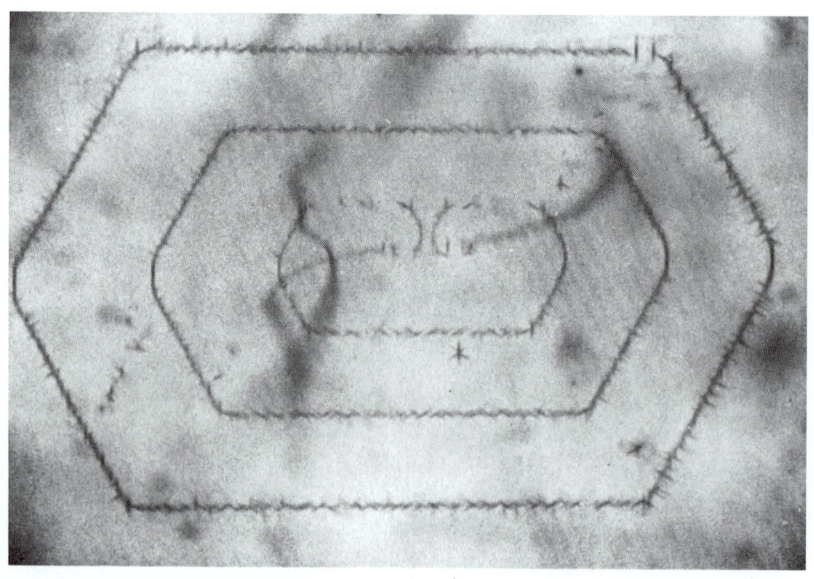

그림 18 Si에서의 프랭크-리드의 어긋나기 원천. 이 원천은 구리 침전물로 모양이 장식되었고 조명은 적외선으로 했다. 두 개의 완전한 어긋나기 고리가 보이고 가장 안쪽에 있는 세번째 고리는 거의 완료 직전이다(W.C. Dash의 결과 인용).

어긋나기 증폭의 메커니즘은 미끄럼에 관계하고 또한 플라스틱 변형 중에 일어나는 어긋나기 밀도의 증가에도 관여한다. 쌍으로 된 교차된 미끄럼이 가장 흔한 근원이다.

합금의 강도
STRENGTH OF ALLOYS

순수한 결정은 플라스틱 변형이 잘 되고, 적은 변형력에서도 쉽게 항복한다. 합금에는 쉽게 변형이나 항복이 되지 않는 네 가지 방법이 존재한다. 그래서 $10^{-2}\ G$나 되는 큰 변형력도 견디는 합금을 만들어낼 수 있다. 이 방법은 기계적으로 어긋나기의 운동을 차단하는 것, 다른 종류의 원자를 넣어서 어긋나기를 한곳에 고정하는 것, 어긋나기의 운동을 짧은 거리의 질서로 방해하는 것, 그리고 어긋나기 밀도를 높여서 얽히게 하는 방법이다. 이 네 가지 방법은 어긋나기 운동의 방해를 위한 방법들이다. 다섯 번째 방법으로 이 어긋나기를 결정에서 모두 제거하는 방법이 있는데, 이는 머리카락처럼 가는 위스커(whisker) 결정에 관한 얘기로써, 뒤에 결정 성장에서 논하겠다.

기계적으로 어긋나기의 운동을 차단하는 방법은 작은 제2의 상에 해당하는 입자를 결정격자에 집어넣는 방법이다. 이 방법은 철을 경화시킬 때 FeC를 철 속에 침전시키거나, 알루미늄을 경화시킬 때 Al_2Cu를 알루미늄 속에 침전시키는 것 등이다. 그림 19는 입자를 결정격자에 삽입함으로써 어긋나기를 고정하는 것을 나타낸 그림이다.

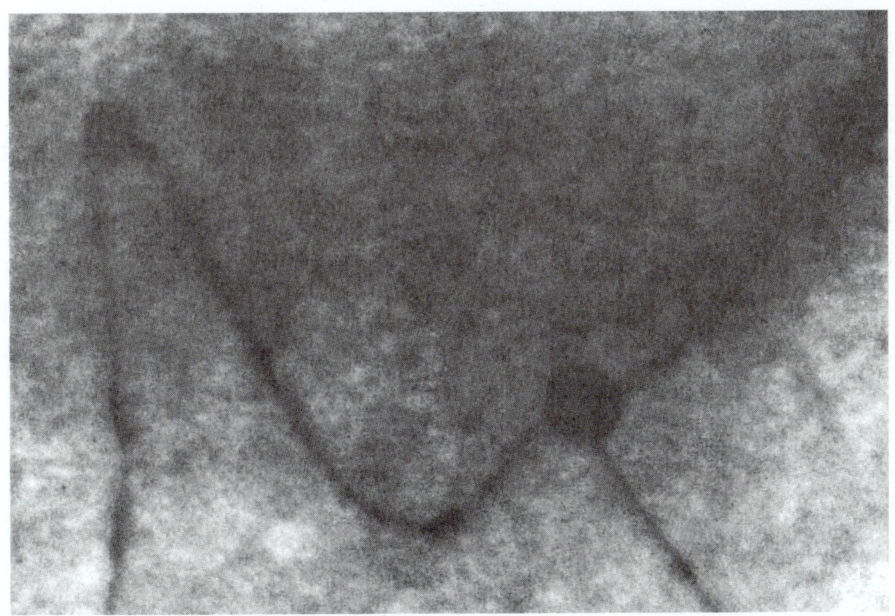

그림 19 MgO에서 입자들에 의해 고정된 어긋나기(G. Thomas와 J. Washburn이 찍은 전자현미경 사진)

작은 입자를 첨가하면서 결정을 강하게 만들 때 두 가지 경우를 고려해야 한다. 즉, 삽입된 입자가 들어간 부분과 함께 변형되어서 이 입자가 어긋나기를 가로지르거나, 또는 삽입된 입자가 어긋나기를 가로지르지 못하는 두 가지 경우이다.

만약 입자를 자르지 못할 경우, 미끄럼 평면 안에서 L만큼 떨어진 두 입자 사이에 존재하는 어긋나기에 다음과 같은 어림값의 변형력이 가해진다.

$$\sigma/G = b/L. \tag{10}$$

간격 L이 작을수록 항복 변형력 σ는 커진다. 입자들이 침전되기 이전에는 L이 크고, 물질의 강도는 낮다. 침전이 완료된 직후 많은 입자가 존재하게 되어 L의 값이 극소가 되며 따라서 강도가 최대가 된다. 만약 합금이 높은 온도에서 유지된다면, 어떤 입자들은 다른 입자를 흡수하여 크기가 커지게 되고 따라서 L도 증가하여 결국 강도가 떨어진다. 단단한 금속간 화합물상, 즉 높은 융점을 가진 산화물은 어긋나기에 의해서 잘리지 않는다.

묽은 고용체의 강도는 용질원자에 의해 어긋나기가 고정되어 있기 때문이라고 알려져 있다. 이질원자의 용해도는 어긋나기가 있는 주변이 결정의 다른 부분보다 높다. 어떤 원자가 삽입되어 결정을 팽창시키는 경우, 이 원자는 끝머리 어긋나기 주변의 팽창된 부분에서 더욱 쉽게 용해된다. 또한 작은 원자는 어긋나기 주변에 있는 수축된 영역에서 선택적으로 용해되는 경향이 있어 어긋나기는 결정의 어떤 부분이 팽창되거나 수축되는 요인을 제공한다.

용질 원자들은 어긋나기와 친화도가 좋으므로, 용질 원자의 이동도가 높은 경우, 냉각과정에서 각각의 어긋나기에는 수많은 용질 원자가 모인다. 더욱 냉각시키면 용질원자의 확산이 중단되고 이 용질원자는 결정 안에서 고정된다. 어긋나기가 움직이면 용질들은 뒤에 남게 되어 결정의 에너지가 증가한다. 이 에너지의 증가는 어긋나기가 용질원자들을 남겨두고 이동할 때 발생하는 변형력 증가의 결과로서 용질원자들의 존재에 의해 결정의 강도가 증가하게 된다.

어긋나기가 순수결정에서 미끄럼 평면을 통과해서 지나갈 때, 두 평면 사이의 결합력은 변하지 않는다. 또한 결정의 내부 에너지는 변함이 없다. 이는 무질서한 고용체에서도 같다. 왜냐하면 고용체의 용액 자체가 무질서하기 때문에 미끄럼 후에도 두 평면 사이 용액은 여전히 무질서하기 때문이다. 그러나 대부분의 고용체는 단거리 질서를 가지고 있다. 다른 종류의 원자들은 격자위치에서 무질서하게 배열하지 않는데, 서로 다른 원자가 짝을 지어 더 많이 모여 있거나 더 적게 모여있는 경향을 보인다. 질서정연하게 배열된 합금에서는 어긋나기가 쌍으로 움직이는 경향이 있는데, 두 번째 어긋나기는 첫 번째 어긋나기가 떠난 뒤에 생기는 국소 무질서를 다시 배열한다.

결정체의 강도는 플라스틱 변형에 따라 증가한다. 이러한 현상을 **가공경화** 또는 **변형경화**라 부른다. 물질의 강도는 어긋나기의 밀도가 증가하고 또한 어긋나기가 미끄럼 평면을 통과해서 움직이기가 힘들기 때문에 증가한다. 이때 이 미끄럼 평면은 여러 개의 어긋나기가 겹쳐져 존재한다. 변형경화는 물질의 강도를 높이는 데 자주 사용되는데, 이 변형경화는 불림이 일어나지 않는 낮은 온도에서만 해야 하는 한계가 있다.

변형경화에서 중요한 인자는 어긋나기 밀도이다. 대부분의 금속에서는 어긋나기가 없는 낱칸들을 만드는데, 이 낱칸의 크기는 약 1 μm이다(그림 15). 균일하고 높은 어긋나기 밀도를 얻을 수 없다면 금속에서는 변형경화의 이론적인 강도를 얻을 수 없는데, 이는 어긋나기가 없는 영역에서의 미끄럼 때문이다. 높은 밀도는 폭발적인 변형 즉, 특별한 열적-기계적 처리를 통해 얻을 수 있는데, 그 좋은 예는 철의 마텐사이트(martensite) 상변환이다.

여러 유형의 방법으로 결정의 강도를 강하게 하면 항복강도를 10^{-3} G에서 10^{-2} G의 영역까지 향상할 수 있다. 그러나 위에 열거한 모든 방법은 확산이 많이 일어나는 온도에서는 별 효과가 없다: 확산이 심하게 일어나면, 침전된 입자들이 분해되고 용질은 어긋나기가 미끄러질 때 함께 움직인다: 짧은 구간의 질서는 천천히 움직이는 어긋나기 뒤에서 달라지게 된다: 어긋나기는 움직이고 또 불림은 어긋나기 밀도를 감소시킨다. 이러한 시간에 따른 변형을 크리프(creep)라고 한다. 이 비가역 운동은 탄성한계 전에 일어난다. 높은 온도에서 사용될 합금을 찾는 것은, 높은 온도에서도 확산이 잘 되지 않는 물질을 찾는 것과 같다. 따라서 물질을 강하게 하는 네 가지의 메커니즘은 높은 온도에서도 작동해야 한다. 그러나 강한 합금의 중요한 문제점은 강도가 아니라 유연성이고 실제로 강한 합금이 파괴되는 요인은 균열이다.

어긋나기와 결정 성장
DISLOCATIONS AND CRYSTAL GROWTH

어떤 경우에 어긋나기가 있다는 것은 결정 성장의 통제요인이 된다. 결정이 1% 정도의 낮은 과포화 상태에서 성장할 때, 이상적인 결정의 이론적인 성장속도보다 훨씬 빠르게 성장한다. 실제 결정 성장률은 어긋나기의 영향으로 설명된다.

이상적인 결정 성장 이론은 결정성장은 과포화 증기로부터 성장된다고 예견한다. 과포화(압력/평형상태의 증기압)의 비가 10일 때 새 결정의 핵이 만들어지고, 비가 5일 때 액체 방울이 생기고, 1.5일 때 2차원의 단층의 분자가 완벽한 결정 표면 위에서 성장된다고 한다. Volmer와 Schultze는 옥소결정의 성장에서 과포화증기가 1% 이하로 낮아졌을 때 결정성장이 관측가능한 최소값의 exp(−3000)으로 떨어지는 것을 관측했다.

실험과 이론이 불일치하는 것은 이상적인 결정표면 위에 단일층 성장의 핵을 만든다는 것이 쉽지 않다는 것을 의미한다. 만약 나사 어긋나기가 존재하면(그림 20) 새로운 층의 핵을 만드는 일은 필요하지 않고 결정은 보이는 불연속점의 끝머리에서 나선형으로 성장한다. 원자는 평면보다 계단에 더욱 잘 속박된다. 이 원리에 의해 계산된 성장률은 실험값과 잘 일치한다. 우리는 낮은 과포화에서 자란 대부분의 결정은 어긋나기를 포함하고 있으며 그렇지 않은 경우에는 결정이 성장되지 않는다고 예상

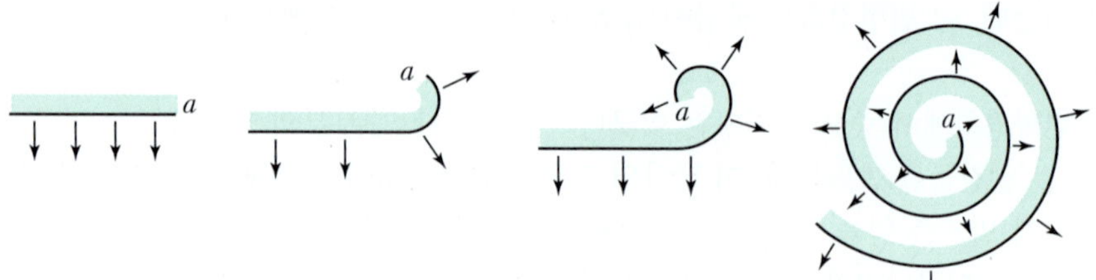

그림 20 그림 8과 같이 나사 어긋나기와 결정의 표면이 만나는 지점에서 나선형 계단의 생성과 성장(F. C. Frank의 결과 인용)

하고 있다. 나선형 성장의 형상은 많은 결정에서 관측되고 있다. 단일 나선형 어긋나기에서 시작된 아름다운 성장이 그림 21에 나타나 있다.

만약 성장률이 표면평면의 끝머리의 방향과 무관한 경우에는 아르키메데스(Archimedes) 나선형이 되고 $r = a\theta$로 주어진다. 여기서 a는 상수이다. 어긋나기 주변에서 곡률의 극소 반지름은 과포화비에 의해 결정된다. 만약 곡률반지름이 너무 작으면, 구부러진 끝머리에 있는 원자가 평형상태의 곡률반지름이 될 때까지 계속적으로 증발한다. 원점에서 떨어져 있는 계단은 계속적으로 일정한 속도로 새로운 원자를 얻는다. 즉 dr/dt = 일정하게 되게 한다.

그림 21 SiC의 육방나선 성장무늬의 전자현미경 사진으로 상의 대비를 보이고 있으며 계단의 높이는 165 Å이다(A. R. Verma의 결과 인용).

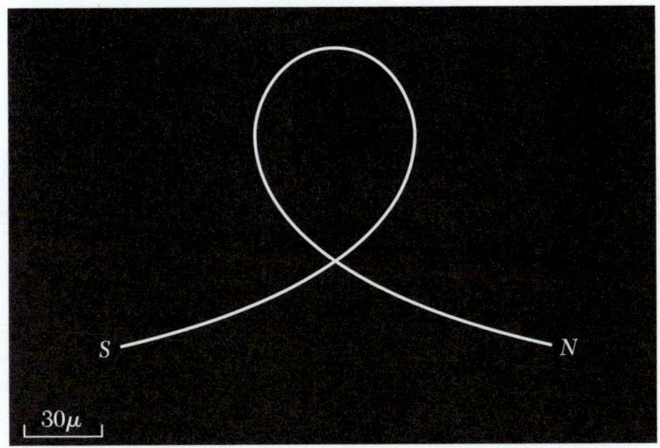

그림 22 지름 1000 Å의 Ni 위스커가 고리 모양으로 구부러져 있다(R. W. De Blois의 결과 인용).

위스커(whiskers)

가는 머리카락 모양의 결정을 **위스커**(whiskers)로 부르는데, 이들은 높은 과포화 상태에서 거의 어긋나기가 필요없이 성장하는 것이 관측되었다. 이들은 한 개의 축방향 나사 어긋나기를 가지는데, 이것이 1차원적인 성장을 돕는다고 생각할 수 있다. 어긋나기가 없다면 위스커 결정은 높은 항복강도가 예상되는데 이 장의 서두에서 본 바와 같이 $G/30$ 정도일 것이다. 한 개의 축방향 나사 어긋나기가 존재한다면 이것은 항복을 유발하지 않는다. 그 이유는 그 결정을 구부릴 때 어긋나기는 버거스 벡터에 평행한 방향으로 층밀림 변형력을 받지 않기 때문이다. 다시 말하면 변형력은 미끄럼을 유발하는 방향으로 존재하지 않는다. Herring과 Galt는 반지름이 10^{-4} cm인 Sn 위스커의 탄성물성이 이론적으로 완벽한 결정의 값에 가까운 것을 관측하였다. 관측된 항복변형이 10^{-2}이고, 층밀림 변형력은 10^{-2} G로 덩어리 Sn에서의 값보다 약 1000쯤 되어 앞에서 예견한 완벽한 결정의 강도임을 확인해 주었다. 이론적이거나 또는 이상적인 탄성적 물성은 탄소 나노튜브같은 여러 물질에서 관측되었다. Ni의 단일 영역 위스커가 그림 22에 나타나 있다.

물질의 경도
HARDNESS OF MATERIALS

물질의 경도는 여러 가지 방법으로 측정된다. 비금속인 경우 간단한 방법은 긁는 방법이다. 만약 A라는 물질이 B보다 경도가 크면, B는 긁히지만 A는 긁히지 않는다. 광물질에서의 표준경도는 가장 강한 다이아몬드인 경우 10으로 배정하고 가장 무른 활석은 1로 배정하게 되는데, 그 순서는 다음과 같다.

10 diamond(다이아몬드) C
9 corundum(강옥) Al_2O_3
8 topaz(황옥) $Al_2SiO_4F_2$
7 quartz(석영) SiO_2
6 orthoclase(정장석) $KAlSi_3O_8$
5 apatite(인회석) $Ca_5(PO_4)_3F$
4 fluorite(형석) CaF_2
3 calcite(방해석) $CaCO_3$
2 gypsum(석고) $CaSO_4 \cdot 2H_2O$
1 talc(활석) $3MgO \cdot 4SiO_2 \cdot H_2O$

현재 경도가 큰 물질의 개발에 많은 관심이 있는데 긁힘이 없는 코팅을 렌즈에 입히는 것들이 그 예이다. 또한 현재 다이아몬드와 Al_2O_3(강옥)의 경도에 대한 여러 견해가 있다. 이는 다이아몬드가 Al_2O_3보다 매우 강하기 때문이다. 또한 다이아몬드를 경도 15로 배정하고 경도 15와 9 사이에는 합성된 물질 즉 C나 B의 화합물로 채우자는 주장도 있다.

현재, 경도는 VHN(Vickers Hardness Number, 버커스 경도수) 기준을 사용하는데, 이 방법은 자국을 만드는 물질을, 경도를 측정하고자 하는 물질에 압력을 주면서 찍어서 그 찍힌 자국을 측정함으로써 경도를 측정한다. VHN으로 측정된 물질의 경도가 아래에 나와 있다. 이 경도는 E. R. Weber에 의해서 GPa [GN/m^2]으로 변환된 값이다.

Diamond	45.3	BeO	7.01
SiC	20.0	Steel (quenched)	4.59
Si_3N_4	18.5	Cu (annealed)	0.25
Al_2O_3	14.0	Al (annealed)	0.12
B	13.5	Pb	0.032
WC	11.3		

위의 데이터는 J. C. Anderson 등의 저서에서 발췌하였다.

연습문제
Problems

1. 밀집쌓임에서의 선(***lines of closest packing***). 면심입방구조에서 밀집쌓임의 선은 ⟨110⟩ 방향으로, 그리고 체심입방구조에서는 ⟨111⟩ 방향임을 보여라.

2. 어긋나기 쌍(***dislocation pairs***). **(a)** 격자에서 빈자리의 행과 동등한 어긋나기 쌍을 찾아라. **(b)** 틈새원자의 행과 동등한 어긋나기 쌍을 찾아라.

3. 어긋나기에서의 힘(***force on dislocation***). L의 크기를 가진 입방체 모양의 결정에서 끝머리 어긋나기가 버거스 벡터 $\mathbf{b}$로 존재한다고 하자. 만약 결정이 층밀림 변형력 σ를 미끄럼 방향으로 윗면과 아랫면에 받을 경우, 에너지의 균형을 고려하여, 어긋나기에 작용하는 힘이 단위길이당 $F = b\sigma$임을 보여라.

CHAPTER 22

합금
Alloys

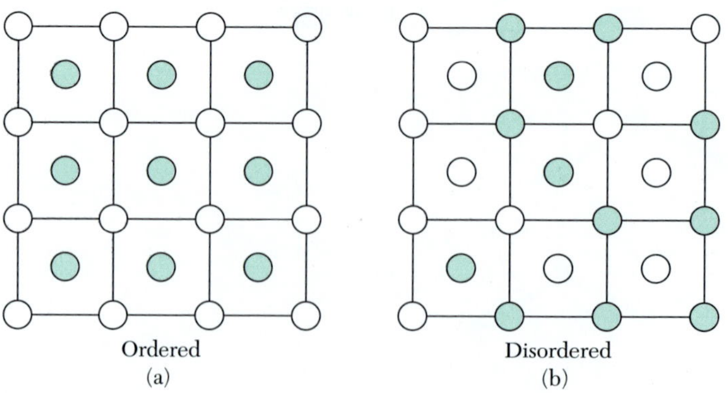

그림 1 합금 AB에서의 AB 이온의 배열; (a) 질서 있는 배열과 (b) 무질서한 배열.

CHAPTER 22 합금
Alloys

일반적인 고찰
GENERAL CONSIDERATIONS

고체의 띠구조 이론은 결정이 병진 불변성(translational invariance)을 가진다고 가정한다. 그러나 두 개의 원소 A와 B로 구성된 결정에서 A와 B가 A_xB_{1-x}의 조성인 x와 $1 - x$에 비례하기는 하되, 격자 위치에 마구잡이로 분포하게 되면 병진 대칭성은 더 이상 완전하지 못하게 된다. 이런 경우에는 페르미 표면이나 띠틈과 같은 띠 이론의 결과가 없어지게 될까? 또 띠틈이 없어져서 절연체가 도체가 될까? 우리는 이 의문에 대하여 19장의 비결정성 반도체에서 조금 다루었다.

실험과 이론 모두가 완벽한 병진 대칭성이 깨져서 생기는 결과는 (거의 언제나) 생각보다 크지 않다는 것을 보여준다. 9장에서 논의된 유효 가려진 퍼텐셜(effective screened potential)의 관점에서 보는 것이 이 문제를 다루는 데 도움이 되는데, 첫째는 유효 퍼텐셜이 상대적으로 자유이온의 퍼텐셜보다 약하기 때문이고, 더 중요한 둘째 이유는 임자(host) 원자와 첨가된 원자의 유효 퍼텐셜 차이가 각자 따로 있을 때의 차이에 비해 아주 적기 때문이다. 합금을 만들어도 상대적으로 별 효과가 없는 고전적인 예로서 Si과 Ge의 합금 혹은 Cu와 Au의 합금이 있다.

어떤 경우라도 불순물 원자의 농도가 낮을 때는 띠틈이나 페르미 표면의 모양을 결정하는 유효 퍼텐셜 $U(\mathbf{r})$의 푸리에 성분인 $U_\mathbf{G}$에 큰 영향을 미치지 못한다. (이 진술은 $\mathbf{G}$의 존재를 전제하고 $\mathbf{G}$의 존재는 규칙적인 격자의 존재를 전제로 하지만, 이 가정들은 그리 중요하지 않다. 우리는 이미 열적인 포논은 띠구조에 큰 영향을 미치지 못하고, 따라서 얼어붙은 포논으로 기술할 수 있는 격자의 일그러짐(distortion)도 띠구조에 큰 영향을 주지 않으리라는 것을 알고 있다. 만약 비결정성 고체(amorphous solid)에서처럼 일그러짐이 더욱 심각한 경우에는 전자 상태의 변화도 아주 클 수 있다)

불순물 원자로 인해 $U(\mathbf{r})$의 푸리에 성분이 역격자벡터가 아닌 파동벡터에서 생기게 되는 것은 사실이다. 그러나 마구잡이 퍼텐셜의 통계에 의하면, 불순물 농도가 낮을 때 이러한 성분의 크기는 $U_\mathbf{G}$와 비교해서 결코 크지 않게 된다. 역격자벡터

G의 푸리에 성분이 여전히 크고 따라서 띠틈, 페르미 표면과 규칙적인 격자의 특징인 뾰족한 엑스선 에돌이선이 나타나게 된다.

합금 만들기(alloying)의 결과는 불순물 원소와 임자 원소가 주기율표에서 같은 열에 있을 경우 아주 작아지게 되는데, 왜냐하면 이 원자들의 핵심이 유효 퍼텐셜에 기여하는 바가 비슷하기 때문이다.

합금 만들기의 효과를 재는 척도로 잔여 전기 비저항(residual electrical resistivity)을 사용할 수 있는데, 잔여 전기 비저항은 전기 비저항의 저온 극한값이다. 여기서 우리는 질서 있는 합금과 무질서한 합금을 구별해야 한다. 무질서한 합금이란 A_xB_{1-x}의 합금에서 A와 B 원자가 마구잡이로 배열되어 있는 합금인데, 임의의 x값에서 존재할 수 있다. 입방 구조에서는 1/4, 1/2 및 3/4과 같은 특이한 x값에서 A와 B 원자가 질서 정연한 배열을 이루는 질서 있는 상을 형성하는 것이 가능하다. 질서 있는 배열과 무질서한 배열의 차이를 그림 1에서 볼 수 있다. 질서가 전기 비저항에 미치는 영향을 그림 2와 3에서 보여 준다. 19장의 비결정성 물질에서도 논의했듯이 잔

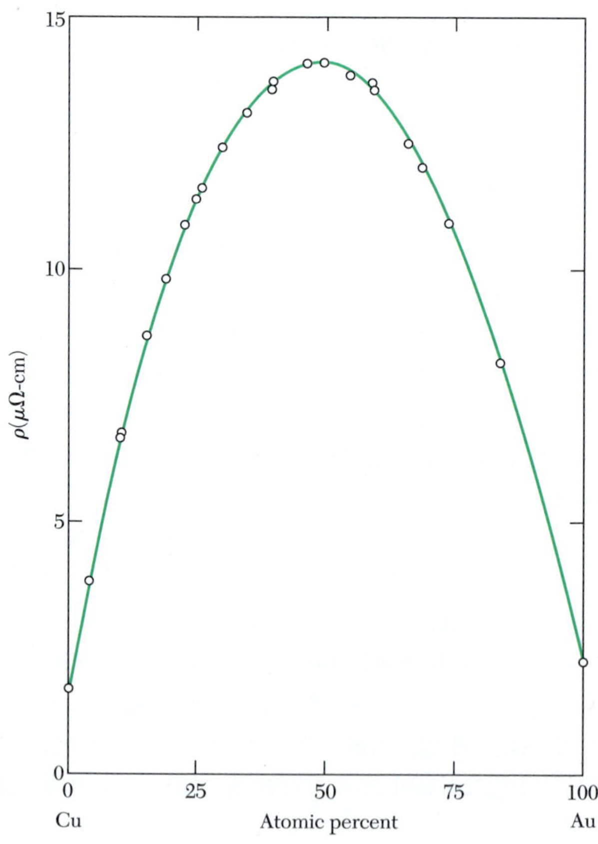

그림 2 무질서한 구리와 금의 이원합금의 비저항. 잔여 비저항의 변화는 Cu_xAu_{1-x}의 조성비 x에 대해 $x(1-x)$로 변하는데, 이를 무질서한 합금에서 통용되는 노드하임(Nordheim) 법칙이라 한다. 여기서 $x(1-x)$는 주어진 x에서 가능한 최대의 무질서도를 나타낸다(Johansson 및 Linde의 결과 인용).

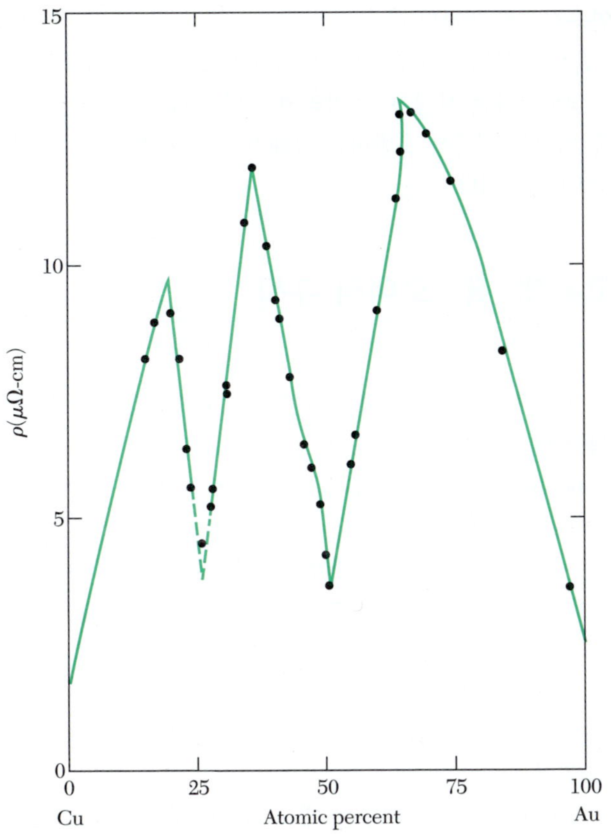

그림 3 이원합금 Cu_xAu_{1-x}에서 질서 있는 상이 저항에 미치는 효과. 그림 2의 합금이 급냉(quenching)으로 얻어진 데 비해, 이 합금들은 불림(annealing)으로 얻어졌다. 낮은 비저항을 보이는 조성비는 질서를 가진 배열인 Cu_3Au 및 CuAu에 대응한다(Johansson와 Linde의 결과 인용).

여 비저항은 무질서가 커질수록 증가하는데, 이 효과를 그림 2의 Cu-Au 합금에서 보여준다. 시료가 높은 온도에서 서서히 냉각될 때 Cu_3Au 및 CuAu에서는 질서 있는 구조가 형성된다. 질서가 있기 때문에 이들 구조는 낮은 잔여 비저항을 보이는 것이 그림 3에 나와 있다.

따라서 우리는 무질서한 구조에서의 합금의 효과를 측정하기 위하여 잔여 전기 비저항을 사용할 수 있다. 1 원자 퍼센트(atomic percent)의 구리가 은에 용해될 때(이 두 원소는 주기율표상의 같은 열에 속한다) 잔여 비저항은 0.077 μohm-cm만큼 증가한다. 이에 해당하는 기하학적인 산란 단면적은 불순물 원자의 단순한 투사 면적의 3%에 불과하고 따라서 산란 효과는 매우 적다.

절연체에서는 마구잡이 퍼텐셜 성분의 영향으로 띠틈이 많이 줄어든다는 실험적인 증거가 없다. 예를 들면, 모든 조성비에서 실리콘과 게르마늄은 치환된 합금(substitutional alloy)으로 알려진 균질의(homogeneous) 고용체(solid solution)를 형성한다. 그런데 에너지 띠틈은 성분비에 따라서 순수한 Si의 띠틈으로부터 순수한 Ge

의 띠틈까지 연속적으로 변한다.

그러나 비결정성 물질의 띠끝 근처의 상태밀도가 병진 대칭성이 없어짐으로 해서 경계가 불분명해진다는 사실은 잘 알려져 왔다. 띠끝 근처의 띠틈 안에 생기는 새로운 상태들 중 일부는 전류를 운반하는 상태가 아닌데, 이는 그 상태들이 결정 전체에 퍼져 있지 않기 때문이다.

치환된 고용체: 흄–로더리 규칙
SUBSTITUTIONAL SOLID SOLUTIONS: HUME-ROTHERY RULES

이제 어떤 금속 A가 원자가(valence)가 다른 금속 B에 치환된 고용체에 대해서 얘기해 보자. 이 고용체에서 A와 B는 격자의 대등한 위치를 마구잡이로 차지한다고 하자. 흄–로더리(Hume-Rothery)는 A와 B의 고용체가 안정된 단일상이 되기 위한 경험적인 조건에 대해서 논의했다.

첫째 조건은 원자의 지름이 비슷해야 한다는 것으로 15% 이상 차이가 나지 않아야 한다는 것이다. 예를 들면 Cu (2.55 Å) – Zn (2.65 Å) 합금은 이 조건에 잘 맞아서 Zn은 33 원자 퍼센트까지 Cu에 용해되어 면심입방구조의 고용체를 이룬다. 또 Cu (2.55 Å) – Cd (2.97 Å) 계는 이 조건에 덜 적합해서 1.7 원자 퍼센트의 Cd만이 Cu에 용해될 수 있다. Cu를 기준으로 했을 때 Zn의 원자 지름은 1.04인 반면 Cd의 원자 지름은 1.165이다.

비록 원자 지름이 고용체를 이루는 데 적합하더라도, A와 B가 "금속 간 화합물(intermetallic compound)", 즉 특정한 화학구성비를 갖는 화합물을 만드는 경향이 심할 경우에는 고용체가 만들어지지 않는다. 만약 A의 전기음성도가 크고 B가 그와 반대인 경우에는 AB나 A_2B와 같은 화합물이 고용체 속에서 침전된다(이 경우는 금속 간 화합물의 화학 결합 강도가 강하다는 점에서만 질서 있는 합금 상의 형성과 차이가 있다). 원자 지름 비의 면에서는 As이 Cu (1.02)에 용해되기에 적합하지만 6 원자 퍼센트의 As만이 Cu에 용해된다. Sb도 Mg (1.06)에 용해되기에 적합한 원자 지름을 가졌지만 Mg에 대한 Sb의 용해도(solubility)는 아주 낮다.

합금의 전자적인 구조는 종종 원자당 평균 전도전자(혹은 원자가전자)의 수 n으로 기술된다. CuZn 합금의 경우 n의 값은 1.50이고 CuAl인 경우에는 n = 2.00이다. 많은 합금에서 전자의 농도가 변하면 구조도 변한다.

Cu-Zn의 상그림(phase diagram)[1]이 그림 4에 나타나 있다. 순수한 구리(n = 1)의 fcc 구조는 아연(n = 2)을 더해서 전자농도가 1.38이 될 때까지 존재한다. bcc 구조는 전자농도가 약 1.48 이상이어야 존재하기 시작한다. γ상은 n이 1.58에서 1.68 사이일 때 존재한다. hcp 상인 ϵ은 1.75 근처에서 존재한다.

---

1) 야금학자(metallurgist)들은 관심있는 상을 그리스 문자로 나타낸다. Cu-Zn인 경우 α(fcc), β(bcc), γ(입방 단위에 52개의 원자가 있는 복잡한 입방낱칸), ϵ(hcp), η(hcp) 상이 있다. ϵ와 η에서 c/a 비는 상당한 차이가 있다. 이 문자의 뜻은 합금의 종류에 따라 다르다.

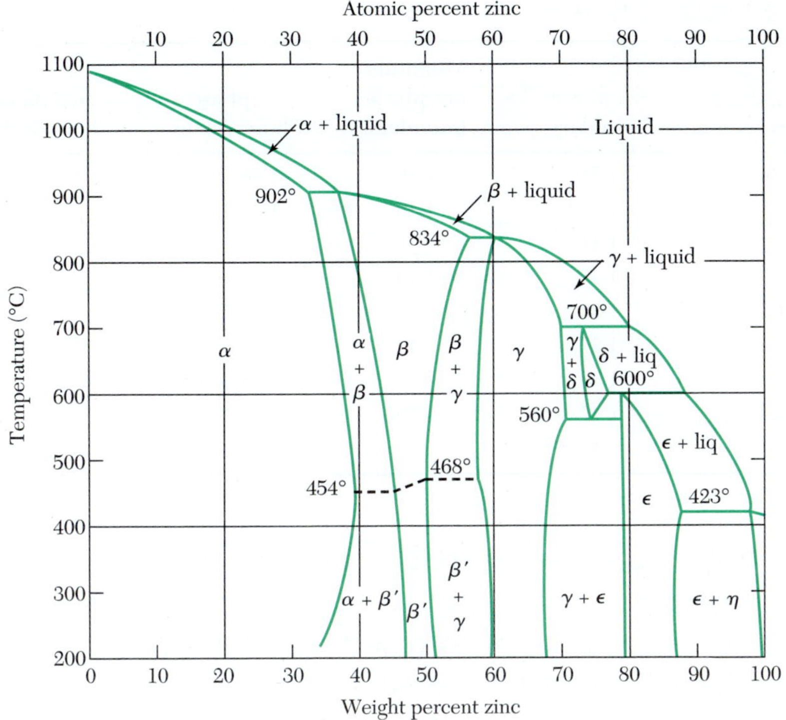

그림 4 Cu-Zn 합금의 평형 상그림. α상은 fcc, β와 β'은 bcc, γ는 복잡한 구조, ϵ와 η는 둘 다 hcp인데 ϵ인 경우 c/a는 약 1.56, η(순수한 Zn)에서는 c/a = 1.86이다. β'은 질서있는 bcc인데, 이 구조에서 Cu 원자 대부분은 하나의 sc 부분격자에 존재하고 Zn 원자 대부분은 첫 번째 부분격자와 겹쳐 있는 두 번째 sc 부분격자에 존재한다. β상은 무질서한 bcc인데 모든 격자 위치에 Zn과 Cu 원자가 존재할 확률이 같으며 이웃 위치에 존재하는 원자의 종류에 상관없다.

전자화합물(electron compound)이란 용어는 원자와 전자의 비가 꽤 잘 정의되는 결정구조를 갖는 중간상(intermediate phase; CuZn에서의 β상과 같은)을 가리킨다. 많은 합금에 있어서 원자에 대한 전자의 비율은 **흄-로더리 규칙**(Hume-Rothery rule)에 가깝다: β상은 1.50, γ상은 1.62 그리고 ϵ상은 1.75이다. 대표적인 실험값이 표 1에 나와 있는데, 이것은 일반적인 화학적 원자가인 Cu와 Ag의 경우 1, Zn와 Cd의 경우 2, Al과 Ga의 경우 3, Si, Ge과 Sn의 경우는 4를 사용하여 만들었다.

흄-로더리 규칙은 준자유전자 띠이론으로 간단하게 설명된다. 페르미 공(Fermi sphere)이 fcc 격자의 브릴루앙 영역 경계면에 닿을 때의 전자농도인 1.36이 실험적으로 fcc 상이 나타나는 n의 경계값이다. bcc 상에서 관측된 전자농도는 페르미 공이 bcc 격자의 영역 경계에 닿을 때의 농도인 1.48에 가깝다. γ상에서는 전자농도 1.54에서 페르미 공이 영역 경계에 닿는다. 또 이상적인 c/a 비일 때 hcp 상에서의 접촉은 전자농도가 1.69에서 일어난다.

왜 새로운 상이 출현하는 전자 농도가 페르미 공이 브릴루앙 영역 경계에 닿은 전자농도와 연관되어 있을까? 우리는 에너지띠가 브릴루앙 영역의 경계와 만나는 지

표 1 전자화합물의 전자/원자 비

Alloy	fcc phase boundary	Minimum bcc phase boundary	γ-phase boundaries	hcp phase boundaries
Cu-Zn	1.38	1.48	1.58 – 1.66	1.78 – 1.87
Cu-Al	1.41	1.48	1.63 – 1.77	
Cu-Ga	1.41			
Cu-Si	1.42	1.49		
Cu-Ge	1.36			
Cu-Sn	1.27	1.49	1.60 – 1.63	1.73 – 1.75
Ag-Zn	1.38		1.58 – 1.63	1.67 – 1.90
Ag-Cd	1.42	1.50	1.59 – 1.63	1.65 – 1.82
Ag-Al	1.41			1.55 – 1.80

점에서 두 개로 갈라지는 것을 보았다(9장 참조). 이 단계에서 우리가 더 많은 전자를 합금에 더해주면, 이 전자들은 위쪽 에너지띠 혹은 아래쪽 띠의 영역 경계 근처의 높은 에너지 상태로 가게 된다. 이 가능한 두 경우 모두에서 에너지가 증가하게 된다. 에너지의 측면에서는 브릴루앙 영역 경계와 접촉하는 페르미 공의 부피가 더 큰 (전자가 더 많은) 구조로 결정구조를 바꾸는 것이 더 좋을 수 있다. 이러한 방법으로 존스(Jones)는 전자농도가 증가하면서 결정구조가 fcc, bcc, γ 및 hcp의 순서로 변한다는 것을 설명할 수 있었다.

Li-Mg 합금의 격자상수 측정값이 그림 5에 나타나 있는데, 이 그림이 그려진 범위에서 결정구조는 bcc이다. 처음 Li에 Mg을 첨가하면 격자상수가 줄어든다. Li의

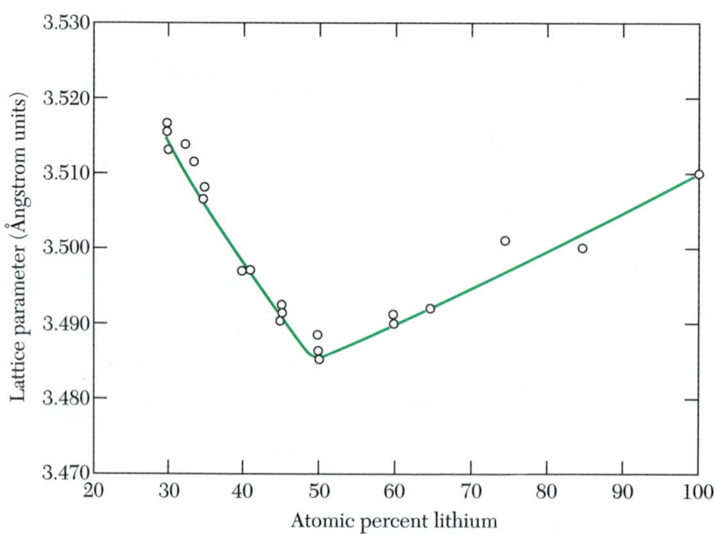

그림 5 체심입방구조를 가진 Mg-Li 합금의 격자상수(D. W. Levinson의 결과 인용).

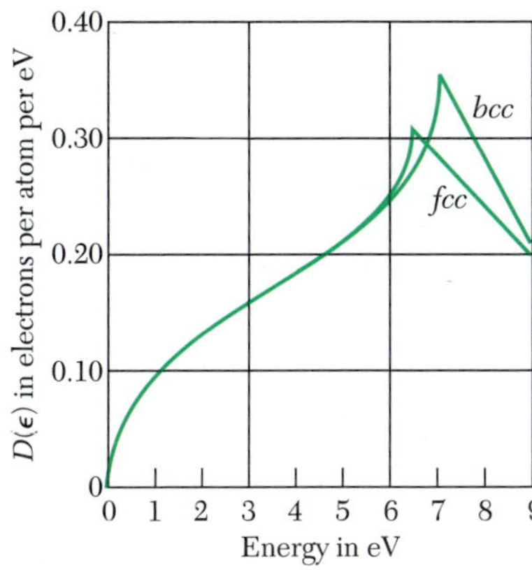

그림 6 fcc 및 bcc의 첫째 브릴루앙 영역에서 단위 에너지당 존재하는 궤도의 수를 에너지의 함수로 그린 그림.

함량이 50 원자 퍼센트 이하로 떨어지면 평균 전자의 농도는 원자당 1.5 이상이 되는데, 이때 격자는 팽창한다. 우리는 bcc 격자에서 원자당 n = 1.48의 전자농도에서 공 모양의 페르미 표면이 브릴루앙 영역 경계와 닿게 된다는 것을 보았다. 따라서 페르미공이 브릴루앙 영역 경계를 넘어가기 시작할 때 격자의 팽창이 일어나는 것으로 보인다.

그림 6은 fcc에서 bcc로의 상전이를 보여주는데, fcc와 bcc 구조에 대해 단위 에너지당 궤도의 수를 에너지의 함수로 그렸다. 전자의 수가 증가하면, bcc 격자의 브릴루앙 영역이 fcc의 브릴루앙 영역보다 추가되는 전자를 받아들이기가 쉬운 점에 도달하게 된다. 이 그림은 구리에 대한 그림이다.

질서–무질서 변환
ORDER-DISORDER TRANSFORMATION

Cu-Zn계의 상그림(그림 4)에서 β상 (bcc) 안의 수평 점선은 질서 있는 (낮은 온도) 상태와 무질서한 (높은 온도) 상태의 전이온도를 나타낸다. *AB* 합금의 질서 있는 배열에서는 보통 *B*원자의 최인접 원자는 모두 *A*원자이고, 역으로 *A*원자의 최인접 원자는 모두 *B*원자이다. 이러한 배열은 원자 사이의 지배적인 상호작용이 *A*와 *B* 원자 사이의 인력일 때 나타난다(만약 *AB* 상호작용이 약한 인력이거나 척력일 경우에는 상이 두 개인 계가 생기는데, 결정 내 일부 미세결정(crystallite)은 대부분이 *A*원자로 되어 있고 다른 미세결정은 대부분 *B*원자로 되어 있는 상태이다).

합금은 절대영도의 평형 상태에서 완전한 질서를 갖는다. 온도가 올라가면 질서도가 줄어들다가 전이온도(transition temperature)에 도달한 이후에는 무질서한 구조가 된다. 전이온도는 원자 간 거리의 여러 배 거리에 걸친 질서인 **긴 범위 질서**(long-range order)가 사라지는 온도이다. 그러나 이 전이온도 위에서도 **짧은 범위 질서**(short- range order), 즉 가까운 이웃 원자 사이의 상관관계(correlation)는 존재한다. 그림 7a에서는 *AB* 합금의 긴 범위 질서를 보여주고, 그림 7b에서는 AB_3 합금

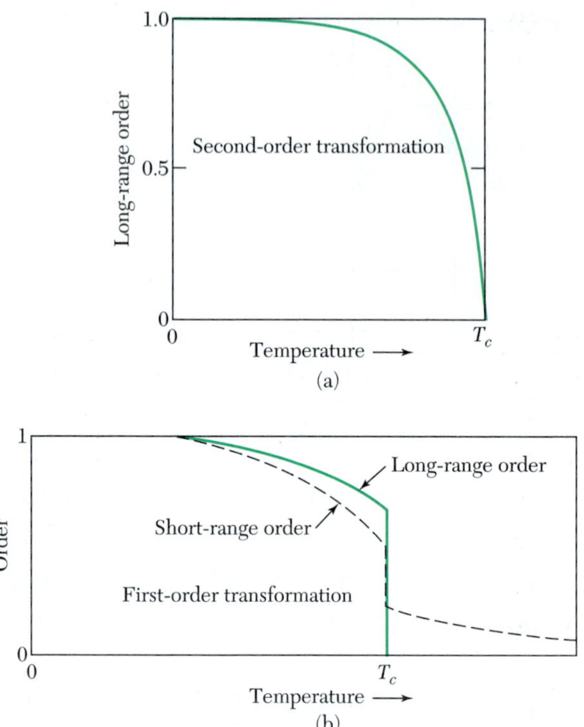

그림 7 (a) AB 합금에서 긴 범위 질서와 온도의 관계. 상변환은 2차이다. (b) AB_3 합금에서의 긴 범위 및 짧은 범위 질서. 이 합금에서의 상변환은 1차이다.

의 긴 범위 및 짧은 범위 질서를 보여준다. 질서의 정도는 아래에서 정의된다.

만약 합금이 높은 온도에서 전이온도 아래로 급격히 냉각되면, 비평형 무질서 배열이 결정구조 안에서 얼어붙는 준안정적인 상태가 생긴다. 또 일정한 온도에서 핵입자를 질서 있는 시료에 많이 쬐어 질서 있는 시료가 무질서해질 때는 반대의 효과가 생긴다. 실험적으로 질서의 정도는 엑스선 에돌이로 연구할 수 있다. 그림 8에서 무질서한 구조는 모든 격자점에 한 종류의 원자가 있을 때와 같은 위치에서 에돌이 선이 나타나는데, 각 원자면의 유효 산란 능력이 A와 B의 산란 능력의 평균과 같기 때문이다. 질서 있는 구조에서는 무질서한 구조에서 나타나지 않는 부가적인 에돌이 선이 나타나는데, 이 부가적인 선들을 **초얼개선**(superstructure line)이라고 부른다.

이 장에서 사용하는 질서와 무질서란 용어는 항상 규칙적으로 배열된 격자 위치를 전제로 사용된다. 마구잡이로 A나 B인 것인 이 격자 위치의 점유(occupancy)이다. 질서와 무질서라는 용어의 이러한 용법(usage)을, 규칙적인 격자 위치라는 것이 존재하지 않고 구조 자체가 마구잡이인 비결정성 고체를 다루는 19장에서의 용법과 혼동하지 말아야 한다. 이 두 유형의 무질서가 모두 자연계에 나타난다.

질서 있는 CuZn 합금은 1장에서 다룬 염화세슘 구조를 가진다. 공간격자는 단순입방구조이고, 기저는 000에 위치한 Cu 원자 하나와 $\frac{1}{2}\frac{1}{2}\frac{1}{2}$에 위치한 Zn 원자 하나로

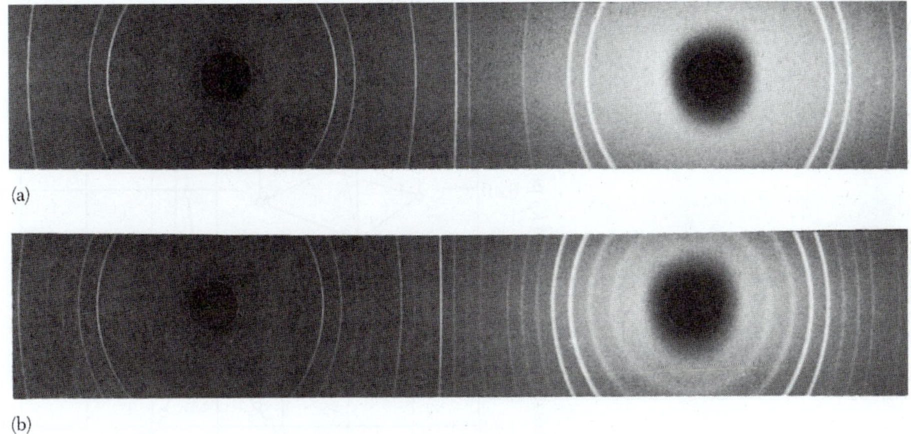

(a)

(b)

그림 8 $AuCu_3$ 합금 가루의 엑스선 사진. (a) $T > T_c$인 온도에서 급냉하여 얻은 무질서한 시료의 경우; (b) $T < T_c$에서 불림으로 얻은 질서 있는 시료의 경우(G. M. Gordon의 결과 인용).

이루어진다. 에돌이 구조인자는

$$S(hkl) = f_{Cu} + f_{Zn}\, e^{-i\pi(h+k+l)} \tag{1}$$

이다. $f_{Cu} \neq f_{Zn}$이므로 이 값은 0이 되지 않고, 따라서 단순입방 공간격자의 모든 에돌이선을 볼 수 있다. 무질서한 구조에서는 상황이 달라지는데, 000에 Zn이나 Cu가 존재할 확률이 같아지고 $\frac{1}{2}\frac{1}{2}\frac{1}{2}$에서도 마찬가지이다. 따라서 평균 구조인자는

$$\langle S(hkl) \rangle = \langle f \rangle + \langle f \rangle e^{-i\pi(h+k+l)} \tag{2}$$

인데, 여기서 $\langle f \rangle = \frac{1}{2}(f_{Cu} + f_{Zn})$이다. 식 (2)는 bcc에서의 결과와 똑같은 형태이며 $h + k + l$이 홀수일 때는 0이 된다. 따라서 우리는 무질서한 격자에서 나타나지 않는 반사(초얼개선)가 질서 있는 격자에서는 나타나는 것을 알 수 있다(그림 8).

질서에 대한 기초이론*(elementary theory of order)*

우리는 bcc 구조를 갖는 AB 합금에서 질서가 온도에 따라 달라지는 것에 관한 간단한 통계적인 처리법을 제시한다. A_3B의 경우는 AB의 경우와 다른데, 전자는 숨은열(latent heat)을 갖는 것이 특징인 1차 전이를 하고 후자는 열용량이 불연속으로 변하는 것이 특징인 2차 전이를 한다(그림 9).

우리는 여기서 긴 범위 질서에 대한 척도를 도입한다. 하나의 단순입방격자를 a라 하고 다른 하나를 b라고 하자. bcc 구조는 두 개의 sc 격자가 서로 관통하여 만들어지는데, 한 격자에 있는 원자의 최인접 원자는 다른 격자에 존재한다. N개의 A 원자와 N개의 B 원자로 된 합금에서 긴 범위 질서변수(long-range order parameter) P는 격자 a에 있는 A 원자의 숫자가 $\frac{1}{2}(1 + P)N$이 되도록 정의된다. 격자 b에 있는 A 원자의 숫자는 $\frac{1}{2}(1 - P)N$이다. $P = \pm 1$이면 질서는 완벽하고 각 격자는 한 종류의

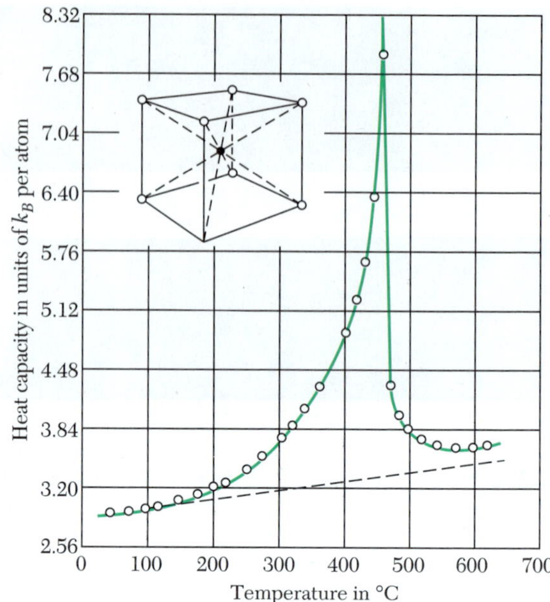

그림 9 CuZn 합금(β-청동)의 열용량과 온도의 그래프.

원자로만 채워진다. $P = 0$이면 각 격자는 같은 수의 A와 B로 채워져서 긴 범위 질서는 없어진다.

내부 에너지 중 AA, AB 및 BB의 최인접 원자쌍의 결합에너지와 연관된 부분을 생각해 보자. 총 결합에너지는

$$E = N_{AA}U_{AA} + N_{BB}U_{BB} + N_{AB}U_{AB} \tag{3}$$

인데, N_{ij}는 최인접 ij 결합의 수이고, U_{ij}는 ij 결합의 에너지이다.

격자 a의 A 원자가 AA 결합을 할 확률은 A 원자가 격자 b의 특정 최인접 위치에 존재할 확률에 최인접 위치의 수를 곱한 것과 같은데, bcc인 경우 최인접 위치의 수는 8이다. 또 우리는 이 확률들이 서로 독립적이라고 가정한다. 따라서 위에서 논의한 격자 a와 b에 있는 A 원자의 수를 사용하면

$$\begin{aligned} N_{AA} &= 8[\tfrac{1}{2}(1+P)N][\tfrac{1}{2}(1-P)] = 2(1-P^2)N \ ; \\ N_{BB} &= 8[\tfrac{1}{2}(1+P)N][\tfrac{1}{2}(1-P)] = 2(1-P^2)N \ ; \\ N_{AB} &= 8N[\tfrac{1}{2}(1+P)]^2 + 8N[\tfrac{1}{2}(1-P)]^2 = 4(1+P^2)N \end{aligned} \tag{4}$$

을 얻는다. 식 (3)의 에너지는

$$E = E_0 + 2NP^2U \tag{5}$$

가 되는데, 여기서

$$E_0 = 2N(U_{AA} + U_{BB} + 2U_{AB}) \ ; \qquad U = 2U_{AB} - U_{AA} - U_{BB} \tag{6}$$

이다.

우리는 이제 원자 분포의 엔트로피를 계산한다. 격자 a에는 $\frac{1}{2}(1 + P)N$개의 A 원자와 $\frac{1}{2}(1 - P)N$개의 B 원자가 있고, 또 격자 b에는 $\frac{1}{2}(1 - P)N$개의 A 원자와 $\frac{1}{2}(1 + P)N$개의 B 원자가 있다. 이 원자들을 배열하는 방법의 숫자 G는

$$G = \left[\frac{N!}{[\frac{1}{2}(1 + P)N]![\frac{1}{2}(1 - P)N]!}\right]^2 \tag{7}$$

이다. 엔트로피의 정의 $S = k_B \ln G$와 스털링 근사(Stirling's approximation)를 이용하면 엔트로피는 다음과 같이 주어진다.

$$S = 2Nk_B \ln 2 - Nk_B[(1 + P)\ln(1 + P) + (1 - P)\ln(1 - P)] \ . \tag{8}$$

이는 **섞음 엔트로피**(entropy of mixing)로 정의되는데, $P = \pm1$이면 $S = 0$이고 $P = 0$이면 $S = 2Nk_B \ln 2$가 된다.

평형 상태의 질서는 자유에너지 $F = E - TS$가 P 변수에 대해 최소가 된다는 조건에 의해 결정된다. F를 P에 대해서 미분하면 최소가 되는 조건은 아래와 같다.

$$4NPU + Nk_BT \ln \frac{1 + P}{1 - P} = 0 \ . \tag{9}$$

위의 P에 대한 초월방정식은 그래프를 사용하여 풀 수 있는데, 그림 7a에 있는 완만하게 감소하는 곡선을 얻게 된다. 전이점 근방에서는 식 (9)를 전개하여 $4NPU + 2Nk_BTP = 0$을 얻는다. 전이온도에서는 $P = 0$이고, 따라서

$$T_c = -2U/k_B \tag{10}$$

가 된다. 전이가 일어나기 위해서는 유효 상호작용 U는 음의 값을 가져야 한다.

짧은 범위 질서변수(short-range order parameter) r은 최인접 결합 중 AB 결합의 평균 숫자 q의 비율을 나타내도록 정의한다. 완전히 무질서한 경우 AB 합금의 각 A 원자 주변에는 평균 4개의 AB 결합이 있고, 가능한 최인접 결합은 8개이다. 우리가 r을

$$r = \tfrac{1}{4}(q - 4) \tag{11}$$

와 같이 정의하면, 완전히 질서 있는 경우에 $r = 1$이 되고 완전한 무질서한 경우 $r = 0$이 된다. 긴 범위 질서변수 P가 주어진 부분격자 위의 모든 원자의 순도를 나타내는 데 비해, r은 한 원자 주변의 국소질서(local order) 정도를 나타내는 것을 주목하라. 전이온도 T_c 이상에서는 긴 범위 질서는 완전히 0이 되지만, 짧은 범위 질서는 그렇지 않다.

상그림
PHASE DIAGRAMS

그림 4와 같은 상그림은 간단한 이원합금의 경우에도 많은 정보를 담고 있다. 이 상그림에서 곡선으로 싸인 부분은 그 조성비와 온도 영역에서의 평형 상태를 나타낸다. 또 곡선들은 T-x 평면에서의 상변이 경로를 나타내는데, x는 조성비 변수이다.

평형 상태란 주어진 T와 x에서 이원합금의 자유에너지가 최소가 되는 상태이다. 따라서 상그림을 해석하는 일은 열역학의 주제가 된다. 이 해석에서 몇몇 특이한 결과가 나오는데, 녹는점이 낮은 공융(eutectics) 성분비의 존재가 그 하나이다. 이 해석은 *TP*[2)]의 11장에 논의되어 있으므로, 여기서는 주요 결과만 간략히 얘기한다.

두 물질이 서로 녹아서 균질의 혼합물을 만드는 경우는 그 혼합물이 해당 조성비에서 가능한 가장 낮은 자유에너지를 가지는 경우이다. 두 상이 따로 나란히 존재할 때의 자유에너지의 합이 균질의 혼합물의 자유에너지보다 작으면 두 물질은 비균질의(inhomogeneous) 혼합물을 이룬다. 이때 우리는 이 혼합물이 **용해도 틈**(solubility gap)을 나타낸다고 말한다. 그림 4에서 보면 $Cu_{0.60}Zn_{0.40}$ 근처의 합금은 용해도 틈 안에 있어서 서로 다른 구조와 조성을 갖는 fcc와 bcc 상의 혼합물이다. 상그림은 용해도 틈이 온도에 따라 달라지는 모습을 나타낸다.

균질한 액체의 일부가 얼 때, 만들어지는 고체의 조성비는 액체의 성분비와 거의 언제나 다르다. 그림 4에서 $Cu_{0.80}Zn_{0.20}$ 근처의 수평부분을 생각해 보자. x가 Zn의 무게 퍼센트라 하면, 주어진 온도에서 세 개의 영역이 존재한다.

$x > x_L$, 평형계는 균질한 액체이다.

$x_S < x < x_L$, x_S의 조성비를 갖는 고체상과 x_L의 조성비를 갖는 액체상이 공존한다.

$x < x_S$, 평형계는 균질한 고체이다.

x_L은 **액체상 곡선**(liquidus curve)을 따라서 움직이고, x_S는 **고체화 곡선**(solidus curve)을 따라서 움직인다.

공융(eutectics)

상그림에서 두 개의 액체상 곡선이 만나는 곳의 혼합물을 공융이라고 하는데, 그림 10에 Au-Si계의 예가 그려져 있다. 최소 고체화(solidification) 온도를 공융온도라 하고, 그 때의 조성비를 공융조성비라 한다. 이 조성비에서의 고체는 두 개의 분리된 상으로 되어 있음을 그림 11의 현미경 사진으로 알 수 있다.

많은 이원(binary) 계가 두 물질의 녹는점 중 더 낮은 온도 이하에서도 액체상으로

2) **역자주** 서론에 있는 대로 C. Kittel과 H. Kroemer, *Thermal Physics*, 2nd ed., Freeman, 1980의 책을 가리킨다.

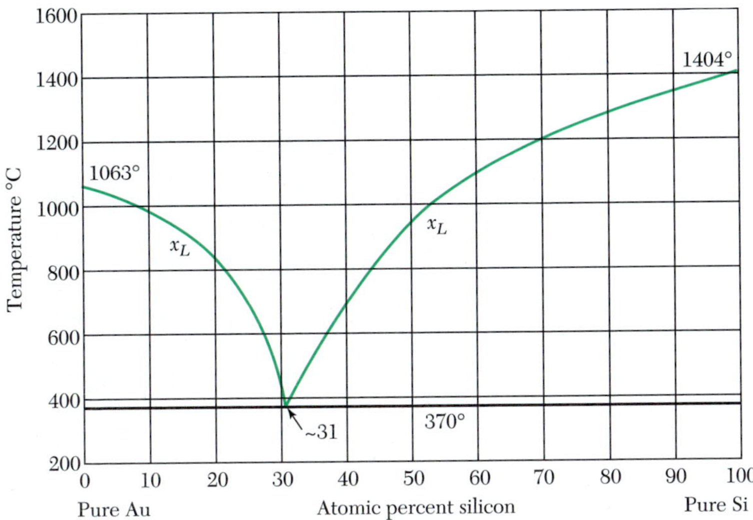

그림 10 Au-Si 합금의 공융 상그림. 공융은 T_c = 370°C와 x_g = 0.31 원자 퍼센트 Si에서 합쳐지는 두 가지(branch)로 이루어진다(Kittel과 Kroemer의 *TP*에서 인용).

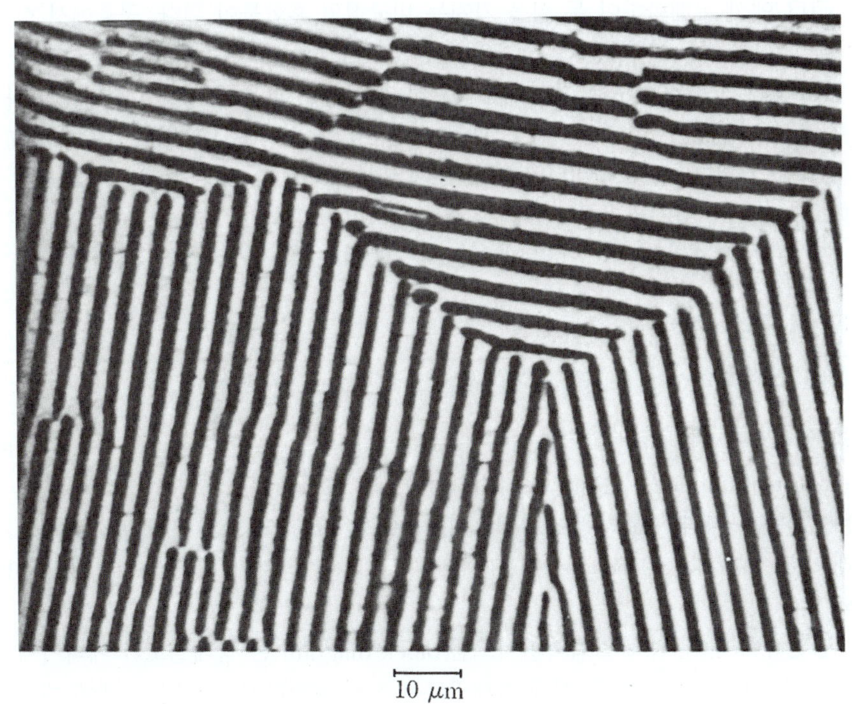

그림 11 Pb-Sn 공융의 현미경 사진(J. D. Hunt와 K. A. Jackson의 양해 하에 인용).

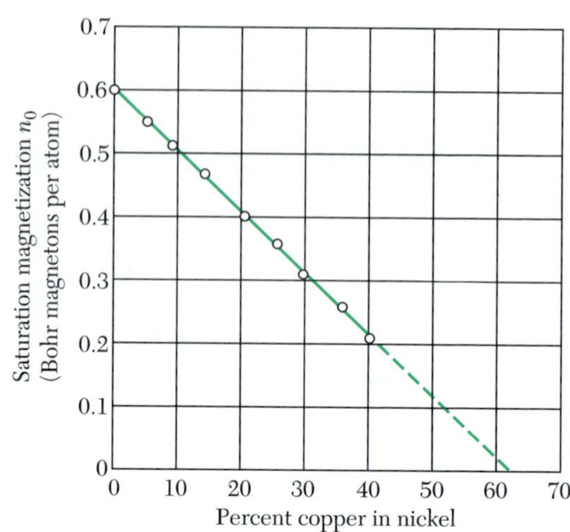

그림 12 Ni-Cu 합금의 보어 마그네톤 수.

존재한다. 예를 들면 Au와 Si는 각각 1063°C와 1404°C에서 고체화하지만, $Au_{0.69}Si_{0.31}$은 370°C에서 고체화하여 두 상을 가지는 비균질의 혼합물이 된다. 공융에서 한 상은 거의 순수한 금이고 다른 상은 거의 순수한 Si이다.

Au-Si의 공융은 반도체 기술에서 중요하다. 공융은 낮은 온도에서 실리콘 소자에 금 접촉선을 붙일 수 있도록 해주기 때문이다. Pb-Sn 합금도 183°C에서 $Pb_{0.26}Sn_{0.74}$의 공융을 가진다. 이 조성비나 근처의 조성비가 땜납으로 사용되는데, 다루기가 쉽도록 녹는점을 변화시키려면 근처의 조성비를 사용한다.

전이금속 합금
TRANSITION METAL ALLOYS

구리를 니켈에 첨가하면, 그림 12에서 보듯이, 원자당 유효 마그네톤 수(effective magneton number)는 선형으로 감소하다가 $Cu_{0.60}Ni_{0.40}$ 근처에서 0이 된다. 이 조성비에서는 구리의 여분의 전자가 $3d$ 띠, 즉 그림 12.7b에 보인 위 스핀(spin-up)과 아래 스핀(spin-down) $3d$ 버금띠를 채우게 된다. 이 상황이 대략적으로 그림 13에 나와 있다.

간편하게 하기 위해 블록다이어그램(block diagram)은 상태밀도가 에너지에 대해 균일한 것처럼 나타낸다. 실제 상태밀도는 전혀 균일하지 않은데, 니켈에 대한 요즘의 계산 결과가 그림 14에 그려져 있다. $3d$ 띠의 폭은 5 eV 정도이다. 자기적인 효과를 결정하는 위쪽에서 상태밀도가 특별히 높다. $3d$ 띠의 평균 상태밀도는 $4s$ 띠보다 10배쯤 크다. 이 증가된 상태밀도 비가 단순한 1가(monovalent) 금속에 비해 비강자성 전이금속에서 전자 열용량과 상자성 감수율이 커지는 것을 대략 설명한다.

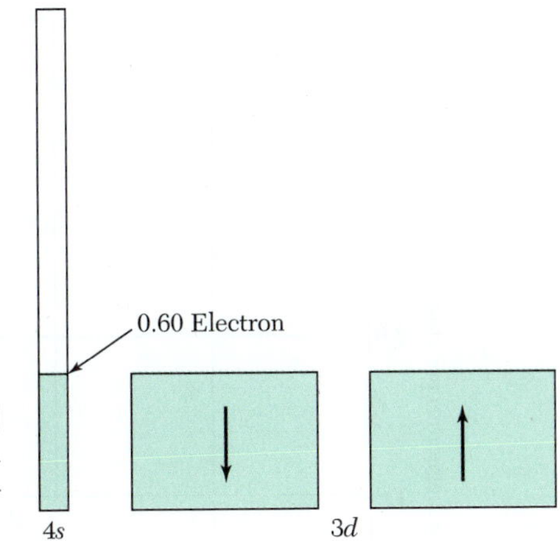

그림 13 60Cu40Ni 합금에서의 전자 분포. 구리에서 나온 여분의 0.6 전자가 d 띠를 완전히 채우고 또한 그림 12.7b에 비해 s 띠 안의 전자 수도 조금 증가시킨다.

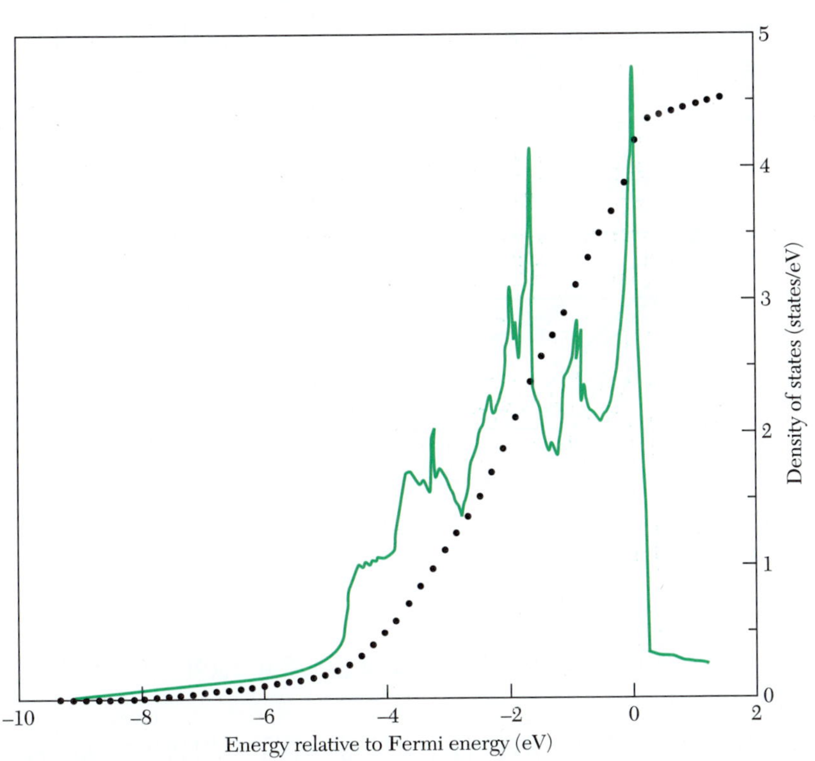

그림 14 니켈의 상태밀도(V. C. Moruzzi, J. F. Janak과 A. R. Williams의 결과 인용).

그림 15는 Ni에 다른 원소를 소량 첨가했을 때 나타나는 효과를 보여준다. 띠 모형에 의하면, 합금에서 꽉찬 d 껍질 밖에 z개의 원자가전자를 갖는 금속을 첨가할 때, Ni의 자기화(magnetization)는 대략 용질(solute) 원자당 z 보어 마그네톤만큼씩 감소한다. 이 간단한 관계는 z = 4, 3, 2, 1인 Sn, Al, Zn과 Cu에서 잘 맞는다. Co, Fe,

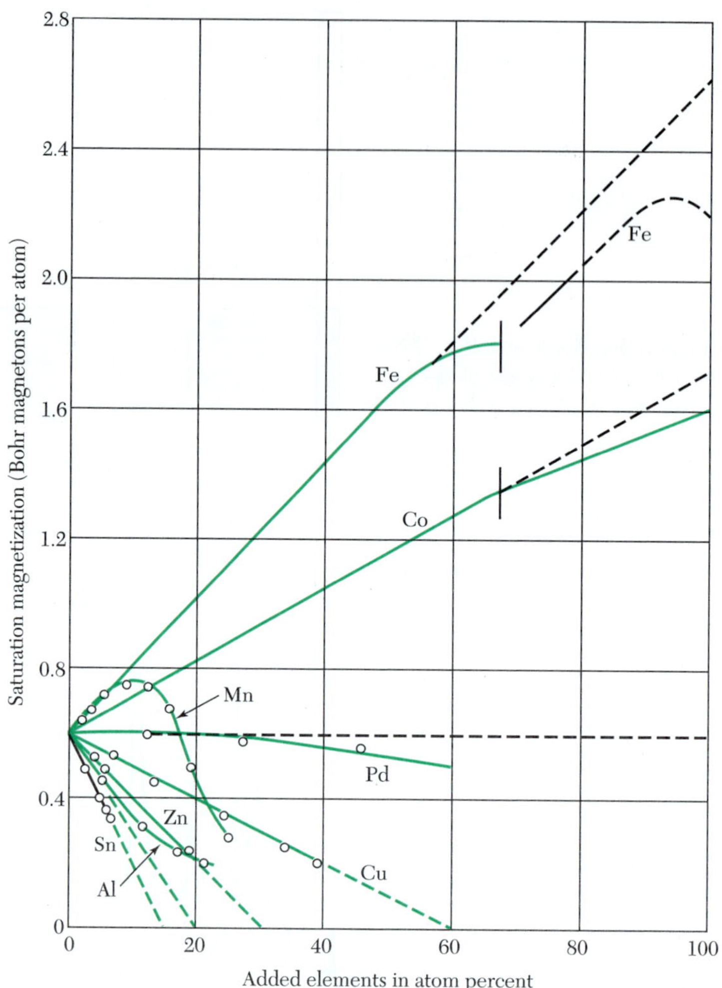

그림 15 용질 원소의 원자 퍼센트에 따른 니켈 합금의 포화 자기화(saturation magnetization) 그림인데, 단위원자당 보어 마그네톤으로 나타나 있다.

Mn의 경우 프리델(Friedel)의 국소 모멘트 모형이 유효 z값이 -1, -2 및 -3으로 되는 것을 잘 설명한다.

그림 16에서는 철족 원소들의 이원합금의 평균 원자 자기모멘트를 $3p$ 껍질 밖에 있는 전자의 농도의 함수로 그렸다. 이 그림은 **슬레이터-폴링**(Slater-Pauling) **도표**라고 부른다. 합금들이 많이 모여 있는 오른편 가지가 그림 15와 함께 논의한 법칙을 잘 따른다. 전자농도가 감소하면 어느 $3d$ 버금띠도 완전히 차지 않는 점에 도달하게 되고, 그 때부터 자기모멘트도 이 그래프의 왼편 쪽을 따라 감소한다.

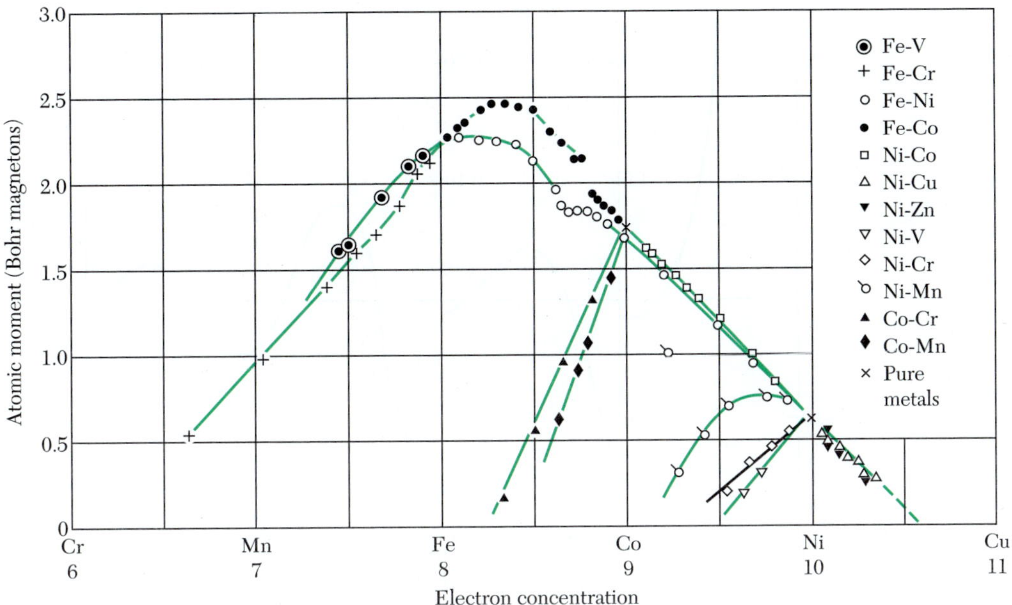

그림 16 철족에 있는 원소들의 이원합금에서의 평균 원자 모멘트(Bozorth의 결과 인용).

전기전도도(*electrical conductivity*)

전이금속에서는 $4s$ 띠와 더불어 $3d$ 띠도 전도 경로가 되므로 전이금속의 전기전도도가 증가할 것이라고 생각할 수 있지만, 실제로는 그렇지 않다. s 전자 경로의 비저항이 d 전자와의 충돌로 인해 증가한다. 이 충돌은 강력한 산란 메커니즘인데 d 띠가 꽉 차 있을 때는 일어나지 않는다.

우리는 Ni, Pd 및 Pt의 18°C에서의 전기 비저항을 주기율표에서 바로 옆에 있는 귀금속 Cu, Ag 및 Au의 비저항과 $\mu\Omega$-cm 단위로 비교했다.

Ni	Pd	Pt
7.4	10.8	10.5
Cu	**Ag**	**Au**
1.7	1.6	2.2

귀금속의 비저항은 전이금속의 비저항보다 약 1/5 정도로 낮은데, 이것은 s-d 산란 메커니즘이 비저항을 증가시키는 데 유효함을 보여 준다.

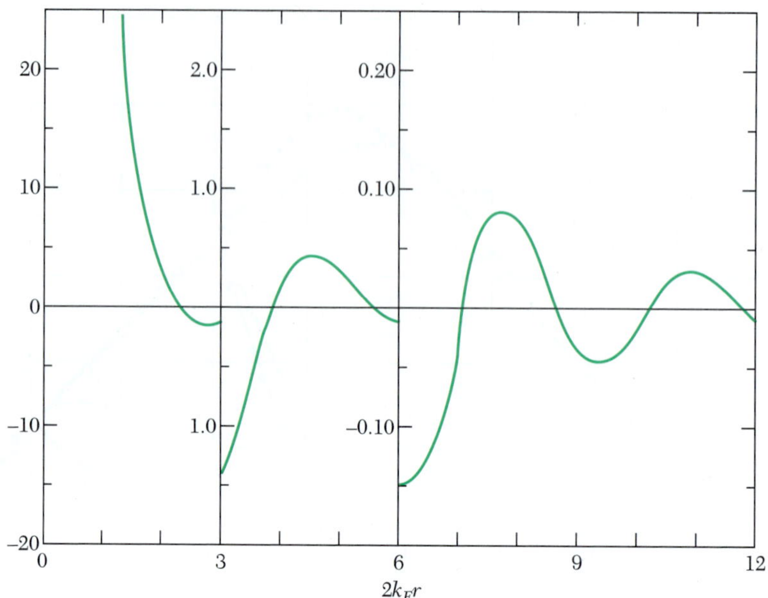

그림 17 원점 $r = 0$에 놓인 점 자기모멘트 근처에서의 자유전자 페르미 기체의 $T = 0$에서의 자기화. 아르케이케이와이(RKKY) 이론에 따른 것이다. 수평축은 $2k_Fr$인데 여기서 k_F는 페르미 면에서의 파동벡터이다(de Gennes의 결과 인용).

콘도 효과
KONDO EFFECT

(Cu 안의 Mn처럼) 비자기적인 금속 결정 내에 자기 이온이 묽은 농도로 존재하는 고용체에서 이온과 전도전자 사이의 바꿈결합(exchange coupling)은 매우 중요하다. 전도전자 기체는 자기 이온 근처에서 자기화되는데, 그 공간 분포는 그림 17과 같다. 이 자기화는 두 자기 이온 사이의 간접적인 바꿈 상호작용[3)]을 일으키는데, 두 번째 이온이 첫 번째 이온에 의해 유도된 자기화의 영향을 받기 때문이다. 프리델(Friedel) 또는 아르케이케이와이(RKKY) 상호작용으로 알려진 이 상호작용은 희토류 금속의 자기 스핀 질서를 이루는 데도 역할을 한다. 희토류 금속에서 $4f$ 이온 핵심의 스핀들은 전도전자 기체 안에 유도된 자기화에 의해서 연결된다.

자기 이온과 전도전자의 상호작용의 결과를 **콘도**(Kondo) **효과**라고 하는데, 18장에서 다른 맥락으로 다룬 바 있다. 묽은 자기 합금의 저온 전기 비저항을 온도의 함수로 그린 곡선에서의 최소점이 Cr, Mn, Fe 등을 불순물로 첨가한 Cu, Ag, Au, Mg, Zn의 합금 등에서 관측되었다.

3) 금속에서의 간접적인 바꿈 상호작용은 C. Kittel, Solid State Physics **22**, 1 (1968)에 종합 검토되어 있고, 콘도 효과는 J. Kondo, "Theory of dilute magnetic alloys," Solid State Physics **23**, 184 (1969)와 A. J. Heeger, "Localized moments and nonmoments in metals: the Kondo effect" Solid State Physics **23**, 248 (1969)에 종합 검토되어 있다. RKKY는 Ruderman, Kittel, Kasuya 그리고 Yosida를 나타낸다.

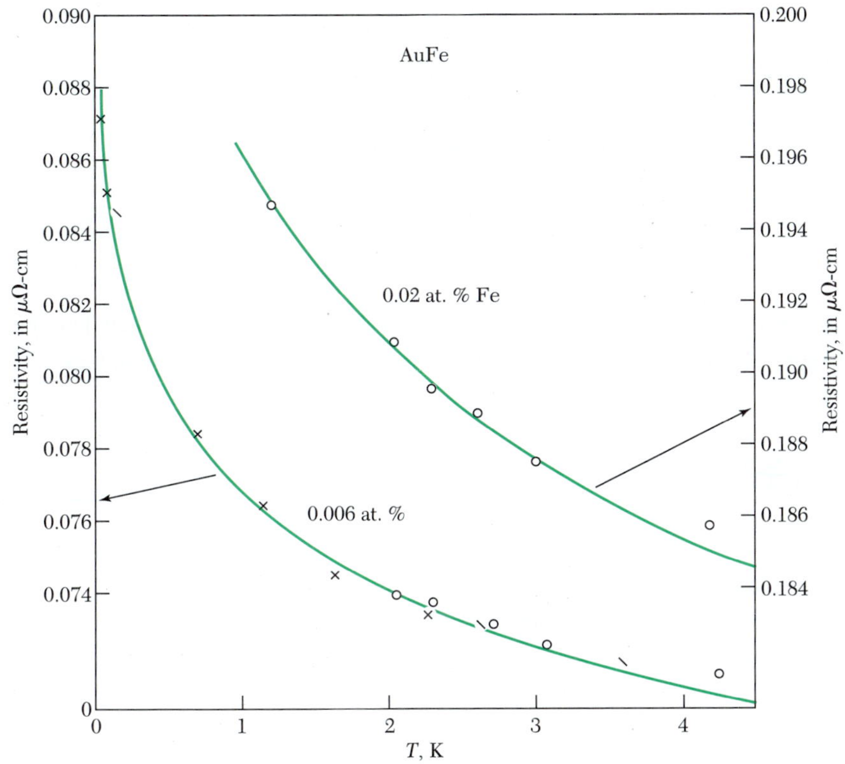

그림 18 금에 철을 묽은 농도로 섞은 합금의 전기 비저항이 낮은 온도에서 증가하는 것에 관한 이론값와 실험값을 비교한 그래프. 높은 온도에서는 전자가 열 포논에 의해서 흩뜨려져서 비저항이 증가하므로 저항 최솟값은 이 그림의 오른쪽에 나타난다. 실험은 D. K. C. MacDonald, W. B. Pearson과 I. M. Templeton이 했고, 이론은 J. Kondo가 한 것이다. K. Wilson은 정확한 해법을 제시했다.

저항 최솟값이 생기는 것은 불순물 원자의 국소 자기 모멘트의 존재와 연관되어 있는데, 저항의 최솟값이 생기는 곳마다 반드시 국소 모멘트가 있다. 콘도는 낮은 온도에서 자기 이온이 비정상적으로 높은 산란 확률을 가지는 것은 낮은 온도에서 페르미 면의 급격함 및 바꿈 상호작용에 의한 산란의 동적 특성 때문에 생긴다는 것을 보여 주었다. 콘도 효과가 중요하게 작용하는 온도 영역이 그림 18에 그려져 있다.

가장 중요한 결과는 스핀에 의존하는 비저항이 다음과 같이 주어진다는 것이다.

$$\rho_{\text{spin}} = c\rho_M \left[1 + \frac{3zJ}{\epsilon_F} \ln T \right] = c\rho_0 - c\rho_1 \ln T \, . \tag{12}$$

여기서 J는 바꿈 에너지, z는 최인접 이웃의 수, c는 농도이고 ρ_M은 바꿈 산란의 강도를 나타내는 양이다. 이 식에서 만약 J가 음의 양이면 스핀 비저항은 낮은 온도로 갈수록 증가함을 볼 수 있다. 만약 이 영역에서 전기 비저항에 포논이 기여하는 부분이 T^5에 비례하고 또 여러 비저항이 서로 더해진다면, 총 비저항은 다음과 같이 주어진다.

$$\rho = \alpha T^5 + c\rho_0 - c\rho_1 \ln T \ . \tag{13}$$

비저항의 최솟값은

$$d\rho/dT = 5aT^4 - c\rho_1/T = 0 \tag{14}$$

으로부터

$$T_{\min} = (c\rho_1/5a)^{1/5} \tag{15}$$

의 온도에서 생긴다. 비저항이 최솟값이 되는 온도는 자기 불순물 농도의 1/5 제곱에 따라 변하는데, 이는 최소한 Fe가 Cu에 첨가되었을 때의 실험값과 잘 맞는다.

연습문제
Problems

1. Cu_3Au에서의 초격자 선***(superlattice lines in*** $\boldsymbol{Cu_3Au}$***)***. Cu_3Au(75% Cu, 25% Au)는 400°C 이하에서 질서 있는 상태에 있는데, fcc 격자에서 Au 원자는 000 위치에 있고 Cu 원자는 $\frac{1}{2}\frac{1}{2}0$, $\frac{1}{2}0\frac{1}{2}$과 $0\frac{1}{2}\frac{1}{2}$ 위치에 존재한다. 이 합금이 무질서한 상태에서 질서 있는 상태로 갈 때 생기는 새로운 엑스선 반사지수를 쓰되, 지수가 2보다 작은 모든 새로운 반사지수를 열거하라.

2. 짜임새 열용량***(configurational heat capacity)***. *AB* 합금에서 질서/무질서 효과에 기인한 열용량을 $P(T)$로 나타내는 식을 유도하라[식 (8)에 주어진 엔트로피는 짜임새 엔트로피(configurational entropy) 또는 섞음 엔트로피(entropy of mixing)라고 한다].

부록
Appendix

부록 A: 반사선의 온도 의존성
TEMPERATURE DEPENDENCE OF THE REFLECTION LINES

... 나는 산란각이 늘어나면 간섭선(interference line)의 뾰족함(sharpness)은 그대로 있지만 그 세기는 줄어들며, 줄어드는 정도는 온도가 높을수록 크다는 결론에 도달했다.

P. Debye

결정의 온도가 증가하면, 브래그 반사된 빔의 세기는 줄어들지만 반사선의 각너비(angular width)는 변하지 않는다. 그림 1에는 알루미늄에 대해 측정한 세기가 그려져 있다. 큰 진폭으로 마구잡이 열운동(random thermal motion)을 하여, 실온에서는 최인접 이웃의 거리가 순간적으로 10%까지 변하는 원자들로부터 뾰족한 엑스

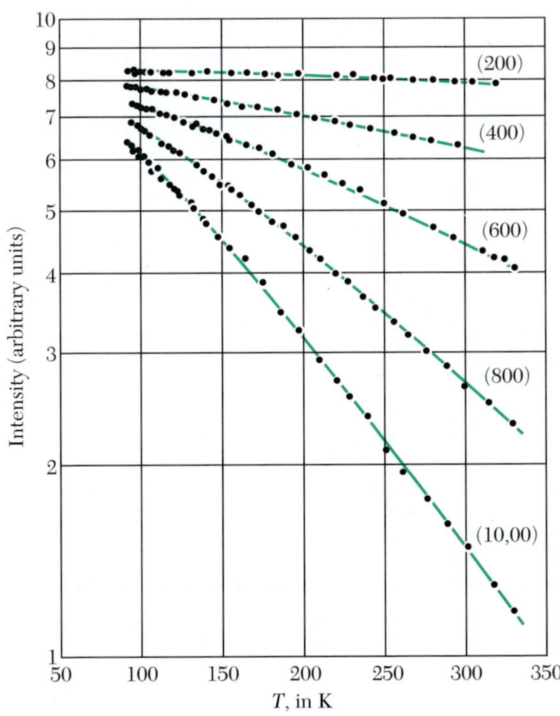

그림 1 알루미늄의 (h00) 엑스선 반사 세기의 온도 의존성. h가 홀수인 (h00) 반사는 fcc 구조에서는 금지된다(R. M. Nicklow와 R. A. Young의 결과 인용).

선 반사를 얻을 수 있다는 것은 놀라운 일이다. 라우에 실험이 행해지기 전 그 실험을 하자는 제안에 대해 뮌헨의 커피 집에서 토론했을 때[1] 실온에서 결정 내 원자들의 순간 자리(instantaneous position)는 큰 열요동(thermal fluctuation) 때문에 규칙적이고 주기적인 배열에서 멀리 떨어질 것이라는 반대 의견이 나왔다. 이 반대 의견의 논의를 계속하면, 잘 정의된(well-defined) 에돌이 빔은 기대할 수 없다는 결론이 나왔다.

그러나 잘 정의된 에돌이 빔은 관측되었다. 디바이(Debye)가 그 이유를 설명하였다. 결정에 의해 산란된 방사의 진폭을 생각하자. 명목상 $\mathbf{r}_j$에 있는 원자의 위치를 시간에 따라 요동하는 항 $\mathbf{u}(t)$를 포함시켜 $\mathbf{r}(t) = \mathbf{r}_j + \mathbf{u}(t)$로 쓰자. 각 원자는 자기의 평형 위치(equilibrium position)를 중심으로 독립적으로 요동한다고 가정한다.[2] 그러면 구조인자 식 (2.43)의 열평균(thermal average)을 내면,

$$f_j \exp(-i\mathbf{G}\cdot\mathbf{r}_j)\langle\exp(-i\mathbf{G}\cdot\mathbf{u})\rangle \tag{1}$$

의 항들을 포함하게 되는데, $\langle\cdots\rangle$은 열평균을 나타낸다. 지수함수(exponential)를 급수 전개(series expansion)하면

$$\langle\exp(-i\mathbf{G}\cdot\mathbf{u})\rangle = 1 - i\langle\mathbf{G}\cdot\mathbf{u}\rangle - \tfrac{1}{2}\langle(\mathbf{G}\cdot\mathbf{u})^2\rangle + \cdots \tag{2}$$

이다. 그러나 $\mathbf{u}$는 $\mathbf{G}$의 방향과 상관없는 마구잡이 열변위(random thermal displacement)이기 때문에 $\langle\mathbf{G}\cdot\mathbf{u}\rangle = 0$이 된다. 또한

$$\langle(\mathbf{G}\cdot\mathbf{u})^2\rangle = G^2\langle u^2\rangle\langle\cos^2\theta\rangle = \tfrac{1}{3}\langle u^2\rangle G^2$$

이다. $\frac{1}{3}$인자는 공에 대한 $\cos^2\theta$의 기하학적 평균(geometrical average)이다.

다음 함수

$$\exp(-\tfrac{1}{6}\langle u^2\rangle G^2) = 1 - \tfrac{1}{6}\langle u^2\rangle G^2 + \cdots \tag{3}$$

은 위에 보인 대로 식 (2)의 급수 전개와 처음 두 항이 같다. 조화진동자(harmonic oscillator)에 대해서는 급수식 (2)와 (3)의 모든 항이 같다는 것을 보일 수 있다. 따라서 진폭의 제곱인 산란된 세기는

$$I = I_0 \exp(-\tfrac{1}{3}\langle u^2\rangle G^2) \tag{4}$$

이 되는데, I_0는 고정된 격자에서 산란된 세기이다. 위 식의 지수인자를 **디바이-왈러 인자**(Debye-Waller factor)라 한다.

여기서 $\langle u^2\rangle$은 원자의 평균제곱변위(mean square displacement)이다. 3차원의 고전적인 조화진동자의 열평균 퍼텐셜에너지 $\langle U\rangle$는 $\frac{2}{3}k_BT$이다. 그러므로

---

1) P. P. Ewald와의 개인적인 대화

2) 이것은 고체의 아인슈타인 모형(Einstein model)이다; 이 모형은 저온에서는 그다지 좋은 모형이 아니지만, 고온에서는 잘 맞는다.

$$\langle U \rangle = \tfrac{1}{2}C\langle u^2 \rangle = \tfrac{1}{2}M\omega^2\langle u^2 \rangle = \tfrac{3}{2}k_BT \tag{5}$$

인데, C는 힘 상수(force constant), M은 원자의 질량, ω는 진동자의 진동수이고, $\omega^2 = C/M$의 결과를 사용했다. 따라서 산란된 세기는

$$I(hkl) = I_0 \exp(-k_BTG^2/M\omega^2) \tag{6}$$

인데, hkl은 역격자벡터 $\mathbf{G}$의 지표이다. 이 고전적인 결과는 고온에서 잘 맞는 근사이다.

양자 진동자의 경우 $\langle u^2 \rangle$은 $T = 0$에서도 0이 되지 않는데 이는 영점 운동이 있기 때문이다. 독립 조화진동자 모형(independent harmonic oscillator model)에서는 영점 에너지는 $\frac{3}{2}\hbar\omega$이다. 이 에너지는 바닥상태에 있는 3차원 양자 조화진동자의 에너지를 같은 진동자가 정지해 있을 때의 고전적인 에너지에 대해 잰 에너지이다. 진동자 에너지의 반은 퍼텐셜에너지이므로 바닥상태에서는

$$\langle U \rangle = \tfrac{1}{2}M\omega^2\langle u^2 \rangle = \tfrac{3}{4}\hbar\omega \;; \qquad \langle u^2 \rangle = 3\hbar/2M\omega \tag{7}$$

이고, 따라서 식 (4)에 의해 절대온도 0도에서

$$I(hkl) = I_0 \exp(-\hbar G^2/2M\omega) \tag{8}$$

이다. $G = 10^9\ \mathrm{cm}^{-1}$, $\omega = 10^{14}\ \mathrm{s}^{-1}$이고 $M = 10^{-22}$ g이라면 지수함수의 인수(argument)는 약 0.1이고 $I/I_0 \simeq 0.9$가 된다. 절대온도 0도에서 빔의 90%는 탄성으로(elastically) 산란되고 10%는 비탄성으로(inelastically) 산란된다.

식 (6)과 그림 1에서 보듯이 온도가 올라가면서 에돌이선 세기는 줄어들지만 파국적으로(catastrophically) 줄어들지는 않는다. G가 작은 반사가 G가 큰 반사보다 영향을 덜 받는다. 우리가 계산한 세기는 잘 정의된 브래그 방향(Bragg direction)으로의 결맞는 에돌이 즉, 탄성 산란의 세기이다. 이 방향에서 없어진 세기는 비탄성 산란이며 퍼진 바탕(diffuse background)으로 나타난다. 비탄성 산란에서 엑스선 광자는 격자진동(lattice vibration)을 일으키거나 잠재우게(de-excite) 되며, 광자는 방향과 에너지가 바뀌게 된다.

주어진 온도에서 에돌이선의 디바이-왈러 인자는 반사와 연관된 역격자벡터 $\mathbf{G}$의 크기가 증가함에 따라 감소한다. $|\mathbf{G}|$가 클수록 고온에서의 반사는 더 약해진다. 그림 1은 알루미늄의 (h00) 반사 세기의 온도 의존성을 보여준다. 여기서 우리가 엑스선 반사에 대해 논의한 이론은 중성자 에돌이와 **뫼스바우어 효과**(Mössbauer effect)에도 똑같이 잘 적용된다. 뫼스바우어 효과는 결정에 속박된 핵에 의한 감마선(gamma ray)의 되튐 없는 방출(recoilless emission)이다.

엑스선은 전자의 빛이온화(photoionization)나 컴프턴 산란(Compton scattering)과 같은 비탄성 과정에 의해서도 결정에 흡수될 수 있다. 빛효과(photoeffect)에서는 엑스선 광자가 흡수되고 전자가 원자에서 튀어나온다. 컴프턴 효과에서는 광자가 전자에 의해 비탄성으로 산란되는데, 광자는 에너지를 잃고 전자는 원자에서 튀어

나온다.[3] 엑스선 빔의 침투깊이(depth of penetration)는 고체의 종류나 광자 에너지에 따라 달라지나 1 cm가 보통이다. 브래그 반사에서의 에돌이된 빔은 훨씬 짧은 거리, 이상적인 결정에서는 10^{-3} cm 정도에서 에너지를 없앨 수 있다.

부록 B: 격자합의 에발트 계산

EWALD CALCULATION OF LATTICE SUMS

여기서 풀고자 하는 문제는 한 이온이 결정 내에 존재하는 다른 모든 이온들 때문에 갖는 정전기 퍼텐셜을 계산하는 것이다. 양전하와 음전하를 띤 이온들로 이루어진 살창을 생각하고 이온들은 공 모양이라고 가정한다.

우리는 한 이온에서의 총 퍼텐셜 $\varphi = \varphi_1 + \varphi_2$를 서로 다르지만 관련되어 있는 두 개의 퍼텐셜의 합으로 계산한다. 퍼텐셜 φ_1은 각 이온이 있는 자리에 전하가 가우스 분포(Gaussian distribution)를 가지고 있는 구조의 퍼텐셜이다. 마델룽 상수의 정의에 따르자면, 기준점에 있는 전하분포는 퍼텐셜 φ_1이나 φ_2에 기여하지 않는다(그림

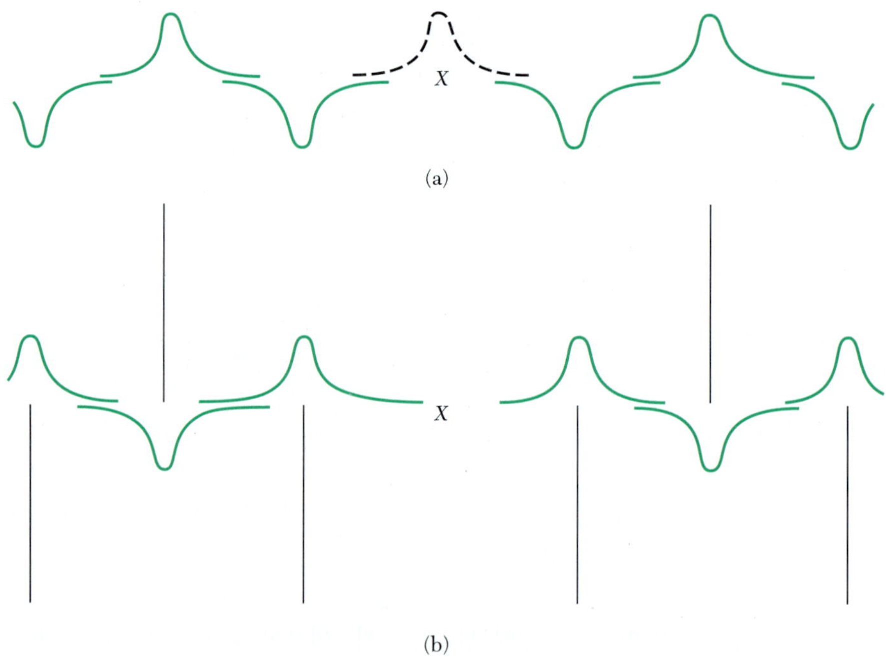

그림 1 (a) 퍼텐셜 φ_1을 계산하는 데 쓰이는 전하 분포; 퍼텐셜 φ_a는 기준점에 있는 점선 곡선을 포함하여 계산되고, φ_b는 점선 곡선만의 퍼텐셜이다. (b) 퍼텐셜 φ_2를 계산하기 위한 전하 분포. 기준점이 X로 표시되어 있다.

3) **역자주** '전자는 원자에서 튀어나온다.'는 원서에서 편집 실수로 앞 문장의 뒷부분이 반복된 것으로 보인다. '파장이 길어져서 산란된다.'로 수정하면 된다.

1a). 따라서 우리는 퍼텐셜 φ_1을 두 퍼텐셜의 차로 계산하는데, φ_a는 가우스 분포가 연속적으로 늘어서 있는 경우의 퍼텐셜이고, φ_b는 기준점에 있는 가우스 분포 하나의 퍼텐셜이다.

퍼텐셜 φ_2는 점전하(point charge)와 점전하에 중첩되어 있는 반대 부호의 가우스 분포로 이루어진 격자의 퍼텐셜이다(그림 1b).

문제를 φ_1과 φ_2의 두 부분으로 나누는 이유의 핵심은, 각 가우스 분포의 폭을 결정하는 도움변수를 적절히 택하면 두 부분이 동시에 빨리 수렴하게 할 수 있다는 것이다.

φ_1과 φ_2를 주는 두 전하 분포를 합해주면 가우스 분포는 완전히 상쇄되므로, 총 퍼텐셜 φ의 값은 폭 도움변수에 무관하지만, 수렴이 얼마나 빨리 되느냐는 도움변수의 값을 어떻게 택하느냐에 따라 달라진다.

먼저 연속적인 가우스 분포에 의한 퍼텐셜 φ_a를 구해 보자. 우리는 φ_a와 전하밀도 ρ를 푸리에 급수로 전개한다.

$$\varphi_a = \sum_{\mathbf{G}} c_{\mathbf{G}} \exp(i\mathbf{G}\cdot\mathbf{r}) \; ; \tag{1}$$

$$\rho = \sum_{\mathbf{G}} \rho_{\mathbf{G}} \exp(i\mathbf{G}\cdot\mathbf{r}) \, . \tag{2}$$

여기서 $\mathbf{G}$는 역격자벡터에 2π를 곱한 것이다. 푸아송 방정식(Poisson equation)은

$$\nabla^2\varphi_a = -4\pi\rho$$

즉,

$$\Sigma\, G^2 c_{\mathbf{G}} \exp(i\mathbf{G}\cdot\mathbf{r}) = 4\pi\, \Sigma\, \rho_{\mathbf{G}} \exp(i\mathbf{G}\cdot\mathbf{r})$$

이므로

$$c_{\mathbf{G}} = 4\pi\rho_{\mathbf{G}}/G^2 \tag{3}$$

이다.

$\rho_{\mathbf{G}}$를 찾기 위해, 브라베 격자의 각 격자점에 대하여 $\mathbf{r}_t$의 위치에 전하 q_t를 가진 이온들의 기저가 있다고 가정한다. 각 이온점(ion point)은 밀도가

$$\rho(\mathbf{r}) = q_t(\eta/\pi)^{3/2}\exp(-\eta r^2)$$

인 가우스 전하 분포의 중심이 되는데, 이 식에서 지수함수 앞의 인자는 이온과 관련된 총 전하가 q_t가 되도록 하기 위한 것이다. 범위 도움변수 η는 최종 결과식 (6)이 빨리 수렴하도록 잘 선택되어야 하는데, 최종 결괏값 자체는 η에 무관하다.

보통 우리는 식 (2)의 양변을 $\exp(-i\mathbf{G}\cdot\mathbf{r})$로 곱한 다음 낱칸 하나의 부피 Δ에 대해 적분하여 $\rho_{\mathbf{G}}$를 구하는데, 그렇게 하면 우리가 고려하는 전하 분포는 낱칸 안의 이온점에서 기인하는 분포와 다른 모든 낱칸에서 기인하는 분포의 꼬리 부분의 분포가 된다. 그렇지만 총 전하밀도에 $\exp[-(i\mathbf{G}\cdot\mathbf{r})]$을 곱해 낱칸 하나에 대해 적분한 값

은 낱칸 하나에서 기인하는 전하 분포에 $\exp[-(i\mathbf{G}\cdot\mathbf{r})]$을 곱해 모든 공간에 대해 적분한 값과 같음을 쉽게 증명할 수 있다.

따라서

$$\rho_G \int_{\substack{\text{one}\\\text{cell}}} \exp(i\mathbf{G}\cdot\mathbf{r})\exp(-i\mathbf{G}\cdot\mathbf{r})\,d\mathbf{r} = \rho_{\mathbf{G}}\Delta$$

$$= \int_{\substack{\text{all}\\\text{space}}} \sum_t q_t(\eta/\pi)^{3/2}\exp[-\eta(r-r_t)^2]\exp(-i\mathbf{G}\cdot\mathbf{r})\,d\mathbf{r}$$

이다. 이 식은 쉽게 계산할 수 있다.

$$\rho_{\mathbf{G}}\Delta = \sum_t q_t\exp(-i\mathbf{G}\cdot\mathbf{r}_t)\,(\eta/\pi)^{3/2}\int_{\substack{\text{all}\\\text{space}}}\exp[-(i\mathbf{G}\cdot\boldsymbol{\xi}+\eta\xi^2)]\,d\xi$$

$$= \left(\sum_t q_t\exp(-i\mathbf{G}\cdot\mathbf{r}_t)\right)\exp(-G^2/4\eta) = S(\mathbf{G})\exp(-G^2/4\eta)$$

인데, 여기서 $S(\mathbf{G}) = \sum_t \exp(-i\mathbf{G}\cdot\mathbf{r}_t)$는 단위를 적절히 쓰면 다름 아닌 구조인자(2장 참조)이다. 식 (1)과 (3)을 쓰면

$$\varphi_a = \frac{4\pi}{\Delta}\sum_{\mathbf{G}} S(\mathbf{G})G^{-2}\exp(i\mathbf{G}\cdot\mathbf{r} - G^2/4\eta) \tag{4}$$

이다. 원점 $\mathbf{r} = 0$에서는

$$\varphi_a = \frac{4\pi}{\Delta}\sum_{\mathbf{G}} S(\mathbf{G})G^{-2}\exp(-G^2/4\eta)$$

이다.

기준 이온점 i에서의 중앙 가우스 분포에 의한 퍼텐셜 φ_b는

$$\varphi_b = \int_0^\infty (4\pi r^2\,dr)(\rho/r) = 2q_i(\eta/\pi)^{1/2}$$

이고, 따라서

$$\varphi_1(i) = \frac{4\pi}{\Delta}\sum_{\mathbf{G}} S(\mathbf{G})G^{-2}\exp(-G^2/4\eta) - 2q_i(\eta/\pi)^{1/2}$$

이다.

퍼텐셜 φ_2는 기준점에서 계산해야 하는데, 다른 이온들의 가우스 분포의 꼬리가 기준점과 겹치기 때문에 0이 아니다. 이 퍼텐셜은 각 이온점에서의 다음 세 가지 기여에 의해 생긴다.

$$q_l\left[\frac{1}{r_l} - \frac{1}{r_l}\int_0^{r_l}\rho(\mathbf{r})\,d\mathbf{r} - \int_{r_l}^\infty \frac{\rho(\mathbf{r})}{r}\,d\mathbf{r}\right].$$

이 식의 세 항들은 점전하, 가우스 분포 중 l번째 이온점을 중심으로 하는 반지름 r_l의 공 안에 있는 부분, 공 밖에 있는 부분들로부터 각각 생긴다. $\rho(\mathbf{r})$을 대입하고 기본적인 계산을 하면

$$\varphi_2 = \sum_l \frac{q_l}{r_l} F(\eta^{1/2} r_l) \tag{5}$$

을 얻는데,

$$F(x) = (2/\pi^{1/2}) \int_x^{\infty} \exp(-s^2)\, ds$$

이다. 마지막으로

$$\varphi(i) = \frac{4\pi}{\Delta} \sum_{\mathbf{G}} S(\mathbf{G}) G^{-2} \exp(-G^2/4\eta) - 2q_l(\eta/\pi)^{1/2} + \sum_l \frac{q_l}{r_l} F(\eta^{1/2} r_l) \tag{6}$$

이 기준 이온 i가 결정 내 다른 모든 이온들이 만든 장(field) 안에서 갖는 총 퍼텐셜이고, 우리가 구하고자 했던 것이다. 에발트 방법을 쓸 때의 요령(trick)은 식 (6)의 합 두 개가 빨리 수렴하도록 η를 선택하는 것이다.

쌍극자 배열에 대한 격자합을 위한 에발트-콘펠트 방법*(Ewald-Kornfeld method for lattice sums for dipole arrays)*

콘펠트(Kornfeld)는 에발트 방법을 쌍극자와 사중극자 모멘트(quadrupolar)의 배열에 확대 적용하였다. 여기서 우리는 격자점이 아닌 점에 있는 쌍극자 배열에 의한 장(field)을 논의한다. 식 (4)와 (5)에 의하면 단위 양전하로 이루어진 격자 내 $\mathbf{r}$점에서의 퍼텐셜은

$$\varphi = (4\pi/\Delta) \sum_{\mathbf{G}} S(\mathbf{G}) G^{-2} \exp[i\mathbf{G}\cdot\mathbf{r} - G^2/4\eta] + \sum_l F(\sqrt{\eta}\, r_l)/r_l \tag{7}$$

인데, r_l은 $\mathbf{r}$로부터 격자점 l까지의 거리이다.

우변의 첫 번째 항은 각 격자점 주위의 전하 분포 $\rho = \{(\eta/\pi)\}^{3/2} \exp(-\eta r^2)$의 퍼텐셜이다. 정전기학에서 잘 알려진 관계에 따라, 쌍극자 방향이 z인 단위 쌍극자 배열의 퍼텐셜은 식 (7)의 퍼텐셜의 $-d/dz$를 취하여 얻는다. 첫 번째 항의 기여는

$$-(4\pi i/\Delta) \sum_{\mathbf{G}} S(\mathbf{G})(G_z/G^2) \exp[i\mathbf{G}\cdot\mathbf{r} - G^2/4\eta]$$

이고, 이 항에 의한 전기장의 z 성분은 $E_z = \partial^2\varphi/\partial z^2$, 즉

$$-(4\pi/\Delta) \sum_{\mathbf{G}} S(\mathbf{G})(G_z^2/G^2) \exp[i\mathbf{G}\cdot\mathbf{r} - G^2/4\eta] \tag{8}$$

이다.

식 (7) 우변의 두 번째 항을 미분하면

$$-\sum_l z_l[(F(\sqrt{\eta}r_l)/r_l^3) + (2/r_l^2)(\eta/\pi)^{1/2}\exp(-\eta r_l^2)]$$

을 얻고, 이 부분에 의한 전기장의 z 성분은

$$\sum_l \{z_l^2[(3F(\sqrt{\eta}r_l)/r_l^5) + (6/r_l^4)(\eta/\pi)^{1/2}\exp(-\eta r_l^2) + (4/r_l^2)(\eta^3/\pi)^{1/2}\exp(-\eta r_l^2)] - [(F(\sqrt{\eta}r_l)/r_l^3) + (2/r_l^2)(\eta/\pi)^{1/2}\exp(-\eta r_l^2)]\} \tag{9}$$

이다. 총 E_z는 식 (8)과 (9)의 합이다. 격자가 여러 개일 때의 효과는 서로 더하여 얻을 수 있다.

부록 C: 탄성파의 양자화: 포논

QUANTIZATION OF ELASTIC WAVES: PHONONS

4장에서 포논이 양자화된 탄성파로서 도입되었다. 탄성파를 어떻게 양자화할 것인가? 결정체 속에서 포논의 간단한 모형의 하나로 용수철로 이어진 입자들이 이루는 선형격자의 진동을 생각하자. 이때 입자의 운동을 한 조화진동자(harmonic oscillator)나 결합된 조화진동자의 집합과 같이 양자화할 수 있다. 그러기 위해서는 입자 좌표(coordinates)를 포논 좌표로 변환해야 한다. 포논 좌표는 진행파동을 나타내므로 **파동 좌표**라고 부르기도 한다.

질량 M을 가진 N개의 입자가 힘상수 C와 길이 a의 용수철로 연결되었다고 하자. 경계조건(boundary condition)을 잡기 위해 입자들이 원형 고리를 이루도록 하자. 입자들이 이 고리의 평면에 수직으로 움직이는 수직(transverse) 변위를 생각하면, 입자 s의 변위를 q_s, 운동량을 p_s라 할 때 이 계의 해밀토니안(hamiltonian)은

$$H = \sum_{s=1}^{n}\left\{\frac{1}{2M}p_s^2 + \frac{1}{2}C(q_{s+1} - q_s)^2\right\} \tag{1}$$

이다.

조화진동자의 해밀토니안은

$$H = \frac{1}{2M}p^2 + \frac{1}{2}Cx^2 \tag{2}$$

이고, 에너지 고유값(eigenvalues)은

$$\epsilon_n = \left(n + \frac{1}{2}\right)\hbar\omega \tag{3}$$

로 주어지는데, $n = 0, 1, 2, \cdots$이다. 다른 해밀토니안 식 (1)을 갖는 사슬(chain)의 고유값 문제도 이와 같이 완전하게 풀 수 있다.

식 (1)의 문제를 풀기 위해 좌표 p_s, q_s를 포논 좌표(phonon coordinates)라 불리는 P_k, Q_k로 푸리에 변환(Fourier transformation)한다.

포논 좌표*(phonon coordinates)*

모든 주기격자(periodic lattice) 문제에서는 입자 좌표 q_s를 포논 좌표 Q_k로 변환할 수 있다.

$$q_s = N^{-1/2} \sum_k Q_k \exp(iksa) \tag{4}$$

라 놓으면, 이것은 역변환(inverse transformation)한

$$Q_k = N^{-1/2} \sum_s q_s \exp(-iksa) \tag{5}$$

와 일관성이 있다. 이때 주기적 경계조건(periodic boundary condition) $q_s = q_{s+N}$이 허용하는 N개의 파동벡터 k값은

$$k = 2\pi n/Na \ ; \ n = 0, \pm 1, \pm 2, \ldots, \pm\left(\frac{1}{2}N - 1\right), \frac{1}{2}N \tag{6}$$

이다.

이제 입자 운동량 p_s를 좌표 Q_k에 바른 켤레(canonically conjugate)인 운동량 P_k로 변환해야 하며, 그 변환은

$$p_s = N^{-1/2} \sum_k P_k \exp(-iksa); \quad P_k = N^{-1/2} \sum_x p_s \exp(iksa) \tag{7}$$

이다. 이 결과는 식 (4)와 (5)에서 q를 p로, Q를 P로 곧이곧대로 대입해서 얻는 결과는 아니고, 식 (4)와 (7) 사이에서 k가 $-k$로 교체되었다.

위에 있는 P_k와 Q_k의 선택은 바른틀 변수(canonical variables)의 양자 맞바꿈 관계(commutation relation)를 만족한다. 맞바꾸개(commutator; 교환자)는

$$\begin{aligned}[Q_k, P_{k'}] &= N^{-1}\left[\sum_r q_r \exp(-ikra), \sum_s p_s \exp(ik'sa)\right] \\ &= N^{-1} \sum_r \sum_s [q_r, p_s] \exp[-i(kr - k's)a]\end{aligned} \tag{8}$$

이다. 연산자(operators) q, p는 켤레(conjugation)이므로 맞바꿈 관계

$$[q_r, p_s] = i\hbar\delta(r, s) \tag{9}$$

를 만족하는데, 여기서 $\delta(r, s)$는 크로네커 델타(Kronecker delta) 기호이다. 이와 같이 식 (8)은

$$[Q_k, P_{k'}] = N^{-1} i\hbar \sum_r \exp[-i(k-k')ra] = i\hbar\delta(k,k') \tag{10}$$

이 되어 Q_k, P_k 또한 결레변수가 된다. 위에서 값을 구한 합은

$$\begin{aligned}\sum_r \exp[-i(k-k')ra] &= \sum_r \exp[-i2\pi(n-n')r/N] \\ &= N\delta(n,n') = N\delta(k,k')\end{aligned} \tag{11}$$

인데, 여기서 식 (6)과 유한급수에 대한 전형적 결과를 식 (11)에서 썼다.

해밀토니안 식 (1)에 변환식 (7)과 (4)를 실행하고 합 식 (11)을 쓰면

$$\begin{aligned}\sum_s p_s^2 &= N^{-1} \sum_s \sum_k \sum_{k'} P_k P_{k'} \exp[-i(k+k')sa] \\ &= \sum_k \sum_{k'} P_k P_{k'} \delta(-k,k') = \sum_k P_k P_{-k}\end{aligned} \tag{12}$$

$$\begin{aligned}\sum_s (q_{s+1}-q_s)^2 = N^{-1} \sum_s \sum_k \sum_{k'} Q_k Q_{k'} \exp(iksa)[\exp(ika)-1] \\ \times \exp(ik'sa)[\exp(ik'a)-1] = 2\sum_k Q_k Q_{-k}(1-\cos ka)\end{aligned} \tag{13}$$

를 얻는다. 그래서 해밀토니안 식 (1)은 포논 좌표를 쓰면

$$H = \sum_k \left\{ \frac{1}{2M} P_k P_{-k} + C Q_k Q_{-k}(1-\cos ka) \right\} \tag{14}$$

가 된다. 기호 ω_k를

$$\omega_k \equiv (2C/M)^{1/2}(1-\cos ka)^{1/2} \tag{15}$$

로 정의하면 포논 해밀토니안은

$$H = \sum_k \left\{ \frac{1}{2M} P_k P_{-k} + \frac{1}{2} M\omega_k^2 Q_k Q_{-k} \right\} \tag{16}$$

인 형태가 된다.

포논 좌표 연산자 Q_k의 운동방정식은 양자역학의 표준처방

$$i\hbar\dot{Q}_k = [Q_k, H] = i\hbar P_{-k}/M \tag{17}$$

을 통하여 식 (14)의 H를 써서 얻는다. 더욱이 맞바꿈 관계식 (17)을 써서

$$i\hbar\ddot{Q}_k = [\dot{Q}_k, H] = M^{-1}[P_{-k}, H] = i\hbar\omega_k^2 Q_k \tag{18}$$

가 되므로,

$$\ddot{Q}_k + \omega_k^2 Q_k = 0 \tag{19}$$

를 얻는다. 이것은 진동수가 ω_k인 조화진동자의 운동방정식이다.

양자 조화진동자의 에너지 고유값은

$$\epsilon_k = \left(n_k + \frac{1}{2}\right)\hbar\omega_k \tag{20}$$

인데, $n_k = 0, 1, 2, \cdots$은 양자수이다. 모든 포논을 포함한 계의 전체 에너지는

$$U = \sum_k \left(n_k + \frac{1}{2}\right)\hbar\omega_k \tag{21}$$

이다. 이 결과로 줄 위에 있는 탄성파 에너지의 양자화를 설명한 셈이다.

생성 및 소멸 연산자(creation and annihilation operators)

포논 해밀토니안 식 (16)을 조화진동자 집합의 형태로 전환하는 것이 도움이 되는 때가 많다.

$$H = \sum_k \hbar\omega_k\left(a_k^+ a_k + \frac{1}{2}\right) . \tag{22}$$

여기의 a_k^+, a_k는 생성 및 소멸 연산자(creation and destruction operators) 또는 보손 연산자(boson operators)라고도 불리는 조화진동자 연산자이다. 이들의 전환을 아래에 유도하였다.

"포논을 생성"하는 보손 생성연산자 a^+는 조화진동자의 양자수가 n인 상태에 작용할 때

$$a^+|n\rangle = (n+1)^{1/2}|n+1\rangle \tag{23}$$

인 성질로 정의하고, "포논을 파괴"하는 보손 소멸연산자 a는

$$a|n\rangle = n^{1/2}|n-1\rangle \tag{24}$$

인 성질로 정의한다.

위의 식 (23), (24)를 쓰면

$$a^+a|n\rangle = a^+n^{1/2}|n-1\rangle = n|n\rangle \tag{25}$$

를 얻으므로 $|n\rangle$은 정수 고유값(integral eigenvalue) n을 갖는 연산자 a^+a의 고유상태(eigenstate)이고, n은 진동자의 양자수 또는 점유수(occupancy; 차지수)이다. 포논방식 k가 n_k로 표시된 고유상태에 있을 때는 그 방식에 n_k개의 포논이 있다고 말할 수 있다. 식 (22)의 고유값은 $U = \Sigma(n_k + \frac{1}{2})\hbar\omega_k$인데 식 (21)과 일치한다.

$$aa^+|n\rangle = a(n+1)^{1/2}|n+1\rangle = (n+1)|n\rangle . \tag{26}$$

이므로 보손 파동연산자 a_k^+와 a_k의 맞바꾸개는

$$[a, a^+] \equiv aa^+ - a^+a = 1 \tag{27}$$

인 관계를 만족한다.

해밀토니안 식 (16)이 (22)에서처럼 포논연산자 a_k^+, a_k로 표시될 수 있는 것을 증명해야 한다. 그것은 변환

$$a_k^+ = (2\hbar)^{-1/2}[(M\omega_k)^{1/2}Q_{-k} - i(M\omega_k)^{-1/2}P_k] \tag{28}$$

$$a_k = (2\hbar)^{-1/2}[(M\omega_k)^{1/2}Q_k + i(M\omega_k)^{-1/2}P_{-k}] \tag{29}$$

를 써서 이룰 수 있다. 역관계(inverse relations)는

$$Q_k = (\hbar/2M\omega_k)^{1/2}(a_k + a_{-k}^+) \tag{30}$$

$$P_k = i(\hbar M\omega_k/2)^{1/2}(a_k^+ - a_{-k}) \tag{31}$$

이다. 식 (4), (5)와 (29)를 쓰면 입자의 자리연산자(position operator; 위치연산자)는

$$q_s = \sum_k (\hbar/2NM\omega_k)^{1/2}[a_k \exp(iks) + a_k^+ \exp(-iks)] \tag{32}$$

로 된다. 이 방정식은 입자의 변위연산자(displacement operator)를 포논 생성 및 소멸 연산자와의 관계를 맺어준다.

식 (28)에서 (29)를 얻으려면

$$Q_{-k}^+ = Q_k \ ; \qquad P_k^+ = P_{-k} \tag{33}$$

인 성질을 써야 하는데, 이들은 식 (5)와 (7)에서 q_s와 p_s가 에르미트 연산자(hermitian operators), 즉

$$q_s = q_s^+ \ ; \qquad p_s = p_s^+ \tag{34}$$

이라는 양자역학적인 필요조건에서 나온다. 그러면 변환식 (4), (5), (7)로부터 식 (28)이 나오며, 식 (28)과 (29)에서 정의된 연산자가 맞바꿈 관계식 (27)을 만족하는 것을 아래와 같이 입증할 수 있다.

$$\begin{aligned}[a_k, a_k^+] = (2\hbar)^{-1}(M\omega_k[Q_k, Q_{-k}] - i[Q_k, P_k] + i[P_{-k}, Q_{-k}] \\ + [P_{-k}, P_k]/M\omega_k) \ .\end{aligned} \tag{35}$$

$[Q_k, P_{k'}] = i\hbar\delta(k, k')$을 쓰면 식 (10)으로부터

$$[a_k, a_{k'}^+] = \delta(k, k') \tag{36}$$

을 얻는다.

남은 일은 서로 다른 형태로 기술된 포논 해밀토니안 식 (16)과 (22)가 서로 같다고 증명하는 것이다. 식 (15)에서 $\omega_k = \omega_{-k}$인 것에 유의하여

$$\hbar\omega_k(a_k^+ a_k + a_{-k}^+ a_{-k}) = \frac{1}{2M}(P_k P_{-k} + P_{-k} P_k) + \frac{1}{2} M\omega_k^2 (Q_k Q_{-k} + Q_{-k} Q_k)$$

를 얻는데, 이 식은 H의 두 식 (14)와 (22)가 같다는 것을 증명한다. 식 (15)의 $\omega_k = (2C/M)^{1/2}(1 - \cos ka)^{1/2}$이 파동벡터 k인 진동자방식(oscillator mode)의 고전 진동수(classical frequency)인 것을 확인한다.

부록 D: 페르미-디랙 분포함수
FERMI-DIRAC DISTRIBUTION FUNCTION[1)]

페르미-디랙 분포함수는 통계역학에다 현대물리적 방법을 몇 단계 적용함으로써 유도할 수있다.[4)] 여기서 그 논의를 간추리기로 한다. 사용하는 기호로서, 관례적인 엔트로피 S는 기본엔트로피 σ와 $S = k_B\sigma$의 관계가 있으며, 켈빈 온도 τ는 기본온도 τ와 $\tau = k_B\tau$의 관계가 있다고 하자. 여기서 k_B는 볼츠만(Boltzmann) 상수로서 1.38066×10^{-23} J K이다.

중요한 양들은 엔트로피, 온도, 볼츠만 상수, 화학퍼텐셜, 깁스(Gibbs) 인자, 그리고 분포함수이다. 엔트로피는 어떤 계에서 가능한 양자상태의 수를 나타낸다. 닫힌 계(closed system)는 이들 양자상태 중에 어떤 한 상태에 있게 되며, 각각의 상태에 있을 확률은 같다(고 가정한다). 근본 가정은 양자상태 중에는 그 계에 가능할 수도 있고, 불가능할 수도 있는데, 계가 어떤 한 가능한(accessible) 상태에 있을 확률은 다른 가능한 상태에 있을 확률과 같다는 것이다. g개의 가능한 상태가 있다면 엔트로피는 $\sigma = \log g$로 정의된다. 이렇게 정의된 엔트로피는 에너지 U, 입자의 수 N, 그리고 계의 부피 V의 함수가 될 것이다.

각각 정해진 에너지를 가진 두 계가 열적 접촉을 하면, 이들은 에너지를 이동시킨다. 이들의 총 에너지는 일정하지만, 그들 각각의 에너지는 변할 것이다. 에너지의 이동이 어떤 한방향으로 일어나거나 또는 다른 방향으로 일어나거나 상관없이 합쳐진 계의 가능한 상태의 수를 나타내는 g_1g_2의 곱은 증가하게 된다. 기본적인 가정은 가능한 상태의 수가 최대가 되도록 하는 방향으로 총 에너지의 배분이 이루어진다는 것이다. 즉, 가능한 상태의 수가 많을수록 더 일어날 가능성이 많다. 이러한 설명이 엔트로피 증가 법칙의 핵심으로, 열역학 제2법칙의 일반적 표현이다.

두 계가 열적 접촉을 하도록 놓으면 에너지가 이동한다. 이런 접촉으로 발생할 수 있는 가장 가능성이 높은 결과는 무엇일까? 한 계는 다른 계의 에너지가 줄어든 만큼의 에너지를 얻을 것이고, 그 결과 두 계의 엔트로피의 합이 증가하게 되고, 궁극적으로는 주어진 총 에너지에 대해 엔트로피가 최대가 되는 것이다. 한 계에서 $(\partial\sigma/\partial U)_{N,V}$의 값이 최대가 되면, 두 번째의 그 값도 같아진다는 것을 보이는 것은 그

4) 이 부록은 C. Kittel 및 H. Kroemer, *Thermal Physics*, 2nd ed., Freeman, 1980의 내용을 개략적으로 따른 것임.

리 어렵지 않다. 열적 접촉을 하고 있는 두 계에서 같은 값을 가진다는 것은 바로 온도가 가져야 할 성질이다. 따라서, 기본 온도 τ는

$$\frac{1}{\tau} \equiv \left(\frac{\partial \sigma}{\partial U}\right)_{N,V} \tag{1}$$

의 관계식으로 정의된다. $1/\tau$로 씀으로써 에너지가 높은 τ에서 낮은 τ로 흐른다는 것을 확인할 수 있으며, 더 이상 복잡한 관계식은 필요하지 않다.

이제 볼츠만 인자에 대해 매우 간단한 예를 생각해 보자. 두 개의 상태만으로 구성된 계, 즉 에너지가 0인 상태와 에너지가 ϵ인 상태만을 가진 조그만 계를 열원(reservoir)이라고 부르는 큰 계와 열적 접촉을 시켰다고 하자. 두 계를 합한 계의 총 에너지를 U_0라고 하자. 작은 계가 에너지가 0인 상태에 있으면, 열원은 에너지 U_0를 가지며, $g(U_0)$개의 가능한 상태를 가질 수 있다. 작은 계가 에너지 ϵ인 상태에 있다면, 열원은 $U_0 - \epsilon$의 에너지를 가지며 $g(U_0 - \epsilon)$개의 가능한 상태를 가진다. 기본적인 가정에 의해 작은 계가 에너지 ϵ를 가질 확률과 에너지 0을 가질 확률의 비은

$$\frac{P(\epsilon)}{P(0)} = \frac{g(U_0 - \epsilon)}{g(U_0)} = \frac{\exp[\sigma(U_0 - \epsilon)]}{\exp[\sigma(U_0)]} \tag{2}$$

이다.

열원의 엔트로피 σ는 식 (1)에서 정의한 온도를 이용하여

$$\sigma(U_0 - \epsilon) \simeq \sigma(U_0) - \epsilon(\partial\sigma/\partial U_0) = \sigma(U_0) - \epsilon/\tau \tag{3}$$

와 같이 테일러(Taylor) 전개할 수 있다. 위의 전개에서 높은 차수의 항은 생략하였다. 식 (2)에 식 (3)을 대입한 후 분모 분자에서 $\exp[\sigma(U_0)]$항을 약분하면

$$P(\epsilon)/P(0) = \exp(-\epsilon/\tau) \tag{4}$$

를 얻는다. 이것이 볼츠만의 결과이다. 이 결과의 적용 예를 보이기 위해 온도 τ인 열원과 열적 접촉을 하고 있는 두 상태를 가진 계의 열평균 에너지 $\langle\epsilon\rangle$을 계산하면,

$$\langle\epsilon\rangle = \sum_i \epsilon_i P(\epsilon_i) = 0 \cdot P(0) + \epsilon P(\epsilon) = \frac{\epsilon \exp(-\epsilon/\tau)}{1 + \exp(-\epsilon/\tau)} \tag{5}$$

가 된다. 여기서 확률의 합에 대한 규격화 조건

$$P(0) + P(\epsilon) = 1 \tag{6}$$

을 사용하였다. 위와 같은 방법은 플랑크 법칙과 같이 온도 τ인 조화진동자의 평균에너지를 구하는 데도 바로 일반화시킬 수 있다.

이 이론의 가장 중요한 확장은 에너지 뿐만 아니라 입자도 열원에 전달할 수 있는 계에 대한 것이다. 확산적 접촉과 열적 접촉이 모두 있는 두 계에서 엔트로피는 에너지의 전달뿐 아니라 입자의 전달에 대해 최대가 될 것이다. 두 계에서 $(\partial\sigma/\partial U)_{N,V}$

뿐만 아니라 $(\partial\sigma/\partial U)_{N,V}$도 같아져야만 한다. 여기서 N은 어떤 주어진 종류의 입자 수이다. 새로운 등가 조건은 화학퍼텐셜 μ를

$$-\frac{\mu}{\tau} = \left(\frac{\partial\sigma}{\partial N}\right)_{U,V} \tag{7}$$

와 같이 도입하는 것이 된다.[5] 열적 접촉과 확산적 접촉을 동시에 하고 있는 두 계에서 $\tau_1 = \tau_2$이고 $\mu_1 = \mu_2$이다. 식 (7)에서 $(-)$ 부호는 평형이 되어감에 따라 입자의 흐름 방향이 높은 화학퍼텐셜에서 낮은 화학퍼텐셜 쪽으로 일어남을 나타내기 위하여 택했다.

깁스 인자는 식 (4)의 볼츠만 인자의 확장으로서 입자의 이동이 있는 계를 다룰 수 있게 한다. 간단한 예는 두 상태, 즉 하나는 0개의 입자와 0의 에너지를 갖고, 다른 하나는 입자의 개수가 1이고 에너지가 ϵ인 상태를 가진 계이다. 이 계가 온도가 τ, 화학퍼텐셜이 μ인 열원과 접촉하고 있다. 식 (3)을 확장하면 열원의 엔트로피는

$$\begin{aligned}\sigma(U_0 - \epsilon;N_0 - 1) &= \sigma(U_0;N_0) - \epsilon(\partial\sigma/\partial U_0) - 1\cdot(\partial\sigma/\partial N_0)\\ &= \sigma(U_0;N_0) - \epsilon/\tau + \mu/\tau\end{aligned} \tag{8}$$

가 된다. 식 (4)와 비슷하게, 깁스 인자는

$$P(1,\epsilon)/P(0,0) = \exp[(\mu - \epsilon)/\tau] \tag{9}$$

로서, 계가 에너지 ϵ인 1개의 입자로 채워질 확률과 0인 에너지를 가져 계가 채워지지 않을 확률의 비가 된다. 식 (9)의 결과를 규격화시키면

$$P(1,\epsilon) = \frac{1}{\exp[(\epsilon - \mu)/\tau] + 1} \tag{10}$$

이 된다. 이것이 페르미-디랙 분포함수(Fermi-Dirac distribution function)이다.

부록 E: *dk*/*dt* 방정식의 유도

DERIVATION OF THE *dk*/*dt* EQUATION

다음의 간단하고 정밀한 유도는 크로머(Kroemer)의 방법을 따른 것이다. 양자역학에서 연산자 A에 대해

$$d\langle A\rangle/dt = (i/\hbar)\langle[H, A]\rangle \tag{1}$$

로 쓸 수 있는데, 여기서 H는 해밀토니안(hamiltonian)이다. C. L. Cook, American J. Phys. **55**, 953 (1987)도 참고하라.

연산자 A를

5) *TP* 5장은 화학퍼텐셜을 자세히 다루고 있다.

$$Tf(x) = f(x + a) \tag{2}$$

와 같이 정의되는 격자 병진연산자 T라고 하자. 여기서 a는 1차원에서의 기본벡터이다. 그러면 블로흐(Bloch) 함수에 대해,

$$T\psi_k(x) = \exp(ika)\psi_k(x) \tag{3}$$

가 된다. 이 결과는 보통 한개의 띠에 대해 기술한 것이지만, 만일 ψ_k가 여러 다른 띠에 대한 블로흐 상태의 1차 결합인 경우에도 성립한다. 이때 파동벡터 k는 환산영역 방식에서 동일한 값을 갖는다.

결정 해밀토니안 H_0는 격자 병진연산자와 교환이 가능하므로 $[H_0, T] = 0$이다. 여기에 외부에서 균일한 힘을 가하면,

$$H = H_0 - Fx \tag{4}$$

가 되고,

$$[H, T] = FaT \tag{5}$$

가 된다. 식 (1)과 (5)로부터,

$$d\langle T\rangle/dt = (i/\hbar)(Fa)\langle T\rangle \tag{6}$$

가 되고, 식 (6)으로부터

$$\langle T\rangle^* d\langle T\rangle/dt = (iFa/\hbar)|\langle T\rangle|^2$$

$$\langle T\rangle d\langle T^*\rangle/dt = -(iFa/\hbar)|\langle T\rangle|^2$$

을 얻는다. 위의 두 식을 합하면

$$d|\langle T\rangle|^2/dt = 0 \tag{7}$$

이 된다.

위 식은 복소수 평면에서의 원의 방정식이다. 복소수 평면에서 좌표축은 고유값 $\exp(ika)$의 실수부분과 허수부분이 된다. 만약 $\langle T\rangle$가 초기에 단위원 위에 있으면, 계속 그 원 위에 있게 된다.

주기적 경계조건을 만족하는 ψ에 대해서, ψ_k가 한개의 블로흐 함수이거나, 동일한 환산 k값을 갖는 여러 블로흐 함수의 중첩일 경우에만 $\langle T\rangle$가 단위원 위에 있을 수 있다.

$\langle T\rangle$가 단위원 주위를 따라 움직이면 , 파동벡터 k는 모든 띠에서 ψ_k의 성분과 같은 비율로 변한다. $\langle T\rangle = \exp(ika)$이므로, 식 (6)으로부터

$$ia\, dk/dt = iFa/\hbar \tag{8}$$

즉,

$$dk/dt = F/\hbar \tag{9}$$

와 같은 정확한 결과를 얻는다.

위 식은 가해진 전기장의 영향에 의해 띠와 띠 사이의 섞임(interband mixing)이 (제너(Zener) 터널링과 같은) 일어나지 않음을 뜻하는 것은 아니다. 이는 다만 파동 묶음(wave packet)의 각각의 성분이 일정한 비율로 변한다는 것을 의미한다. 위 결과는 3차원으로 쉽게 확장할 수 있다.

부록 F: 볼츠만 수송방정식

BOLTZMANN TRANSPORT EQUATION

수송 과정에 관한 고전 이론은 볼츠만 수송방정식에 기초를 두고 있다. 직각좌표 $\mathbf{r}$과 속도 $\mathbf{v}$의 6차원 공간을 고려하여 보면, 고전 분포함수 $f(\mathbf{r}, \mathbf{v})$는

$$f(\mathbf{r},\mathbf{v})d\mathbf{r}d\mathbf{v} = d\mathbf{r}d\mathbf{v}\text{에 들어 있는 입자수} \tag{1}$$

의 관계식으로 정의된다.

볼츠만 방정식은 다음과 같은 논법(argument)에 따라 유도되었다. 분포함수에서 시간의 변위 dt의 효과를 조사하여 보자. 고전 역학의 리우빌 정리(Louisville Theorem)에서 만일 흐름선(flowline)을 따라 부피 단위를 추적하여 보면 충돌이 없을 때는 분포가

$$f(t + dt,\mathbf{r} + d\mathbf{r},\mathbf{v} + d\mathbf{v}) = f(t,\mathbf{r},\mathbf{v}) \tag{2}$$

로 보존된다(일정하다). 그러나 충돌이 있다면

$$f(t + dt,\mathbf{r} + d\mathbf{r},\mathbf{v} + d\mathbf{v}) - f(t,\mathbf{r},\mathbf{v}) = dt(\partial f/\partial t)_{\mathrm{coll}} \tag{3}$$

이 된다. 따라서,

$$dt(\partial f/\partial t) + d\mathbf{r}\cdot \mathrm{grad}_{\mathbf{r}}\, f + d\mathbf{v}\cdot \mathrm{grad}_{\mathbf{v}}\, f = dt(\partial f/\partial t)_{\mathrm{coll}} \tag{4}$$

가속도 $d\mathbf{v}/dt$를 α로 표시한다면

$$\boxed{\partial f/\partial t + \mathbf{v}\cdot \mathrm{grad}_{\mathbf{r}}\, f + \alpha\cdot \mathrm{grad}_{\mathbf{v}}\, f = (\partial f/\partial t)_{\mathrm{coll}}} \tag{5}$$

이 된다. 이 식이 **볼츠만 수송방정식**(Boltzmann transport equation)이다.

많은 경우 충돌과 관련된 항 $(\partial f/\partial t)_{\mathrm{coll}}$은 풀림시간(relaxation time) $\tau_c(\mathbf{r}, \mathbf{v})$를 도입하여 푸는데, 이 풀림시간은

$$(\partial f/\partial t)_{\mathrm{coll}} = -(f - f_0)/\tau_c \tag{6}$$

로 정의된다. 여기서 f_0는 열평형(thermal equilibrium) 상태일 때의 분포함수이다. 풀림시간 τ_c를 온도 τ와 혼동하지 않도록 하여라. 속도의 비평형 분포가 갑자기 외부의 힘을 없애서 생겼다고 하자. 분포가 평형으로 감쇠(decay)하는 것은 평형 분포의 정의가 $\partial f_0/\partial t = 0$인 것을 주목하면 식 (6)으로부터

$$\frac{\partial(f - f_0)}{\partial t} = -\frac{f - f_0}{\tau_c} \tag{7}$$

와 같이 얻어지며, 이 식의 풀이는

$$(f - f_0)_t = (f - f_0)_{t=0}\exp(-t/\tau_c) \tag{8}$$

이다. 이 경우 τ_c는 $\mathbf{r}$와 $\mathbf{v}$의 함수일 수도 있다.

식 (1), (5), (6)을 합치면 풀림시간 가정을 쓴 볼츠만 수송방정식

$$\boxed{\frac{\partial f}{\partial t} + \alpha \cdot \mathrm{grad}_{\mathbf{v}} f + \mathbf{v} \cdot \mathrm{grad}_{\mathbf{r}} f = -\frac{f - f_0}{\tau_c}} \tag{9}$$

를 얻는다. 정상상태에서는 정의에 의해서 $\partial f_0/\partial t = 0$이다.

입자의 퍼짐(particle diffusion)

입자 농도에 기울기(gradient)가 있는 일정온도 계를 고려하여 보자. 풀림시간 가정에서의 볼츠만 수송방정식은

$$v_x df/dx = -(f - f_0)/\tau_c \tag{10}$$

가 되며, 여기서 비평형 분포함수 f는 x방향을 따라 변한다. 식 (10)은 일차항만 고려하면

$$f_1 = f_0 - v_x \tau_c df_0/dx \tag{11}$$

가 되며, 여기서 $\partial f/\partial x$가 df_0/dx로 바뀌었다. 필요하면 고차항의 풀이를 얻기 위하여 반복(iterate)할 수도 있다. 따라서 이차 풀이는

$$f_2 = f_0 - v_x \tau_c df_1/dx = f_0 - v_x \tau_c df_0/dx + v_x^2 \tau_c^2 d^2 f_0/dx^2 \tag{12}$$

이 된다. 반복법은 비선형 효과를 다룰 때에도 쓸 수가 있다.

고전 분포(classical distribution)

f_0를 고전 극한(classical limit)에서의 분포함수라고 하자.

$$f_0 = \exp[(\mu - \epsilon)/\tau] \ . \tag{13}$$

수송방정식은 f와 f_0에 선형이기 때문에 분포함수를 어떤 방법이던 가장 편리한 틀맞

춤(normalization) 방법을 택하면 된다. 식 (1)보다는 식 (13)의 틀맞춤 방법을 택할 수 있고, 그러면

$$df_0/dx = (df_0/d\mu)(d\mu/dx) = (f_0/\tau)(d\mu/dx) \tag{14}$$

가 되고, 비평형 분포에 대한 일차 풀이인 식 (11)은

$$f = f_0 - (v_x \tau_c f_0/\tau)(d\mu/dx) \tag{15}$$

가 된다. x 방향의 입자 다발밀도(flux density)는

$$J_n^x = \int v_x f D(\epsilon) d\epsilon \tag{16}$$

이 되며, $D(\epsilon)$는 단위부피당, 단위에너지 영역당 전자의 상태밀도로서 식 (6.20)과 같이

$$D(\epsilon) = \frac{1}{2\pi^2}\left(\frac{2M}{\hbar^2}\right)^{3/2} \epsilon^{1/2} \tag{17}$$

이다. 따라서

$$J_n^x = \int v_x f_0 D(\epsilon) d\epsilon - (d\mu/dx) \int (v_x^2 \tau_c f_0/\tau) D(\epsilon) d\epsilon \tag{18}$$

이 된다. 앞 항의 적분은 v_x가 홀함수, f_0가 짝함수이니까 0이 된다. 이는 평형 분포 f_0에 대해서는 알짜 입자다발(net particle flux)이 영이 됨을 확인한다. 두 번째 적분항은 0이 아니다.

두 번째 적분을 계산하기 전에, 풀림시간 τ_c의 속도에 대한 의존성에 대하여 무엇을 알고 있는지 조사하여 보자. 한 예로 τ_c가 일정하여 속도에 독립적이라고 하자. τ_c를 적분 밖으로 꺼내면 적분은

$$J_n^x = -(d\mu/dx)(\tau_c/\tau) \int v_x^2 f_0 D(\epsilon) d\epsilon \tag{19}$$

과 같이 주어질 것이다. 위 식의 적분은 단순히 입자의 운동에너지 밀도 $\frac{3}{2}n\tau$이니까,

$$\tfrac{1}{3} \int v^2 f_0 D(\epsilon) d\epsilon = \frac{2}{3M} \int (\tfrac{1}{2}Mv^2) f_0 D(\epsilon) d\epsilon = n\tau/M \tag{20}$$

이 된다. 여기서 $\int f_0 D(\epsilon) d\epsilon = n$는 농도이다. 입자 다발밀도는

$$J_n^x = -(n\tau_c/M)(d\mu/dx) = -(\tau_c \tau/M)(dn/dx) \tag{21}$$

이며, 이는

$$\mu = \tau \log n + \text{상수} \tag{22}$$

이기 때문이다. 식 (21)은 확산도가

$$D_n = \tau_c \tau / M = \tfrac{1}{3}\langle v^2 \rangle \tau_c \tag{23}$$

인 확산방정식(diffusion equation)의 형태를 갖고 있다.

다음으로 생각하여 볼 수 있는 풀림시간은 속도에 반비례하는 것, 즉 $\tau_c = l/v$이다. 여기서 l은 평균 자유거리(mean free path)이다. 이 경우에는 식 (19) 대신에

$$J_n^x = -(d\mu/dx)(l/\tau) \int (v_x^2/v) f_0 D(\epsilon) d\epsilon \tag{24}$$

이 되고, 적분은

$$\tfrac{1}{3} \int v f_0 D(\epsilon) d\epsilon = \tfrac{1}{3} n \bar{c} \tag{25}$$

가 되며, 이때 $\bar{c}$는 평균속력이다. 따라서

$$J_n^x = -\tfrac{1}{3}(l\bar{c}n/\tau)(d\mu/dx) = -\tfrac{1}{3} l\bar{c}(dn/dx) \tag{26}$$

이고, 확산도는

$$D_n = \tfrac{1}{3} l\bar{c} \tag{27}$$

가 된다.

페르미-디랙 분포(Fermi-Dirac distribution)

페르미-디랙 분포함수는

$$f_0 = \frac{1}{\exp[(\epsilon - \mu)/\tau] + 1} \tag{28}$$

이다. 식 (14)와 같은 df_0/dx의 형태를 만들기 위해서는 $df_0/d\mu$를 구해야 한 다. 저온 $\tau \ll \mu$에서는

$$df_0/d\mu = \delta(\epsilon - \mu) \tag{29}$$

임을 아래에서 설명하겠다. 여기서 δ는 디랙(Dirac)의 델타(delta) 함수이고, 일반 함수 $F(\epsilon)$에 대해

$$\int_{-\infty}^{\infty} F(\epsilon)\delta(\epsilon - \mu) d\epsilon = F(\mu) \tag{30}$$

의 성질을 갖는다. 이제 적분 $\int_0^\infty F(\epsilon)(df_0/d\mu)d\epsilon$을 조사하여 보자. 저온에서 $df_0/d\mu$는 $\epsilon \simeq \mu$일 경우에는 대단히 크지만, 그렇지 않으면 작다. 함수 $F(\epsilon)$가 μ 근처에서 아주 급격히 변하지 않는다면, $F(\epsilon)$를 $F(\mu)$ 값으로 적분 밖으로 가지고 나올 수가 있어서

$$\int_0^\infty F(\epsilon)(df_0/d\mu)d\epsilon \simeq F(\mu)\int_0^\infty (df_0/d\mu)d\epsilon = -F(\mu)\int_0^\infty (df_0/d\epsilon)d\epsilon \\ = -F(\mu)[f_0(\epsilon)]_0^\infty = F(\mu)f_0(0) \tag{31}$$

가 되며, 여기서 $df_0/d\mu = -df_0/d\epsilon$의 관계를 이용하였다. 또 $\epsilon = \infty$에서 $f_0 = 0$인 관계도 썼다. 저온에서 $f(0) \simeq 1$이며, 따라서 식 (31)의 우변 항은 $F(\mu)$가 되며, 이는 델타 함수 근사(delta function approximation)와 일관된다. 따라서,

$$df_0/dx = \delta(\epsilon - \mu)d\mu/dx \tag{32}$$

입자 다발밀도는 식 (16)에서

$$J_n^x = -(d\mu/dx)\tau_c \int v_x^2 \delta(\epsilon - \mu)D(\epsilon)d\epsilon \tag{33}$$

이 되며, τ_c는 페르미 공의 $\epsilon = \mu$인 면에서의 풀림시간이다. 적분은 절대온도 영도에서 $D(\mu) = 3n/2\epsilon_F$인 관계를 쓰면

$$\tfrac{1}{3}v_F^2(3n/2\epsilon_F) = n/m \tag{34}$$

의 값을 가지며, 페르미 면에서의 속도 v_F는 $\epsilon_F \equiv \frac{1}{2}mv_F^2$에서 정의된다. 따라서

$$J_n^x = -(n\tau_c/m)d\mu/dx \tag{35}$$

이다. 절대온도 영도에서는 $\mu(0) = (\hbar^2/2m)(3\pi^2 n)^{2/3}$이고,

$$d\mu/dx = [\tfrac{2}{3}(\hbar^2/2m)(3\pi^2)^{2/3}/n^{1/3}]dn/dx \\ = \tfrac{2}{3}(\epsilon_F/n)dn/dx \tag{36}$$

가 되니까, 식 (33)은

$$J_n^x = -(2\tau_c/3m)\epsilon_F\, dn/dx = -\tfrac{1}{3}v_F^2\,\tau_c\, dn/dx \tag{37}$$

가 된다. 확산도는 dn/dx의 계수로

$$D_n = \tfrac{1}{3}v_F^2\tau_c \tag{38}$$

가 되고, 이는 속도의 고전적 분포의 결과인 식 (23)과 매우 비슷하다. 식 (38)에서는 풀림시간이 페르미 에너지에서 구해졌다.

금속에서와 같이 페르미-디랙 분포를 적용하여야 할 경우에도 고전 근사법이 적용되는 경우와 같이 수송 문제를 풀 수 있음을 알 수 있다.

전기 전도도*(electrical conductivity)*

일정 온도에서의 전기 전도도는 입자의 확산도(diffusivity)의 결과에서 구하여지는데, 입자 다발밀도에 입자의 전하 q를 곱하고 화학 적 퍼텐셜의 기울기(gradient) $d\mu/$

dx를 외부 퍼텐셜의 기울기 $qd\varphi/dx = -qE_x$로 바 꾸어 주면 된다. 여기서 E_x는 전기장 세기의 x 성분이다. 전류밀도는 식 (21)에서 풀 림시간이 τ_c인 고전 기체의 경우

$$\mathbf{J}_q = (nq^2\tau_c/m)\mathbf{E} \ ; \qquad \sigma = nq^2\tau_c/m \tag{39}$$

이 된다. 페르미-디랙 분포의 경우는 식 (35)로부터

$$\mathbf{J}_q = (nq^2\tau_c/m)\mathbf{E} \ ; \qquad \sigma = nq^2\tau_c/m \tag{40}$$

이다.

부록 G: 벡터퍼텐셜, 장운동량과 게이지 변환
VECTOR POTENTIAL, FIELD MOMENTUM, AND GAUGE TRANSFORMATIONS

자기 벡터퍼텐셜(magnetic vector potential) $\mathbf{A}$는 초전도성에 필요한 것인데, 이에 대하여 철저하게 공부할 곳이 마땅하지 않기 때문에 이 절을 추가하였다. 자기장 속에 있는 입자의 해밀토니안

$$H = \frac{1}{2M}\left(\mathbf{p} - \frac{Q}{c}\mathbf{A}\right)^2 + Q\varphi \tag{1}$$

가 아래 식 (18)과 같은 형태로 유도된다는 것은 신비스러울 것이다. 이 식에서 Q는 전하, M은 질량, $\mathbf{A}$는 벡터퍼텐셜, φ는 전기 퍼텐셜이다. 이 식은 고전역학과 정전기학에서 성립되는 식이다. 운동에너지는 정자기장에 의하여 변하지 않기 때문에, 자기장의 벡터퍼텐셜이 해밀토니안에 포함된다는 것을 생각하지 않았을 수도 있다. 이 문제의 요점은 운동량 $\mathbf{p}$가 다음의 두 항, 즉 우리에게 익숙한 역학적 운동량

$$\mathbf{p}_{\text{kin}} = M\mathbf{v} \tag{2}$$

와 퍼텐셜 운동량(potential momentum) 혹은 장운동량(field momentum)

$$\mathbf{p}_{\text{field}} = \frac{Q}{c}\mathbf{A} \tag{3}$$

의 합이라는 것을 인지하는 것이다. 총 운동량은

$$\boxed{\mathbf{p} = \mathbf{p}_{\text{kin}} + \mathbf{p}_{\text{field}} = M\mathbf{v} + \frac{Q}{c}\mathbf{A}} \tag{4}$$

이고, 운동에너지는

$$\frac{1}{2}Mv^2 = \frac{1}{2M}(Mv)^2 = \frac{1}{2M}\left(\mathbf{p} - \frac{Q}{c}\mathbf{A}\right)^2 \tag{5}$$

이다.

벡터퍼텐셜[6)]은 자기장과는

$$\mathbf{B} = \text{curl}\,\mathbf{A} \tag{6}$$

의 관계식을 갖는다. 이 경우 비자성 물질만을 고려하기 때문에 **H**와 **B**는 동일하게 취급하기로 한다.

라그랑지언 운동방정식*(Lagrangian equations of motion)*

해밀토니안을 구하기 위한 고전역학적인 방법은 명확하다. 먼저 라그랑지언을 구하는 것이다. 일반 좌표(general coordinate)에서는

$$L = \frac{1}{2}M\dot{q}^2 - Q\varphi(\mathbf{q}) + \frac{Q}{c}\,\dot{\mathbf{q}} \cdot \mathbf{A}(\dot{\mathbf{q}}) \tag{7}$$

이다. 이 식은 전기와 자기가 복합된 장에 전하가 있을 때 타당한 전하의 운동방정식을 준다.

직각 좌표(Cartesian coordinate)에서, 라그랑지 운동방정식은

$$\frac{d}{dt}\frac{\partial L}{\partial \dot{x}} - \frac{\partial L}{\partial x} = 0 \tag{8}$$

이고, y와 z에 대하여도 비슷하게 주어진다. 식 (7)로부터,

$$\frac{\partial L}{\partial x} = -Q\frac{\partial \varphi}{\partial x} + \frac{Q}{c}\left(\dot{x}\frac{\partial A_x}{\partial x} + \dot{y}\frac{\partial A_y}{\partial x} + \dot{z}\frac{\partial A_z}{\partial x}\right) \tag{9}$$

$$\frac{\partial L}{\partial \dot{x}} = M\dot{x} + \frac{Q}{c}A_x \tag{10}$$

$$\frac{d}{dt}\frac{\partial L}{\partial \dot{x}} = M\ddot{x} + \frac{Q}{c}\frac{dA_x}{dt} = M\ddot{x} + \frac{Q}{c}\left(\frac{\partial A_x}{\partial t} + \dot{x}\frac{\partial A_x}{\partial x} + \dot{y}\frac{\partial A_x}{\partial y} + \dot{z}\frac{\partial A_x}{\partial z}\right) \tag{11}$$

를 얻는다. 따라서 식 (8)은

$$M\ddot{x} + Q\frac{\partial \varphi}{\partial x} + \frac{Q}{c}\left[\frac{\partial A_x}{\partial t} + \dot{y}\left(\frac{\partial A_x}{\partial y} - \frac{\partial A_y}{\partial x}\right) + \dot{z}\left(\frac{\partial A_x}{\partial z} - \frac{\partial A_z}{\partial x}\right)\right] = 0 \tag{12}$$

이 되며, 이 식은

$$M\frac{d^2x}{dt^2} = QE_x + \frac{Q}{c}[\mathbf{v} \times \mathbf{B}]_x \tag{13}$$

6) 벡터퍼텐셜에 대한 기초적인 취급방법에 관해서는 E. M. Purcell, *Electricity and magnetism*, 2nd ed., McGraw-Hill, 1984를 보라.

이다. 여기서

$$E_x = -\frac{\partial \varphi}{\partial x} - \frac{1}{c}\frac{\partial A_x}{\partial t} \tag{14}$$

$$\mathbf{B} = \text{curl}\,\mathbf{A} \tag{15}$$

이다. 식 (13)은 로런츠 힘 방정식(Lorentz force equation)으로, 식 (7)이 맞다는 것을 확인하여 준다. 식 (14)에서 전기장 $\mathbf{E}$가 정전기 퍼텐셜 φ가 기여하는 항과 자기 벡터퍼텐셜 $\mathbf{A}$의 시간의 미분이 기여하는 항으로 이루어졌음을 유의하라.

해밀토니안 유도*(derivation of the Hamiltonian)*

운동량 $\mathbf{p}$는 라그랑지언에서

$$\mathbf{p} \equiv \frac{\partial L}{\partial \dot{\mathbf{q}}} = M\dot{\mathbf{q}} + \frac{Q}{c}\mathbf{A} \tag{16}$$

와 같이 정의되며, 이는 식 (4)와 일치한다. 또 해밀토니안 $H(\mathbf{p}, \mathbf{q})$는

$$H(\mathbf{p},\mathbf{q}) \equiv \mathbf{p}\cdot\dot{\mathbf{q}} - L \tag{17}$$

로 정의되며, 따라서 식 (1)과 같이

$$H = M\dot{q}^2 + \frac{Q}{c}\dot{\mathbf{q}}\cdot\mathbf{A} - \frac{1}{2}M\dot{q}^2 + Q\varphi - \frac{Q}{c}\dot{\mathbf{q}}\cdot\mathbf{A} = \frac{1}{2M}\left(\mathbf{p} - \frac{Q}{c}\mathbf{A}\right)^2 + Q\varphi \tag{18}$$

가 된다.

장운동량*(field momentum)*

자기장 속을 움직이는 입자가 갖는 전자기장에서의 운동량은 포인팅(Poynting) 벡터의 부피적분(volume integral)으로 주어지며,

$$\mathbf{p}_{\text{field}} = \frac{1}{4\pi c}\int dV\,\mathbf{E}\times\mathbf{B} \tag{19}$$

이다. 입자의 속도를 v라고 하고, 여기서는 $\nu \ll c$인 비상대성 근사(nonrelativistic approximation)으로 풀어보자. ν/c가 작은 값을 갖는 경우, $\mathbf{B}$는 외부에서 걸어준 것에서만 생기지만, $\mathbf{E}$는 입자의 전하에서도 발생한다. $\mathbf{r}'$에 있는 전하 Q에 대하여,

$$\mathbf{E} = -\nabla\varphi \;; \qquad \nabla^2\varphi = -4\pi Q\,\delta(\mathbf{r}-\mathbf{r}') \tag{20}$$

이 되고, 따라서

$$\mathbf{p}_f = -\frac{1}{4\pi c}\int dV\,\nabla\varphi\times\text{curl}\,\mathbf{A} \tag{21}$$

이다. 기본적인 벡터 관계식에서

$$\int dV\, \nabla\varphi \times \mathrm{curl}\, \mathbf{A} = -\int dV\, [\mathbf{A} \times \mathrm{curl}\, (\nabla\varphi) - \mathbf{A}\, \mathrm{div}\, \nabla\varphi - (\nabla\varphi)\, \mathrm{div}\, \mathbf{A}] \quad (22)$$

가 된다. 그러나 $(\Delta\varphi) = 0$이고, 수직 게이지(transverse gauge)라고 하는 $\mathrm{div}\, \mathbf{A} = 0$이 되는 게이지(gauge)를 언제든지 선택할 수 있다.

따라서

$$\mathbf{p}_f = -\frac{1}{4\pi c}\int dV\, \mathbf{A}\, \nabla^2\varphi = \frac{1}{c}\int dV\, \mathbf{A} Q\, \delta(\mathbf{r} - \mathbf{r}') = \frac{Q}{c}\mathbf{A} \quad (23)$$

를 얻는다. 이는 자기장이 총 운동량 $\mathbf{p} = M\mathbf{v} + Q\mathbf{A}/c$에 기여하는 부분을 설명하여 준다.

게이지 변환(GAUGE TRANSFORMATION)

$$H = \frac{1}{2M}\left(\mathbf{p} - \frac{Q}{c}\mathbf{A}\right)^2 \quad (24)$$

일 때, $H\psi = \epsilon\psi$라고 하자. 그리고 $\mathbf{A}'$으로 게이지 변환(gauge transformation)을 하여 주자. 여기서

$$\mathbf{A}' = \mathbf{A} + \nabla\chi \quad (25)$$

이며, χ는 임의의 스칼라 물리량이다. 이 경우 $\mathrm{curl}(\nabla\chi) \equiv 0$이므로, $\mathbf{B} = \mathrm{curl}\, \mathbf{A} = \mathrm{curl}\, \mathbf{A}'$이다. 슈뢰딩거 방정식(Schrödinger equation)은

$$\frac{1}{2M}\left(\mathbf{p} - \frac{Q}{c}\mathbf{A}' + \frac{Q}{c}\nabla\chi\right)^2 \psi = \epsilon\psi \quad (26)$$

가 된다. 어떤 ψ'이 ψ에서의 경우와 같은 ϵ에 대하여

$$\frac{1}{2M}\left(\mathbf{p} - \frac{Q}{c}\mathbf{A}'\right)^2 \psi' = \epsilon\psi' \quad (27)$$

을 만족시켜 줄까? 식 (27)은

$$\frac{1}{2M}\left(\mathbf{p} - \frac{Q}{c}\mathbf{A} - \frac{Q}{c}\nabla\chi\right)^2 \psi' = \epsilon\psi' \quad (28)$$

과 같다.

$$\psi' = \exp(iQ\chi/\hbar c)\psi \quad (29)$$

인 경우를 고려하여 보면

$$p\psi' = \exp(iQ\chi/\hbar c)\mathbf{p}\psi + \frac{Q}{c}(\nabla\chi)\exp(iQ\chi/\hbar c)\psi$$

이니까

$$\left(\mathbf{p} - \frac{Q}{c}\nabla\chi\right)\psi' = \exp(iQ\chi/\hbar c)\mathbf{p}\psi$$

가 되고,

$$\frac{1}{2M}\left(\mathbf{p} - \frac{Q}{c}\mathbf{A} - \frac{Q}{c}\nabla\chi\right)^2\psi' = \exp(iQ\chi/\hbar c)\frac{1}{2M}\left(\mathbf{p} - \frac{Q}{c}\mathbf{A}\right)^2\psi$$
$$= \exp(iQ\chi/\hbar c)\epsilon\psi \quad . \tag{30}$$

가 된다.

따라서 식 (25)를 이용하여 게이지 변환을 하여 주어도 $\psi' = \exp(iQ\chi/\hbar c)\psi$는 슈뢰딩거 방정식을 계속 만족한다. 또 에너지 ϵ도 게이지 변환에 대하여 불변(invariant)이다. **A**에 대한 게이지 변환은 단순히 파동함수의 국소 위상(local phase)을 바꾸어준 것에 불과하다. 나아가

$$\psi'^*\psi' = \psi^*\psi \tag{31}$$

이므로 전하밀도도 게이지 변환에 대하여 불변임을 알 수 있다.

런던 방정식에서의 게이지*(gauge in the London equation)*

전하의 흐름에 대한 연속방정식(equation of continuity) 때문에 초전도체에서는

$$\mathrm{div}\,\mathbf{j} = 0$$

이고, 그래서 런던 방정식(London equation) $\mathbf{j} = -c\mathbf{A}/4\pi\lambda_L^2$에 있는 벡터퍼텐셜은

$$\mathrm{div}\,\mathbf{A} = 0 \tag{32}$$

을 만족하여야 한다. 나아가 진공과 초전도체의 경계면에는 전류의 흐름이 없고, 경계면을 수직 질러가는 전류의 수직 성분은 없어진다. 즉 $j_n = 0$이다. 따라서 런던 방정식에 있는 벡터퍼텐셜은

$$\mathrm{A}_n = 0 \tag{33}$$

을 만족시켜야 한다. 초전도성에 관한 런던 방정식에서는 벡터퍼텐셜의 게이지가 식 (32)와 (33)을 만족하도록 선택되어진다.

부록 H: 쿠퍼쌍

COOPER PAIRS

단위부피의 입방체 안에서 주기적 경계조건을 만족하는 두 전자계의 상태에 대한 완전계(complete set)로서 우리는 다음과 같은 평면파의 곱으로 된 함수를 택한다.

$$\varphi(\mathbf{k}_1,\mathbf{k}_2;\mathbf{r}_1,\mathbf{r}_2) = \exp[i(\mathbf{k}_1 \cdot \mathbf{r}_1 + \mathbf{k}_2 \cdot \mathbf{r}_2)] \ . \tag{1}$$

전자들의 스핀은 서로 반대라고 가정한다.

질량중심과 상대좌표를 도입하면

$$\mathbf{R} = \tfrac{1}{2}(\mathbf{r}_1 + \mathbf{r}_2) \ ; \qquad \mathbf{r} = \mathbf{r}_1 - \mathbf{r}_2 \tag{2}$$

$$\mathbf{K} = \mathbf{k}_1 + \mathbf{k}_2 \ ; \qquad \mathbf{k} = \tfrac{1}{2}(\mathbf{k}_1 - \mathbf{k}_2) \tag{3}$$

다음 식이 성립한다.

$$\mathbf{k}_1 \cdot \mathbf{r}_1 + \mathbf{k}_2 \cdot \mathbf{r}_2 = \mathbf{K} \cdot \mathbf{R} + \mathbf{k} \cdot \mathbf{r} \ . \tag{4}$$

따라서 식 (1)은

$$\varphi(\mathbf{K},\mathbf{k};\mathbf{R},\mathbf{r}) = \exp(i\mathbf{K} \cdot \mathbf{R}) \exp(i\mathbf{k} \cdot \mathbf{r}) \tag{5}$$

이 되고, 두 전자계의 운동에너지는 다음과 같다.

$$\epsilon_{\mathbf{K}} + E_{\mathbf{k}} = (\hbar^2/m)(\tfrac{1}{4}K^2 + k^2) \ . \tag{6}$$

질량중심 파동벡터 $\mathbf{K} = 0$인 곱의 함수에 주목하면 $\mathbf{k}_1 = -\mathbf{k}_2$이다. 두 전자 사이의 상호작용 H_1이 있으면 고유값 문제를 다음과 같이 전개하여 만든다.

$$\chi(\mathbf{r}) = \Sigma g_{\mathbf{k}} \exp(i\mathbf{k} \cdot \mathbf{r}) \ . \tag{7}$$

슈뢰딩거 방정식은

$$(H_0 + H_1 - \epsilon)\chi(\mathbf{r}) = 0 = \Sigma_{\mathbf{k}'} [(E_{\mathbf{k}'} - \epsilon)g_{\mathbf{k}'} + H_1 g_{\mathbf{k}'}]\exp(i\mathbf{k}' \cdot \mathbf{r}) \tag{8}$$

인데, 여기서 H_1은 두 전자 간의 상호작용 에너지이다. 이때 ϵ은 고유값이다.

여기에 $\exp(i\mathbf{k} \cdot \mathbf{r})$를 곱하면 다음 식을 얻는데

$$(E_{\mathbf{k}} - \epsilon)g_{\mathbf{k}} + \Sigma_{\mathbf{k}}\, g_{\mathbf{k}'}\, (\mathbf{k}|H_1|\mathbf{k}') = 0 \ , \tag{9}$$

이는 위 문제의 영년방정식(secular equation)이다.

위 식을 적분으로 변환하면 다음과 같다.

$$(E - \epsilon)g(E) + \int dE'\, g(E')H_1(E,E')N(E') = 0 \ . \tag{10}$$

여기서 $N(E')$은 총 운동량 $\mathbf{K} = 0$이고 운동에너지가 E'에서 dE'인 두 전자 상태의 수이다.

다음은 행렬요소 $H_1(E, E') = (\mathbf{k}|H_1|\mathbf{k}')$을 생각해 보자. 바든(Bardeen)은 두 전자가 페르미 면 근처에서 얇은 에너지껍질 안에 속박되어 있는 상태가 중요하다고 보았는데, 여기서 껍질의 두께는 E_F 위 $\hbar\omega_D$이며, ω_D는 디바이 포논 차단 진동수(Debye phonon cutoff frequency)이다. E와 E'이 이 껍질 안에 있으면

$$H_1(E,E') = -V \tag{11}$$

가 성립되고, 그렇지 않으면 영이라고 가정한다. 여기서 V는 양이라고 가정한다.

그러면 식 (10)은

$$(E - \epsilon)g(E) = V\int_{2\epsilon_F}^{2\epsilon_m} dE'\, g(E')N(E') = C \tag{12}$$

가 되고, $\epsilon_m = \epsilon_F + \hbar\omega_D$이다. 여기서 C는 E와 무관한 상수이다.

식 (12)로부터 다음 두 식을 얻는다.

$$g(E) = \frac{C}{E - \epsilon} \tag{13}$$

$$1 = V\int_{2\epsilon_F}^{2\epsilon_m} dE'\, \frac{N(E')}{E' - \epsilon}\ . \tag{14}$$

$N(E')$이 $2\epsilon_m$과 $2\epsilon_F$ 사이의 작은 에너지 영역에서 거의 일정하고 N_F와 같다고 하면, 이를 적분 기호 밖으로 꺼내어 다음 식을 얻는다.

$$1 = N_F V\int_{2\epsilon_F}^{2\epsilon_m} dE'\, \frac{1}{E' - \epsilon} = N_F V \log\frac{2\epsilon_m - \epsilon}{2\epsilon_F - \epsilon}\ . \tag{15}$$

식 (15)의 고유값 ϵ를

$$\epsilon = 2\epsilon_F - \Delta \tag{16}$$

라 하면, 여기에서 페르미 면에서의 두 자유전자에 대한 전자쌍의 결합에너지 Δ를 정의한다.

그러면 식 (15)는 다음과 같이 된다.

$$1 = N_F V \log\frac{2\epsilon_m - 2\epsilon_F + \Delta}{\Delta} = N_F V \log\frac{2\hbar\omega_D + \Delta}{\Delta}\ . \tag{17}$$

즉,

$$1/N_F V = \log(1 + 2\hbar\omega_D/\Delta) \tag{18}$$

쿠퍼쌍의 결합에너지에 대한 이 결과는 다음과 같이 쓸 수도 있다.

$$\Delta = \frac{2\hbar\omega_D}{\exp(1/N_F V) - 1}\ . \tag{19}$$

V가 양이면(서로 당기는 상호작용) 한쌍의 전자를 페르미 준위 위로 들뜨게 함으로써 계의 에너지는 낮아진다. 그러므로 페르미 기체는 불안정하다. 식 (19)의 결합에너지는 초전도의 에너지 간격 E_g와 밀접히 연관되어 있다. BCS 계산은 높은 밀도의 쿠퍼 쌍들이 금속에서 형성될 수 있음을 제시한다.

부록 I: 긴즈부르크–란다우 방정식

GINZBURG-LANDAU EQUATION

긴즈부르크와 란다우는 초전도상태의 현상론적 이론을 멋있게 세웠으며, 초전도상태에서 질서변수(order parameter)의 공간적 변화도 잘 설명하였다. 아브리코소브(Abrikosov)는 이 이론을 확장하여 소용돌이(vortex) 상태의 구조를 기술하였는데, 이 소용돌이 상태는 초전도 자석에서 기술적으로 이용되고 있다. GL 이론의 매력은 결맞음길이(coherence length)와 12장의 조지프슨 효과에 대한 이론에서 사용된 파동함수를 자연스럽게 도입하는 것이다.

다음과 같은 성질을 가지는 **질서변수** $\psi(\mathbf{r})$을 도입하자.

$$\psi^*(\mathbf{r})\psi(\mathbf{r}) = n_S(\mathbf{r}) \,. \tag{1}$$

여기서 $n_S(\mathbf{r})$은 초전도 전자의 국소 밀도이다. 함수 $(\mathbf{r})$의 정의에 대한 수학적 공식은 BCS 이론에서 나올 것이다. 먼저 초전도체 내에서의 자유에너지 밀도(free energy density) $F_S(\mathbf{r})$을 질서변수의 함수로 만든다. 전이온도 근처에서는 현상론적 양의 상수 α, β 및 m을 이용하여 다음과 같이 쓸 수 있다고 가정한다.

$$F_S(\mathbf{r}) = F_N - \alpha|\psi|^2 + \tfrac{1}{2}\beta|\psi|^4 + (1/2m)|(-i\hbar\nabla - qA/c)\psi|^2 - \int_0^{B_a} \mathbf{M}\cdot d\mathbf{B}_a \,. \tag{2}$$

이 상수들에 대해서는 뒤에서 언급될 것이다. 여기에서

1. F_N은 정상상태의 자유에너지 밀도이다.
2. $-\alpha|\psi|^2 + \frac{1}{2}\beta|\psi|^4$은 자유에너지를 질서변수로 전개할 때 전형적인 란다우 형식이다. 이 식은 $-\alpha n_S + \frac{1}{2}\beta n_S^2$로 쓸 수 있고 2차 상전이에서 최소값을 갖는데 이때 $n_S(T) = \alpha/\beta$이다.
3. $|\mathrm{grad}\ \psi|^2$ 항은 질서변수의 공간적 변화에 의한 에너지의 증가를 나타낸다. 이 항은 양자역학에서 운동에너지의 형태를 갖는다.[7] 부록 G에서와 같이, 역학적 운동량 $-i\hbar\nabla$는 장 운동량 $-q\mathbf{A}/c$를 수반함으로써 자유에너지의 게이지 불변성을 만족한다. 여기서 한 개의 전자쌍에 대하여 $q = -2e$이다.
4. 가상적인 자기화 $\mathbf{M} = (\mathbf{B} - \mathbf{B}_a)/4\pi$로서 정의된 $-\int\mathbf{M}\cdot d\mathbf{B}_a$ 항은 초전도체로부

---

7) **M**은 자기화(magnetization)로 Landau와 Lifshitz에 의해 처음으로 소개된 $|\nabla\mathbf{M}|^2$은 자성체 내의 바꿈에너지 밀도를 나타낸다. *QTS*의 65쪽을 보라.

터 자기다발을 추방함으로써 야기되는 초전도 자유에너지의 증가를 나타낸다.

식 (2)에 있는 각각의 항은 더 논의를 진행함에 따라서 설명될 것이다. 우선 GL 방정식 (6)을 유도해 보자. 우리는 함수 $(\mathbf{r})$의 변분에 대하여 총 자유에너지 $\int dV\, F_S(\mathbf{r})$을 극소로 만든다. 그 과정은 다음과 같다.

$$\delta F_S(\mathbf{r}) = [-\alpha\psi + \beta|\psi|^2\psi + (1/2m)(-i\hbar\nabla - q\mathbf{A}/c)\psi\cdot(i\hbar\nabla - q\mathbf{A}/c)\delta\psi^* + \text{c.c.}]. \quad (3)$$

식 (3)을 부분적분하고 $\delta\psi^*$가 경계에서 영이 된다고 가정하면 다음 식을 얻는다.

$$\int dV\,(\nabla\psi)(\nabla\delta\psi^*) = -\int dV\,(\nabla^2\psi)\delta\psi^*\,. \quad (4)$$

따라서

$$\delta\int dV\,F_S = \int dV\,\delta\psi^*[-\alpha\psi + \beta|\psi|^2\psi + (1/2m)(-i\hbar\nabla - q\mathbf{A}/c)^2\psi] + \text{c.c} \quad (5)$$

가 된다.

대괄호 안이 영이 되면 이 적분의 값은 영이다. 즉

$$\boxed{[(1/2m)(-i\hbar\nabla - q\mathbf{A}/c)^2 - \alpha + \beta|\psi|^2]\psi = 0} \quad (6)$$

이것이 긴즈부르크-란다우 방정식인데, ψ에 대한 슈뢰딩거 방정식과 유사하다.

$\delta\mathbf{A}$에 대하여 식 (2)를 극소화함으로써 초전류다발에 대한 게이지 불변인 식을 얻는데, 그 결과는

$$\mathbf{j}_S(\mathbf{r}) = -(iq\hbar/2m)(\psi^*\nabla\psi - \psi\nabla\psi^*) - (q^2/mc)\psi^*\psi\mathbf{A} \quad (7)$$

이다. 시편의 자유 표면에서 초전도체로부터 진공으로 아무 전류가 흐르지 않는다는 경계조건을 만족하도록 게이지를 선택해야 한다. 즉 $\hat{\mathbf{n}}\cdot\mathbf{j}_S = 0$인데, 여기서 $\hat{\mathbf{n}}$은 표면의 법선이다.

결맞음길이 고유 결맞음길이 ξ는 식 (6)으로부터 정의할 수 있다. $\mathbf{A} = 0$이라 하고, $\beta|\psi|^2$이 α에 비하여 무시될 수 있다고 가정하자. 1차원에서 GL 방정식 (6)은 다음 식으로 간단해진다.

$$-\frac{\hbar^2}{2m}\frac{d^2\psi}{dx^2} = \alpha\psi\ . \quad (8)$$

이것은 $\exp(ix/\xi)$인 형태의 파동과 같은 해를 갖는데, 여기서 ξ는 다음 식으로 정의된다.

$$\xi \equiv (\hbar^2/2m\alpha)^{1/2}\ . \quad (9)$$

식 (6)에서 비선형 항 $\beta|\psi|^2$을 그대로 두면 더 흥미 있는 특별한 해가 얻어진다. $x = 0$에서 $\psi = 0$이고, $x\to\infty$일때 $\psi\to\psi_0$인 해를 구해 보자. 이는 정상상태와 초

전도 상태 사이의 중간 상태이다. 이러한 상태는 자기장 H_c가 정상영역에 존재하면 가능하다. 일단 초전도영역으로 침투하는 자기장을 무시한다. 즉, 장 침투길이(field penetration depth) $\lambda \ll \xi$인 제1종 초전도체 경우이다.

$$-\frac{\hbar^2}{2m}\frac{d^2\psi}{dx^2} - \alpha\psi + \beta|\psi|^2\psi = 0 \tag{10}$$

의 해를 위 경계조건 하에서 구하면 다음과 같다.

$$\psi(x) = (\alpha/\beta)^{1/2}\tanh(x/\sqrt{2}\xi) \ . \tag{11}$$

이 식을 직접 대입해 보면 풀이가 됨을 알 수 있다. 초전도체 깊숙한 곳에서는, $\psi_0 = (\alpha/\beta)^{1/2}$인데, 이것은 자유에너지에 있는 $-\alpha|\psi|^2 + \frac{1}{2}\beta|\psi|^4$ 항을 극소화함으로써 얻어진다. 식 (11)로부터 ξ가 초전도상태의 파동함수의 결맞음이 정상전도 영역으로 미치는 거리의 척도임을 알 수 있다.

초전도체 깊숙한 곳에서 자유에너지는 $|\psi_0|^2 = \alpha/\beta$일 때 극소임을 이미 알았다. 그러므로 초전도상태의 안정화 자유에너지 밀도에 의한 열역학적 임계 자기장 H_c의 정의에 의하여

$$F_S = F_N - \alpha^2/2\beta = F_N - H_c^2/8\pi \tag{12}$$

가 된다. 임계 자기장은 α와 β에 다음 식으로 연관됨을 알 수 있다.

$$H_c = (4\pi\alpha^2/\beta)^{1/2} \ . \tag{13}$$

약한 자기장($B \ll H_c$)가 초전도체로 침투하는 깊이를 고려해 보자. 초전도체 안에서의 $|\psi|^2$은 자기장이 없을 때의 값 $|\psi_0|^2$과 같다고 가정한다. 그러면 초전류 다발에 대한 방정식은 다음과 같이 간단히 식이 되는데

$$\mathbf{j}_S(\mathbf{r}) = -(q^2/mc)|\psi_0|^2\mathbf{A} \ , \tag{14}$$

이것은 바로 런던 방정식 $\mathbf{j}_S(\mathbf{r}) = -(c/4\pi\lambda^2)\mathbf{A}$이며 이때 침투깊이는 다음 식과 같다.

$$\lambda = \left(\frac{mc^2}{4\pi q^2|\psi_0|^2}\right)^{1/2} = \left(\frac{mc^2\beta}{4\pi q^2\alpha}\right)^{1/2} \ . \tag{15}$$

차원이 없는 두 가지 특성적 길이의 비율 $\kappa = \lambda/\xi$는 초전도성 이론에 있어 중요한 변수이다. 식 (9)와 (15)로부터

$$\kappa = \frac{mc}{q\hbar}\left(\frac{\beta}{2\pi}\right)^{1/2} \tag{16}$$

로 되며, $\kappa = 1/\sqrt{2}$에서 제1종 초전도체($\kappa < 1/\sqrt{2}$)와 제2종 초전도체($\kappa > 1/\sqrt{2}$)를 구분한다.

상임계 장(upper critical field)의 계산

자기장을 H_{c2} 이하로 내리게 되면, 정상전도체 내부에서 자발적으로 초전도성 핵을 형성한다. 초전도성이 나타나는 순간에 $|\psi|$는 작으므로 GL 방정식을 선형화하여 다음 식을 얻게 된다.

$$\frac{1}{2m}(-i\hbar\nabla - q\mathbf{A}/c)^2\psi = \alpha \quad . \tag{17}$$

초전도성이 나타나는 순간에 초전도 영역내의 자기장은 바로 가해준 자기장이므로, $\mathbf{A} = B(0, x, 0)$이고 식 (17)은 다음 식으로 된다.

$$-\frac{\hbar}{2m}\left(\frac{\partial^2}{\partial x^2} + \frac{\partial^2}{\partial z^2}\right)\psi + \frac{1}{2m}\left(i\hbar\frac{\partial}{\partial y} + \frac{qB}{c}x\right)^2\psi = \alpha\psi \quad . \tag{18}$$

이것은 자기장 안에 있는 자유입자에 대한 슈뢰딩거 방정식과 같은 형태이다.

우리는 $\exp[i(k_y y + k_z z)]\varphi(x)$ 형식의 해를 구하는데, 그것은

$$(1/2m)[-\hbar^2 d^2/dx^2 + \hbar^2 k_z^2 + (\hbar k_y - qBx/c)^2]\varphi = \alpha\varphi \tag{19}$$

이다. 여기서 $E = \alpha - (\hbar^2/2m)(k_y^2 + k_z^2)$을 고유값이라 놓으면, 위 식은 조화진동자의 방정식이다. 즉

$$(1/2m)[-\hbar^2 d^2/dx^2 + (q^2B^2/c^2)x^2 - (2\hbar k_y qB/c)x]\varphi = E\varphi \quad . \tag{20}$$

x에 선형인 항은 원점을 0에서 $x_0 = \hbar k_y qB/2mc$로 이동하여 변환할 수 있으므로, 식 (20)에서 $X = x - x_0$라고 놓으면 다음과 같다.

$$-\left[\frac{\hbar^2}{2m}\frac{d^2}{dX^2} + \tfrac{1}{2}m(qB/mc)^2X^2\right]\varphi = (E + \hbar^2k_y^2/2m)\varphi \quad . \tag{21}$$

식 (21)의 해에서 자기장 B의 최대값은 가장 작은 고유값에 의하여 주어지는데, 그 값은

$$\tfrac{1}{2}\hbar\omega = \hbar qB_{\max}/2mc = \alpha - \hbar^2k_z^2/2m \tag{22}$$

이다. 여기서는 ω는 진동수 qB/mc이다. k_z를 영이라고 놓으면

$$B_{\max} \equiv H_{c2} = 2\alpha mc/q\hbar \quad . \tag{23}$$

가 된다.

이 결과는 열역학적 임계 자기장 H_c와 GL 매개변수 $\kappa = \lambda/\xi$, 그리고 식 (13)과 (16)을 이용하여 다른 형태로 나타낼 수 있다. 즉,

$$H_{c2} = \frac{2\alpha mc}{q\hbar} \cdot \frac{H_c}{(4\pi\alpha^2/\beta)^{1/2}} = \sqrt{2}\,\frac{mc}{\hbar q}\sqrt{\frac{\beta}{2\pi}}\,H_c = \sqrt{2}\kappa H_c \tag{24}$$

$\lambda/\xi > 1/\sqrt{2}$이면 초전도체는 $H_{c2} > H_c$이며, 제II형이라고 불리운다.

H_{c2}를 선속양자 $\Phi_0 = 2\pi\hbar c/q$와 $\xi^2 = \hbar^2/2m\alpha$로 표기하면 유용하다. 즉

$$H_{c2} = \frac{2mc\alpha}{q\hbar} \cdot \frac{q\Phi_0}{2\pi\hbar c} \cdot \frac{\hbar^2}{2m\alpha\xi^2} = \frac{\Phi_0}{2\pi\xi^2} \tag{25}$$

이것은 상임계 자기장에서 물질 내부의 선속밀도 H_{c2}는 단위면적 $2\pi\xi^2$당 한 개의 선속양자임을 의미한다. 이 사실은 플럭소이드(fluxoid) 격자간격이 ξ 정도라는 것과 일치한다.

부록 J: 전자-포논 충돌

ELECTRON-PHONON COLLISIONS

포논은 국소적인 결정 구조를 변형시키므로 국소적 띠 구조도 변화시킨다. 이러한 변화는 전도전자에 의해 감지된다. 전자가 포논과 결합함으로써 나타나는 중요한 효과는 다음과 같다.

- 전자들은 한 상태 $\mathbf{k}$로부터 다른 상태 $\mathbf{k}'$으로 산란하면서, 전기 저항을 생기게 한다.
- 포논은 산란 과정에서 흡수될 수 있어 초음파의 감쇠가 생기게 된다.
- 전자 결정 변형에 수반하게 되어 그 유효질량이 증가한다.
- 한 전자에 수반되는 결정 변형은 다른 전자에 의해 감지될 수 있고, 이로 인해 초전도 이론에 나오는 전자-전자 상호작용을 일으킨다.

변형 퍼텐셜 근사란 전자 에너지 $\epsilon(\mathbf{k})$가 결정 팽창(crystal dilation) $\Delta(\mathbf{r})$, 다시말해 부피 변화율과

$$\epsilon(\mathbf{k},\mathbf{r}) = \epsilon_0(\mathbf{k}) + C\Delta(\mathbf{r}) \tag{1}$$

와 같은 관계로 맺어짐을 말한다. 여기서 C는 상수이다. 이 근사법은 포논의 파장이 길고 전자 농도가 낮을 때 공 모양의 띠 끝 $\epsilon_0(\mathbf{k})$에 대해 유용하다. 팽창은 부록 C 의 포논 연산자 a_{q}, $a_{\mathbf{q}}^{+}$로써

$$\Delta(\mathbf{r}) = i\sum_{q} (\hbar/2M\omega_{\mathbf{q}})^{1/2}|\mathbf{q}|[a_{\mathbf{q}}\exp(i\mathbf{q}\cdot\mathbf{r}) - a_{\mathbf{q}}^{+}\exp(-i\mathbf{q}\cdot\mathbf{r})] \tag{2}$$

처럼 QTS, 23에서와 같이 표현된다. 여기서 M은 결정의 질량이다. 식 (2)의 결과는 $k \ll 1$인 극한에서 식 (C. 32)로부터 $q_s - q_{s-1}$을 구함으로써 얻을 수도 있다.

산란에 대한 보른(Born) 근사에서는 한 전자 블로흐 상태 $|\mathbf{k}\rangle$와 $|\mathbf{k}'\rangle$ 사이의 행렬

요소 $C\Delta(\mathbf{r})$을 다룬다. 여기서 $|\mathbf{k}\rangle = \exp(i\mathbf{k}\cdot\mathbf{r})u_{\mathbf{k}}(\mathbf{r})$이다. 파동장(wave field) 표시에서 행렬 요소는

$$\begin{aligned} H' &= \int d^3x\, \psi^+(\mathbf{r})C\Delta(\mathbf{r})\psi(\mathbf{r}) = \sum_{\mathbf{k}'\mathbf{k}} c^+_{\mathbf{k}'}c_{\mathbf{k}}\langle\mathbf{k}'|C\Delta|\mathbf{k}\rangle \\ &= iC\sum_{\mathbf{k}'\mathbf{k}} c^+_{\mathbf{k}'}c_{\mathbf{k}}\sum_{\mathbf{q}}(\hbar/2M\omega_{\mathbf{q}})^{1/2}|\mathbf{q}|(a_{\mathbf{q}}\int d^3x\, u^*_{\mathbf{k}'}u_{\mathbf{k}}e^{i(\mathbf{k}-\mathbf{k}'+\mathbf{q})\cdot\mathbf{r}} \\ &\quad - a^+_{\mathbf{q}}\int d^3x\, u^*_{\mathbf{k}}u_{\mathbf{k}}e^{i(\mathbf{k}-\mathbf{k}'-\mathbf{q})\cdot\mathbf{r}}) \end{aligned} \tag{3}$$

과 같으며, 여기서

$$\psi(\mathbf{r}) = \sum_{\mathbf{k}} c_{\mathbf{k}}\varphi_{\mathbf{k}}(\mathbf{r}) = \sum_{\mathbf{k}} c_{\mathbf{k}}\exp(i\mathbf{k}\cdot\mathbf{r})u_{\mathbf{k}}(\mathbf{r}) \tag{4}$$

이다. $c^+_{\mathbf{k}}$와 $c_{\mathbf{k}}$는 생성연산자와 소멸연산자이다. $u^*_{\mathbf{k}'}(\mathbf{r})u_{\mathbf{k}}(\mathbf{r})$의 곱은 블로흐 함수의 주기적인 부분을 포함하며, 그 자신도 격자에 대해 주기적이다. 따라서 식 (3)의 적분은

$$\mathbf{k}-\mathbf{k}'\pm\mathbf{q} = \begin{cases} 0 \\ \text{역격자에서의 벡터} \end{cases}$$

가 아니면 0이 된다. 낮은 온도의 반도체에서는 0이 되는 가능성(N 과정)만 에너지적으로 허용된다.

N 과정에 한해 다루기로 하고, 편의상 $\int d^3x\, u_{\mathbf{k}'}u_{\mathbf{k}}$를 근사적으로 1로 잡는다. 그러면 변형 퍼텐셜 섭동은

$$H' = iC\sum_{\mathbf{kq}}(\hbar/2M\omega_{\mathbf{q}})^{1/2}|\mathbf{q}|(a_{\mathbf{q}}c^+_{\mathbf{k}+\mathbf{q}}c_{\mathbf{k}} - a^+_{\mathbf{q}}c^+_{\mathbf{k}-\mathbf{q}}c_{\mathbf{k}}) \tag{5}$$

가 된다.

풀림시간(relaxation time) 전자-포논 상호작용이 있을 때 파동벡터 $\mathbf{k}$는 전자만의 운동에 대해 일정한 것이 아니라, 전자와 가상 포논의 파동벡터의 합에 대해 보존 된다. 어떤 전자가 초기에 $|\mathbf{k}\rangle$ 상태에 있다면 그 전자는 얼마나 오랫동안 그 상태에 머무를 것인가?

먼저 $|\mathbf{k}\rangle$ 상태에 있는 전자가 단위 시간동안 포논 $\mathbf{q}$를 방출하는 확률 ω를 계산하기로 한다. 만약 $n_{\mathbf{q}}$를 포논 상태의 초기 밀도라 하면, 시간 의존 섭동 이론에 의해

$$w(\mathbf{k}-\mathbf{q};n_{\mathbf{q}}+1|\mathbf{k};n_{\mathbf{q}}) = (2\pi/\hbar)|\langle\mathbf{k}-\mathbf{q};n_{\mathbf{q}}+1|H'|\mathbf{k};n_{\mathbf{q}}\rangle|^2\,\delta(\epsilon_{\mathbf{k}}-\hbar\omega_{\mathbf{q}}-\epsilon_{\mathbf{k}-\mathbf{q}}) \tag{6}$$

를 얻는다. 여기서

$$|\langle\mathbf{k}-\mathbf{q};n_{\mathbf{q}}+1|H'|\mathbf{k};n_{\mathbf{q}}\rangle|^2 = [C^2\hbar q/2Mc_S(n_{\mathbf{q}}+1)] \tag{7}$$

이다.

절대 영도에서 $|\mathbf{k}\rangle$ 상태에 있는 전자가 포논과 충돌할 총 충돌률 W는, $n_{\mathbf{q}} = 0$이므로,

$$W = \frac{C^2}{4\pi\rho c_s}\int_{-1}^{1} d(\cos\theta_{\mathbf{q}})\int_0^{q_m} dq\, q^3\delta(\epsilon_{\mathbf{k}} - \epsilon_{\mathbf{k}-\mathbf{q}} - \hbar\omega_{\mathbf{q}}) \tag{8}$$

가 되는데, 여기서 ρ는 질량밀도이다.

델타함수(delta function)의 인수(argument)는

$$\frac{\hbar^2}{2m^*}(2\mathbf{k}\cdot\mathbf{q} - q^2) - \hbar c_s q = \frac{\hbar^2}{2m^*}(2\mathbf{k}\cdot\mathbf{q} - q^2 - qq_c) \tag{9}$$

인데, 여기서 $q_c = 2\hbar m^* c_s$이고 c_s는 소리 속도이다. 인수가 0이 되는 최소의 k값은 $k_{\min} = \frac{1}{2}(q + q_c)$인데, $q = 0$일 때 $k_{\min} = \frac{1}{2}q_c = m^*c_s/\hbar$로 줄어든다. 이러한 k값에 대해, 전자의 군속도 $v_g = k_{\min}/m^*$는 소리 속도와 같아진다. 따라서 결정 속에 있는 전자가 포논을 방출하게 되는 문턱 조건은 전자의 군속도가 음속보다 커야 한다는 것이다. 이 조건은 결정 속에서 빠른 전자가 광자를 방출하기 위한 세렌코브(Cerenkov) 문턱 조건과 비슷하다. 문턱에서 전자의 에너지는 $\frac{1}{2}m^*c_s^2 \sim 10^{-27}\cdot 10^{11} \sim 10^{-16}$ erg ~ 1 K이다. 이 문턱보다 낮은 에너지의 전자는 절대 영도에 있는 완전한 결정속에서 감속되지 않으며, 더 높은 차수의 전자-포논 상호작용에서도 포논에 대해 조화 근사를 쓰는 한 같은 결과가 된다.

$k \gg q_c$일 때는, 식 (9)에서 qq_c항을 무시할 수 있다. 이때 식 (8)의 적분은

$$\int_{-1}^{1} d\mu \int dq\, q^3(2m^*/\hbar^2 q)\delta(2k\mu - q) = (8m^*/\hbar^2)\int_0^1 d\mu\, k^2\mu^2 = 8m^*k^2/3\hbar^2 \tag{10}$$

이 되며, 포논의 방출률은

$$W(\text{방출}) = \frac{2C^2m^*k^2}{3\pi\rho c_s\hbar^2} \tag{11}$$

으로서 전자의 에너지 $\epsilon_{\mathbf{k}}$에 비례한다. 포논이 $\mathbf{k}$에 대해 각도 θ를 이루며 방출되면 전자의 원래 방향에 평행한 파동벡터 성분의 손실은 $q\cos\theta$이다. k_z의 손실률은 피적분함수에 추가적으로 $(q/k)\cos\theta$ 인자를 곱하여 전이율(transition rate) 적분을 함으로써 얻을 수 있다. 그러면 식 (10) 대신

$$(2m^*/\hbar^2 k)\int_0^1 d\mu\, 8k^3\mu^4 = 16m^*k^2/5\hbar^2 \tag{12}$$

를 얻게 되어서 k_z의 감소율은

$$W(k_z) = 4C^2m^*k^2/5\pi\rho c_s\hbar^2 \tag{13}$$

이 된다. 이러한 양이 전기저항 속에 들어간다.

위의 결과는 절대 영도에만 적용된다. $k_BT \gg \hbar c_s k$인 온도에서는 적분 포논 방출률은

$$W(\text{방출}) = \frac{C^2 m^* k k_B T}{\pi c_s^2 \rho \hbar^3} \tag{14}$$

가 된다. 온도가 아주 낮은 경우가 아니면, 열평형에 있는 전자의 경우, k의 rms 값은 요구되는 부등식을 쉽게 만족한다. 만약 $C = 10^{-12}$ erg; $m^* = 10^{-27}$ g; $k = 10^7$ cm^{-1}; $c_s = 3 \times 10^5$ cm s^{-1}; $\rho = 5$ g cm^{-3}으로 취하면, $W \simeq 10^{12}$ s^{-1}이 된다. 절대 영도에서는 같은 변수를 쓸 때 식 (13)은 $W \simeq 5 \times 10^{10}$ s^{-1}이 된다.

찾아보기

한글(영문)

ㄱ

ㅁ

ㅂ

ㅅ

ㅇ

ㅈ

ㅊ

ㅋ

ㅌ

ㅍ

ㅎ

영문(한글)

A

B

C

D

E

F

G

H

I

J

K

L

M

N

O

P

Q

R

S

T

U

V

W

X

Y

Z

주요 물리량 요약표

Quantity	Symbol	Value	CGS	SI
Velocity of light	c	2.997925	10^{10} cm s^{-1}	10^{8} m s^{-1}
Proton charge	e	1.60219	–	10^{-19} C
		4.80325	10^{-10} esu	–
Planck's constant	h	6.62620	10^{-27} erg s	10^{-34} J s
	$\hbar = h/2\pi$	1.05459	10^{-27} erg s	10^{-34} J s
Avogadro's number	N	6.02217×10^{23} mol^{-1}	–	–
Atomic mass unit	amu	1.66053	10^{-24} g	10^{-27} kg
Electron rest mass	m	9.10956	10^{-28} g	10^{-31} kg
Proton rest mass	M_p	1.67261	10^{-24} g	10^{-27} kg
Proton mass/electron mass	M_p/m	1836.1	–	–
Reciprocal fine structure constant $\hbar c/e^2$	$1/\alpha$	137.036	–	–
Electron radius e^2/mc^2	r_e	2.81794	10^{-13} cm	10^{-15} m
Electron Compton wavelength $\hbar/mc$	$\lambda\!\!\!^{-}_e$	3.86159	10^{-11} cm	10^{-13} m
Bohr radius $\hbar^2/me^2$	r_0	5.29177	10^{-9} cm	10^{-11} m
Bohr magneton $e\hbar/2mc$	μ_B	9.27410	10^{-21} erg G^{-1}	10^{-24} J T^{-1}
Rydberg constant $me^4/2\hbar^2$	R_∞ or Ry	2.17991	10^{-11} erg	10^{-18} J
		13.6058 eV		
1 electron volt	eV	1.60219	10^{-12} erg	10^{-19} J
	eV/h	2.41797×10^{14} Hz	–	–
	eV/hc	8.06546	10^{3} cm^{-1}	10^{5} m^{-1}
	eV/k_B	1.16048×10^{4} K	–	–
Boltzmann constant	k_B	1.38062	10^{-16} erg K^{-1}	10^{-23} J K^{-1}
Permittivity of free space	ϵ_0	–	1	$10^{7}/4\pi c^2$
Permeability of free space	μ_0	–	1	$4\pi \times 10^{-7}$

Source: B. N. Taylor, W. H. Parker, and D. N. Langenberg, Rev. Mod. Phys. **41**, 375 (1969). See also E. R. Cohen and B. N. Taylor, Journal of Physical and Chemical Reference Data **2**(4), 663 (1973).